建筑：
形式、空间和秩序

[第四版]

Architecture: Form, Space, & Order
Preface to Chinese Edition

I am pleased and honored to have the opportunity to address architecture and design students and faculty in the People's Republic of China, and to offer my work as a way of looking at, understanding, and conceptualizing form and space as key components of architecture.

It was 40 years ago that I wrote and illustrated the first edition of this text with the intention of providing beginning students with a clear and straightforward guide to understanding fundamental principles and concepts in architectural design. This translation not only continues the original emphasis on illustrating architectural concepts and organizations through the use of comparative examples from various historic periods and cultures but also extends the discourse to a broader and deserving audience. I hope this work not only teaches but also inspires the reader to achieve the highest success in their future endeavors.

Here I also express my appreciation to Prof.Liu Conghong of Tianjin University and Mr.Liu Daxin of Tianjin University Press for their sterling work during the making of this Chinese edition.

Francis Dai-Kam Ching
Professor of Architecture
University of Washington
Seattle, Washington
USA

建筑：形式、空间和秩序
中文版序言

我很高兴，也很荣幸，能有机会与中国建筑与设计专业的学生和教师进行对话，同时将我的作品呈献给大家，作为一种审视、理解和梳理形式与空间的方法，而形式与空间恰恰是建筑中的关键要素。

40年前，我撰写了此书的第一版，并以图解加以说明，目的是为初学者理解建筑设计中的基本准则和概念提供清晰而简捷的方法。这个翻译版本，不仅延续了最初的风格，利用各个历史时期和各种文化形态中可比较的实例，强调图解建筑概念和建筑组合，而且将话题延伸到更广泛、更值得关注的读者群体。我希望这部作品不仅能传授知识，而且能够启发读者在未来的实践中取得最大的成功。

在此，我还要感谢天津大学刘丛红教授以及天津大学出版社的刘大馨先生在出版本书过程中所付出的辛勤劳动。

程大锦
建筑学教授
华盛顿大学
西雅图，华盛顿州
美国

全国高等学校
建筑学学科专业指导委员会
推荐教学参考书

建筑：形式、空间和秩序

[第四版]

Architecture: Form, Space, & Order

[Fourth Edition]

程大锦 | Francis Dai-Kam Ching 著
刘丛红 译
邹德侬 审校

WILEY
天津大学出版社
TIANJIN UNIVERSITY PRESS

版权合同：天津市版权局著作权合同登记图字第 02-2008-84 号
本书中文简体字版由约翰·威利父子公司授权天津大学出版社独家出版。

建筑：形式、空间和秩序［第四版］| JIANZHU: XINGSHI、KONGJIAN HE ZHIXU [DISIBAN]

图书在版编目（CIP）数据

建筑：形式、空间和秩序：第四版 /（美）程大锦著；刘丛红译. —天津：天津大学出版社，2018.2（2024.3重印）

书名原文：Architecture：Form，Space，& Order

全国高等学校建筑学学科专业指导委员会推荐教学参考书

ISBN 978-7-5618-6079-3

Ⅰ.①建… Ⅱ.①程… ②刘… Ⅲ.①建筑学 Ⅳ.① TU

中国版本图书馆 CIP 数据核字（2018）第 022755 号

出版发行	天津大学出版社
地　　址	天津市卫津路 92 号天津大学内（邮编：300072）
电　　话	发行部：022-27403647
网　　址	publish.tju.edu.cn
印　　刷	廊坊市瑞德印刷有限公司
经　　销	全国各地新华书店
开　　本	210mm×285mm
印　　张	29.5
字　　数	1600 千
版　　次	2018 年 2 月第 1 版
印　　次	2024 年 3 月第 9 次
定　　价	150.00 元

这项研究的最初版本向建筑学专业的学生们介绍了形式和空间以及把它们用于建筑环境中的原则。形式和空间是重要的建筑手段，包含着基本的而且永恒的设计语言。本书第二版仍然是一部全面的入门书籍，分析了如何把形式和空间联系起来，在塑造环境的时候，如何组织形式和空间。在第二版中，为了使内容更加精练，我们重新编辑了文字、整理了图表以达到更加清楚明确的目的，同时增加了建筑实例，在洞口、楼梯、尺度等章节中增添了新的内容；最后，为设计人员总结出词汇表。本书第三版仍然以图解的方式，阐述在人类历史进程中所表现出的建筑设计基本要素和原则，但是增加了电子版的内容，介绍有关时间和运动的问题，更好地展示各个要素和原则。

在第四版中，主要变化是增加了二十多个当代建筑实例，选择这些实例的目的是用来说明近年来出现的、超越了那些永恒的基本静态要素的新形式，比如超越了那些长久以来存在于时空中的梁柱体系和承重墙等稳定结构的新形式。电子版使得比例和尺度、视觉类型、设计师在项目开发中进行的微调等内容更加形象生动。

本书中的历史模式跨越了时间和文化的界限。虽然有些时候，某些风格的并置看来可能是唐突的，但书中各种各样的实例都是精心挑选的。把各种因素集结在一起，是为了让读者在看似不同的建筑中寻找相似点，并把目光聚焦于那些最为本质的不同点，因为这些不同点反映了建造的年代和建造的场所。我们鼓励读者去关注其他实例，关注那些在个人经历中碰到或想到的实例。随着设计要素和设计原则变得越来越为人熟知，就会建立新的连接方式、新的关系和新的意义。

当然，书中所引用的建筑实例，并不是尽善尽美的，也不一定都是我们所讨论的概念和原则所需要的原型。选择这些例子仅仅是为了说明并澄清我们所研究的形式概念和空间概念。这些基本概念超越了历史背景，鼓励人们去思索：如何分析、发现和体验这些原则？如何把这些原则转译成连贯的、实用的、含义丰富的空间结构和围护结构？如何把这些原则重新用于一系列的建筑问题？这种介绍方式，可以帮助读者更好地理解人们所体验的建筑、在文献里碰到的建筑以及人们在设计过程中所想象的建筑。

我要感谢下列人士，他们为本书第一版的问世做出了宝贵贡献：福里斯特•威尔逊（Forrest Wilson）谙熟设计原理的资料，帮助我把材料组织得一清二楚，他的协助使本书的出版成为可能；詹姆斯•蒂斯（James Tice）通晓建筑历史和理论，大大促进了这一研究的发展；诺曼•柯罗（Norman Crowe）在建筑教学方面的才能，鼓舞我从事这项研究；罗杰•舍伍德（Roger Sherwood）在形式组合原理方面的研究，有助于秩序原理这一章的深入论述；丹尼尔•弗莱德曼（Daniel Friedman）为人热情，对本书的最后一稿进行了精心整理；丹妮•特纳（Diane Turner）和菲利普•汉普（Philip Hamp）协助搜集了插图资料；范•诺斯特兰•莱茵霍尔德（Van Nostrand Reinhold）公司的编辑和出版人员，在本书制作过程中给予了特别的支持与热情的服务。

对于本书的第二版，我要向很多师生表示感谢。多年来，作为教学与研究的参考工具，他们一直使用这本书并为它的修订提出建议。我特别要感谢以下几位教育家，他们对本书的第一版提出了中肯的意见，这些教育家是：L. 鲁道夫•巴顿（L. Rudolph Barton），小劳伦斯•A. 克莱门特（Laurence A. Clement，Jr.），凯尔文•弗塞斯（Kevin Forseth），西蒙•赫伯特（Simon Herbert），简•詹宁斯（Jan Jennings），马乔里•柯瑞贝尔（Marjorie Kriebel），汤姆斯•爱德华•斯特恩弗德（Thomas Edward Steinfeld），谢里尔•瓦戈纳（Cheryl Wagner），詹姆斯•M. 韦勒（James M. Wehler）以及罗伯特•L. 莱特（Robert L. Wright）。

在第三版的筹备过程中，我向以下人员表示感谢：米歇尔•吉尤尼（Michele Chiuini），阿梅恩•法鲁克（Ahmeen Farooq），德克斯特•赫尔斯（Dexter Hulse），他们细心地检查了第二版的全部内容。我已尽力把他们明智的建议反映在书中，对于该书的不当之处，由我负全部责任。我特别希望向约翰•威利出版社（John Wiley & Sons）的编辑和出版人员表示感谢，感谢他们的支持与鼓励，同时感谢台南锦（Nan-ching Tai），感谢他为第三版的电子内容部分所做的创造性工作和技术帮助。

凯伦•斯宾塞博士（Dr.Karen Spence），加里•柯拉夫茨（Gary Crafts），洛伦•狄格（Lohren Deeg），拉尔夫•哈曼博士（Dr. Ralph Hammann）都为本书第四版提供了宝贵的真知灼见。我要特别感谢威利出版社的两位编辑，保罗•德鲁加斯（Paul Drougas）和劳伦•奥列斯基（Lauren Olesky）对本书的编辑与支持，他们的努力不仅成就了本书，也使其编辑出版过程成为一段愉快的经历。

献给黛布拉（Debra）、艾米丽（Emily）和安德鲁（Andrew），他们对生活的热爱，是建筑获得滋养的源泉。

建筑通常是根据一系列已知条件进行设想（设计）和实施（建造）的。从本质上讲，这些条件可以是纯功能性的，或者说它们也许在不同程度上反映了社会的、政治的和经济的氛围。无论如何，已有的一系列条件（问题）远不能令人满意，于是就需要一系列完美的新条件（答案）。这样一来，建筑的创作活动就是一个从提问题到找答案的过程，或者叫做“设计过程”。

任何设计过程的第一阶段，就是去认识问题的所在，并决心给它找出一个答案来。因此，设计首先是一种意识很强的活动，是一种有目的性的努力。设计师首先必须把问题的现有条件详加整理，弄清它的来龙去脉，收集有关资料加以消化。这是设计过程中一个极重要的阶段，因为发现问题、理解问题和表达问题的方式，与答案的实质有着不可分割的关系。著名的丹麦诗人、科学家皮特•海恩（Piet Hein）这样说过：“艺术在于解决问题，人们在解决问题以前是不可能有什么模式的。问题的形成即是答案的一部分。”

面临问题，设计师出于本能不可避免地要预测答案，然而他们所掌握的设计语汇的深度和广度，不仅影响到对问题的认识，而且影响到答案的形成。如果某人对于设计语言的理解是非常有限的，那么面对一个问题，其答案的广度也是有限的。因此，本书通过研究建筑的基本要素和基本原则，通过阐述人类历史进程中形成的许许多多对于建筑问题的答案，来拓展和丰富建筑语汇。

作为一门艺术，建筑不能仅仅满足设计任务书中纯功能上的要求。从根本上说，建筑在物质上的表现是顺应人类活动的。然而，空间和形式要素的安排与组合，则决定建筑物如何激发人们的积极性，引起反响以及表达某种含义。所以，这项研究虽然集中于形式和空间的构思，但是并不打算贬低建筑在社会、政治、经济等方面的重要性。介绍这些形式和空间的要素本身并不是目的，而在于把它们当成解决问题的手段，从而符合功能上、意图上以及与周围关系上所提出的条件，这是从建筑的角度上看问题的。

可以打一个比方，在构成单字及扩展词汇之前，人们必须先学字母；在造句之前，人们必须学会句法和语法；在写文章、小说之类的东西之前，必须懂得作文原理。一旦掌握了这些基本要点，人们便可以尖锐泼辣或气势磅礴地书写文章，可以呼吁和平，亦可煽动暴力；可以评议生活琐事，亦可发表持之有故、言之成理的演说。同样，在表达更为重要的建筑意义之前，必须首先认识形式与空间的基本要素，理解在某一设计构思的发展过程中如何运用并组织这些要素。

为了把这项研究置于恰当的背景中，以下是构成一个建筑作品的基本要素、体系和秩序的概观。这些构成部分都是可以感知和体验的。对于人们的感觉来说，有些也许一目了然，有些可能含糊不清，有些在建筑组合中统领全局，有些则扮演次要角色，有些带有形象和含义，有些则修饰和限定这些形象和含义。

但是无论如何，这些要素和体系应该相互联系，形成一个综合整体，具有统一的或连贯的结构。当这些要素和体系，作为整体的各个局部业已形成明显的相互关系时，建筑秩序才得以产生。当这些关系被人感知，彼此加强，并完全从属于整体的基本特性时，那么一个概念上的秩序也就应运而生了——这种秩序可能更持久，而绝非转瞬即逝的感性观察所能比拟。

Architectural Systems
建筑体系

The **Architecture** of
建筑

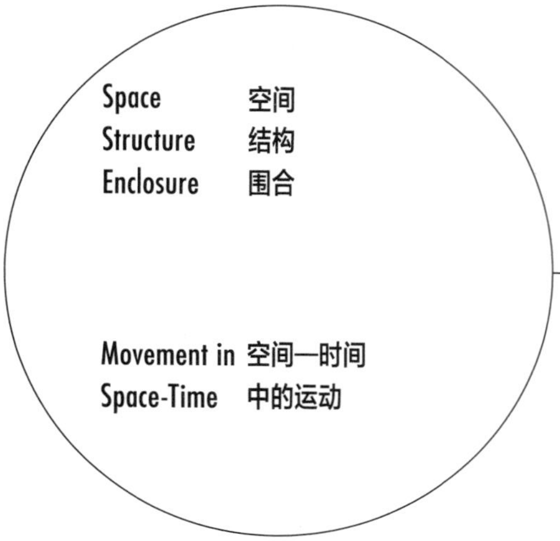

Space 空间
Structure 结构
Enclosure 围合

- 组织模式、关系、清晰度和层次
- 形式表象和空间限定
- 形状、色彩、质感、比例、尺度的特性
- 表面、边缘和开口的特性

体验经由

Movement in Space-Time 空间—时间中的运动

- 路径和入口
- 通道的形状和进入
- 空间序列
- 光线、视野、触觉、听觉和嗅觉

获取的手段

Technology
技术

- 结构和围护物
- 环境的保护与舒适性
- 健康、安全和福利
- 耐久性与可持续性

提供一个

Program
设计纲要

- 使用者的要求、需要和愿望
- 社会文化因素
- 经济因素
- 法律约束
- 历史传统和先例

适应于

Context
周围关系

- 基地和环境
- 气候：日照、风向、温度、降水量
- 地理：土壤、地形、植被、水文
- 场所的直觉特性和文化特点

...& Orders
……和秩序

Physical
物质上的

Form and Space 形式与空间
- 实与虚
- 室内与室外

体系和组合
- 空间
- 结构
- 围护物
- 机械

Perceptual
知觉上的

感官的知觉和时常连续体验到的对物质因素的认识

- 引入和离开
- 入口和出口
- 通过空间序列的运动
- 空间中的功能和活动
- 光线、色彩、质感、景观和声音的特性

Conceptual
观念上的

在建筑物的要素和体系中，对有秩序或无秩序关系的理解以及对它们所引起的含义的反应

- 形象
- 图形
- 符号
- 象征
- 周围关系

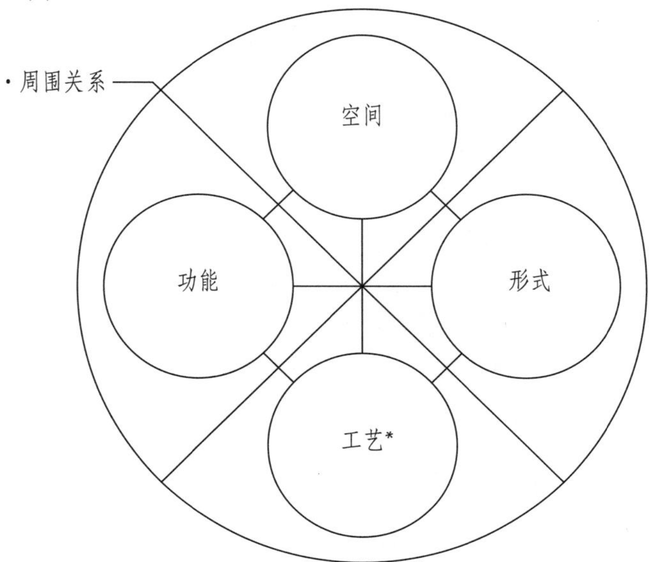

* 工艺是指关于某种艺术或某一过程的理论、原则或研究。

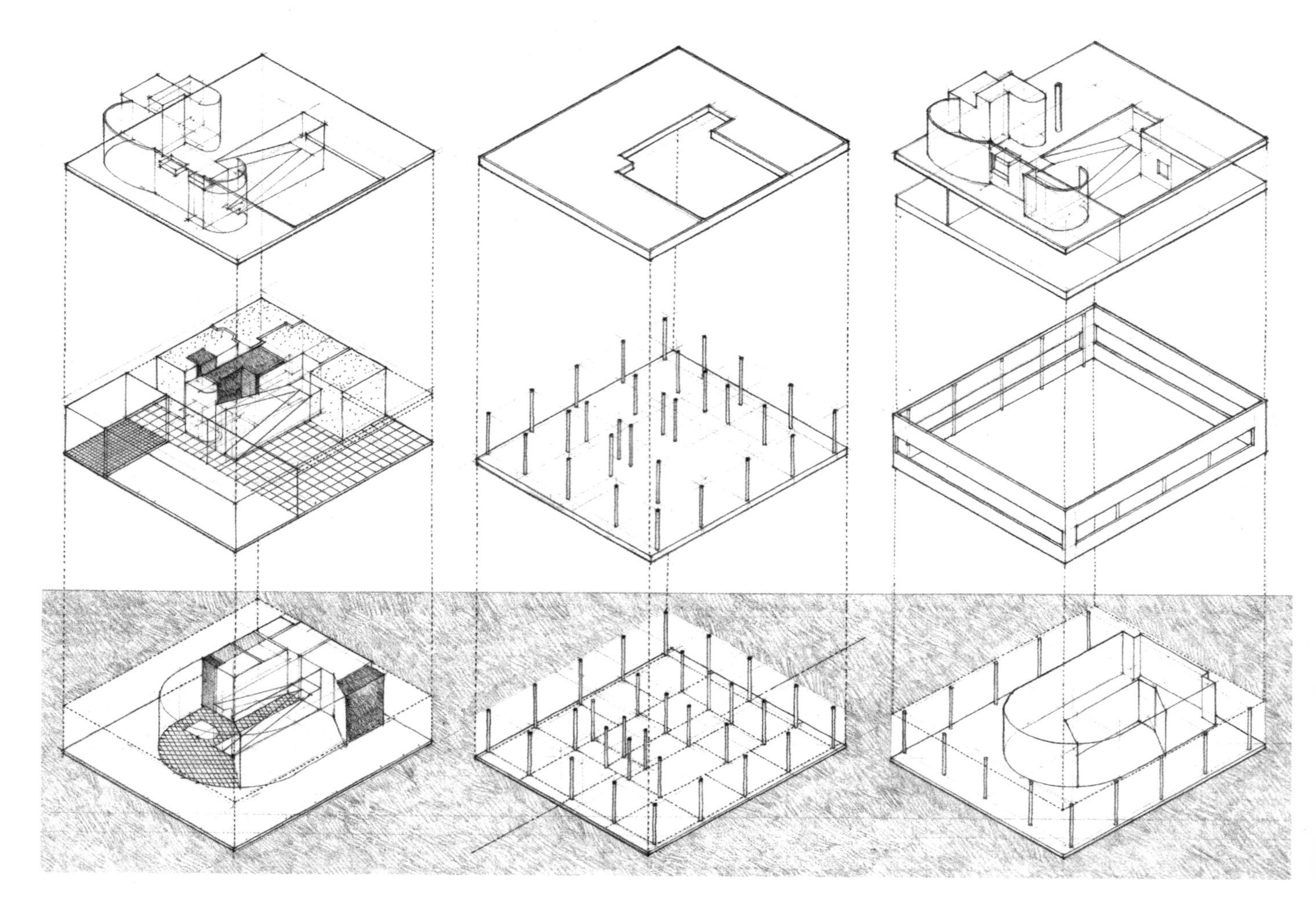

Spatial System 空间体系

- 由设计纲要的要素和空间构成的三维整体，满足了多样化的功能和一所住宅各要素之间的关系。

Structural System 结构体系

- 柱网支持水平的梁和板。
- 悬挑部分标识出沿着纵轴的通道方向。

Enclosure System 围护体系

- 四面外墙的墙面限定了一个矩形的体量，其中包含着设计纲要的要素和空间。

Villa Savoye, Poissy, east of Paris, 1923-1931, Le Corbusier
萨沃伊别墅，普瓦西，巴黎东部，1923—1931，勒·柯布西埃

这个图示分析是建筑方式的具体表达，把建筑中相互作用、相互关联的部分和谐地构成一个复杂而统一的整体。

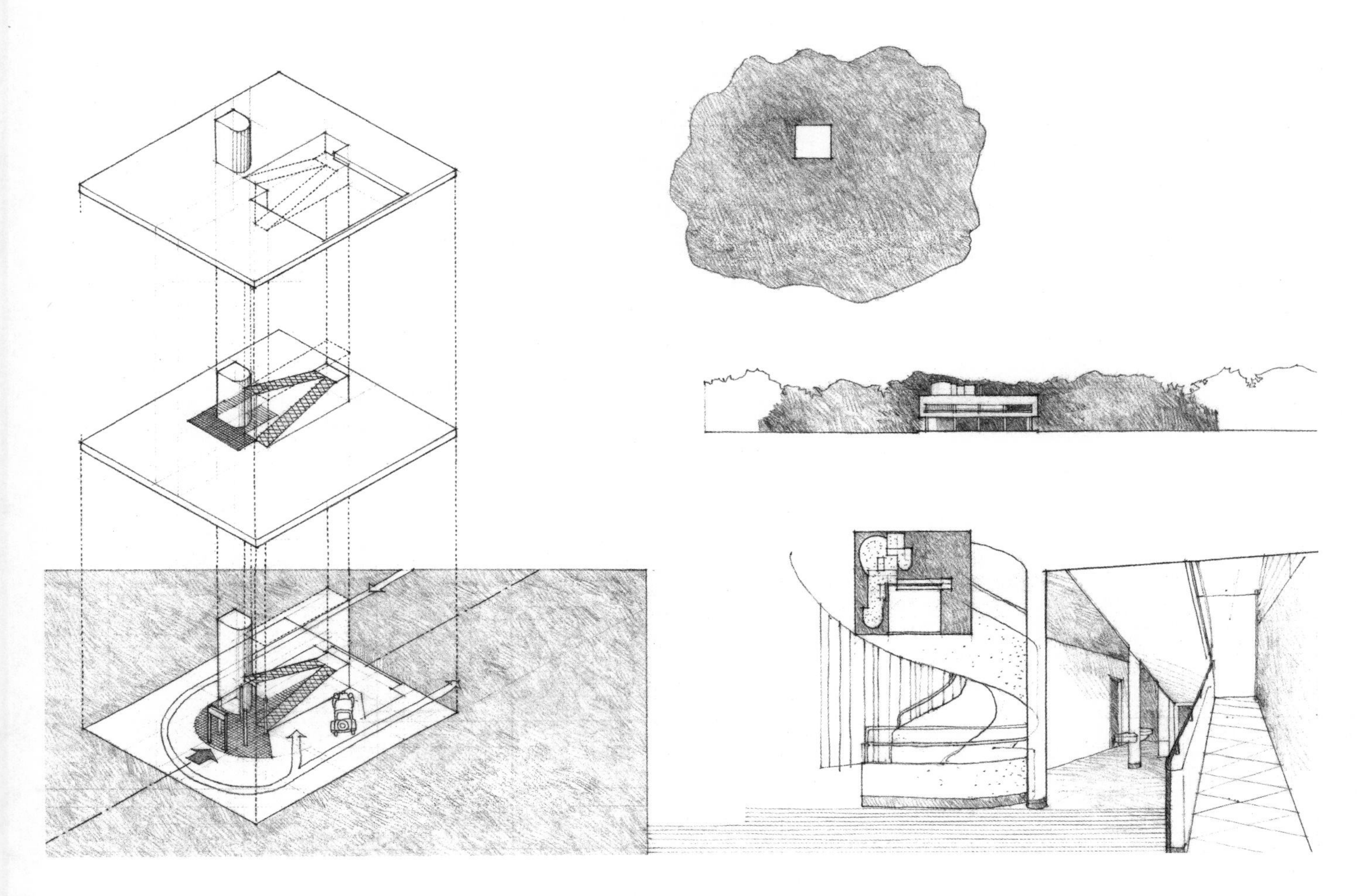

Circulation System 交通体系

- 楼梯和坡道穿越并连接三个楼层，而且增加了观者对空间中的形体和光线的感受。
- 入口门厅的曲线形式反映了汽车的运动轨迹。

Context 周围关系

- 一个简洁的外形包裹着内部复杂的形体与空间组织。
- 主要平面抬升，提供了良好的视线并且避免了地面的潮湿。
- 一个花园平台为其周围的空间提供阳光。

"其朴素的、几乎是方形的外部，围绕着复杂的内部组合，通过建筑上的洞口和顶部的凸起，内部的复杂性隐约可见……其内部秩序符合一所住宅的多样性功能、家庭的尺度以及在某种意义上私密性所固有的神秘感。其外部秩序，以平和易懂的尺度表达了住宅构思的整体性，与其所处的绿地非常和谐，并且有朝一日该建筑也许仍会与所在的城市和谐相处。"

罗伯特•文丘里，《建筑的复杂性与矛盾性》，1966

Robert Venturi, *Complexity and Contradiction in Architecture*, 1966

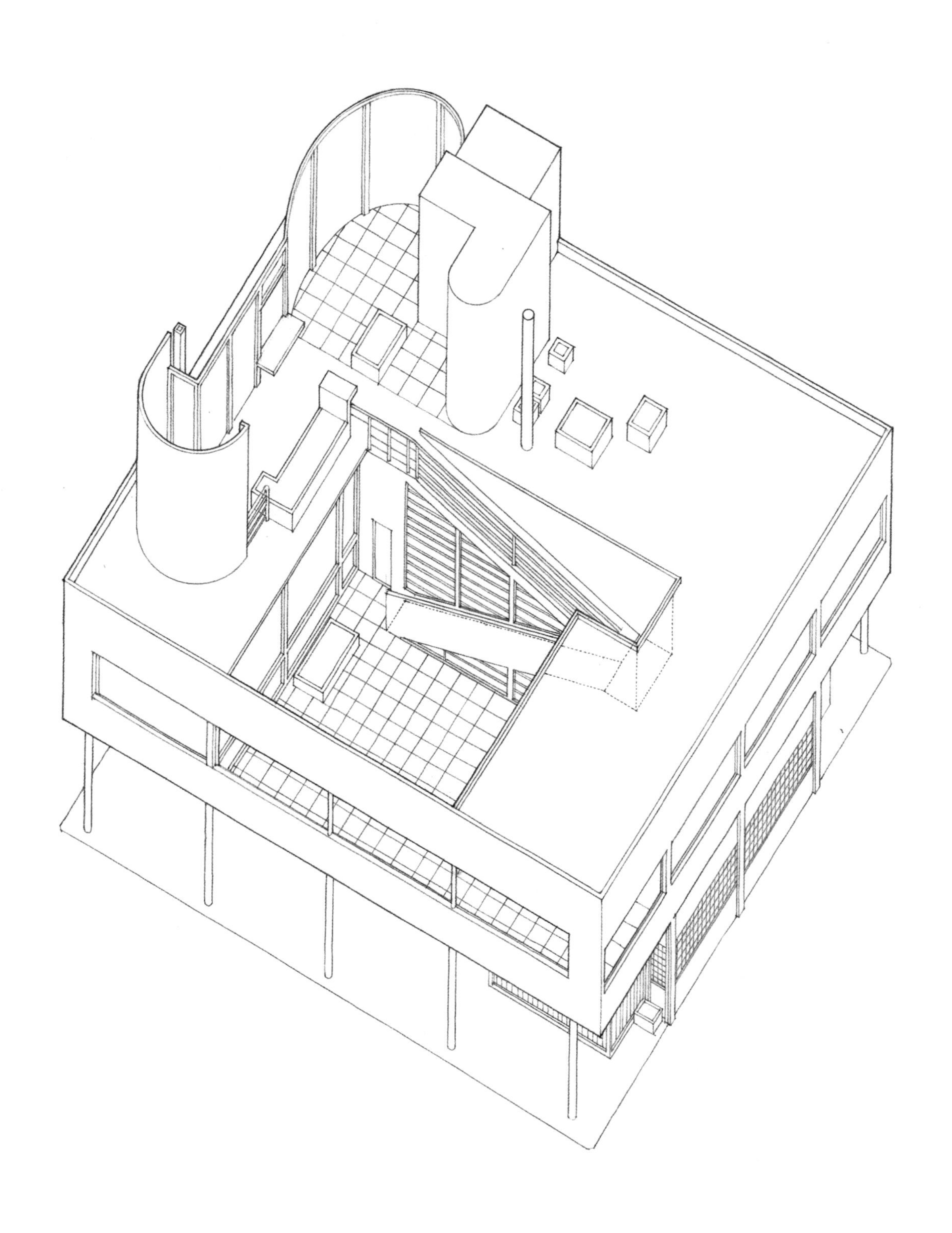

1 基本要素
Primary Elements

“所有的绘画形式，都是由处于运动状态的点开始的……点的运动形成了线，得到第一个维度。如果线移动，则形成面，我们便得到了一个二维的要素。在从面向空间的运动中，面面相叠形成体（三维）……总之，是运动的活力，把点变成线，把线变成面，把面变成了空间的维度。”

保罗•克利（Paul Klee）
《思考的眼睛：保罗•克利笔记》
（*The Thinking Eye: The Notebooks of Paul Klee*）
（英文译本）
1961

开篇第一章，根据基本要素发展的顺序，介绍这些形式的基本要素：从点到一维的线，从线到二维的面，从面到三维的体。每个要素首先都被认为是一个概念性的要素，然后才是建筑设计词汇中的视觉要素。

作为概念性的要素，点、线、面和体是看不到的，只有在头脑中可以感知到。虽然这些要素实际上并不存在，但是我们能够感觉到它们的存在。在两条线的相交处，我们可以感知点的存在，一条线可以标识出平面的轮廓，平面可以围成一个体，并且这个体量构成了占据空间的实体。

当这些要素在纸面上，或在三维空间中变成可见元素时，它们就演变成具有内容、形状、规模、色彩和质感等特性的形式。当我们在环境中体验这些形式的时候，应该能够识别存在于其结构中的基本要素——点、线、面和体。

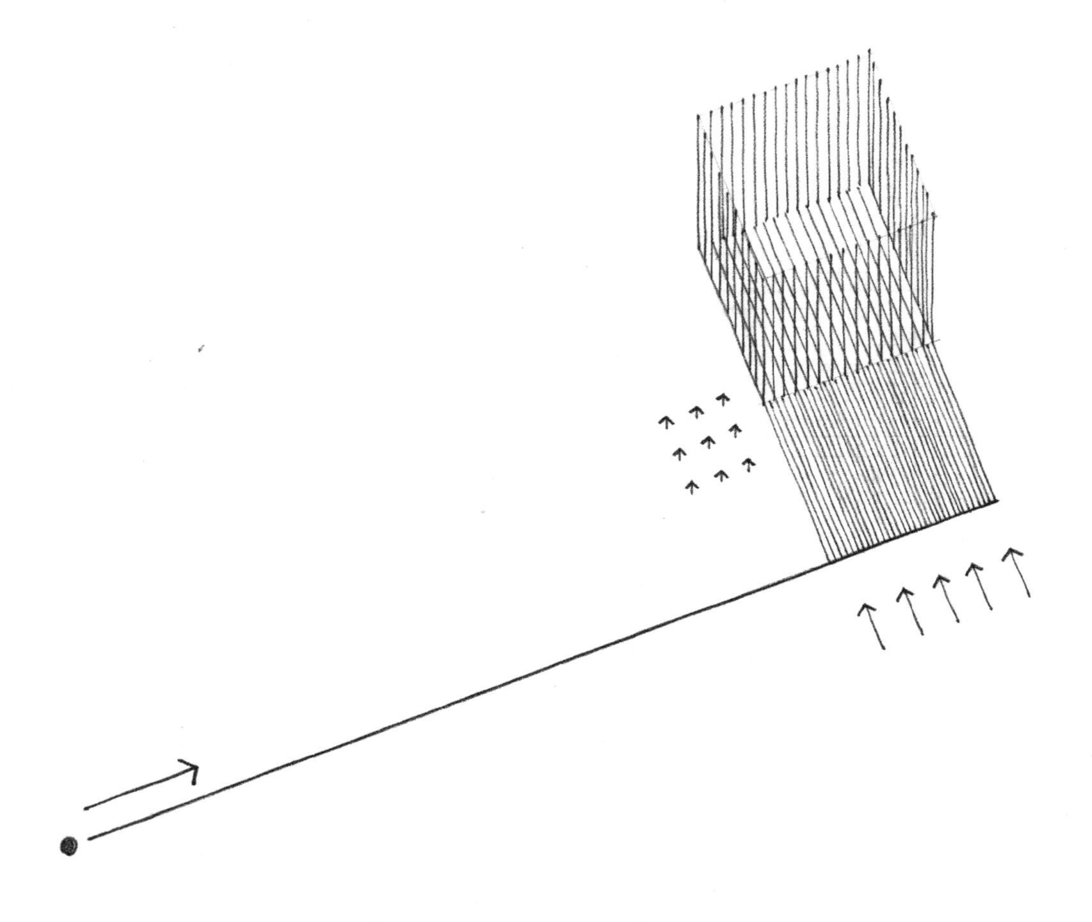

作为形式的基本生成要素，

Point
点

表示在空间中的一个位置。

Line
线

一个点延伸变成一条
其特征如下：
- 长度
- 方向
- 位置

Plane
面

一条线展开变成一个
其特征如下：
- 长度和宽度
- 形状
- 表面
- 方位
- 位置

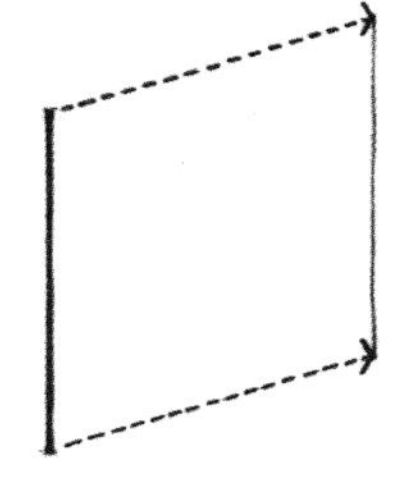

Volume
体

一个面展开变成一个
其特征如下：
- 长度、宽度和深度
- 形式和空间
- 表面
- 方位
- 位置

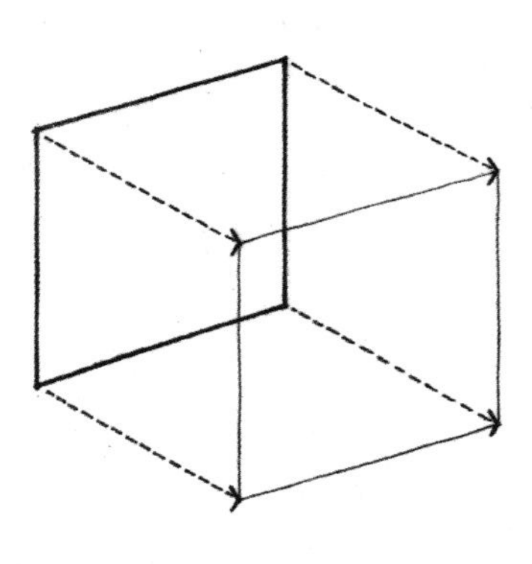

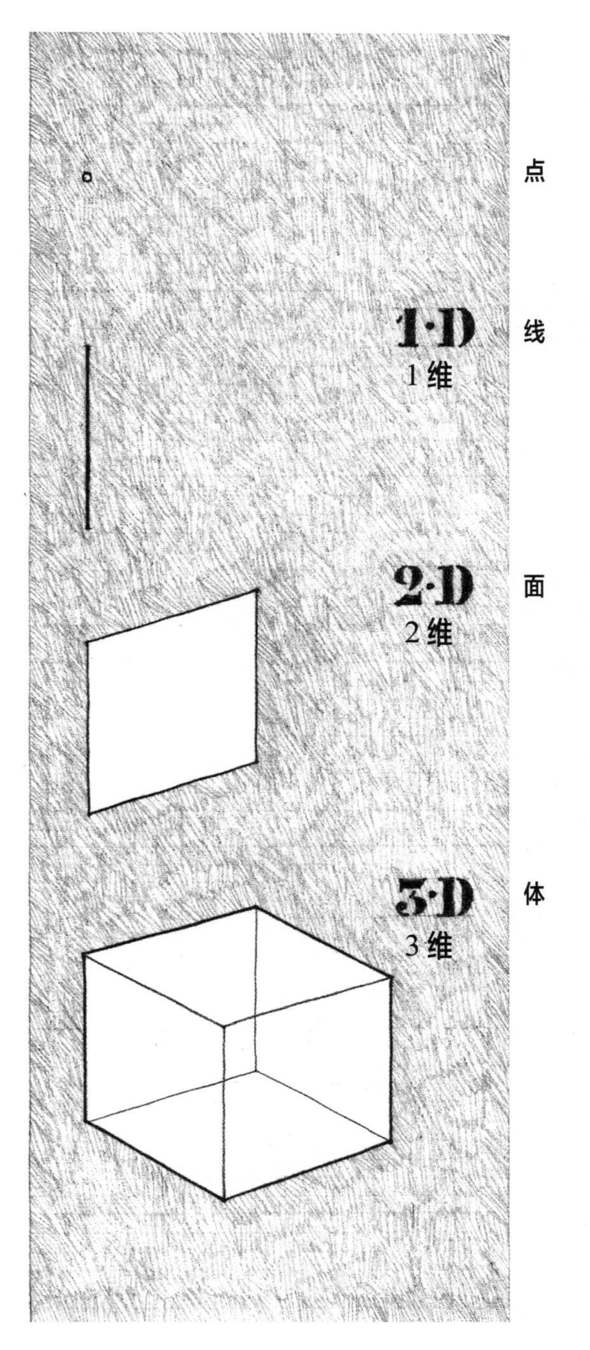

点

线

面

体

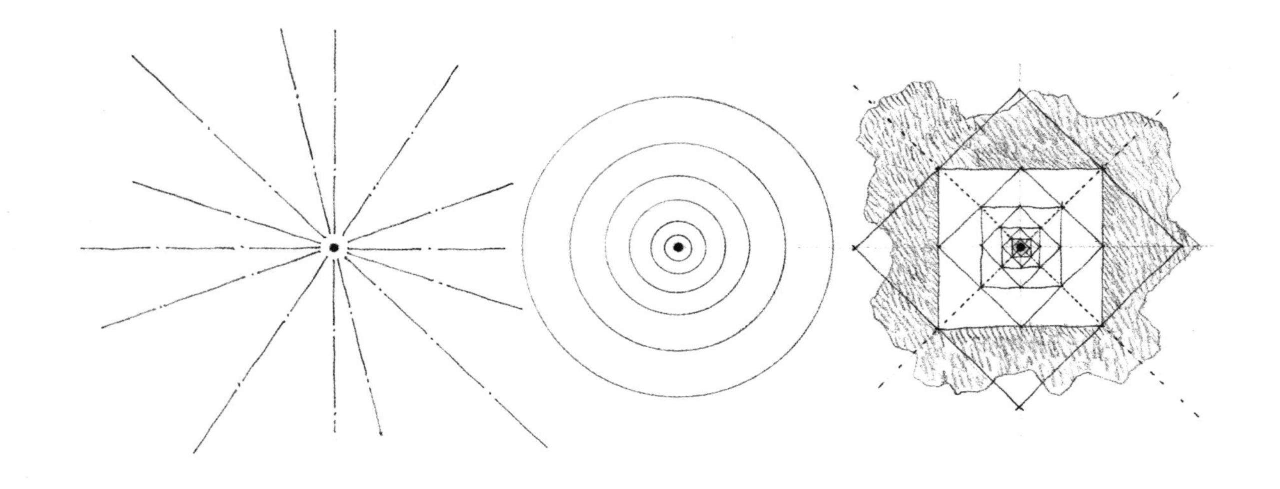

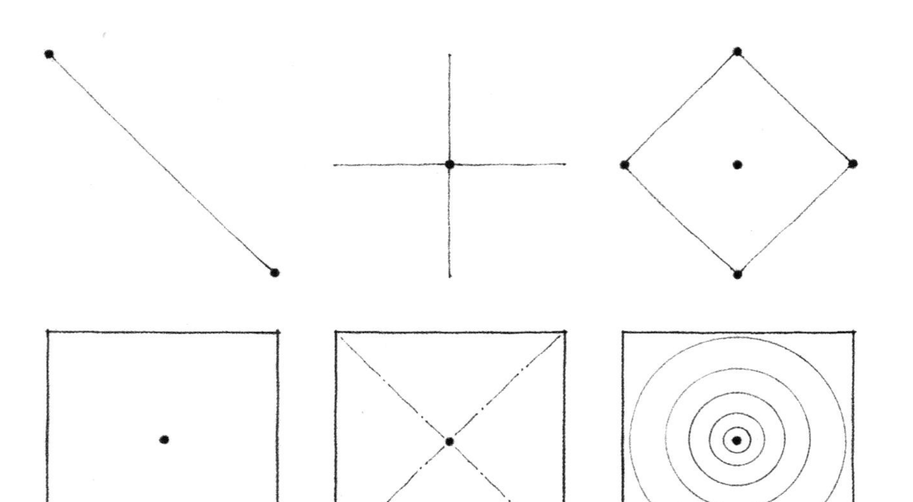

一个点标出了空间中的一个位置。从概念上讲，它没有长、宽或深，因而它是静态的、中心性的，而且是无方向的。

作为形式语汇中的基本要素，一个点可以用来标识：

- 一条线的两端
- 两条线的交点
- 面或体角部线条的相交处
- 一个领域的中心

尽管从概念上讲一个点没有形状或体形，当把它放在视野中时，便形成它的存在感。当它处于环境中心时，一个点是稳定的、静止的，以其自身来组织围绕它的诸要素，并且控制着它所处的领域。

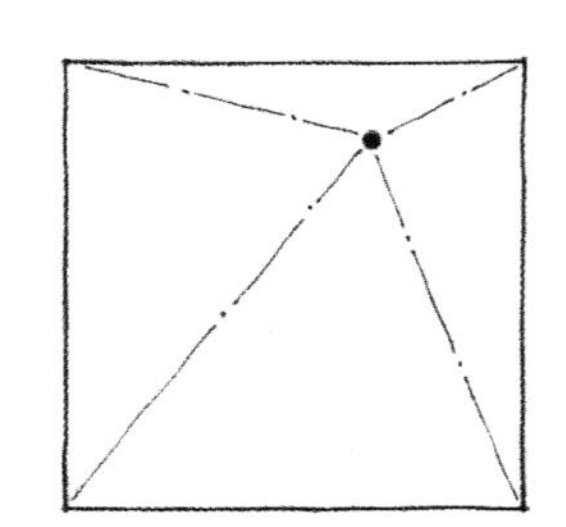

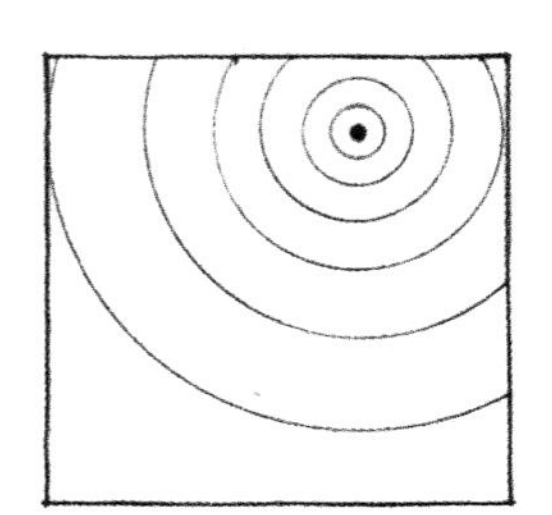

但是，当这个点从中心偏移的时候，它所处的这个领域就会变得更加积极能动，并开始争夺视觉上的控制地位。点和它所处的范围之间，造成了一种视觉上的紧张关系。

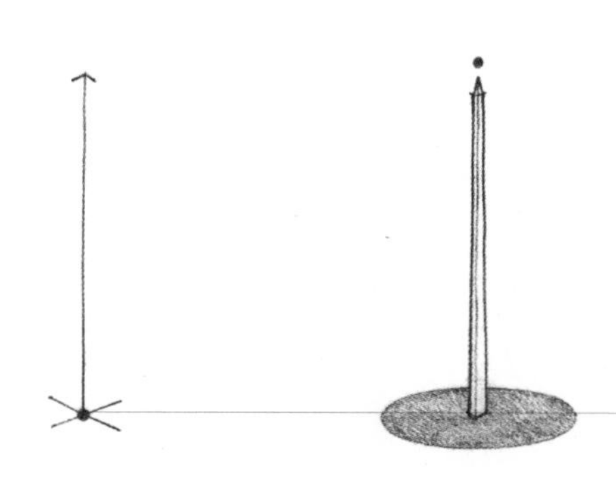

一个点没有维度。点在空间里或在地平面上如果要明显地标出位置，必须把点投影成一个垂直的线性形式，如一根柱子、方尖碑或塔。应该注意，一个柱状要素，在平面上是被看做一个点的，因此保持着点的视觉特征。具有点的视觉特征的其他派生形式是：

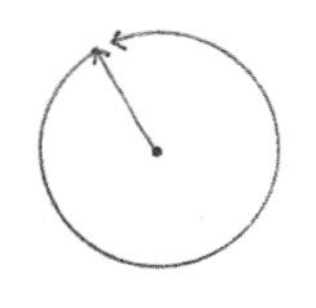

• Circle
圆

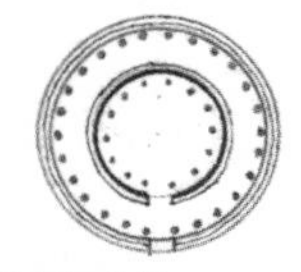

Tholos of Polycleitos, Epidauros, Greece, c. 350 B.C.
波利克雷特斯圆形神庙，埃皮达洛斯，希腊，约公元前 350 年

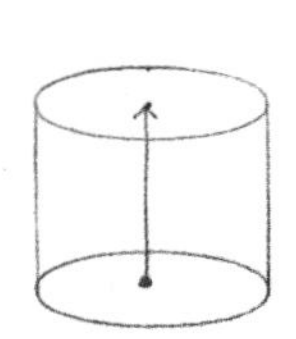

• Cylinder
圆柱体

Baptistery at Pisa, Italy, 1153–1265, Diotisalvi
比萨洗礼堂，意大利，1153—1265，迪奥提萨尔维

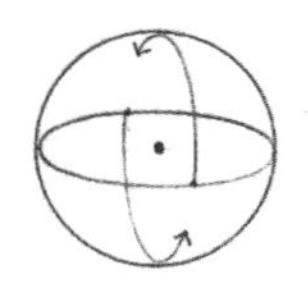

• Sphere
球体

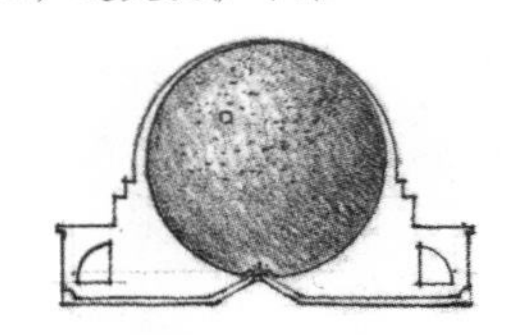

Cenotaph for Sir Isaac Newton, Project, 1784, Étienne-Louis Boullée
艾萨克·牛顿爵士纪念堂，方案，1784，艾蒂安—路易·布雷

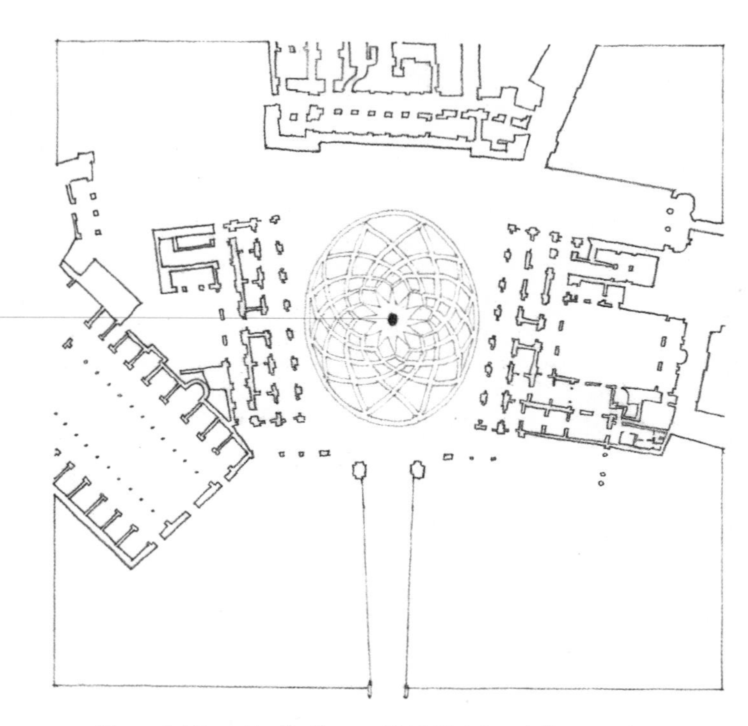

Piazza del Campidoglio, Rome, c. 1544, Michelangelo Buonarroti.
卡比托利欧广场，罗马，约 1544 年，米开朗琪罗·博纳罗蒂
马可·奥勒留皇帝（Marcus Aurelius）的骑马塑像，标识出这一城市空间的中心。

Mont St. Michel, France, 13th century and later.
圣·米歇尔山，法国，始建于 13 世纪。
以尖塔为制高点的金字塔式构图，使这座城堡式修道院成为风景中的一个特殊场所。

两点连起来是一条线。虽然两点使此线的长度有限，但此线也可以被认为是一条无限长轴上的一个线段。

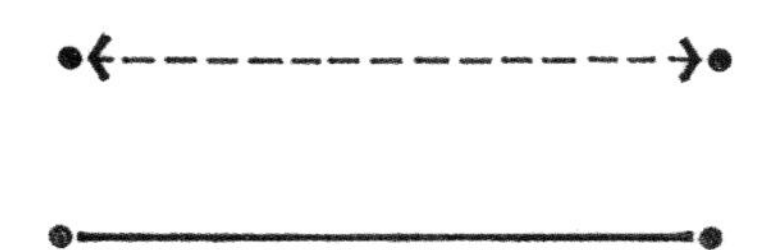

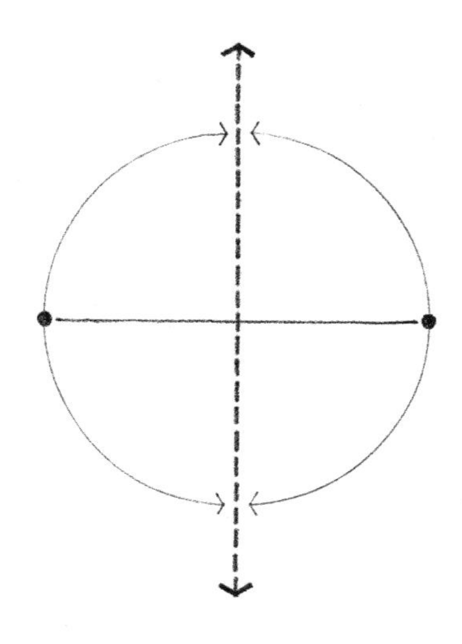

两点的连线进一步从视觉上暗示了一条垂直于此连线的轴线，两个端点关于此轴线对称。由于这条轴线可以是无限长的，所以在某些情况下，两点连成的线段可能居于更加主导的地位。

并且，在这两种情况下，两点连成的线段和垂直轴线，在视觉上要比在每个个别点上可能通过的无限多的直线居于更加主导的地位。

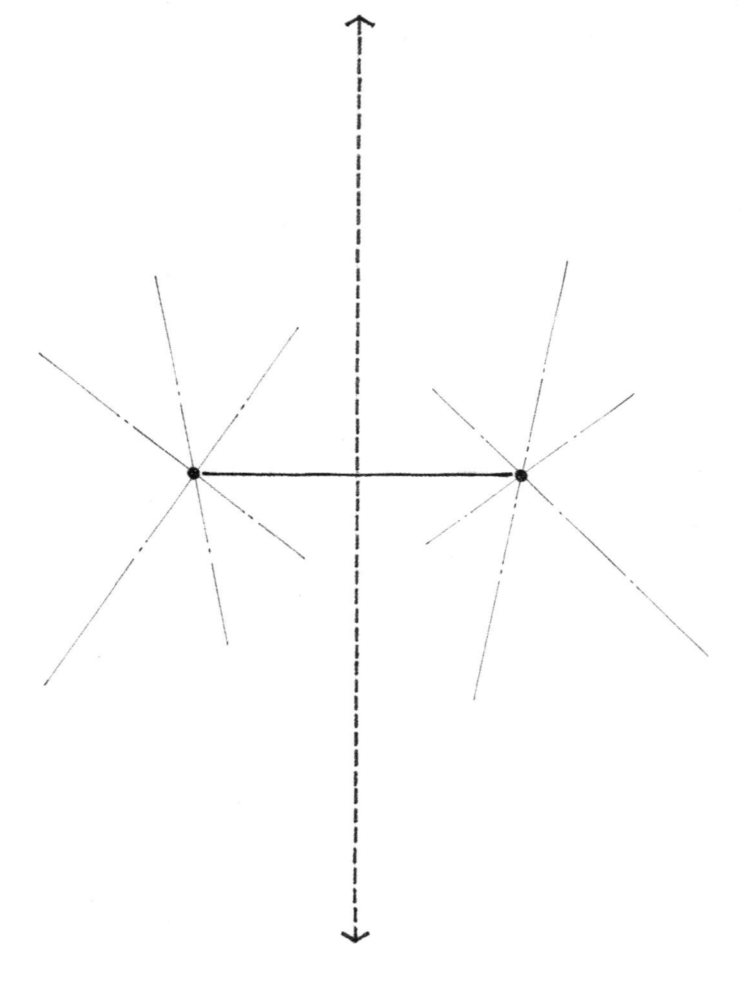

由空间中的柱状要素或集中形式所形成的两个点，可以限定一条轴线，这是历史上惯用的成法，用来组合建筑形式和空间。

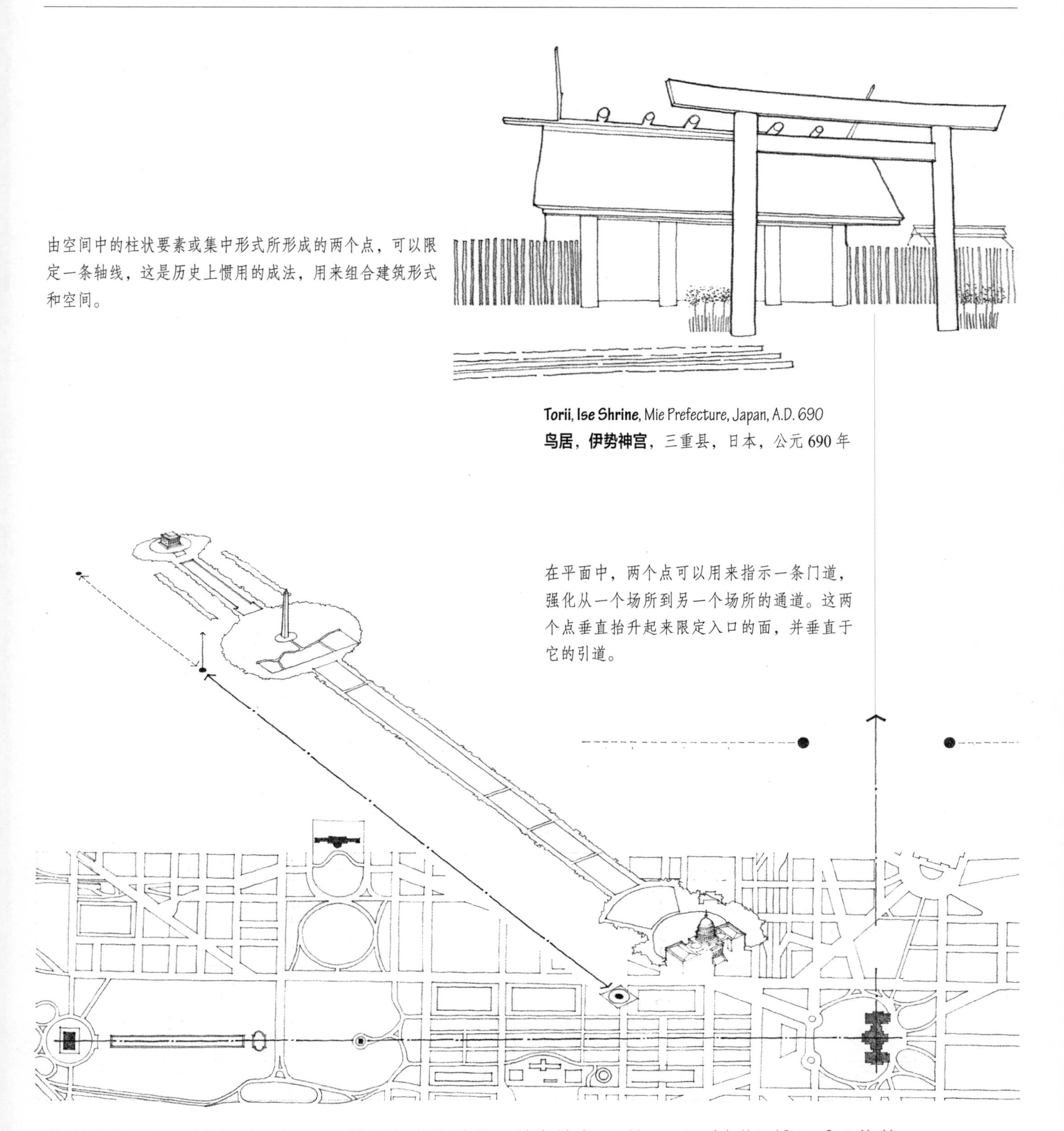

Torii, Ise Shrine, Mie Prefecture, Japan, A.D. 690
鸟居，伊势神宫，三重县，日本，公元 690 年

在平面中，两个点可以用来指示一条门道，强化从一个场所到另一个场所的通道。这两个点垂直抬升起来限定入口的面，并垂直于它的引道。

The Mall, Washington, D.C., lies along the axis established by the Lincoln Memorial, the Washington Monument, and the United States Capitol building.
林荫大道，华盛顿特区，沿着林肯纪念堂、华盛顿纪念碑和美国国会大厦形成的轴线规划而成。

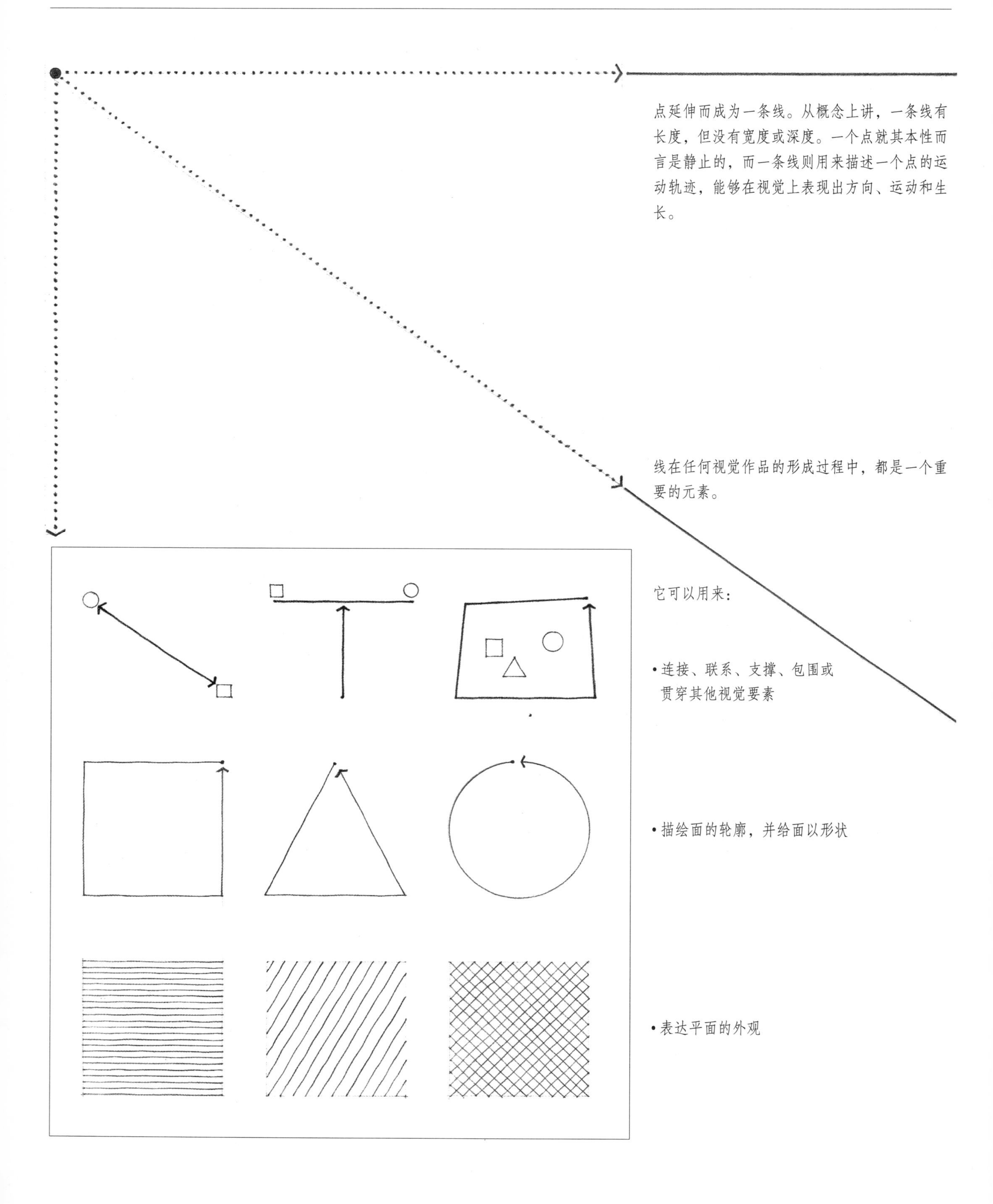

点延伸而成为一条线。从概念上讲，一条线有长度，但没有宽度或深度。一个点就其本性而言是静止的，而一条线则用来描述一个点的运动轨迹，能够在视觉上表现出方向、运动和生长。

线在任何视觉作品的形成过程中，都是一个重要的元素。

它可以用来：

- 连接、联系、支撑、包围或贯穿其他视觉要素

- 描绘面的轮廓，并给面以形状

- 表达平面的外观

尽管从理论上讲一条线只有一个维度，但它必须有一定的粗细深度才能看得见。它之所以被当成一条线，是因为其长度远远超过其宽度。一条线，不论是拉紧的还是放松的，粗壮的还是纤细的，流畅的还是参差的，它的特征都取决于我们对其长宽比、外轮廓及其连续程度的感知。

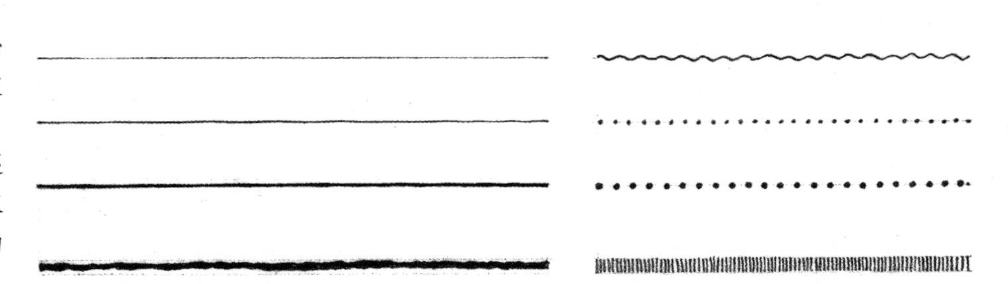

如果有同样或类似的要素做简单的重复，并达到足够的连续性，那也可以看成一条线。这种类型的线具有重要的纹理特征。

一条线的方向，影响着它在视觉构成中所发挥的作用。一条垂直线可以表达一种与重力的平衡状态，表现人的状况，或者标识出空间中的一个位置。一条水平线，可以代表稳定性、地平面、地平线或者平躺的人体。

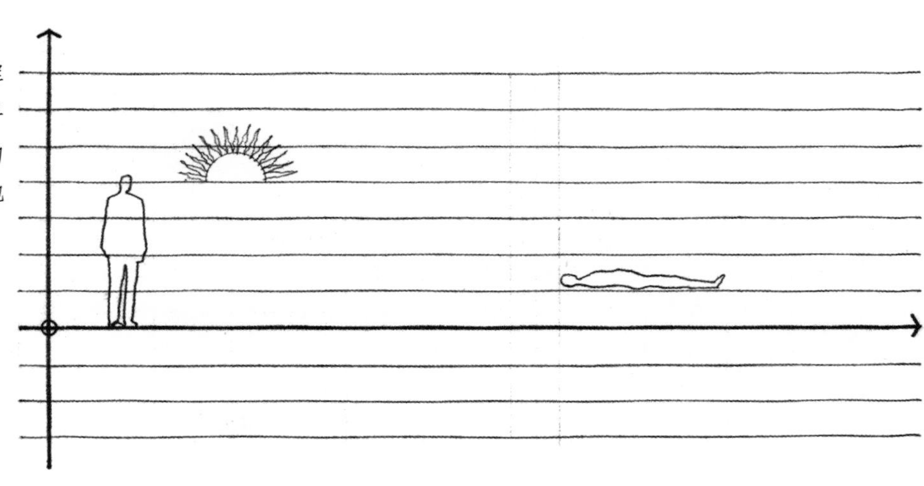

偏离水平或垂直的线为斜线。

斜线可以看做垂直线正在倾倒或水平线正在升起。不论是垂直线朝地上的一点倒下，还是水平线向天空的某处升起，斜线都是动态的，是视觉上的活跃因素，因为它处于不平衡状态。

垂直的线性要素，如柱子、方尖碑和塔，在历史上已被广泛采用，用来纪念重大事件并在空间中建立起特定的点。

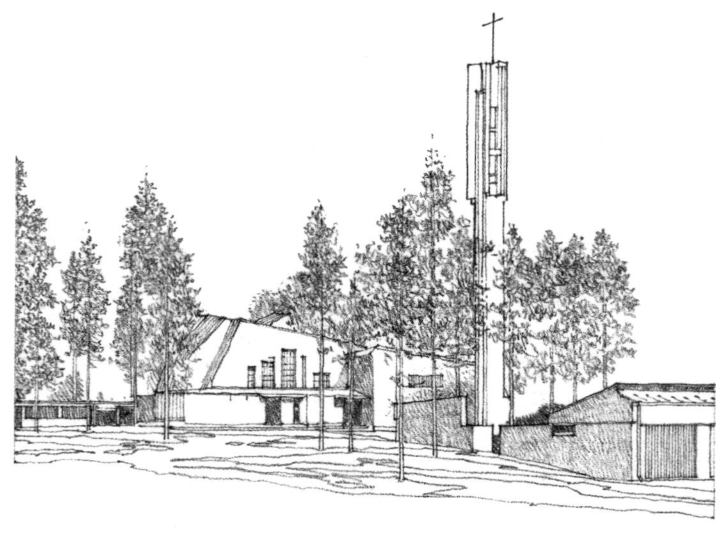

Bell Tower, Church at Vuoksenniska, Imatra, Finland, 1956, Alvar Aalto

钟塔，沃克申尼斯卡的教堂，伊玛特拉，芬兰，1956，阿尔瓦·阿尔托

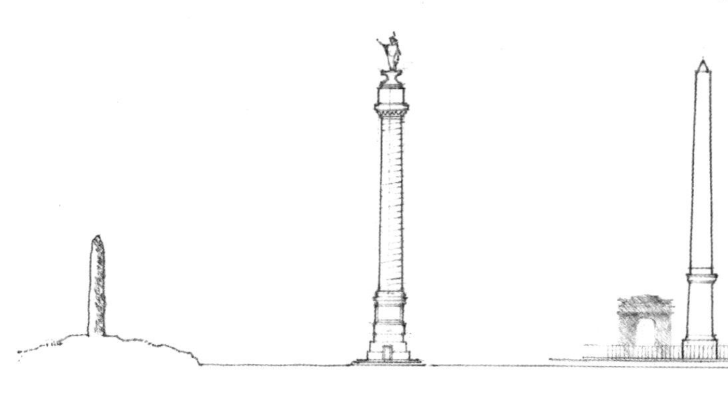

Menhir

史前纪念石柱

一座史前的纪念碑，由竖直向上的巨石构成，通常是独立的，有时是与其他石柱一起成行排列。

Column of Marcus Aurelius

马可·奥勒留柱

圆柱广场（Piazza Colonna），罗马，公元 174 年

这个圆柱形的石柱是为了纪念皇帝征服多瑙河北部的日耳曼部落而建的。

Obelisk of Luxor

卢克索的方尖碑

协和广场（Place de la Concorde），巴黎。这座方尖碑是卢克索阿蒙神庙（the Amon Temple）入口的标志，是埃及总督穆罕默德·阿里（Mohamed Ali）赠与法国国王路易·菲利浦（Louis Phillipe）的，1836 年安放在协和广场。

垂直的线性要素也可以限定一个明晰的空间形状。左图表明，四个伊斯兰尖塔勾勒出一片空间领域，塞利来耶清真寺的穹顶在这一领域中壮观地升起。

Selim Mosque, Edirne, Turkey, A.D. 1569–1575

塞利姆清真寺，埃迪尔内，土耳其，公元 1569—1575 年

拥有一定材料强度的线性要素能够发挥结构的作用。在这三个实例中，线性要素具有：

- 表现穿越空间的运动
- 为顶面提供支撑
- 形成三维的结构框架以包容建筑空间

Caryatid Porch, The Erechtheion, Athens, 421–405 B.C., Mnesicles.

女像柱廊，伊瑞克提翁神庙，雅典，公元前 421—公元前 405 年，穆尼西克里

雕塑女像是檐口的支柱。

Salginatobel Bridge, Switzerland, 1929–1930, Robert Maillart.

萨尔金纳托贝尔大桥，瑞士，1929—1930，罗伯特 • 梅拉特

柱与梁具有抗弯强度，从而能够跨越支撑体之间的空间并承担横向荷载。

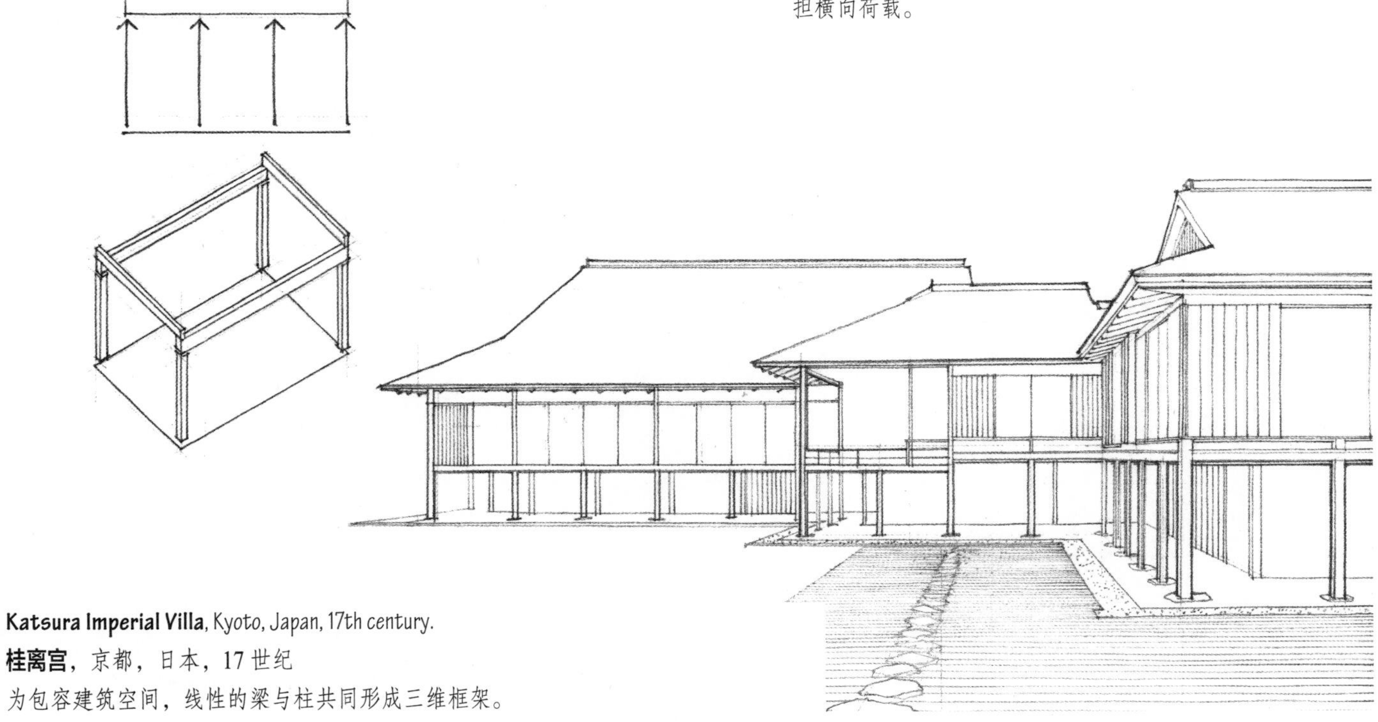

Katsura Imperial Villa, Kyoto, Japan, 17th century.

桂离宫，京都，日本，17 世纪

为包容建筑空间，线性的梁与柱共同形成三维框架。

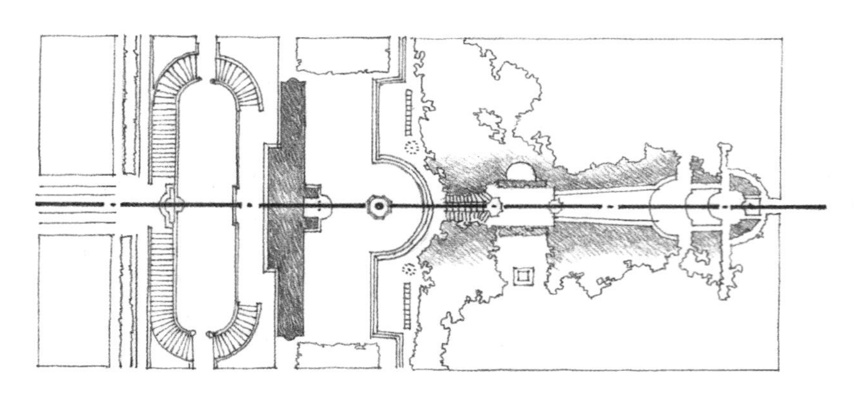

在建筑中，一条线可以是假想的要素而不是一条真实可见的线。轴线就是一个例子，它是在空间中，两个彼此分离的点之间建立的控制线，各要素则相对于轴线对称安排。

Villa Aldobrandini, Italy, 1598–1603, Giacomo Della Porta
奥多布兰狄尼别墅，意大利，1598—1603，贾科莫·德拉·波尔塔

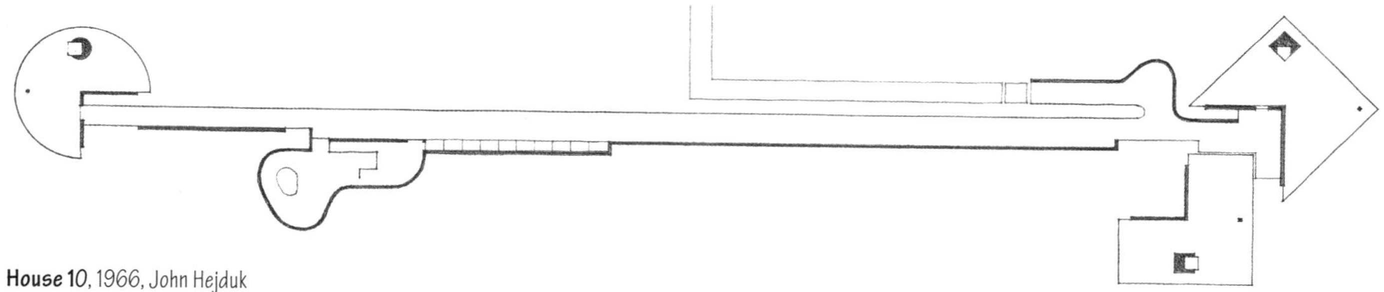

House 10, 1966, John Hejduk
10 号住宅，1966，约翰·海杜克

虽然建筑空间存在于三维空间之中，但其形式可以是线性的，以适应穿越建筑物的运动轨迹，并使其空间与其他空间彼此相连。

建筑的形式也可以是线性的，特别是建筑中包含着沿交通流线组织的重复性空间。如图所示，线性的建筑形式能够围合外部空间，也能够适应基地的环境状况。

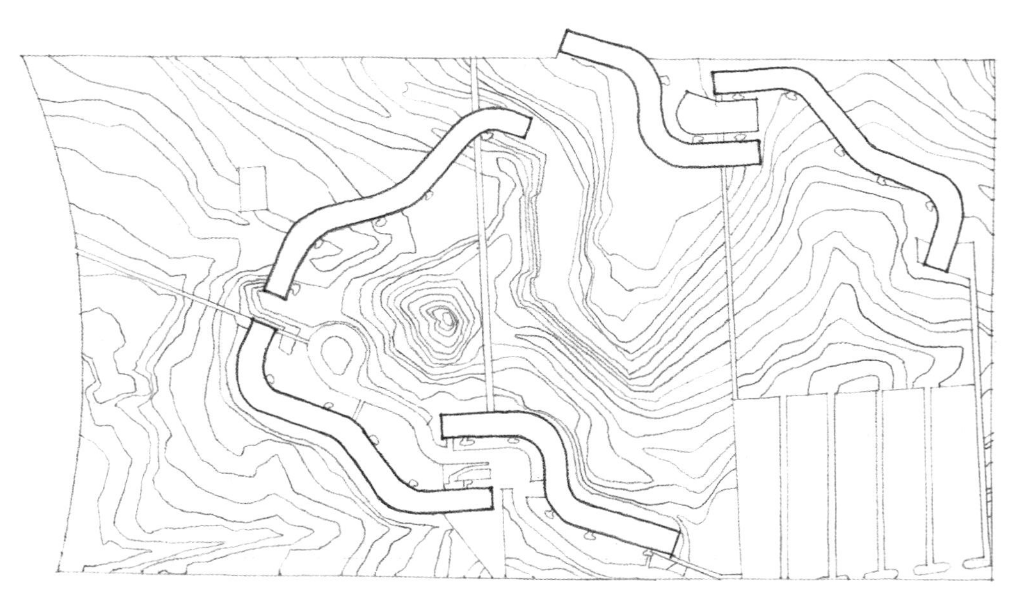

Cornell University Undergraduate Housing (Project), Ithaca, New York, 1974, Richard Meier
康奈尔大学本科生公寓（方案），伊萨卡，纽约州，1974，理查德·迈耶

Town Hall, Säynätsalo, Finland, 1950–1952, Alvar Aalto

市政厅，赛纳特萨罗，芬兰，1950—1952，阿尔瓦•阿尔托

在尺度较小的情况下，线能够清楚地表达面的边界和体量的各表面。这些线可以表现为建筑材料之中或建筑材料之间的结合处、窗或门洞周围的框子，或者是梁和柱组成的结构网格。这些线性要素，对建筑表面质感的影响程度取决于它们的视觉分量、间距和方向。

Crown Hall, School of Architecture and Urban Design, Illinois Institute of Technology, Chicago, 1956, Mies van der Rohe

皇冠厅，建筑与城市设计学院，伊利诺斯理工学院，芝加哥，1956，密斯•凡德罗

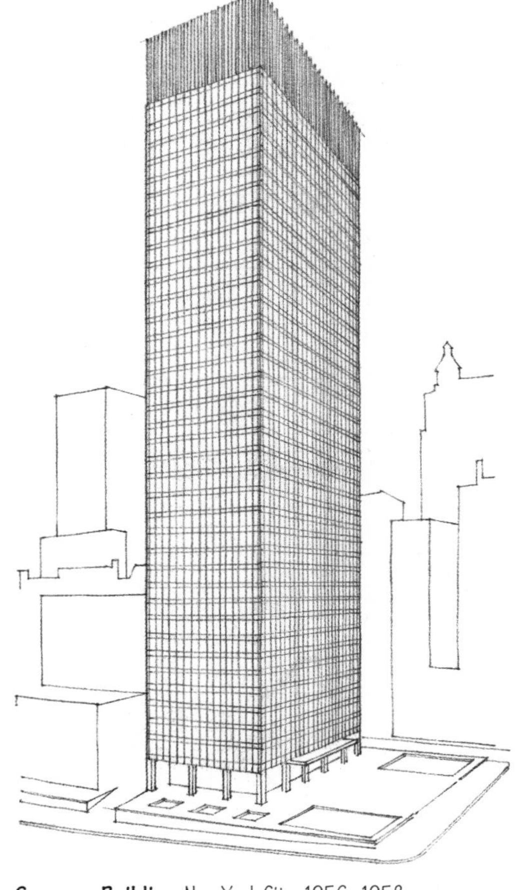

Seagram Building, New York City, 1956–1958, Mies van de Rohe and Philip Johnson

西格拉姆大厦，纽约市，1956—1958，密斯•凡德罗与菲利浦•约翰逊

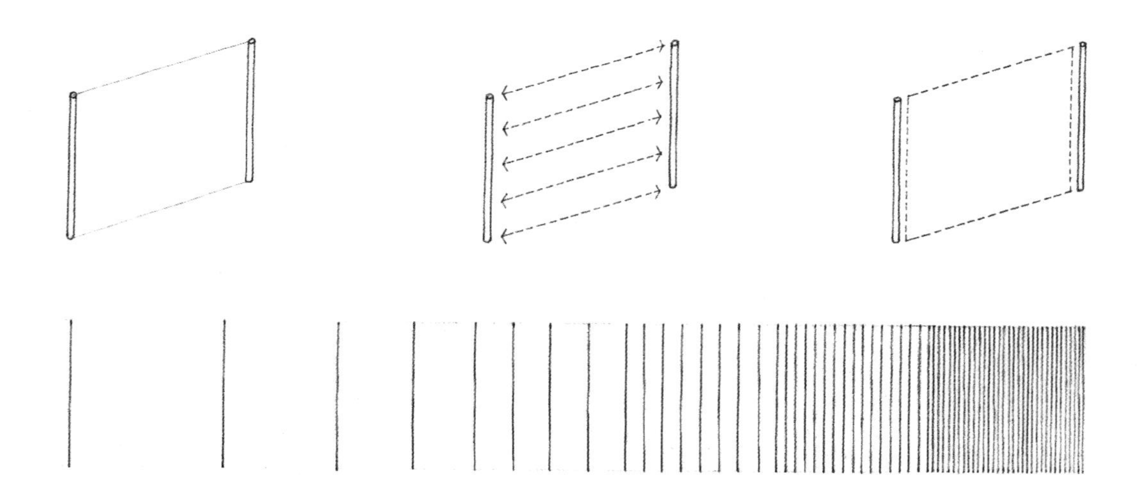

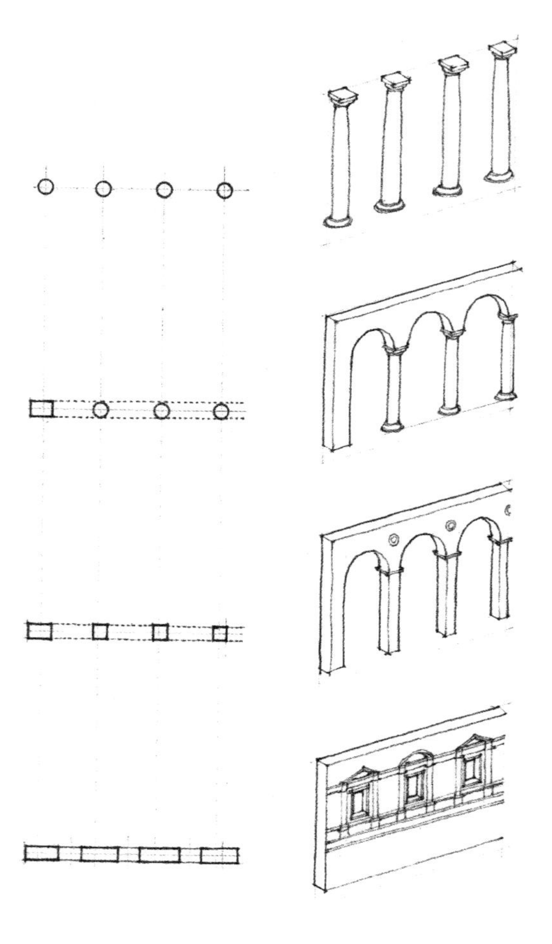

两条平行线能够在视觉上确定一个平面。一块透明的空间薄膜能够在两条线之间伸展，从而使人们意识到两条线之间的视觉关系。这些线彼此之间离得越近，它们所表现的平面感也就越强。

一系列的平行线，通过不断重复，就会强化我们对于这些线所确定的平面的感知。当这些线沿着它们所确定的平面不断延伸时，原来暗示的面就变成了实际的面，原本存在于线之间的空白则转变成平面之间的间断。

左图表明了一排圆柱的转变过程，起先柱子支撑着部分墙体；后来发展成为方形的柱墩，成为墙面的必要组成部分；最后变成了壁柱——即原来柱子的遗痕，仅仅是沿着墙面的凸起而已。

“柱子是墙体的某种加固部分，从基础到顶部垂直向上……一排柱子其实不是别的，而是一面开放的、有若干处间断的墙体。”列昂•巴蒂斯塔•阿尔伯蒂（Leon Battista Alberti）

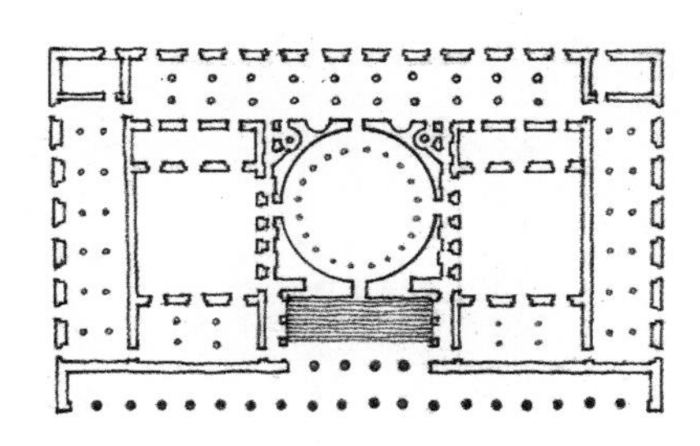

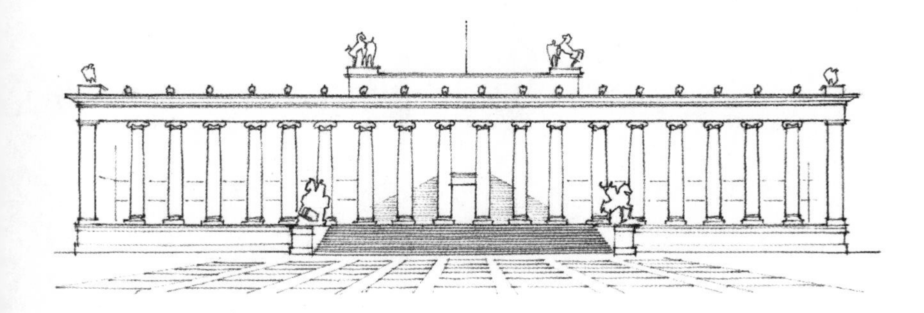

Altes Museum, Berlin, 1823–1830, Karl Friedrich Schinkel

阿尔蒂斯博物馆，柏林，1823—1830，卡尔·弗雷德里希·冯·辛克尔

一排柱子支撑着建筑物的楣构，即柱廊，常常用来表达建筑物的公共面孔或正立面，特别是面对主要城市空间的正立面。柱廊式的正立面能够使人一目了然地看到入口，这些柱子在一定程度上提供了遮风避雨的场所，并形成一层半透明的帘幕，这层帘幕使其背后的个体建筑形式得到统一。

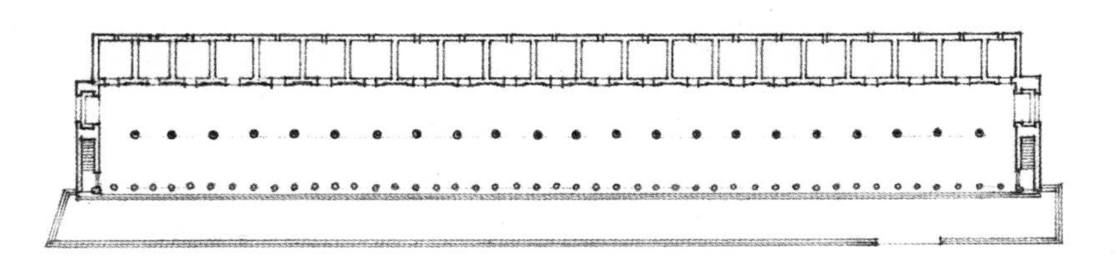

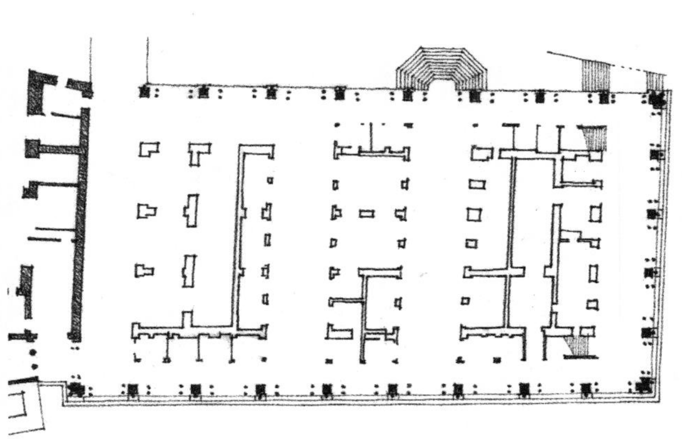

The Basilica, Vicenza, Italy.

巴西利卡，维琴察，意大利

安德烈·帕拉迪奥（Andrea Palladio）在 1545 年设计的这座两层高的外廊，包围着一座原有的中世纪建筑。这个加建物不仅加固了原有的结构，而且起到了屏风的作用，把原来不整齐的内核乔装了一番，给绅士广场（the Piazza del Signori）呈上统一而优雅的形象。

Stoa of Attalus fronting the Agora in Athens

正对着市场的**阿塔洛斯回廊**，雅典

Cloister of **Moissac Abbey**, France, c. 1100

莫瓦萨修道院回廊，法国，约公元 1100 年

列柱除了发挥支撑上面楼板或屋面的结构性作用之外，还可以清楚地表现可见空间区域的外轮廓，同时又能使这些空间很容易地与邻近空间相结合。

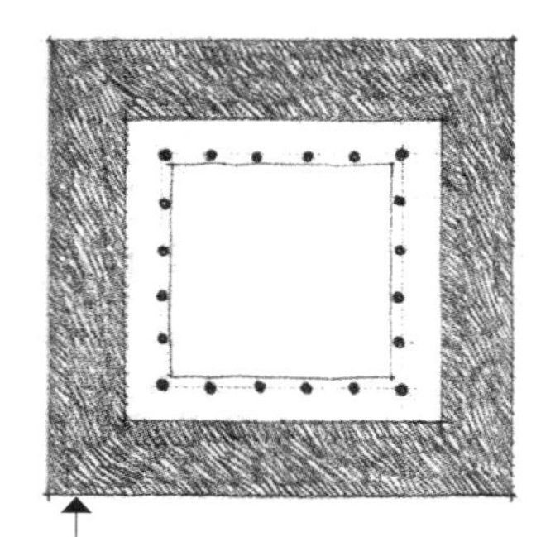

这两个实例说明，柱子能够表现建筑实体内部庭院的边界，同样也能勾勒出空间中建筑体块的边界。

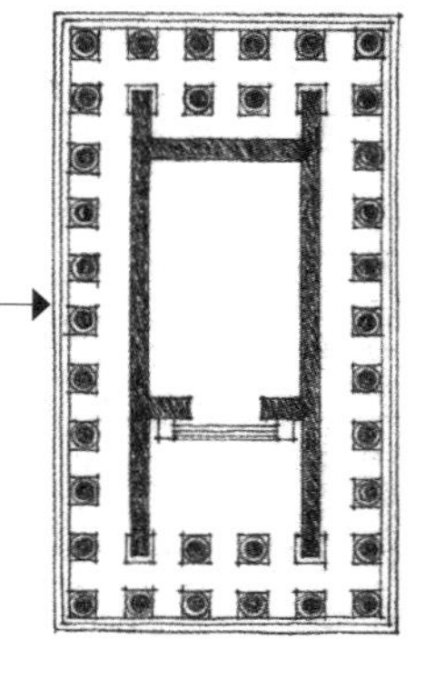

Temple of Athena Polias, Priene, c. 334 B.C., Pythius

城市雅典娜神庙，普里恩，约公元前 334 年，皮修斯

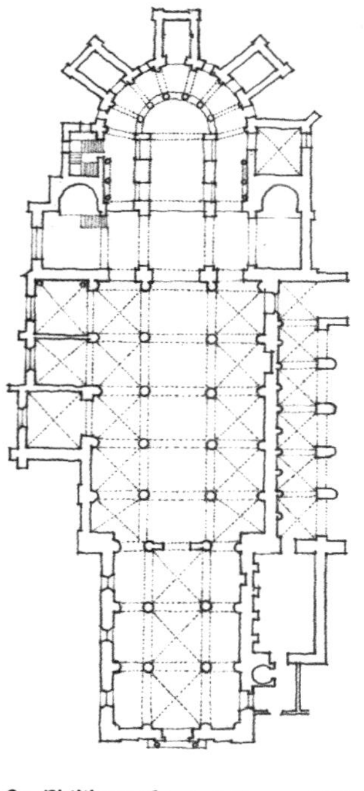

St. Philibert, Tournus, France, 950–1120.

圣菲利贝尔大教堂，图尔尼，法国，950—1120

这幅教堂中殿的图景显示出，成排的柱子能够形成富有节奏的空间韵律。

Cary House, Mill Valley, California, 1963, Joseph Esherick

卡里住宅，米尔山谷，加利福尼亚州，1963，约瑟夫·埃舍里克

Trellised Courtyard, **Georgia O'Keefe Residence**, Abiquiu, northwest of Sante Fe, New Mexico

带有格架的庭院，**乔治娅·奥吉弗住宅**，阿比丘，圣特菲西北部，新墨西哥州

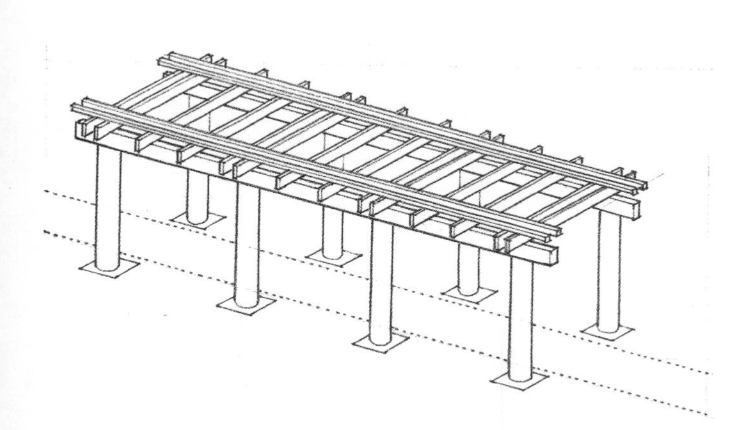

由棚架形成的线性构件，能够适度地限定与围合外部空间，同时又能让阳光和微风穿越其间。

垂直和水平的线性要素组合在一起，可以限定一个空间容积，如右图所示的日光浴室。请注意，其体量的形式完全是由线性要素的布局所决定的。

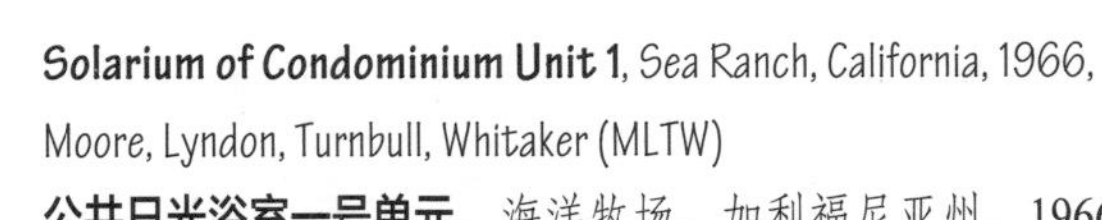

Solarium of Condominium Unit 1, Sea Ranch, California, 1966, Moore, Lyndon, Turnbull, Whitaker (MLTW)

公共日光浴室一号单元，海洋牧场，加利福尼亚州，1966，MLTW

一条线沿着不同于自身的延伸方向展开则变成一个面。从概念上讲，一个面有长度和宽度但没有深度。

一个面的首要识别特征是形状。它决定于形成面之边界的轮廓线。我们对于形状的感知会因为透视错觉而失真，所以只有正对一个面的时候才能看到面的真实形状。

一个面的其他属性，如表面的色彩、图形和纹理，影响着面的视觉重量感和稳定性。

在视觉艺术品的构成中，面发挥着限定容积界限的作用。如果作为视觉艺术的建筑是专门用来处理体块与空间的三维形式问题，那么在建筑设计的语汇中，面就应该被看做一个关键的要素。

建筑中的面限定着体块与空间的三维量度。每个面的特性，如尺寸、形状、色彩、质感，还有面与面之间的空间关系，最终决定了这些面限定的形式所具有的视觉特征以及这些面所围合的空间质量。

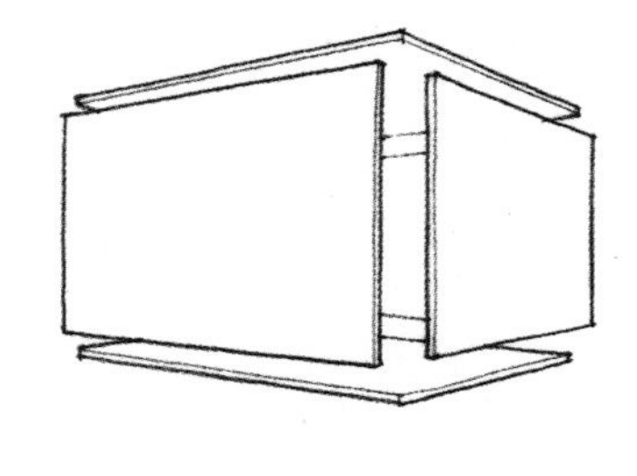

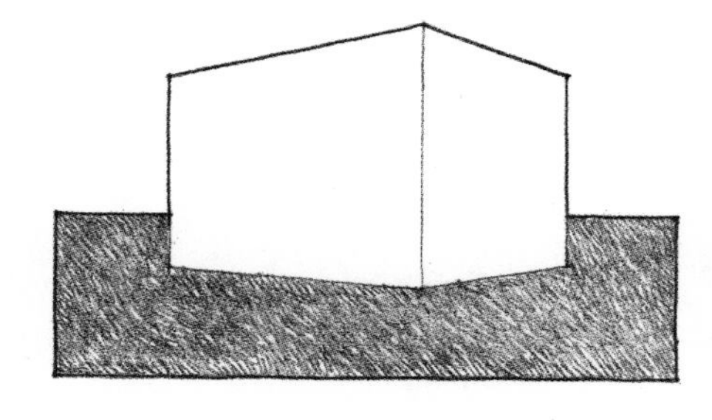

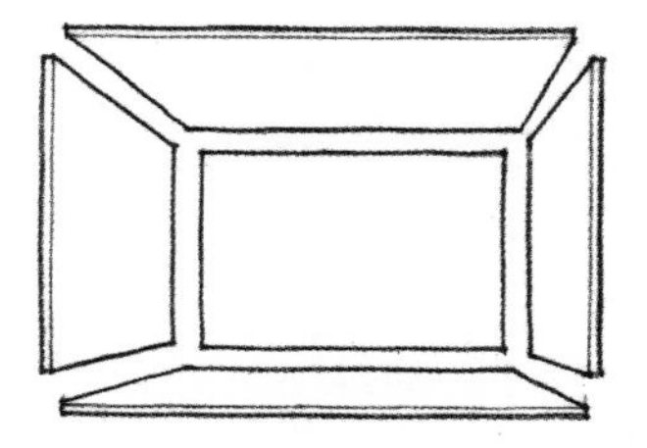

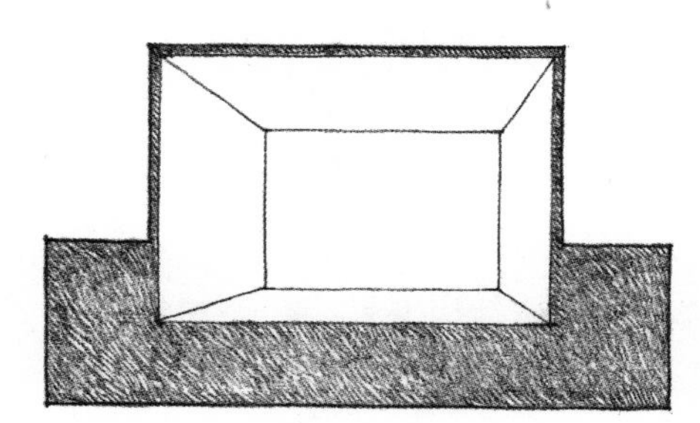

在建筑设计中,我们常用三种类型的面:

Overhead Plane

顶面

顶面可以是屋顶平面，它遮蔽建筑内部空间，使其免受气候因素的影响；也可以是天花板面，即闭合房间的上表面。

Wall Plane

墙面

墙面因为具有垂直的方向性，因此在我们通常的视野中是很活跃的，并且对于塑造与围合建筑空间至关重要。

Base Plane

基面

基面可以是地面，它既是建筑形式的有形底座，又是建筑的视觉基面；基面也可以是楼板面，它形成了底层房间的闭合表面，我们则在此面之上行走。

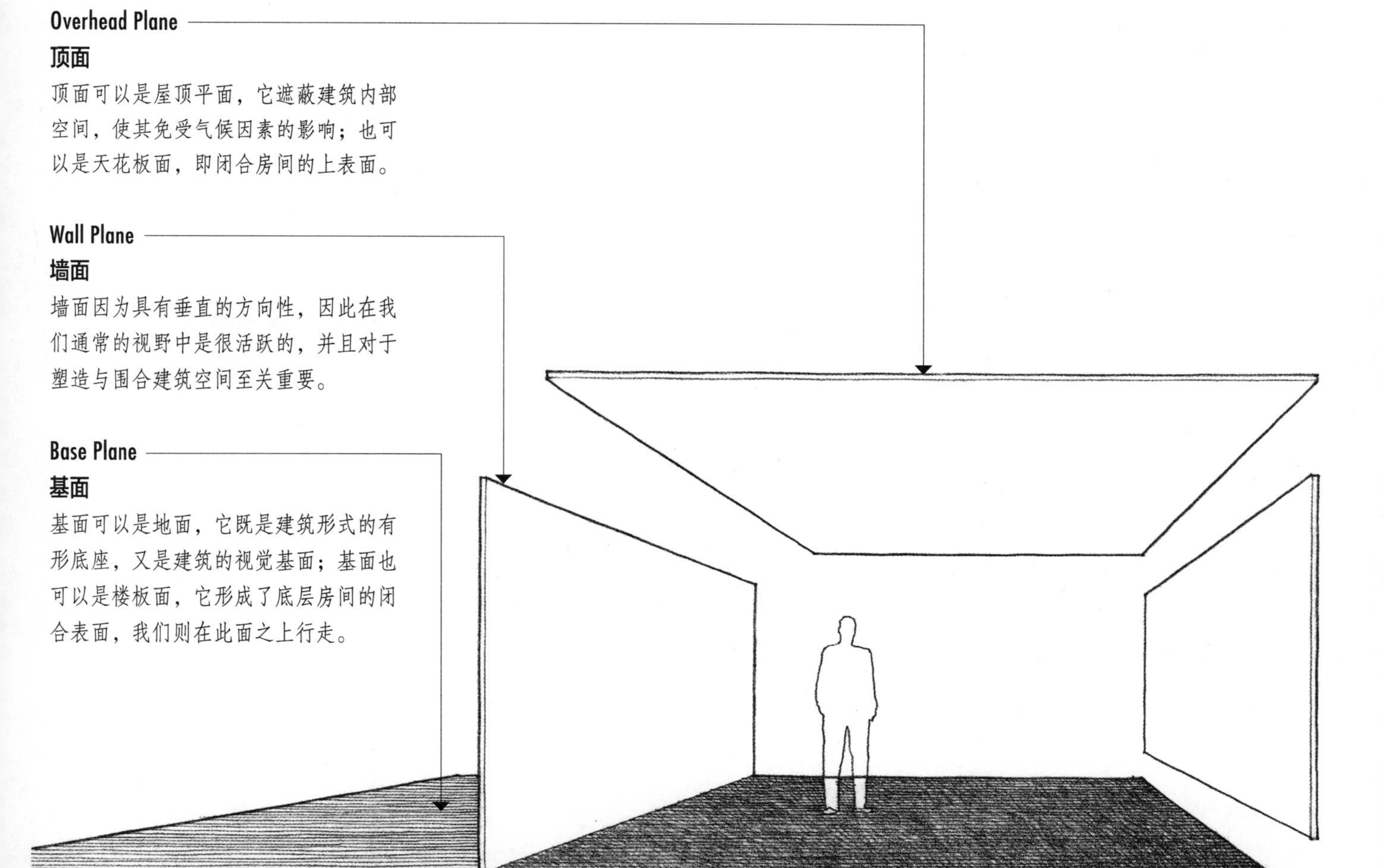

从根本上讲，地面支撑着所有建筑结构。伴随着基地的气候条件及其他环境因素，地面的地形特征影响着立于其中的建筑形式。建筑可以与地面融为一体，直接坐落于地面之上，或者架空在地面上。

地面本身也可以经过处理而成为某一建筑形式的基座。可以抬高地面来对某一神圣或重要场所表示尊敬；整修地面来限定室外空间或缓冲不良状况；切割或建成台地，为建筑提供一个合适的平台；或者修成阶梯状来解决高差问题。

Scala de Spagna (Spanish Steps), Rome, 1721–1725.
西班牙台阶，罗马，1721—1725
亚历山德罗•斯佩奇（Alessandro Specchi）设计了这一市政工程，把西班牙广场（Piazza di Spagna）与天主圣三一教堂（SS. Trinita de' Monti）相连；由弗朗西斯科•德•桑克蒂斯（Francesco de Sanctis）完成。

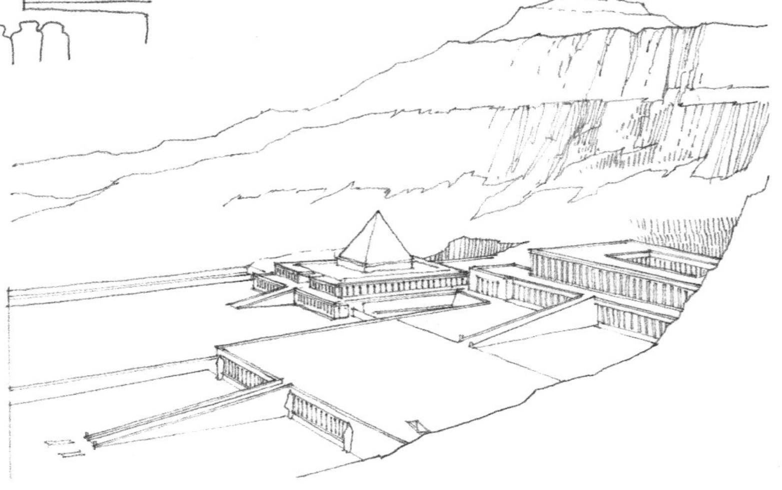

Mortuary Temple of Queen Hatshepsut, Dêr el-Bahari, Thebes, 1511–1480 B.C., Senmut.
哈特谢普苏特女王陵寝庙，代尔•埃尔—巴哈利，底比斯，公元前1511—公元前1480年，森穆特
三层台地由坡道相连逐渐升高通向峭壁的底部，在那里主圣殿深深地嵌在岩石之中。

Machu Picchu, an ancient Incan city established c.1500 in the Andes Mountains on a saddle between two peaks, 8000 ft. above the Urubamba River in south-central Peru.
马丘比丘，一座古代的印加城市，建于约公元1500年，位置在安第斯山脉两座山峰之间的鞍形地带，比秘鲁南部中心地带的乌鲁班巴河高出8000英尺。

Sitting Area, **Lawrence House**, Sea Ranch, California, 1966, MLTW
起居区域，**劳伦斯住宅**，海洋牧场，加利福尼亚州，1966，MLTW

当我们在地板上四处走动并把所需物件放在地板上的时候，地板是承受重力的水平要素。地板可能是由自然地面形成的坚固的壳，也可能是一种更加人工化的、抬高了的平面，跨越了架在支撑体之间的空间。无论是哪种情形，地板材料的质感与密度都影响着空间的声学特性以及我们跨越地板表面时的感受。

同时，地板面的实用性与支撑功能，限制着它被艺术处理的程度，毫无疑问，地板是建筑设计的重要因素。地板的形状、色彩和图形，决定着它将空间的界线限定到什么程度，或者作为空间中不同部位的统一要素。

像自然地面一样，地板的形式也可以处理成阶梯或台地，目的是把空间的尺度分解成人性化的维度，并形成可以坐卧、观景或表演的平台。地板也可以被抬高来限定一个神圣或庄严的场所，还可以被表现为一个中性的基面，以这一基面为背景，空间中的其他要素则被视为主角。

Emperor's Seat, **Imperial Palace**, Kyoto, Japan, 17th century
天皇宝座，**皇宫**，京都，日本，17 世纪

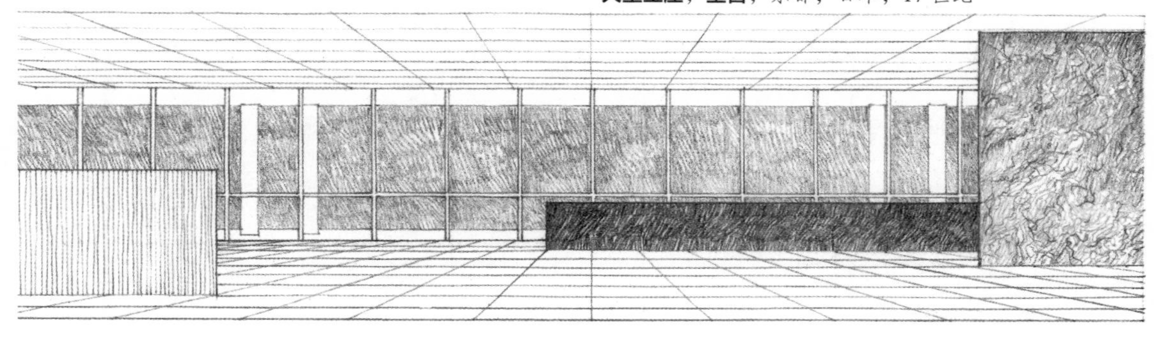

Bacardi Office Building (Project), Santiago de Cuba, 1958, Mies van der Rohe
巴卡迪办公大楼（方案），圣地亚哥，古巴，1958，密斯·凡德罗

S. Maria Novella, Florence, 1456–1470.

新圣玛丽亚教堂，佛罗伦萨，1456—1470

由阿尔伯蒂设计的文艺复兴式正立面，为广场提供了一副公共化的面孔。

外墙面隔离了空间的一部分，目的是创造可控的室内环境。它们的构造既为建筑的室内空间提供了私密性，又使其免受气候因素的影响；同时，边界以内或边界之间的洞口，重新建立了与室外环境的联系。由于外墙塑造了室内空间，这些外墙同时也塑造了外部空间，并描绘出空间中一座建筑物的形式、体量以及留给人们的印象。

作为一个设计要素，室外墙面可以很明确地看做建筑物的正面或主要立面。在城市环境中，这些立面作为墙体，限定出庭院、街道以及诸如广场和市场这类公共聚集场所。

Uffizi Palace, 1560–1565, Giorgio Vasari.

乌菲齐宫，1560—1565，乔治•瓦萨里

佛罗伦萨的这条街道，是由乌菲齐宫的两翼限定的，把领主广场（Piazza della Signoria）和亚诺河（River Arno）联系在一起。

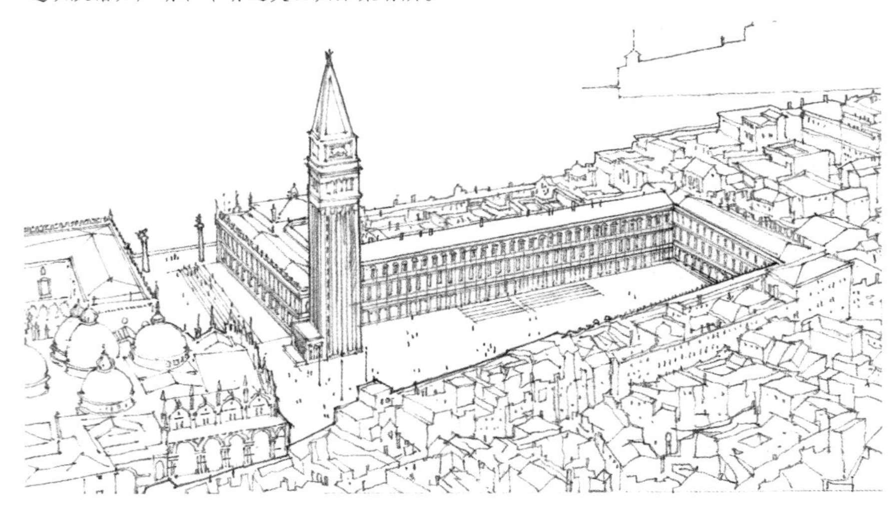

Piazza San Marco, Venice.

圣马可广场，威尼斯

建筑物连续的正立面形成了城市空间的“墙”。

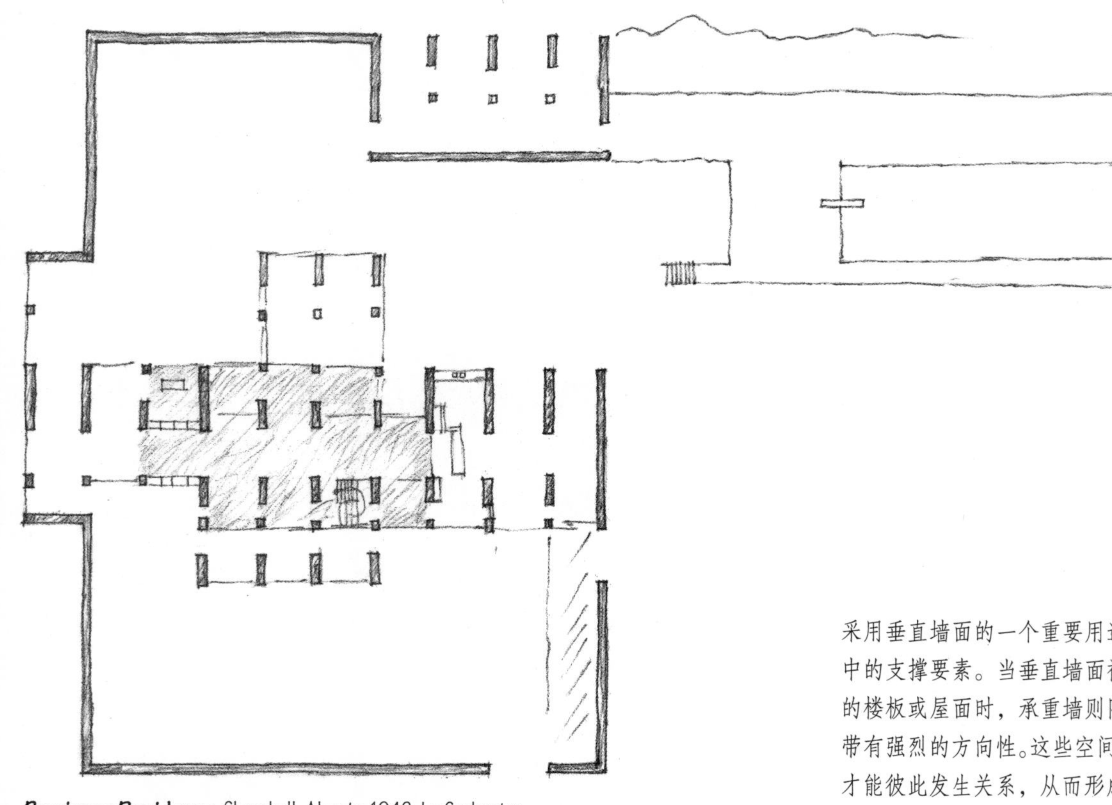

Peyrissac Residence, Cherchell, Algeria, 1942, Le Corbusier
佩里萨克住宅，舍尔舍勒，阿尔及利亚，1942，勒·柯布西埃

采用垂直墙面的一个重要用途，就是作为承重墙结构体系中的支撑要素。当垂直墙面被安排成平行系列去支持上面的楼板或屋面时，承重墙则限定了空间中的线性开口，并带有强烈的方向性。这些空间唯有在打断承重墙的情况下，才能彼此发生关系，从而形成相互垂直的空间区域。

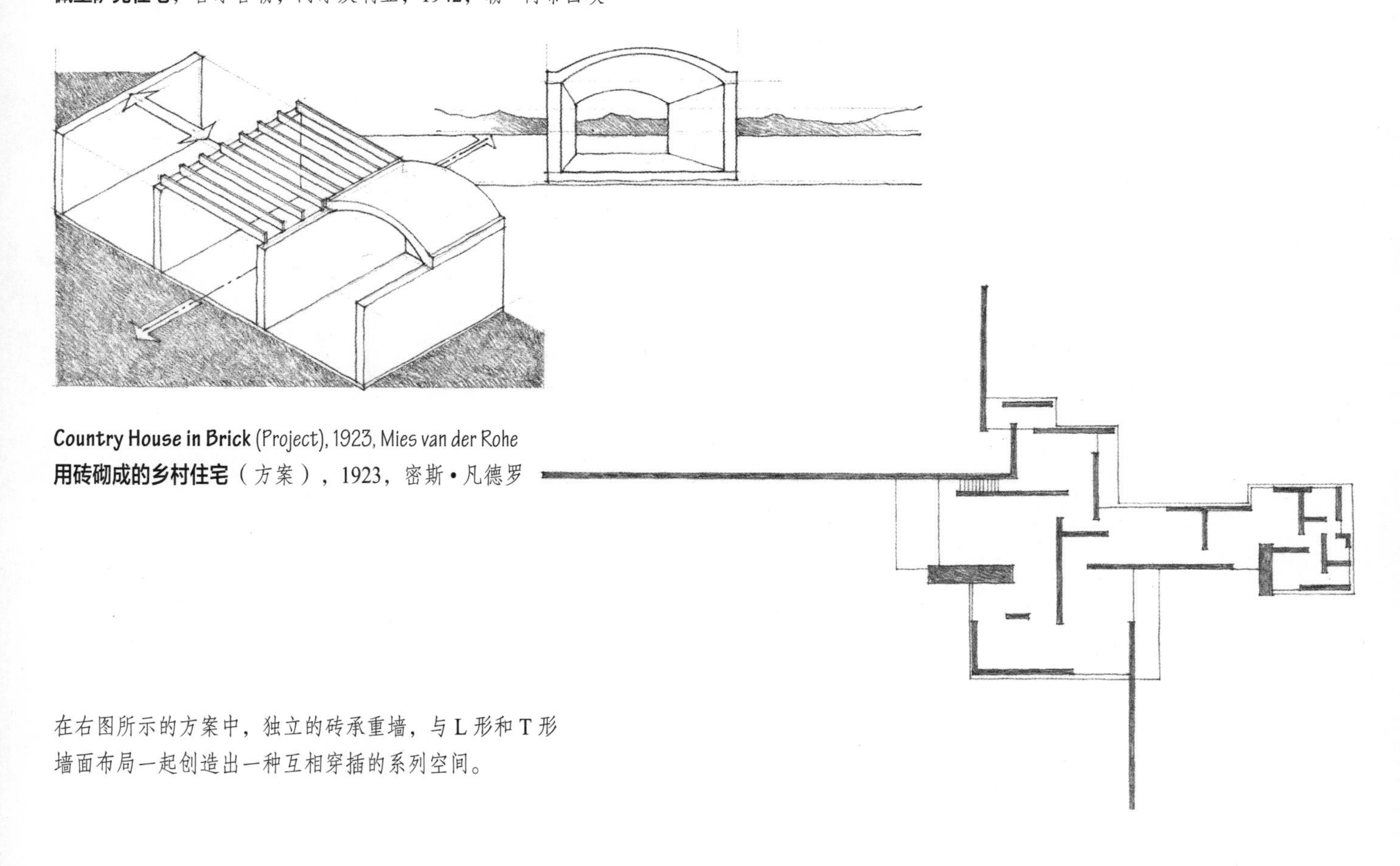

Country House in Brick (Project), 1923, Mies van der Rohe
用砖砌成的乡村住宅（方案），1923，密斯·凡德罗

在右图所示的方案中，独立的砖承重墙，与L形和T形墙面布局一起创造出一种互相穿插的系列空间。

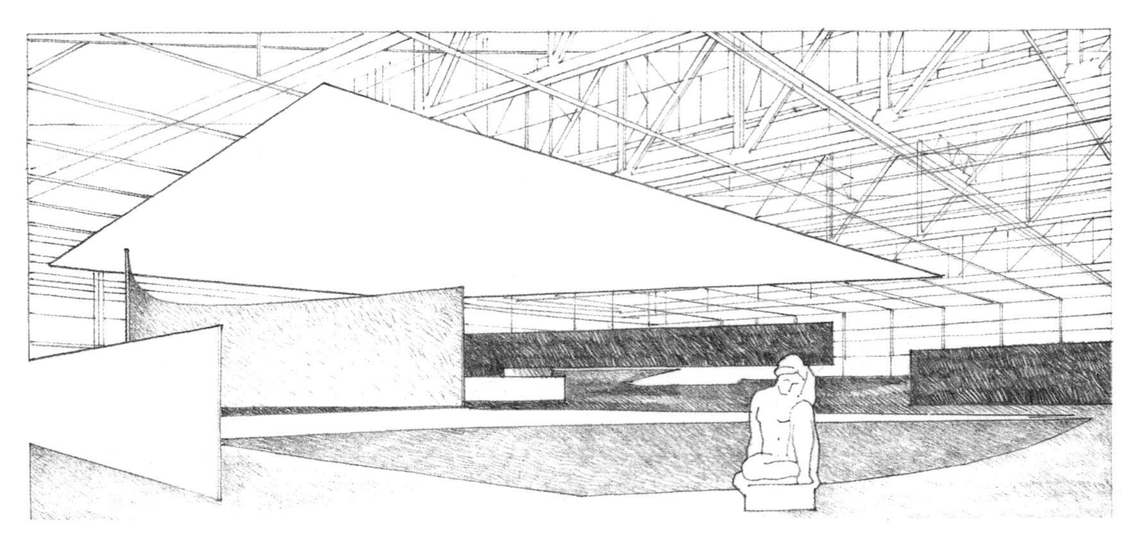

Concert Hall (Project), 1942, Mies van der Rohe
音乐厅（方案），1942，密斯•凡德罗

室内墙面控制着建筑物中室内空间或房间的规模与形状。它们的视觉属性、彼此之间的关系、大小以及边界之内洞口的分布，既决定了墙面所限定空间的质量，也决定了相邻空间彼此关联的程度。

作为一个设计要素，墙面可以与楼板或天花板结合在一起，也可以设计成与相邻平面不同的独立要素。墙面可以被处理成中性的或空间中其他要素的背景，也可以利用墙面的形式、色彩、质感或材料，突出自己而成为房间中活跃的视觉因素。

同时，墙体给室内空间提供了私密性并且成为限制我们活动的屏障，而门廊和窗户则重新建立起与相邻空间的连续性，并使得光、热和声音从中穿过。随着洞口尺寸的增大，洞口开始侵蚀围合墙体所赋予的自然感受。透过洞口的所见所闻，成为空间体验的一个部分。

Finnish Pavilion, New York World's Fair, 1939, Alvar Aalto
芬兰馆，纽约世界博览会，1939，阿尔瓦•阿尔托

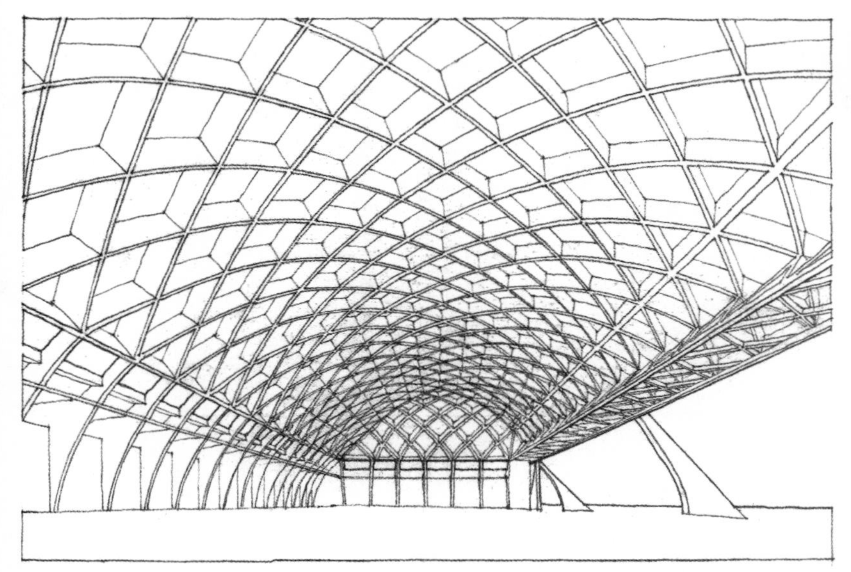

Hangar, Design I, 1935, Pier Luigi Nervi.
飞机库，设计 1，1935，皮埃尔•路易吉•奈尔维
薄壳结构表达出力被分解并传导至屋顶支撑构件的途径。

Brick House, New Canaan, Connecticut, 1949, Philip Johnson.
砖住宅，新坎南，康涅狄格州，1949，菲利浦•约翰逊
独立的拱顶刚好浮在床的上面。

当我们在地板上走动，与墙面有实际的接触时，顶棚通常是我们难以触及的，因此顶棚几乎总是空间中的一个纯视觉因素。它也许是上层楼板的底面或建筑的屋面，当楼板在其支撑构件之上跨越空间时，就表现出其结构形式，它或许悬于空中作为房间或厅堂顶上的围合表面。

作为一个独立的内面，天花板能够象征苍穹或者最基本的庇护要素，这一要素把空间中的不同部分统一在一起。屋顶可以成为壁画的载体、其他艺术表达的途径，或者只是简单地处理成背景面。它可以抬高或降低，以改变空间的尺度，或者在一个房间中限定空间区域。其形式可以经过处理，以控制空间中光线和声音的质量。

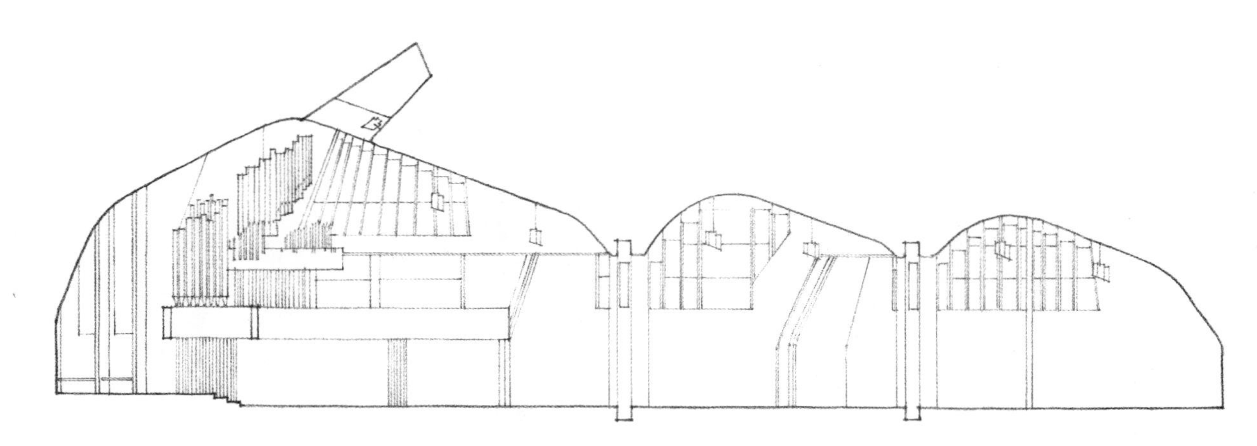

Church at Vuoksenniska, Imatra, Finland, 1956, Alvar Aalto.
沃克申尼斯卡教堂，伊玛特拉，芬兰，1956，阿尔瓦•阿尔托
顶棚的形式决定了一个空间系列并提高了空间的声学性能。

Dolmen
支石墓，这是一座史前的纪念碑，由两块或几块竖直向上的巨石支撑着一块横向的石板构成，主要发现于英国和法国，通常被认为是重要人物的墓地。

屋面是保护建筑室内不受气候因素影响的基本要素。其结构形式和几何形状，决定于屋面跨越空间的方式，与屋面的支撑结构以及避雨融雪的坡度有关。作为一个设计要素，屋面非常重要，因为在建筑所处的环境中，屋面对于建筑的形式和轮廓具有影响。

可以用建筑物的外墙把屋面隐藏在视野之外，或者把屋面与墙面融为一体以强调建筑物的体量。屋面可以被表达为一个独立的遮风避雨的形式，在其顶棚之下包容着多样空间；或者在一栋建筑物中，由很多“帽子”式的屋面组成，从而形成空间系列。

Robie House, Chicago, Illinois, 1909, Frank Lloyd Wright.
罗比住宅，芝加哥，伊利诺斯州，1909，弗兰克·劳埃德·赖特
低矮的坡屋面和宽阔的出檐，是草原派建筑（the Prairie School of Architecture）的特征。

屋面可以向外伸展，形成雨篷，保护门和窗洞免受日晒雨淋，或者继续向下伸展，与地平面更紧密地联系。在气候炎热的地区，屋面可以抬高，让凉爽的微风吹进来，同时穿过建筑物的室内空间。

Shodhan House, Ahmedabad, India, 1956, Le Corbusier.
绍丹住宅，艾哈迈达巴德，印度，1956，勒·柯布西埃
柱网支撑起别墅主体上面的钢筋混凝土屋面板。

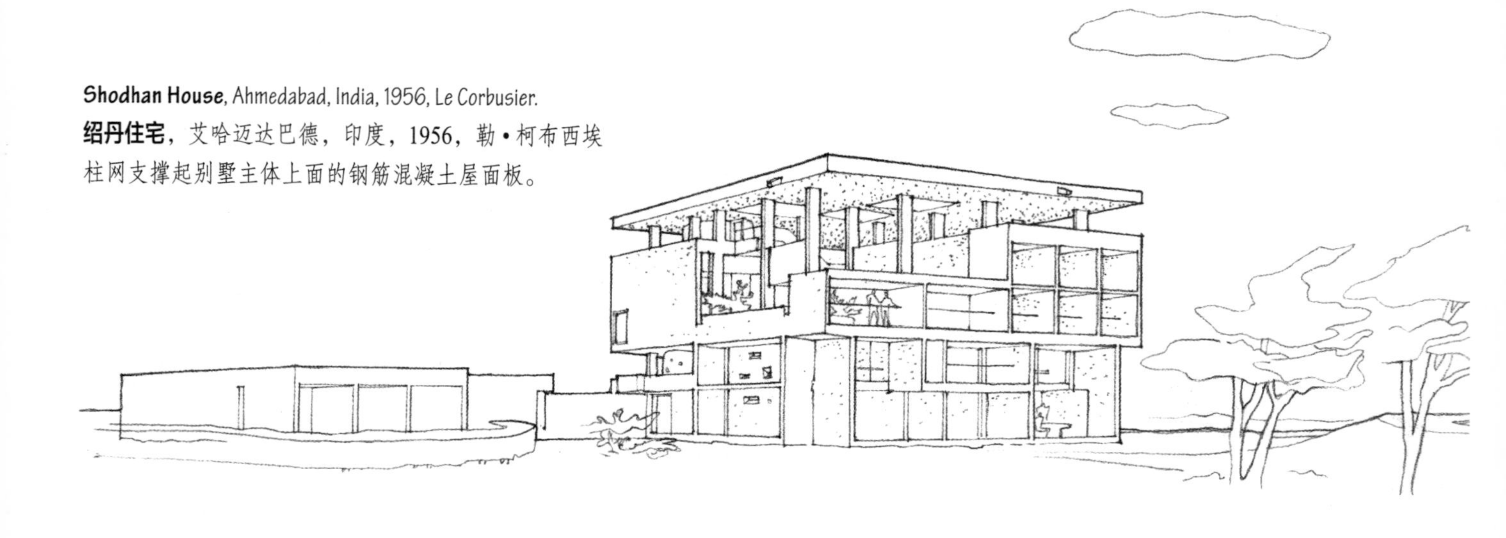

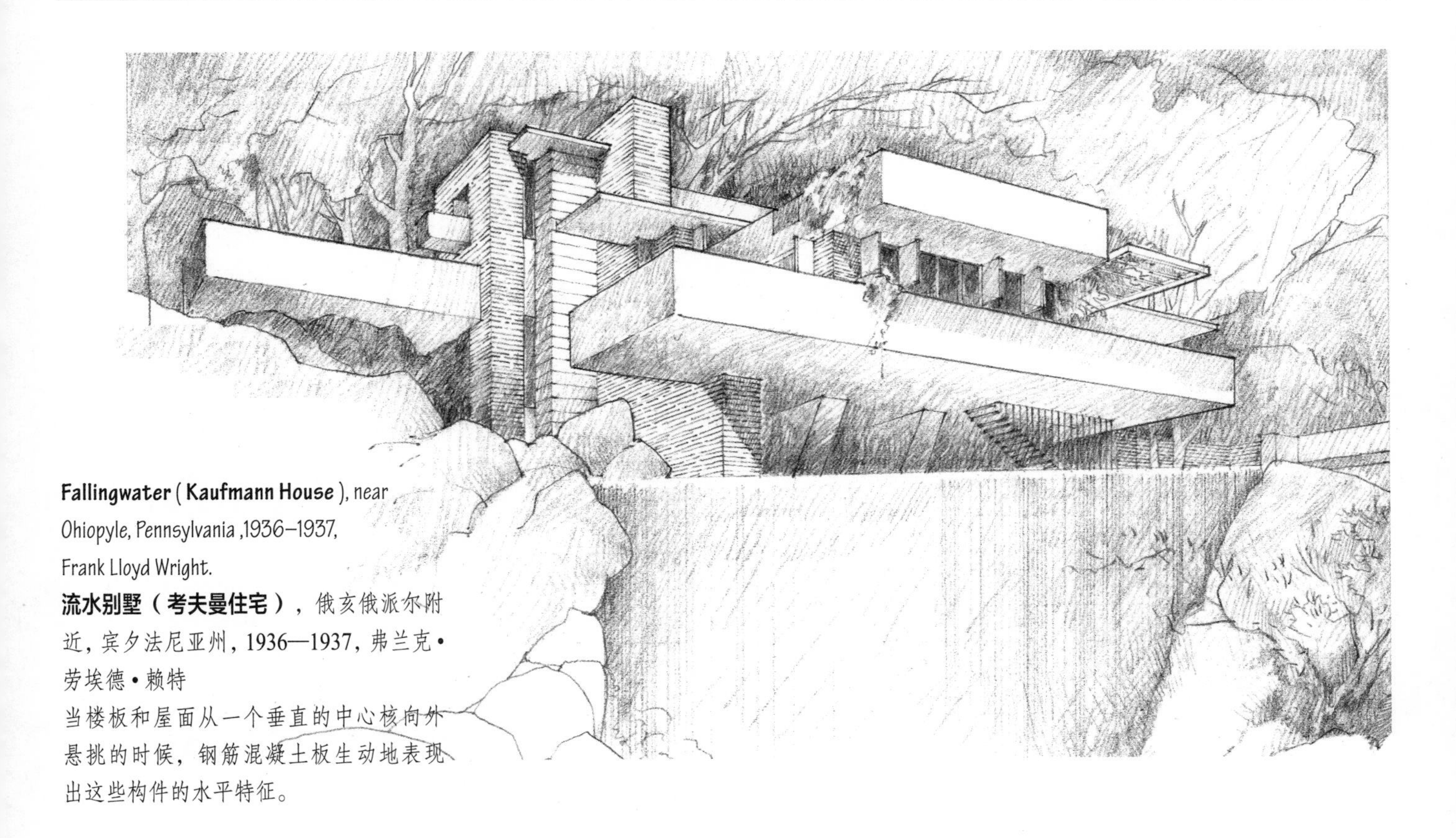

Fallingwater (Kaufmann House), near Ohiopyle, Pennsylvania ,1936–1937, Frank Lloyd Wright.
流水别墅（考夫曼住宅），俄亥俄派尔附近，宾夕法尼亚州，1936—1937，弗兰克•劳埃德•赖特
当楼板和屋面从一个垂直的中心核向外悬挑的时候，钢筋混凝土板生动地表现出这些构件的水平特征。

通过精心地安排开洞位置，并且透过洞口能够看到垂直或水平面的边缘，一座建筑的总体形式就可以被赋予独特的二维特征。这些面可以通过色彩、质感或材料的变化被进一步区别或强调。

Schröder House, Utrecht, 1924–1925, Gerrit Thomas Rietveld.
施洛德住宅，乌特勒支，1924—1925，格里特•托马斯•里特维尔德
简约的矩形、不对称的构图形式和红黄蓝三原色，表现出艺术与建筑领域的风格派（the de Stijl school）特征。

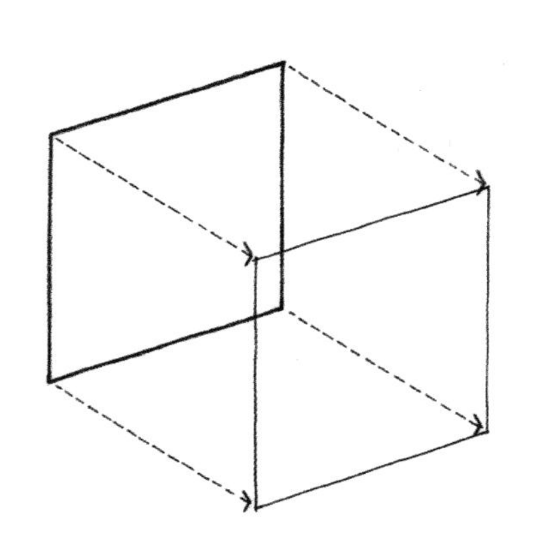

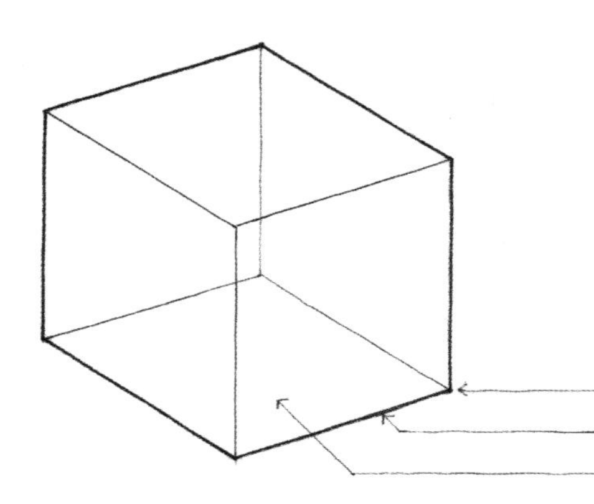

一个面沿着非自身方向延伸就变成体。从概念上讲，一个体具有三个维度：长度、宽度和深度。

所有的体可以被分析并理解为由以下部分组成：

- 点或顶点，几个面在此相交
- 线或边界，两面在此相交
- 面或表面，限定体的边界

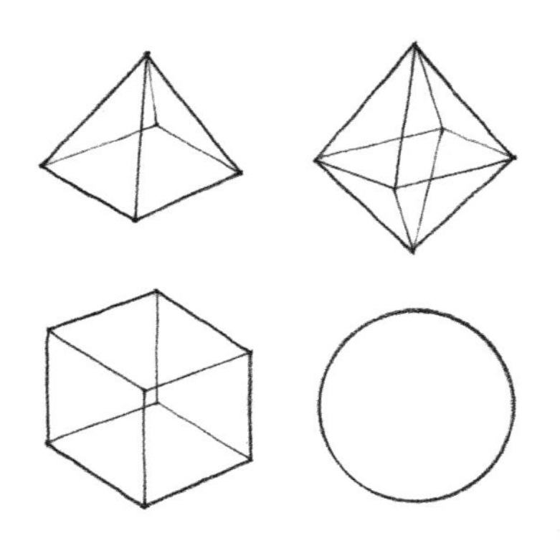

形式是体所具有的基本的、可以识别的特征。它是由面的形状和面之间的相互关系决定的，这些面表示出体的界限。

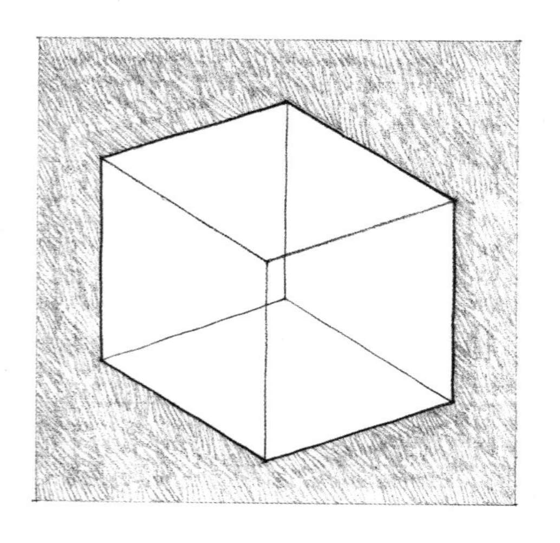

作为建筑设计语汇中的三维要素，体既可以是实体，即用体块替代空间；也可以是虚空，即由面所包容或围合的空间。

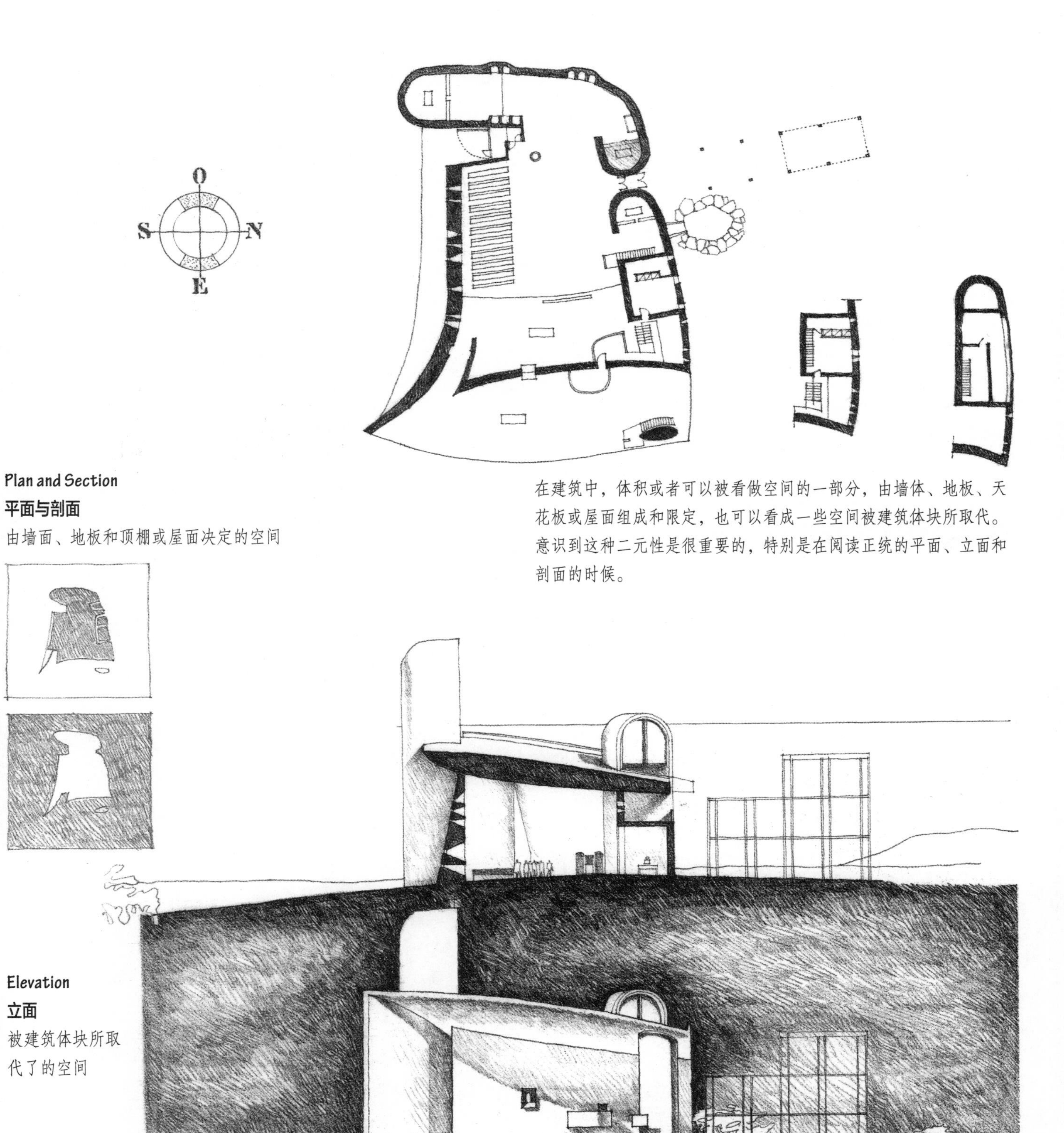

Plan and Section
平面与剖面
由墙面、地板和顶棚或屋面决定的空间

在建筑中，体积或者可以被看做空间的一部分，由墙体、地板、天花板或屋面组成和限定，也可以看成一些空间被建筑体块所取代。意识到这种二元性是很重要的，特别是在阅读正统的平面、立面和剖面的时候。

Elevation
立面
被建筑体块所取代了的空间

Notre Dame Du Haut, Ronchamp, France, 1950–1955, Le Corbusier
圣母教堂，朗香，法国，1950—1955，勒•柯布西埃

作为实物耸立于地景中的建筑形式，
可以解读为占据空间中的体积。

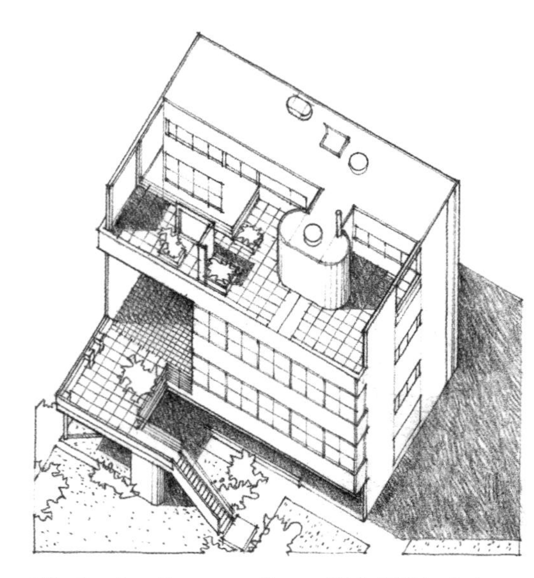

Villa Garches, Vaucresson, France, 1926–1927, Le Corbusier
加歇别墅，沃克雷松，法国，1926—1927，勒·柯布西埃

Doric Temple at Segesta, Sicily, c. 424–416 B.C.

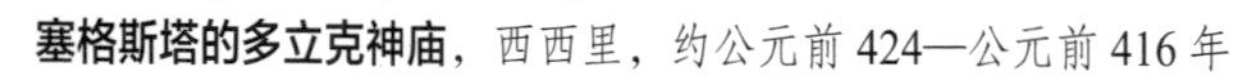

塞格斯塔的多立克神庙，西西里，约公元前 424—公元前 416 年

Barn in Ontario, Canada
安大略省的**谷仓**，加拿大

作为容器的建筑形式，可以解读为限定了空间体积的体块。

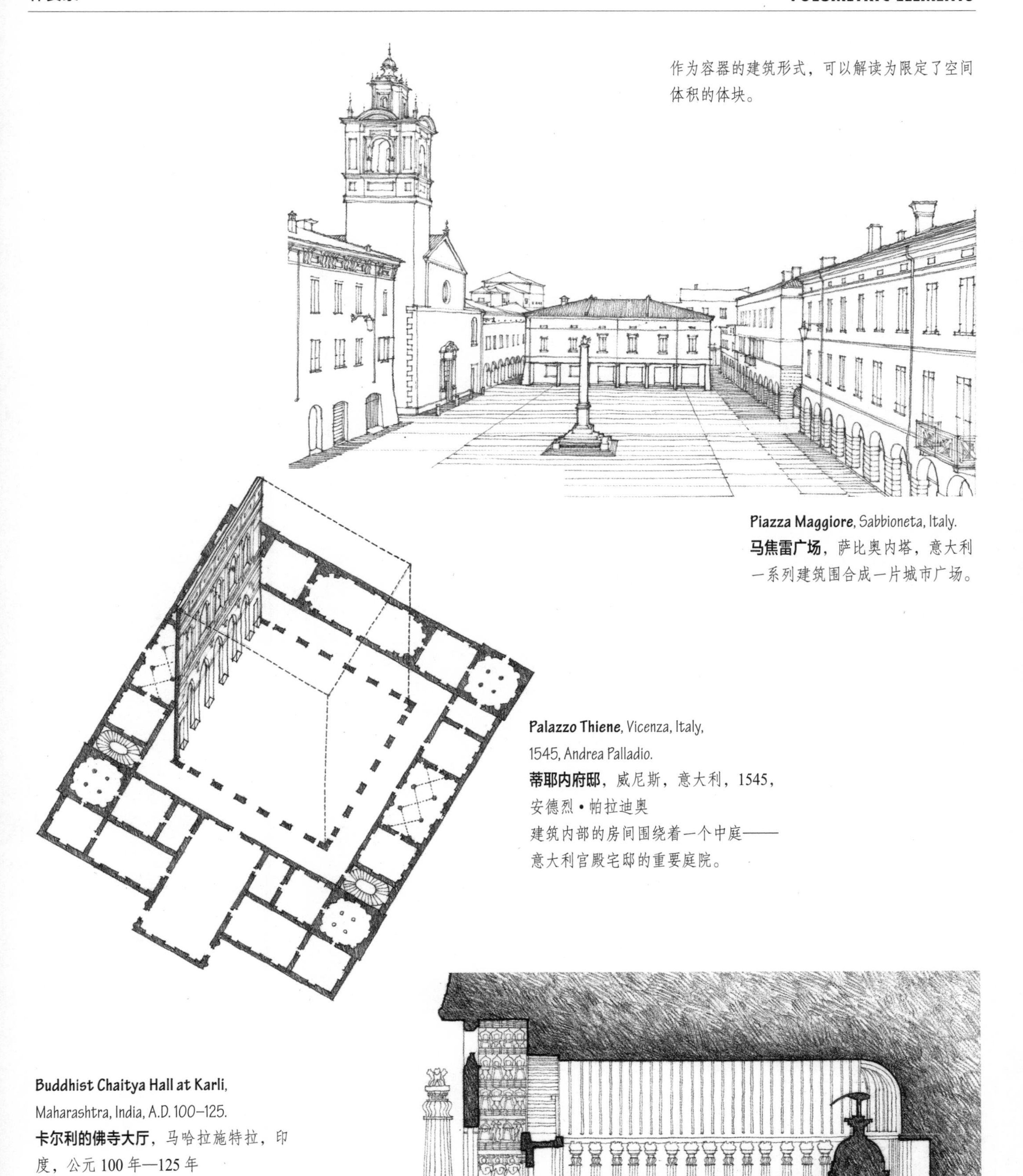

Piazza Maggiore, Sabbioneta, Italy.
马焦雷广场，萨比奥内塔，意大利
一系列建筑围合成一片城市广场。

Palazzo Thiene, Vicenza, Italy,
1545, Andrea Palladio.
蒂耶内府邸，威尼斯，意大利，1545，
安德烈·帕拉迪奥
建筑内部的房间围绕着一个中庭——
意大利官殿宅邸的重要庭院。

Buddhist Chaitya Hall at Karli,
Maharashtra, India, A.D. 100–125.
卡尔利的佛寺大厅，马哈拉施特拉，印度，公元 100 年—125 年
该寺庙是从坚固的岩石体块中凿出的空间体积。

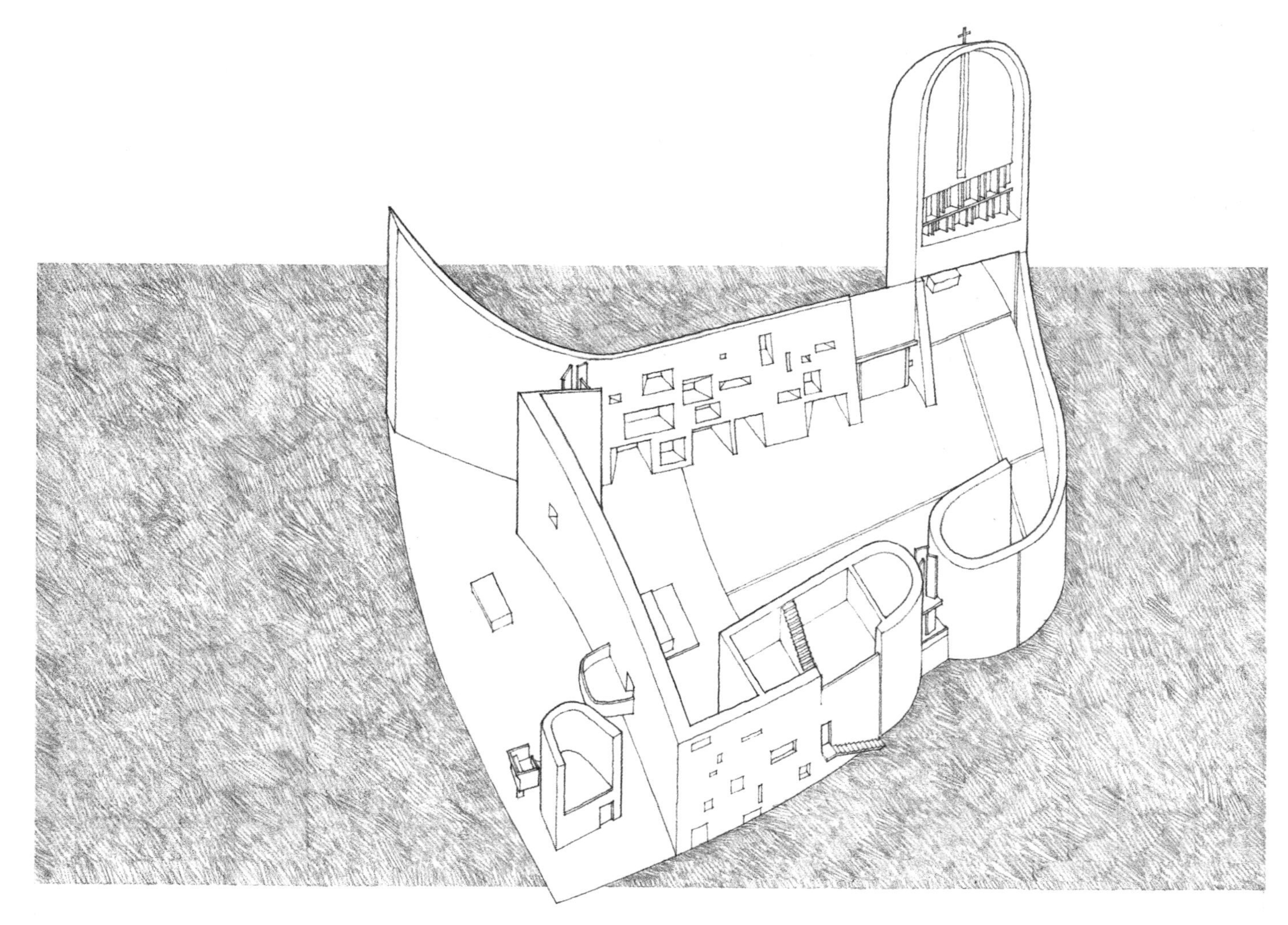

Notre Dame Du Haut, *Ronchamp, France, 1950–1955, Le Corbusier*
圣母教堂，朗香，法国，1950—1955，勒·柯布西埃

2 形式
Form

“建筑形式是体量与空间的联系点……建筑形式、质感、材料、光与影的调节、色彩，所有要素汇集在一起，就形成了表达空间的品质或精神。建筑的品质决定于设计者运用与综合处理这些要素的能力，室内空间和建筑外部空间都如此。”

埃德蒙•诺伍德•培根（Edmund Norwood Bacon）
《城市设计》（*The Design of Cities*）
1974

形式是一个综合性的词语，具有多种含义。它可以指能够辨认的外观，比如一把椅子或者坐在椅子里的人体。它也可以指某物担当的角色或展示自身的一种特定状态，正如我们谈到水能够呈现出冰或者蒸汽的形态。在艺术和设计中，我们常用这个词来表示一件作品的外形结构——即排列和协调某一整体中各要素或各组成部分的手法，其目的在于形成一个条理分明的形象。

在本项研究的脉络中，形式的含义是内部结构与外部轮廓以及整体结合在一起的原则。形式通常是指三维的外部体量或内部体积，而形状则更加明确地指控制其外观的基本面貌——即线条的布局或相关排列方式以及勾画一个图像或形式的轮廓。

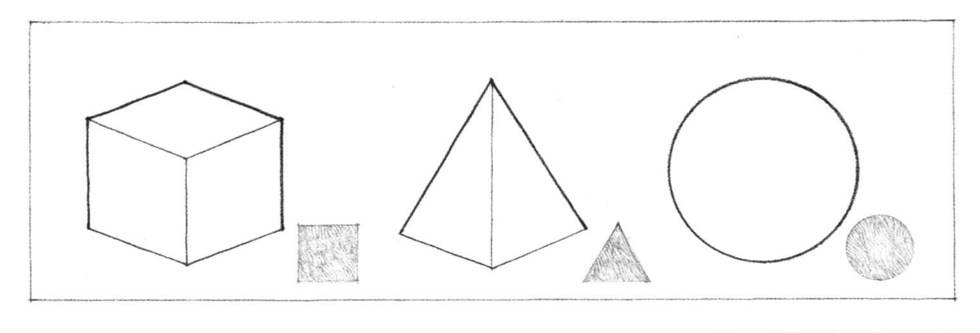

Shape
形状

某一特定形式的独特造型或表面轮廓。形状是我们识别形式、给形式分类的主要依据。

除了形状，形式具有如下视觉特征：

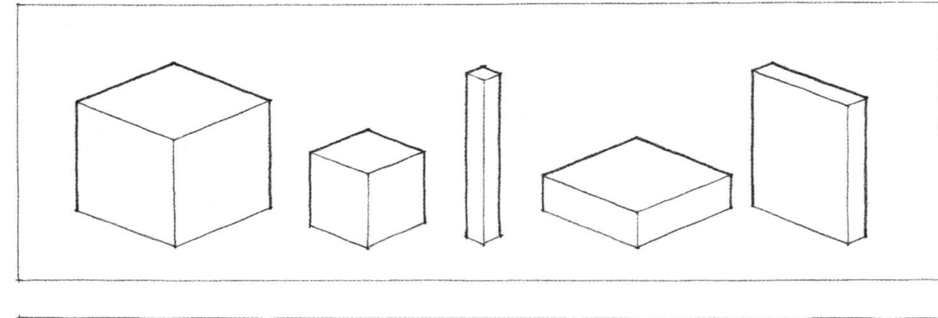

Size
尺寸

是某一形式长、宽、深的实际量度。这些量度确定形式的比例，其尺度则是由它的尺寸与周围其他形式的关系所决定的。

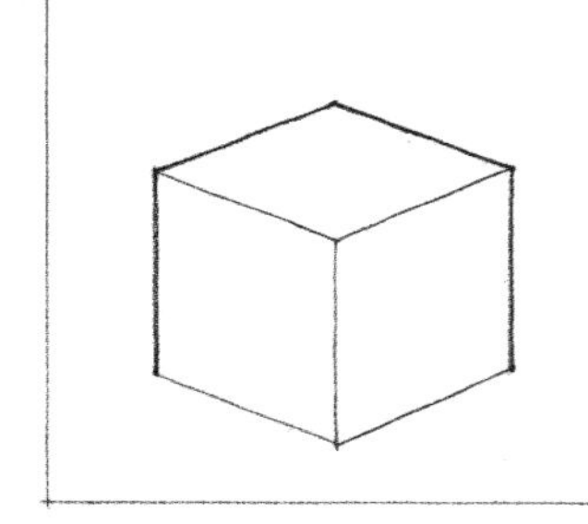
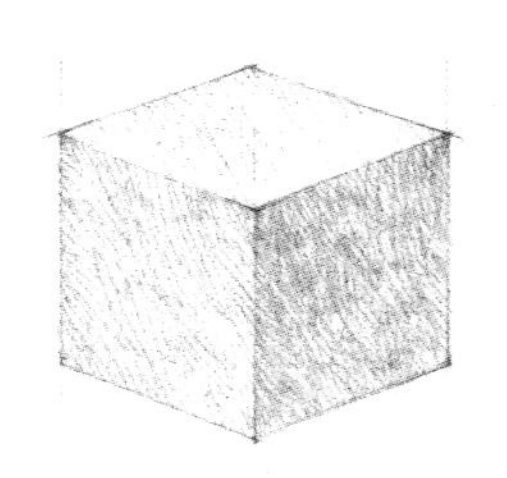
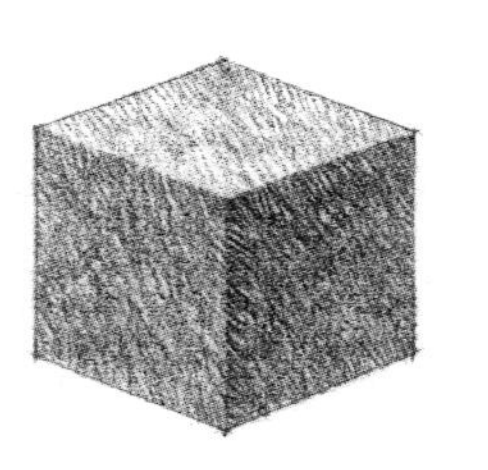

Color
色彩

是光与视知觉引发的一种现象，可以根据每个人对于色相、饱和度和色调值的感觉来描述。色彩是使形式区别于其环境的最明显的属性。它也影响着形式的视觉重量。

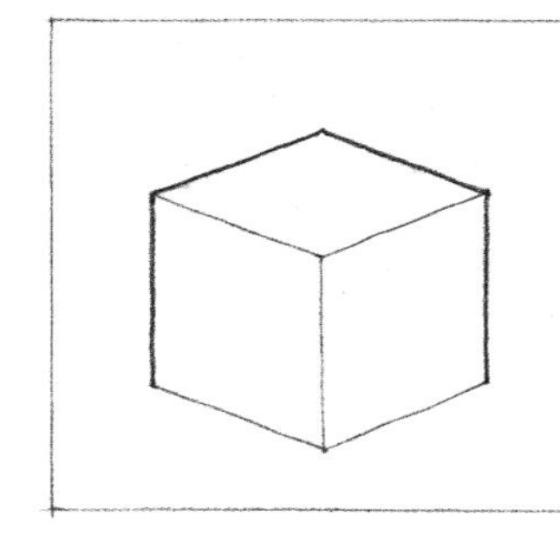
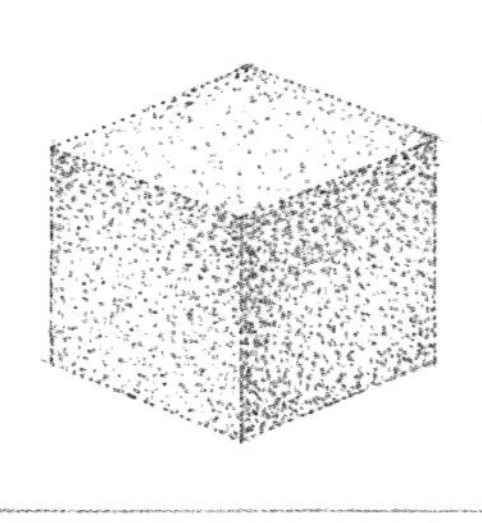
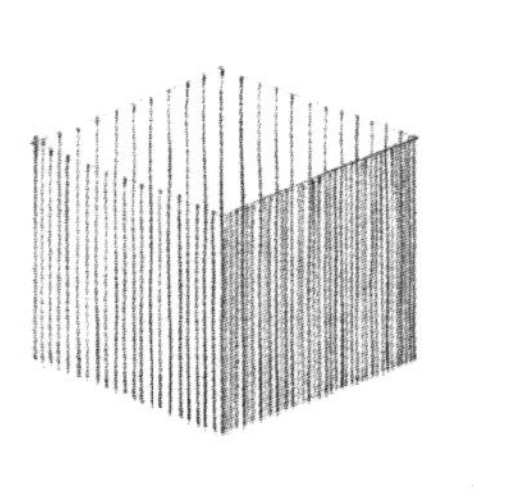

Texture
质感

通过部件的尺寸、形状、布局和比例而赋予某一表面视觉上的以及特殊的触觉特性。质感也决定着某一形式各个表面反射或吸收入射光线的程度。

形式还具有一些相关属性，这些属性
控制着要素的图形与构图：

Position
位置

是与形式所处的环境或者用来观察形式的视域相关的特定地点。

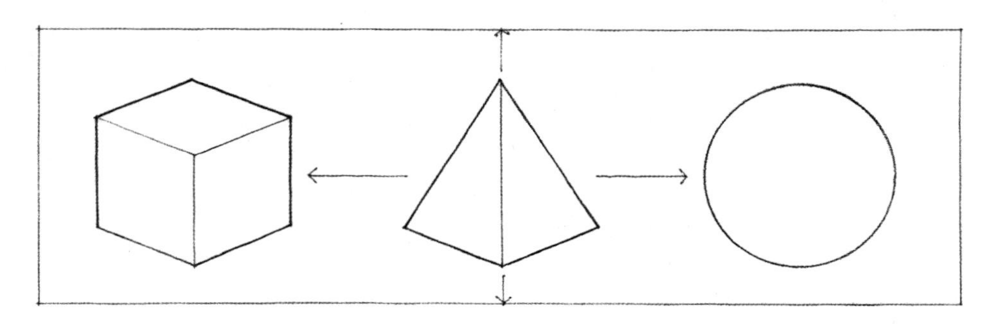

Orientation
方位

是指某一形式的方向，与地面、指北针的方向、其他形式，或者人观看形式的位置有关。

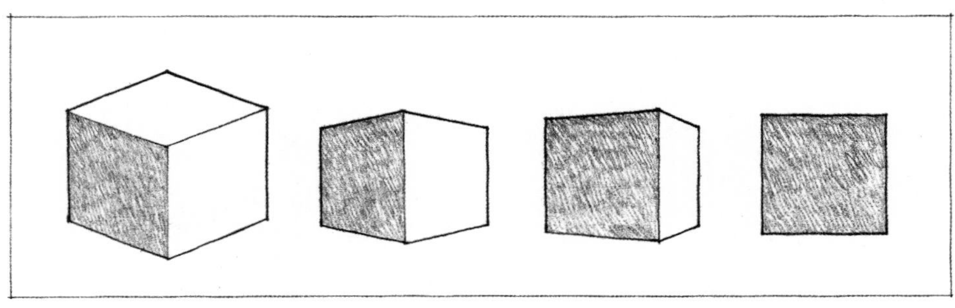

Visual Inertia
视觉惯性

是一个形式的集中程度和稳定程度。形式的视觉惯性，取决于几何特征以及与地面、重力和我们的视线相关的方向。

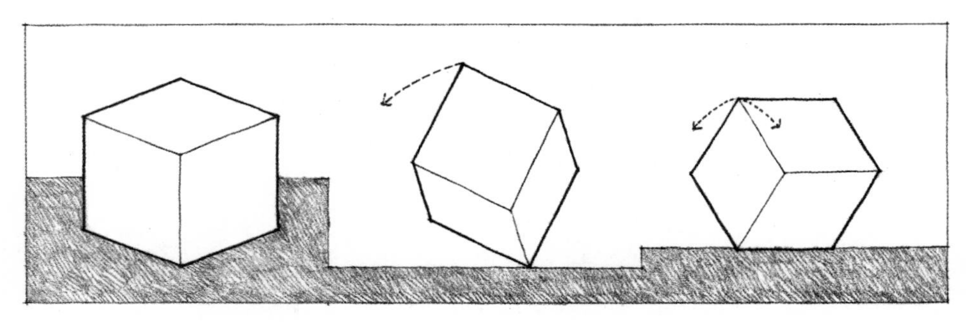

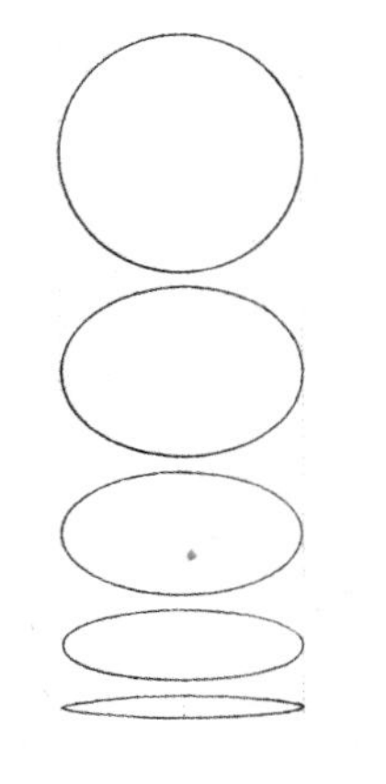

形式的所有这些属性，实际上都受到我们观察形式时所处条件的影响。

- 变化的视点或视角给我们的眼睛提供了形式的不同形状或面貌。
- 我们与某一形式之间的距离，决定了它看上去的大小。
- 我们观察某一形式时的光线条件，影响着其形状和结构的清晰度。
- 某一形式周围的视野，影响着我们解读或识别形式的能力。

形状是指一个面的典型轮廓线或一个体的表面轮廓。它是我们认知、识别以及为特殊轮廓或形式分类的基本手段。在形式与这一形式存在的领域之间存在一条轮廓线，把一个形体从其背景中分离出来，因此我们对于形状的感知取决于形式与其背景之间视觉对比的程度。

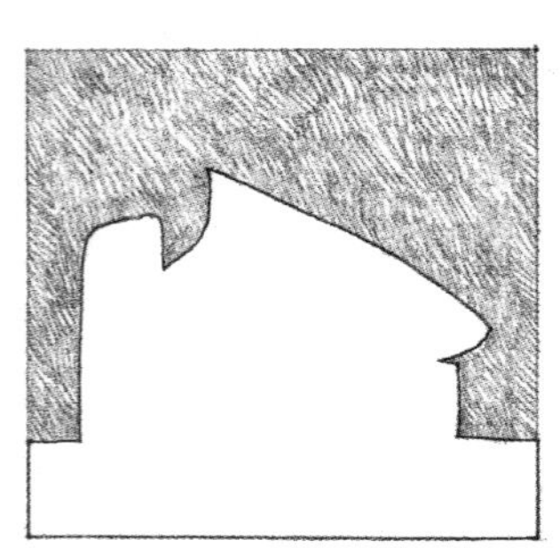

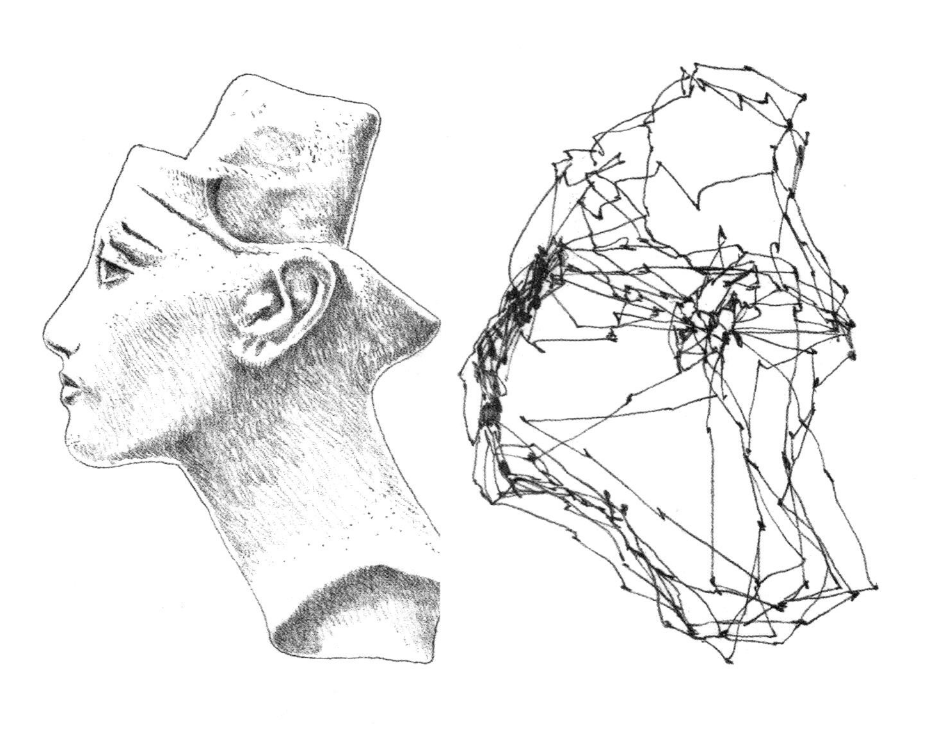

Bust of Queen Nefertiti

奈费尔提蒂女王头像

某人观看头像时眼睛移动的图形，来自莫斯科信息传播问题研究所（the Institute for Problems of Information Transmission）的阿尔弗雷德•卢基扬诺维奇•雅布斯（Alfred Lukyanovich Yarbus）所做的研究。

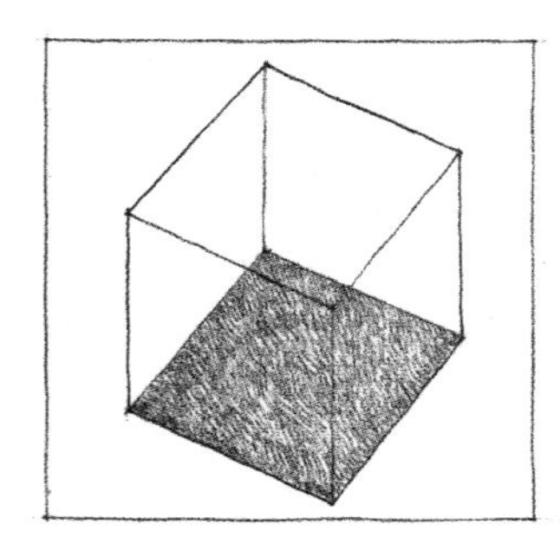
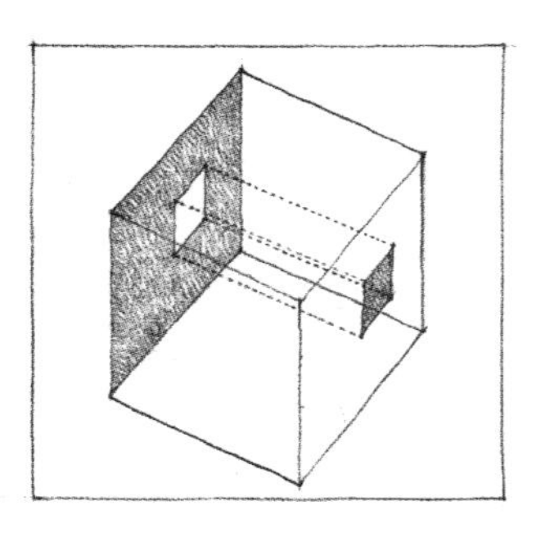
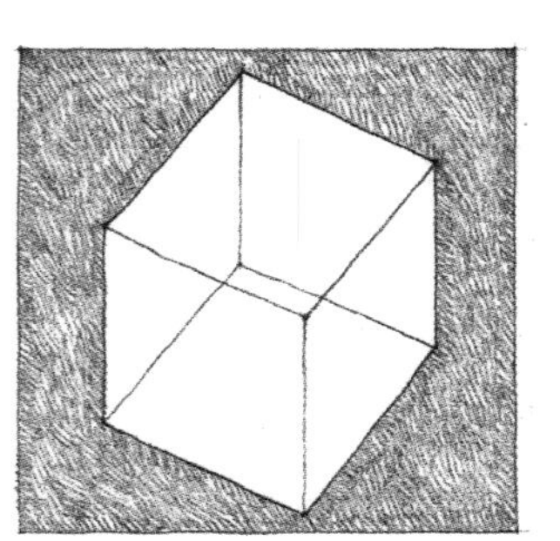

在建筑中，我们所涉及的形状有：

• 围合空间的楼面、墙面和顶棚
• 空间围合物上的门窗开洞
• 建筑形式的外轮廓

这些实例表明在体块与空间之间如何形成过渡，表现出建筑体块的轮廓线从地面升起并通向天空的方式。

Central Pavilion, **Horyu-Ji Temple**, Nara, Japan, A.D. 607
中亭，**法隆寺**，奈良，日本，公元 607 年

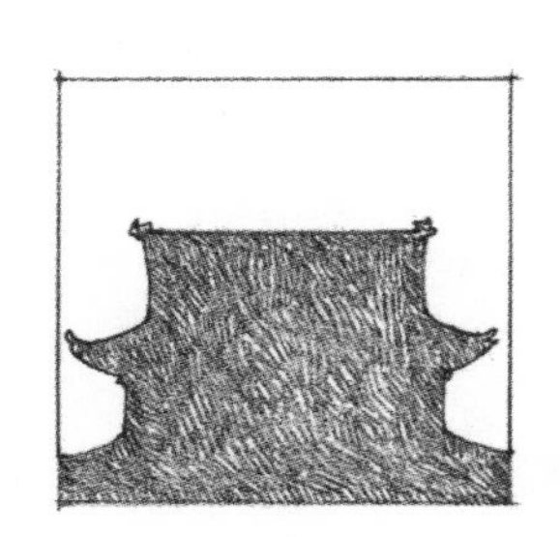

Villa Garches, Vaucresson, France, 1926–1927, Le Corbusier
加歇别墅，沃克雷松，法国，1926—1927，勒·柯布西埃
这一建筑构图表明，二维的实与虚形状之间的相互作用。

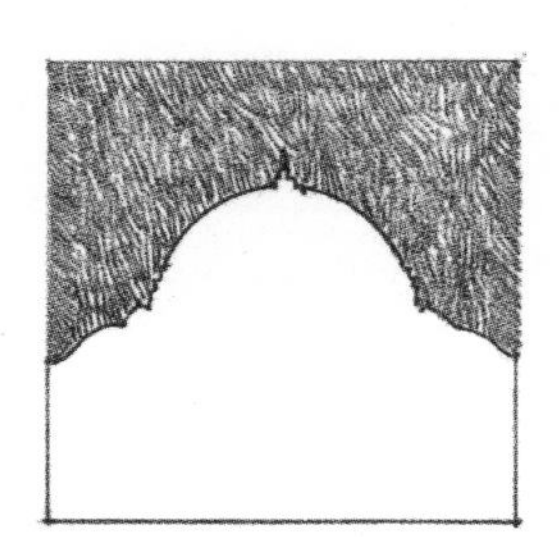

Suleymaniye Mosque,
Constantinople (Istanbul), Turkey, 1551–1558, Mimar Sinan
苏里曼清真寺，君士坦丁堡（伊斯坦布尔），土耳其，1551—1558，米玛·希南

格式塔心理学指出，为了理解特定的视觉环境，大脑会对其进行简化。至于形式的构图，我们倾向于将视野中的主题进行最大程度的简化，简化为最基本的形状。一个形状越简单、越规则，它就越容易使人感知和理解。

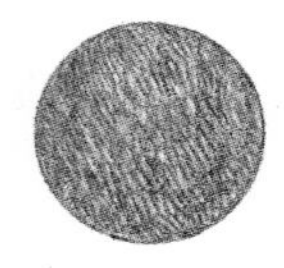
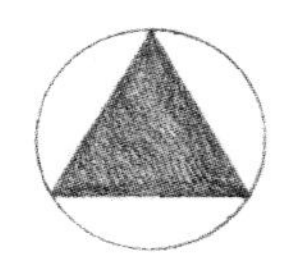
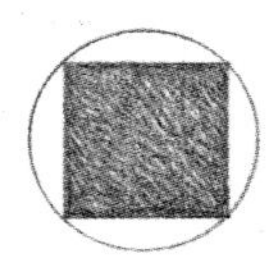
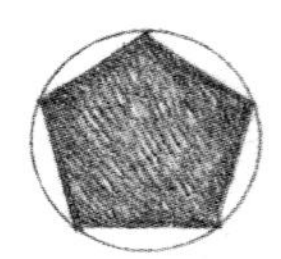
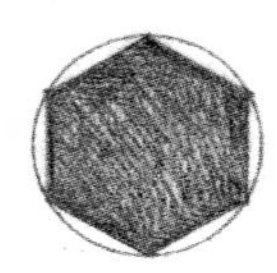

我们从几何学知道，基本的形状是圆形以及可以内接于圆形的无限系列正多边形。在这些形式中，最重要的是以下基本形状：圆形、三角形和正方形。

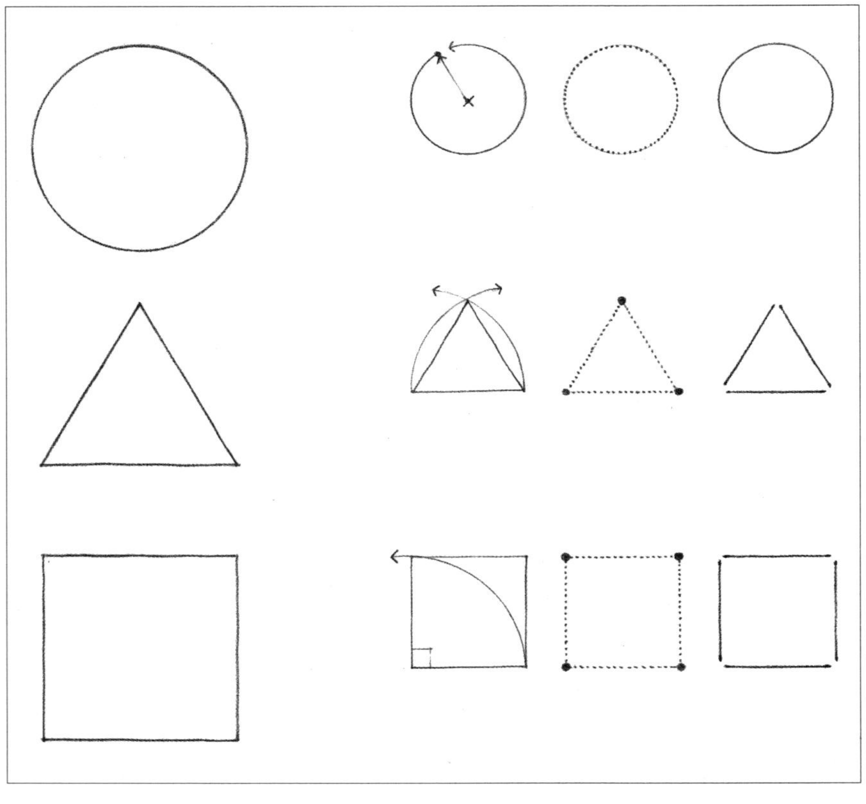

Circle 圆形 一个曲线的平面图形，而且图形上每一点到固定点的距离都相等。

Triangle 三角形 由三条边限定的平面图形，有三个角。

Square 正方形 由四条相等的边和四个直角组成的平面图形。

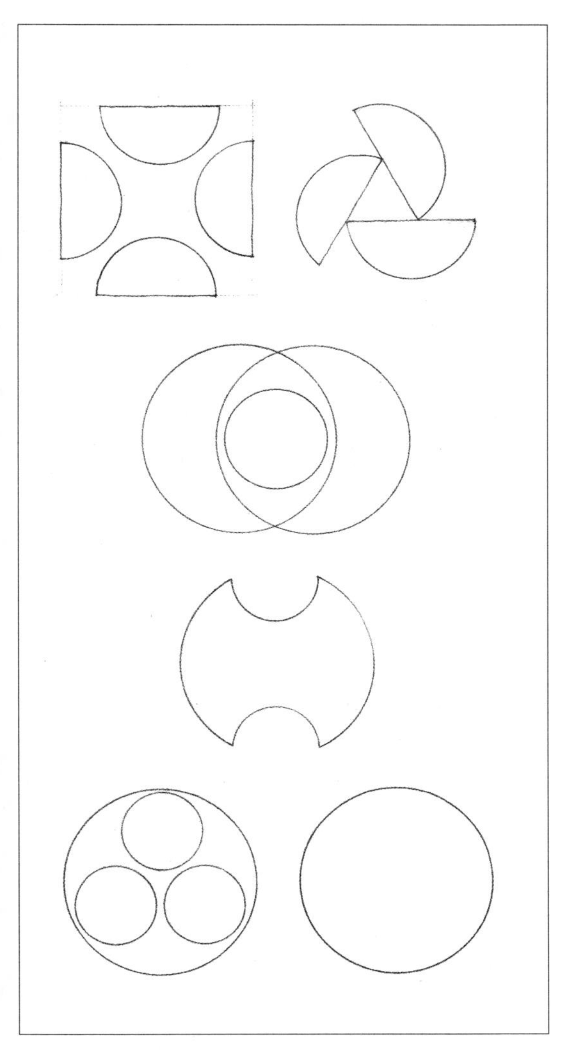

用圆或圆的局部所组成的构图

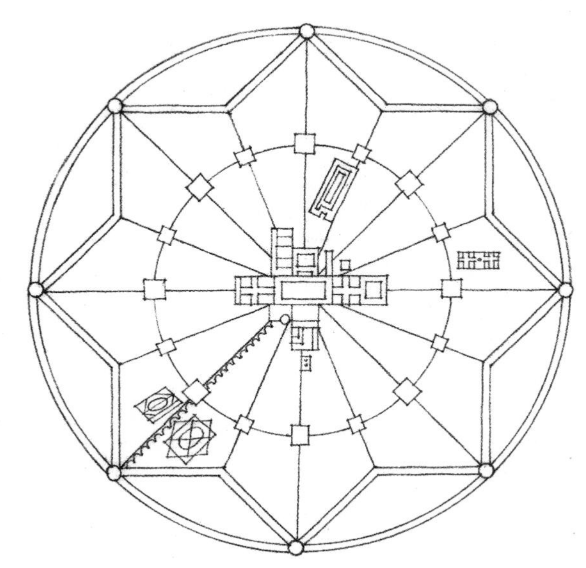

Plan of the Ideal City of Sforzinda, 1464, Antonio Filarete
斯弗津达理想城市平面，1464，安东尼奥•费拉雷特

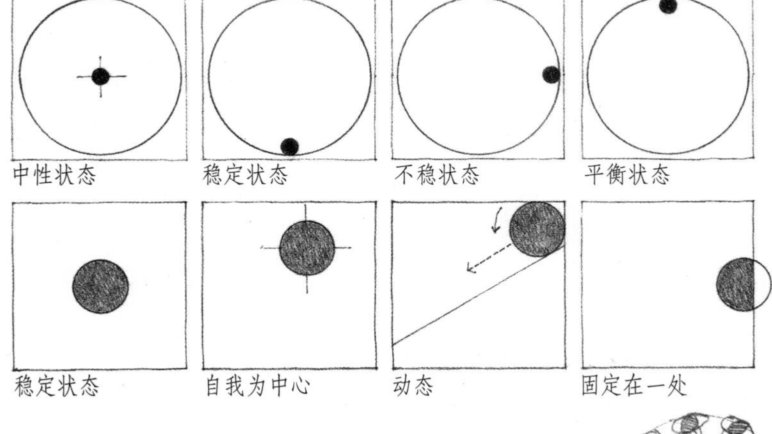

圆形是一个集中性的、内向性的形状，在它所处的环境中，通常是稳定的、以自我为中心的。把一个圆放在一个场所的中心，将增强其内在的向心性。把圆形与笔直的或成一定角度的形式结合起来，或者沿圆周设置一个要素，就可以在其中引起一种明显的旋转运动感。

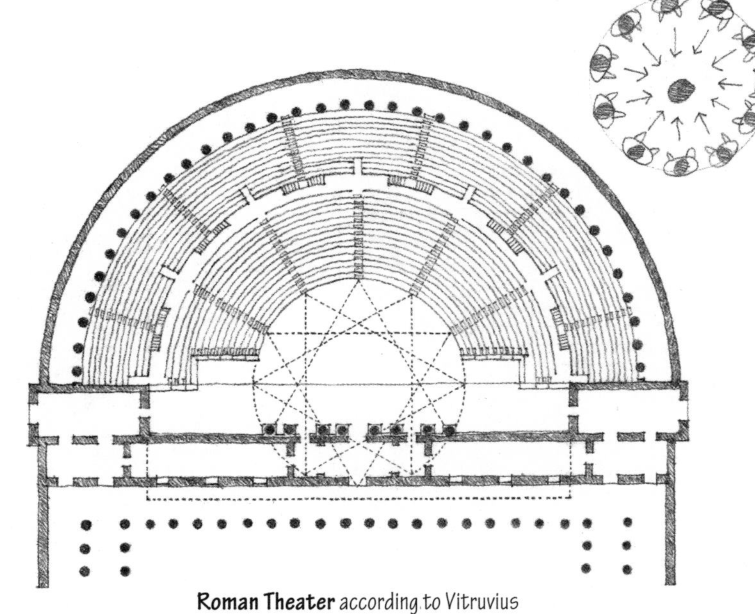

Roman Theater according to Vitruvius
维特鲁威描述的**罗马剧场**

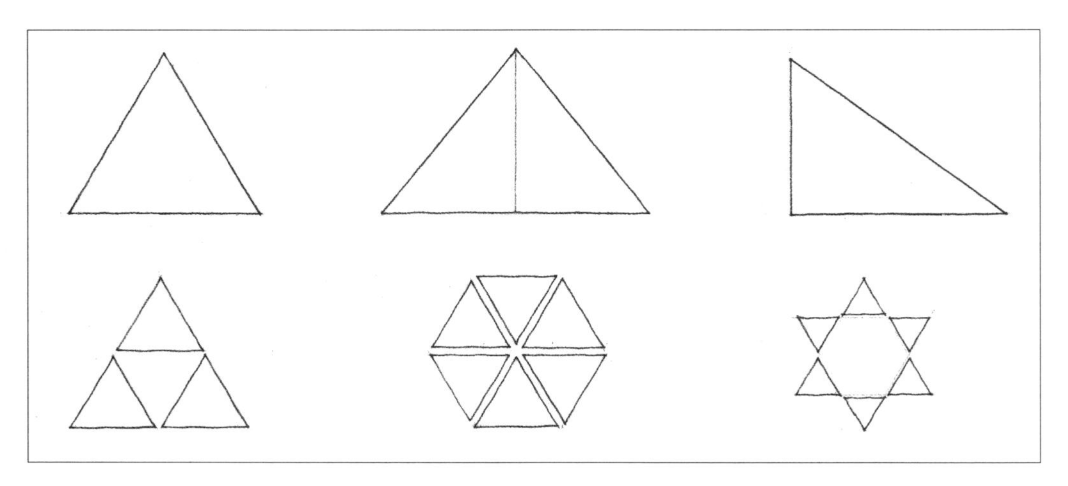

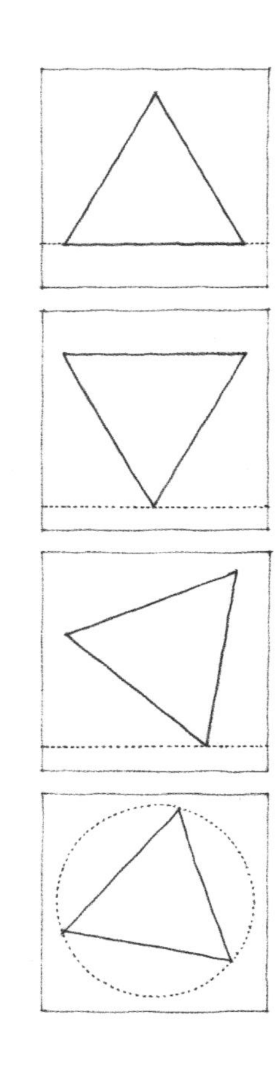

三角形意味着稳定性。当三角形坐落在它的一条边上时，三角形是一个极其稳定的图形。然而，当三角形以其中一个顶点为支撑点的时候，三角形或者处于不稳定的平衡状态，或者处于不稳定状态而倾向于往一边倒。

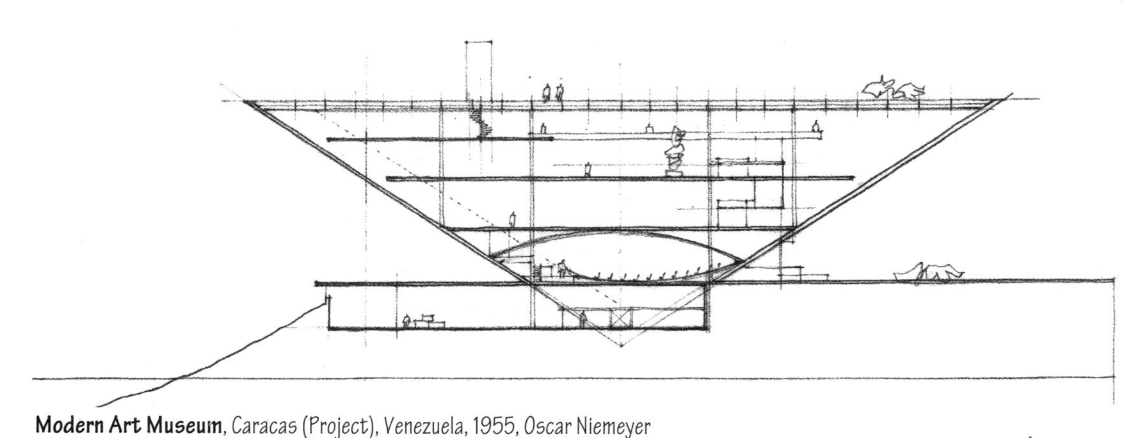

Modern Art Museum, Caracas (Project), Venezuela, 1955, Oscar Niemeyer
现代艺术博物馆，加拉加斯（方案），委内瑞拉，1955，奥斯卡·尼迈耶

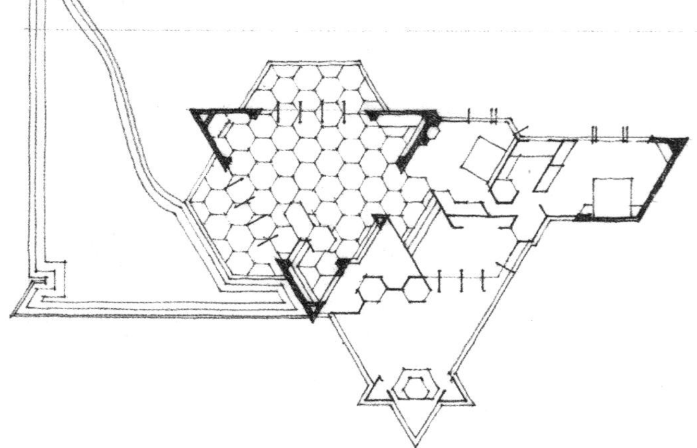

Vigo Sundt House, Madison, Wisconsin, 1942, Frank Lloyd Wright
维格·桑特住宅，麦迪逊，威斯康星州，1942，弗兰克·劳埃德·赖特

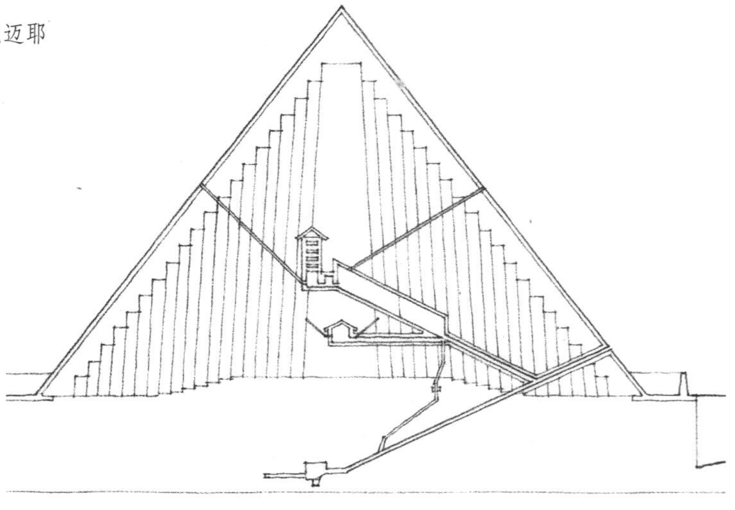

Great Pyramid of Cheops at Giza, Egypt, c. 2500 B.C.
吉萨的齐奥普斯大金字塔，埃及，约公元前 2500 年

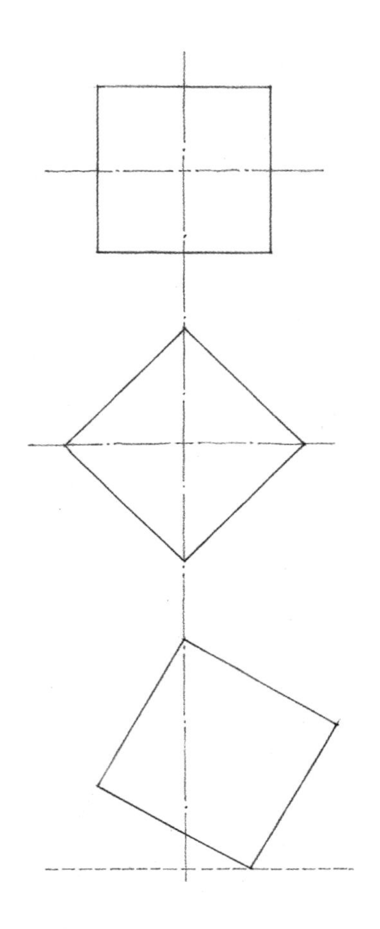

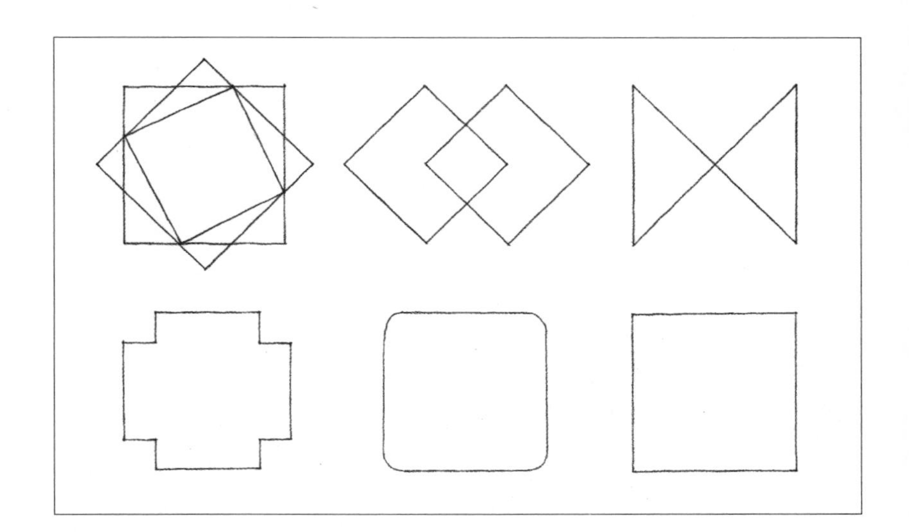

Compositions Resulting from the Rotation and Modification of the Square
正方形经旋转和变化所得到的构图

正方形代表着纯粹和理性。它是双边对称的图形，有两条相等且垂直的轴线。所有的矩形都可以看成是正方形的变体，是常态下增加其高度或宽度变化而成的。像三角形一样，当正方形坐落在它的一条边上时是稳定的，当以其一角为支撑时则是动态的。当对角线为竖直和水平的时候，那么正方形则处于静止的平衡态。

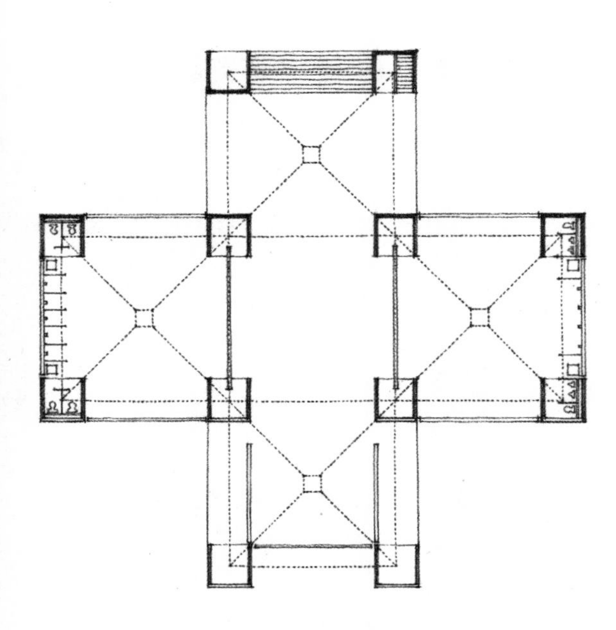

Bathhouse, Jewish Community Center, Trenton, New Jersey, 1954–1959, Louis Kahn
浴室，犹太社区中心，特伦顿，新泽西州，1954—1959，路易•康

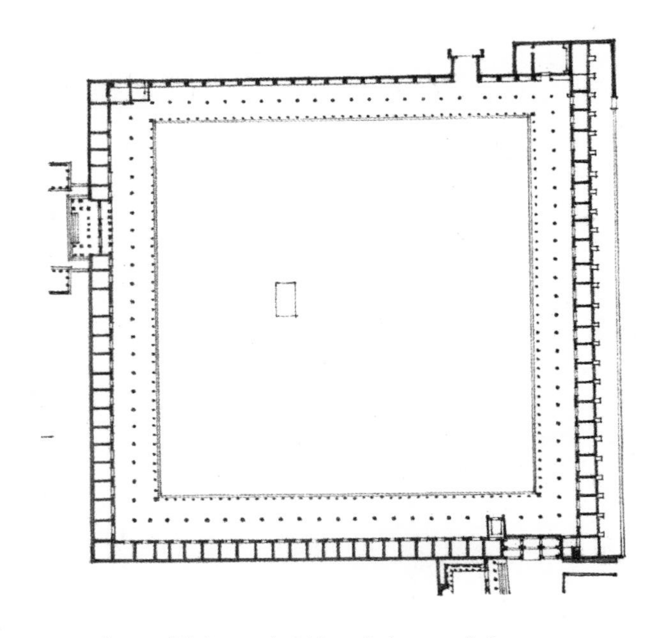

Agora of Ephesus, Asia Minor, 3rd century B. C.
以弗所的大市场，小亚细亚，公元前 3 世纪

在从平面形状向体量形式转化的过程中，就会出现表面。表面一词首先是指只有两个维度的任何图形，比如一个平面。不过这个词也可以引申为“弯曲的二维点的轨迹所限定的三维实体的边界”。后者有一个特殊的类型，这种类型的曲面可以来自于几何家族的曲线或直线，它们包括：

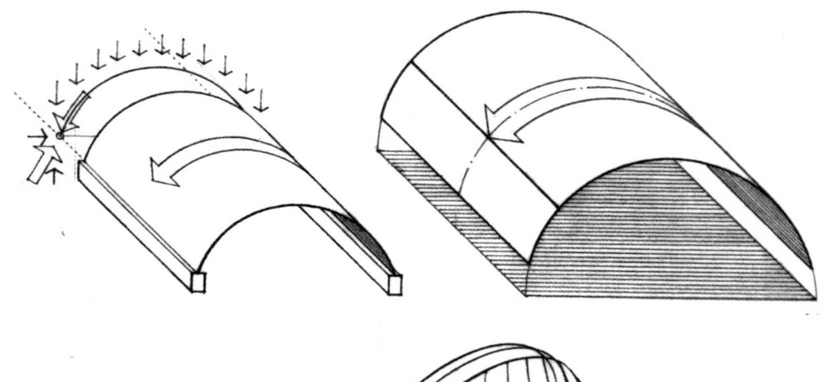

• 柱面来自一条直线沿着一条弧线的滑动，或者弧线沿直线的滑动。根据弧面的不同形状，柱面可能是圆的、椭圆的或抛物线形的。因为柱面是由直线排列而成的，因此柱面或者是平移表面，或者是规则表面。

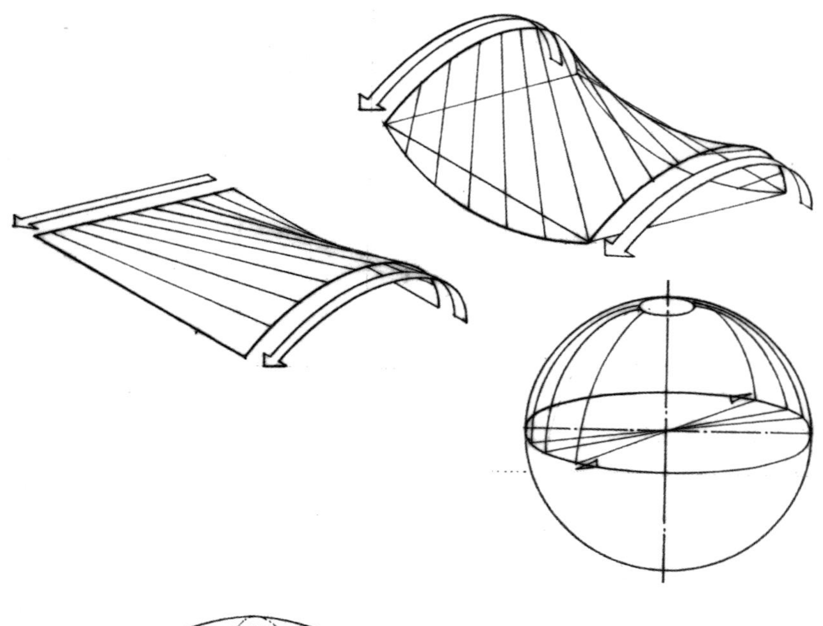

• 一条平面曲线沿着一条直线或另外一条平面曲线滑动就产生了平移表面。

• 规则表面来自一条直线的运动。由于直线的几何特性，所以一般来讲，规则表面比旋转面或平移表面更容易形成，容易构建。

• 平面曲线围绕一条轴线旋转就形成旋转面。

• 抛物面是具有如下特征的表面：抛物面与平面相交的轨迹，不是抛物线与椭圆就是抛物线与双曲线。抛物线是到一条固定直线和不在直线上某一固定点等距的点的轨迹所形成的平面曲线。双曲线是一个直立的圆锥与穿过圆锥两部分的平面相交，由交点轨迹所形成的平面曲线。

• 双曲抛物面是一条曲率向下的抛物线沿着一条曲率向上的抛物线移动所产生的表面，或者是由两个端点分别在两条斜线上的一条直线移动所产生的轨迹。因此双曲抛物面既可以看做平移表面，也可以看做规则表面。

鞍状曲面一个方向曲率向上，而垂直方向的曲率向下。曲率向下的部分呈现出拱状效果，而曲率向上的部分则表现出悬索结构的特征。如果鞍状曲面的边界没有支撑，那么梁的性能也会表现出来。

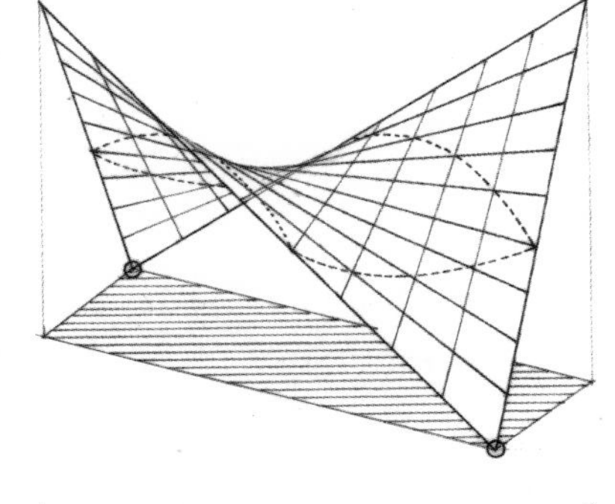

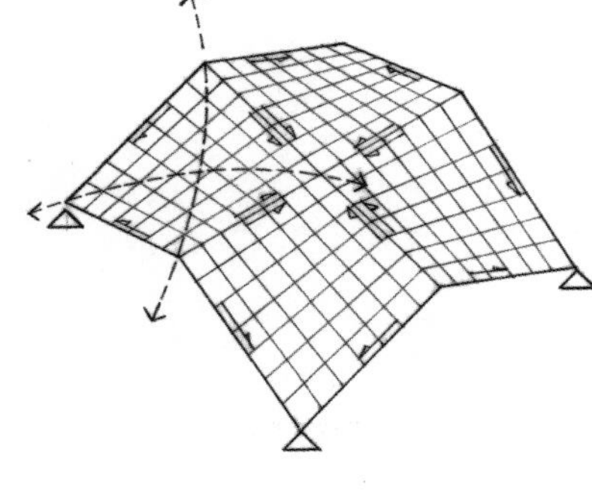

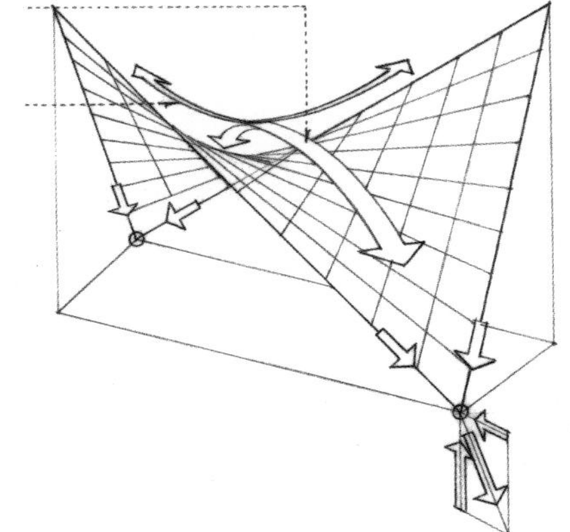

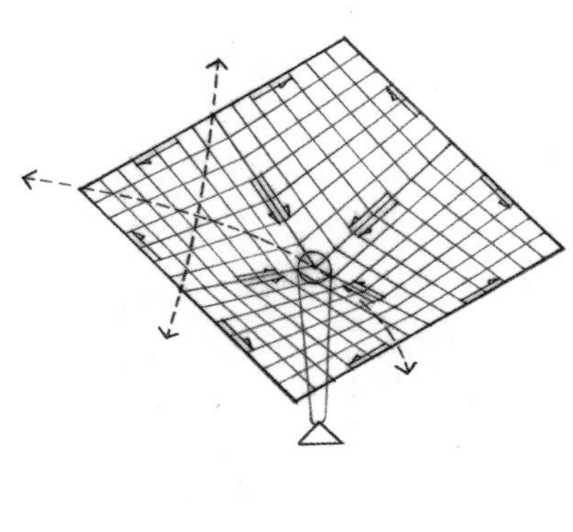

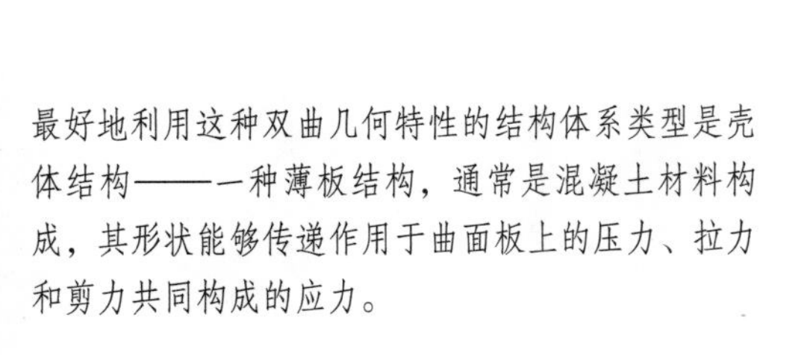

最好地利用这种双曲几何特性的结构体系类型是壳体结构——一种薄板结构，通常是混凝土材料构成，其形状能够传递作用于曲面板上的压力、拉力和剪力共同构成的应力。

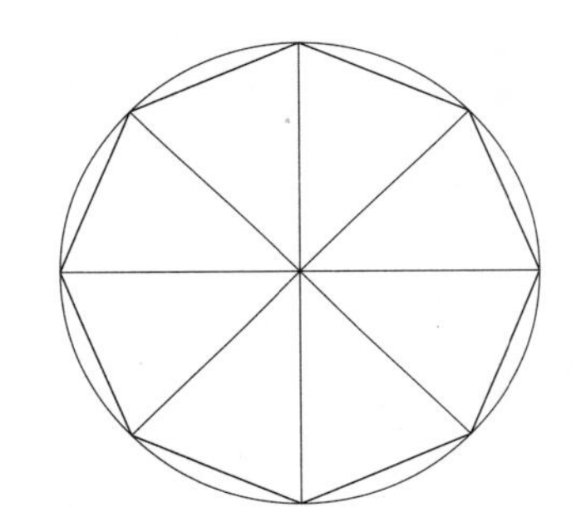

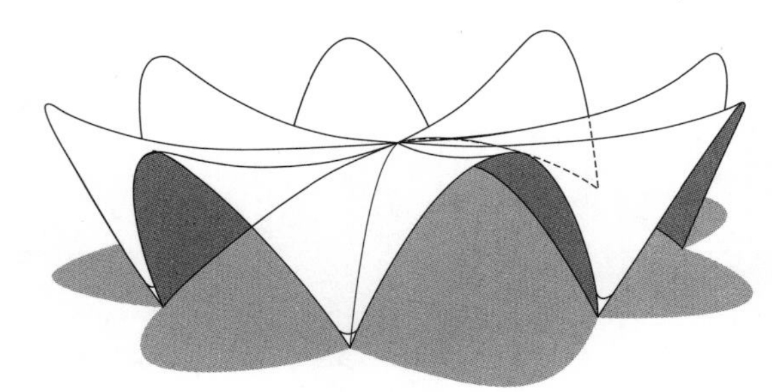

Restaurant Los Manantiales, Xochimilco, Mexico, 1958, Felix Candela.
温泉餐厅，霍奇米尔科，墨西哥，1958，费利克斯•坎德拉

与壳体结构相关的还有网壳结构，19世纪晚期的俄罗斯工程师弗拉基米尔•舒霍夫（Vladimir Shukhov）是网壳结构的先锋。像壳体结构一样，网壳承力依靠双曲几何结构，但是曲面不是板状而是网格状的，通常是木材或钢材构成。网壳结构能够形成不规则的曲面，在结构分析和优化的时候需要依靠计算机模拟程序，有时候其制造和装配也需要计算机程序的帮助。

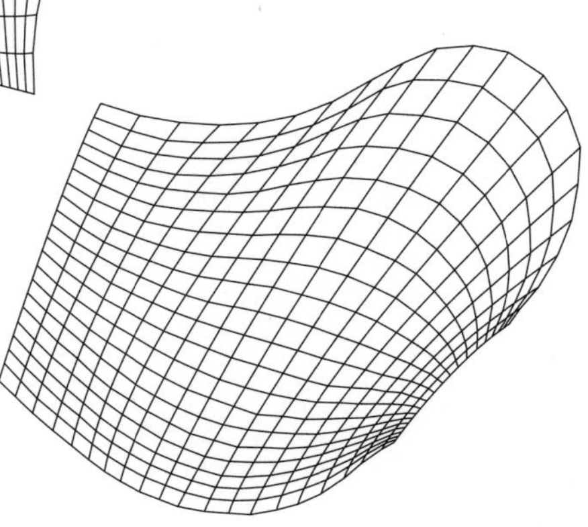

参见第 172~173 页有关“斜交网格”（diagrids）的讨论。

曲面的平滑特征与直线形式的生硬特征形成对比，适于表达壳体结构形式和无荷载的围合要素。

对称的曲面具有稳定的内在特征，如穹顶和桶拱。另一方面，非对称的曲面则更具有表现力和动感。我们从不同视点观察，其形状戏剧性地变化。

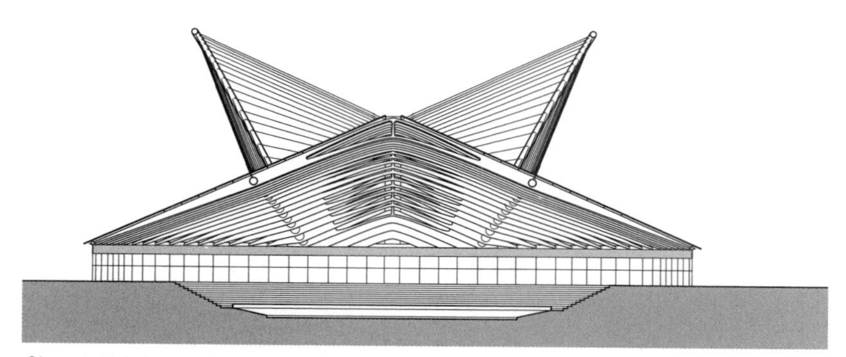

Olympic Velodrome, Athens, Greece, 2004 (renovation of original 1991 structure), Santiago Calatrava

奥林匹克赛车场，雅典，希腊，2004（在1991年建造的构筑物基础上更新），圣地亚哥•卡拉特拉瓦

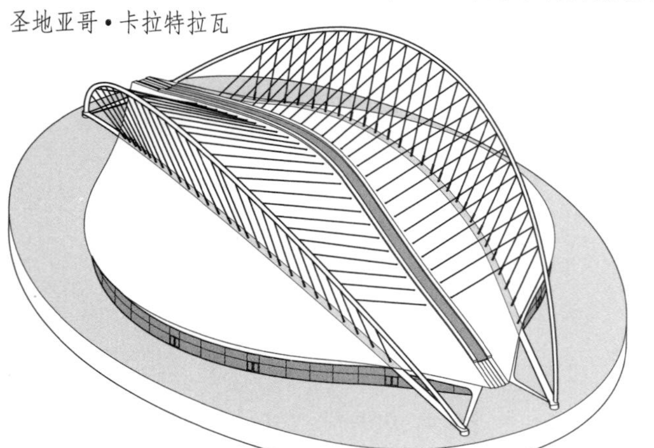

Walt Disney Concert Hall, Los Angeles, California, 1987–2003, Frank O. Gehry & Partners

沃尔特•迪斯尼音乐厅，洛杉矶，加利福尼亚州，1987—2003，弗兰克•欧文•盖里及合伙人事务所

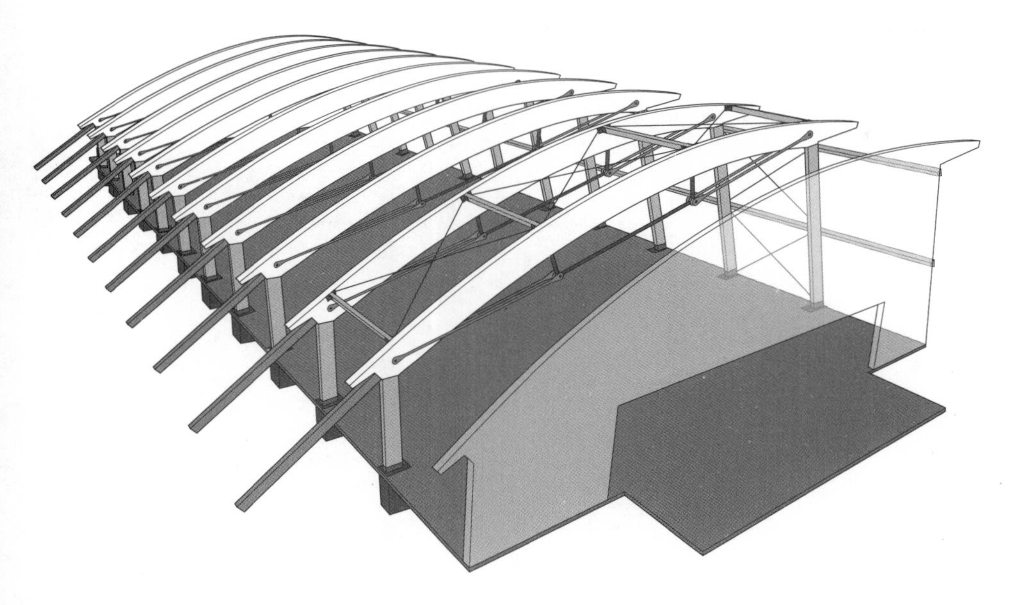

Banff Community Recreation Center, Banff, Alberta, Canada, 2011, GEC Architecture

班芙社区娱乐中心，班芙，阿尔伯塔省，加拿大，2011，GEC 建筑事务所

Tenerife Concert Hall, Canary Islands, Spain, 1997–2003, Santiago Calatrava

特纳里夫音乐厅，加那利群岛，西班牙，1997—2003，圣地亚哥·卡拉特拉瓦

“……立方体、圆锥体、球体、圆柱体或者棱锥体，都是伟大的基本形式，它们明确地反映了这些形状的优越性。这些形状对于我们是鲜明的、实在的、毫不含糊的。由于这个原因，这些形式是美的，而且是最美的形式。”勒·柯布西埃

基本形状可以被展开或旋转以产生体的形式或实体，这些实体是独特的、规则的并且容易识别。圆可以派生出球体和圆柱；三角形可以派生出圆锥和棱锥；正方形则派生立方体。在这种背景下，实体（solid）一词不是指物质的稳固状态，而是指三维几何体或图形。

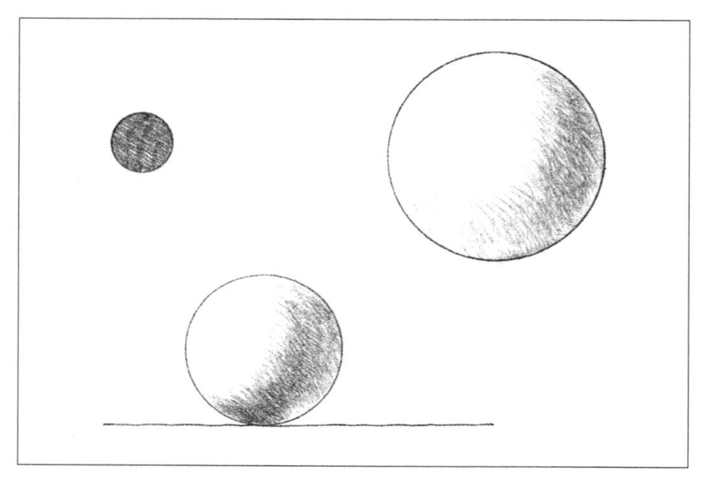

Sphere 球体

球体是由半圆围绕其直径旋转而成的，球面的每一点到圆心的距离都相等。球体是一个向心性和高度集中性的形式，像它的原生形式——圆一样，在它所处的环境中可以产生自我为中心的感觉，通常呈稳定的状态。当处于一个斜面上的时候，它可以朝一个方向倾斜运动。从任何视点来看，它都保持圆形。

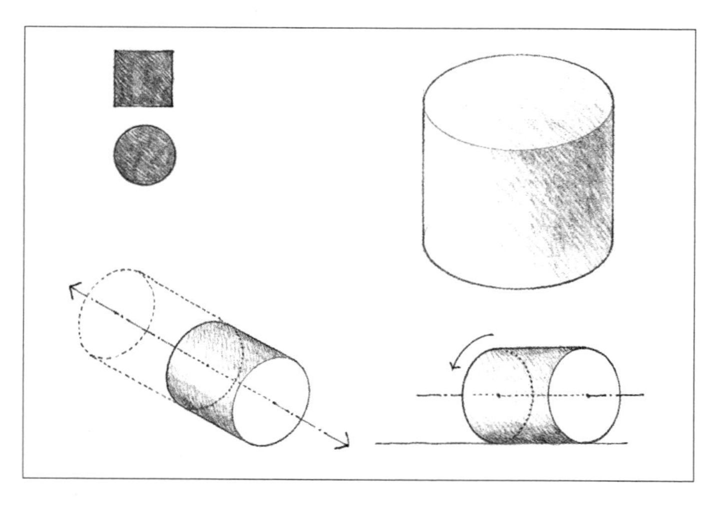

Cylinder 圆柱体

圆柱体是由一个矩形围绕其一条边旋转而成的。圆柱体是以通过两个圆形表面圆心的轴线为中心的。圆柱体可以很容易地沿着此轴延长。如果以其圆形表面为底座，圆柱则呈一种静态的形式。当它的中轴从垂直状态倾斜时，就变成了一种不稳定的状态。

Cone
圆锥

圆锥体是一个直角三角形围绕其一边旋转而成的。像圆柱一样，当它以圆形基面为底座的时候，圆锥是个非常稳定的形式；当垂直轴倾斜或倾倒的时候，它就是一种不稳定的形式。它也可以尖顶朝下直立起来，呈现出一种不稳定的平衡状态。

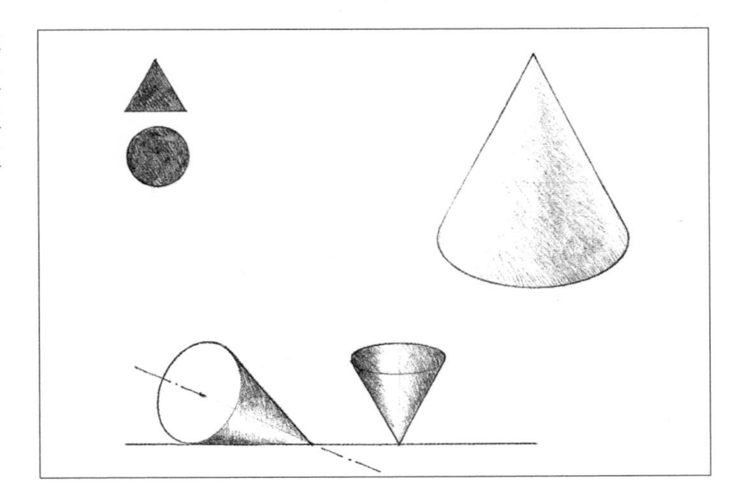

Pyramid
棱锥

棱锥是一个多面体，具有多边形底座和三角形基面，这些三角形基面汇聚于一个普通的点，即顶点。棱锥的属性与圆锥相似，但是因为它所有的表面都是平面，棱锥以任意表面为底座都呈稳定状态。圆锥是一种柔和的形式，而棱锥相对而言则是带棱带角比较坚硬的形式。

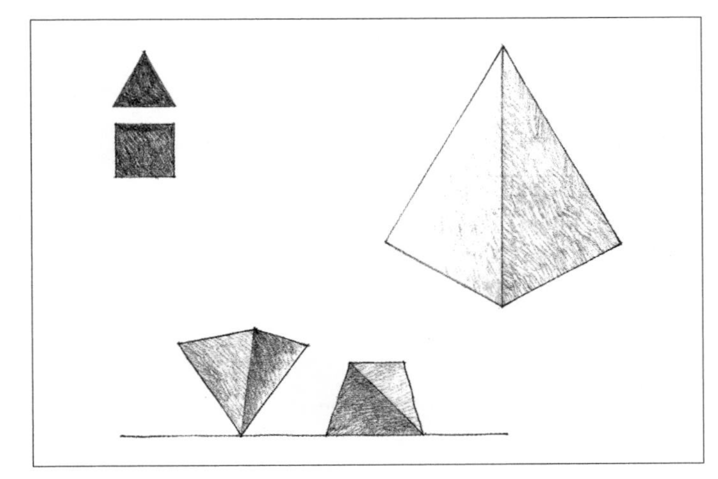

Cube
立方体

立方体是一个有棱角的实体，有六个尺寸相等的面，任意两个相邻面的夹角都是直角。因为它的各边相等，所以立方体是一种静止的形式，缺乏明显的运动感和方向性。立方体除了立于一边或一角上之外，总是一种稳定的形式。尽管立方体带有棱角的侧面会因为我们的视点而受到影响，它仍然是很容易辨认的形式。

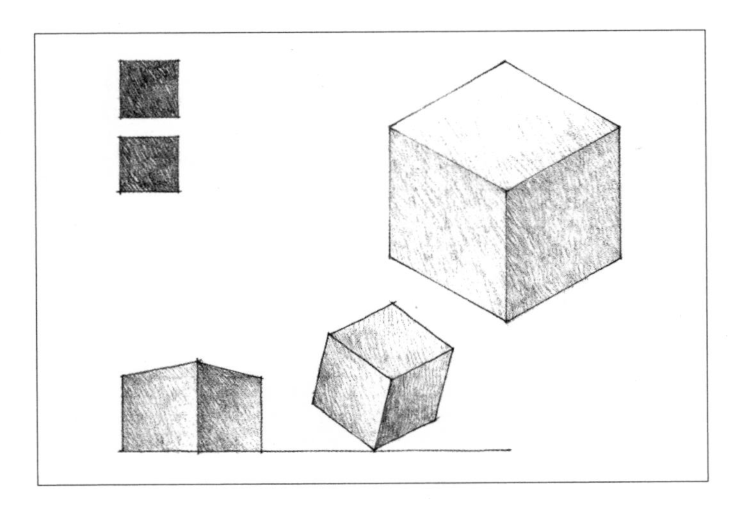

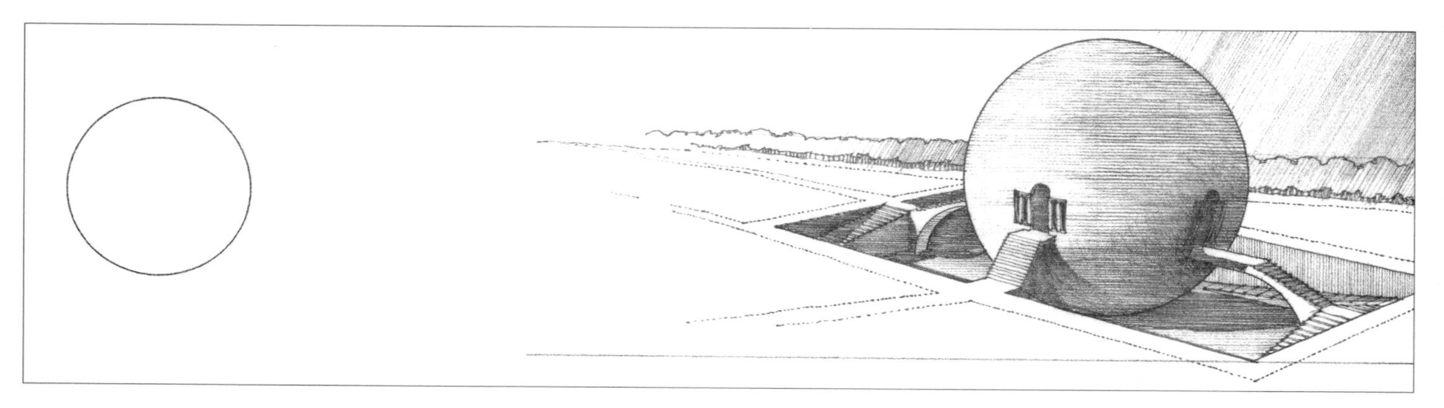

Maupertius, Project for an Agricultural Lodge, 1775, Claude-Nicolas Ledoux
莫佩蒂亚斯，农庄住屋方案，1775，克劳德—尼古拉斯 • 勒杜

Chapel, Massachusetts Institute of Technology, Cambridge, Massachusetts, 1955, Eero Saarinen and Associates
小教堂，麻省理工学院，剑桥市，马萨诸塞州，1955，埃罗 • 沙里宁事务所

Project for a Conical Cenotaph, 1784, Étienne-Louis Boullée
圆锥形纪念塔方案，1784，艾蒂安—路易 • 布雷

Pyramids of Cheops, Chephren, and Mykerinos at Giza, Egypt, c. 2500 B.C.
吉萨的金字塔群，齐奥普斯、哈夫拉和米克里诺斯金字塔，埃及，约公元前 2500 年

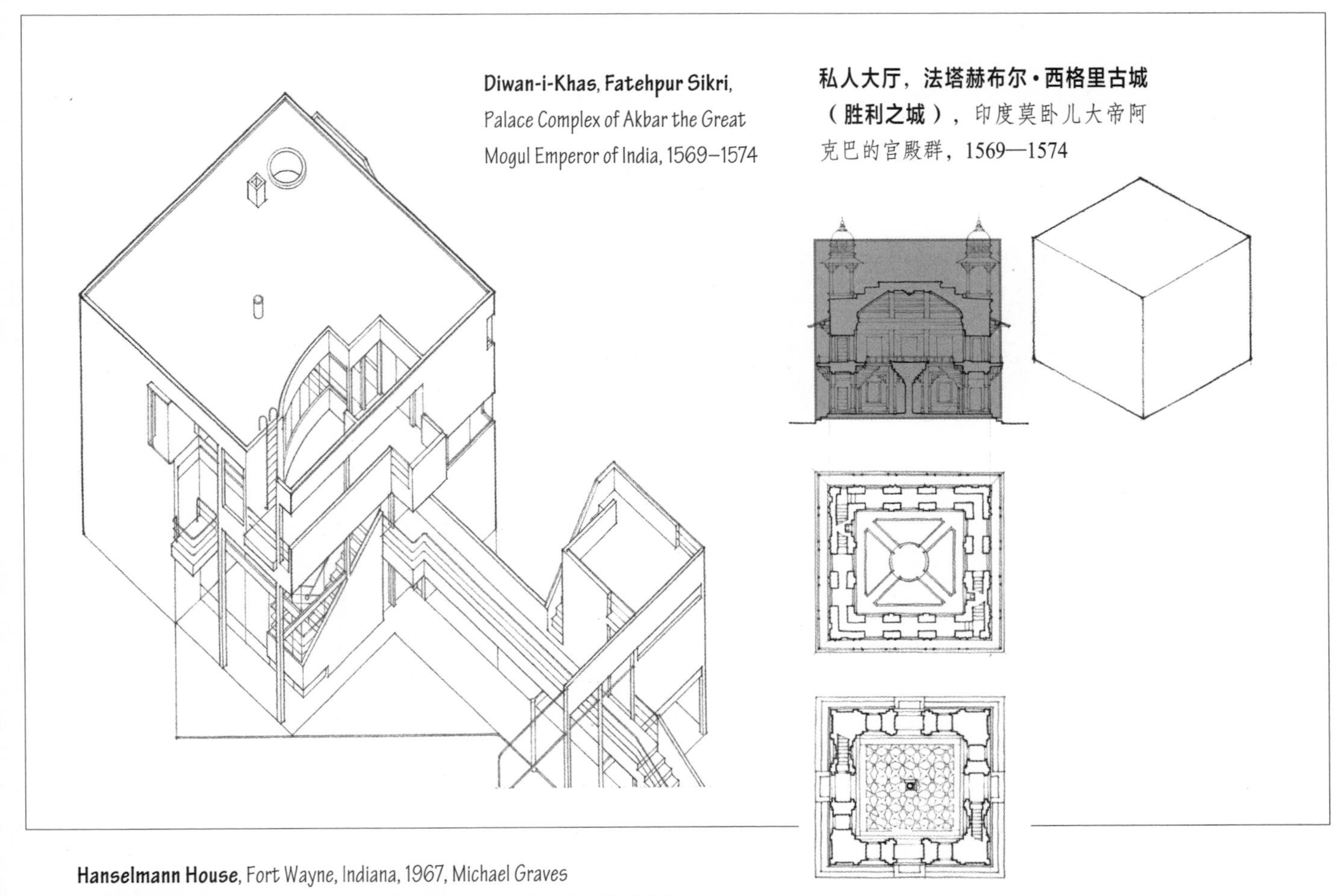

Diwan-i-Khas, Fatehpur Sikri, Palace Complex of Akbar the Great Mogul Emperor of India, 1569–1574
私人大厅，法塔赫布尔·西格里古城（胜利之城），印度莫卧儿大帝阿克巴的宫殿群，1569—1574

Hanselmann House, Fort Wayne, Indiana, 1967, Michael Graves
汉西尔曼住宅，富特·韦恩，印第安纳州，1967，米歇尔·格雷夫斯

规则的形式是指那些各组成部分之间以稳定和有序的方式彼此关联的形式。这些形式的性质基本上是稳定的，关于一条或多条轴线对称。球体、圆柱、圆锥、立方体是规则形式的主要实例。

即使是维度发生变化或增减要素的时候，形式仍能保持其规则性。即使形式的某一部分消失或另一部分增加的时候，依据针对类似形式的经验，我们仍能在头脑中建构一个有关这一形式基本形象的模型。

不规则的形式是指那些各组成部分在性质上不同，而且以不稳定的方式组合在一起的形式。不规则形式一般是不对称的形式，比规则形式更富有动态。它们可能是规则形式中减去不规则要素的结果，或者是规则形式的不规则构图所致。

因为我们在建筑中既要处理实体，又要处理虚空，所以规则形式可能包含在不规则形式之中；同样，不规则形式也可以被规则形式围合起来。

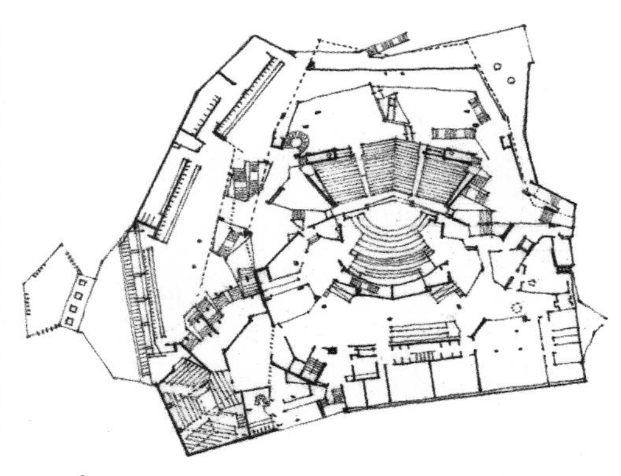

Irregular Forms:
Philharmonic Hall, Berlin, 1956–1963, Hans Scharoun
不规则形式：
爱乐音乐厅，柏林，1956—1963，汉斯·夏隆

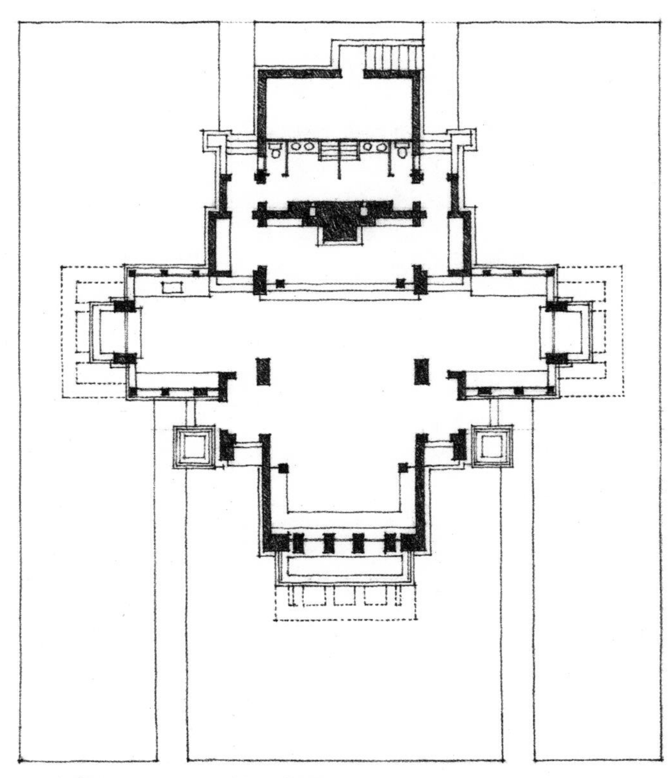

A Regular Composition of Regular Forms:
Coonley Playhouse, Riverside, Illinois, 1912, Frank Lloyd Wright
由规则形式组成的规则构图：
孔利游艺室，里弗塞德，伊利诺斯州，1912，弗兰克·劳埃德·赖特

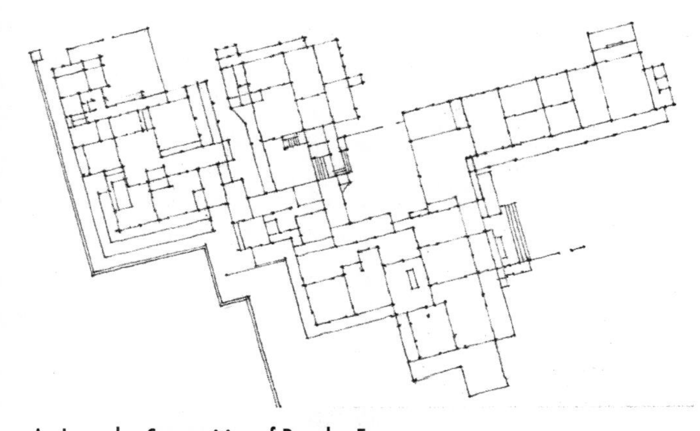

An Irregular Composition of Regular Forms:
Katsura Imperial Villa, Kyoto, Japan, 17th century
由规则形式组成的不规则构图：
桂离宫，京都，日本，17 世纪

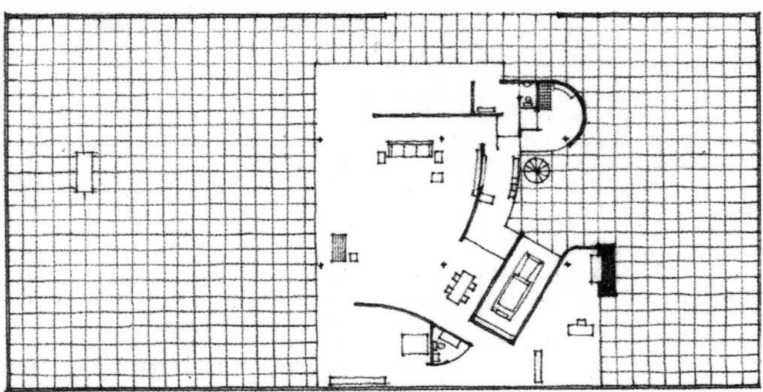

Irregular Forms within a Regular Field:
Courtyard House Project, 1934, Mies van de Rohe
规则领域内的不规则形式：
庭院住宅方案，1934，密斯·凡德罗

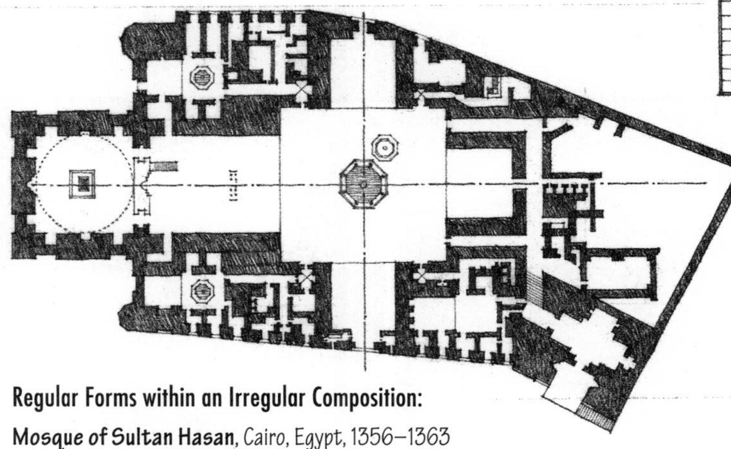

Regular Forms within an Irregular Composition:
Mosque of Sultan Hasan, Cairo, Egypt, 1356–1363
不规则构图中的规则形式：
苏丹·哈桑清真寺，开罗，埃及，1356—1363

An Irregular Array of Regular Forms in the Horizontal Dimension:
City of Justice, Barcelona, Spain, 2010, David Chipperfield Architects, b720 Arquitectos
规则形式在水平方向上的不规则排列：
正义之城，巴塞罗那，西班牙，2010，戴维·奇普菲尔德建筑师事务所，b720 建筑师事务所

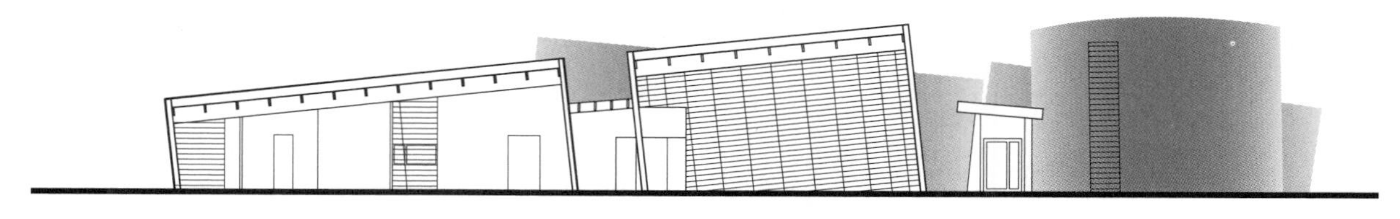

An Irregular Array of Regular Forms in the Vertical Dimension: **Poteries du Don**, Le Fel, France, 2008, Lacombe–De Florinier
规则形式在竖直方向上的不规则排列：陶艺博物馆，勒弗，法国，2008 年，拉孔—德·弗洛亨尼事务所

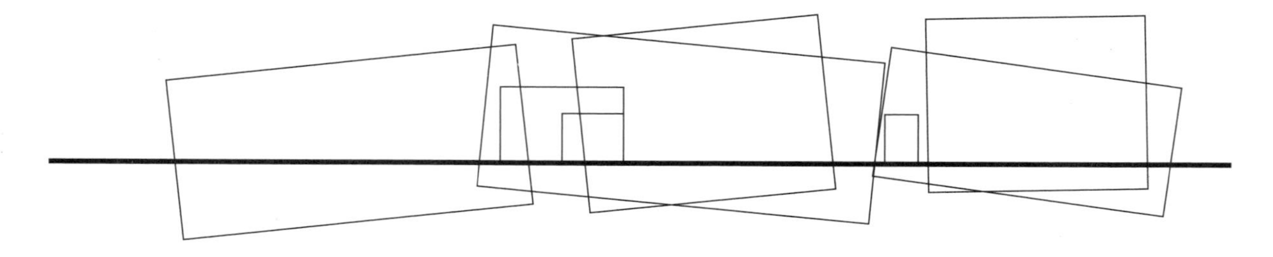

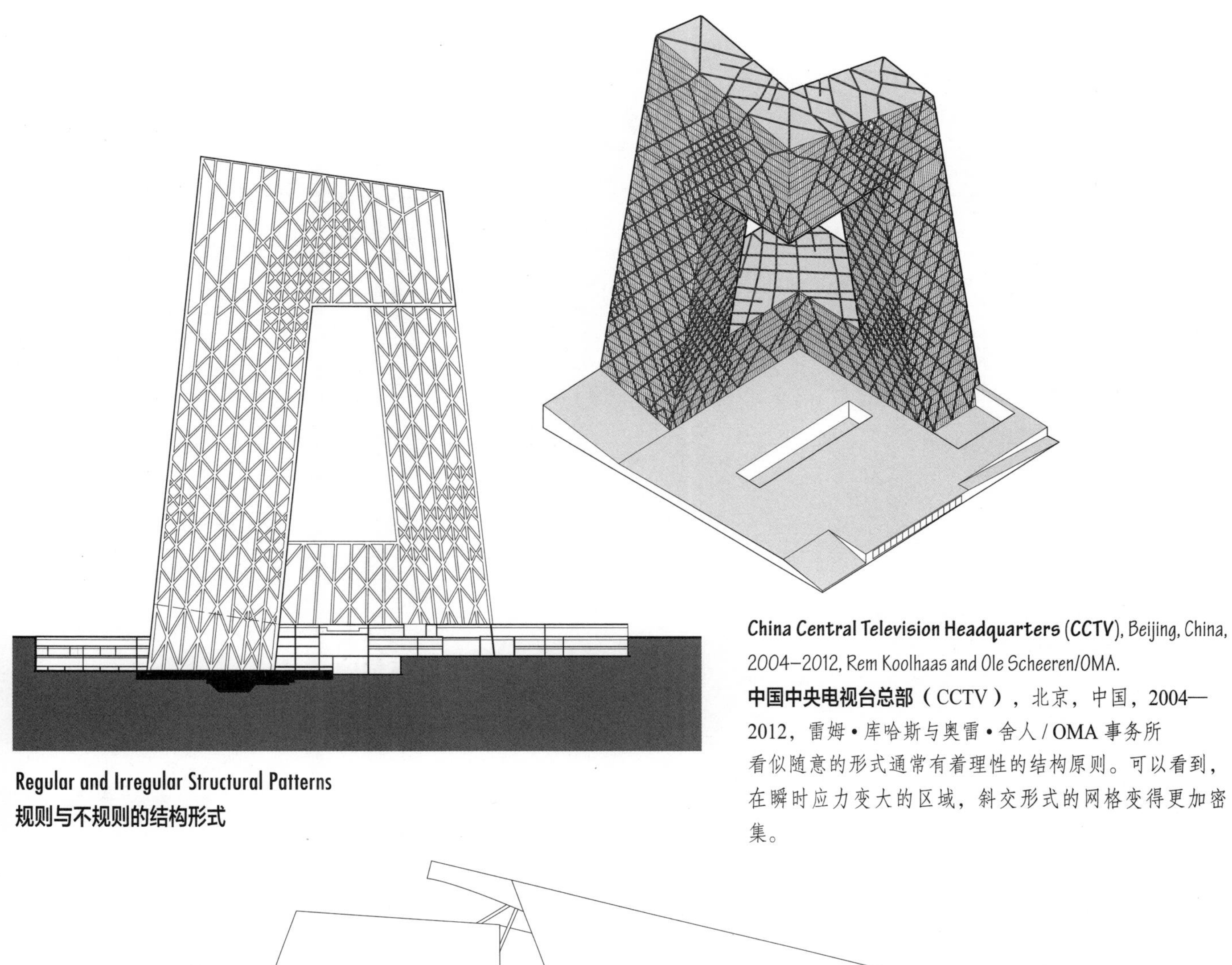

Regular and Irregular Structural Patterns
规则与不规则的结构形式

China Central Television Headquarters (CCTV), Beijing, China, 2004–2012, Rem Koolhaas and Ole Scheeren/OMA.
中国中央电视台总部（CCTV），北京，中国，2004—2012，雷姆·库哈斯与奥雷·舍人 / OMA 事务所
看似随意的形式通常有着理性的结构原则。可以看到，在瞬时应力变大的区域，斜交形式的网格变得更加密集。

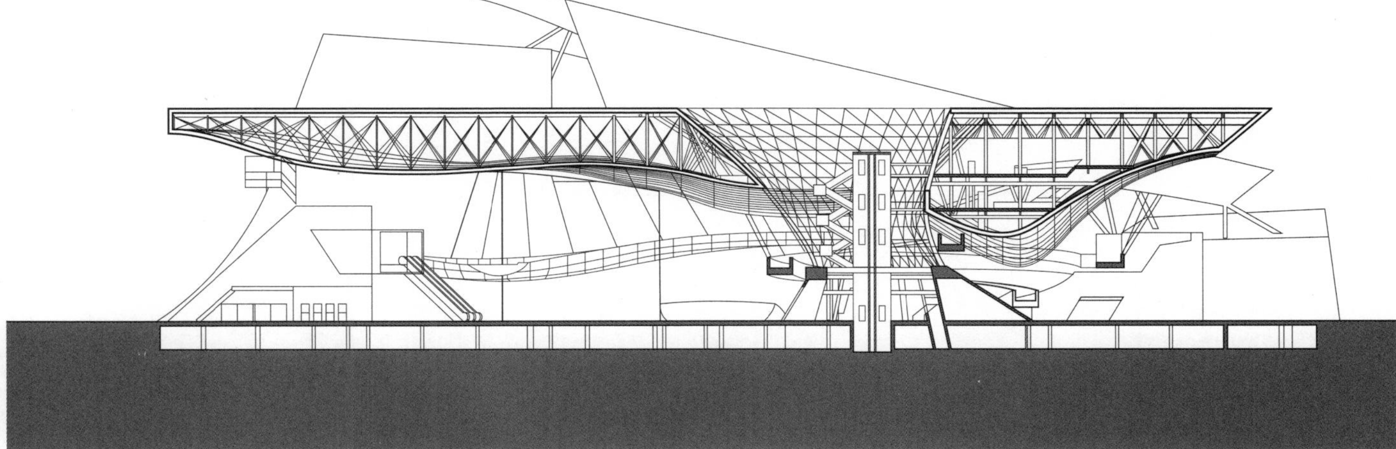

Busan Cinema Center, Busan, South Korea, 2012, COOP HIMMELB(l)au.
釜山电影中心，釜山，韩国，2012，蓝天组
这一实例表现出不规则形式摆脱了水平地面和屋顶平面，并与之形成对比。

所有的其他形式都可以被理解为基本实体的变形，这些变化来自对于基本实体的一个维度或多维度的处理，或者是由于要素的增减而产生的。

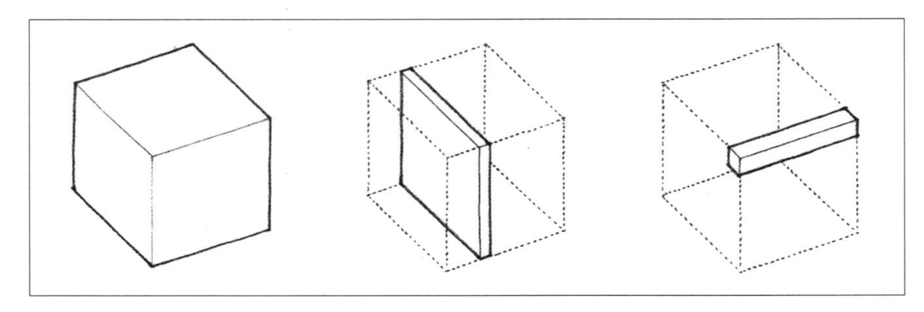

Dimensional Transformation
维度的变化

通过改变一个或多个维度，一种形式就会发生变化，但是作为某一形式家族的成员，变化后的形式仍能保持其特性。比如，一个立方体可以通过在高度、宽度和长度上的连续变化，变成类似的棱柱形式。它可以被压缩成一个面的形式，或者被拉伸成线的形式。

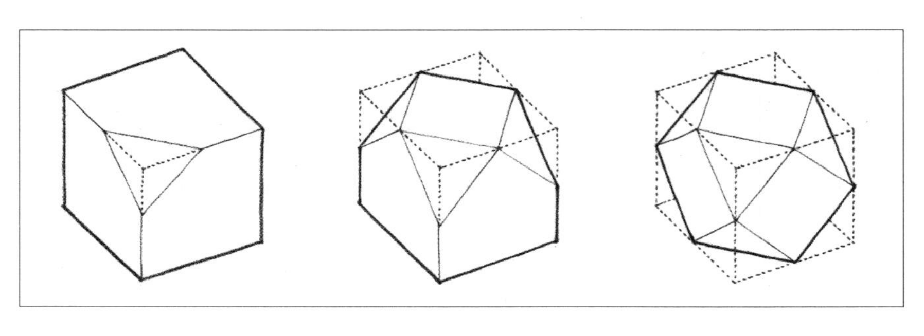

Subtractive Transformation
削减式变化

一种形式可以通过削减其部分体积的方法进行变化。根据不同的削减程度，形式可以保持其最初的特性，或者变成另一种类的形式。比如，一个正方体即使有一部分被削去，仍能保持其特性，或者变成一个逐渐接近球体的系列规则多面体。

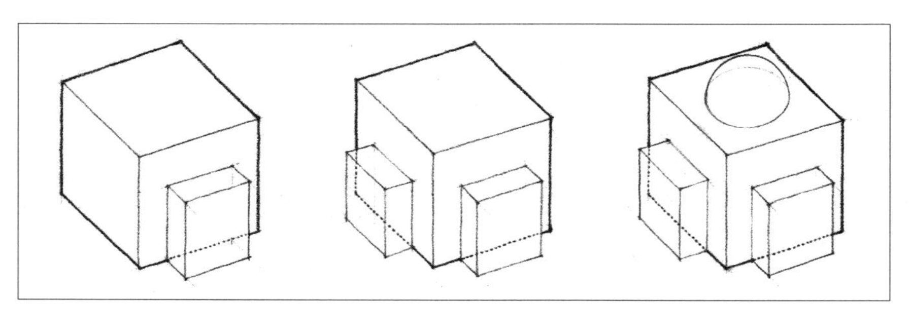

Additive Transformation
增加式变化

一种形式可以通过在其体积上增加要素的方法取得变化。增加过程的性质、添加要素的数量和相对规模，决定了原来形式的特性是被改变了还是被保留下来。

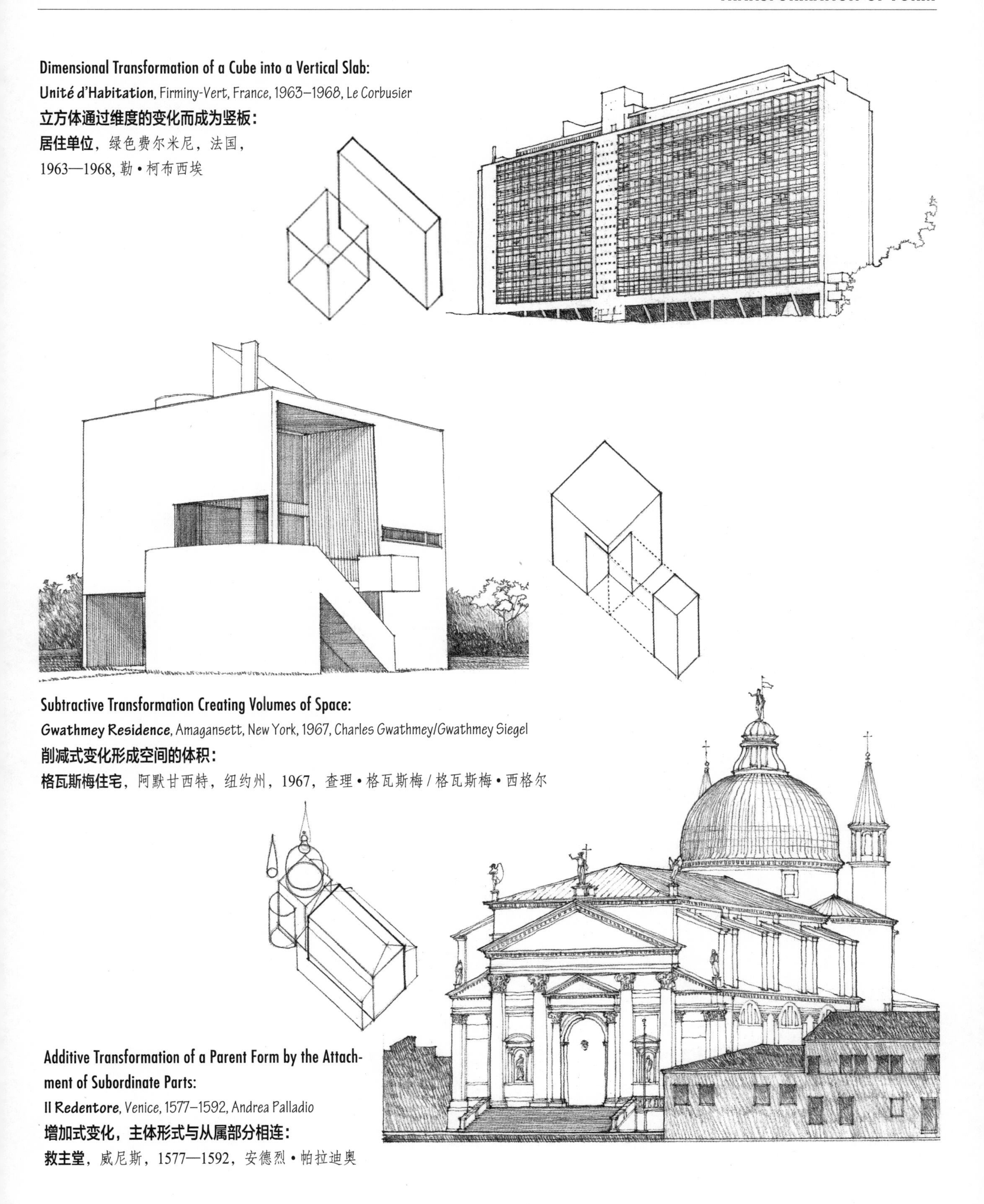

Dimensional Transformation of a Cube into a Vertical Slab:
Unité d'Habitation, Firminy-Vert, France, 1963–1968, Le Corbusier
立方体通过维度的变化而成为竖板：
居住单位，绿色费尔米尼，法国，
1963—1968，勒•柯布西埃

Subtractive Transformation Creating Volumes of Space:
Gwathmey Residence, Amagansett, New York, 1967, Charles Gwathmey/Gwathmey Siegel
削减式变化形成空间的体积：
格瓦斯梅住宅，阿默甘西特，纽约州，1967，查理•格瓦斯梅/格瓦斯梅•西格尔

Additive Transformation of a Parent Form by the Attachment of Subordinate Parts:
Il *Redentore*, Venice, 1577–1592, Andrea Palladio
增加式变化，主体形式与从属部分相连：
救主堂，威尼斯，1577—1592，安德烈•帕拉迪奥

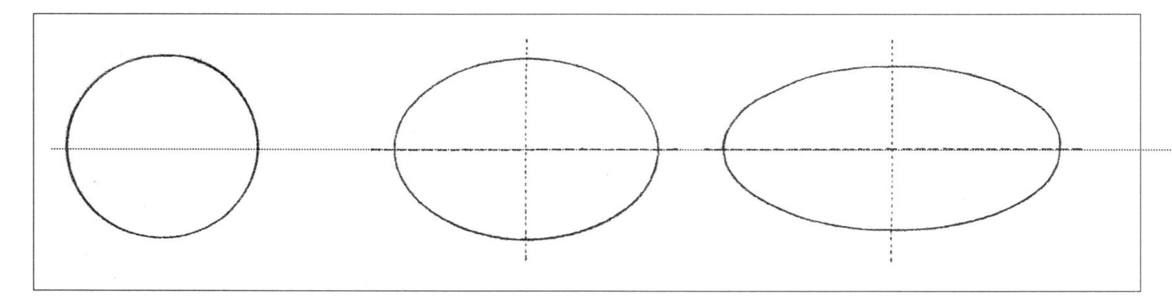

一个球体可以通过沿某一轴线拉伸的方法，变成无数的卵圆体或椭球。

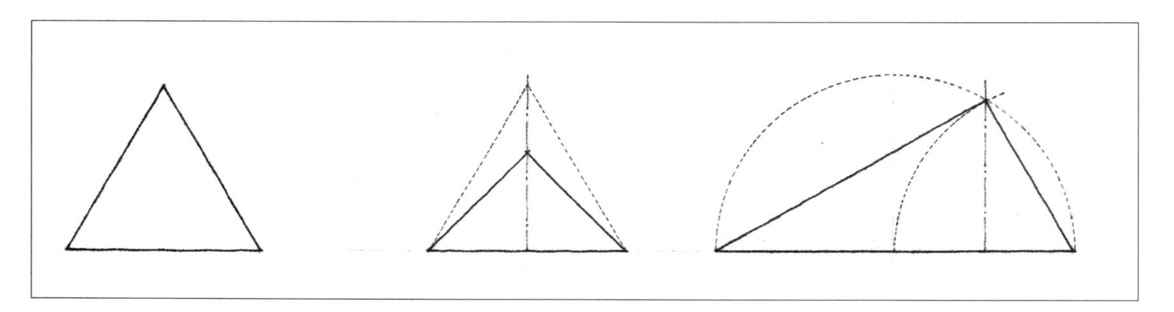

一个棱锥体，可以通过改变其底边维度、改变顶点高度、使垂直轴偏向一边的方法来进行变化。

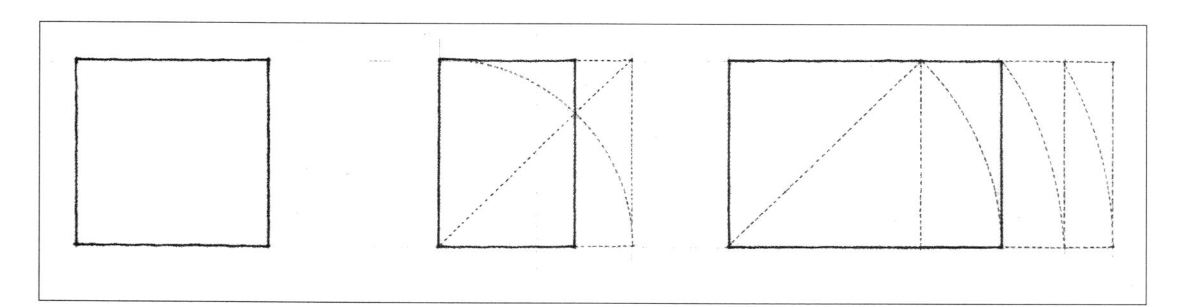

一个立方体，可以通过缩短或延长其高度、宽度或深度的方法，变化成矩形棱体。

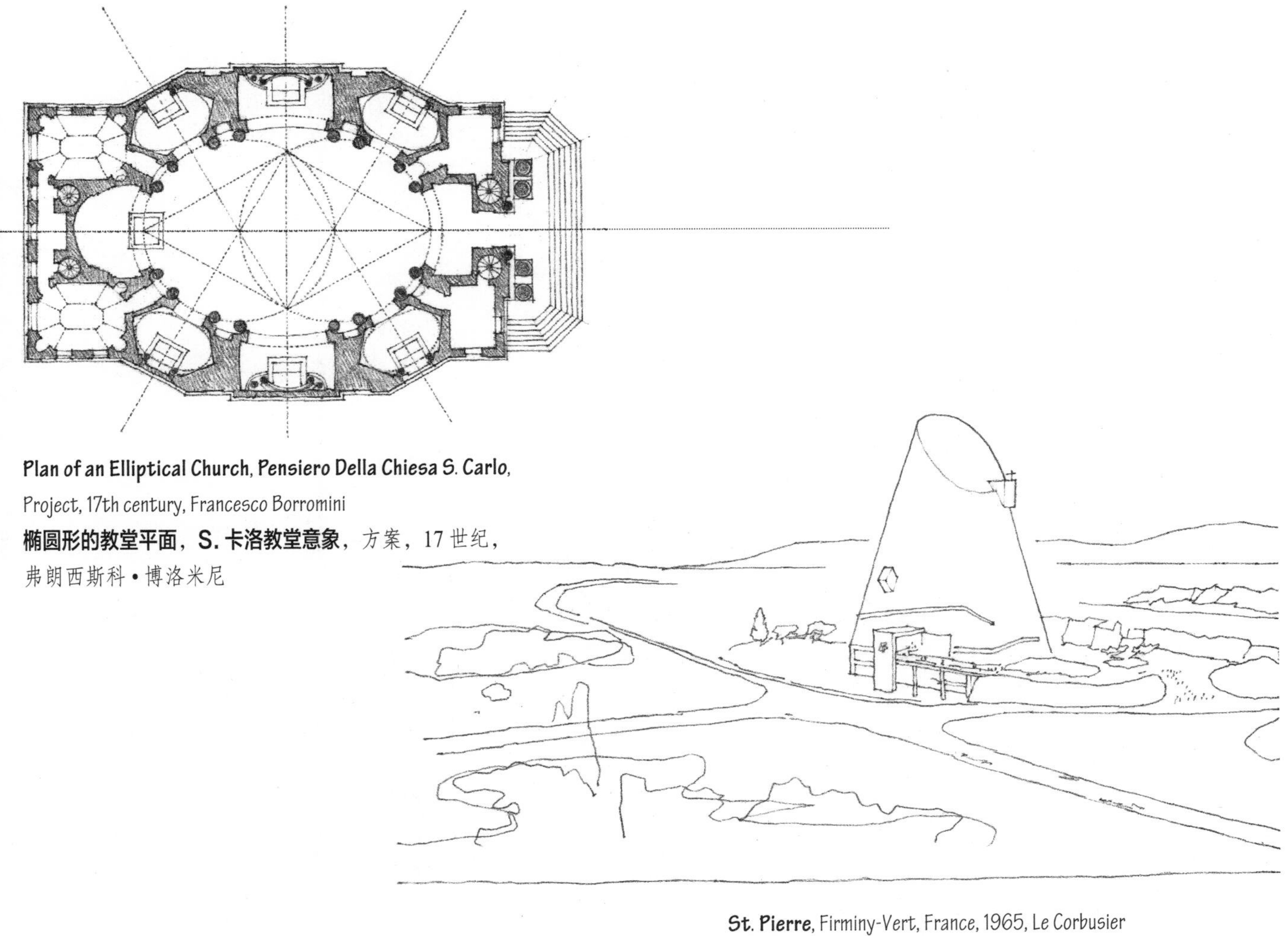

Plan of an Elliptical Church, Pensiero Della Chiesa S. Carlo, Project, 17th century, Francesco Borromini

椭圆形的教堂平面，S. 卡洛教堂意象，方案，17 世纪，弗朗西斯科•博洛米尼

St. Pierre, Firminy-Vert, France, 1965, Le Corbusier

圣皮埃尔教堂，费尔米尼—韦尔，法国，1965，勒•柯布西埃

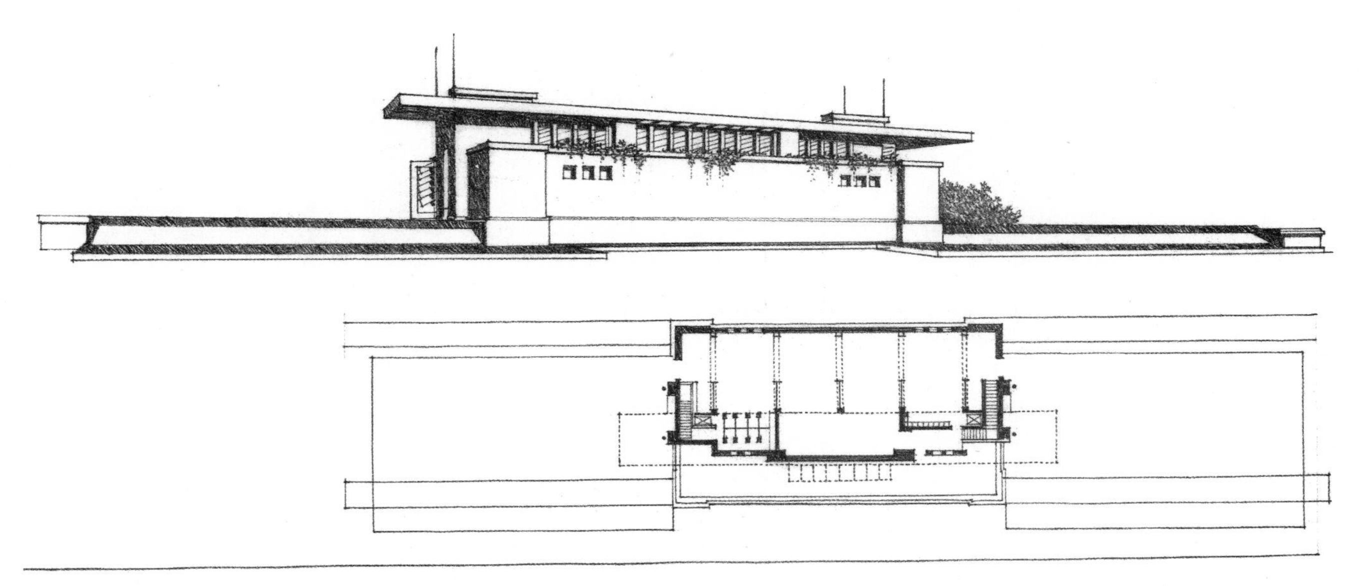

Project for Yahara Boat Club, Madison, Wisconsin, 1902, Frank Lloyd Wright

亚哈拉船艇俱乐部方案，麦迪逊，威斯康星州，1902，弗兰克•劳埃德•赖特

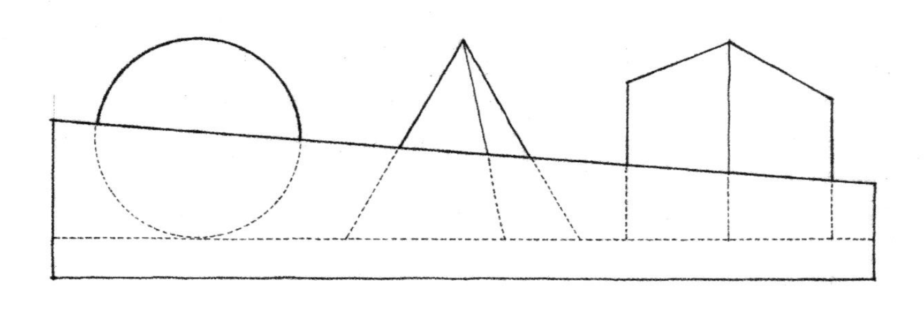

我们在所见的视野内总是寻求形式的规则性与连续性。如果在我们的视野中，任何一个基本实体有一部分被遮挡起来，我们倾向于使其形式完善并视其为一个整体，这是因为大脑填补了眼睛没有看到的部分。同样，当规则的形式中有些部分从其体量上消失，如果我们把它们视作不完整的实体的话，这些形式则仍保持着它们的形式特性。我们把这些不完整的形式称为“削减的形式”。

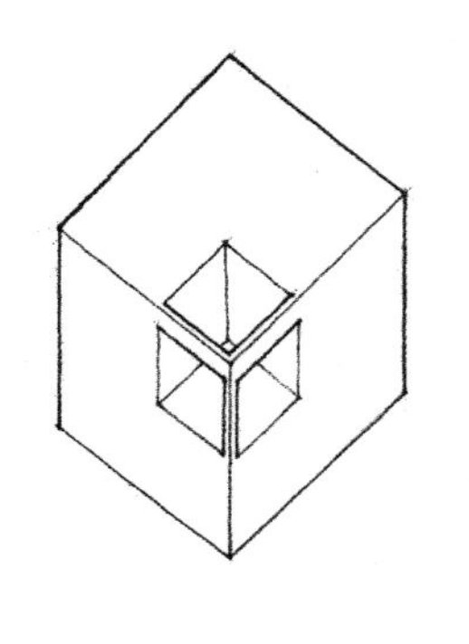

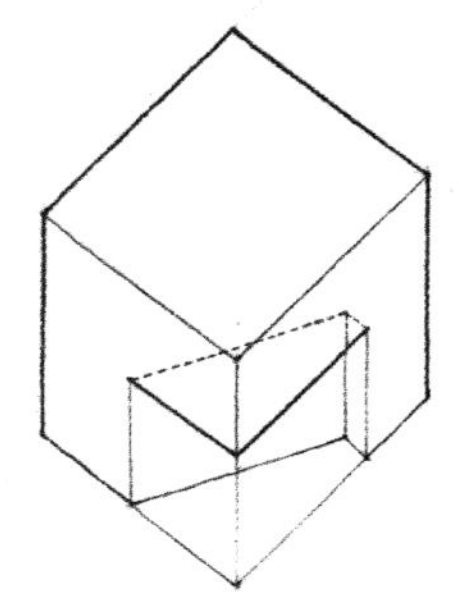

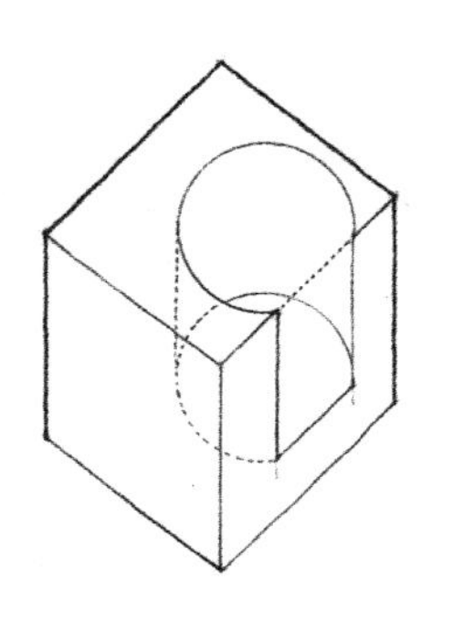

因为简单的几何形体易于识别，比如我们提到的基本实体，就非常适于进行削减处理。假若不破坏这些形体的边、角和整体外轮廓，即使其体量中有些部分被去掉，这些形体仍将保留其形式特性。

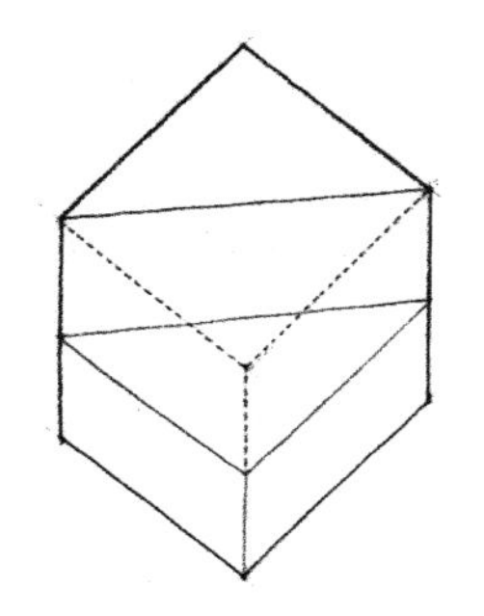

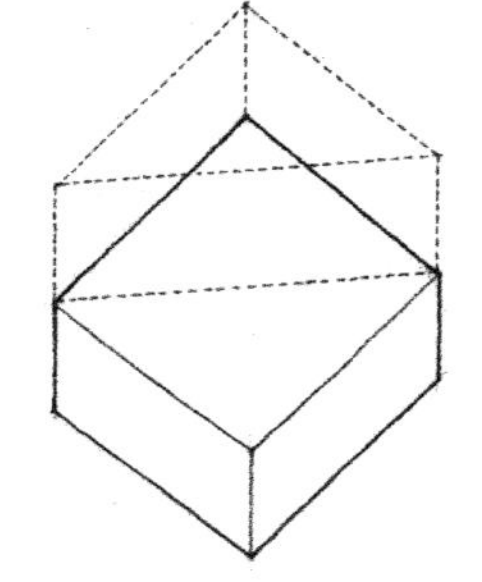

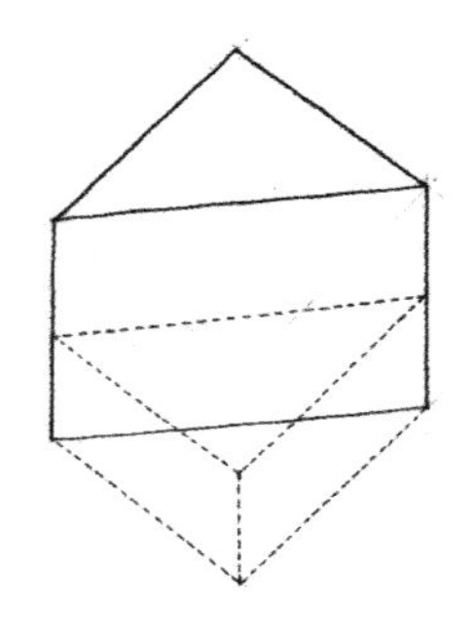

如果从某一形式的体量上移去的部分侵蚀了其边缘并彻底地改变了其轮廓，那么这种形式原来的特性就会变得模糊起来。

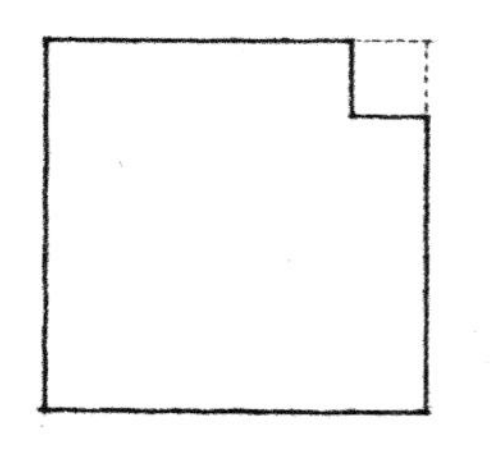

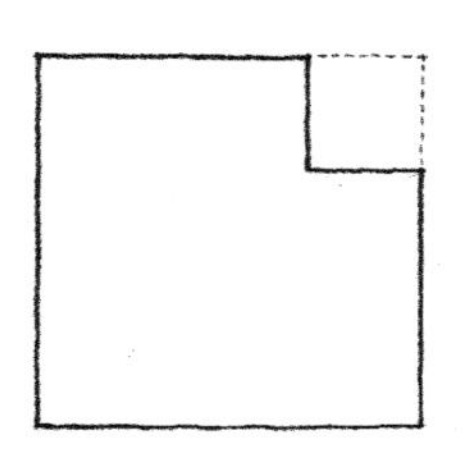

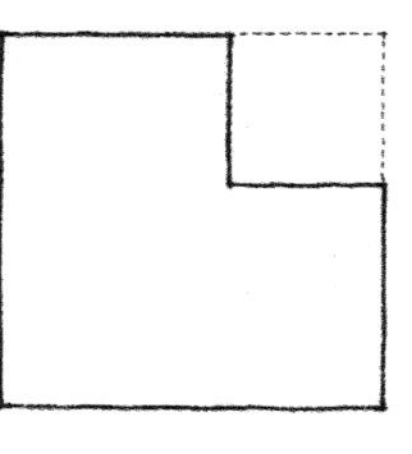

在下面的一系列图形中，从哪一个图形开始，去掉一角的正方形变成了由两个矩形组成的 L 形？

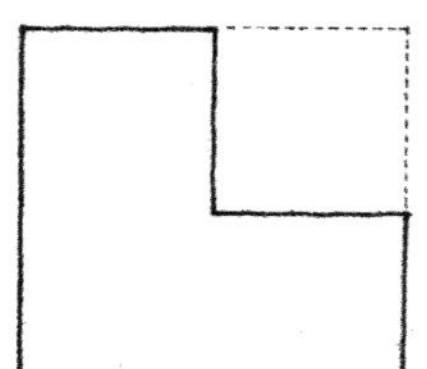

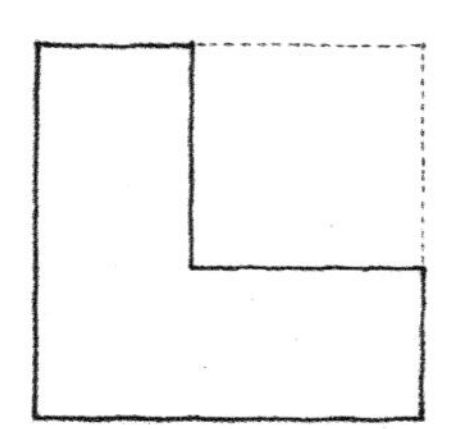

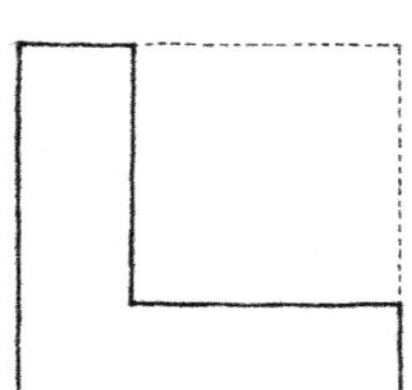

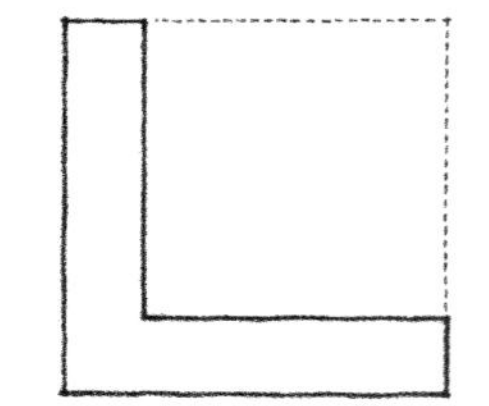

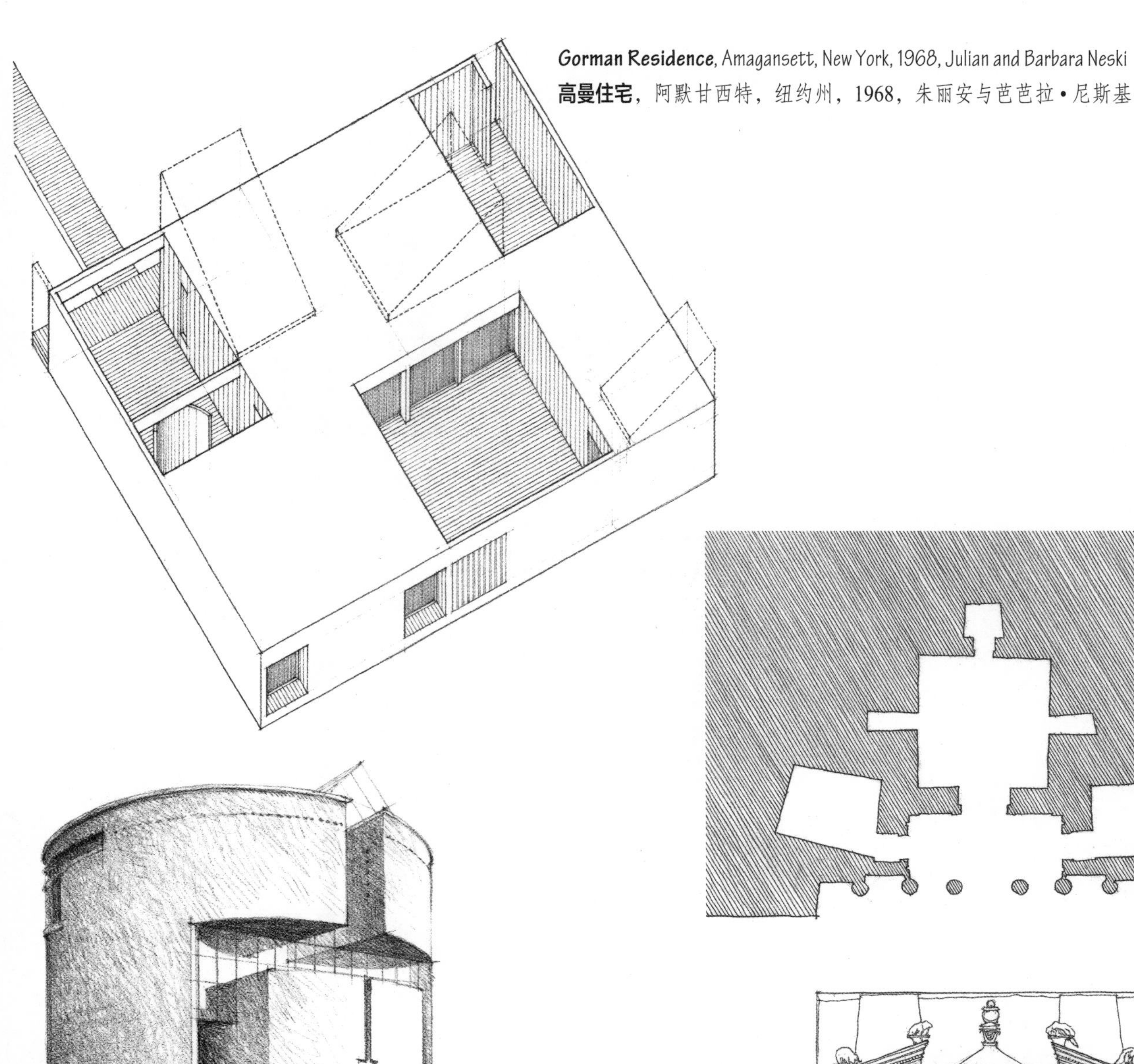

Gorman Residence, Amagansett, New York, 1968, Julian and Barbara Neski
高曼住宅，阿默甘西特，纽约州，1968，朱丽安与芭芭拉•尼斯基

House at Stabio, Ticino, Switzerland, 1981, Mario Botta
斯塔比奥住宅，提契诺，瑞士，1981，马里奥•博塔

可以从某个形式中削减一些容积，以形成凹进的入口、明确的庭院空间，或者由凹进处的垂直或水平的表面来遮挡的窗洞。

Khasneh al Faroun, Petra, 1st century A.D.
法老王的国库，佩特拉，公元 1 世纪

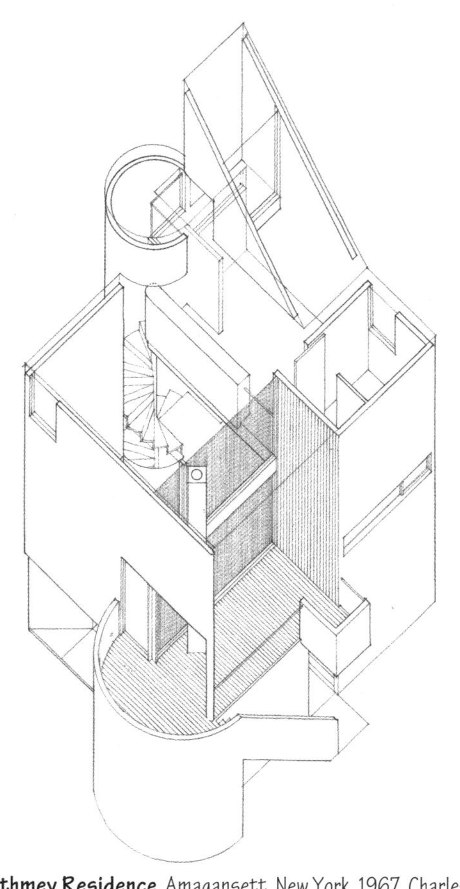

Gwathmey Residence, Amagansett, New York, 1967, Charles Gwathmey/Gwathmey Siegel & Associates

格瓦斯梅住宅，阿默甘西特，纽约州，1967，查理•格瓦斯梅/格瓦斯梅•西格尔事务所

Shodhan House, Ahmedabad, India, 1956, Le Corbusier

绍丹住宅，艾哈迈达巴德，印度，1956，勒•柯布西埃

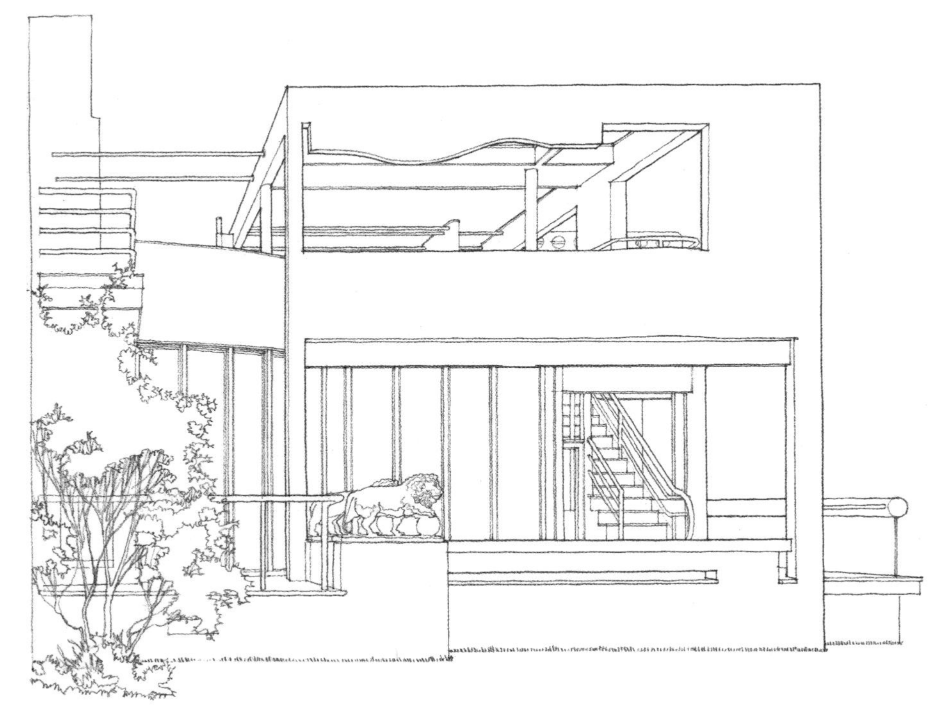

Benacerraf House Addition, Princeton, New Jersey, 1969, Michael Graves

贝纳塞拉夫住宅加建，普林斯顿，新泽西州，1969，米歇尔•格雷夫斯

勒·柯布西埃对形式的评论：

“积累式构图
• 增加的形式
• 一种相当容易的类型
• 美丽如画，充满动感
• 可以完全服从于分类和分级系统”

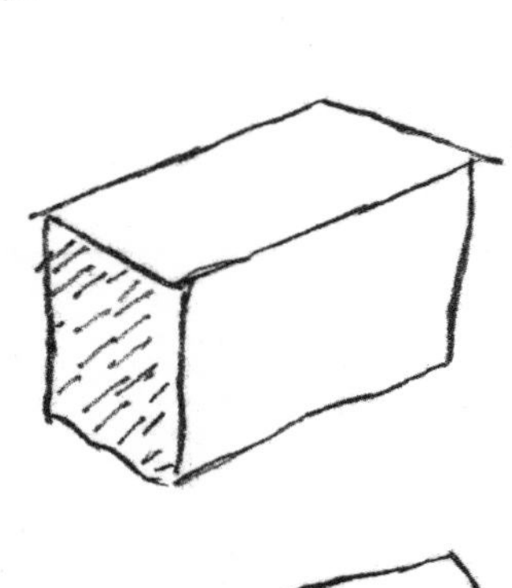

La Roche-Jeanneret Houses, Paris
拉罗什-让纳雷住宅，巴黎

“立方体的构图（纯棱体）
• 非常困难
（去满足精神要求）”

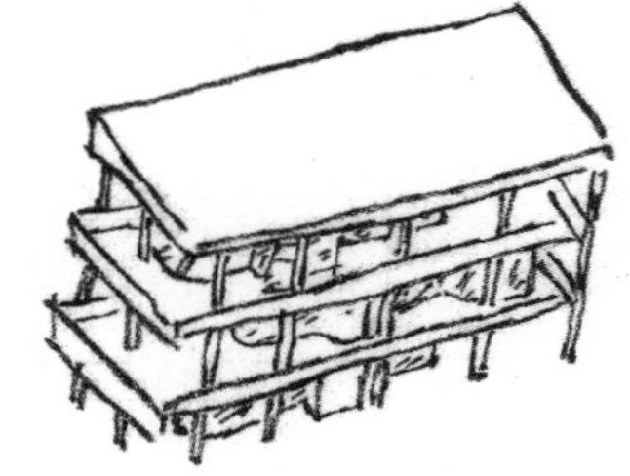

Villa at Garches
在加歇的别墅

“非常容易
•（易于结合）”

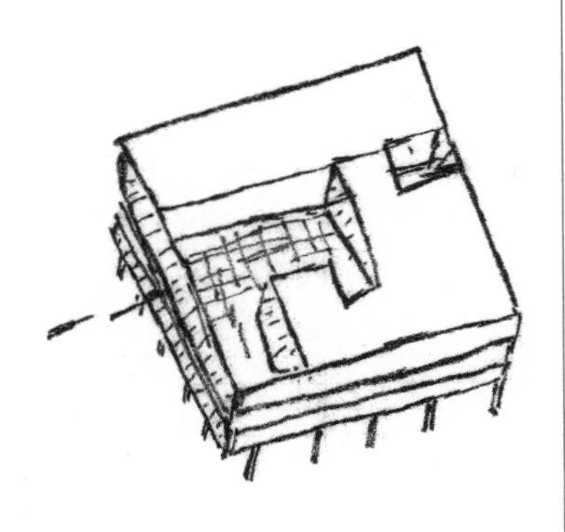

House at Stuttgart
在斯图加特的住宅

“削减的形式
• 非常慷慨大方
• 在外部，一个建筑立意得以确立
• 在内部，所有功能需求得以满足（光线渗透、连续性、流线）”

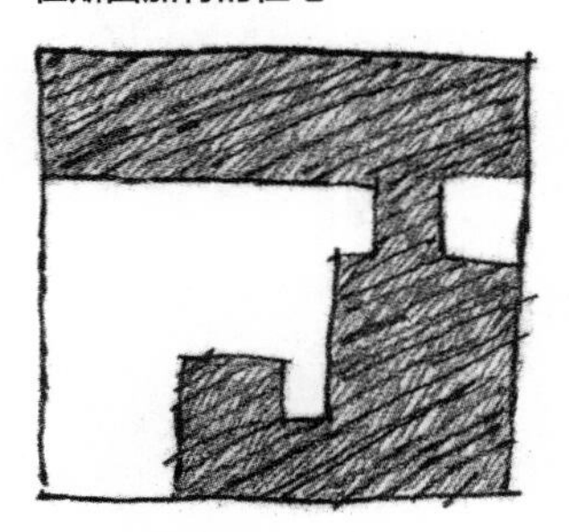

House at Poissy
在普瓦西的住宅

根据勒·柯布西埃为《勒·柯布西埃全集》（*Oeuvre Complète*）第二卷《四种住宅形式》（*Four House Forms*）的封面草图绘制，1935年出版。

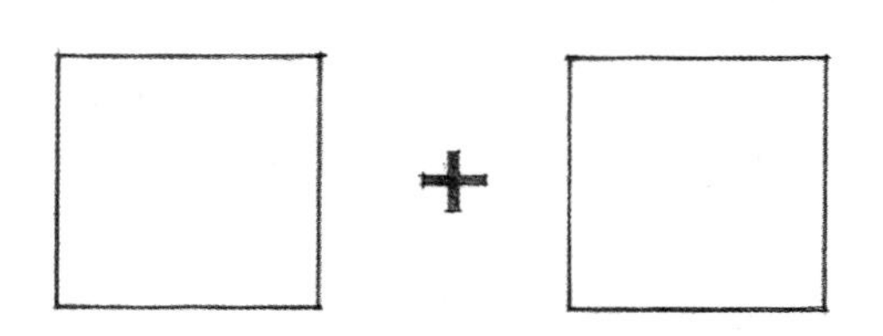

削减的形式，是从本体上移去一部分得到的；而增加的形式则产生于在原来的体积上连接或附加一个或多个从属形式。

两种或两种以上的形式组合在一起的基本可能性是：

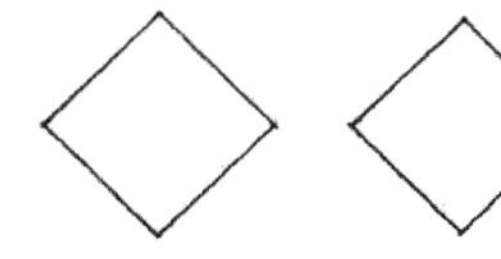
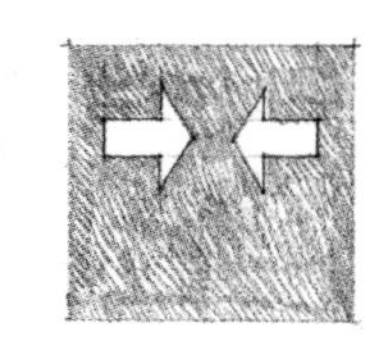
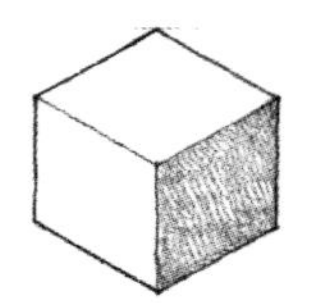

Spatial Tension
空间张力

这类关系需要形式彼此之间互相靠近，或者具有共同的视觉特点，比如形状、色彩或材料相近。

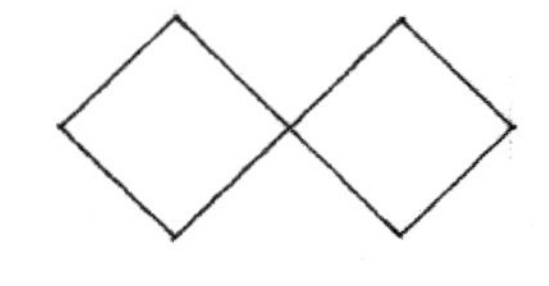
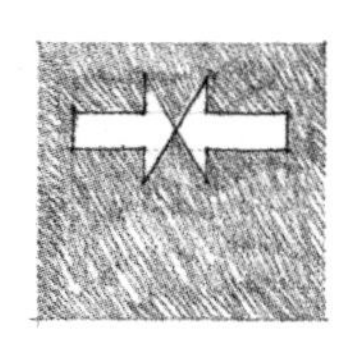
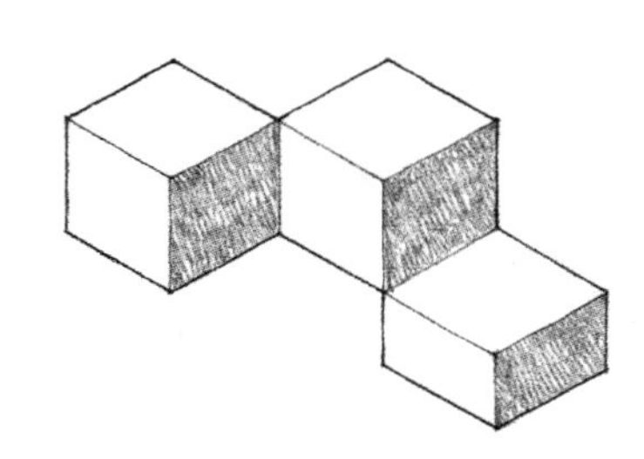

Edge-to-Edge Contact
边与边的接触

在这类关系中，形式具有共享的边，并且能够围绕此边转动。

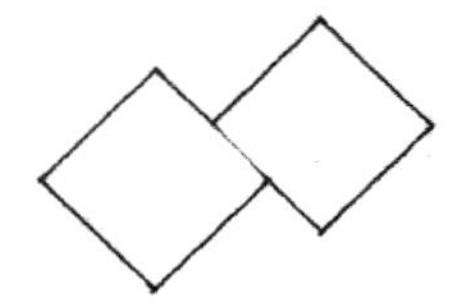
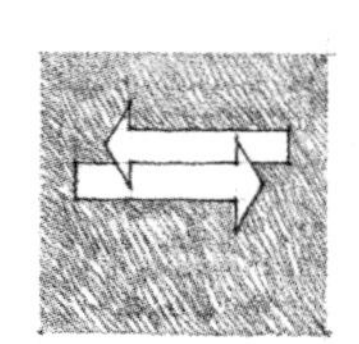
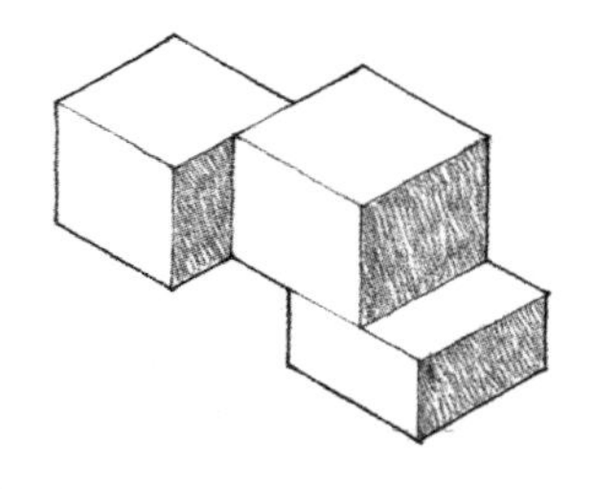

Face-to-Face Contact
面与面的接触

这类关系要求两个形式具有相对应的、互相平行的表面。

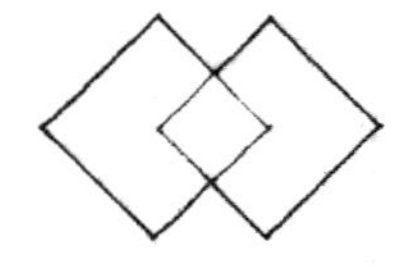
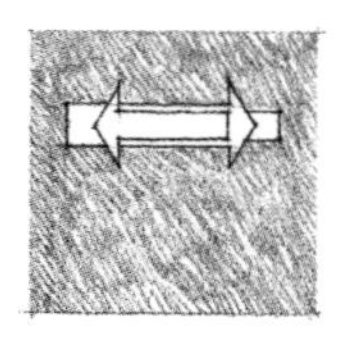
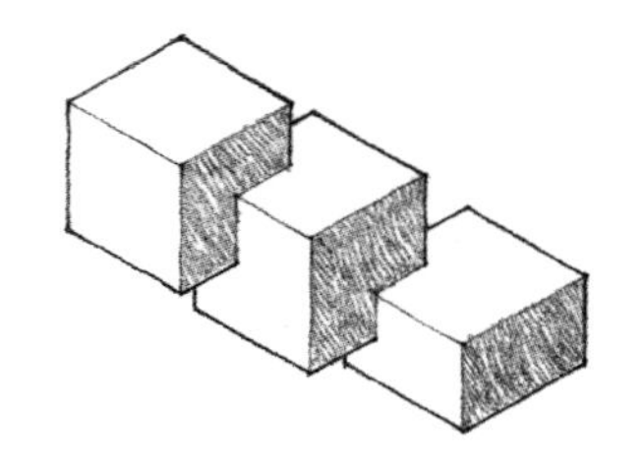

Interlocking Volumes
体量穿插

在这类关系中，形式互相贯穿到彼此的空间中。这些形体不需要具有共同的视觉特点。

增加的形式来自独立要素的积聚，其特征是由它的增长能力及与其他形式合并的能力决定的。对我们而言，要把增加式组合作为形式的统一构图，作为我们视野中感受的形象，各组合要素必须以一种条理分明的方式彼此相连。

这些示意图将增加的形式进行了分类，分类的依据是存在于各组成形式之间关系的种类以及它们的总体造型。这个形式组合的框架，应该与第四章有关空间组合的相关讨论进行比较。

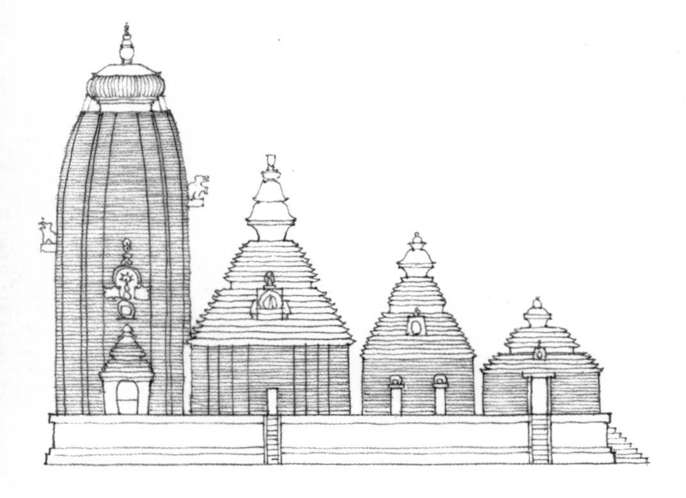

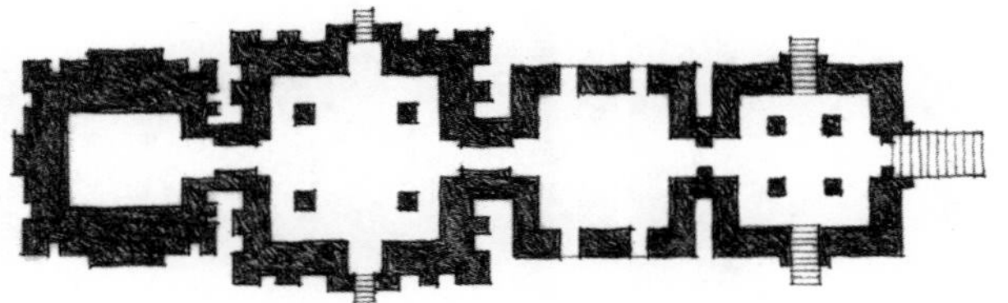

Lingaraja Temple, Bhubaneshwar, India, c. A.D. 1100
林迦拉迦神庙，布巴内斯瓦尔，印度，约公元 1100 年

Centralized Form
集中形式
多个从属的形式围绕着一个占主导地位、居于中心的母体形式。

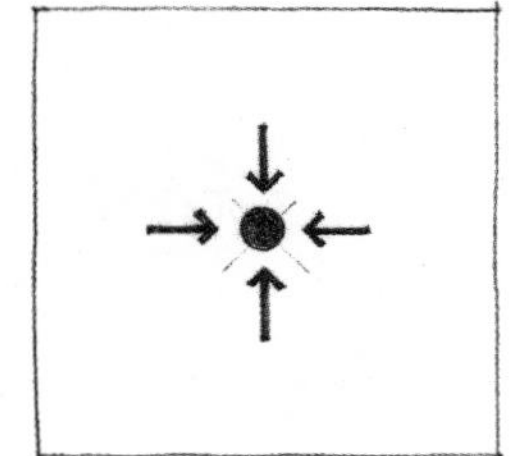

Linear Form
线性形式
一系列形式按顺序排成一排。

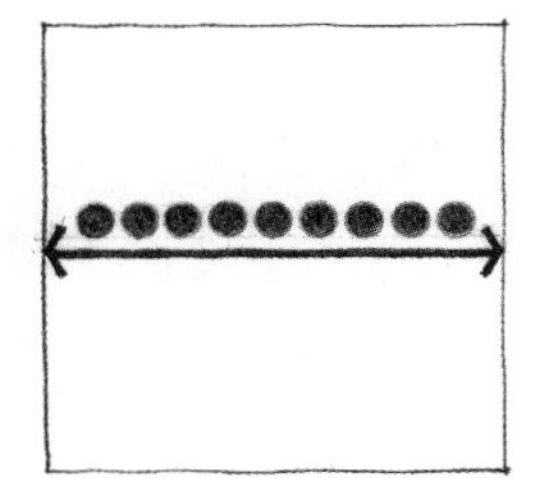

Radial Form
放射形式
自中心形式向外伸展呈辐射状的线性构图。

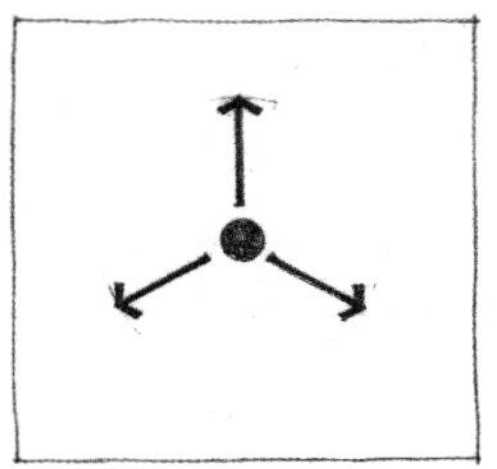

Clustered Form
组团式
由相近的或具有共同视觉特征的形式组合在一起。

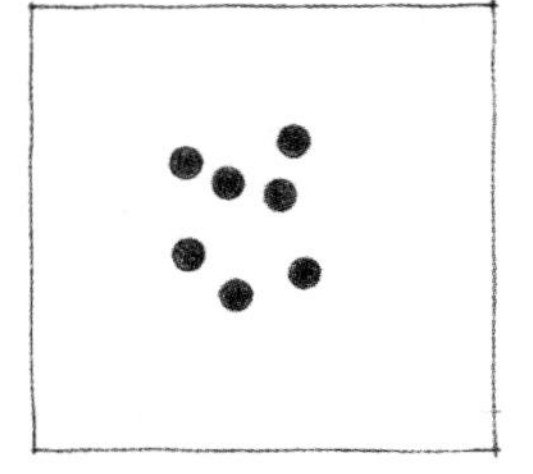

Grid Form
网格式
一组符合模数的形式被三维的网格联系起来并规则排列。

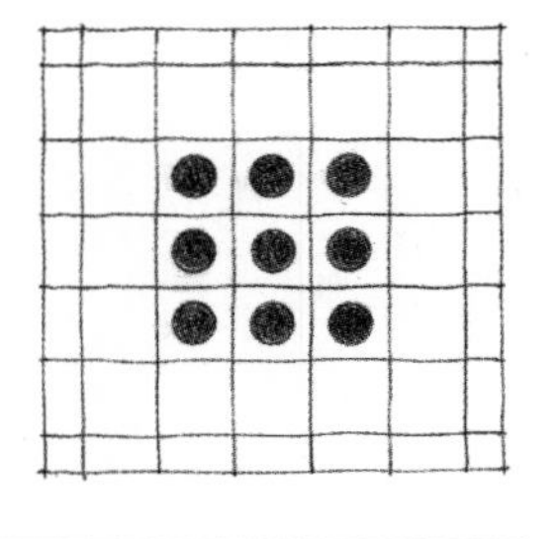

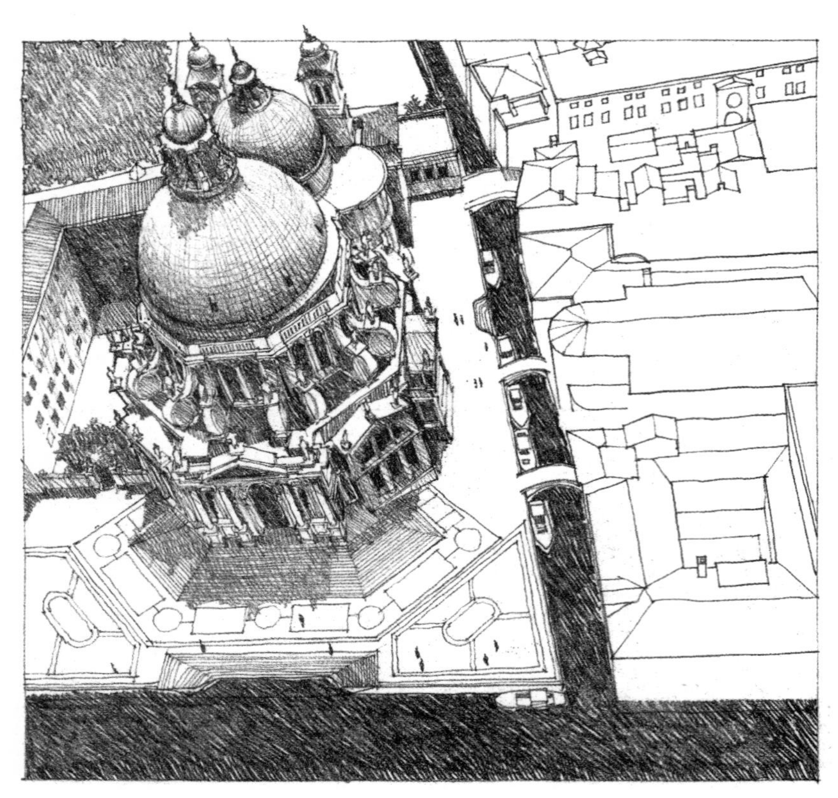

St. Maria Della Salute, Venice, 1631–1682, Baldassare Longhena
救主圣玛丽亚教堂，威尼斯，1631—1682，巴尔达萨雷•隆亥纳

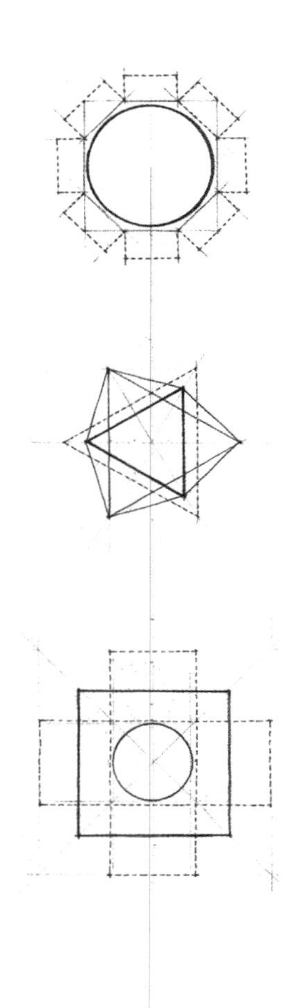

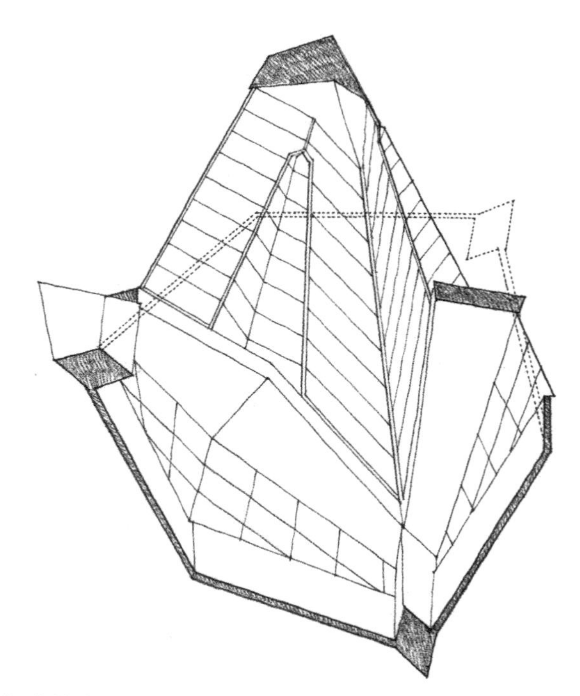

Beth Sholom Synagogue, Elkins Park, Pennsylvania, 1959, Frank Lloyd Wright
贝斯•索隆犹太教堂，爱尔金斯公园，宾夕法尼亚州，1959，弗兰克•劳埃德•赖特

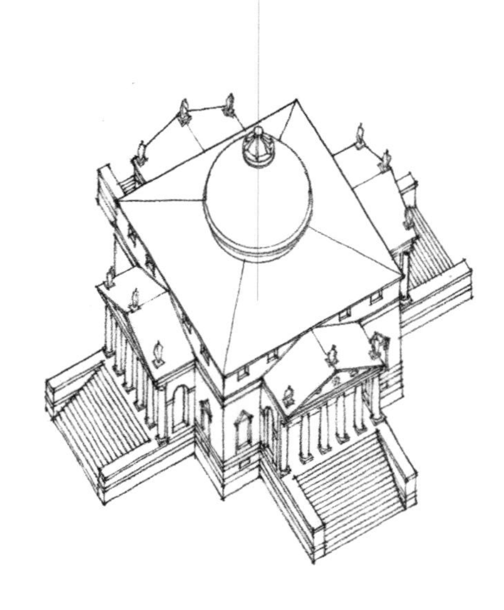

Villa Capra (The Rotunda), Vicenza, Italy, 1552–1567, Andrea Palladio
卡普拉别墅（圆厅别墅），维琴察，意大利，1552—1567，安德烈•帕拉迪奥

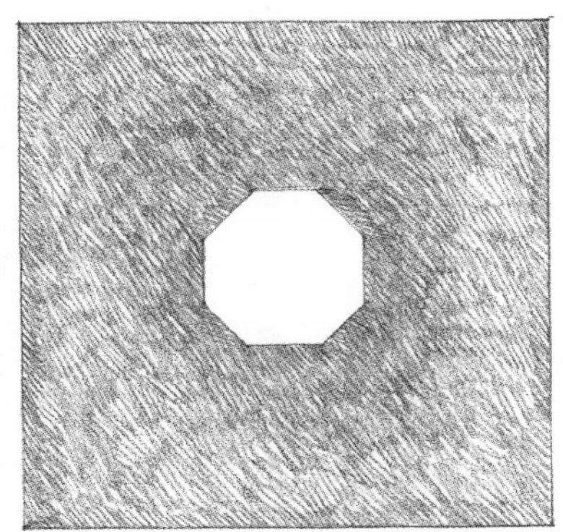

Tempietto, S. Pietro in Montorio, Rome, 1502, Donato Bramante
坦比埃多，蒙托里奥的圣彼得教堂，罗马，1502，多纳托•伯拉孟特

集中形式需要一个几何形体规整、居于中心位置的形式作为视觉主导，比如球体、圆锥体或圆柱体。因为这些形体具有内在的向心性，所以它们享有点或圆所具有的自我向心性。作为与周边环境分离的独立结构，支配着空间中的一个点，或占据某一限定区域的中心，集中式是理想的形式。集中形式能够具体地表达神圣的或令人敬畏的场所以及纪念重要的人或事件。

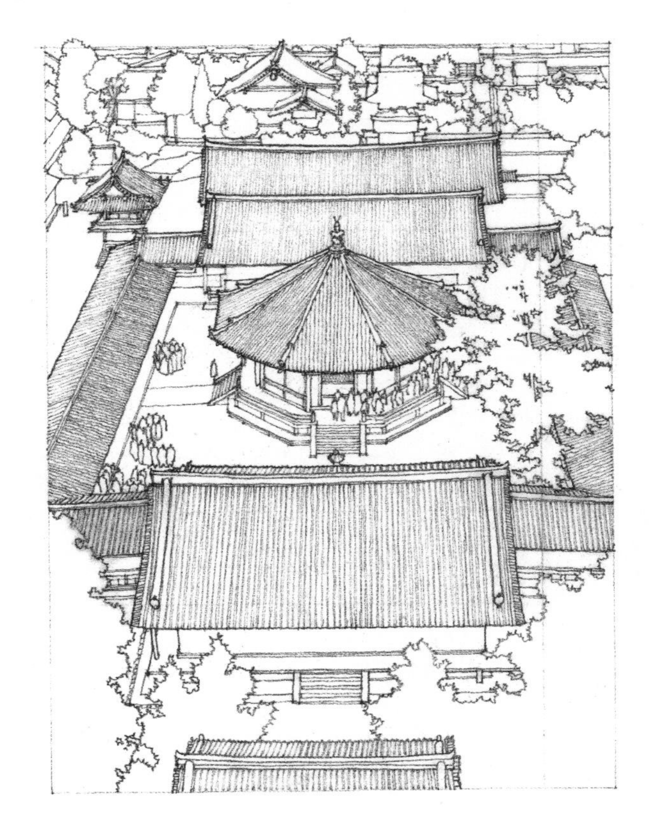

Yume-Dono, Eastern precinct of Horyu-Ji Temple, Nara, Japan, A.D. 607
梦殿，法隆寺东院，奈良，日本，公元 607 年

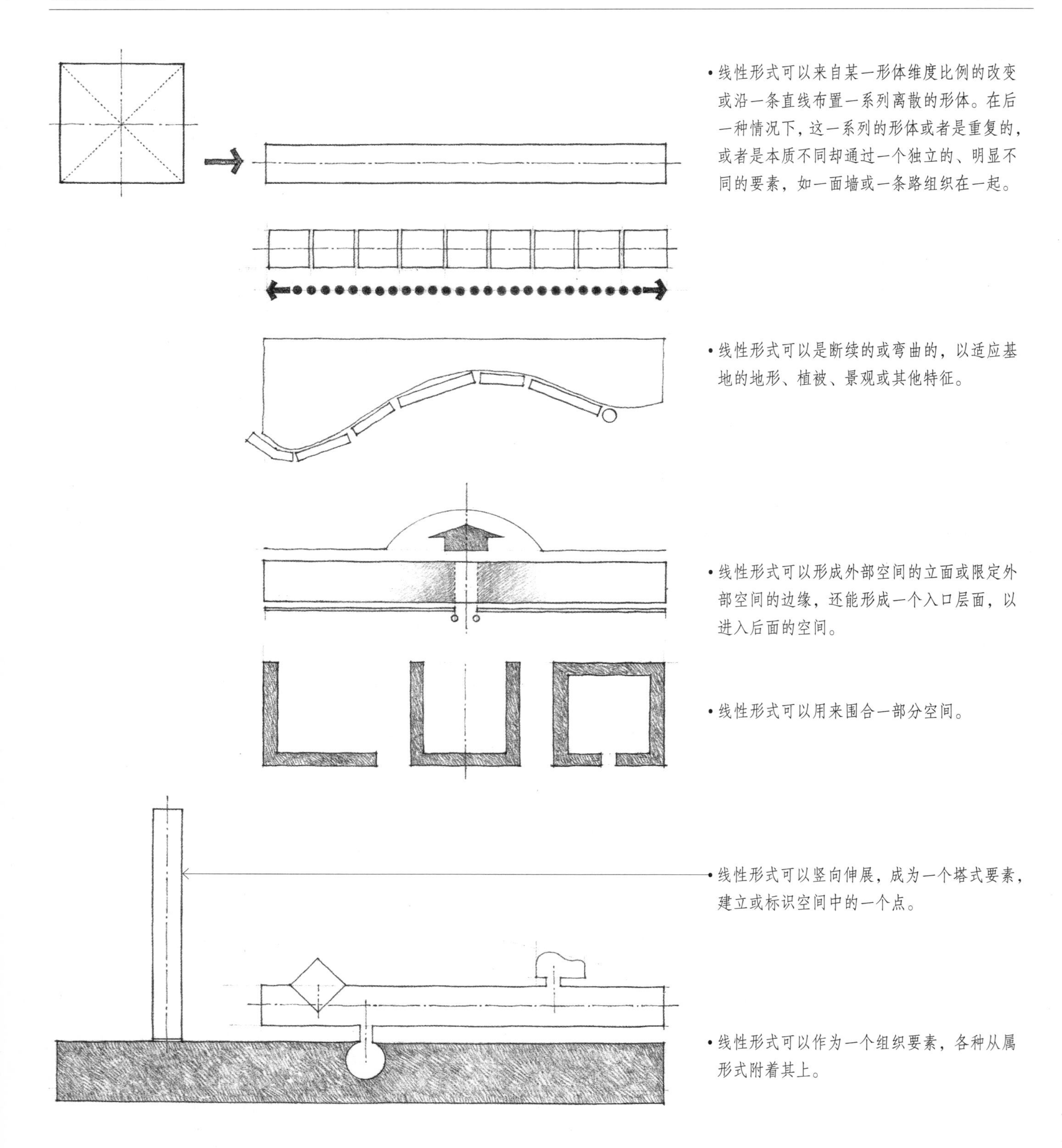

• 线性形式可以来自某一形体维度比例的改变或沿一条直线布置一系列离散的形体。在后一种情况下，这一系列的形体或者是重复的，或者是本质不同却通过一个独立的、明显不同的要素，如一面墙或一条路组织在一起。

• 线性形式可以是断续的或弯曲的，以适应基地的地形、植被、景观或其他特征。

• 线性形式可以形成外部空间的立面或限定外部空间的边缘，还能形成一个入口层面，以进入后面的空间。

• 线性形式可以用来围合一部分空间。

• 线性形式可以竖向伸展，成为一个塔式要素，建立或标识空间中的一个点。

• 线性形式可以作为一个组织要素，各种从属形式附着其上。

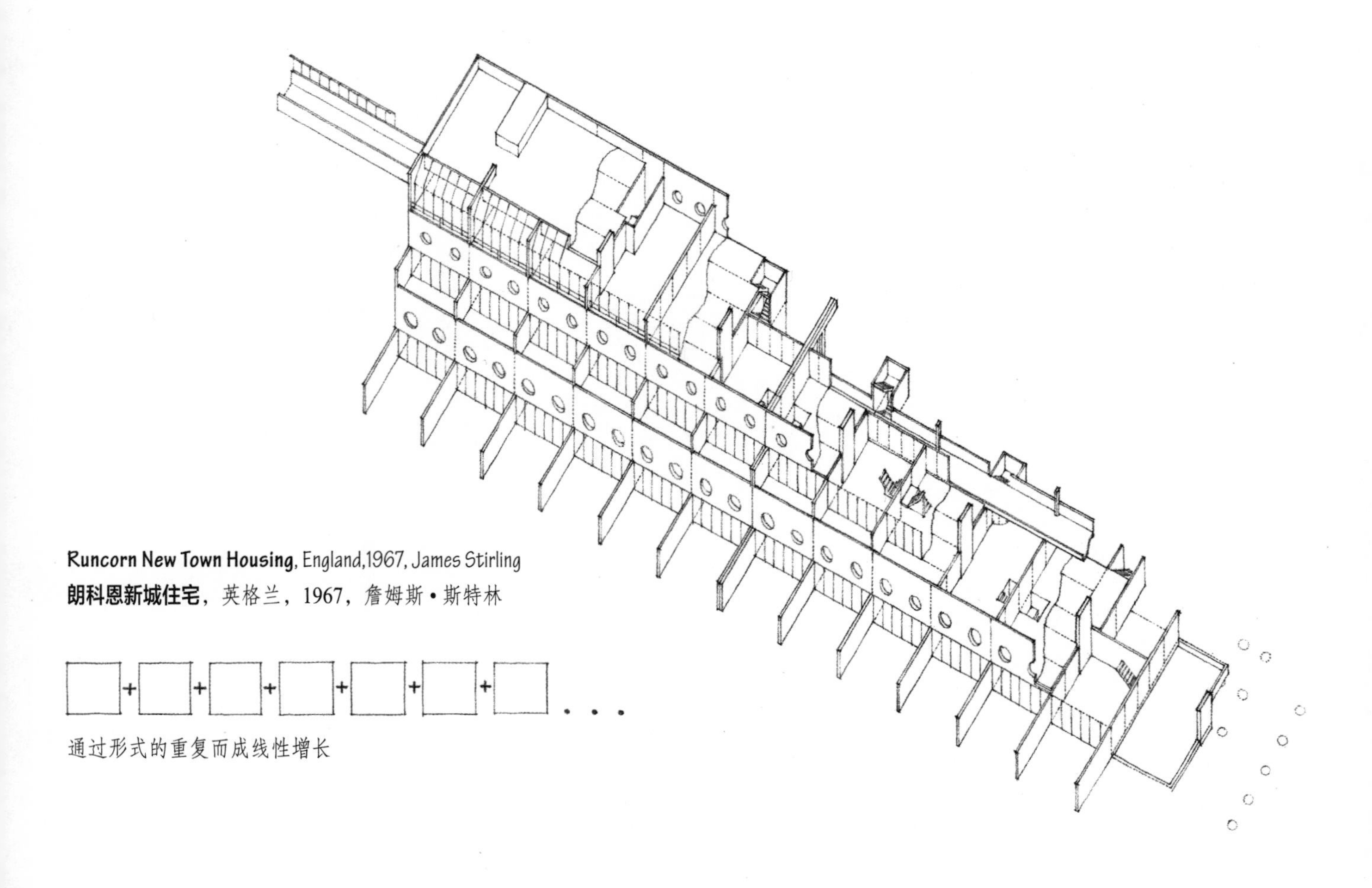

Runcorn New Town Housing, England,1967, James Stirling
朗科恩新城住宅，英格兰，1967，詹姆斯•斯特林

通过形式的重复而成线性增长

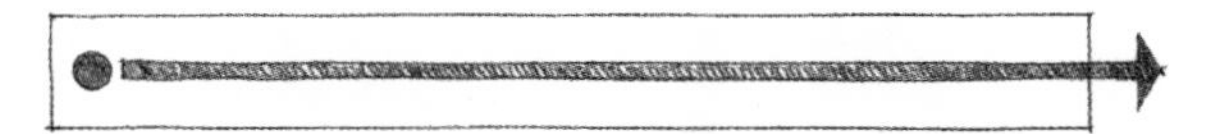

线性形式表达过程和运动

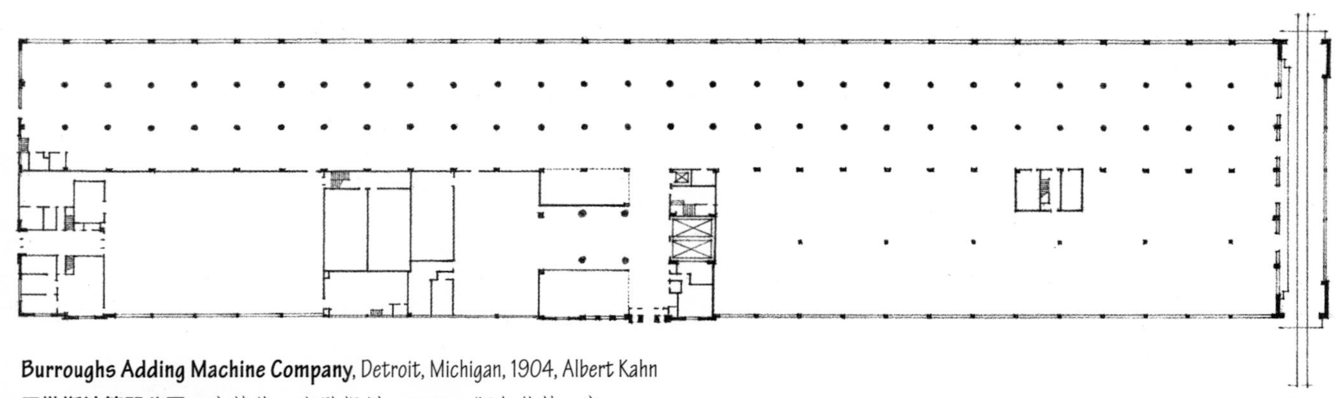

Burroughs Adding Machine Company, Detroit, Michigan, 1904, Albert Kahn
巴勒斯计算器公司，底特律，密歇根州，1904，阿尔伯特•康

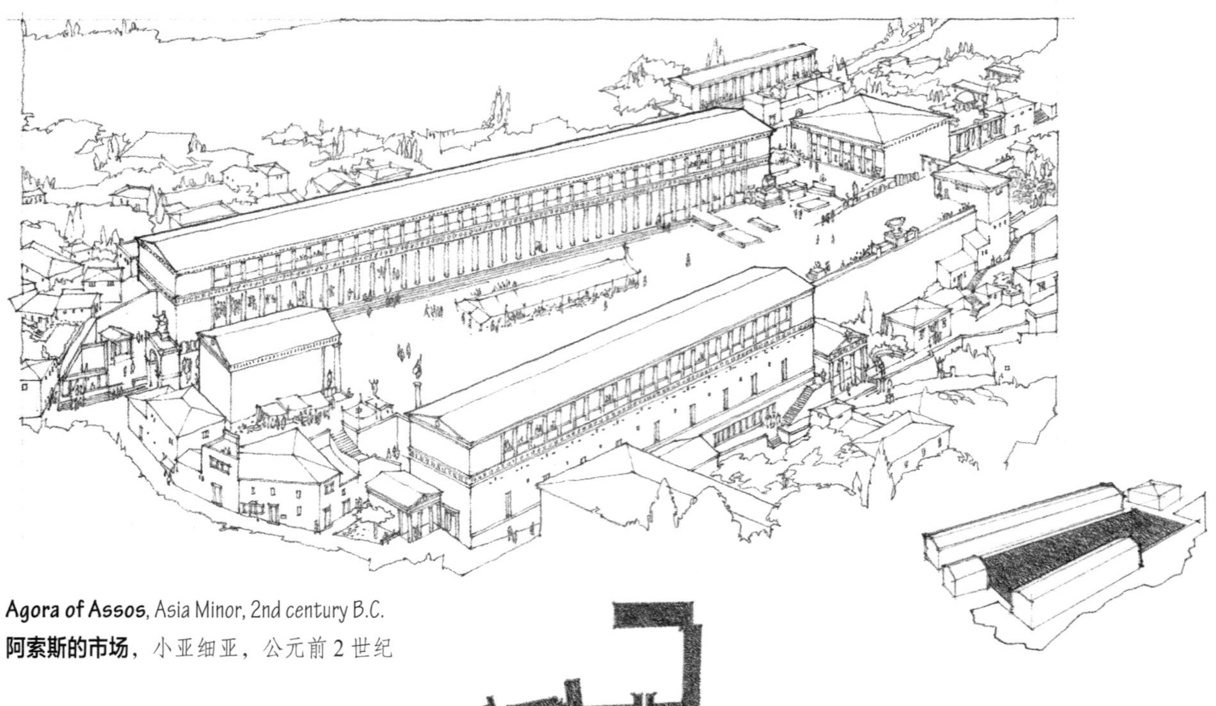

Agora of Assos, Asia Minor, 2nd century B.C.
阿索斯的市场，小亚细亚，公元前 2 世纪

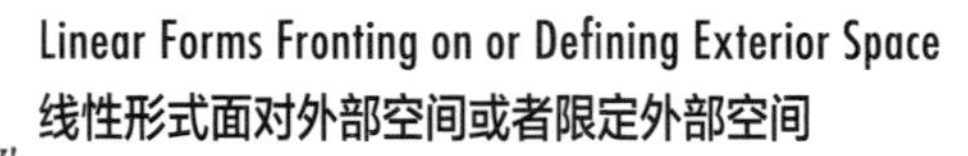

Linear Forms Fronting on or Defining Exterior Space
线性形式面对外部空间或者限定外部空间

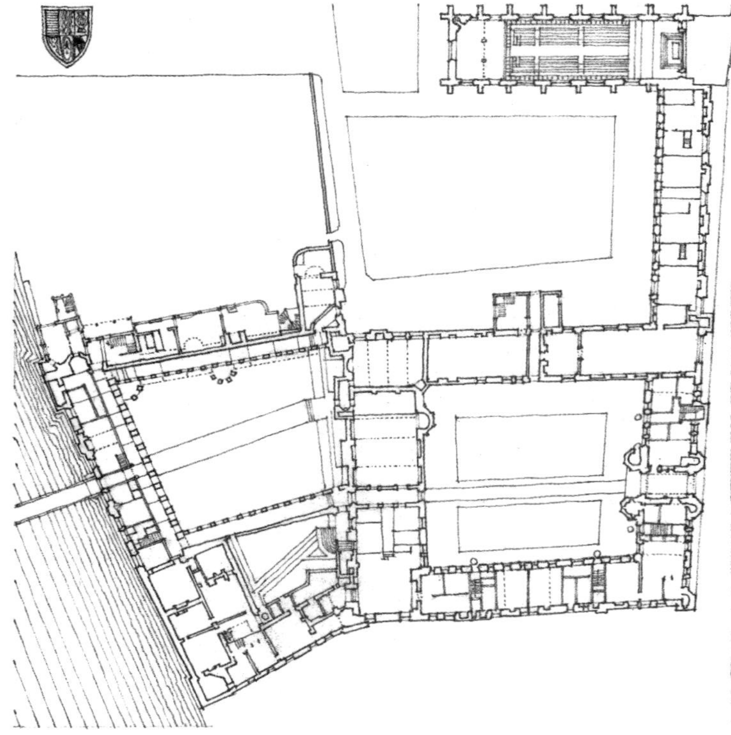

Queen's College, Cambridge, England, 1709–1738, Nicholas Hawksmoor
女王学院，剑桥，英格兰，1709—1738，尼古拉斯•霍克斯莫尔

荷兰坎彭（Kampen）18 世纪的建筑，面对着绿树成行的运河。

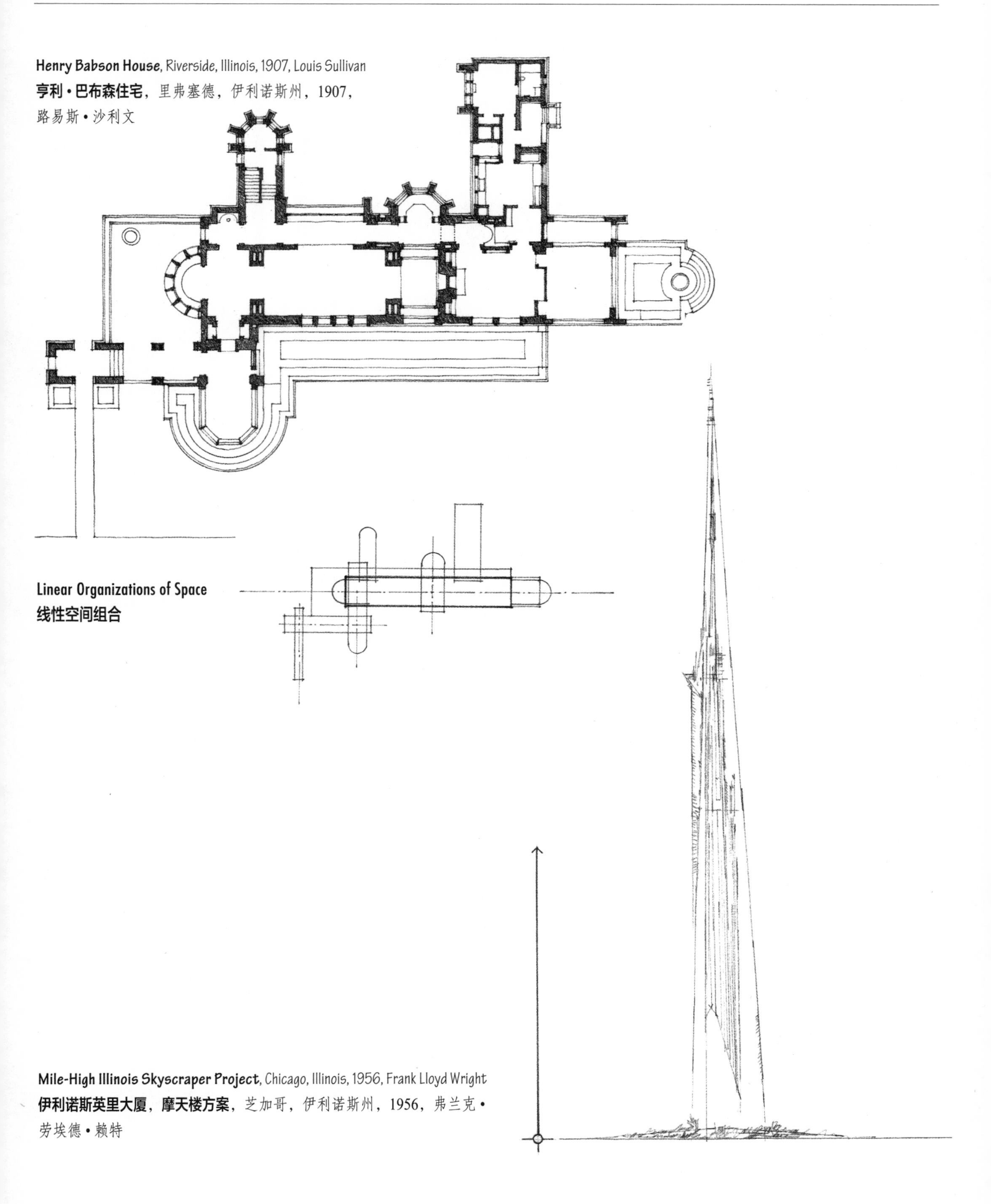

Henry Babson House, Riverside, Illinois, 1907, Louis Sullivan
亨利·巴布森住宅，里弗塞德，伊利诺斯州，1907，路易斯·沙利文

Linear Organizations of Space
线性空间组合

Mile-High Illinois Skyscraper Project, Chicago, Illinois, 1956, Frank Lloyd Wright
伊利诺斯英里大厦，摩天楼方案，芝加哥，伊利诺斯州，1956，弗兰克·劳埃德·赖特

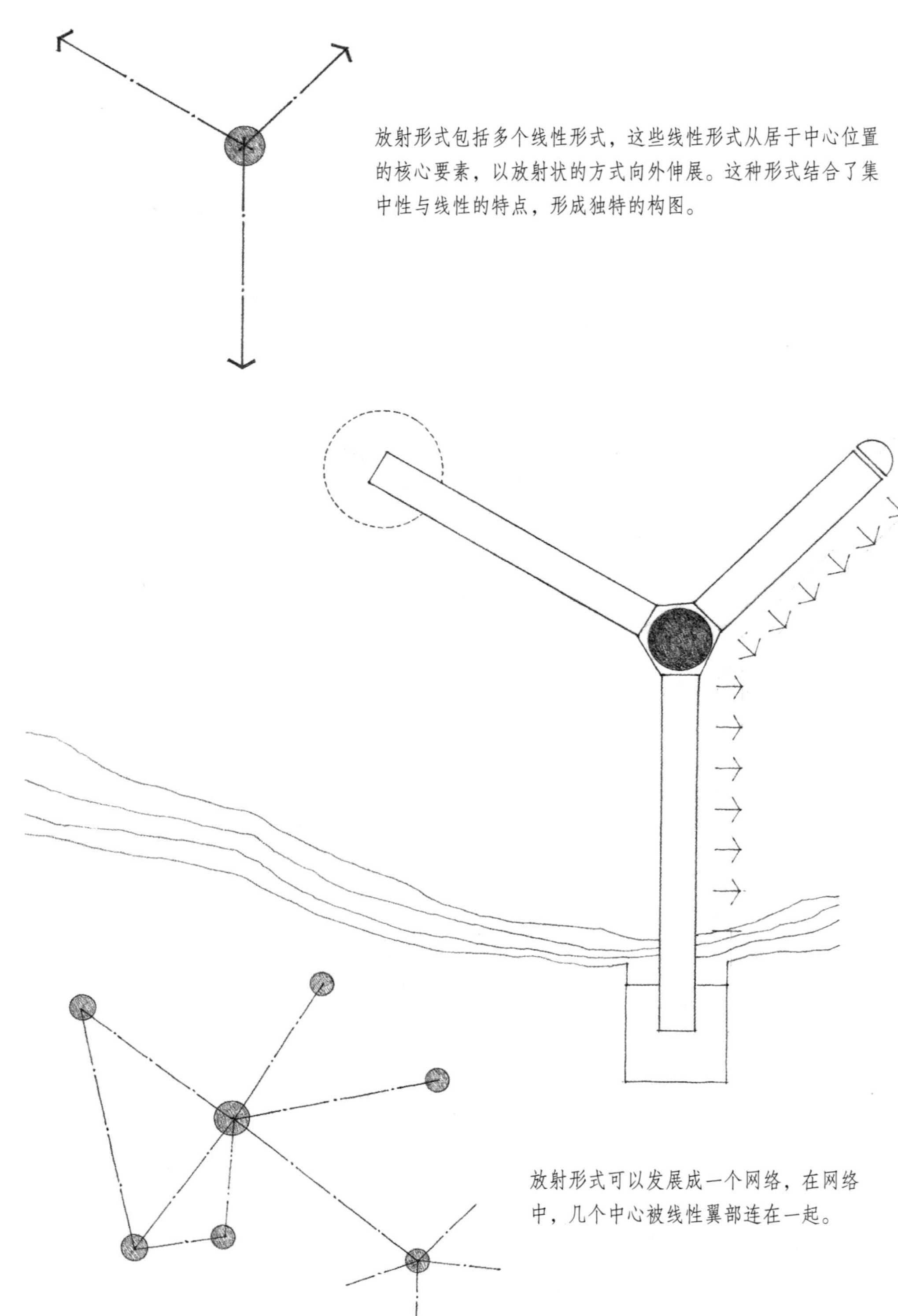

放射形式包括多个线性形式，这些线性形式从居于中心位置的核心要素，以放射状的方式向外伸展。这种形式结合了集中性与线性的特点，形成独特的构图。

放射形式的核心，可以是一个象征性的组合中心，也可以是一个功能性的组合中心。其中心的位置，可以表现为在视觉上占主导地位的形式，或者与放射状的翼部结合变成它的附属部分。

放射状的翼部，具有与线性形式类似的属性，使放射状形式呈现出外向的特征。这些翼部可以伸展出去，并使自身与基地的特定面貌发生关系，或依附于该基地。长长的外表面可以朝向所需要的日照、风向、景观或者空间等条件。

放射形式可以发展成一个网络，在网络中，几个中心被线性翼部连在一起。

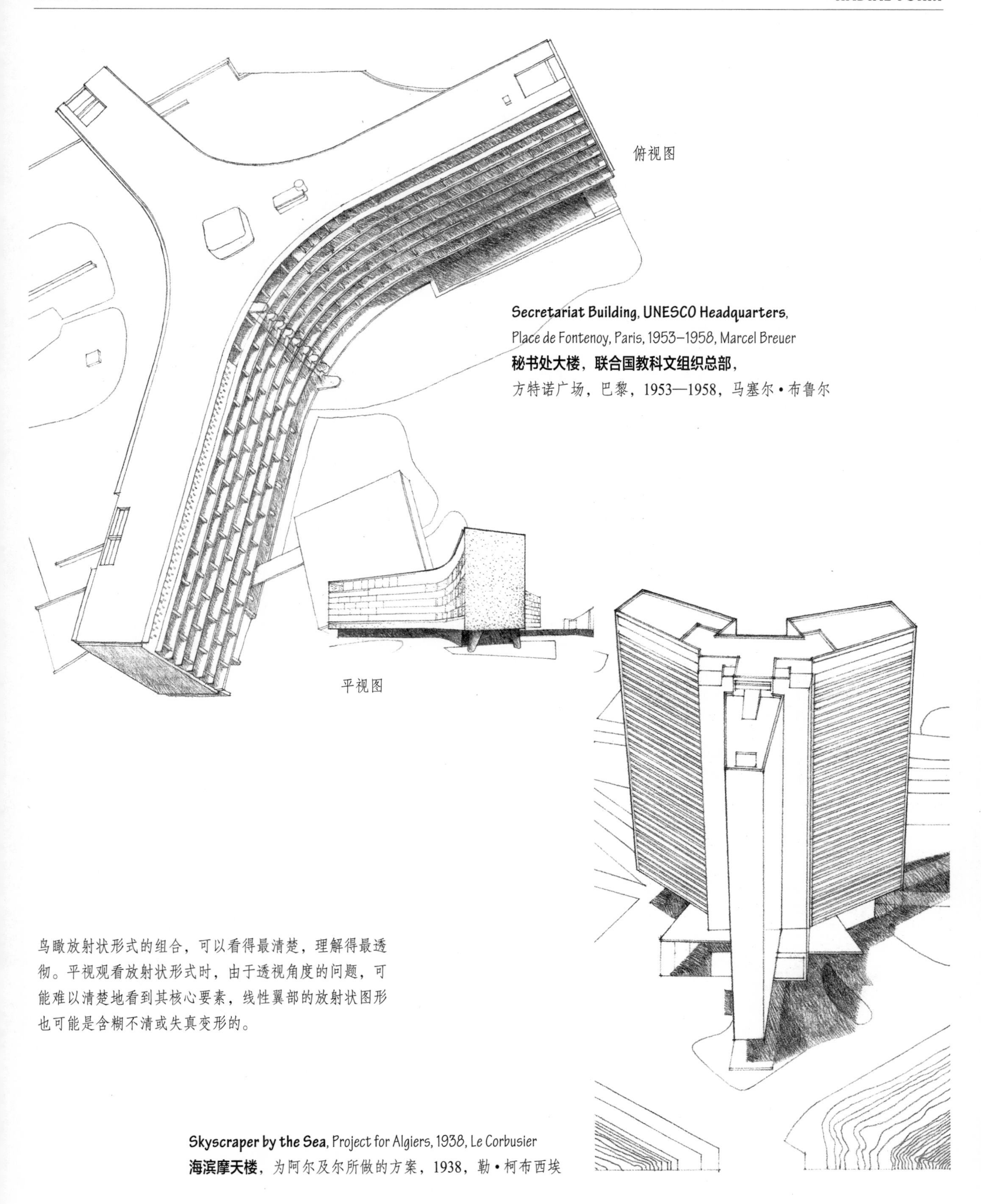

Secretariat Building, UNESCO Headquarters,
Place de Fontenoy, Paris, 1953–1958, Marcel Breuer
秘书处大楼，联合国教科文组织总部，
方特诺广场，巴黎，1953—1958，马塞尔·布鲁尔

鸟瞰放射状形式的组合，可以看得最清楚，理解得最透彻。平视观看放射状形式时，由于透视角度的问题，可能难以清楚地看到其核心要素，线性翼部的放射状图形也可能是含糊不清或失真变形的。

Skyscraper by the Sea, Project for Algiers, 1938, Le Corbusier
海滨摩天楼，为阿尔及尔所做的方案，1938，勒·柯布西埃

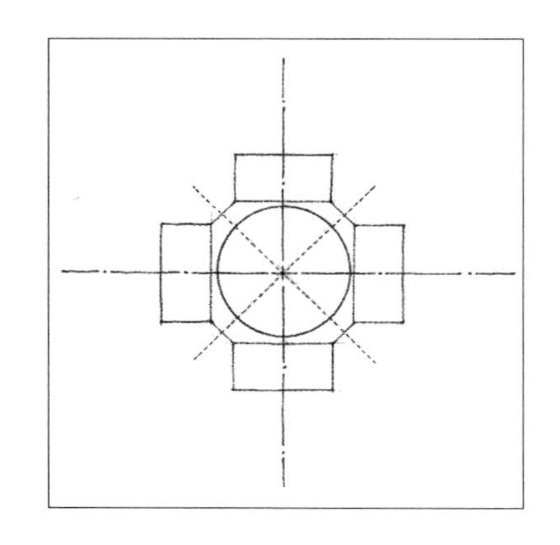

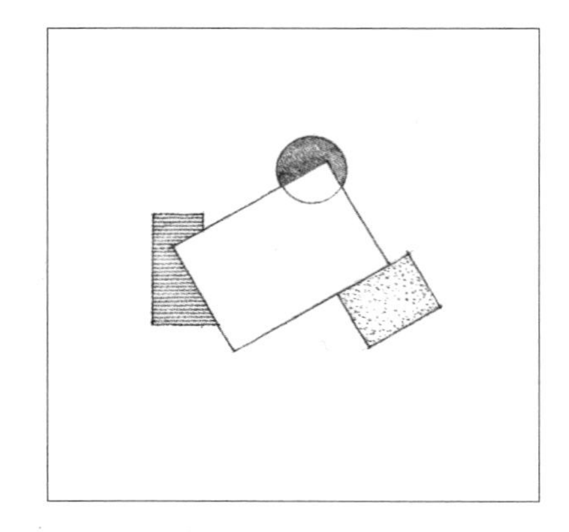

集中式组合在排列其形体时有一种强有力的几何基础，而组团式组合则依据规模、形状或者相似性等功能要求来组织其形体。组团式虽然没有集中式的几何规则和内向性，但具有足够的灵活性，可以把各种形状、各种尺寸及各种方向的形体结合在其结构中。

考虑到其灵活性，形体的组团式组合可以按照以下方式组织：

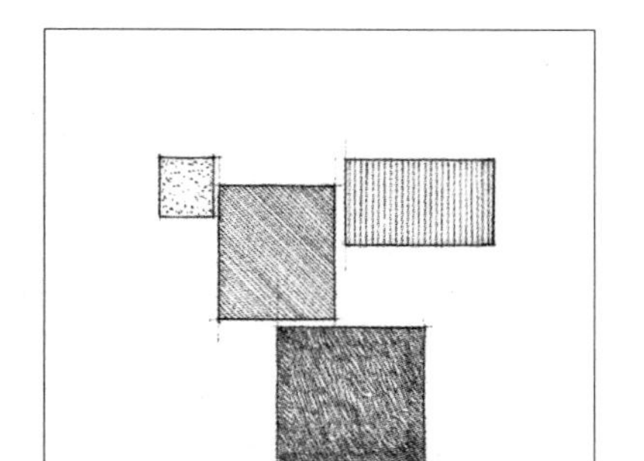

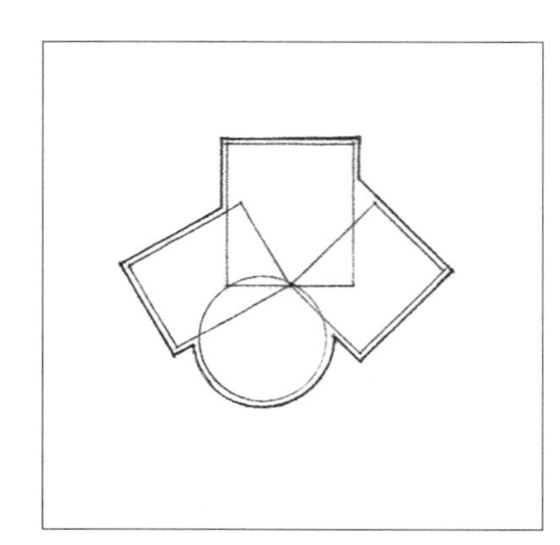

- 它们可以作为附属物依附于一个较大的母体形式或空间上。
- 它们可以只用相似性这一点而互相联系在一起，并把它们的体积清楚地表达为独特的实体。
- 它们的体量也可以彼此贯穿，并且合并成一个单独的、具有多种面貌的形体。

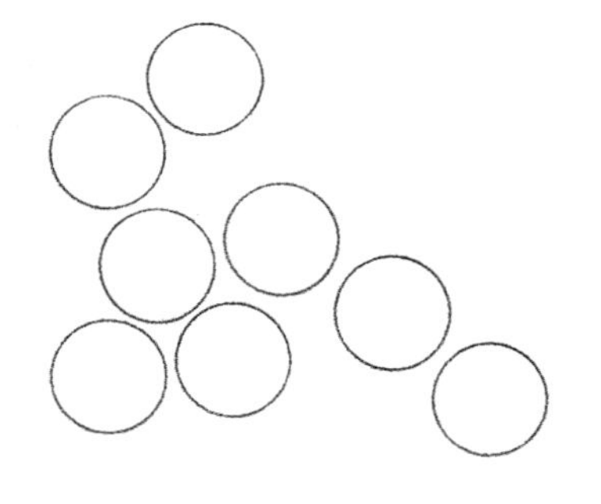

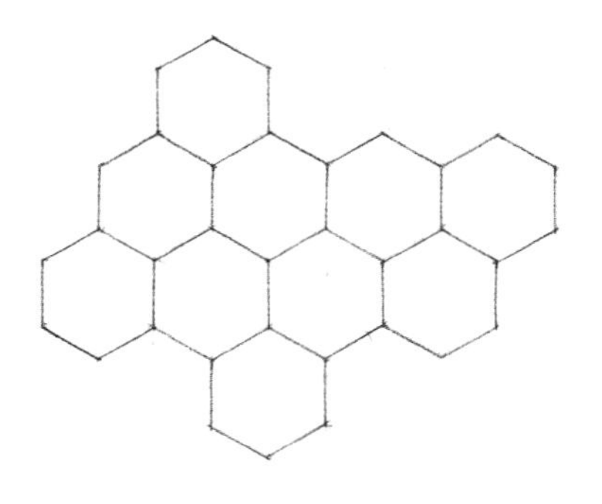

组团式组合也可以由尺寸、形状和功能大体相同的形体组合而成。这些形体在视觉上排列成一个互相连贯的、无等级的组合，这种组合不仅是各要素彼此接近，而且具有相似的视觉属性。

A Cluster of Forms Attached to a Parent Form:

Vacation House, Sea Ranch, California, 1968, MLTW

依附于母体上的形式组团：

假日别墅，海洋牧场，加利福尼亚州，1968，MLTW

A Cluster of Interlocking Forms:

G.N. Black House (Kragsyde), Manchester-by-the Sea, Massachusetts, 1882–1883, Peabody & Stearns

互相贯穿形式的组团：

乔治·尼克森·布莱克住宅（克拉格西迪），曼彻斯特海滨，马萨诸塞州，1882—1883，皮博迪及斯特恩斯

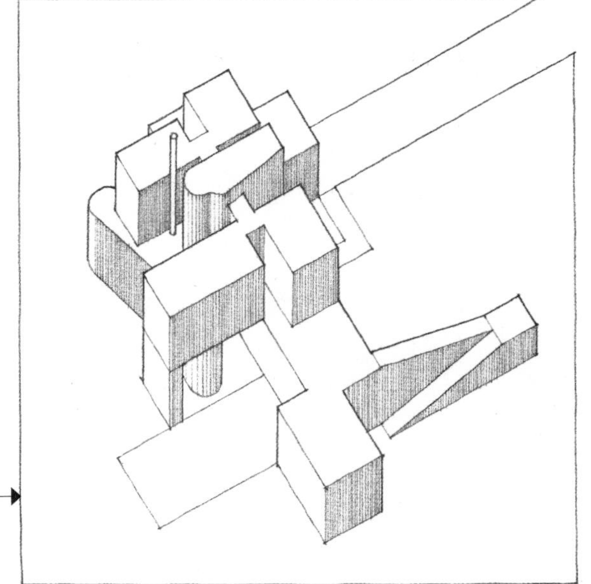

A Cluster of Articulated Forms:

House Study, 1956, James Stirling & James Gowan

相互衔接形式的组团：

住宅研究，1956，詹姆斯·斯特林及詹姆斯·高恩

Trulli Village, Alberobello, Italy
特鲁利村，阿尔贝罗贝洛，意大利
传统的、由石材干砌而成的掩蔽物，自从 17 世纪时就存在。

大量组团式住宅形体的实例，可以在各种文化的风土建筑中见到。即使每种文化都酝酿出一种独特的类型，以呼应不同的技术、气候和社会文化等因素，这些组团式的住宅组合通常保持着每种单元的独特性，并且在有序的整体环境中保持着适度的多样性。

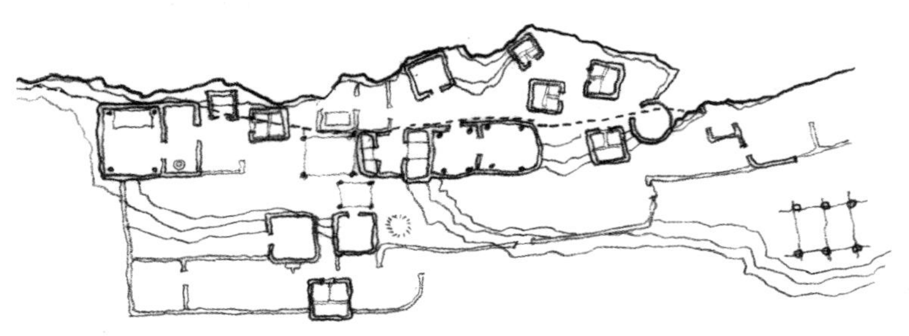

Dogon Housing Cluster, Southeastern Mali, West Africa, 15th century–present
多贡住宅群，马里东南部，西非，15 世纪—现在

Taos Pueblo, New Mexico, 13th century
陶斯村，新墨西哥州，13 世纪

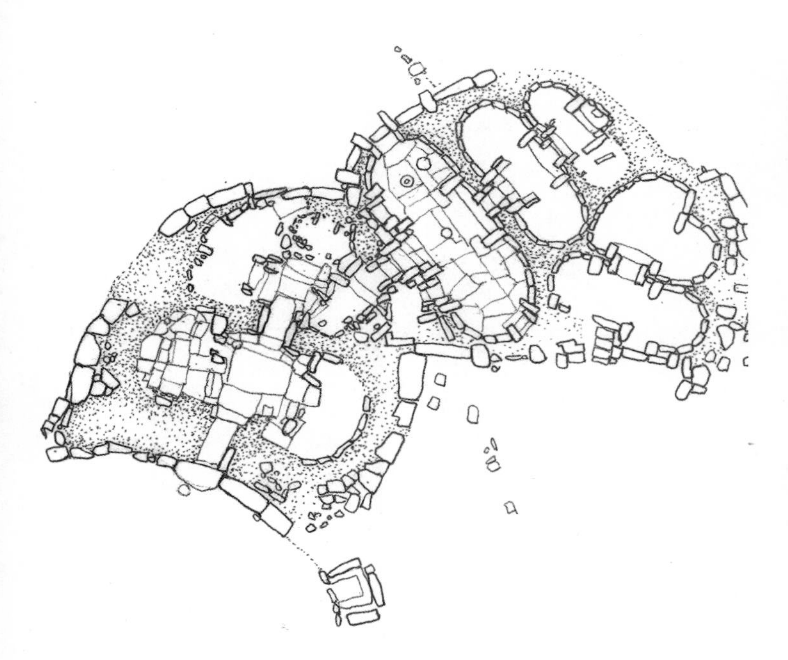

Ggantija Temple Complex, Malta, c. 3000 B.C.
吉甘提亚寺庙群，马耳他，约公元前3000年

Habitat Israel, Project, Jerusalem, 1969, Moshe Safdie
以色列住区，方案，耶路撒冷，1969，摩西•萨夫迪

组团式形体的风土建筑实例，可以很容易地转化成模数化、具有几何秩序的构图，这种构图与形体的网格式组合相关。

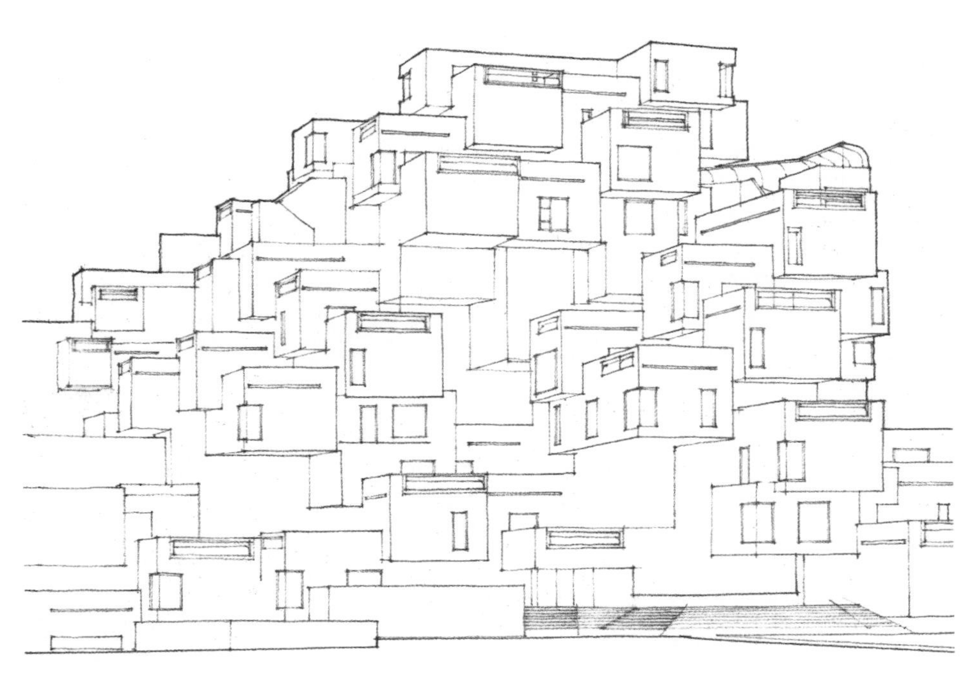

Habitat Montreal, Canada, 1967, Moshe Safdie
蒙特利尔住区，加拿大，1967，摩西•萨夫迪

一副网格是由两组或多组等距平行线相交而成的系统。它产生的是一个几何图形，这个几何图形由间距规则的点和形状规则的区域构成，其中间距规则的点，位于网格直线的相交处，而规则的形状则是由网格中的直线所限定的。

最常见的网格，是以几何方形为基础的。因为它的各边相等，两个方向对称，所以一个正方形的网格，基本上是无等级、无方向的。网格可以用来细分一个表面的尺度，使之布满可以度量的单位，并使该表面具有均匀的质感。网格可以用来围起一个形体的几个表面，并以重复的、漫布的几何形状使这些表面得到统一。

当正方形的网格向第三维方向伸展时，就产生了具有定位点和线的空间网络。在这个模数化的空间网架里，任何数量的形体和空间都可以从视觉上组织起来。

Conceptual Diagram, Museum of Modern Art, Gunma Prefecture, Japan, 1974, Arata Isozaki
概念示意图，现代艺术博物馆，群马县，日本，1974，矶崎新

Nakagin Capsule Tower, Tokyo, Japan, 1972, Kisho Kurokawa
中银舱体大厦，东京，日本，1972，黑川纪章

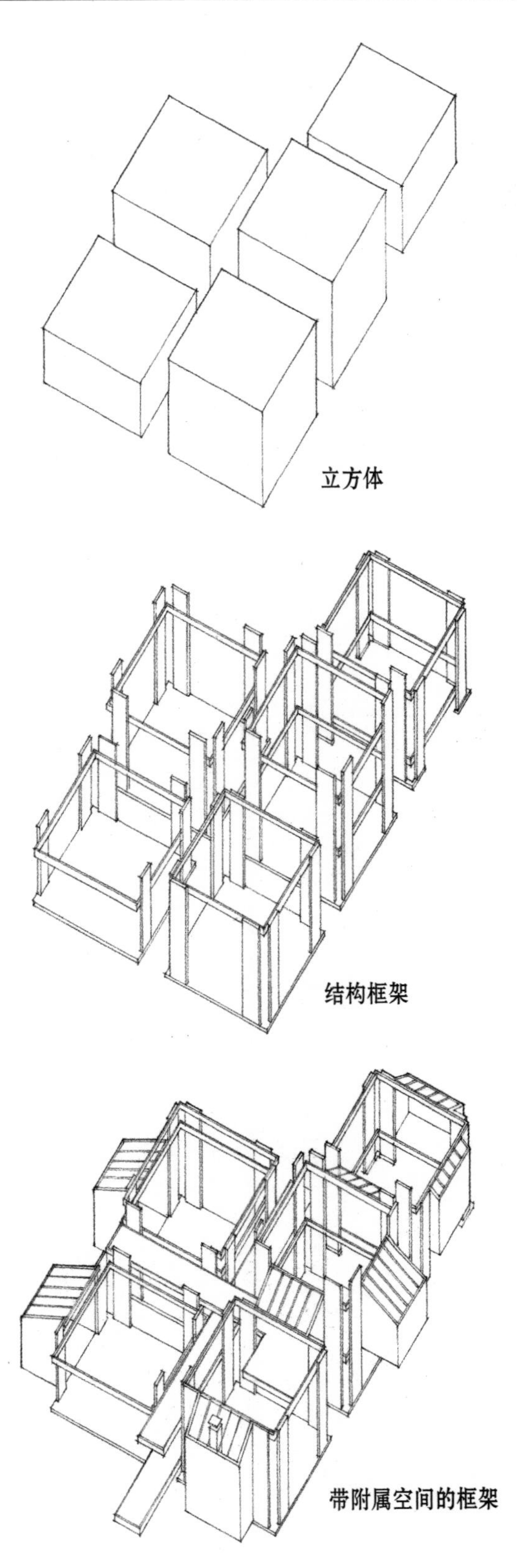

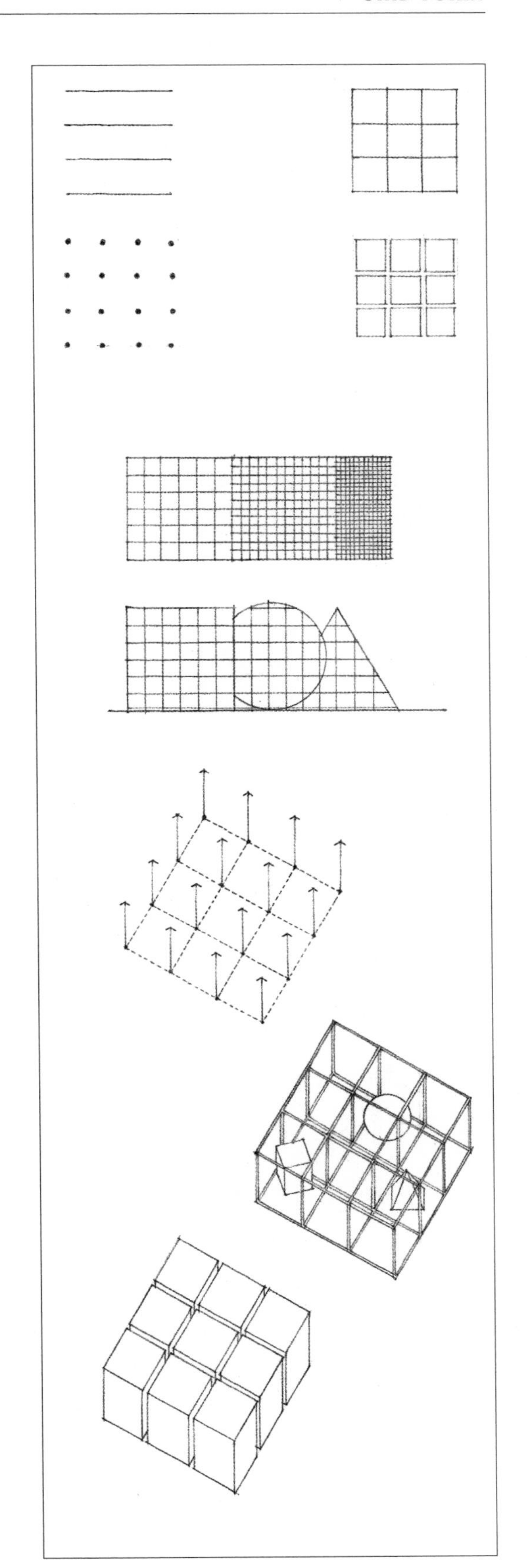

Hattenbach Residence, Santa Monica, California, 1971–1973, Raymond Kappe
海滕巴克住宅，圣莫尼卡，加利福尼亚州，1971—1973，雷蒙德·卡普

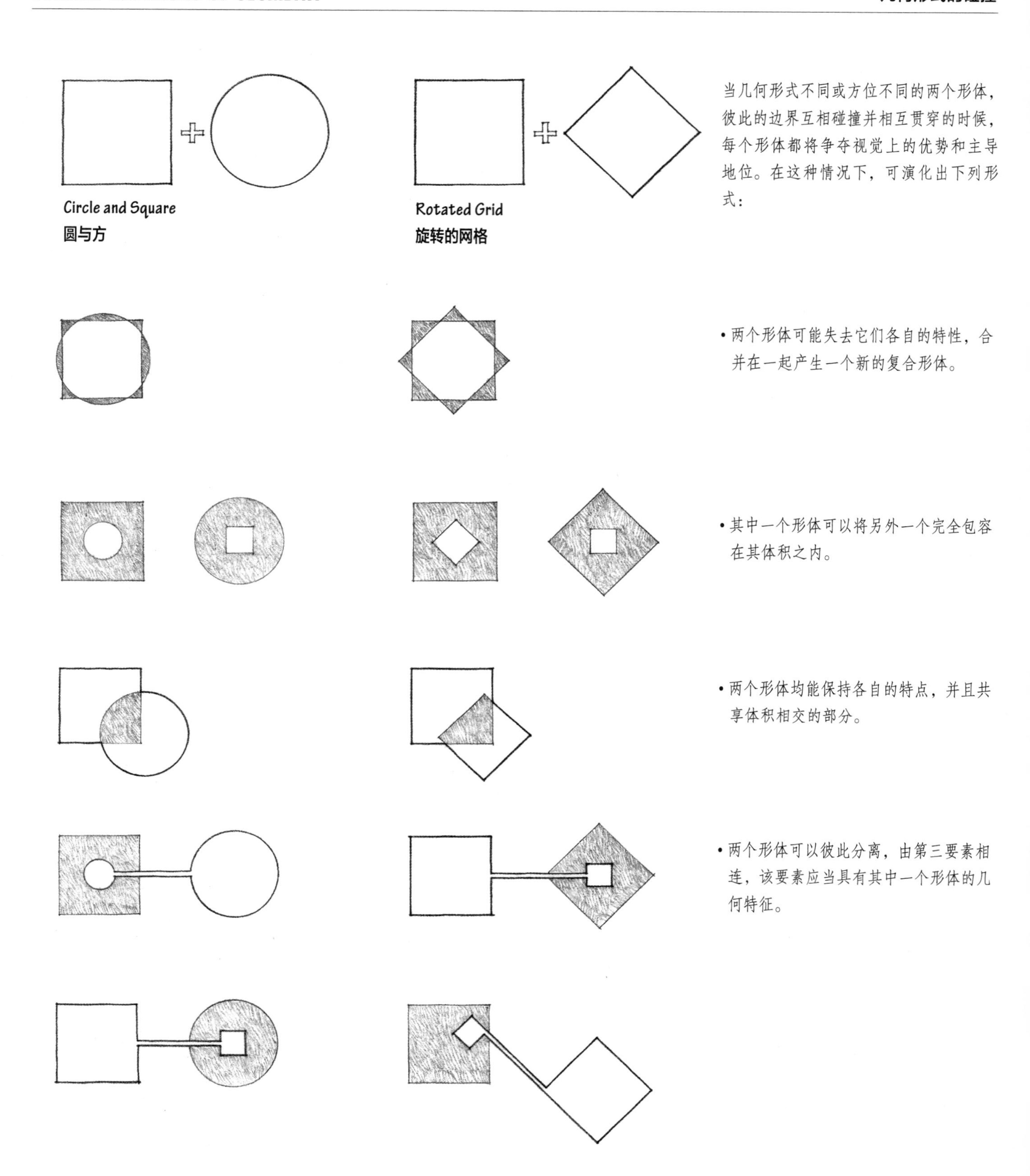

当几何形式不同或方位不同的两个形体，彼此的边界互相碰撞并相互贯穿的时候，每个形体都将争夺视觉上的优势和主导地位。在这种情况下，可演化出下列形式：

- 两个形体可能失去它们各自的特性，合并在一起产生一个新的复合形体。
- 其中一个形体可以将另外一个完全包容在其体积之内。
- 两个形体均能保持各自的特点，并且共享体积相交的部分。
- 两个形体可以彼此分离，由第三要素相连，该要素应当具有其中一个形体的几何特征。

几何形式不同或方位不同的形体，可以由于下列原因之一，结合成一个独立的组合体：

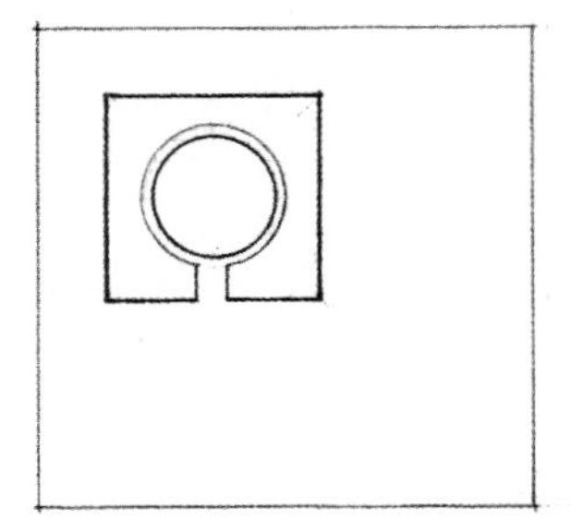
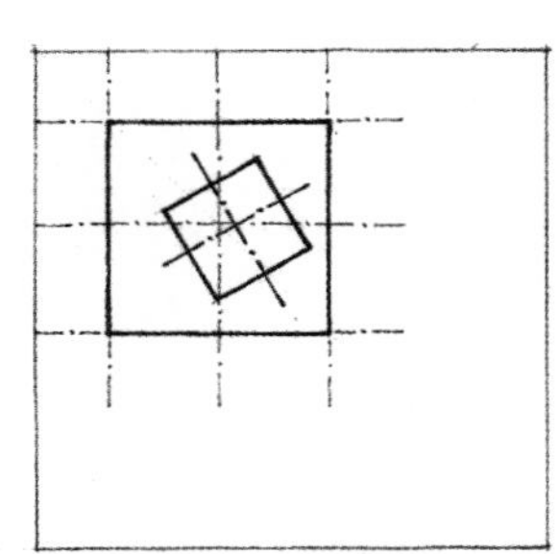
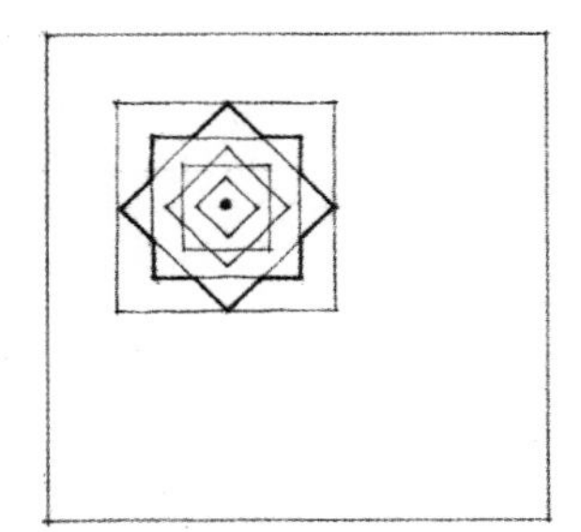

- 为了适应或强调内部空间或外部形体的不同需要。
- 为了表达一个形体或一个空间在其背景中所具有的功能意义或象征意义。
- 为了产生一个复合形体，把互相对立的几何形式结合成该复合形体的集中式组合。

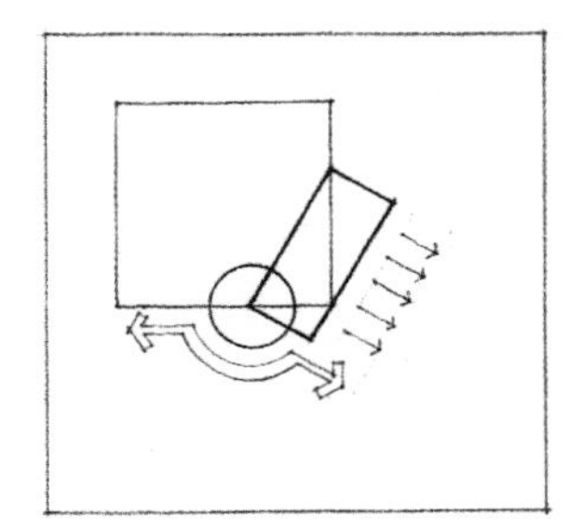
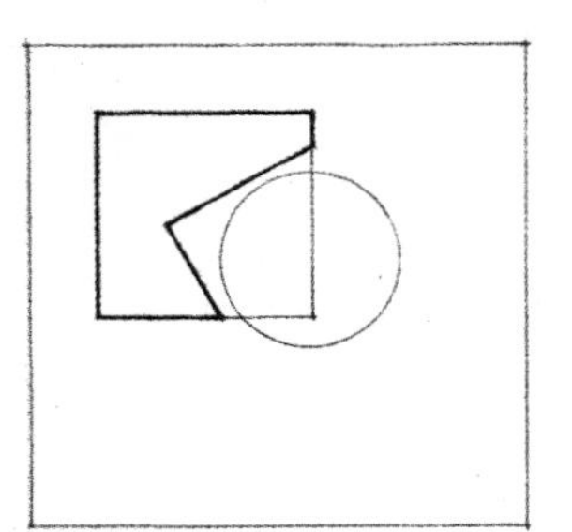
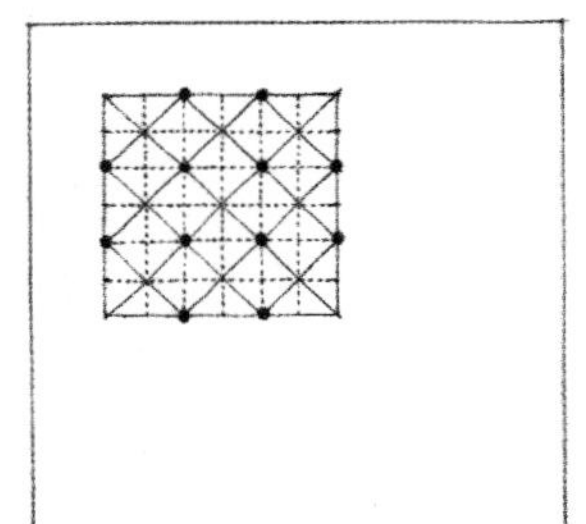

- 为了适应建筑基地的特定面貌而改变空间。
- 为了从某一建筑形体上切出一块界限明显的空间体量。
- 为了清晰地表现建筑形体内部的各种结构或机械系统。

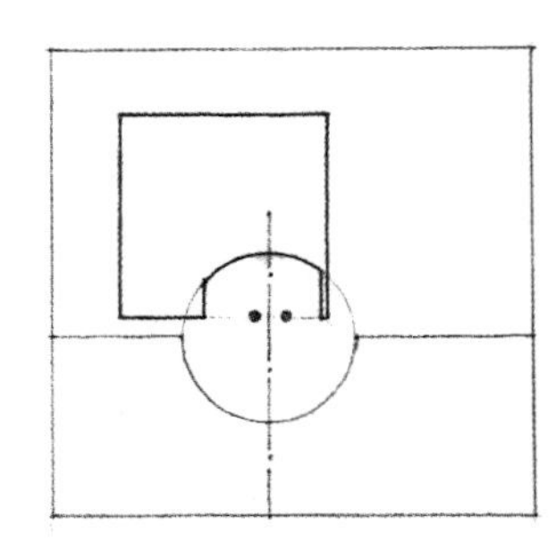
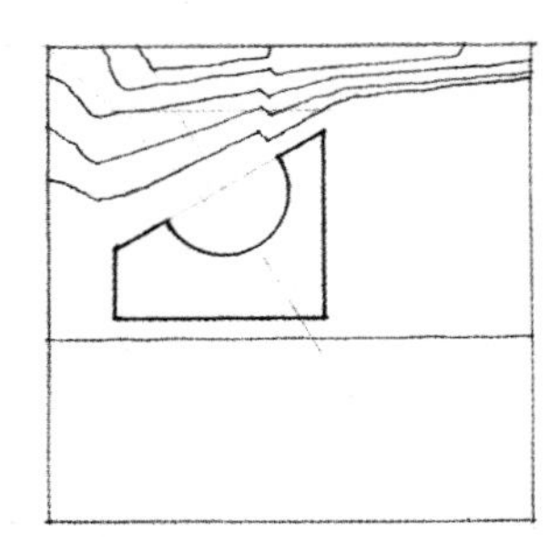
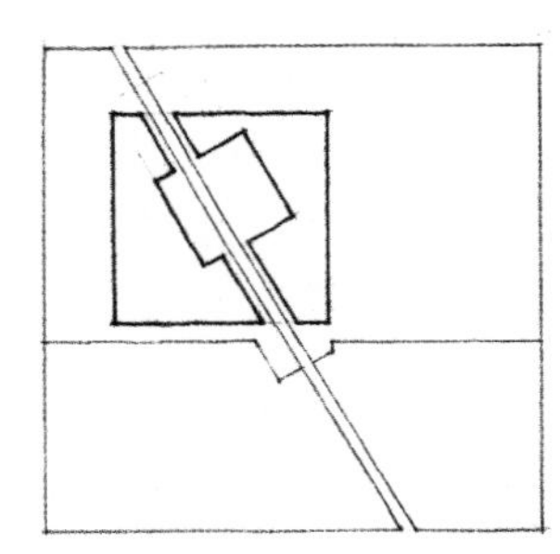

- 为了在一个建筑形体中强调局部对称的情况。
- 为了呼应地形、植被、边界或现存基地结构中所具有的对立的几何特征。
- 为了确认一条已经存在的、穿越建筑基地的运动轨迹。

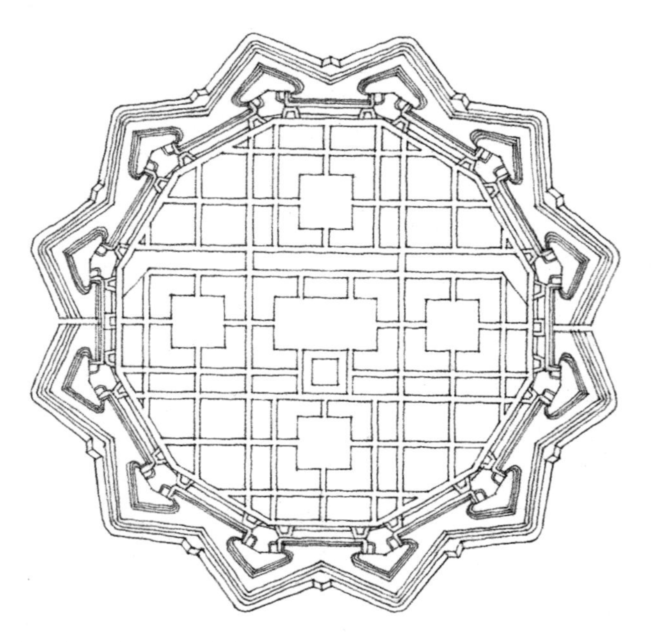

Plan for an Ideal City, 1615, Vincenzo Scamozzi
理想城市平面，1615，文森佐·斯卡莫齐

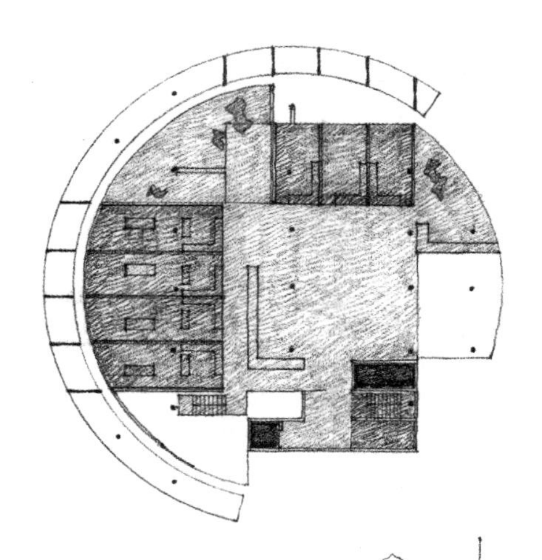

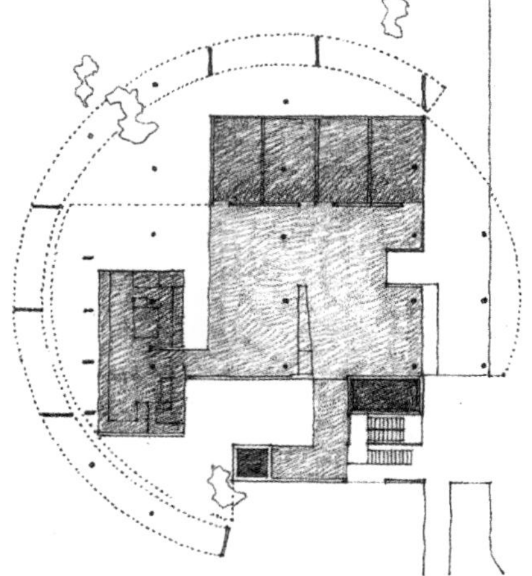

Chancellery Building, French Embassy (Project), Brasilia, 1964–1965, Le Corbusier
领事馆大楼，法国大使馆（方案），巴西利亚，1964—1965，勒·柯布西埃

一个圆的形体可以独立于其环境中，表现其理想的形状，但仍能在它的边界之内与一个更具功能性、直线式的几何形体结合起来。

圆形形体的向心性使其能够成为一个轴心，使几何形状或方位对立的形体在它的周围得到统一。

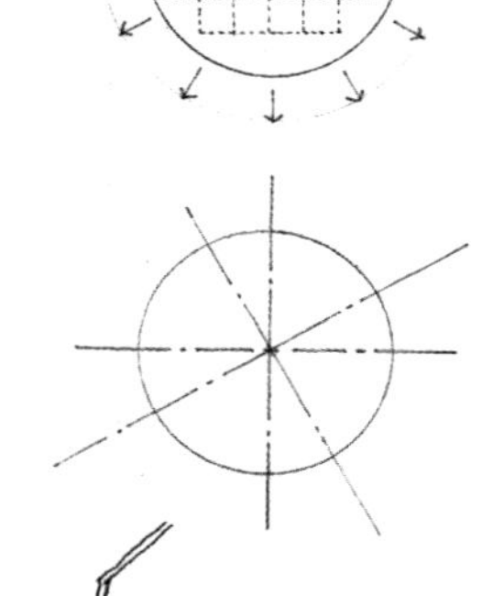

The Island Villa (Teatro Marittimo), Hadrian's Villa, Tivoli, Italy, A.D. 118–125
岛上别墅（海洋剧场），哈德良别墅，蒂沃利，意大利，公元 118—125 年

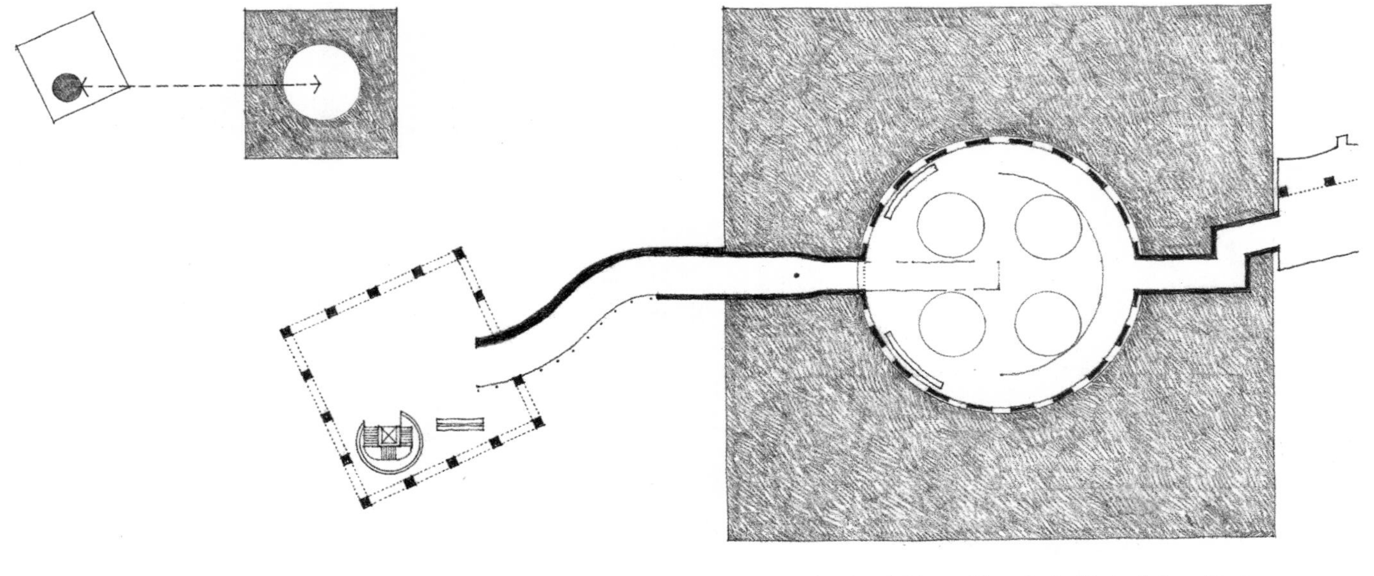

Museum for North Rhine–Westphalia (Project), Dusseldorf, Germany, 1975, James Stirling & Michael Wilford
为北莱茵—威斯特伐利亚设计的博物馆（方案），杜塞尔多夫，德国，1975，詹姆斯•斯特林及米歇尔•威尔福德

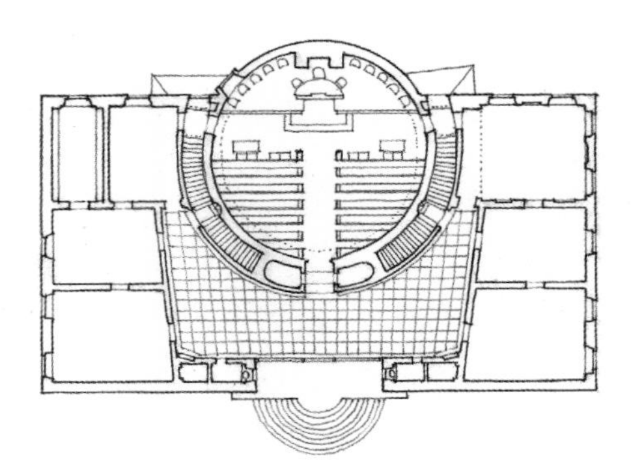

Lister County Courthouse, Solvesborg, Sweden, 1917–1921, Gunnar Asplund
李斯特县法院，索尔威斯堡，瑞典，1917—1921，贡纳尔•阿斯普伦德

一个圆形或圆柱形的空间可以用来在一个矩形的围护结构内组织空间。

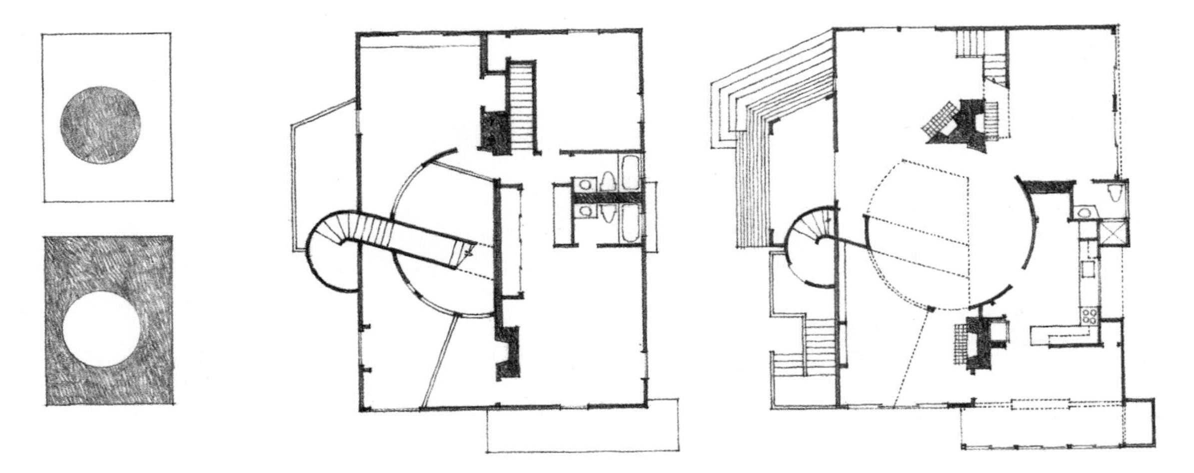

Murray House, Cambridge, Massachusetts, 1969, Charles Moore
默里住宅，剑桥，马萨诸塞州，1969，查尔斯•摩尔

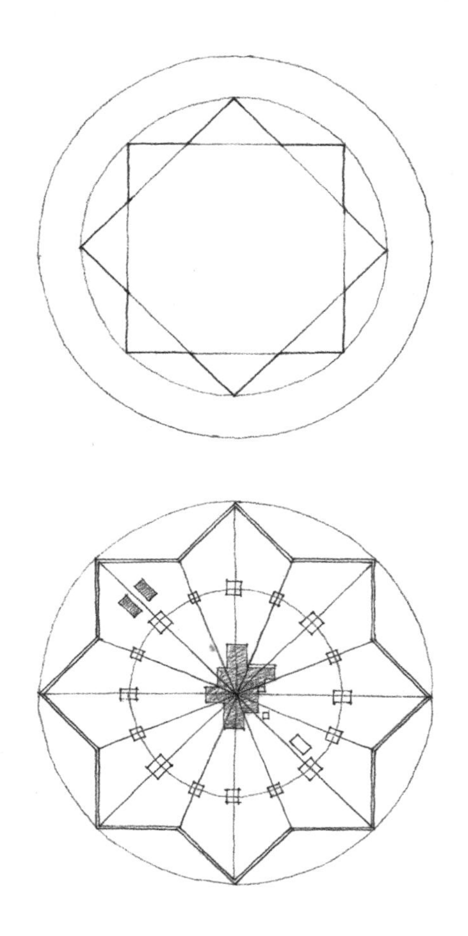

Plan of the Ideal City of Sforzinda, 1464, Antonio Filarete
斯弗津达理想城市平面，1464，安东尼奥·费拉雷特

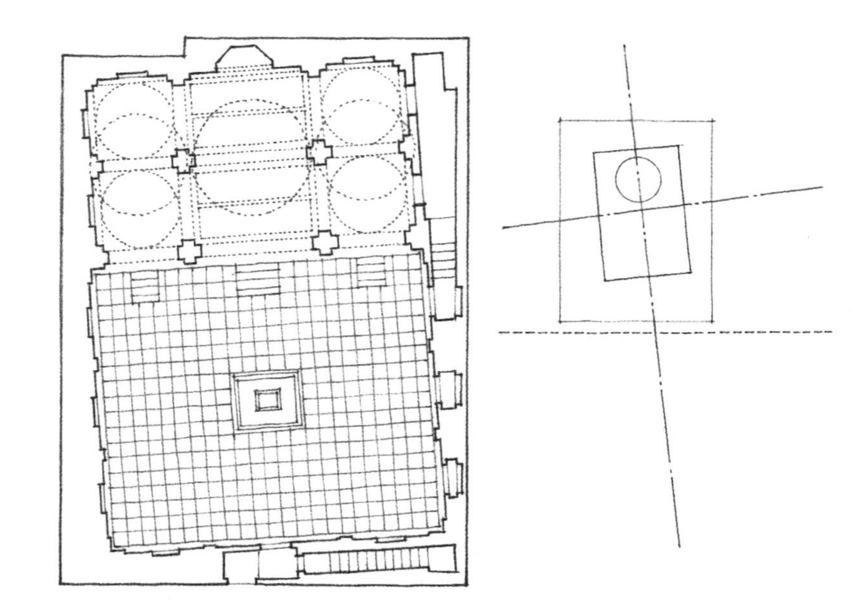

Pearl Mosque, within the Red Fort, an imperial palace at Agra, India, 1658–1707.
珍珠清真寺，在红堡内，阿格拉的一座皇宫，印度，1658—1707
这座清真寺的内部严格按照教义确定方向，设有祭坛的那面墙朝向圣城麦加的方向，而其外部却遵从城堡现存的环境。

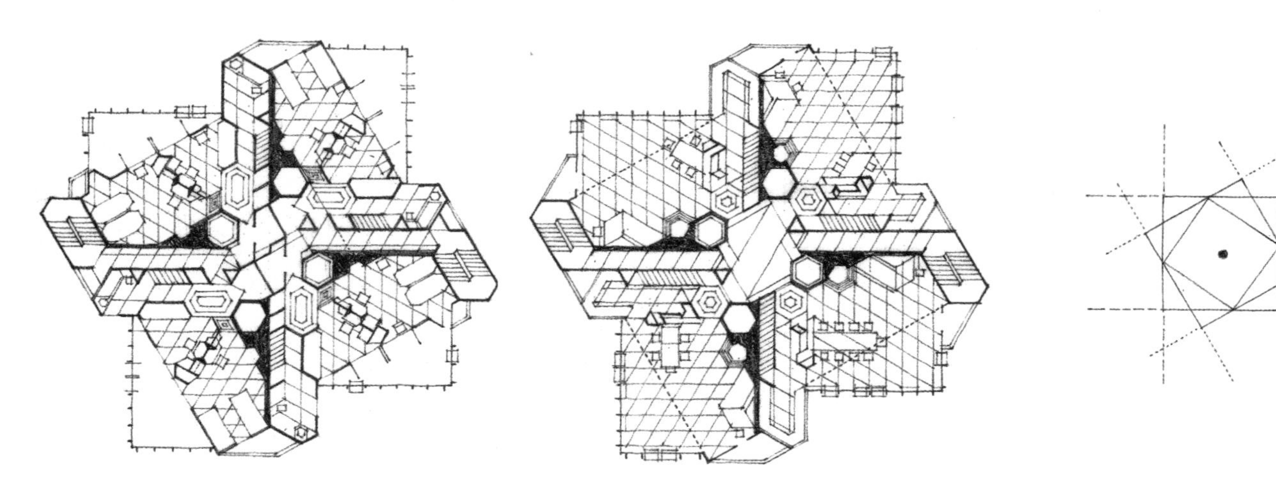

St. Mark's Tower, Project, New York City, 1929, Frank Lloyd Wright
圣马可塔楼，方案，纽约市，1929，弗兰克·劳埃德·赖特

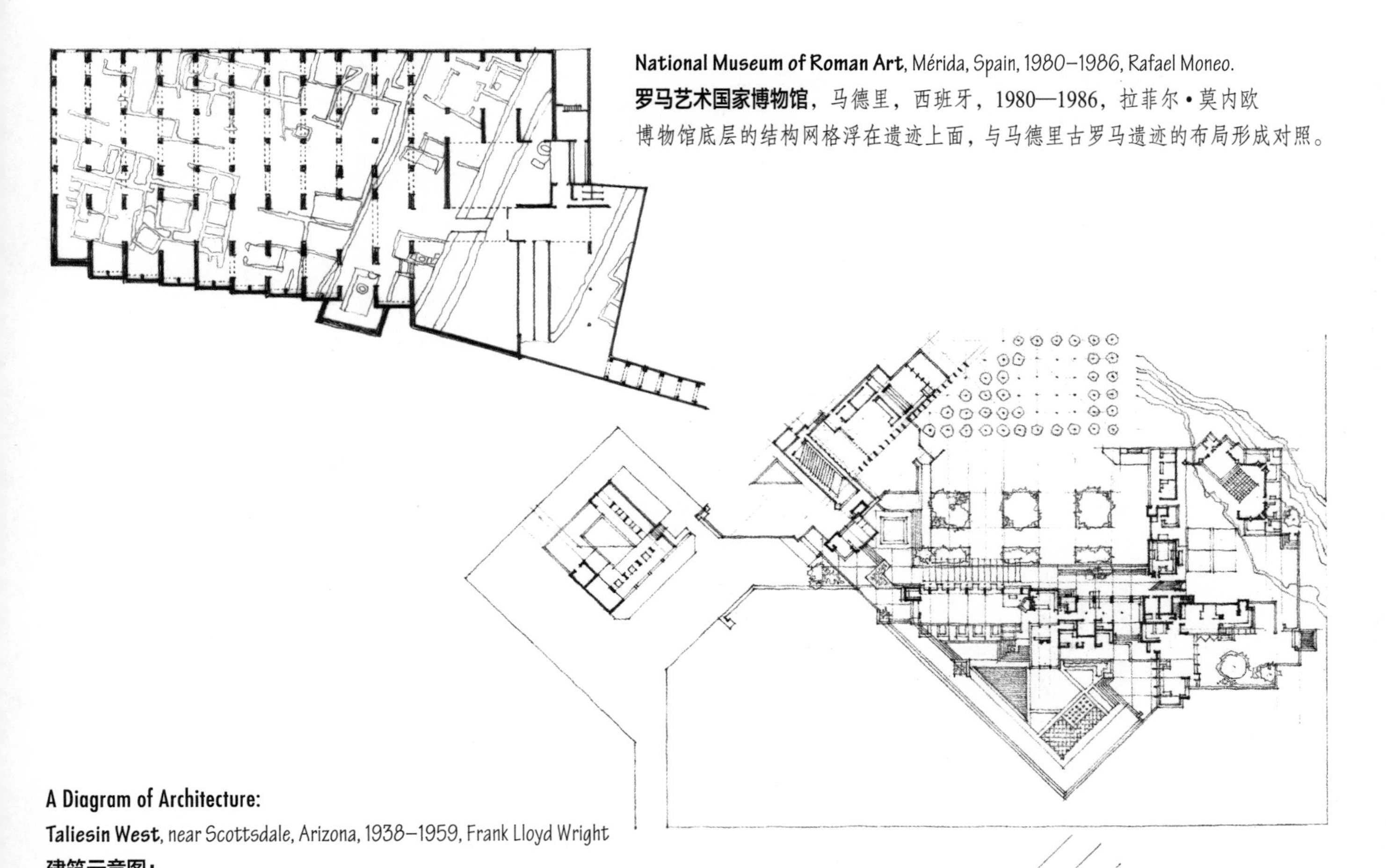

National Museum of Roman Art, Mérida, Spain, 1980–1986, Rafael Moneo.

罗马艺术国家博物馆，马德里，西班牙，1980—1986，拉菲尔·莫内欧

博物馆底层的结构网格浮在遗迹上面，与马德里古罗马遗迹的布局形成对照。

A Diagram of Architecture:

Taliesin West, near Scottsdale, Arizona, 1938–1959, Frank Lloyd Wright

建筑示意图：

西塔里埃森，斯科茨代尔附近，亚利桑那州，1938—1959，弗兰克·劳埃德·赖特

由本哈德·赫斯里（Bernhard Hoesli）所做的，控制西塔里埃森布局的几何示意图

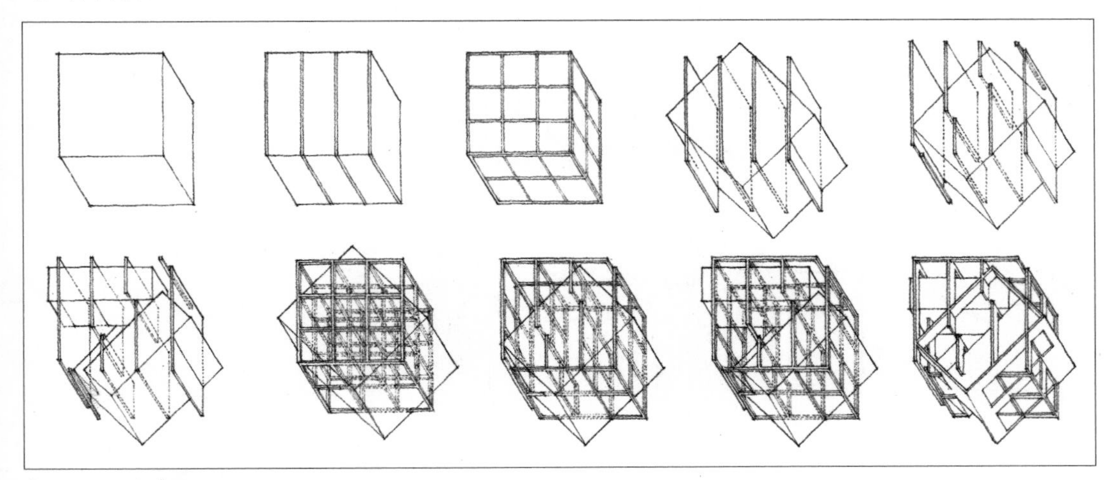

Diagram as Architecture:

House III for Robert Miller, Lakeville, Connecticut, 1971, Design Development Drawings, Peter Eisenman

建筑进程示意图：

为罗伯特·米勒所做的三号住宅，莱克威利，康涅狄格州，1971，设计进程绘图，彼得·埃森曼

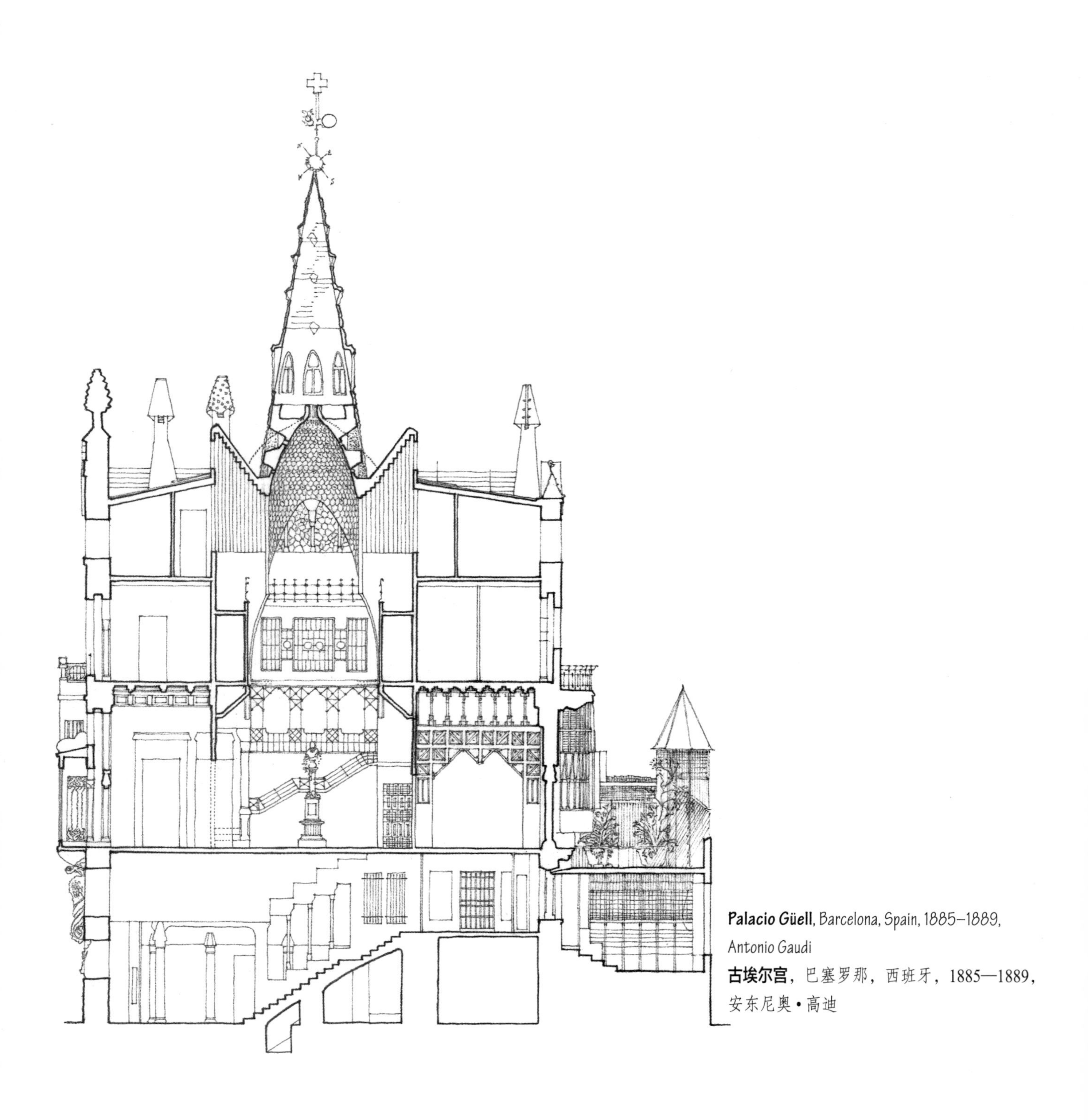

Palacio Güell, Barcelona, Spain, 1885–1889, Antonio Gaudi
古埃尔宫，巴塞罗那，西班牙，1885—1889，安东尼奥•高迪

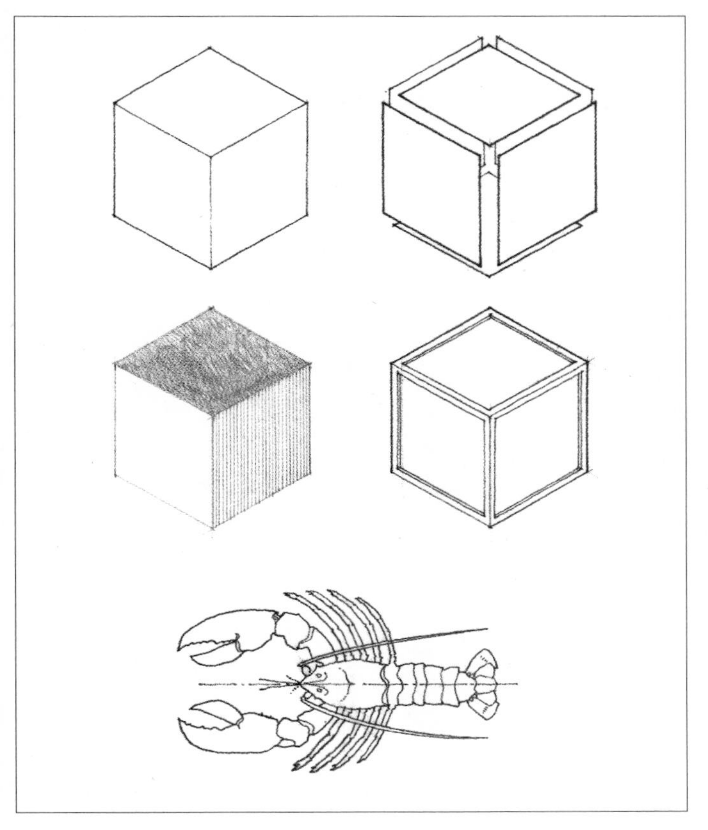

接合是指把一个形体的几个表面组合起来以确定其形状或体积的手法。一个连接良好的形体，能够清晰地反映出各个组成部分的精确特性、彼此之间的关系以及每个部分与整体的关系。连接而成的形体，其表面是由形状独特、互不连续的面构成的，但是它们的整体外形是清晰且易于辨认的。同样，连接而成的一群形体，为了在视觉上表现出它们的个性，强化了各组成部分之间的接合处。

一个形体可以用下列方式进行接合：

• 以材料、色彩、质感或图形的变化来区分相连的面。
• 将转角处理成独特的线性要素，独立于相邻的面。
• 移去转角处，使相邻的面切实分开。
• 照亮形体，使形体边缘和转角处的色调值形成强烈的对比。

与强调接合及其工艺的做法相反，一个形体的转角可以是圆滑的以强调其表面的连续性。或者，将某种材料、色彩、质感或图形越过转角覆盖相邻的表面，以弱化各表面的特性，强调形体的体量。

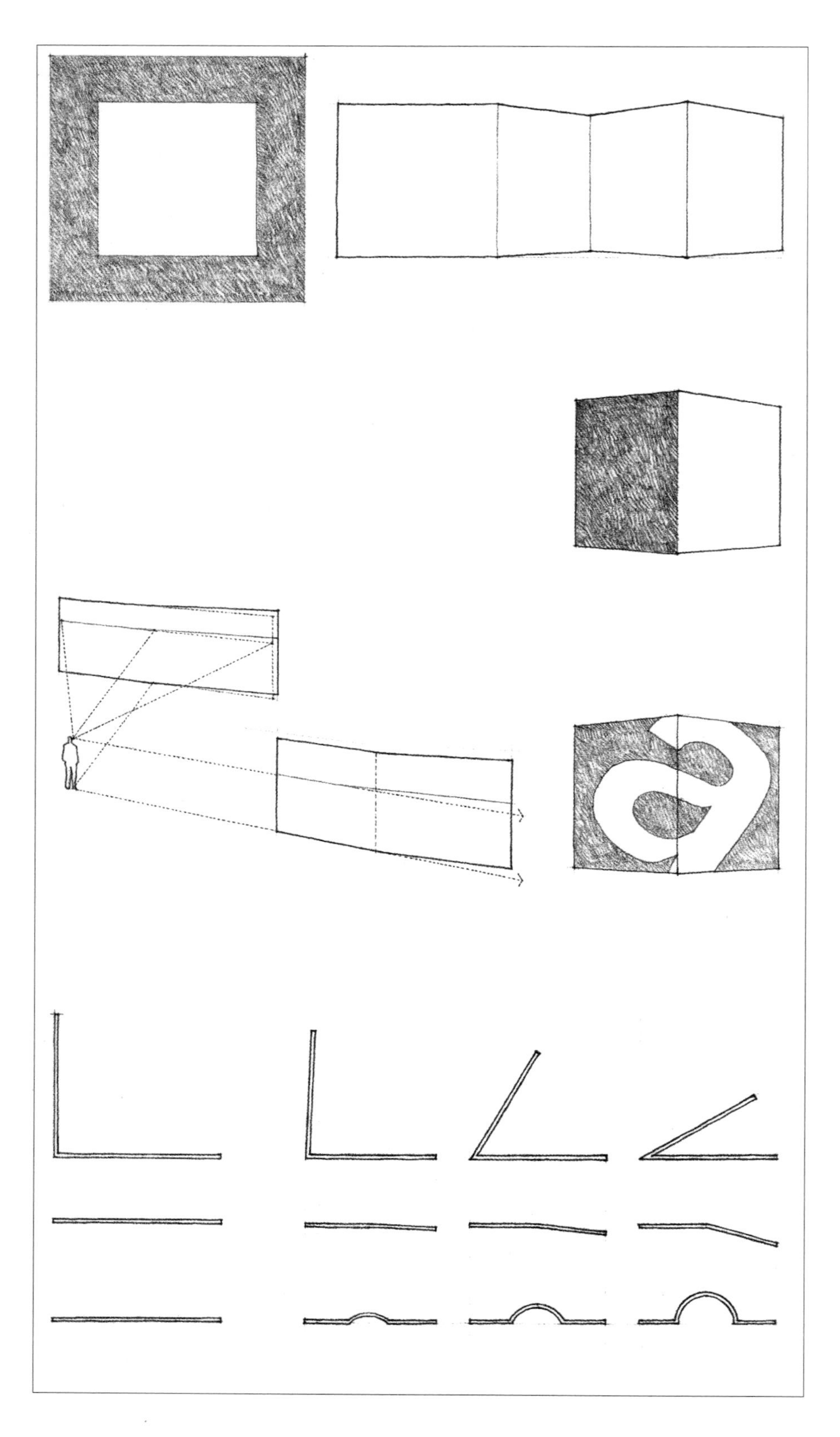

由于形式的连接在很大程度上取决于其表面在转角处是如何交汇的，所以如何解决这些边界状况是限定及明确一个形体的关键。

要清楚地表现一个角，可以简单地采用相邻平面的表面特性互相对比的方法，而要模糊地表达一个角，则可以把形成角的各部分蒙上一层同样的光学图形，我们对于转角的实际感受还受到透视规律以及照射到形体上的光线特性的影响。

一个转角如果要在形式上活跃起来，相邻平面之间的角度偏差不能太小。因为我们通常在自己的视野中寻找规律性和连续性，因此我们倾向于将看到的形体进行规整化处理或忽略那些微小不规则的因素。比如，一面稍稍弯折的墙，看上去和一面平整的墙一样，也许只是表面不尽完美而已。转角将难以察觉。

从哪一点开始这些形式上的偏差变成一个锐角？……一个直角？

一条折线？……还是一条直线？

一个圆形的片段？……还是一条直线的轮廓变化？

转角限定了两个相交面。如果两个面直接接触，而且转角处不加修饰，那么转角部位所呈现的形式，取决于邻接表面所做的视觉处理。这种转角状态强调的是形式的体积。

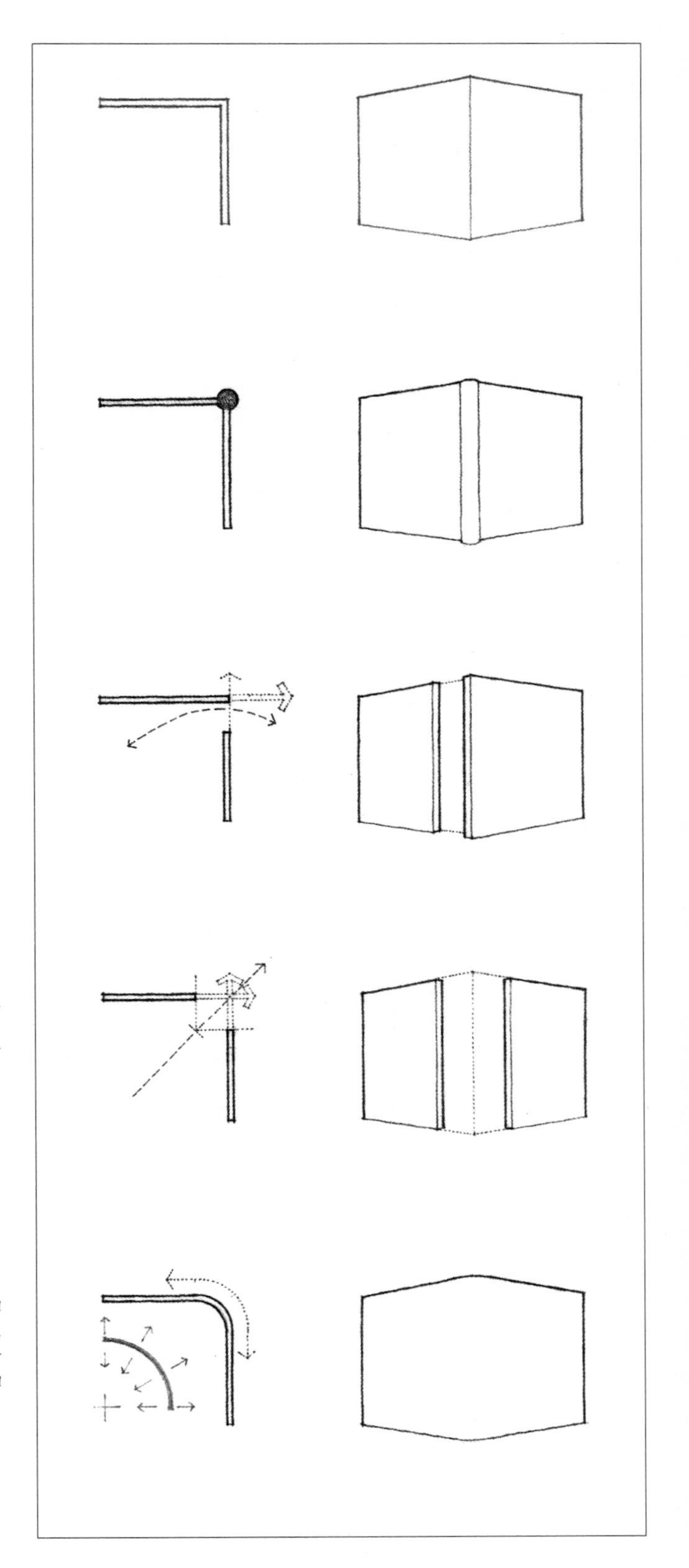

通过引入一个独立的、特征明显而又不同于所连接的面的要素，可以使转角在视觉上得到加强。这个要素把转角处清晰地表达为线性，勾勒出邻接表面的边界，并且成为形式的明确特点。

如果在转角的一边引入一个空当，一个面就会像要越过另外一个面似的。这个空当缓和了转角的感觉，削弱了形式对于体积的限定，并且强化了相邻表面所具有的面的特征。

如果两个面都没有延伸出去限定一个转角，那么就会产生一个由空间组成的体积来替代转角。这种转角形态瓦解了形式的体积，使内部空间泄露出来，并且把两个表面清楚地表达为空间中的两个面。

将转角做成圆形，强调了形式表面的连续性、体积的密实性和外轮廓的柔和性。圆角半径的尺度是很重要的。如果太小，便没有视觉效果；如果太大，则会影响到它所围起的内部空间和它所形成的外部形式。

Everson Museum, Syracuse, New York, 1968, I.M. Pei.
埃弗森博物馆，雪城，纽约州，1968，贝聿铭
形体中未加修饰的转角，强调了建筑的体量感。

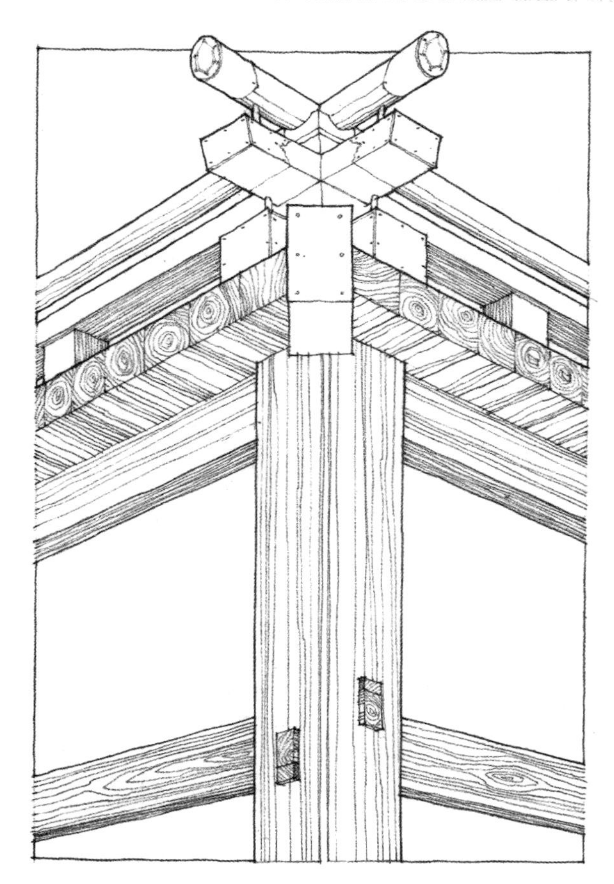

Corner Detail, **Izumo Shrine**, Shimane Prefecture, Japan, A.D. 717 (last rebuilt in 1744).
转角细部，**出云大社**，岛根县，日本，公元 717 年（最后一次复建是 1744 年）
精美的木制节点清楚地表明了在转角处相接的各要素的特点。

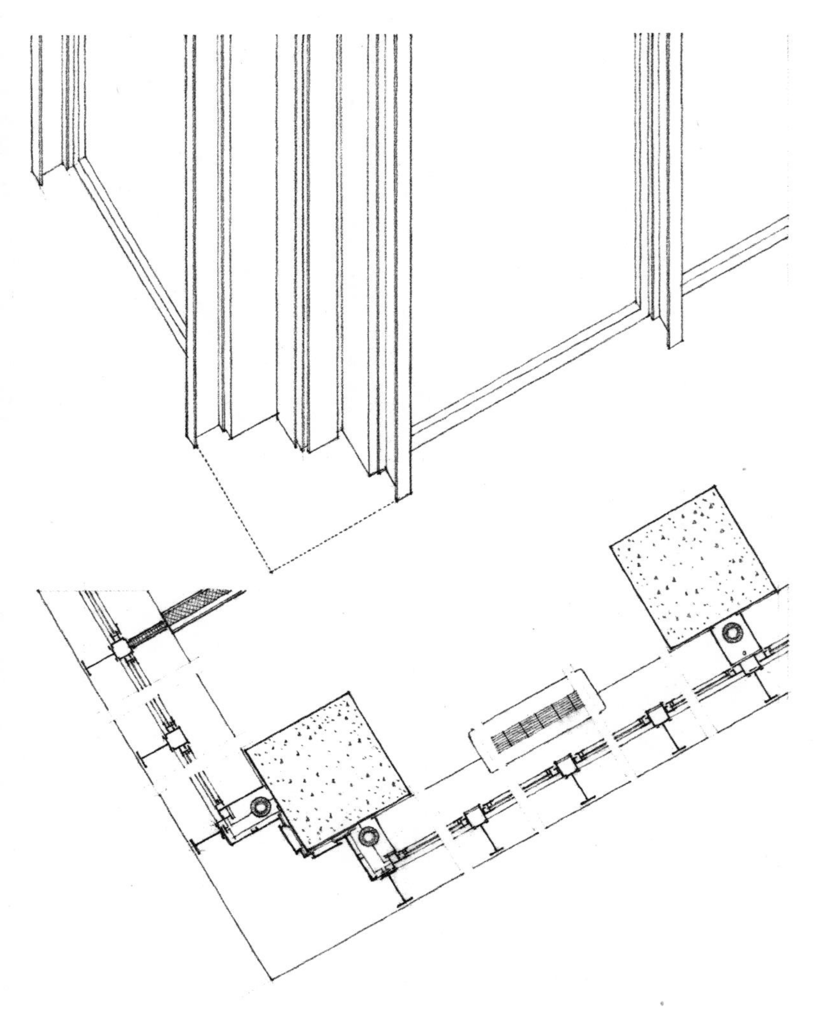

Corner Detail, **Commonwealth Promenade Apartments**, Chicago, 1953–1956, Mies van der Rohe.

转角细部，**联邦步廊公寓**，芝加哥，1953—1956，密斯·凡德罗

为了独立于邻接的墙平面，转角元素向内凹进。

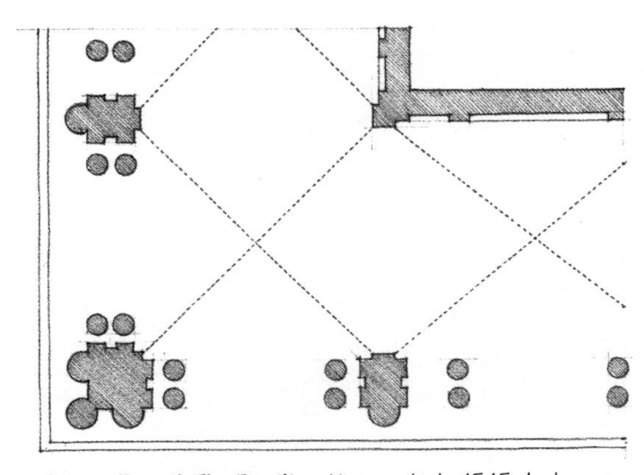

Corner Detail, The Basilica, Vicenza, Italy, 1545, Andrea Palladio

转角细部，巴西利卡，维琴察，意大利，1545，安德烈·帕拉迪奥

角部的柱子强调了建筑形式的边缘。

Einstein Tower, Potsdam, Germany, 1919, Eric Mendelsohn
爱因斯坦塔楼，波茨坦，德国，1919，埃里克·门德尔松

圆角表现了表面的连续性、体量的密实性和形式的柔和性。

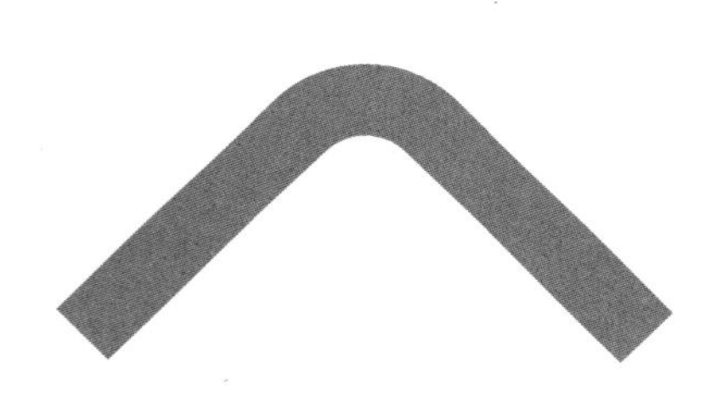

Laboratory Tower, Johnson Wax Building, Racine, Wisconsin, 1950, Frank Lloyd Wright
实验室塔楼，约翰逊制蜡公司大楼，雷辛，威斯康星州，1950，弗兰克·劳埃德·赖特

Kaufmann Desert House, Palm Springs, California, 1946, Richard Neutra
考夫曼沙漠别墅，棕榈泉，加利福尼亚州，1946，理查德·纽特拉

转角处开洞，使对面的表达比对体积的表达更为突出。

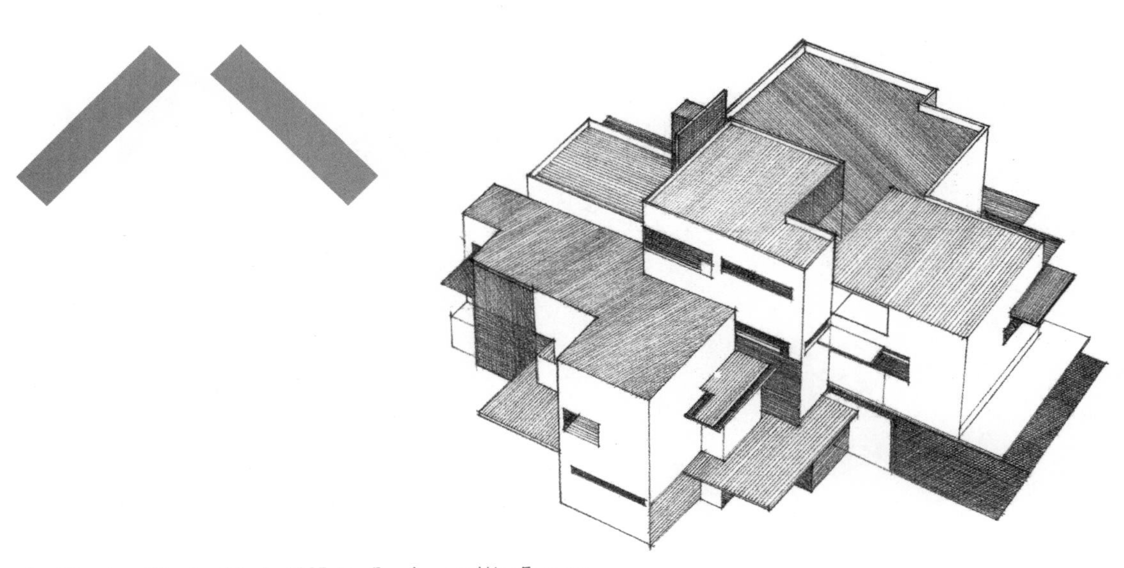

Architectural Design Study, 1923, Van Doesburg and Van Esteren
建筑设计研究，1923，范·杜伊斯堡与范·埃斯特伦

我们对于一个平面的形状、尺寸、尺度、比例和视觉重量的感知，受到其表面的特性及其视觉环境的影响。

- 一个平面的形状，可以用它的表面和周围地带的色彩对比而明确表达出来，同时调整其色调值可以增加或减低其视觉重量。

- 正面视图反映了一个面的真实形状；斜向视图则会使面的形状变形。

- 在一个面的视觉环境中有尺寸已知的要素时，可以帮助我们感知面的尺寸和尺度。

- 表面质感和色彩会一起影响到一个面的视觉重量和尺度以及这个面吸收或反射光和声音的程度。

- 带有方向性或尺度过大的可见图形，会歪曲平面的形状或夸大平面的比例。

Vincent Street Flats, London, England, 1928, Sir Edwin Lutyens
文森特大街公寓，伦敦，英格兰，1928，埃德温·鲁琴斯爵士

Palazzo Medici-Ricardo, Florence, Italy, 1444–1460, Michelozzi
梅迪奇—里卡多府邸，佛罗伦萨，意大利，1444—1460，米开罗佐

表面的色彩、质感和图形清晰地反映着面的存在，并影响到一个形式的视觉重量。

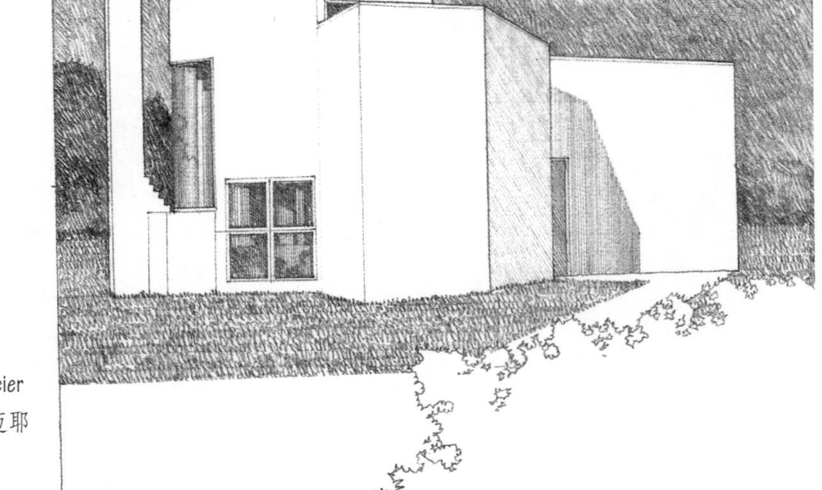

Hoffman House, East Hampton, New York, 1966–1967, Richard Meier
霍夫曼住宅，东汉普顿，纽约州，1966—1967，理查德·迈耶

John Deere & Company Building, Moline, Illinois, 1961–1964, Eero Saarinen & Associates.

约翰·迪尔公司大楼，莫林，伊利诺斯州，1961—1964，埃罗·沙里宁事务所

线性的遮阳设施，强调了建筑形式的横向特征。

CBS Building, New York City,1962–1964, Eero Saarinen & Associates.

CBS 大厦，纽约市，1962—1964，埃罗·沙里宁事务所

线性的柱要素强调了这座高层建筑的竖向特征。

线性图形能强调形式的高度或长度，统一其表面，并限定其质感特征。

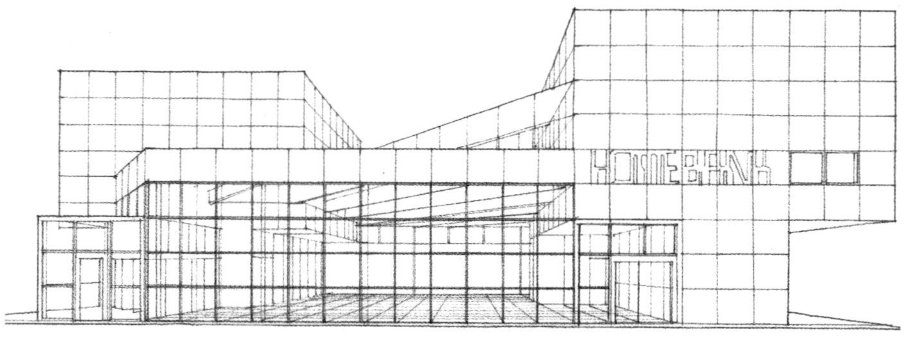

Fukuoka Sogo Bank, Study of the Saga Branch, 1971, Arata Isozaki.

福冈银行，佐贺分行方案研究，1971，矶崎新

网格状的图形使三维图形的各个表面统一在一起。

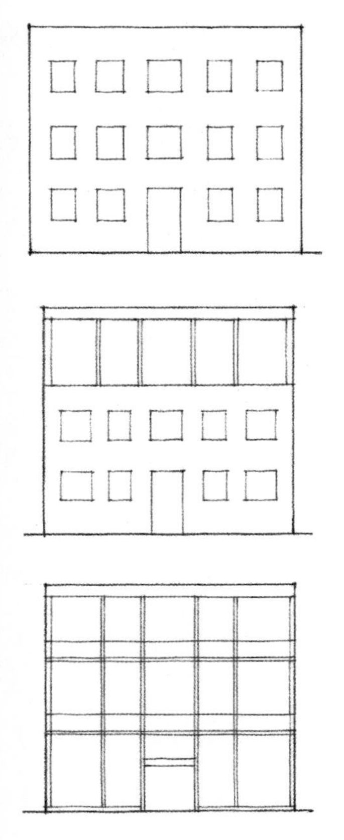

从面上有开洞的图形转化为线性框架连接的开放正立面。

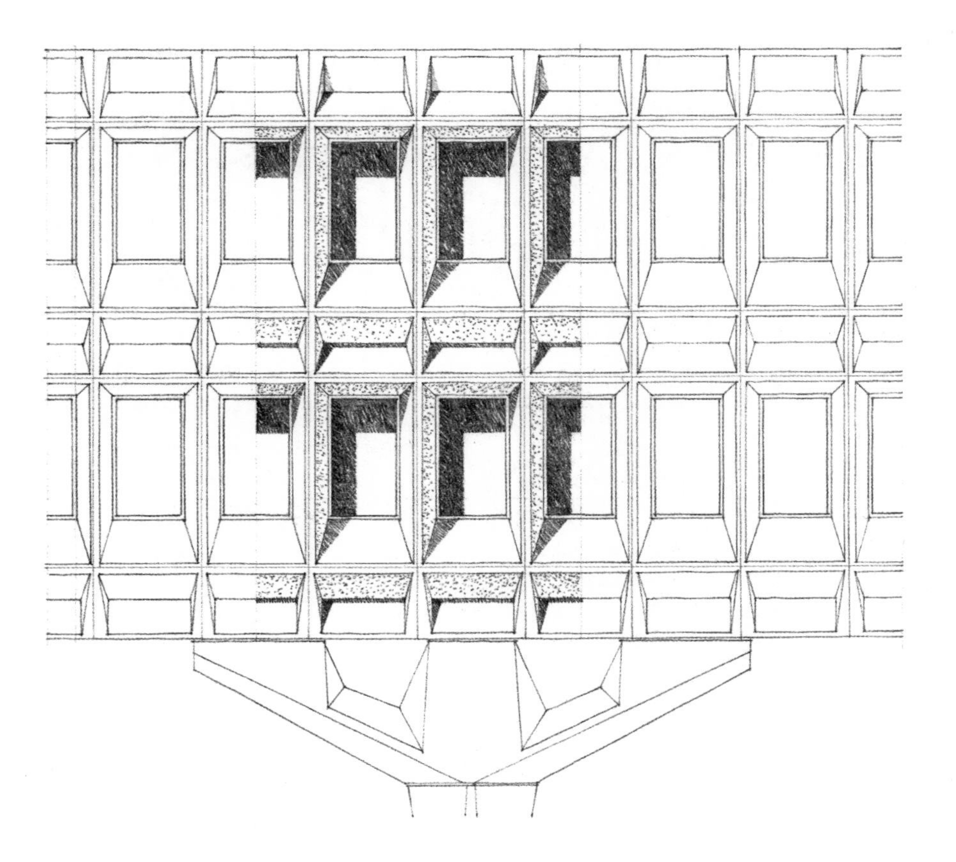

IBM Research Center, La Guade, Var, France, 1960–1961, Marcel Breuer.
IBM **研究中心**，拉盖德，瓦尔，法国，1960—1961，马塞尔·布鲁尔
洞口的三维形式产生出光与阴影的机理。

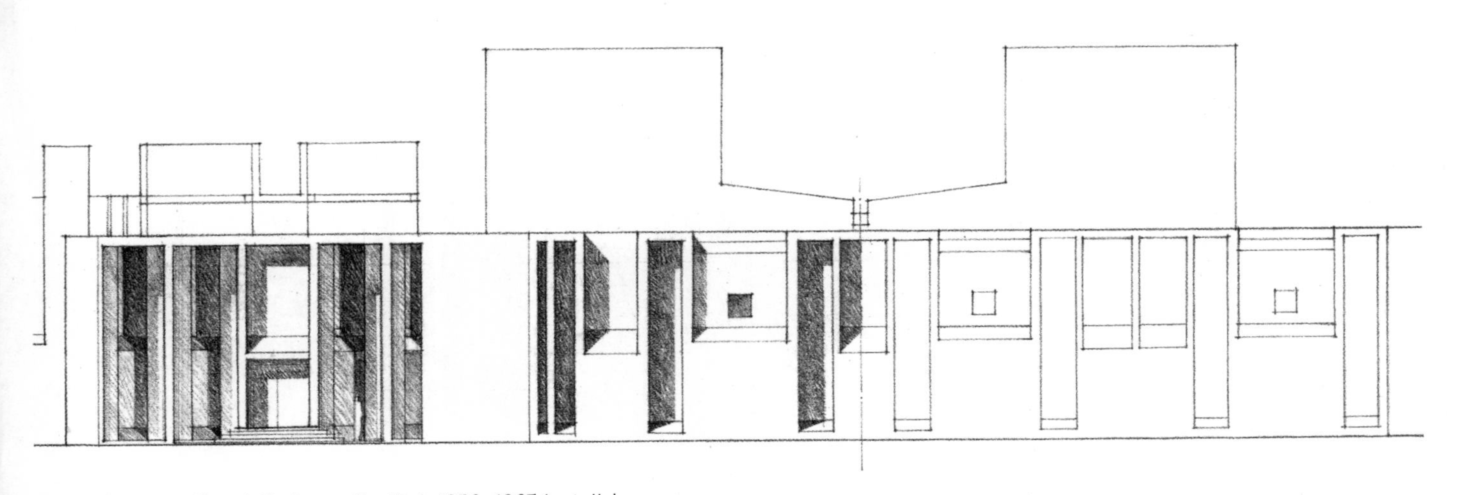

First Unitarian Church, Rochester, New York, 1956–1967, Louis Kahn.
第一唯一神教教堂，罗彻斯特，纽约州，1956—1967，路易·康
孔与洞的形式打断了外墙面的连续性。

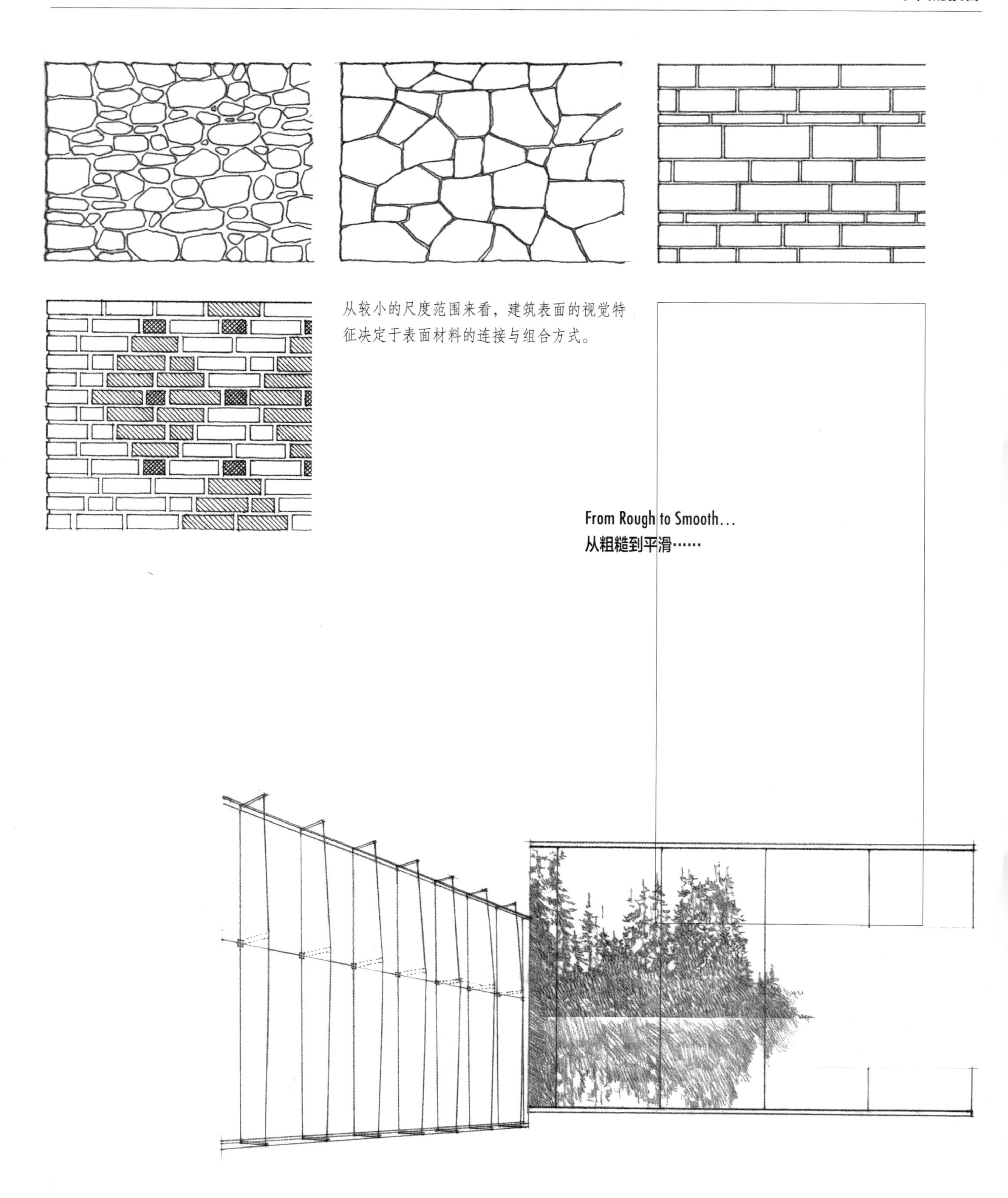

从较小的尺度范围来看，建筑表面的视觉特征决定于表面材料的连接与组合方式。

From Rough to Smooth...
从粗糙到平滑……

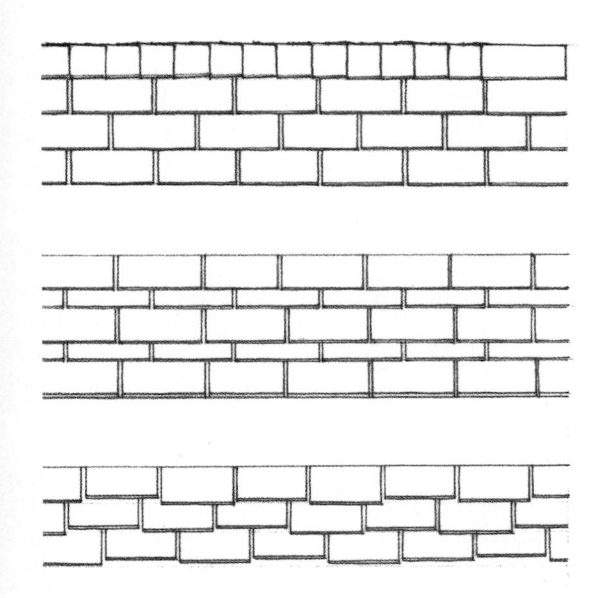

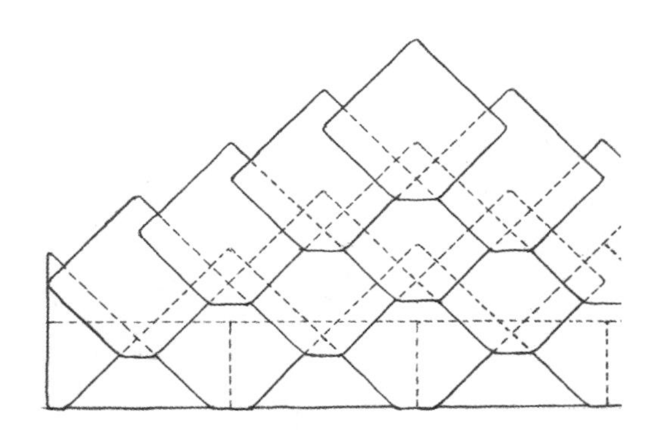

From Orthogonal to Skewed...
从正交到歪斜……

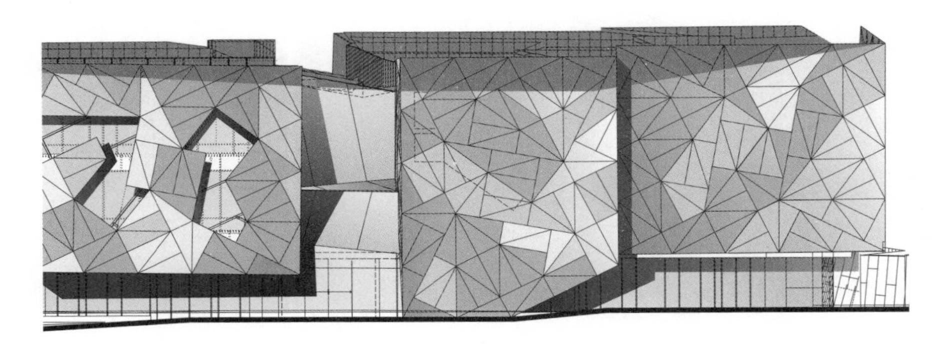

Partial facade, **Federation Square**, Melbourne, Australia, 2003, LAB Architecture Studio & Bates Smart, Architects
正立面局部，**联邦广场**，墨尔本，澳大利亚，2003，LAB 建筑设计工作室及贝茨•斯马特建筑师事务所

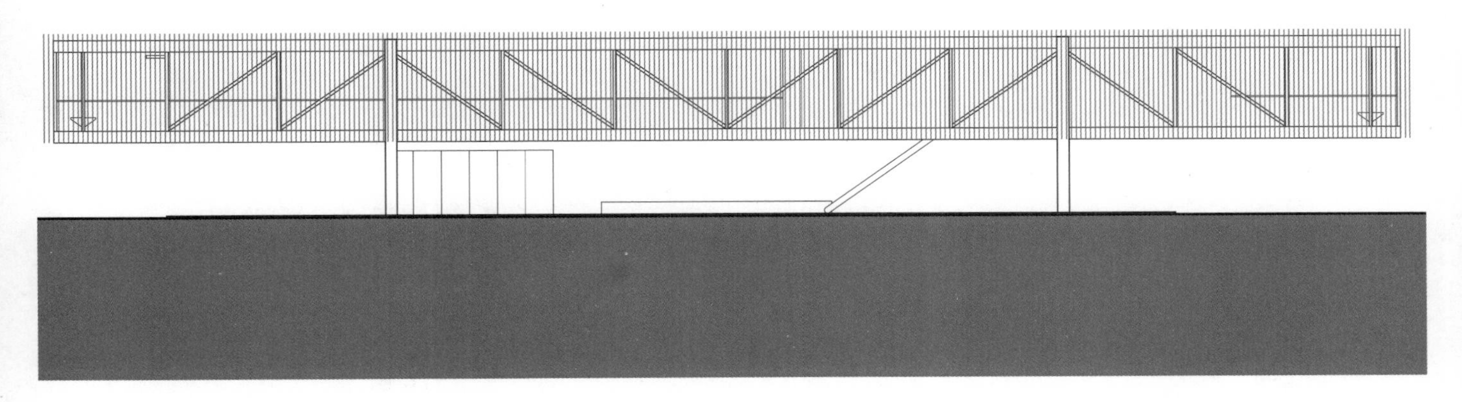

St. Andrew's Beach House, Victoria, Australia, 2006, Sean Godsell Architects
圣安德鲁海滨住宅，维多利亚，澳大利亚，2006，肖恩•戈德塞建筑师事务所

3 形式与空间
Form & Space

“三十辐共一毂，当其无，有车之用；埏埴以为器，当其无，有器之用；凿户牖以为室，当其无，有室之用。故有之以为利，无之以为用。”

老子
《道德经》
公元前6世纪

空间连续不断地包围着我们。通过空间的容积，我们进行活动、观察形体、听到声音、感受清风、闻到百花盛开的芳香。空间像木材和石头一样，是一种实实在在的物质。然而，空间天生是一种不定形的东西。它的视觉形式、它的维度和尺度、它的光线特征——所有这些特点都依赖于我们的感知，即我们对于形体要素所限定的空间界限的感知。当空间开始被体块要素所捕获、围合、塑造和组织的时候，建筑便产生了。

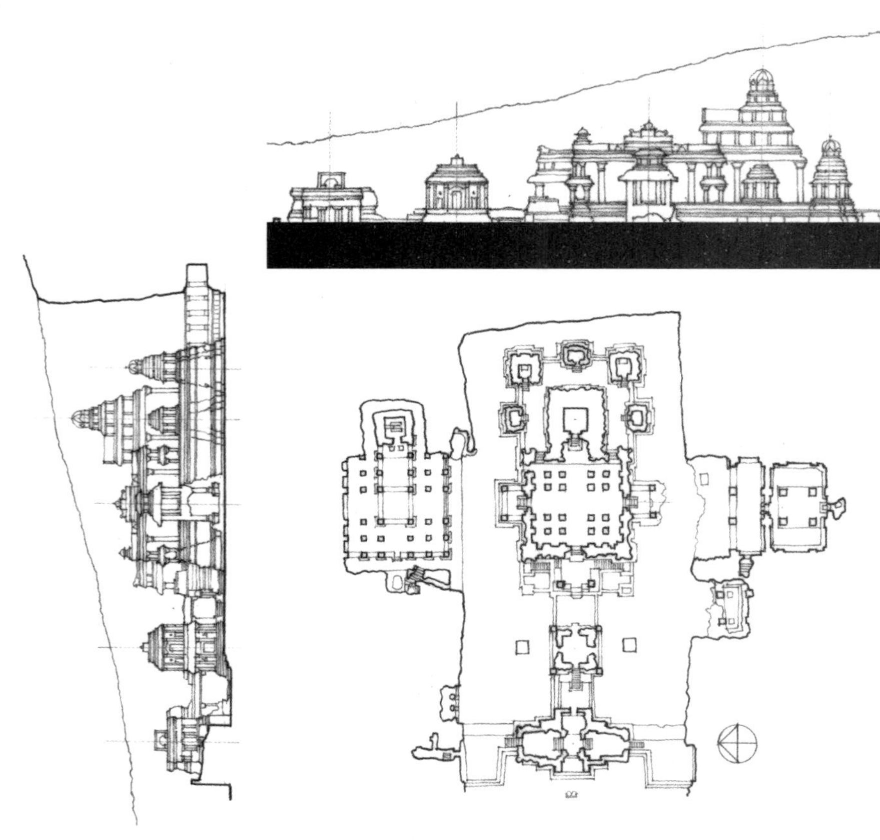

Temple of Kailasnath at Ellora, near Aurangabad, India, A.D. 600–1000
埃洛拉的**凯拉思纳斯神庙**，奥兰加巴德附近，印度，公元 600—1000 年

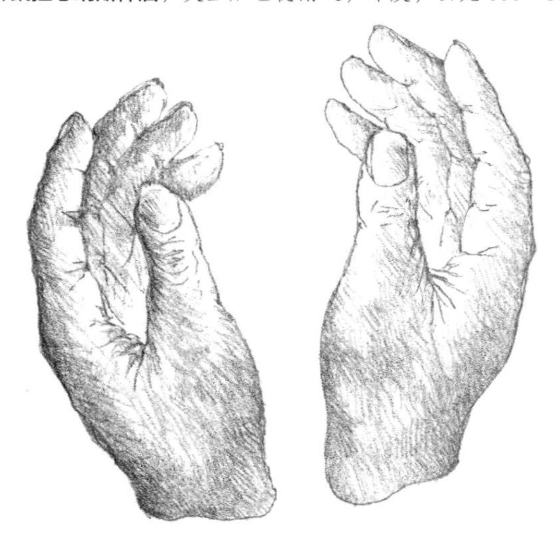

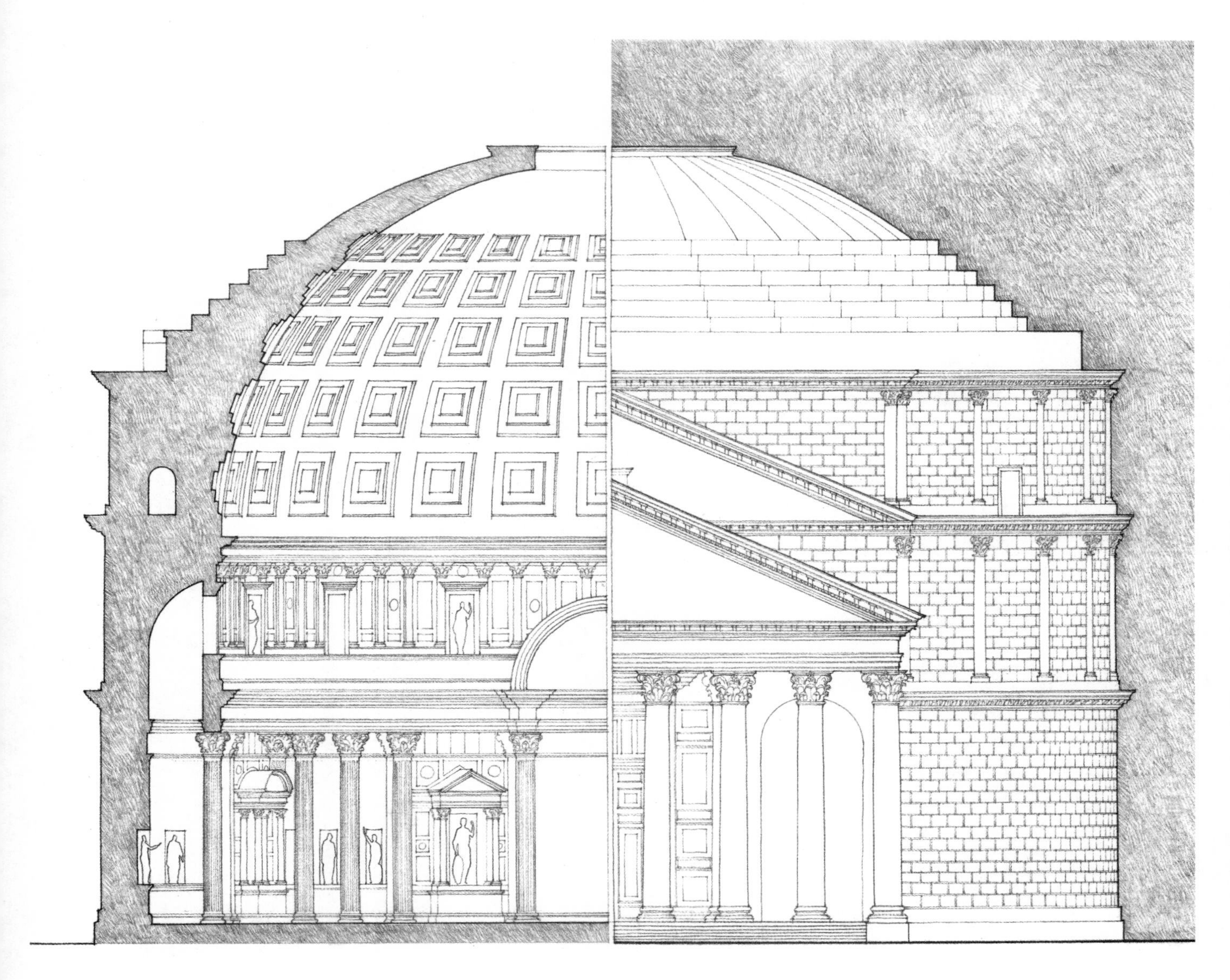

The Pantheon, Rome, A.D. 120–124
万神庙，罗马，公元 120—124 年

在我们的视野中，通常包含不同种类的要素，这些要素的形状、尺寸、颜色或方向都不相同。为了更好地理解一个视野的结构，我们往往把其中的要素归为相反的两组：被理解为图的正要素和给图提供背景的负要素。

我们对于一个构图的感知和理解，取决于我们如何解释图形中正要素与负要素之间的视觉作用。比如，在本页中，字母对于纸面的白底而言可以看做是黑色的图。因而我们可以感知这些字母所组成的单词、句子和段落。在左侧的图里，字母“a”被看做为图，这不仅仅因为我们知道它是字母表中的一个字母，而且还因为它的外形独特，其明度与背景形成对比，并且它所在的位置使其与背景隔离开来。但是，随着它的尺寸相对于它所处的范围而增大的时候，字母当中或字母周围的其他要素就开始作为图来争夺我们的注意力。有时，图与底之间的关系变得非常含糊，以至于我们的视觉会同时不停地切换它们的图底属性。

White-on-Black or Black-on-White?
白图黑底还是黑图白底?

Two Faces or a Vase?
是两幅面孔还是一个花瓶?

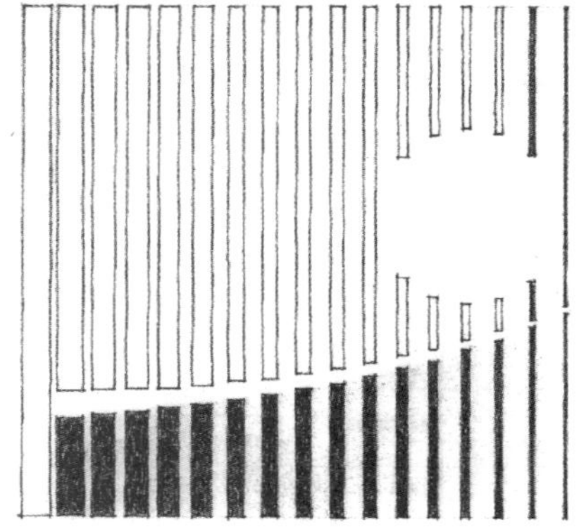

但是，在所有的情况下我们都必须明白：吸引我们注意力的正要素“图”，如果没有一个与之形成对比的背景，那是不可能存在的。因此，图与底的关系不仅仅是对立的要素。二者共同形成一个不可分离的实体，一个对立的统一体，就像形式与空间要素共同形成了建筑实物一样。

Plan Diagrams,**Taj Mahal**, Agra, India, 1630–1653.
平面示意图，**泰姬·玛哈陵**，阿格拉，印度，1630—1653
沙贾汗（Shah Jahan）为他的爱妻玛塔兹·玛哈尔（Muntaz Mahal）建造了这座白色大理石的陵墓。

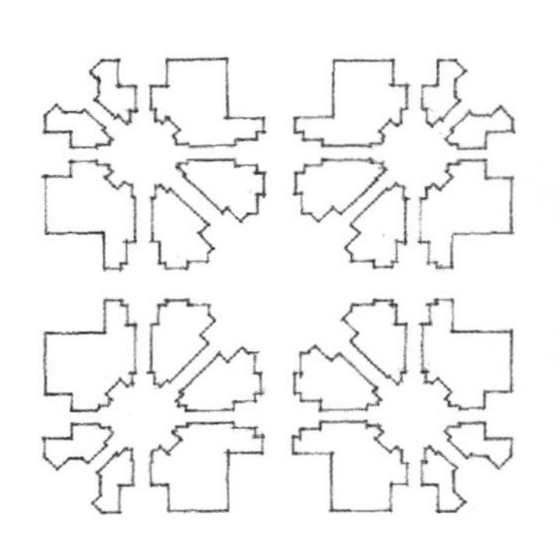

A. 线限定了实体与虚空之间的界限

B. 实体的形式被表现为“图”

C. 虚空的形式被表现为“图”

建筑形式出现在实体与空间的接合上。在实施与阅读设计图纸时，我们既要关注包含空间体积的实体形式，也要关注空间容积本身的形式。

Fragment of a **Map of Rome**, drawn by Giambattista Nolli in 1748
罗马地图片段，詹巴蒂斯塔·诺里于 1748 年绘制

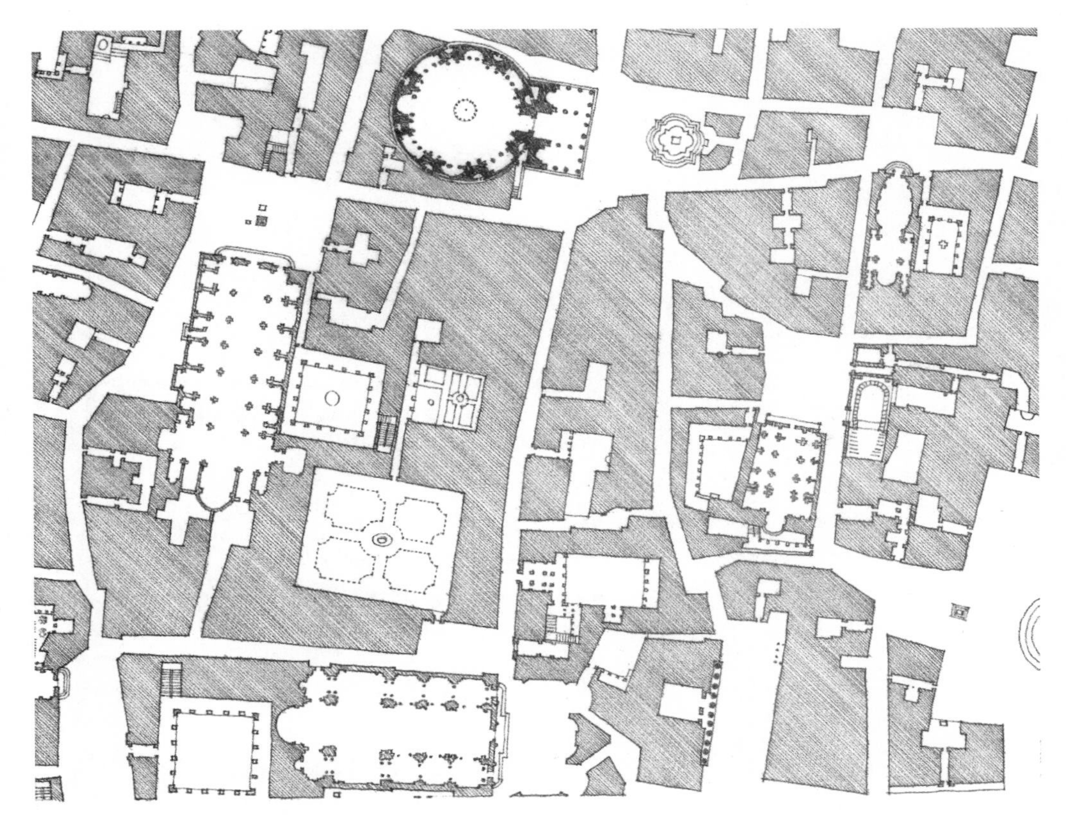

在这幅罗马地图的不同部位上，取决于我们把何者视为正要素，实体形式与空间形式之间的图底关系可以颠倒。在这幅地图的有些部分，建筑物似乎是正要素，限定了街道空间。在该地图的另外一些部分，城市广场、庭院以及重要公共建筑中的主要空间则被当做正要素，与作为背景的、周围环境中的建筑实体形成对比。

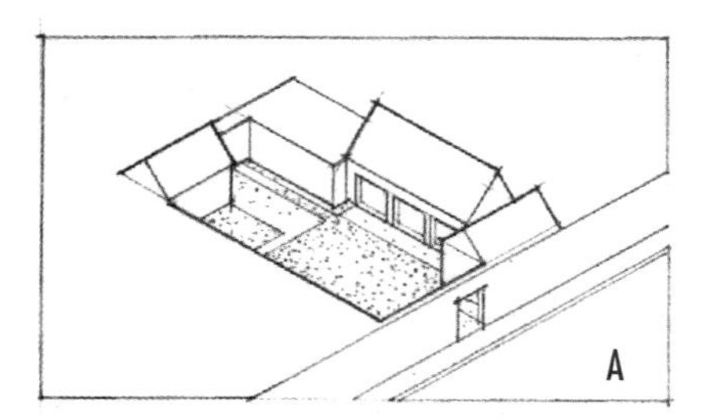

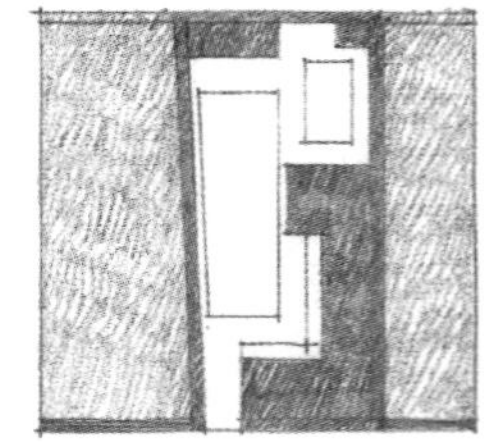

可以通过分析发现，建筑中实体形式与空间形式之间的共生关系存在着几种不同的程度。无论在哪种程度上，我们不仅要考虑建筑的形式，而且还要考虑它对周围空间的影响。在一个城市尺度范围内，我们应该精心考虑一座建筑物的责任，是延续一个场所的现有结构，给其他建筑物当背景，还是限定一个明确的城市空间，抑或作为城市空间中的一个重要物体而适合于独立存在。

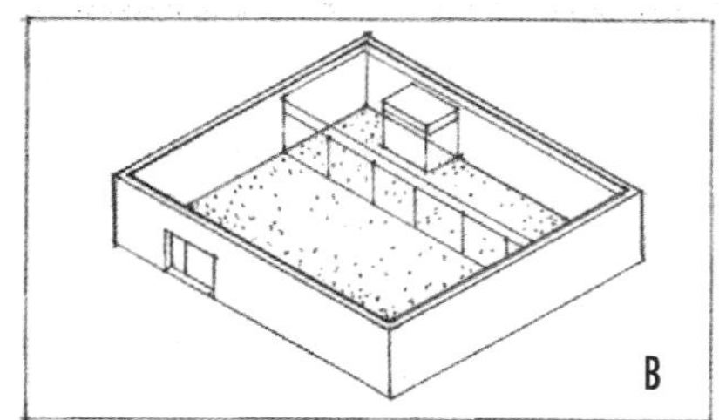

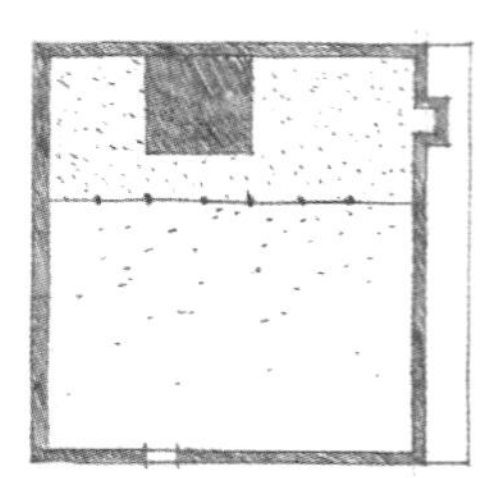

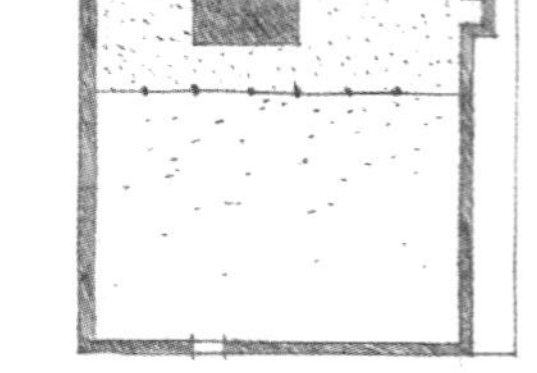

在一座建筑物的基地范围内，有各种各样的方法来处理建筑物与周围空间的关系。一座建筑物可以：

A. 沿着基地的边缘形成一面墙，并且限定明确的室外空间；

B. 将其室内空间与围墙范围以内的、私有室外空间融为一体；

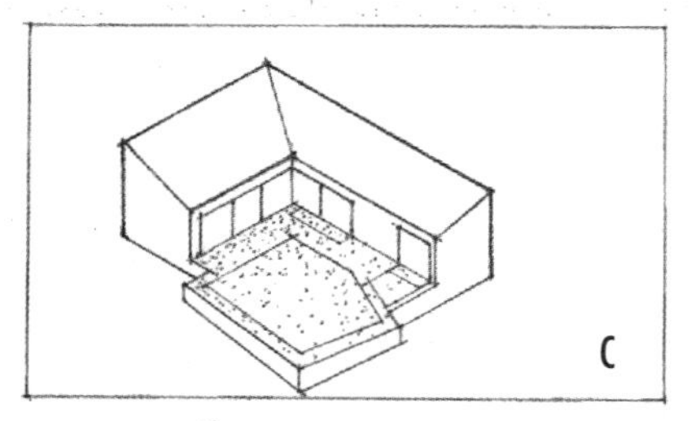

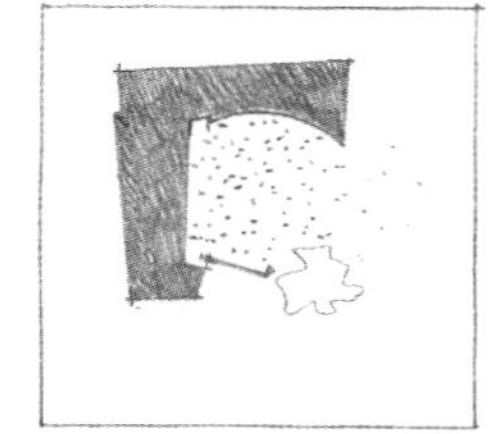

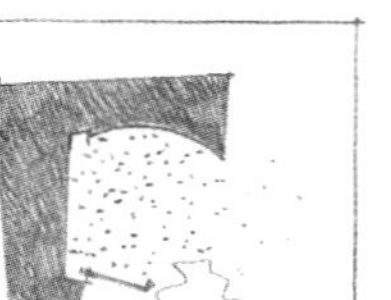

C. 围起基地的一部分作为室外场地,使这部分室外场地能够遮风避雨;

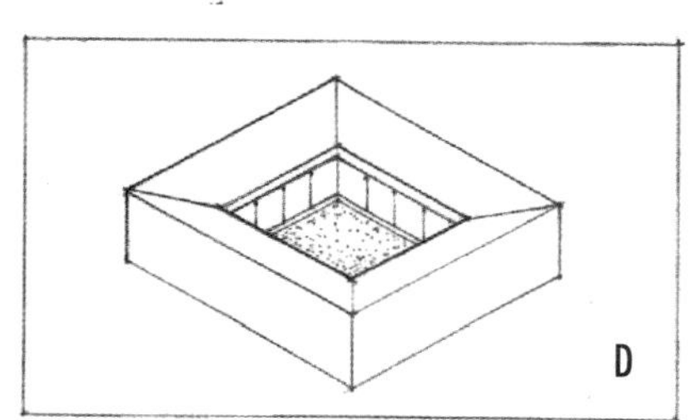

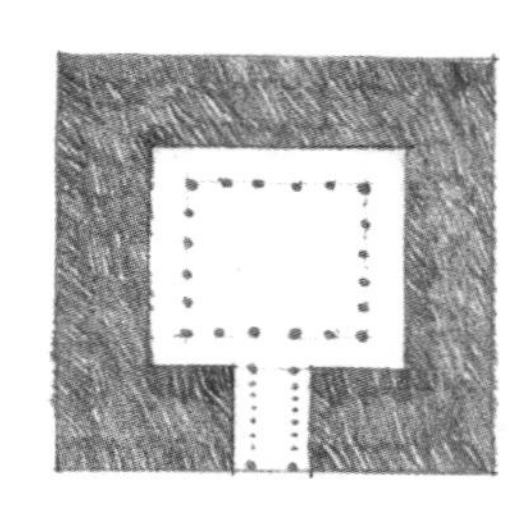

D. 在建筑物的内部容积中，环绕或围合一个庭院或中庭空间——这是一种内向的设计；

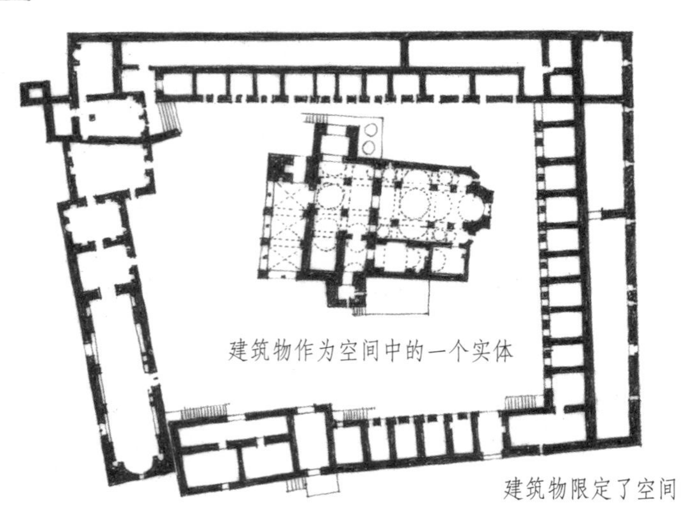

Monastery of St. Meletios on Mt. Kithairon, *Greece, 9th century A.D.*
基塞隆山上的**圣梅勒修斯修道院**，希腊，公元 9 世纪

E. 作为一个独特的实体立于空间之中，并通过其形式和外部特征控制着建筑物所在的基地——这是一种外向的设计；

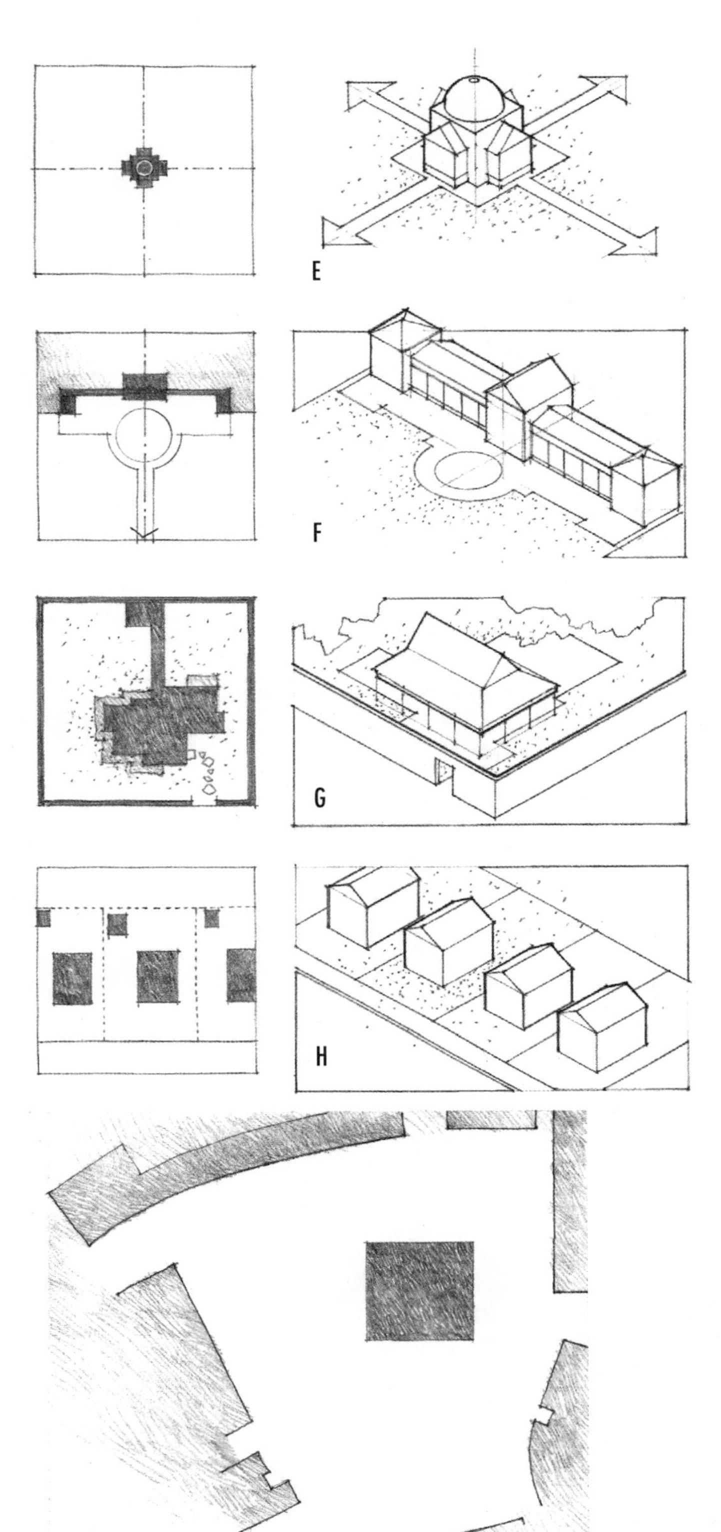

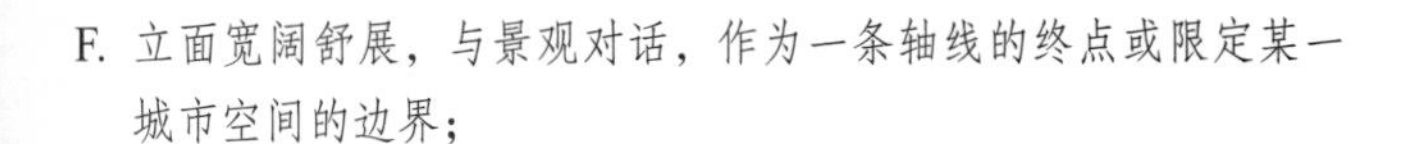

F. 立面宽阔舒展，与景观对话，作为一条轴线的终点或限定某一城市空间的边界；

G. 在基地内自由排布，但室内空间延伸出去，与私有的室外空间融为一体；

H. 在负空间中作为一个正的形体而存在。

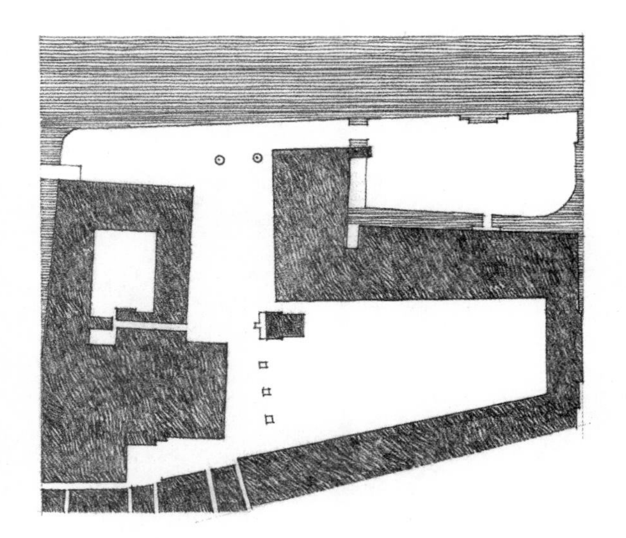

Buildings Defining Space:
Piazza San Marco, Venice
建筑物限定了空间：
圣马可广场，威尼斯

Building as an Object in Space:
Boston City Hall, 1960, Kallmann, McKinnell & Knowles
建筑物作为空间中的一个实体：
波士顿市政厅，1960，卡尔曼，麦金尼尔及诺尔斯

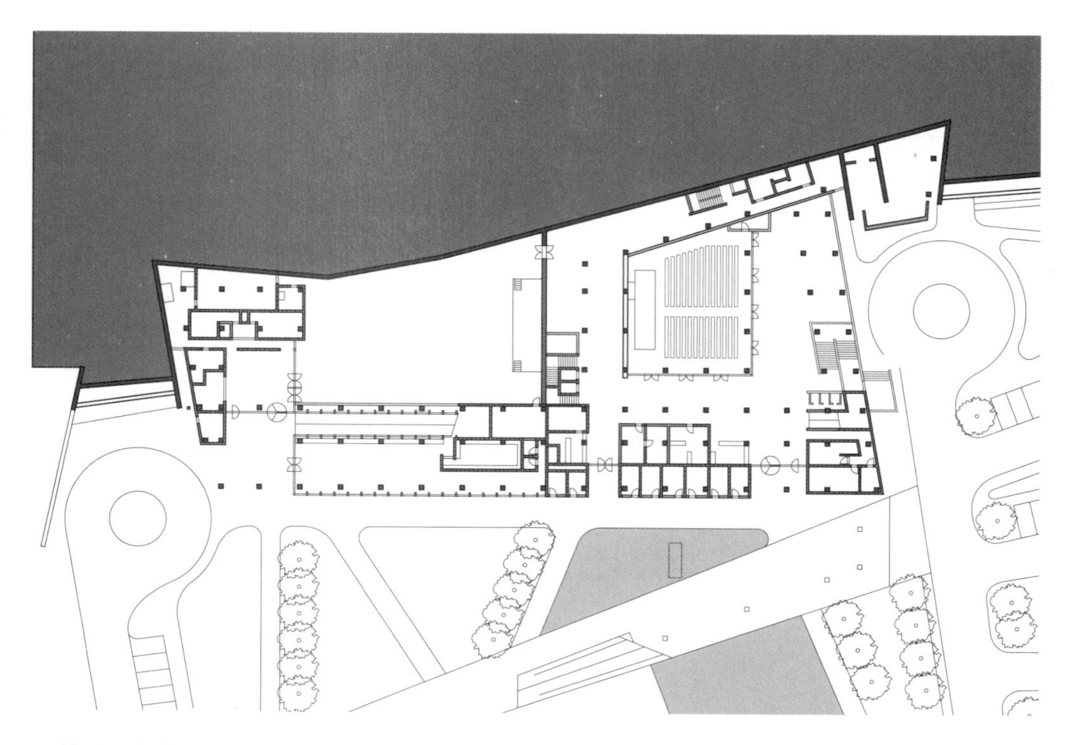

Building Embedded in the Landscape:

Eyüp Cultural Center, Istanbul, Turkey, 2013, EAA-Emre Arolat Architects

建筑物嵌入景观：

埃郁普文化中心，伊斯坦布尔，土耳其，2013，EAA—埃姆瑞·阿罗拉特建筑师事务所

Building Dominating the Landscape:

Cooroy Art Temple, Cooroy Mountain, Australia, 2008, Paolo Denti JMA Architects

建筑物主宰者景观：

库洛依艺术圣殿，库洛依山，澳大利亚，2008，保罗·邓蒂 JMA 建筑师事务所

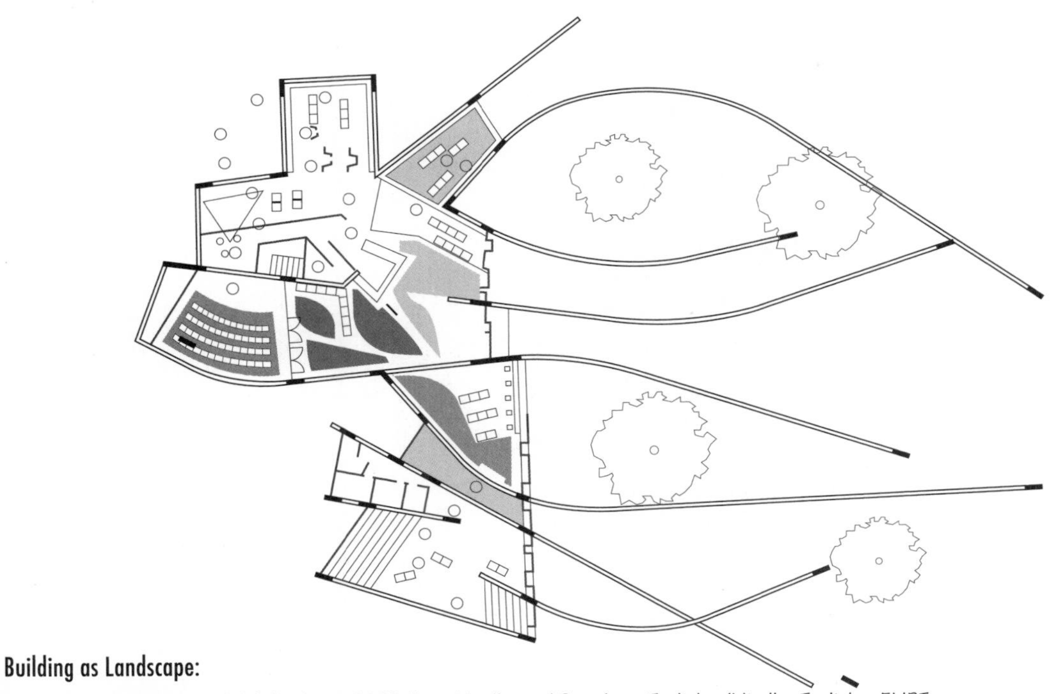

Building as Landscape:

Palafolls Public Library, Palafolls, Spain, 2009, Enric Miralles and Benedetta Tagliabue/Miralles Tagliabue EMBT

建筑物即为景观：

帕拉福尔斯公共图书馆，帕拉福尔斯，西班牙，2009，恩里克•米拉雷斯与贝妮蒂塔•塔格丽娅布/米拉雷斯•塔格丽娅布 EMBT 事务所

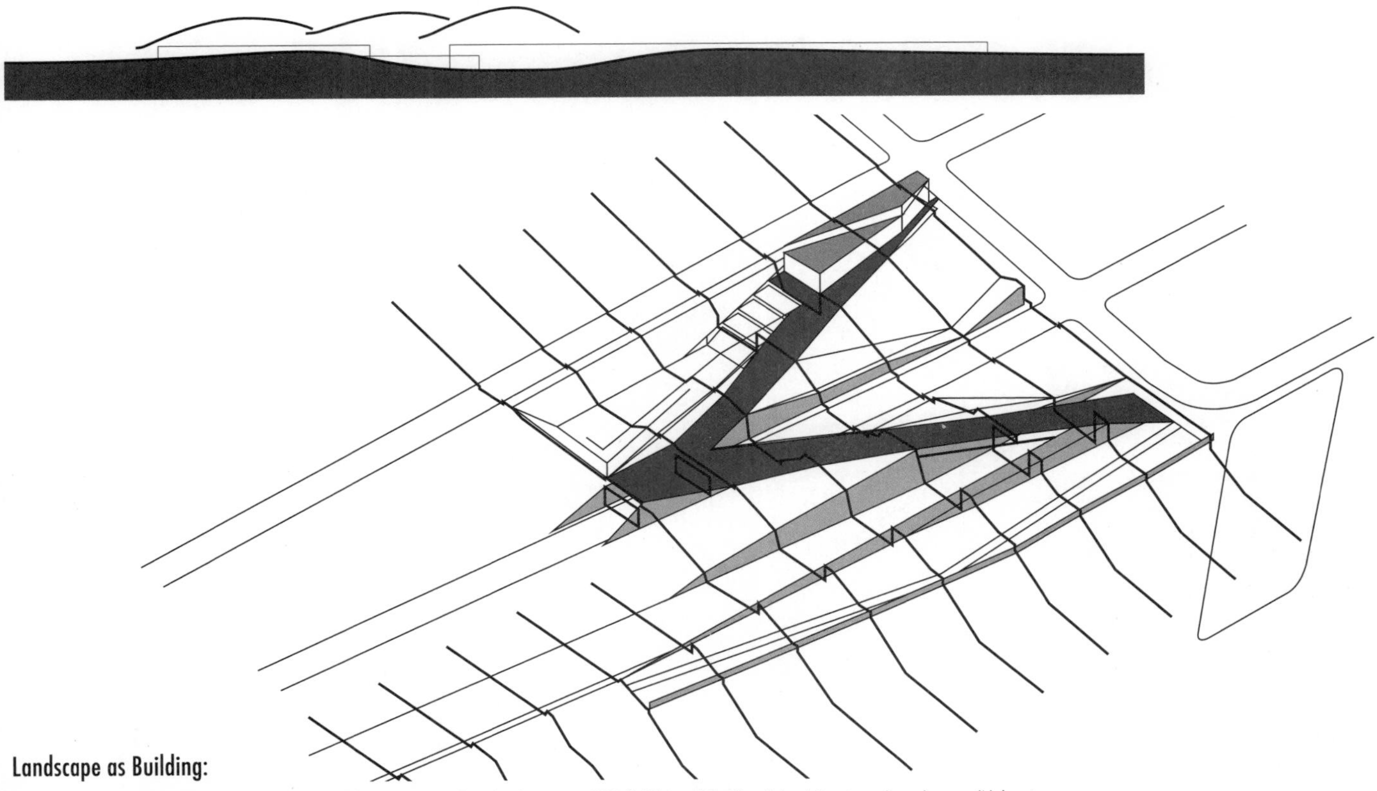

Landscape as Building:

Olympic Sculpture Park, Seattle Art Museum, Seattle, Washington, 2008, Weiss/Manfredi Architecture/Landscape/Urbanism

景观成为建筑：

奥林匹克雕塑公园，西雅图艺术博物馆，西雅图，华盛顿州，2008，韦斯/曼弗雷迪建筑/景观/城市规划设计公司

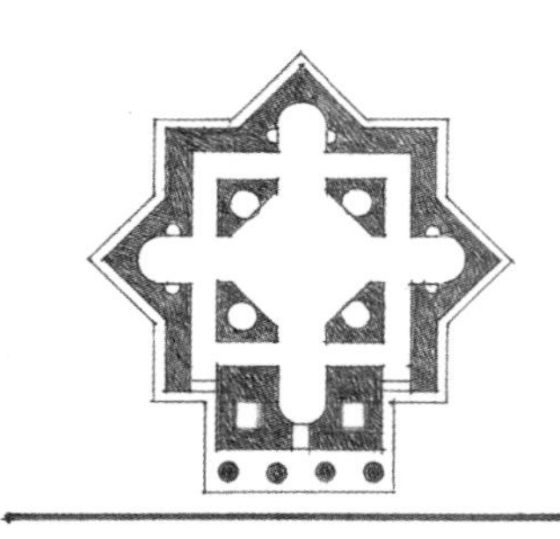

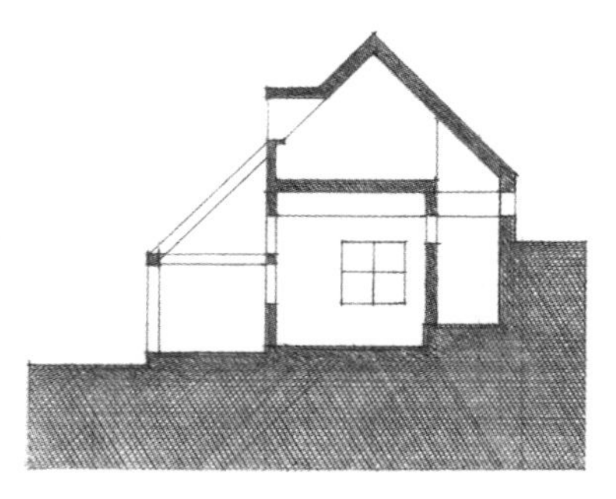

在一栋建筑物的尺度范围内，我们倾向于把墙的造型当成平面图中的正要素。但是墙之间的空白空间不应简单地视为墙的背景，而应当视为有形状和形式的图形。

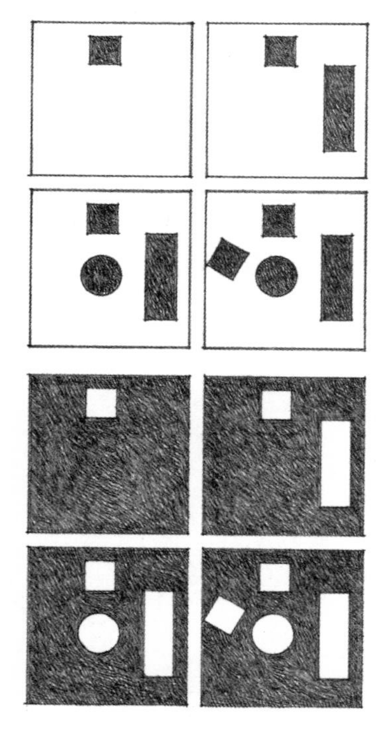

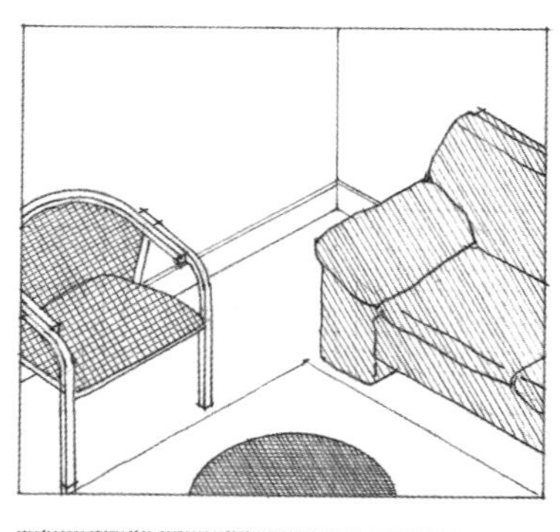

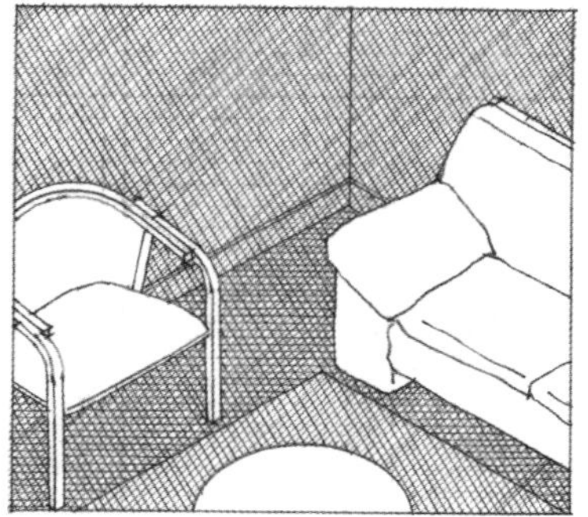

即使是在一个房间的尺度范围内，家具物品既可以作为形式而立于某一空间领域中，也可以用来限定空间领域的形式。

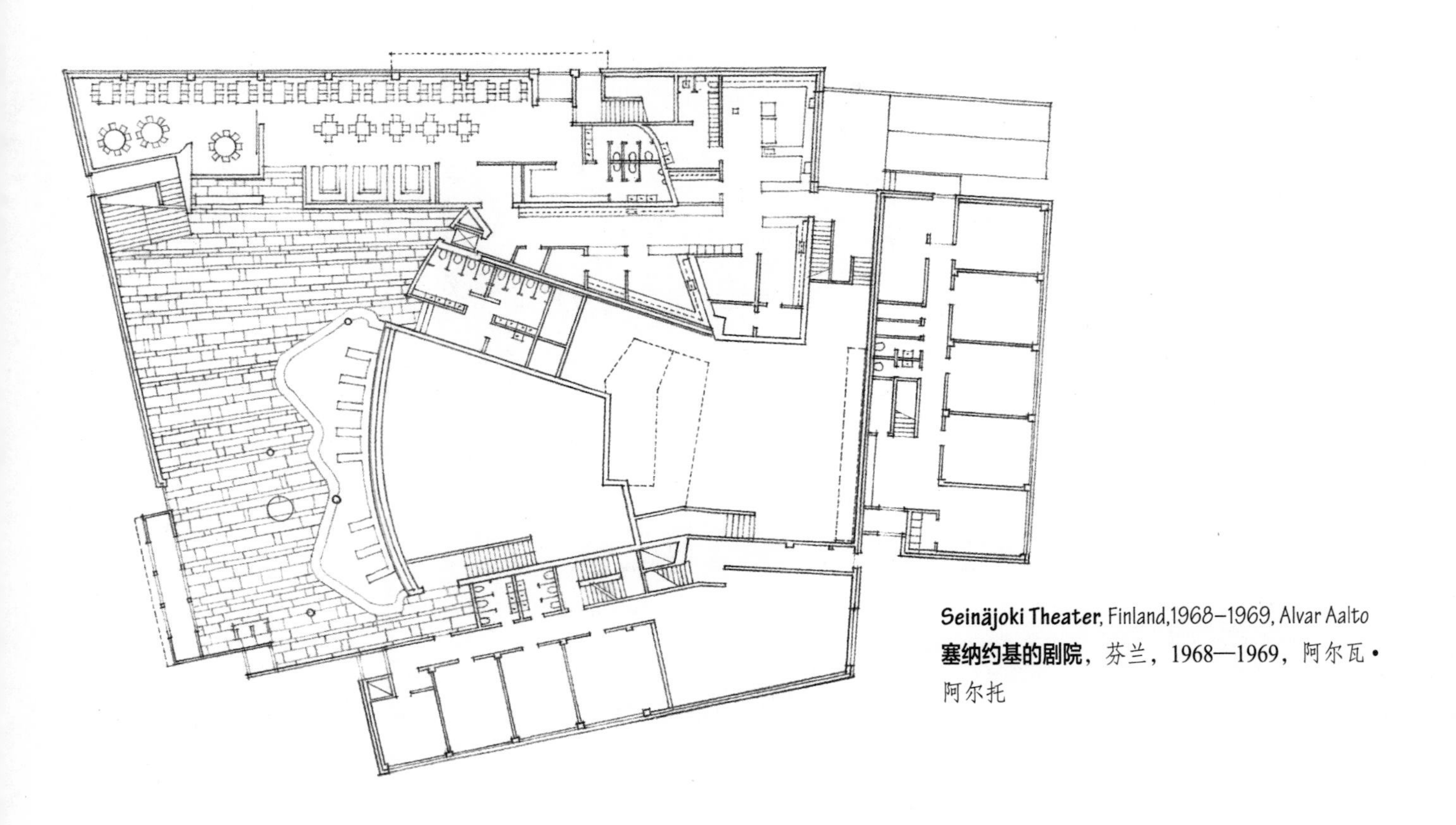

Seinäjoki Theater, Finland,1968–1969, Alvar Aalto
塞纳约基的剧院，芬兰，1968—1969，阿尔瓦·阿尔托

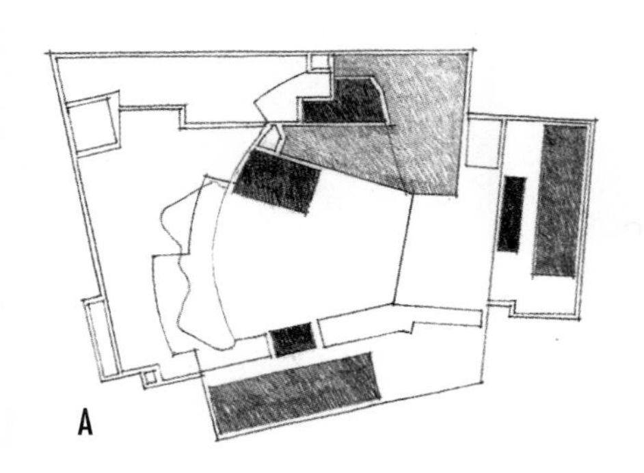

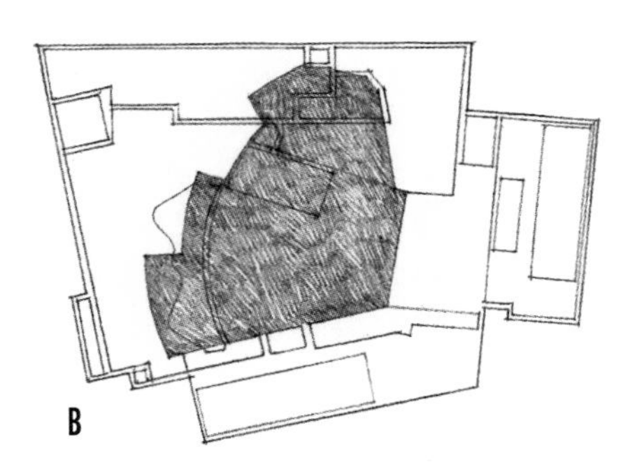

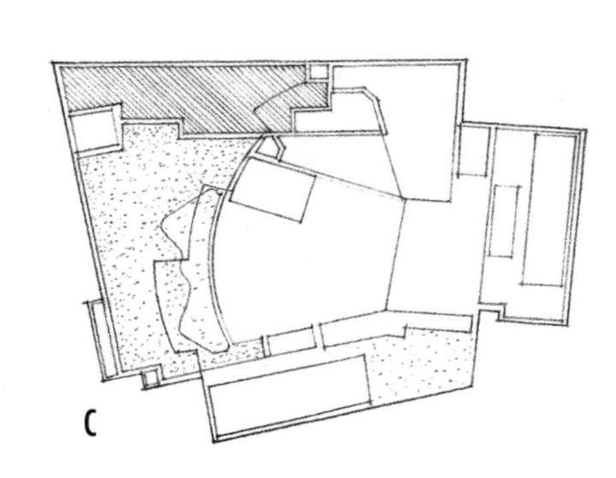

在建筑中，每个空间的形式和围护结构，不是决定了其周围的空间形式就是被周围的空间形式所决定。比如，在阿尔瓦·阿尔托设计的塞纳约基剧院中，我们可以分辨出好几种类型的空间形式，可以分析这些空间形式是如何相互作用的。每一种类型，在限定空间方面都有主动或被动的作用。

A. 某些空间，例如办公室，用途虽各异，但有相同的功能，可以把它们组成独立的、线性的或组团的形式。
B. 某些空间，例如音乐厅，具有特殊的功能和技术要求，因而需要特殊的形体，由此会影响到其周围空间的形式。
C. 某些空间，例如门厅，其性质是灵活的，因此可以被周围的空间或空间组团自由划分。

Square in Giron, Colombia, South America
吉隆的广场，哥伦比亚，南美

当我们把一幅两维的图形布置在一张纸上的时候，它会影响到周围白色空间的形状。同理，任何三维的形式自然会清晰地表达出其周围的空间体积，并且产生一个受到影响的范围或能够据为己有的领地。本章的其余部分着眼于水平和垂直的形式要素，并举例说明这些形式要素构成的图形，是如何产生并限定特定空间类型的。

Base Plane
基面

一个水平面作为一个图形平放在反差很大的背景上，就限定出一个简单的空间领域。用下面几种方法可以使该领域在视觉上得到加强。

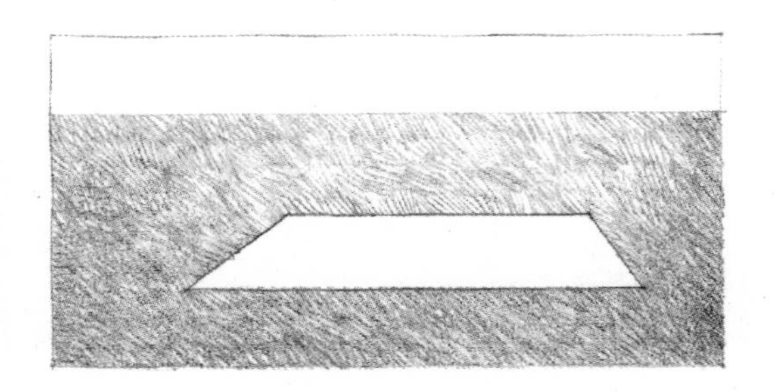

Elevated Base Plane
基面抬升

水平面抬升到地面以上，则会沿着水平面的边界生成若干个垂直表面，这就在视觉上强化了该领域与周围地面之间的分离感。

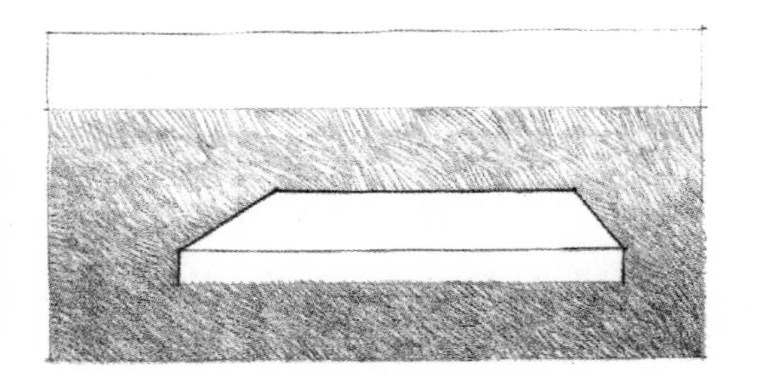

Depressed Base Plane
基面下沉

一个水平面下沉到地面以下，利用下沉部分的垂直表面来限定一个空间容积。

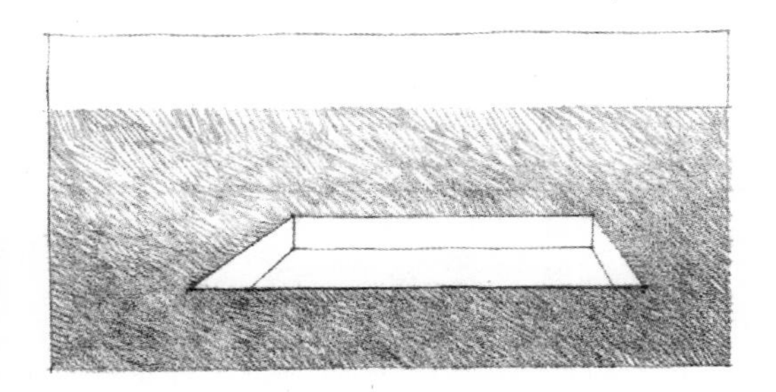

Overhead Plane
顶面

水平面位于头顶之上，则在顶面与地面之间限定出一个空间容积。

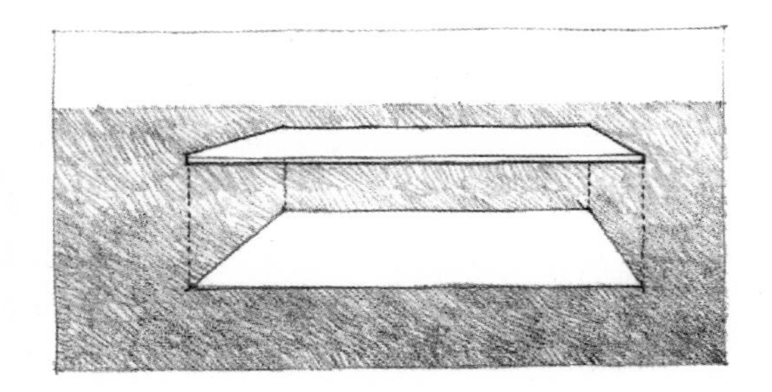

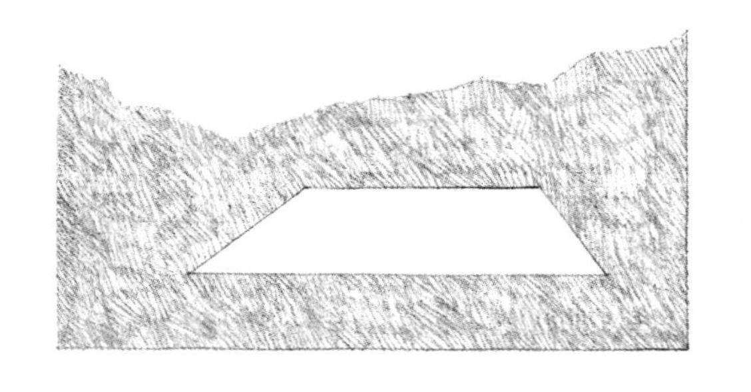

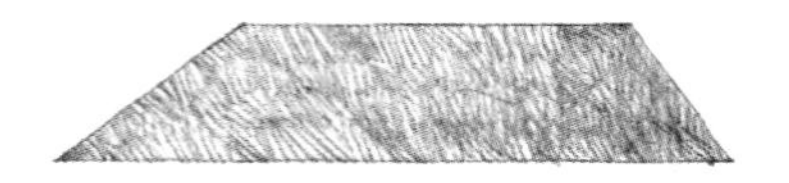

为了使一个水平面能被看成一个图形，在其表面与周围区域的表面之间，必须在色彩、明度或质感上具有可以感知的变化。

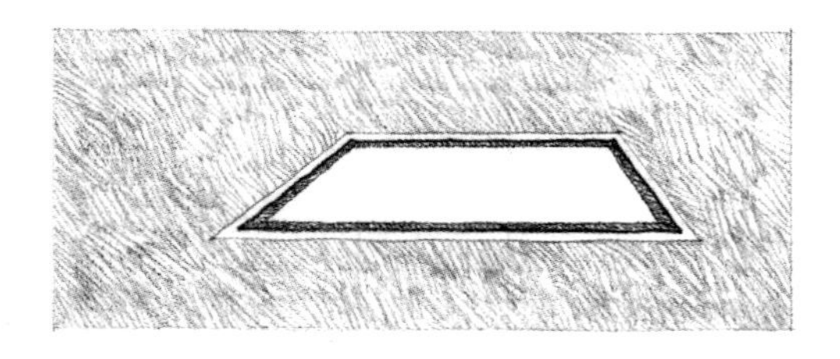

水平面的边界越清晰，则其领域越明确。

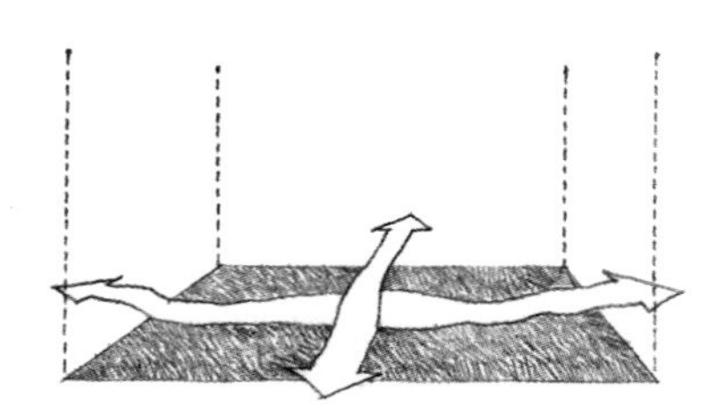

虽然有连续不断的空间穿越其间，但无论如何，该领域会在它的边界内产生一个空间区域或空间地带。

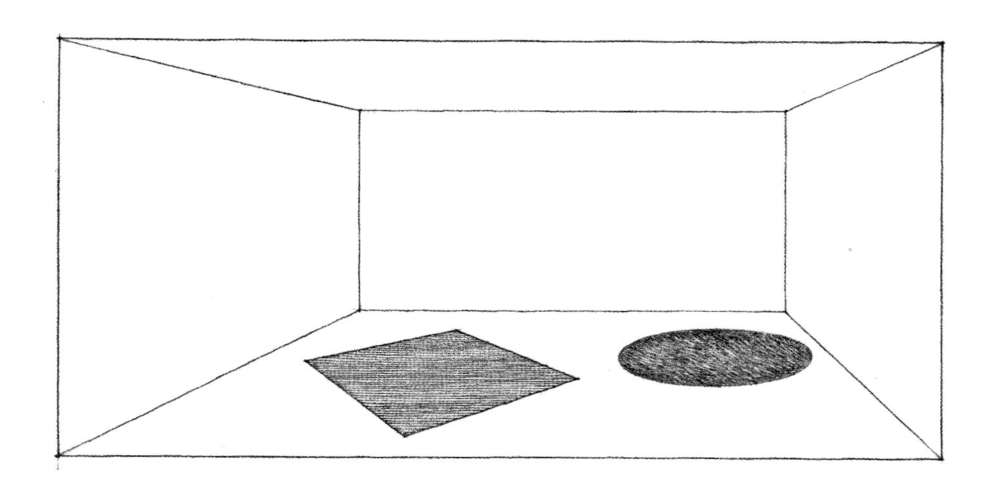

在建筑中，地面或楼面的接合常常用来在更大的背景中限定一个空间区域。下一页的实例清楚地表明了，这类限定空间的方法是如何用来区分行动路线和休息区域，如何在建筑形体拔地而起的地方建立起一个领域，或者如何在一个房间的起居环境中明确地划分出一个功能区。

Street in Woodstock, Oxfordshire, England
伍德斯托克的街道，牛津郡，英格兰

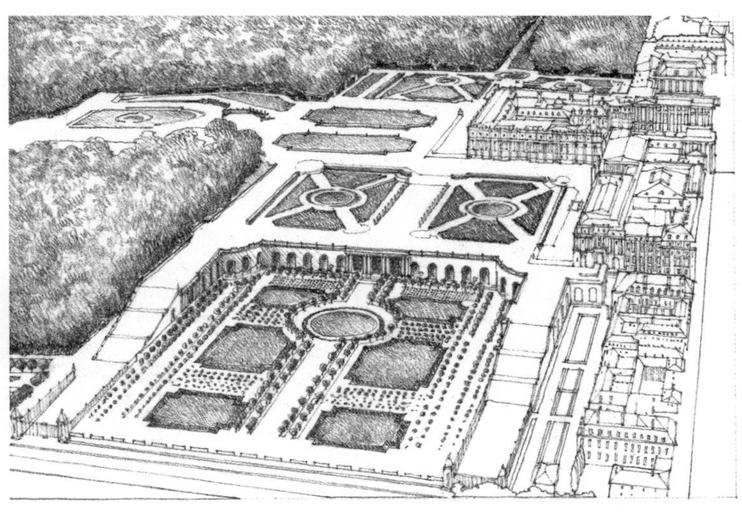

Parterre de Broderie, **Palace of Versailles**, France, 17th century, André Le Nôtre
刺绣花坛，**凡尔赛宫**，法国，17 世纪，安德烈 • 勒 • 诺特

Katsura Imperial Villa, Kyoto, Japan, 17th century
桂离宫，京都，日本，17 世纪

Interior of **Glass House**, New Canaan, Connecticut, 1949, Philip Johnson
玻璃住宅室内，新坎南，康涅狄格州，1949，菲利浦 • 约翰逊

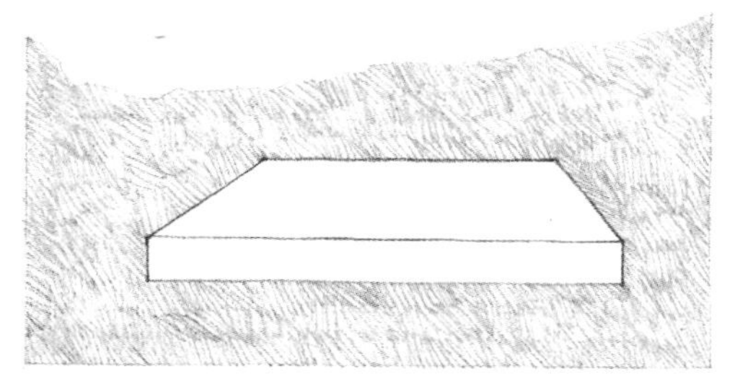

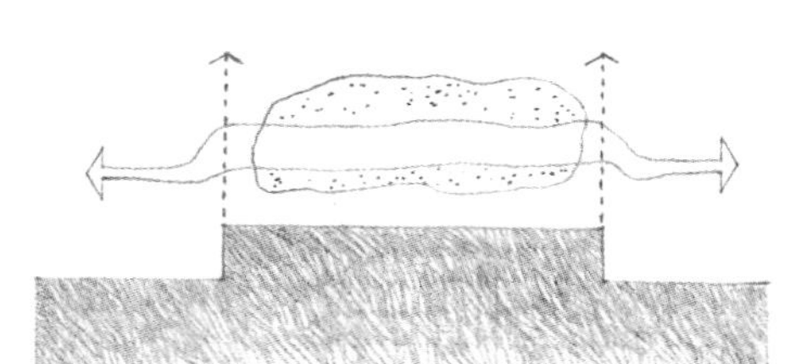

将基面的一部分抬升，会在更大的空间范畴内创造一个特定的空间领域。沿着抬高了的平面边缘所发生的高度变化，限定了其领域的界限并打断了穿过其表面的空间。

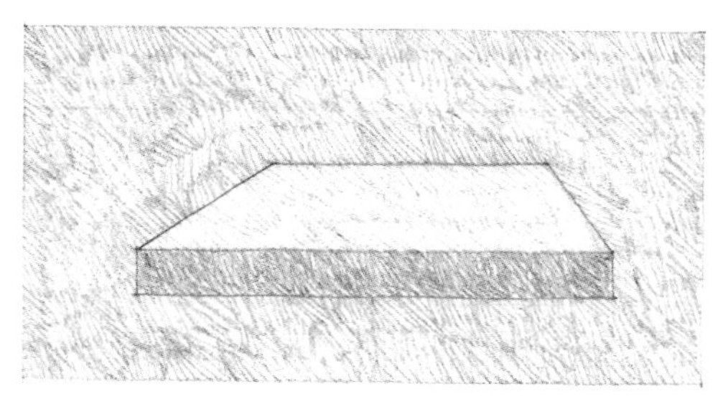

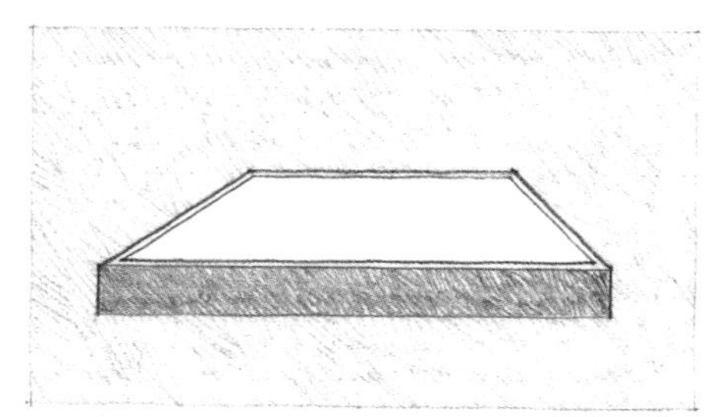

如果基面抬升所形成的侧表面继续向上伸展，并超过了已经抬高的基面，那么抬高了的基面所限定的范围，看起来很像周围空间的一部分。然而，如果边界在形式、色彩或质感等方面发生了明确的变化，那么这个范围便成为一块高地，与周围环境分离而且区别明显。

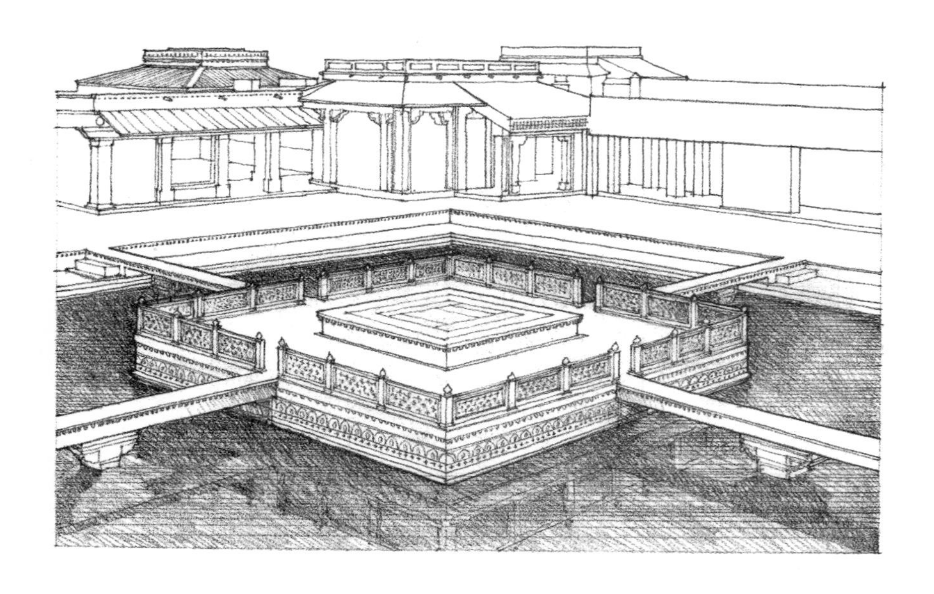

Fatehpur Sikri, Palace Complex of Akbar the Great, Mogul Emperor of India, 1569–1574.

法塔赫布尔·西格里（“胜利之城”的意思），
印度莫卧尔大帝阿克巴的宫殿群，1569—1574
通过人工湖上的一座平台，建起了一处特殊的场所，周围环绕着皇帝的起居与就寝处。

抬高的空间与周围环境之间，在空间与视觉上的连续程度取决于高程变化的幅度。

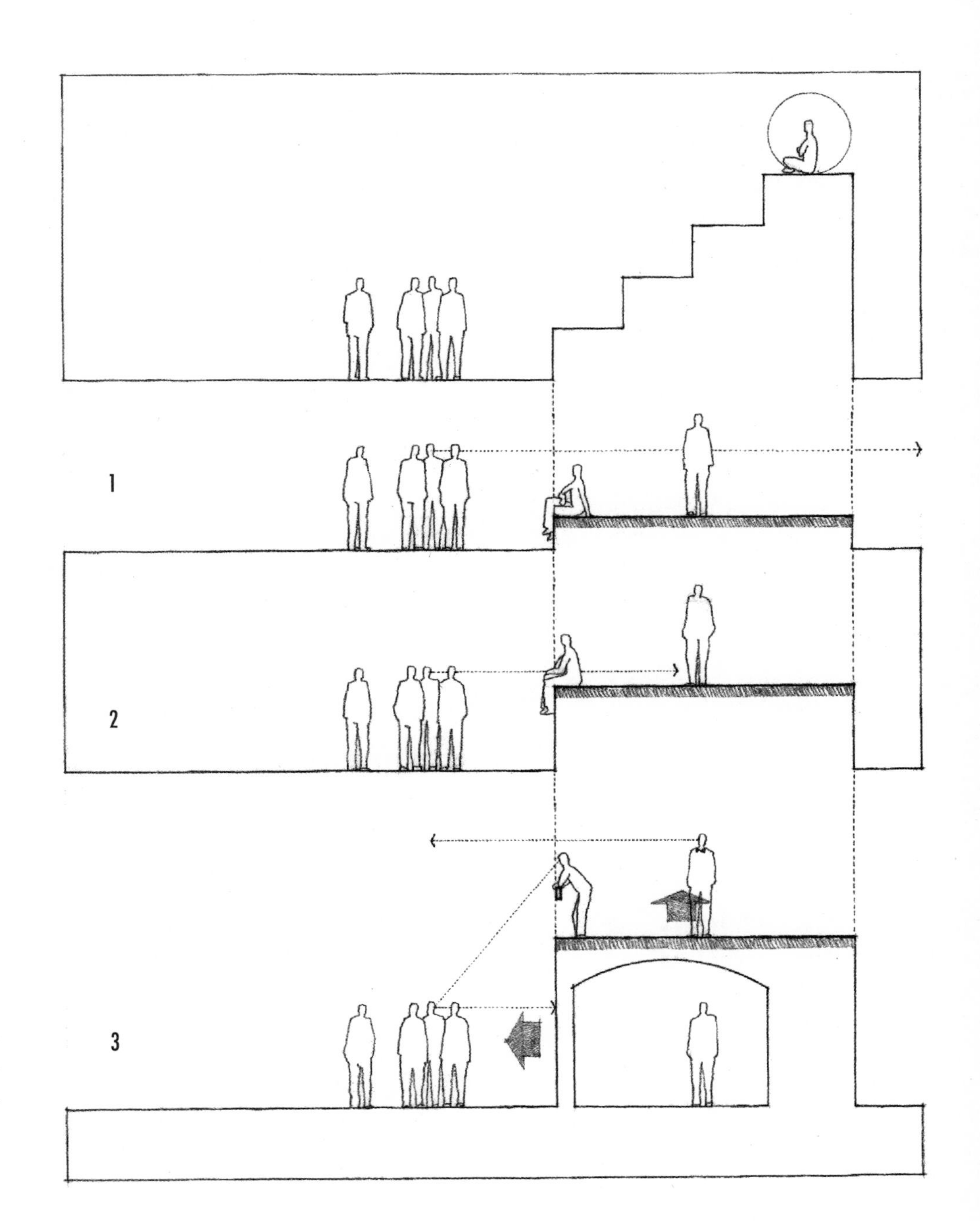

1. 领域的边界得到很好的界定；视觉与空间的连续性依然保持；身体很容易接近。

2. 视觉连续性尚存；空间连续性被打断；身体则需要利用楼梯或坡道来接近。

3. 视觉与空间的连续性均被打断；抬高的基面所限定的区域已经与地面或楼板分离；抬高的基面演变成下面空间的遮蔽要素。

The Acropolis, the citadel of Athens, 5th century B.C.
卫城，雅典城堡，公元前 5 世纪

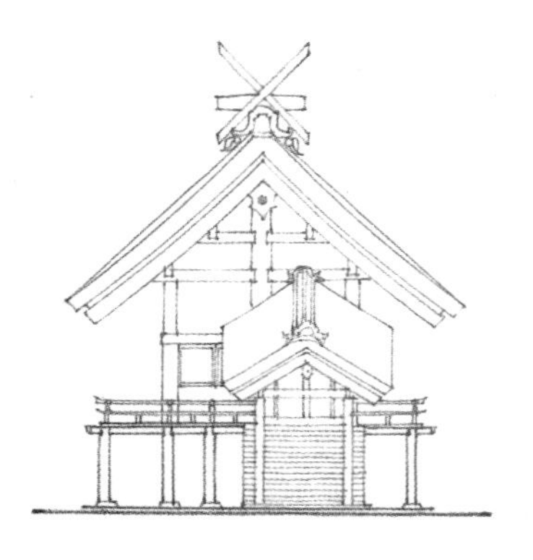

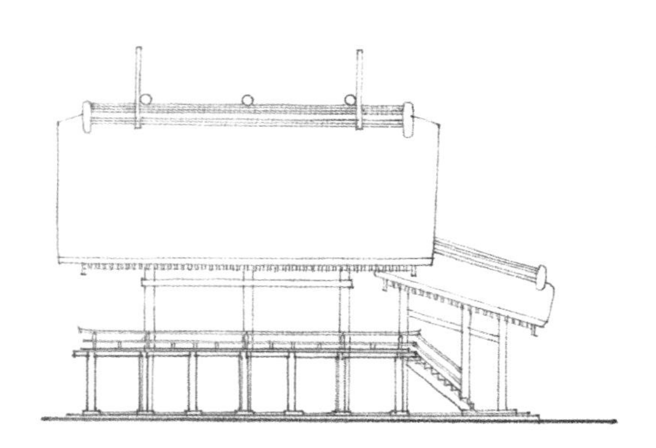

Izumo Shrine, Shimane Prefecture, Japan, A. D. 717 (last rebuilt in 1744)
出云大社，岛根县，日本，公元 717 年（最后一次复建是 1744 年）

Temple of Jupiter Capitolinus, Rome, 509 B.C.
朱比特神庙，罗马，公元前 509 年

地面的一部分升起来便形成了一个平台或墩座，从结构上或视觉上来看，这个平台或墩座都支撑着建筑的体块与形式。抬高的地面可以是已经存在的基地条件，也可以人工建造，目的是有意抬升建筑使其高于周围环境或者强化其在地景中的形象。这两页的实例说明了如何把这些技法用于表现神圣与庄严的建筑。

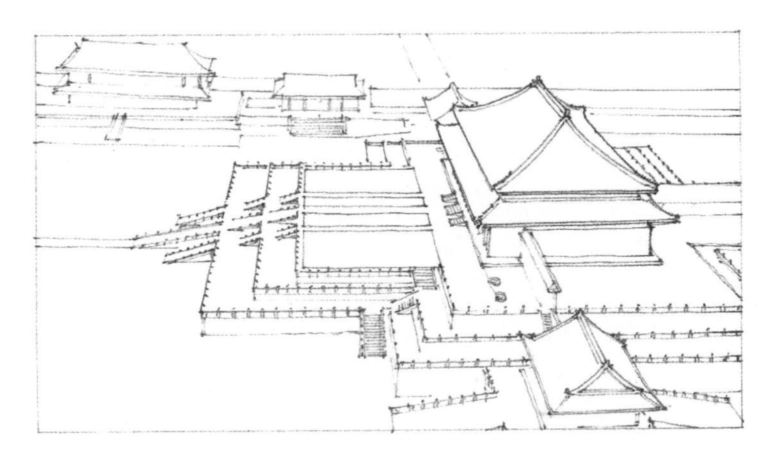

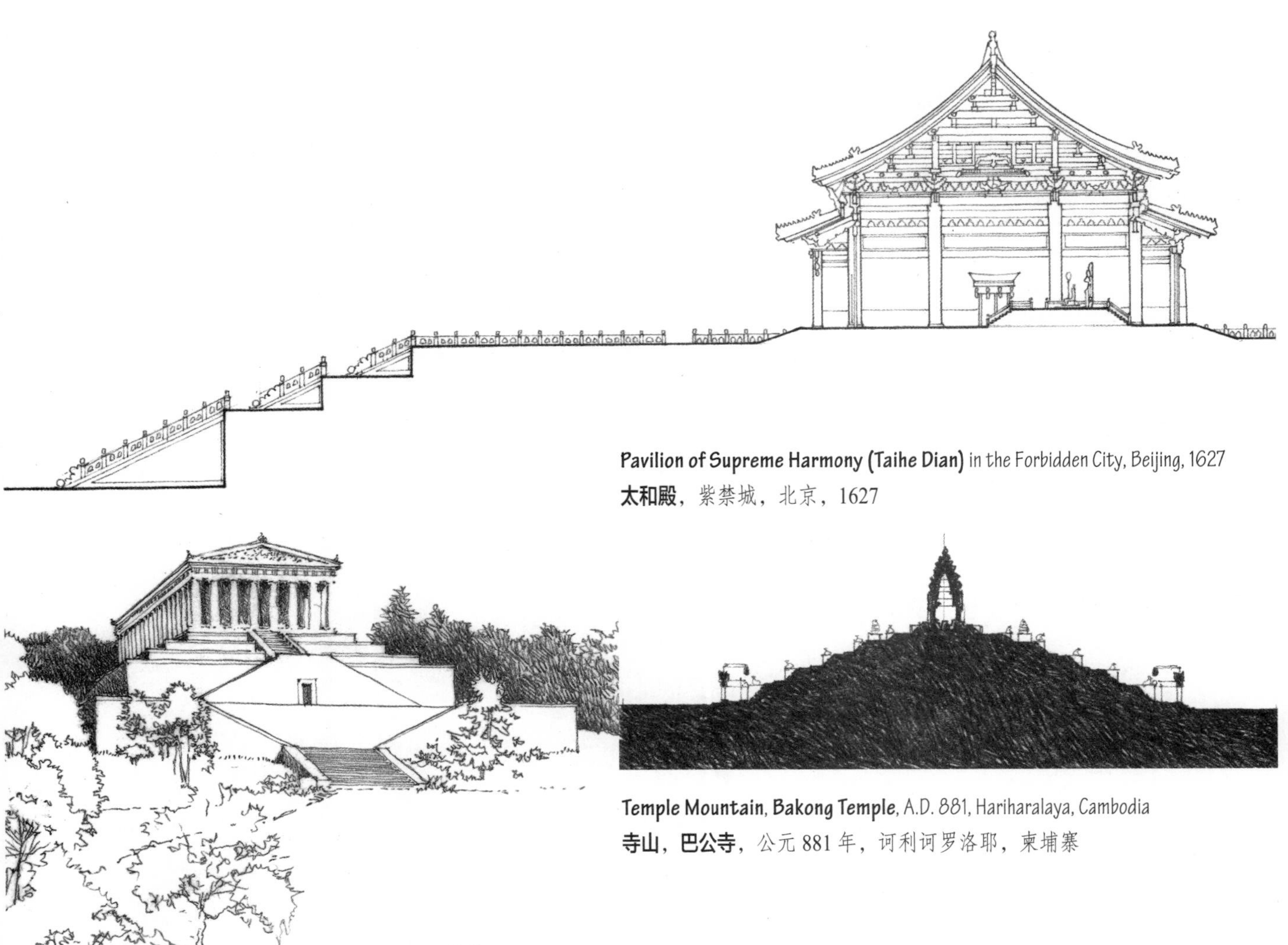

Pavilion of Supreme Harmony (Taihe Dian) in the Forbidden City, Beijing, 1627
太和殿，紫禁城，北京，1627

Temple Mountain, Bakong Temple, A.D. 881, Hariharalaya, Cambodia
寺山，巴公寺，公元 881 年，诃利诃罗洛耶，柬埔寨

Valhalla, near Regensburg, Germany, Leon von Klenze, 1830–1842
英烈祠，雷根斯堡附近，德国，列侬•冯•克伦策，1830—1842

Private courtyard of the Imperial Palace, the Forbidden City, Beijing, China, 15th century
皇宫中的私密庭院，紫禁城，北京，15 世纪

一个抬高的平面可以在建筑室内与室外环境之间限定一个过渡性空间。抬高的基面与屋面相结合，发展成半私密性的门廊或通廊区域。

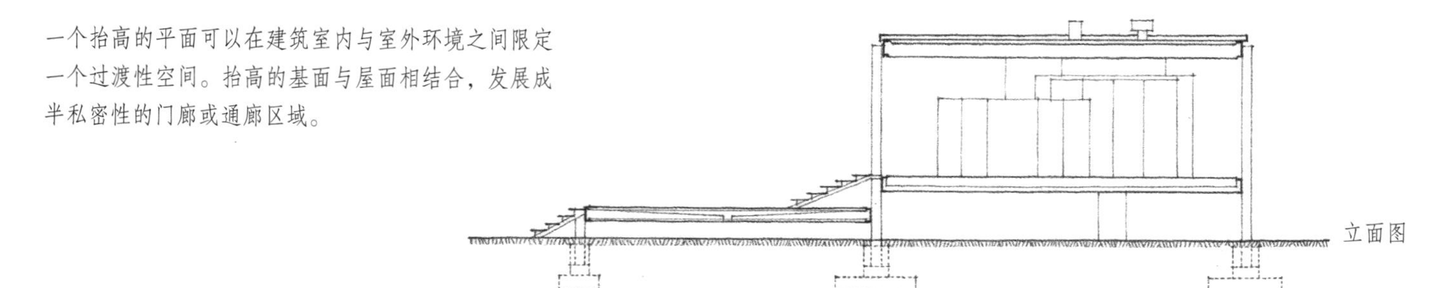

Farnsworth House, Plano, Illinois, 1950, Mies van der Rohe.
范斯沃斯住宅剖面，普莱诺，伊利诺斯州，1950，密斯•凡德罗
范斯沃斯住宅建在福克斯河（the Fox River）的洪水线之上。这个抬高的楼板面与头顶上的屋面一起，限定了一个空间的体积，它巧妙地悬浮于基地表面之上。

High Altar in the Chapel at the **Cistercian Monastery of La Tourette**, near Lyons, France, 1956–1959, Le Corbusier
拉图雷特修道院礼拜堂中的高祭坛，里昂附近，法国，1956—1959，勒·柯布西埃

在一个较大的房间或厅堂中，可以抬升楼板面的一部分来产生一块独特的空间区域。这块抬高的空间可以当做退避周围活动的休息处或者作为一个平台观看周围的空间。在一个宗教建筑中，抬高的空间则能够划分出庄严、神圣或祭祀的空间。

East Harlem Preschool, New York City, 1970, Hammel, Green & Abrahamson
东哈勒姆学龄前学校，纽约市，1970，哈梅尔、格林及亚伯拉罕森

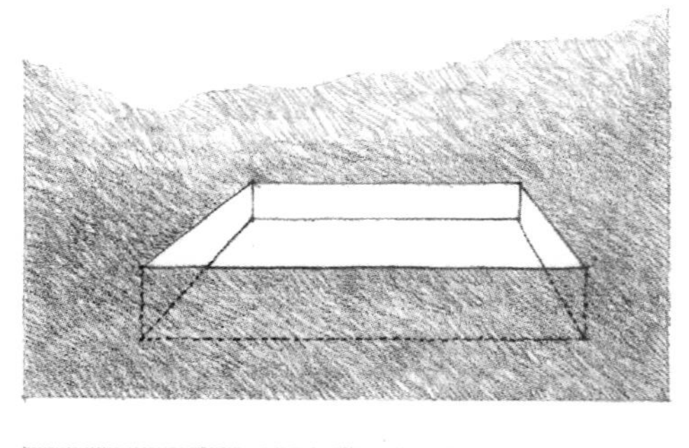

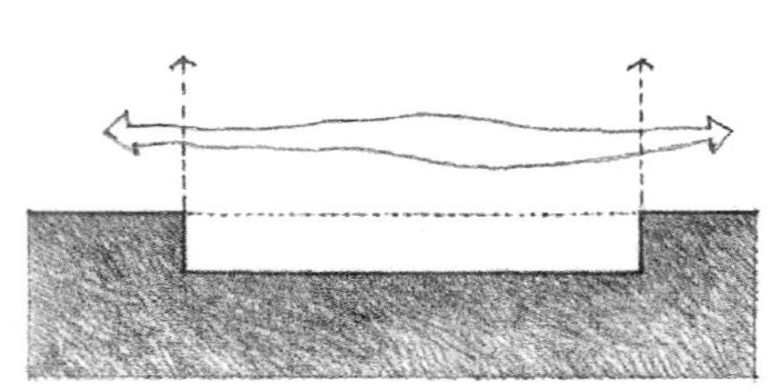

使基面的一部分下沉，可以在较大的背景中分离出一块空间区域。基面下沉形成的垂直表面则形成该区域的界限。这些界限与基面抬升的情况不一样，是可见的边缘并开始形成下沉空间的围墙。

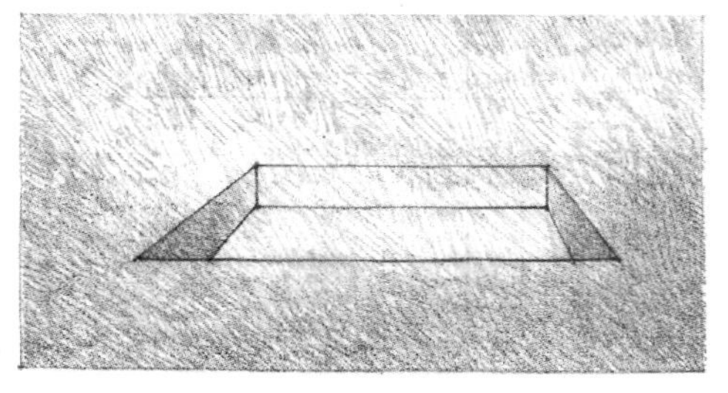

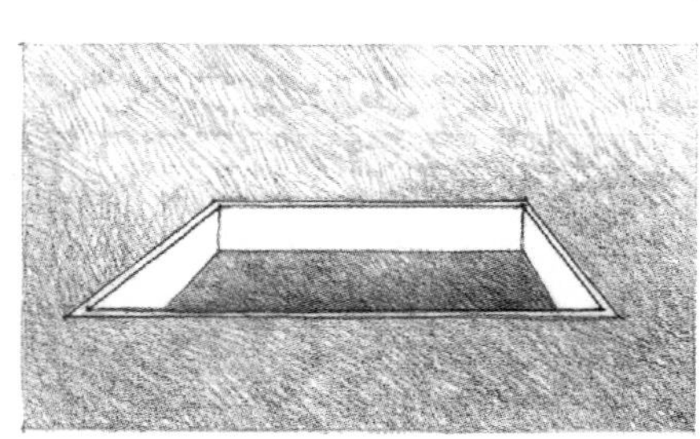

通过处理，使下沉部分的表面与周围基面形成对比，能够进一步明确这一空间领域。

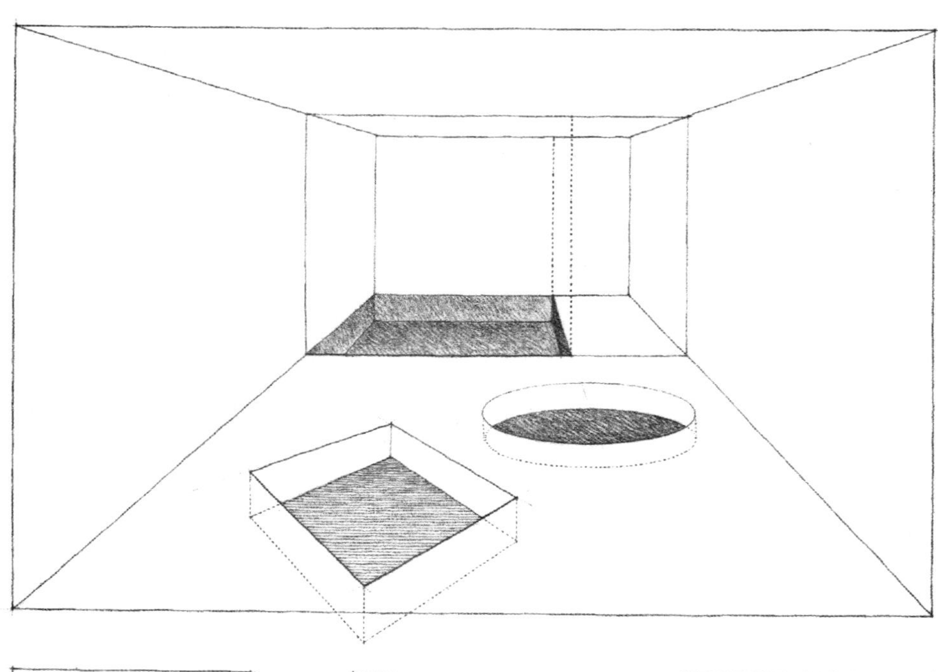

形式、几何特点或方位的对比，也能够在视觉上加强下沉部分在大空间背景中的可识别性与独立性。

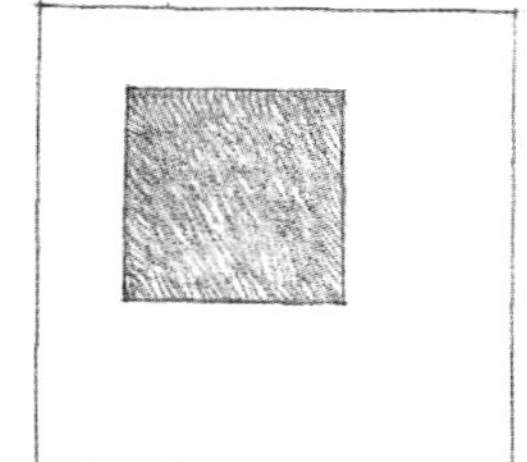

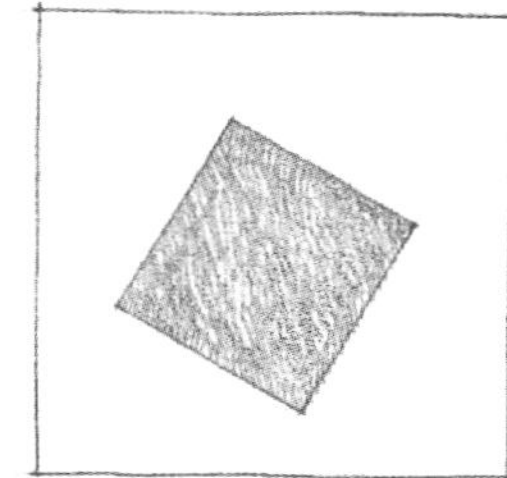

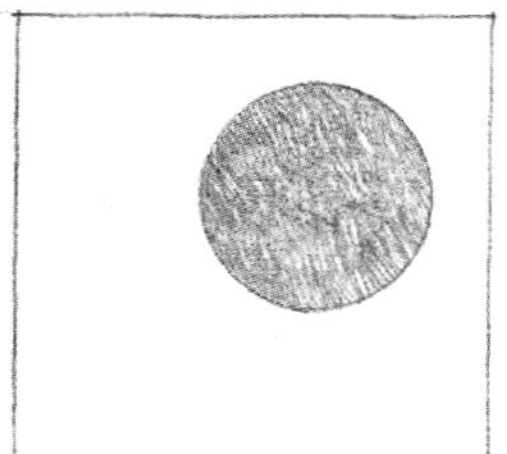

下沉领域和抬升地带周围之间的空间连续性，取决于高程变化的幅度。

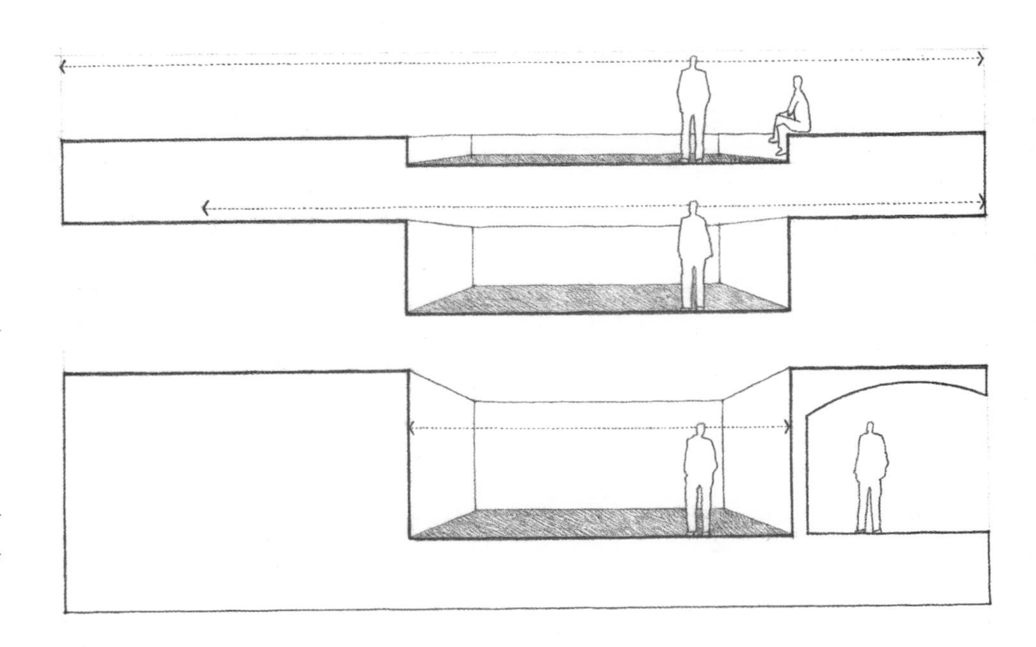

- 下沉区域可以中断地面或楼面，但依然是周围整体空间的一部分。

- 增加下沉区域的深度，会削弱这部分与周围空间的关系，同时加强这一区域作为独立空间体积的明确性。

- 一旦原来的基面高出我们的视平面时，下沉区域本身会变成一个独立而特别的空间。

从一个高程到另一个高程，创造一种阶梯状的、台地式的或坡道式的转换，有助于增进下沉空间与周围抬升区域之间的连续性。

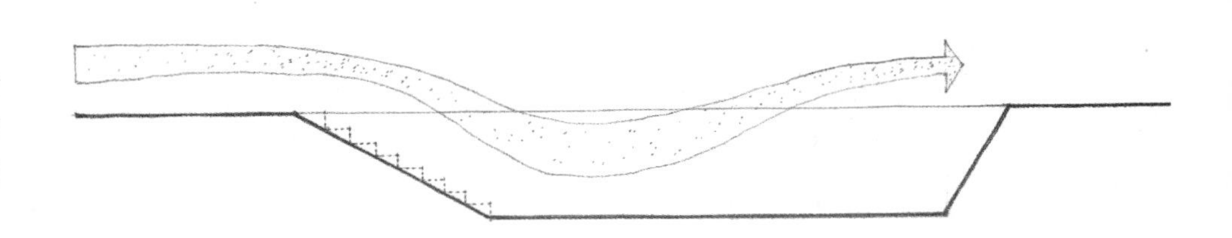

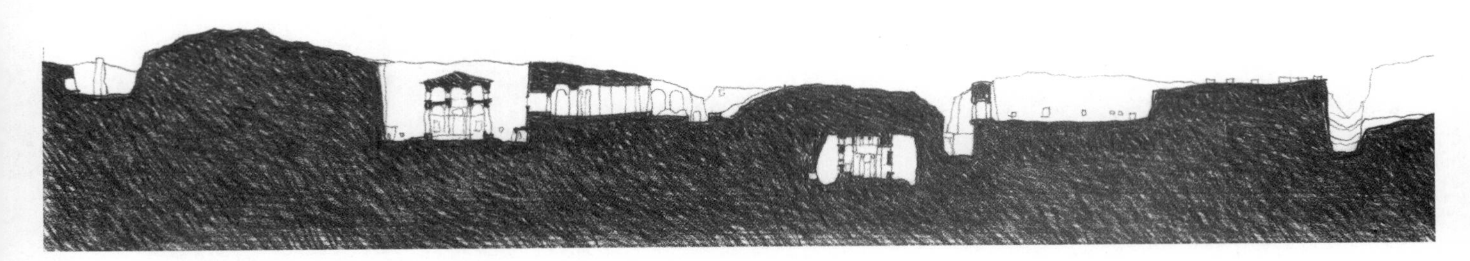

Rock-cut churches of Lalibela, 13th century
拉里贝拉从岩石中切割而成的教堂，13 世纪

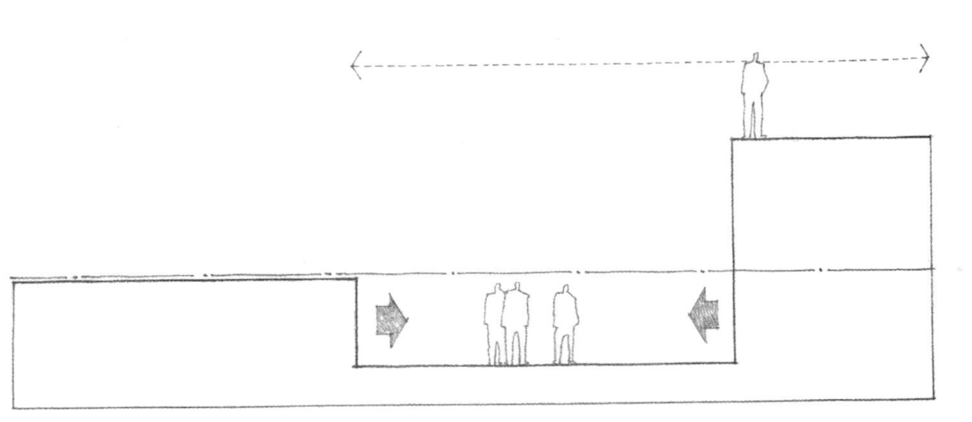

由于踏上一个抬升的空间可以表现空间的外向性或空间的重要性，那么低于其周围环境的下沉空间，则暗示着空间的内向性或空间的庇护与保护的特点。

Theater at Epidauros, *Greece, c. 350 B.C., Polycleitos*
埃皮达鲁斯的剧场，希腊，约公元前350年，波利克里托斯

基地地貌下沉的地带，可以作为露天剧场或竞技场的舞台。高程的自然变化使这些空间在视线和声学效果方面均有收益。

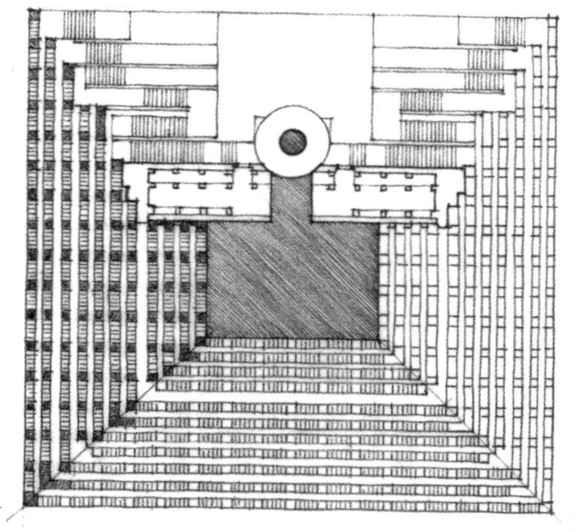

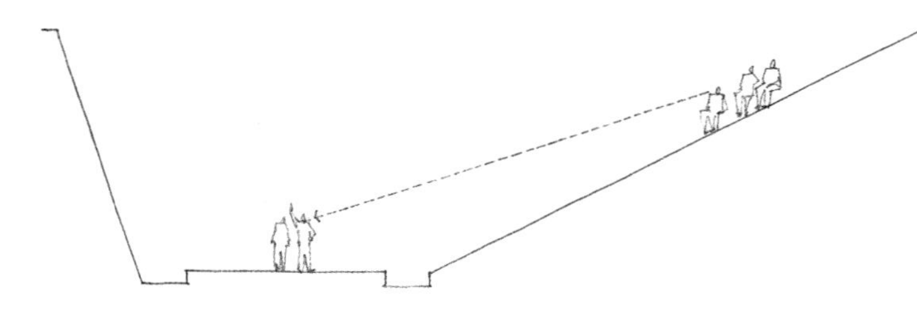

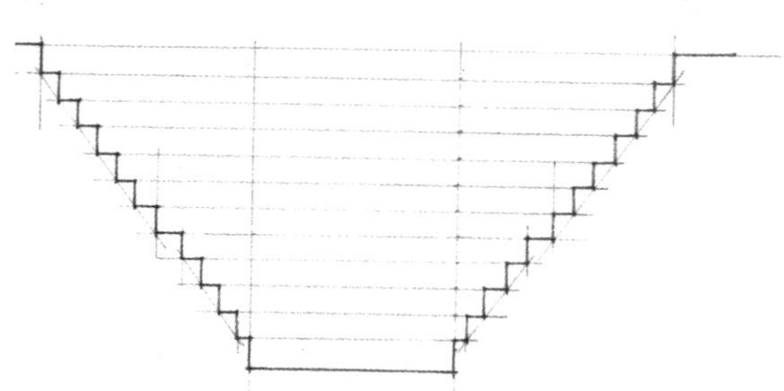

Step well at Abhaneri, *near Agra, India, 9th century*
阿伯纳里的阶梯井（又名“月亮水井”），阿格拉附近，印度，9世纪

Underground village near Loyang, China
洛阳附近的地下村落（地坑院），中国

Lower Plaza, Rockefeller Center, New York City, 1930, Wallace K. Harrison & Max Abramovitz.
下沉广场，洛克菲勒中心，纽约市，1930，华莱士•柯克曼•哈里森与马克斯•亚伯拉莫维兹
洛克菲勒中心的下沉广场，在夏季是一个露天咖啡座，在冬季是滑冰场。可以从上面的广场看到这个下沉广场，同时位于低处的商店也开向下沉广场。

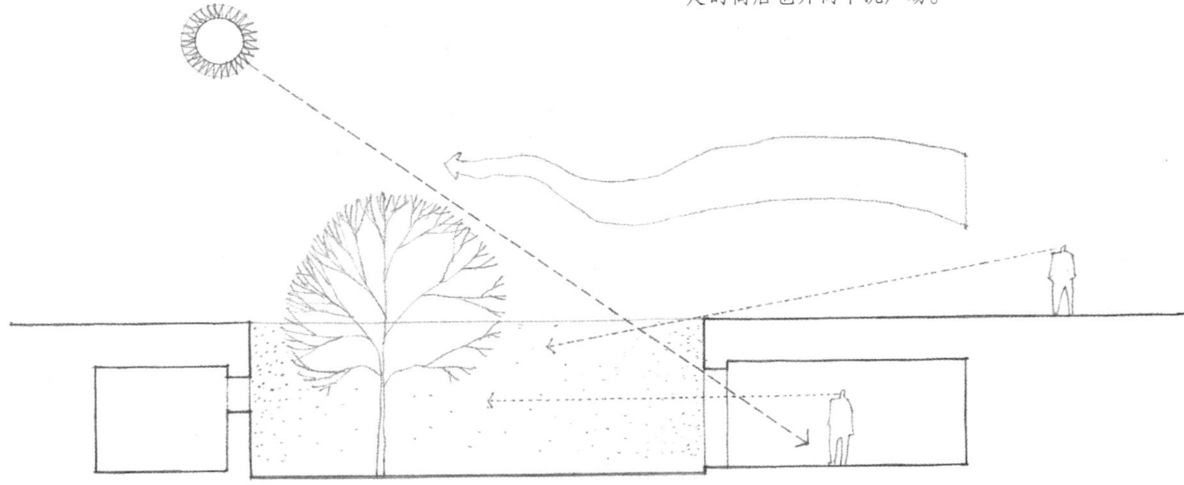

下沉的地面限定出供地下建筑使用的、可以遮风避雨的室外空间。下沉的庭院，可以用周围的体块来防护地表的风和噪音，同时为朝向庭院的地下空间提供空气、采光和景观。

在这些实例中，阿尔瓦·阿尔托把阅览部分的楼面降低到图书馆主要标高之下，从而在较大范围的图书馆中限定出一个阅读区域。然后，他利用阅览区域的垂直表面作为附加的藏书空间。

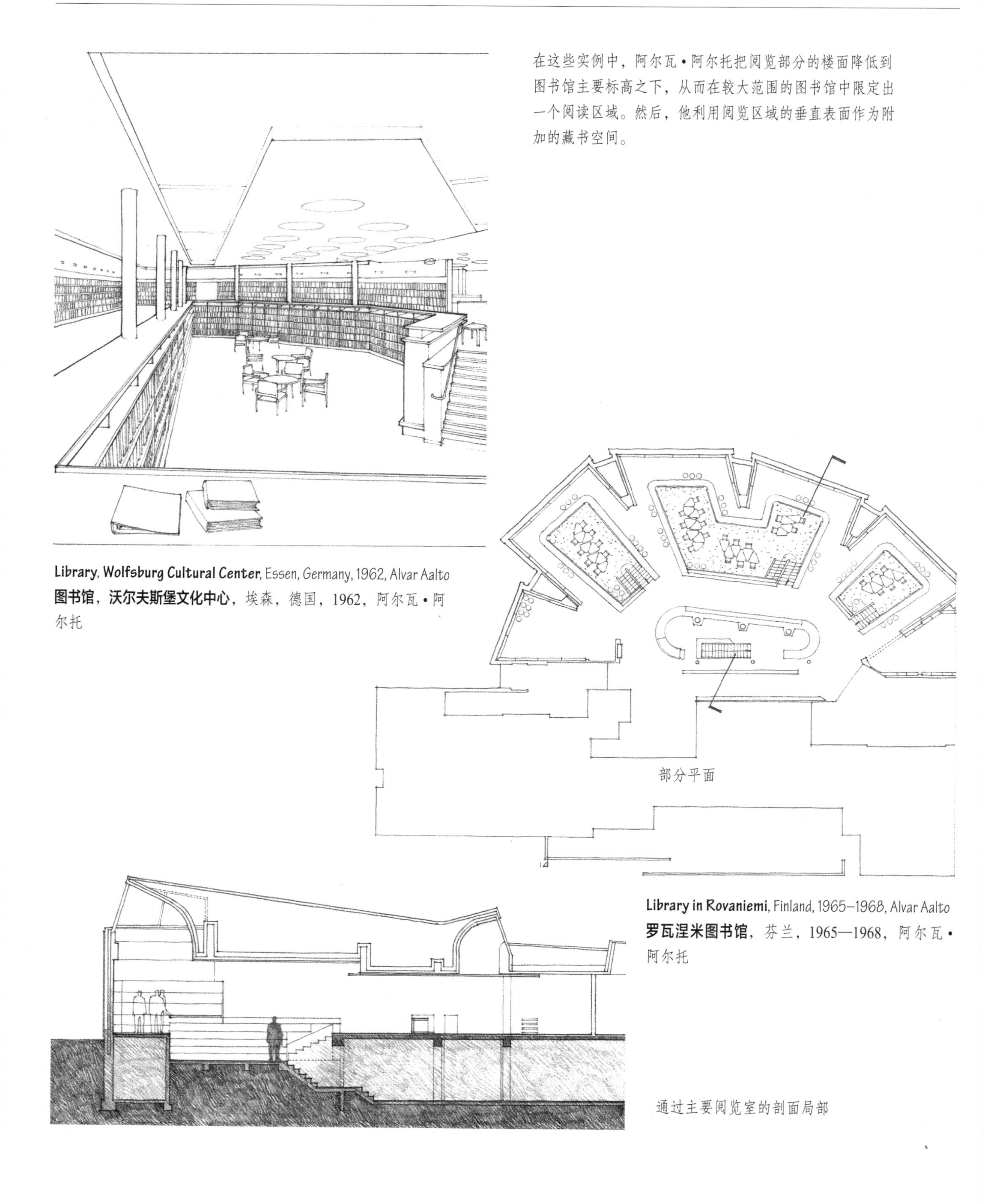

Library, Wolfsburg Cultural Center, Essen, Germany, 1962, Alvar Aalto
图书馆，沃尔夫斯堡文化中心，埃森，德国，1962，阿尔瓦·阿尔托

部分平面

Library in Rovaniemi, Finland, 1965–1968, Alvar Aalto
罗瓦涅米图书馆，芬兰，1965—1968，阿尔瓦·阿尔托

通过主要阅览室的剖面局部

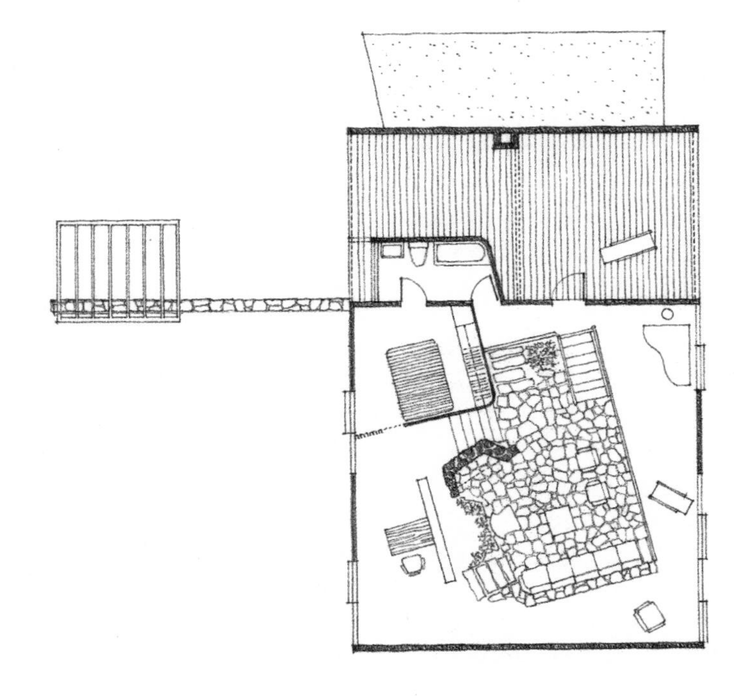

House on the Massachusetts Coast, 1948, Hugh Stubbins
马萨诸塞州海滨住宅，1948，休•斯塔宾斯

在一个大房间内，可将局部下沉以减小房间的尺度，并在其中限定一个更为亲切的空间。一个下沉区域，也可以作为建筑物两部分楼板之间的过渡空间。

下沉的起居层景观

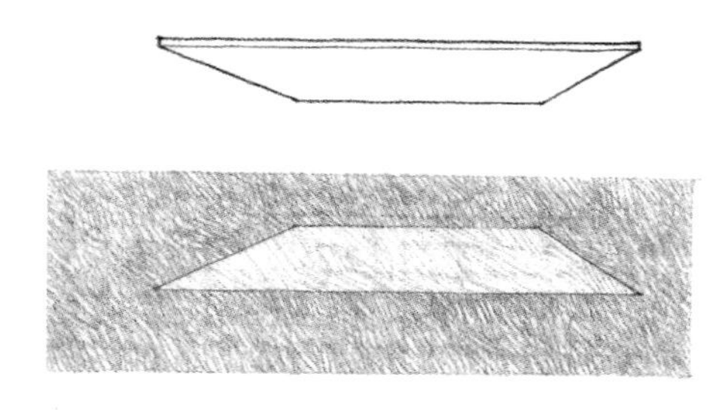

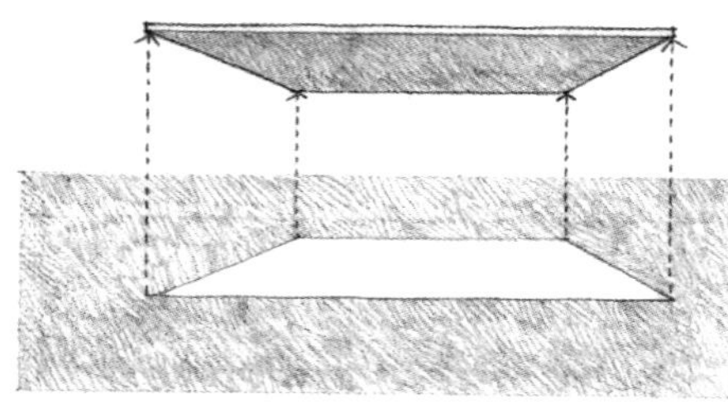

正如一棵枝叶茂盛的树，在其伞形结构下提供了某种围护一样，顶面在其本身和地面之间限定出一个空间区域。由于顶面的边缘是这一区域的界限，所以顶面的形状、大小以及离地面的高度决定了该空间的形式特征。

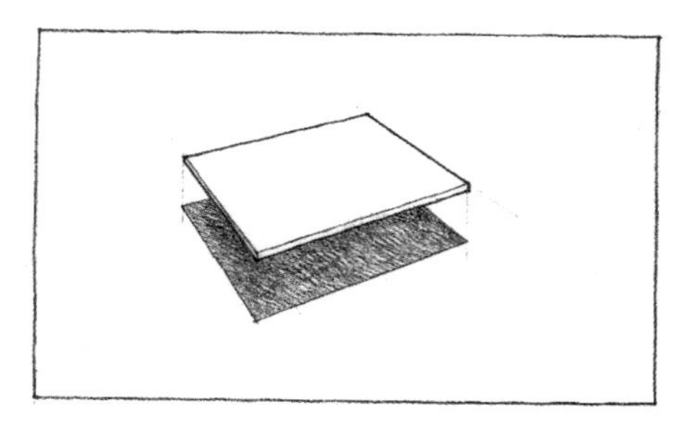

先前所说的那些对于地面或楼面的处理，虽然限定了空间区域，但这些空间区域的上部边界是由其环境决定的，而顶面则具有限定离散空间体积的能力，并且这种限定主要依靠其自身。

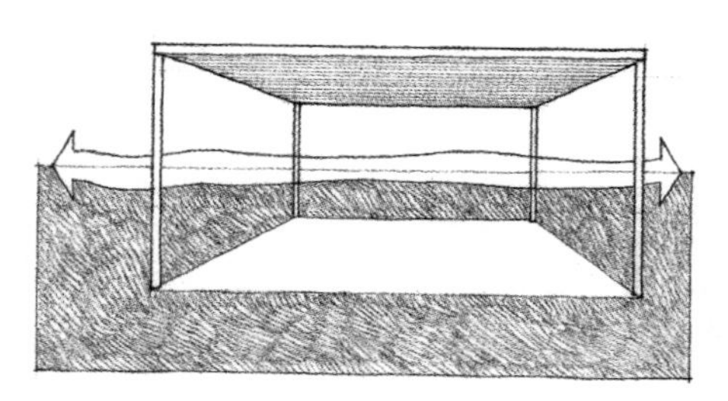

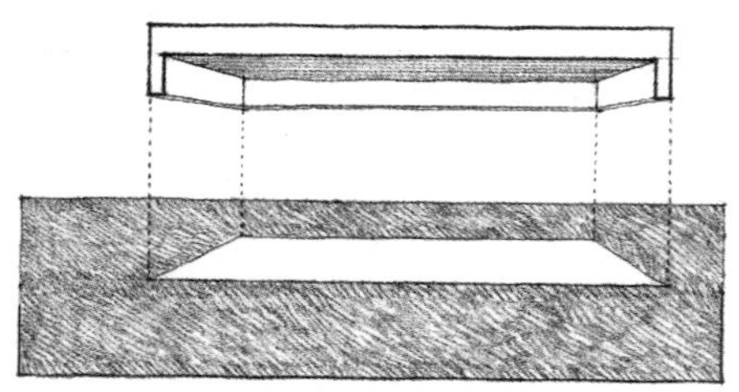

如果垂直的线性要素，如柱子或杆件用以支撑顶面，那么它们将有助于在视觉上建立已限定空间的界限，而不会打断穿越这一区域的空间联系性。

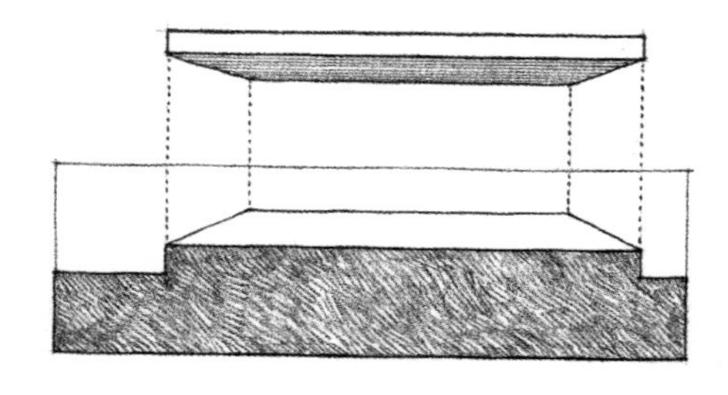

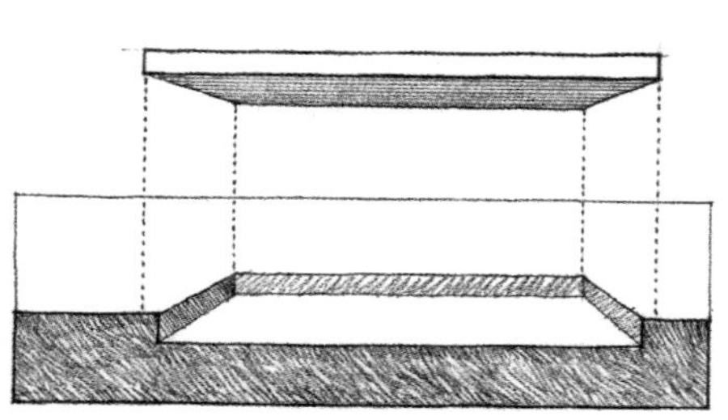

同样，如果顶面的边界向下翻，或者顶面下的基面的高程有明显变化，那么所限定的空间体积的边界将会在视觉上得到加强。

几内亚人在移动一个住宅的屋顶

建筑物的主要顶部要素是它的屋面。屋面不仅可以保护建筑物的室内空间免受日晒和雨雪的侵袭，而且对于建筑物的总体形式以及塑造其空间具有主要影响。因此，屋面的形式决定于其结构体系的材料、几何形状、比例以及结构体系把荷载通过空间传递到其支撑构件上的传力方式。

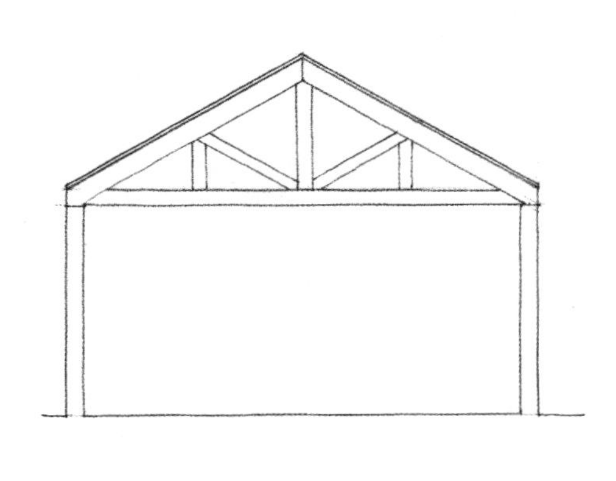

Wood Truss
木桁架

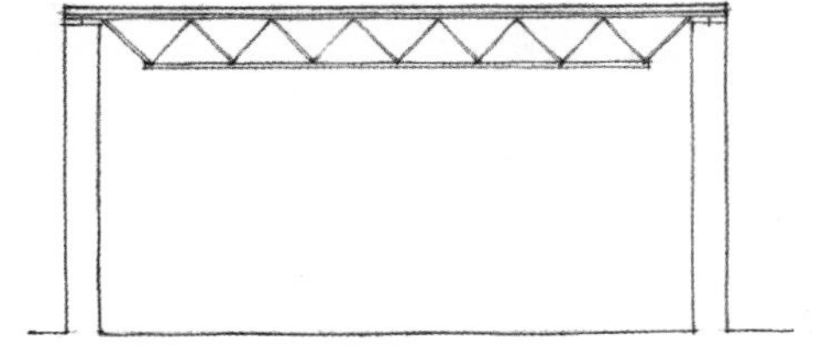

Steel Joist
钢托梁

Masonry Vault
砖石砌筑穹顶

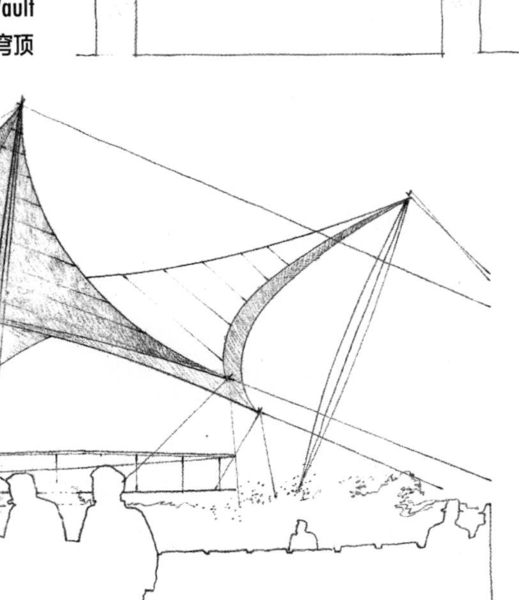

Tensile Structure, National Garden Show, *Cologne, Germany, 1957, Frei Otto and Peter Stromeyer*
张拉结构，国家公园展，科隆，德国，1957，费雷•奥托与彼得•施特罗迈尔

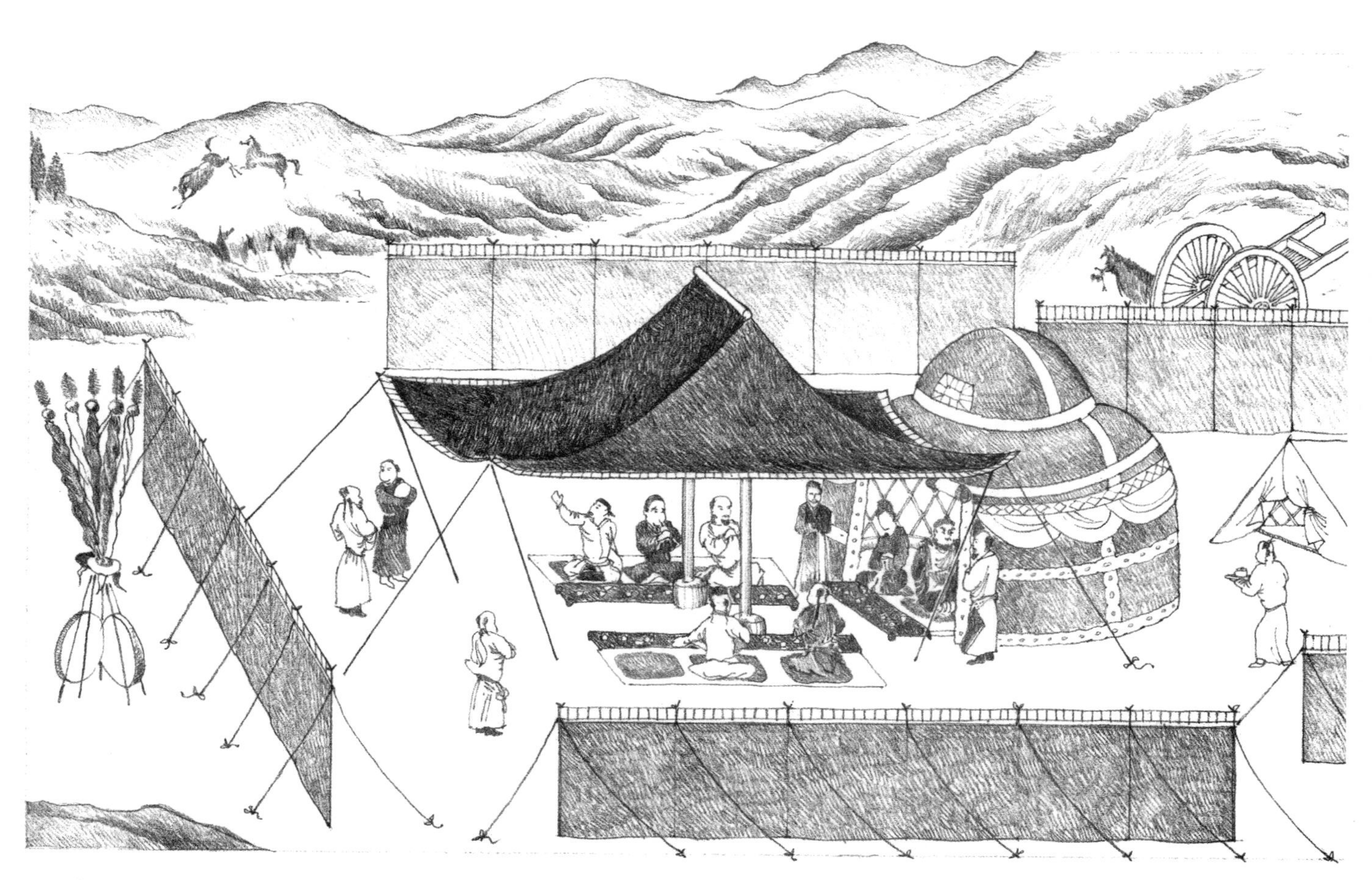

这幅中国画说明，运用帐篷结构在营地上限定一个纳凉的休息场所。

Totsuka Country Club, Yokohama, Japan, Kenzo Tange, 1960–1961
户塚乡村俱乐部，横滨，日本，丹下健三，1960—1961

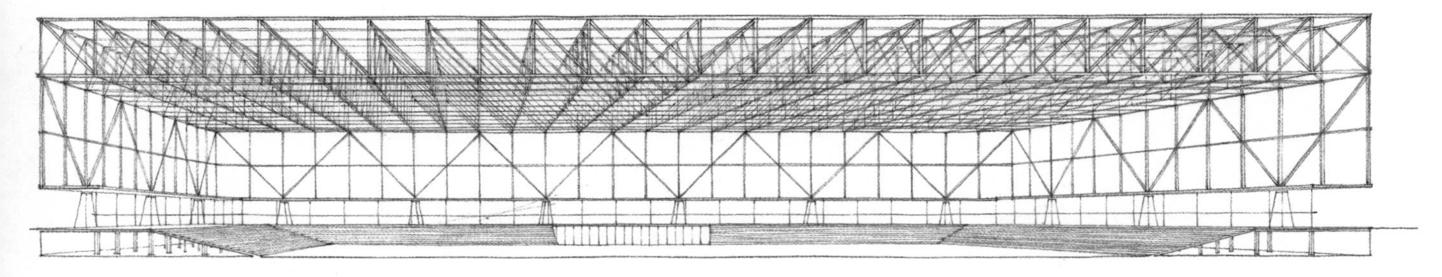

Convention Hall for Chicago (Project), 1953, Mies van der Rohe
芝加哥会议大厅（方案），1953，密斯•凡德罗

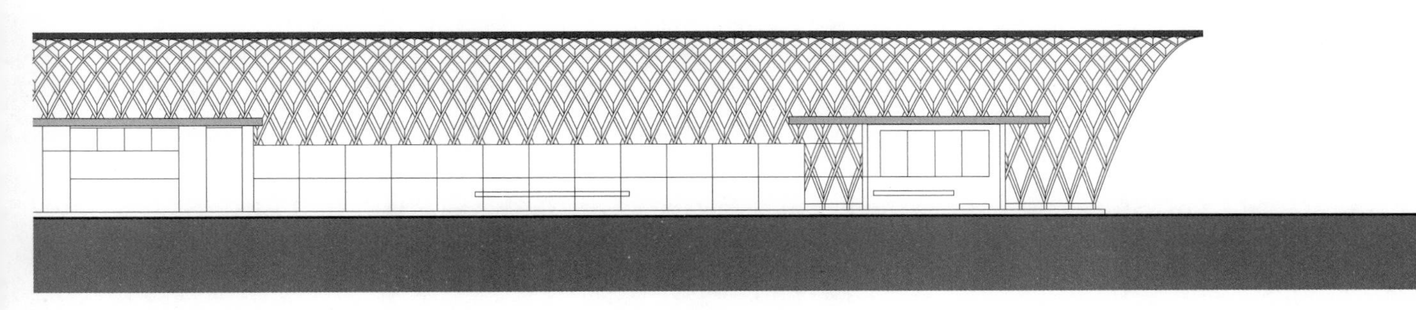

Hale County Animal Shelter, Greensboro, Alabama, 2008, Rural Studio, Auburn University
黑尔县动物收容所，格林斯博罗，亚拉巴马州，2008，农村工作室，奥本大学

屋面可以在视觉上表现出其结构要素所构成的图形是如何分解受力并将荷载传递到支撑体系上去的。

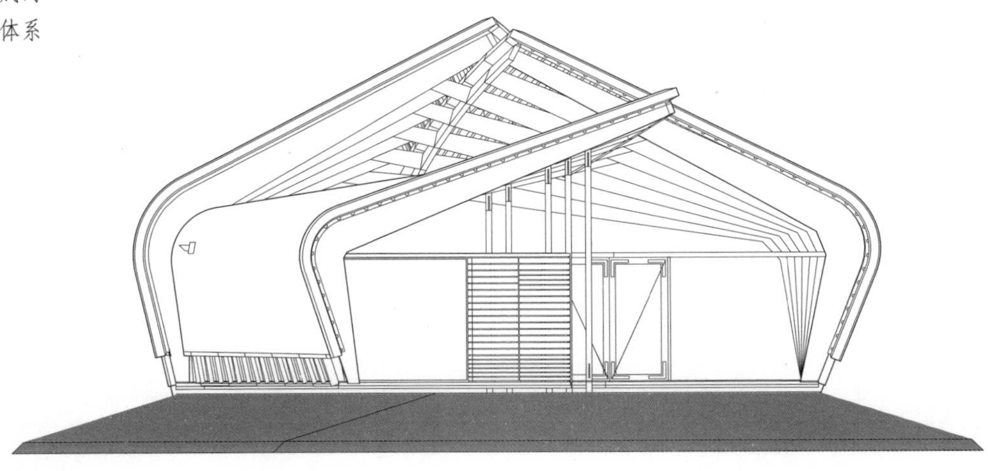

Imagination Art Pavilion, Zeewolde, The Netherlands, 2000, René van Zuuk
幻想艺术馆，泽沃德，荷兰，2000，勒内•范•祖克

屋面可以是建筑物主要的空间限定要素，并且在其遮风避雨的天棚下，组织起一系列形式与空间。

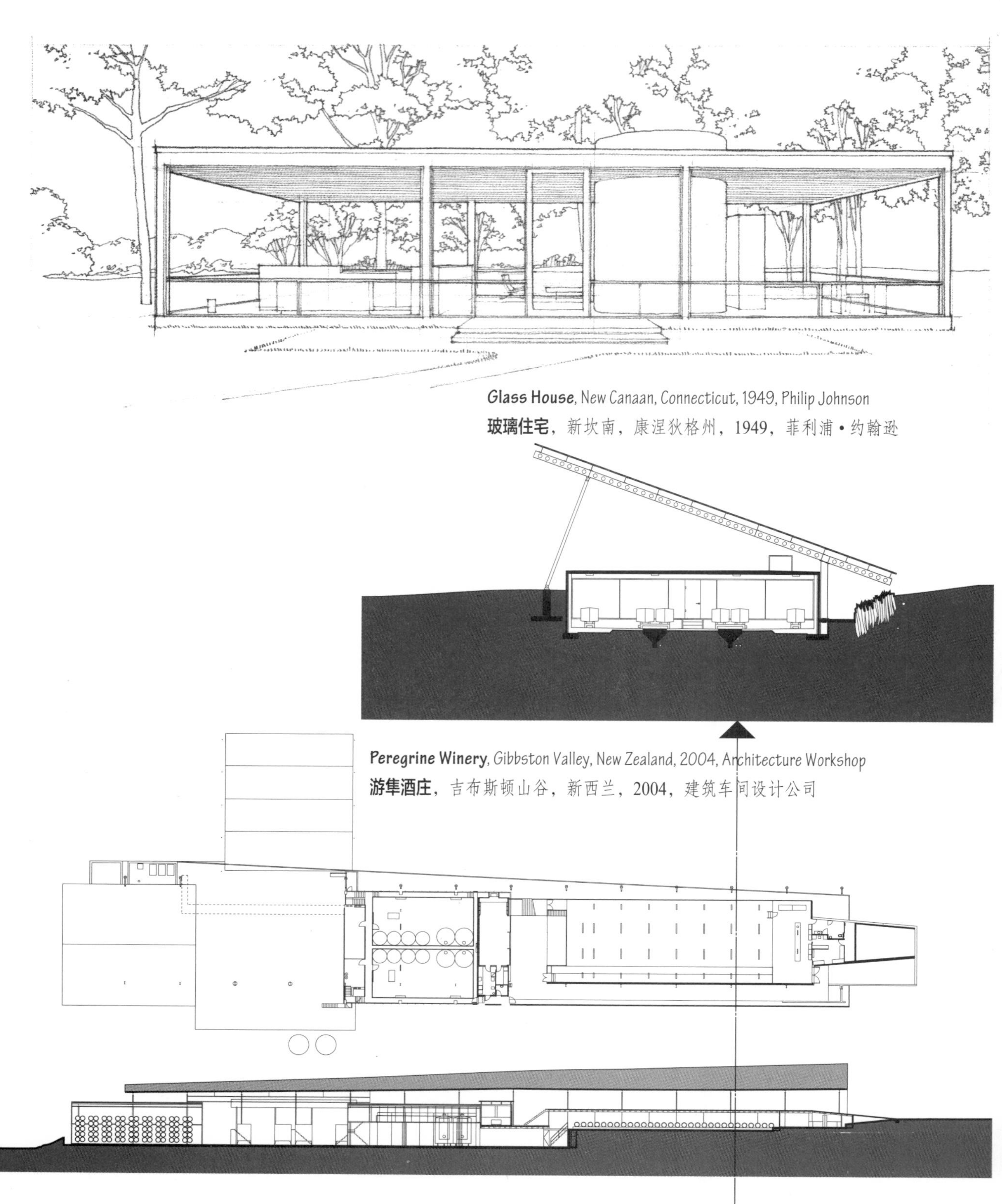

Glass House, New Canaan, Connecticut, 1949, Philip Johnson
玻璃住宅，新坎南，康涅狄格州，1949，菲利浦·约翰逊

Peregrine Winery, Gibbston Valley, New Zealand, 2004, Architecture Workshop
游隼酒庄，吉布斯顿山谷，新西兰，2004，建筑车间设计公司

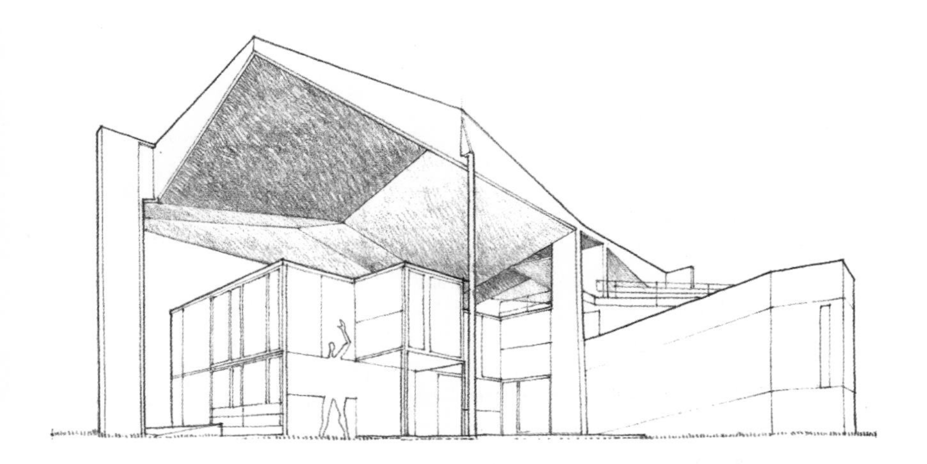

Centre Le Corbusier, Zurich, 1963–1967, Le Corbusier
勒·柯布西埃中心，苏黎世，1963—1967，勒·柯布西埃

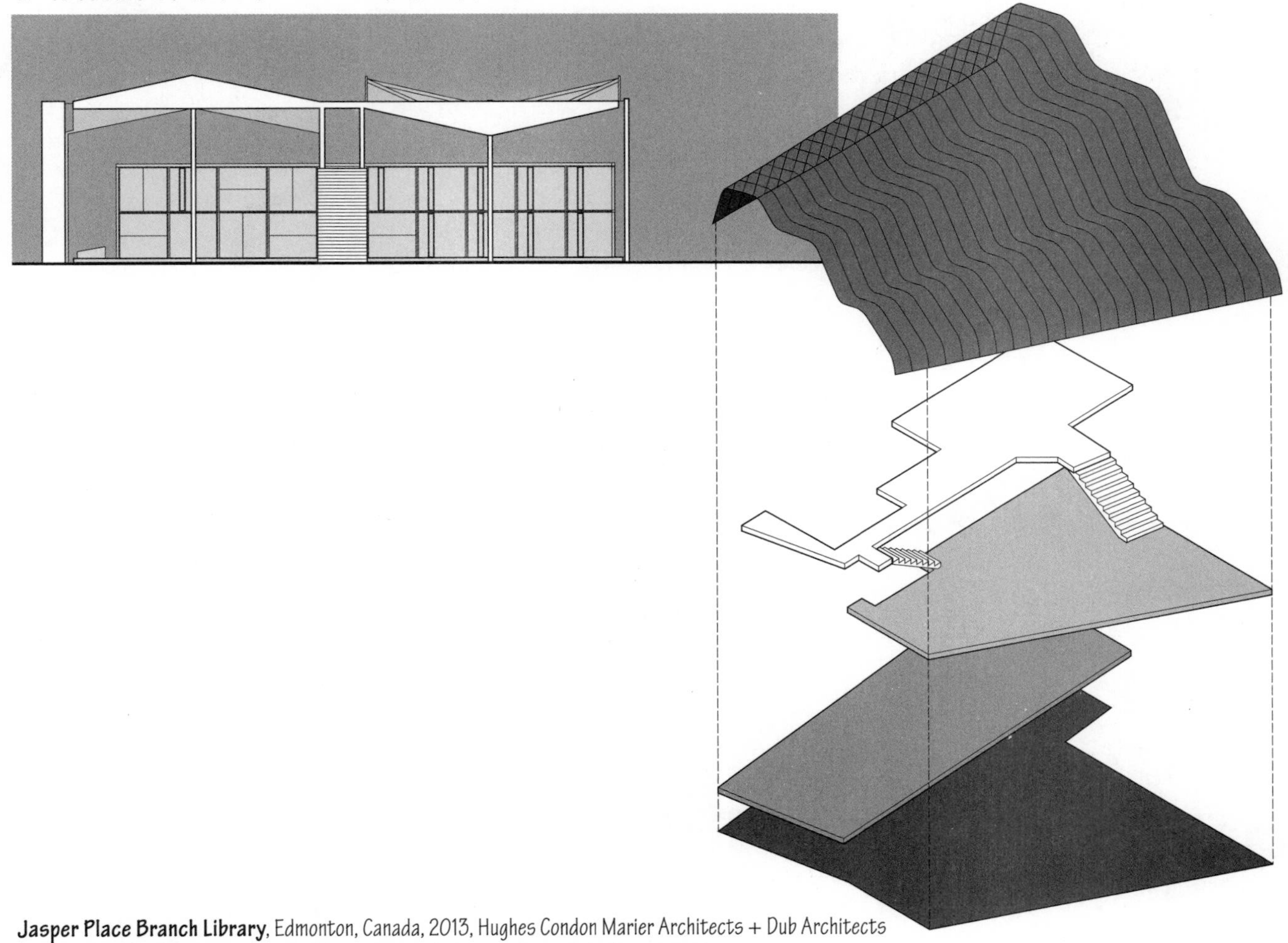

Jasper Place Branch Library, Edmonton, Canada, 2013, Hughes Condon Marier Architects + Dub Architects
杰斯普·普雷斯图书分馆，埃德蒙顿，加拿大，2013，休斯·康顿·迈瑞建筑事务所+杜巴建筑事务所

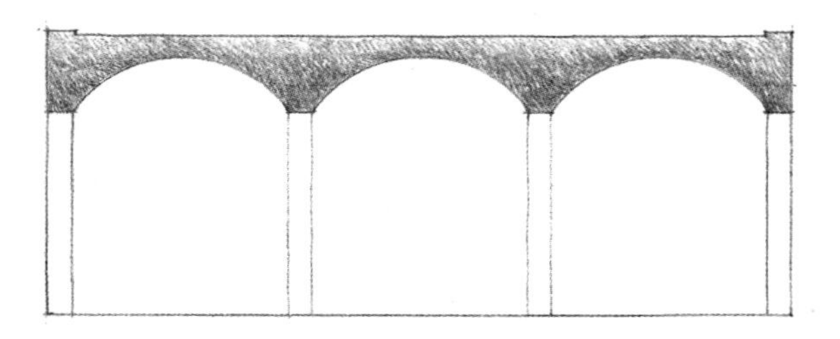

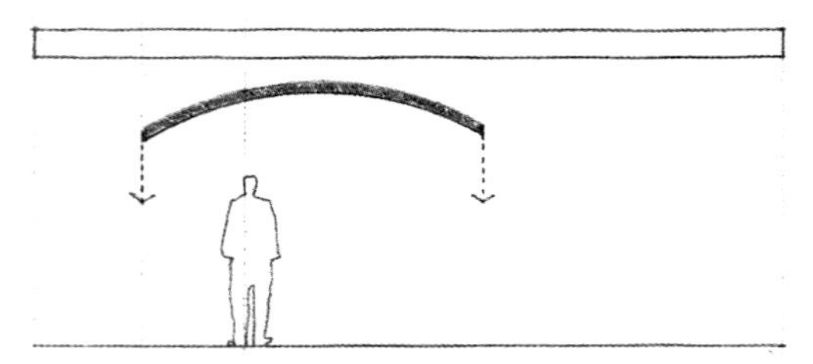

室内空间的顶棚，可以反映支撑上面楼板或屋面的结构体系的形式。由于室内顶棚不需要防风雨或承担主要的荷载，所以它也可以与楼板或屋面分开，并成为空间中一个活跃的视觉要素。

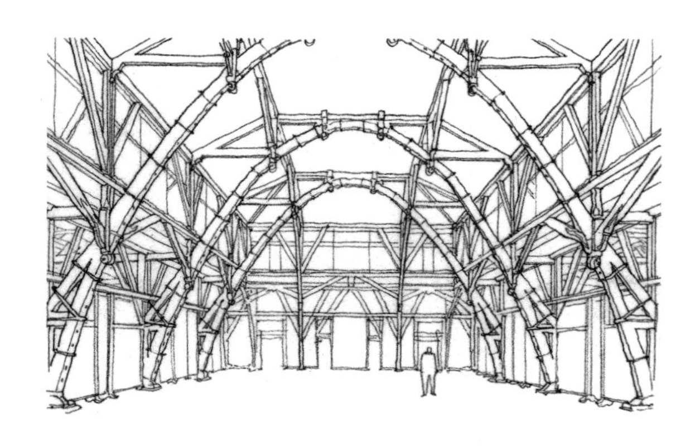

Bandung Institute of Technology, Bandung, Indonesia, 1920, Henri Maclaine Pont
万隆科技学院，万隆，印度尼西亚，1920，亨利•麦克莱恩•庞特

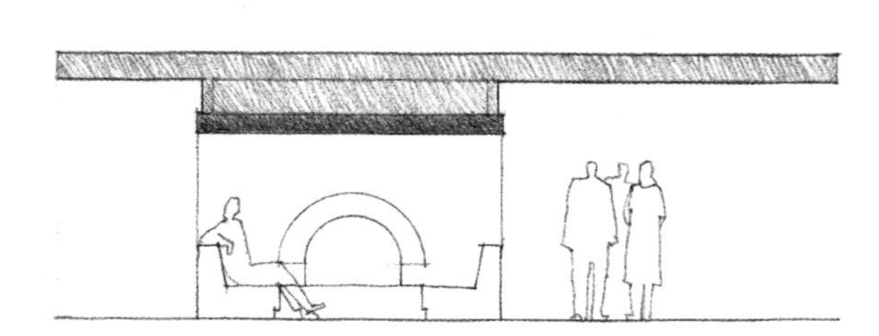

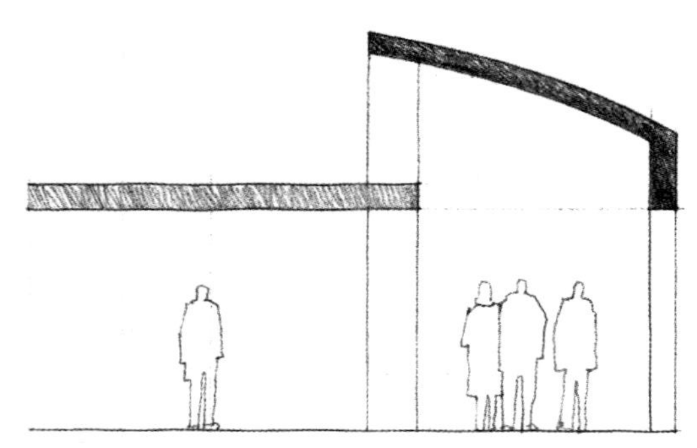

如同基面的情形一样，顶棚可以经过处理来限定和表达一个房间中的各个空间区域。顶棚可以降低或抬高，以改变空间尺度、限定一条穿越其间的运动轨迹，或者让上面的自然光线进入其中。

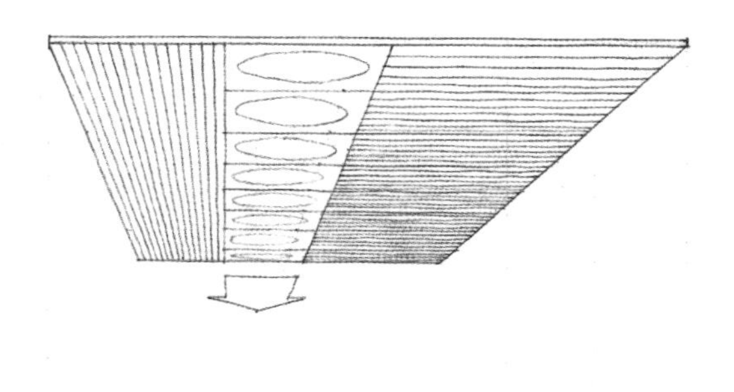

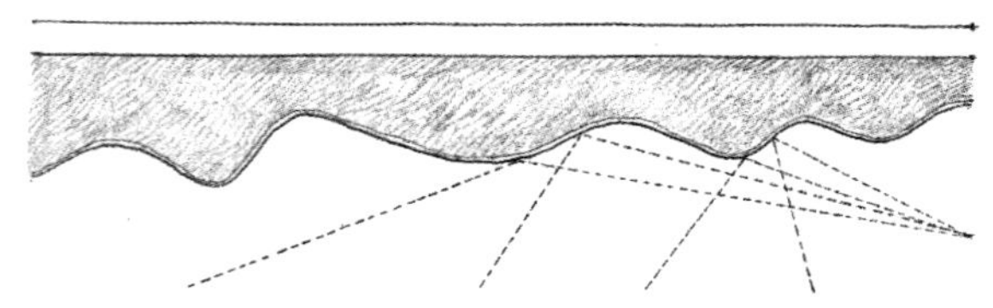

顶棚的形式、色彩、质感和图形，也可以经过处理来改善一个空间中的光学或声学特性，或者使空间具有方向性与方位感。

Side Chapels, Cistercian Monastery of La Tourette, near Lyons, France, 1956–1959, Le Corbusier

拉图雷特修道院礼拜堂，里昂附近，法国，1956—1959，勒·柯布西埃

顶面上，限定良好的“负”区域或空间，比如天窗，可以看做“正”形状，这些“正”形状形成了洞口下面的空间领域。

Parish Center, Wolfsburg, Germany, 1960–1962, Alvar Aalto

教区中心，沃尔夫斯堡，德国，1960—1962，阿尔瓦·阿尔托

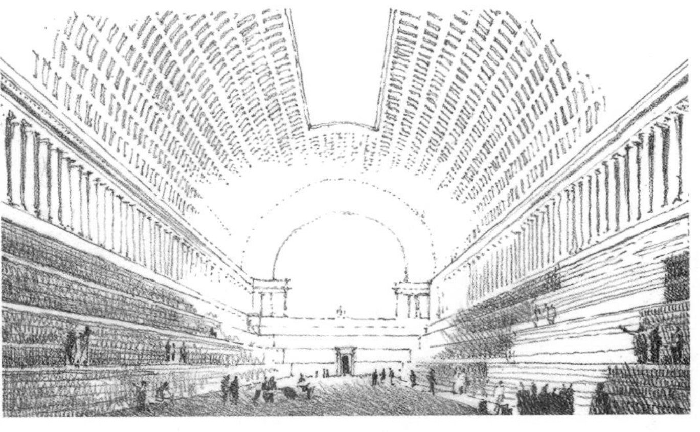

Bibliothèque Nationale (Project), 1788, Étienne-Louis Boullée

国立图书馆（方案），1788，艾蒂安—路易·布雷

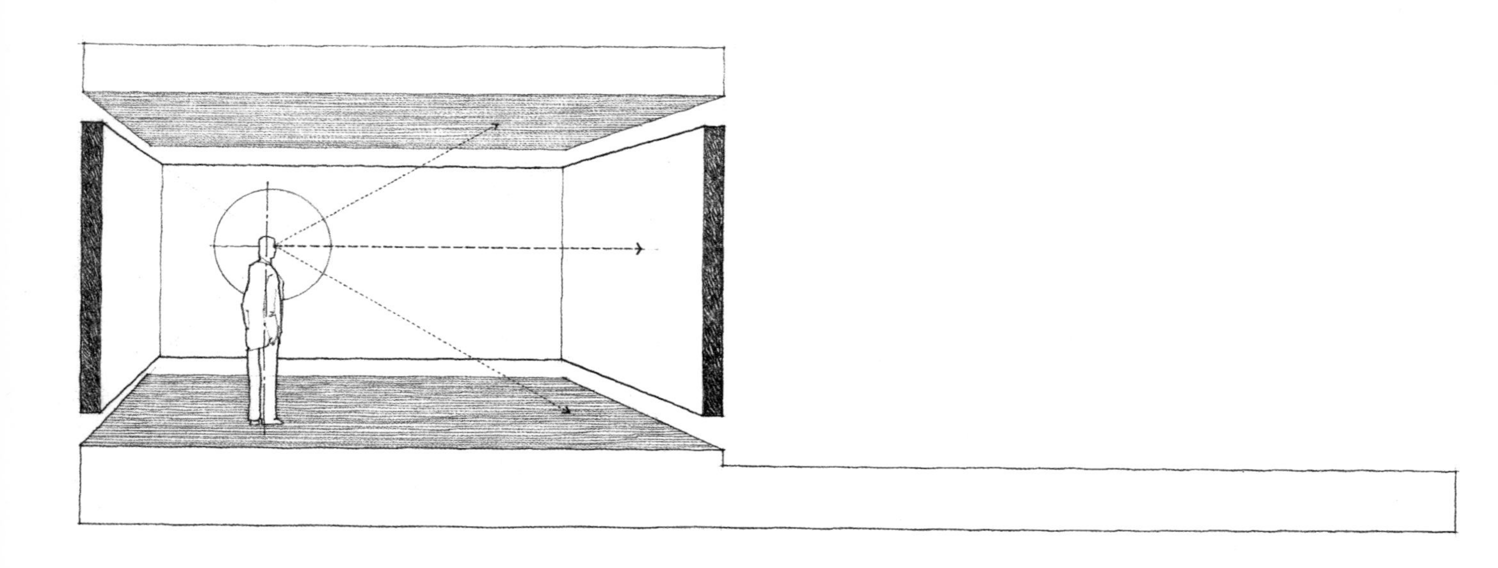

在本章前面的内容里，讲述水平面限定空间区域时，提到了垂直边界但没有对此进行清晰地描述。下文将要讨论形式的垂直要素，在严格限定空间领域的视觉界限时所发挥的关键作用。

在我们的视野中，垂直形体比水平面出现的更多，因此更有助于限定一个离散的空间体积，为其中的人们提供围合感与私密性。此外，垂直形式还用于把一个空间和另外一个空间分离开来，在室内和室外环境之间形成一道公共边界。

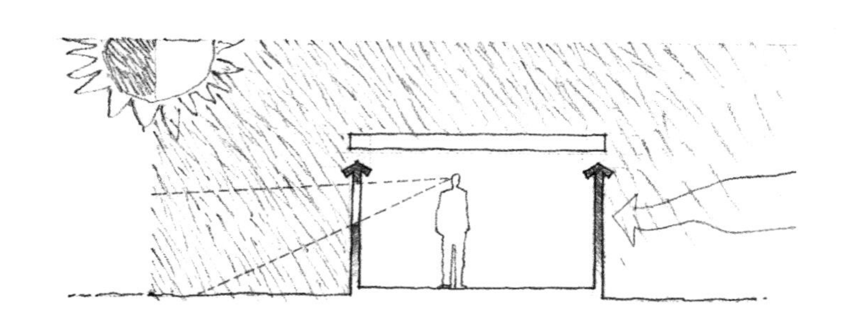

形式的垂直要素，在构成建筑形式与空间方面也发挥着重要作用。它们是楼板与屋面的结构支撑。它们提供了遮风避雨的保护性场所，并有助于控制进入建筑物室内空间的气流、热量和噪声。

Vertical Linear Elements
垂直线性要素

垂直的线性要素限定了一个空间体积的垂直边界。

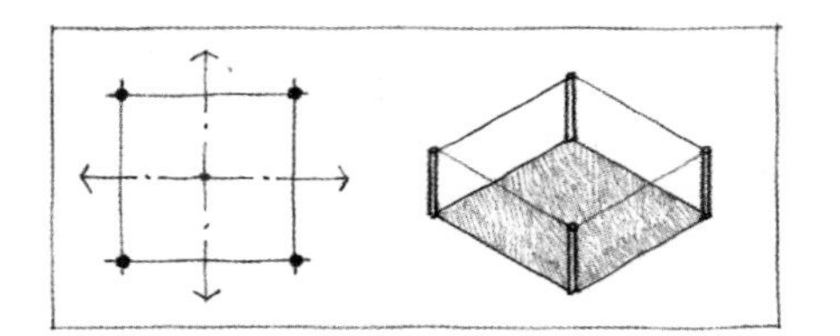
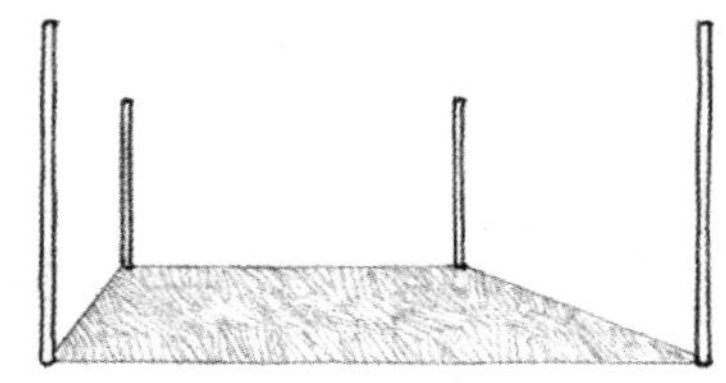

Single Vertical Plane
独立的垂直面

一个独立的垂直面清晰地表达着它所面对的空间。

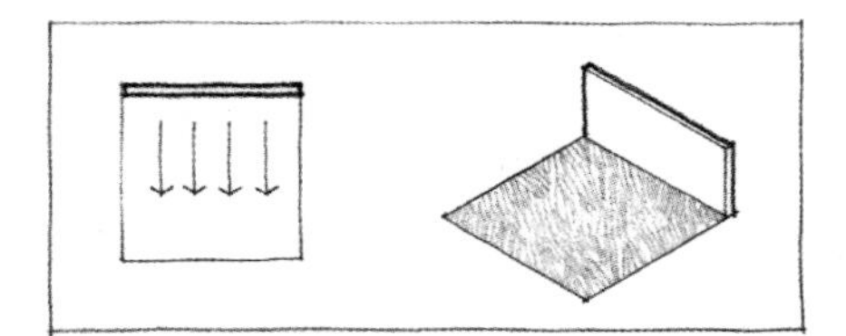
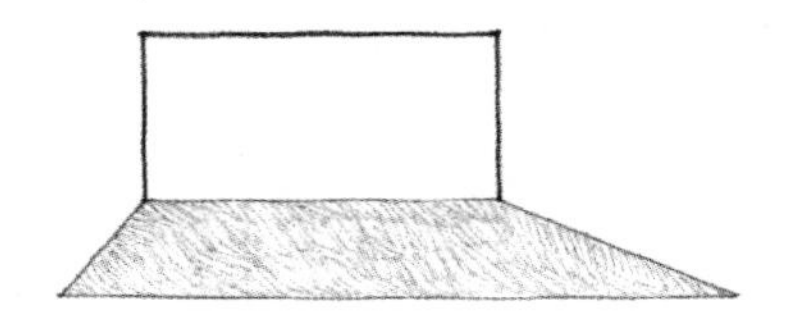

L-shaped Plane
L 形面

垂直面构成的 L 形构图可以产生一个空间区域，这个空间区域从 L 形的转角开始沿对角线向外扩展。

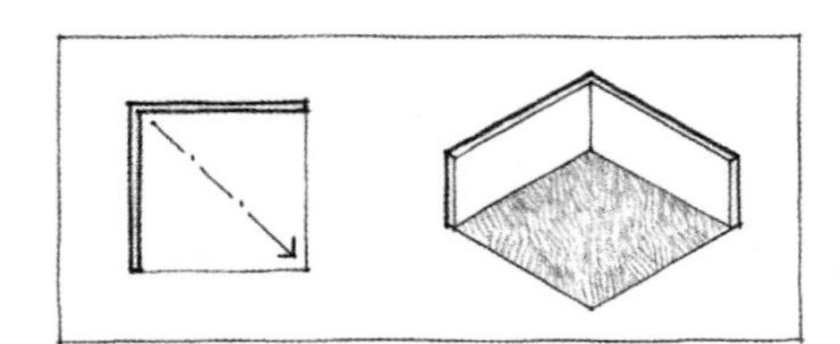
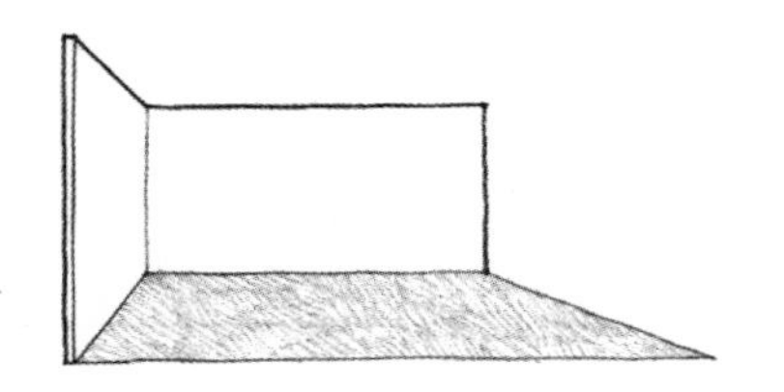

Parallel Planes
平行面

两个平行的垂直面限定了它们之间的空间体积，这个空间的轴线指向该图形的两个开放端。

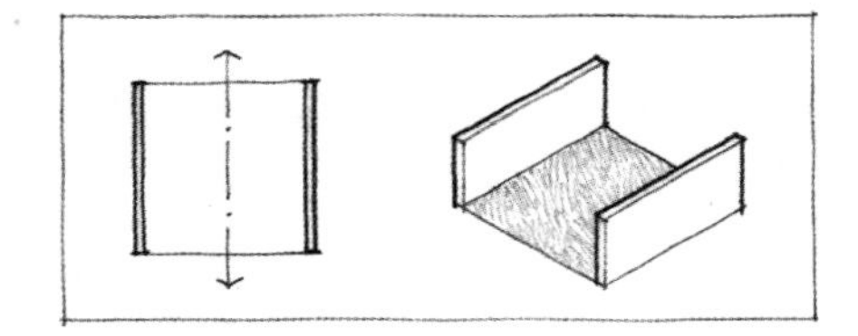
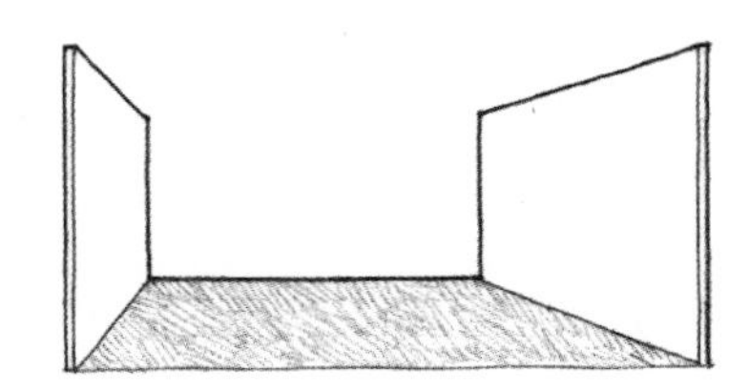

U-shaped Plane
U 形平面

垂直面的 U 形构图限定了一个空间体积，这个空间的轴线指向该图形的开放端。

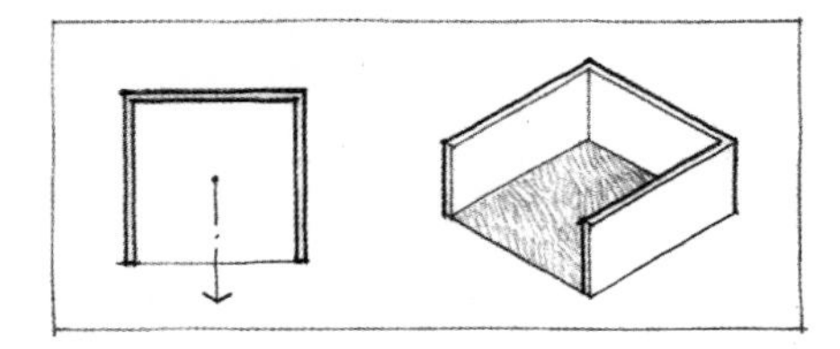
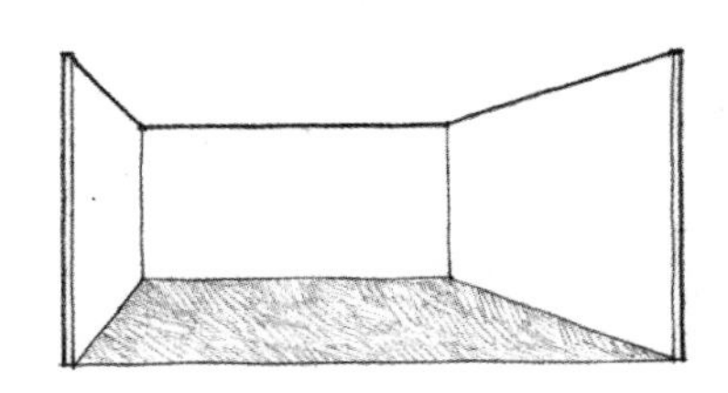

Four Planes: Closure
四个面：闭合

四个垂直面则形成了一个内向空间的边界，并影响到围墙周围的空间领域。

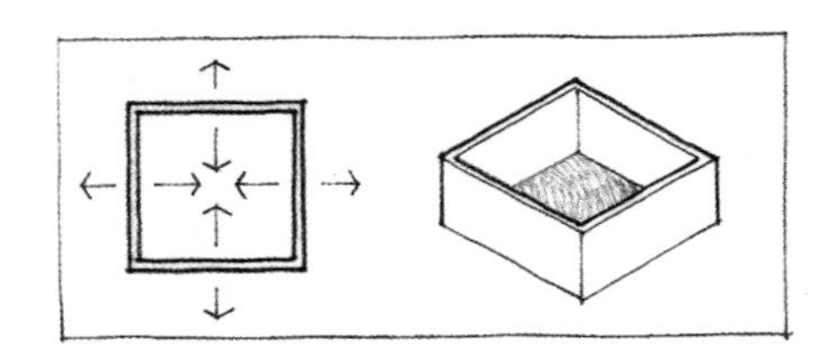
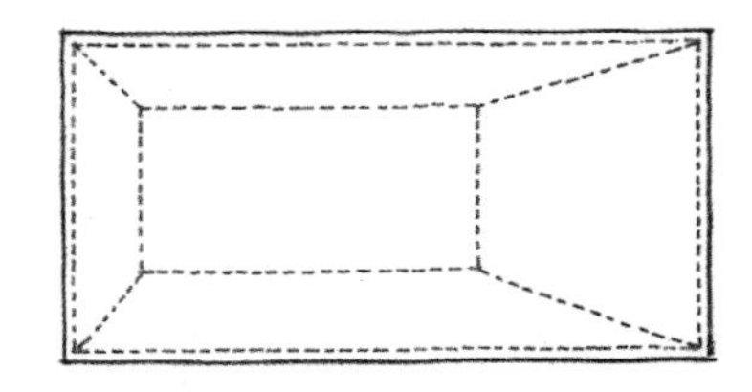

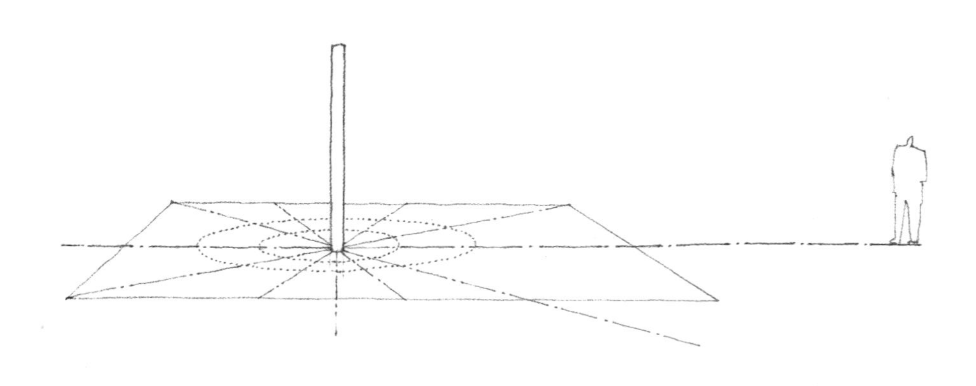

一个垂直的线性要素，如一根柱子、一座方尖碑或一座塔，它们在地面上确立了一个点，而且在空间中令人注目。一个细长的线性要素孤立地竖直向上，除了引领我们通向其空间位置的轨迹外，是没有其他方向性的。经过它可以做出任意数量的水平轴。

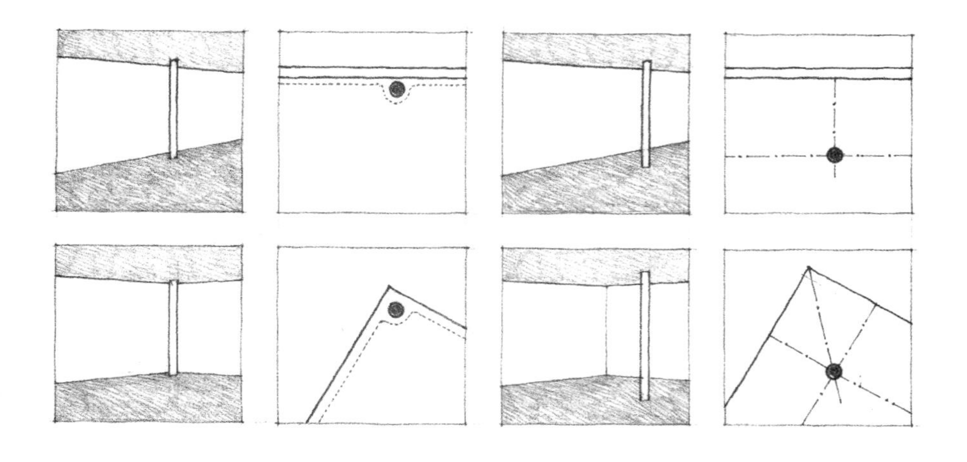

当一根柱子定位于一个限定的空间体积中时，它会在自身周围产生一个空间领域，并与空间的围护物相互作用。附着在墙上的柱子能够加固墙面，并使其表面更加清晰。在一个空间的转角处，柱子能够强调两墙面的相交。柱子在空间中独立，则在围护结构之内限定出几个空间区域。

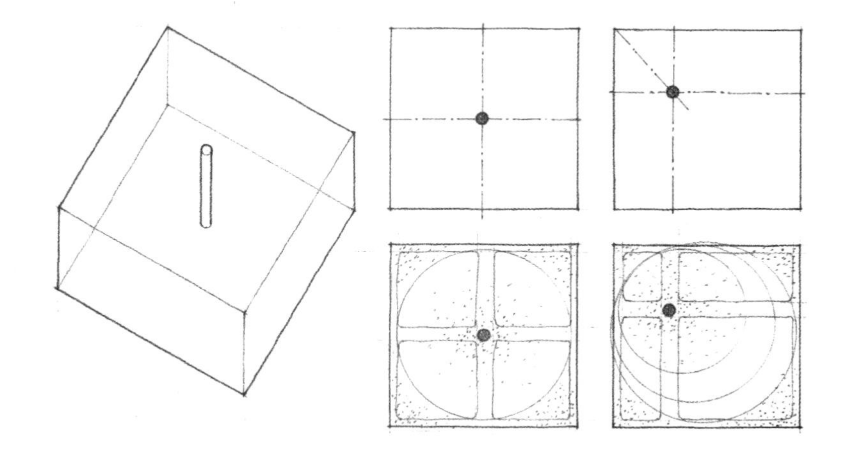

当柱子位于空间的中心时，柱子本身将确立为这一领域的中心，并且在柱身和周围墙面之间划定均等的空间区域。当柱子偏离中心位置的时候，就会根据尺寸、形式和部位来划定不同等级的空间区域。

没有边和转角的限定就没有空间的体积。线性要素刚好满足这一目的，限定出那些需要与周围环境保持视觉与空间连续性的空间边界。

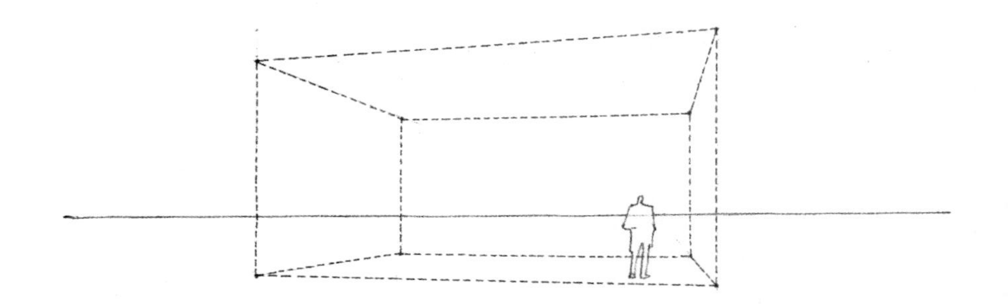

通过两根柱子之间的视觉张力，在两根柱子之间形成了一层透明的空间膜。三根或多根柱子可以用来限定空间体积的转角。这个空间的限定不需要更大范围的空间背景，而只是涉及柱子本身。

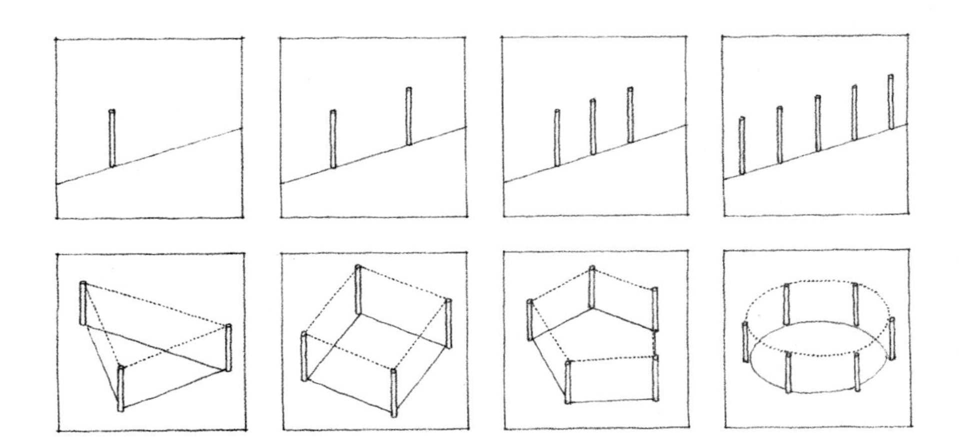

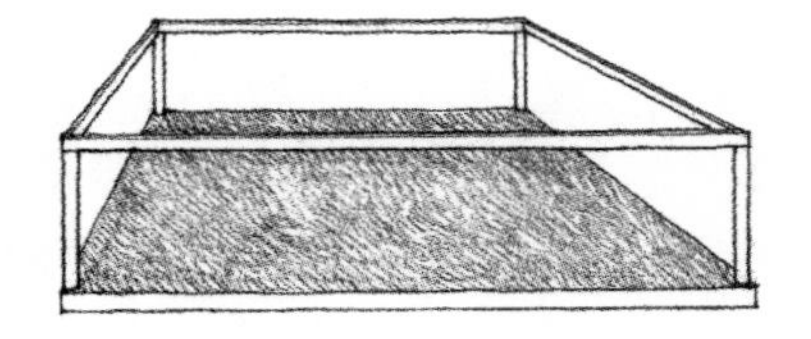

可以采用明确基面、在柱子之间搭上横梁或顶面，以形成其上部边界的方法，从视觉上加强空间体积的边缘。沿空间周边设置重复的柱要素系列将进一步加强体积的限定。

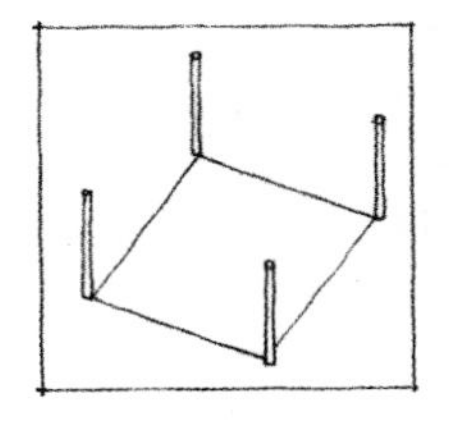
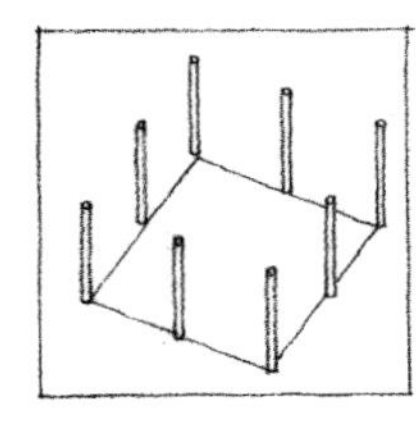
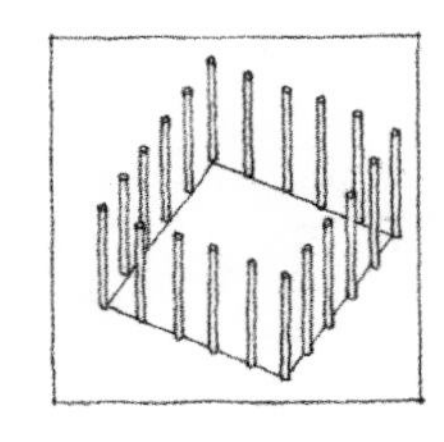
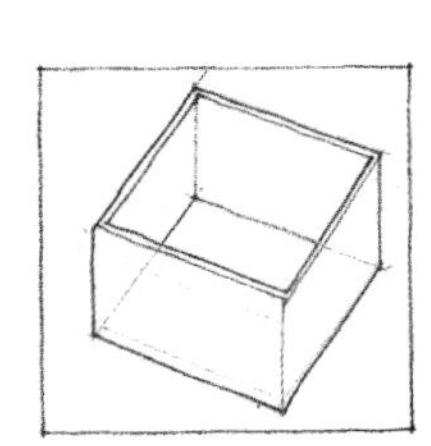

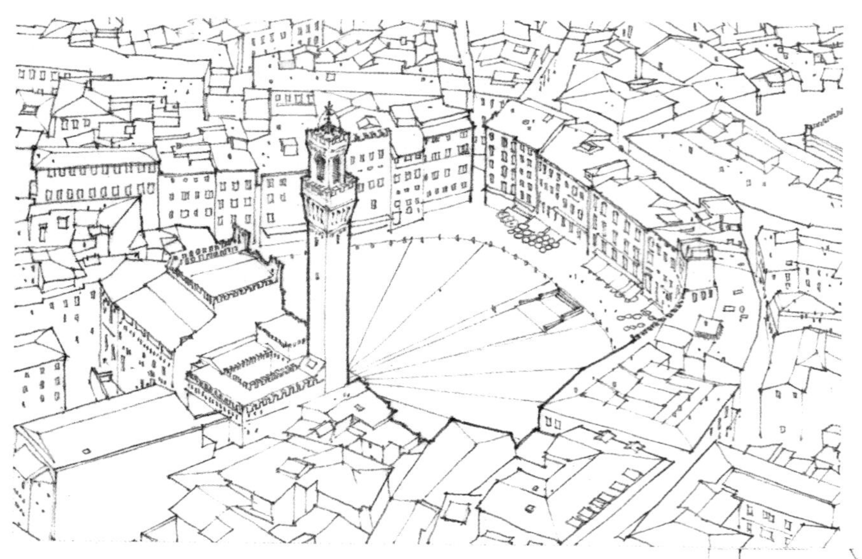

Piazza del Campo, Siena, Italy

坎波广场，西耶纳，意大利

垂直的线性要素可以用来终止一条轴线，标出某一城市空间的中心，或者沿着其边缘为某一城市空间提供一个焦点。

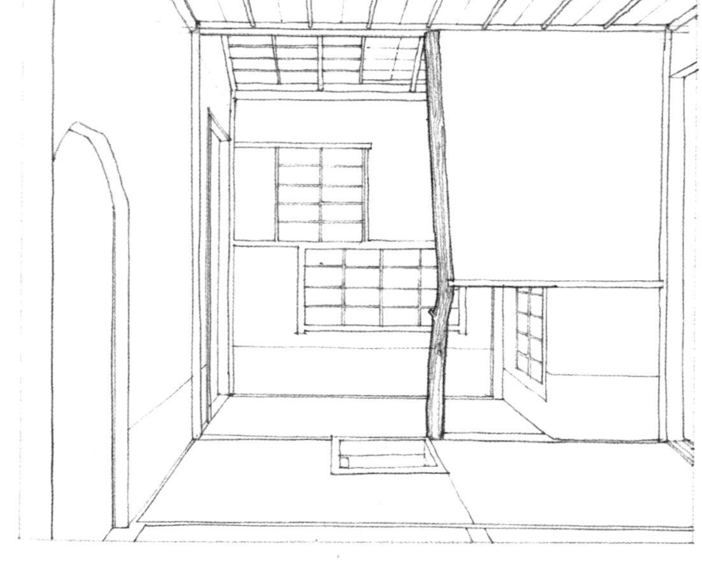

Shokin-Tei Pavilion, **Katsura Imperial Villa**, Kyoto, Japan, 17th century.

松琴亭，**桂离宫**，京都，日本，17 世纪

在上面的实例中，中柱（the tokobashira）通常是自然形态的树干，是一个象征性要素，标识出日本茶室中壁龛的一个边缘。

Piazza of St. Peter, Rome, 1655–1667, Giovanni Bernini

圣彼得广场，罗马，1655—1667，乔瓦尼•伯尼尼

Taj Mahal, Tomb of Muntaz Mahal, wife of Shah Jahan, Agra, India, 1630–1653
泰姬·玛哈陵，为沙贾汗的妻子，**玛塔兹·玛哈尔修建的陵墓**，阿格拉，印度，1630—1653

一片小树林或一丛树木，在苗圃或公园中限定出一个绿树成荫的场所。

Tomb of Jahangir, near Lahore
贾汗季之陵墓，拉合尔附近

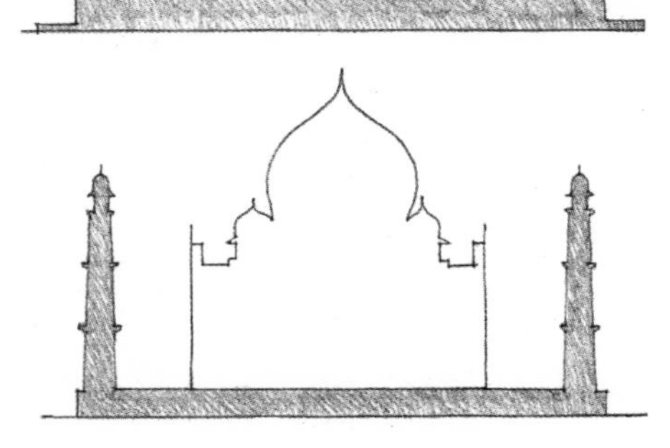

Tomb of Muntaz Mahal, Agra
泰姬·玛哈陵，阿格拉

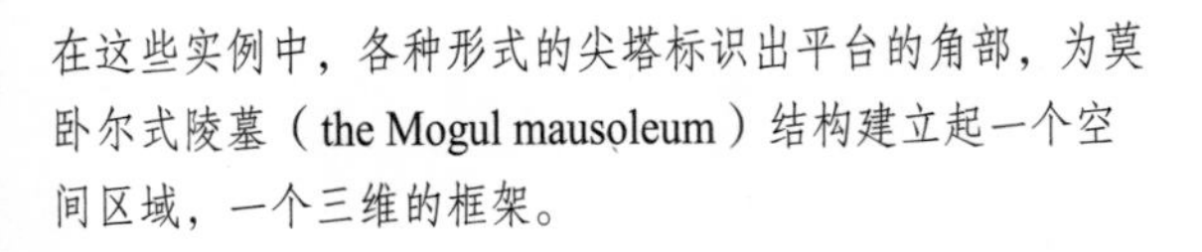

在这些实例中，各种形式的尖塔标识出平台的角部，为莫卧尔式陵墓（the Mogul mausoleum）结构建立起一个空间区域，一个三维的框架。

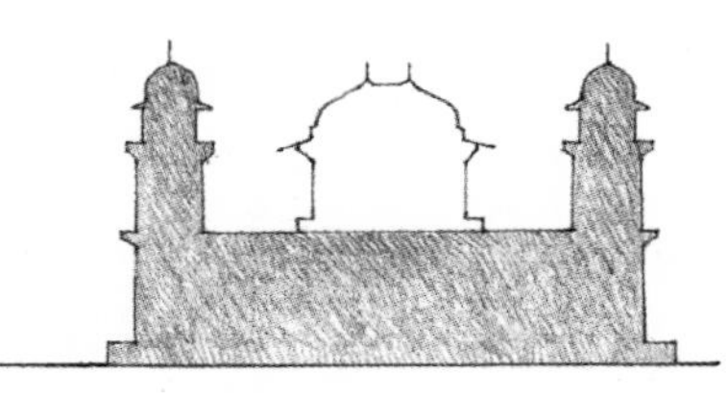

Tomb of I'timad-ud-daula, Agra
伊蒂默德—乌德—道拉之陵墓，阿格拉

引自安德拉斯·沃尔瓦森（Andras Volwahsen）对印度伊斯兰教建筑所作的分析。

Tetrastyle atrium, **House of the Silver Wedding**, Pompeii, 2nd century B.C.
四柱式中庭，**银婚住宅**，庞培，公元前 2 世纪

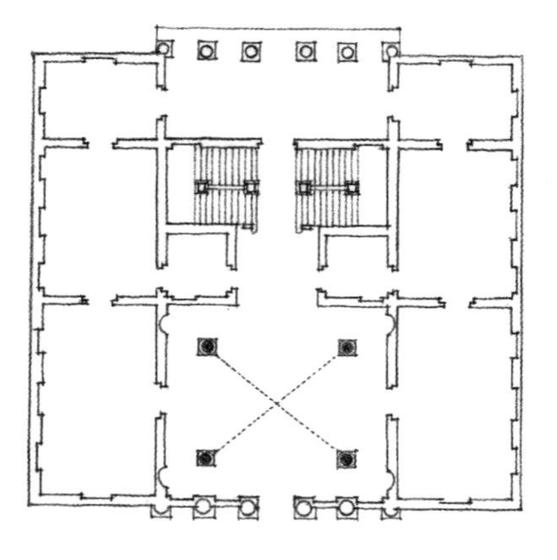

Palazzo Antonini, Udine, Italy, 1556, Andrea Palladio
安东尼尼府邸，乌迪内，意大利，1556，安德烈·帕拉迪奥

在一个较大的房间或环境中，四根柱子能够形成离散空间体积的四角。四根柱子支撑着顶棚，则形成一个小型建筑，它可以作为神龛的小亭子或象征性的空间中心。

典型的罗马传统住宅都是围绕着一个露天的中庭组织，周围是一圈有顶的结构，角部由四根柱子支撑。维特鲁威称之为“四柱式中庭”。

在文艺复兴时期，安德烈·帕拉迪奥把四柱式主题运用于许多别墅与豪宅的前厅和大厅。四根柱子不仅支撑着拱顶和上面的楼板，而且也调整了房间的尺度，成为帕拉迪奥式比例。

在海洋牧场的公共单元中，四根柱子，连同一块下沉的楼板和顶板，在一个大房间里限定出一块亲切的小空间。

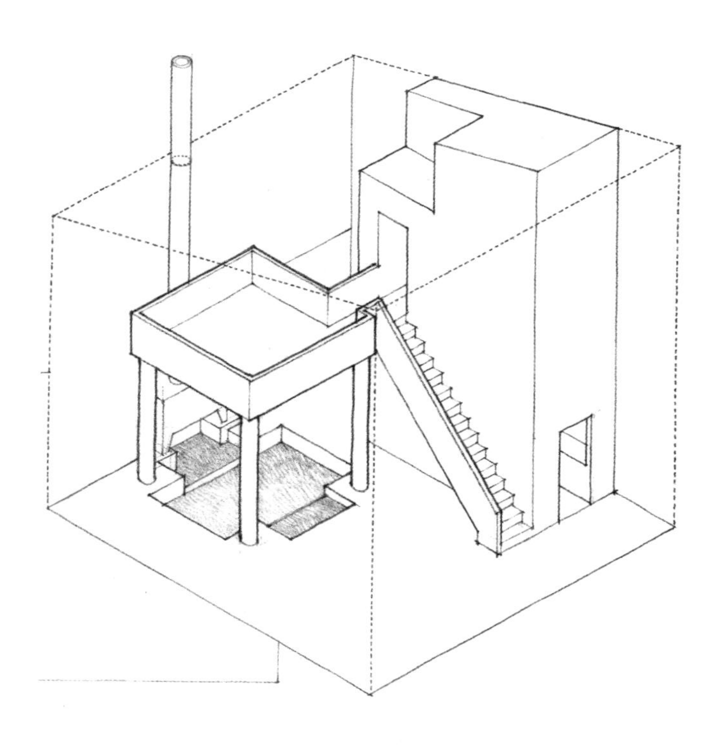

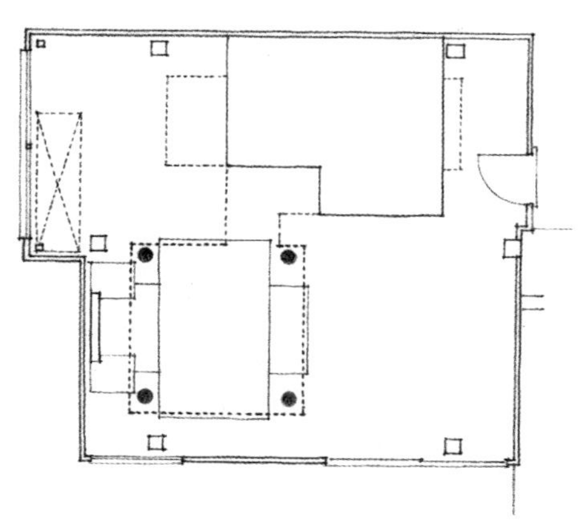

Condominium Unit No. 5, **Sea Ranch**, California, 1966, MLTW
公共日光浴室五号单元，**海洋牧场**，加利福尼亚州，1966，MLTW

Cloister and Salle des Chevaliers, Mont St. Michel, France, 1203–1228
回廊和骑士厅，圣米歇尔山，法国，1203—1228

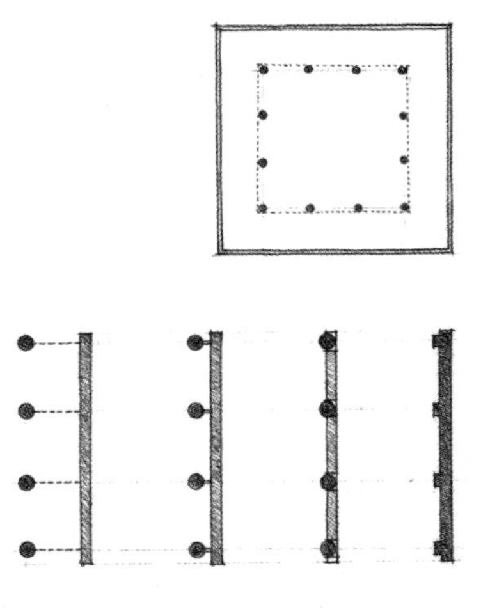

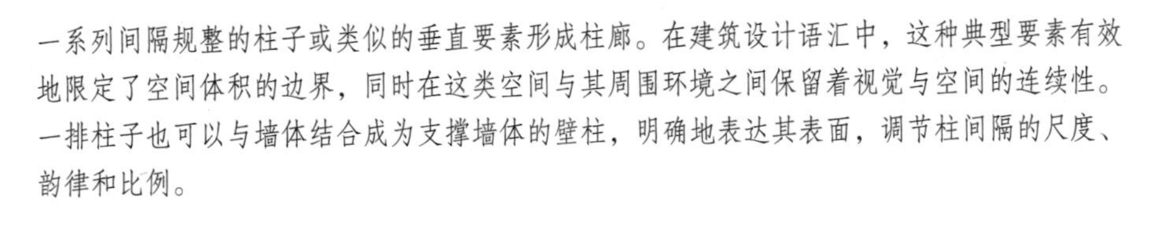

一系列间隔规整的柱子或类似的垂直要素形成柱廊。在建筑设计语汇中，这种典型要素有效地限定了空间体积的边界，同时在这类空间与其周围环境之间保留着视觉与空间的连续性。一排柱子也可以与墙体结合成为支撑墙体的壁柱，明确地表达其表面，调节柱间隔的尺度、韵律和比例。

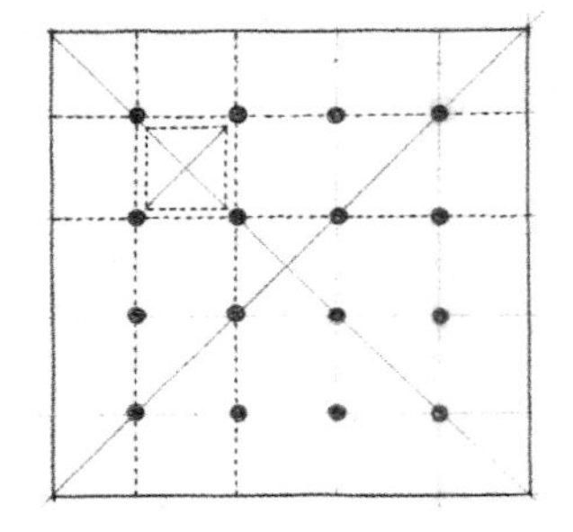

在大房间或厅堂中的柱网，不仅用来支撑楼面和上面的屋面。秩序化的一排排柱子也加强了空间的体积，在空间领域中划分出模数化的区域，同时生成了能够度量的韵律和尺度，从而使空间的尺度易于感知。

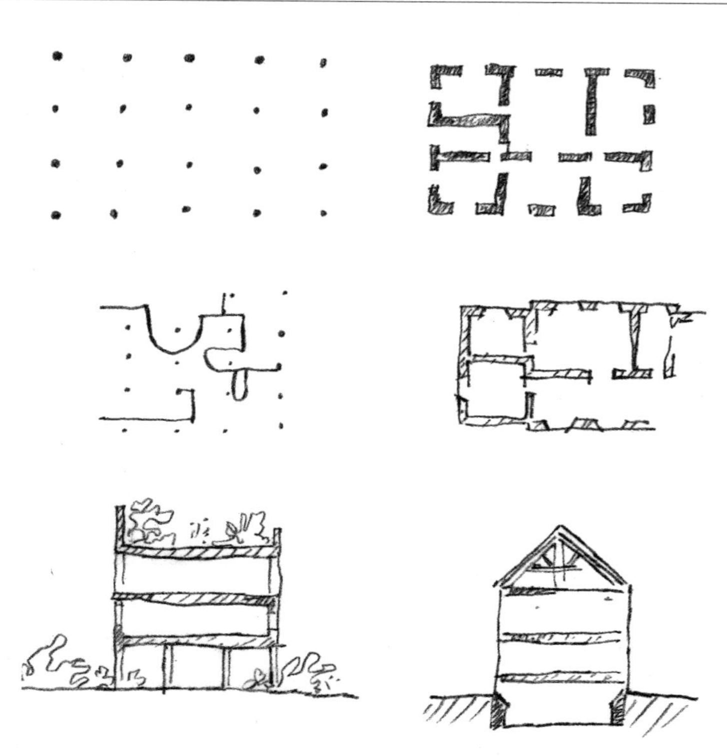

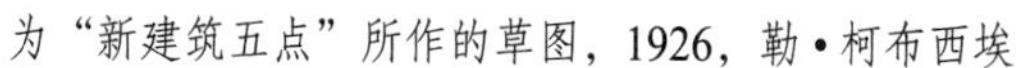

为“新建筑五点”所作的草图，1926，勒·柯布西埃

1926 年，勒·柯布西埃阐明了他所确信的“新建筑五点”（Five Points of the New Architecture）。他的论断在很大程度上是始于 19 世纪末钢筋混凝土技术发展的结果。这种建造技术，特别是利用混凝土柱子来支撑楼板和屋面板，为在建筑中限定和围合空间提供了新的可能性。

混凝土板可以悬挑到支柱以外，并能使建筑物的“自由正立面”（free facade）成为由“幕墙和窗户”（screen walls and windows）构成的“轻型薄膜”（light membranes）。在建筑物中，“自由平面”（free plan）成为可能，因为围护构件与空间格局不受厚重的承重墙形式的限制。内部空间可以用非承重的隔断来划分，这些隔断的布局可以自由地适应设计要求。

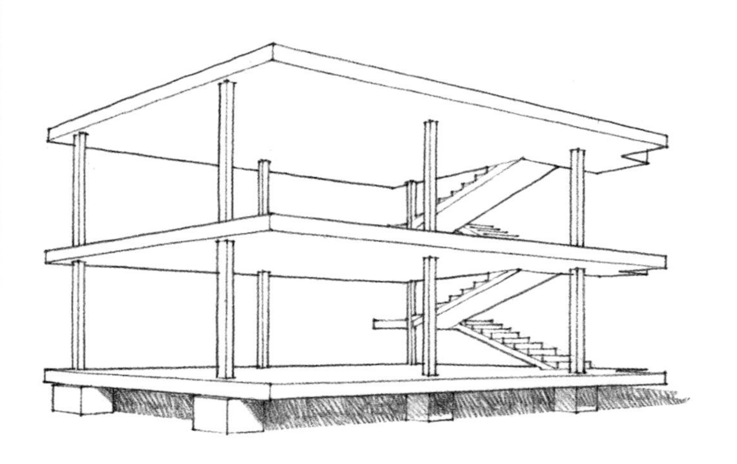

Dom-ino House Project, 1914, Le Corbusier
多米诺住宅体系，1914，勒·柯布西埃

在下一页，举出了两个对比的实例，它们利用柱网的方式是不同的：

1. 柱网生成了固定的、中性的空间区域，而柱网中的室内空间则自由形成与分配。
2. 柱子或支柱网格与室内空间的布局完全相符；结构与空间完全吻合。

1. **Millowners' Association Building,**
Ahmedabad, India, 1954, Le Corbusier
纺织工厂主协会大楼，艾哈迈达巴德，
印度，1954，勒·柯布西埃

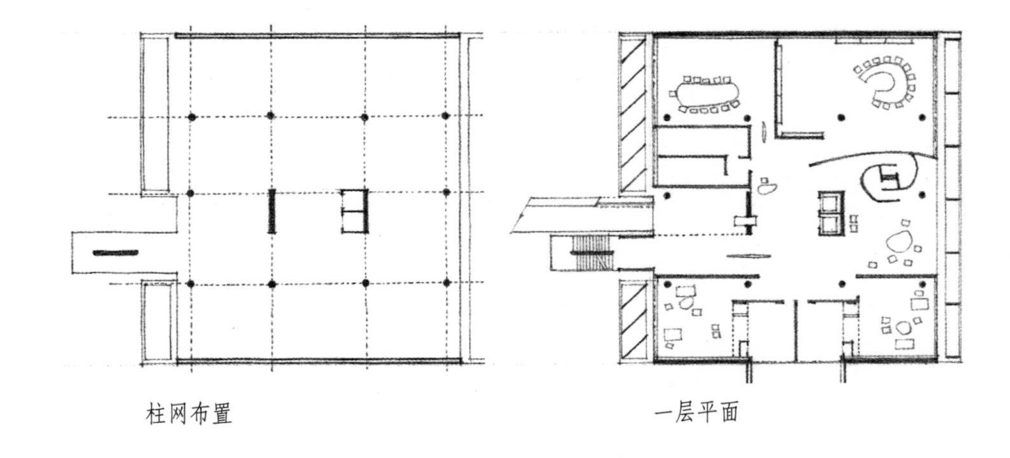

柱网布置　　一层平面

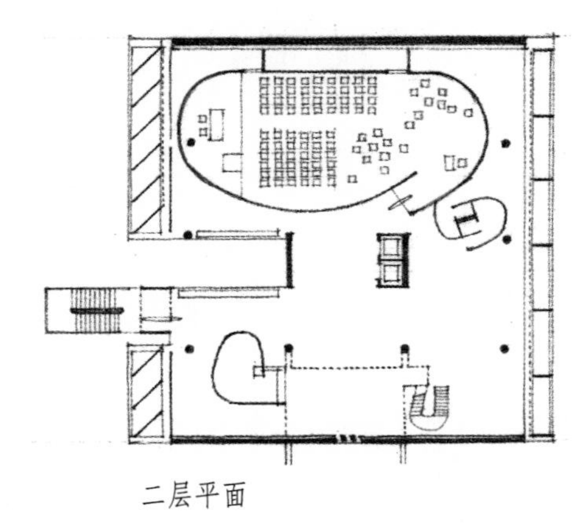

二层平面

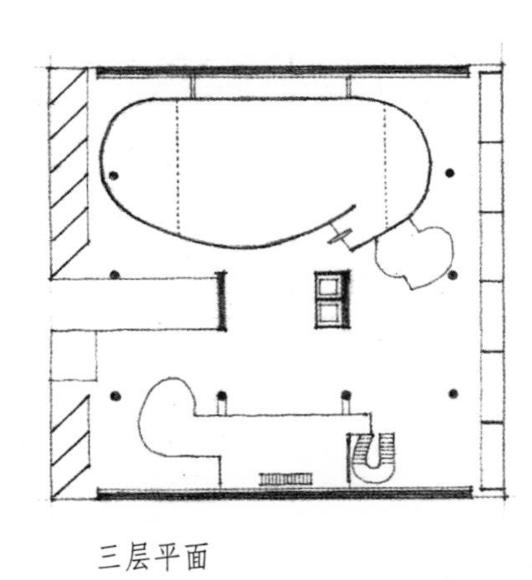

三层平面

2. **Traditional Japanese Residence**
传统的日本住宅

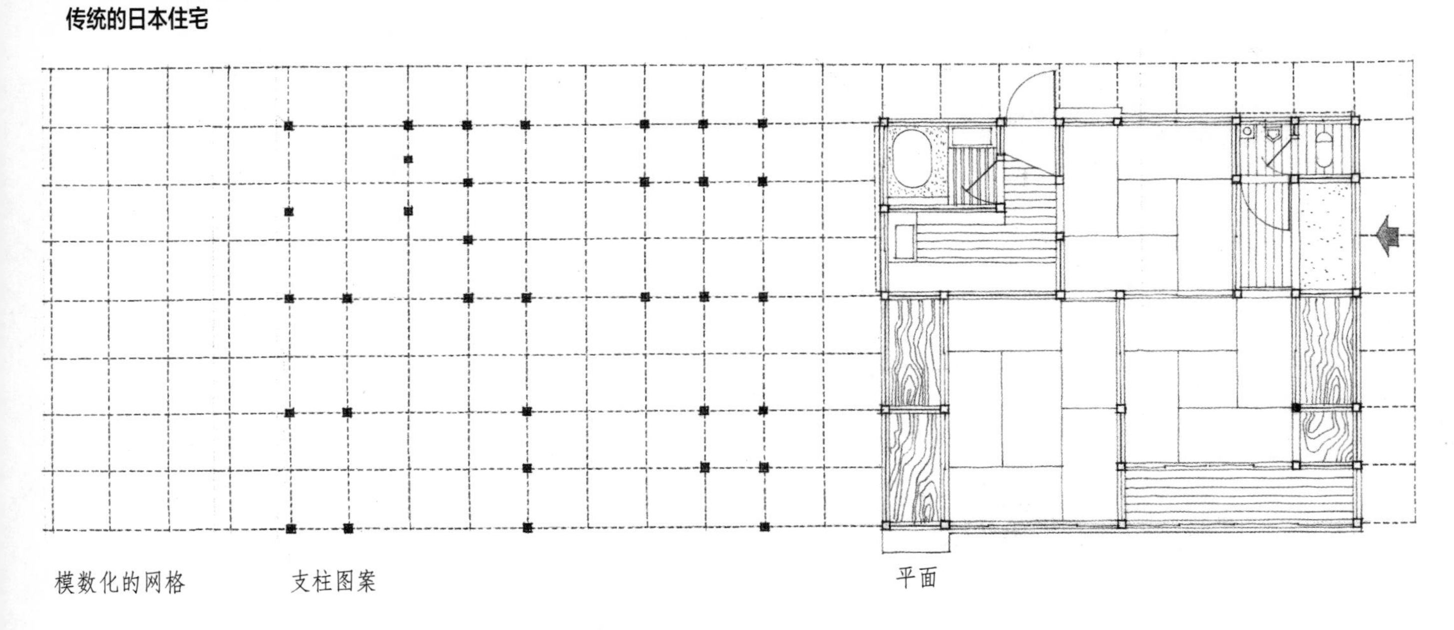

模数化的网格　　支柱图案　　平面

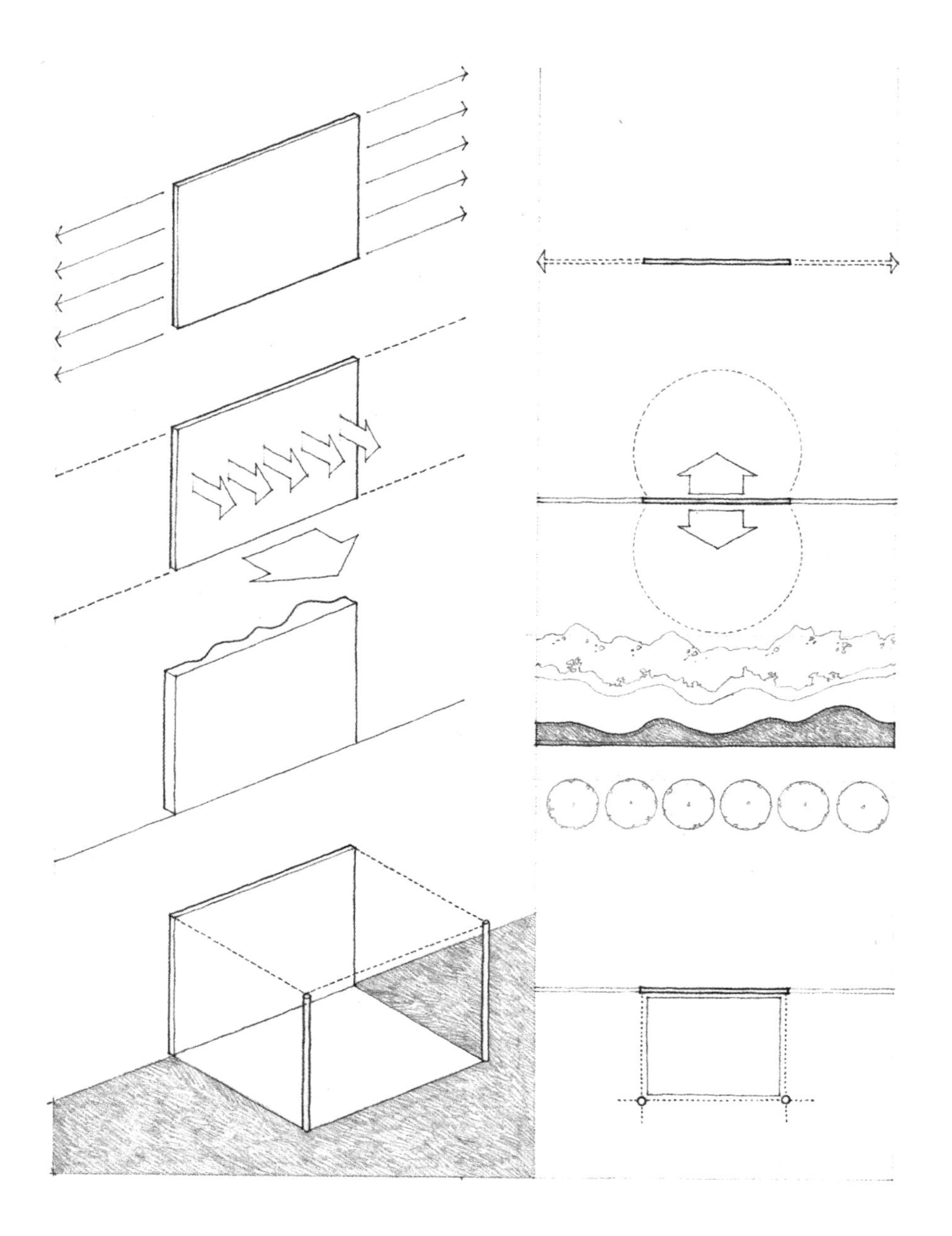

一个独立的垂直面，孤立地立在空间中，其视觉特征与独立柱截然不同。一根圆柱，除了其垂直轴外没有偏向。一根方柱，具有两套相等的立面，因此具有两个相同的轴。一根矩形的方柱也有两个轴线，但两轴的效果是不同的。随着矩形柱子越来越像一面墙，可以把它当成是无限大或无限长的面的一部分，是穿过和分割空间体积的一个薄片。

一个垂直面具有正面的特征。它的两个表面，或称做“面”，面对着两个彼此分离而又不同的空间领域，并形成两个空间领域的边缘。

一个面的两个表面可以是完全一样的，并面临着相似的空间。也可以在形式、色彩或质感上有所不同，以呼应或表达不同的空间条件。因此，一个垂直面或者有两个正面，或者一个正面，一个背面。

一个单独的垂直面所面对的空间领域并不能得到完好地限定。这个垂直面本身只能形成这一空间领域的一个边。为了限定一个三维的空间体积，一个垂直面必须与其他的形体要素相互作用。

一个与我们的身高和视平面相当的垂直面高度，是一个关键因素，它影响到垂直面在视觉上表现空间的能力。2英尺高时，垂直面可以限定空间领域的边缘，但几乎不能提供围合感。当垂直面齐腰高的时候，就开始产生一种围合感，同时保持着与周围空间的视觉连续性。当它接近我们视线高度的时候，就开始将一个空间与另一个空间分隔开来。当它超过我们的身高时，就打断了两个领域之间视觉与空间的连续性，并且提供了一种强烈的围护感。

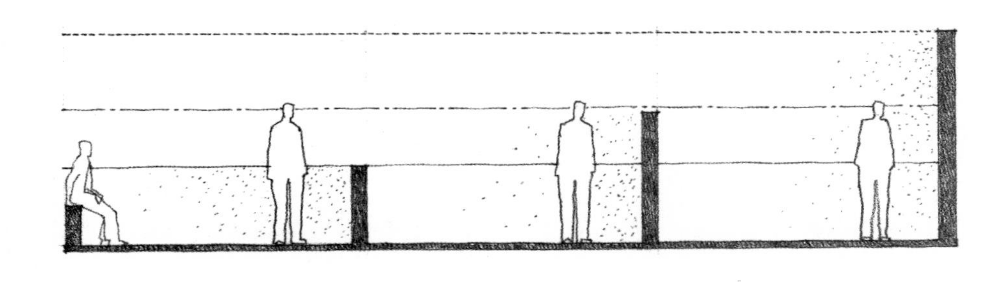

垂直面的表面色彩、质感和图形，影响到我们对其视觉重量、尺度和比例的感知。

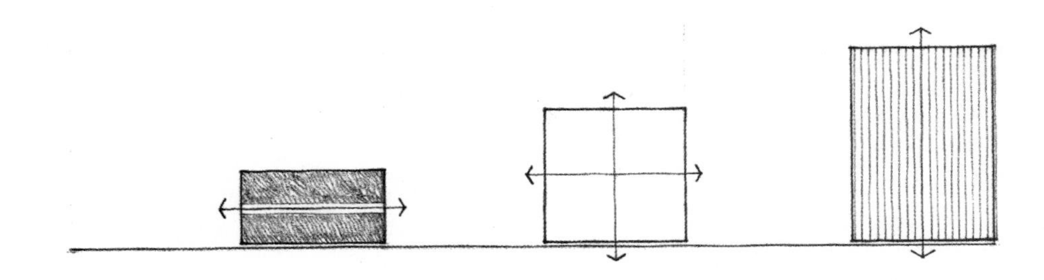

当涉及一个限定的空间体积时，一个垂直面可以作为该空间的基本面，并使空间具有特定的方向。它可以面对空间并限定一个进入该空间的面。它也可以是空间中的一个独立要素，把空间分成两片相分离而又有联系的区域。

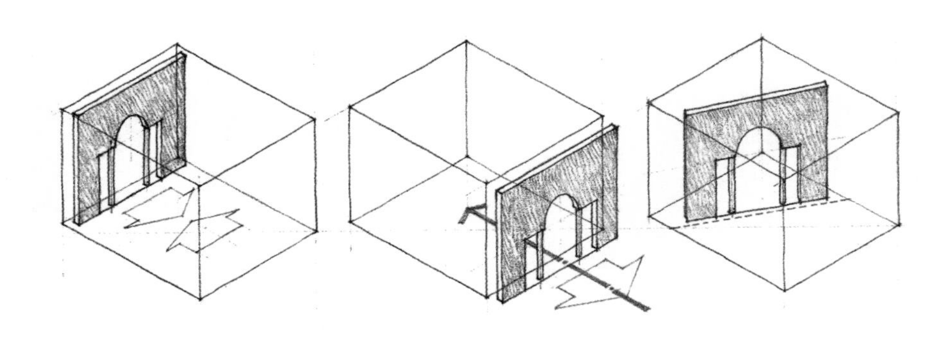

St. Agostino, Rome, 1479–1483, *Giacomo da Pietrasanta*

圣奥古斯都教堂，罗马，1479—1483，贾科莫•达•彼得拉桑塔

Arch of Septimius Severus, Rome, A.D. 203

塞维鲁凯旋门，罗马，公元 203 年

一个独立的垂直面，能够限定一栋建筑物朝向公共空间的主立面，成为人们从中穿行的门道，同时也在一个更大的区域内，明确不同的空间领域。

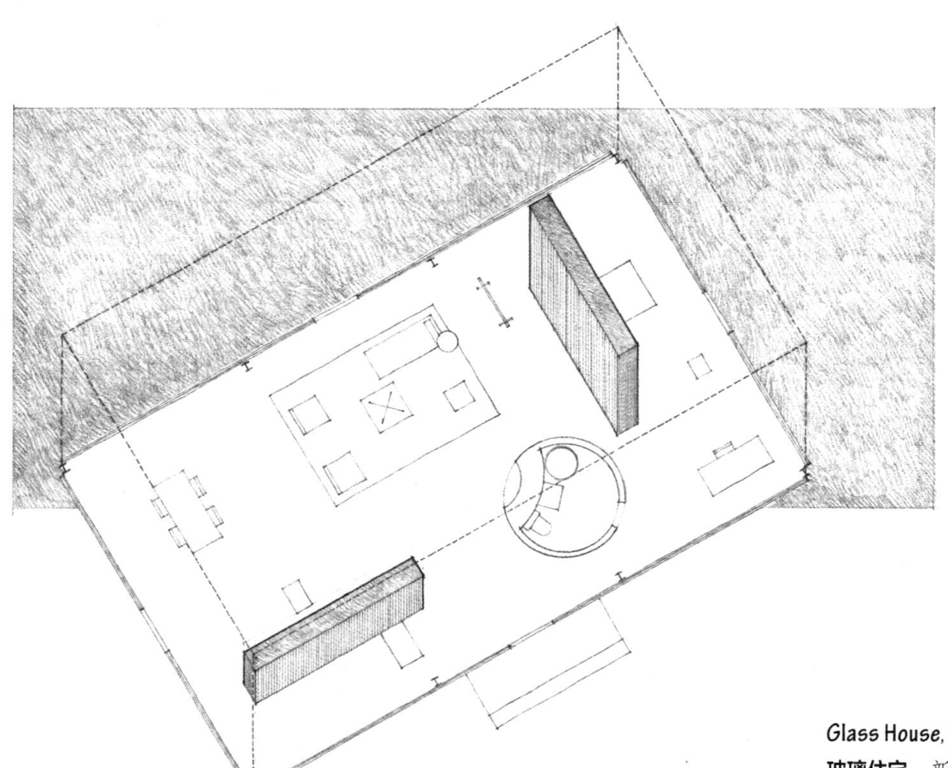

Glass House, New Canaan, Connecticut, 1949, Philip Johnson

玻璃住宅，新坎南，康涅狄格州，1949，菲利浦•约翰逊

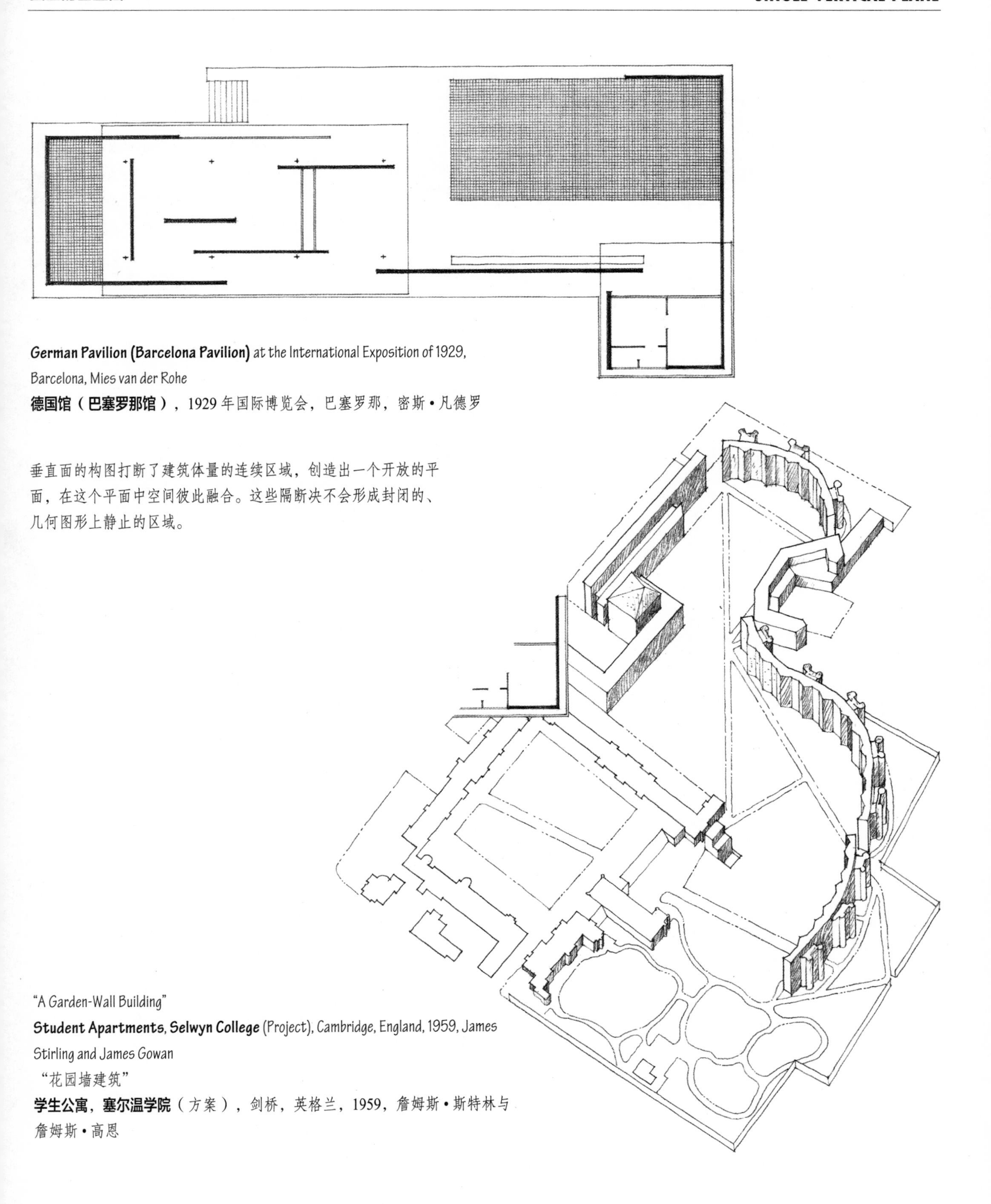

German Pavilion (Barcelona Pavilion) at the International Exposition of 1929, Barcelona, Mies van der Rohe

德国馆（巴塞罗那馆），1929 年国际博览会，巴塞罗那，密斯·凡德罗

垂直面的构图打断了建筑体量的连续区域，创造出一个开放的平面，在这个平面中空间彼此融合。这些隔断决不会形成封闭的、几何图形上静止的区域。

"A Garden-Wall Building"

Student Apartments, Selwyn College (Project), Cambridge, England, 1959, James Stirling and James Gowan

“花园墙建筑”

学生公寓，塞尔温学院（方案），剑桥，英格兰，1959，詹姆斯·斯特林与詹姆斯·高恩

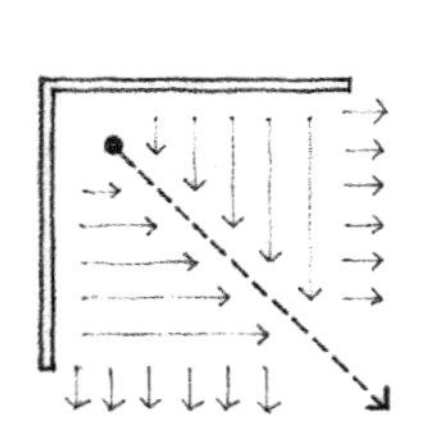
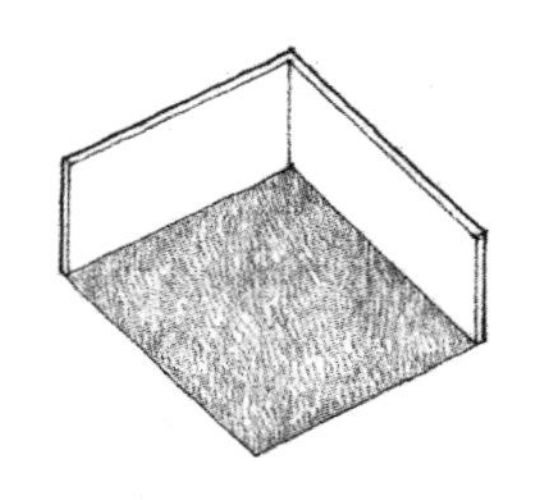
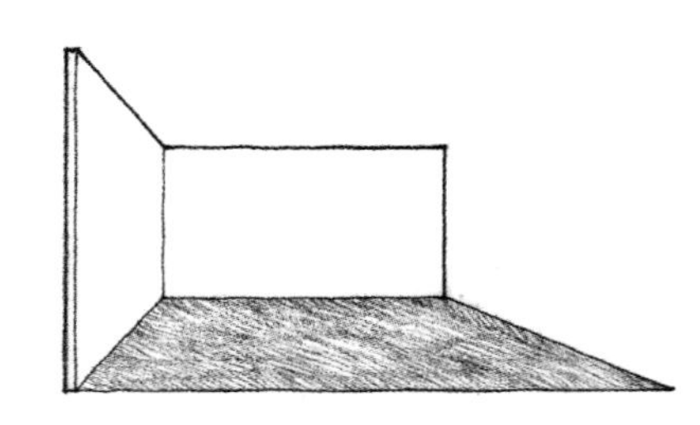

L 形的垂直面，从它的转角处沿对角线向外划定一个空间区域。在这一造型的转角处，该领域被强烈地限定和围起，而从转角处向外运动时，这个区域就迅速消散了。该领域在内角处呈内向性，而沿其外缘则变成外向的。

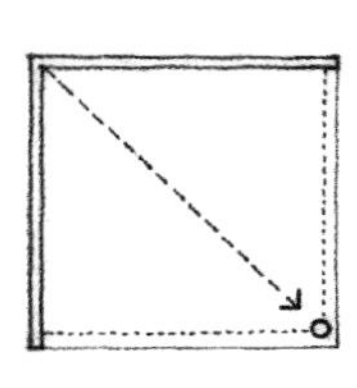
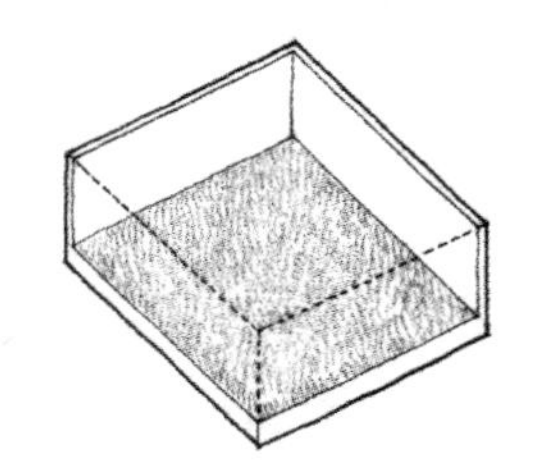
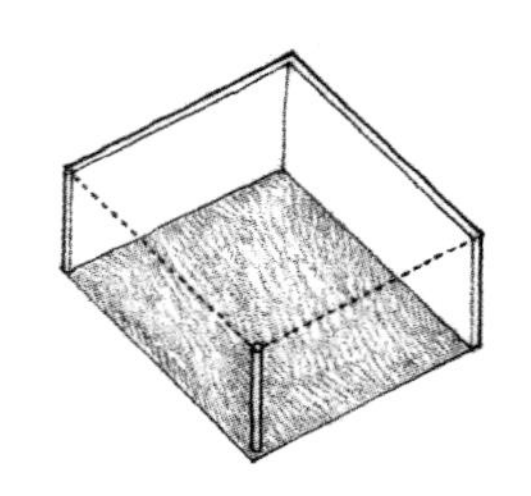

该造型的两个面清楚地限定了这一领域的两个边缘，而其他的边界还是含糊的，除非采用增加垂直要素、基面或顶面才能进一步明确。

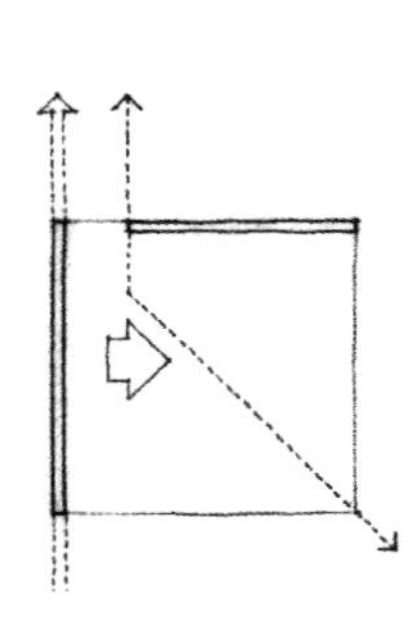
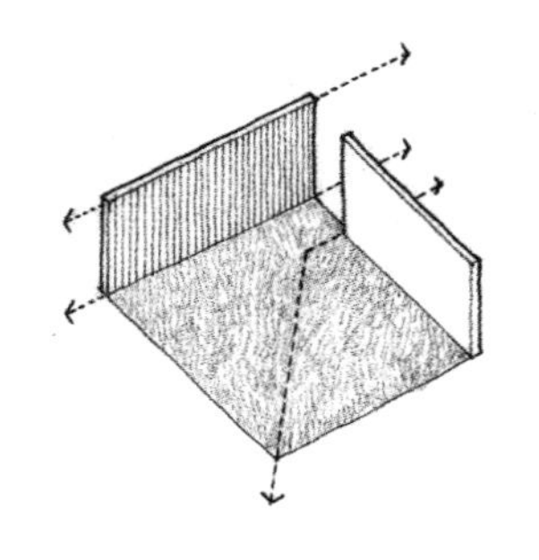

如果在该造型转角的一侧引入空当，那么该领域的界限就会被削弱。两个面会彼此分离，其中一个面看上去好像要滑过另外一个面，并且在视觉上支配着另外一个面。

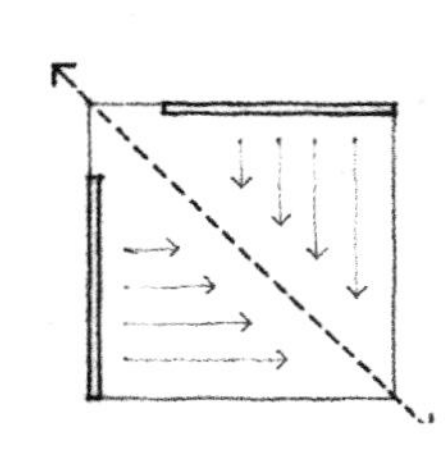
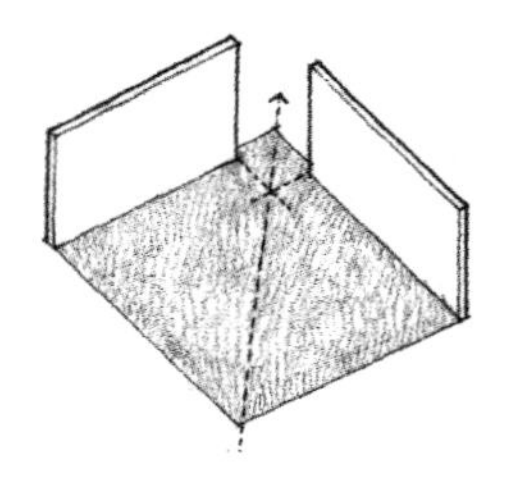

如果两个面都不向转角处延伸，该领域会变得更加富于动感，并且本身沿着对角线方向来组合。

建筑形式可以具有L形造型，并可作如下解释。造型的一臂可以是线性形体，并把转角合并到它的边界中去，而另一臂则可以当成附属体。或者，转角作为一个独立的要素，把两个线性形体连在一起。

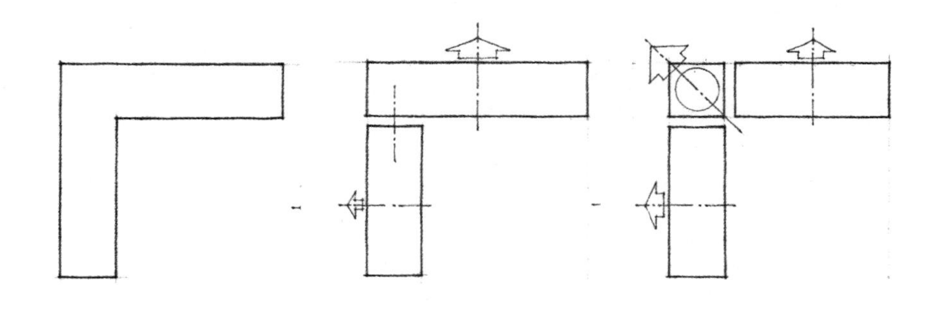

一座建筑物可以具有L形的造型，从而形成其基地的一个角，围起一片与室内空间相关的室外空间领域，或者挡住一部分室外空间，使其与周围不理想的条件隔离开。

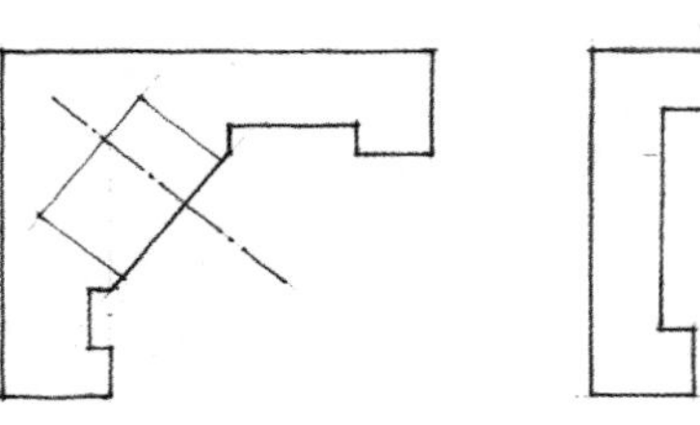

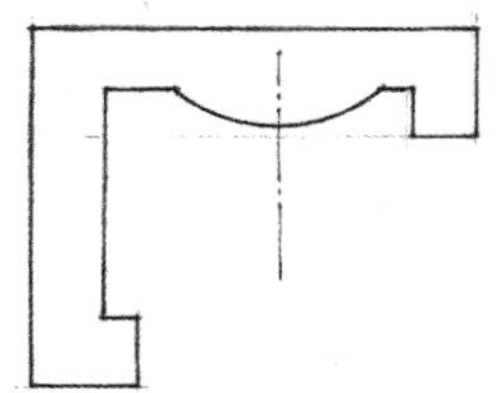

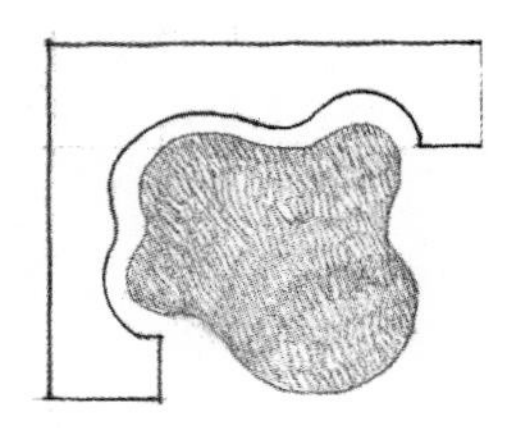

面的L形造型是稳定的，互相支撑的，可以独立于空间之中。因为端头是开敞的，所以它们是灵活的空间限定要素。它们可以彼此结合，或者与其他形式要素相结合，限定各种富于变化的空间。

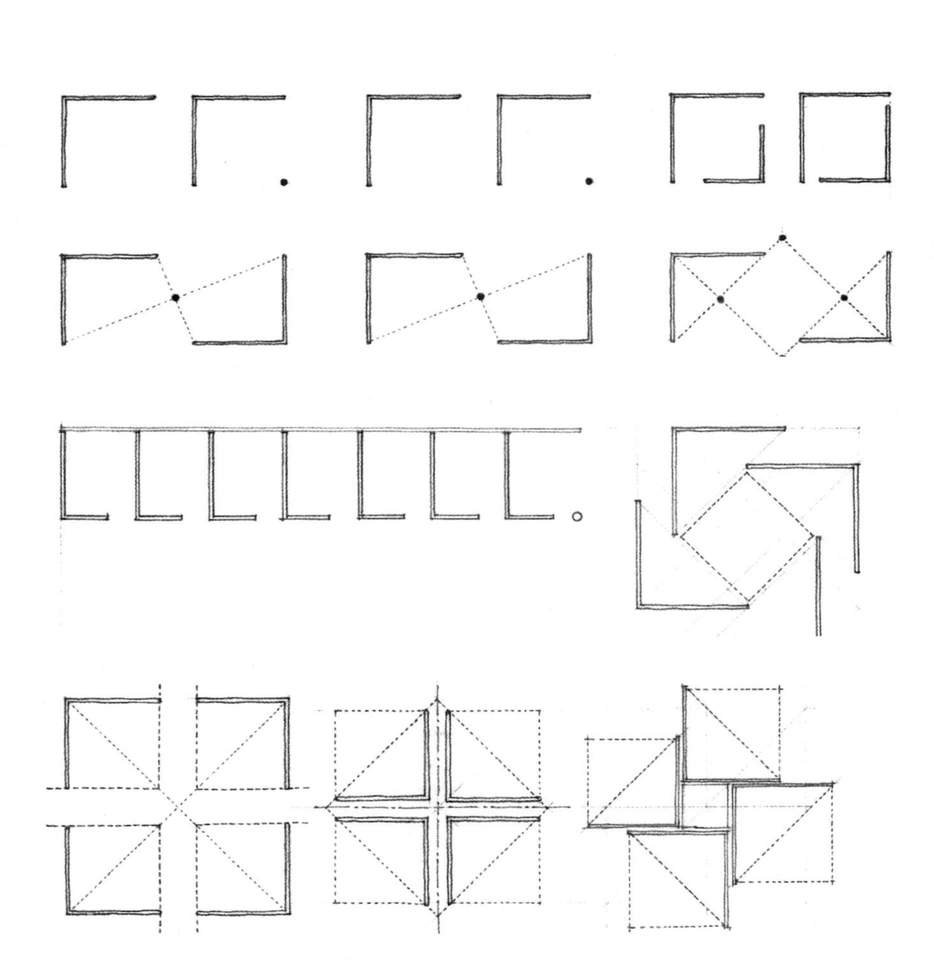

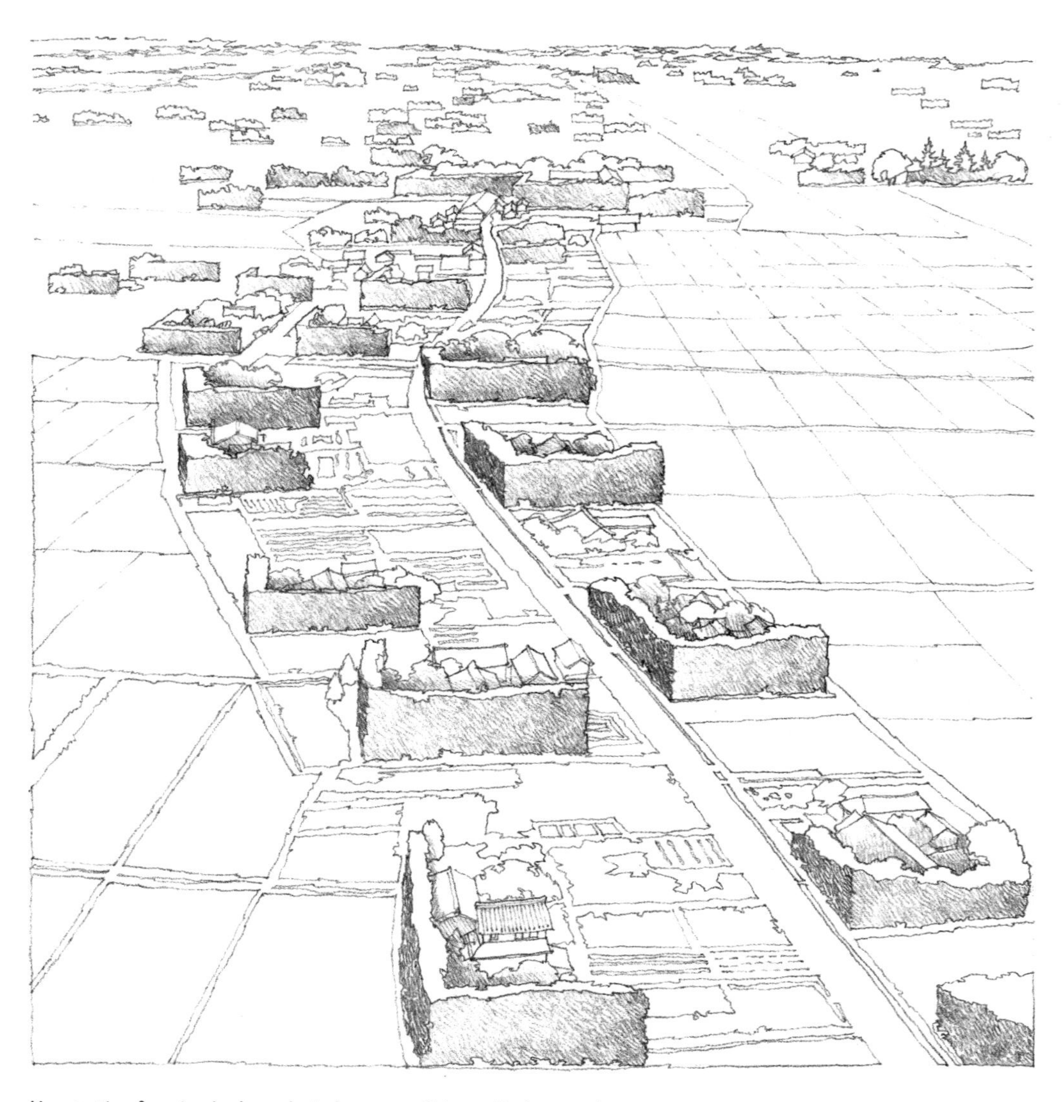

Vegetation forming L-shaped windscreens, Shimane Prefecture, Japan
植被形成了 L 形的风屏，岛根县，日本

这种呈 L 形的遮挡形式，在这个实例中表现得很充分。在此例中，日本农民精心地把松树种成又高又密的 L 形绿篱，挡住房屋和土地，使其免受寒风和暴雪的袭击。

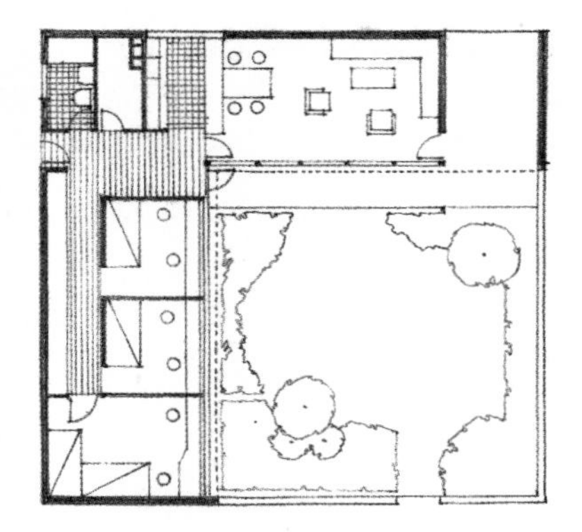
基本住宅单元

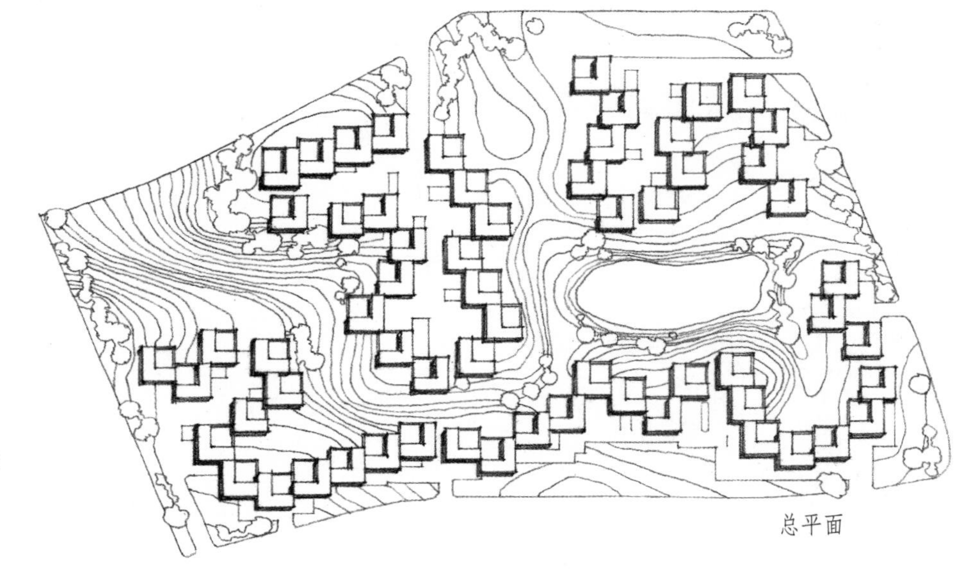
总平面

Kingo Housing Estate near Elsinore, Denmark
1958–1963, Jørn Utzon
埃尔西诺尔附近的**金戈居住区**，丹麦，
1958—1963，约恩•伍重

在居住建筑实例中，有一个常见的主题，那就是房间呈L形布局，围起一个室外的生活空间。典型的做法是，住宅的一翼容纳着公共的起居空间，而另一翼则容纳私密的、独立的空间。公用与服务性空间通常占据一角，或者沿一翼的背面排开。

这种布局的好处在于它提供了一个私密的庭院，被建筑形体保护起来，并且建筑的室内空间可以与这个庭院直接发生关系。金戈居住区采用这种单元，获得了相当高的密度，并且每个单元都拥有自己的私家外部空间。

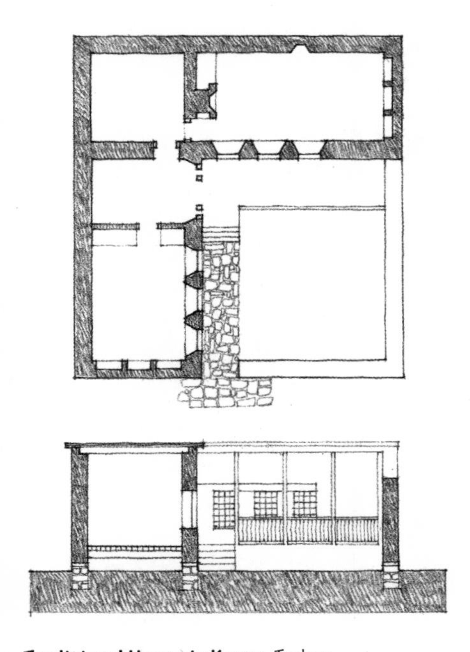
Traditional House in Konya, Turkey
科尼亚的传统住宅，土耳其

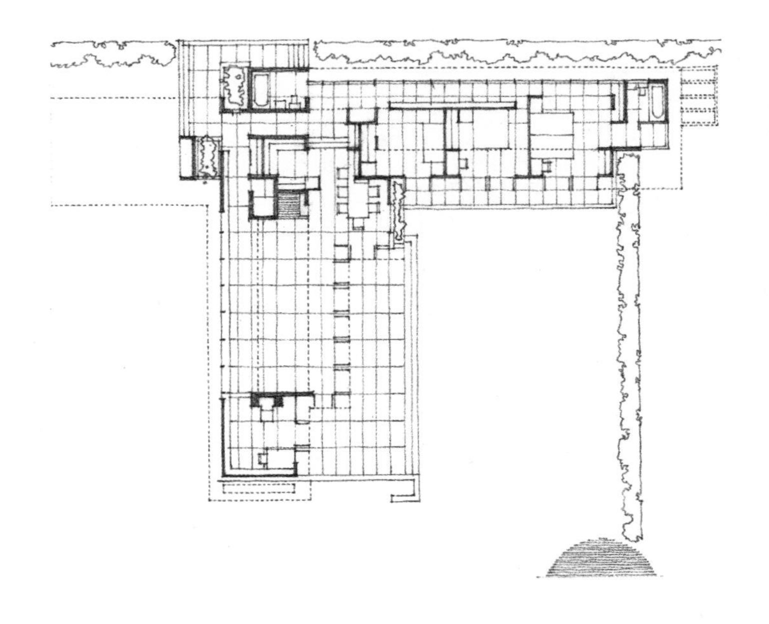
Rosenbaum House, Florence, Alabama, 1939, Frank Lloyd Wright
罗森鲍姆住宅，佛罗伦萨，亚拉巴马州，1939，弗兰克•劳埃德•赖特

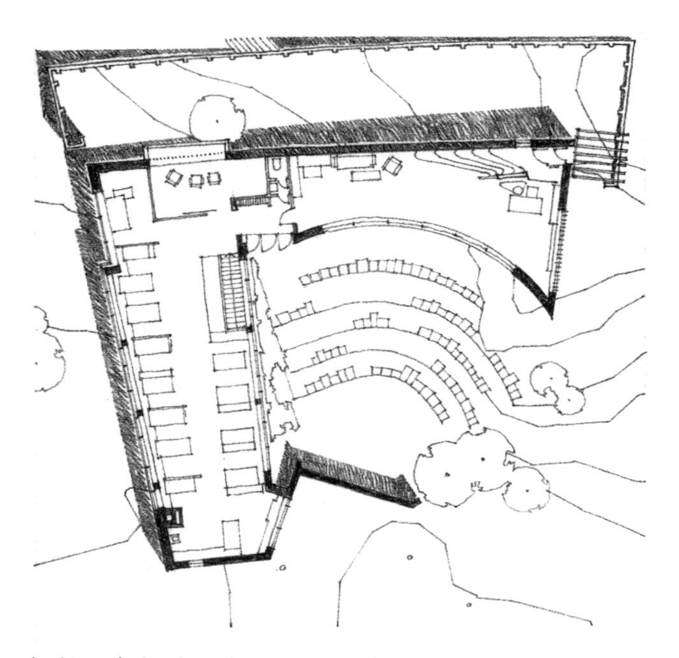

Architect's Studio, Helsinki, 1955–1956, Alvar Aalto
建筑师工作室，赫尔辛基，1955—1956，阿尔瓦·阿尔托

与前一页所举的居住建筑实例相似，这些建筑物也采用了 L 形的形式作为遮挡或围护要素。在赫尔辛基，由建筑师工作室所围合的外部空间，被用作讲演或社会活动的露天场地。它不是一个被动的空间，其形式决定于围合空间的建筑物。不仅如此，它还表明了其形式是积极的，从而使围合这个空间的形式具有了说服力。剑桥大学历史系的大楼采用七层、L 形体量，依照功能要求和象征意义，围合起一个大型的、屋顶采光的图书馆，这里是建筑物最重要的空间。

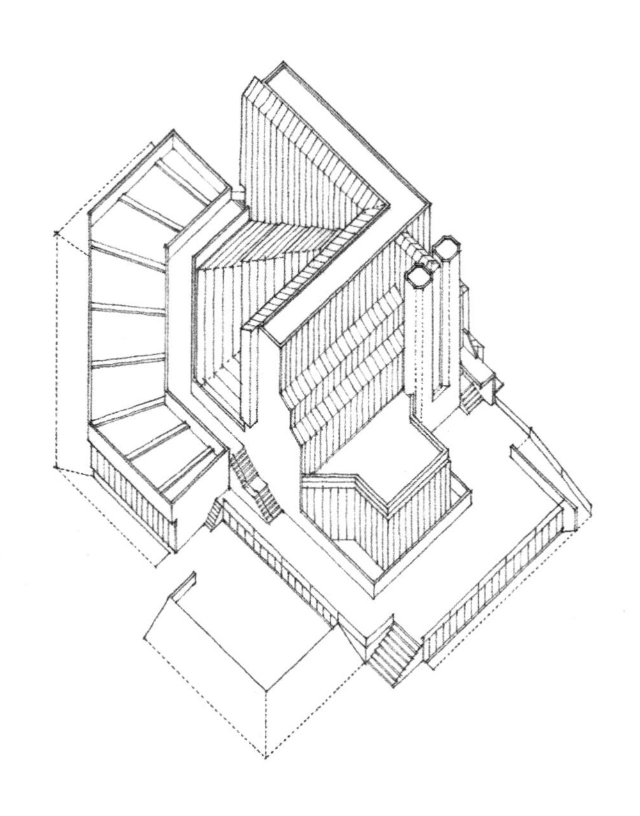

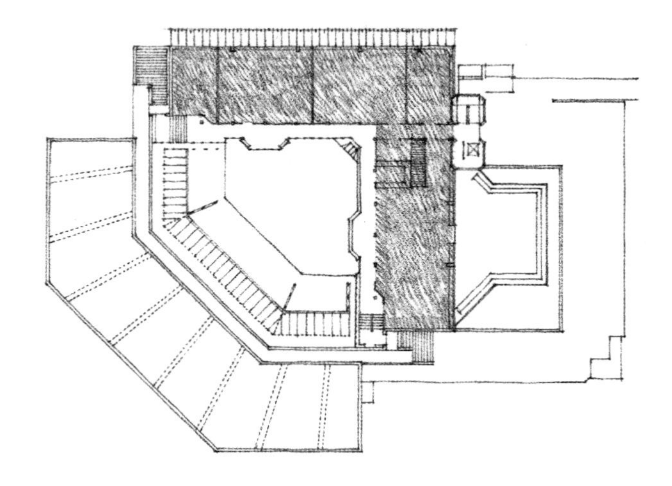

History Faculty Building, **Cambridge University**, England, 1964–1967, James Stirling
历史系大楼，剑桥大学，英格兰，1964—1967，詹姆斯·斯特林

Berlin Building Exposition House, 1931, Mies van der Rohe
柏林建筑展览住宅，1931，密斯・凡德罗

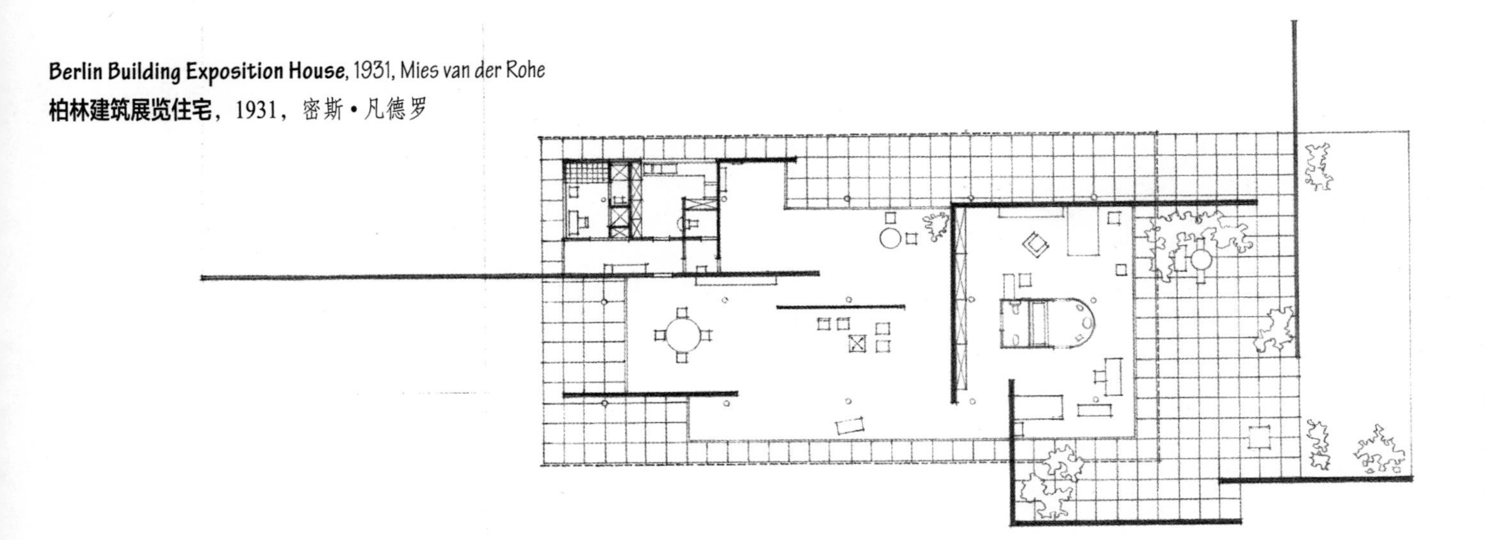

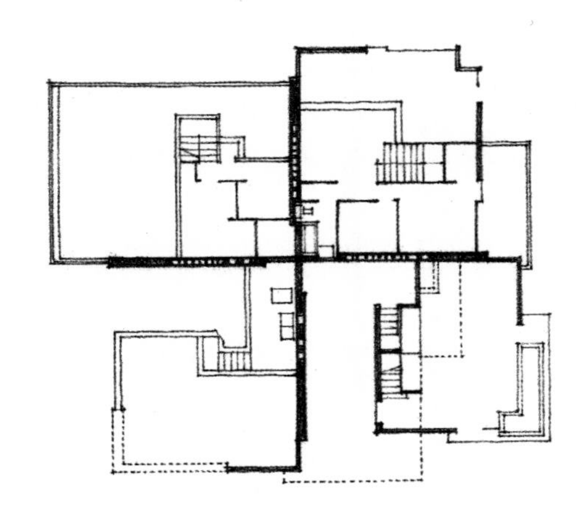

Four-family housing units, **Suntop Homes**, Ardmore, Pennsylvania, 1939, Frank Lloyd Wright
四户居住单元，**桑托普住宅**，阿德莫尔，宾夕法尼亚州，1939，弗兰克・劳埃德・赖特

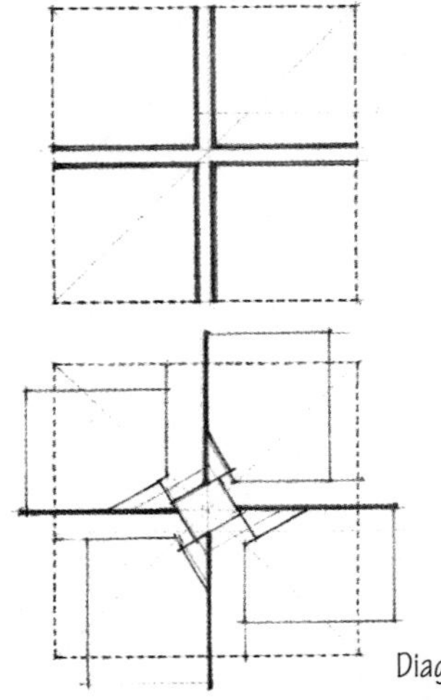

Diagram, **St. Mark's Tower**, New York City, 1929, Frank Lloyd Wright
示意图，**圣马克塔楼**，纽约市，1929，弗兰克・劳埃德・赖特

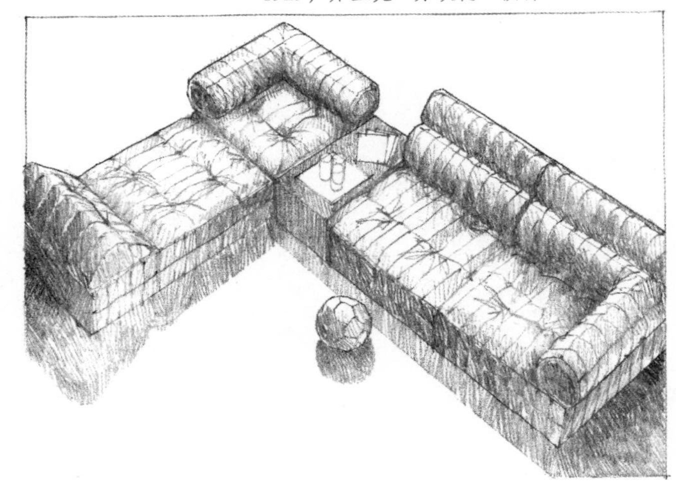

在这些实例中，L 形的墙面把这些单元分成四户住宅的组合，并且既在一栋建筑里划分出不同的区域，也在一个房间里划分出不同的空间。

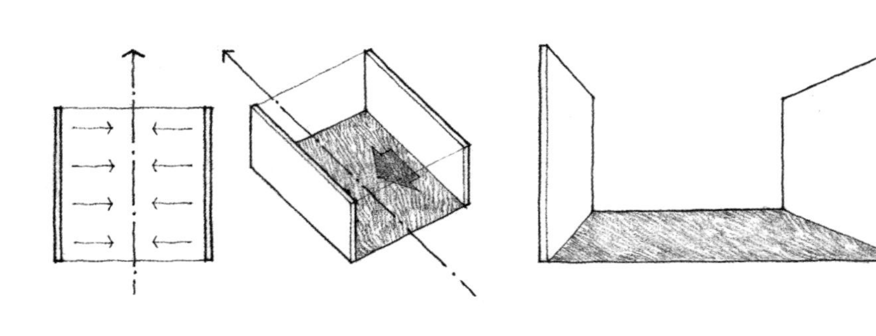

一对平行的垂直面，在它们之间限定出一个空间领域。该领域敞开的两端，是由面的垂直边缘形成的，赋予空间一种强烈的方向感。它的基本方向是沿着这两个面的对称轴的。由于平行面不相交，不能形成交角，也不能完全包围这一领域，所以这个空间是外向性的。

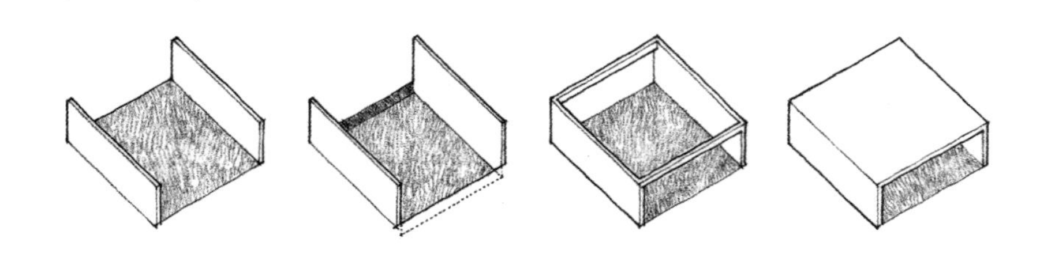

为了限定图形开放端的空间范围，可以通过处理基面或为图形增加顶面要素的方法，使其从视觉上得到加强。

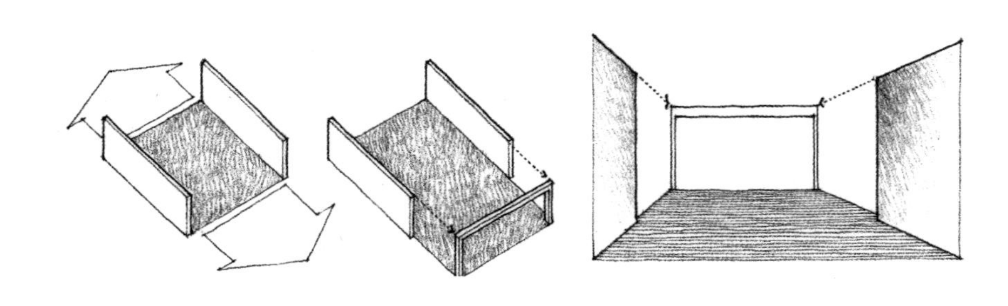

将基面延伸到图形的开放端以外，可以扩大空间领域。反过来，这一延伸的区域可以被一个垂直面终止，只要这个垂直面的高度和宽度与该空间的高度和宽度相等。

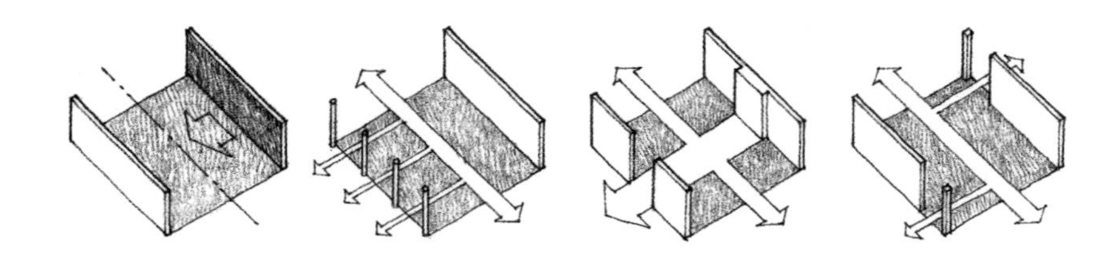

如果一个平行面在形式、色彩或质感上有所变化，不同于另外一个垂直面，那么在这一领域内，垂直于空间走向的方向将产生一个次要轴线。在一个面或两个平行面上的开洞，也会为该区域引进次要轴线，并调整空间的方向性。

建筑中的各种要素，均可视为限定空间领域的平行面：

- 建筑物内一对平行的内墙
- 两座相对的建筑物正立面形成街道空间
- 带有列柱的凉亭或藤架
- 路边是两排树木或绿篱的步道或小径
- 地景中的自然地形

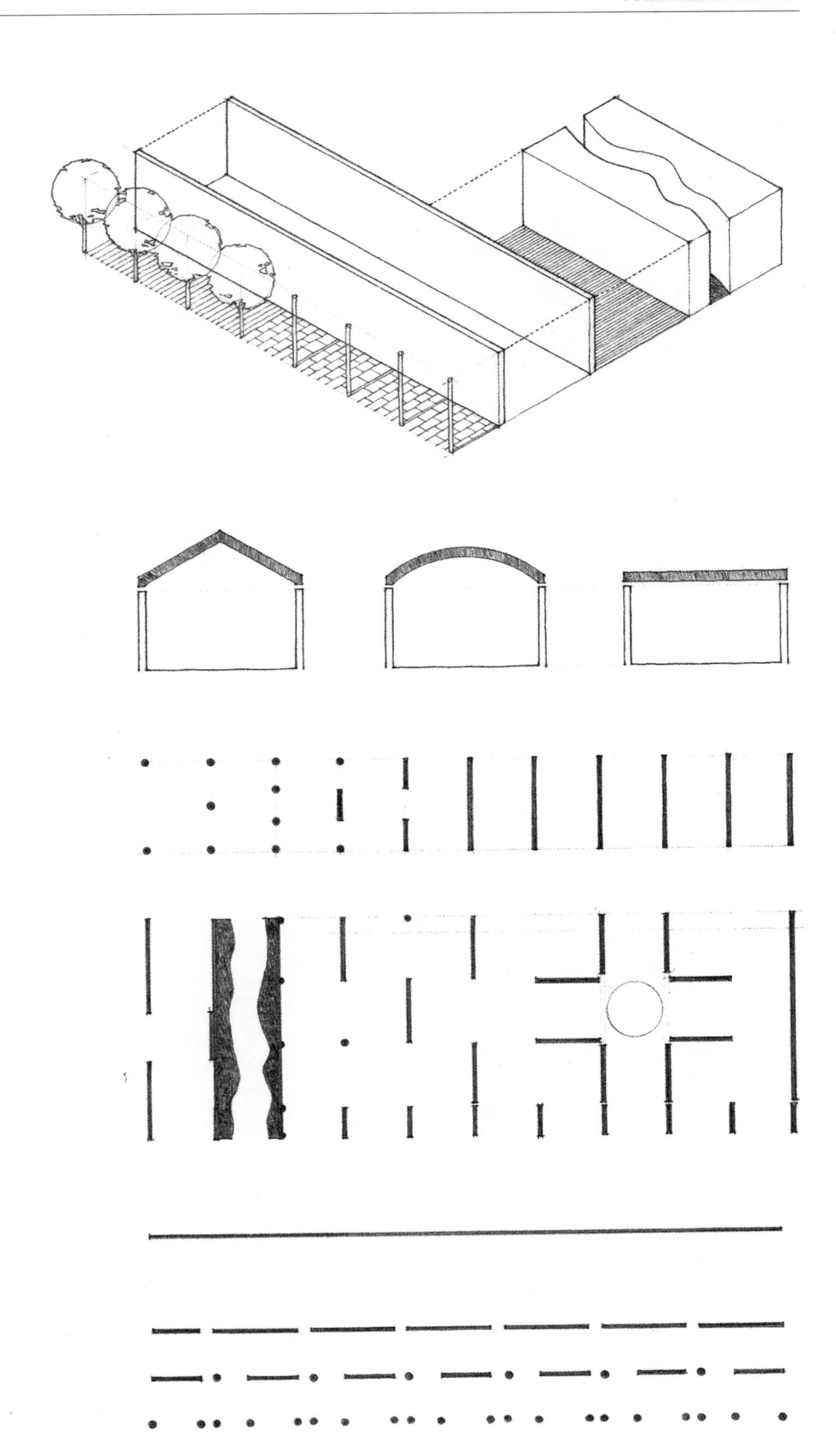

平行垂直面的形象，常常是与承重墙的结构体系相结合的，其中的楼板或屋顶结构跨越两道以上平行承重墙形成的空间。

成组的平行面，可以变成多种多样的造型。通过造型的开放端，或通过平面本身的孔洞，空间领域之间可以互相发生关系。

Nave of the basilican church, **St. Apollinare in Classe**, Ravenna, Italy, 534–539
巴西利卡式教堂的中殿，**克拉赛的圣阿波利纳雷教堂**，拉文纳，意大利，534—539

Champ de Mars, Paris
战神广场，巴黎

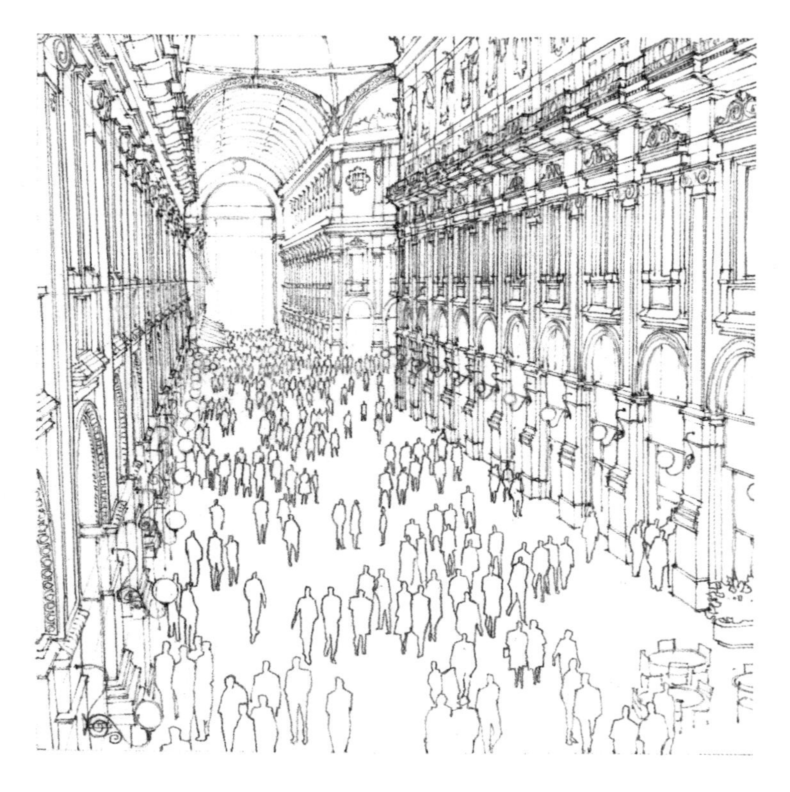

由平面所限定的方向性和空间走向，自然地表现在用于运动与流线的空间中，如城镇的大街小巷。这些线性空间可以由面向空间的建筑立面来限定，也可以由比较通透的面，如柱廊、拱廊或成排的树木来限定。

Galleria Vittorio Emanuelle II, Milan, Italy, 1865–1877, Giuseppe Mengoni
维托里奥·伊曼纽尔二世连廊，米兰，意大利，1865—1877，朱塞佩·曼哥尼

House in Old Westbury, New York, 1969–1971, Richard Meier
在奥德·韦斯特伯里的住宅，纽约州，1969—1971，理查德·迈耶

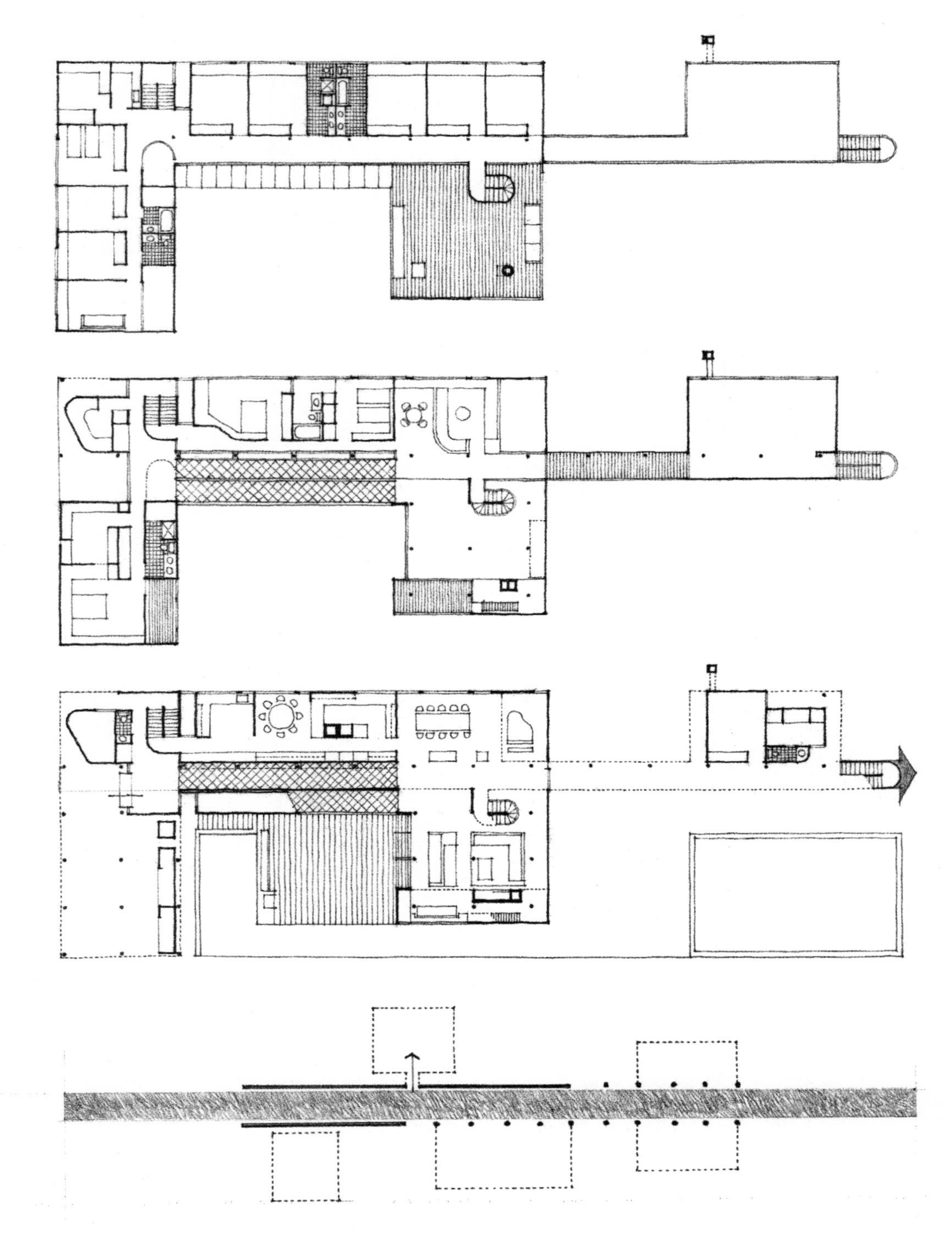
上层平面

中层平面

地面层平面

由平行面所限定的空间走向，沿着走道、厅堂和长廊，自然地与建筑物中的行动路径相吻合。

限定交通空间的平行面，可以是实的，不透明的，为交通轨迹沿线的空间提供私密性。这种面也可以由一排柱子形成，那么，一端或两端都有开口的流线轨迹就变成所穿越空间的一部分。

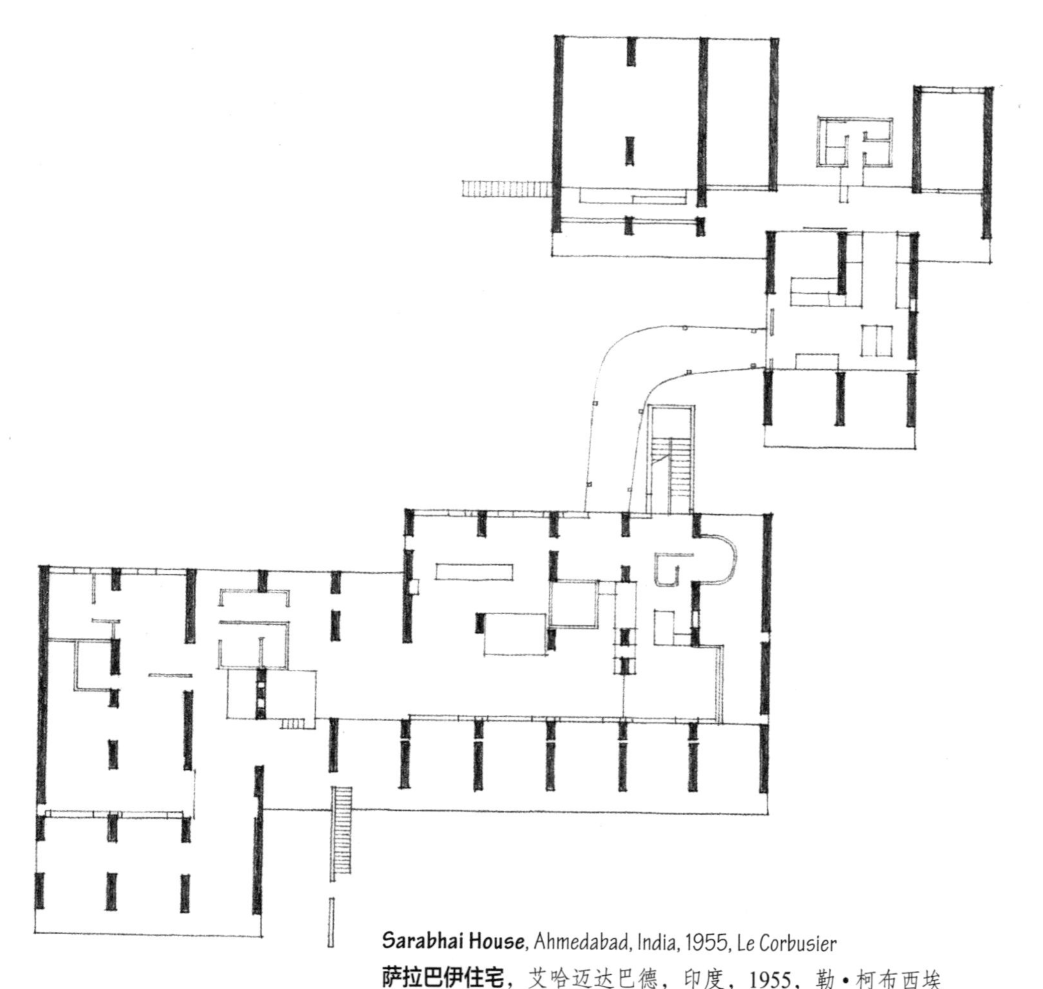

Sarabhai House, Ahmedabad, India, 1955, Le Corbusier
萨拉巴伊住宅，艾哈迈达巴德，印度，1955，勒•柯布西埃

承重墙结构体系中的平行垂直面，可以成为建筑形式与组合背后的动力。可以变化墙面的长度来修饰其重复性的图形，也可以在面上引入空缺，以适应大空间的维度要求。这些空缺也可以限定流线轨迹，并建立起垂直于墙面的视觉关系。

由平行墙面所限定的空间缺口，也可以用间距变化和面的造型来加以调节。

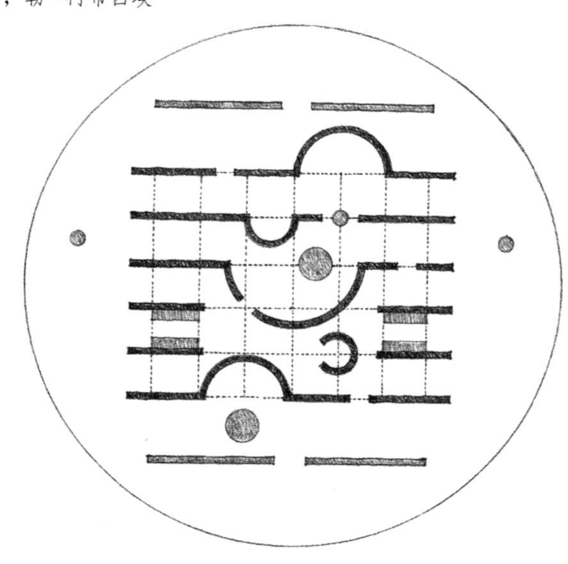

Arnheim Pavilion, The Netherlands, 1966, Aldo van Eyck
阿恩海姆陈列馆，荷兰，1966，阿尔多•范•艾克

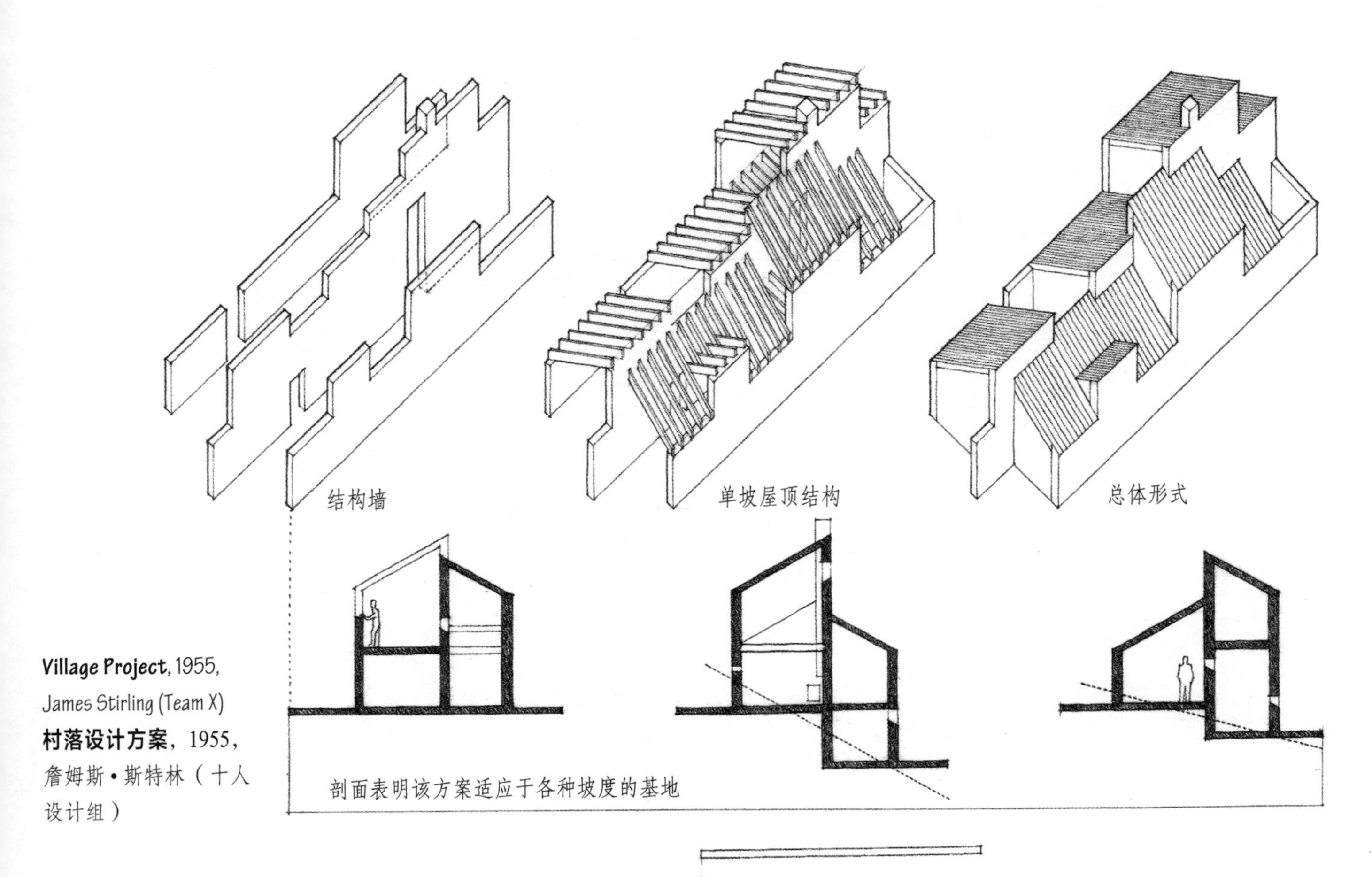

Village Project, 1955, James Stirling (Team X)

村落设计方案，1955，詹姆斯·斯特林（十人设计组）

平行的承重墙常用于多户住宅开发项目中。它们不仅为每个住宅单元的楼板和屋顶提供结构支撑，而且用来分离各个单元，阻断声音的通道并制止火势的蔓延。平行承重墙的模式，特别适于成排的房屋和联排别墅方案，其中每个单元都被赋予了两个走向。

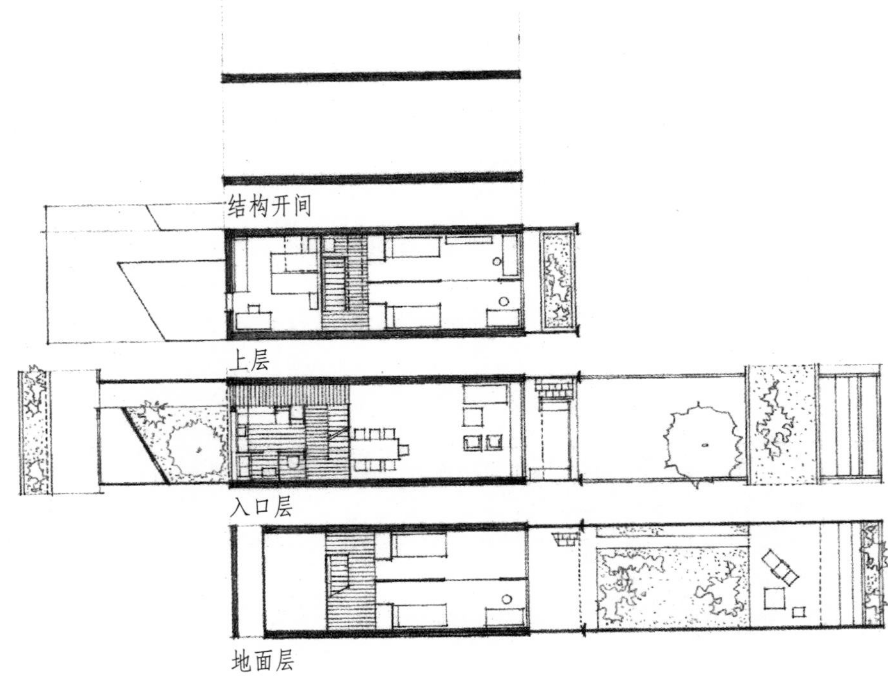

Siedlung Halen, near Bern, Switzerland, 1961, Atelier 5

海伦住宅区，伯尔尼附近，瑞士，1961，第5工作室

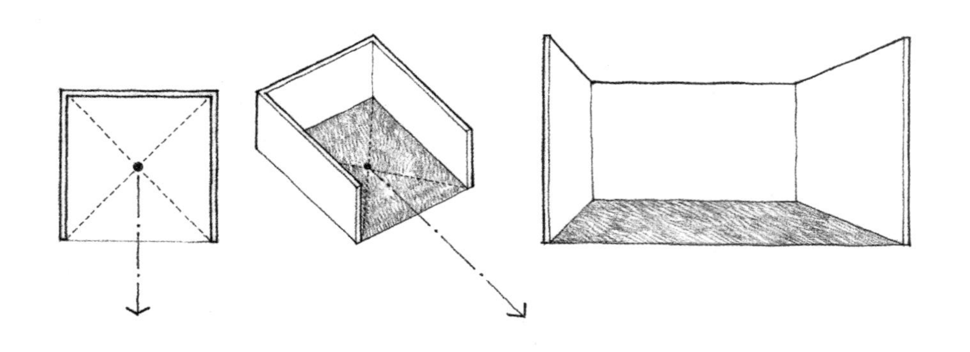

垂直面的U形造型限定一个空间范围，它有一个内向的焦点，同时方向朝外。在造型的封闭端，该范围得到很好地界定。朝着造型的开放端，该领域变得具有外向性。

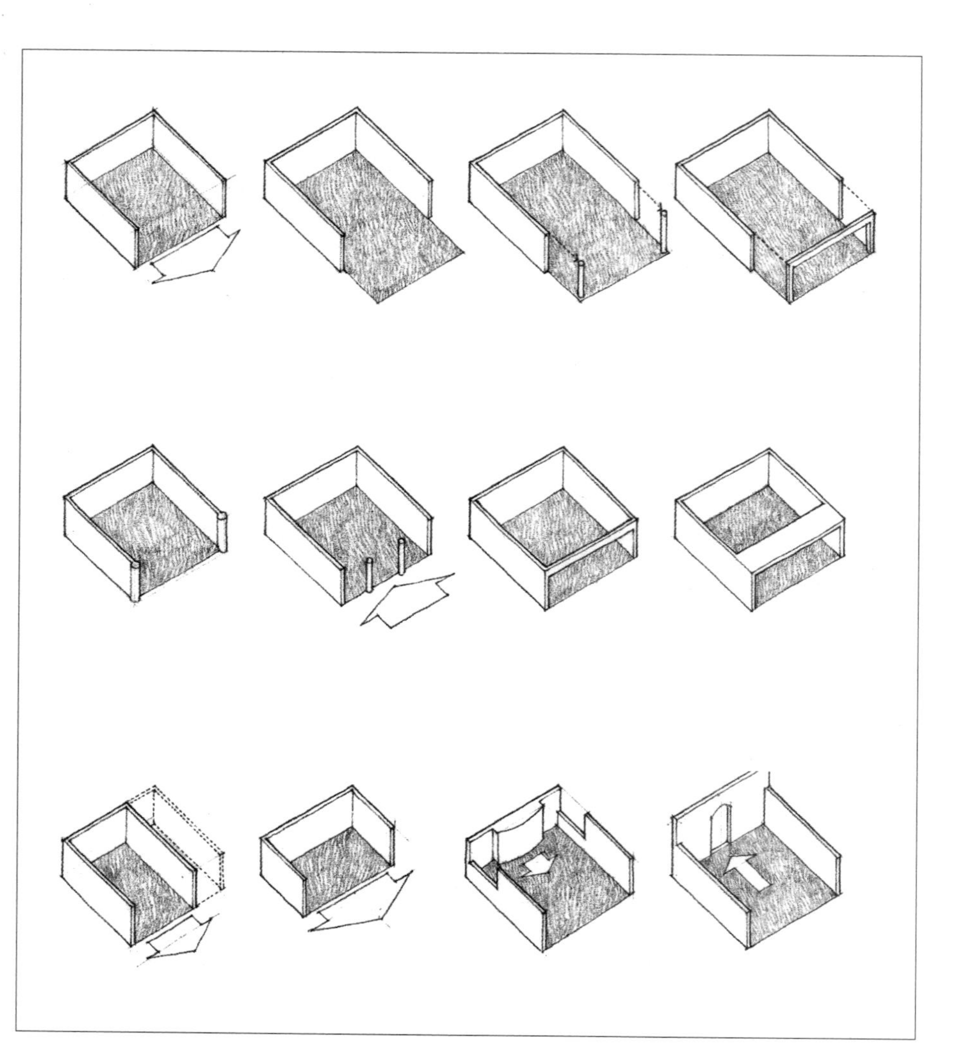

开放端是该造型的基本特征，因为相对于其他三个面而言，开放端具有独特性。它使得该领域与相邻的空间保持视觉上和空间上的连续性。把基面延伸到该造型的开放端以外，则可以在视觉上加强这个空间延伸到相邻空间的感觉。

如果开敞的那个面，前面用柱子或顶部要素进一步限定，那么原有范围的明确性将得到加强，但中断了它与相邻空间的连续性。

如果各个面的造型都为矩形而且总体形式也是矩形的，那么开放端既可沿其窄边，也可在其宽边。不论哪种情形，开放端都将是这一空间范围的基本面；而与开敞端相对的面，将是该造型中三个面的关键要素。

如果在造型的转角处引入开口，将会在多向性与充满动感的领域中产生几个次要地带。

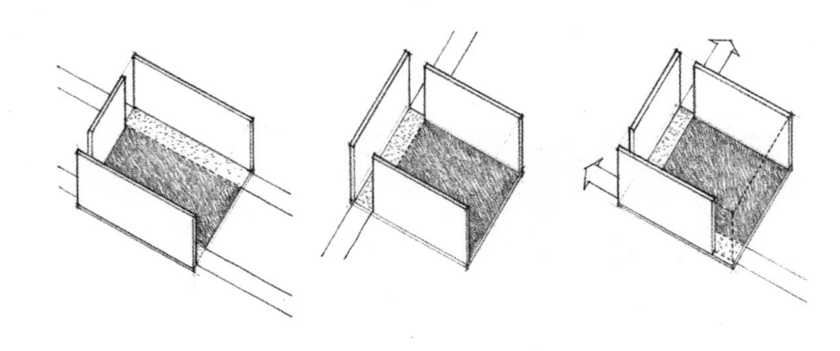

如果穿越该造型的开放端进入该领域，那么对着开放端的面或前面放置的形体将结束我们在该空间中的视野。如果穿越某一面上的开口进入该领域，那么开放端以外的景象将会抓住我们的注意力，并结束序列。

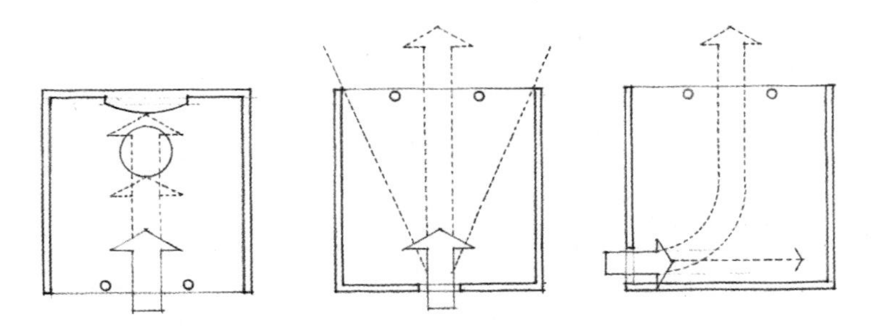

如果一个狭长领域的端部被打开，该空间将会促使运动，并导致一系列连续的或序列化的结果。如果该领域是正方形的或接近正方形的，该空间将会是静止的，并具有可以居于其中的场所特征，而不是一个穿越的空间。如果某个狭长领域的边被打开，那么这个空间将很容易地进一步划分成一些地带。

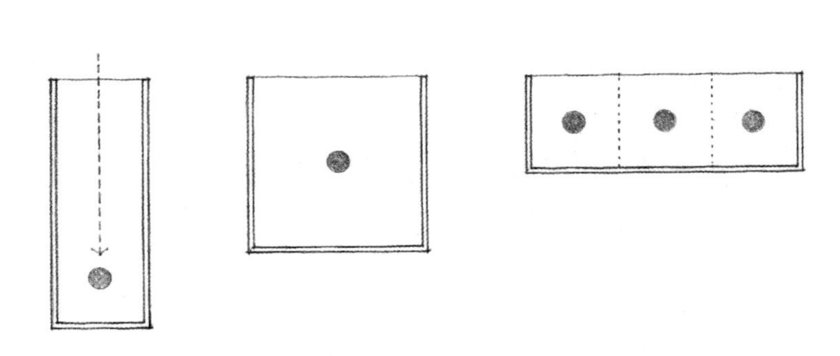

建筑形体的 U 形造型与组合，在围合与限定室外空间方面具有天然的能力。可以看出，它们的构图本质上是由线性形体组成的。该构图的转角处可以被明确地表达为独立的要素，或者被结合到线性形体的体量之中。

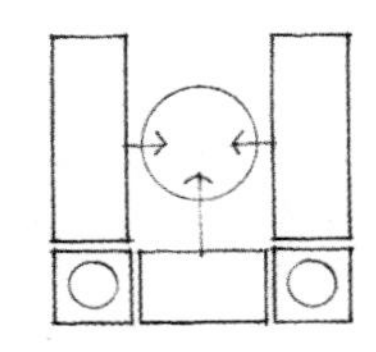

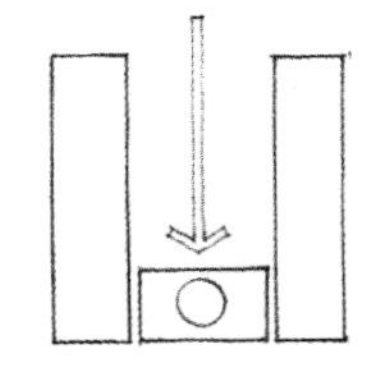

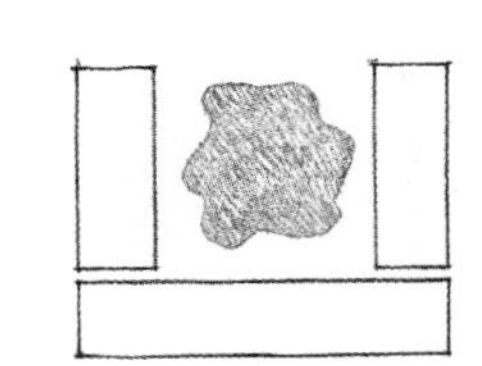

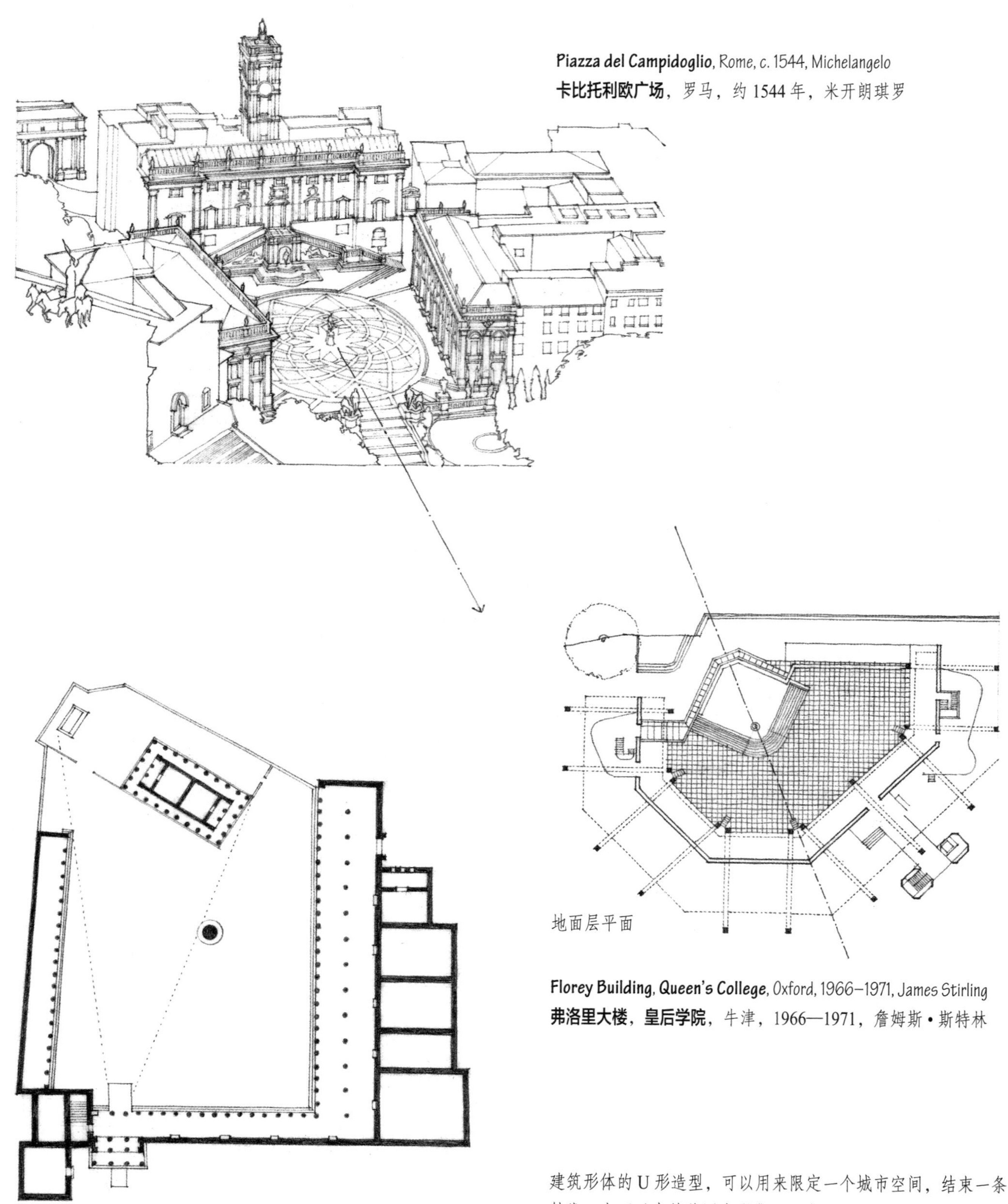

Piazza del Campidoglio, Rome, c. 1544, Michelangelo
卡比托利欧广场，罗马，约1544年，米开朗琪罗

Florey Building, Queen's College, Oxford, 1966–1971, James Stirling
弗洛里大楼，皇后学院，牛津，1966—1971，詹姆斯·斯特林

Sacred Precinct of Athena, Pergamon, Asia Minor, 4th century B.C.
雅典娜的圣地，佩加蒙，小亚细亚，公元前4世纪

建筑形体的U形造型，可以用来限定一个城市空间，结束一条轴线。也可以在其范围内聚焦于一个重要的或具有重大意义的要素。当某一要素沿着该领域的开放端布置的时候，它就形成了这一领域的焦点，并且有一种很强的围护感。

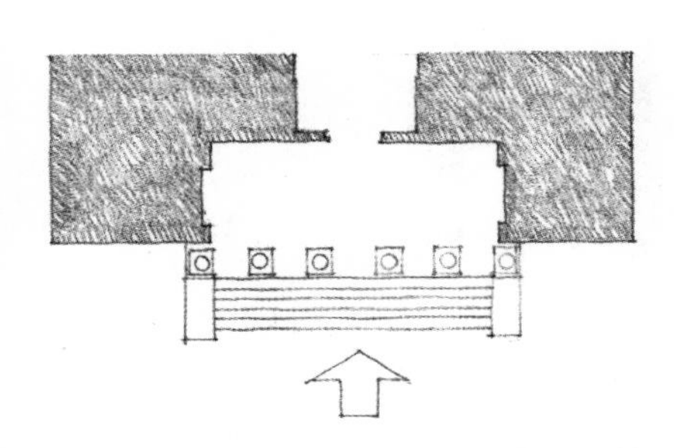

U 形组合可以限定一个通向建筑物入口的前院，同时形成建筑入口处的休息空间。

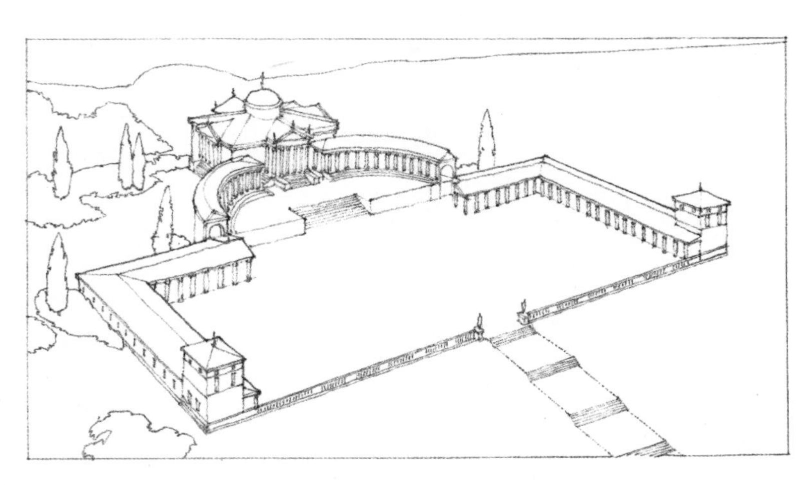

Villa Trissino at Meledo, From *The Four Books on Architecture*, Andrea Palladio
梅莱多的特里西诺别墅，选自《建筑四书》，安德烈•帕拉迪奥

U 形的建筑形体也可以当做一个容器，在它所包容的空间范围内，可以组织空间与形体的组团。

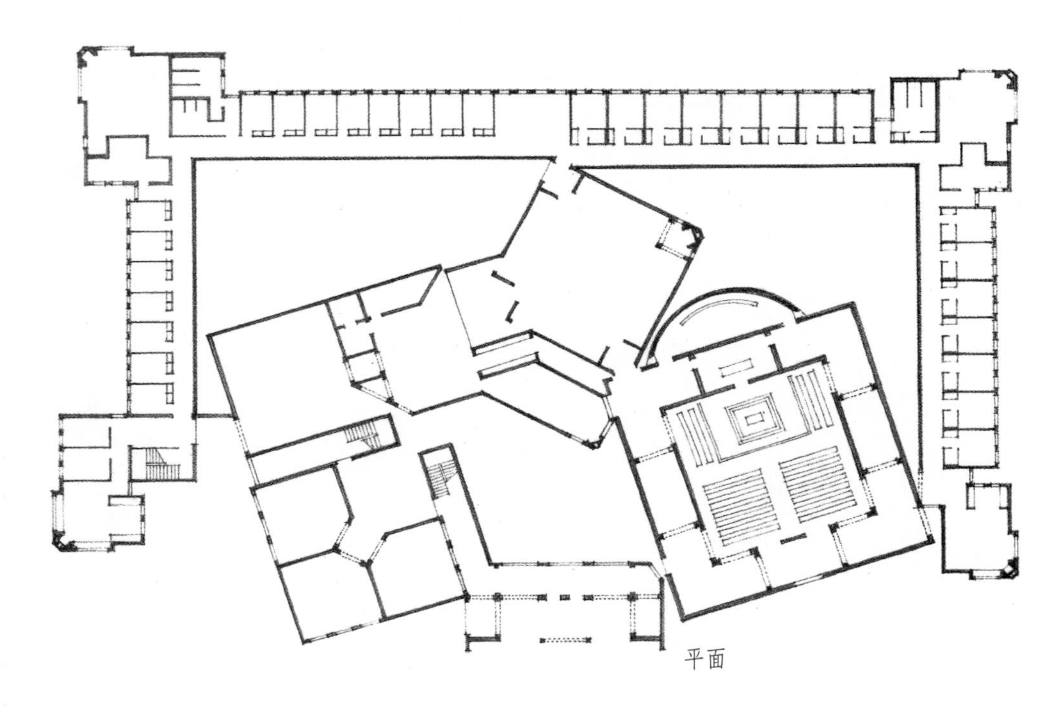

平面

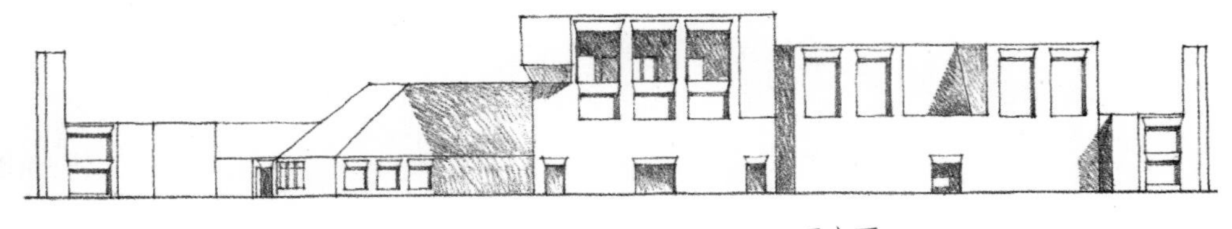

正立面

Convent for the Dominican Sisters (project), Media, Pennsylvania, 1965–1968, Louis Kahn.
多明我修女会修道院（方案），梅迪亚，宾夕法尼亚州，1965—1968，路易•康
修道院的房间围起社区用房构成的村落

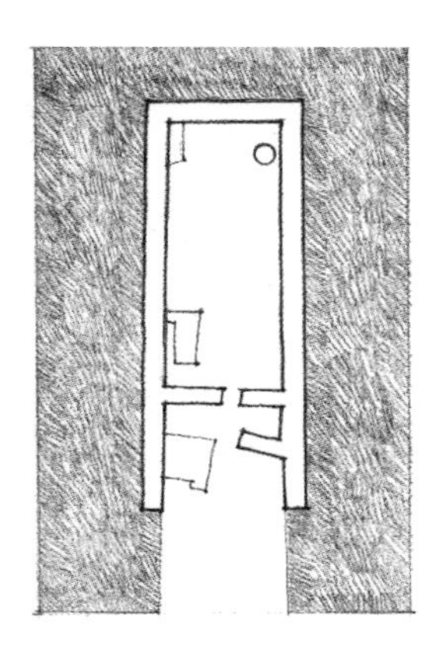

Early Megaron Space
Principal room or hall of an early Anatolian or Aegean house
早期的中室空间
早期安纳托利亚或爱琴住宅的厅或主要房间

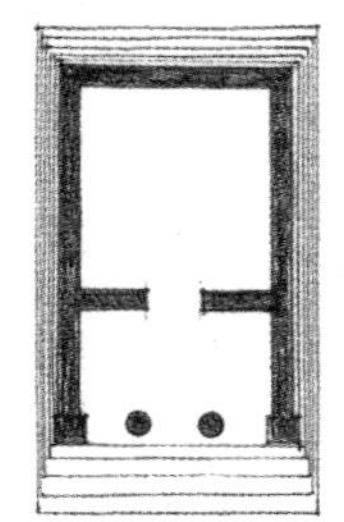

Temple of Nemesis, Rhamnus
涅墨西斯（复仇女神，又称“拉姆诺斯”）**神庙**

Plans of Greek Temples
5th–4th centuries B.C.
希腊神庙的平面
公元前 5 世纪—公元前 4 世纪

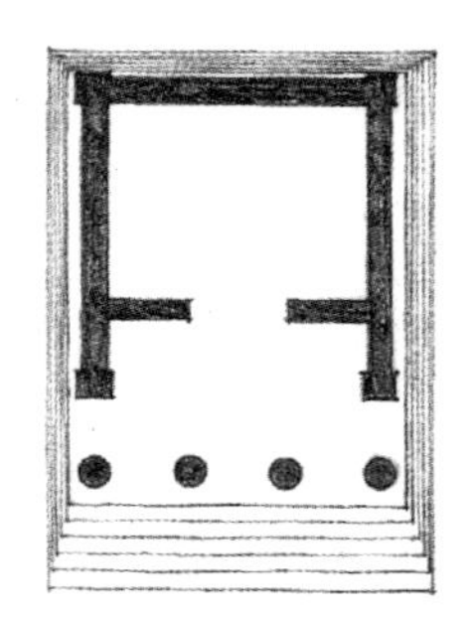

Temple “B,”
Selinus
“B”神庙，
塞利诺斯

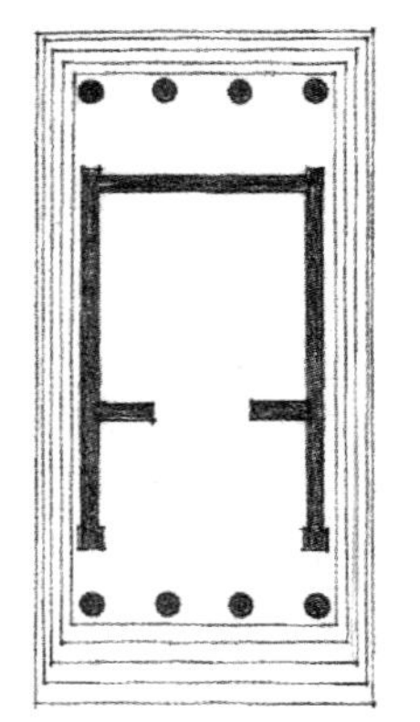

Temple on the Ilissus,
Athens
伊利索斯河畔的神庙，
雅典

室内空间的 U 形围合具有明确的方向性，指向开放端。这些 U 形的围合空间，能够围绕一个中央空间成群布置，从而形成一种内向的组合。

阿尔瓦•阿尔托设计的奥塔涅米学生旅馆，表明在双重荷载的宿舍、公寓和旅馆的设计方案中，运用 U 形围合来限定基本的空间单元。这些单元都是外向的。它们背朝走廊，本身则朝向外部环境。

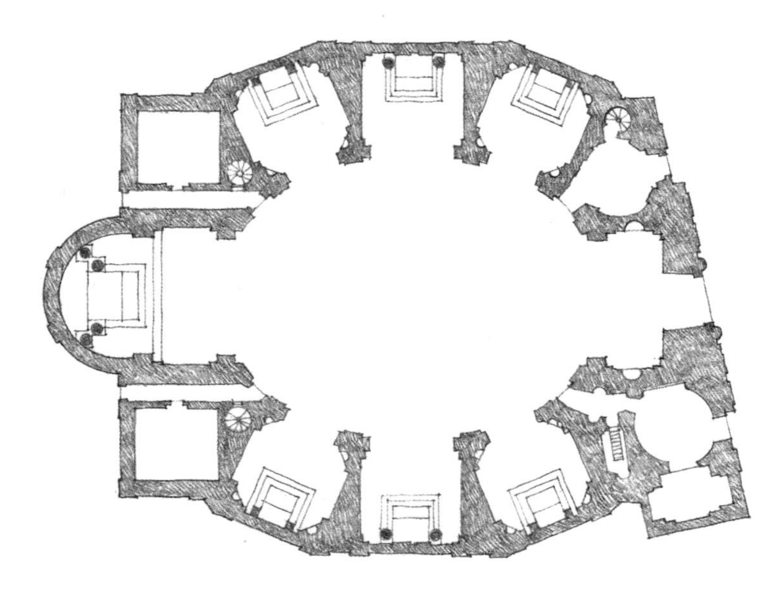

Sketch of an Oval Church by Borromini, *Genesis of San Carlo Alle Quattro Fontane*
博洛米尼所作的椭圆形教堂草图，圣卡洛四泉源教堂

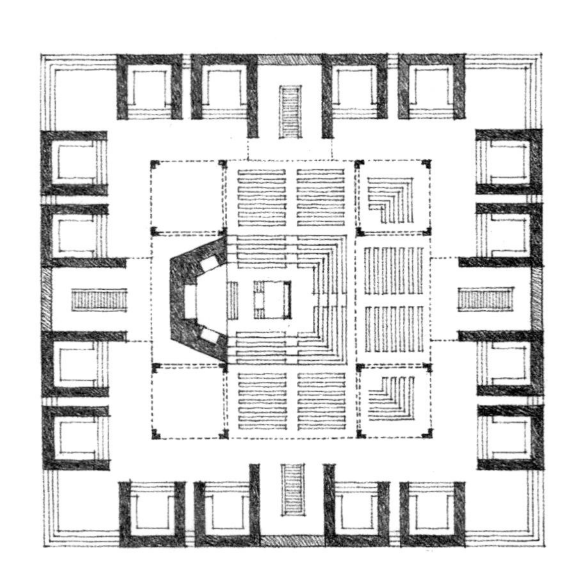

Hurva Synagogue (project), Jerusalem, 1968, Louis Kahn
胡瓦犹太教堂（方案），耶路撒冷，1968，路易•康

墙中的壁龛

空间的U形围合，可以在尺度上有很大变化，从房间中墙内的壁龛，到旅馆或宿舍的房间，以至带有拱廊的室外空间，组成一个完整的建筑综合体。

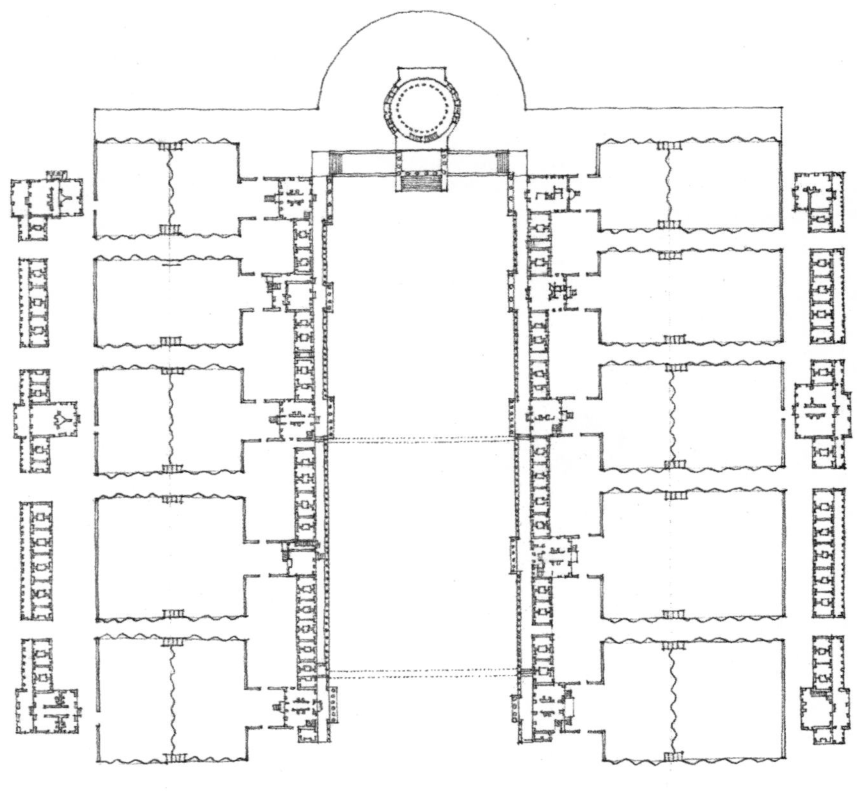

University of Virginia, Charlottesville, Virginia, 1817–1826, Thomas Jefferson with Thornton and Latrobe

弗吉尼亚大学，夏洛茨维尔，弗吉尼亚州，1817—1826，托马斯•杰弗逊、桑顿与拉特罗布

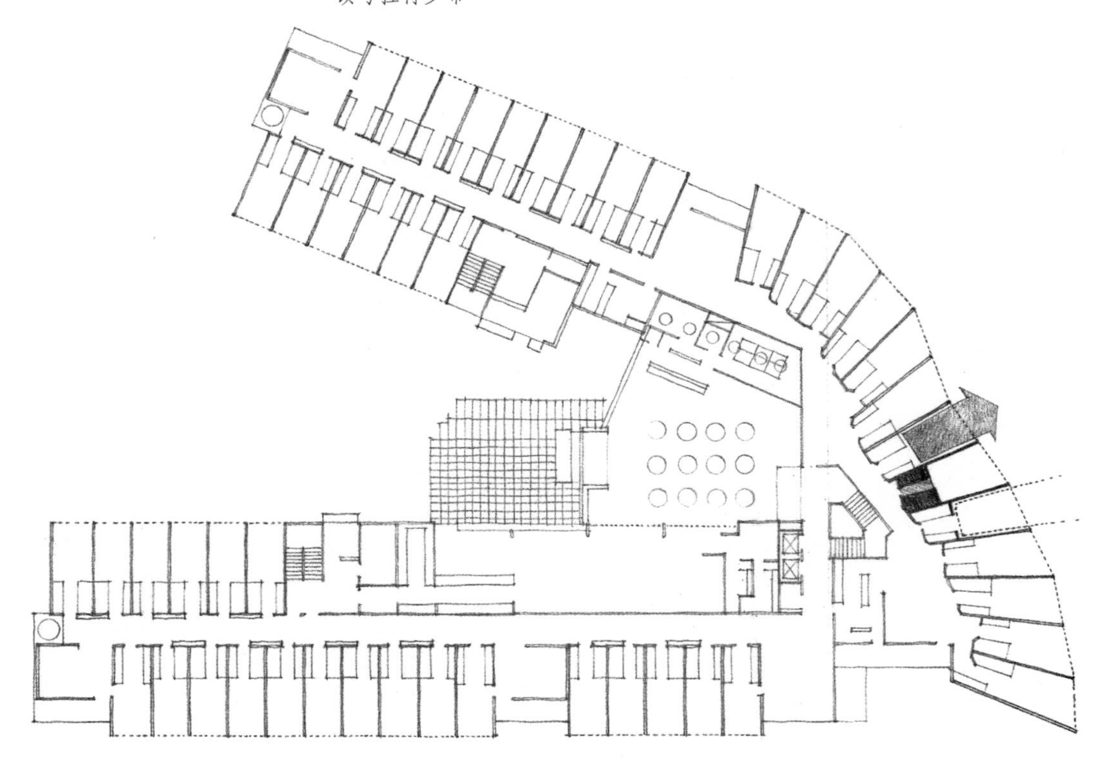

Hotel for Students at Otaniemi, Finland, 1962–1966, Alvar Aalto

奥塔涅米的学生旅馆，芬兰，1962—1966，阿尔瓦•阿尔托

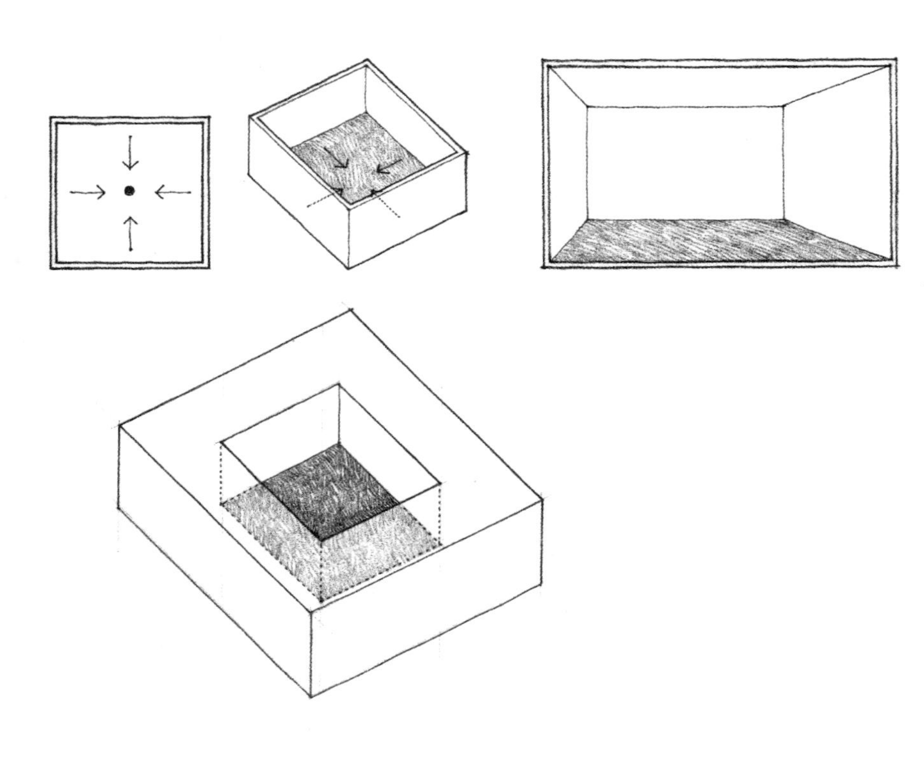

四个垂直面围绕一个空间领域，大概这是建筑空间限定方式中最为典型的，当然也是限定作用最强的类型。由于该领域被完全地围合起来，所以它的空间自然是内向的。为了在一个空间中获得视觉上的支配地位，或者成为空间的主要立面，其中一个围合面可以在尺寸、形式、表面接合方式或开洞的种类等方面不同于其他面。

明确限定并围合的空间领域，在各种尺度的建筑物中都可以找到，从大型的城市广场，到庭院或中庭空间，以至建筑综合体中的独立厅、室。这里和随后几页的实例，说明了闭合空间领域在城市尺度和建筑尺度中的运用。

以往，为了突出一个立于闭合之中，作为目标的神圣建筑或重要建筑，四个面常被用来限定一个视觉范围或空间领域。用于闭合的面可以是堡垒、墙体或栅栏，它们分离出一个区域，并把周围要素排除在这一区域之外。

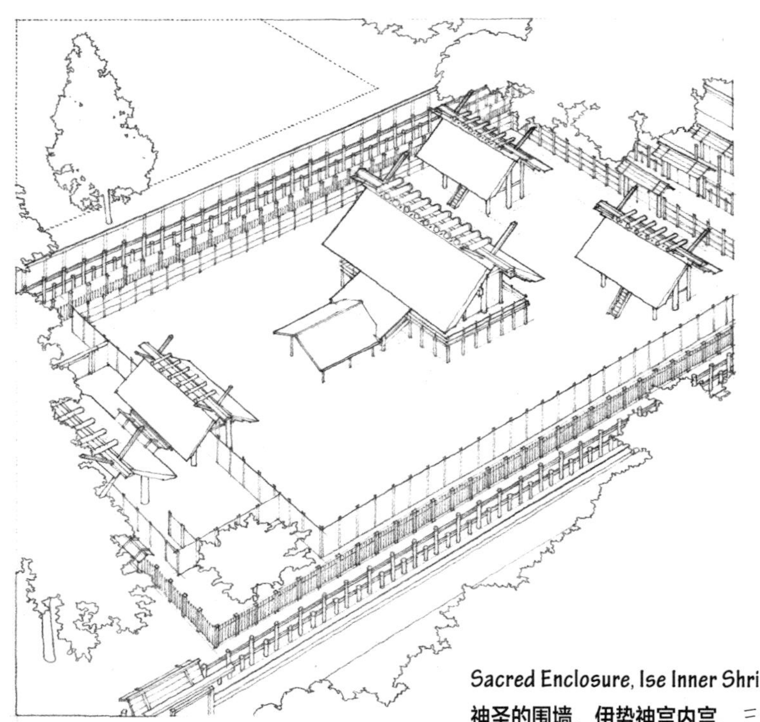

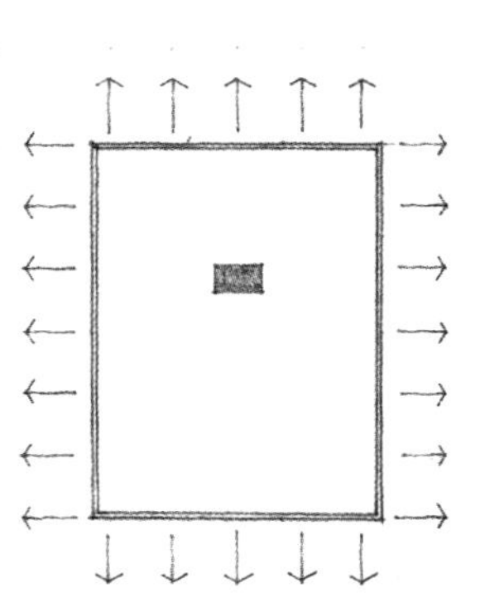

Sacred Enclosure, Ise Inner Shrine, Mie Prefecture, Japan, reconstructed every 20 years since A.D. 690.
神圣的围墙，伊势神宫内宫，三重县，日本，从公元 690 年开始，每隔 20 年重建一次。

在城市脉络中，一个限定的空间区域，能够沿其周边组织一系列的建筑物。围合部分可能包括拱廊或柱廊的空间，这些空间有利于增进其领地对周围建筑的包容感，同时使它们所限定的空间充满活力。

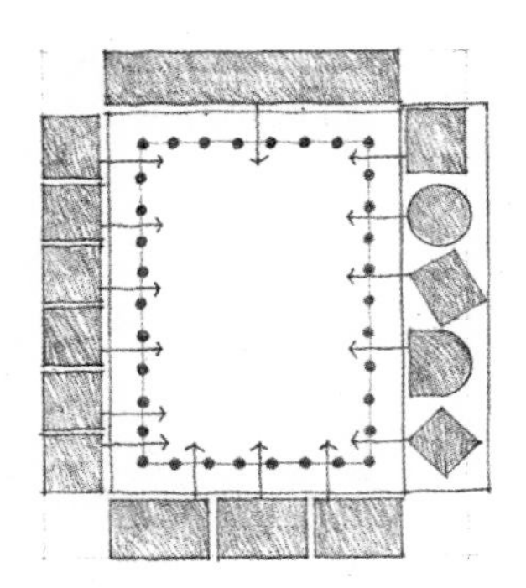

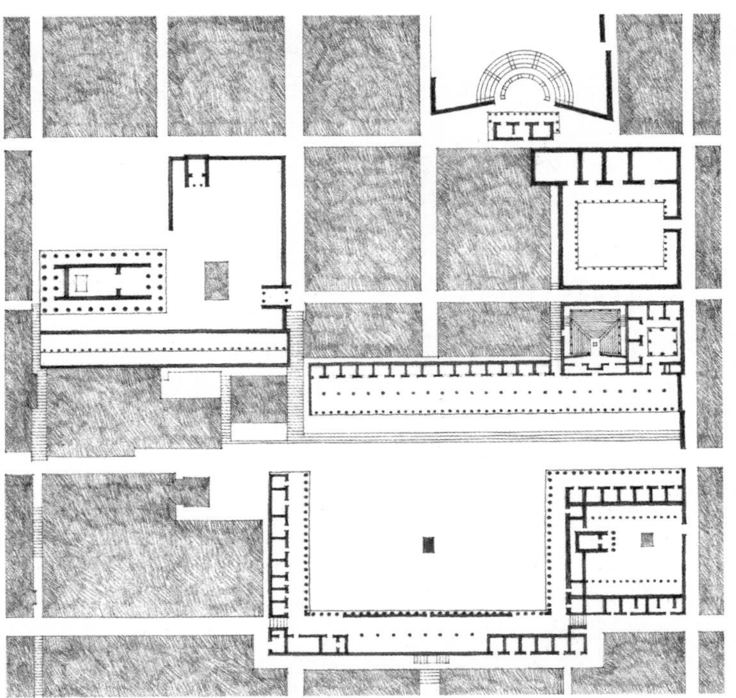

Plan of the Agora at Priene and its surroundings, 4th century B.C.

普里恩的市场平面及其周围环境，公元前 4 世纪

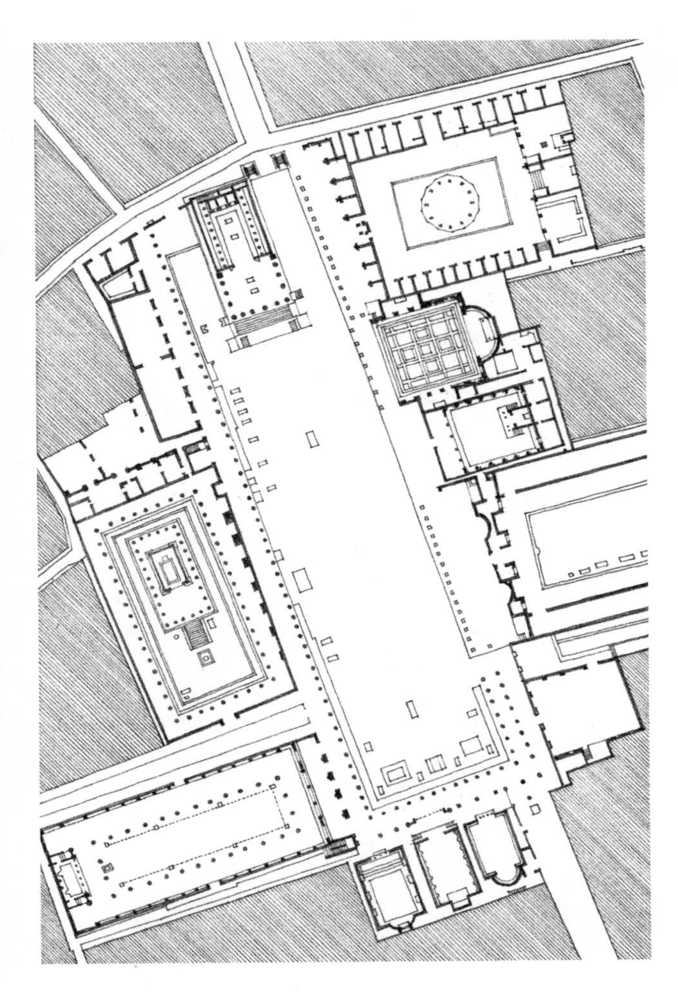

Forum at Pompeii, 2nd century B.C.

庞培的公共集会场所，公元前 2 世纪

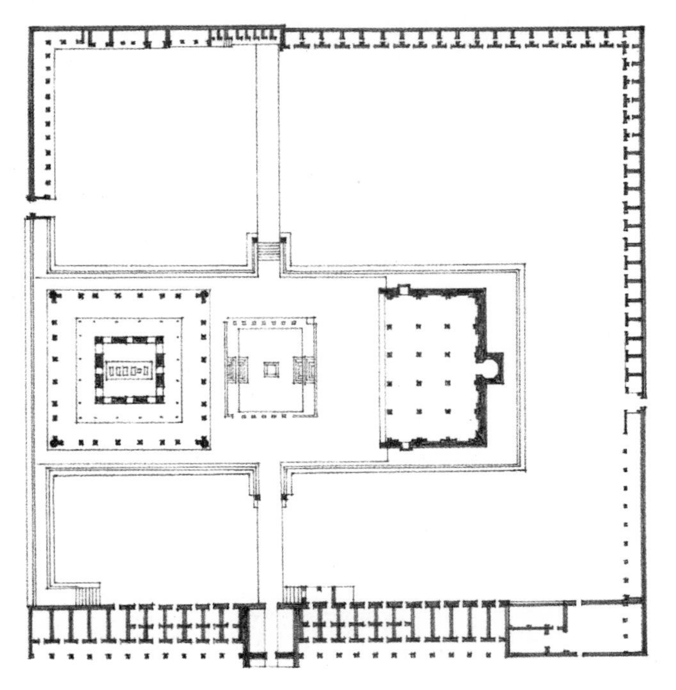

Ibrahim Rauza, Tomb of Sultan Ibrahim II, Bijapur, India, 1615, Malik Sandal

易卜拉欣·劳萨，易卜拉欣二世苏丹的陵墓，比贾普尔，印度，1615，马利克·山德尔

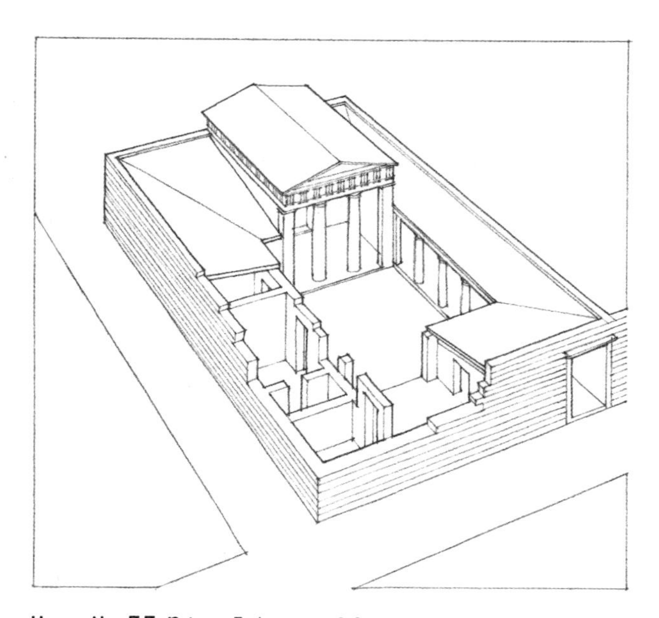

House No. 33, Priene, 3rd century B.C.
33 号住宅，普里恩，公元前 3 世纪

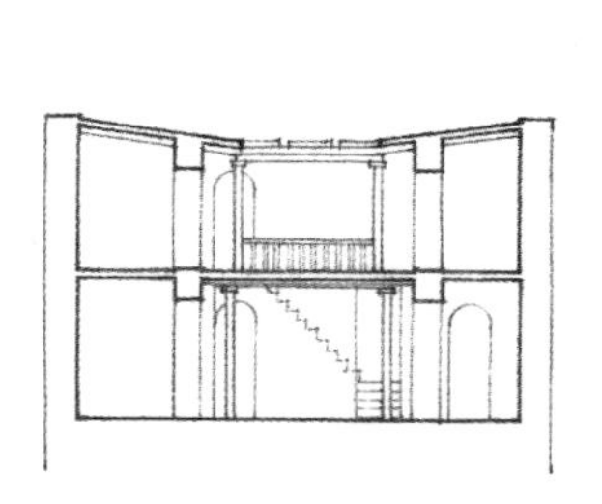

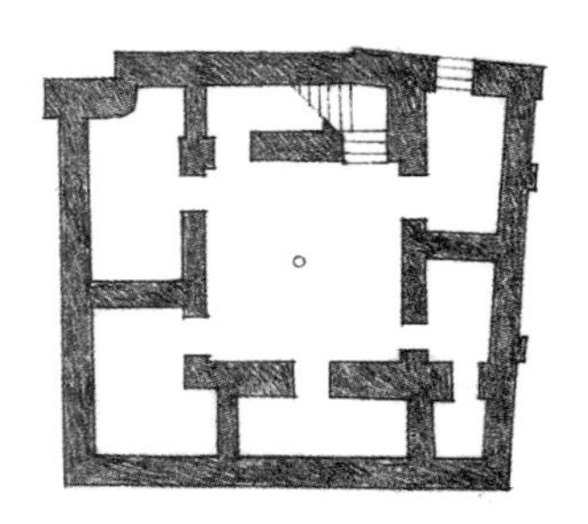

House, Ur of the Chaldees, c. 2000 B.C.
住宅，迦勒底的乌尔，约公元前 2000 年

这两页上的例子说明，如果运用围合起来的空间体积作为秩序要素，那么围绕这些要素，建筑空间就能够聚合成群组并得到有效组织。这些经过组织的空间，一般具有如下特征：向心性、明确限定、形体规则并且居于主导地位的尺度。在这里，这些特征表现在住宅建筑的中庭空间、意大利府邸的拱廊内院、希腊神庙的围廊、芬兰市政厅的庭院以及修道院的回廊。

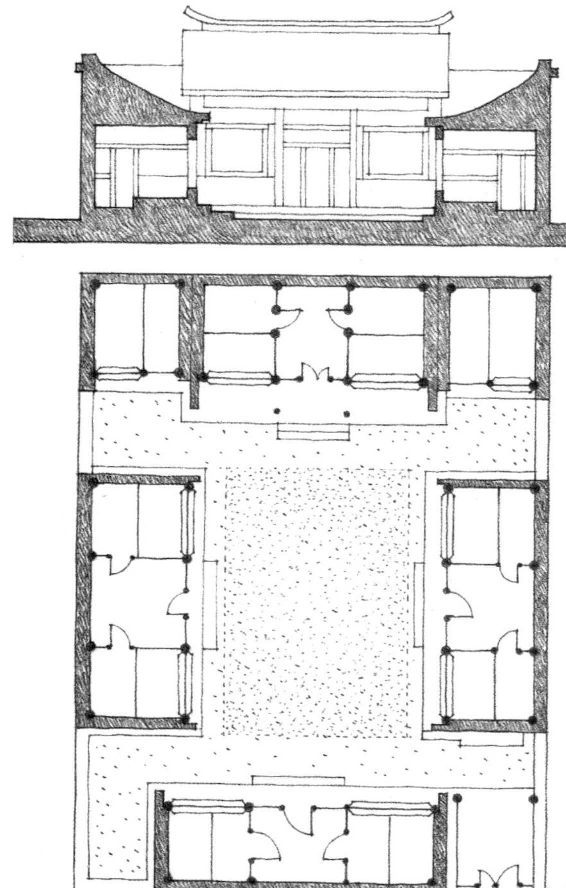

Traditional Chinese Patio House
传统的中国四合院住宅

Palazzo Farnese, Rome, 1515, Antonio da Sangallo the Younger
法尔尼斯府邸，罗马，1515，小安东尼奥·达·桑迦洛

Enclosure of the Shrine of Apollo Delphinios, Miletus, c. 2nd century B.C.
阿波罗海豚神殿的围护物，米勒图斯，约公元前 2 世纪

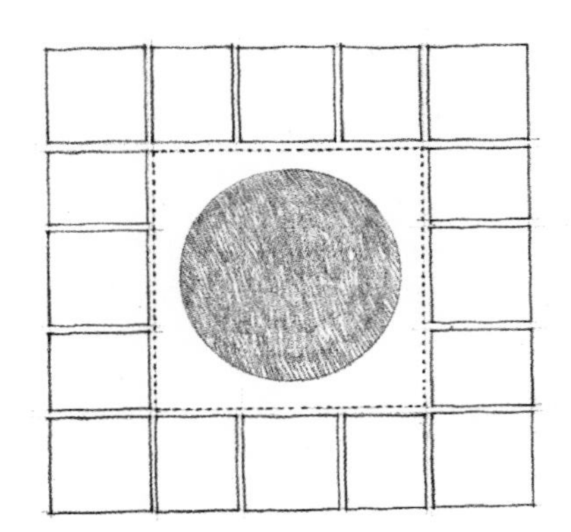

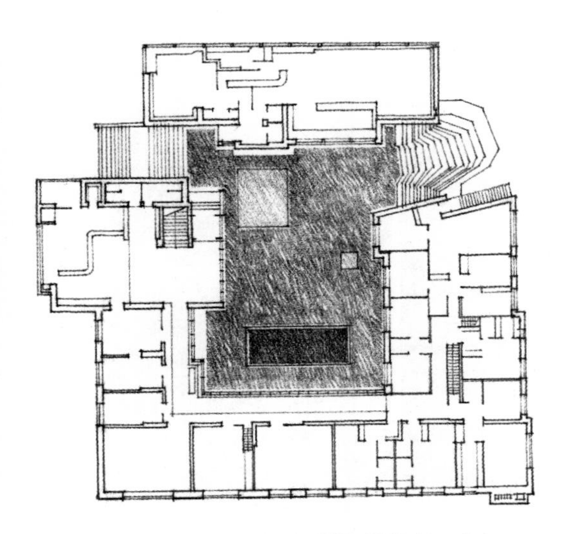

Town Hall, Säynätsalo, Finland, 1950–1952, Alvar Aalto
市政厅，赛纳特萨罗，芬兰，1950—1952，阿尔瓦•阿尔托

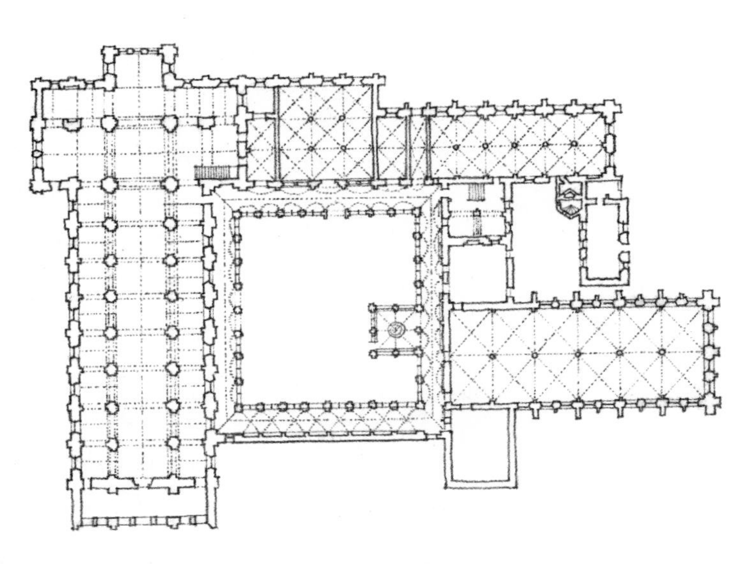

Fontenay Abbey, Burgundy, France, c. 1139
方特内修道院，勃艮第，法国，约 1139 年

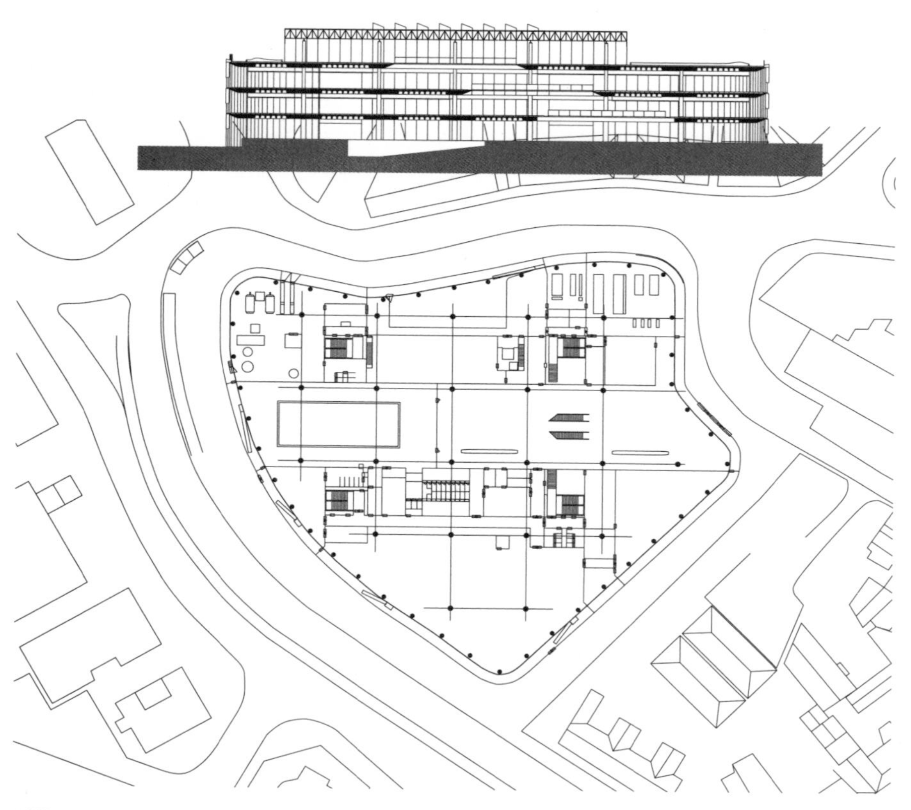

Willis, Faber & Dumas Headquarters, Ipswich, England, 1971–1975, Foster + Partners

威尔斯，费伯和杜马斯总部办公楼，伊普斯威奇，英格兰，1971—1975，福斯特及合伙人事务所

本书第 129 ~ 131 页已经说明了架空屋面或屋顶平面是如何主宰建筑形式的。相反，另外一些建筑可以看做是由外表形式、围合的墙面来控制的。外墙在很大程度上决定了一栋建筑的视觉特征，无论这些外墙是厚重不透明的承重墙，还是梁柱等结构框架支撑的轻质透明的非承重幕墙，或者两种承重方式兼而有之。

从承重墙结构到框架结构的变迁，已经带来了超越静态的、永恒的基本要素的新形式——即超越了由梁、柱和承重墙构成的、固化于时空中的稳定结构。在稳定状态和可视性方面，线性几何与垂直规则的理性形式已被不规则结构技术的发展而改写，新形式强调张力和摩擦力，而不是压力。我们会看到以下新形式，如：建筑模仿地形、将建筑本身朝向景观、拥抱阳光以及远离寒风和暴风雨天气。

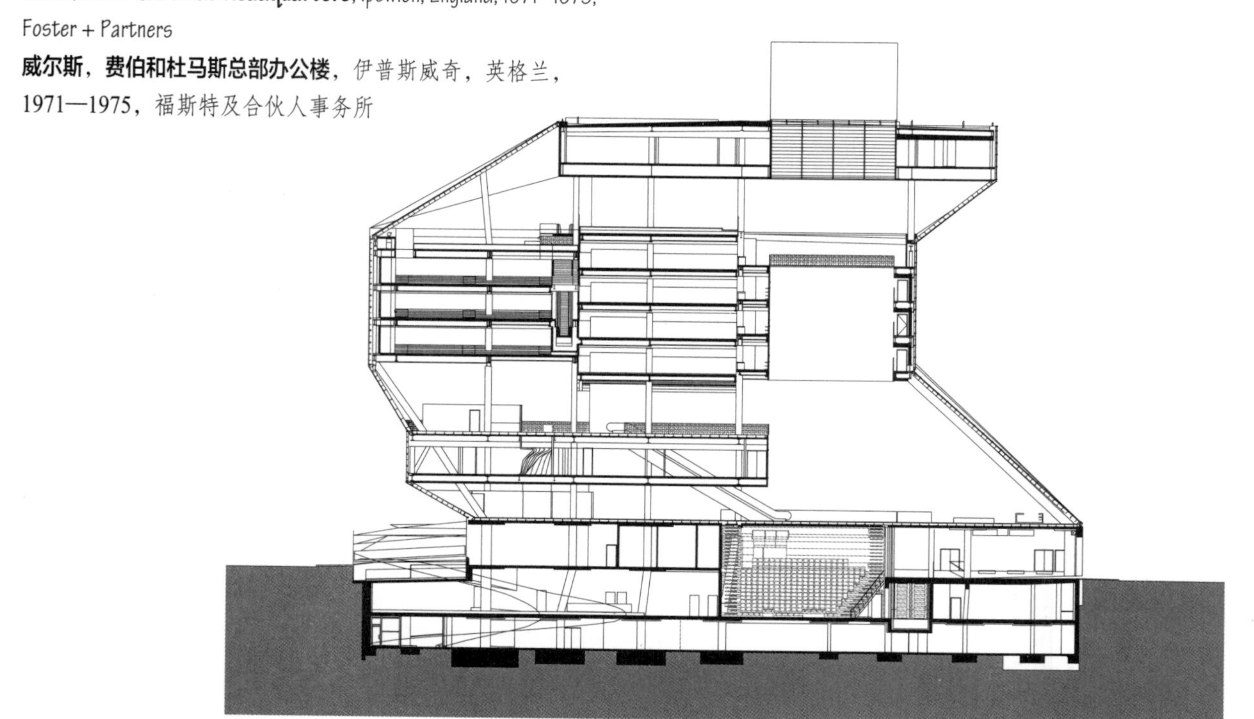

Seattle Public Library, Seattle, Washington, 2004, OMA

西雅图公共图书馆，西雅图，华盛顿州，2004，OMA 事务所

在建筑形式的发展进程中，材料与技术的进步对于建筑表皮与结构的分离也发挥了重要作用。

结构玻璃幕墙将结构与表皮整合在一起，为建筑提供了最大程度的透明性。其形式会发生变化，透明的玻璃面板在幕墙结构体系的支撑下能够跨越楼层，幕墙结构体系完全暴露而且与建筑的基本结构区别明显。

很多幕墙结构体系采用桁架或桁架支撑体系，可以向内或向外倾斜，随着平面或剖面的曲面几何形状变化。有些采用玻璃杆件垂直于玻璃立面设置，提供侧向支撑。

网壳是形式活跃的结构形式，从双曲表面的几何形体中获得支撑强度。该系统采用面内预应力杆件构成的网络为网状薄壳提供稳定性和抗剪切能力。拱形的、穹顶状的以及其他双曲面形态的构图可用于建筑顶面或垂直面，也可用来形成整体的建筑围护结构。

Des Moines Public Library, Des Moines, Iowa, 2006, David Chipperfield Architects
得梅茵公共图书馆，得梅茵，衣阿华州，2006，戴维·奇普菲尔德建筑师事务所

London City Hall, London, England, 1998–2003, Foster + Partners
伦敦市政厅，伦敦，英格兰，1998—2003，福斯特及合伙人事务所

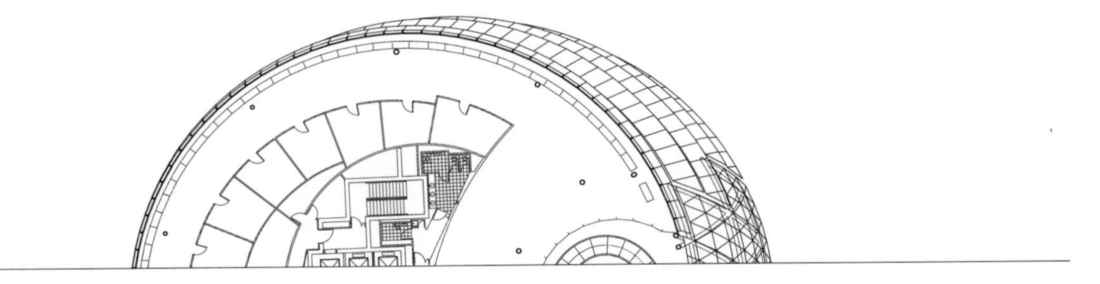

斜交网格结构是指构件相交于特别的节点，在建筑表面创建一个斜线网格。斜交构件通过三角图形能够承受重力和侧向荷载，从而得到相对均匀的荷载分布。这种外骨架结构有可能减少内部支撑构件数量，节省空间和建筑材料并为内部格局提供最大的灵活性。并且，看似每条斜边都提供了落地的连续荷载路径，由于荷载路径存在多种可能性，所以万一出现局部结构失效的情况，也能获得很大程度的安全保证。

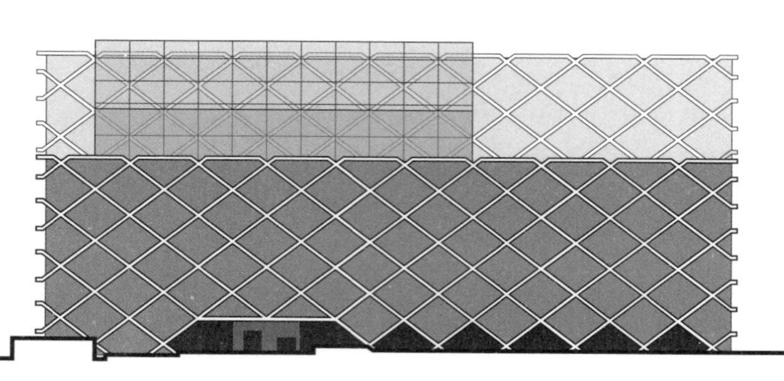

One Shelley Street, Sydney, Australia, 2009, Fitzpatrick + Partners.

雪莱壹街，悉尼，澳大利亚，2009，菲茨帕特里克及合伙人事务所

这个方案采用斜交网格结构体系，位于建筑外部，贴近玻璃幕墙，形成独特的外观视觉效果。

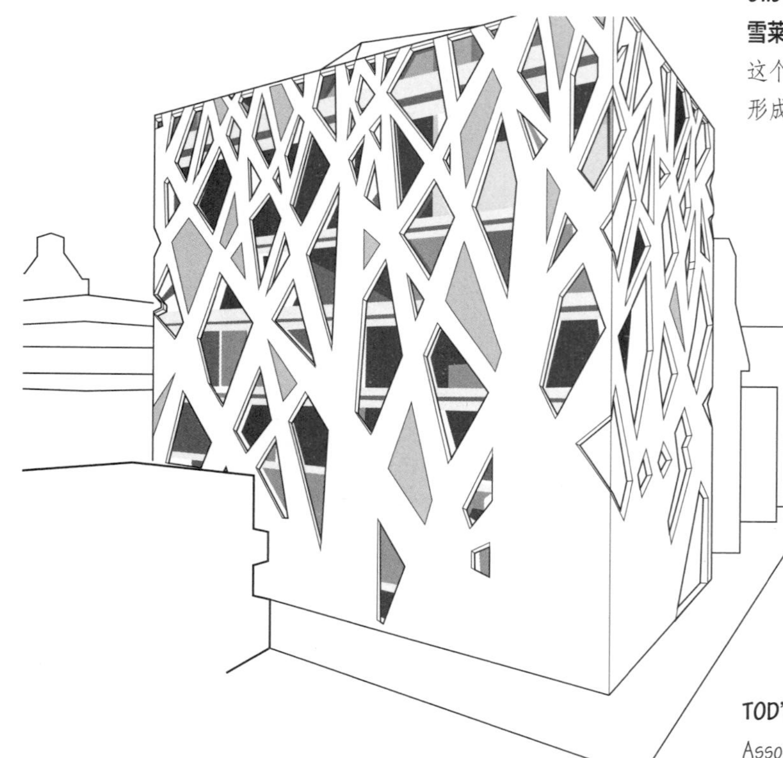

TOD's Omotesando Building, Tokyo, Japan, 2002–2004, Toyo Ito and Associates.

TOD **表参道店**，东京，日本，2002—2004，伊东丰雄事务所

与雪莱壹街的规整几何形斜交网格不同，TOD 表参道店采用混凝土斜交网格，以重叠的树影图形为依据，模仿附近的榆树树枝结构。伴随着建筑越来越高，会发现开洞比例在愈加增大，斜交构件就像生长的树木枝丫一般越来越细，越来越密。

各种图形结构的形式通过数字技术得以实现，数字技术帮助我们设想并实现各种复杂的三维结构与构图。3D 建模和 CAD 软件让我们能够开发、描述并制造出实现这些复杂建筑的构件。许多类似作品的创作是很困难的，用手工完成几乎是不可能的。特别是要通过计算决定斜交网格体系的每一个构件的结构尺寸时，数字技术尤为重要。

3D 建模和 CAD 软件不仅能够计算每个构件的结构尺寸，还是利用 3D 打印机制造构件的施工方法，这类方法不同于现场组装。

周边网状结构抵御着斜交柱网相交处每层节点的水平力。与穹顶结构一样，上部区域的网状结构是受压的，而中下部的网状结构则承受着很大的拉力。网状结构也把斜交构件转变成一个坚固的、由三角形构成的网壳结构，从而使内部核心免受侧向风力。

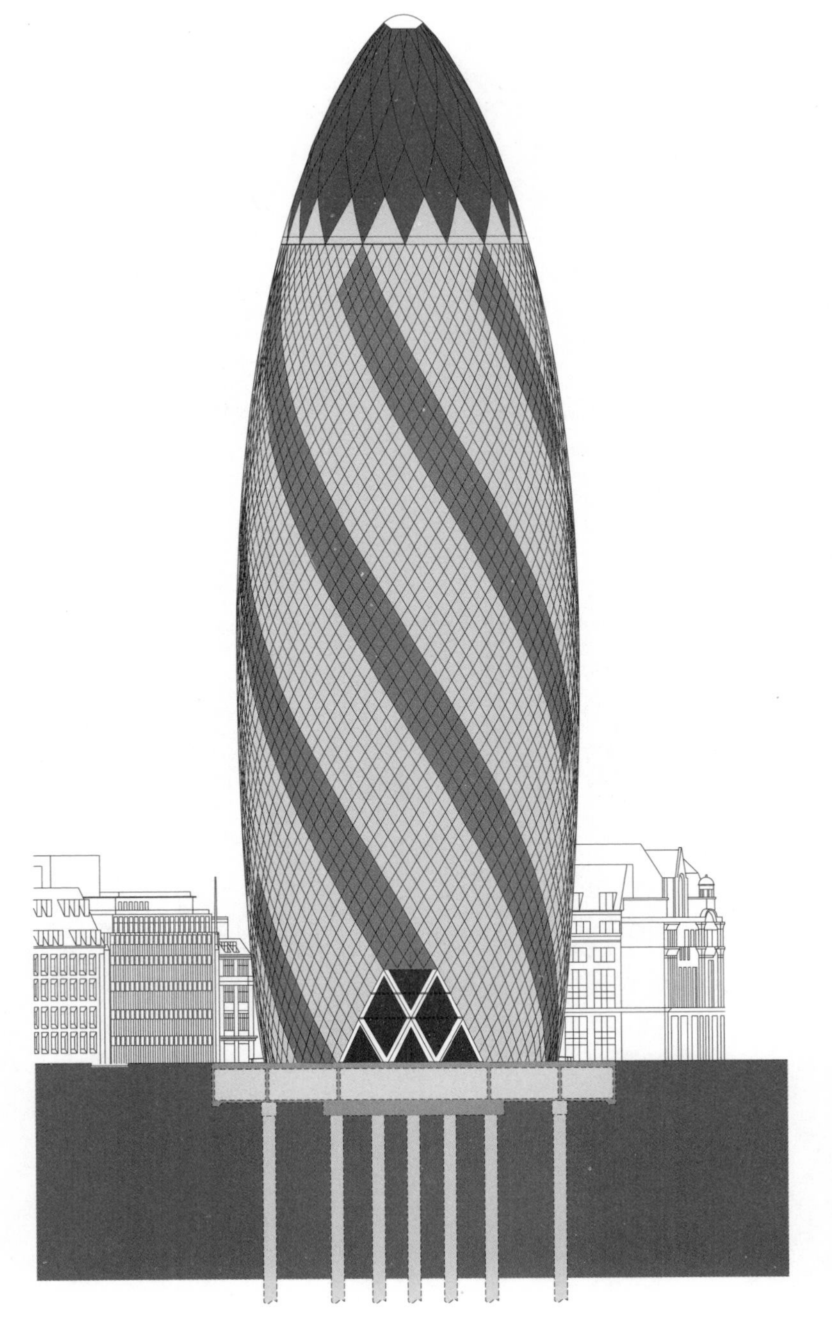

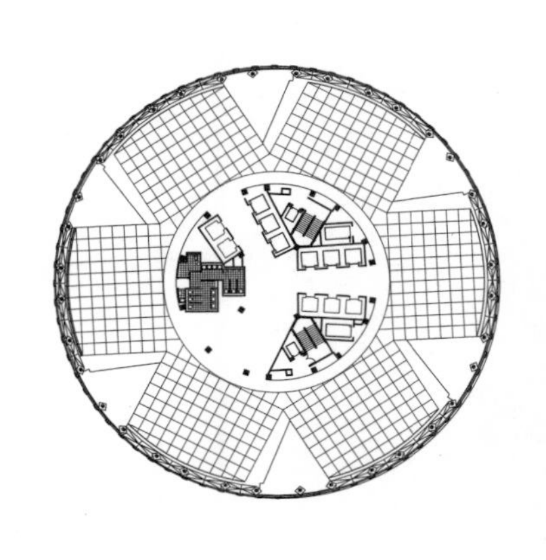

30 St. Mary Axe, London, UK, 2001–2003, Foster + Partners.

圣玛丽斧大街 30 号，伦敦，英国，2001—2003，福斯特及合伙人事务所

绰号“小黄瓜”（The Gherkin），以前是瑞士再保险大厦（the Swiss Re Building），这座摩天楼是伦敦金融区的标志性建筑。塔楼的形态奇特，部分源于希望塔楼周围具有平缓的风环境的需求，同时希望减少建筑对基地风环境的负面影响。斜交网格结构贯穿建筑曲面，由两个方向的交叉螺旋图形构成。

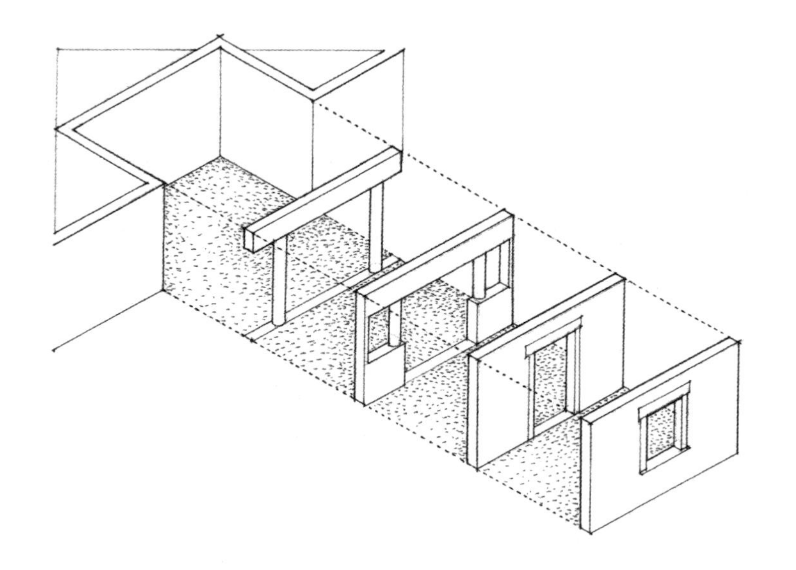

如果没有空间领域围合面上的开洞，那么在视觉上或空间上，与邻近空间的连续性都是不可能的。门提供了进入房间的入口，同时决定了房间中的运动模式和用途。窗户让光线射入空间，照亮了房间的四壁，提供了从室内到室外的视野，在房间与邻近的空间中建立起视觉联系，并提供了空间中的自然通风。在提供与邻近空间连续性的同时，这些开洞也开始削弱空间的围合感，当然这要视开洞的大小、数量和位置而定。

本章的其余部分，将集中在一个房间的尺度上讨论围合空间，其中在房间的围护结构上开洞的特征，是决定其空间特性的一个主要因素。

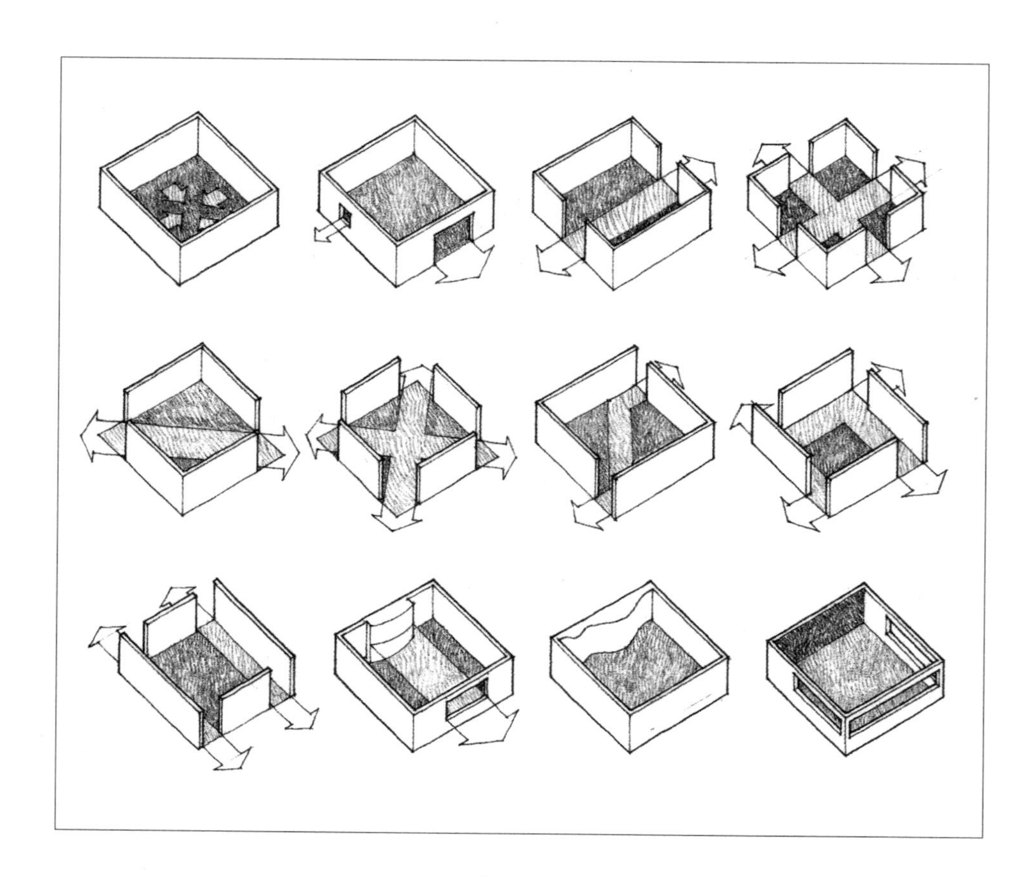

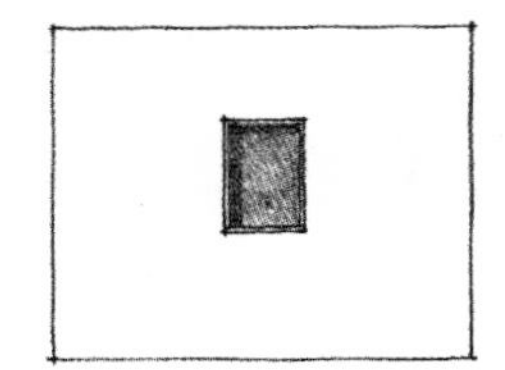
居中

偏离中心

成组

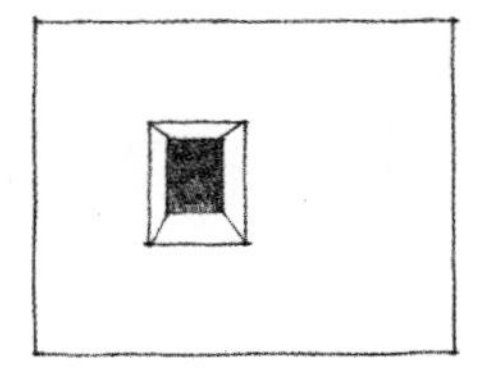
深陷

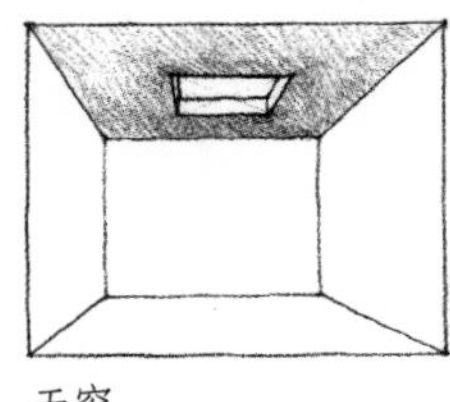
天窗

Within Planes
在面内

一个洞口可以全部位于墙面或顶棚之中，各个边都被周围的面所环绕。

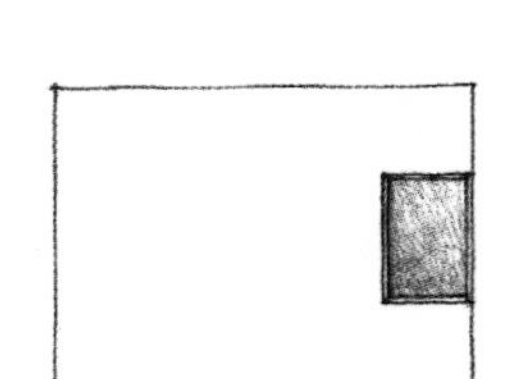
沿一条边

沿两条边

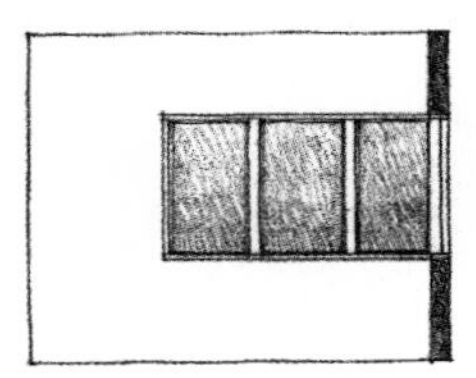
转角

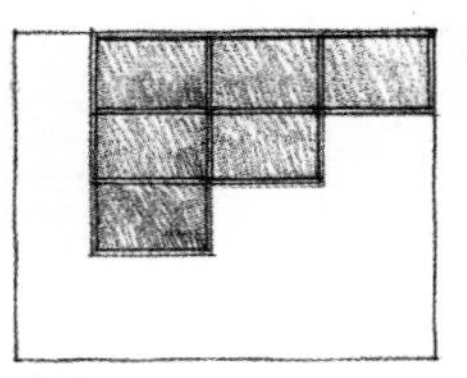
成组

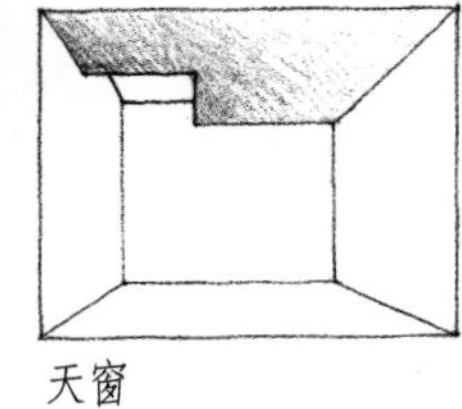
天窗

At Corners
在转角

一个洞口可以沿着墙面或顶面的一边，或在墙面或顶面的转角处布置。在这两种情形下，该洞口都将位于空间的转角处。

竖向的

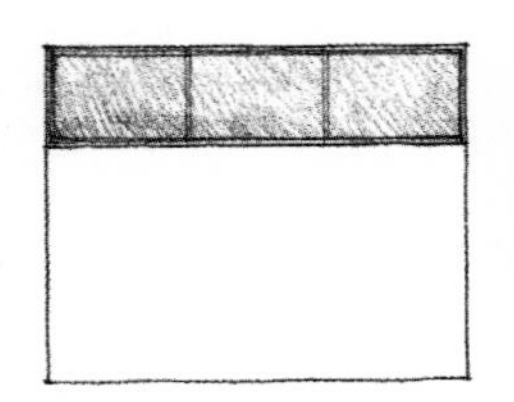
横向的

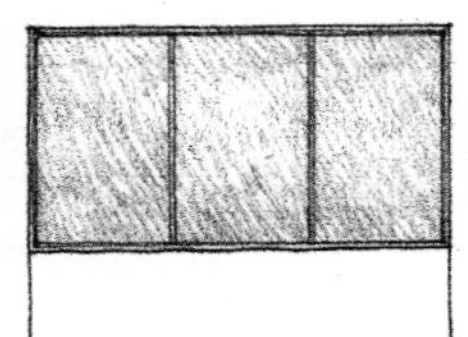
3/4 开洞

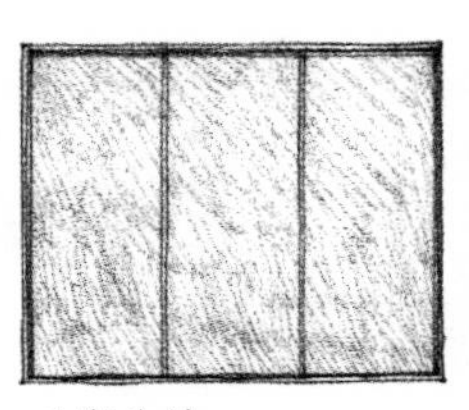
以窗为墙

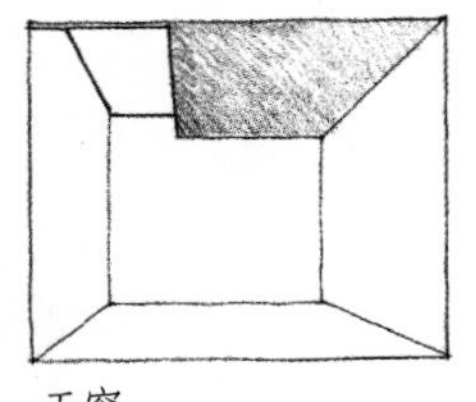
天窗

Between Planes
在面与面之间

一个洞口可以在地面与顶棚之间竖向延伸，也可以在两墙面之间横向延伸。其尺寸可以不断增大，以至于占据一个空间的整面墙。

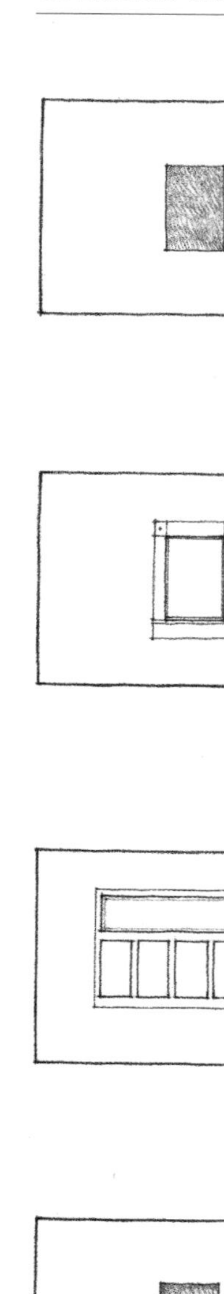
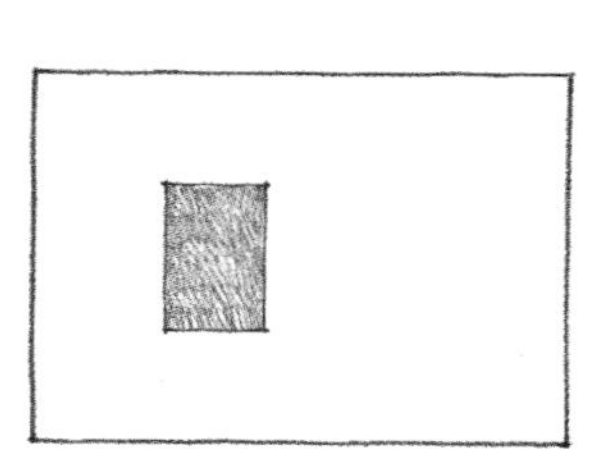
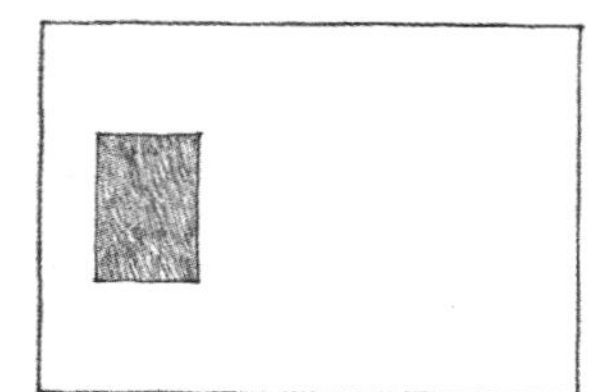

洞口整个位于墙面或顶面上时，常常是作为一个明亮的形象，出现在一个反差很大的区域或背景上。如果洞口处于面的中心，将会呈现出稳定的状态，并在视觉上把围绕着它的表面组织起来。将洞口从中心移开，在洞口和洞口向其移动的平面边缘之间，将会产生一定程度的视觉紧张感。

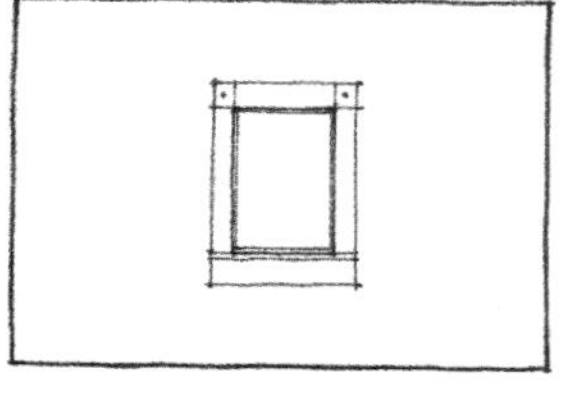
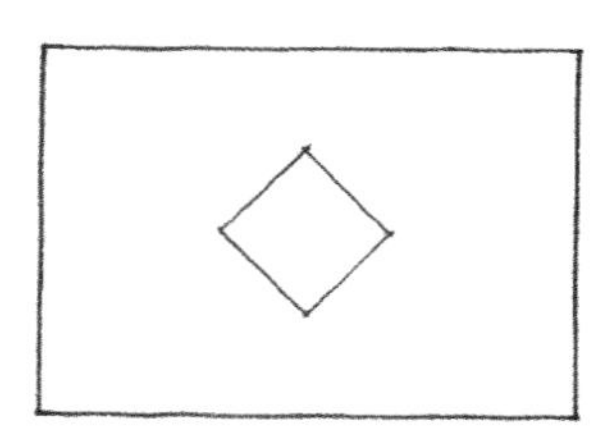
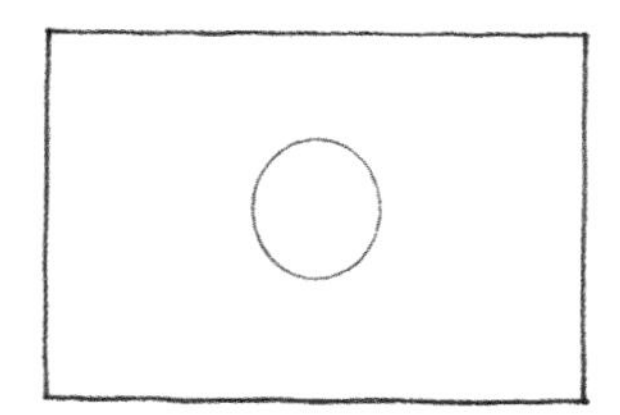

如果洞口的形状与其所在面的形状相似，那么将会产生一种重复的构图模式。洞口的形状与方位，可以与围合面形成对比，以强调洞口作为一个图形的特征。可以通过重重的框子或清晰的修边，使洞口的特色在视觉上得到加强。

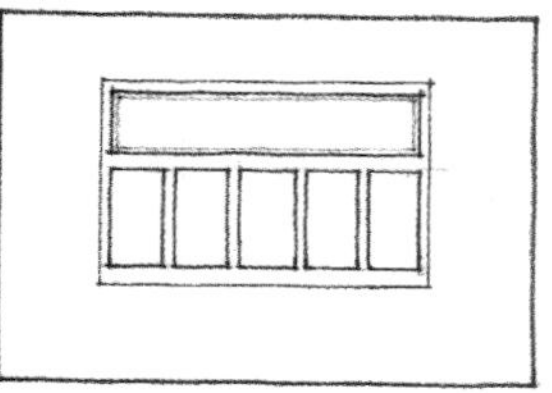
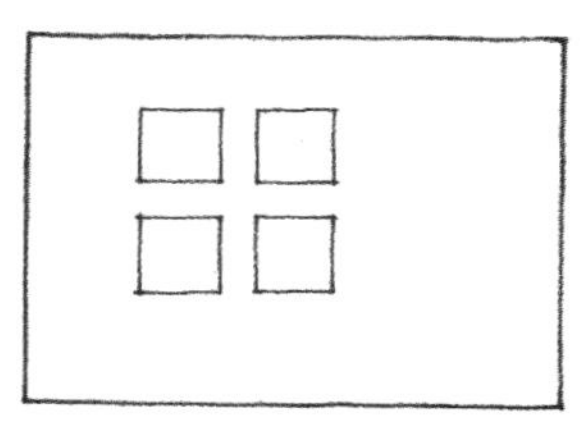
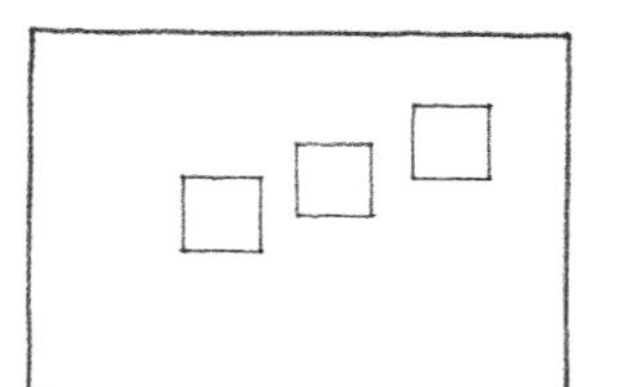

多个开洞可以成组布置，在面内形成一个统一的构图，也可以交错或分散布置，以形成沿着表面的视觉运动。

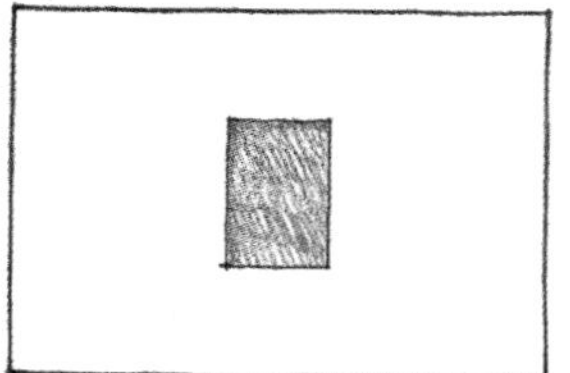
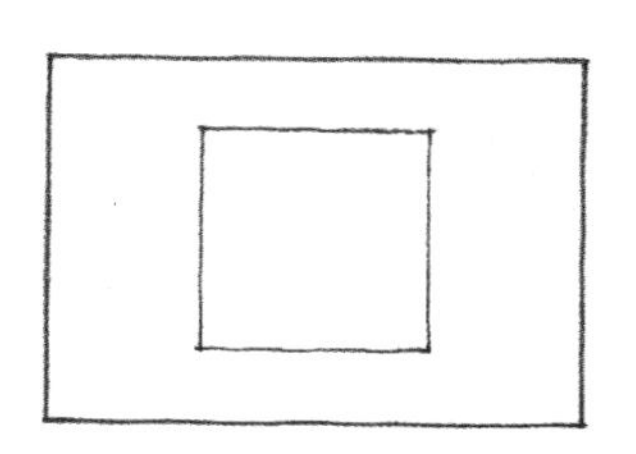
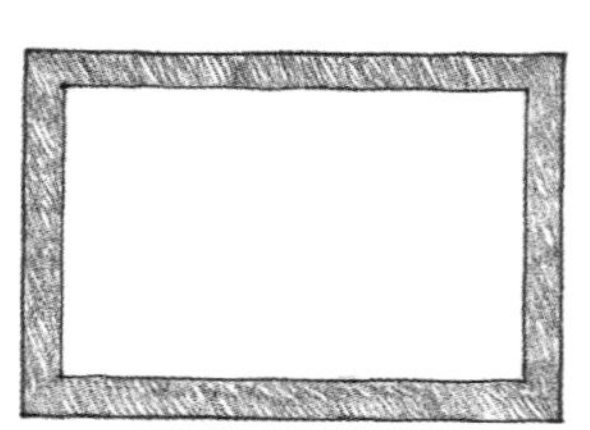

随着面内洞口尺寸的不断增大，到达一定程度后，洞口将不再是封闭区域内的一个图形，本身则变成一个积极的要素，一个透明的面，周边镶有重框。

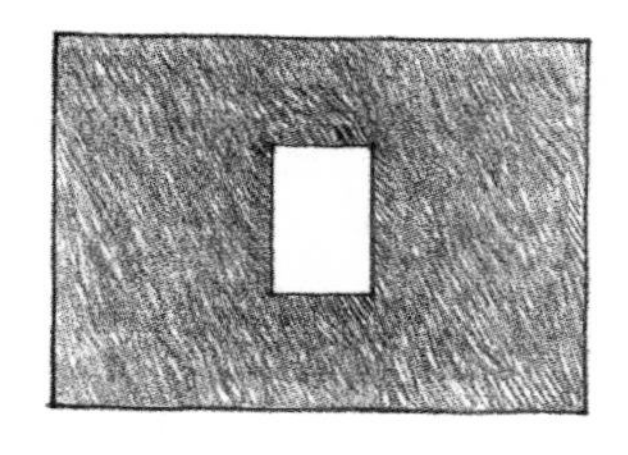
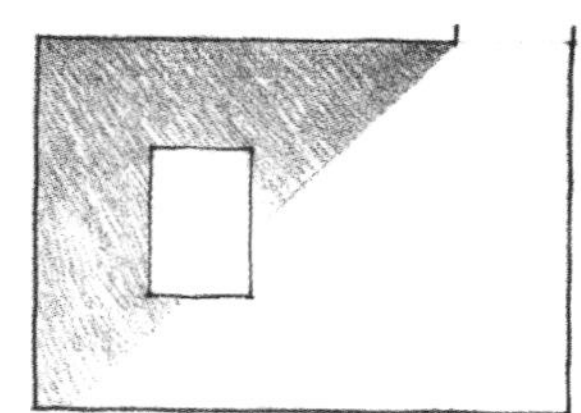
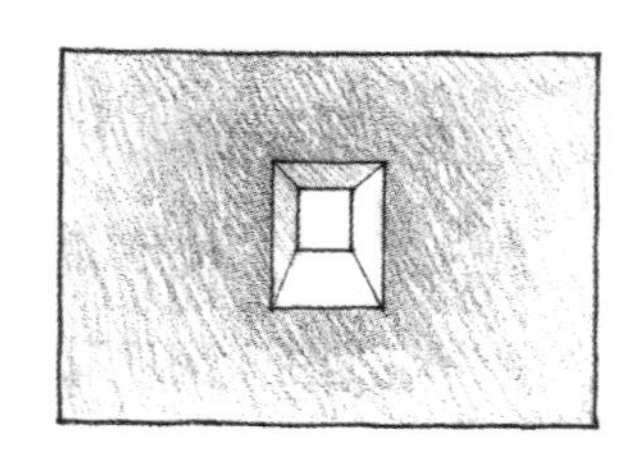

面上的洞口当然要比旁边的面更明亮。如果沿着洞口的边缘，亮度对比过于强烈，那么可以用来自室内空间的第二光源来照射表面，或者做成深陷的洞口，目的是在洞口与周围面之间形成光亮的表面。

Chapel space, **Notre Dame Du Haut**, Ronchamp, France, 1950–1955, Le Corbusier
教堂空间，**圣母教堂**，朗香，法国，1950—1955，勒·柯布西埃

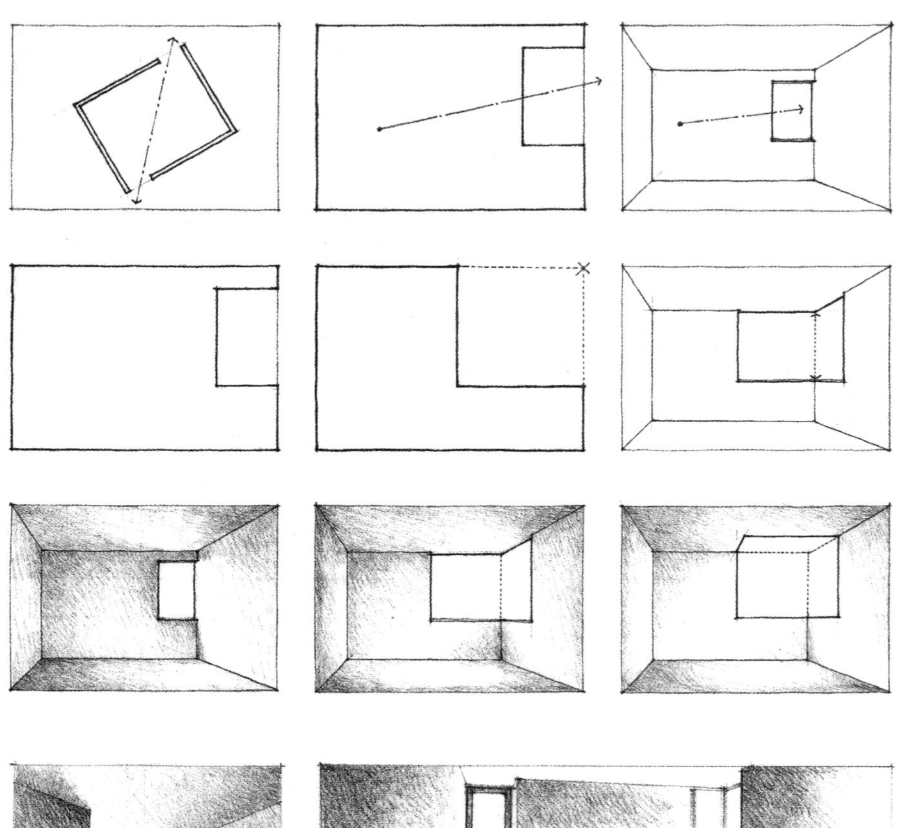

位于角上的洞口，将给予空间和洞口所在的面一种呈对角线的方向性。这种方向性效果，或者是构图原因所需要的，或者在角上开洞来捕获所需要的景观，或者是为了照亮空间中的黑暗角落。

位于角上的洞口，在视觉上会吞食掉所处面的边缘，并且将连接与它相邻而垂直于它的面。洞口越大，角的限定作用就越弱。如果洞口是转角式的，那么空间中的角将是含蓄的，而并非真正存在，并且空间范围将会延伸到围合面以外。

如果在一个空间的全部四个转角处的闭合面之间都引入洞口，那么面的独特性将会得到加强，于是在空间、用途、运动等方面，对角线式或风车模式将会得到推广。

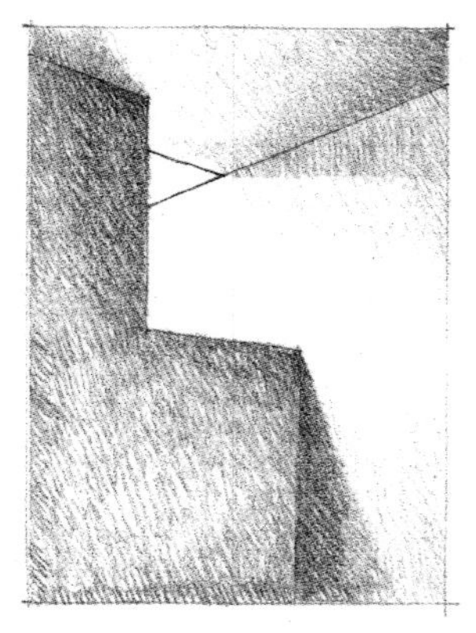

通过角部洞口进入空间的光线，将照亮相邻和垂直于该洞口的表面。被照亮的面，本身变成了光源并提高了空间的亮度。可以通过转角式开洞或开洞上面增加天窗的方法，来进一步提高照明度。

Studio, **Amédée Ozenfant House**, Paris, 1922–1923, Le Corbusier
画室，**阿梅德·奥占方住宅**，巴黎，1922—1923，勒·柯布西埃

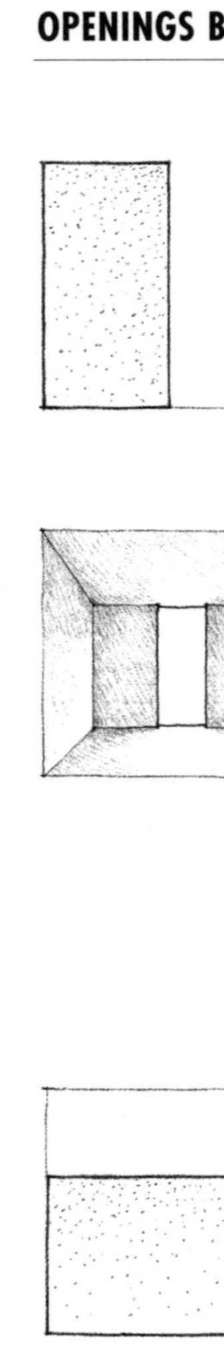
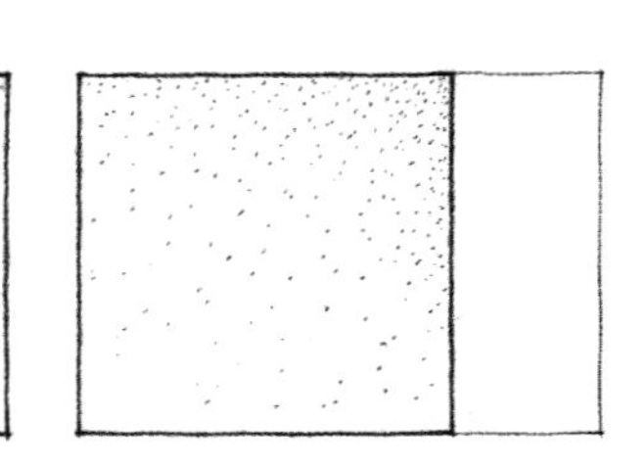
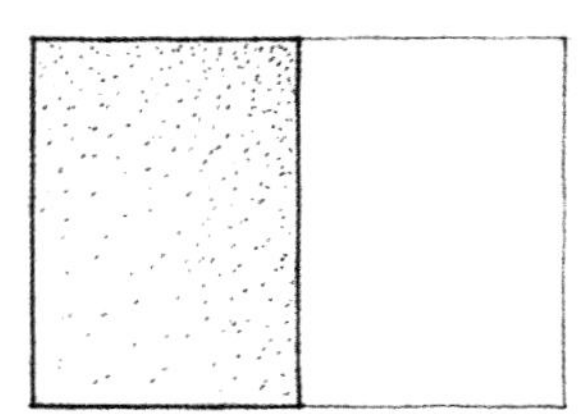

一个空间中，从地面延伸至天花板的竖向洞口，将在视觉上分隔和明确相邻墙面的边缘。

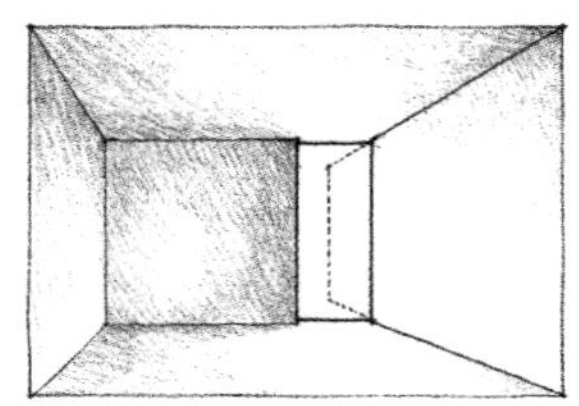
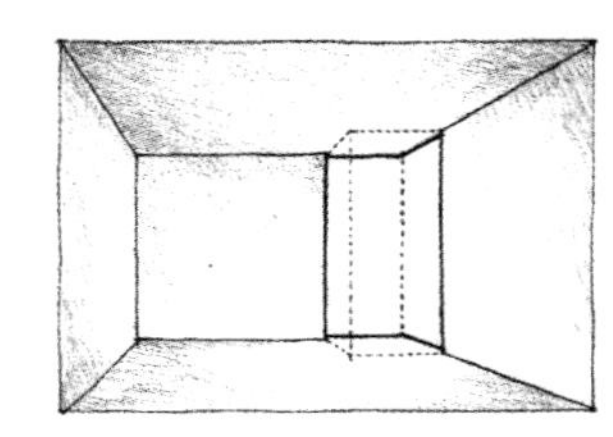

如果竖向的洞口位于空间的转角处，那么它将冲破空间的界限，使其超越转角，到达相邻的空间。竖向的洞口也会让入射光线掠过垂直于它的墙面，并明确这个面在空间中的首要地位。如果允许竖向洞口变为转角式，那么开洞将进一步冲破空间的限界，与相邻的空间彼此穿插，并强调围合面的独立性。

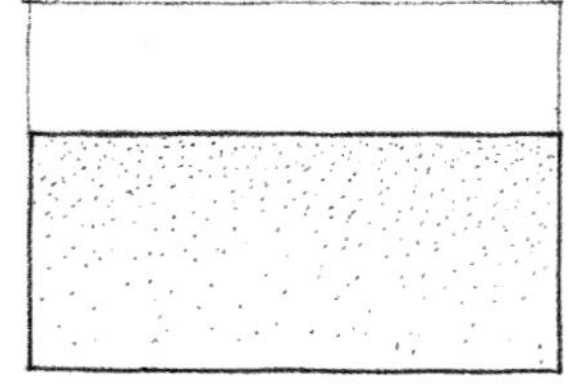
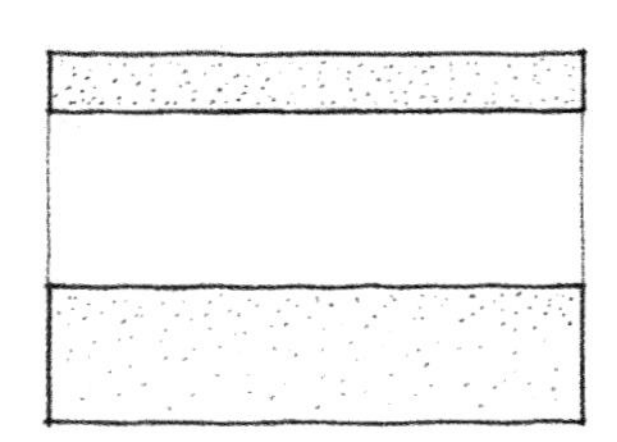
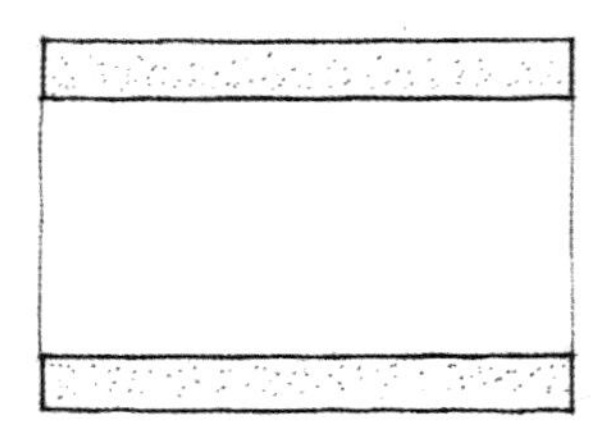

横跨墙面的水平开洞，将把墙面分成许多水平层。如果开洞尺寸不是很大，就不会破坏墙面的整体性。但是如果它的高度增加，增加到比其上下两个地带都要宽的情况下，这个洞口将变成一个正要素，在它的上下有重框围住。

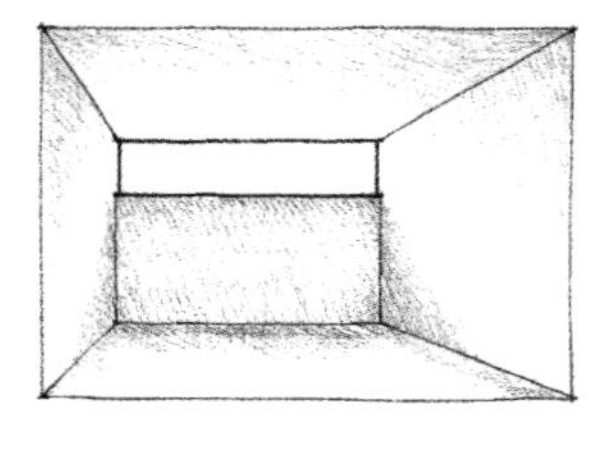
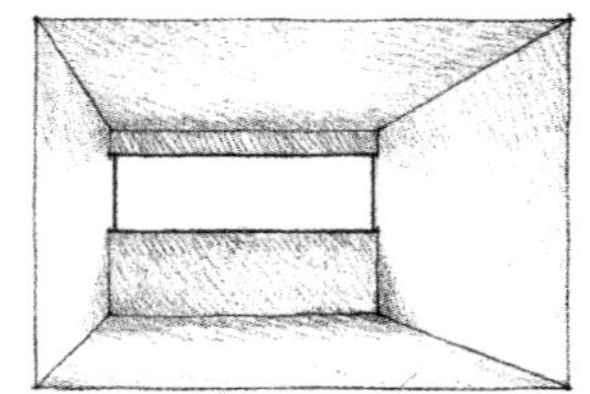
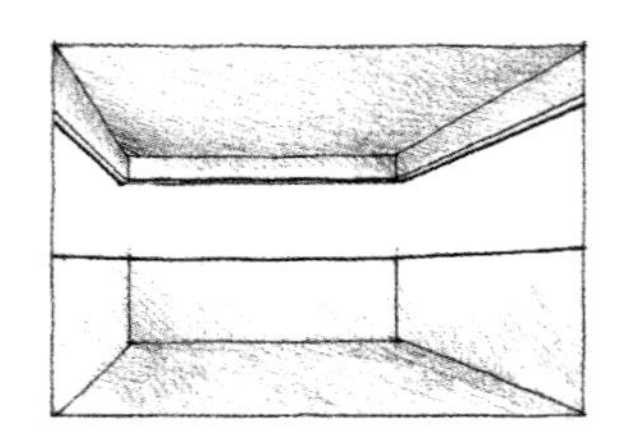

把一个转角变成水平洞口，将增强空间的水平层次，并为内部空间扩大全景视野。如果洞口连续环绕空间，将从视觉上使顶棚从墙面上升起，使之与墙面分离，并给顶棚一种轻快感。

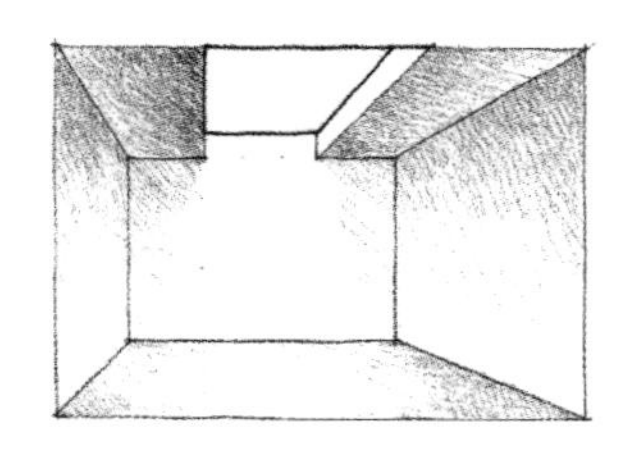
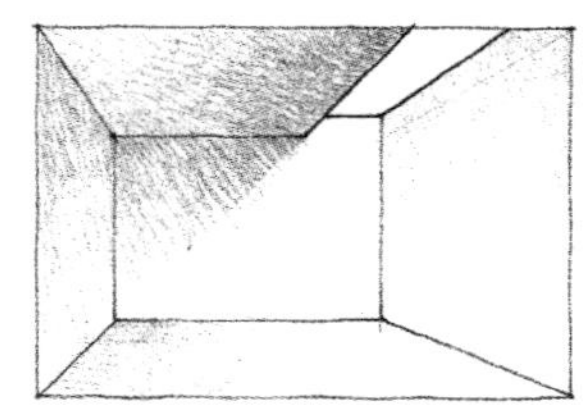
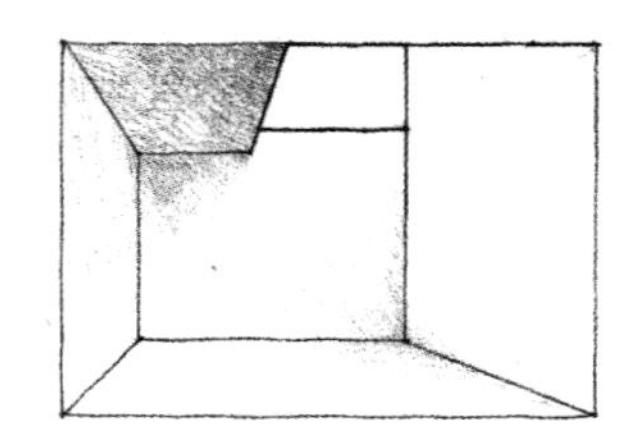

沿着墙面与顶棚相交的边缘布置一个线性天窗，会使入射光线掠过墙面，照亮墙面，并提高空间的亮度。天窗的形式可以处理成捕获直射阳光、漫射光或二者兼而有之的形式。

Living Room, **Samuel Freeman House**, Los Angeles, California, 1924, Frank Lloyd Wright
起居室，**塞缪尔·弗里曼住宅**，洛杉矶，加利福尼亚州，1924，弗兰克·劳埃德·赖特

玻璃墙面提供了更广阔的视野，与前面讲到的开洞实例相比，玻璃墙面使更多光线射入室内空间。如果它们的朝向是接受直射光，那就需要遮阳设施，以减少眩光和空间内过热。

虽然玻璃墙面削弱了空间的垂直限界，但它造成了在视觉上扩展空间的潜力，使空间的感觉超出其实际的边界。

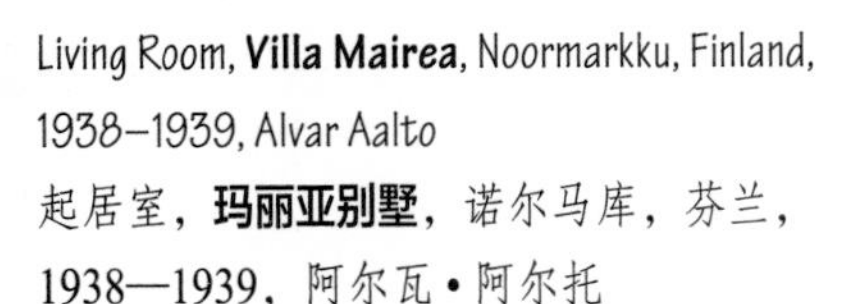

Living Room, **Villa Mairea**, Noormarkku, Finland, 1938–1939, Alvar Aalto
起居室，**玛丽亚别墅**，诺尔马库，芬兰，1938—1939，阿尔瓦·阿尔托

把玻璃墙和顶部大型天窗结合起来，形成阳光室或温室空间。由支撑构架的线性元素限定的室内与室外的界限，变得含混而模糊。

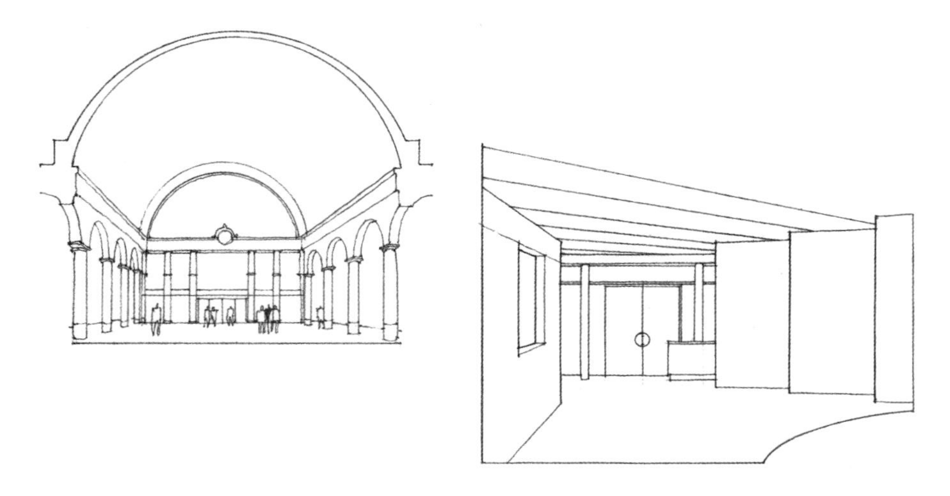

限定独立空间体积的线性要素模式和平面要素模式以及用于连接这些空间体积及其背景的各种开洞方式，已经在第 174~175 和第 176 页上做了介绍。然而建筑空间的特点，要比示意图所列的内容丰富得多。形式、比例、尺度、质感、光和声等空间特点，最终决定于空间围合部分的属性。我们对于这些特点的感知，常常是对遇到的各种属性所产生的综合效果的反应，并取决于文化、经历以个人兴趣或个人爱好。

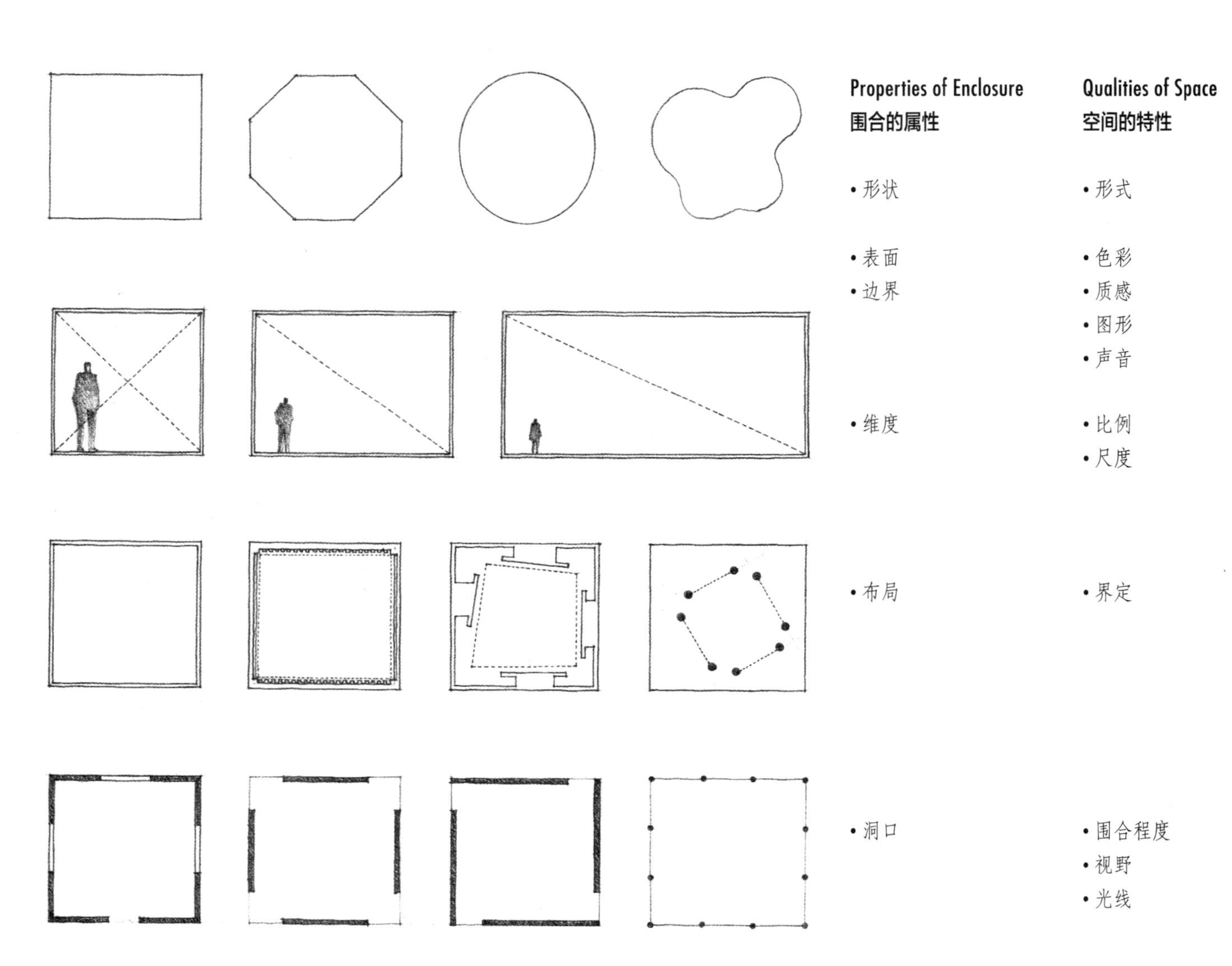

Properties of Enclosure 围合的属性	Qualities of Space 空间的特性
• 形状	• 形式
• 表面 • 边界	• 色彩 • 质感 • 图形 • 声音
• 维度	• 比例 • 尺度
• 布局	• 界定
• 洞口	• 围合程度 • 视野 • 光线

Bay Window of the Living Room, **Hill House**, Helensburgh, Scotland, 1902–1903, Charles Rennie Mackintosh
起居室的凸窗，**希尔住宅**，海伦斯堡，苏格兰，1902—1903，查理•瑞尼•麦金托什

第二章讨论了形状、表面和边界对于我们感知形体的影响。第六章将介绍维度、比例和尺度问题。本章的第一部分概括了线性要素和平面要素所组成的基本造型是如何限定空间体积的，本章的结束部分则描述了位于空间围合形体上的开洞，其尺寸、形状和位置是如何影响一个房间的如下特征的：

- **围合程度 ...** 空间的形式
- **景观 ....** 空间的焦点
- **光 ....** 其表面与形体的照明

空间围合的程度，决定于其限定要素的造型和洞口的图形，对于我们感知其形体和方向具有重要影响。从空间内部观察，我们只能看到墙的表面。正是这一薄层材料形成了空间的垂直边界。墙面的实际厚度只能在门的边缘和窗洞处才能察觉到。

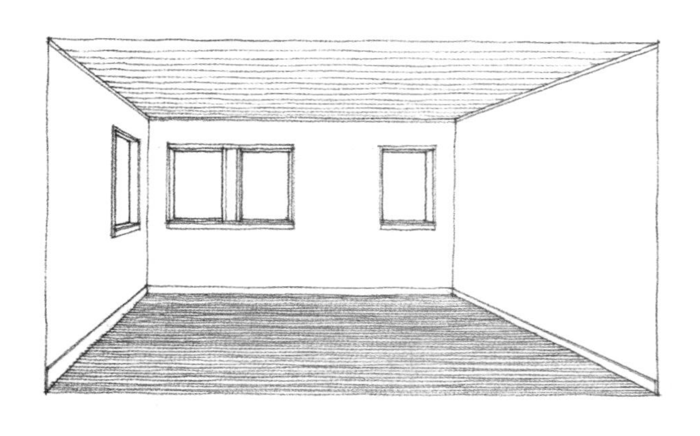

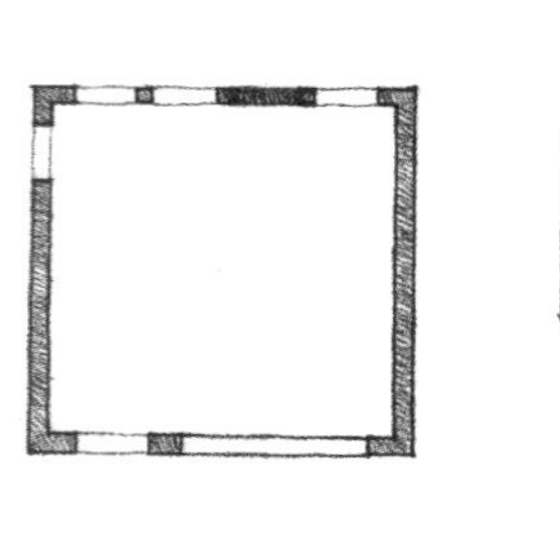

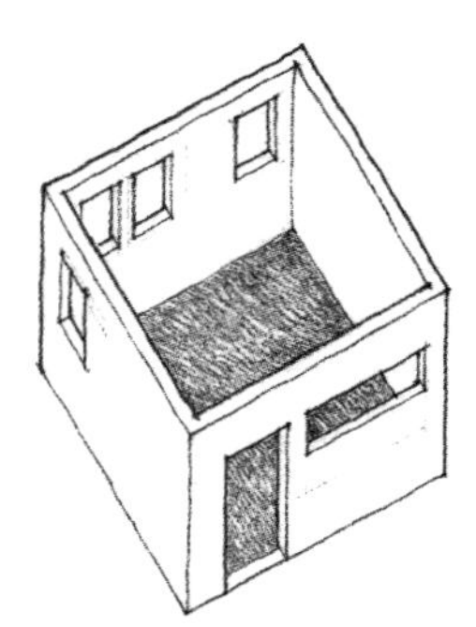

洞口全部布置在空间的围合面以内，不削弱边缘的界限，也不削弱空间围合的感觉。空间的形式保持着完整性和可知性。

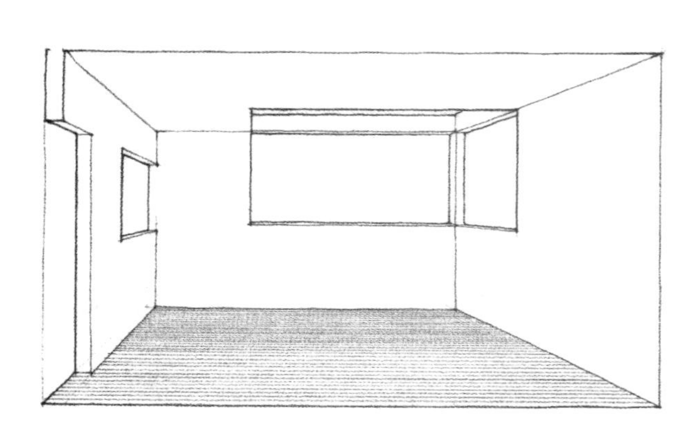

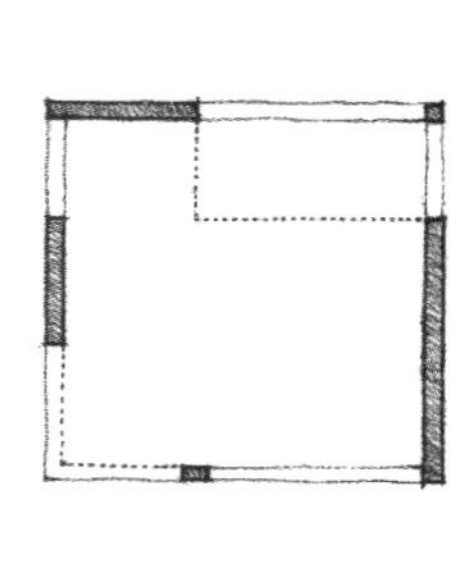

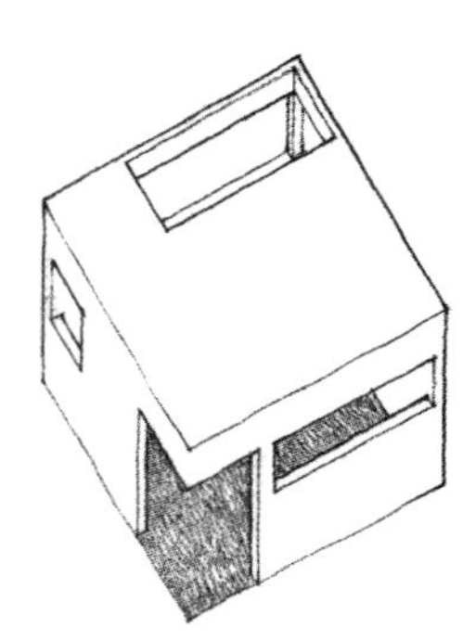

洞口开在空间围合面的边缘，将从视觉上削弱空间转角处的边界。虽然这些洞口会侵蚀空间的总体形式，但也会增进该空间与相邻空间的视觉连续性和相互的穿插关系。

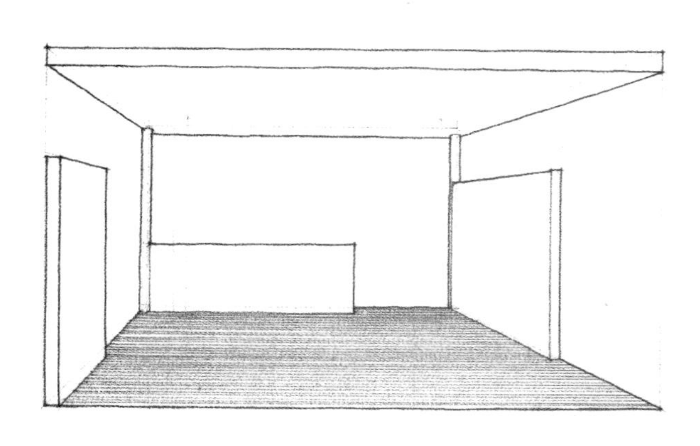

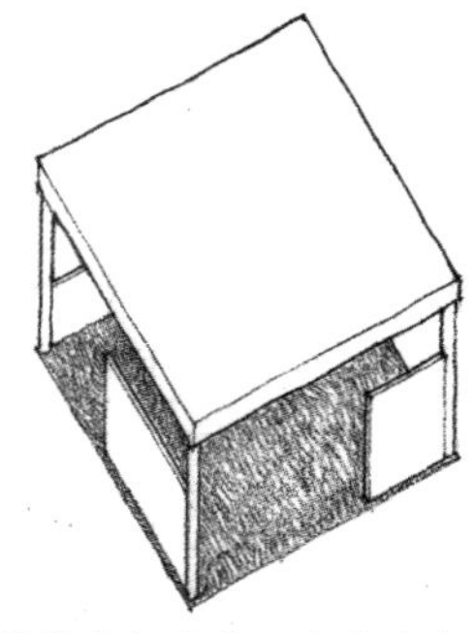

空间围合面之间的洞口，从视觉上把这些面分离出来并明确了这些面的独立性。随着这些洞口的数量和尺寸逐渐增大，空间便失去了它的围合感，变得更加松散，并开始与相邻空间结合起来。视觉重点在于围合面，而不在于由面所限定的空间体积。

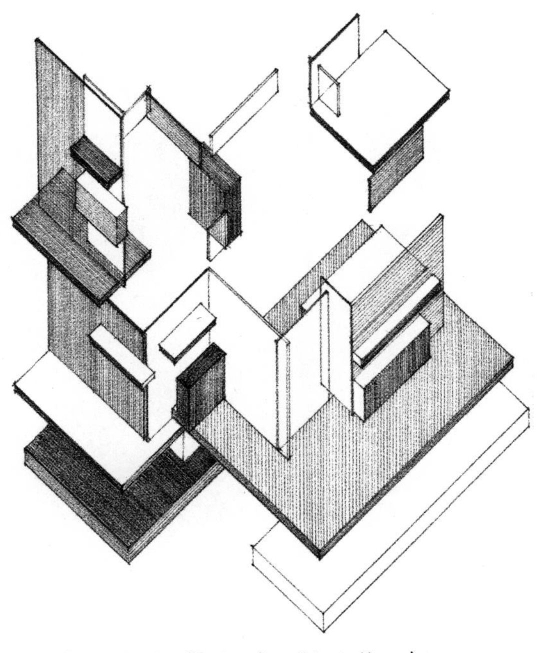

Color Construction (Project for a Private House), 1922, Theo van Doesburg and Cornels van Eesteren

色彩构成（为私宅所做的方案），1922，西奥·范·杜伊斯堡与柯诺斯·范·埃斯特伦

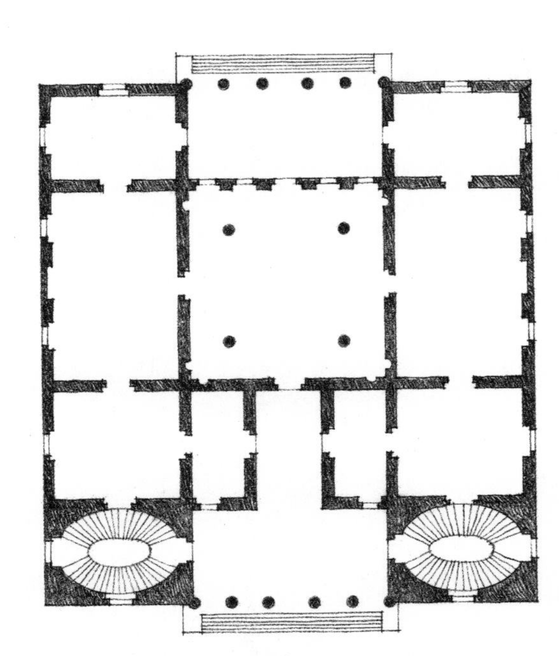

Palazzo Garzadore (Project), Vincenza, Italy, 1570, Andrea Palladio

加尔扎多里府邸（方案），维琴察，意大利，1570，安德烈·帕拉迪奥

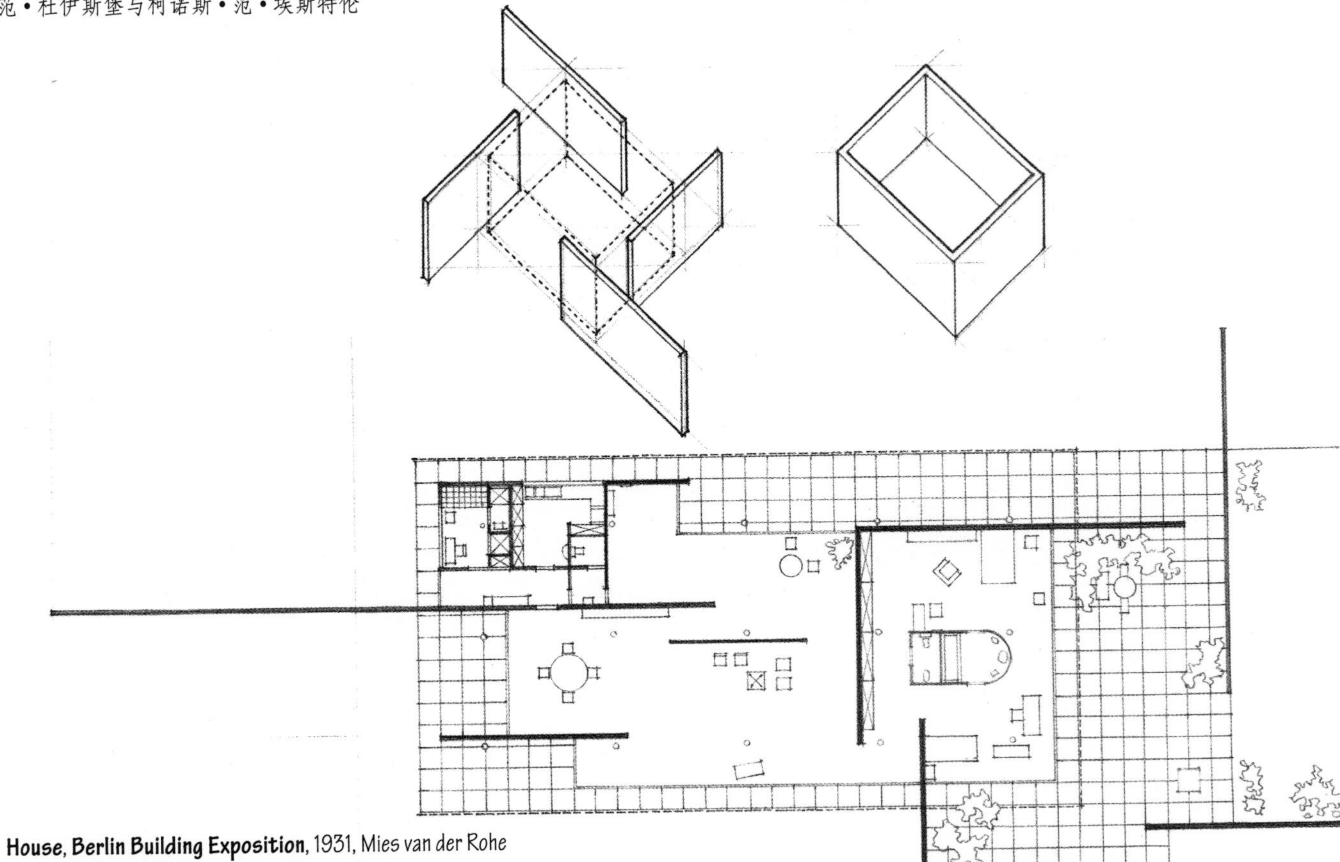

House, Berlin Building Exposition, 1931, Mies van der Rohe

住宅，柏林建筑展，1931，密斯·凡德罗

“建筑是集合在阳光下的体量所做的巧妙、恰当而卓越的表演。我们的眼睛生来就是为了观察光线中的形体；光与影展现了这些形体……”
勒·柯布西埃：《走向新建筑》

Notre Dame Du Haut, Ronchamp, France, 1950–1955, Le Corbusier
圣母教堂，朗香，法国，1950—1955，勒·柯布西埃

太阳是自然光取之不尽的源泉，它照亮了建筑的形体与空间。虽然太阳光的照射是很强烈的，但是其光线的特点表现为直射阳光和漫射日光，随着每天不同时刻、每年不同的季节及不同的地点而变化。随着太阳光的能量因云、雾以及降水而消散，光就会把天空和季节中变化的色彩传送到它所照亮的形体与表面上。

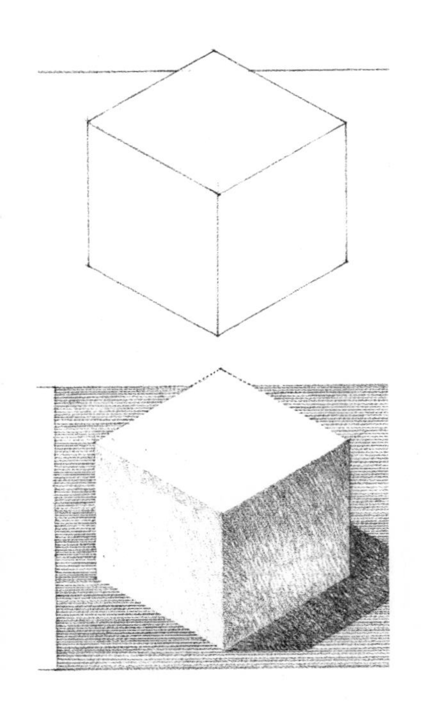

Fallingwater (Kaufmann House), near Ohiopyle, Pennsylvania ,1936–1937, Frank Lloyd Wright
流水别墅（考夫曼住宅），俄亥俄派尔附近，宾夕法尼亚州，1936—1937，弗兰克•劳埃德•赖特

阳光透过墙面上的窗户或屋顶上的天窗射入空间，太阳的辐射能量落到房间内的各个表面上，使其色彩充满生机并表现出它们的质感。随着阳光带来的光线与阴影的变幻图形，阳光让室内空间活跃起来，并清楚地表达出室内空间的各种形体。由于阳光的强度和它在室内的扩散，太阳光能可以澄清空间中的形体或使其失真。阳光的色彩与光辉，能够在室内创造出一种节日的气氛，或者，一种漫射的日光能够给室内空间灌注一种忧郁的情调。

由于太阳发出的光线强度是相当稳定的，其方向是可以预知的，因此其作用于室内表面、形体和空间的视觉效果，取决于围合物上窗户和天窗的大小、位置和方向。

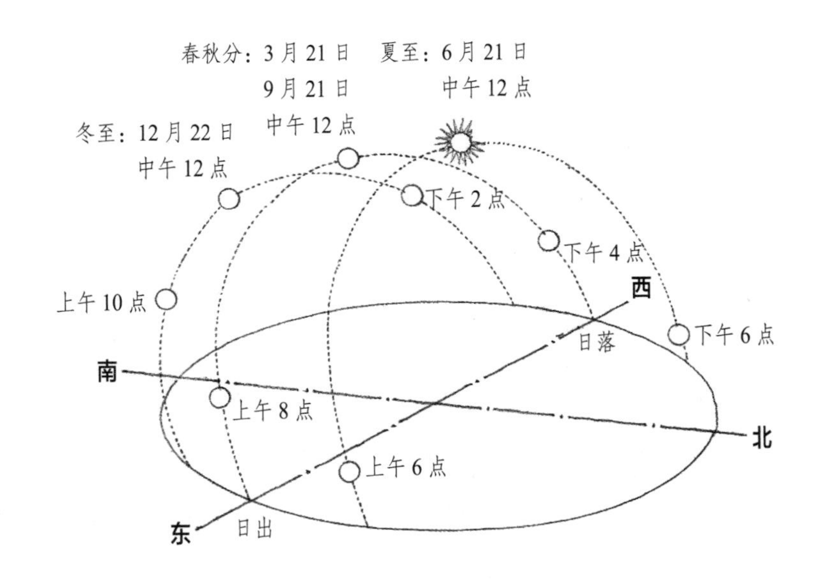

Sun-Path Diagram for the Northern Hemisphere
北半球太阳轨迹示意图

窗户或天窗的尺寸控制着一个房间的总受光量。然而，墙面或屋面上洞口的尺寸也受控于很多因素，除了光线外，还有墙面或屋面的材料和结构；对于景观、视觉私密性及通风的需求；想要获得的空间围合程度；建筑外部形式的开洞效果。因此，窗户或天窗的位置与方向，在决定一个房间的受光性质方面，可能比其尺寸更加重要。

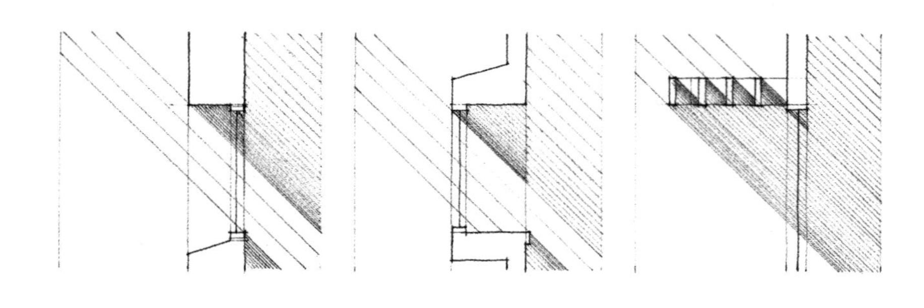

洞口可以朝着一天当中某些时候能够接受直射光线的方向。直射光线提供了很高的照度，中午时段尤其强烈。直射光在室内的表面上会造成非常强烈的光影图形，极为生动地表达了空间中的各种形体。直射光可能引起的负面效果，如眩光、过热，可以用装在洞口形式之中的遮阳设施加以控制，或者利用附近树木的树叶或相邻建筑提供的阴影来遮阳。

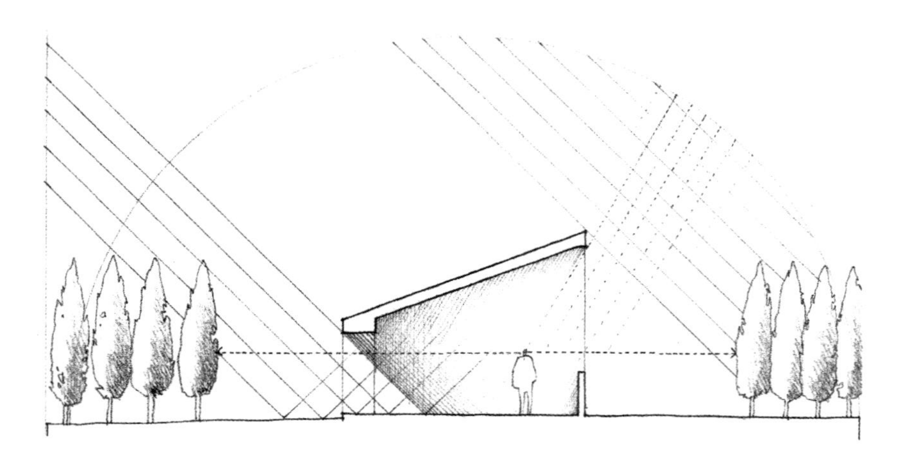

洞口的方向也可以避开直射光线，从头顶上的天穹接受漫射光和环境反射光。天穹是一个非常有益的日光源，因为它相当稳定，即使阴天也是如此。它有助于缓和刺目的直射光，并且在一个空间中平衡光照水平。

洞口的位置影响着自然光进入房间以及照亮其中形体与表面的方式。当整个洞口位于墙面之中时，洞口将在较暗的墙面上呈现为一个亮点。如果洞口亮度与周围暗面对比度过于强烈，就会引起眩光。这种令人不快或使人疲劳的眩光，是由房间内相邻表面或相邻区域之间过度的亮度比所引起的。可以把日光从至少两个方向引入室内空间，这样能够改善眩光。

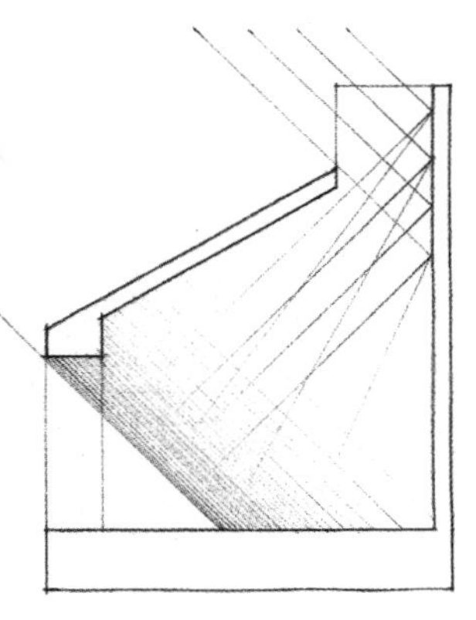

当一个洞口位于墙边或布置在一个房间的转角时，通过洞口进入的日光将照亮相邻的和垂直于开洞的面。被照亮的表面本身将变成一个光源，并将提高室内空间的亮度。

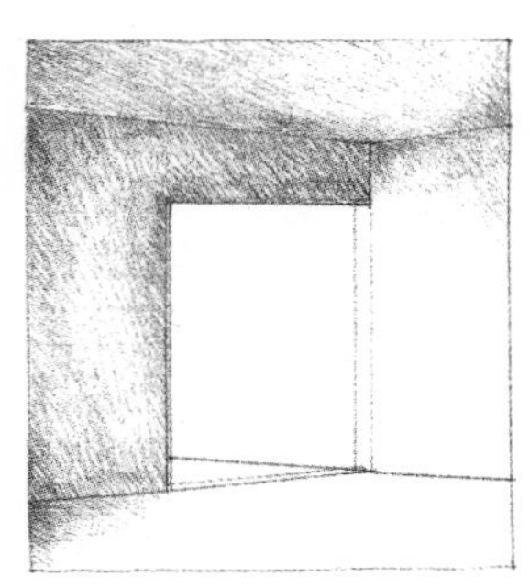

其他的要素也可以影响到室内光线的质量。开洞的形状与清晰度反映在阴影的图形中，这些图形是阳光投射到室内形体和表面上的。因此，这些形体与表面的色彩和质感，会影响到它们的反射性和空间中周围光照的水平。

在房间围合面上开洞必须考虑的另一种空间性质，就是它的焦点与朝向。虽然一些房间有壁炉那样的内向焦点，而另外一些房间则具有外向性，那是由于这些房间的室外空间或邻近空间被赋予了一种景观。窗户和天窗洞口提供了这一景观，并在室内及其环境之间建立起一种视觉联系。当然，这些洞口的尺寸与位置决定了景观的特征以及室内空间所具有的视觉私密性的程度。

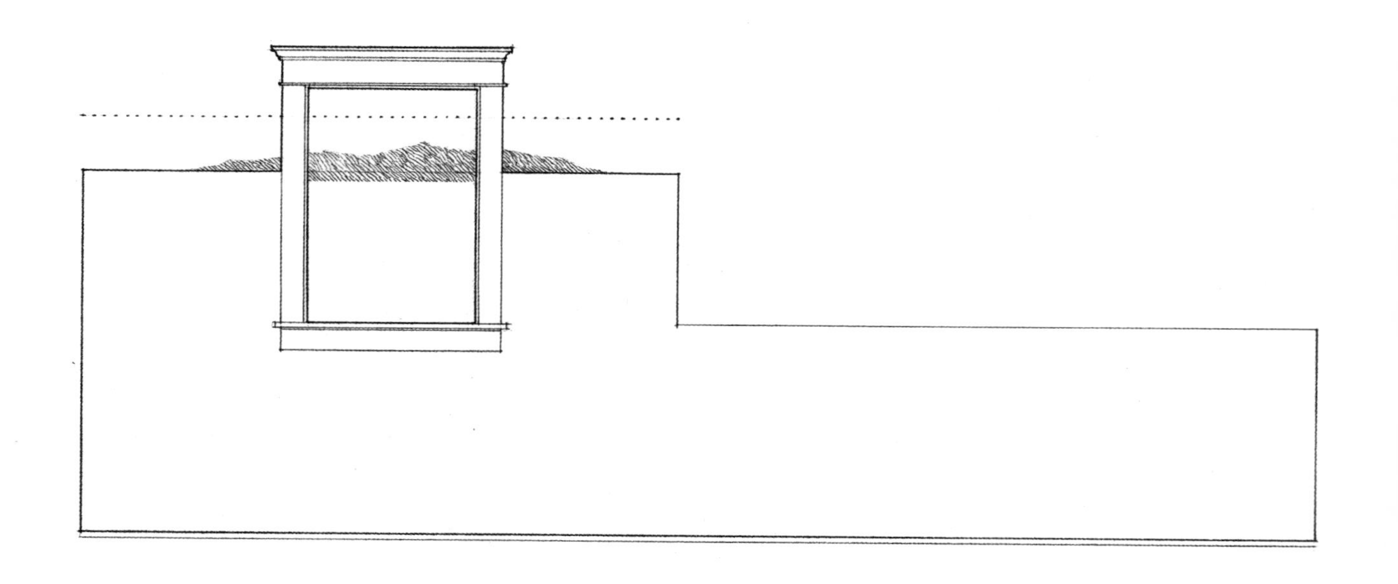

一个小型的开洞能够展示特写式的细节，或者形成景框，因此我们把它看成墙上的一幅画。

一个细长的开洞，无论是竖直的还是水平的，不仅能够区分两个面，而且能够暗示远处的景物。

一组窗户可以被序列化以形成景观片段的集合，并刺激空间中的运动。

随着开洞逐渐扩大，可以敞开一个房间，直至展示出一幅宽阔的景致。大型场景可以支配空间，或者成为内部空间活动的背景。

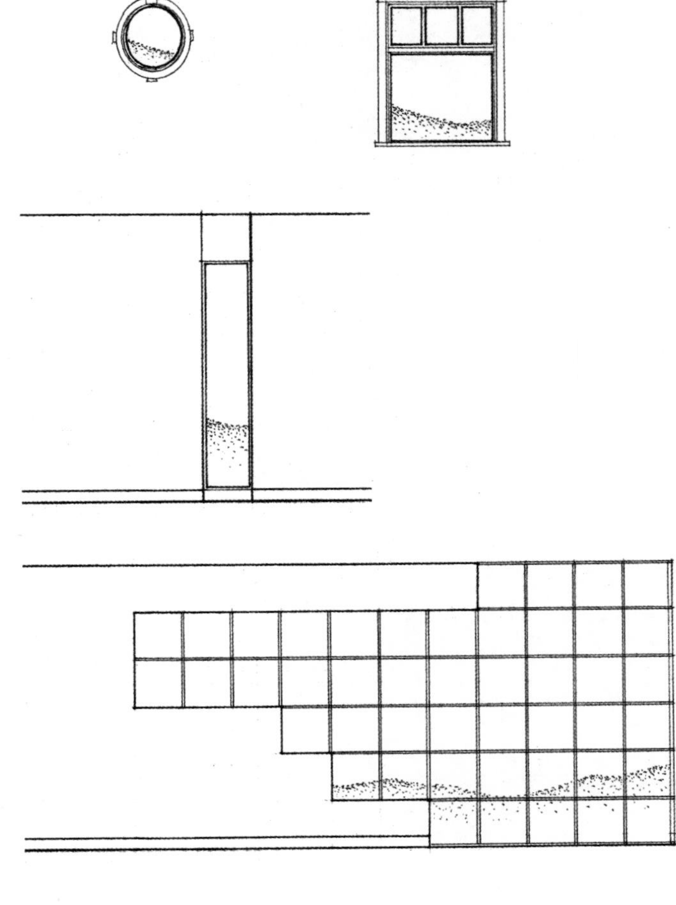

Outlook: Horyu-Ji Temple, Nara, Japan, A.D. 607.
视景：法隆寺室内，奈良，日本，公元 607 年
窗可以布置在这样一个位置上，即房间里只有这个位置能够看到景观。

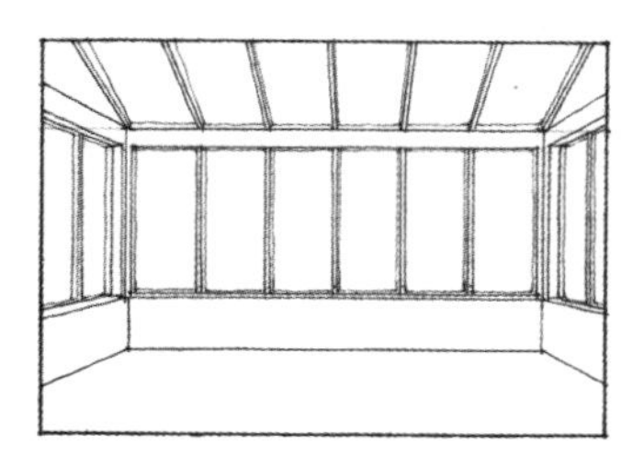

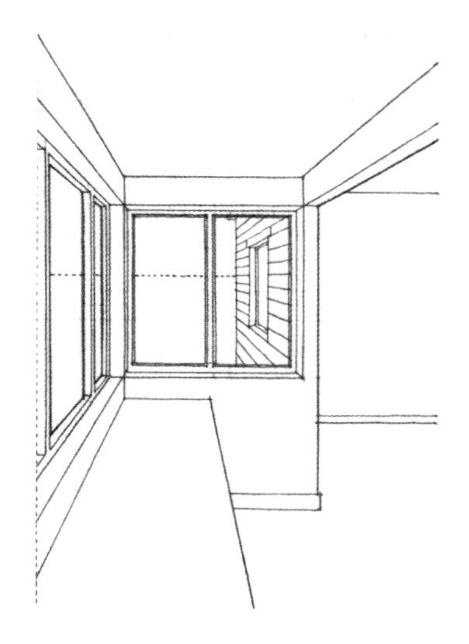

一个凸窗可以使人融于风景之中。如果凸窗足够大，那么突出的空间可以作为凉亭使用。

室内的洞口，提供了从一个空间到另一空间的视野。开洞可以朝上，观看树冠和天空的景观。

远景（*Vista*），根据勒·柯布西埃的草图绘制，草图源自勒·柯布西埃为里约热内卢国家教育与公共卫生部所做的设计，1936。

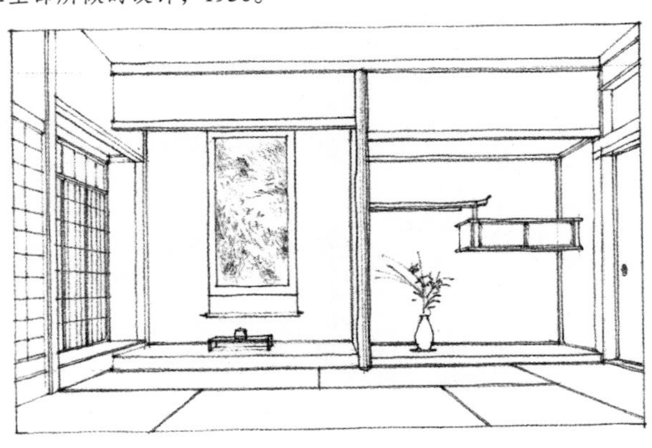

室内焦点：**壁龛**（*Tokonoma*），传统日本住宅的精神中心。

景观不能局限于室外或邻近的空间。室内设计要素还能提供引起视觉关注的主题。

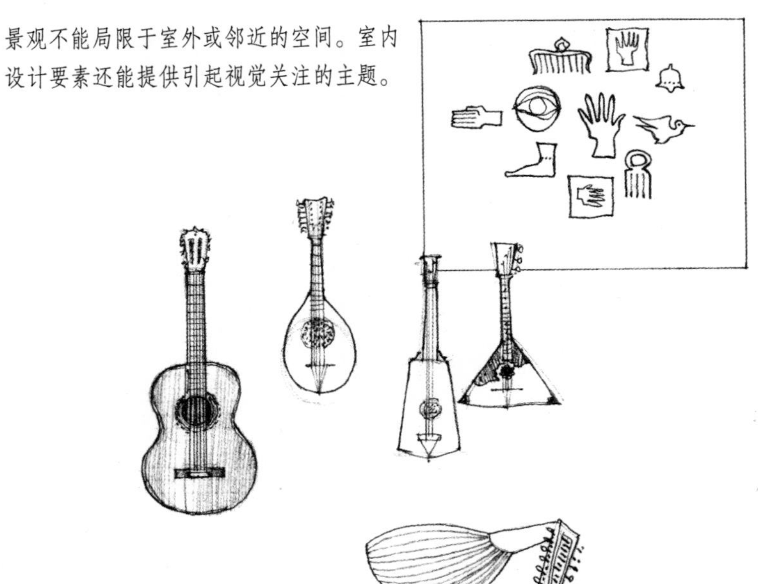

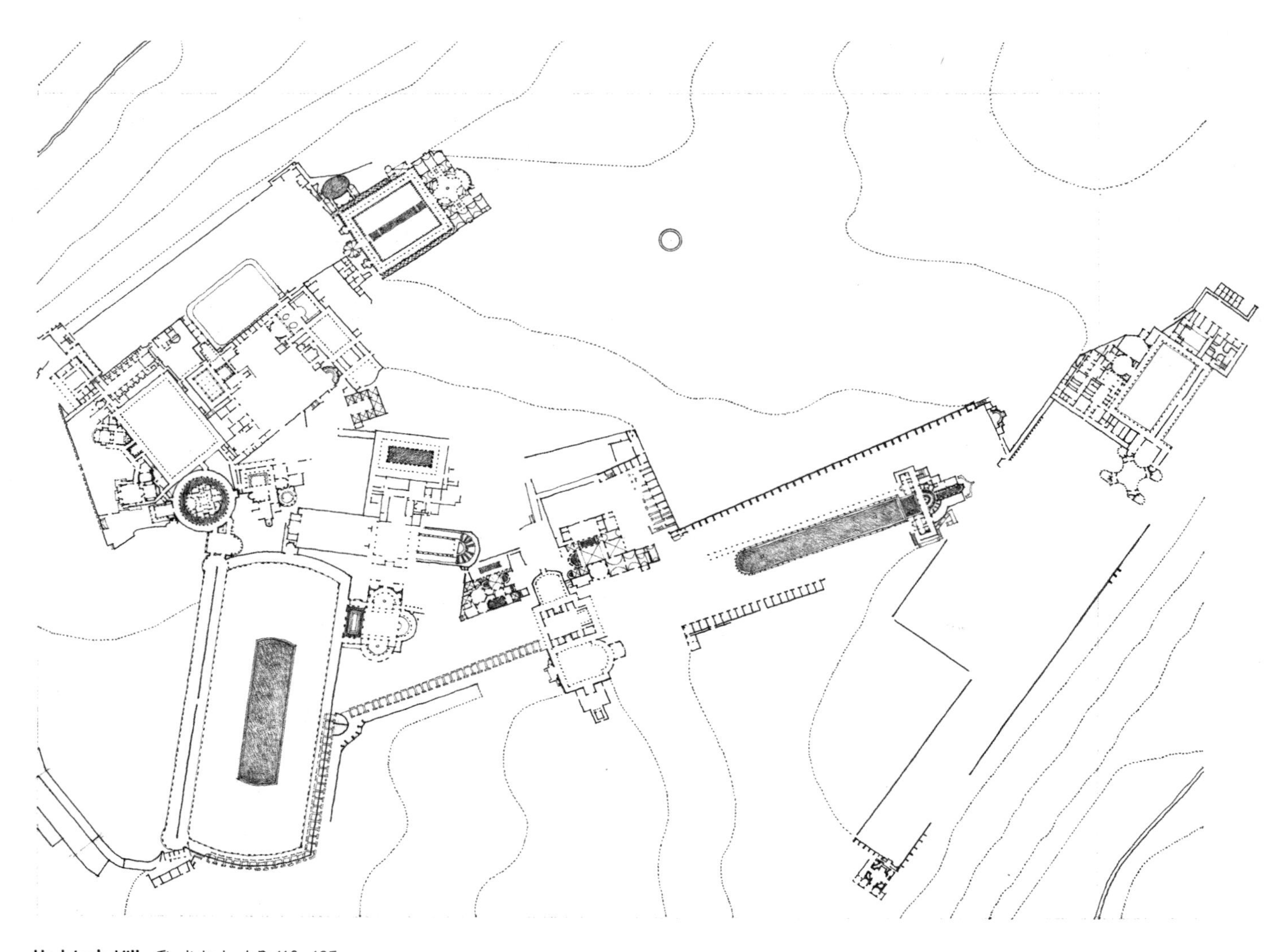

Hadrian's Villa, Tivoli, Italy, A.D. 118–125

哈德良别墅，蒂沃利，意大利，公元 118—125 年

4 组合
Organization

“一座好房子是一件完整的事物，也是许多内容的集合，造一座好房子需要一种观念的飞跃，即从单独构件到整体形象的飞跃。这些选择……体现了组装各个部件的方式。

……一座房子的基本部件可以被组合在一起，而其结果却不仅是基本部件的组合：它们还能够形成空间、图形以及外部领地。它们戏剧性地编排建筑所必须上演的最基本剧目。为了使1+1的结果超过2，你必须履行任何一件你认为重要的事情（制造房间、把房间组合在一起，或者使这些房间与地形相适应），你还必须做你认为同样重要的另外一些事情（使空间适宜居住、形成含义丰富的室内图形或者控制其他的外部领域）。”

查尔斯·摩尔、杰拉德·艾伦、道林·林登
（Charles Moore, Gerald Allen, Donlyn Lyndon）
《房屋的场所》（*The Place of Houses*）
1974

上一章我们讨论了如何处理各种不同的造型，以限定单一的空间范围或空间体量，并且讨论了这些实体与空间的图形，是如何影响所限定空间的视觉性质的。然而，由单一空间构成的建筑物寥寥无几，一般的建筑物总是由许多空间组成的，按照这些空间的功能、相似性或运动轨迹，将它们相互联系起来。本章提出一些基本的方法，将一个建筑的各个空间，彼此联系并组合成连贯的形式和空间的图形，以供大家研究讨论。

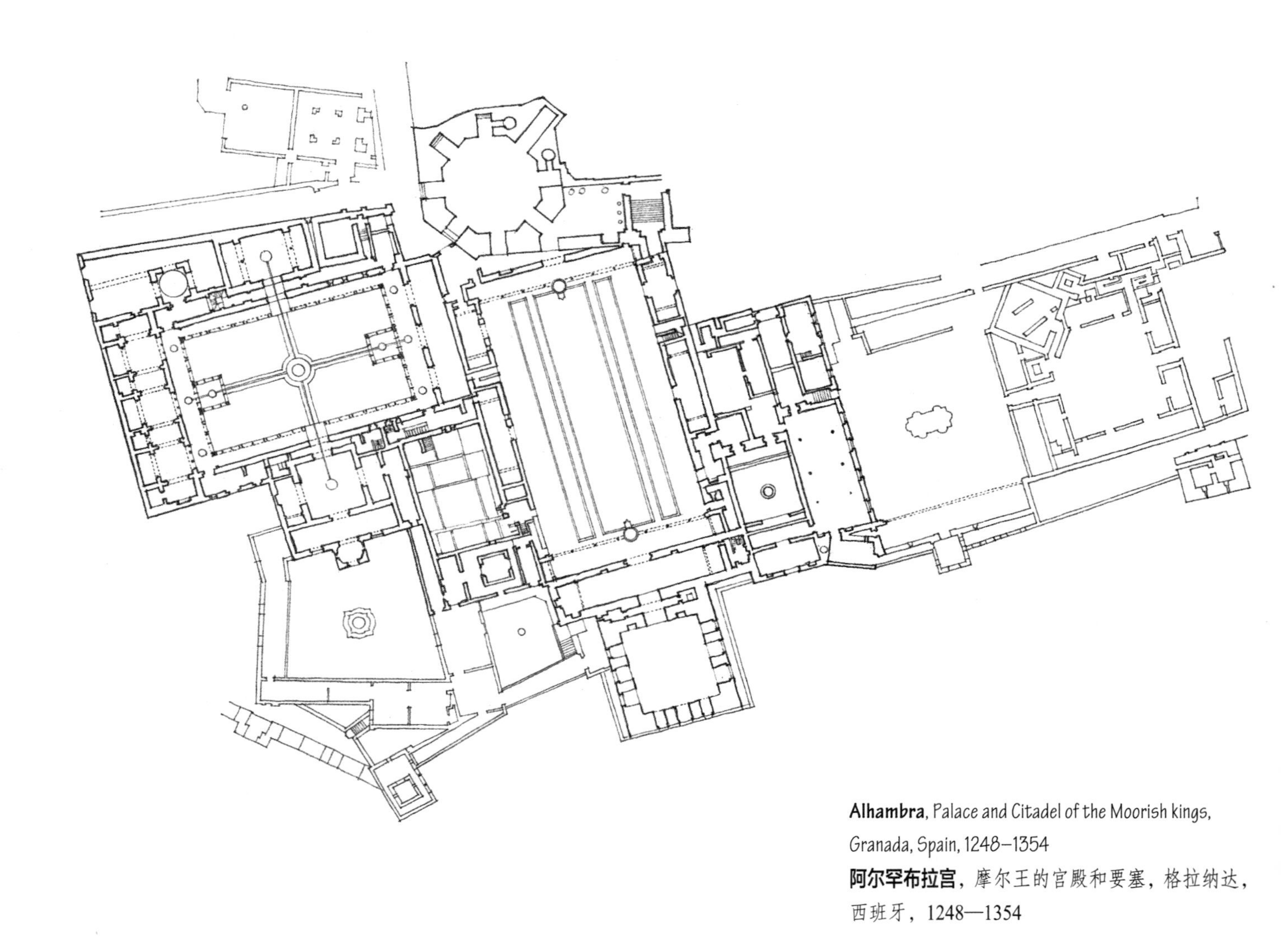

Alhambra, Palace and Citadel of the Moorish kings, Granada, Spain, 1248–1354

阿尔罕布拉宫，摩尔王的宫殿和要塞，格拉纳达，西班牙，1248—1354

两个空间可以相互关联，有以下几种基本方式。

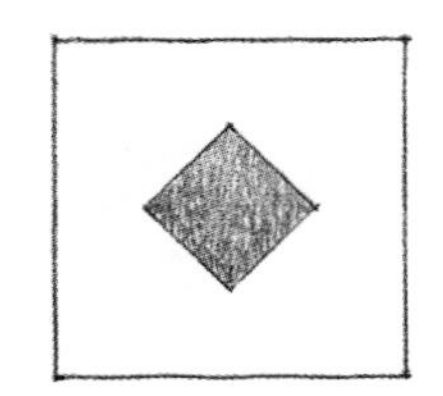

Space within a Space
空间内的空间
一个空间可以包含在一个较大空间的体量中。

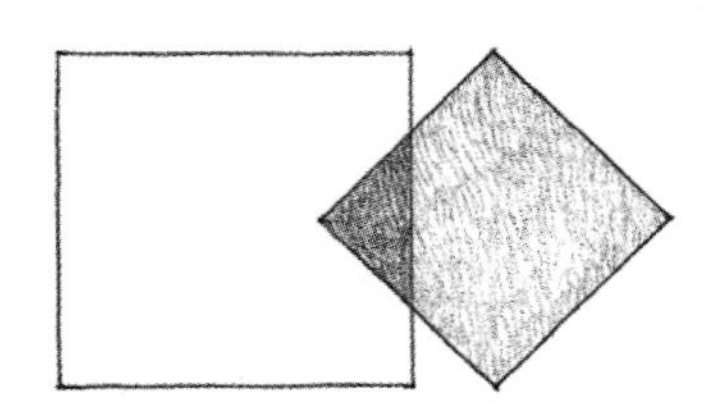

Interlocking Spaces
穿插式空间
一个空间的部分领域可以和另外一个空间的部分体积重叠。

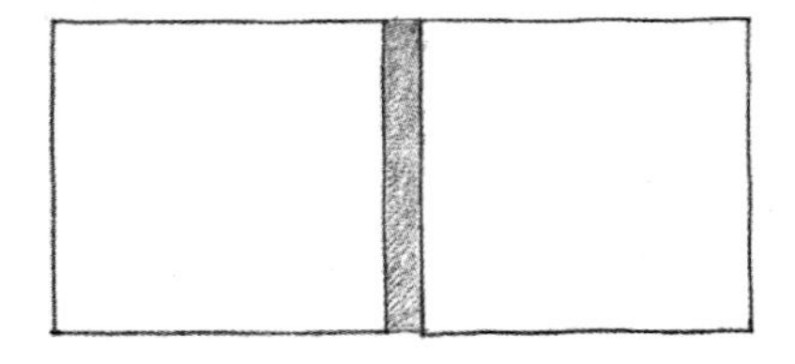

Adjacent Spaces
邻接式空间
两个空间可以相互比邻或共享一条公共边。

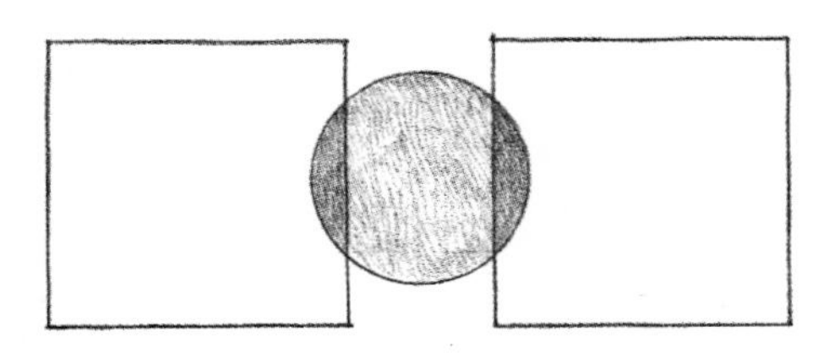

Spaces Linked by a Common Space
通过公共空间连接的空间
两个空间依靠另外一个中介空间建立联系。

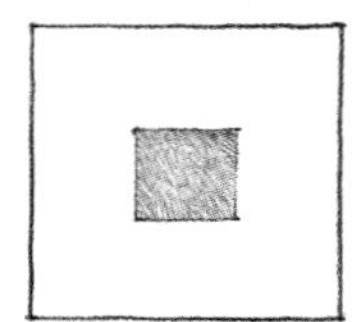
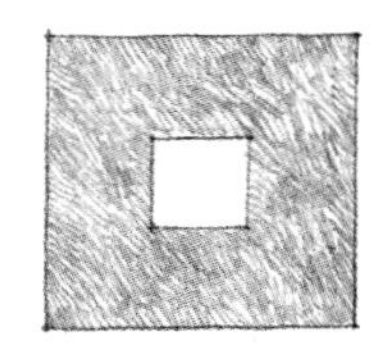
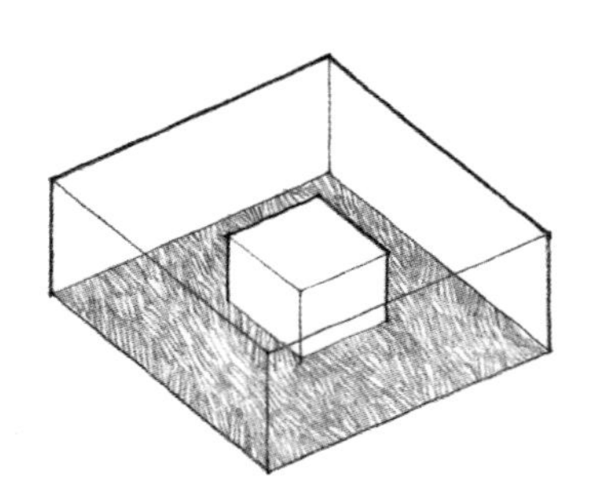

一个大空间可以在其体积之内包含一个小空间。两者之间很容易产生视觉及空间的连续性，但是被包含的小空间与室外环境的关系，则取决于包在外面的大空间。

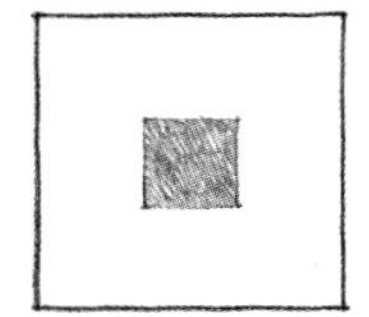
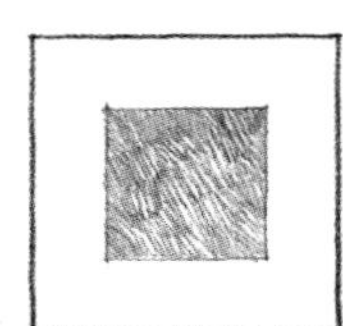
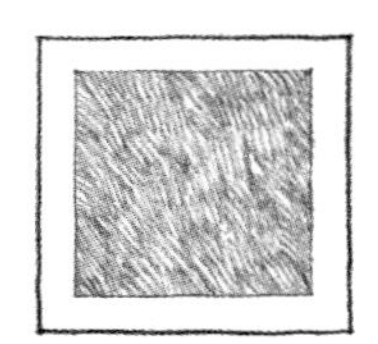
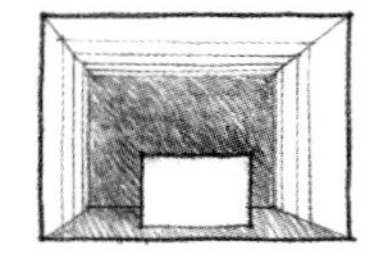
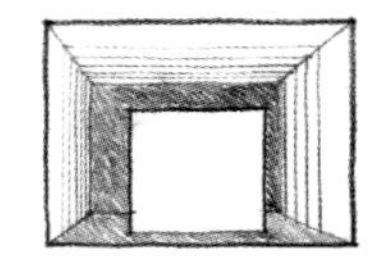

在这种空间关系中，封闭的大空间为包含于其中的小空间提供了一个三维的领地。为了感知这种概念，两者之间的尺寸必须有明显的差别。如果被包围的空间尺寸增大，那么大空间则开始失去作为包围形式的能力。如果被包围的空间继续增大，那么它周边的剩余空间将被大大压缩而不能称其为包围空间。外层空间将变成仅仅是环绕被围空间的一片薄层或一层表皮。那么，原来的意图就破坏殆尽了。

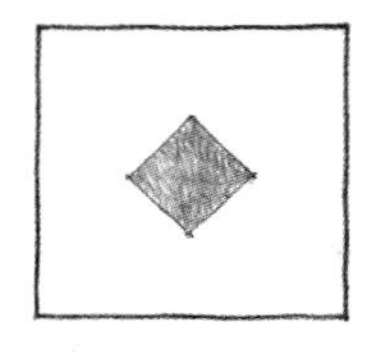
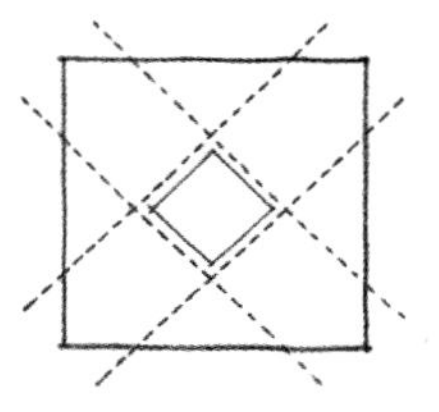
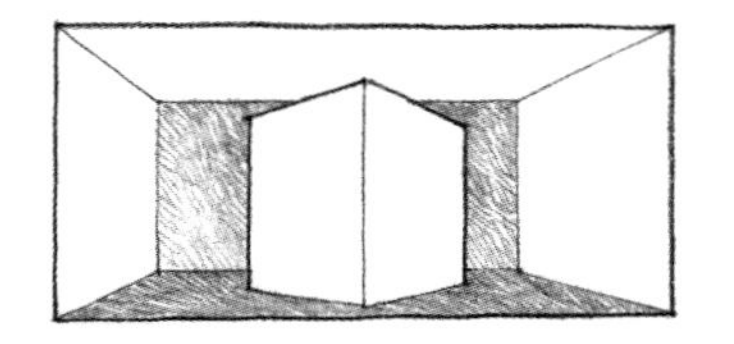

为了使被围空间具有较高的吸引力，其形式可以与外围空间的形状相同，但以不同的方式定位。这种作法会在大空间中产生二级网格和一系列充满动感的附属空间。

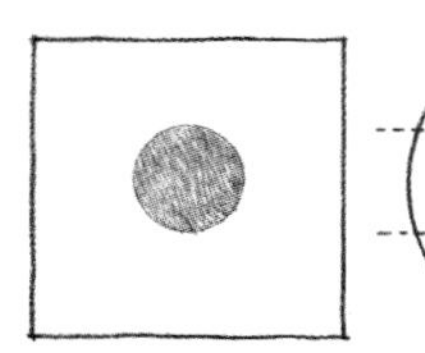
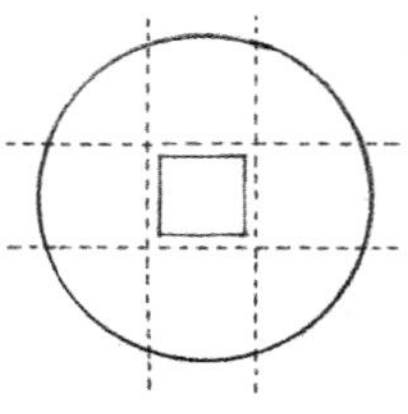
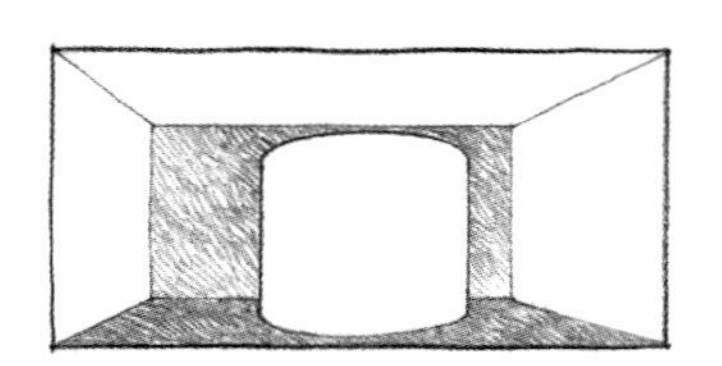

被围空间的形式也可以不同于围护空间，以增强其独立体量的形象。这种形体对比，会表明两个空间的功能不同，或者被围空间具有重要的象征意义。

Moore House, Orinda, California, 1961, Charles Moore
摩尔住宅，奥林达，加利福尼亚州，1961，查尔斯·摩尔

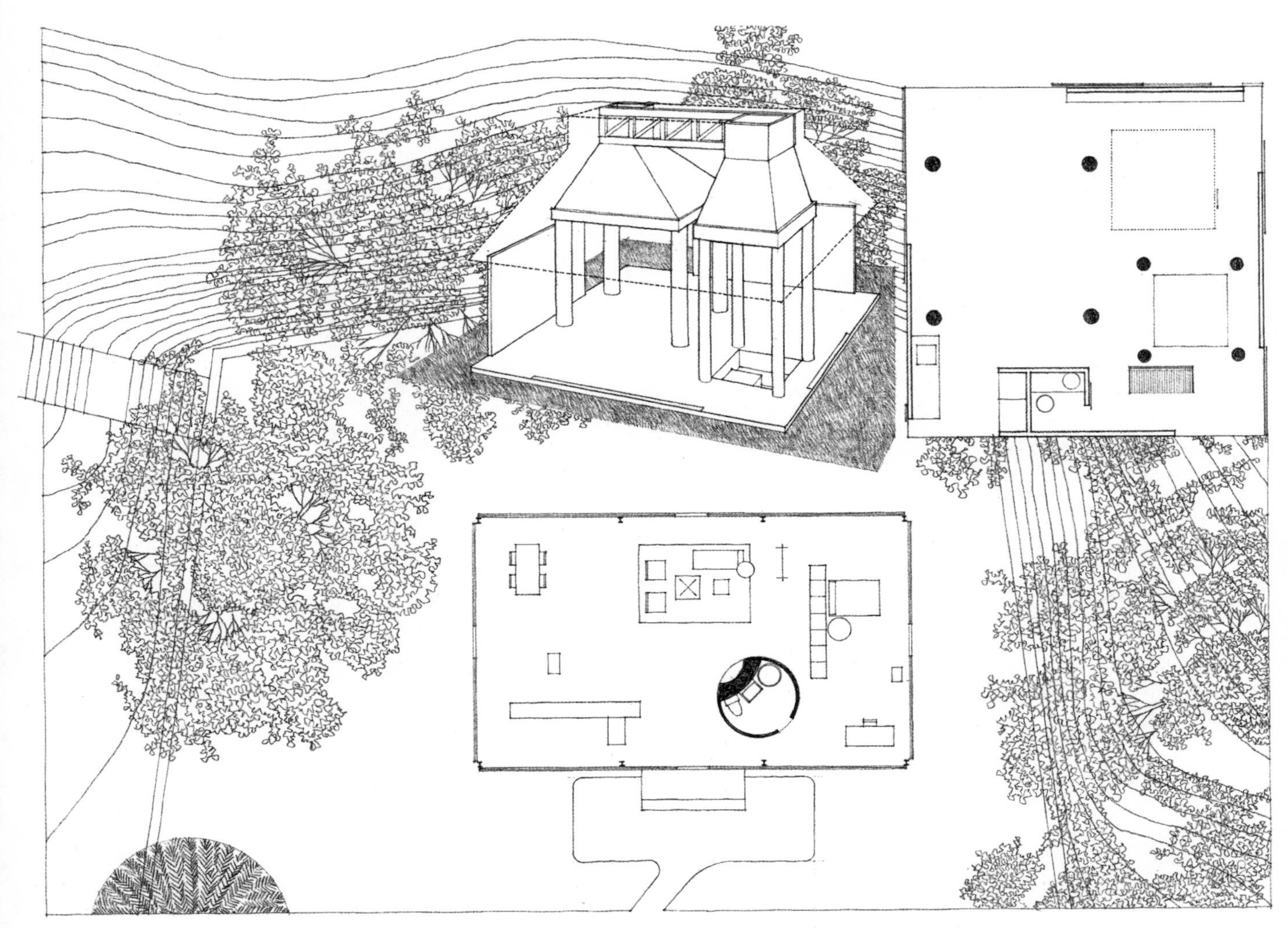

Glass House, New Canaan, Connecticut, 1949, Philip Johnson
玻璃住宅，新坎南，康涅狄格州，1949，菲利浦·约翰逊

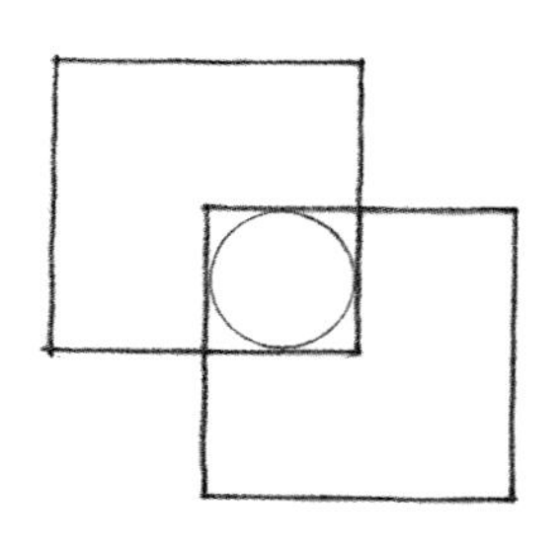

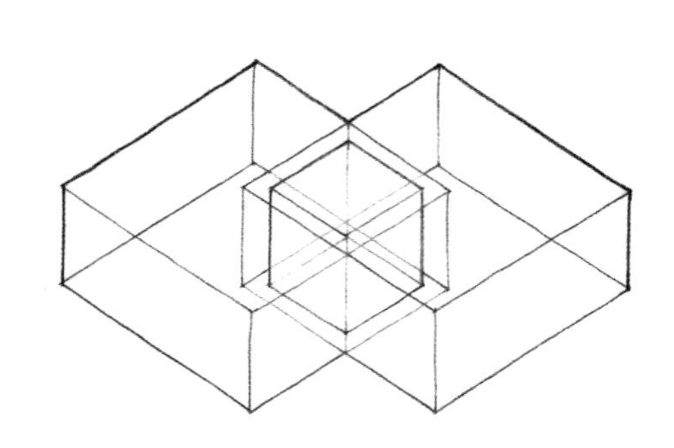

穿插式的空间关系来自两个空间领域的重叠，并且出现了一个共享的空间区域。当两个空间的体量以这种方式穿插时，每个体积仍保持着它作为一个空间的可识别性和界限。但是对于两个穿插空间的最后造型，则需要做一些说明。

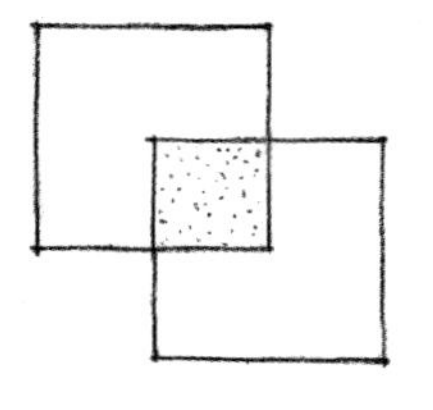

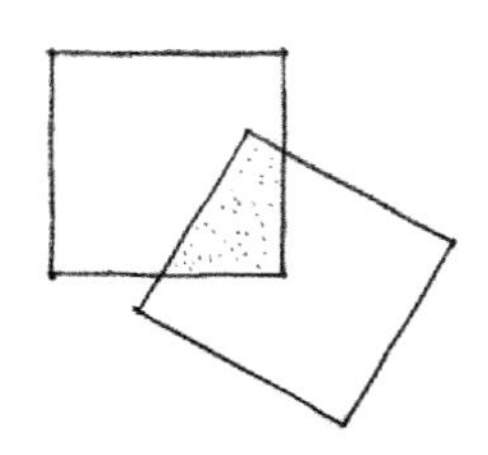

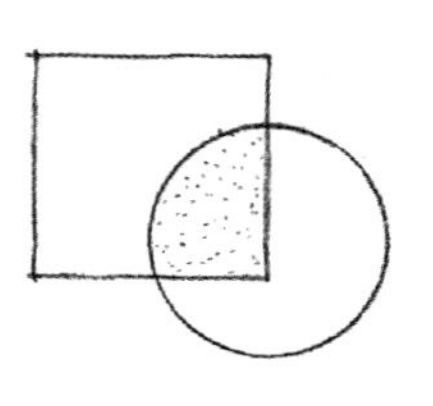

两个体量的穿插部分，可为各个空间同等共有。

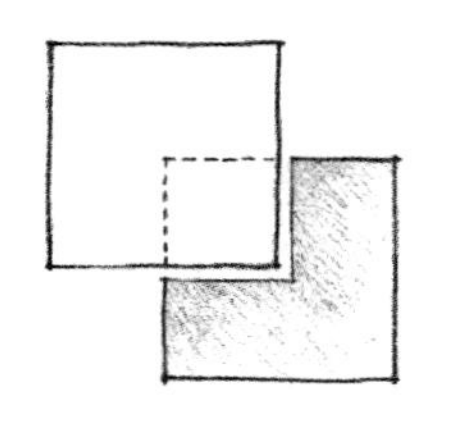

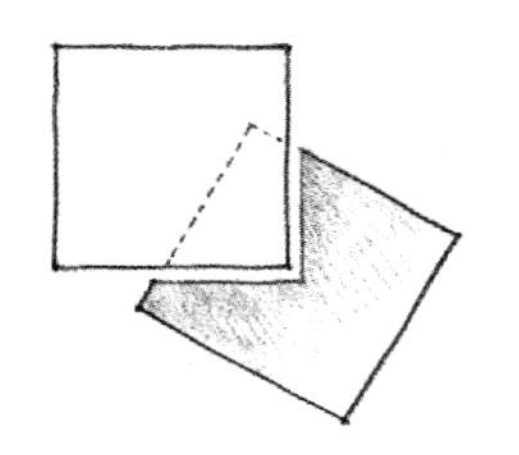

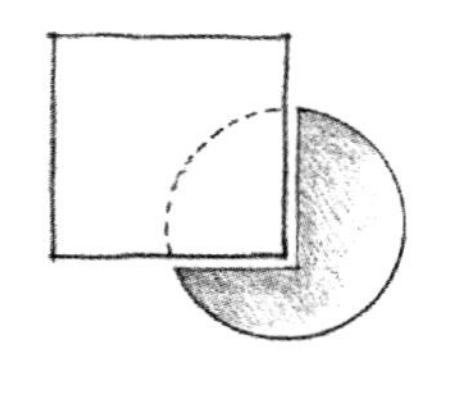

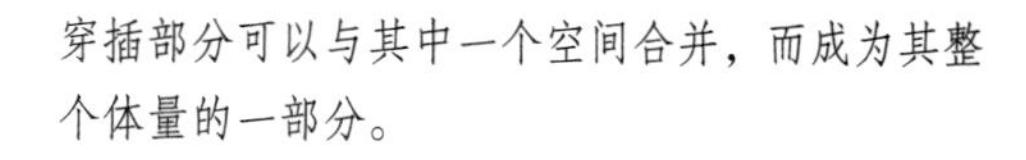

穿插部分可以与其中一个空间合并，而成为其整个体量的一部分。

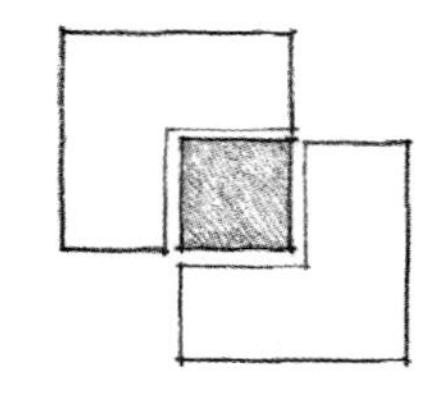

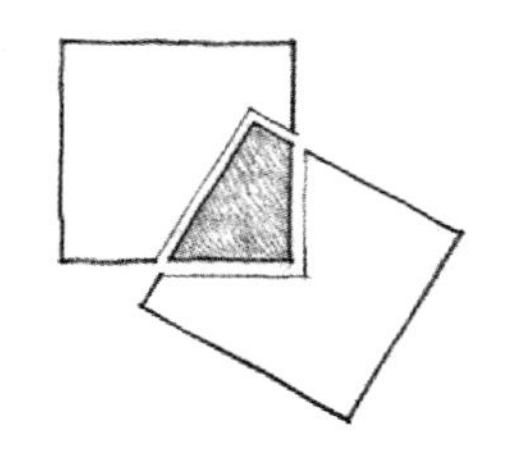

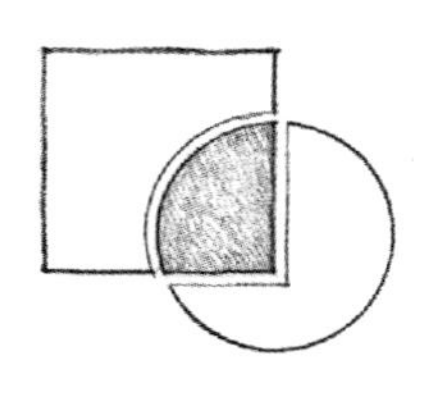

穿插部分可以作为一个空间自成一体，并用来连接原来的两个空间。

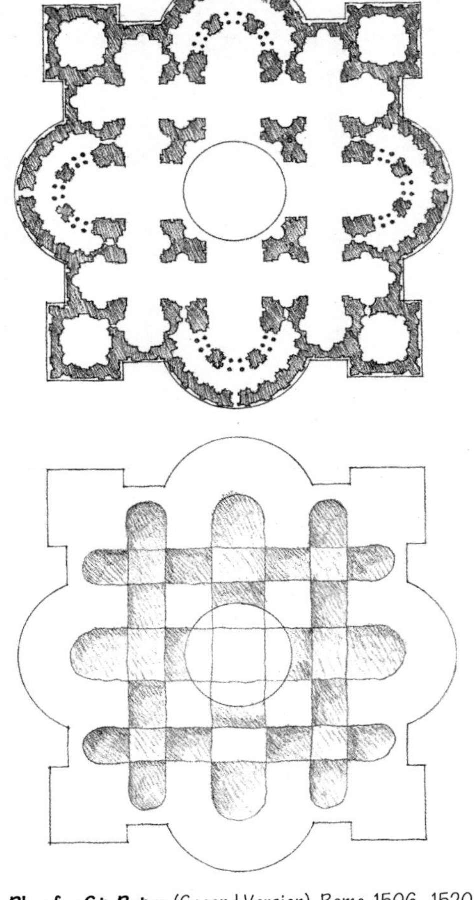

Plan for St. Peter (Second Version), Rome, 1506–1520, Donato Bramante & Baldassare Peruzzi

圣彼得大教堂平面（第二稿），罗马，1506—1520，多纳托·伯拉孟特及巴尔达萨雷·佩鲁齐

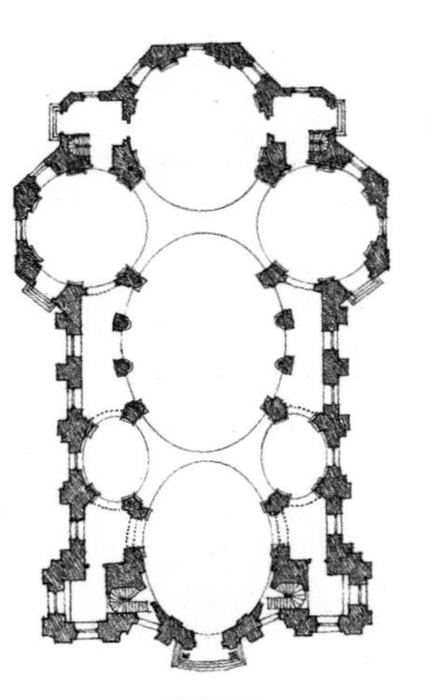

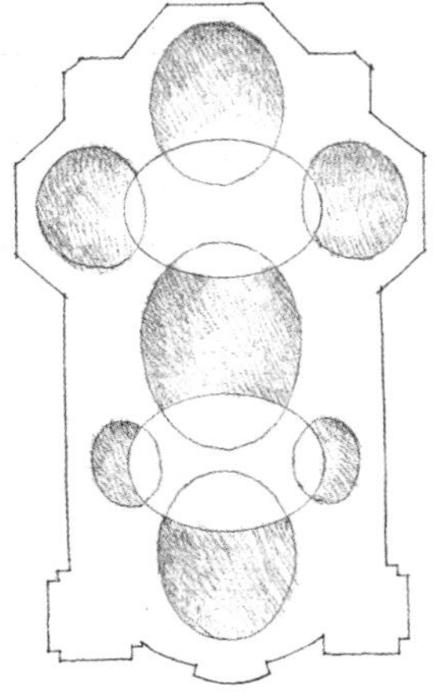

Pilgrimage Church, Vierzehnheiligen, Germany, 1744–1772, Balthasar Neumann

朝圣教堂，菲尔岑海利根，德国，1744—1772，巴尔塔萨·纽曼

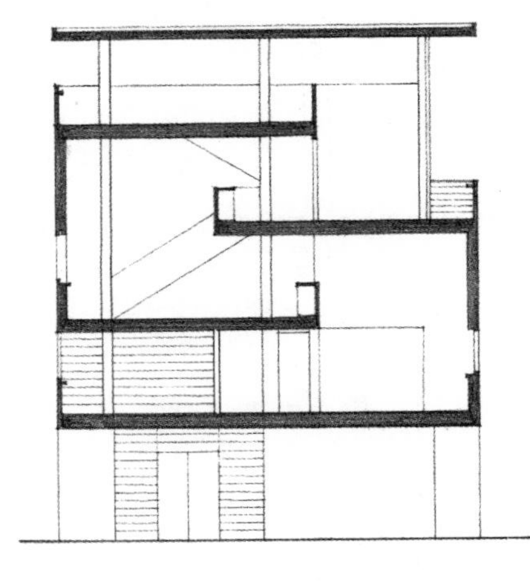

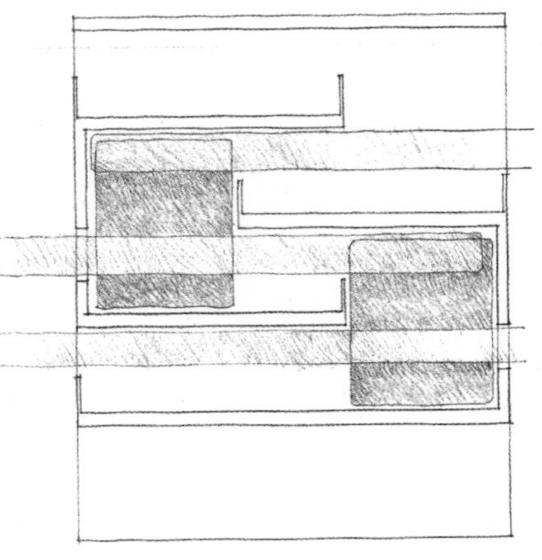

Villa at Carthage, Tunisia, 1928, Le Corbusier

迦太基别墅，突尼斯，1928，勒·柯布西埃

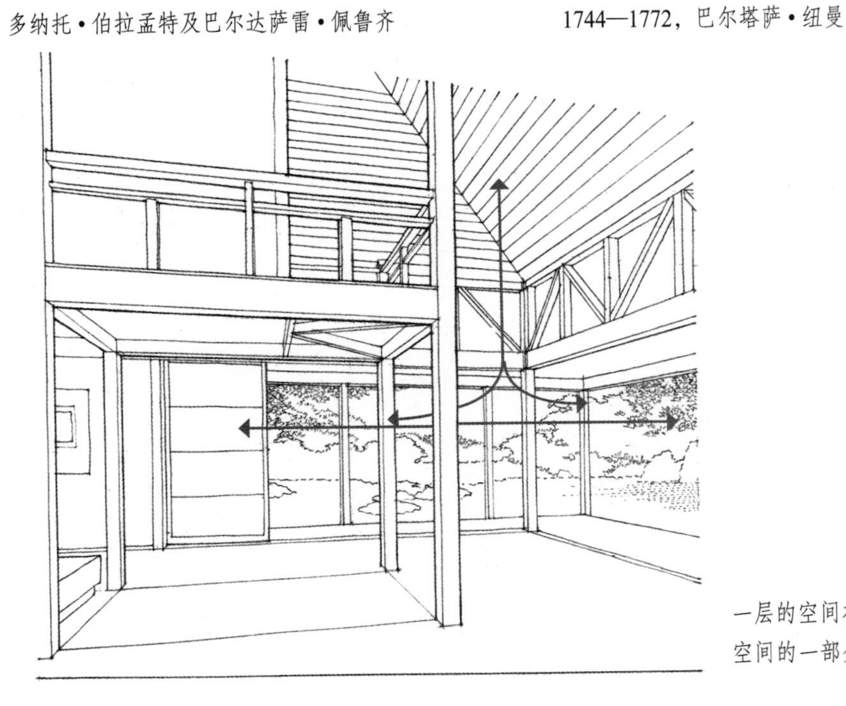

一层的空间在较大的体量中流动，它既是大空间的一部分，也与室外产生一定的关系。

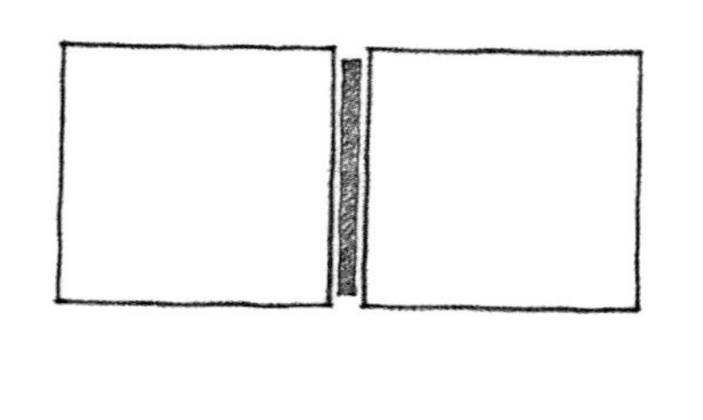

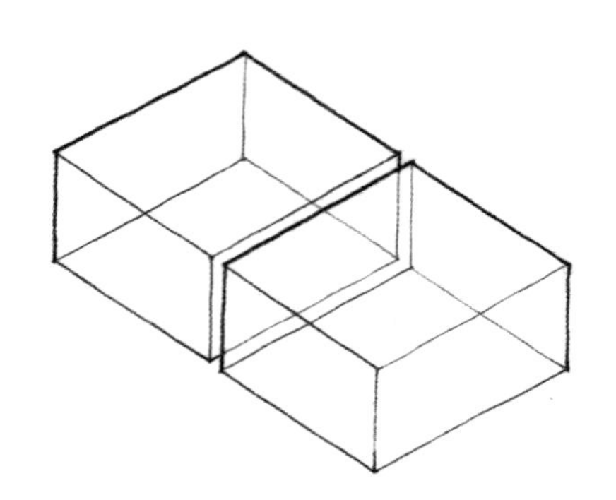

邻接是空间关系中最常见的形式。它让每个空间都能得到清楚地限定，并且以其自身的方式回应特殊的功能要求或象征意义。两个相邻空间之间，在视觉和空间上的连续程度，取决于那个既将它们分开又把它们联系在一起的面的特点。

分隔面可以：

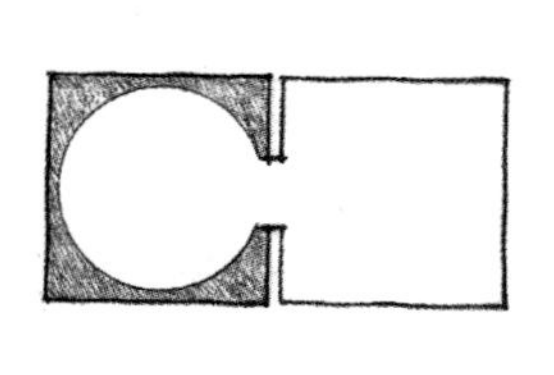

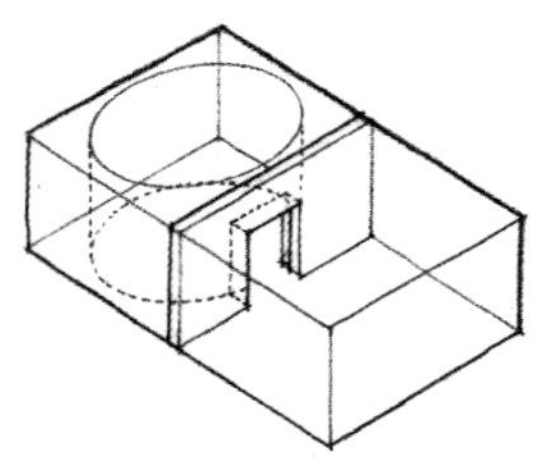

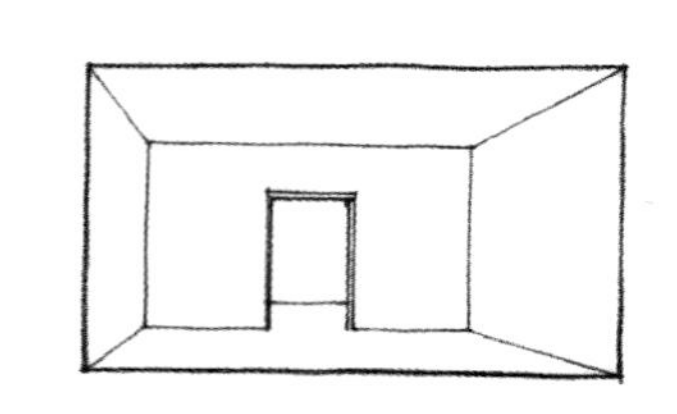

• 限制两个邻接空间的视觉连续和实体连续，增强每个空间的独立性，并调节二者的差异。

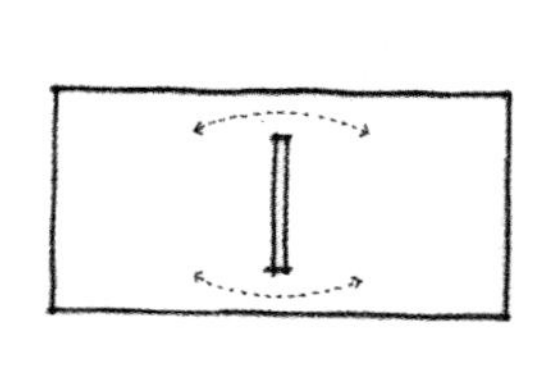

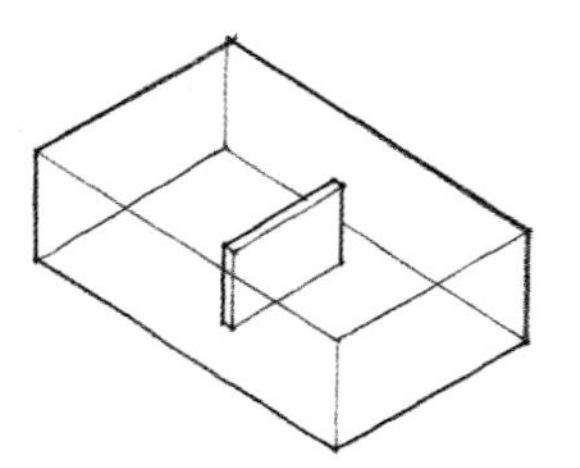

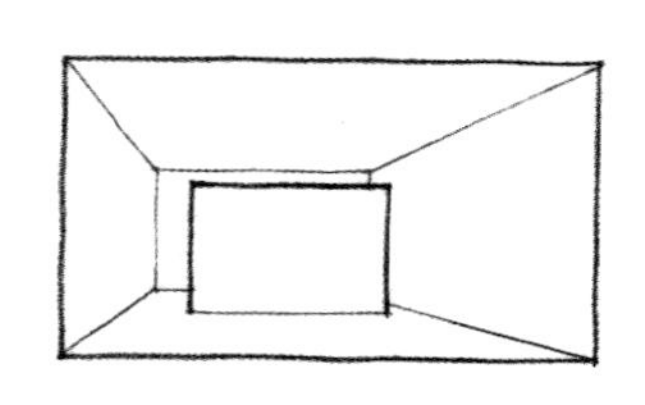

• 作为一个独立面设置在单一空间体量中。

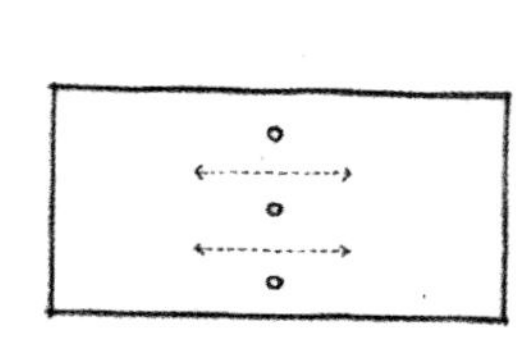

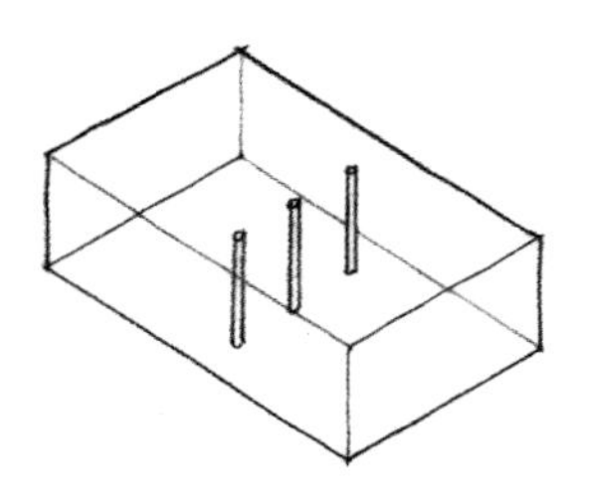

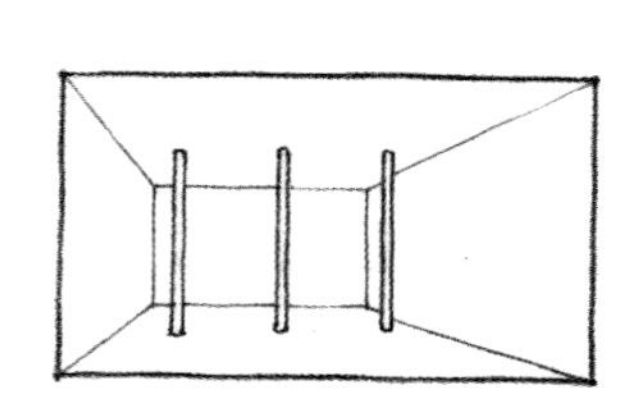

• 由一排柱子加以确定，可使两空间之间具有高度的视觉连续性与空间连续性。

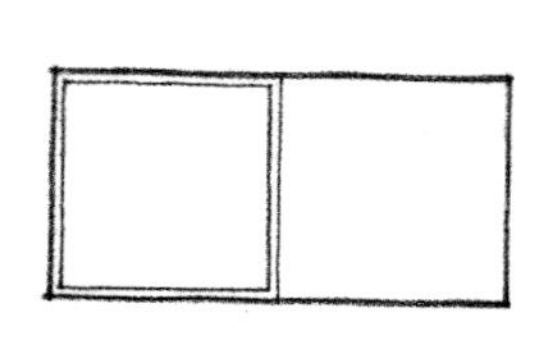

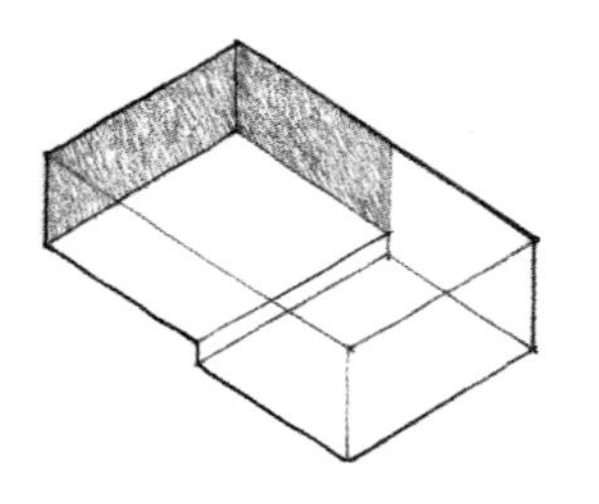

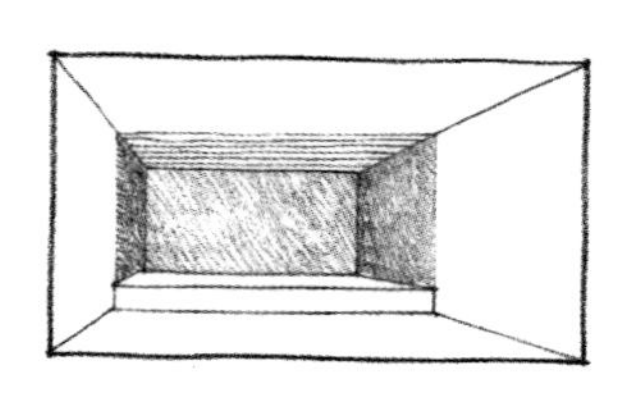

• 仅仅通过两个空间之间高程的变化或表面材料及表面纹理的对比来暗示。此例以及前面的两例，也可以被视为单一的空间体量，被分为两个相关的区域。

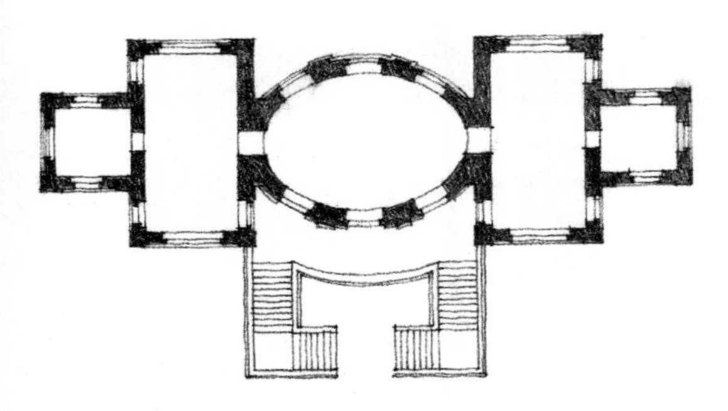

Pavilion Design, 17th century, Fischer von Erlach
亭阁设计，17 世纪，费舍尔•冯•埃尔拉赫

这两个建筑中的各个空间，它们的尺寸、形状和形式各不相同。围合这些空间的墙体采用不同的形式来调节邻接空间的差异。

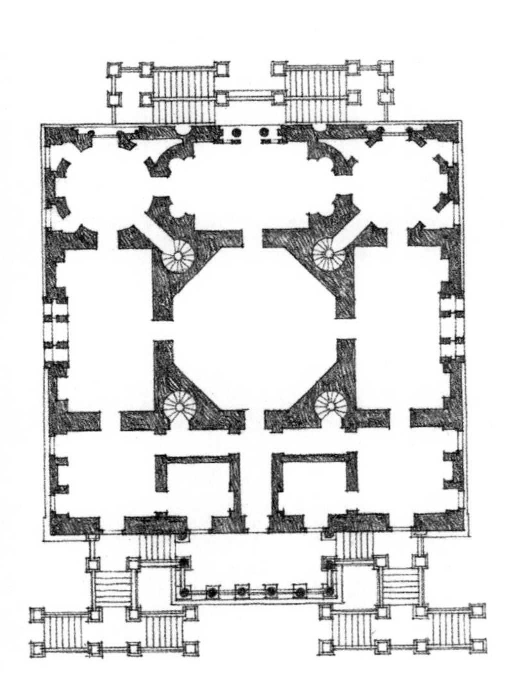

Chiswick House, London, England, 1729, Lord Burlington & William Kent
奇希克府邸，伦敦，英格兰，1729，伯林顿勋爵及威廉•肯特

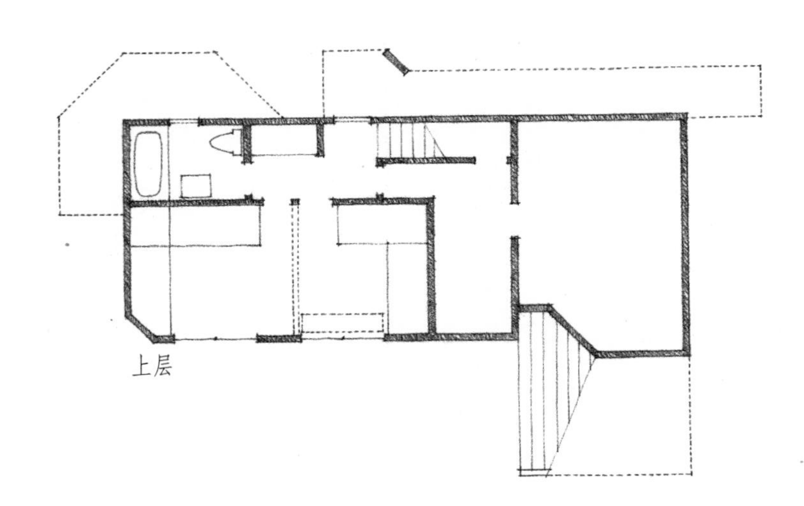

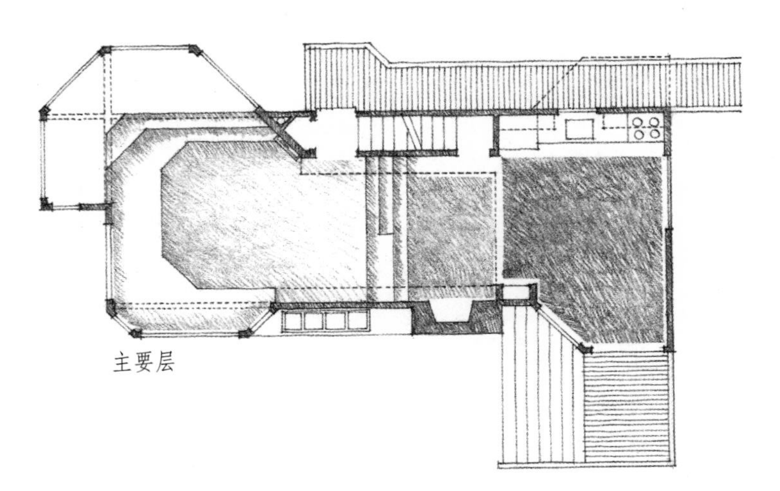

起居、壁炉和就餐区三个空间，以地面高程变化、顶棚高度变化以及光线与景观特点的变化来限定，而不是用墙面来限定。

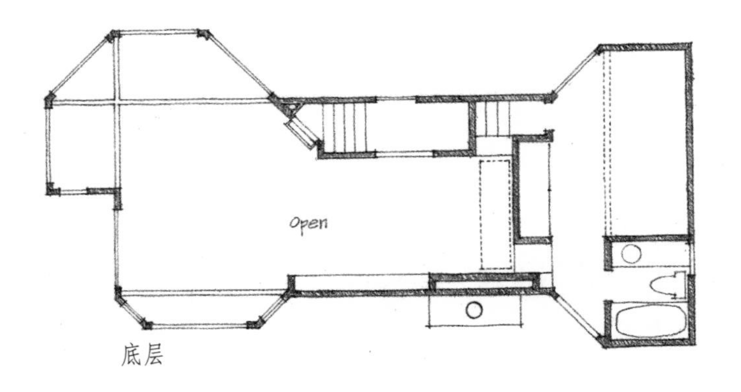

Lawrence House, Sea Ranch, California, 1966, Moore-Turnbull/MLTW
劳伦斯住宅，海洋牧场，加利福尼亚州，1966，摩尔—特恩布尔 /MLTW

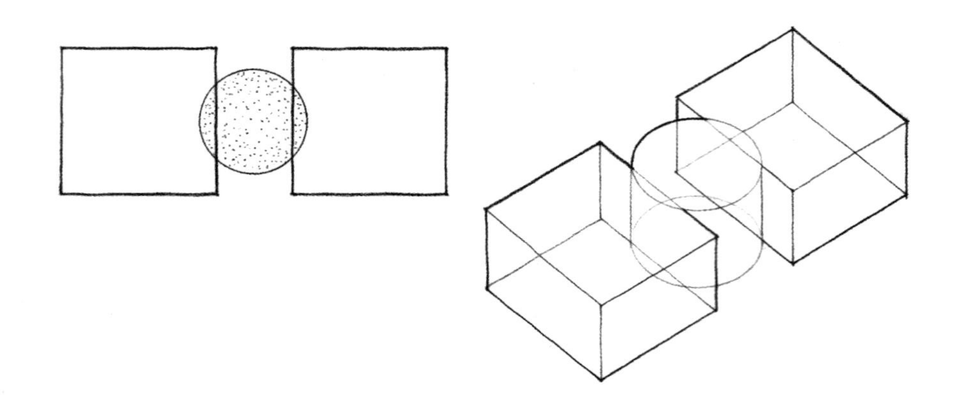

相隔一定距离的两个空间，可由第三个过渡空间来连接或关联。两空间之间的视觉与空间联系取决于那个第三空间，因为两空间都与这一空间具有共享的区域。

过渡空间的形式和朝向可以不同于两个空间，来表明其关联作用。

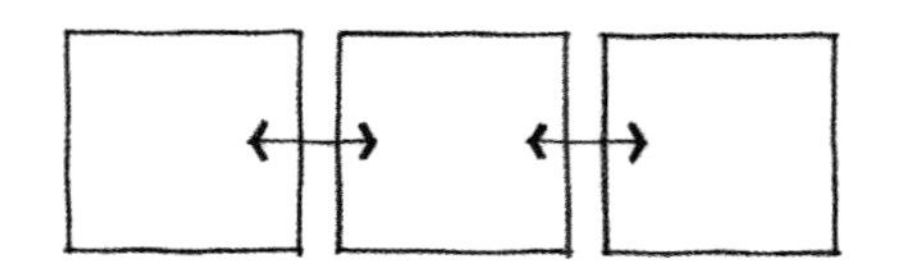

过渡空间以及它所联系的两个空间，三者的形状和尺寸可以完全相同，并形成一个线性的空间序列。

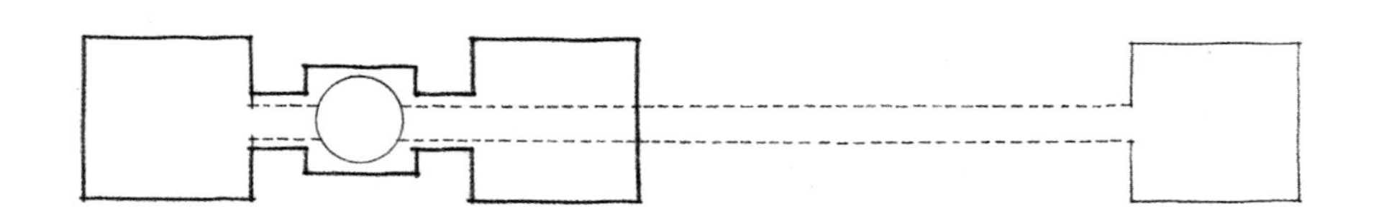

过渡空间本身可以变成直线式的，以联系两个相隔一定距离的空间，或者加入彼此之间没有直接关系的整个空间序列。

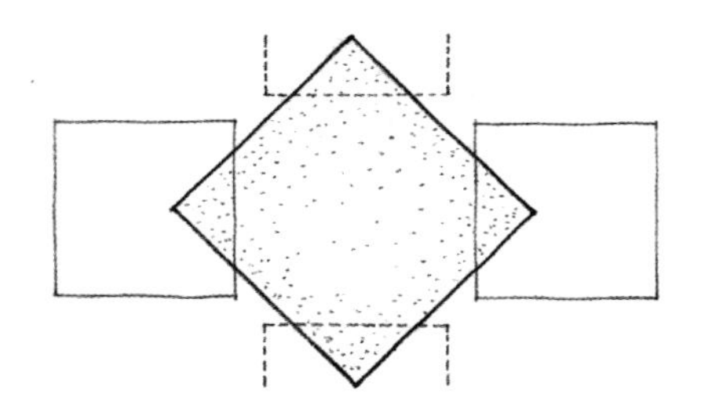

如果过渡空间足够大的话，它可以成为这种空间关系中的主导空间，并且能够在它的周围组织许多空间。

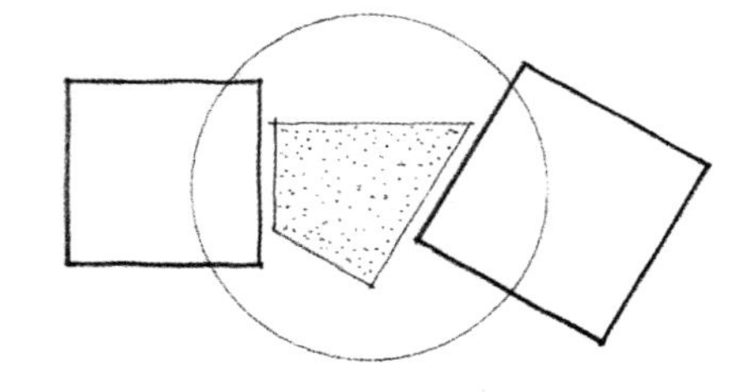

过渡空间的形式可以是相互联系的两空间之间的剩余空间，并完全决定于两个关联空间的形式与方位。

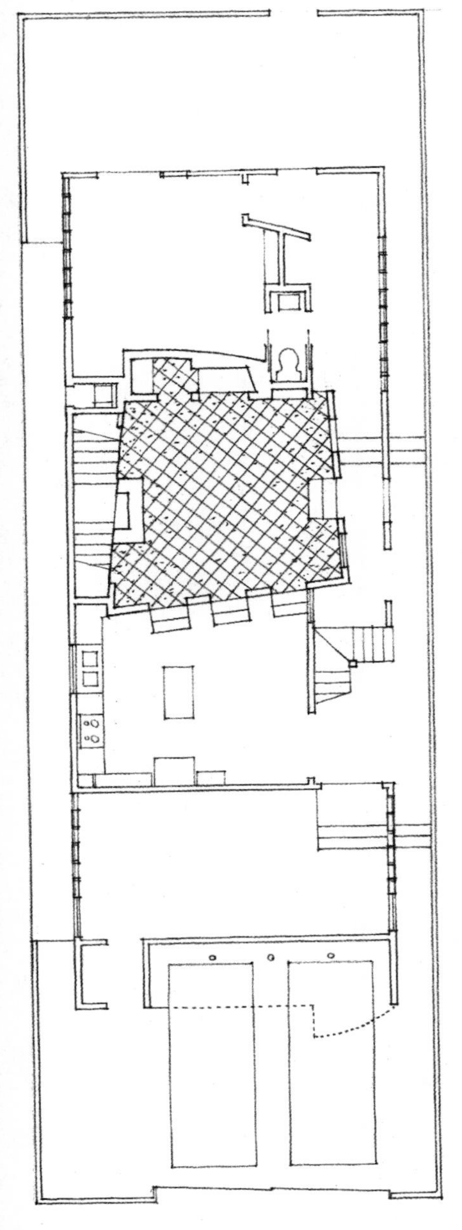

Caplin House, Venice, California, 1979, Frederick Fisher
卡普林住宅，威尼斯，加利福尼亚州，1979，
弗雷德里克·费舍尔

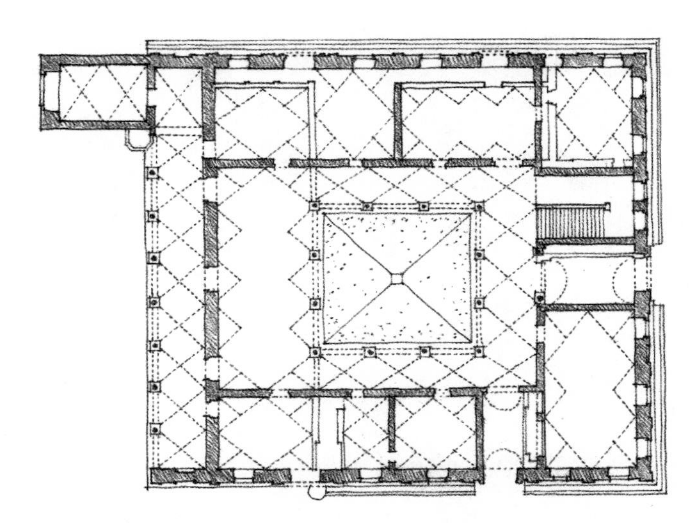

Palazzo Piccolomini, Pienza, Italy, c. 1460, Bernardo Rosselino
皮克罗米尼府邸，皮恩扎，意大利，约公元 1460 年，
伯纳多·罗西里诺

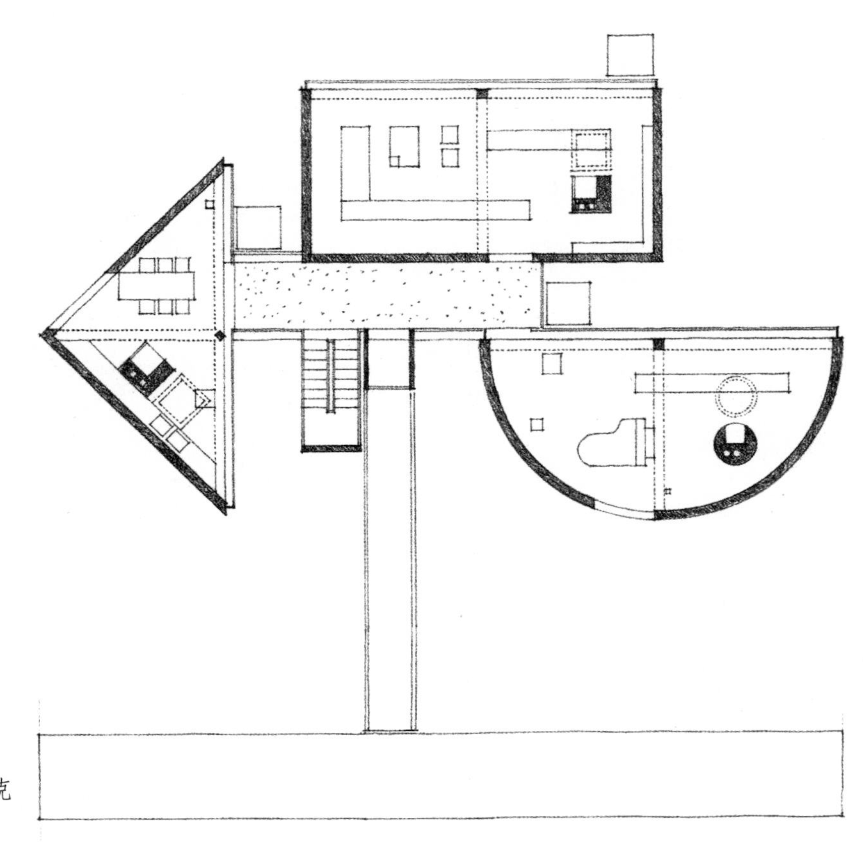

One-Half House (Project), 1966, John Hejduk
半室住宅（方案），1966，约翰·海杜克

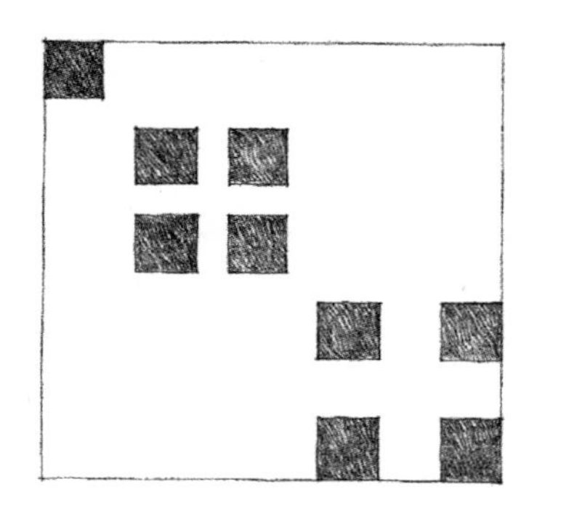
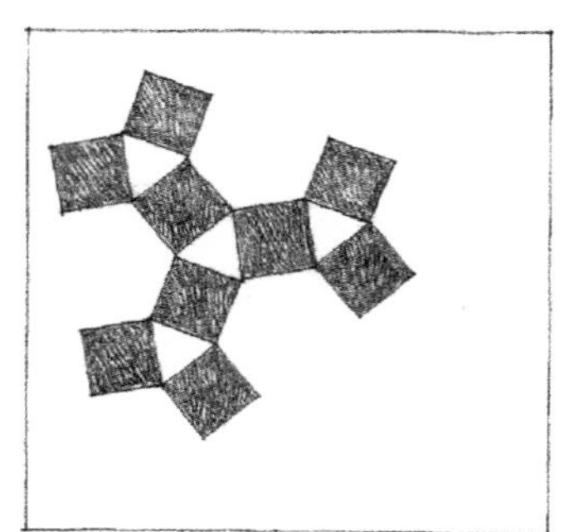
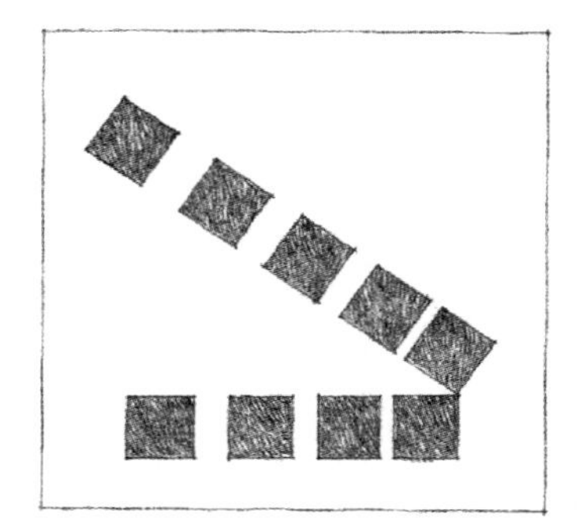

Compositions of Nine Squares: A Bauhaus Study
九个正方形的构图，包豪斯的研究

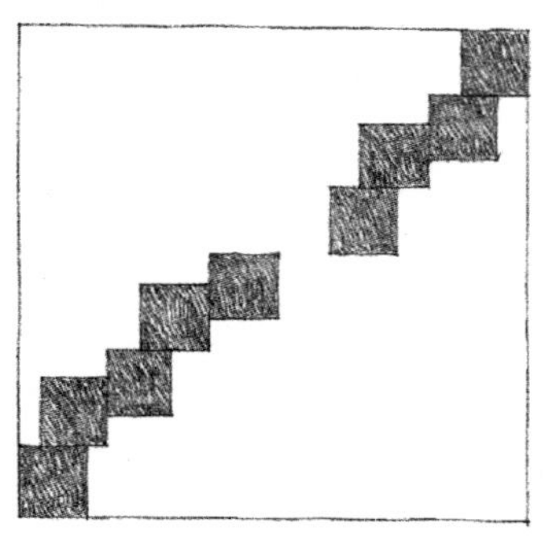

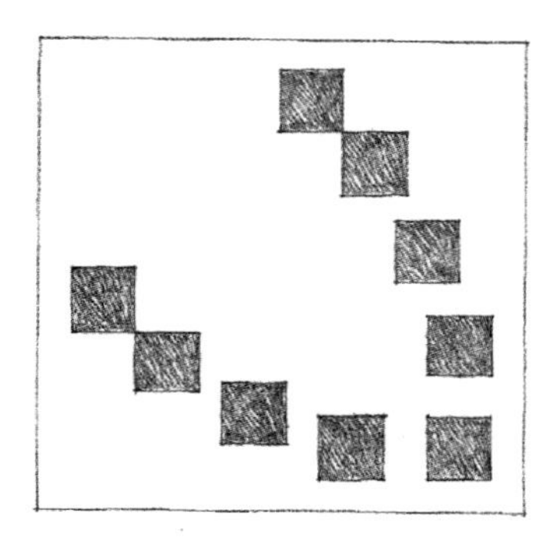

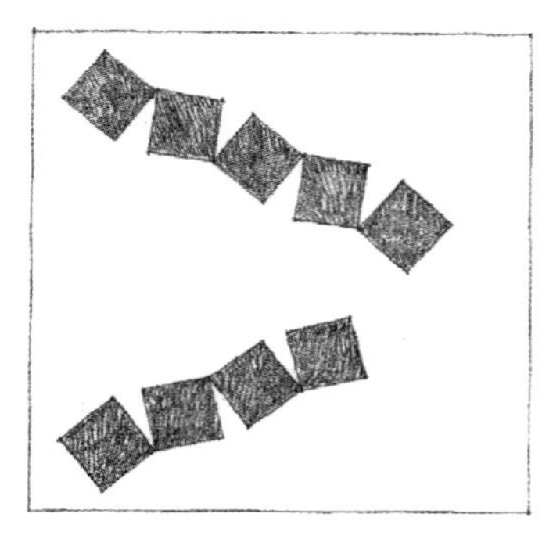

以下部分列举了我们排列和组合空间的基本方法。在一份典型的建筑设计纲要中，通常对各种空间都有要求。可能对空间提出的要求如下：

- 具有特定的功能或者需要特定的形式。
- 使用上机动灵活，可以自由地处理。
- 在建筑组合中，具有独一无二的功能和意义。
- 具有相似功能的空间，可以被组合成功能性组团，或者在线性序列中重复出现。
- 为获得采光、通风、景观和通向室外空间的道路，需要向外开放。
- 必须分隔以满足私密性的需要。
- 必须易于人流出入。

这些空间的布置方式，可以清楚地表明各空间在建筑物中的相对重要性以及功能或象征作用。在特定的位置，采用何种组合方式将取决于：

- 建筑设计纲要的要求，例如：功能的近似性、维度的要求、空间等级划分以及出入口、采光和景观的要求。
- 基地的外部条件，可能会限制或增加组合的形式，或者会促使建筑组合表达基地的某种特色而避开基地的其他特点。

每种类型的空间组合，都附有一段介绍，讨论这类空间组合的形式特点、空间关系和环境反应。然后，用几个这方面的实例来说明介绍中提出的基本点。研究各个实例时，可以根据以下方面进行考虑：

- 提供了何种类型的空间？在何处？它们是如何划定的？
- 空间彼此之间以及空间与外部环境之间，建立了什么样的联系？
- 如何进入这一空间组合？交通轨迹具有什么么样的形状？
- 这个空间组合的外部形式如何？它如何与周围环境相呼应？

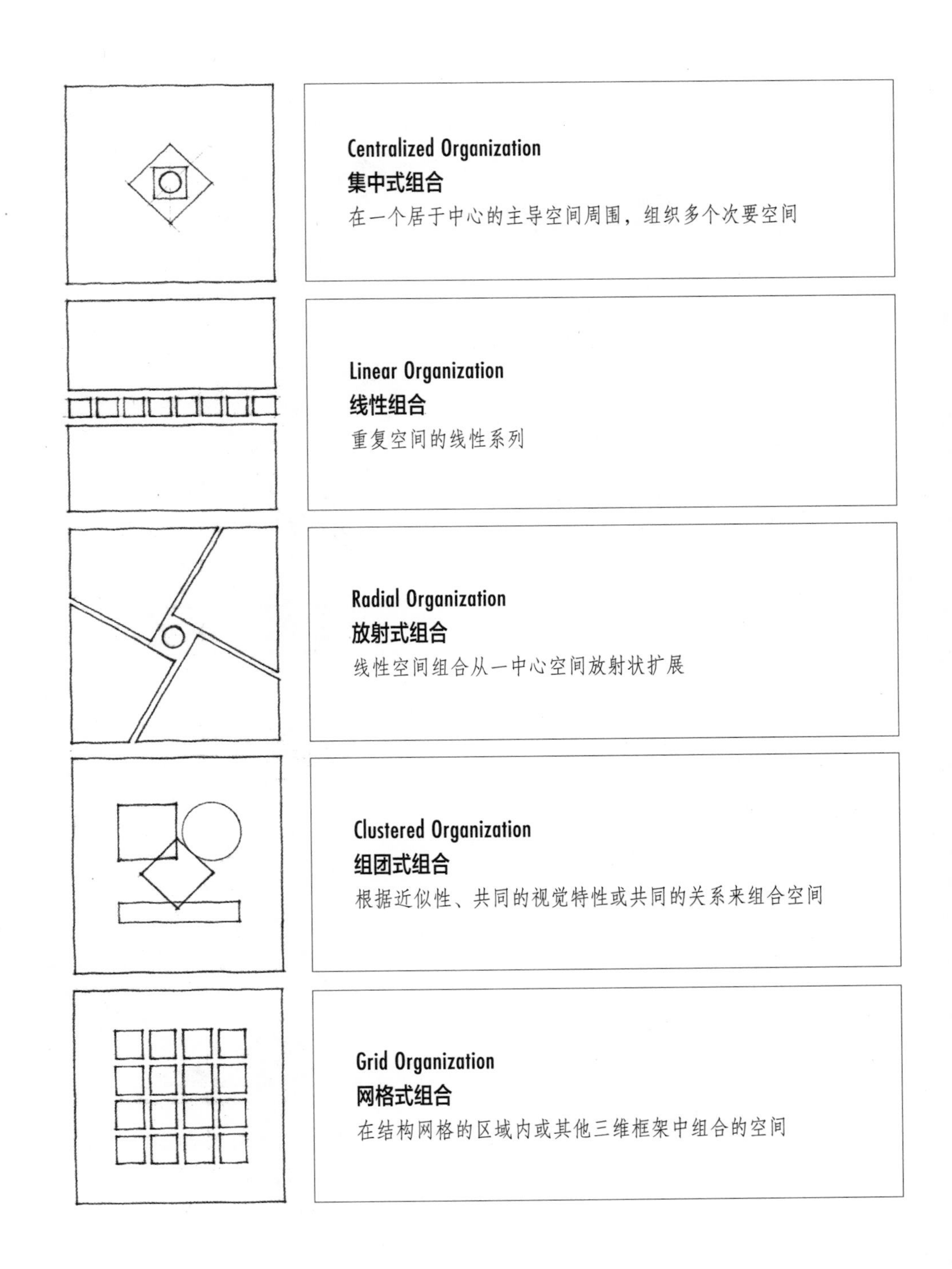

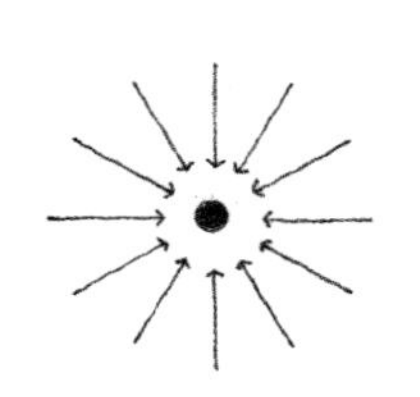

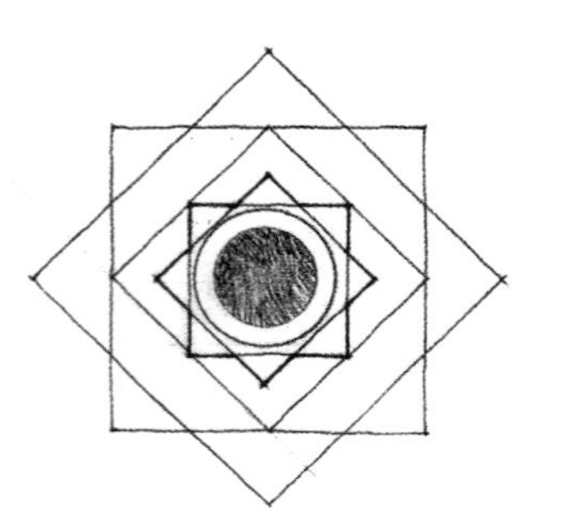

集中式组合，是一种稳定的向心式的构图，它由一定数量的次要空间围绕一个大的占主导地位的中心空间构成。

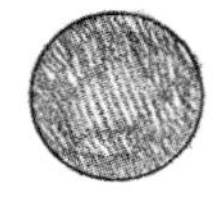
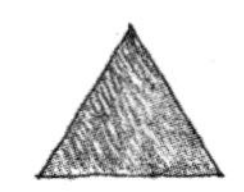
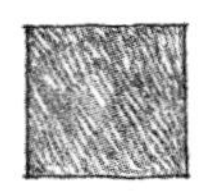

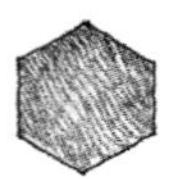

在这种组合中，居于中心地位的统一空间，一般是规则的形式，并且尺寸要足够大，以使许多次要空间集结在其周边。

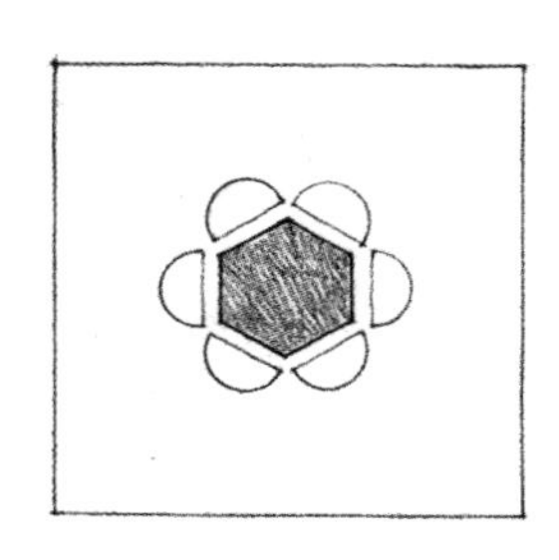
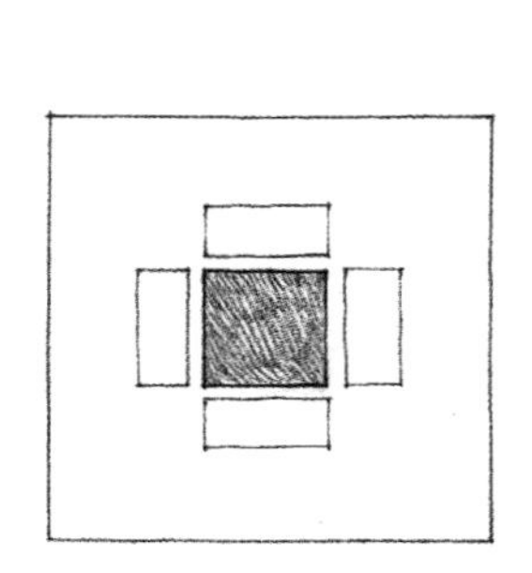
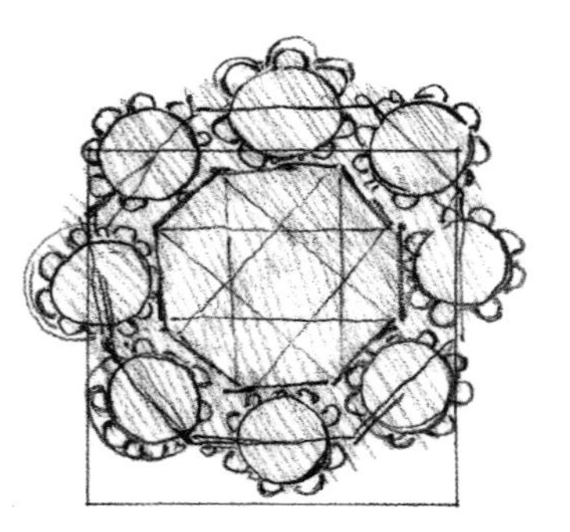

Ideal Church Plan by Leonardo da Vinci
理想教堂平面，列奥纳多•达•芬奇

组合中的次要空间，它们的功能、形式、尺寸可以彼此相当，形成几何形式规整、关于两条或多条轴线对称的总体造型。

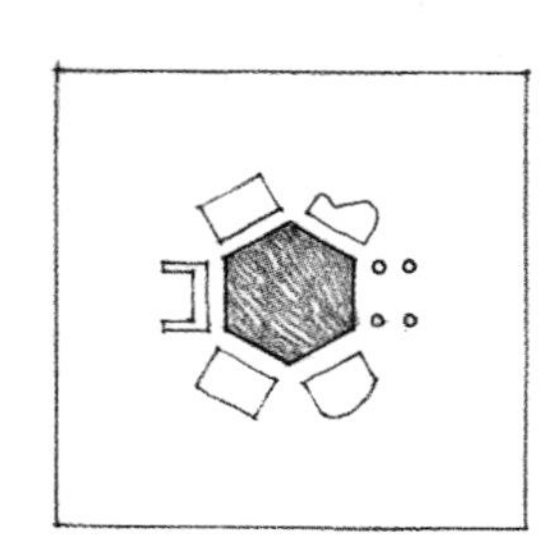
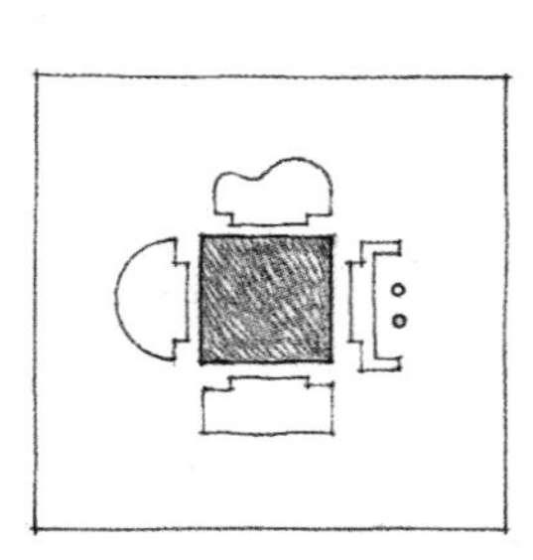
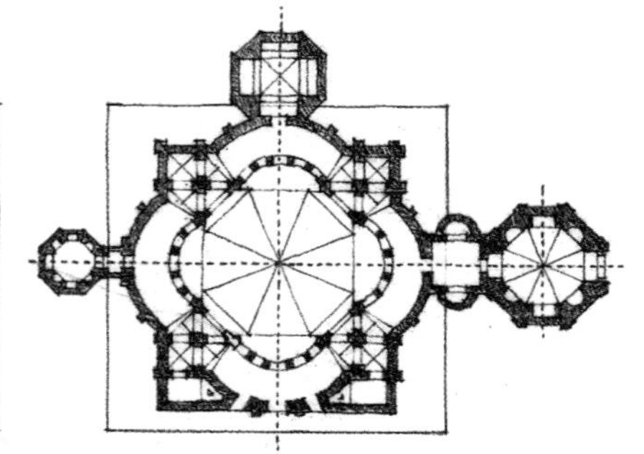

San Lorenzo Maggiore, Milan, Italy, c. A.D. 480
圣•洛伦佐•马乔列，米兰，意大利，约公元 480 年

次要空间的形式或尺寸也可以互不相同，以适应各自的功能要求，表达它们之间相对的重要性或者对周围环境做出反应。次要空间中的差异，也使集中式组合的形式能够适应基地的环境条件。

由于集中式组合这种形式本身没有方向性，因此路径和入口的情况必须在基地上表达清楚，并且必须把一个次要空间明确地表达为入口或门道。

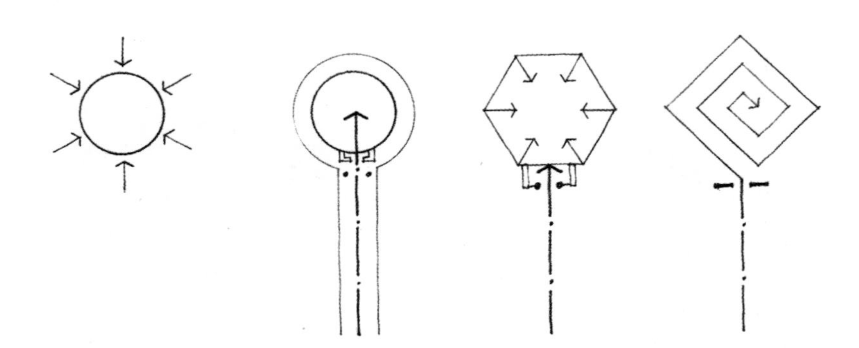

在集中式空间组合中，流线与运动的模式可以是放射状、环状或螺旋状的形式。但是，几乎在所有情形下，这一图形都将终止于中央空间本身或其周围。

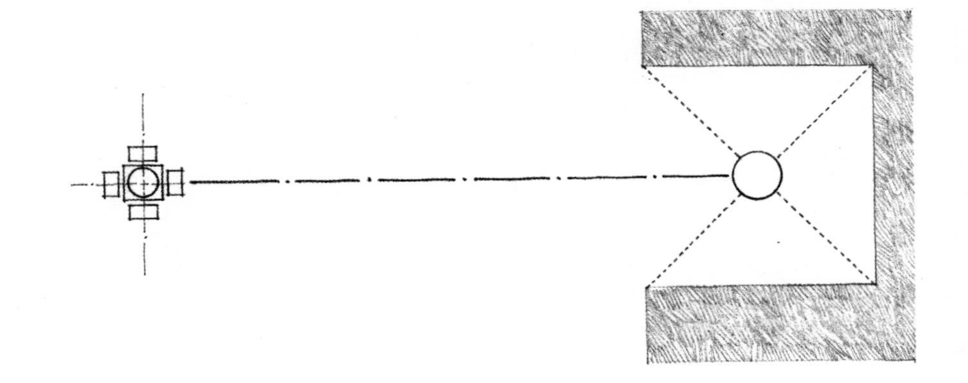

集中式组合的形式相对紧凑，具有规整的几何图形，可以用来：

- 在空间中建立点或场所。
- 终止轴向构图。
- 在一个限定的范围和空间体积中，作为实体形式。

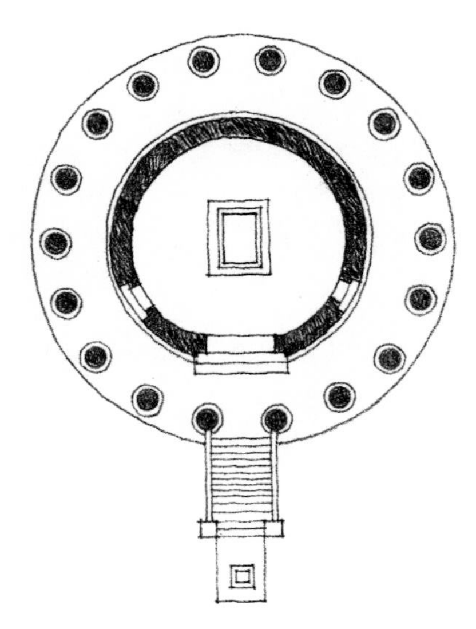

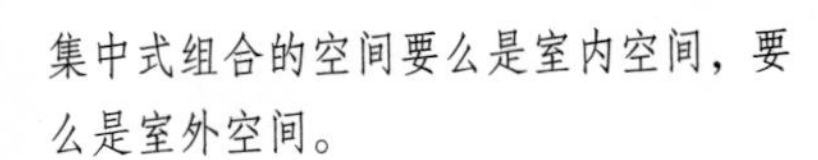

集中式组合的空间要么是室内空间，要么是室外空间。

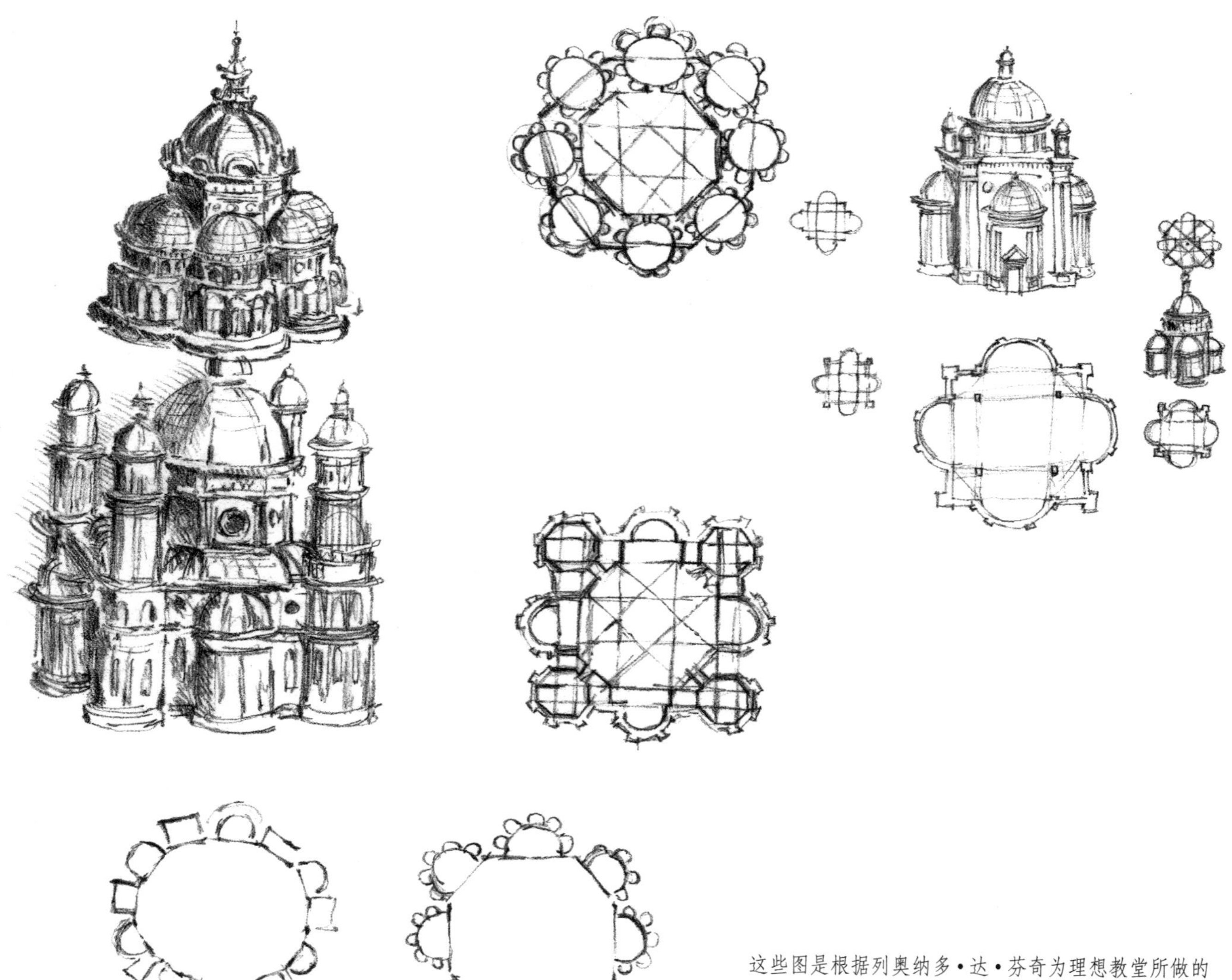

这些图是根据列奥纳多•达•芬奇为理想教堂所做的平面草图而绘制的，约公元 1490 年。

Centralized Plans, 1547, Sebastiano Serlio
集中式平面，1547，塞巴斯蒂亚诺•赛利奥

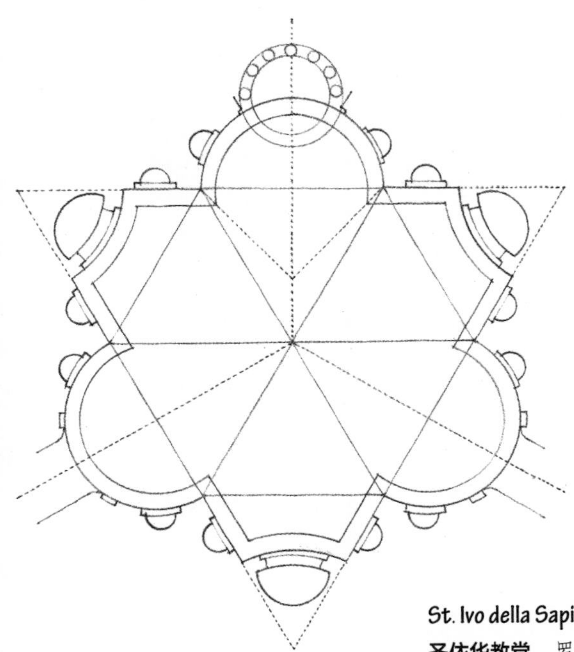

St. Ivo della Sapienze, Rome, 1642–1650, Francesco Borromini
圣依华教堂，罗马，1642—1650，弗朗西斯科•博洛米尼

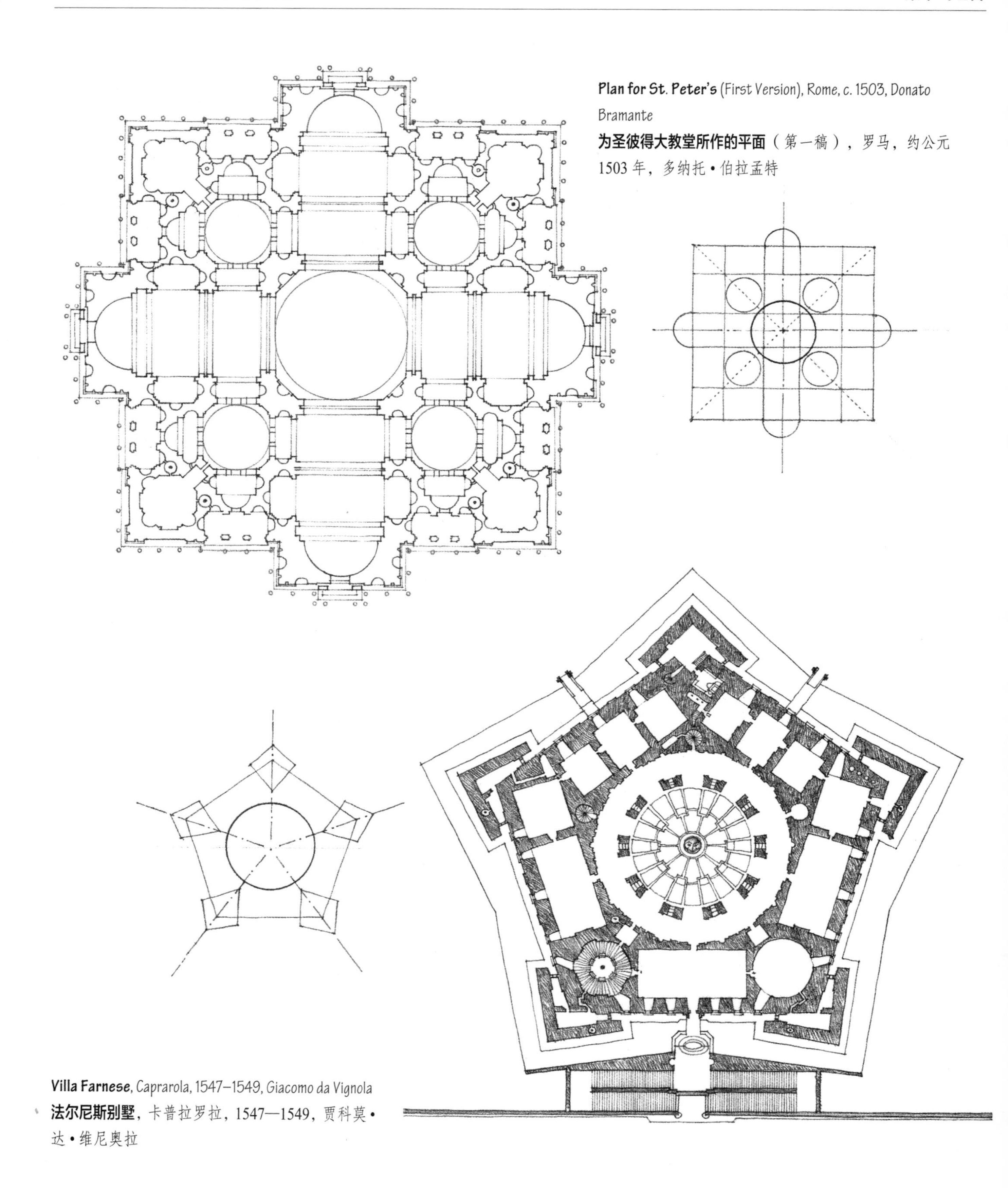

Plan for St. Peter's (First Version), Rome, c. 1503, Donato Bramante

为圣彼得大教堂所作的平面（第一稿），罗马，约公元 1503 年，多纳托•伯拉孟特

Villa Farnese, Caprarola, 1547–1549, *Giacomo da Vignola*

法尔尼斯别墅，卡普拉罗拉，1547—1549，贾科莫•达•维尼奥拉

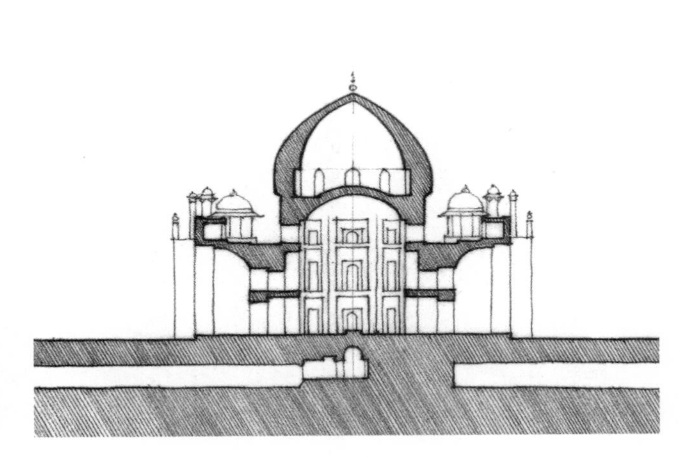

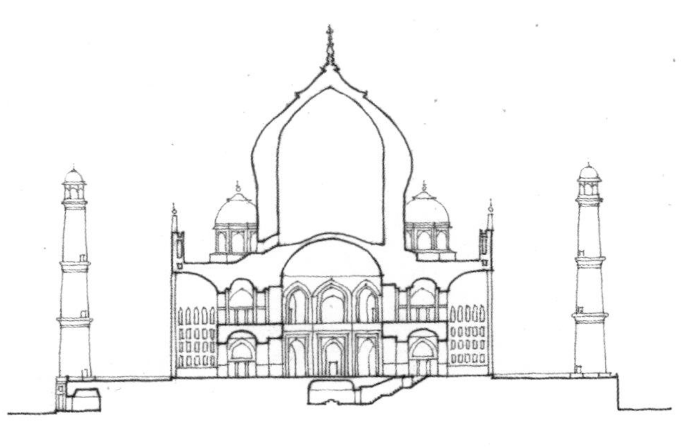

Taj Mahal, Agra, India, 1632–1654
泰姬陵，阿格拉，印度，1632—1654

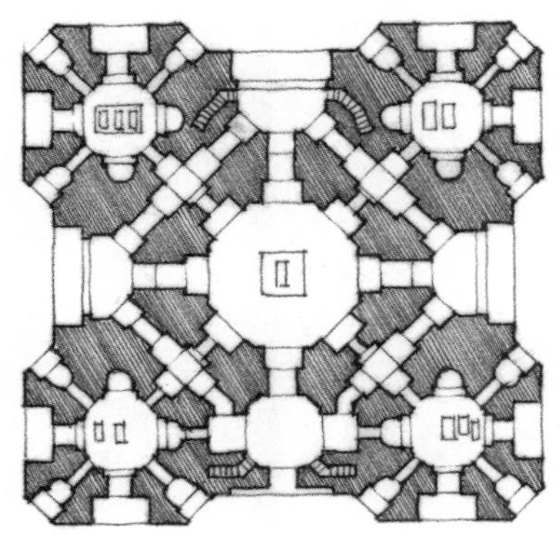

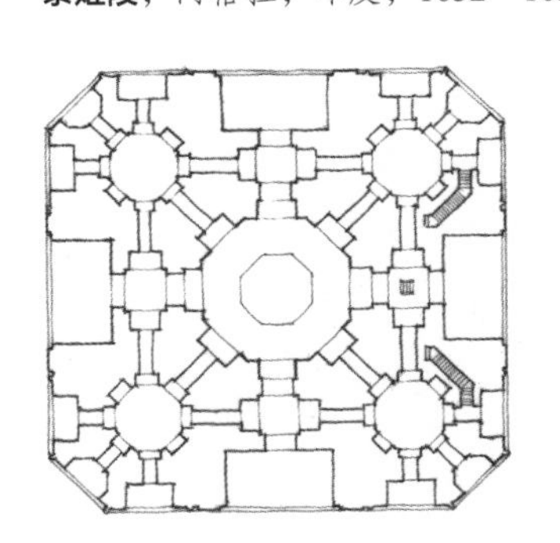

Humayun's Tomb, Delhi, India, 1565, Mirak Mirza Ghiyas
胡马雍陵墓，德里，印度，1565，米拉克·米尔扎·吉亚斯

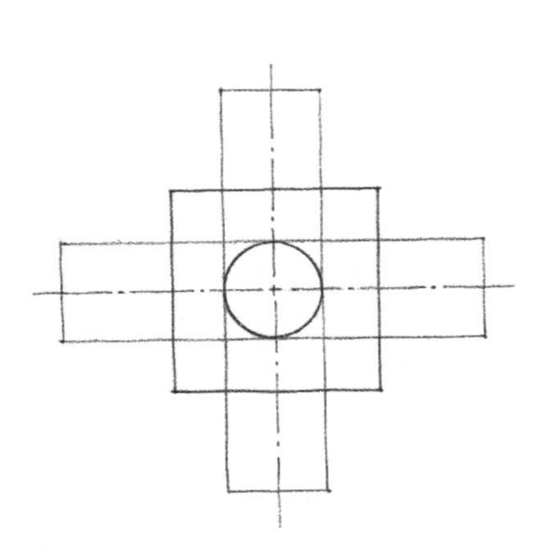

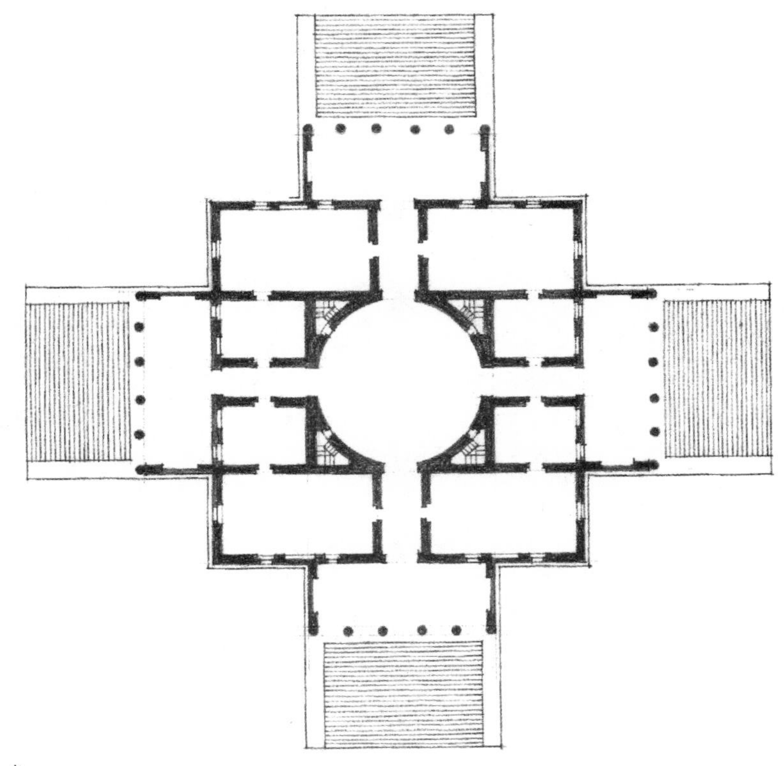

Villa Capra (The Rotunda), Vicenza, Italy, 1552–1567, Andrea Palladio
卡普拉别墅（圆厅别墅），维琴察，意大利，1552—1567，安德烈·帕拉迪奥

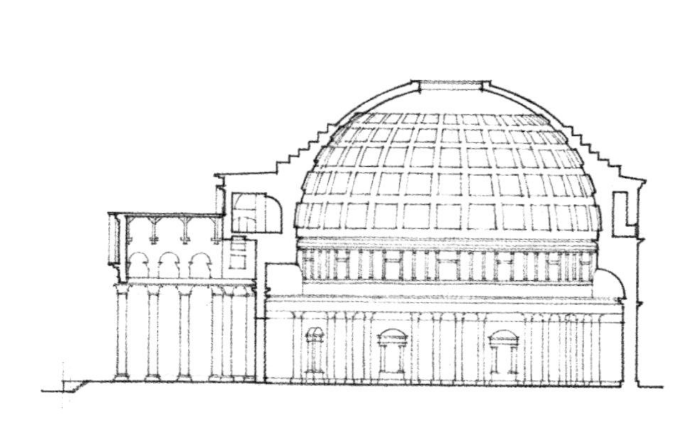

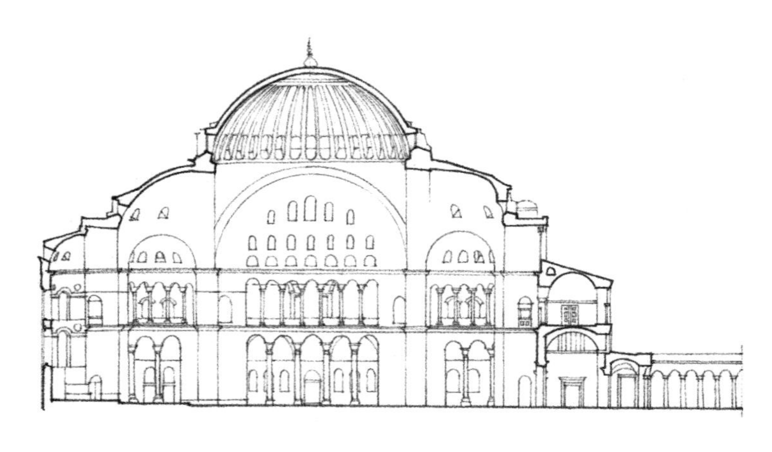

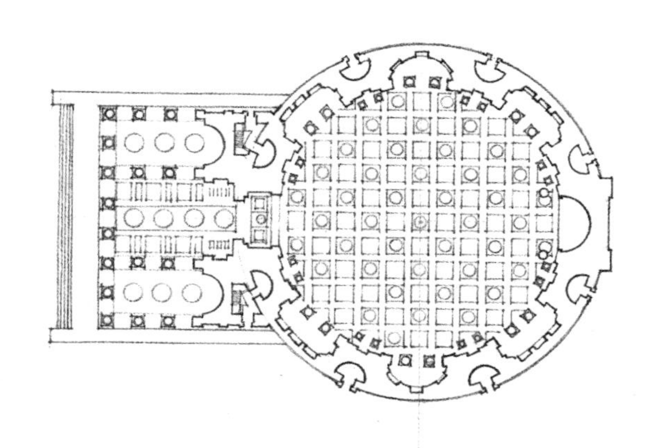

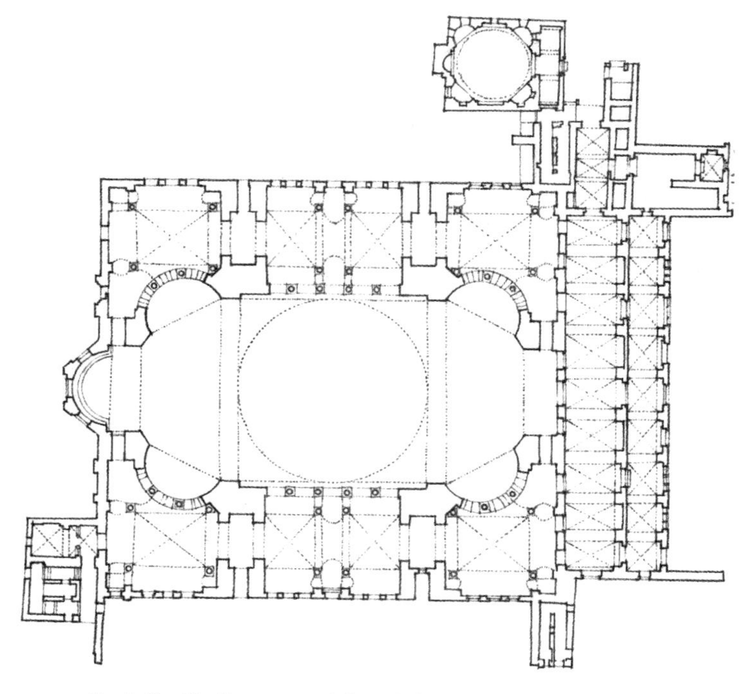

The Pantheon, Rome, A.D. 120–124. Portico from temple of 25 B.C.
万神庙，罗马，公元 120—124 年，门廊为公元前 25 年之神庙

Hagia Sophia, Constantinople (Istanbul), Turkey, A.D. 532–537, Anthemius of Tralles and Isidorus of Miletus
圣索菲亚教堂，君士坦丁堡（伊斯坦布尔），土耳其，公元 532—537 年，特拉里斯的安提米乌斯与米勒图斯的伊西多鲁斯

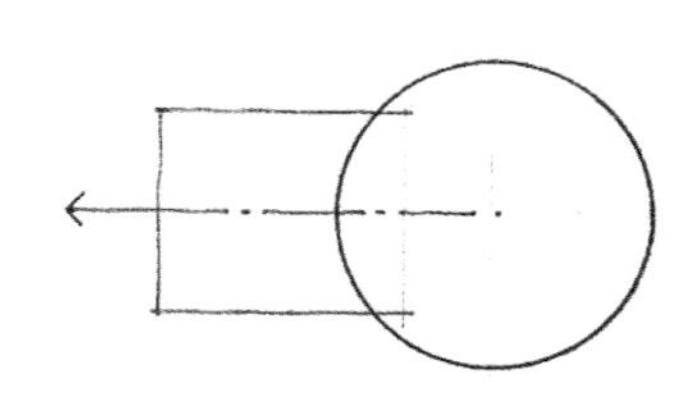

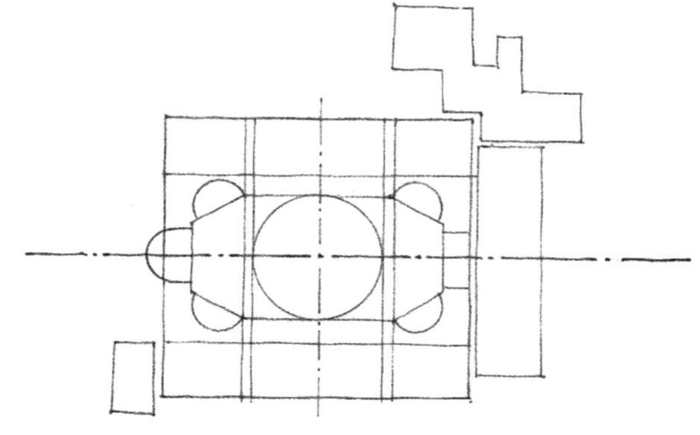

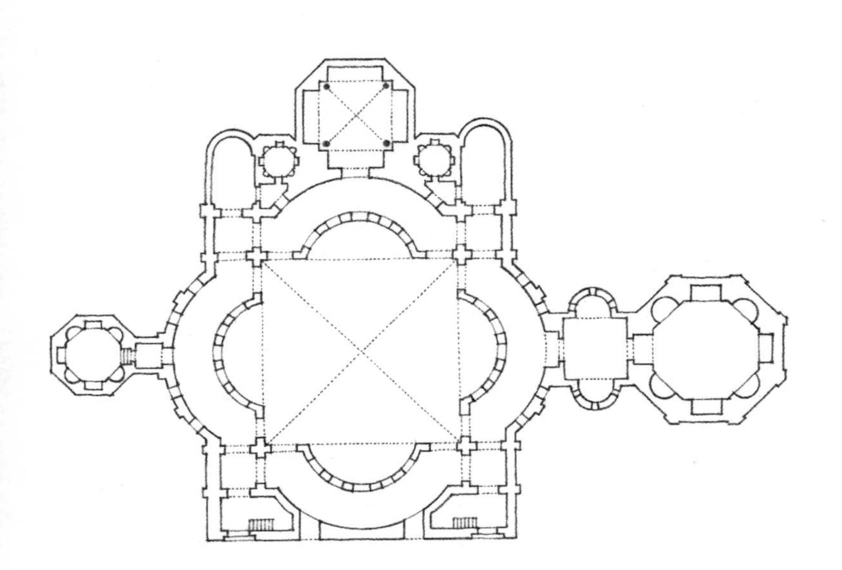

San Lorenzo Maggiore, Milan, Italy, c. A.D. 480

圣·洛伦佐·马乔列，米兰，意大利，约公元 480 年

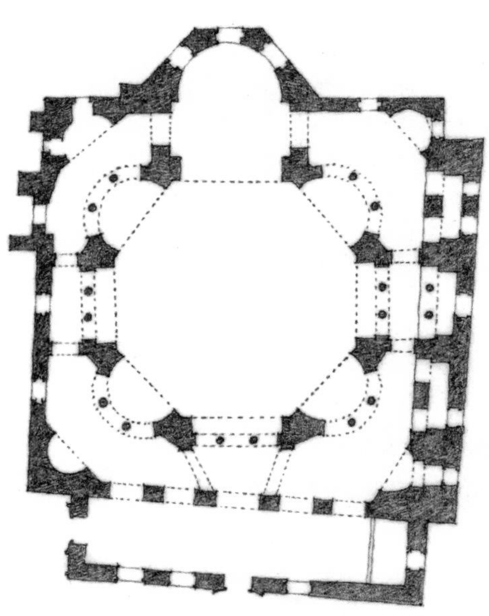

SS. Sergio and Bacchus, Constantinople (Istanbul), Turkey, A.D. 525–530

圣塞尔西奥与巴克斯教堂（小圣索菲亚教堂），君士坦丁堡（伊斯坦布尔），土耳其，公元 525—530 年

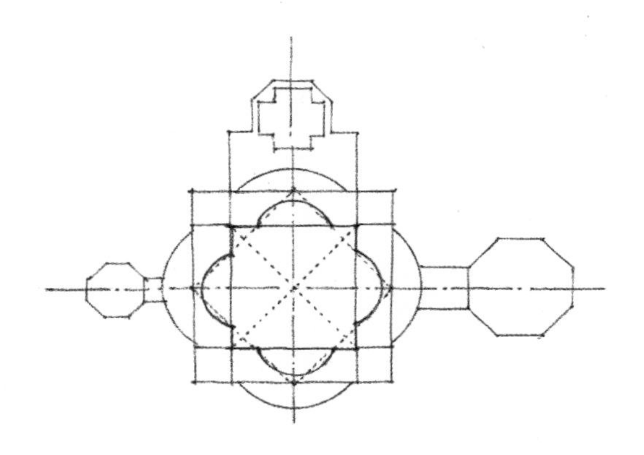

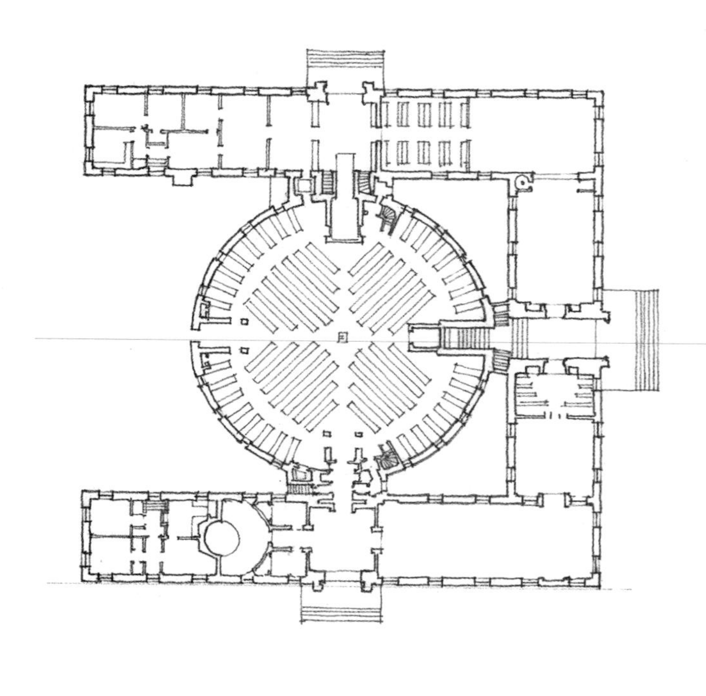

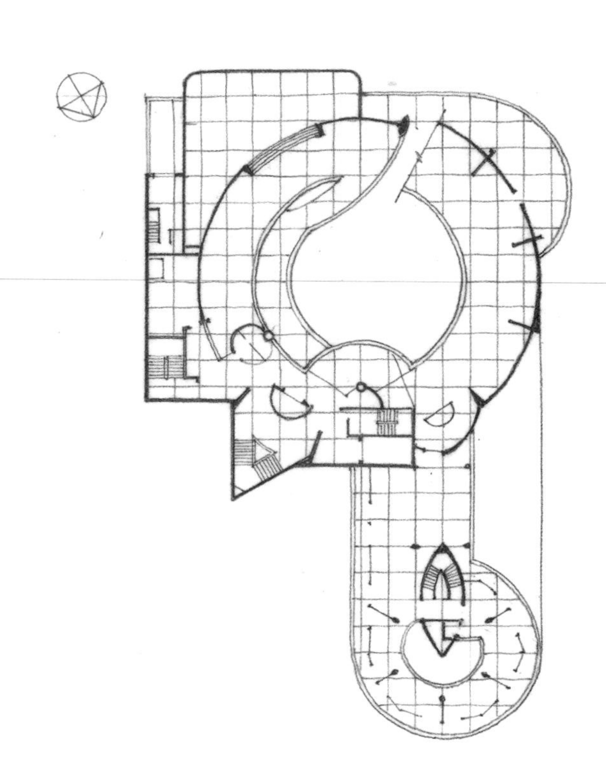

Stockholm Public Library, 1920–1928, Gunnar Asplund
斯德哥尔摩公共图书馆，1920—1928，贡纳尔·阿斯普伦德

Guggenheim Museum, New York City, 1943–1959, Frank Lloyd Wright
古根海姆博物馆，纽约市，1943—1959，弗兰克·劳埃德·赖特

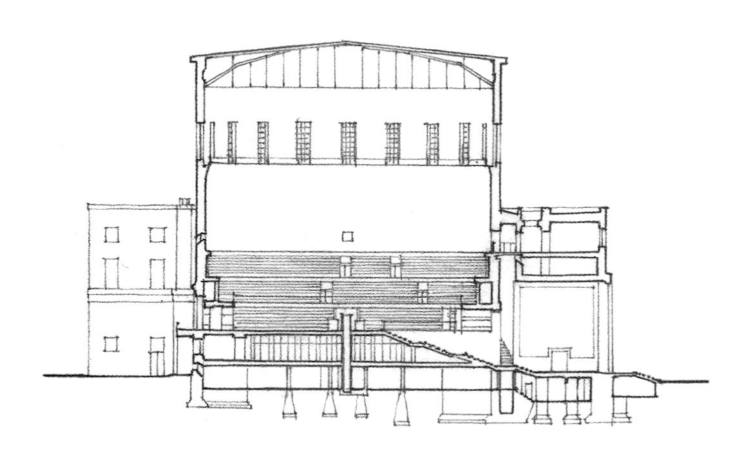

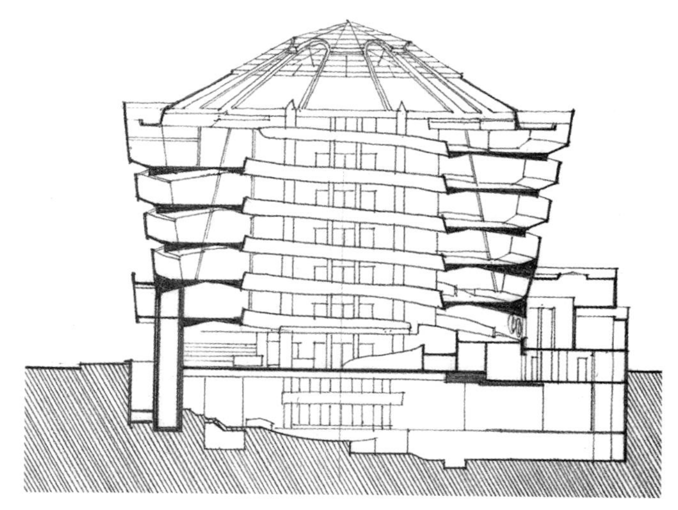

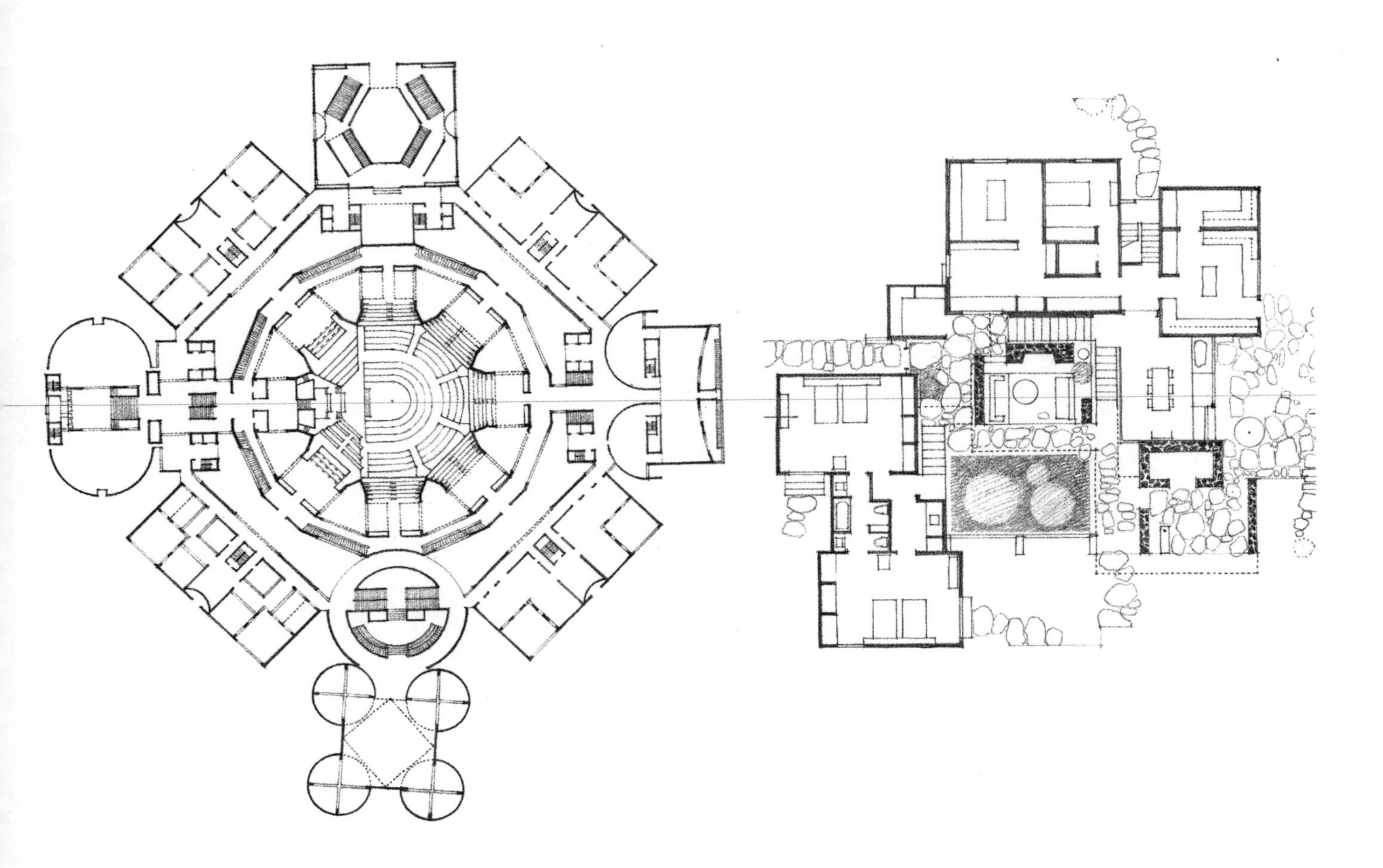

National Assembly Building, Capitol Complex at Dacca, Bangladesh, begun 1962, Louis Kahn
议会大厦，达卡国会大厦综合楼，孟加拉国，始建于1962年，路易·康

Greenhouse House, Salisbury, Connecticut, 1973–1975, John M. Johansen
温室住宅，索尔兹伯里，康涅狄格州，1973—1975，约翰·麦克莱恩·约翰森

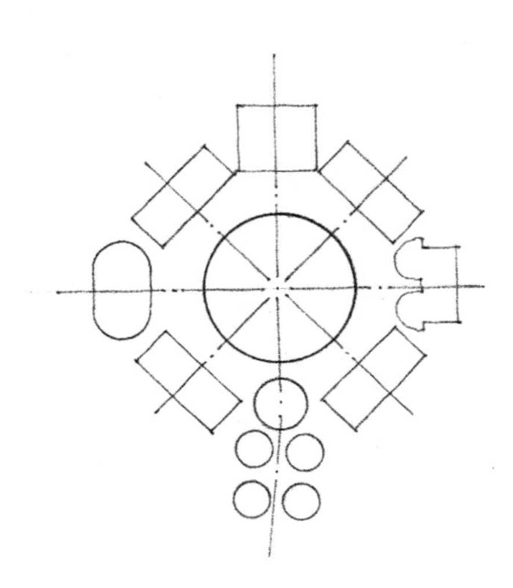

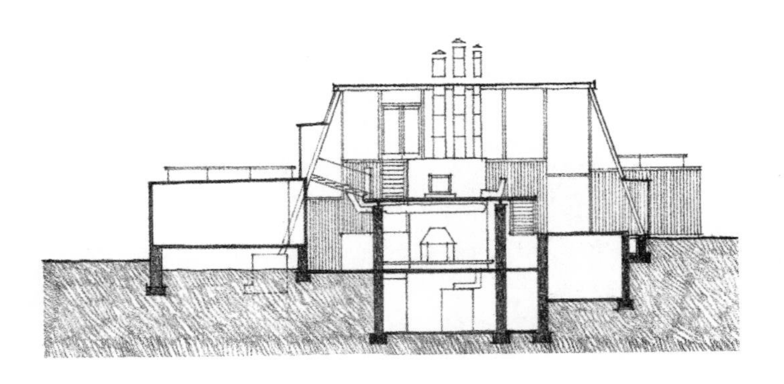

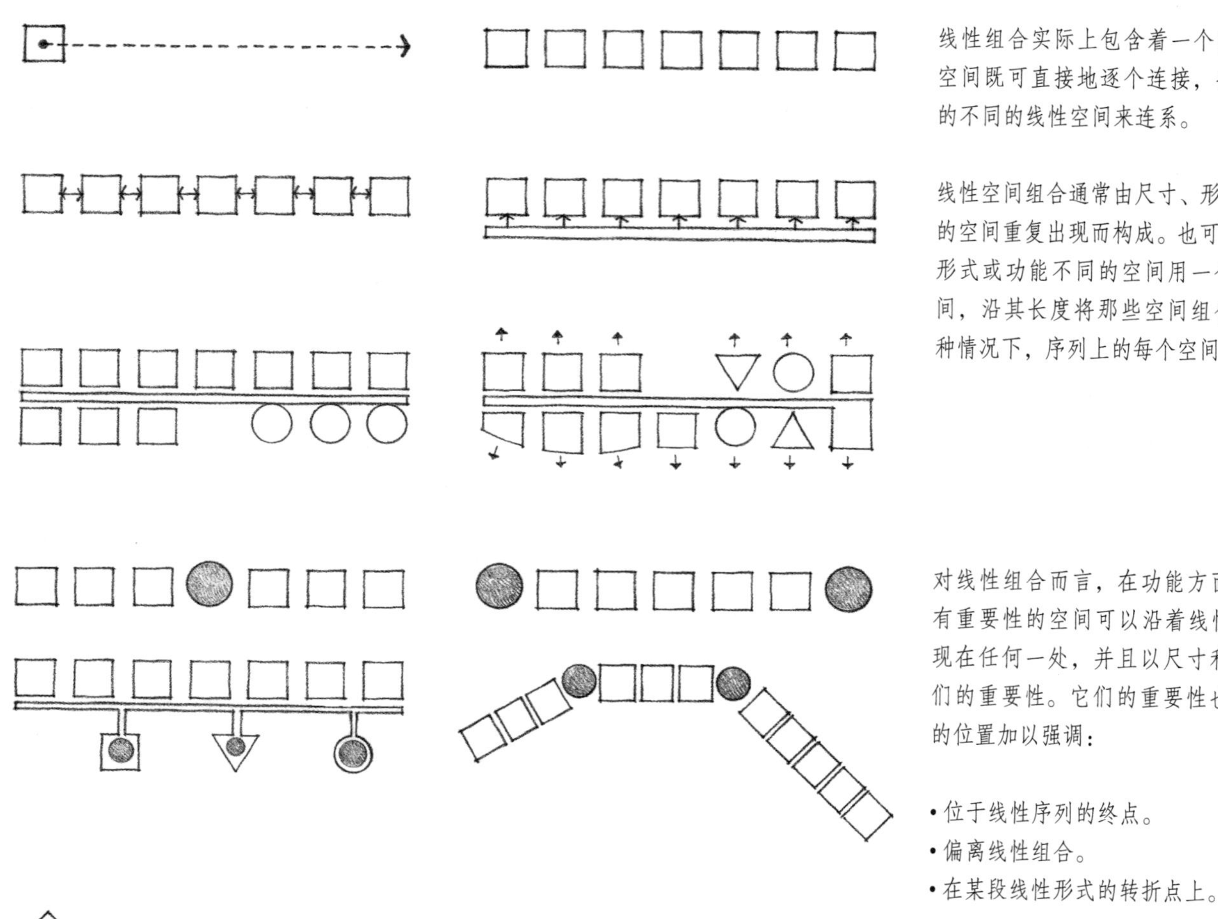

线性组合实际上包含着一个空间系列。这些空间既可直接地逐个连接，也可由一个单独的不同的线性空间来连系。

线性空间组合通常由尺寸、形式和功能都相同的空间重复出现而构成。也可将一连串尺寸、形式或功能不同的空间用一个独立的线性空间，沿其长度将那些空间组合起来。在这两种情况下，序列上的每个空间都是外向的。

对线性组合而言，在功能方面或象征方面具有重要性的空间可以沿着线性序列，随时出现在任何一处，并且以尺寸和形式来表明它们的重要性。它们的重要性也可以通过所处的位置加以强调：

- 位于线性序列的终点。
- 偏离线性组合。
- 在某段线性形式的转折点上。

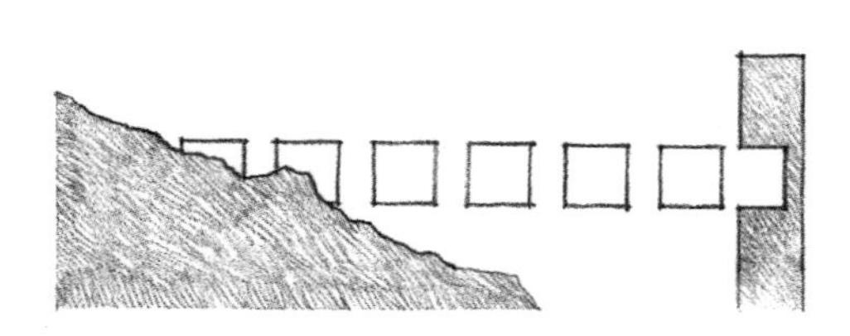

因为线性组合的特征是“长”，所以它表达了一种方向性，同时意味着运动、延伸和增长。为了限制线性组合的增长态势，这种组合可以终止于一个主导空间或主导形式，或者终止于一个精心设计、表现清晰的入口，也可以与其他建筑形式或基地的地形融为一体。

线性组合的形式本身具有可变性，容易适应场地的各种条件。它可根据地形的变化而调整，或环绕一片水面、一丛树林，或改变其空间朝向以获得阳光和景观。它既能采用直线式、折线式，也能采用弧线式。它可以水平穿过基地，沿斜坡而上，也可以像塔一般垂直耸立。

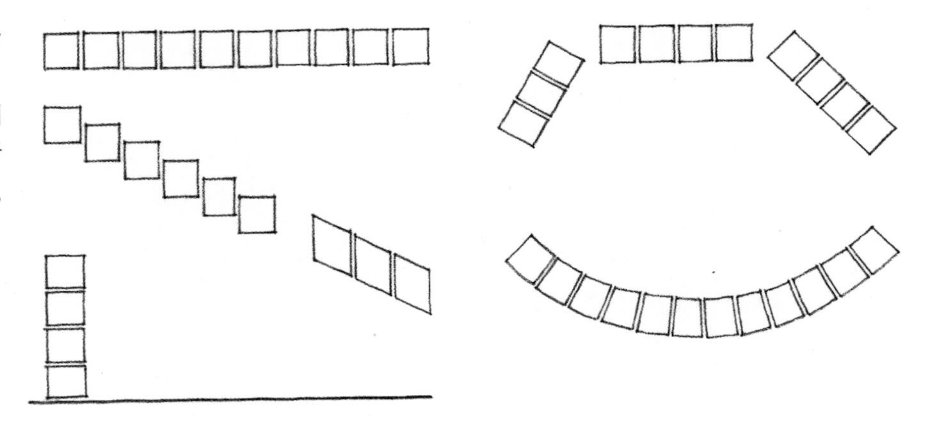

线性组合可以用下列方式与环境中其他的形体相连系：

- 沿其长向连接和组合其他形式。
- 作为墙体或屏障把其他形体隔离在另外一个不同的区域内。
- 在某一空间区域内环绕或围合其他形体。

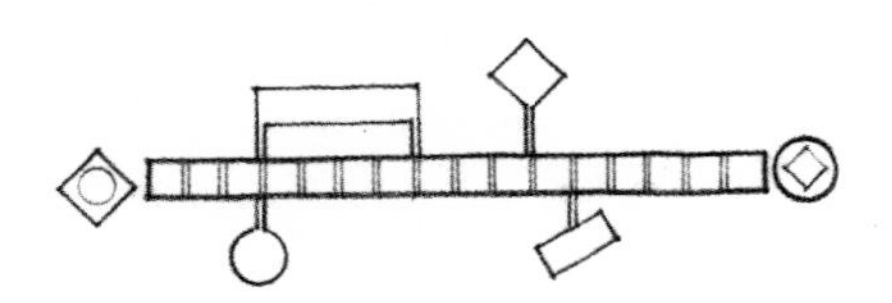

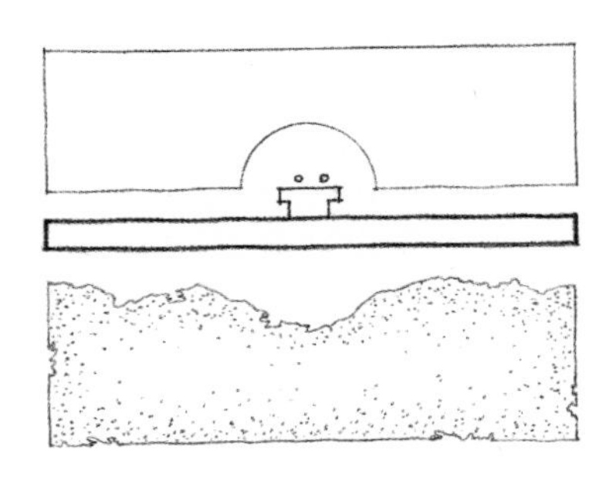

曲线和折线式的线性组合，在其凹面一侧围起了一块室外空间领域，而且使其空间指向该领域的中心。在凸面一侧，这些形体面对外部空间，并且把那个空间排斥在形体所围合的区域之外。

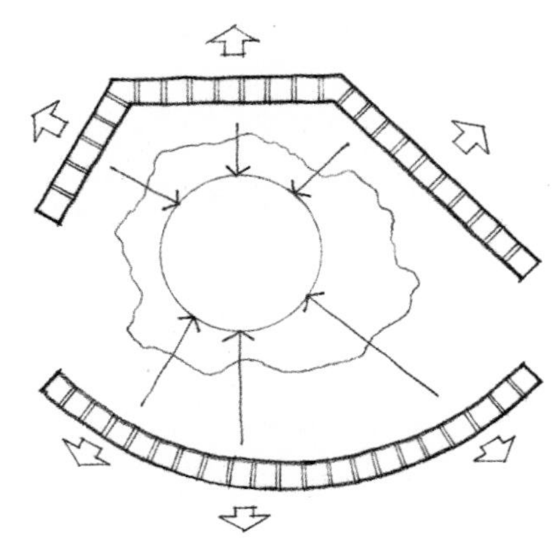

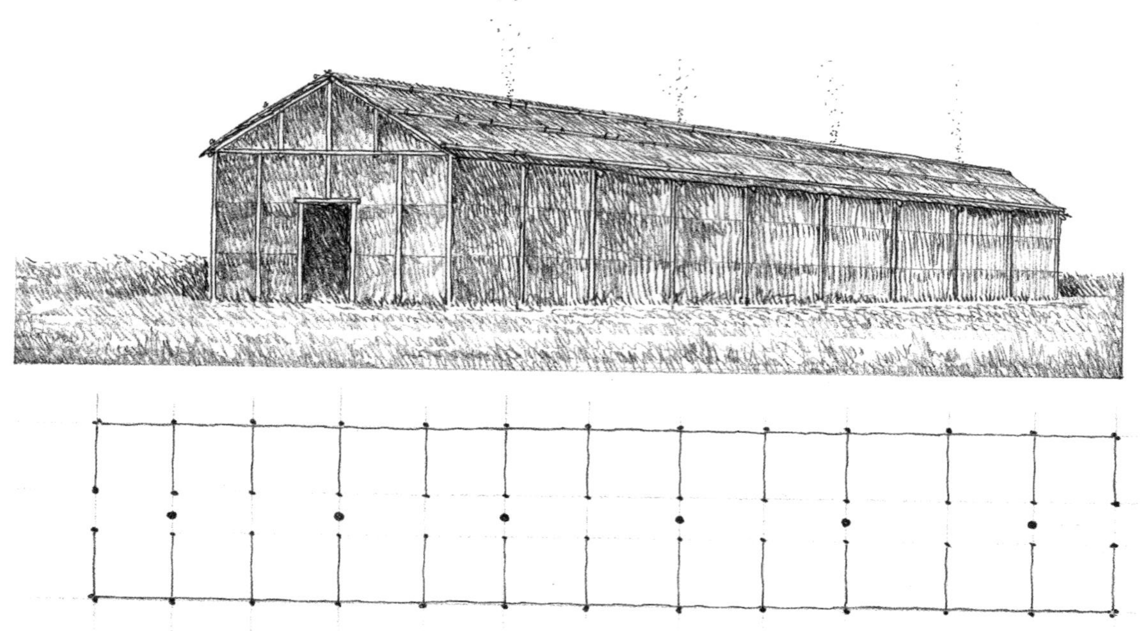

Longhouse, a dwelling type of the member tribes of the Iroquois Confederacy in North America, c. 1600.
长屋，北美易洛魁族邦联部落成员的住宅形式，约公元 1600 年

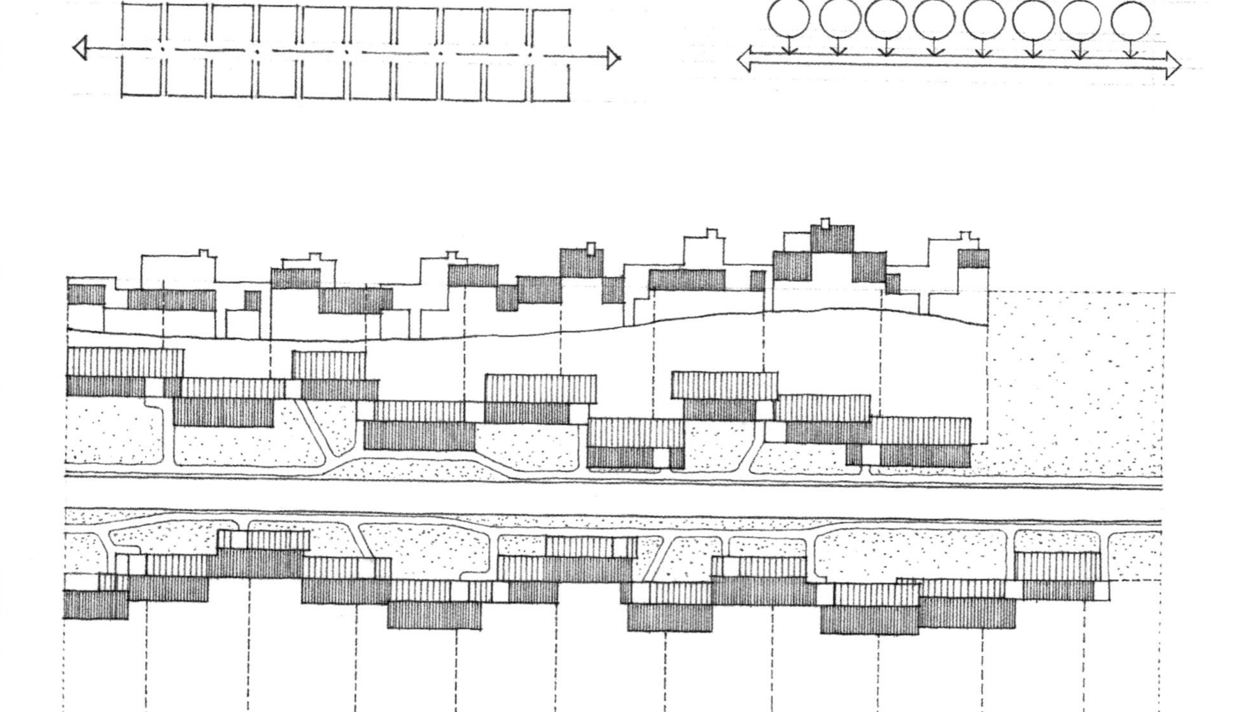

Terraced Housing Fronting a Village Street, **Village Project**, 1955, James Stirling (Team X)
朝向村庄街道的台地式住宅，**村落设计方案**，1955，詹姆斯·斯特林（十人设计组）

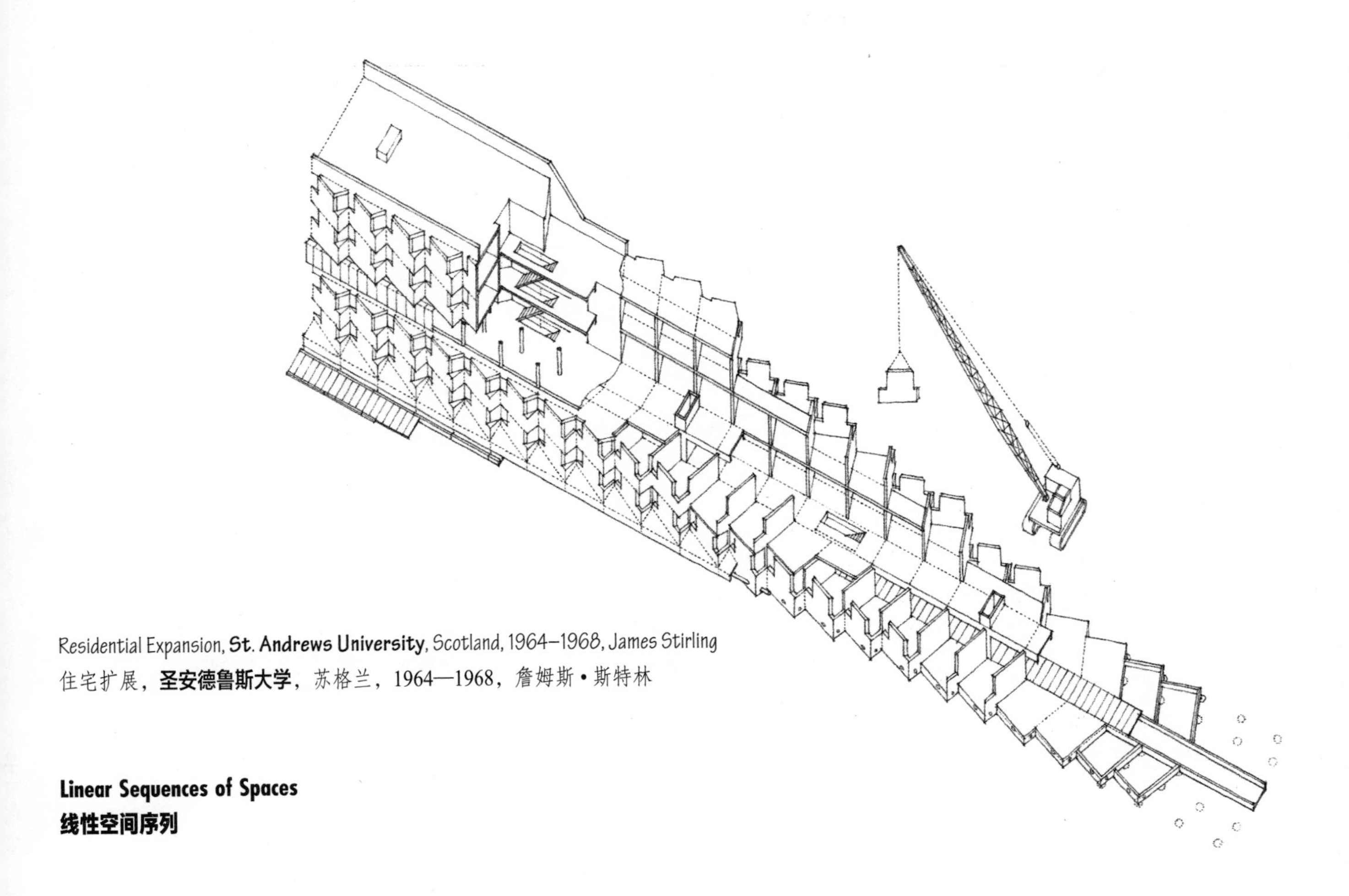

Residential Expansion, **St. Andrews University**, Scotland, 1964–1968, James Stirling
住宅扩展，**圣安德鲁斯大学**，苏格兰，1964—1968，詹姆斯•斯特林

Linear Sequences of Spaces
线性空间序列

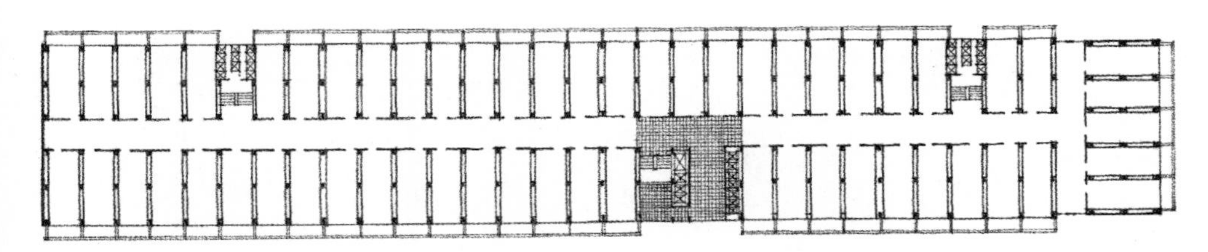

Typical Apartment Floor, **Unité d'Habitation**, Marseilles, 1946–1952, Le Corbusier
典型的公寓平面，**公寓大楼**，马赛，1946—1952，勒•柯布西埃

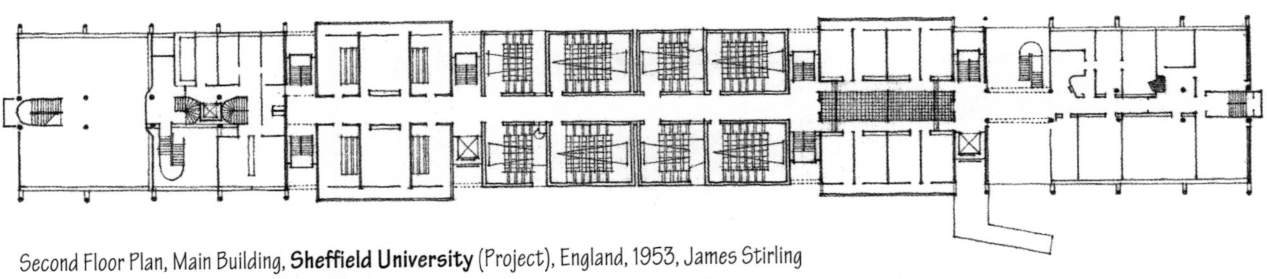

Second Floor Plan, Main Building, **Sheffield University** (Project), England, 1953, James Stirling
二层平面，主楼，**谢菲尔德大学**（方案），英格兰，1953，詹姆斯•斯特林

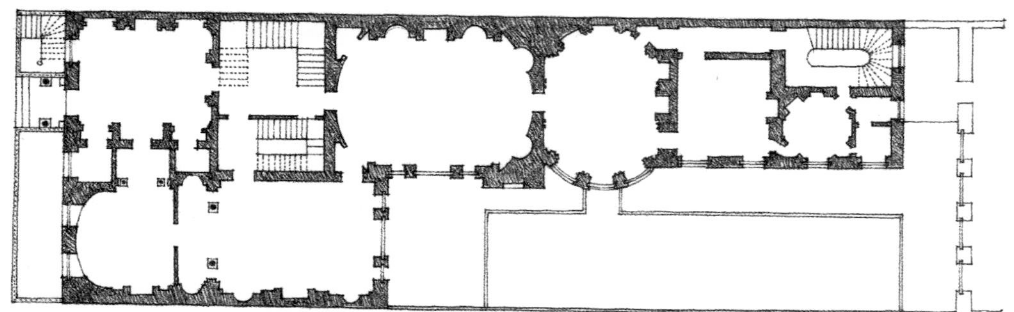

Lord Derby's House, London, England, 1777, Robert Adam
洛德·德比住宅，伦敦，英格兰，1777，罗伯特·亚当

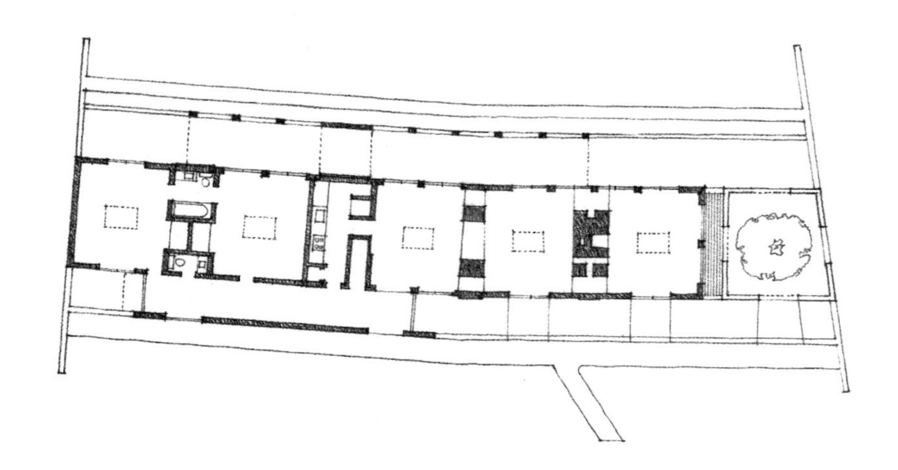

Pearson House (Project), 1957, Robert Venturi
皮尔逊住宅（方案），1957，罗伯特·文丘里

Linear Sequences of Rooms...
线性房间序列……

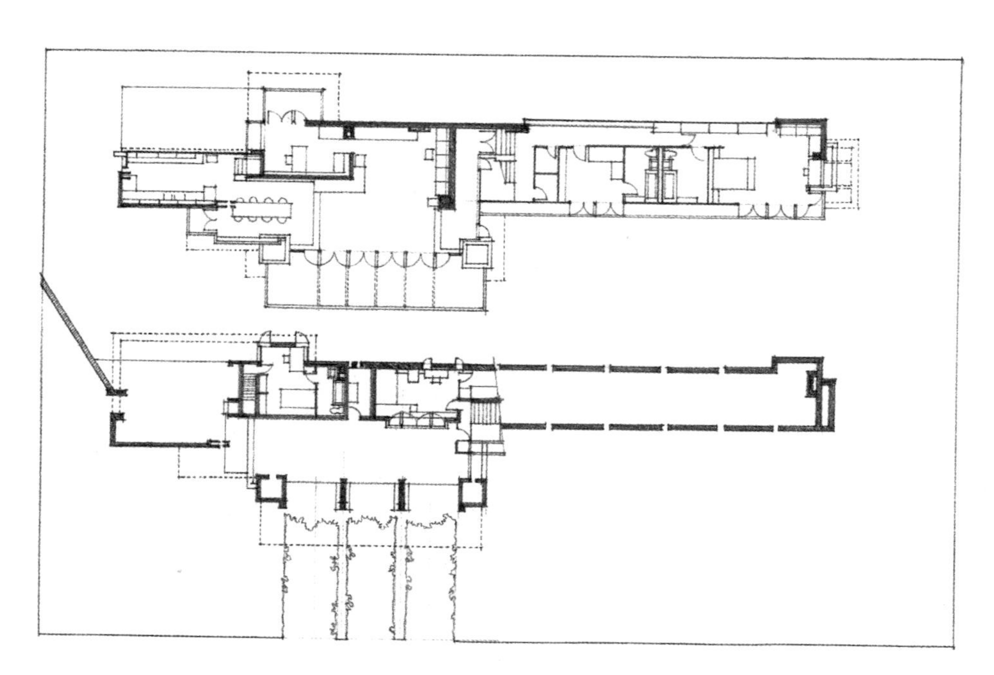

Lloyd Lewis House, Libertyville, Illinois, 1940, Frank Lloyd Wright
劳埃德·刘易斯住宅，利柏蒂维尔，伊利诺斯州，1940，弗兰克·劳埃德·赖特

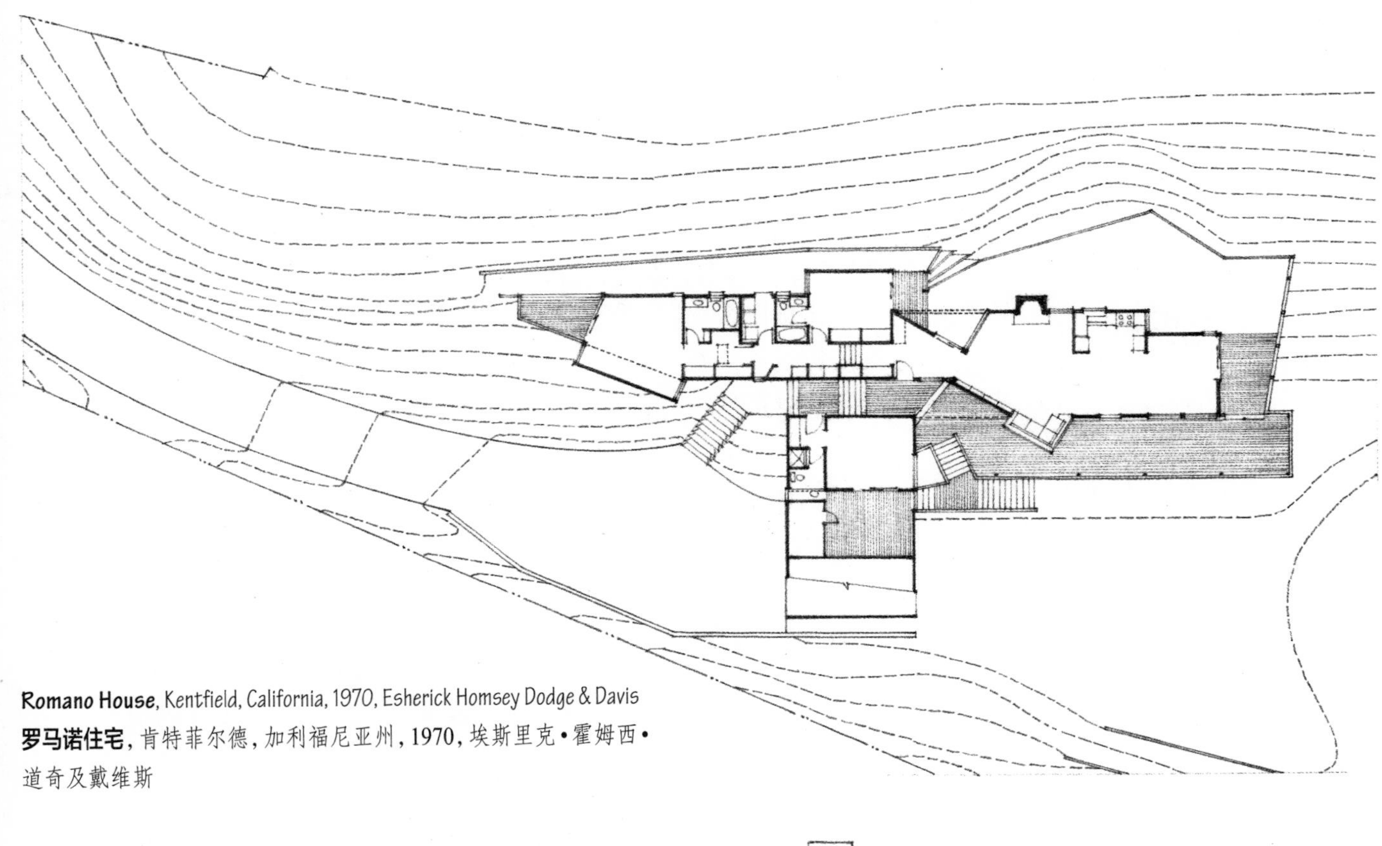

Romano House, Kentfield, California, 1970, Esherick Homsey Dodge & Davis
罗马诺住宅，肯特菲尔德，加利福尼亚州，1970，埃斯里克•霍姆西•道奇及戴维斯

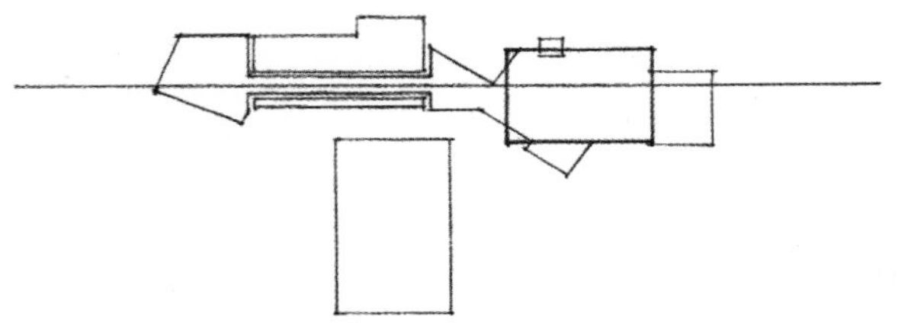

Adapting to Function and Site
配合功能与基地

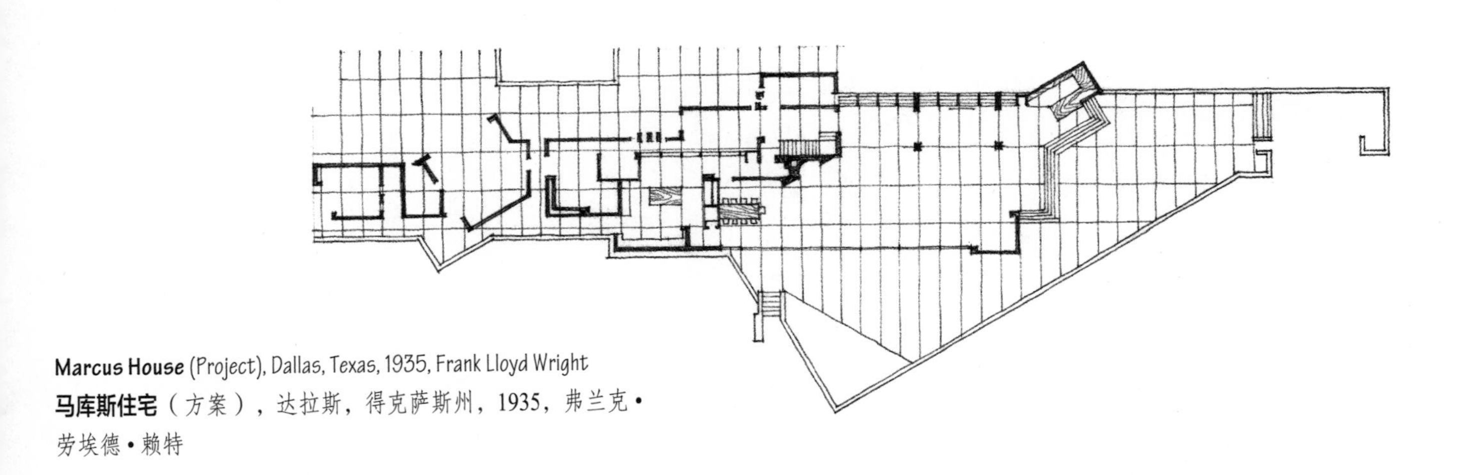

Marcus House (Project), Dallas, Texas, 1935, Frank Lloyd Wright
马库斯住宅（方案），达拉斯，得克萨斯州，1935，弗兰克•劳埃德•赖特

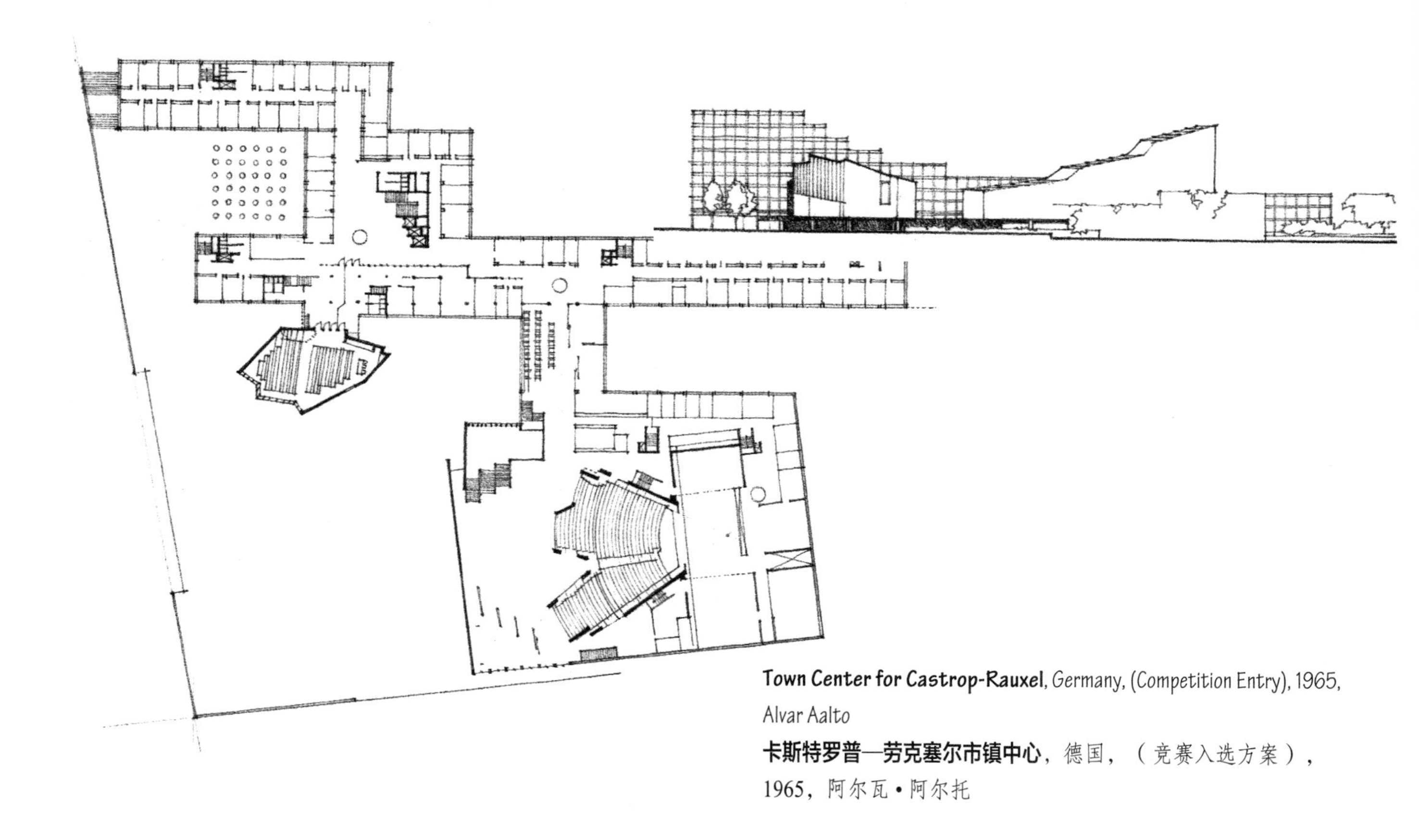

Town Center for Castrop-Rauxel, Germany, (Competition Entry), 1965, Alvar Aalto

卡斯特罗普—劳克塞尔市镇中心，德国，（竞赛入选方案），1965，阿尔瓦·阿尔托

Introducing Hierarchy to Linear Sequences...

在线性序列中引进等级……

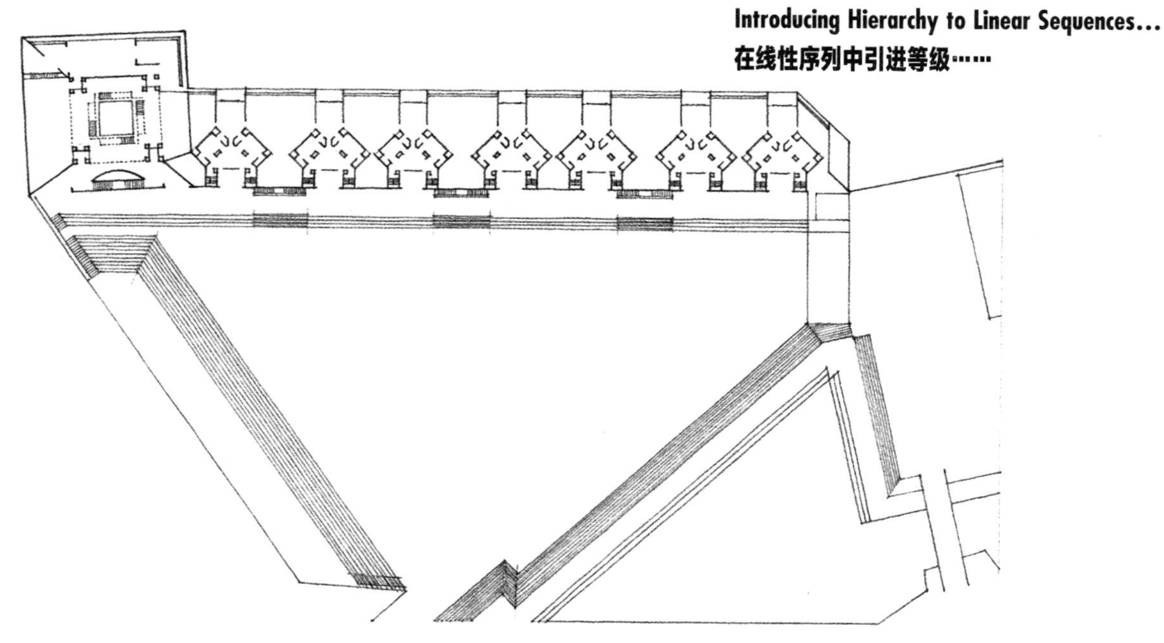

Interama, Project for an Inter-American Community, Florida, 1964–1967, Louis Kahn

因特拉玛，为美洲国家共同体大厦所做的方案，佛罗里达州，1964—1967，路易·康

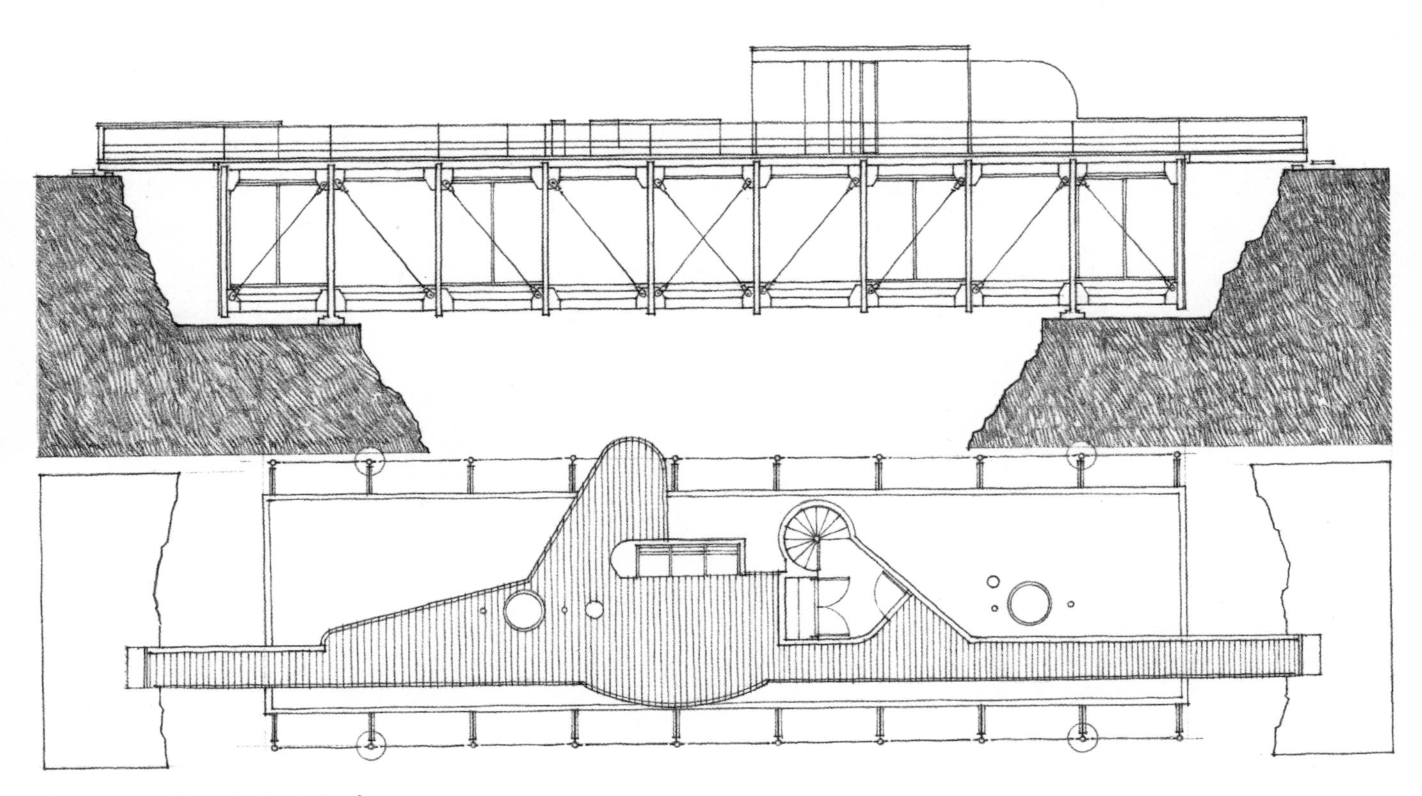

Bridge House (Project), Christopher Owen
桥式住宅（方案），克里斯托弗·欧文

and Expressing Movement
并且表现运动

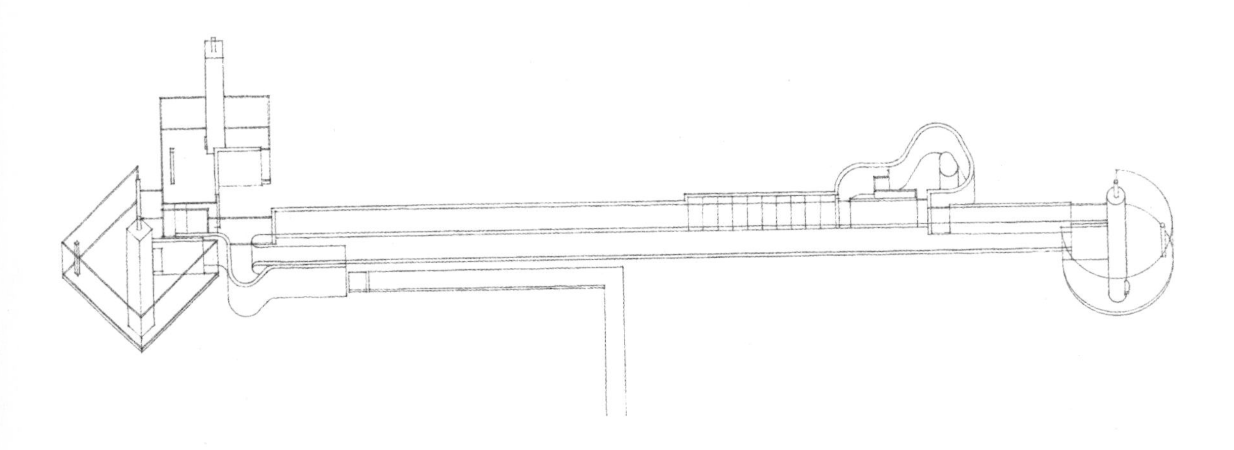

House 10 (Project), 1966, John Hejduk
10 **号住宅**（方案），1966，约翰·海杜克

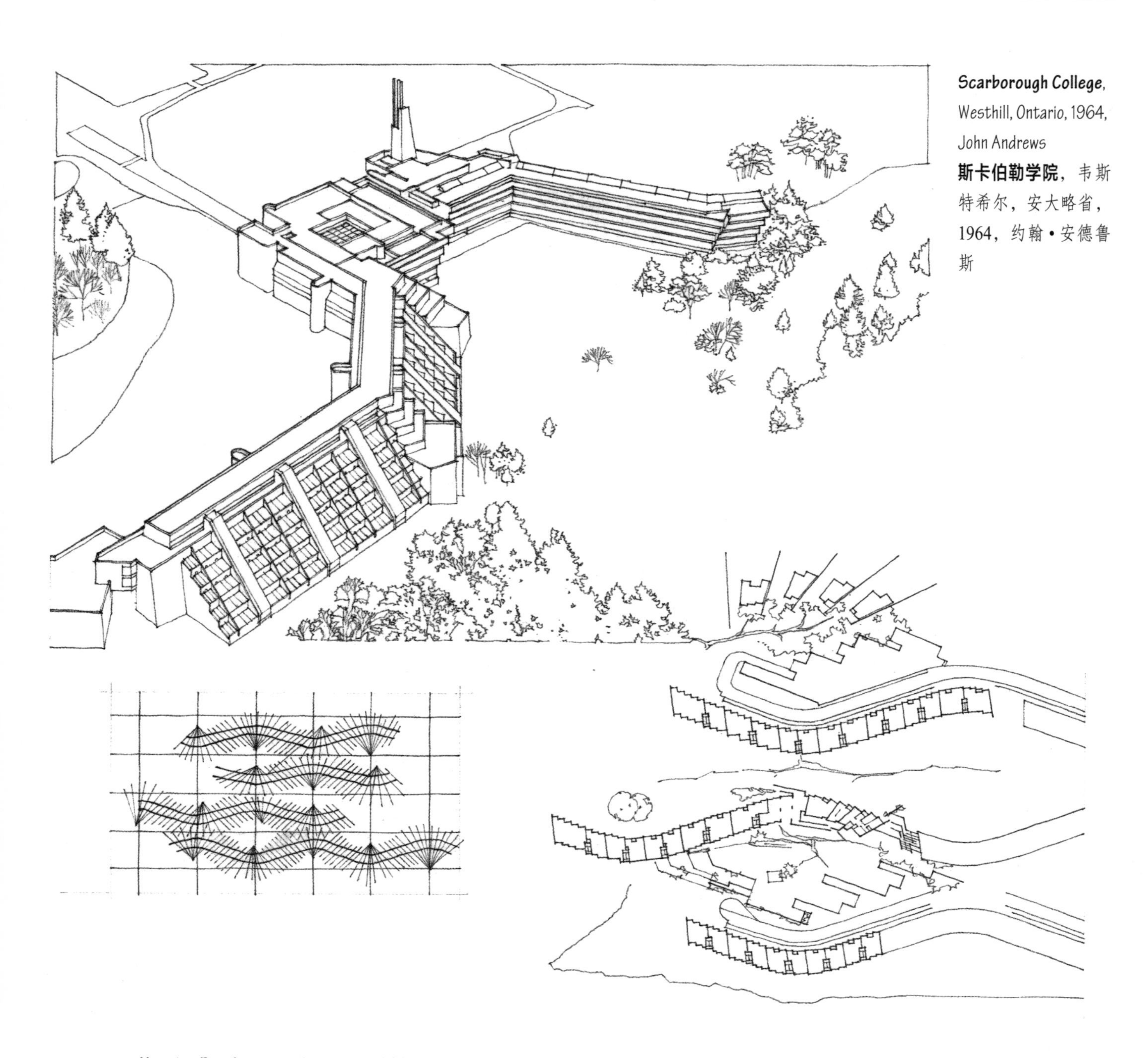

Scarborough College, Westhill, Ontario, 1964, John Andrews
斯卡伯勒学院，韦斯特希尔，安大略省，1964，约翰·安德鲁斯

Housing Development, Pavia, Italy, 1966, Alvar Aalto
住宅区开发，帕维亚，意大利，1966，阿尔瓦·阿尔托

Linear Organizations Adapting to Site...
线性组合配合基地形态……

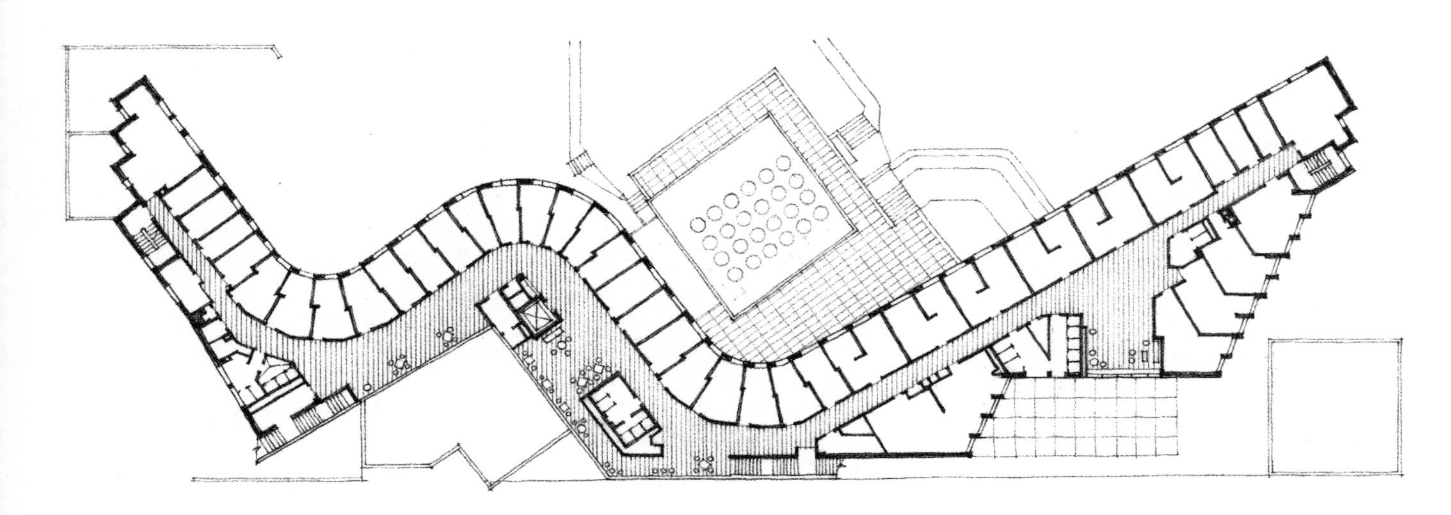

Typical Upper-Floor Plan, **Baker House**, Massachusetts Institute of Technology, Cambridge, Massachusetts, 1948, Alvar Aalto
典型的上层平面，**贝克大楼**，麻省理工学院，剑桥，马萨诸塞州，1948，阿尔瓦•阿尔托

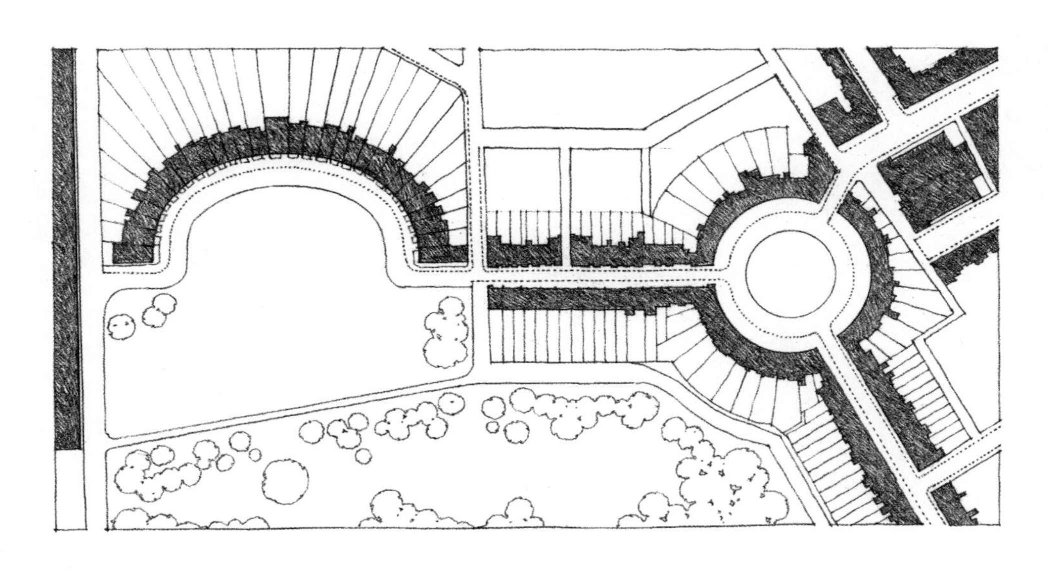

Plan for the **Circus** (1754, John Wood, Sr.) and the **Royal Crescent** (1767–1775, John Wood , Jr.) at Bath, England
圆环建筑平面（1754，约翰•伍德爵士）与**皇家新月楼**（1767—1775，小约翰•伍德），巴斯，英格兰

and Shaping Exterior Space
并且塑造室外空间

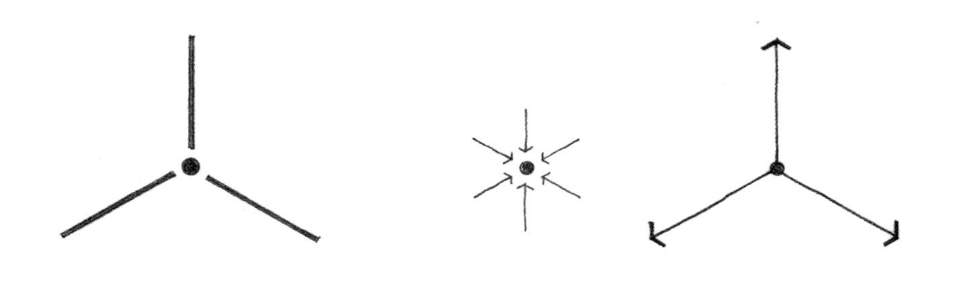

空间的放射式组合，综合了集中式与线性组合的要素。这类组合包含一个居于中心的主导空间，多个线性组合从这里呈放射状向外延伸。集中式组合是一个内向的图形，向内聚焦于中央空间；而放射式的组合则是外向型平面，向外伸展到其环境中。通过其线性的臂膀，放射式组合能向外伸展，并将自身与基地上的特定要素或地貌连在一起。

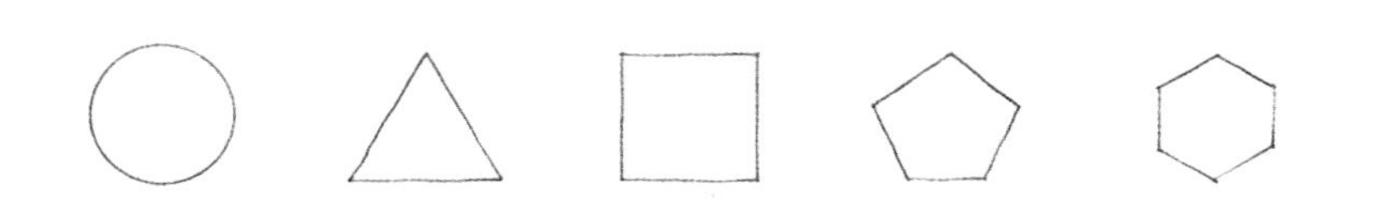

正如集中式组合一样，放射式组合的中心空间，通常也是规则的形式。以中央空间为核心的线性臂膀，可能在形式和长度上彼此相近，并保持着这类组合总体形式的规整性。

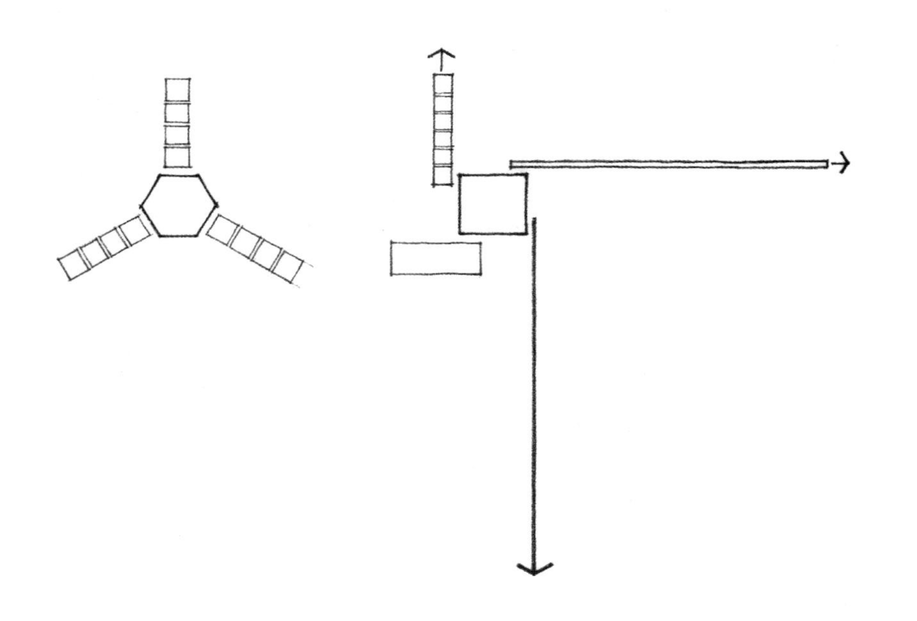

放射式的臂膀也可能彼此不同，以适应功能或环境的特殊要求。

放射式组合的一个特殊变体是风车模式，这类组合的线性臂膀，从正方形或矩形中心空间的各边向外伸展。这种布局形成一个充满动感的图形，具有围绕中心空间旋转运动的视觉倾向。

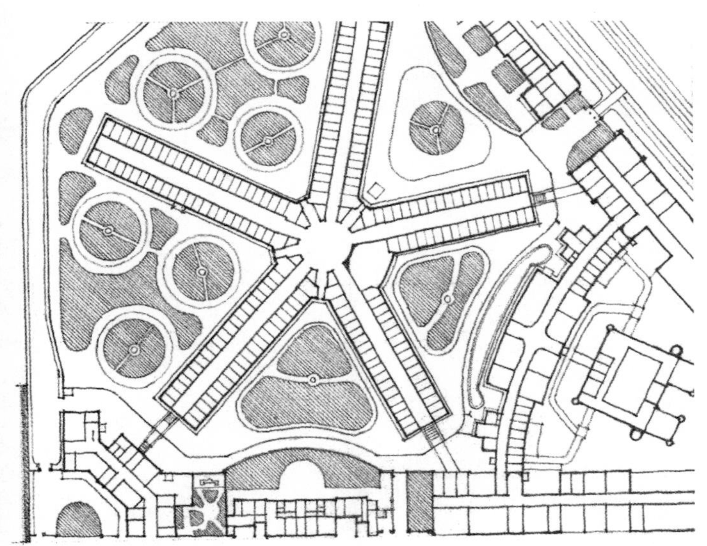

Moabit Prison, Berlin, 1869–1879, August Busse and Heinrich Herrmann
莫阿比特监狱，柏林，1869—1879，奥古斯特•布斯和海因里希•赫尔曼

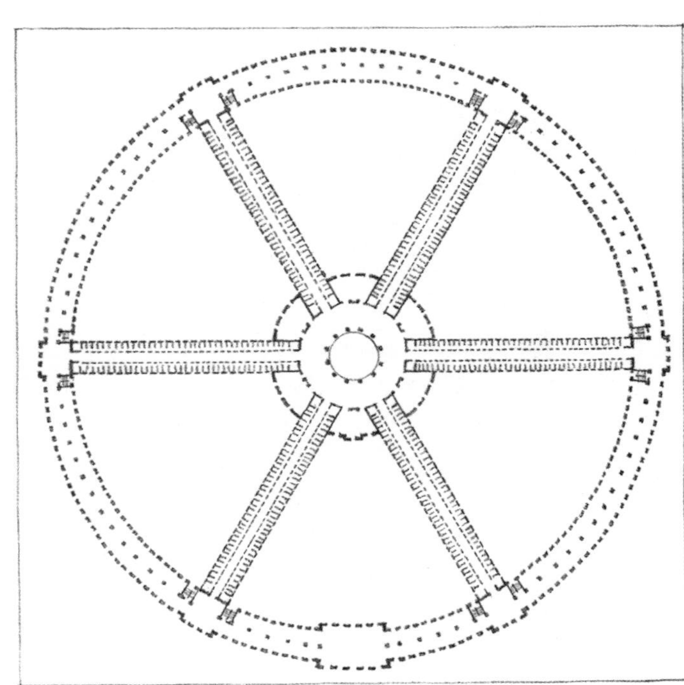

Hôtel Dieu (Hospital), 1774, Antoine Petit
迪厄宾馆（医院），1774，安东尼•皮特

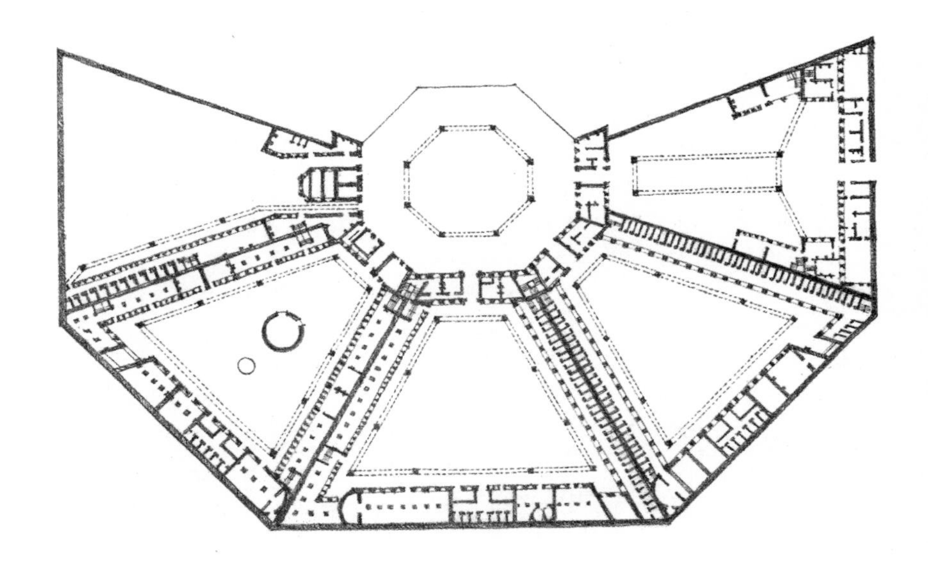

Maison de Force (Prison), Ackerghem near Ghent, Belgium, 1772–1775, Malfaison and Kluchman
强力大楼（监狱），阿克姆，根特附近，比利时，1772—1775，马尔费松与克拉克曼

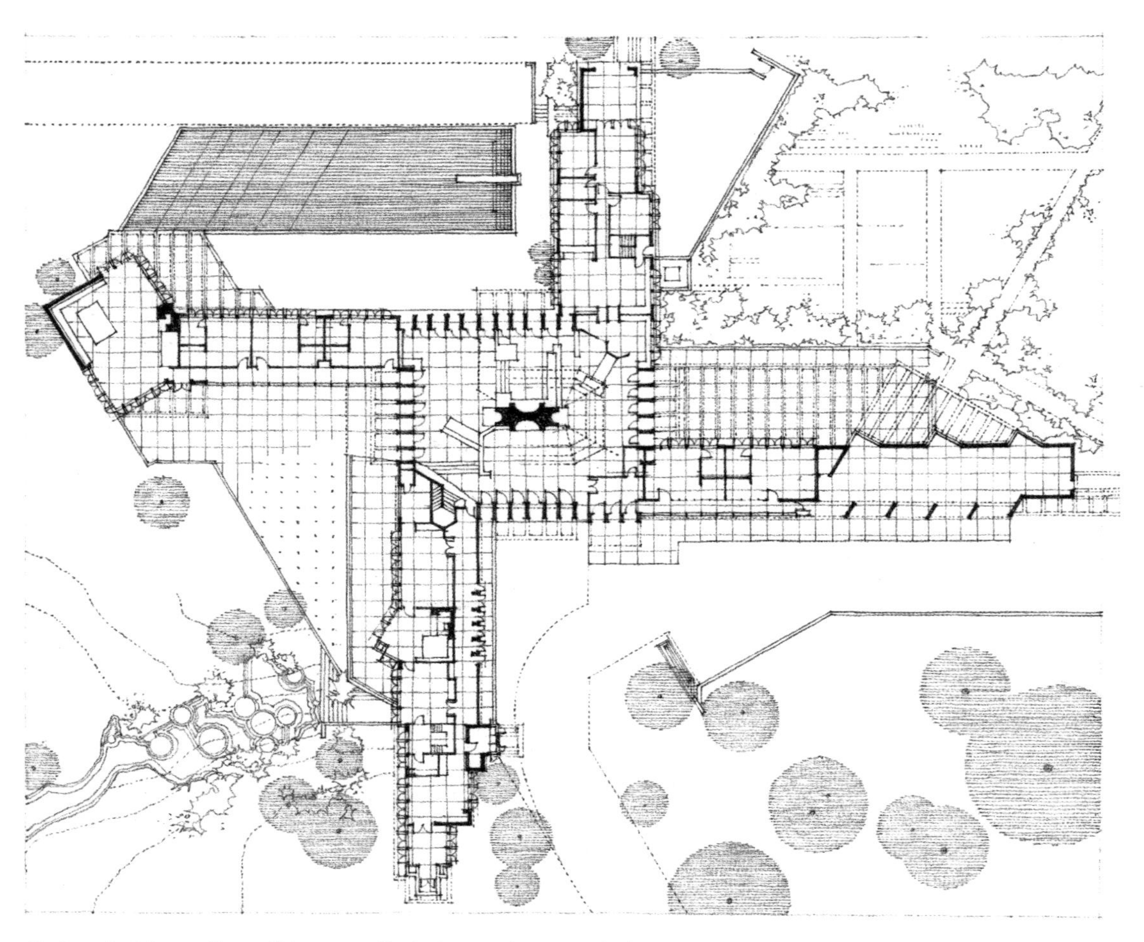

Herbert F. Johnson House (Wingspread), Wind Point, Wisconsin, 1937, Frank Lloyd Wright
赫伯特·菲斯克·约翰逊住宅（展翼住宅），温德·波因特，威斯康星州，1937，弗兰克·劳埃德·赖特

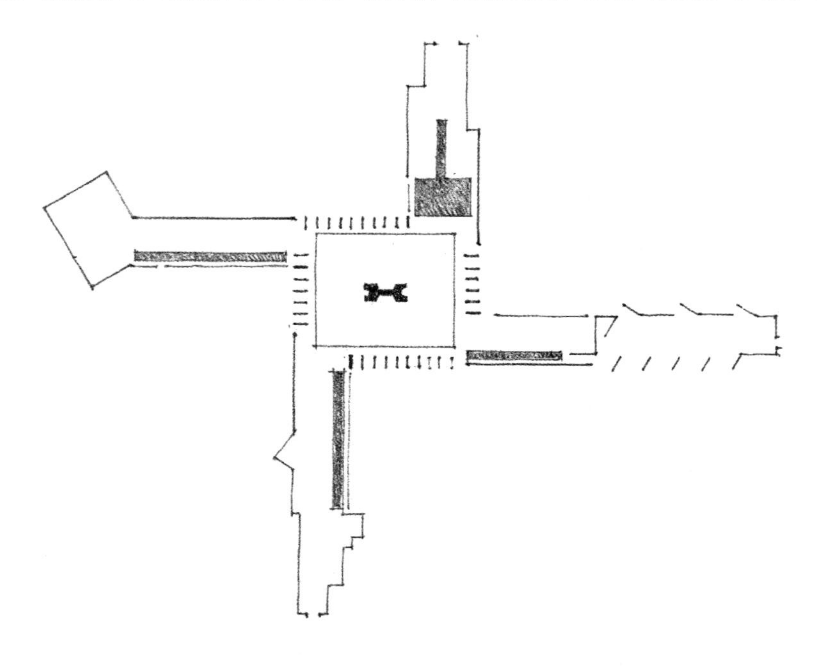

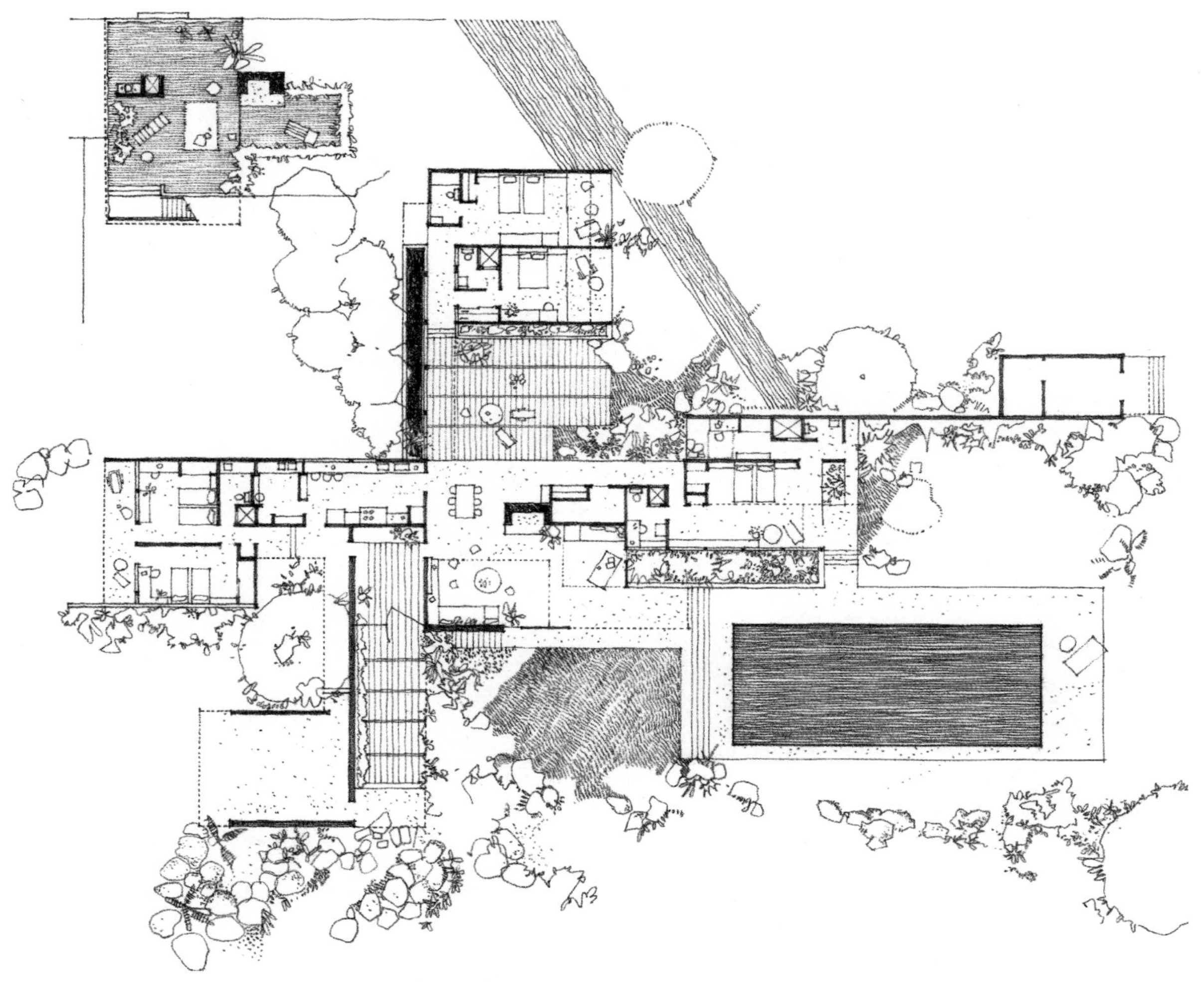

Kaufmann Desert House, Palm Springs, California, 1946, Richard Neutra

考夫曼沙漠别墅，棕榈泉，加利福尼亚州，1946，理查德·纽特拉

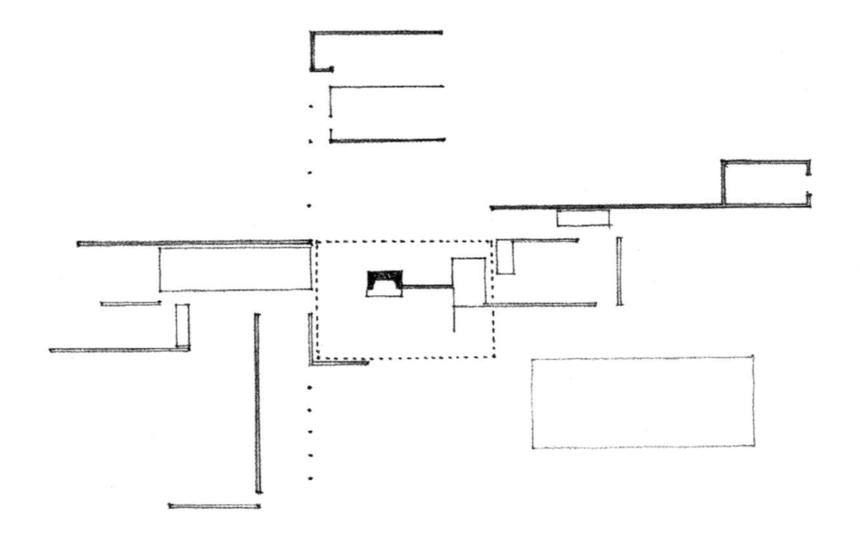

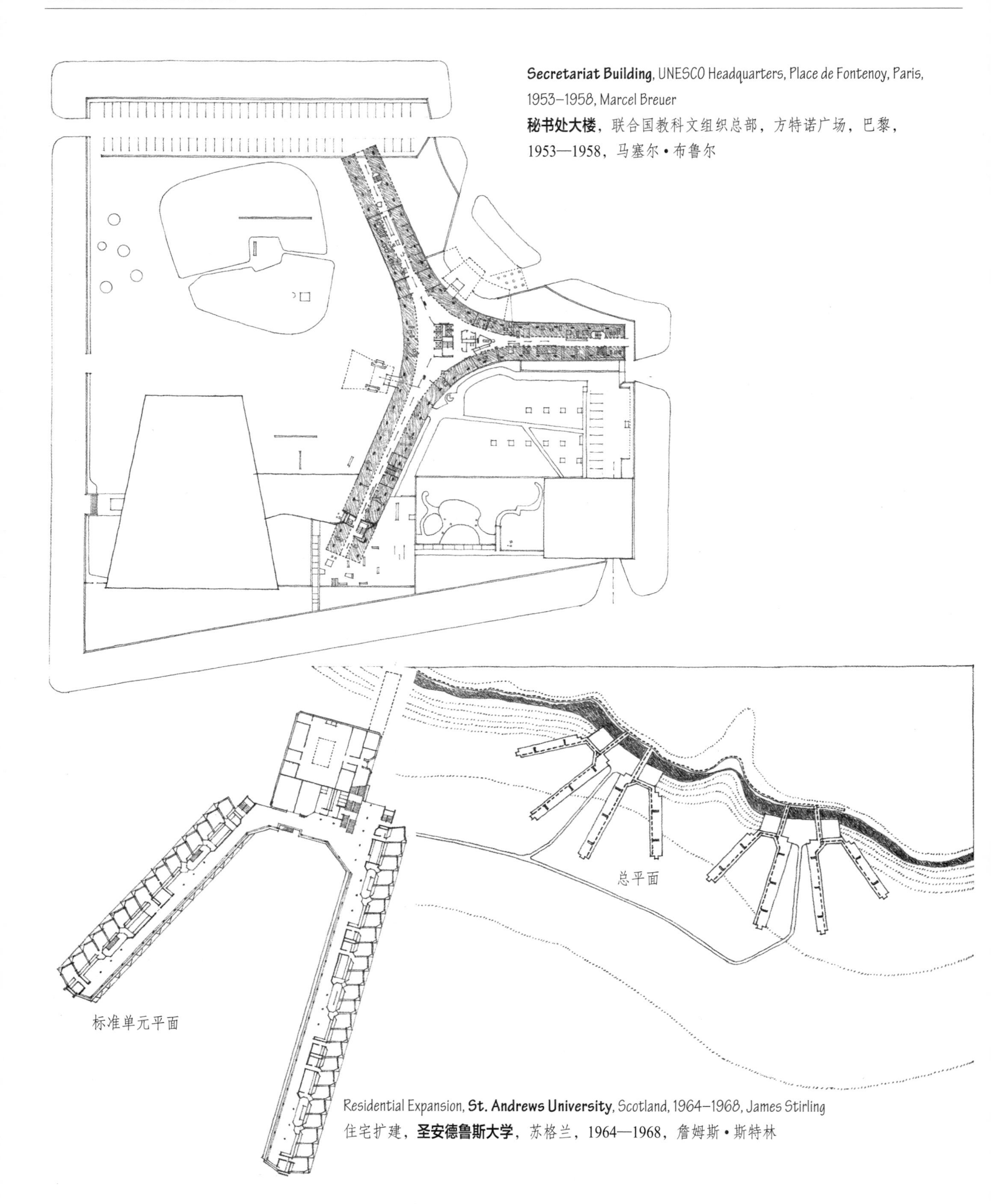

Secretariat Building, UNESCO Headquarters, Place de Fontenoy, Paris, 1953–1958, Marcel Breuer
秘书处大楼，联合国教科文组织总部，方特诺广场，巴黎，1953—1958，马塞尔•布鲁尔

Residential Expansion, **St. Andrews University**, Scotland, 1964–1968, James Stirling
住宅扩建，**圣安德鲁斯大学**，苏格兰，1964—1968，詹姆斯•斯特林

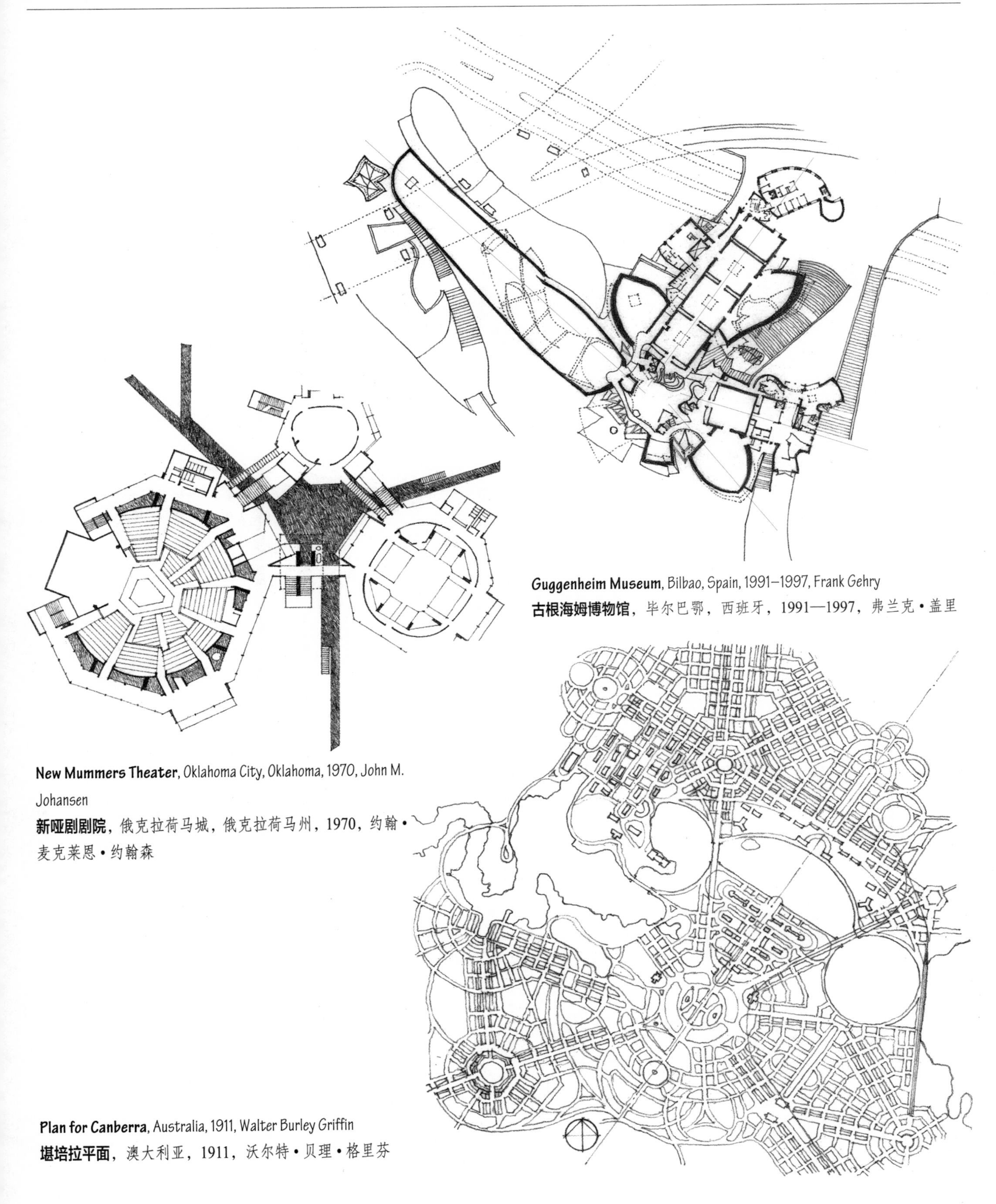

Guggenheim Museum, Bilbao, Spain, 1991–1997, Frank Gehry
古根海姆博物馆，毕尔巴鄂，西班牙，1991—1997，弗兰克·盖里

New Mummers Theater, Oklahoma City, Oklahoma, 1970, John M. Johansen
新哑剧剧院，俄克拉荷马城，俄克拉荷马州，1970，约翰·麦克莱恩·约翰森

Plan for Canberra, Australia, 1911, Walter Burley Griffin
堪培拉平面，澳大利亚，1911，沃尔特·贝理·格里芬

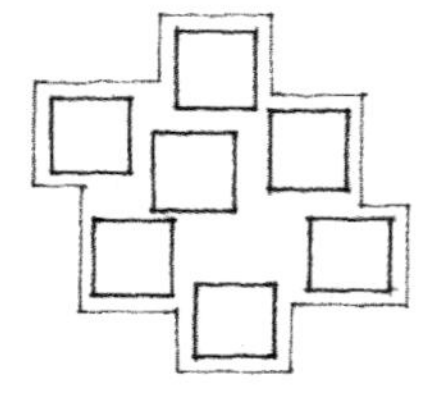
重复的空间

具有相同形状

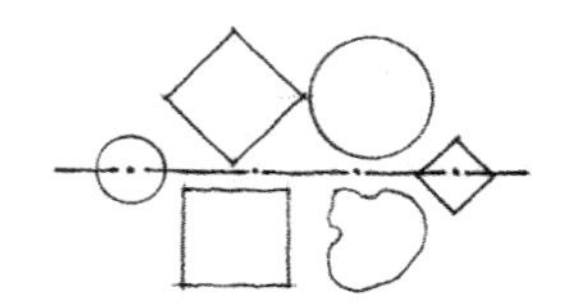
以轴线来组合

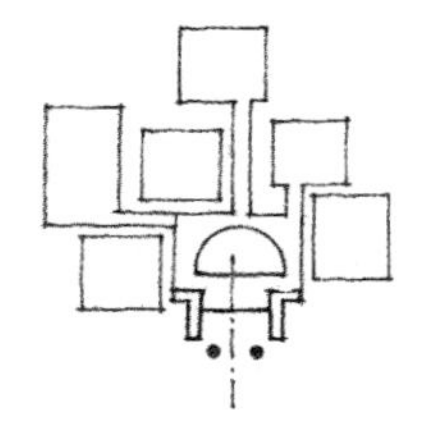
围绕入口来组合

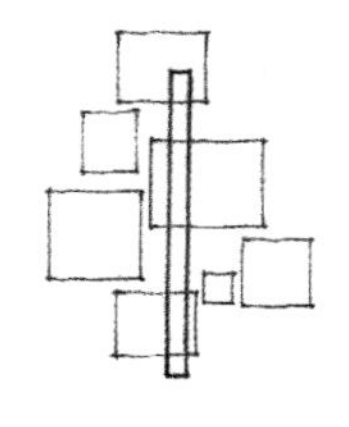
沿通道组合

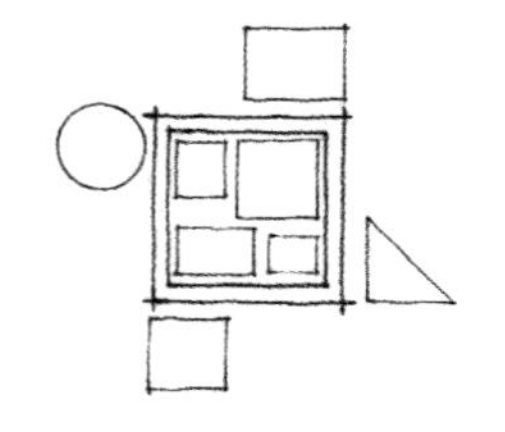
以环形通道来组合

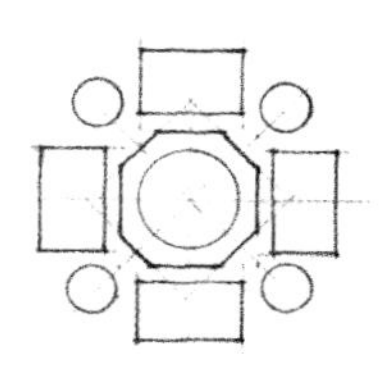
集中式模式

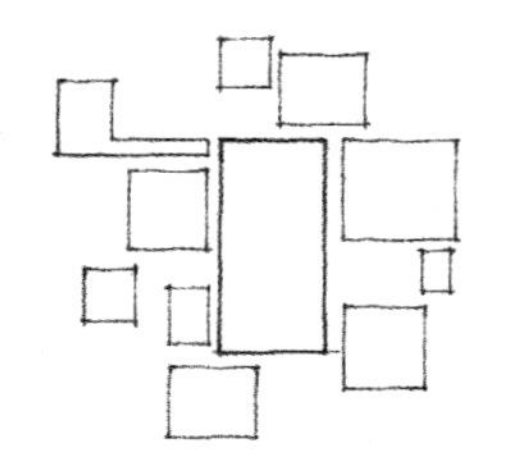
组团式模式

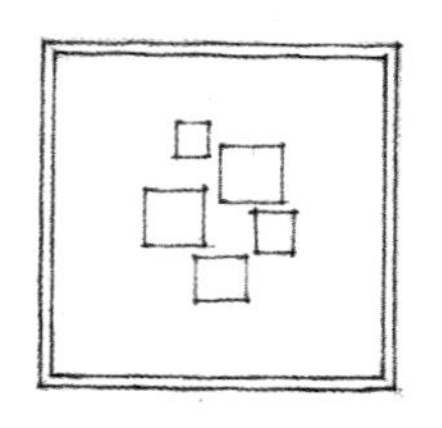
包容于一个空间内

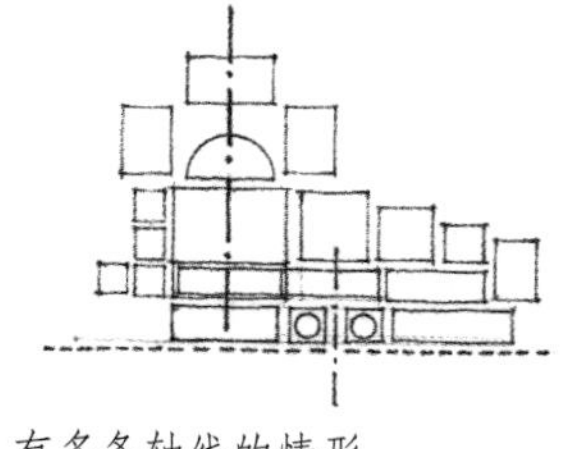
有多条轴线的情形

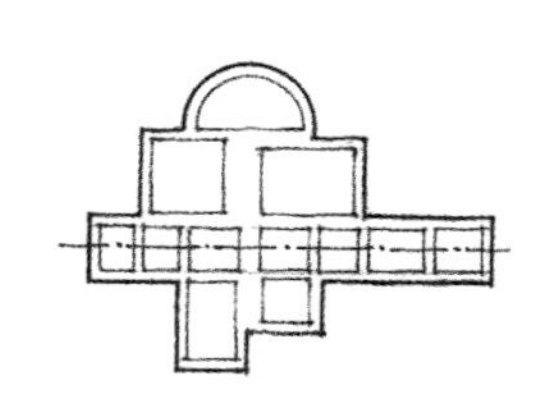
有轴线的情形

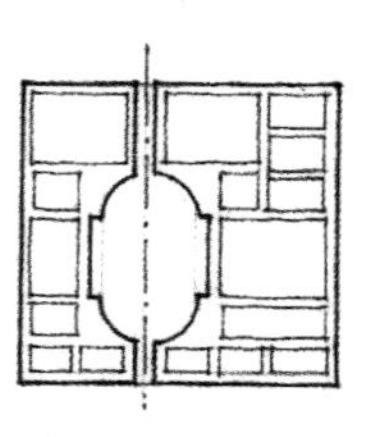
对称的情形

组团式组合通过紧密连接使各个空间之间互相联系，通常包括重复的、细胞状的空间，这些空间具有类似的功能并在形状和朝向方面具有共同的视觉特征。组团式空间组合，也可以在它的构图中包容尺寸、形式和功能不同的空间，但这些空间要通过紧密连接，或者诸如对称、轴线等视觉秩序化手段来建立联系。因为组团式组合的模式，并不来源于某个固定的几何概念，因此它灵活可变，可随时增加和变换而不影响其特点。

组团式组合，可以围绕一个进入建筑物的入口点，或者沿着穿过建筑物的运动轨迹，来组织空间。这些空间也可以成团地布置在一个大型的划定区域或空间体积的周围。这种模式类似于集中式组合，但缺乏后者的紧凑性和几何规整性。组团式组合中的各个空间，也可以被包容在一个指定的范围或空间体积之内。

由于组团式组合的图形中没有固定的重要位置，因此必须通过图形中的尺寸、形式或者朝向，才能清楚地表现出某个空间所具有的重要意义。

可以采用对称或轴线的方法来加强和统一组团式组合的各个局部，同时有助于清楚地表达这类空间组合中某一空间或空间群的重要性。

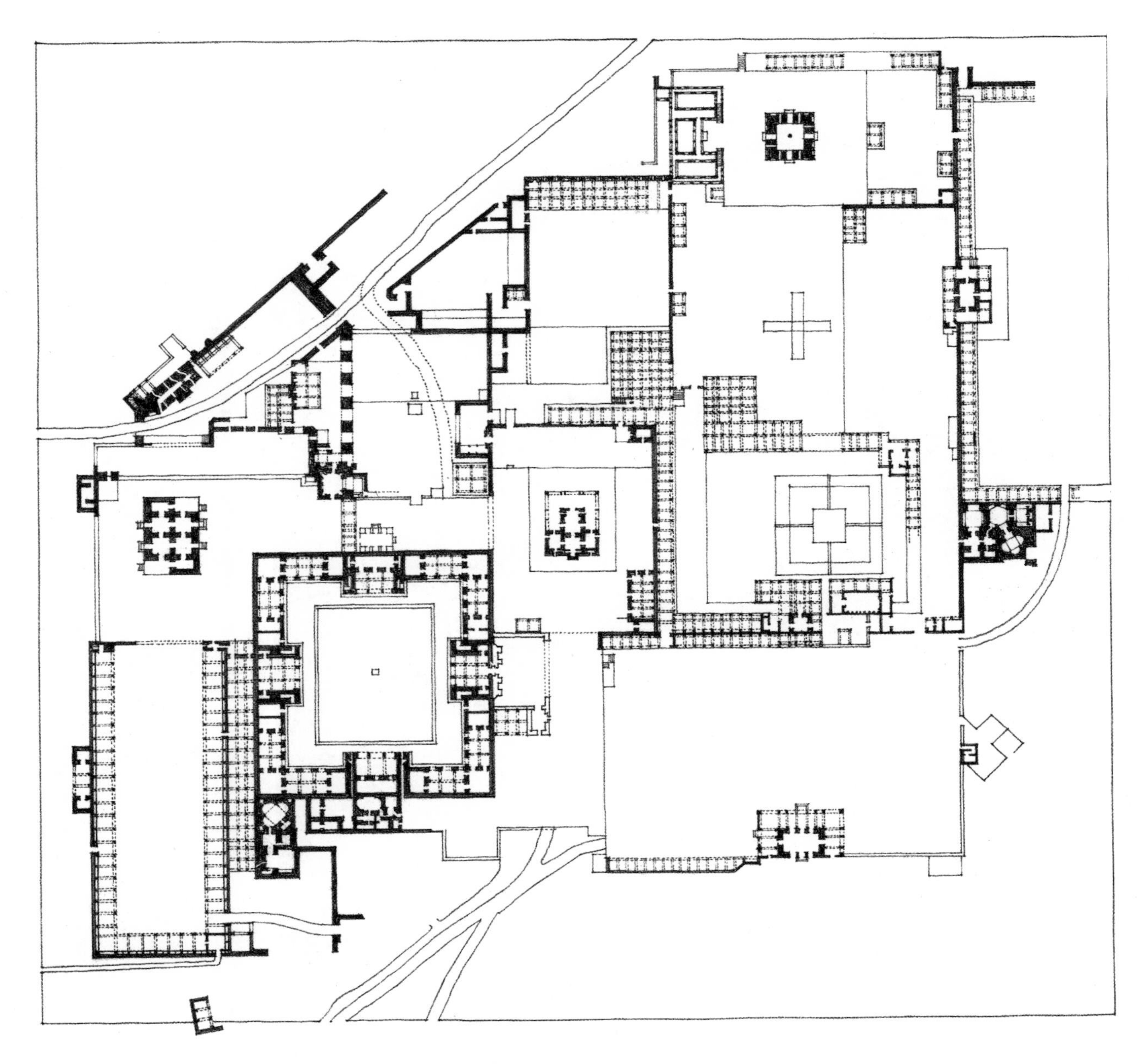

Fatehpur Sikri, Palace Complex of Akbar the Great Mogul Emperor of India, 1569–1574
法塔赫布尔·西格里，印度莫卧儿大帝阿克巴的宫殿群，1569—1574

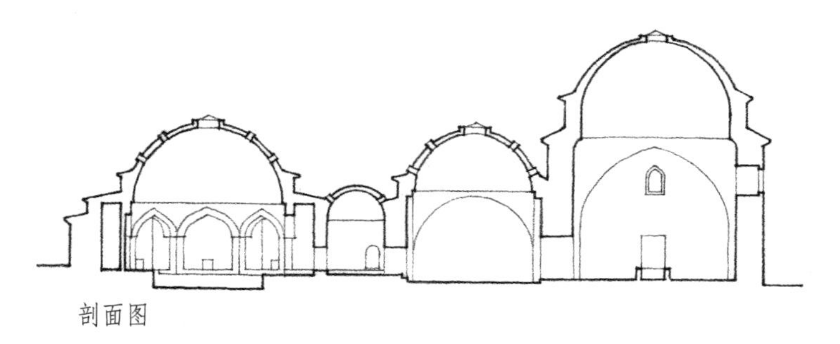

剖面图

Spaces Organized by Geometry
由几何形体组合的空间

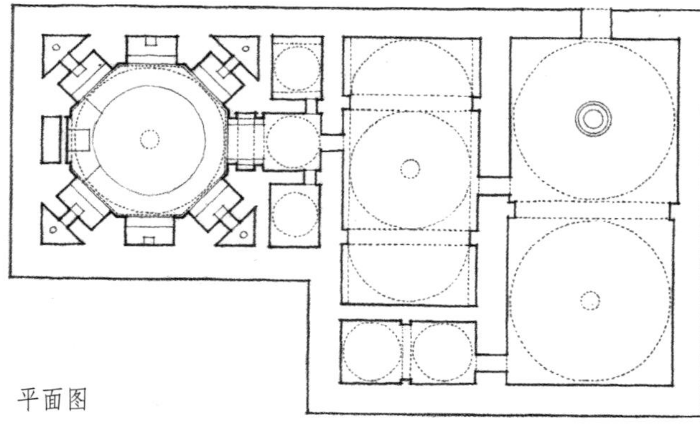

平面图

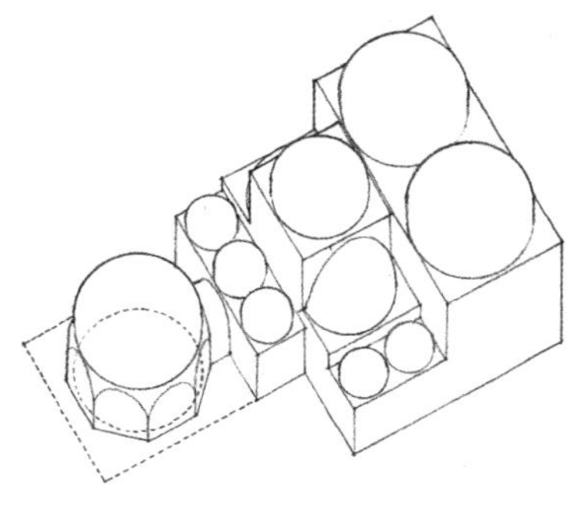

轴测图

Yeni-Kaplica (Thermal Bath), Bursa,Turkey
叶尼—卡普里卡（温泉浴室），布尔萨，土耳其

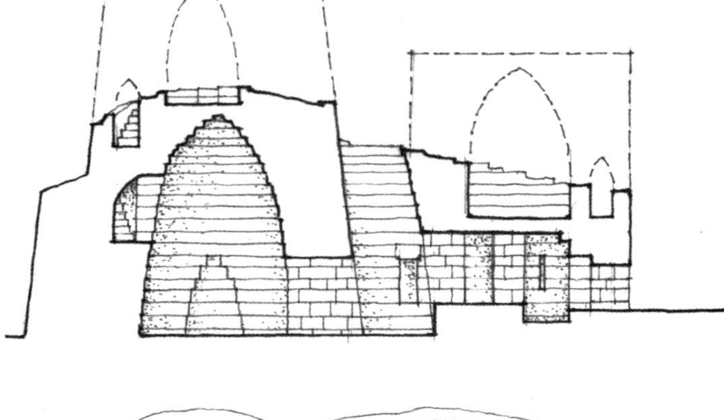

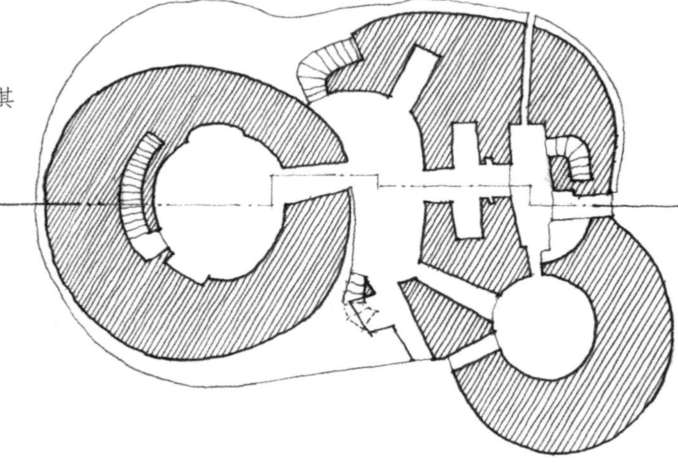

Nuraghe at Palmavera, Sardinia, typical of the ancient stone towers of the Nuraghic culture, 18th–16th century B.C.
帕尔玛维拉的石塔，撒丁岛，石塔文化时期的典型古代石塔，公元前 18 世纪—公元前 16 世纪

传统日本住宅

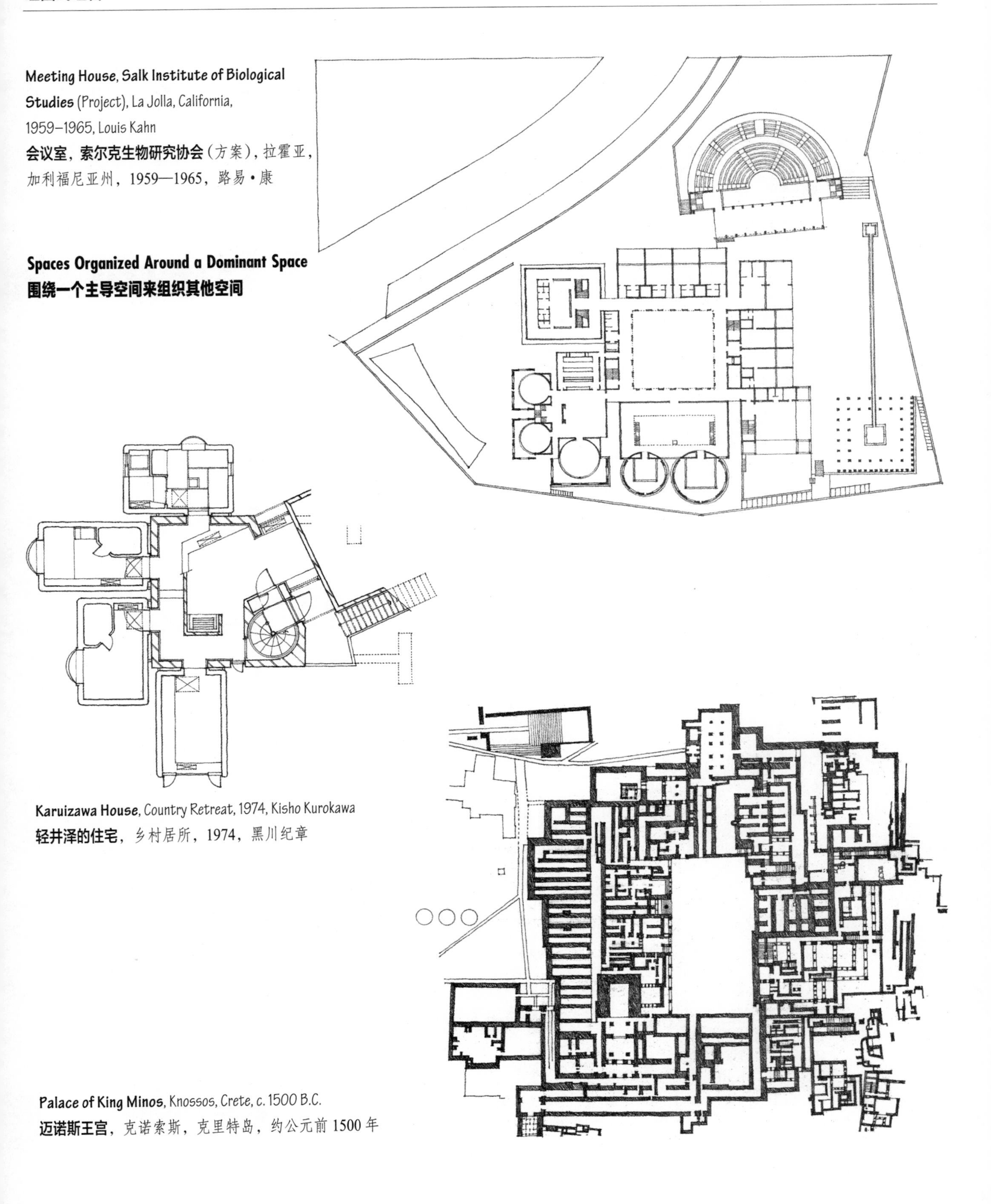

Meeting House, Salk Institute of Biological Studies (Project), La Jolla, California, 1959–1965, Louis Kahn
会议室，索尔克生物研究协会（方案），拉霍亚，加利福尼亚州，1959—1965，路易·康

Spaces Organized Around a Dominant Space
围绕一个主导空间来组织其他空间

Karuizawa House, Country Retreat, 1974, Kisho Kurokawa
轻井泽的住宅，乡村居所，1974，黑川纪章

Palace of King Minos, Knossos, Crete, c. 1500 B.C.
迈诺斯王宫，克诺索斯，克里特岛，约公元前 1500 年

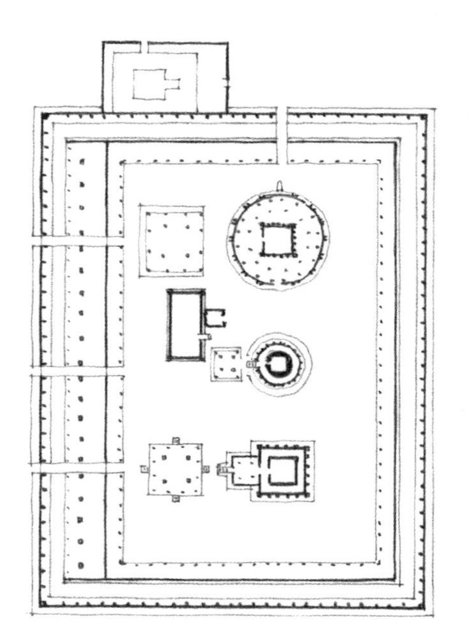

Vadakkunnathan Temple, Trichur, India, 11th century
瓦达克库纳森神庙，德里久儿，印度，11 世纪

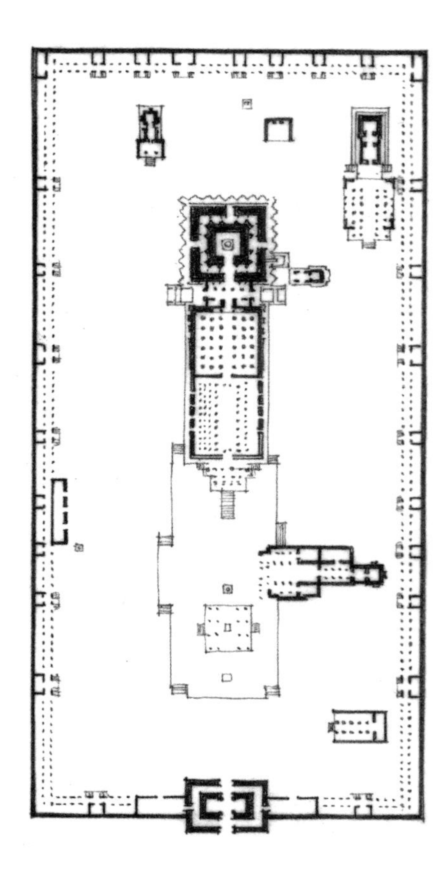

Rajarajeshwara Temple, Thanjavur, India, 11th century
罗阇罗阇施瓦拉神庙，坦贾武尔，印度，11 世纪

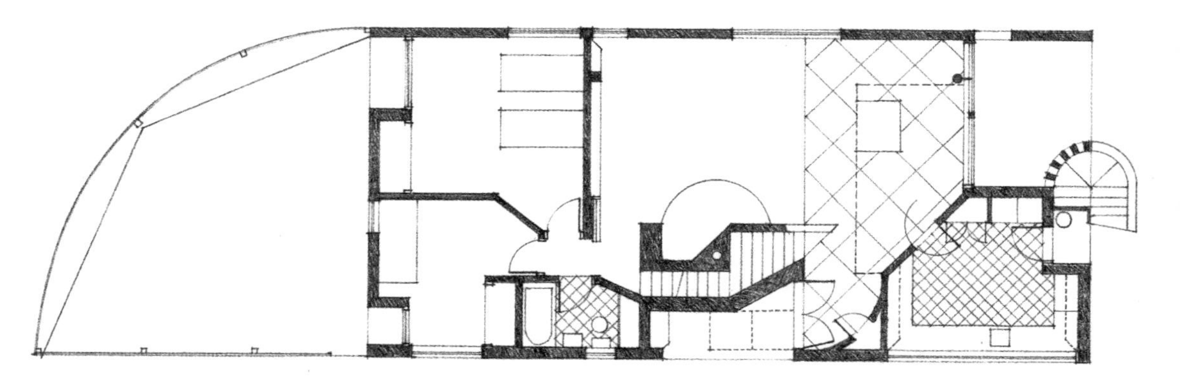

House for Mrs. Robert Venturi, Chestnut Hill, Pennsylvania, 1962–1964, Venturi and Short
罗伯特・文丘里夫人住宅，栗山，宾夕法尼亚州，1962—1964，文丘里与肖特

Spaces Organized within a Spatial Field
在一个空间领域内的组合空间

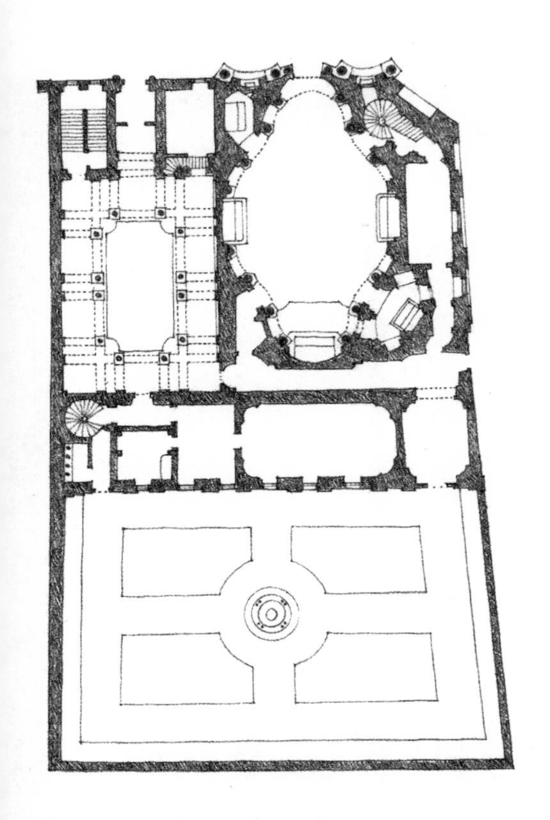

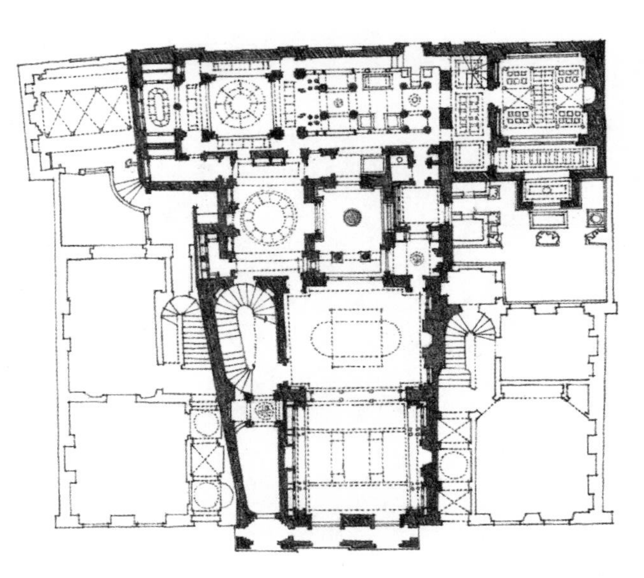

Soane House, London, England, 1812–1834, Sir John Soane
索恩府邸，伦敦，英格兰，1812—1834，约翰•索恩爵士

St. Carlo alle Quattro Fontane, Rome, 1633–1641, Francesco Borromini
圣卡洛四泉源教堂，罗马，1633—1641，弗朗西斯科•博洛米尼

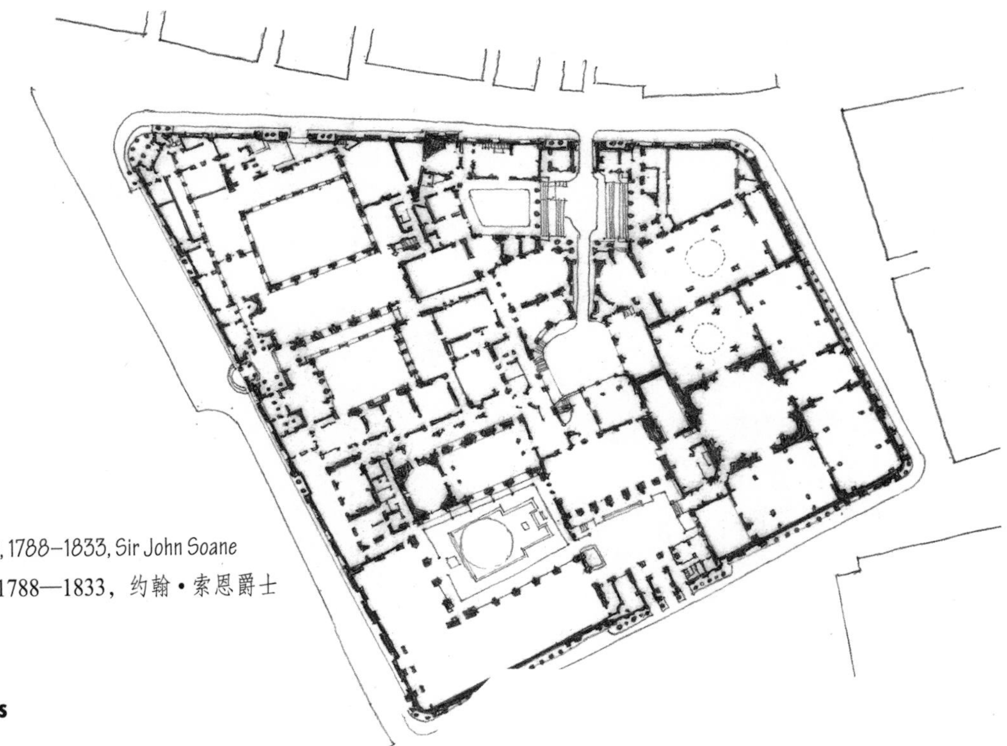

Bank of England, London, England, 1788–1833, Sir John Soane
英格兰银行，伦敦，英格兰，1788—1833，约翰•索恩爵士

Spaces Organized by Axial Symmetries
轴对称的空间组合

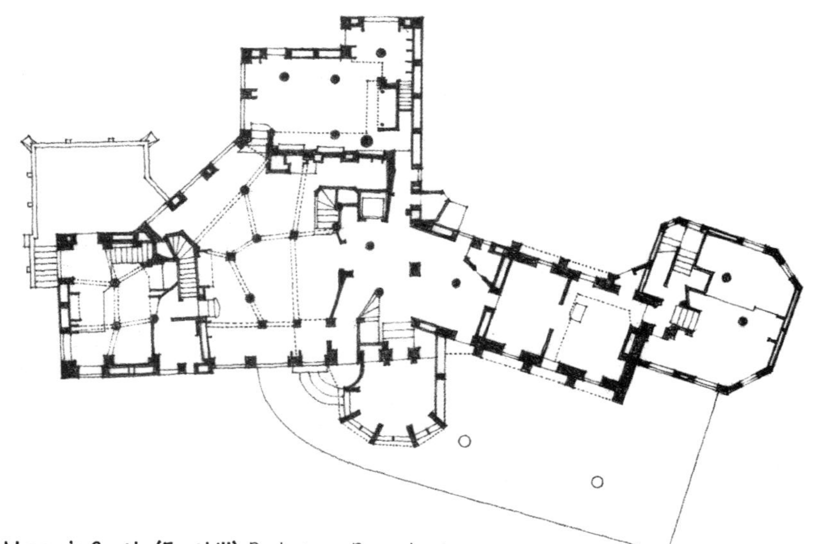

Mercer's Castle (Fonthill), Doylestown, Pennsylvania, 1908–1910, Henry Mercer
默瑟城堡（圣泉山），多伊尔斯敦，宾夕法尼亚州，1908—1910，亨利·默瑟

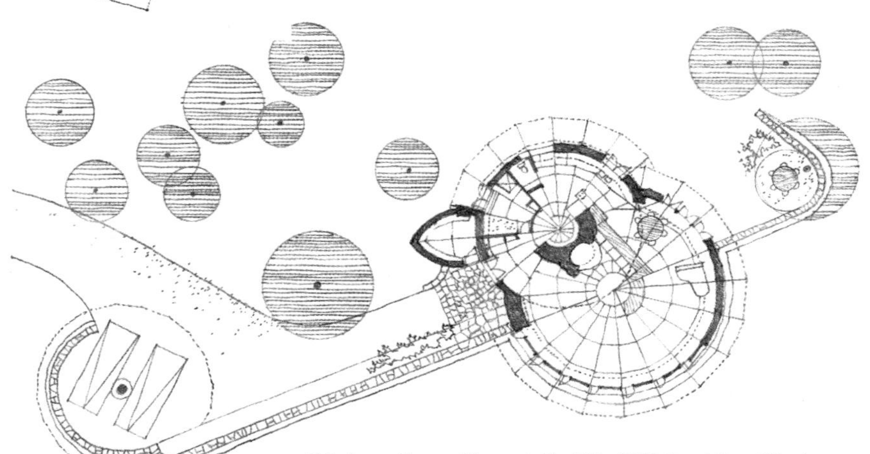

Friedman House, Pleasantville, N.Y., 1950, Frank Lloyd Wright
弗里德曼住宅，普莱森特维尔，纽约市，1950，弗兰克·劳埃德·赖特

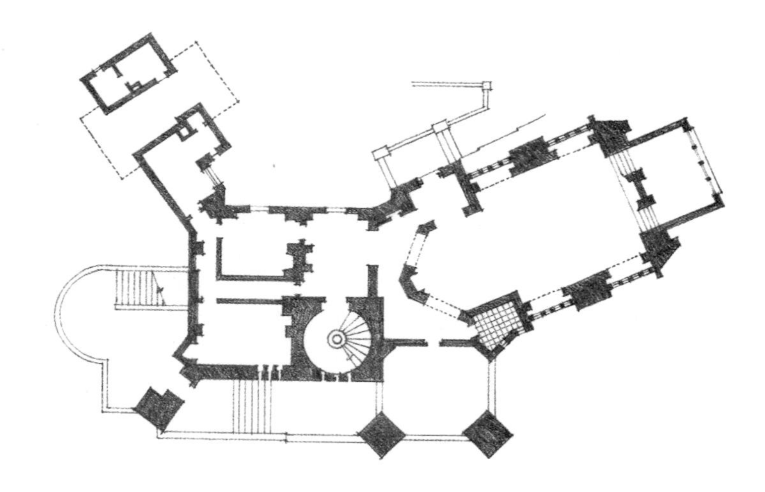

Wyntoon, Country Estate for the Hearst Family in Northern California,1903, Bernard Maybeck
温图别墅，赫斯特家族的乡村房产，加利福尼亚州北部，1903，伯纳德·梅贝克

Spaces Organized by Site Conditions
根据基地条件组合空间

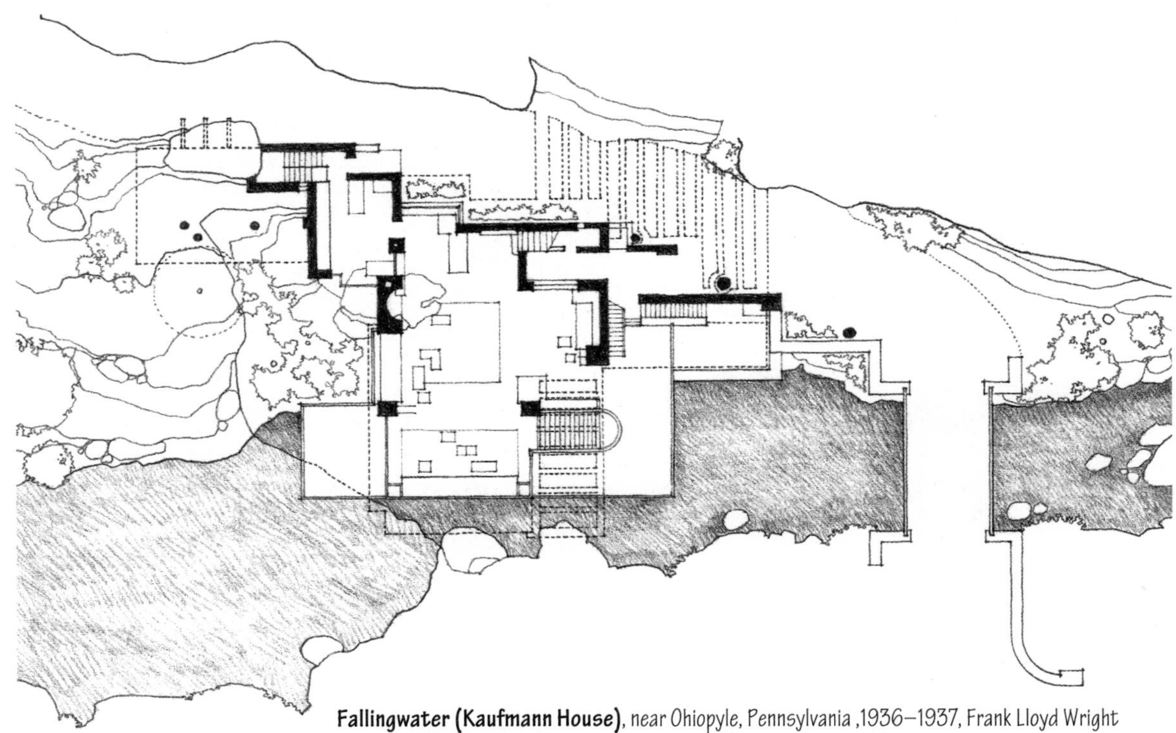

Fallingwater (Kaufmann House), near Ohiopyle, Pennsylvania ,1936–1937, Frank Lloyd Wright
流水别墅（考夫曼住宅），俄亥俄派尔附近，宾夕法尼亚州，1936—1937，弗兰克•劳埃德•赖特

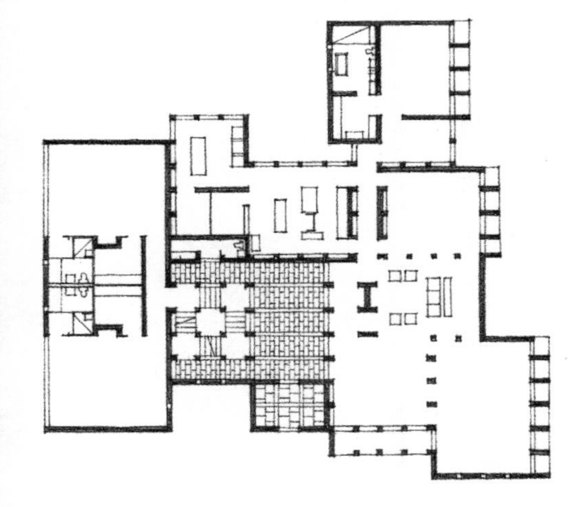

Morris House (Project), Mount Kisco, New York, 1958, Louis Kahn
莫里斯住宅（方案），基斯科山，纽约州，1958，路易•康

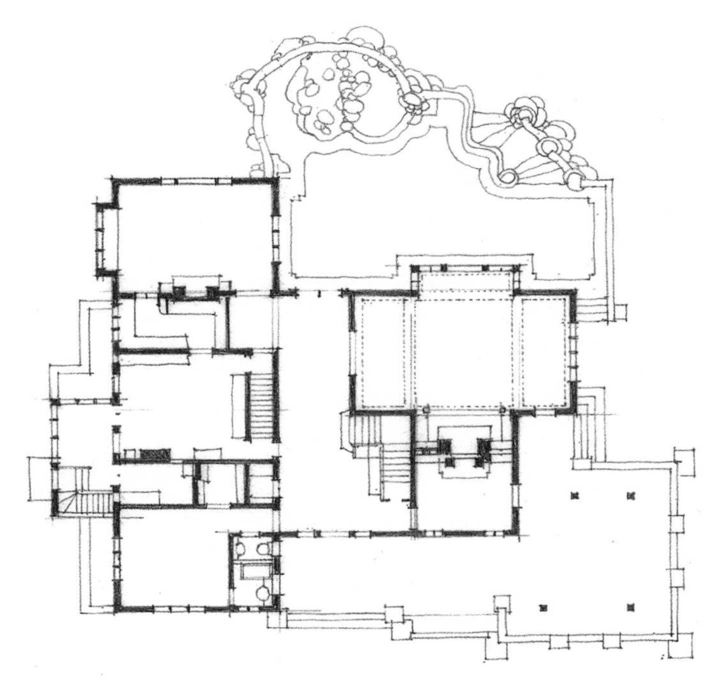

Gamble House, Pasadena, California, 1908, Greene & Greene
盖博之家，帕萨迪那，加利福尼亚州，1908，格瑞恩及格瑞恩

Spaces Organized by Geometric Pattern
用几何图形组合空间

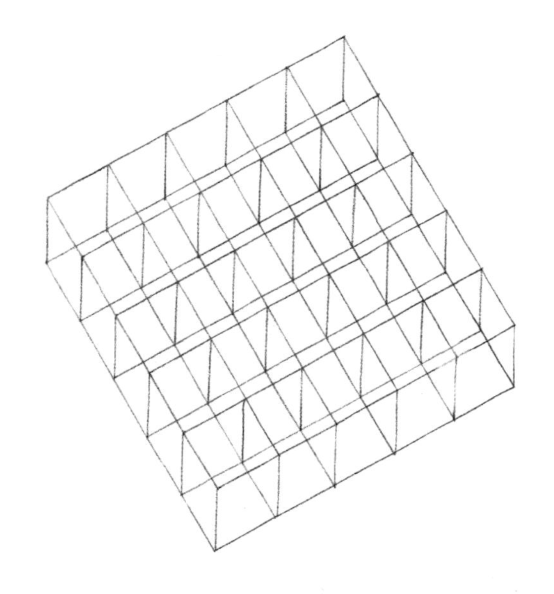

网格式组合由这样的形式和空间所组成：它们的空间位置与相互关系受控于一个三维网格图形或三维网格区域。

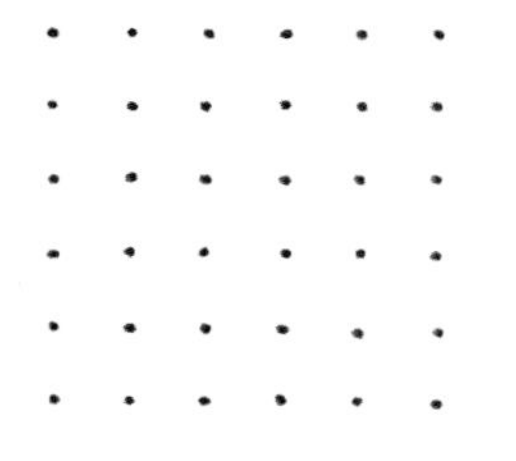

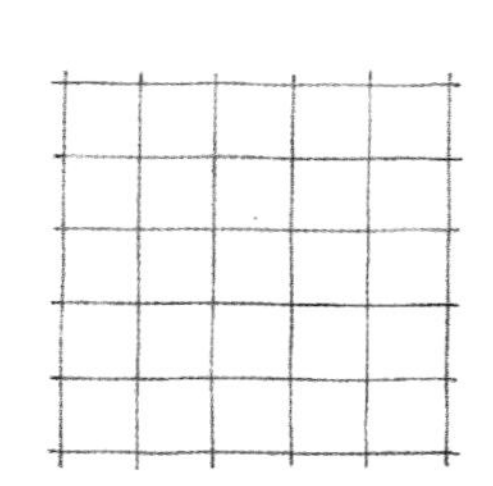

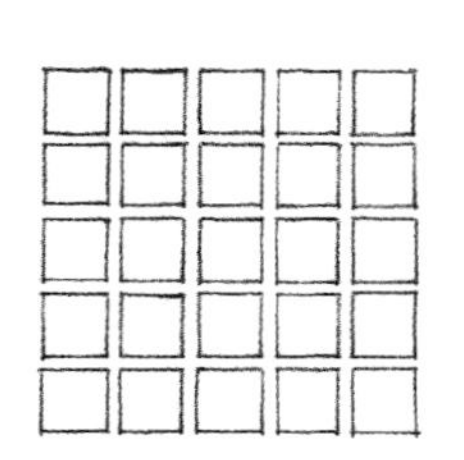

网格来自于两套平行线相交，这两套平行线通常是垂直的，在它们的交点处形成了一个由点构成的图案。网格图形投影到第三维度，就变成一系列重复的模数化的空间单元。

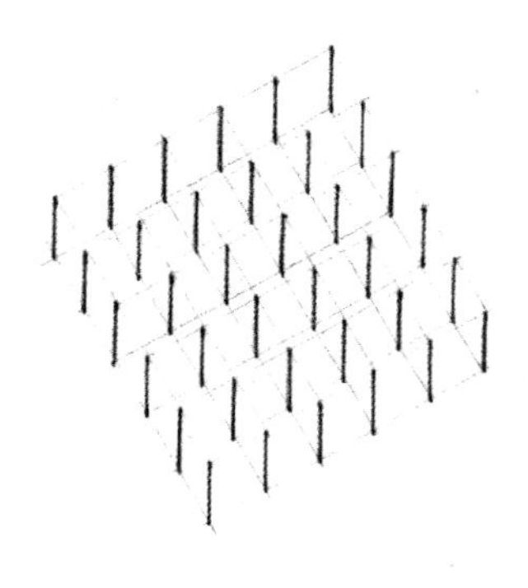

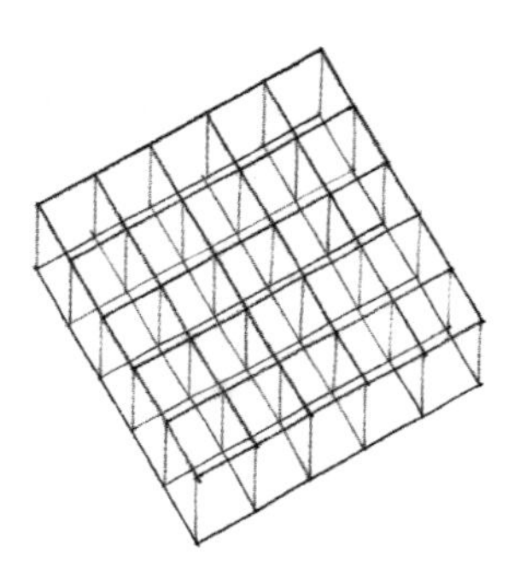

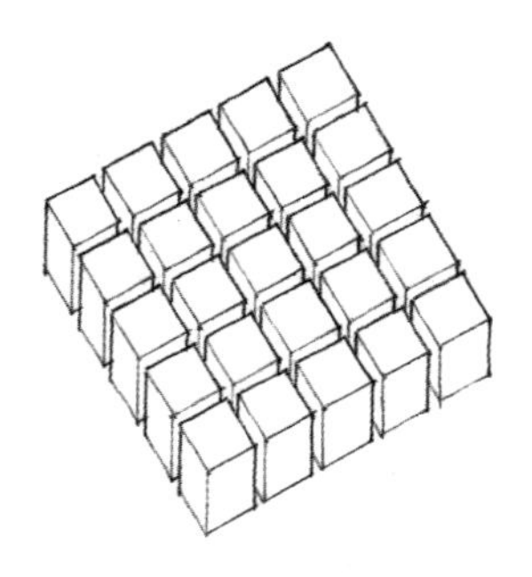

网格式组合的力量，来自于图形的规整性和连续性，它们渗透在所有的组合要素中。由空间中的参考点和线形成的图形，建立起一种稳定的位置或稳定的区域；通过这种图形，网格式空间组合享有了共同的关系，尽管其中要素的尺寸、形式或功能不同。

建筑中的网格，大多是通过梁与柱组成的框架结构体系形成的。在这一网格区域内，空间既能以独立实体出现，也能以重复的网格模数单元出现。无论这些空间在该区域中如何布置，如果把它们看做“正”的形式，那么就会产生一些次要的“负”空间。

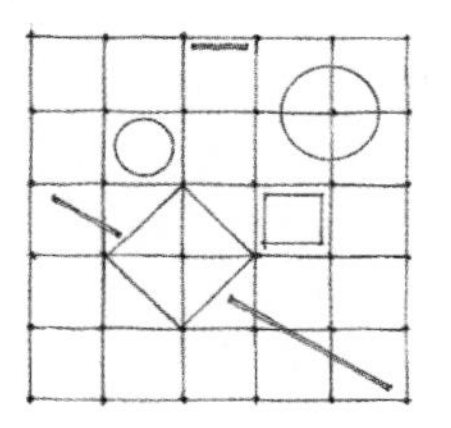
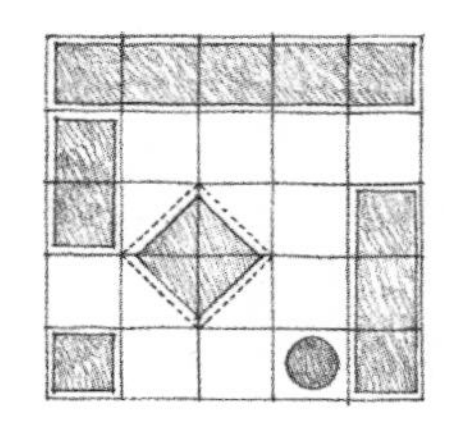
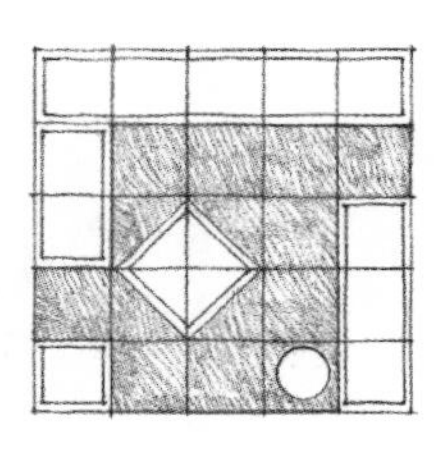

由于三维网格是由重复的、模数化的空间单元组成的，它可以被削减、增加或层叠，而仍然保持其作为一个网格的可识别性，具有组合空间的能力。这些形式变化可以用来调整网格，使其形式与基地相适应；可以限定入口或室外空间，或者为其增长或扩大留下余地。

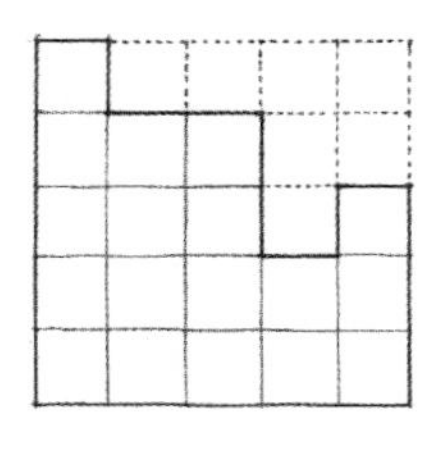
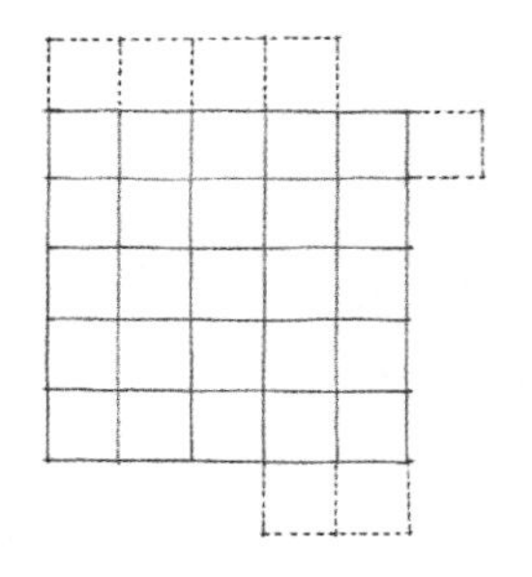
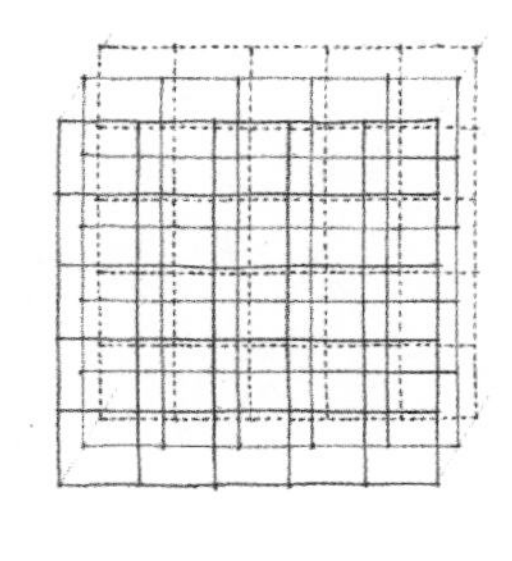

为了满足空间维度的特定要求，或者为了明确交通和服务等空间区域，网格可以在一个或两个方向上呈不规则形式。这种维度的改变将会产生一套等级化的模数，可以通过尺寸、比例和位置加以区分。

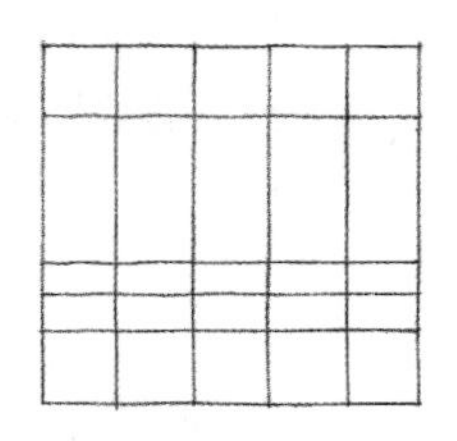
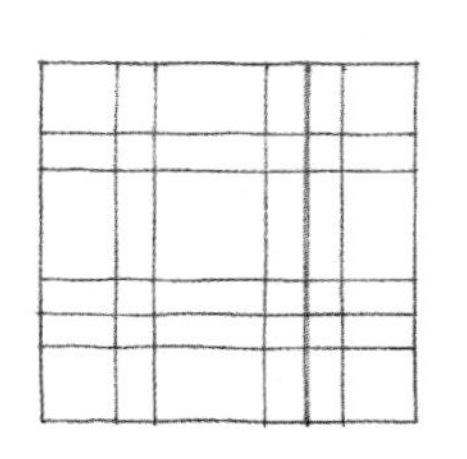
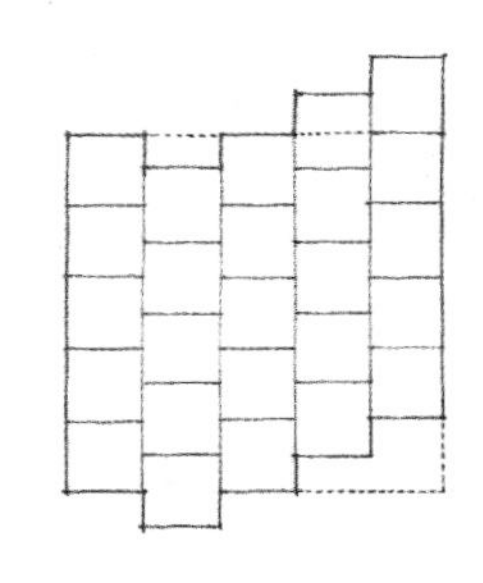

网格也可以进行其他的变化。网格的某些部分可以滑动，以改变贯穿这一领域的视觉与空间连续性。网格形式还可以中断，划分出一个主体空间，或者适应场地的自然地貌。网格的一部分可以移位，并围绕基本图形上的一点转动。从网格所在区域的一边到另一边，网格的形象可以不断地发生改变，从点到线到面，最后变成体。

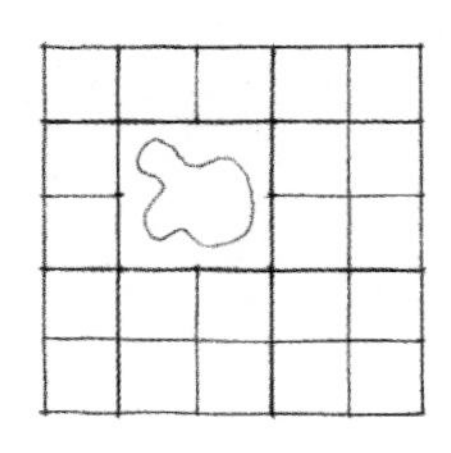
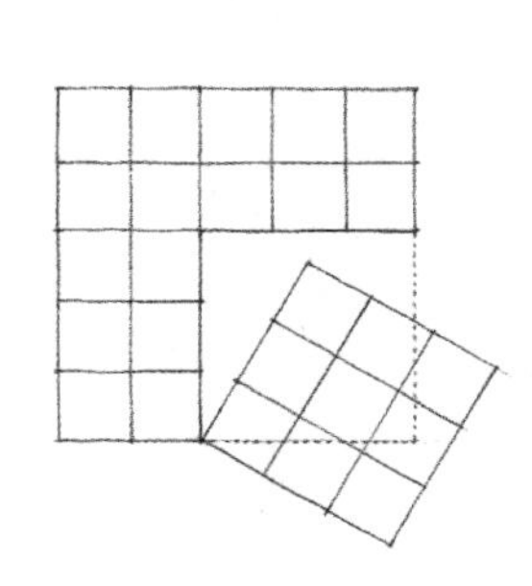
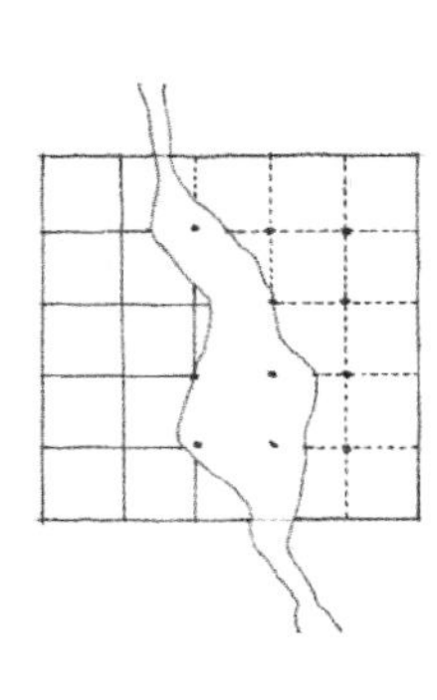

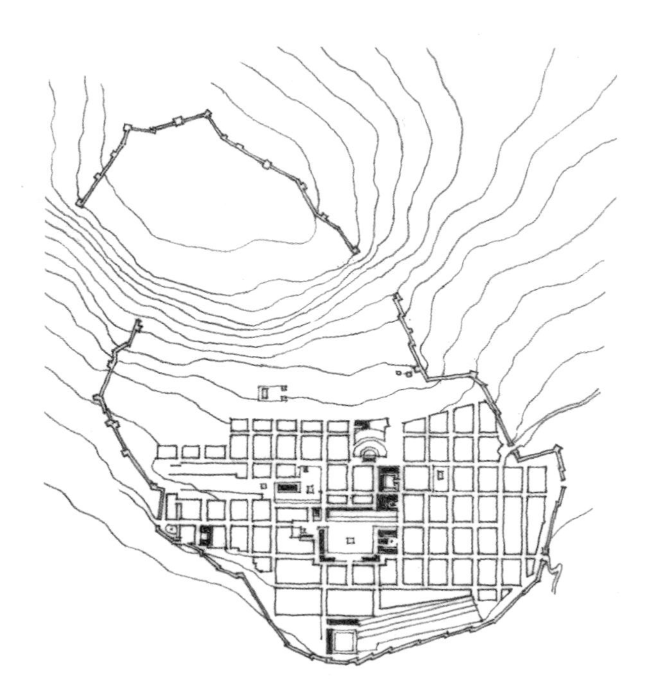

City of **Priene**, Turkey, founded 334 B.C.
普里恩城，土耳其，建于公元前 334 年

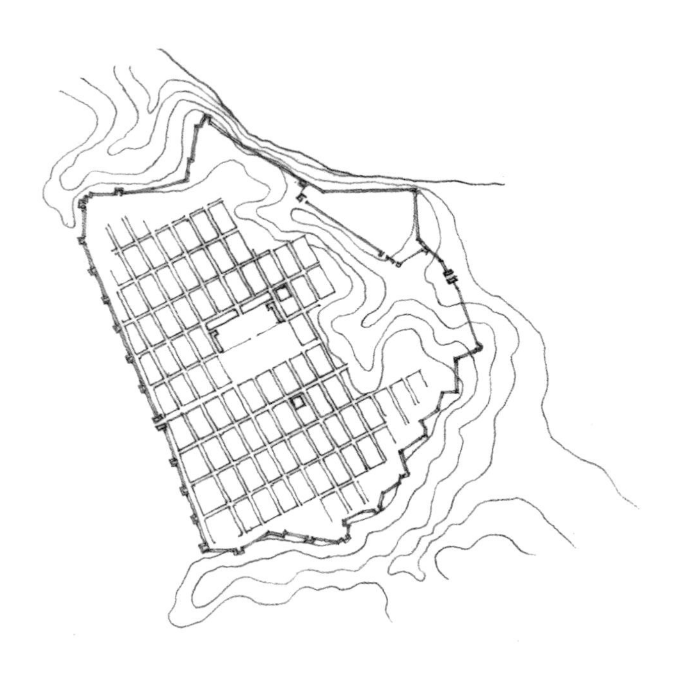

Plan of **Dura-Europos**, near Salhiyé, Syria, 4th century B.C.
杜拉—欧罗普斯城平面，萨勒利耶附近，叙利亚，公元前 4 世纪

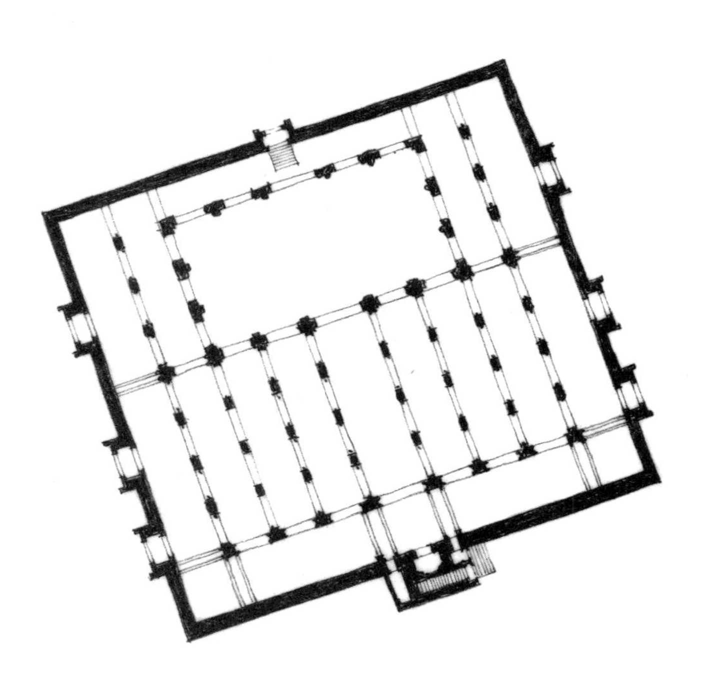

Mosque of Tinmal, Morocco, 1153–1154
提摩尔清真寺，摩洛哥，1153—1154

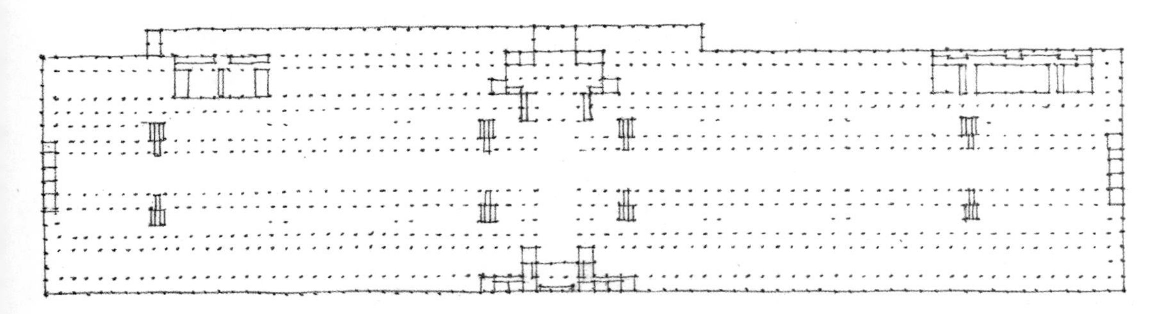

Crystal Palace, London, England, Great Exhibition of 1851, Sir Joseph Paxton
水晶宫，伦敦，英格兰，1851 年世界博览会，约瑟夫•帕克斯顿爵士

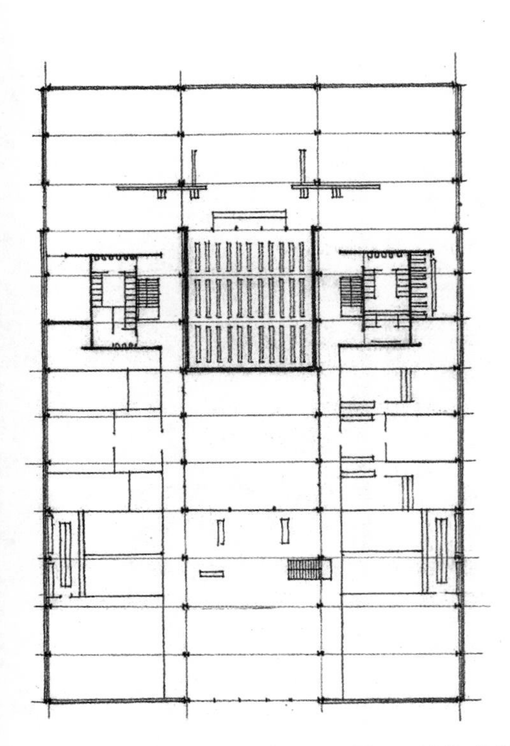

IIT Library Building (Project), Chicago, Illinois, 1942–1943, Mies van der Rohe
IIT **图书馆**（方案），芝加哥，伊利诺斯州，1942—1943，密斯•凡德罗

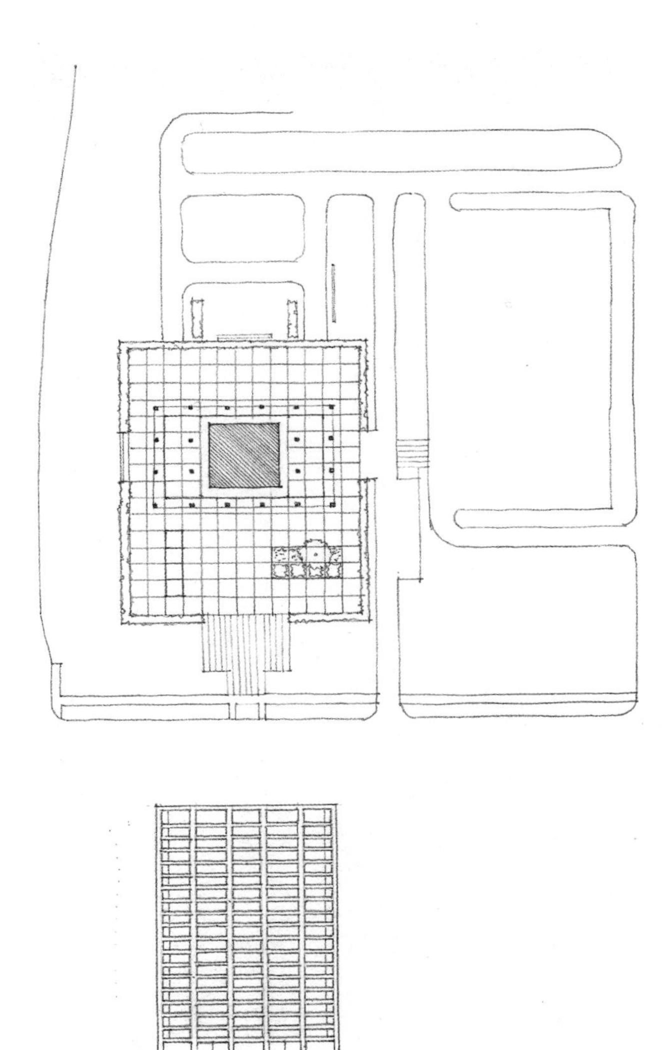

Business Men's Assurance Co. of America, Kansas City, Missouri, 1963, SOM
美国商业人寿保险公司，堪萨斯城，密苏里州，1963，SOM

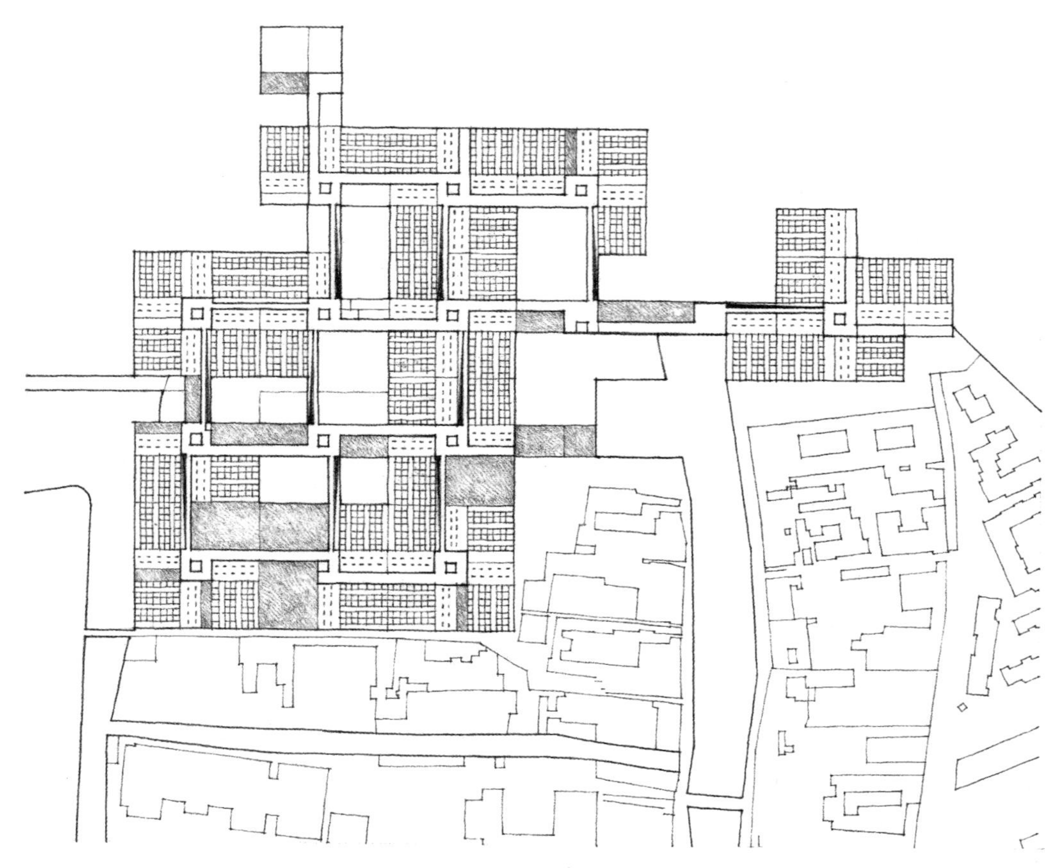

Hospital Project, Venice, 1964–1966, Le Corbusier
医院方案，威尼斯，1964—1966，勒•柯布西埃

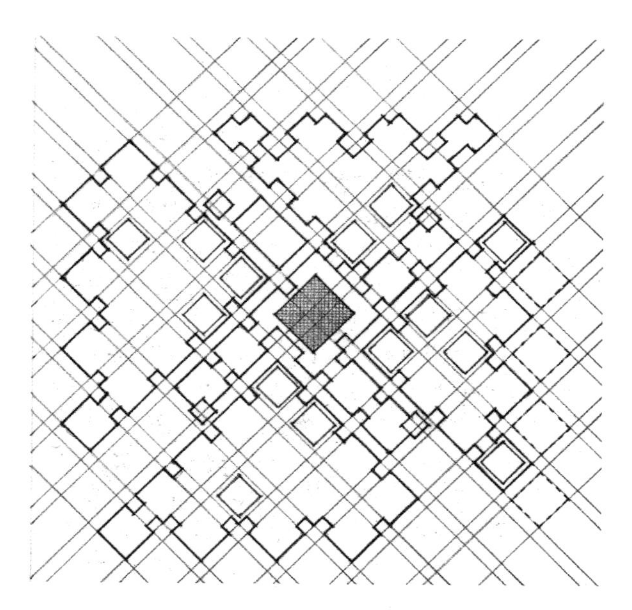

Centraal Beheer Office Building, Apeldoorn, The Netherlands, 1972, Herman Hertzberger with Lucas & Niemeyer
中央管理办公楼，阿培顿，荷兰，1972，赫曼•赫兹伯格与卢卡斯及尼迈耶事务所

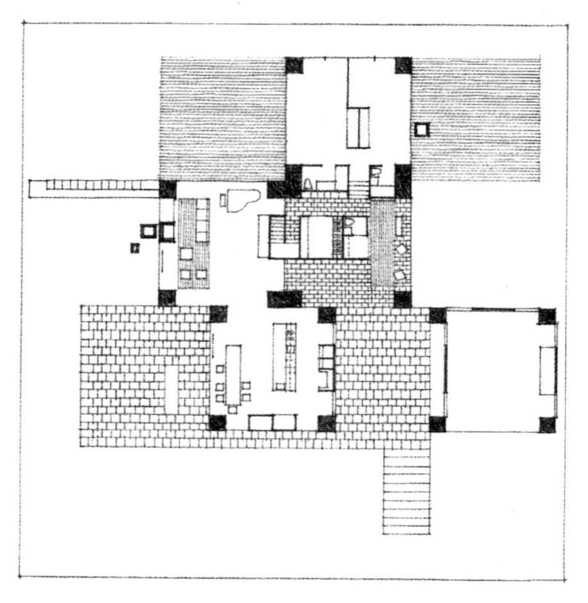

Adler House (Project), Philadelphia, Pennsylvania, 1954, Louis Kahn
艾德勒住宅（方案），费城，宾夕法尼亚州，1954，路易•康

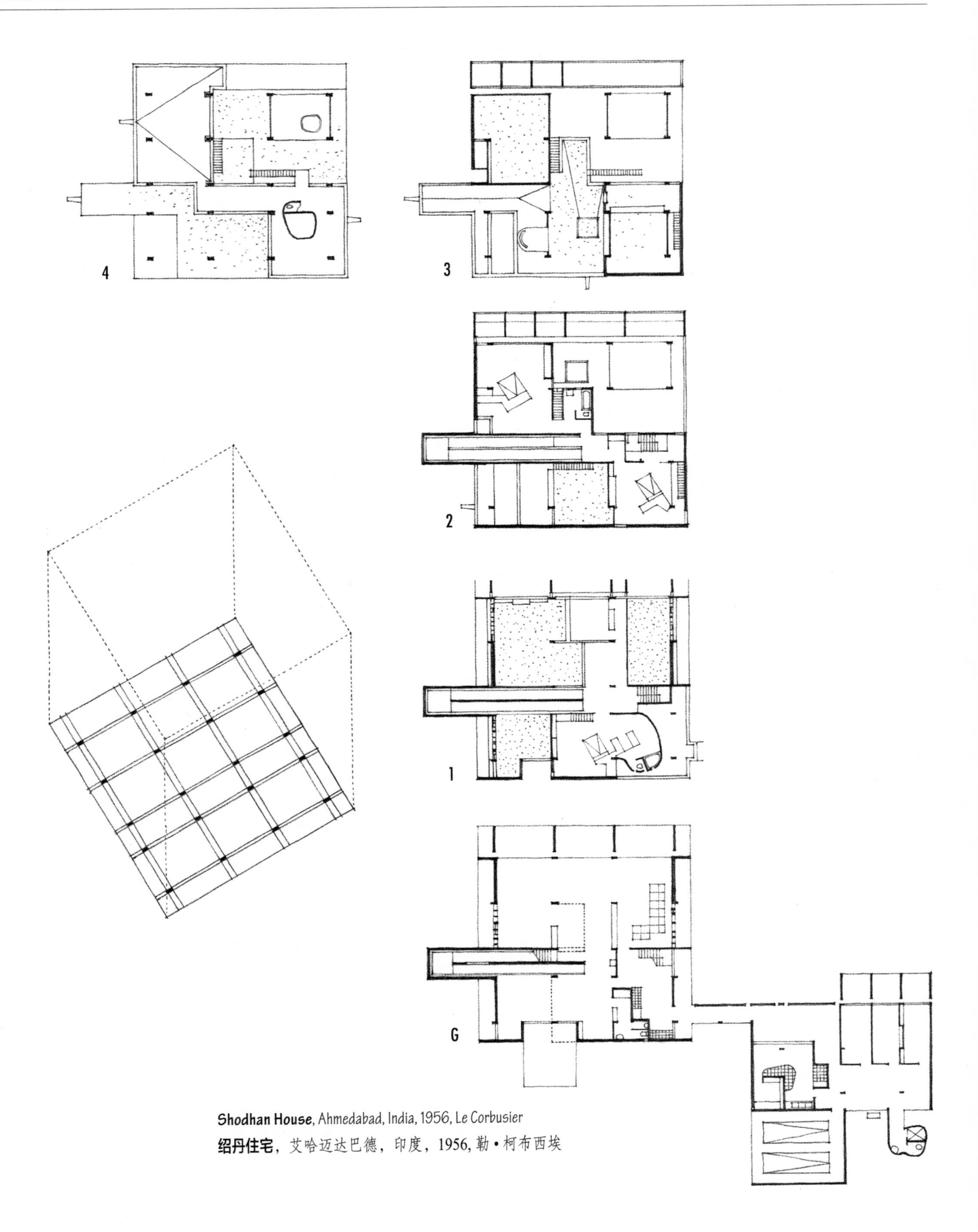

Shodhan House, Ahmedabad, India, 1956, Le Corbusier
绍丹住宅，艾哈迈达巴德，印度，1956，勒·柯布西埃

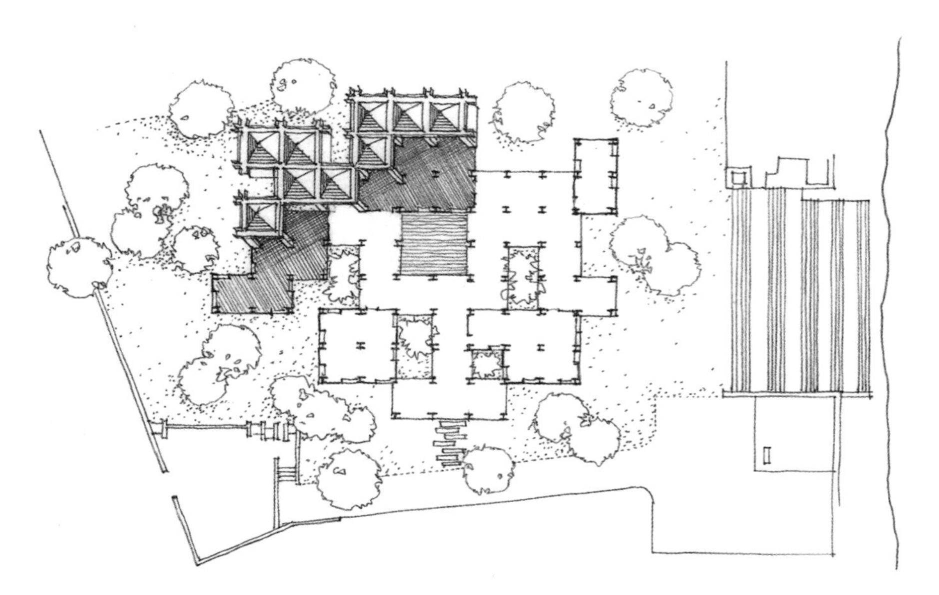

Gandhi Ashram Museum, Ahmedabad, India, 1958–1963, Charles Correa
甘地纪念博物馆，艾哈迈达巴德，印度，1958—1963，查尔斯•柯里亚

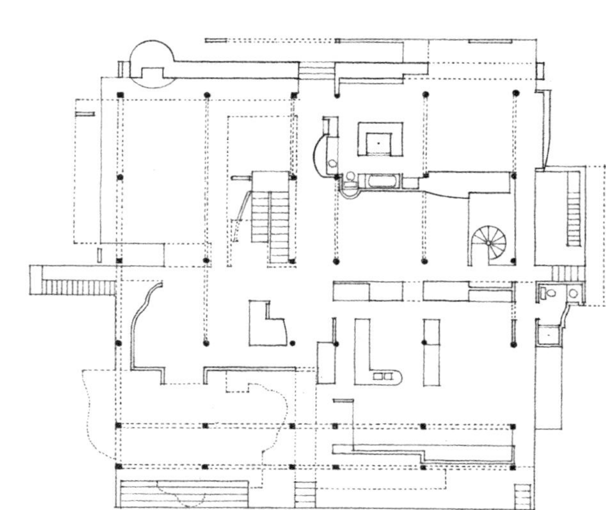

Snyderman House, Fort Wayne, Indiana, 1972, Michael Graves
施奈德曼住宅，韦恩堡，印第安纳州，1972，米歇尔•格雷夫斯

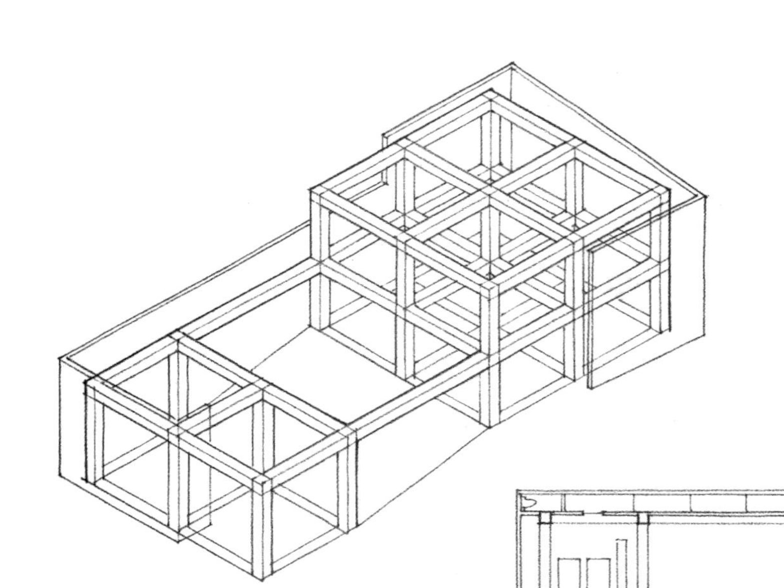

Manabe Residence, Tezukayama, Osaka, Japan, 1976–1977, Tadao Ando
真锅住宅，帝冢山，大阪，日本，1976—1977，安滕忠雄

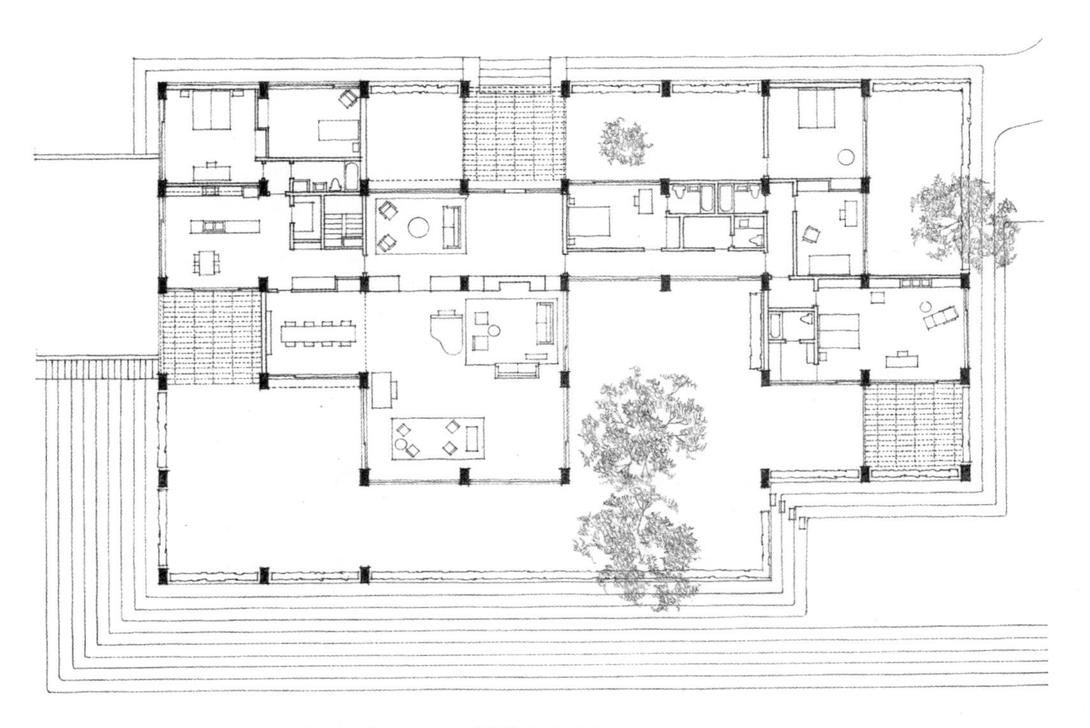

Eric Boissonas House I, New Canaan, Connecticut, 1956, Philip Johnson

埃里克·布瓦索纳斯一号住宅，新坎南，康涅狄格州，1956，菲利浦·约翰逊

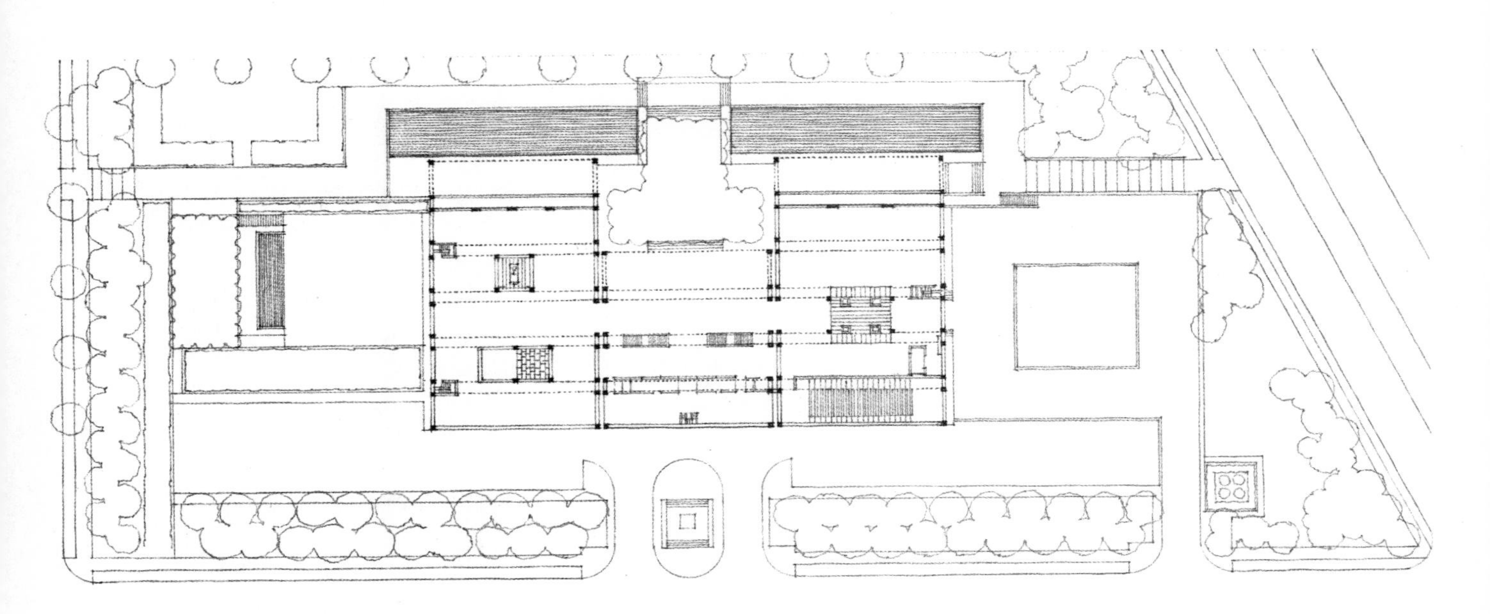

Kimball Art Museum, Forth Worth, Texas, 1967–1972, Louis Kahn

金贝尔艺术博物馆，沃思堡，得克萨斯州，1967—1972，路易·康

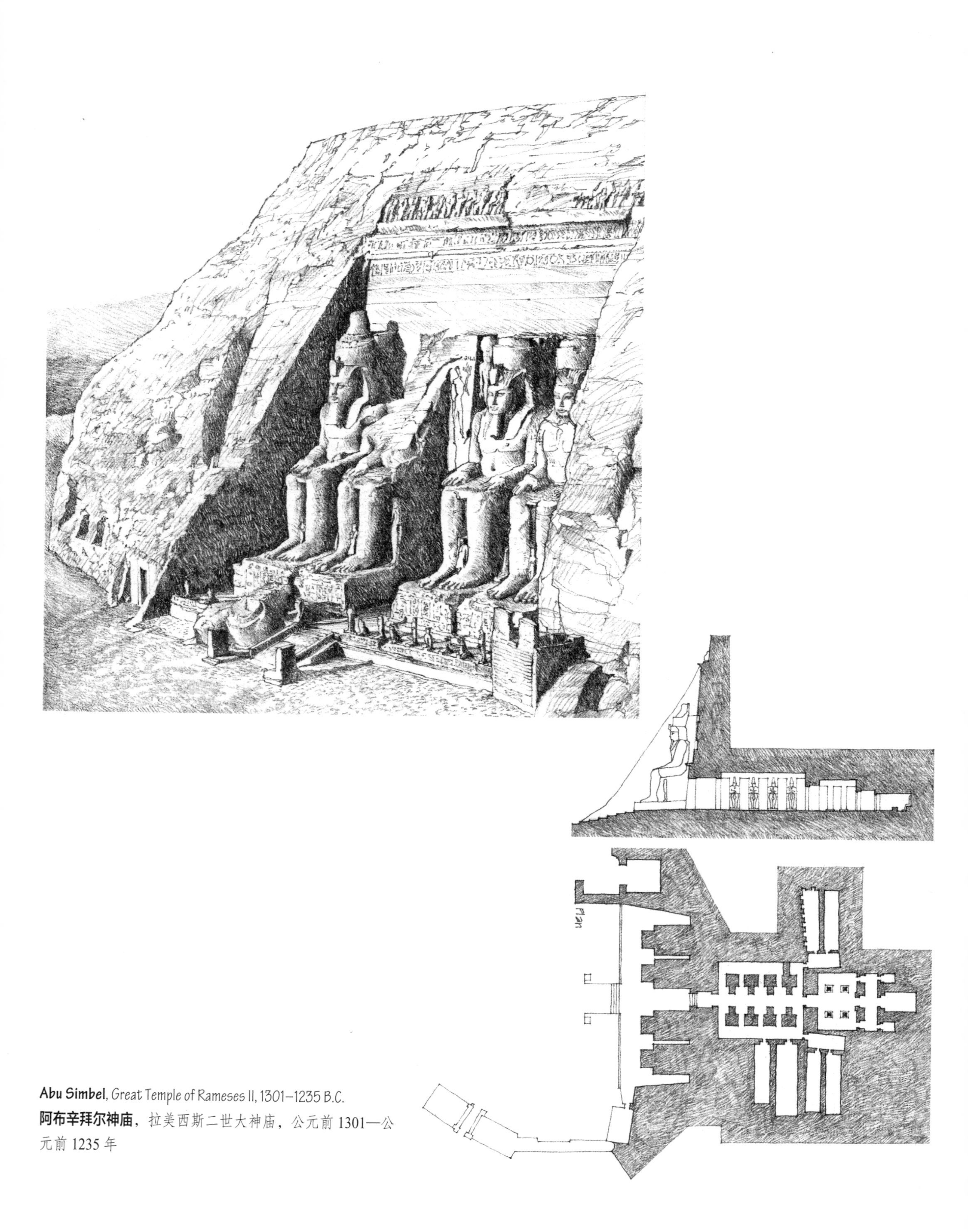

Abu Simbel, *Great Temple of Rameses II, 1301–1235 B.C.*
阿布辛拜尔神庙，拉美西斯二世大神庙，公元前 1301—公元前 1235 年

5 交通
Circulation

“……我们已经注意到，人体是我们最基本的三维财富，然而在理解建筑形式方面，人体本身并不是中心焦点；建筑，在某种意义上被认为是一种艺术，在设计阶段，建筑就已经被赋予了抽象视觉艺术的特征，而不是作为一门以人体为中心的艺术……我们相信，三维空间所产生的最为本质、最令人难忘的感觉，源自人的体验，并且这种感觉将构成我们在体验建筑过程中理解空间情感的基础。

……人类的世界与我们的居住场所构成的世界，二者之间的相互作用总是不断变化的。我们制造的场所是我们曾经历过的感受的表达，即使这些感受来自我们已经建成的场所。在这一过程中，无论是自觉的还是无意识的，我们的身体以及我们的动作都在与建筑物进行着不停的对话。”

查尔斯•摩尔（Charles Moore）和罗伯特•雅代尔（Robert Yudell）
《人体、记忆与建筑》（*Body, Memory, and Architecture*）
1977

运动的轨迹，可以看做是把建筑空间或室内及室外空间系列连接在一起的感性纽带。

因为我们运动于**时间**

之中，穿越**空间**

序列，

所以我们体验一个空间，与我们所处的位置及我们想去的地方有关。本章呈现的是建筑交通系统的主要构成方式，并把它们看成是一些积极的要素，影响着我们对建筑形式和空间的感知。

Skylighted Concourse, **Olivetti Headquarters** (Project), Milton Keynes, England, 1971, James Stirling & Michael Wilford

开天窗的大厅，**奥里维蒂总部**（方案），弥尔顿•凯恩斯，英国，1971，詹姆斯•斯特林及米歇尔•威尔福德

Approach
通向建筑物的路径
• 远景

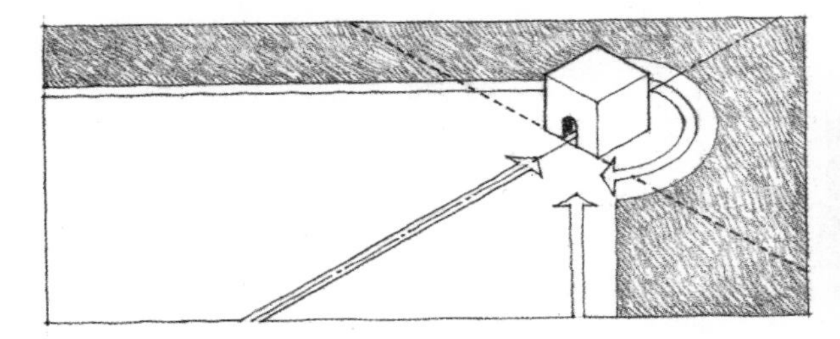

Entrance
建筑物的入口
• 从外到内

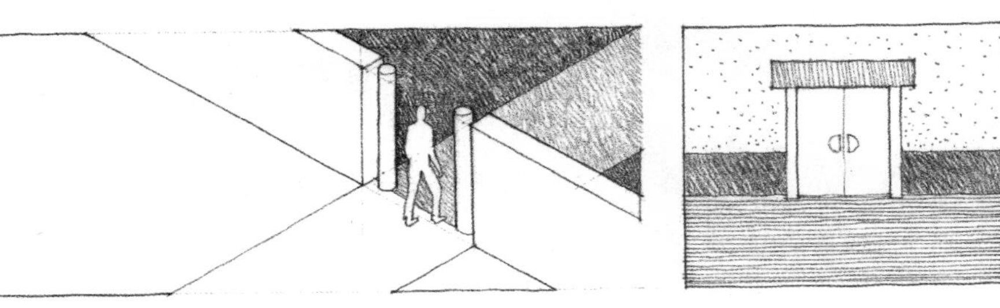

Configuration of the Path
道路的布局
• 空间序列

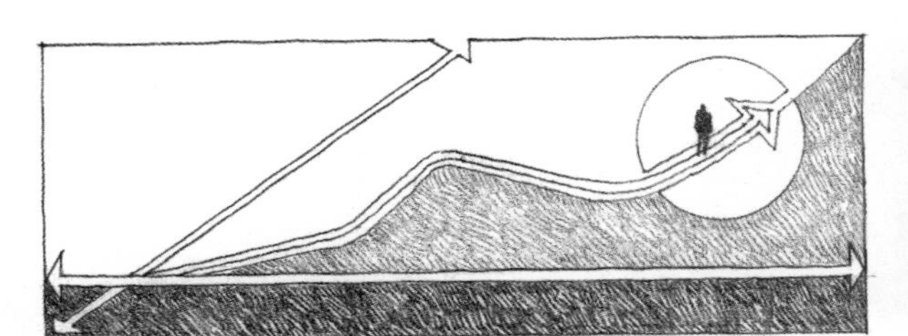
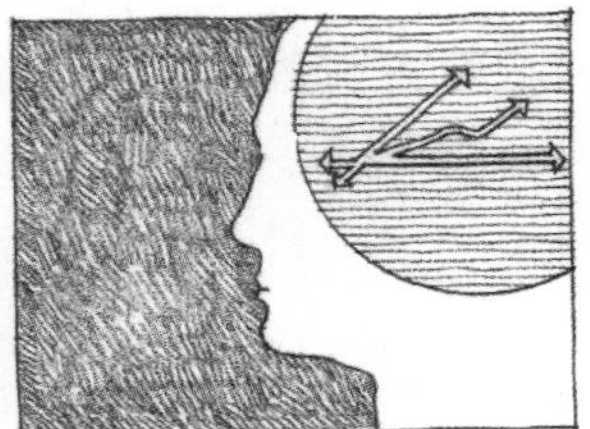

Path-Space Relationships
道路与空间的关系
• 边缘、结点以及道路的终端

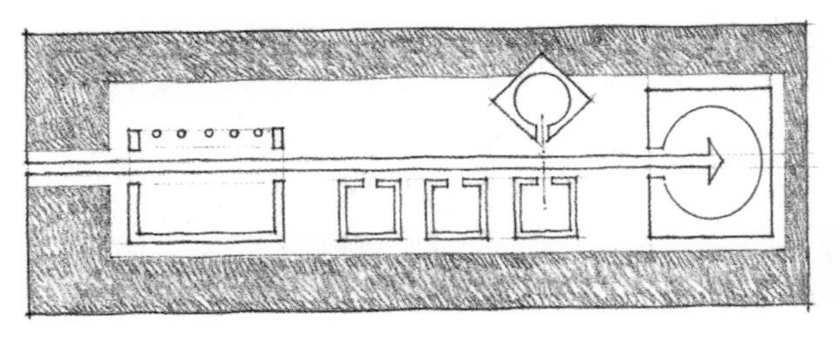

Form of the Circulation Space
交通空间的形式
• 走廊、大厅、廊道、楼梯和房间

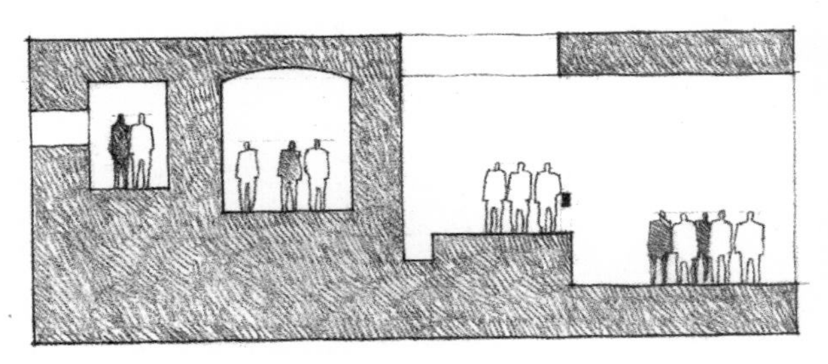

Approach to **Notre Dame Du Haut**, Ronchamp, France, 1950–1955, Le Corbusier
通向**朗香教堂的路径**，朗香，法国，1950—1955，勒·柯布西埃

在真正进入一个建筑内部之前，我们沿着一条通道走向建筑物的入口。这是交通系统的第一段，在这一阶段，我们已经做好准备来观看、体验并使用建筑中的空间。

通向一栋建筑物及其入口的路径，从压缩空间中的几步路到漫长而曲折的路线，其过程可长可短。路径可以垂直于建筑物的主要立面，也可以与其呈一定角度。路径的特点，可以与其终点所面临的状况形成对比，或者可以把路径的特点继续延伸到建筑物的室内空间序列，从而使建筑物的内外空间没有明显的区别。

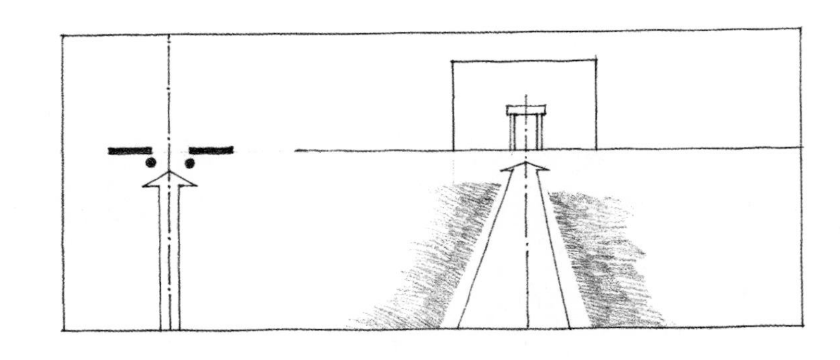

Frontal

正面式

正面式路径沿着笔直的轴向道路，直接导向建筑物的入口。路径尽端的视觉目标是非常清楚的。它可能是建筑物的整个正立面，或者是立面上精心设计的入口。

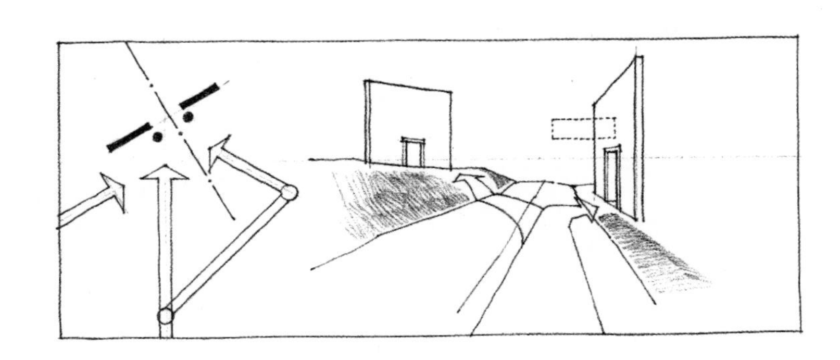

Oblique

倾斜式

斜向的路径增强了建筑物正立面与形体的透视效果。道路可以一次或数次改变方向，以延缓并加长路径的序列。如果以一个极大的角度接近建筑物，建筑物的入口可以突出于正立面，以便一目了然。

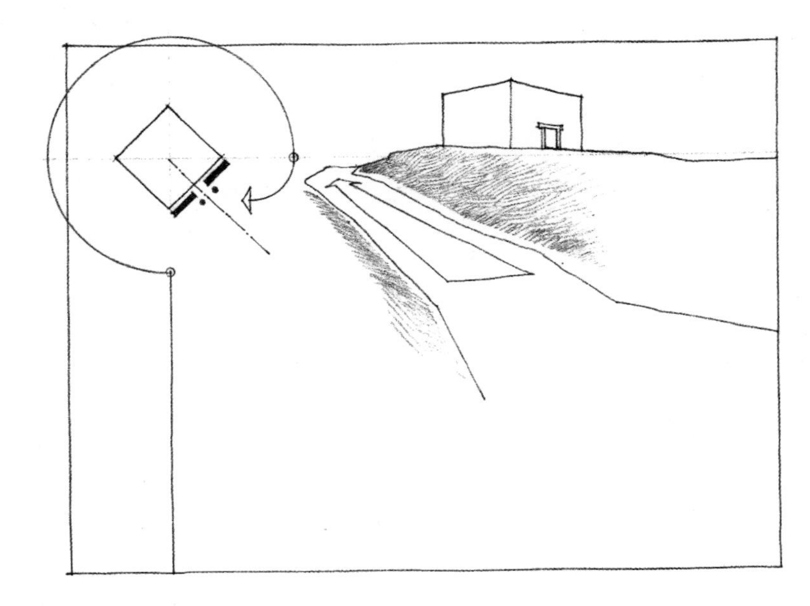

Spiral

螺旋式

螺旋式道路延长了路径的序列，并且随着我们沿建筑物周边的运动，建筑物的三维形体得到加强。建筑物的入口可能会在行进过程中时隐时现，以表明其位置，也可以在最后到达时才突然出现。

Villa Barbaro, Maser, Italy, 1560–1568, Andrea Palladio

巴巴罗别墅，马泽尔，意大利，1560—1568，安德烈·帕拉迪奥

从传统意义上讲，入口和门道具有引导我们到达另一侧道路并欢迎人们进入的含义。

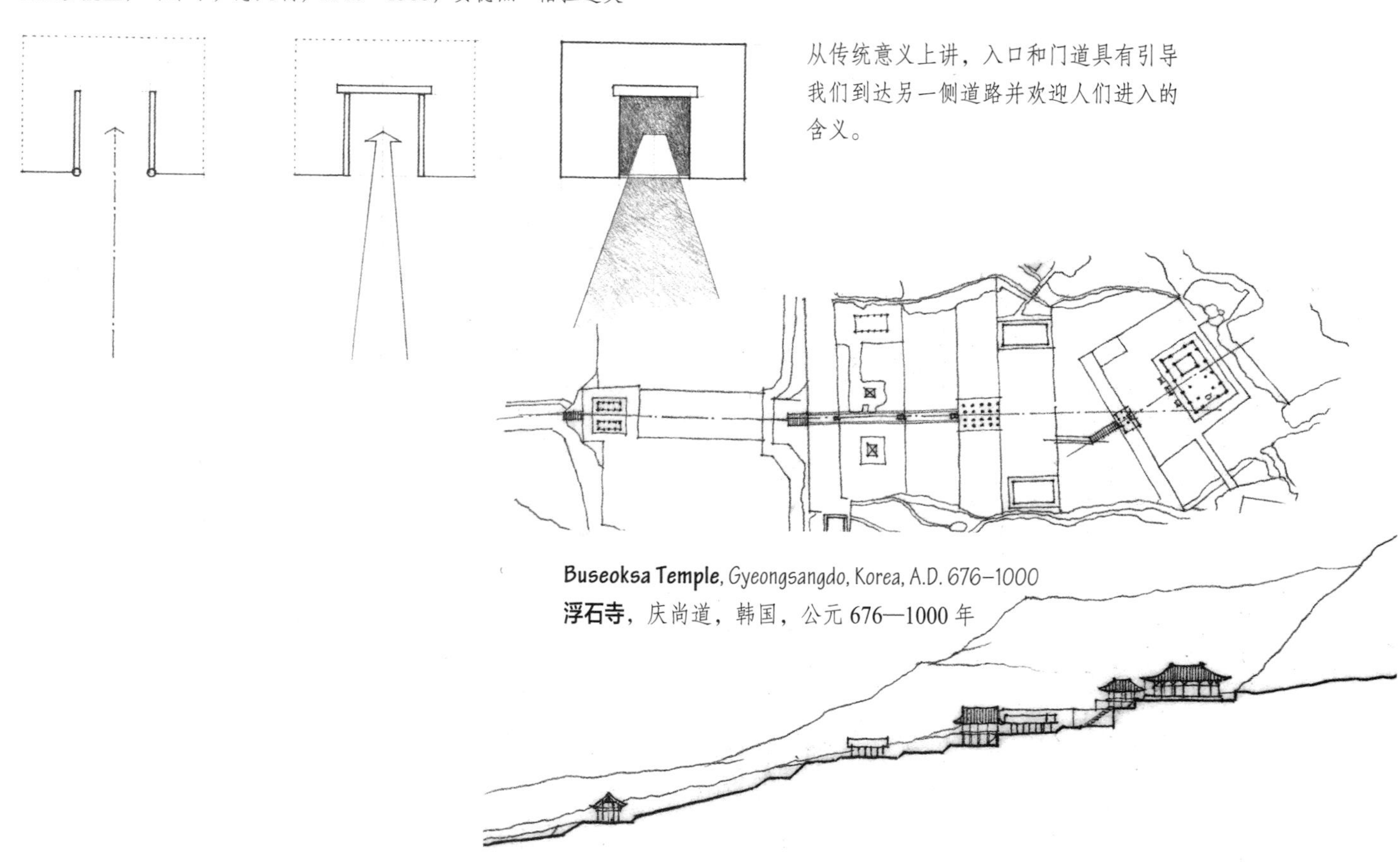

Buseoksa Temple, Gyeongsangdo, Korea, A.D. 676–1000

浮石寺，庆尚道，韩国，公元 676—1000 年

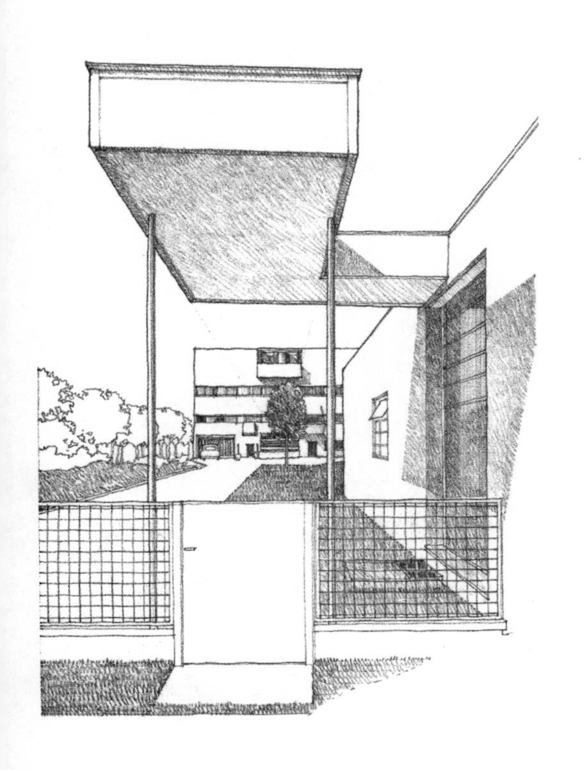

Villa *Garches*, Vaucresson, France, 1926–1927, Le Corbusier
加歇别墅，沃克雷松，法国，1926—1927，勒·柯布西埃

Qian Men, Link between the Forbidden City to the north and the Outer City to the south in Beijing, China, 15th century
前门，北连紫禁城南接外城，北京，中国，15 世纪

Catholic Church, Taos, New Mexico, 17th century
天主教堂，陶斯，新墨西哥州，17 世纪

Glass House, New Canaan, Connecticut, 1949, Philip Johnson
玻璃住宅，新坎南，康涅狄格州，1949，菲利浦·约翰逊

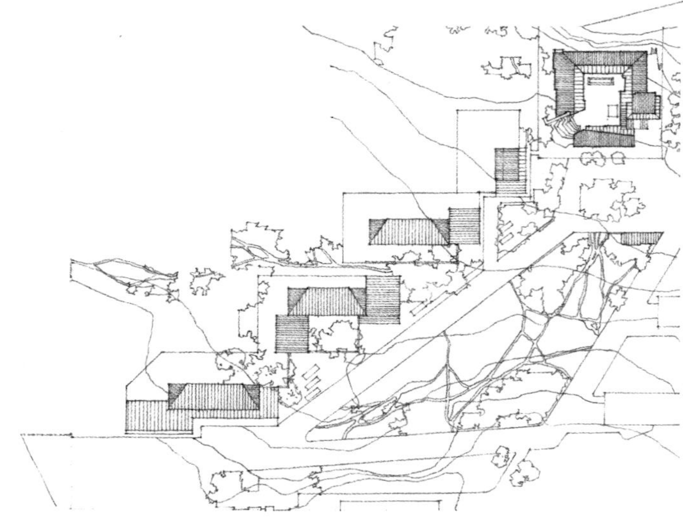

Site Plan, **Town Hall at Säynätsalo**, Finland, 1950–1952, Alvar Aalto
总平面，**赛纳特萨罗市政厅**，芬兰，1950—1952，阿尔瓦·阿尔托

Ramp into and through the **Carpenter Center for the Visual Arts**, Harvard University, Cambridge, Massachusetts, 1961–1964, Le Corbusier
引入并通过**卡彭特视觉艺术中心**的坡道，哈佛大学，剑桥，马萨诸塞州，1961—1964，勒·柯布西埃

卡米洛·西特（Camillo Sitte）绘制的，教堂占主导地位的城市空间，表明通向建筑物基地的路径，非对称且风景如画。从广场的各个位置，只能看到教堂的局部。

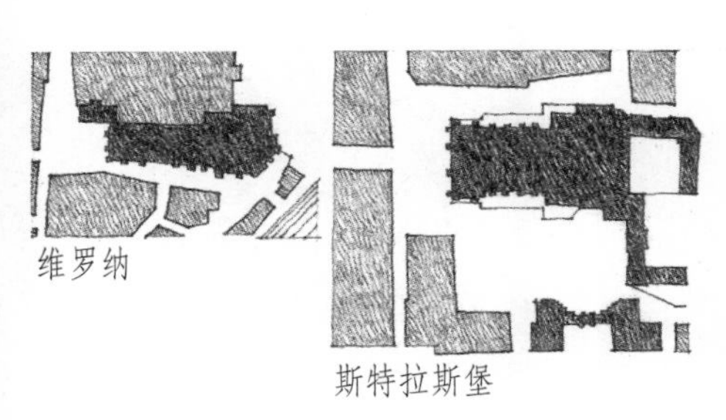

维罗纳

斯特拉斯堡

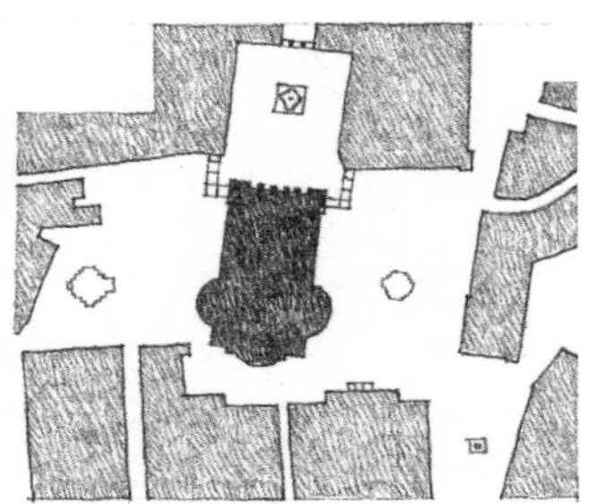

萨尔茨堡

摩德纳

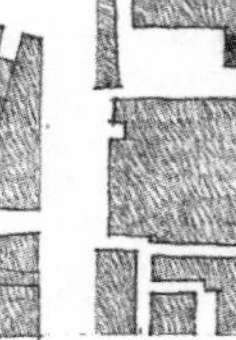

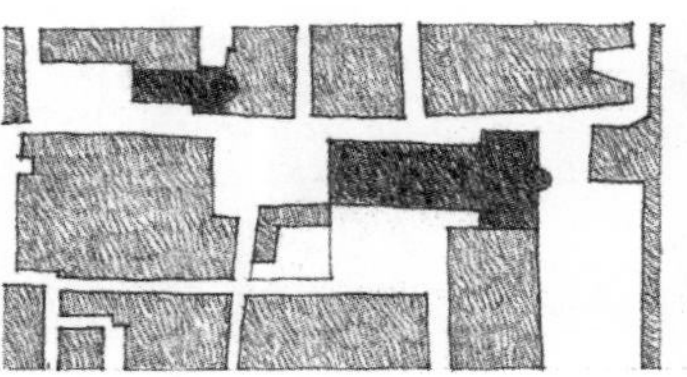

卢卡

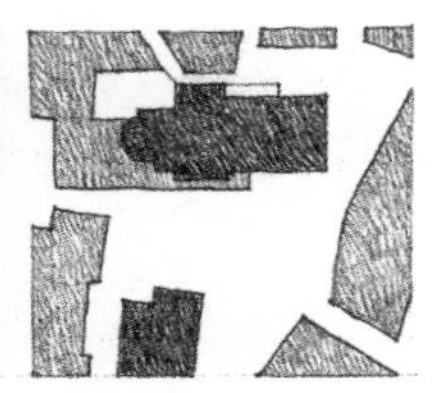

佩鲁贾

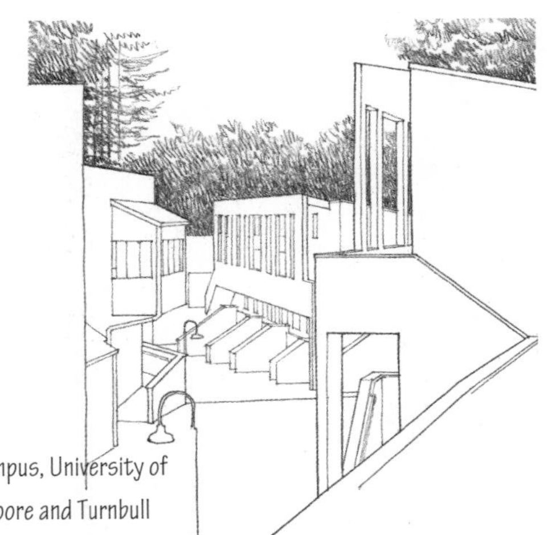

Kresge College, Santa Cruz Campus, University of California, 1972–1974, MLTW/Moore and Turnbull

克雷斯吉学院，圣克鲁兹校园，加利福尼亚大学，1972—1974，MLTW/ 摩尔与特恩布尔

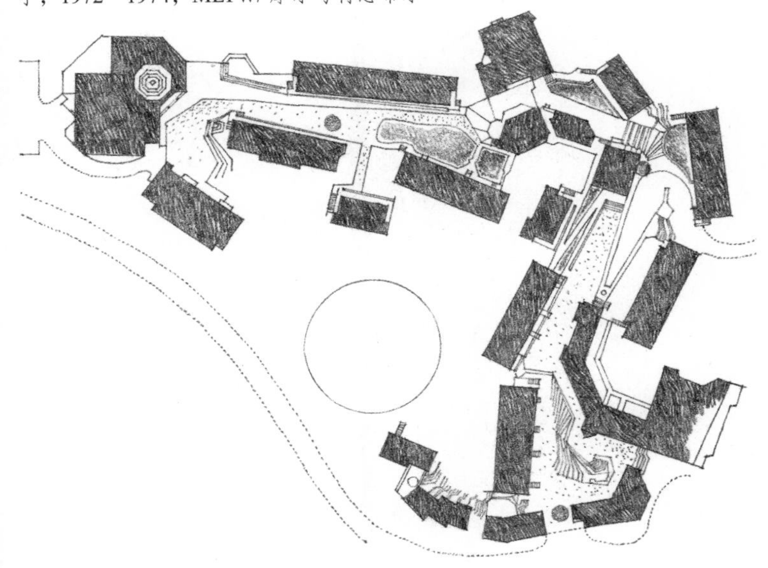

Street in Siena, Italy

锡耶纳的街道，意大利

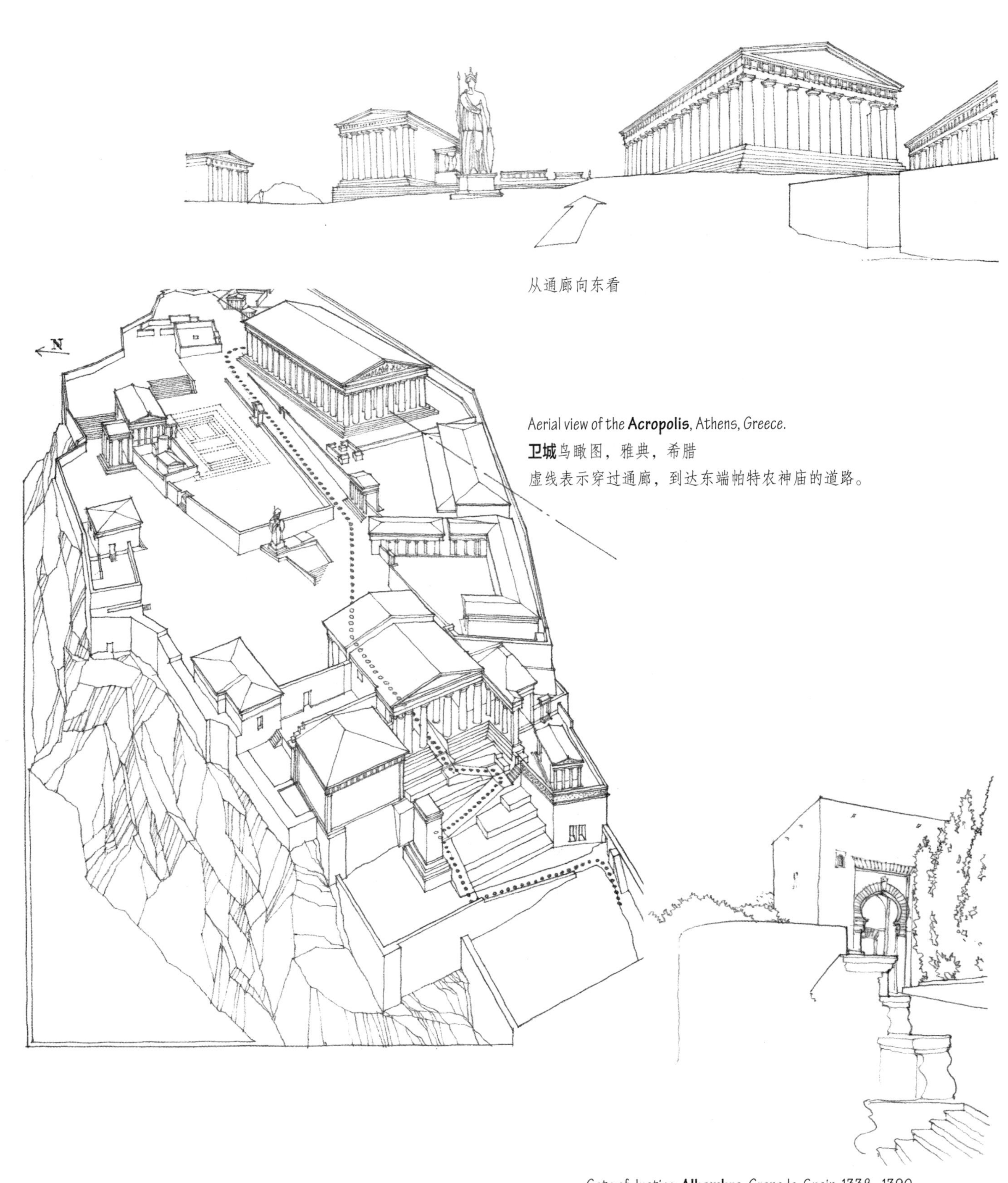

从通廊向东看

Aerial view of the **Acropolis**, Athens, Greece.
卫城鸟瞰图，雅典，希腊
虚线表示穿过通廊，到达东端帕特农神庙的道路。

Gate of Justice, **Alhambra**, Granada, Spain, 1338–1390
正义之门，**阿尔罕布拉宫**，格拉纳达，西班牙，1338—1390

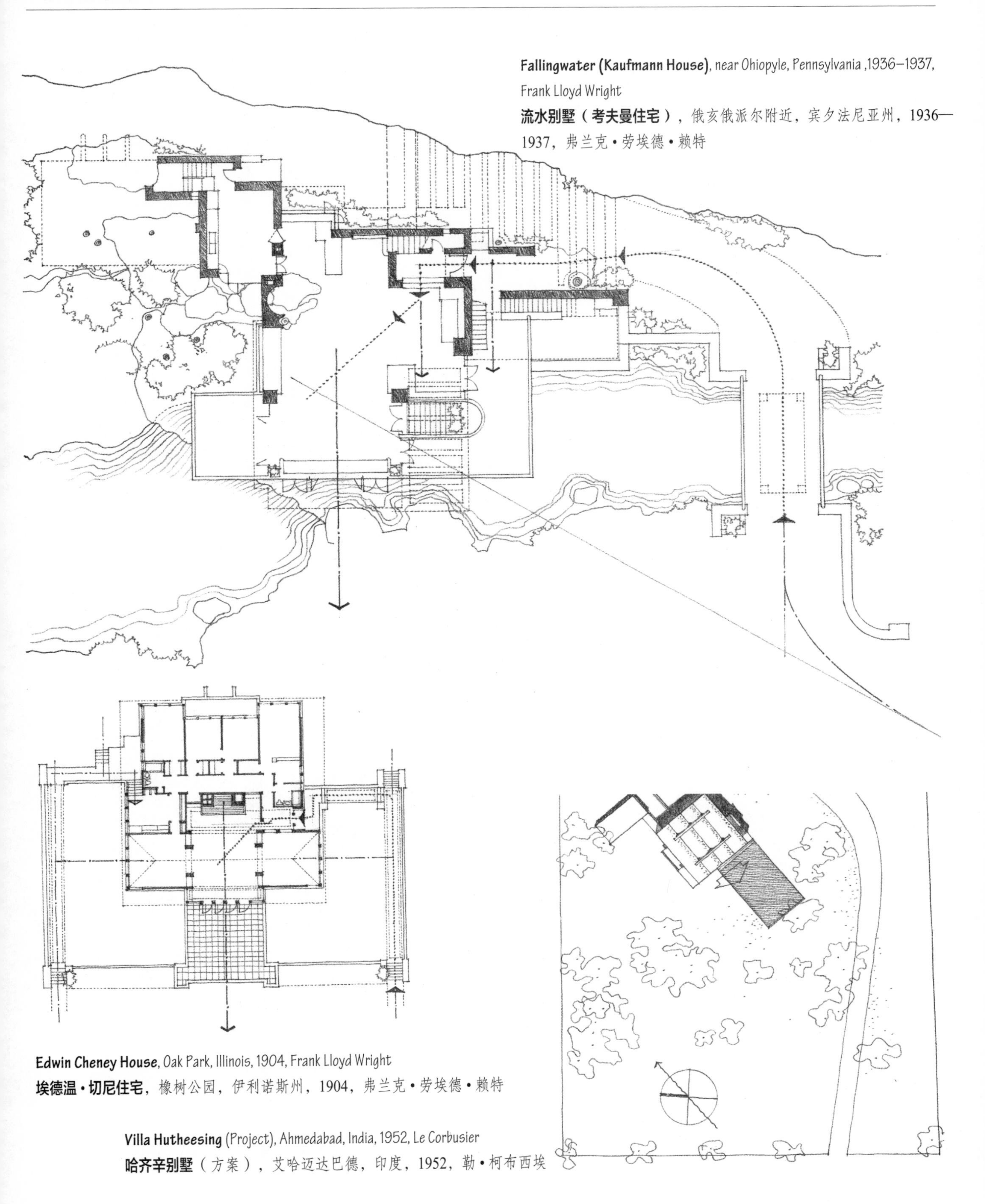

Fallingwater (Kaufmann House), near Ohiopyle, Pennsylvania ,1936–1937, Frank Lloyd Wright
流水别墅（考夫曼住宅），俄亥俄派尔附近，宾夕法尼亚州，1936—1937，弗兰克·劳埃德·赖特

Edwin Cheney House, Oak Park, Illinois, 1904, Frank Lloyd Wright
埃德温·切尼住宅，橡树公园，伊利诺斯州，1904，弗兰克·劳埃德·赖特

Villa Hutheesing (Project), Ahmedabad, India, 1952, Le Corbusier
哈齐辛别墅（方案），艾哈迈达巴德，印度，1952，勒·柯布西埃

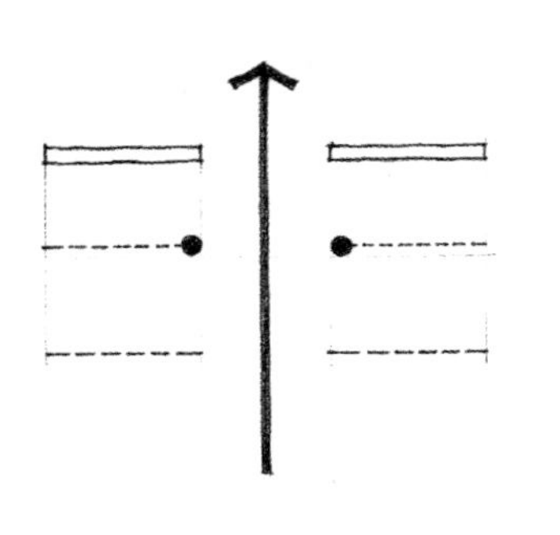
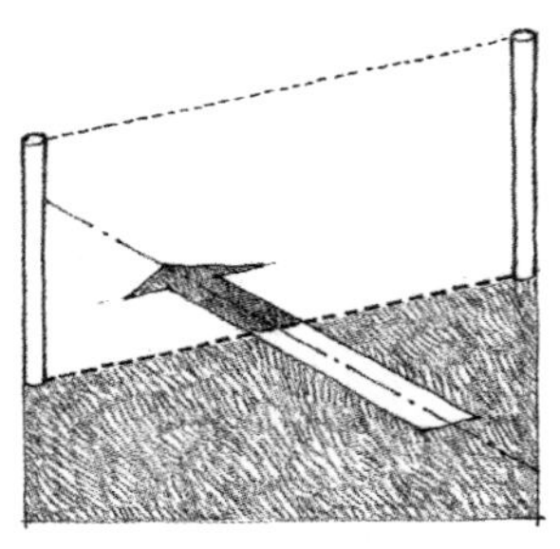
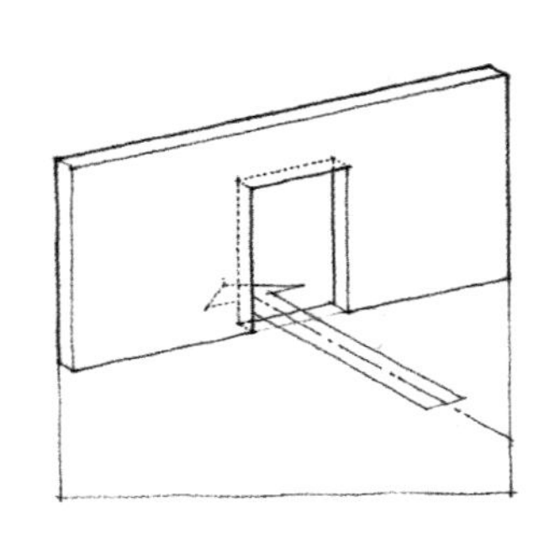

进入一栋建筑、建筑物中的一个房间，或者进入外部空间中某一限定的区域，都牵涉到穿越一个垂直面的行动。这个垂直面将空间彼此区分开来，分出“此处”和“彼处”。

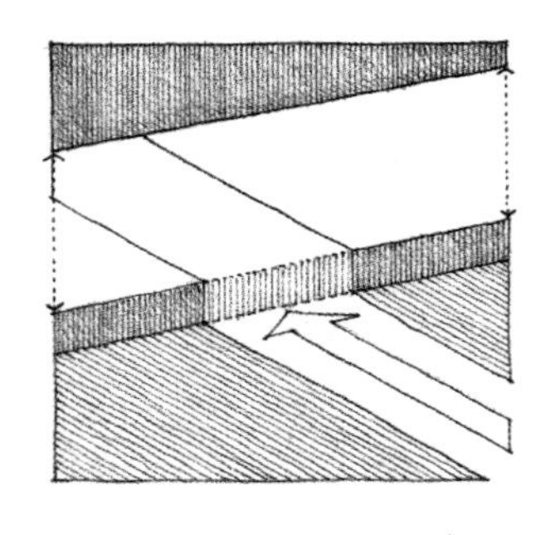
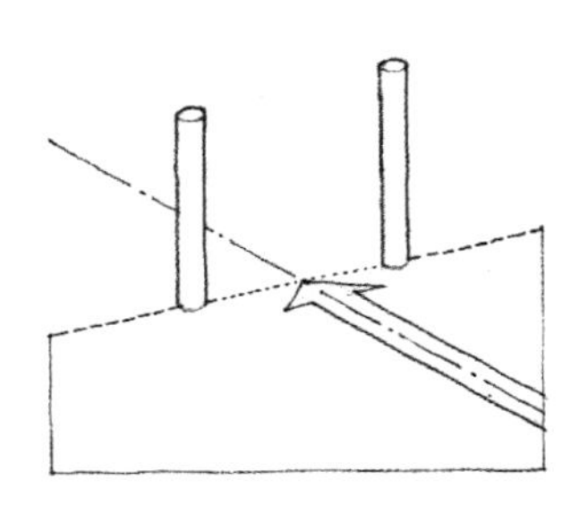
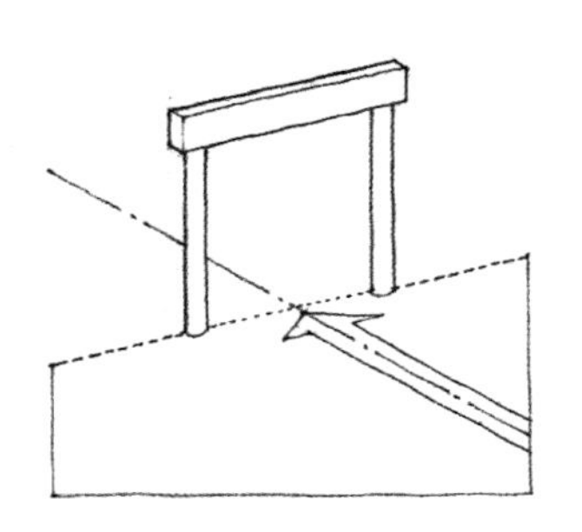

可以采用比墙上打洞更巧妙的方式来表明进入这一动作。它可以是一条通道，穿过由两根柱子或者一道顶梁所暗示的面。在某些情况下，特别需要保持两空间之间的视觉与空间连续性，这时，即使是高程的变化也能形成一道门槛，并标识出从一个场所到另一个场所的过渡。

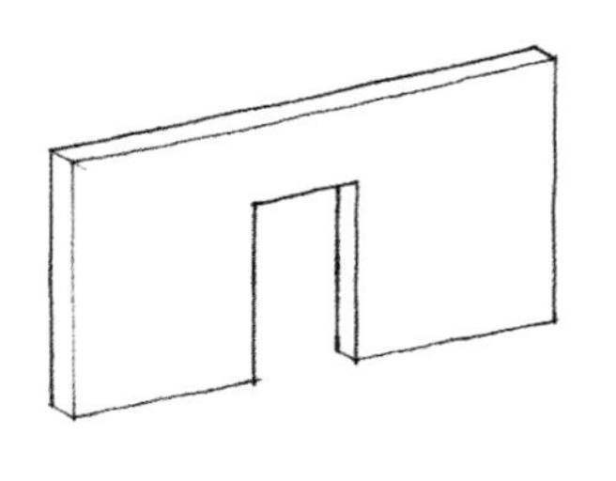
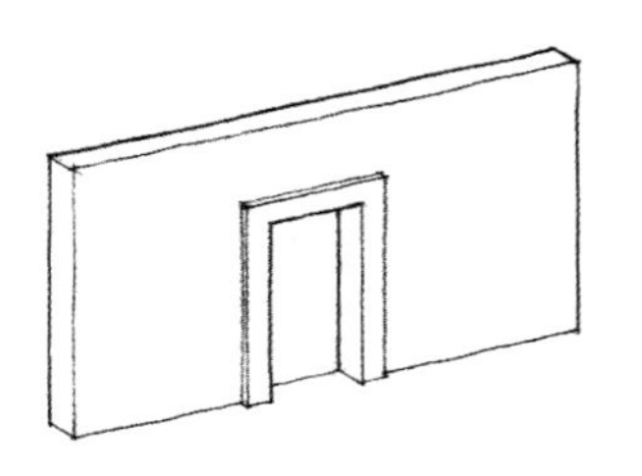
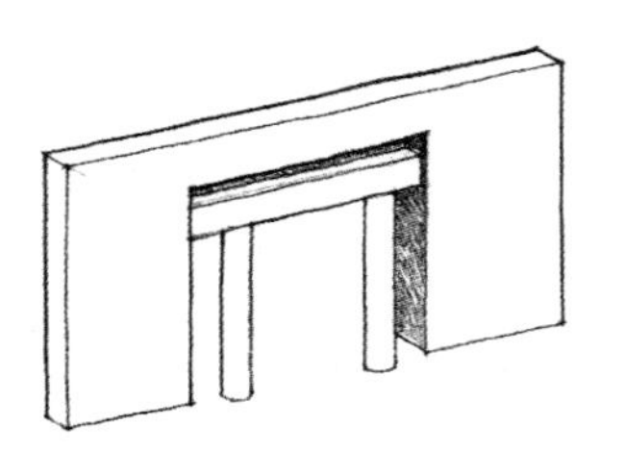

一般情况下，是用墙壁来限定并围合一个空间或多个空间，因此墙面上的开洞便提供了入口。然而，洞口可以采用各种方式，从墙面上的一个简单开洞直至精心设计、表达清晰的门道。

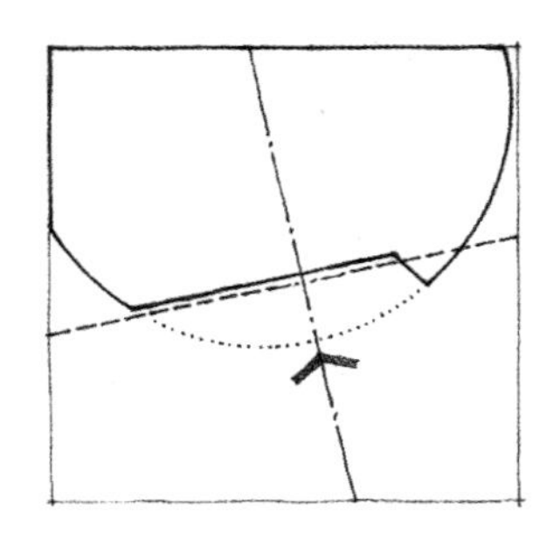
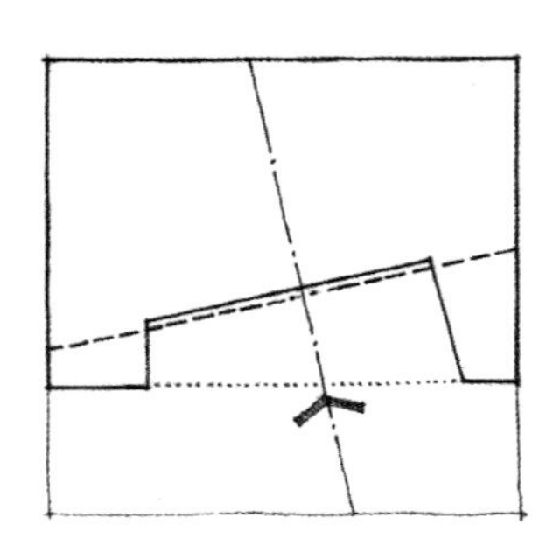
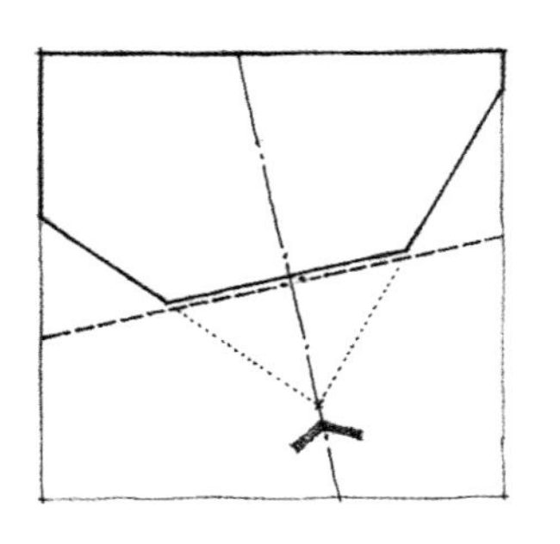

无论进入的空间形式如何，或者其围合物的形式如何，进入空间的入口，其最好的表现方式是设置一道垂直于通道路径的垂直面，此面可以是实际存在的，也可以是暗示的。

入口可以从形式上分组，归为以下几类：平式、凸式和凹式。平式入口保持着墙面的连续性，如果需要，还可以将入口特意设计得不那么显眼。凸式入口形成一个过渡空间，表明其功能有别于路径，同时提供了头顶上的遮挡。凹式入口同样提供了遮挡,并将一部分室外空间引入建筑领域。

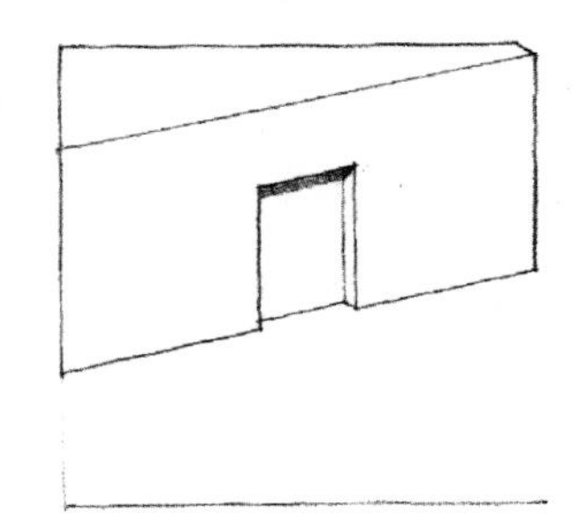

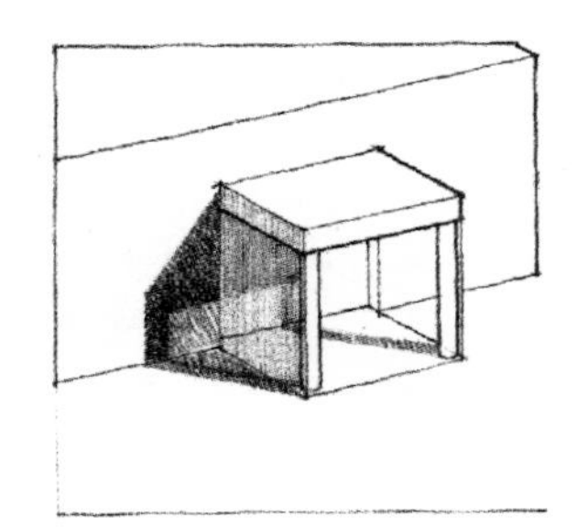

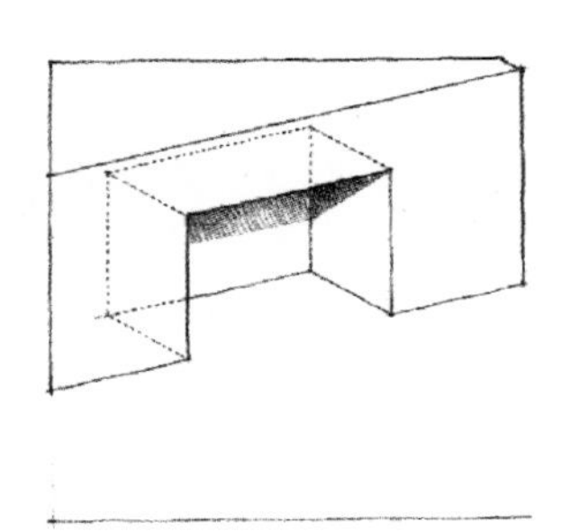

在以上各种方式中，入口的形式可以与已经进入的空间形式相似，发挥着序幕的作用。或者，入口形式可以与空间形式形成对比，以加强入口的边界并强调其作为一个场所的特征。

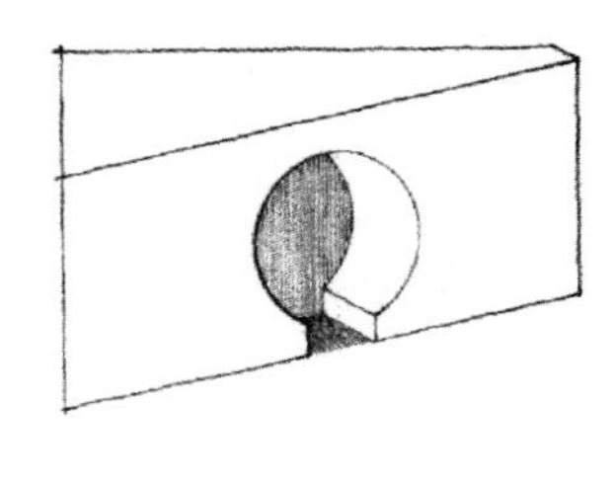

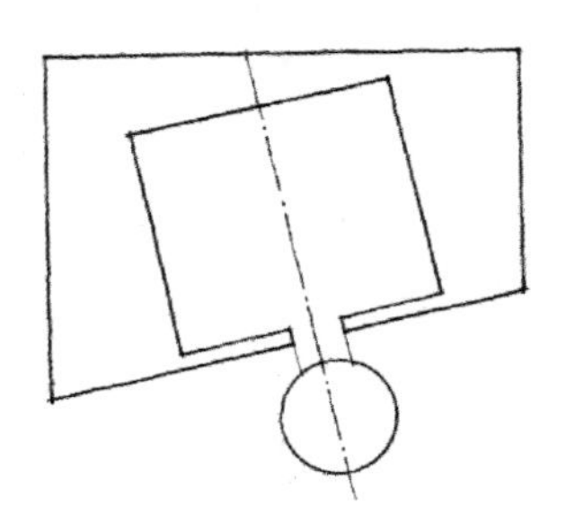

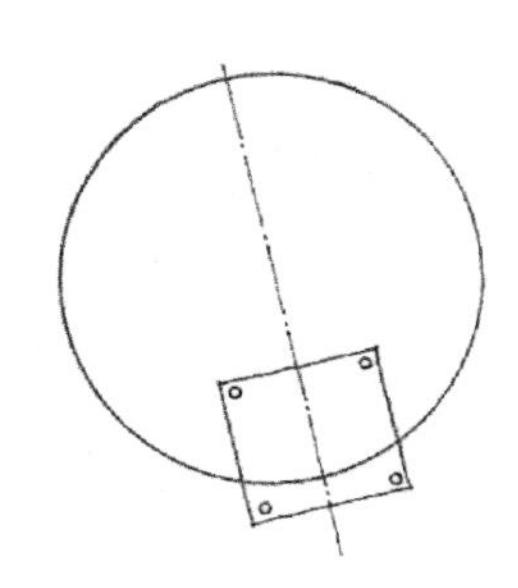

至于位置，入口可以居于建筑物立面的正中，也可以偏离中心而以入口为轴建立自己的对称关系。入口的位置与所进入的空间形式之间的关系，将决定道路的形状以及空间中的行为模式。

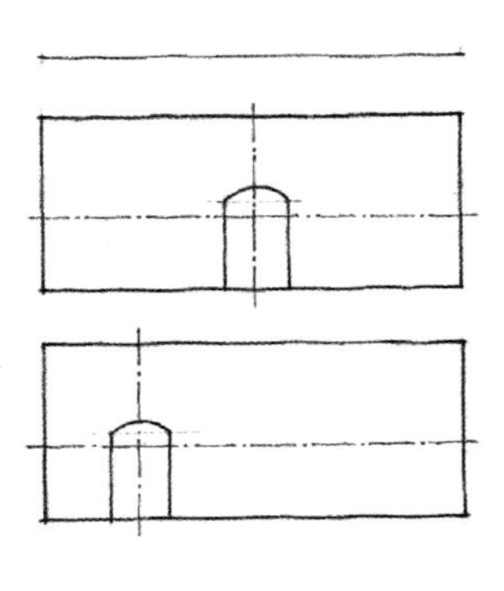

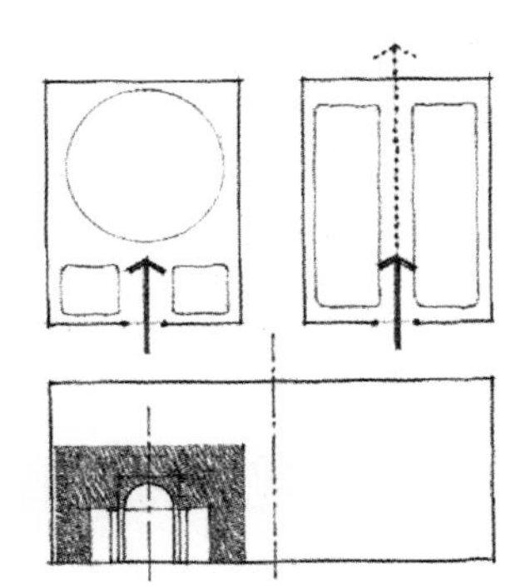

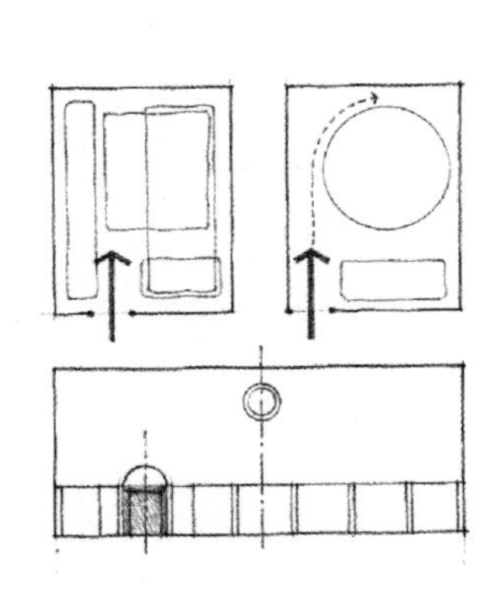

通过下列手法，可以从视觉上加强入口的意义：

- 使之出乎意料的低矮、宽阔或狭窄。
- 使入口深陷或迂回。
- 用图形或装饰来清晰地表达洞口。

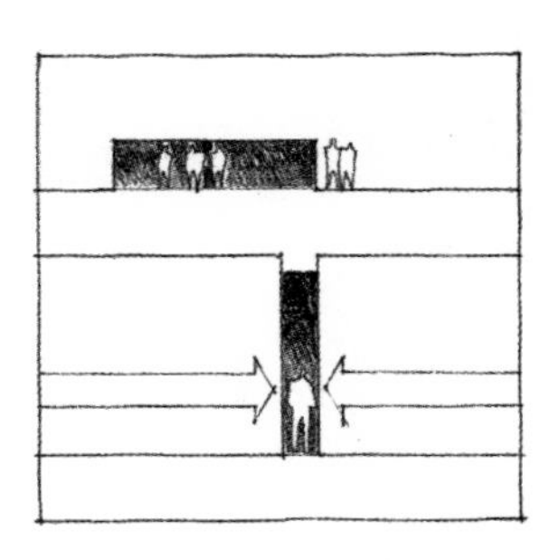

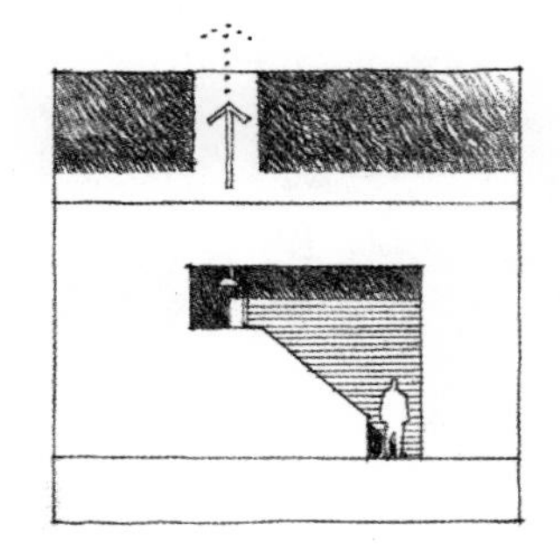

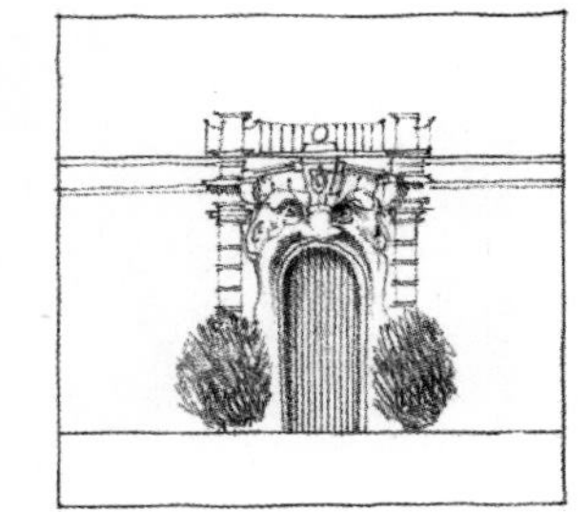

Palazzo Zuccari, Rome, c. 1592, Federico Zuccari

祖卡里府邸，罗马，约公元1592年，费德里科•祖卡里

圣马可广场，威尼斯。由左面的总督府（the Doge's Palace）和右面的圣马可图书馆（Biblioteca Nazionale Marciana）两座建筑框起的海景。从海上进入广场的入口，被两根花岗石柱子标明，即狮像柱（the Lion's Column）和圣西奥多柱（the Column of St. Theodore）。

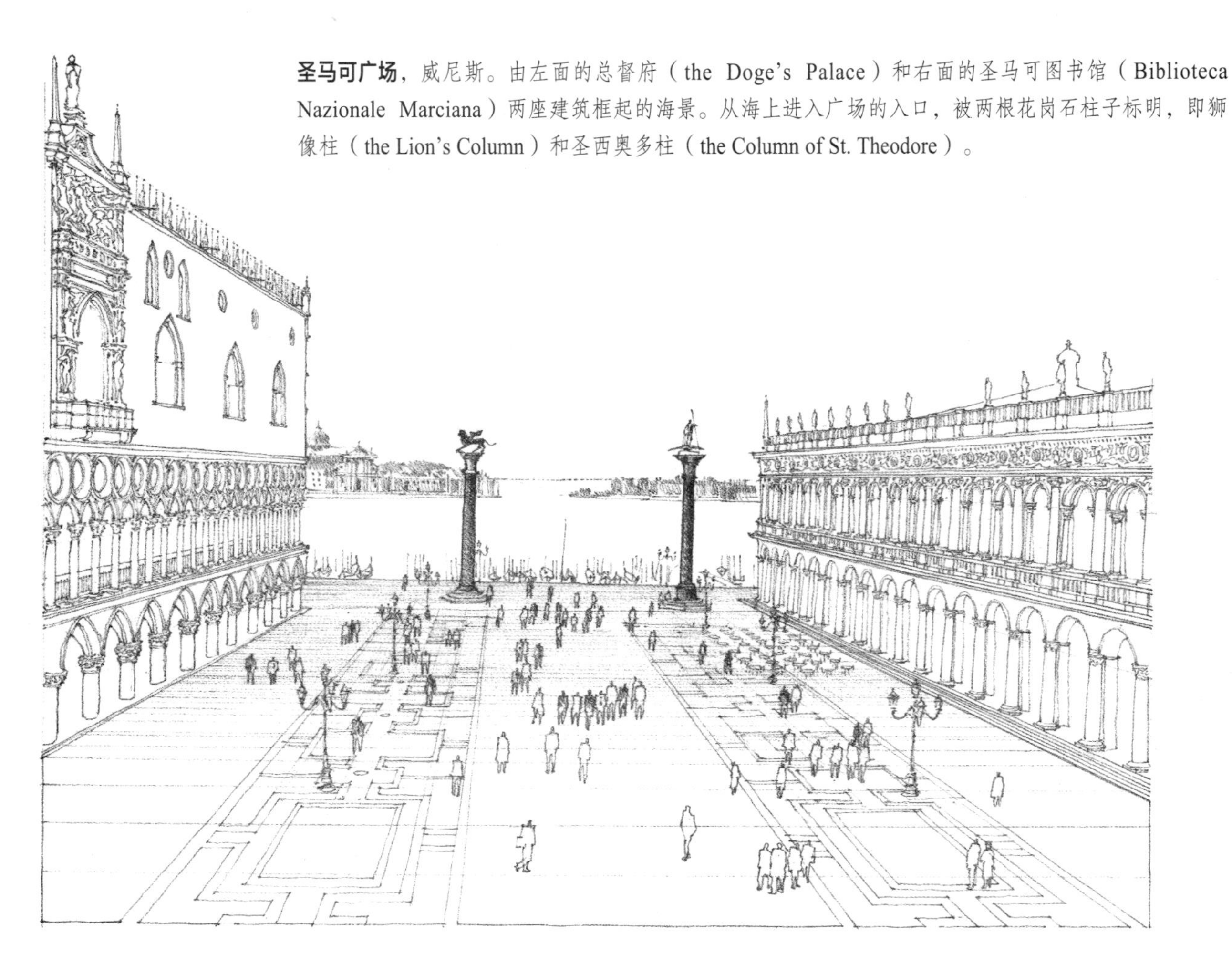

O-torii, first gate to the **Toshogu Shrine**, Nikko, Tochigi Prefecture, Japan, 1636

鸟居，通向**东照宫神社**的第一道门，日光市，枥木县，日本，1636

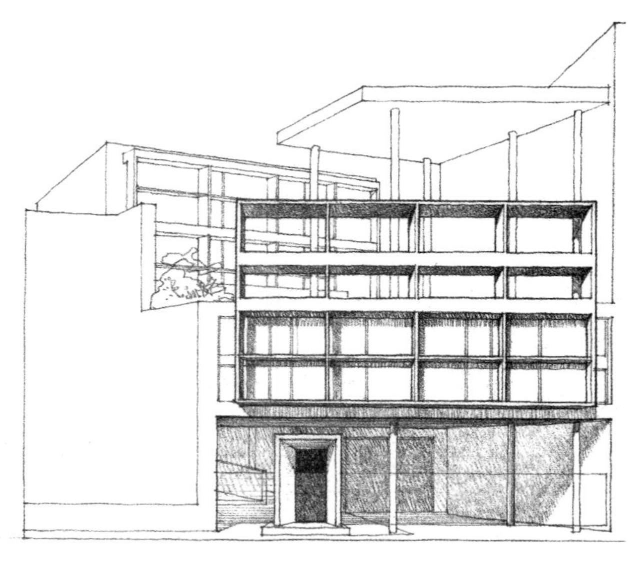

Dr. Currutchet's House, La Plata, Argentina, 1949, Le Corbusier.

库鲁切特博士住宅，拉普拉塔，阿根廷，1949，勒•柯布西埃

在一个大型洞口内的柱廊，标明了为行人而设的入口，洞口中还包含着一个开敞式停车位的空间。

Von Sternberg House, Los Angeles, California, 1936, Richard Neutra.

冯•斯顿伯格住宅，洛杉矶，加利福尼亚州，1936，理查德•纽特拉

一条弯曲的行车道，通向进汽车的大门，而进入这所住宅内部的前门则在这道大门后面的入口庭院里。

St. Giorgio Maggiore, Venice, 1566–1610, Andrea Palladio.

圣乔治修道院，威尼斯，1566—1610，安德烈•帕拉迪奥

正立面由文森佐•斯卡莫齐（Vicenzo Scamozzi）完成。入口立面在两种尺度上发挥作用：一种尺度是将建筑物作为一个整体面对公共空间；另外一种尺度是按照进入教堂的普通人体尺寸而设定的。

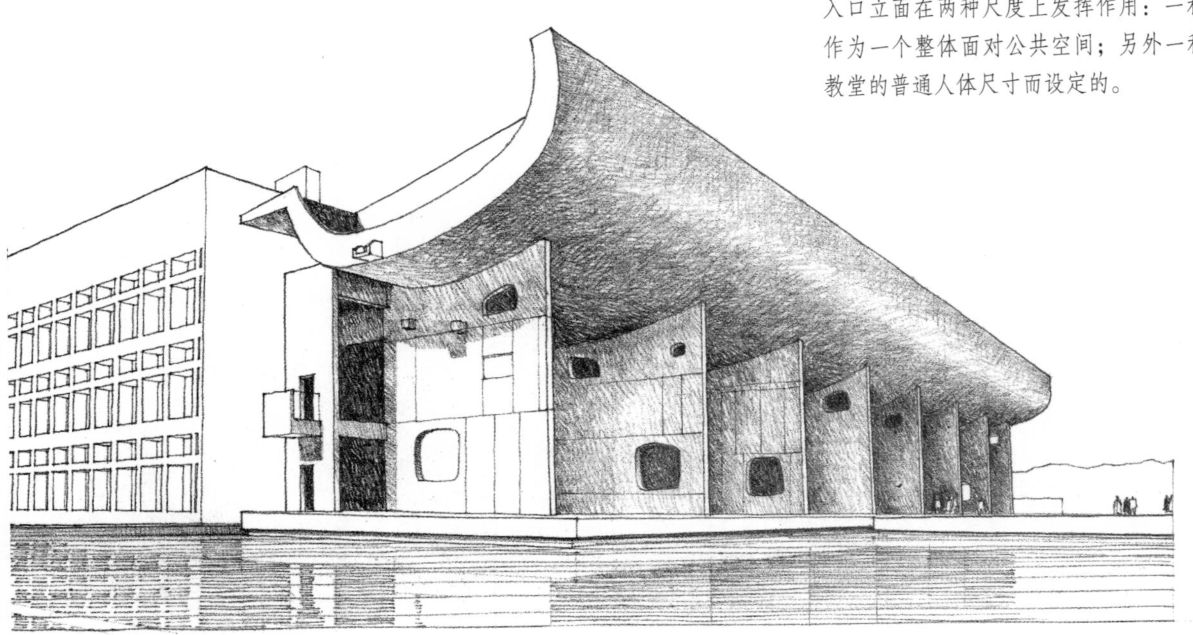

Legislative Assembly Building, Chandigarh, Capitol Complex of Punjab, India, 1956–1959, Le Corbusier.

议会大厦，昌迪加尔，旁遮普省的议会综合楼，印度，1956—1959，勒•柯布西埃

入口柱廊的尺度符合建筑物的公共属性。

Katsura Imperial Villa, Kyoto, Japan, 17th century.

桂离宫，京都，日本，17 世纪

尽管围墙将皇家驿站（the Imperial Carriage Stop）与墙外的月波亭（the Gepparo, Moon-Wave Pavilion）分开，但是门道和踏脚石却将二者联系起来。

Rock of Naqsh-i-Rustam, near Persepolis, Iran, 3rd century A.D.

鲁斯塔姆石刻，波斯波利斯附近，伊朗，公元 3 世纪

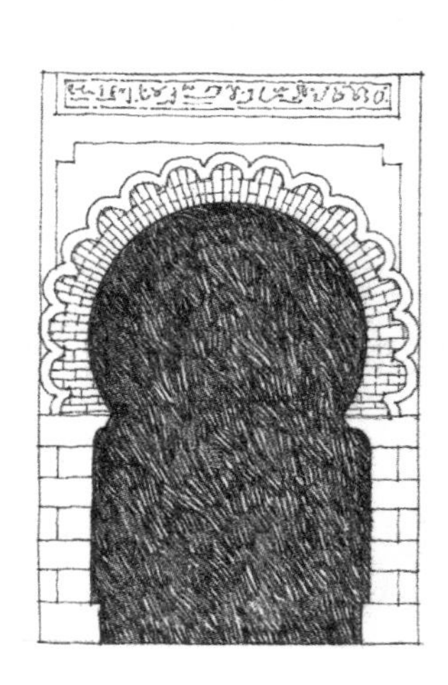

Morris Gift Shop, San Francisco, California, 1948–1949, Frank Lloyd Wright

莫里斯礼品商店，旧金山，加利福尼亚州，1948—1949，弗兰克·劳埃德·赖特

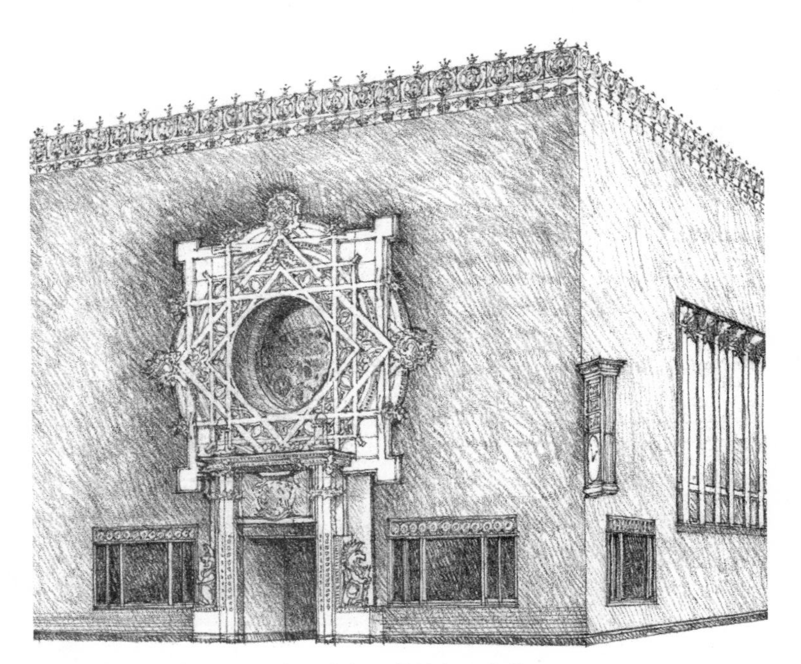

Merchants' National Bank, Grinnell, Iowa, 1914, Louis Sullivan

国家商贸银行，格林内尔，衣阿华州，1914，路易斯·沙利文

垂直面上精心设计的洞口，标明了通向这两座建筑的入口。

法国巴黎新艺术运动时期的门道

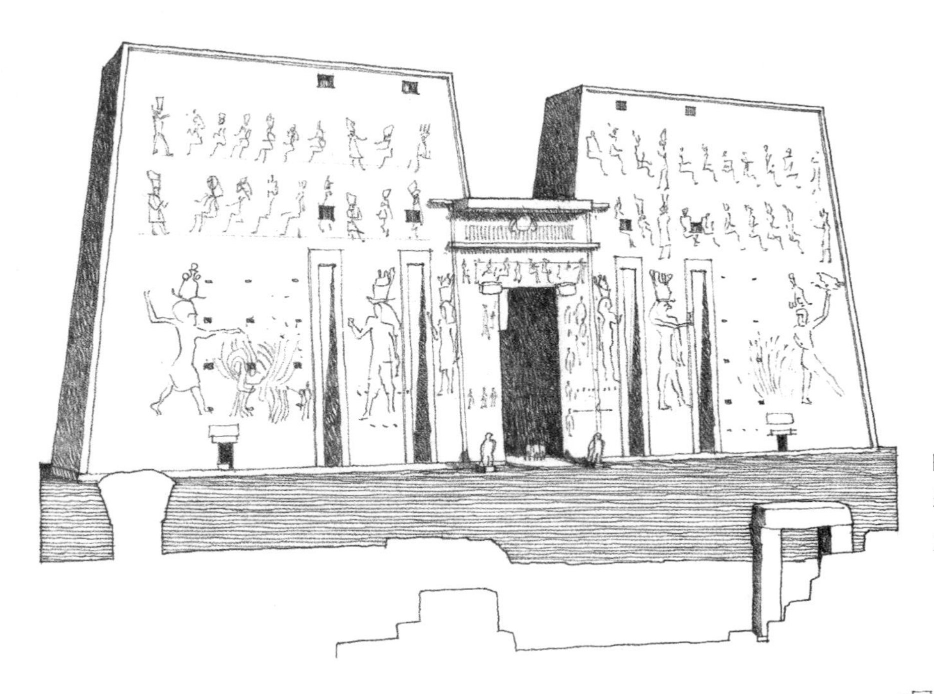

Entrance Pylons, **Temple of Horus at Edfu**, 257–237 B.C.
塔门入口，**埃德福的荷鲁斯神庙**，公元前 257—公元前 237 年

正立面上的竖向裂缝或缺口限定了通向这些建筑的入口。

House for Mrs. Robert Venturi, Chestnut Hill, Pennsylvania, 1962–1964, Venturi and Short
罗伯特·文丘里夫人住宅，栗山，宾夕法尼亚州，1962—1964，文丘里和肖特

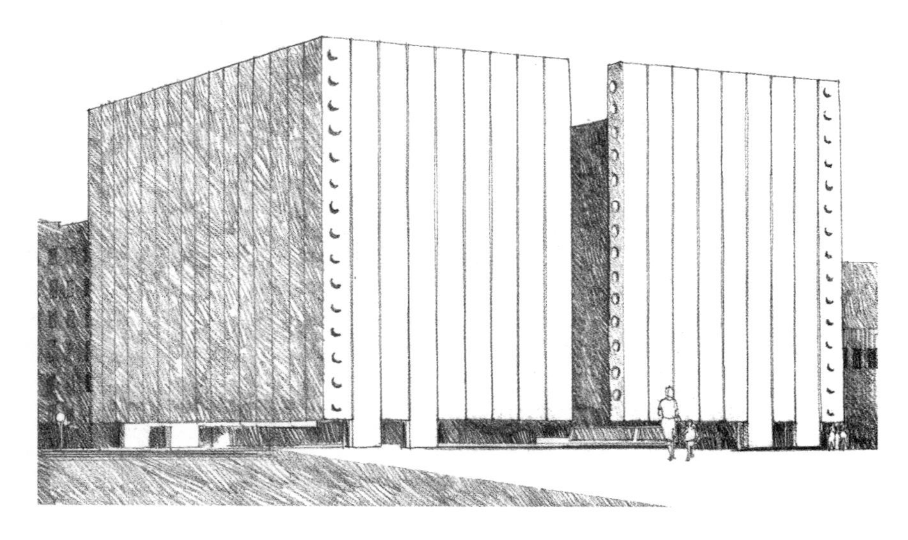

John F. Kennedy Memorial, Dallas, Texas, 1970, Philip Johnson
约翰·菲茨杰拉德·肯尼迪纪念馆，达拉斯，得克萨斯州，1970，菲利浦·约翰逊

Entrance to the **Administration Building**, **Johnson Wax Co.**, Racine, Wisconsin, 1936–1939, Frank Lloyd Wright
通向办公楼的入口，**约翰逊制蜡公司**，拉辛，威斯康星州，1936—1939，弗兰克·劳埃德·赖特

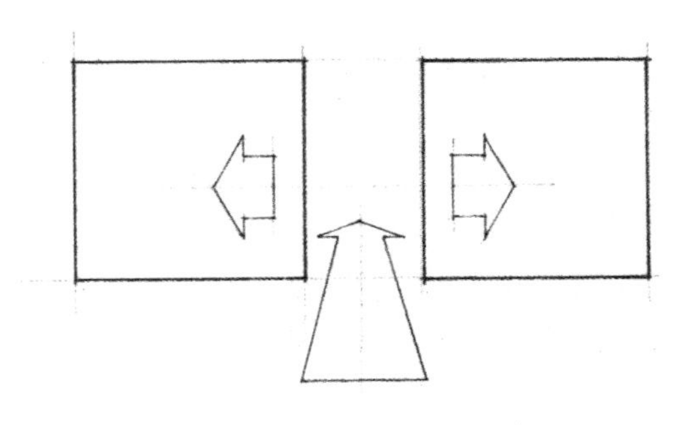

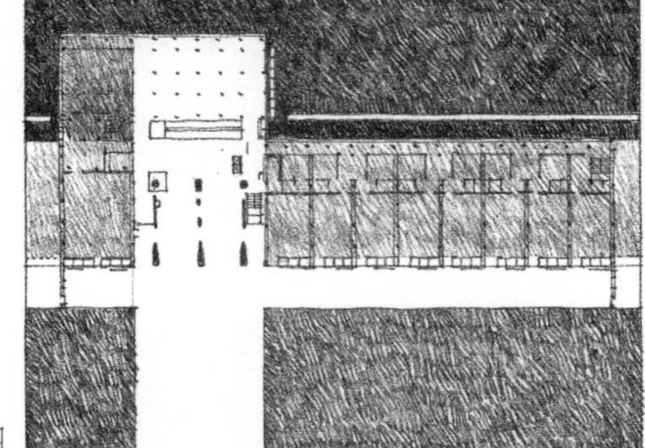

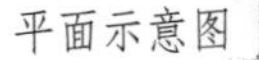

平面示意图

High Court, **Chandigarh**, Capitol Complex of Punjab, India, 1956, Le Corbusier
高等法院，**昌迪加尔**，旁遮普省的议会综合楼，印度，1956，勒·柯布西埃

北立面图

The Pantheon, Rome, A.D. 120–124.

万神庙，罗马，公元 120—124 年

入口门廊是以一座公元前 25 年建造的早期神庙为基础重建的。

Kneses Tifereth Israel Synagogue,

Port Chester, New York, 1954, Philip Johnson

克尼西斯·蒂弗列犹太教堂，波特·彻斯特，纽约州，1954，菲利浦·约翰逊

Pazzi Chapel, added to the Cloister of Santa Croce, Florence, Italy, 1429–1446, Filippo Brunelleschi

帕奇小教堂，圣十字修道院扩建部分，佛罗伦萨，意大利，1429—1446，菲利波·布鲁内列斯基

St. Vitale, Ravenna, Italy, A.D. 526–546

圣维塔利教堂，拉文纳，意大利，公元 526—546 年

突出的入口空间，可以使建筑组织布局的主要轴线与建筑物所面对的外部空间相适应。

Pavilion of Commerce, 1908 Jubilee Exhibition, Prague, Jan Kotera

商业馆，1908 纪念展览，布拉格，简•科特拉

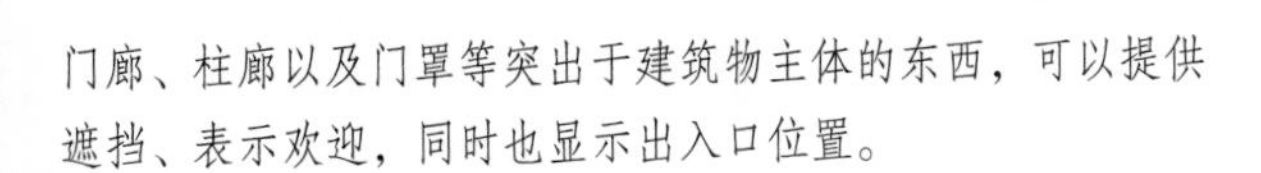

门廊、柱廊以及门罩等突出于建筑物主体的东西，可以提供遮挡、表示欢迎，同时也显示出入口位置。

House in Milwaukee, Wisconsin

密尔沃基的住宅，威斯康星州

The Oriental Theater, Milwaukee, Wisconsin, 1927, Dick and Bauer

东方剧院，密尔沃基，威斯康星州，1927，狄克和鲍尔

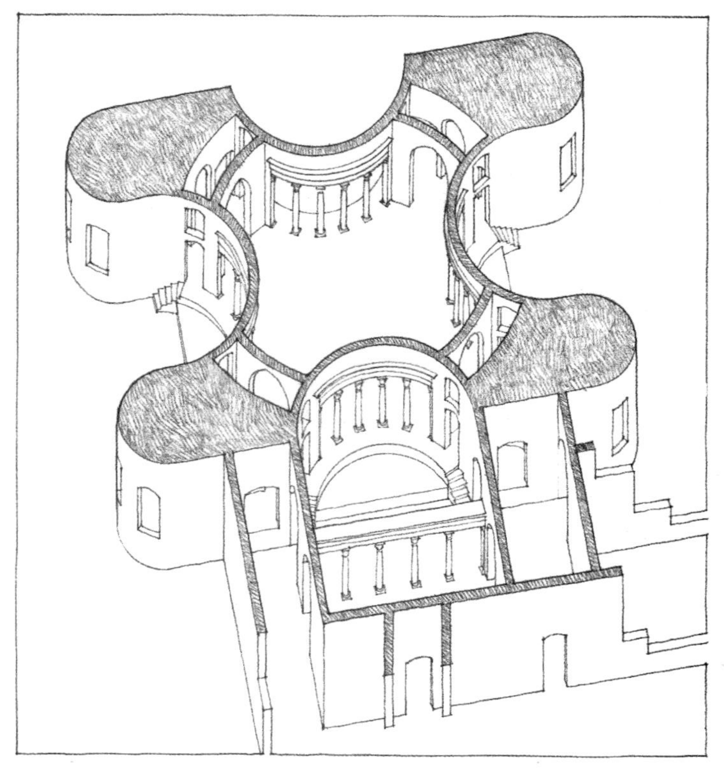

Pavilion of the Academia, Hadrian's Villa, Tivoli, Italy, A.D. 118–125 (after a drawing by Heine Kahler)

学术园，哈德良别墅，蒂沃利，意大利，公元 118—125 年（根据海涅•卡勒尔的图绘制）

St. Andrea del Quirinale, Rome, 1670, Giovanni Bernini

圣安德烈教堂，罗马，1670，乔瓦尼•伯尼尼

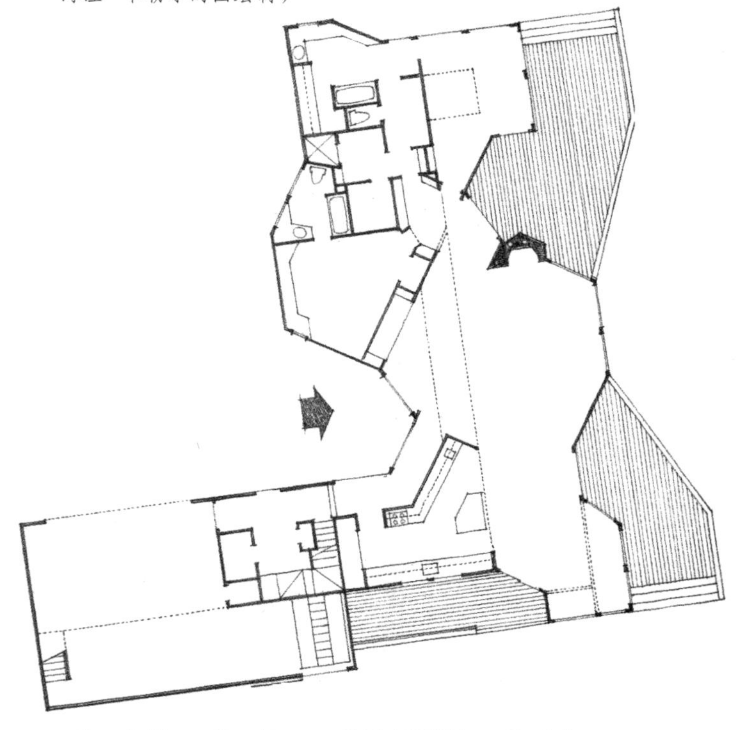

Gagarin House, Peru, Vermont, 1968, MLTW/Moore-Turnbull

加加林住宅，佩鲁，佛蒙特州，1968，MLTW/ 摩尔—特恩布尔

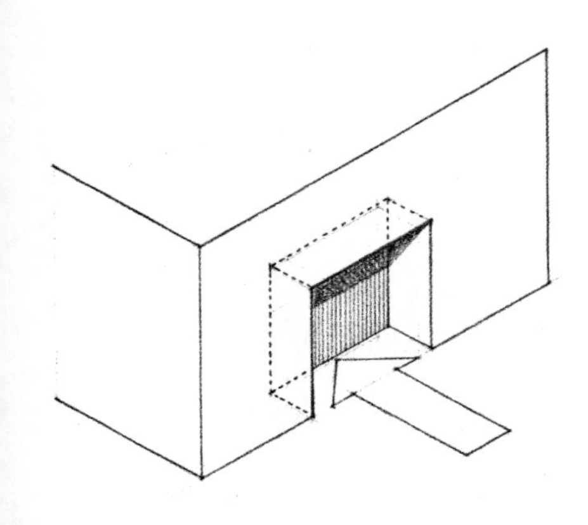

空间凹进的实例，目的是接纳进入建筑物的人们。

St. Andrea, Mantua, Italy, 1472–1494, Leon Battista Alberti

圣安德烈教堂，曼图亚，意大利，1472—1494，列昂•巴蒂斯塔•阿尔伯蒂

East Building, National Gallery of Art, Washington, D.C., 1978, I.M. Pei and Partners

东馆，国家美术馆，华盛顿特区，1978，贝聿铭与合作者

台阶与坡道引入了垂直维度，给进入建筑的动作增加了时间性。

Rowhouses in Galena, Illinois
加利纳的联排住宅，伊利诺斯州

Millowners' Association Building, Ahmedabad, India, 1954, Le Corbusier
纺织工厂主协会大楼，艾哈迈达巴德，印度，1954，勒·柯布西埃

Taliesin West, near Phoenix, Arizona, 1938, Frank Lloyd Wright
西塔里埃森，凤凰城附近，亚利桑那州，1938，弗兰克·劳埃德·赖特

A stele and tortoise guard the **Tomb of Emperor Wan Li** (1563–1620), northwest of Beijing, China.

石碑与乌龟守护着**万历皇帝**（1563—1620）**的陵墓**，北京西北部，中国

室内门道，弗朗西斯科·博洛米尼

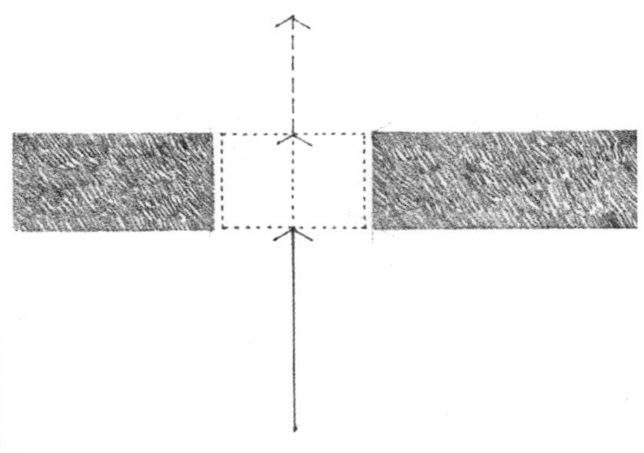

穿越厚墙的入口，会产生过渡空间，当人们从一个场所向另一个场所行进的时候，就会经过这样的过渡空间。

Santa Barbara Courthouse, California, 1929, William Mooser.

圣·巴巴拉法院，加利福尼亚州，1929，威廉·穆瑟

主入口框出一幅花园与远山构成的远景。

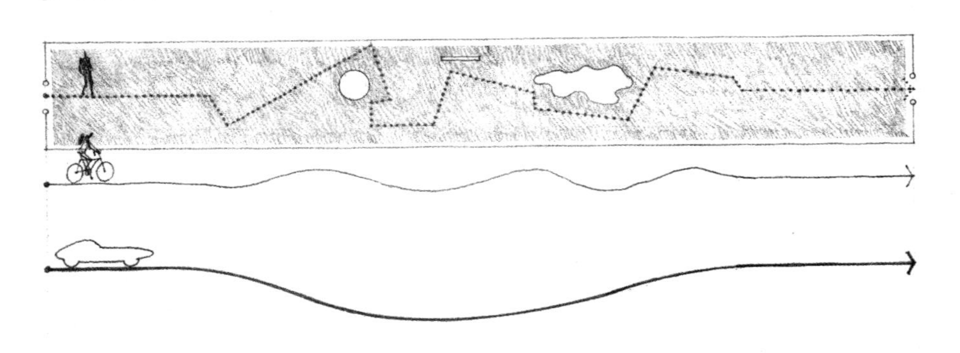

所有的运动轨迹，无论是人的、车的、货物的或者用于服务的轨迹，本身都是线性的。所有的道路都有一个起点，从这点开始，我们穿过空间序列到达自己的目的地。道路的形状取决于我们移动的方式。作为行人，我们可以随意地转弯、停留、止步或者休息，而自行车就不能那么自由迅速地改变方向和速度，汽车就更是如此。然而有趣的是，尽管带轮子的车辆可能需要能满足其转弯半径的曲面平滑的道路，但道路的宽度却可以刚好适合车辆的尺寸。相反，尽管行人能够忍受突然的方向改变，却需要比人体尺度大得多的空间体积，而且沿着某一道路，还需要更大的选择自由。

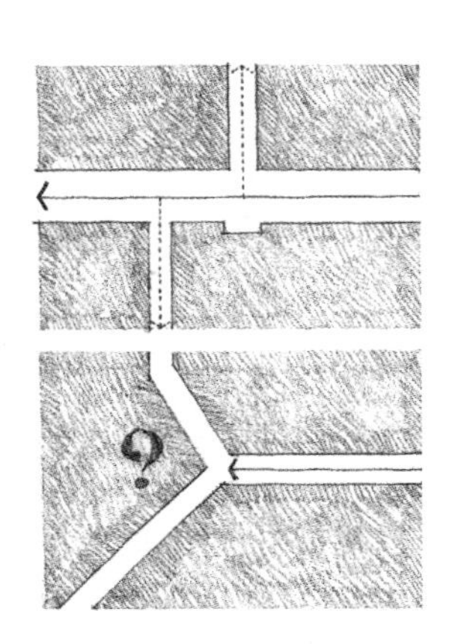

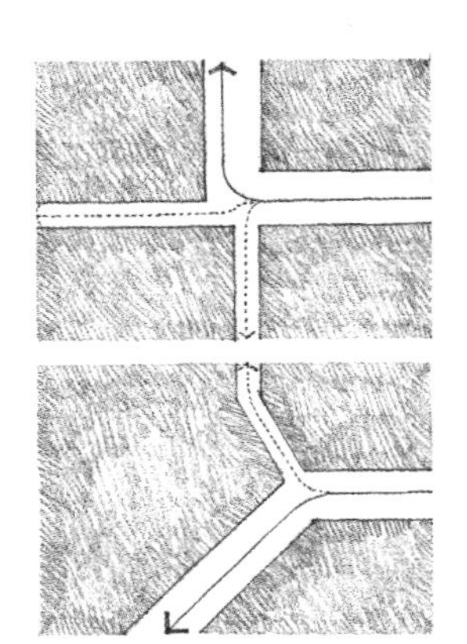

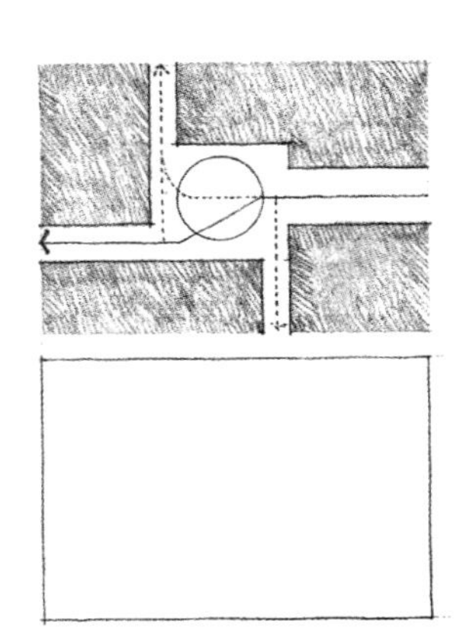

人们走到道路的交点或交叉口，总是要在那里做出决定。交叉点处各条道路的连续性与尺度可以帮助人们区分通向主要空间的路线和通向次要空间的道路。当交叉口处的道路彼此相等时，需要留出足够的空间，让行人停留并辨认方向。入口与道路的形式和尺度，也应该表现出公共步道、私密性大厅以及服务性走道之间功能与象征意义的差别。

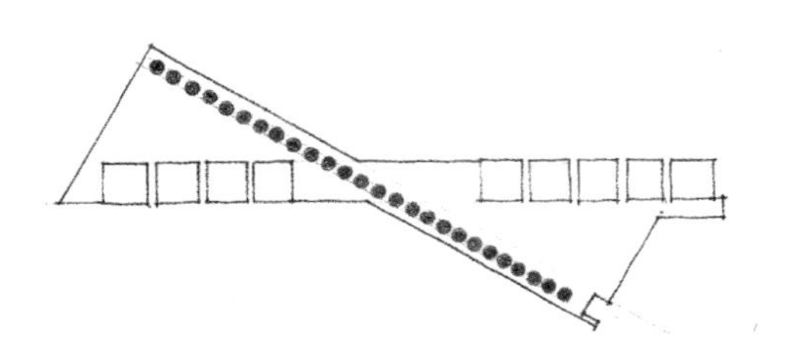

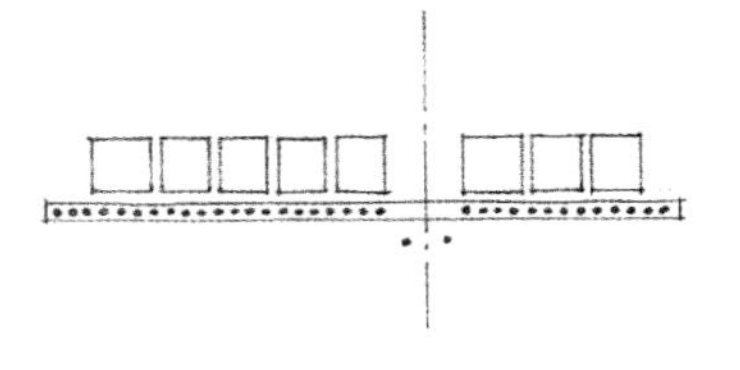

道路的形状特点，与它所连系的空间组合图形是相互影响的。平行于空间组合图形的道路形状，会强化空间组合。也许道路的形状会与空间组合的形式形成对比，从而发挥视觉对应的作用。一旦我们能够在头脑中勾勒出建筑物内部道路的整个形状，我们就能对自己在建筑物中的方位，对建筑物的空间布局了如指掌。

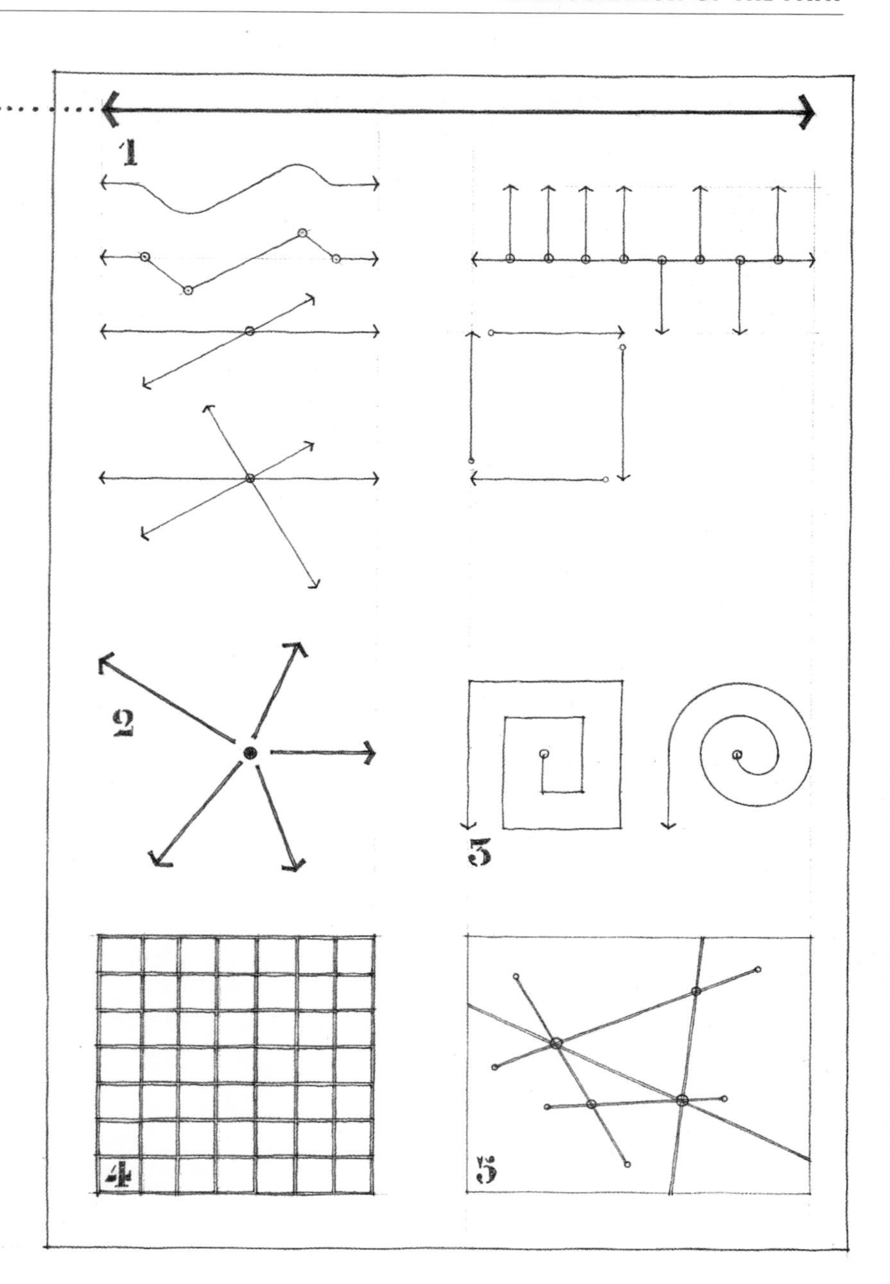

1. Linear
线性
所有道路都是线性的。但是一条笔直的道路可以作为一系列空间的基本组合要素。除此之外，线性道路可以是弧线或折线，与其他道路相交、具有分支或形成环路。

2. Radial
放射式
放射状道路是由线性道路从一个中心点向外扩展，或者若干条线性道路汇聚于一个点。

3. Spiral
螺旋式
螺旋形状是一条单一的、连续的道路，从一个中心点开始，围绕中心点旋转，并且离中心点越来越远。

4. Grid
方格式
方格式形状包括两组平行的道路，两组平行线间距规则地相交，并形成方形或长方形的空间领域。

5. Network
网络式
网络式形状是连接空间中固定点的若干条道路而形成的。

6. Composite
混合式
事实上，一个建筑往往综合地采用以上各种图形。任何一种图形中的重要节点都包括行为中心，通向房间和厅堂的入口，由楼梯、坡道和电梯等形成的竖向交通场所。这些节点打断了建筑物中的运动路径，并且提供了停留、休息和重新定位的机会。为了避免人们迷失方向，应该通过尺度、形式、长度和布局的不同，为建筑内部的道路与节点建立一种等级化的秩序。

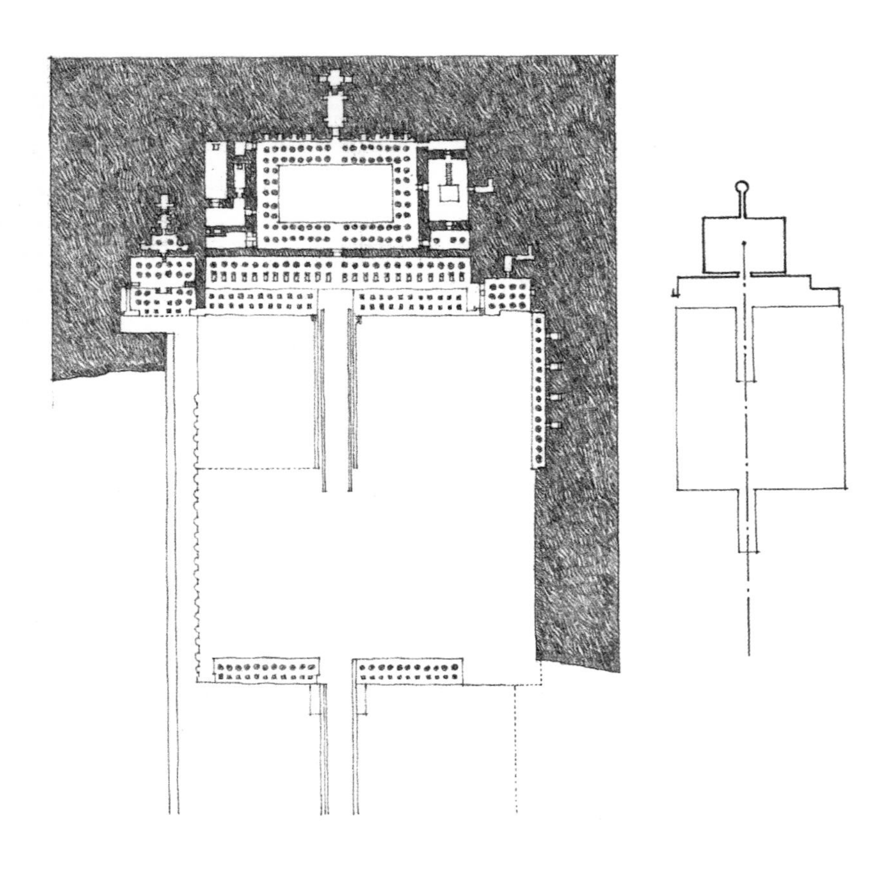

Mortuary Temple of Queen Hatshepsut, Dêr el-Bahari, Thebes, 1511–1480 B.C., Senmut
哈特谢普苏特皇后陵寝庙，代尔—拜赫里，底比斯，公元前 1511—公元前 1480 年，森穆特

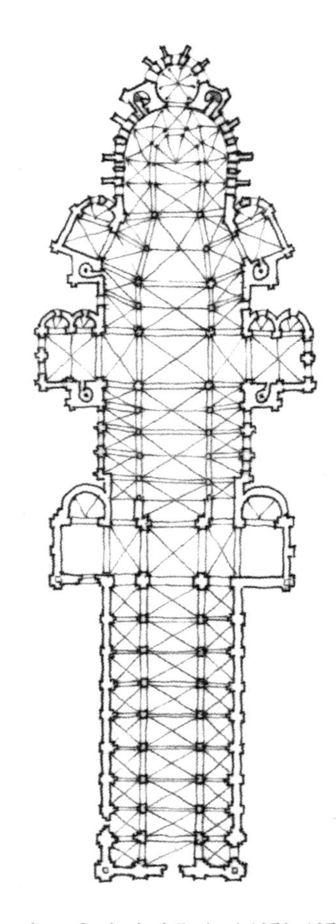

Canterbury Cathedral, England, 1070–1077
坎特伯雷大教堂，英格兰，1070—1077

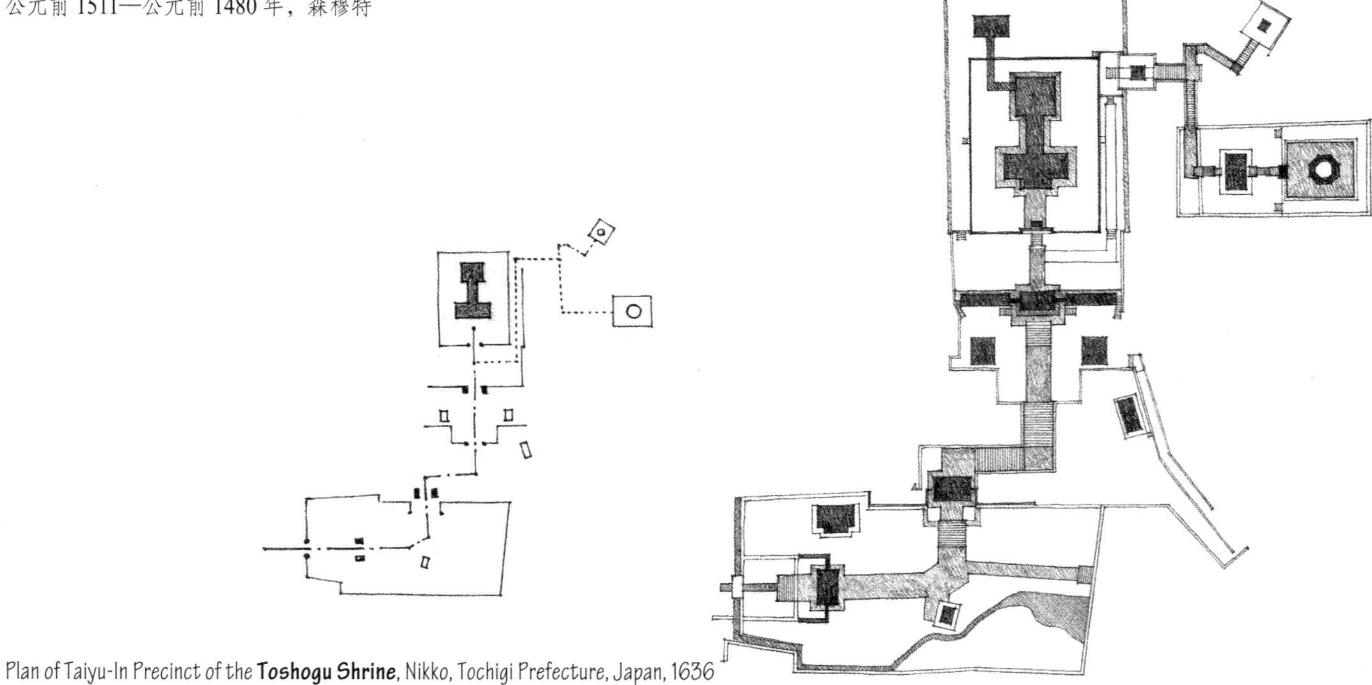

Plan of Taiyu-In Precinct of the **Toshogu Shrine**, Nikko, Tochigi Prefecture, Japan, 1636
东照宫基地总平面，日光，枥木县，日本，1636

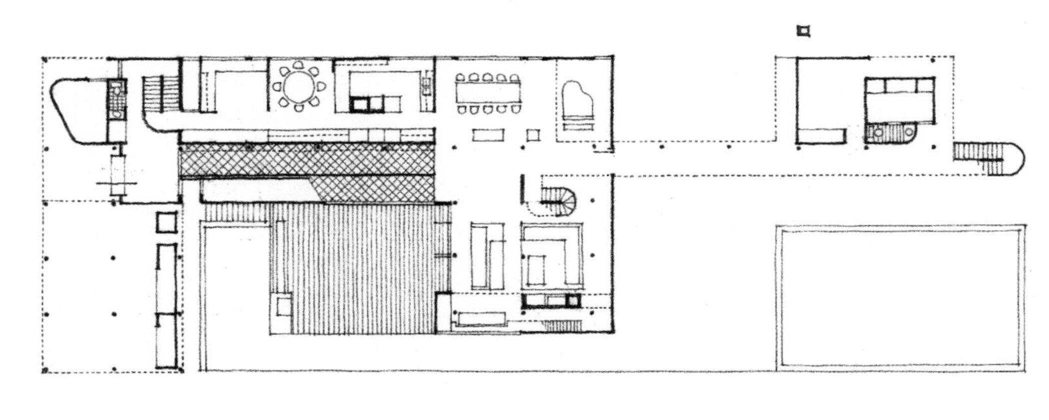

地面层平面

剖面

House in Old Westbury, New York, 1969–1971, Richard Meier
奥德·韦斯特伯里的住宅，纽约州，1969—1971，理查德·迈耶

Linear Paths as Organizing Elements
线性的道路作为组合要素

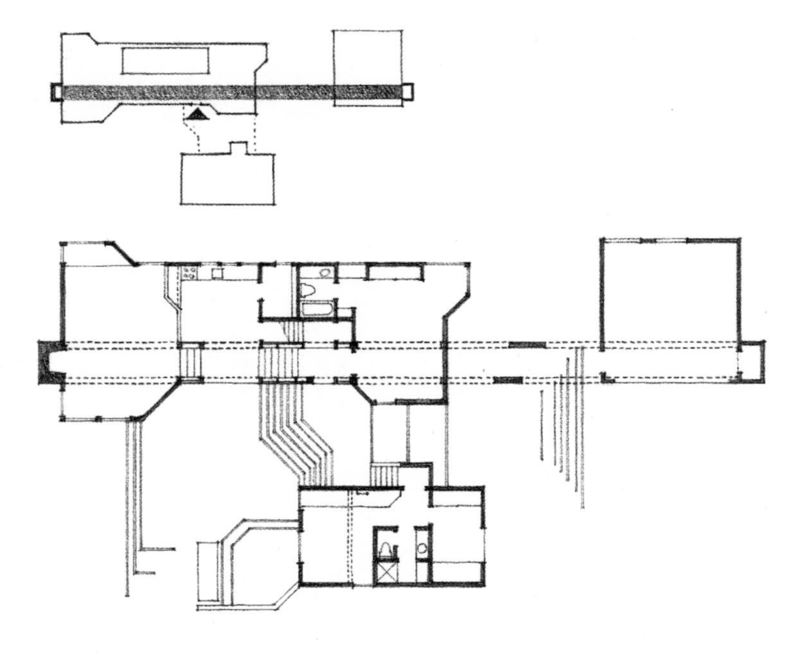

First Floor Plan, **Hines House**, Sea Ranch, California, 1966, MLTW/Moore and Turnbull
一层平面，**海茵斯住宅**，海洋牧场，加利福尼亚州，1966，MLTW/ 摩尔与特恩布尔

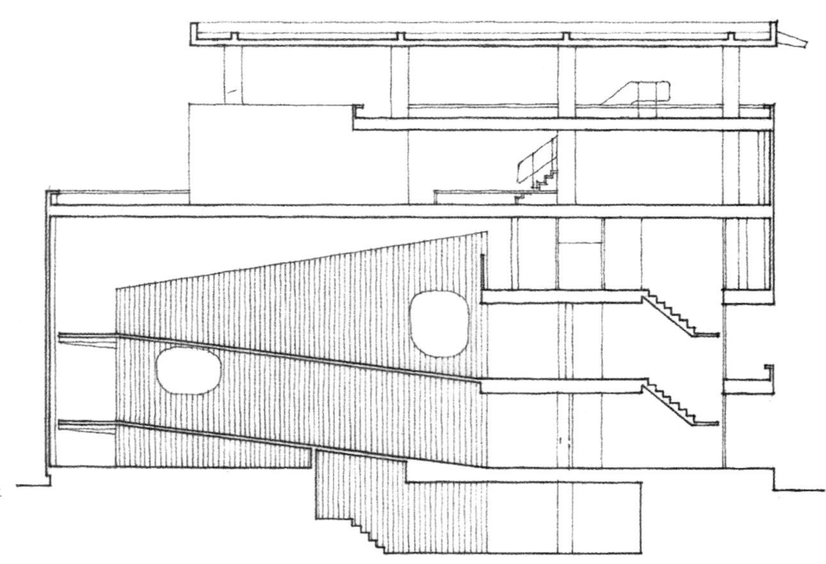

Shodhan House, Ahmedabad, India ,1956, Le Corbusier
绍丹住宅，艾哈迈达巴德，印度，1956，勒·柯布西埃

穿过坡道与楼梯的剖面

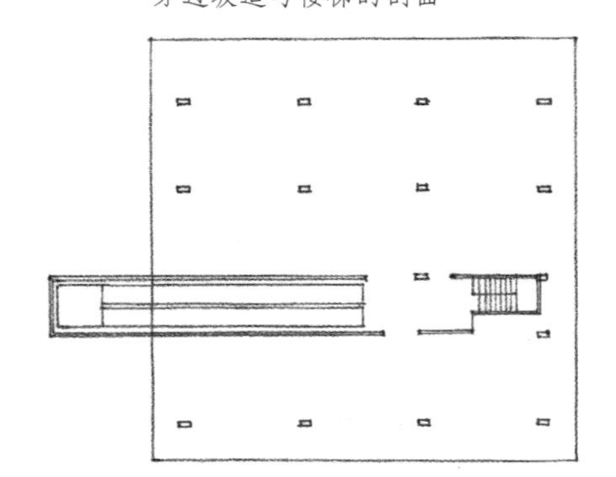

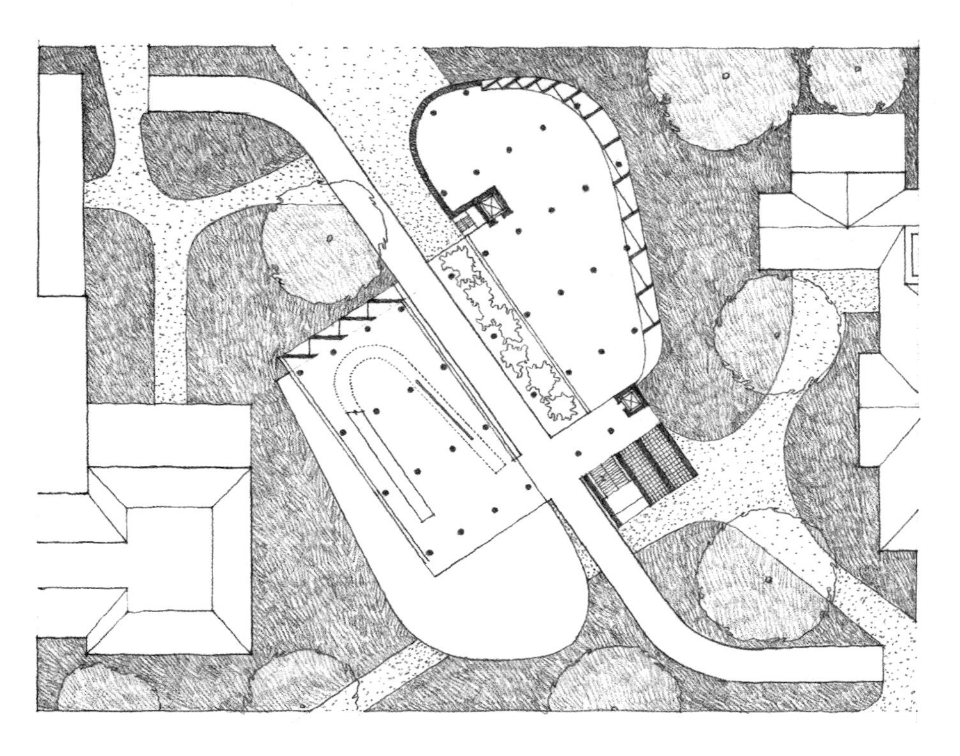

Carpenter Center for the Visual Arts, Harvard University, Cambridge, Massachusetts, 1961–1964, Le Corbusier
卡彭特视觉艺术中心，哈佛大学，剑桥，马萨诸塞州，1961—1964，勒·柯布西埃

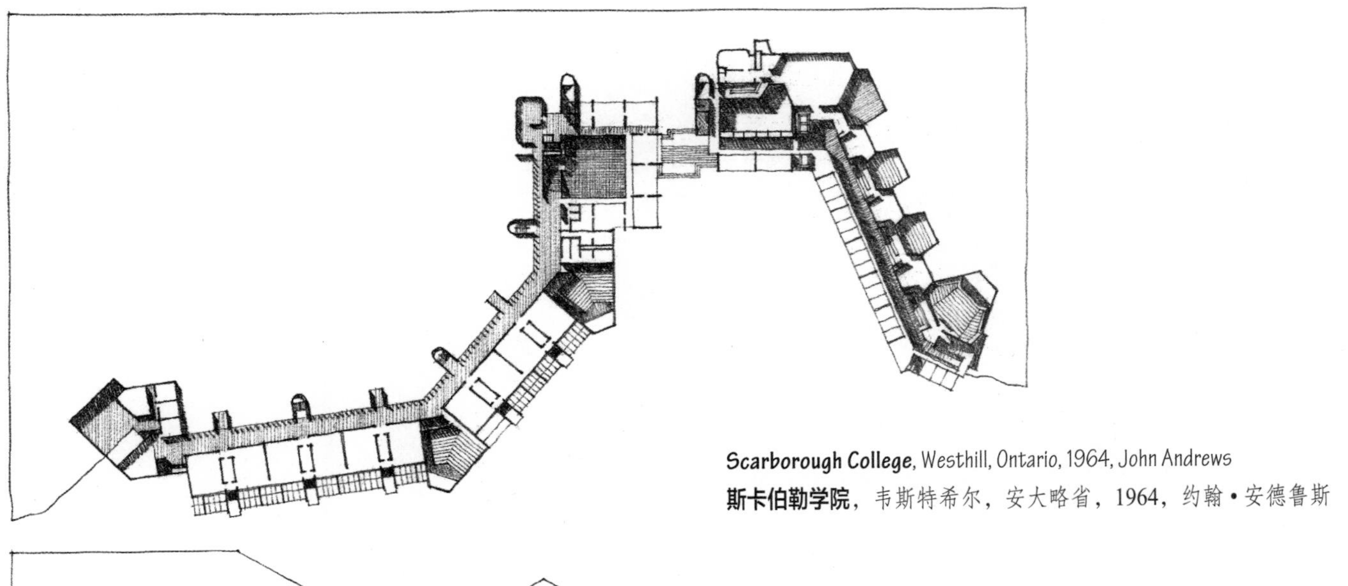

Scarborough College, Westhill, Ontario, 1964, John Andrews

斯卡伯勒学院，韦斯特希尔，安大略省，1964，约翰·安德鲁斯

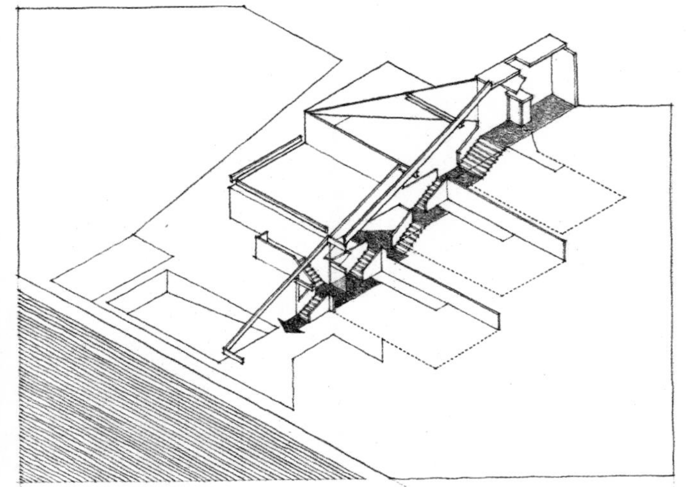

Bookstaver House, Westminster, Vermont, 1972, Peter L. Gluck

布克斯塔弗住宅，威斯敏斯特，佛蒙特州，1972，彼得·L. 格拉克

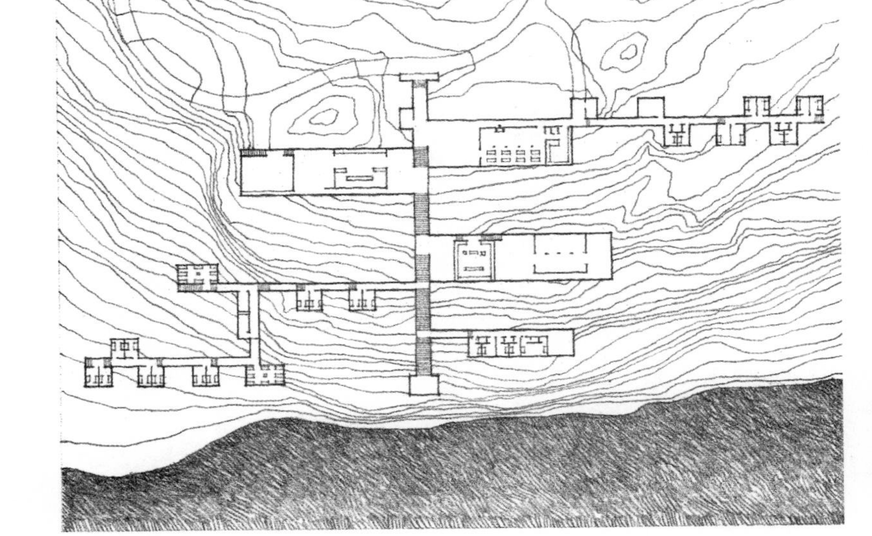

Haystack Mountain School of Arts and Crafts, Deer Isle, Maine, 1960, Edward Larrabee Barnes

干草山工艺美术学校，鹿岛，缅因州，1960，爱德华·拉拉比·巴恩斯

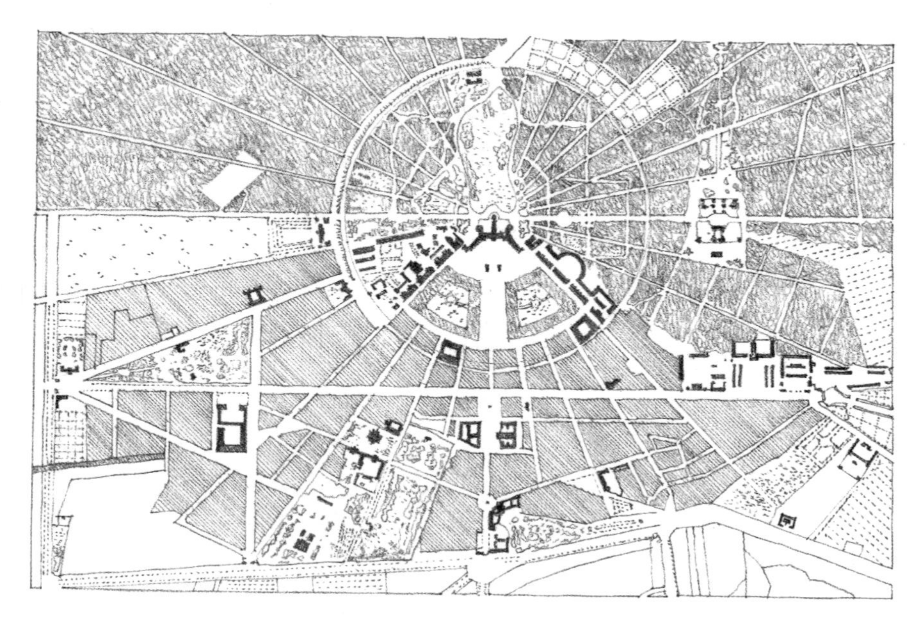

Karlsruhe, *Germany, 1834*
卡尔斯鲁厄，德国，1834

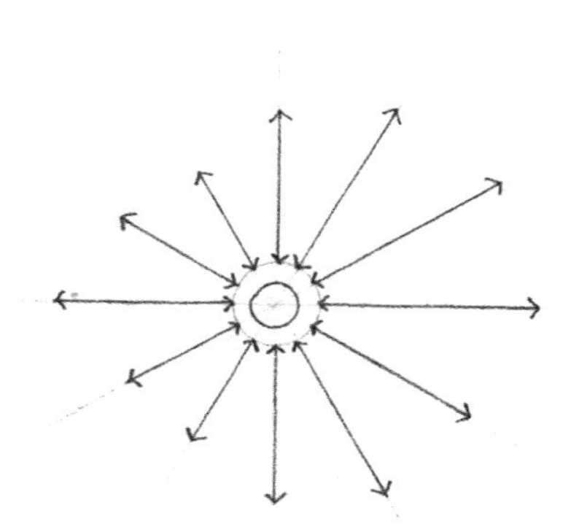

Radial Configurations
放射状布局

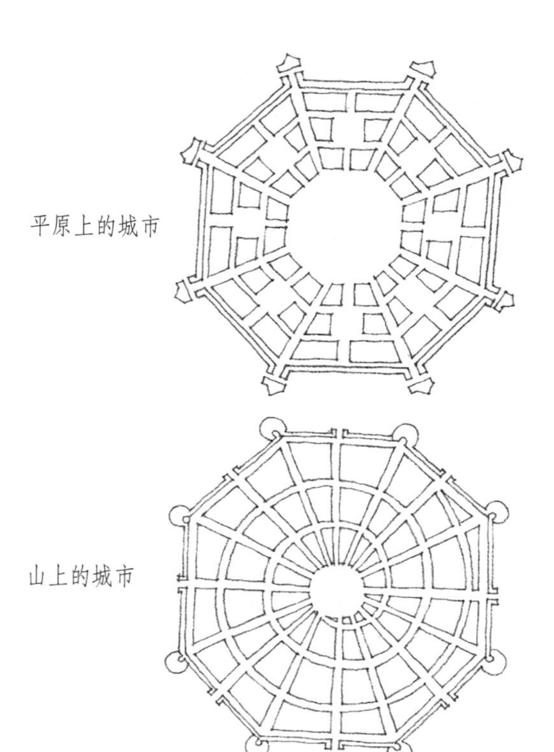

Plans of Ideal Cities, 1451–1464,
Francesco di Giorgi Martini
理想城市平面，1451—1464，弗朗西斯科·迪·乔治·马蒂尼

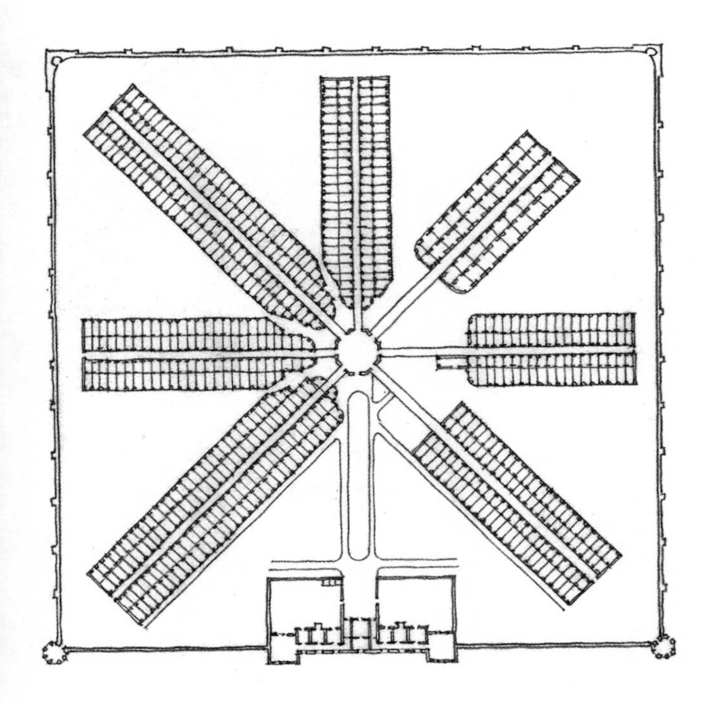

Eastern State Penitentiary, Philadelphia, 1829, John Haviland
东部国家监狱，费城，1829，约翰·哈维兰

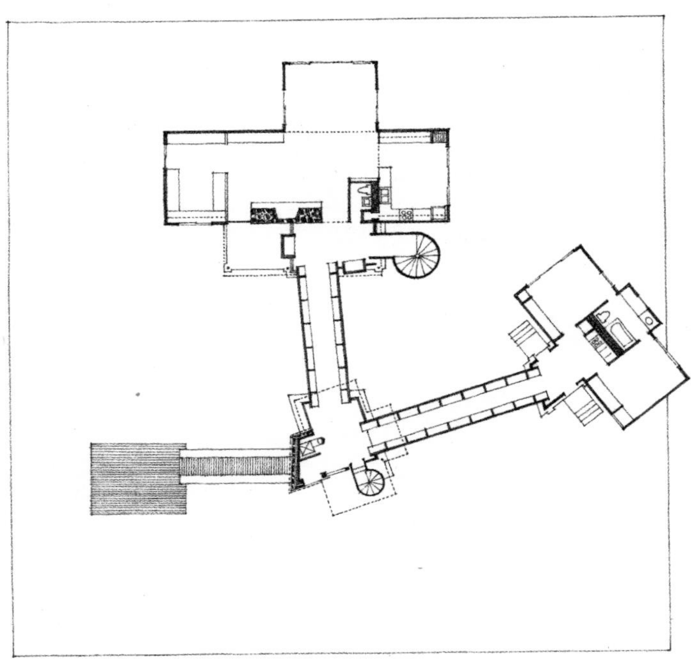

Pope House, Salisbury, Connecticut, 1974–1976, John M. Johansen
帕普住宅，索尔兹伯里，康涅狄格州，1974—1976，约翰·麦克莱恩·约翰森

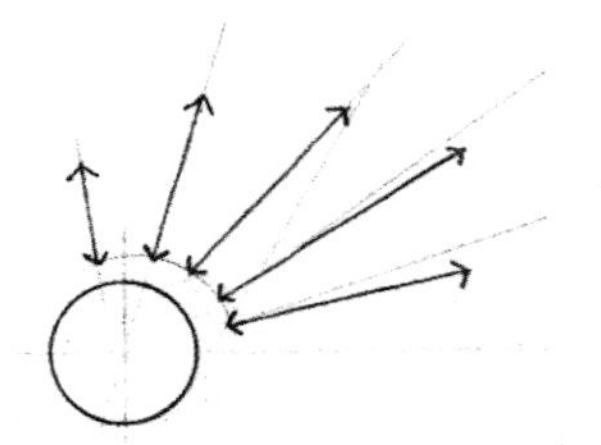

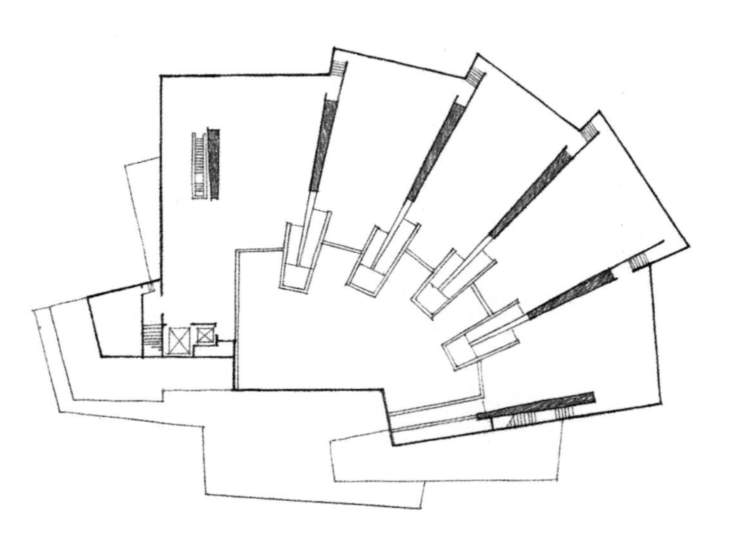

University Art Museum, **University of California–Berkeley**, 1971, Mario J. Ciampi and Associates
大学艺术博物馆，**加州大学伯克利分校**，1971，马里奥·约瑟夫·西安姆皮及其事务所

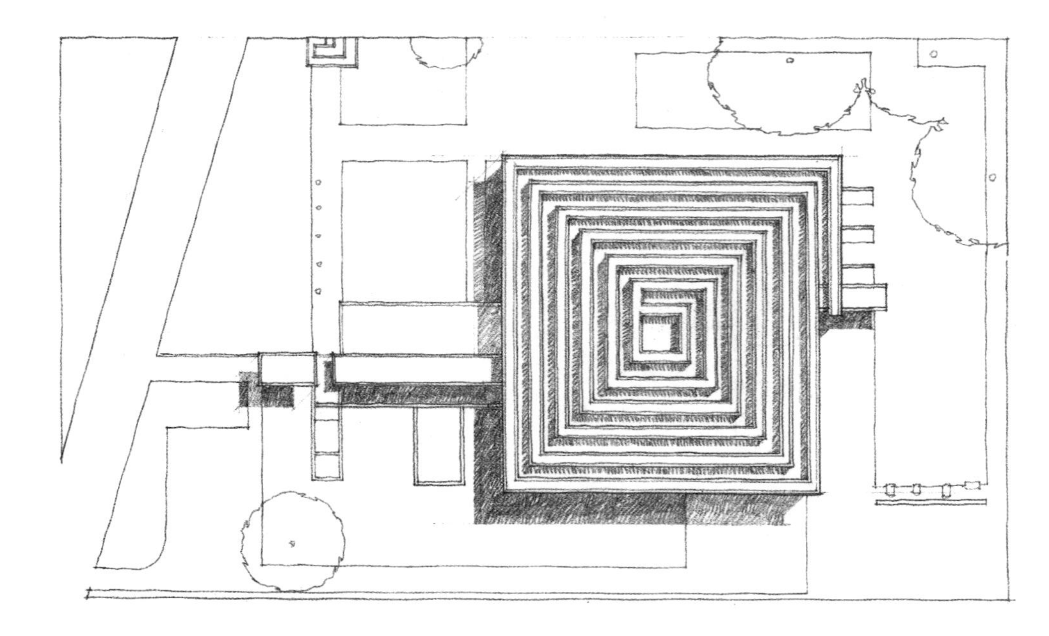

Spiral Configurations
螺旋状布局

Museum of Endless Growth (Project), Philippeville, Algeria, 1939, Le Corbusier
无穷增大的博物馆（方案），菲利普维尔，阿尔及利亚，1939，勒·柯布西埃

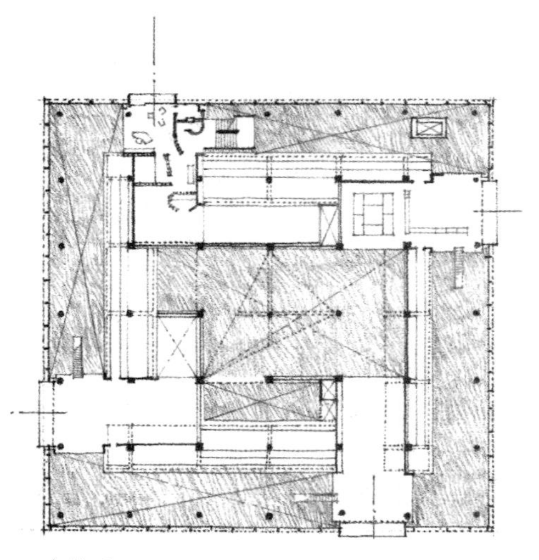

中层平面

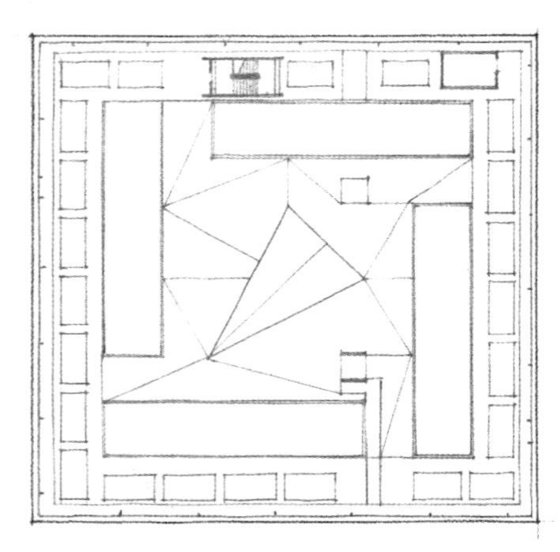

屋顶平面

Museum of Western Art, Tokyo, Japan, 1957–1959, Le Corbusier
西方艺术博物馆，东京，日本，1957—1959，勒·柯布西埃

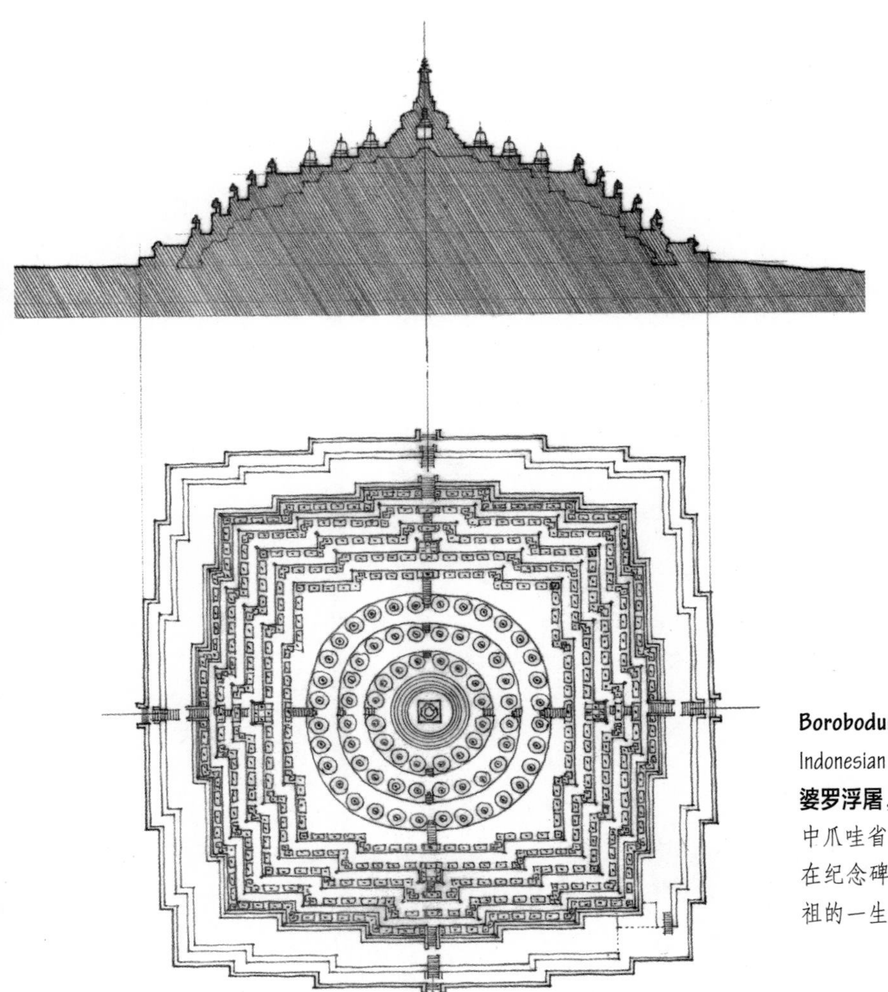

Borobodur, the Buddhist stupa monument built A.D. 750–850 in the Indonesian province of central Java.

婆罗浮屠，佛塔纪念碑，建于公元 750—850 年，印度尼西亚中爪哇省

在纪念碑周围，朝圣者穿过饰有浮雕的墙面，浮雕展示了佛祖的一生及其教义的主要原则。

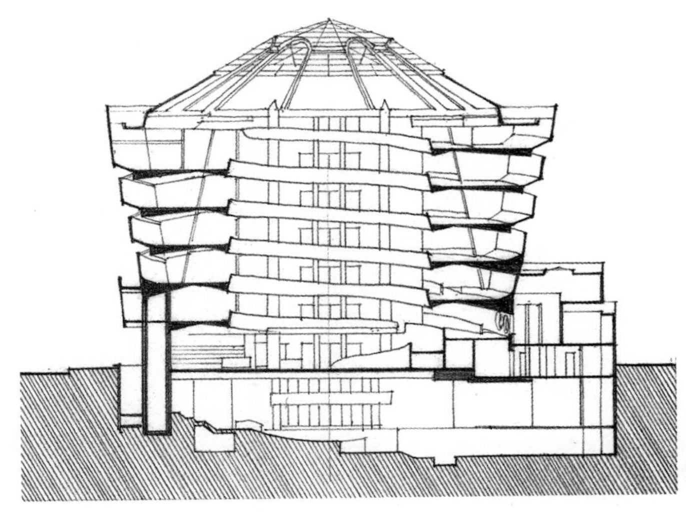

Guggenheim Museum, New York City, 1943–1959, Frank Lloyd Wright

古根海姆博物馆，纽约市，1943—1959，弗兰克•劳埃德•赖特

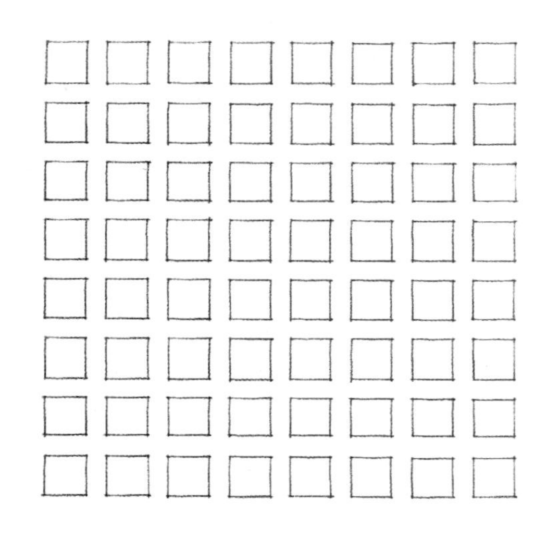

Grid Configurations
网格状布局

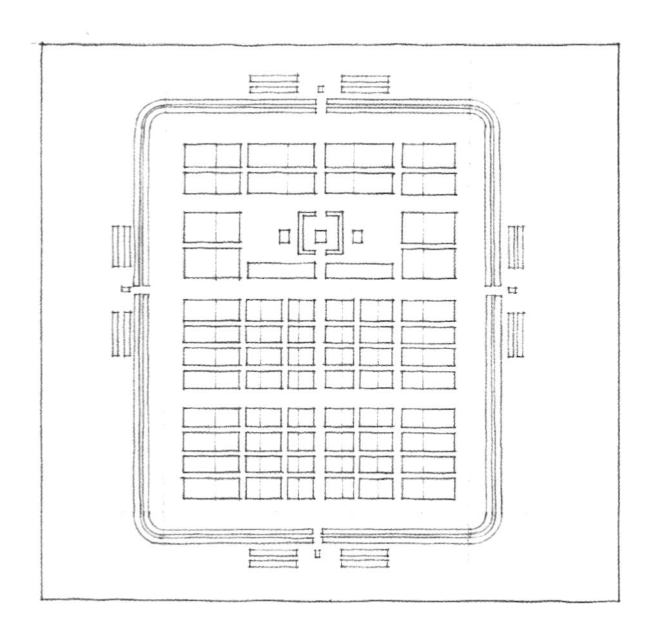

Typical layout for a **Roman Camp**, c. 1st century A.D.
典型的**古罗马营地**布局，约公元 1 世纪

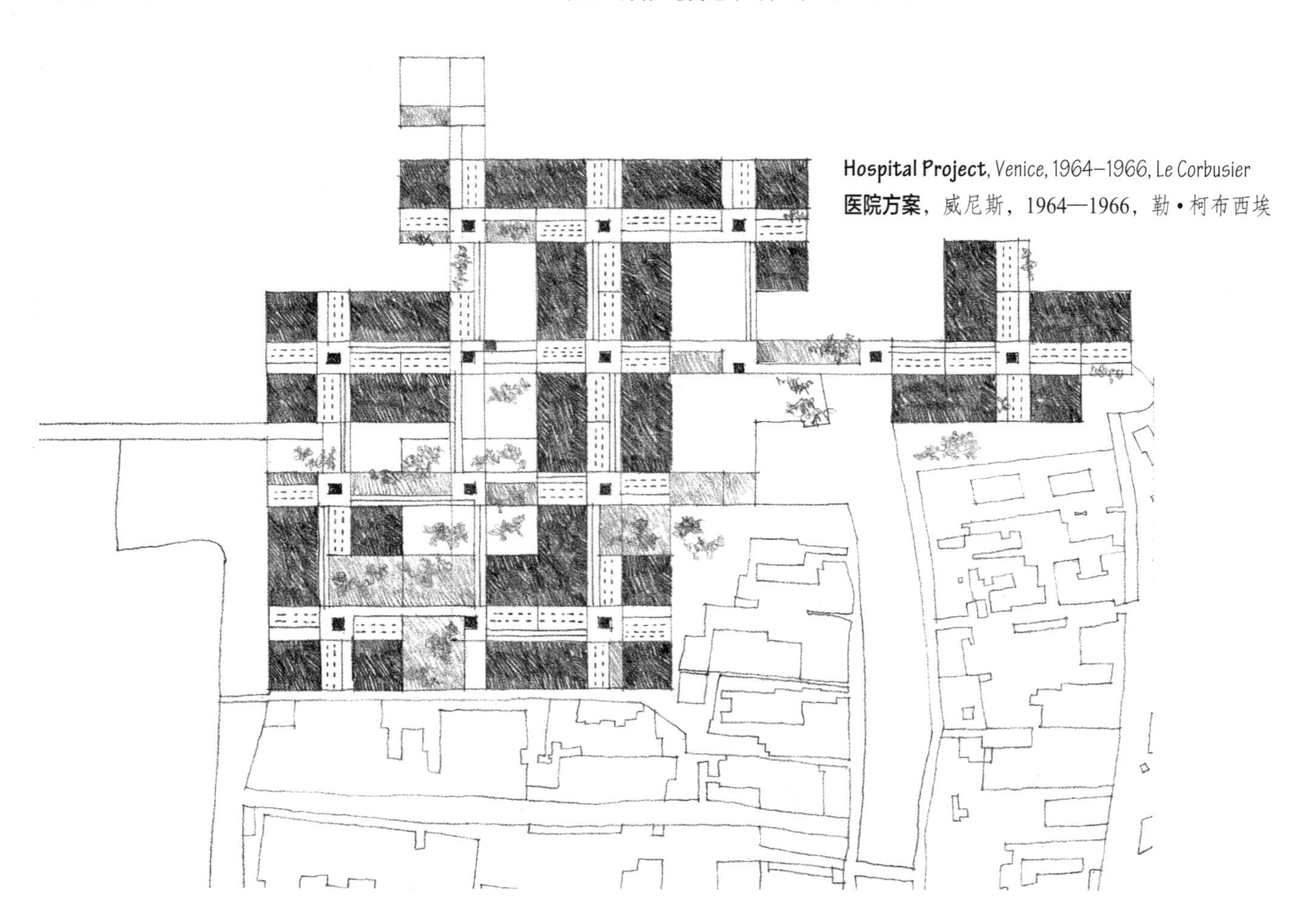

Hospital Project, Venice, 1964–1966, Le Corbusier
医院方案，威尼斯，1964—1966，勒·柯布西埃

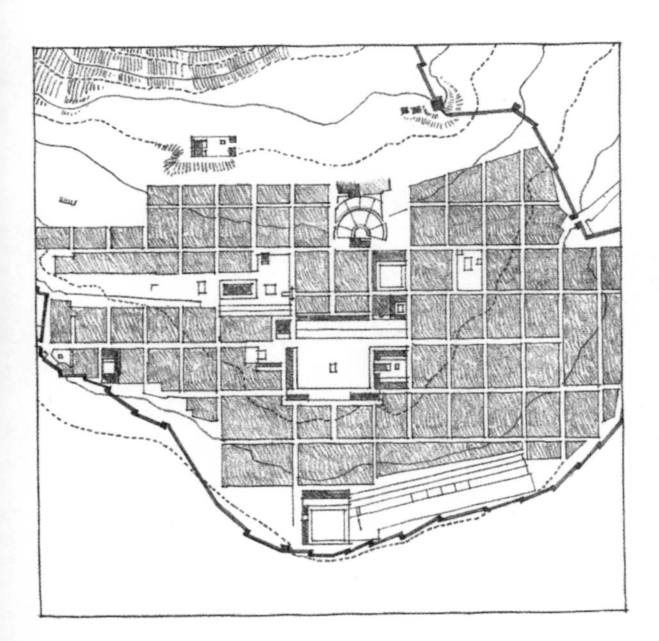

Priene, founded 4th century B.C.
普里恩城，建于公元前 4 世纪

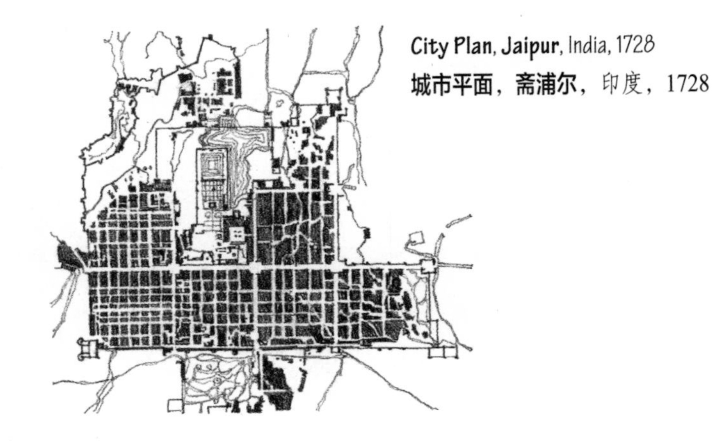

City Plan, **Jaipur**, India, 1728
城市平面，**斋浦尔**，印度，1728

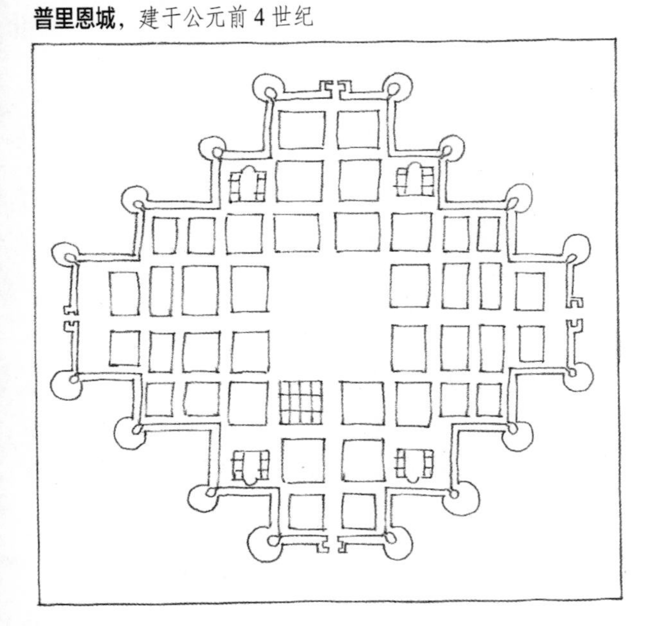

Plan of an Ideal City, 1451–1464, Frances di Giorgio Martini
理想城市平面，1451—1464，弗朗西斯科•迪•乔治•马蒂尼

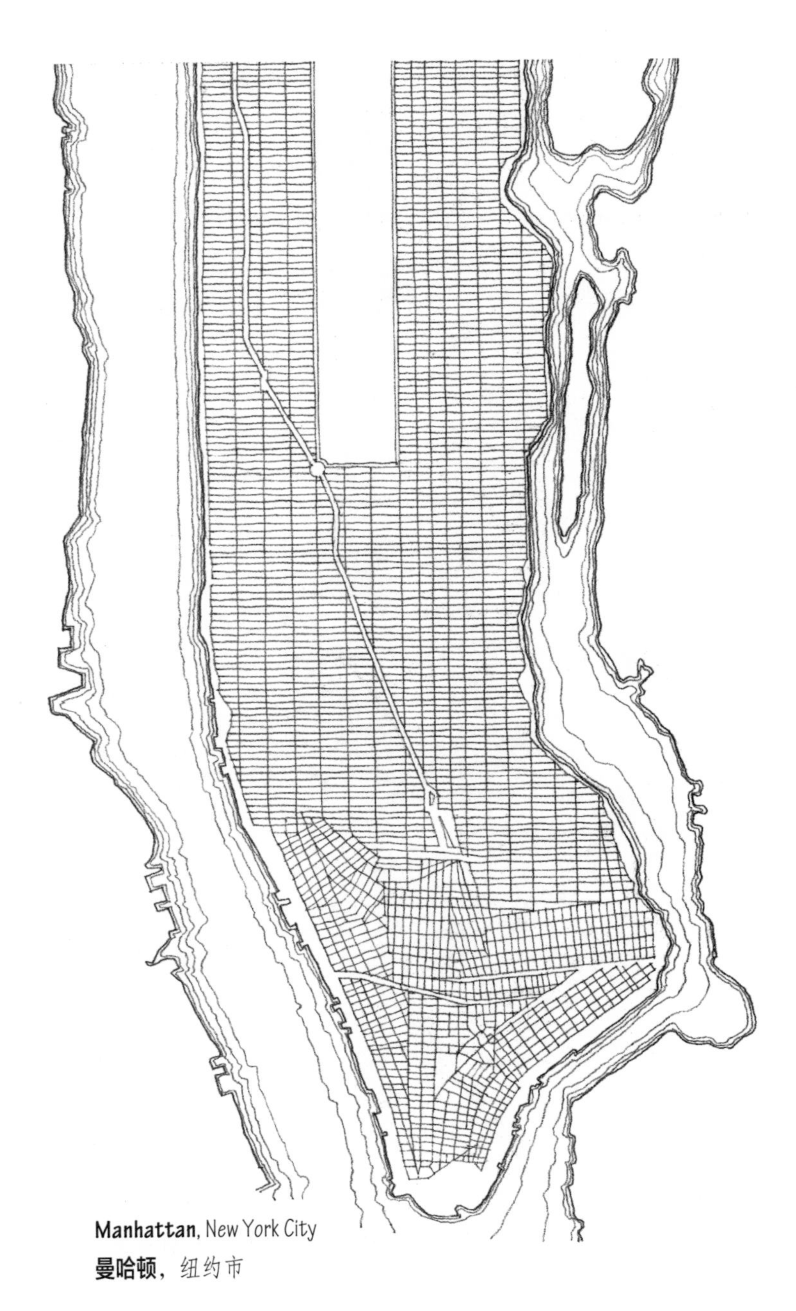

Manhattan, New York City
曼哈顿，纽约市

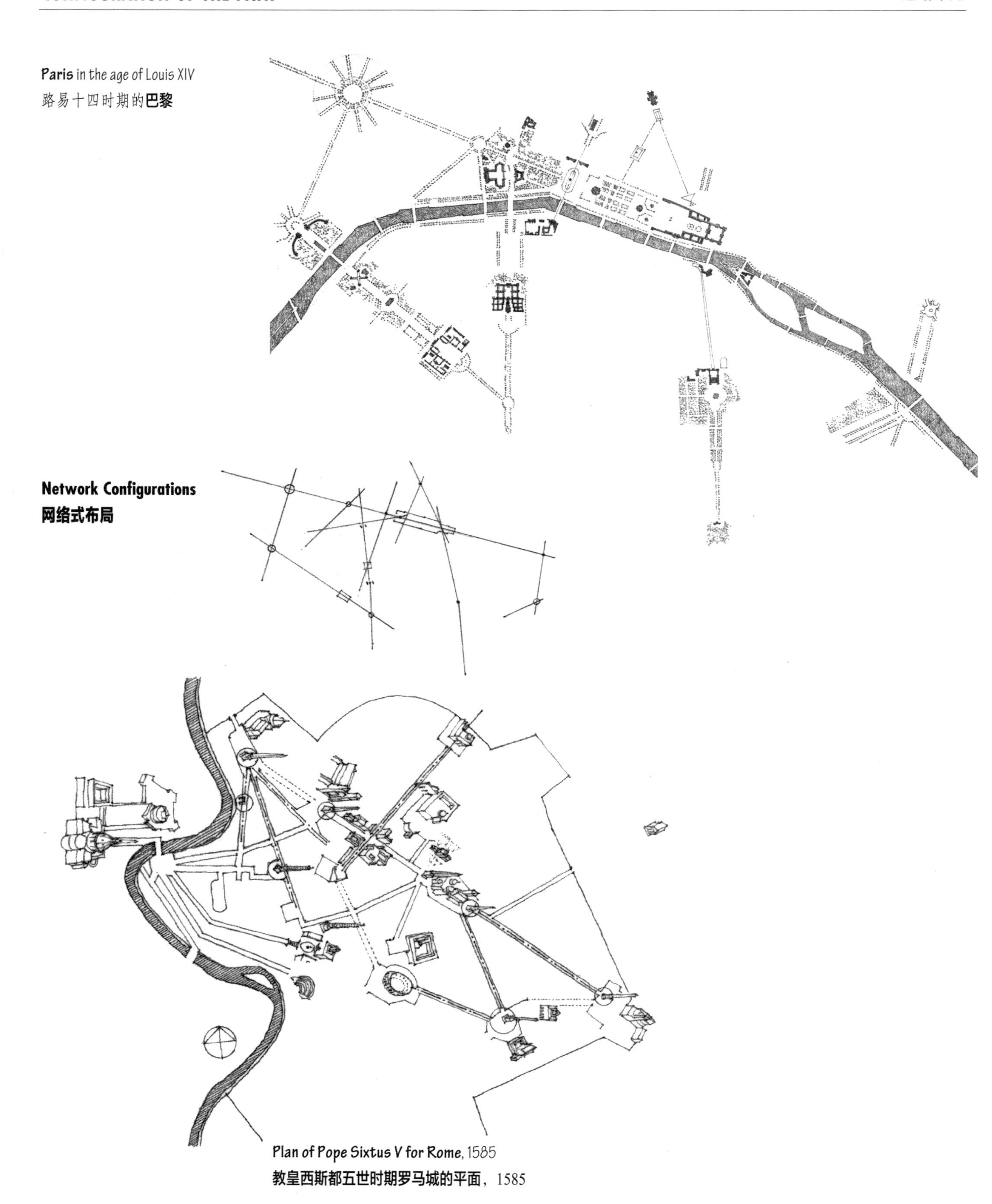

Paris in the age of Louis XIV
路易十四时期的巴黎

Network Configurations
网络式布局

Plan of Pope Sixtus V for Rome, 1585
教皇西斯都五世时期罗马城的平面，1585

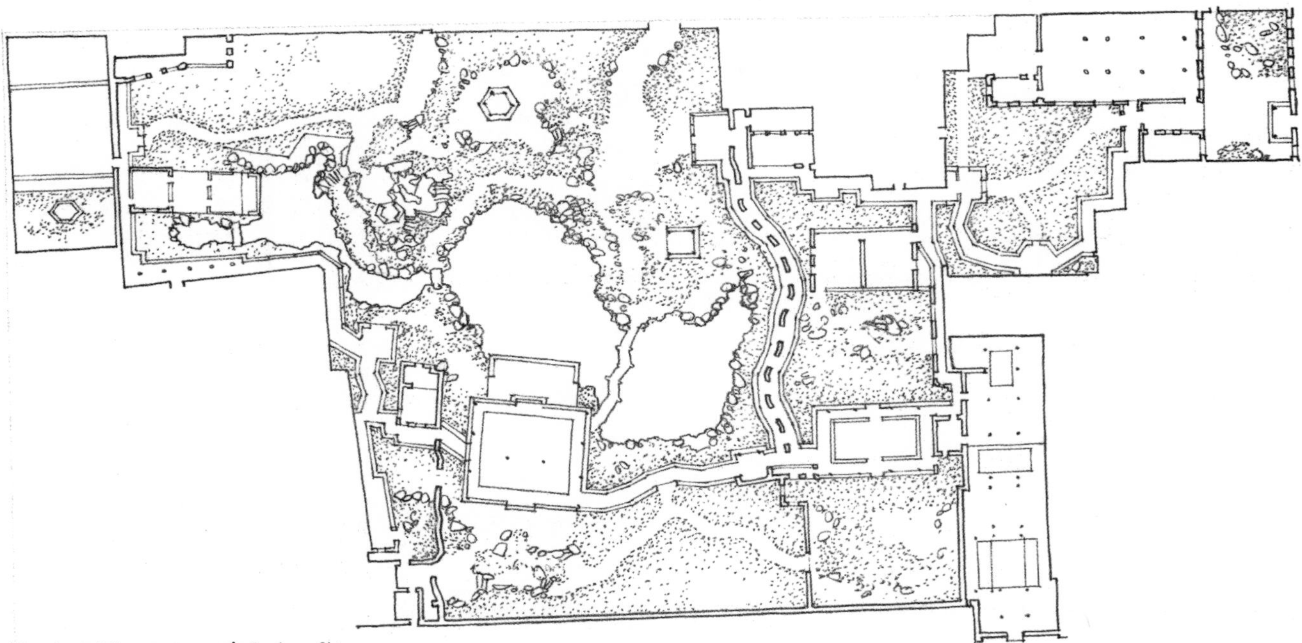

Yi Yuan (Garden of Contentment), Suzhou, China, Qing Dynasty, 19th century

宜园，苏州，中国，清代，19 世纪

Plan for Washington, D.C., 1792, Pierre L'Enfant

华盛顿特区平面，1792，皮埃尔•夏尔•朗方

道路可以下列方式与它们所连接的空间发生关系：

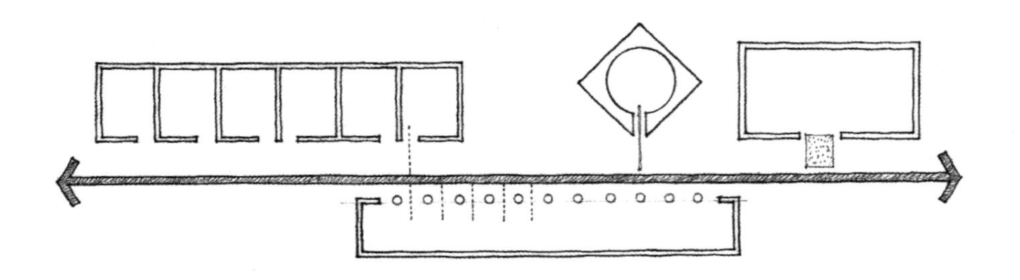

Pass by Spaces
从空间旁边经过

- 各个空间仍保持整体性。
- 道路的形状是灵活多变的。
- 可用过渡空间来连接道路与空间。

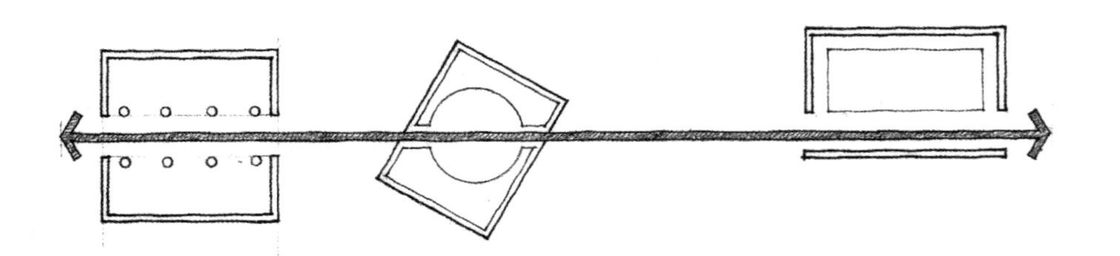

Pass through Spaces
从空间内部穿过

- 道路可以轴向、斜向或沿着边缘穿越空间。
- 在穿越空间时，道路在空间中形成休息与运动的不同图形。

Terminate in a Space
终止于一个空间

- 空间的位置确定了道路。
- 这种道路与空间的关系用于走向或进入重要的功能空间或重要的象征性空间。

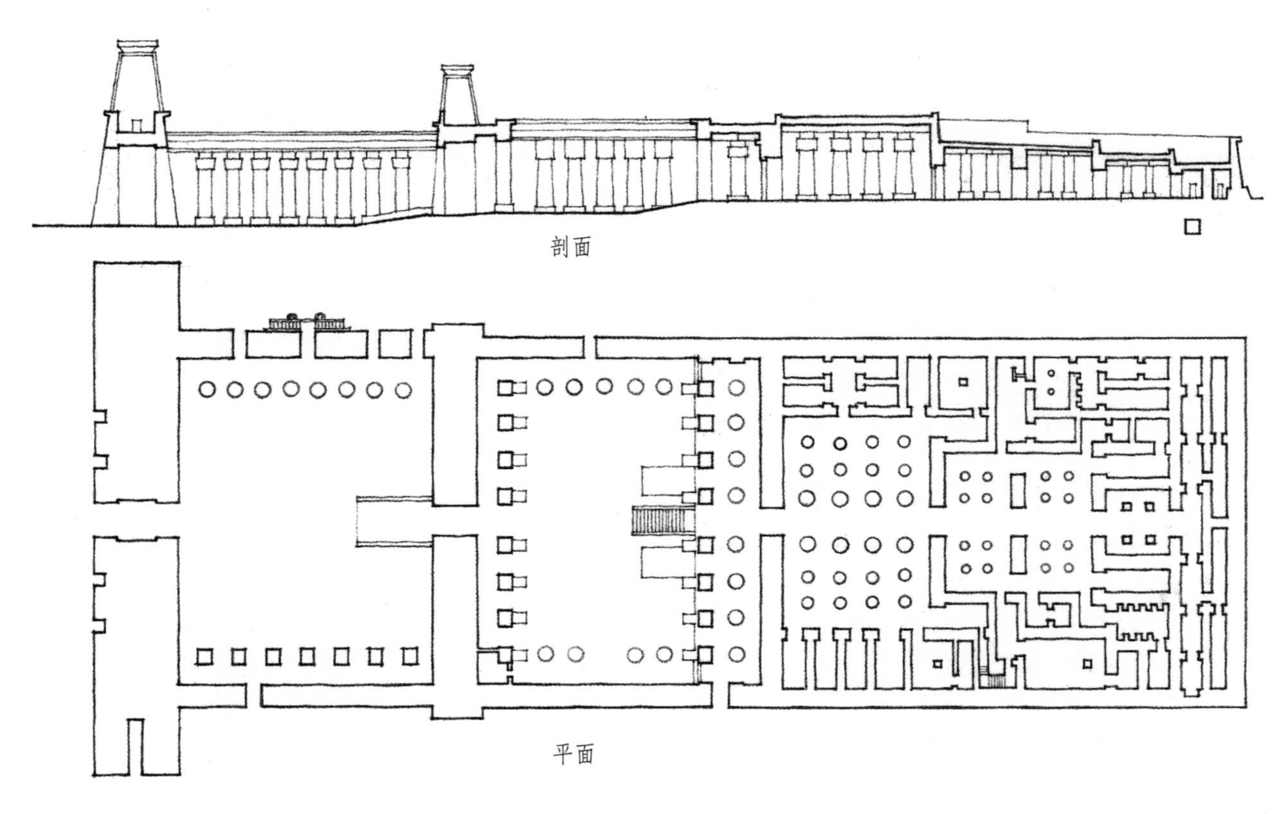

Mortuary Temple of Rameses III, Medînet-Habu, Egypt, 1198 B.C.
拉美西斯三世陵庙，哈布城，埃及，公元前 1198 年

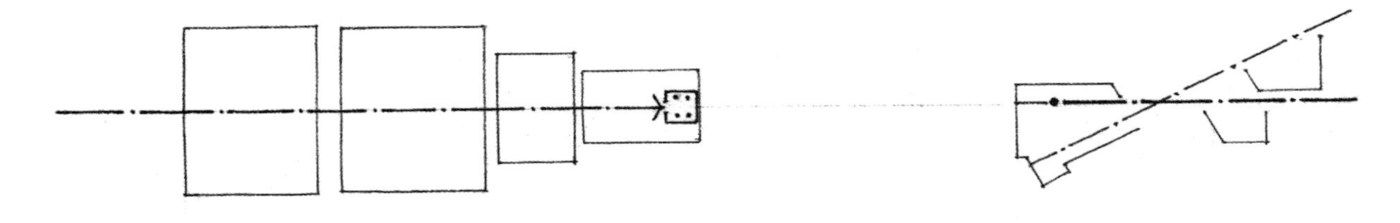

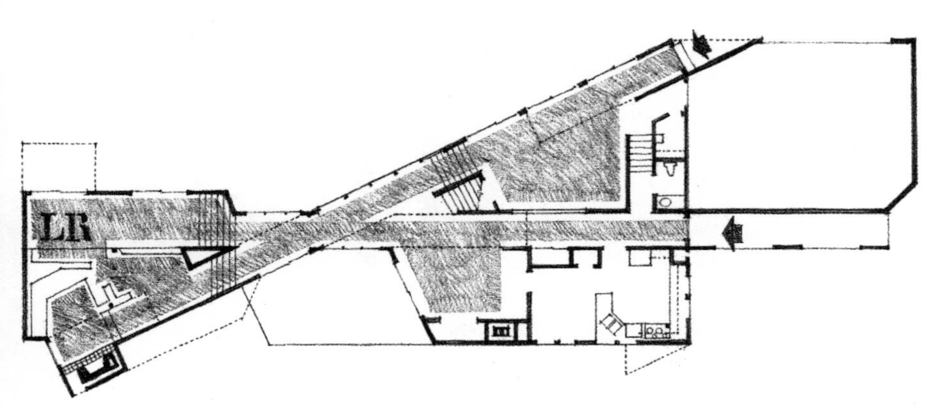

Stern House, Woodbridge, Connecticut, 1970, Charles Moore Associates
斯特恩住宅，伍德布里奇，康涅狄格州，1970，查尔斯•摩尔事务所

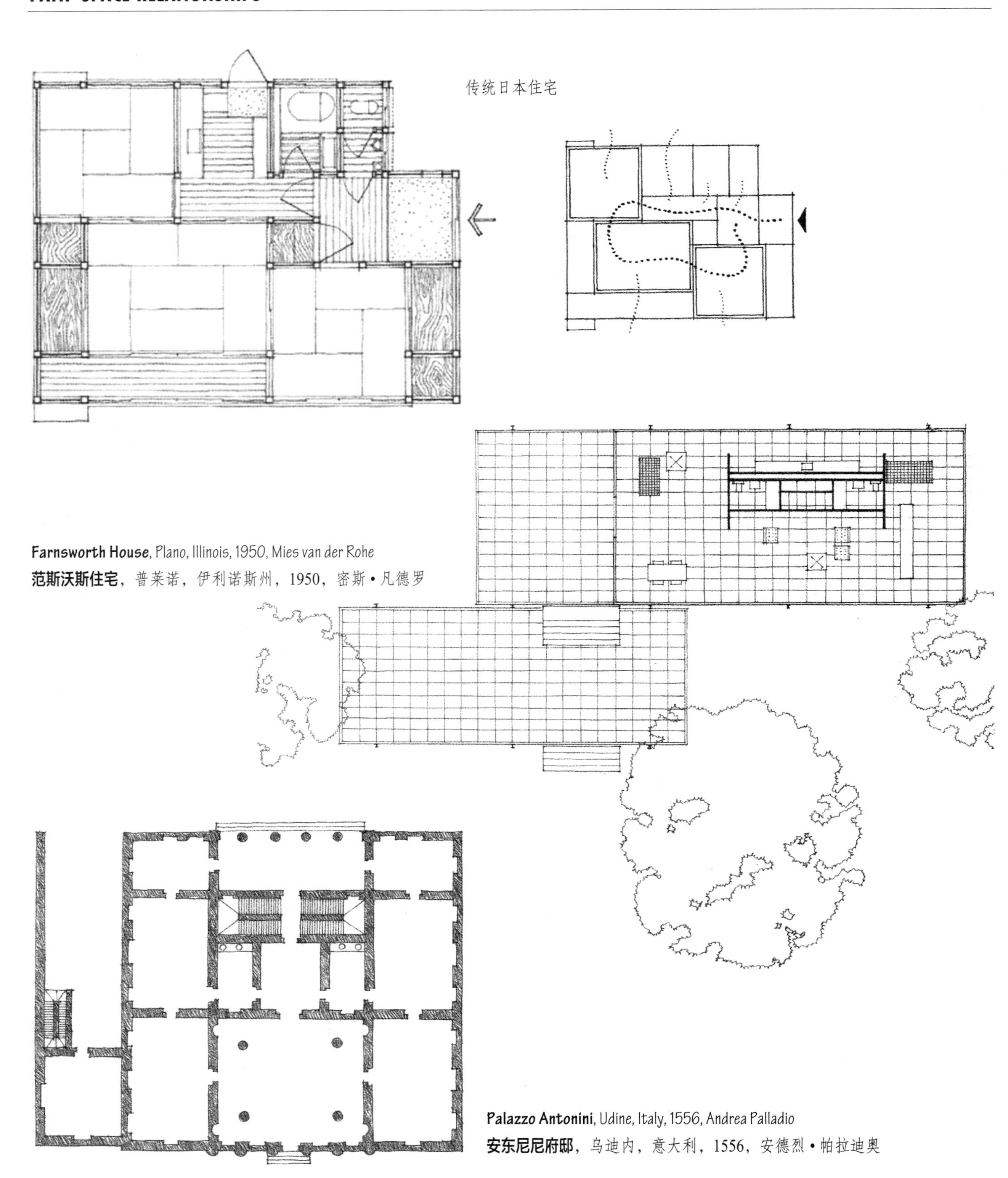

传统日本住宅

Farnsworth House, Plano, Illinois, 1950, Mies van der Rohe
范斯沃斯住宅，普莱诺，伊利诺斯州，1950，密斯·凡德罗

Palazzo Antonini, Udine, Italy, 1556, Andrea Palladio
安东尼尼府邸，乌迪内，意大利，1556，安德烈·帕拉迪奥

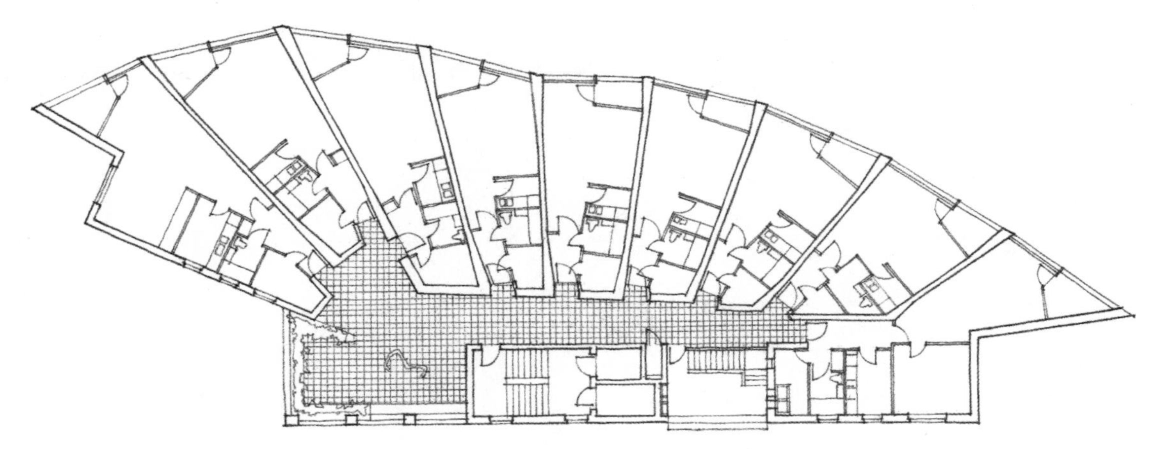

Neur Vahr Apartment Building, Bremen, Germany, 1958–1962, Alvar Aalto

纽瓦公寓大楼，不莱梅，德国，1958—1962，阿尔瓦·阿尔托

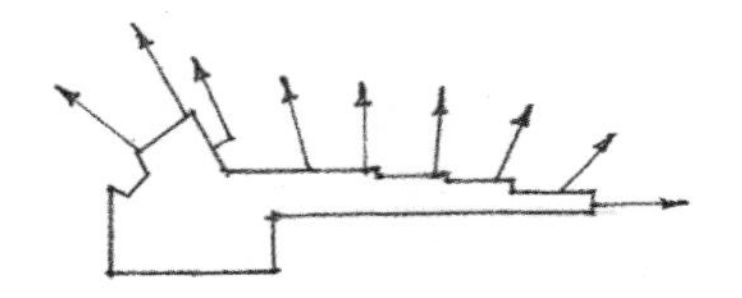

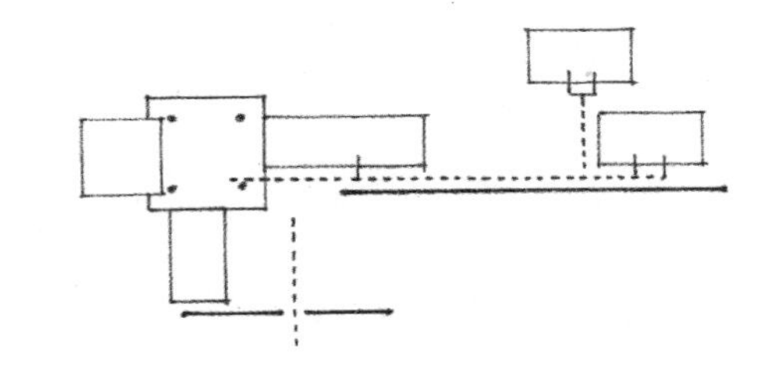

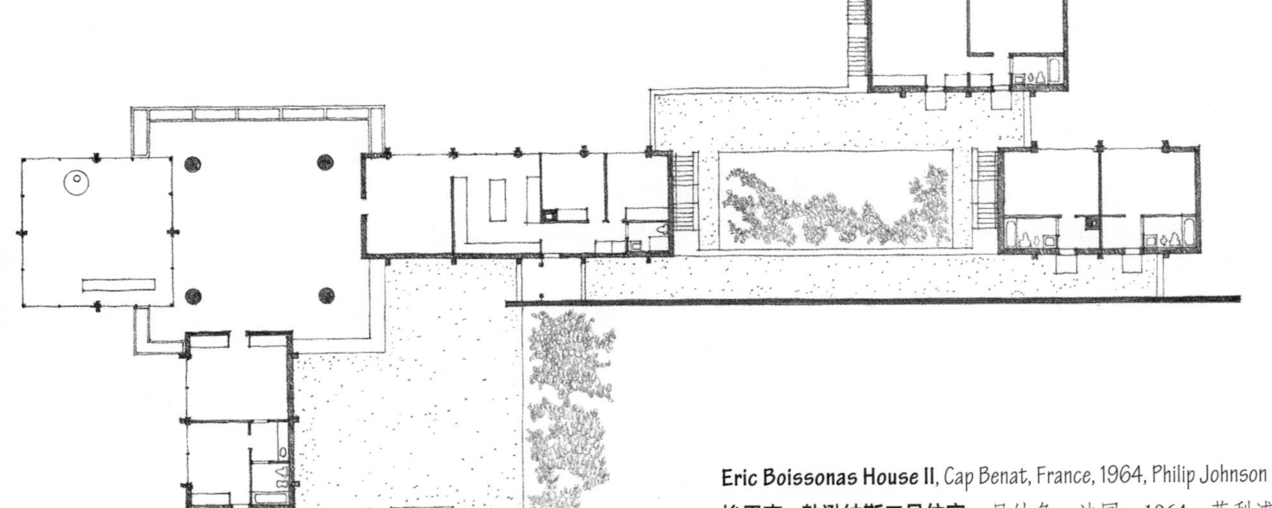

Eric Boissonas House II, Cap Benat, France, 1964, Philip Johnson

埃里克·勃逊纳斯二号住宅，贝纳角，法国，1964，菲利浦·约翰逊

穹顶下的楼梯，根据威廉•罗伯特•韦尔（William Robert Ware）的图绘制。

交通空间是任何建筑组织布局中不可分割的一部分，并在建筑物的体积中占有相当的空间。如果把它仅仅看成是具有联系功能的设施，那么交通道路只不过是一些没有尽头的廊道式空间而已。然而，交通空间必须满足人们沿途散步、停留、休息或赏景的需要。

交通空间的形式变化依据以下几点：

- 其边界是如何限定的。
- 其形式与它所连接的空间形体的关系如何。
- 其尺度、比例、采光、景观等特点是如何表达的。
- 入口是如何向交通空间敞开的，以及
- 交通空间中是如何利用楼梯和坡道来处理高程变化的。

交通空间可能是：

Enclosed

封闭的

形成公共廊道或私密的走廊，并通过墙面上的入口，与其所连接的空间发生关系；

Open on One Side

一边开敞

形成平台或展廊，为它所连接的空间提供视觉与空间连系；

Open on Both Sides

两边开敞

形成柱廊，并使其成为所穿越空间的实际延伸部分。

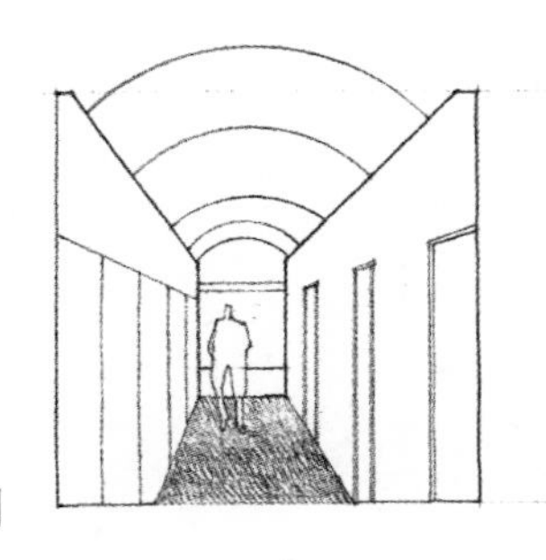
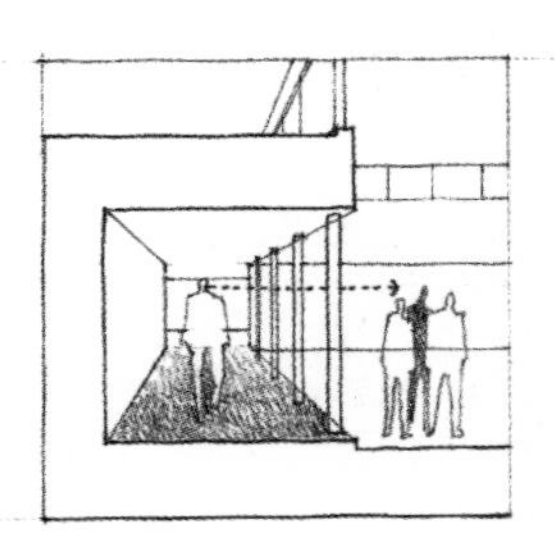
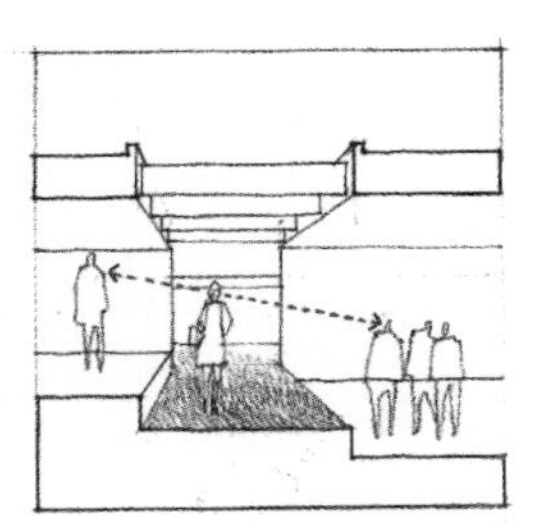

交通空间的高度和宽度应当与交通量和交通方式成比例。在公共步道或更加私密的厅堂与服务性走廊之间，应该形成尺度的差别。

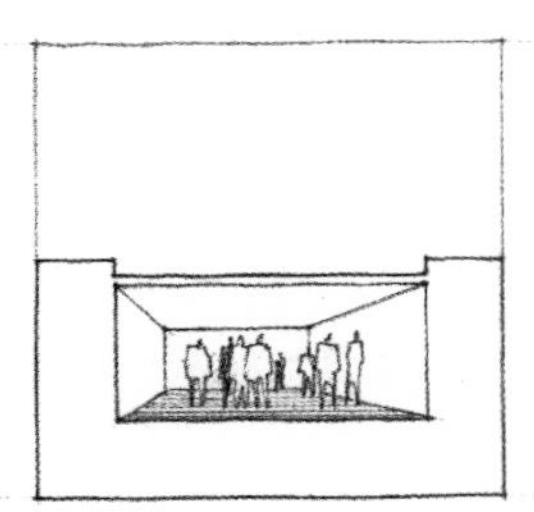
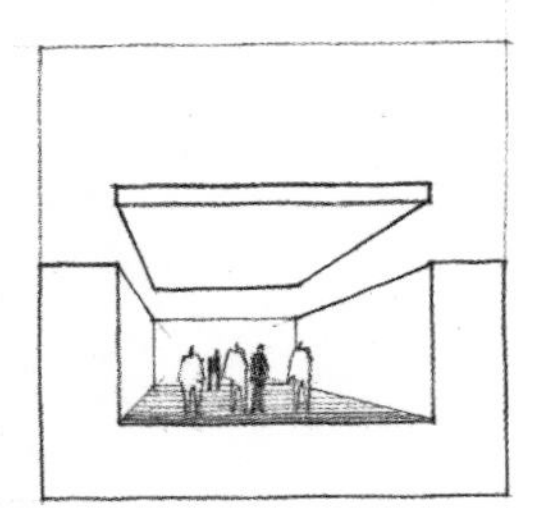

狭窄封闭的道路自然能促使人们向前走。为了容纳更大的交通量，同时创造停留、休息或观景的空间，道路的剖面可以加宽。道路还可以与它所穿越的空间合并而加宽。

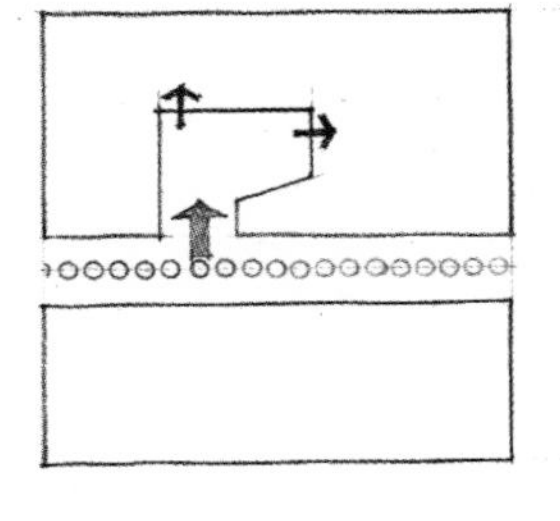
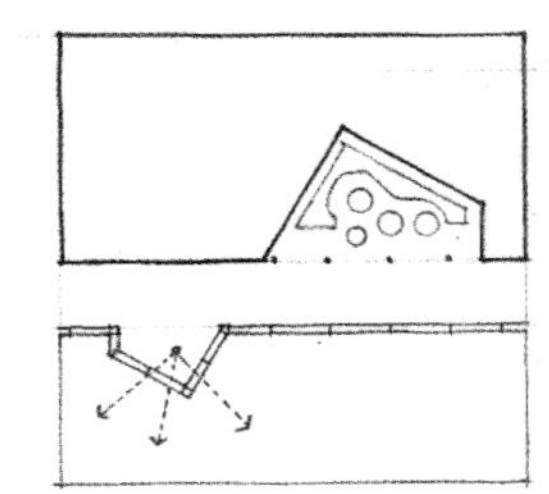
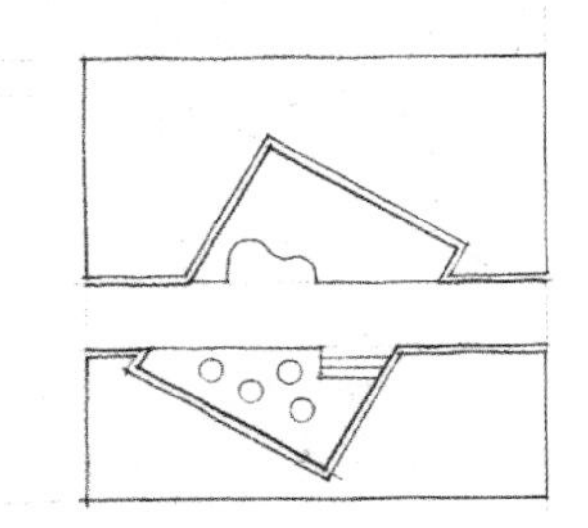

在一个大空间中，道路可以是任意的，既无形状又无边界，而是决定于空间中的行为与家具布置。

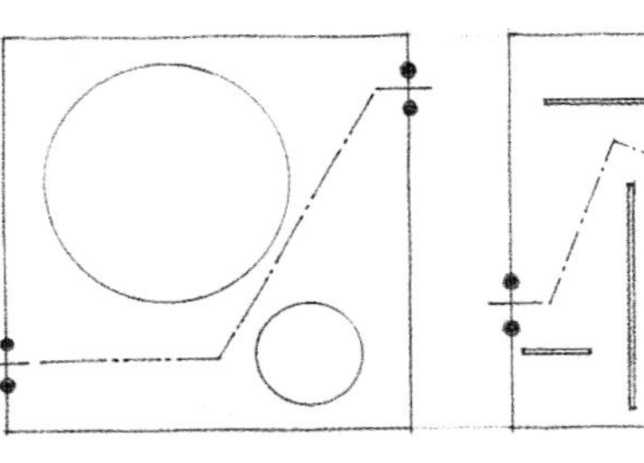
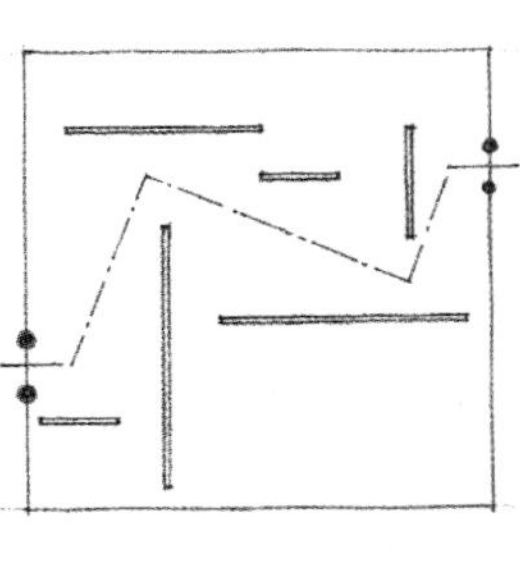
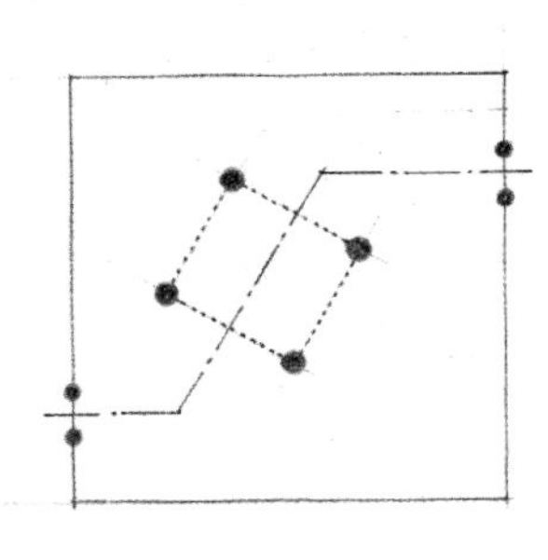

Cloister, **St. Maria della Pace**, Rome, 1500–1504, Donato Bramante
圣玛丽亚·德拉·佩斯修道院，罗马，1500—1504，多纳托·伯拉孟特

Hallway of **Okusu Residence**, Todoroki, Tokyo, Japan, 1976–1978, Tadao Ando
小楠住宅走廊，等等力，东京，日本，1976—1978，安滕忠雄

文艺复兴式宫殿的前厅

各种穿越建筑的交通空间形式的实例。

大厅通过柱廊向室内空间开放，并且通过一系列玻璃门门扇向室外庭院开敞。

Raised hall, **Residence in Morris County**, New Jersey, 1971, MLTW
抬高了的大厅，**莫里斯县的住宅**，新泽西州，1971，MLTW

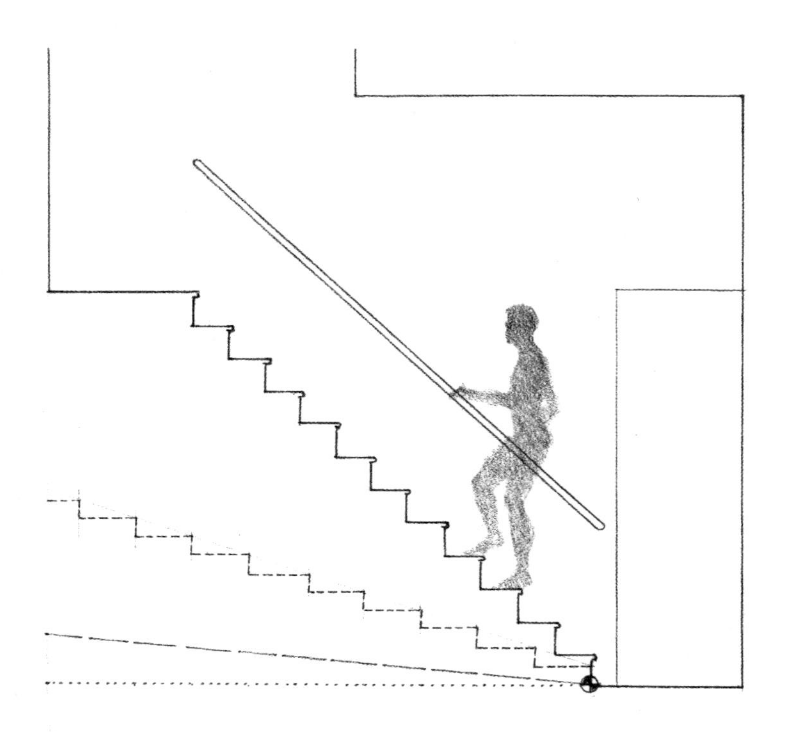

在建筑物内或室外环境中，台阶与楼梯为我们提供了不同高程之间的竖向运动。楼梯的坡度决定于其踢面与踏面的尺寸，其比例应适合人体的运动以及人体的能力。如坡度过陡，攀登台阶时会出现身体疲劳感，同时也会在心理上产生禁止攀登的感觉，下来时也不安全。如果坡度缓，则台阶的踏面必须足够宽，以适合人们行走。

楼梯必须足够宽，以使我们穿行舒适，同时还要满足那些必须上下搬运的家具与设备的要求。楼梯的宽度也为楼梯的属性是公共的还是私密的提供了视觉线索。宽阔、平缓的台阶能向人提出邀请，而狭窄、陡峭的楼梯则通向更加私密的场所。

上楼梯的行为可能传递的是私密性、超然或冷漠，而下楼梯的过程则暗示着向安全推进、受到保护或脚踏实地。

休息平台打断了楼梯，使楼梯可以改变方向。休息平台也提供了休息的机会以及从楼梯上接近或观景的可能性。当我们攀登或走下阶梯的时候，休息平台的位置与楼梯的斜度一起决定了我们动作的节奏与旋律。

楼梯在调整高程变化的过程中，能够强化运动的轨迹，打断运动、在运动过程中增加变化，或者在进入一个主要空间之前终止运动。

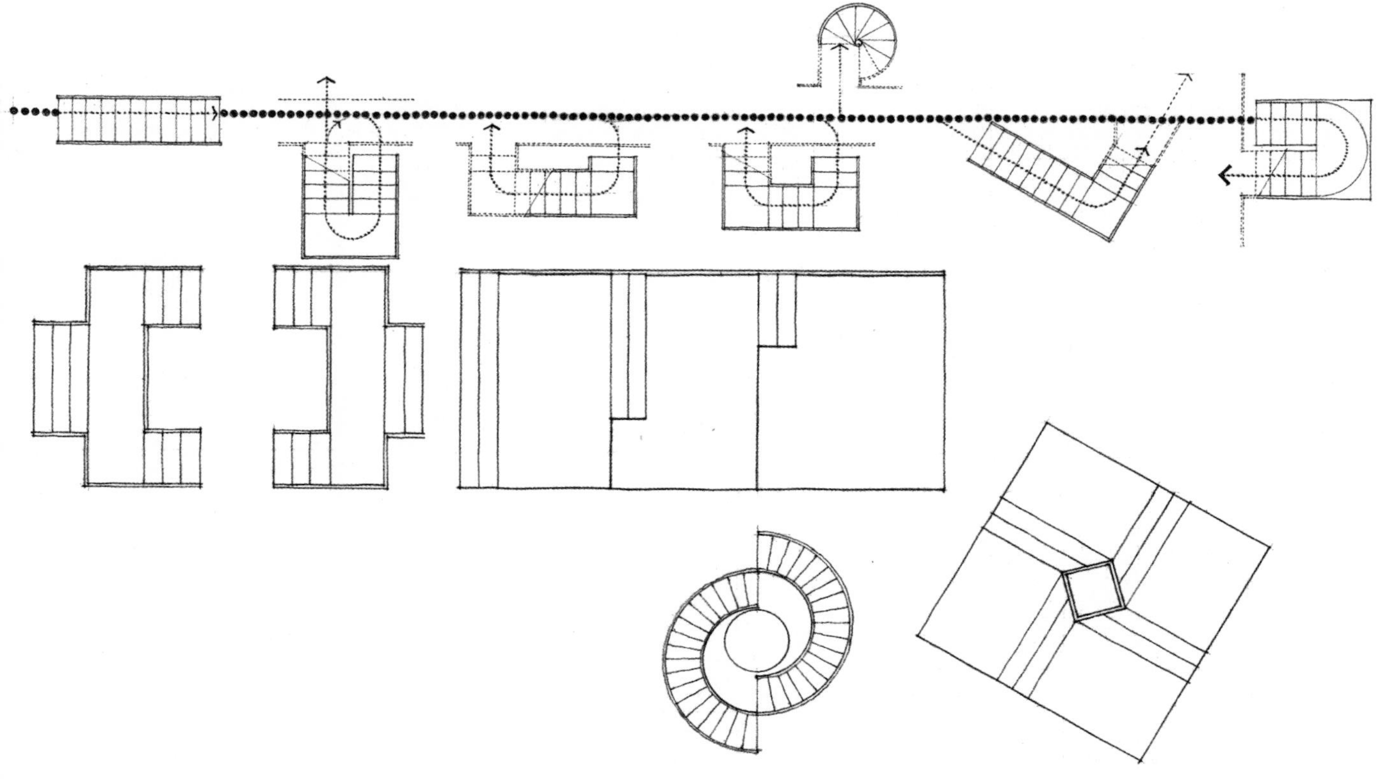

当我们攀登或走下阶梯时，楼梯的形状决定了我们行走路径的方向。楼梯梯跑的形状有以下几种基本方式：

- 直跑楼梯
- L 形楼梯
- U 形楼梯
- 圆形楼梯
- 螺旋楼梯

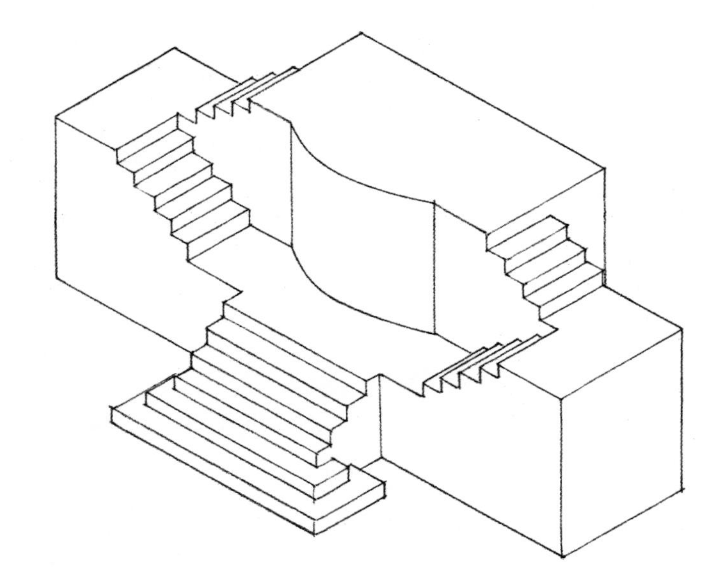

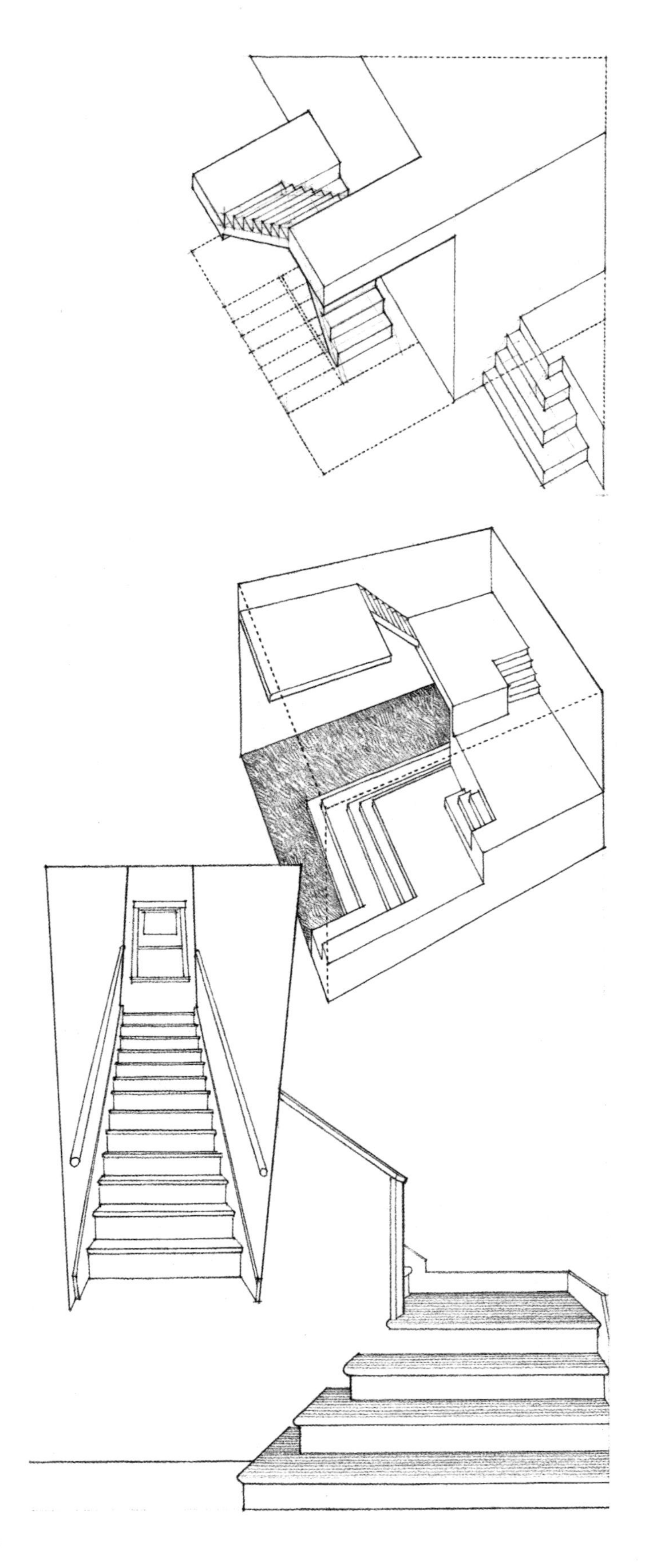

虽然楼梯占据的空间会很大，但是有几种方法，可以使楼梯的形式与室内相适应。它可以被看做附加形式，也可以被当成有体量的物体，在该物体上，空间被分割，分别用于运动和休息。

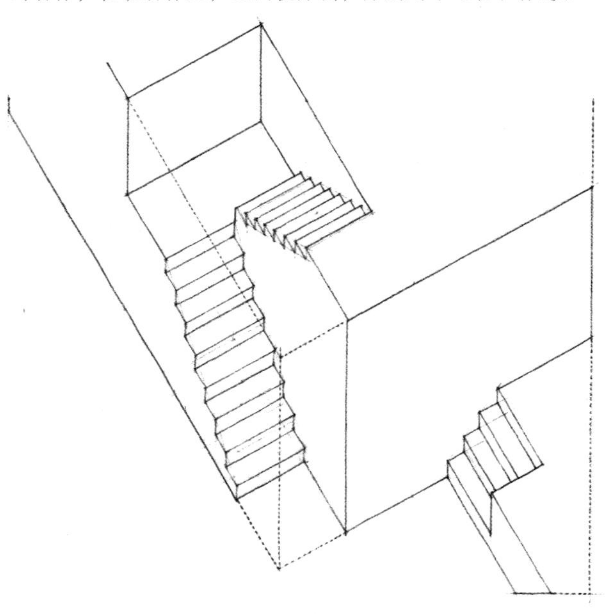

楼梯可以沿着一个房间的边缘布置，环绕空间或填充其内部。它可以与空间的边界交织在一起，或者延伸成一系列就座平台及表演露台。

楼梯的路径可以穿过一窄条空间，在两面墙之间陡然升起，表明这是通向私密场所的通道或者暗示此处不宜接近。

另一方面，如果能够在路径上看到休息平台，则具有邀请人们攀登的意味，在楼梯底端踏面突出的含义也是如此。

楼梯可以贴边，也可以沿着某一空间的边界盘旋而上。

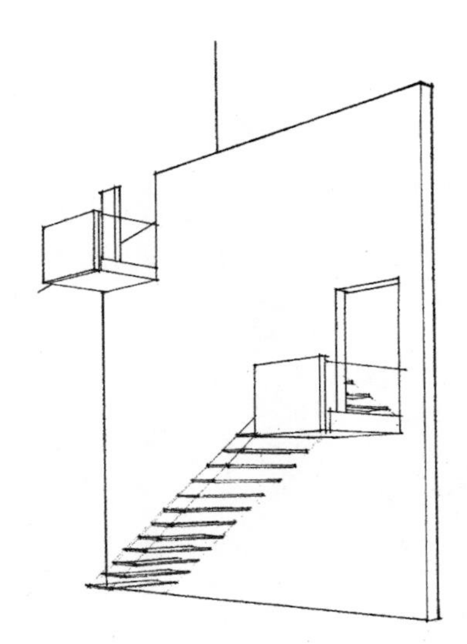

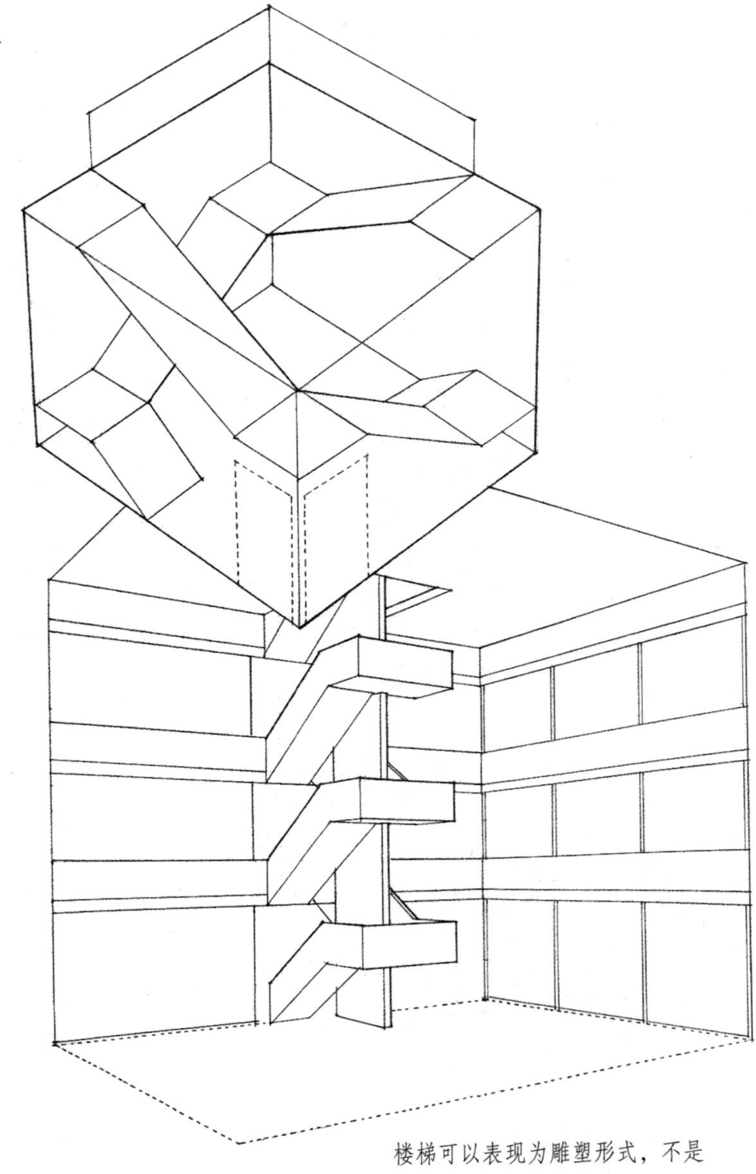

楼梯可以表现为雕塑形式，不是附着于一边，或是独立于某一空间之中。

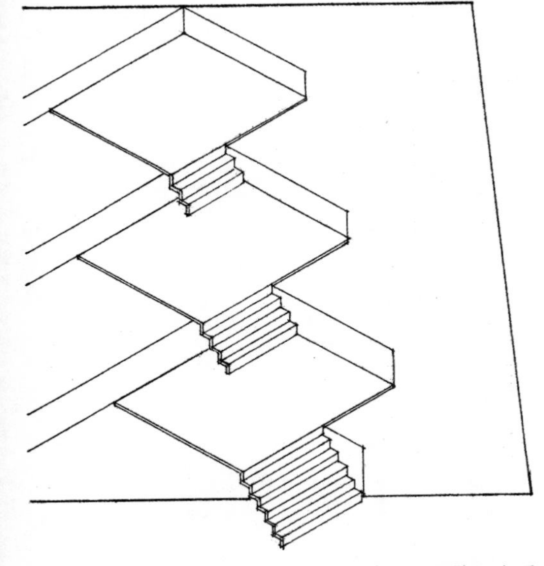

楼梯可以当做组合要素，把建筑物室内或室外高度不同的一系列空间编织在一起。

楼梯是三维的形体，正如上下楼梯也是一种三维的体验。当我们把楼梯作为一件雕塑，独立于空间之中或附着于墙面上时，可以充分利用楼梯三维的特点。推而广之，空间本身也能成为一个超尺度的、精心设计的楼梯。

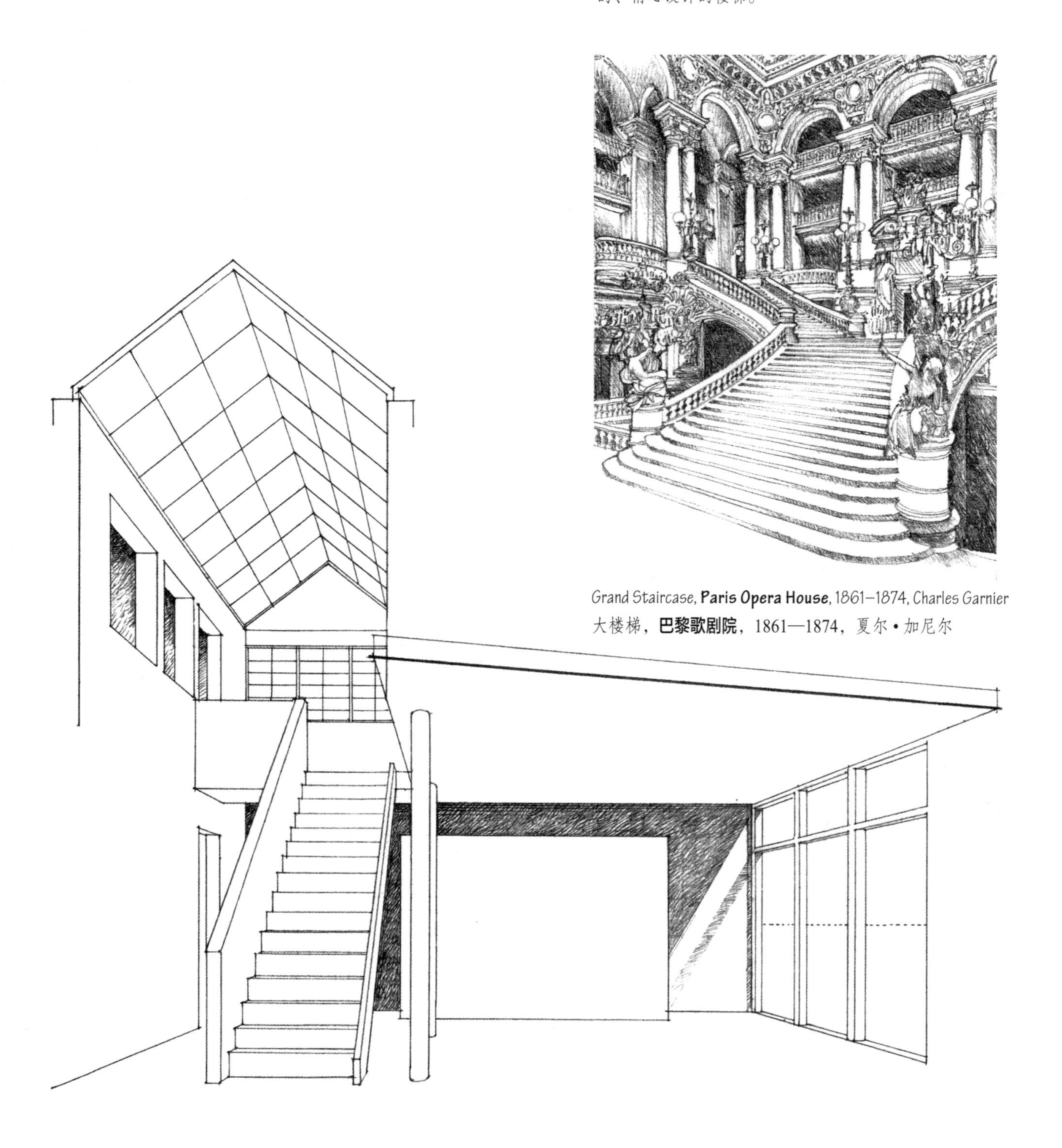

Grand Staircase, **Paris Opera House**, 1861–1874, Charles Garnier
大楼梯，**巴黎歌剧院**，1861—1874，夏尔•加尼尔

交通

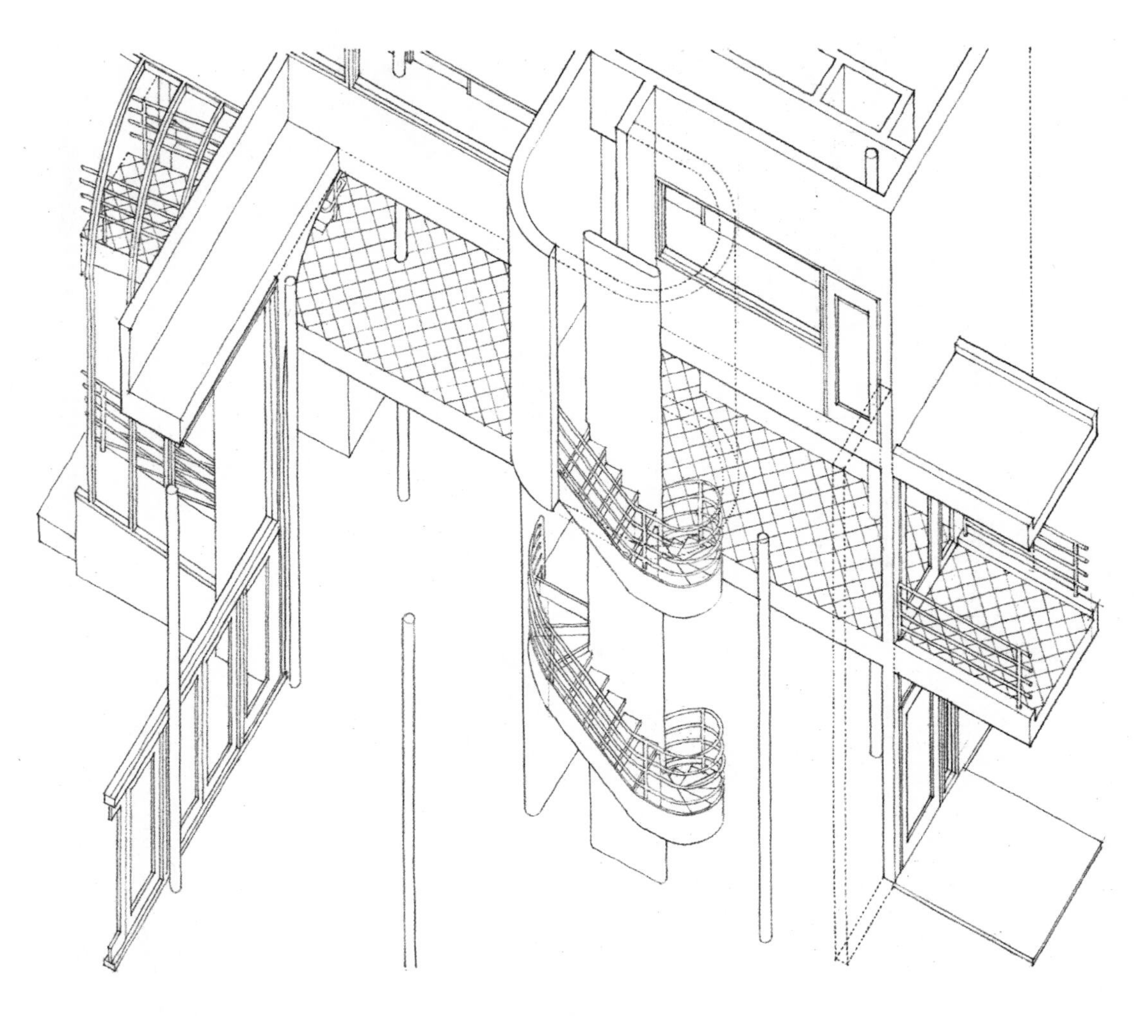

Plan oblique of living room stair, **House in Old Westbury**, New York, 1969–1971, Richard Meier
起居室楼梯的轴测图，**奥德・韦斯特伯里的住宅**，纽约州，1969—1971，理查德・迈耶

维特鲁威的人体图解，列奥纳多·达·芬奇

6 比例和尺度
Proportion & Scale

"在弗斯卡里别墅（the Villa Foscari）中，你能意识到那些用来分隔房间的墙体厚度，每一道墙都被赋予了肯定而精确的形式。在中心大厅十字交叉臂的尽端，都有一个方形房间，尺寸为16×16英尺。方形房间位于一大一小两个长方形房间之间，其中一个房间的尺寸为12×16英尺，另一个为16×24英尺，或者说是前一个房间的两倍。小房间的长边以及大房间的短边，与方形房间的边长相同。帕拉迪奥特别强调这些简单的比例关系：3:4，4:4和4:6，这是在音乐和声中能够找到的比值。中心大厅的宽度也以16为基础。其长度不是那么精确，因为墙体厚度必须加入房间的维度之中。以这种严格的连锁构图形成的大厅，其特殊效果来自其非常的高度，桶拱屋顶高高在上，跨越侧房和夹层。但是，你也许会问，参观者真的能感受到这些比例关系吗？答案是肯定的——虽然感受到的不是精确的尺寸，但是能够感受到这些比例背后的基本思想。人们领悟到的是一种高贵的印象、非常完整的构图，其中每个房间都处于一个更大的整体中，呈现出一种理想的形式。人们还可以感觉到各个房间彼此的关联。没有任何一点是无关紧要的——所有的一切都是重要而完整的。"

斯坦·埃勒·拉斯姆森（Steen Eiler Rasmussen）
《体验建筑》（*Experiencing Architecture*）
1962

本章讨论比例和尺度相互关联的话题。尺度是指某物比照参考标准或其他物体大小时的尺寸；比例则是指一个部分与另外一个部分或整体之间的适宜或和谐的关系。这种关系可能不仅仅是重要性大小的关系，也是数量大小与级别高低的关系。在决定事物的比例时，设计者通常有一个选择范围，有些是通过材料的性质、通过建筑要素的应力方式以及事物的构成方式呈现给我们。

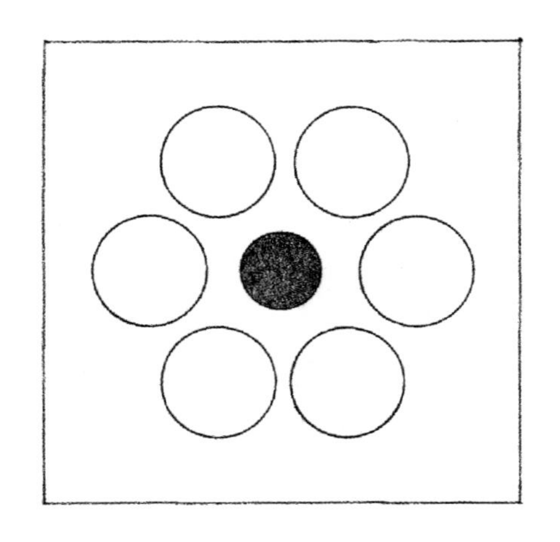
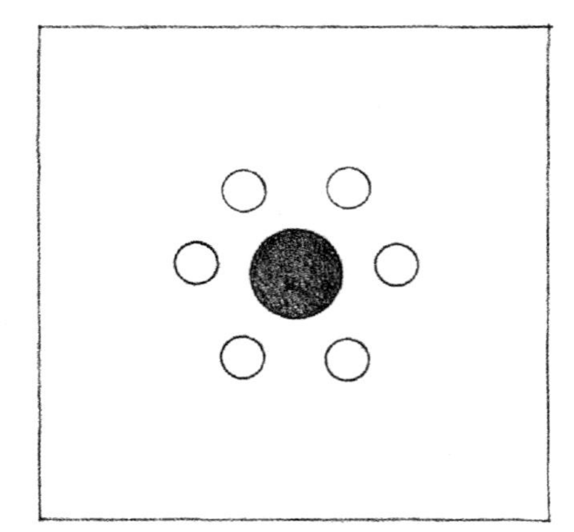
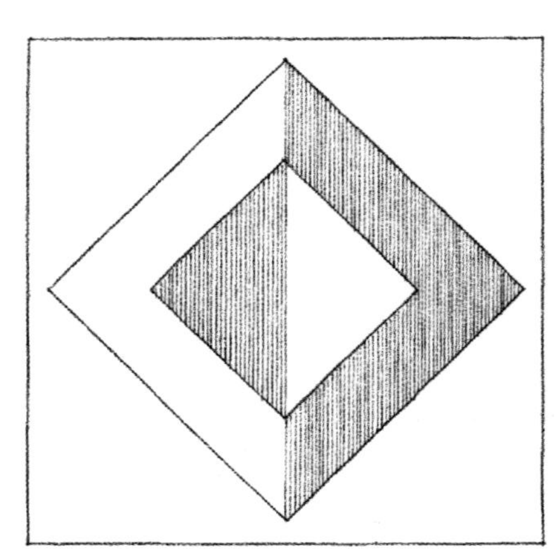
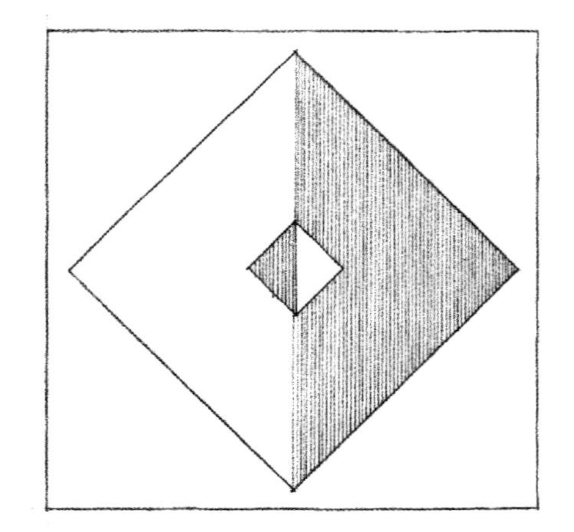

所有的建筑材料都有弹性、硬度、耐久性等不同的属性。而且所有材料都有一个强度极限，如果超过这个极限，建筑材料本身就不能再伸长，只能断裂或坍塌。由于重力作用，材料内的应力会随着物体尺寸的增加而增大，因此所有的材料还要有合理的尺寸，超过了也不行。例如，一块4英寸厚8英尺长的石板，可以合理地架在两个支点上，支撑自重并当做石桥。但是，如果将它的尺寸扩大4倍，长32英尺，厚16英寸，那么它很可能由于自重而坍塌。即使像钢材这样强度很大的材料，也有长度限制，超过了这一限制，钢材也会因为超过强度极限而难以跨越。

同样，所有的材料也有一个合理的比例，这是由材料固有的强度和弱点所决定的。例如，像砖这样的砖石材料砌体抗压强度大，而且依靠整体获得强度。因此这类材料的形式具有体量感。像钢材这类材料，抗压和抗拉都很强，因而可以塑造成线性的柱和梁以及平板。木材，作为一种灵活而且相当富有弹性的材料，可以用作线性的立柱和横梁、平板，或者在小木屋结构中作为整体构件。

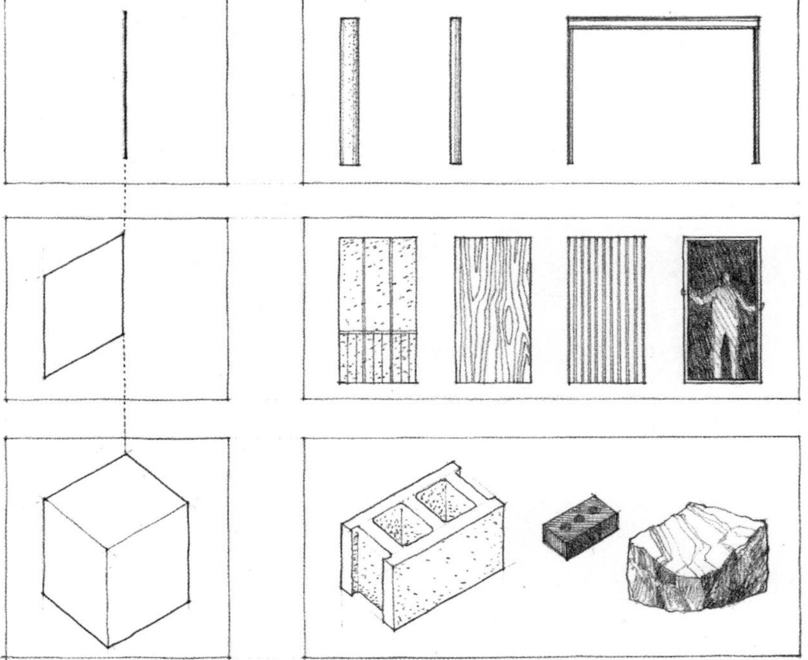

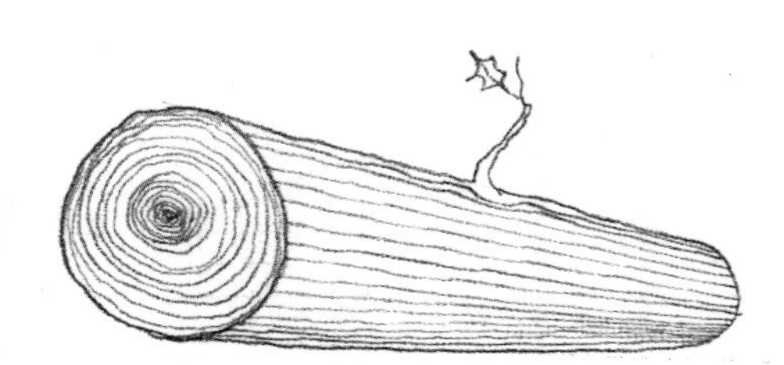

在建筑结构中，结构要素用来跨越空间，并通过竖向支撑将它们的荷载传递到建筑物的基础体系。这些构件的尺寸和比例，与它们所承担的结构任务直接相关，因此，在围合而成的空间中，这些构件是空间尺寸与尺度的视觉指示仪。

例如横梁，它的荷载是沿水平方向跨越空间传递到竖向支撑上。如果横梁的跨度或荷载增加一倍，它的弯应力也将增加一倍，很可能使其倒塌。但如果横梁的断面高度增加一倍，它的强度则增加到4倍。因此，断面高度是横梁的关键指标，其高跨比可以作为其结构作用的良好指标。

同样，随着荷载和支点间高度的增加，柱子也要相应加粗。梁与柱一起形成一幅划分空间模度的结构框架。通过它们的尺寸和比例，柱与梁清楚地表现了空间，并为空间赋予了尺度和结构层次。这一切可以通过主梁支撑次梁、大梁支撑主梁的方式观察出来。当荷载和跨度增加时，各种构件的截面高度都要增加。

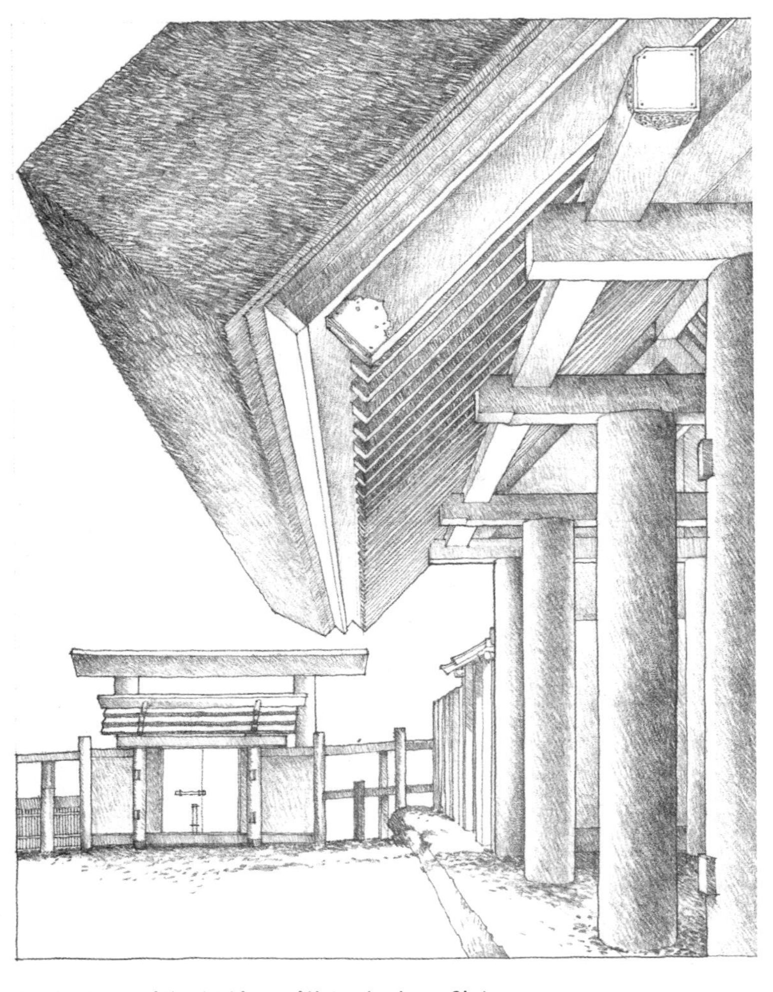

South gateway of the third fence of **Naigu**, **Ise Inner Shrine**, Mie Prefecture, Japan, A.D. 690
内宫第三道围墙的南门道，**伊势神宫**，三重县，日本，公元690年

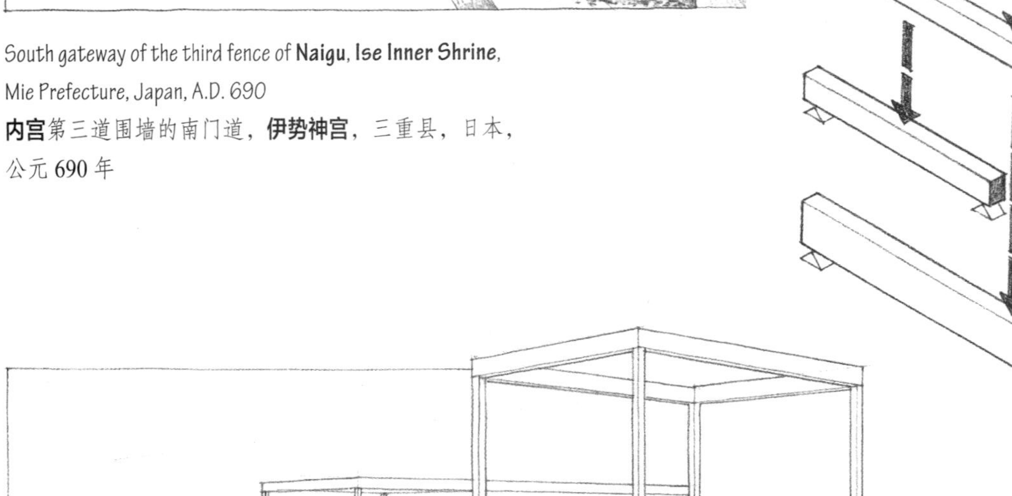

其他结构要素的比例，如承重墙、地板、屋面板、拱顶和穹顶的比例，也为我们了解这些构件在结构体系中的作用及其材料的性质，提供了视觉线索。由于抗压强度大而抗拉强度相对较弱，一堵砖砌墙在承担同样工作时，要比钢筋混凝土墙厚。在承担同样荷载时，钢柱要比木柱细。4 英寸厚的钢筋混凝土板要比 4 英寸厚的木板跨度大得多。

由于结构的稳定性主要依靠它的几何形状而不是依靠材料的重量和刚度，因此像薄膜结构和空间网架之类的结构，其构件将会变得越来越细，直到它们失去表现空间尺度和维度的能力。

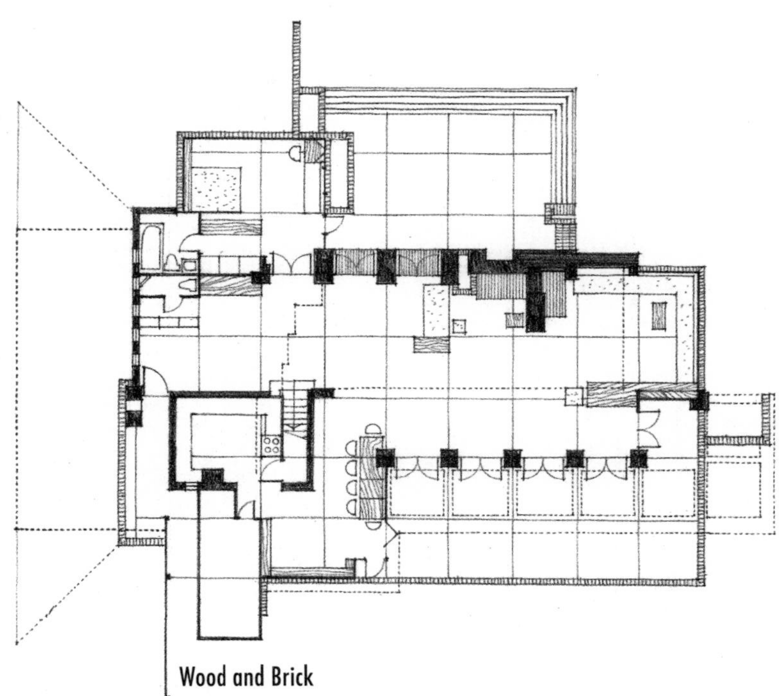

Wood and Brick

Schwartz House, Two Rivers, Wisconsin, 1939, Frank Lloyd Wright

砖木结构

施瓦茨住宅，双河，威斯康星州，1939，弗兰克•劳埃德•赖特

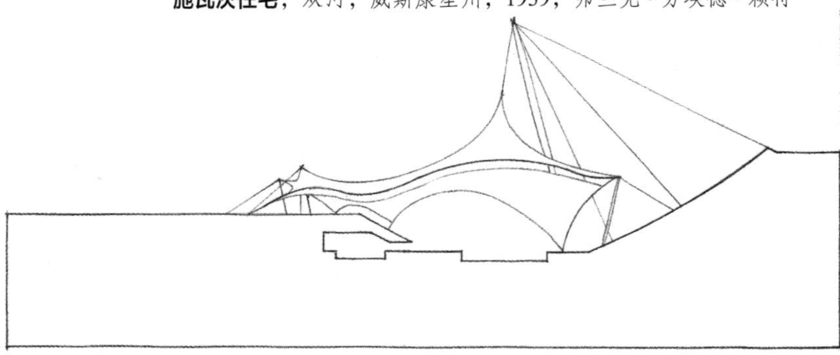

Membrane

Roof of **Olympic Swimming Arena**, Munich, Germany, 1972, Frei Otto

薄膜结构

奥林匹克游泳场屋顶，慕尼黑，德国，1972，弗雷•奥托

Steel

Crown Hall, School of Architecture and Urban Design, Illinois Institute of Technology, Chicago, 1956, Mies van der Rohe

钢架结构

皇冠厅，建筑与城市设计学院，伊利诺斯理工学院，芝加哥，1956，密斯•凡德罗

许多建筑构件的尺寸和比例不仅受到结构特征和功能的影响，而且还受到生产过程的影响。由于构件都是在工厂里大批量生产的，因此它们都是按照各个厂商或工业标准提出的要求，具有标准的尺寸和比例。

例如混凝土预制板和普通砖，就是作为建筑的模块化单位而生产的。虽然它们的尺寸不一定相同，但都有着统一的比例基础。胶合板和其他面板料，也都制作成具有固定比例的模块单位。型钢断面的比例，由钢铁制造商和美国钢结构协会（the American Institute of Steel Construction）统一起来。但门窗单元的比例，仍由各生产厂商自行决定。

由于各种各样的材料最终还需汇集一处，高度吻合地建造成一所房屋，所以工厂生产的建筑构件的标准尺寸、比例将会影响到其他材料的尺寸、比例和间距。标准的门窗单元，其尺寸和比例必须适合模度化砌体上的开洞。木质或金属的墙筋与格栅，其间距也必须与模块化的围护材料相符合。

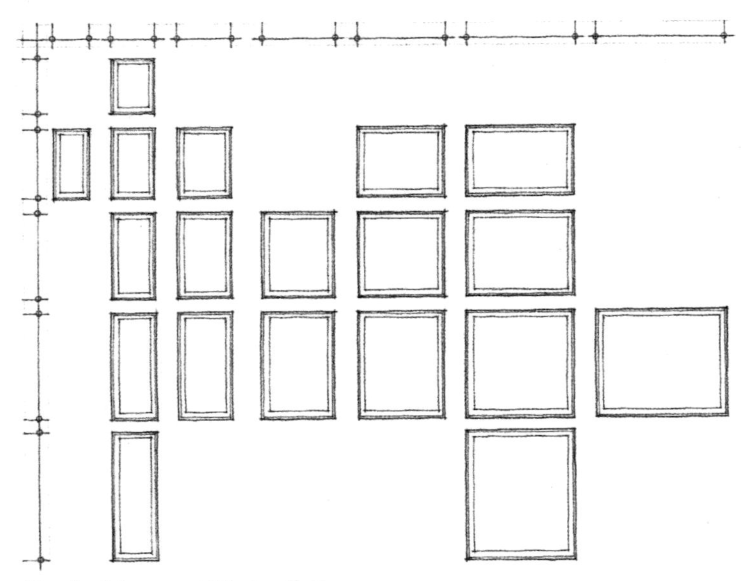

Standard Casement Window Units
标准门窗单元

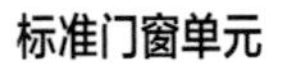

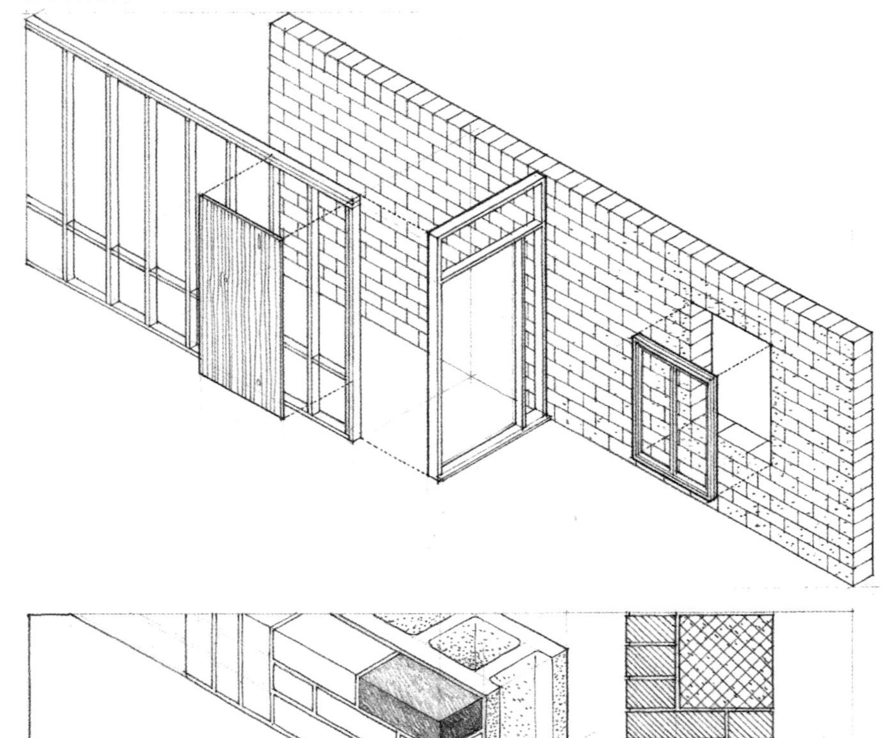

建筑材料的性质、结构功能以及生产过程都会约束建筑形式的比例，即使考虑到这些限制，设计者仍有能力控制建筑内外形体与空间的比例。房间的平面是正方形还是长方形，尺度亲切还是宏伟，或者赋予建筑物以雄伟壮丽、高于寻常的立面等，就理所当然由设计者来决定。但是这些决定的依据何在呢？

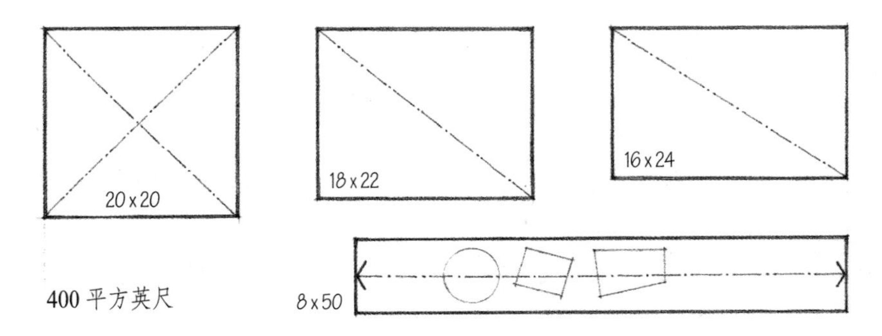

如果一个空间需要400平方英尺的面积，那么它应该具有怎样的尺度呢？宽与长以及长与高的比率应该如何？当然，空间的功能以及空间中各种行为的特征将会影响其形式和比例。

一个正方形的空间，具有四个完全相同的面，所以性质稳定。如果其长度增加，并远远大于其宽度，它就变得更富于动态。正方形或长方形的空间限定活动的场所，而线性的空间则鼓励运动，并易于分成若干地段。

像结构这样的技术因素也会对空间造成一方面或多方面的影响。其环境，如外部环境或相邻的内部空间，也会限制建筑物的形体。最终决定可能是为了使人想起以前某个地方的一个空间而去模仿其比例。或者，最后是以审美判断为基础，以建筑物局部之间、局部与整体之间的“理想”尺度关系的视觉判断为基础来做出裁决。

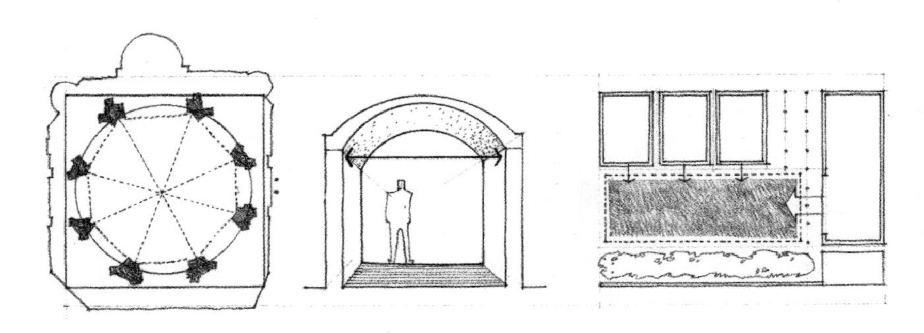

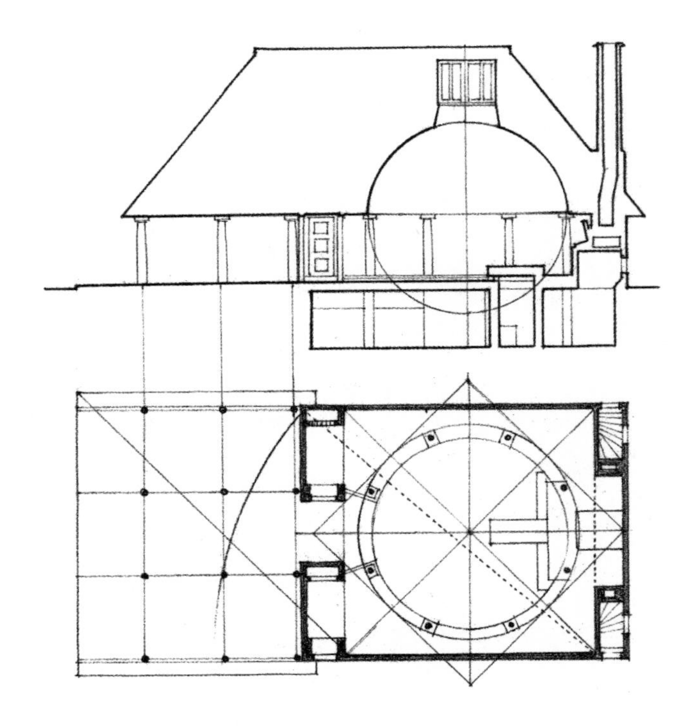

Woodland Chapel,
Stockholm, Sweden, 1918–1920, Erik Gunnar Asplund
林地礼拜堂，
斯德哥尔摩，瑞典，1918—1920，埃里克·贡纳尔·阿斯普伦德

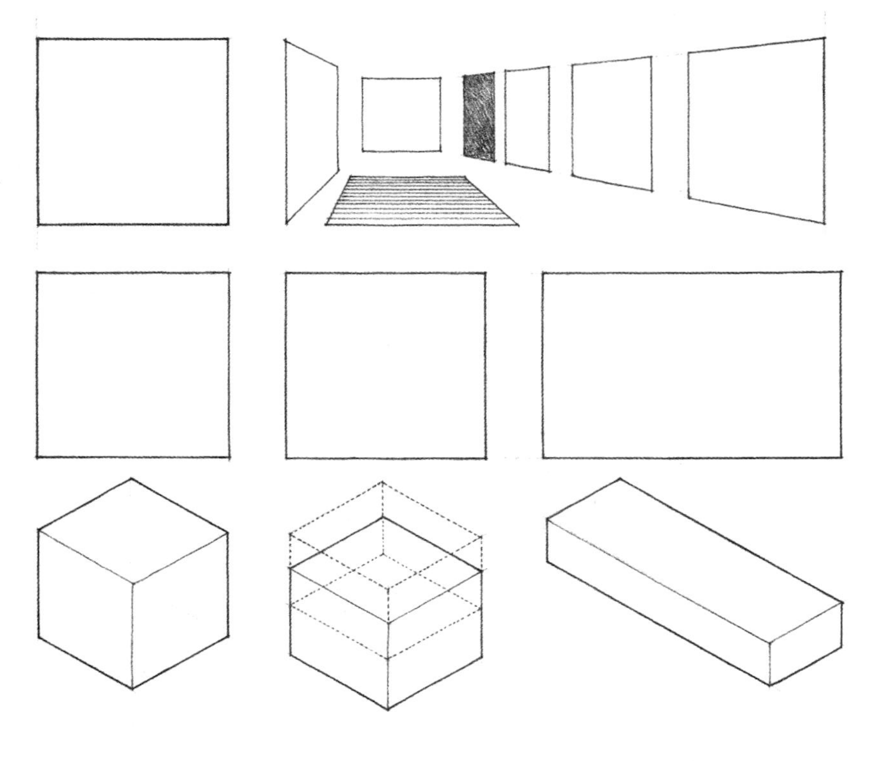

事实上，我们对于建筑各个实际维度的感知，对于比例和尺度的感知，都不是准确无误的。透视和距离的误差以及文化偏颇都会使我们的感知失真，因此要用客观和精确的方式来控制并预测我们的感知，绝非易事。

形体维度方面的细微差别，特别难以察觉。根据定义，正方形具有四条相等的边和四个直角，但是一个矩形可以看起来与正方形完全一样，或者差不多，也可以相差甚远。它可以显得很长，或者很短，粗壮或者矮短，这完全决定于我们的视点。我们用这些词语来描述形式或图形的视觉特征，这一特征主要是我们感知其比例关系的结果。然而这并不是精确的科学。

既然按照比例系统的规则所设计的精确尺寸和关系，并不可能完全客观地使任何人都得到相同的感觉，那为什么在建筑设计中，比例系统又神通广大，并具有举足轻重的意义呢？

Ratio 比值：$\frac{a}{b}$

Proportion 比例：$\frac{a}{b}=\frac{c}{d}$ 或 $\frac{a}{b}=\frac{b}{c}=\frac{c}{d}=\frac{d}{e}$

比例是两个比值之间的等式，其中四个量中的第一个除以第二个等于第三个除以第四个。

一切关于比例的理论，都致力于在视觉结构的各要素中，建立秩序感与和谐感。根据欧几里得（Euclid）的说法，比值是指两个相似事物的数量比；而比例则是指比值的相等关系。因此，任何比例系统中都包含着一个有特征的比值，这是一个永恒的特征，从一个比值传到另一个比值。这样，一个比例系统就在建筑物的局部之间以及局部与整体之间，建立起一套具有连贯性的视觉关系。虽然这些关系未必能被一个漫不经心的观察者一眼看出，但是通过一系列的反复体验，这些关系所产生的视觉秩序是可以被感知、接受，甚至得到公认。经过一段时间，我们也许能够达到寓整体于局部，或者寓局部于整体的境界。

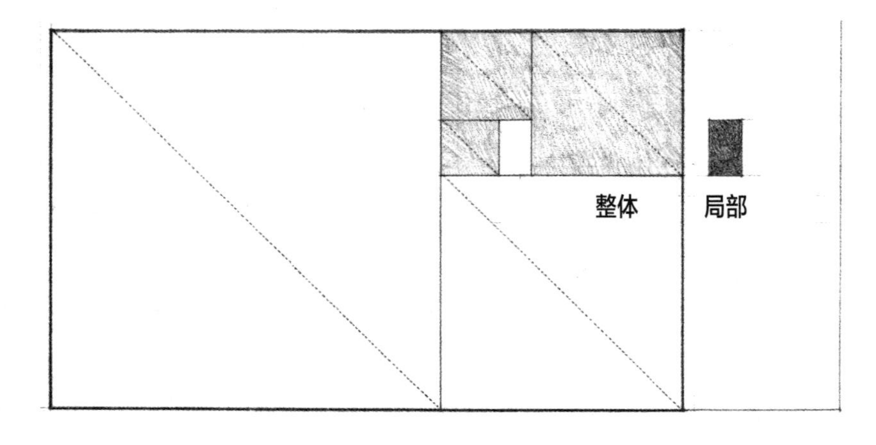

在建筑形式与空间处理方面，比例系统已经不仅仅是功能与技术的决定因素，而是为其提供了一套美学理论。通过将建筑物的各个局部归属于统一比例谱系的办法，比例系统可以使建筑设计中的众多要素具有视觉的统一性。比例系统能够使空间序列具有秩序感，加强其连续性，还能在建筑物室内和室外的各种要素中建立关系。

在历史进程中，已经逐渐形成许多关于“理想”比例关系的理论。在各个历史时期，为设计制定一个比例系统，并传授其方法，是人们共同的意愿。虽然，在不同历史时期，采取的比例系统各不相同，但是它的基本原则以及对设计者的价值却始终如一。

Theories of Proportion:
比例的理论

- Golden Section 黄金分割
- Classical Orders 古典柱式
- Renaissance Theories 文艺复兴理论
- Modulor 模度
- Ken “间”
- Anthropometry 人体测量学
- Scale 尺度 用于决定尺寸和维度的固定比例

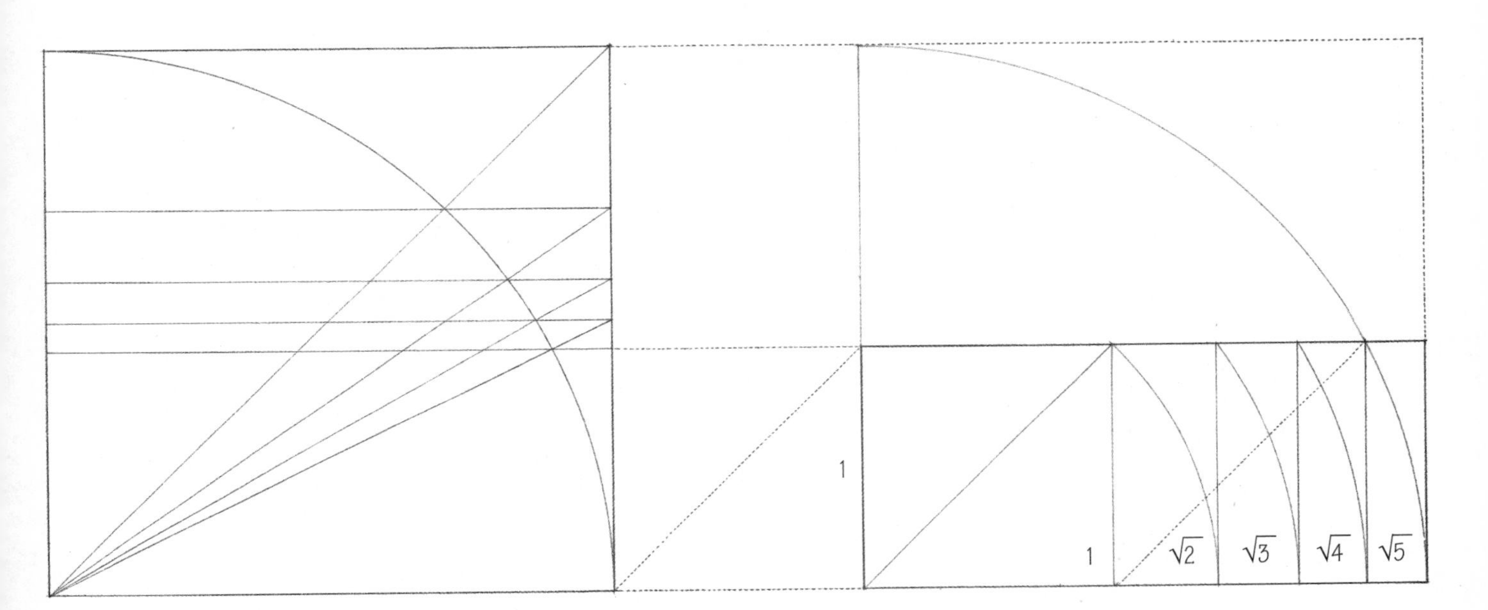

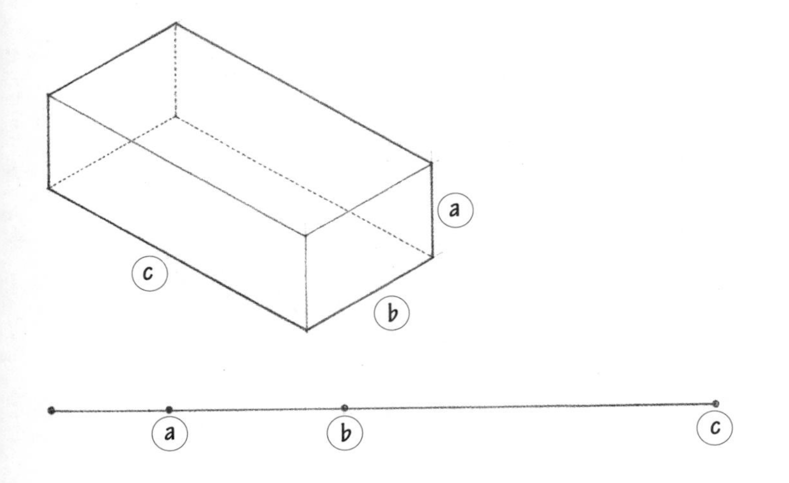

Types of Proportion:
比例的类别

Arithmetic 算数比 $\frac{c-b}{b-a} = \frac{c}{c}$ （例 1, 2, 3）

Geometric 几何比 $\frac{c-b}{b-a} = \frac{c}{b}$ （例 1, 2, 4）

Harmonic 和谐比 $\frac{c-b}{b-a} = \frac{c}{a}$ （例 2, 3, 6）

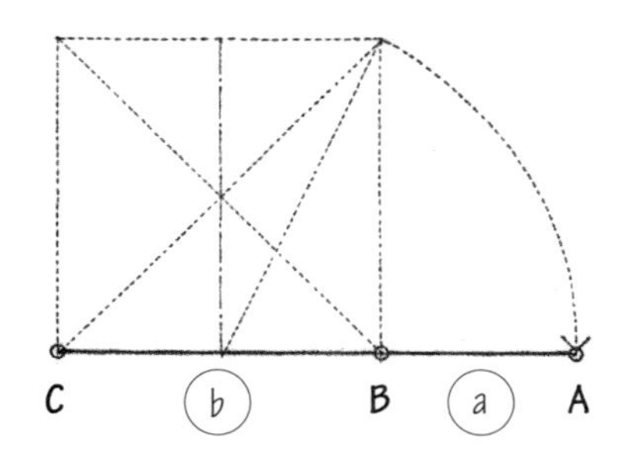

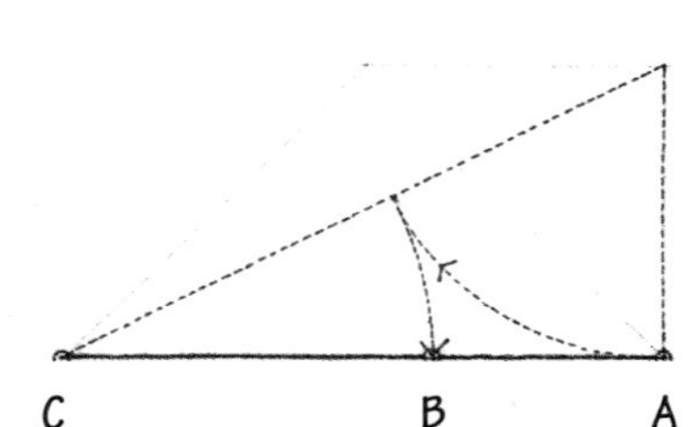

黄金分割的几何结构是先延长，再分割。

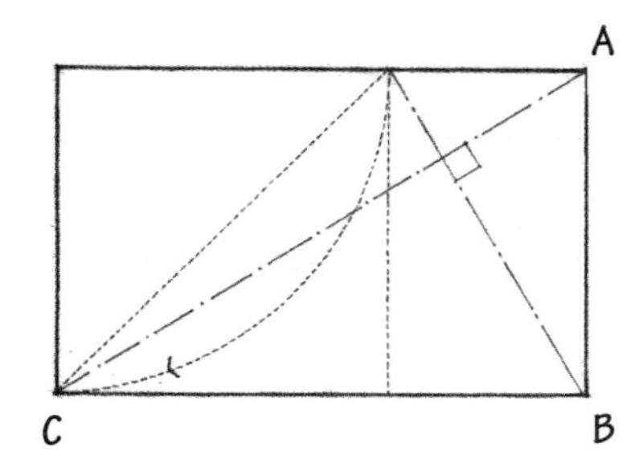

AB = a

BC = b

Ø = Golden Section 黄金分割

$$Ø = \frac{a}{b} = \frac{b}{a+b} = 0.618$$

比例的数学系统来源于毕达哥拉斯（Pythagorean）的观念："世界上的一切都是数字"以及这样一种信条，即某些数字关系表明了宇宙的和谐结构。被称为"黄金分割"的比例关系，便是自古以来所运用的数字关系之一。古希腊人发现，在人体比例中，黄金分割发挥着决定性的作用。他们认为，不管是人类或是供奉神灵的圣殿，都应该属于一种比较高级的宇宙秩序，因而，他们在庙宇建筑中运用了这些相同的比例。文艺复兴时期的建筑师，也在他们的作品中探索了黄金分割。在近代，勒•柯布西埃的模度体系就是以黄金分割为基础而建立的。黄金分割在建筑中的应用甚至一直延续至今。

黄金分割可以定义为：一条线被分为两段，两段的比值或者一个平面图形的两种尺寸之比，其中短段与长段的比值等于长段与二者之和的比值。它可以用代数式表达为两个比值的等式：

$$\frac{a}{b} = \frac{b}{a+b}$$

黄金分割具有一些奇妙的代数和几何特性，这使它得以存在于建筑之中，而且还存在于许多生命机体结构之中的原因。任何以黄金分割为基础的连续数列，都立刻变成累加的系列而且富于几何特征。

另外一个与黄金分割非常近似的整数数列是斐波纳契数列（Fibonacci Series）：1，1，2，3，5，8，13……其中每项都是前两项之和，并且当数列延续下去以至无穷的时候，相邻两项的比值也趋近于黄金比。

在数列 1，$Ø^1$，$Ø^2$，$Ø^3$……$Ø^n$ 中，每一项都是前两项之和。

边长比为黄金分割比的矩形,称为“黄金矩形”。如果在矩形内以短边为边做正方形，原矩形中余下的部分将又是一个小的相似的黄金矩形。无限重复这种作法，可以得到一个正方形和矩形的等级序列。在这种变化过程中，每个局部不仅与整体相似，而且与所有其余部分相似。本页的示意图说明了以黄金分割为基础的数列所具有的递增与几何增长的模式。

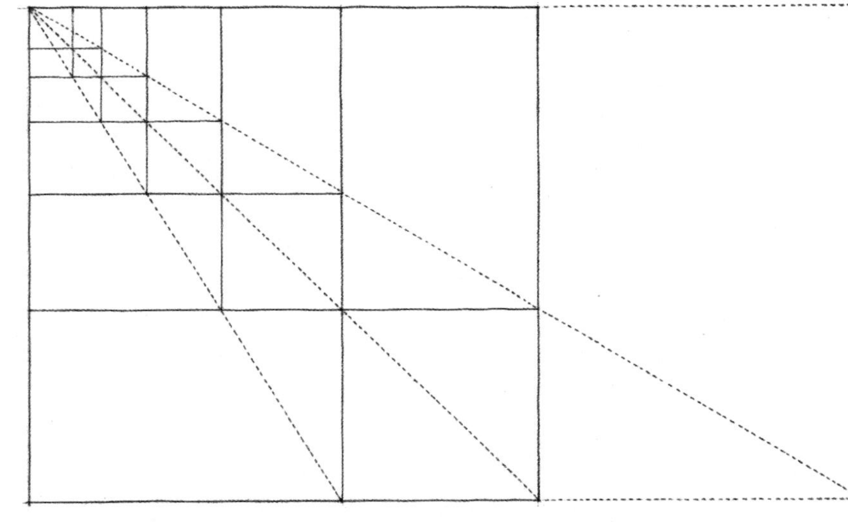

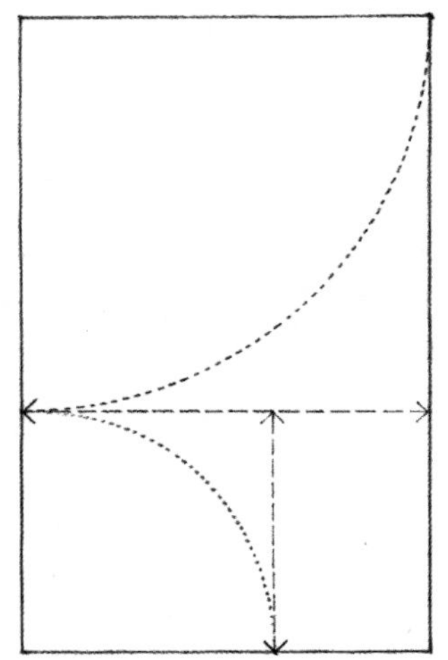

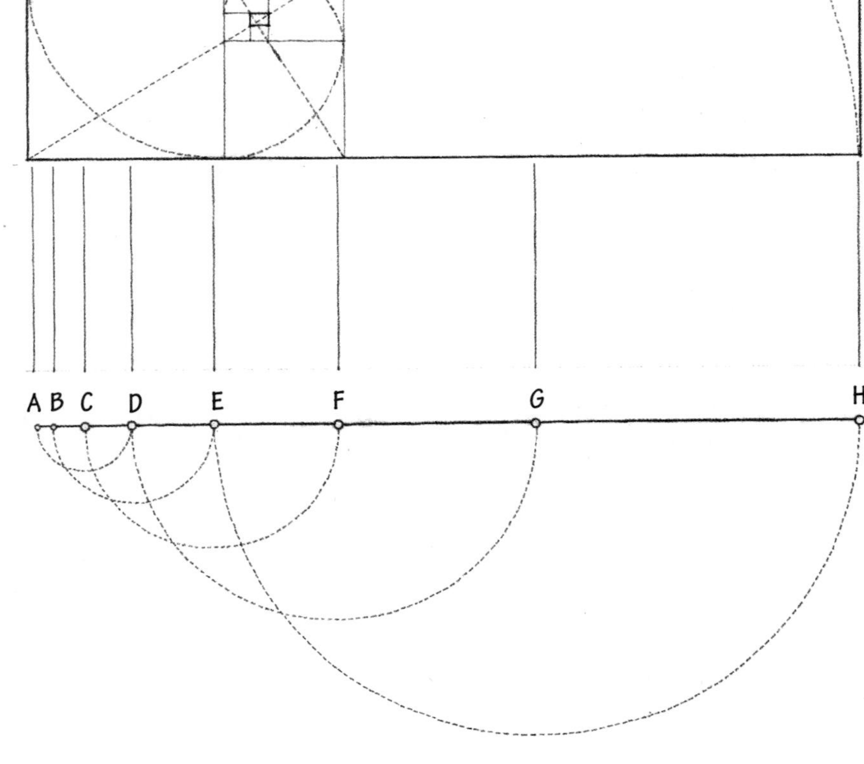

$$\frac{AB}{BC} = \frac{BC}{CD} = \frac{CD}{DE} \;\ldots\ldots = \emptyset$$

$$AB + BC = CD$$

$$BC + CD = DE$$

⋮

etc.

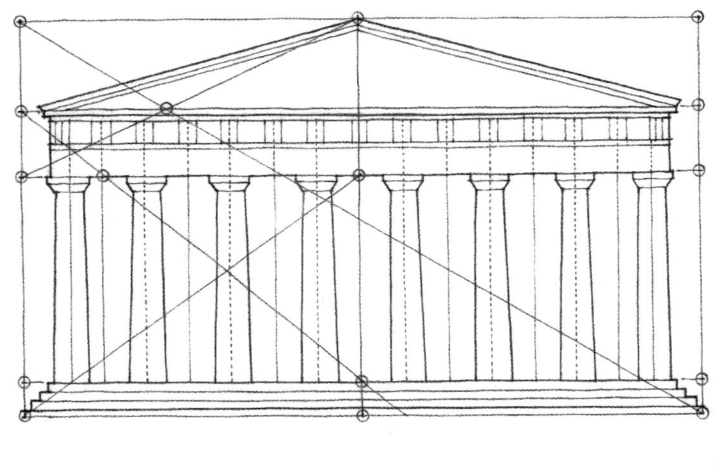

The Parthenon, Athens, 447–432 B.C., Ictinus and Callicrates
帕特农神庙，雅典，公元前 447—公元前 432 年，伊克蒂诺与卡里克莱特

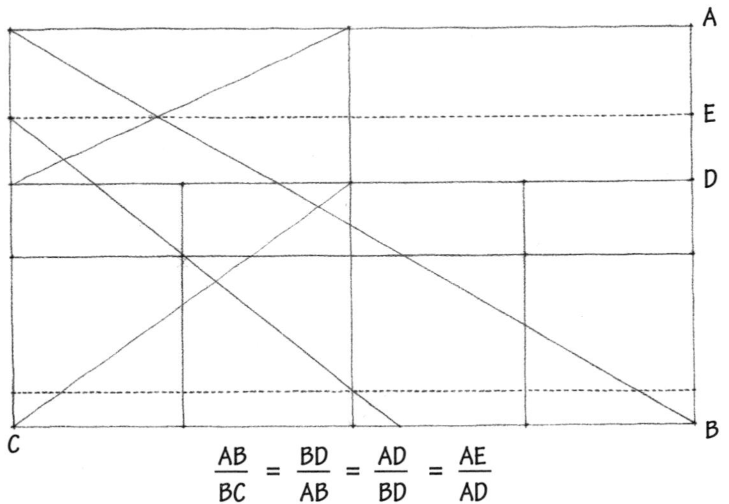

$$\frac{AB}{BC} = \frac{BD}{AB} = \frac{AD}{BD} = \frac{AE}{AD}$$

这两张分析图说明，帕特农神庙的正立面在划分比例时，运用了黄金分割。值得注意的是，虽然两张分析图，开始的时候都是把该立面放入一个黄金矩形中，但每张分析图证明黄金分割存在的方法却彼此不同，因而对正立面的尺寸及各构件的分布等分析效果也不同，这是很有趣的。

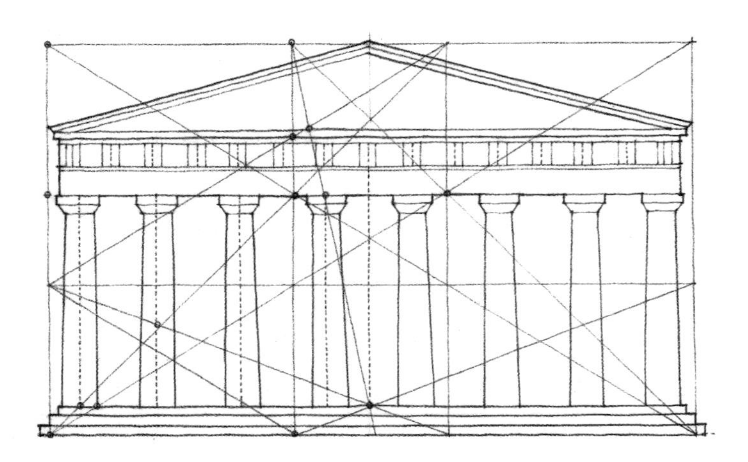

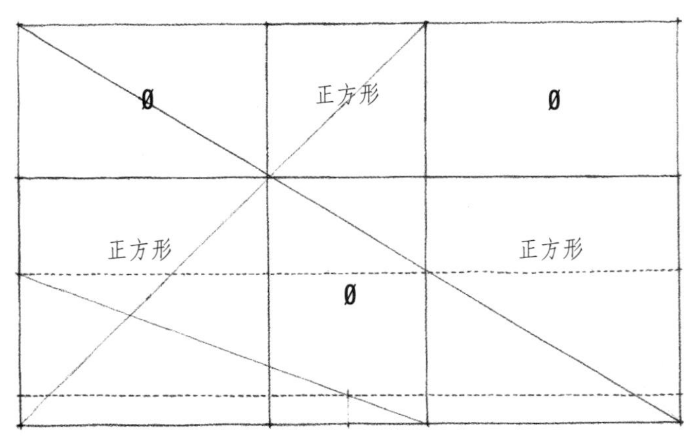

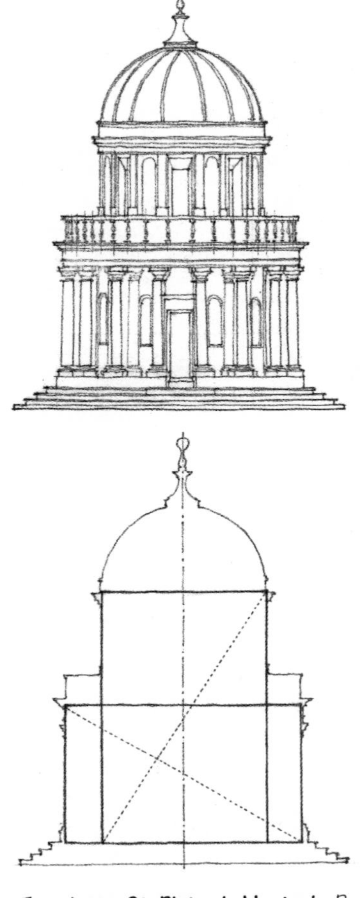

Tempietto, St. Pietro in Montorio, *Rome, 1502–1510, Donato Bramante*

蒙托里奥的圣彼得教堂中的坦比埃多（小教堂），罗马，1502—1510，多纳托•伯拉孟特

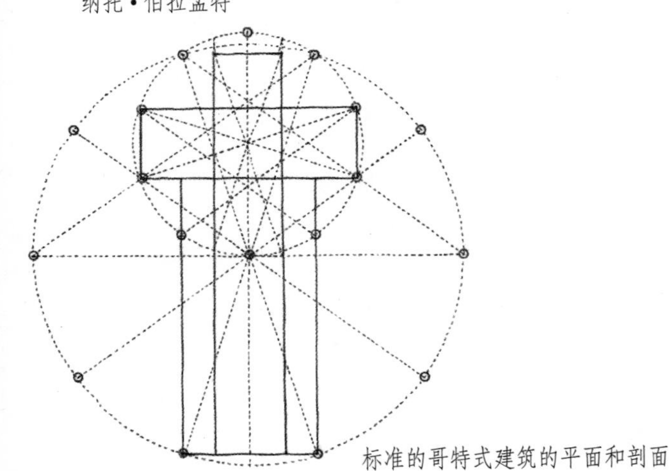

根据恩斯特•蒙塞尔的分析。

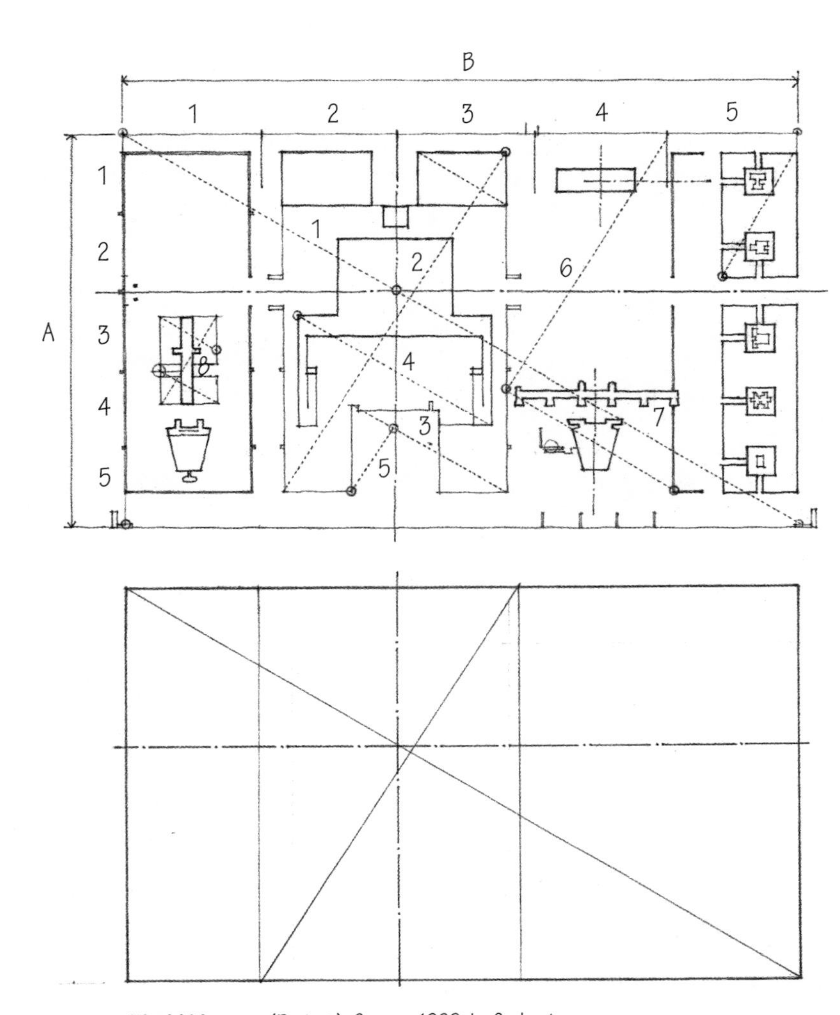

World Museum *(Project), Geneva, 1929, Le Corbusier*

世界博物馆（方案），日内瓦，1929，勒•柯布西埃

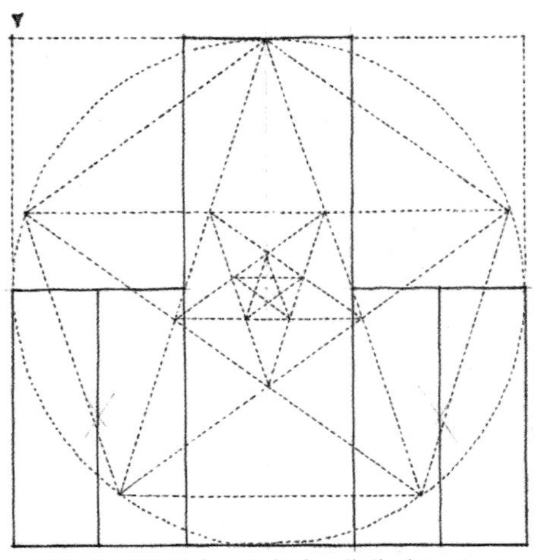

标准的哥特式建筑的平面和剖面

根据弗雷德里克•马考迪•伦德（Frederik Macody Lund）的分析。

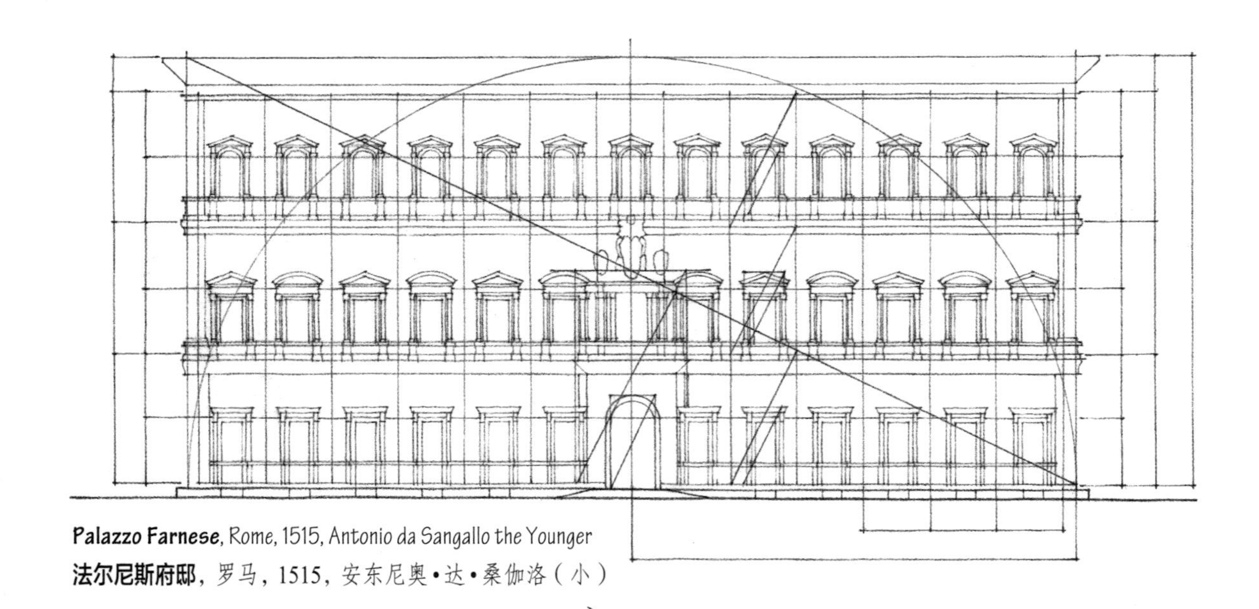

Palazzo Farnese, Rome, 1515, Antonio da Sangallo the Younger
法尔尼斯府邸，罗马，1515，安东尼奥•达•桑伽洛（小）

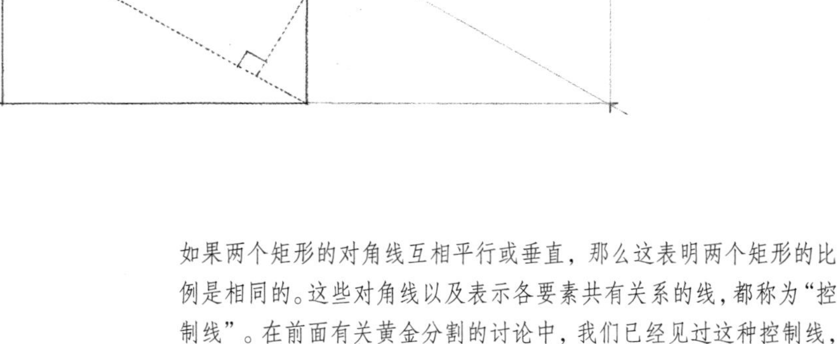

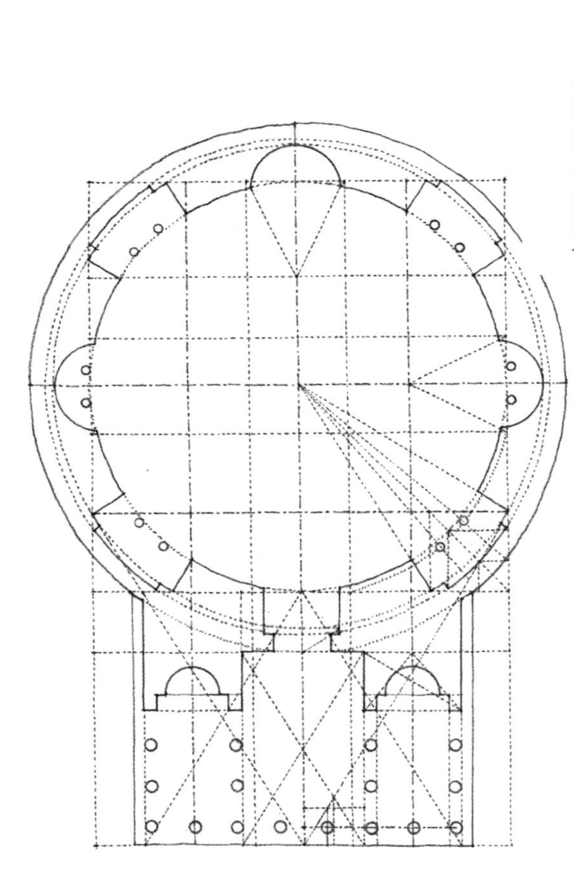

The Pantheon, Rome, A.D. 120–124
万神庙，罗马，公元 120—124 年

如果两个矩形的对角线互相平行或垂直，那么这表明两个矩形的比例是相同的。这些对角线以及表示各要素共有关系的线，都称为“控制线”。在前面有关黄金分割的讨论中，我们已经见过这种控制线，但是这些线也可以用于其他比例系统来控制各要素的比例和位置。勒•柯布西埃在《走向新建筑》中讲了下面一段话：

“一条控制线是反对任何主观任意性的保证；它是一种验证的方法，可以矫正在激情中做出的工作……它赋予一个作品以韵律感。控制线给这一具象的形式带来了数学，而数学则给这种形式以可靠的秩序感。一条控制线的选择规定了一件作品的基本几何特征……它是为了达到一定目的的手段；但它不是一个现成的处理方法。”

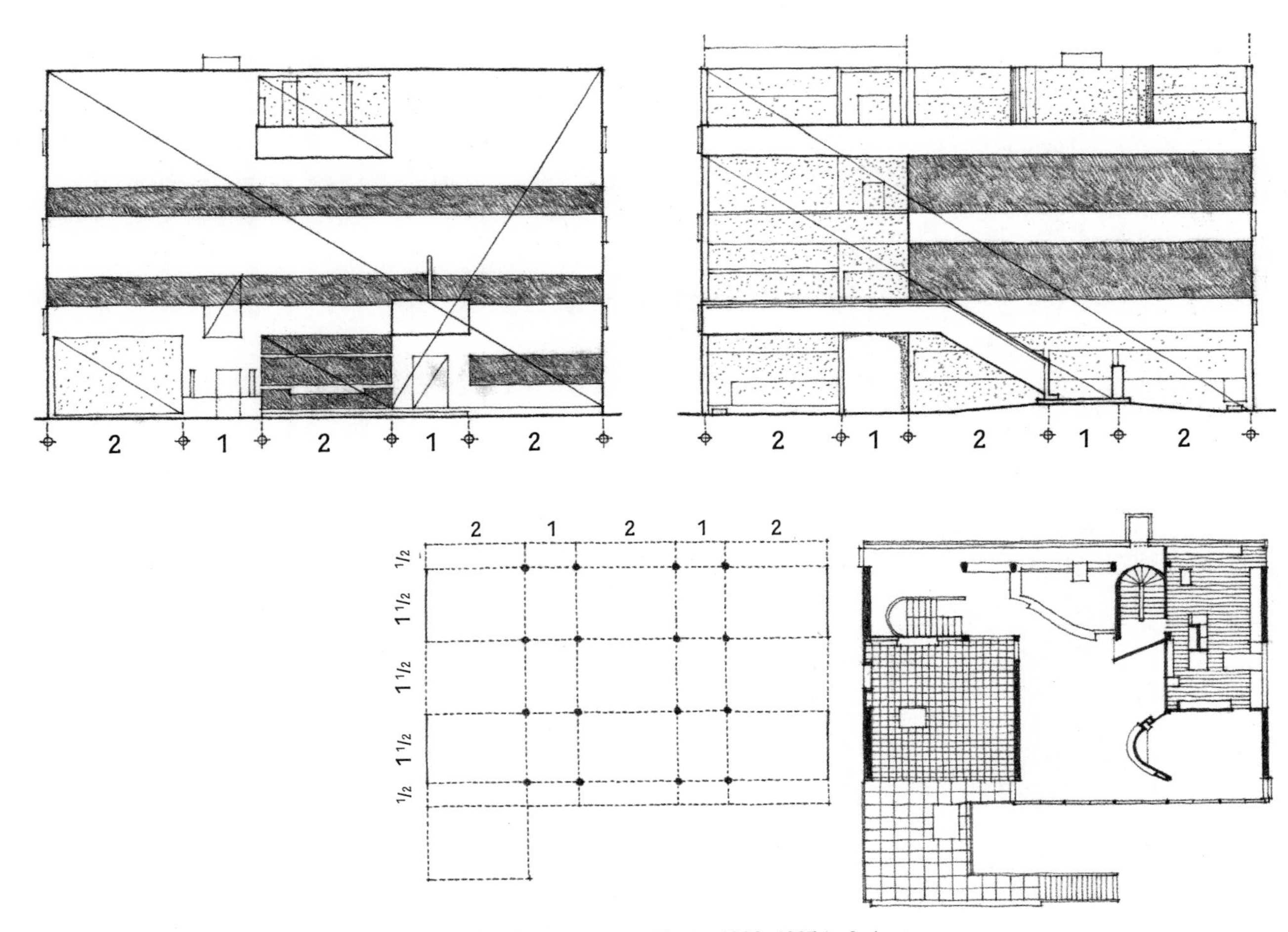

Villa Garches, Vaucresson, France, 1926–1927, Le Corbusier

加歇别墅，沃克雷松，法国，1926—1927，勒·柯布西埃

1947年，科林·罗（Colin Rowe）在他的《理想别墅中的数学》（*The Mathematics of the Ideal Villa*）一文中，指出了帕拉迪奥式别墅的空间划分与勒·柯布西埃的一个别墅在结构网格上的共同点。虽然这两个别墅都采用了相同的比例系统，并反映出很高的数学秩序关系，但是帕拉迪奥别墅中的空间形状固定，关系和谐。而勒·柯布西埃的别墅则由横向分层的自由空间构成，这些自由空间是用楼板和顶棚划分的。房间的形状不一，非对称地布置在每层楼上。

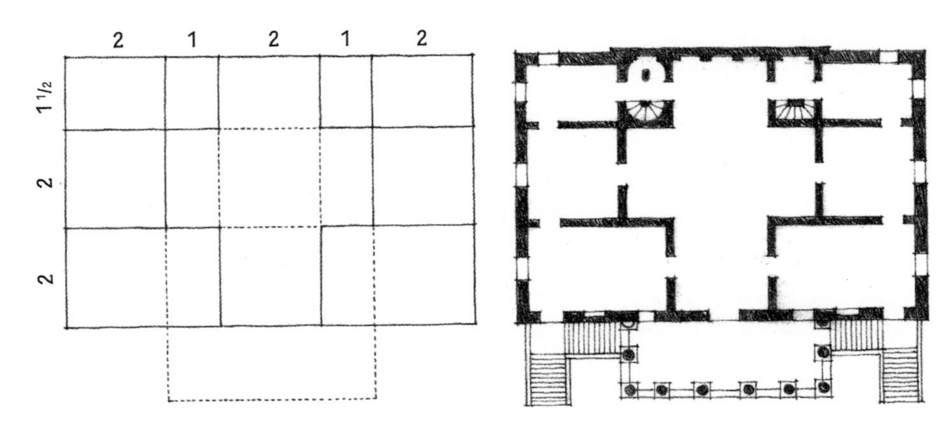

Villa Foscari, Malcontenta, Italy, 1558, Andrea Palladio

弗斯卡里别墅，马尔孔滕塔，意大利，1558，安德烈·帕拉迪奥

Ionic Order, from the **Temple on the Ilissus**, Athens, 449 B.C., Callicrates. After a drawing by William R. Ware.

爱奥尼克柱式，出自**伊利索斯河畔的神庙**，雅典，公元前449年，卡利克拉特，根据威廉•罗伯特•韦尔的图复制。

对于古希腊或古罗马的古迹而言，柱式以其各部分的比例，尽善尽美地体现了优美与和谐。柱径是基本的度量单位，柱身、柱头以及下面的柱础和上面的柱檐，直到最小的细部，都出自于这个模度。柱间距（Intercolumniation），即柱与柱之间的距离系统，也同样以柱径为基础。

由于建筑物的大小不同，柱子的尺寸也不一样，因此柱式并不以一个固定的计量单位作基础。确切地说，这样做的目的，是为了保证任何一栋建筑物所有的局部都成比例，并且互相协调。

在奥古斯都大帝（Augustus）时期，维特鲁威研究了柱式的典型实例，并在他的论述《建筑十书》（*The Ten Books on Architecture*）中阐述了各种“理想”的比例关系。维尼奥拉为意大利文艺复兴时期的建筑重新整理了这些法则，时至今日，他的柱式造型也许仍是最负盛名的。

Tuscan
塔斯干式
Doric
多立克式
Ionic
爱奥尼克式
Corinthian
科林斯式
Composite
混合式

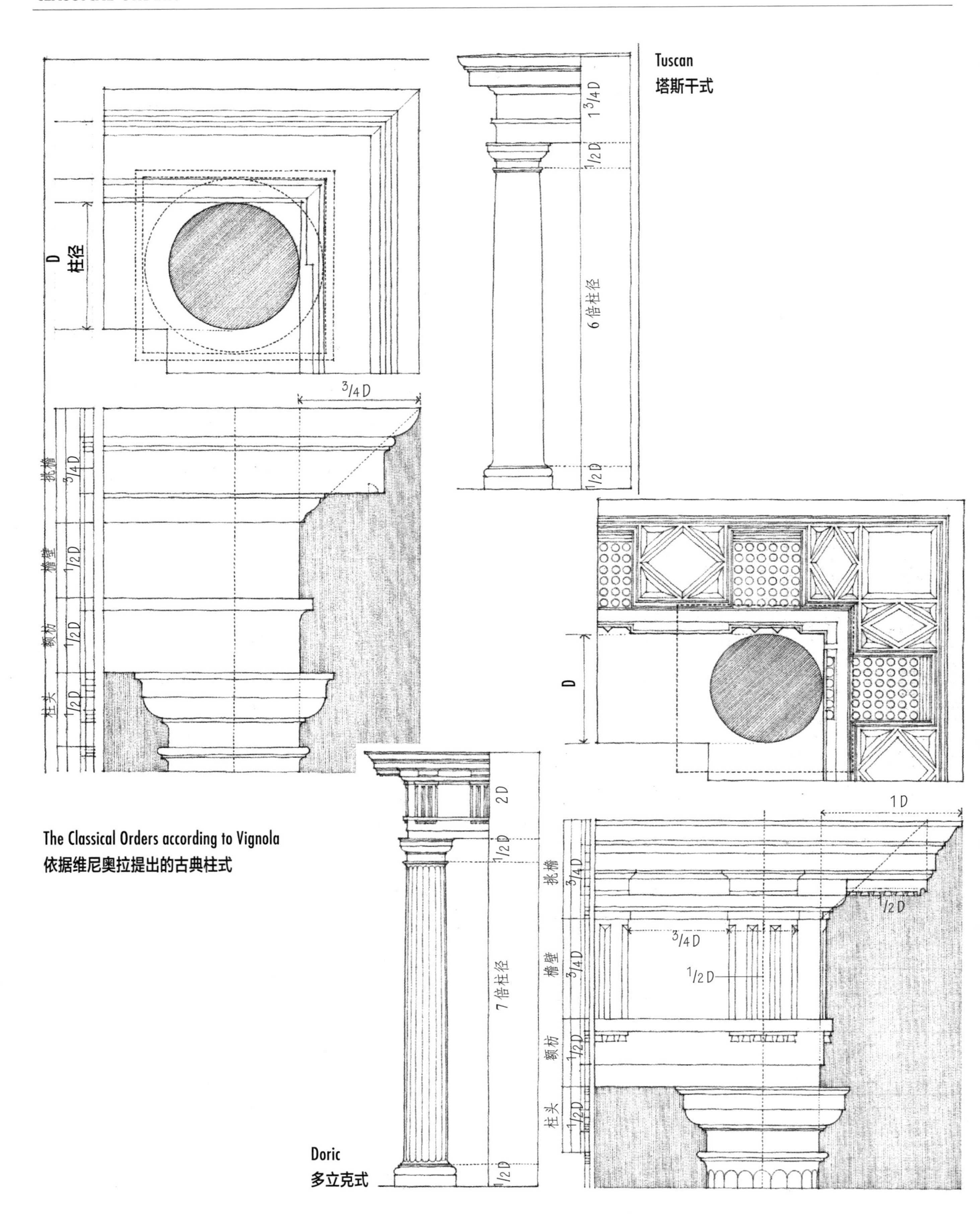

The Classical Orders according to Vignola
依据维尼奥拉提出的古典柱式

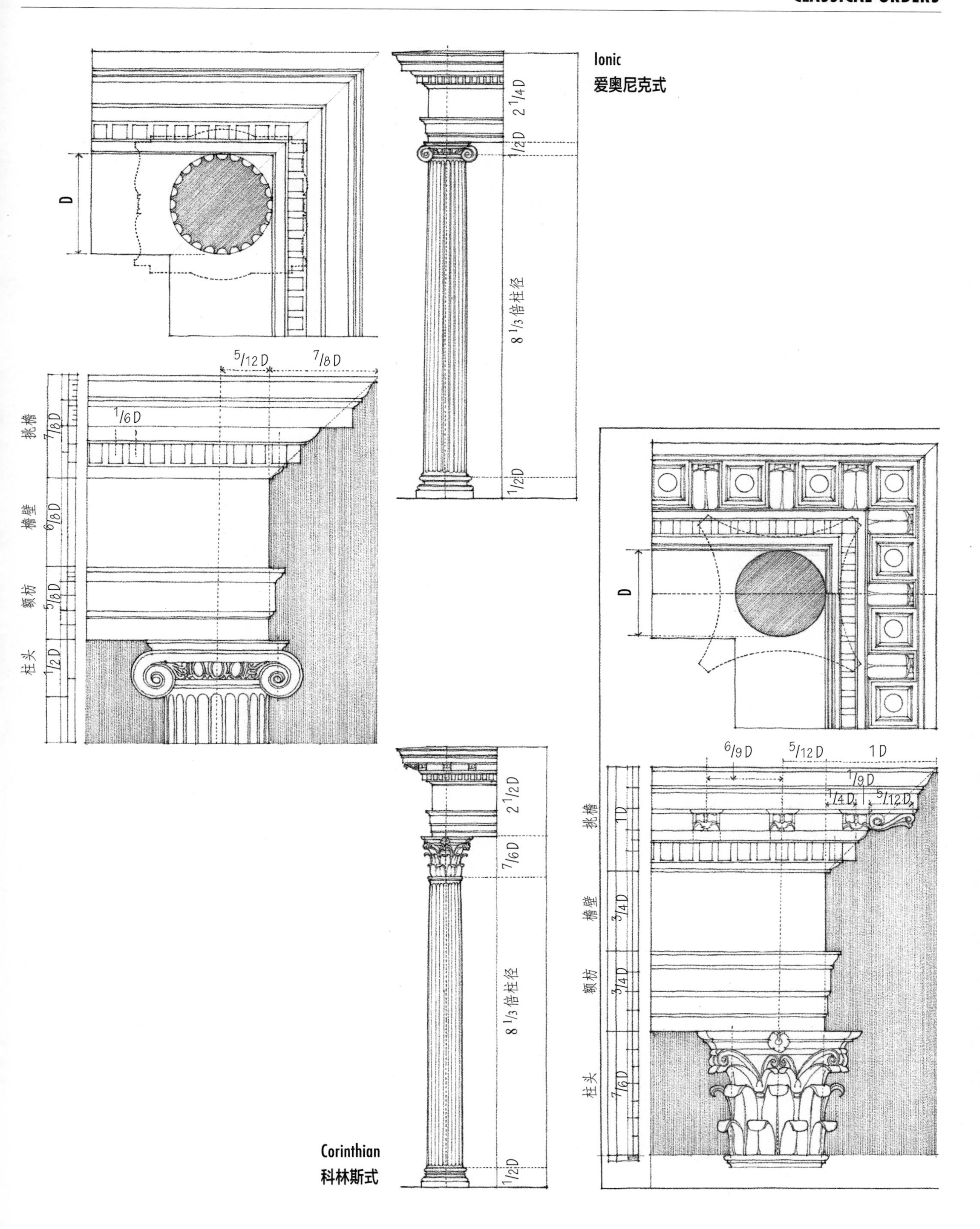
Ionic
爱奥尼克式
D
2 1/4 D
1/2 D
8 1/3 倍柱径
1/2 D
5/12 D
7/8 D
1/6 D
挑檐 7/8 D
檐壁 6/8 D
额枋 5/8 D
柱头 1/2 D
D
6/9 D
5/12 D
1 D
1/9 D
1/4 D
5/12 D
挑檐 1 D
檐壁 3/4 D
额枋 3/4 D
柱头 7/6 D
2 1/2 D
7/6 D
8 1/3 倍柱径
1/2 D
Corinthian
科林斯式

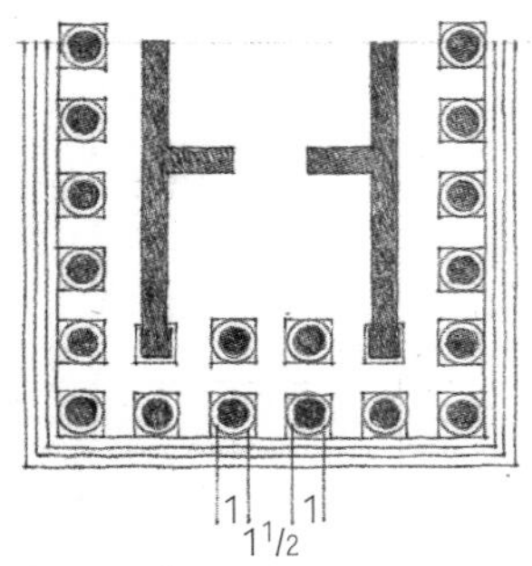

Pycnostyle
倍半式

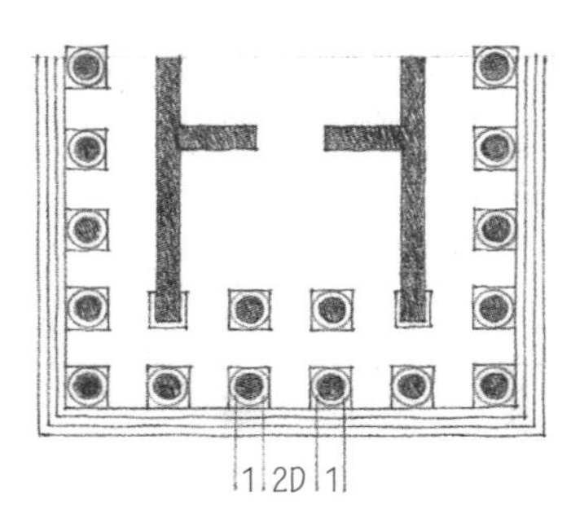

Systyle
双倍式

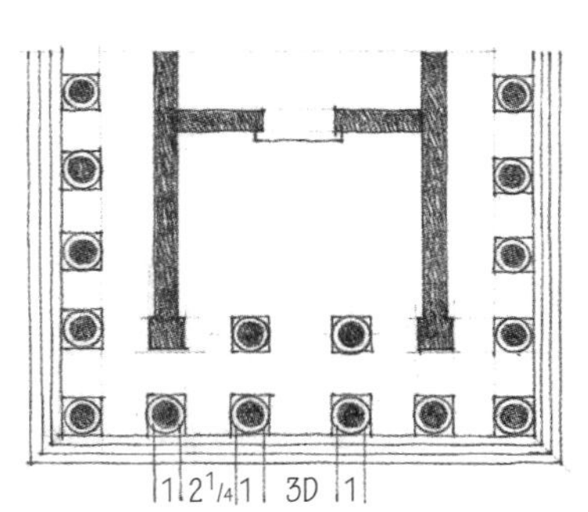

Eustyle
优美式

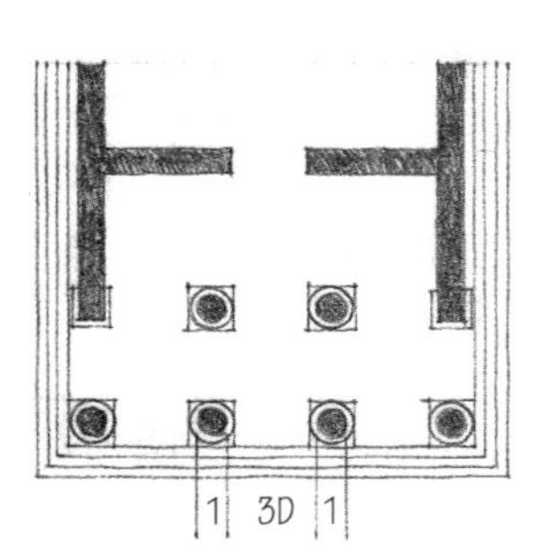

Diastyle
三径式

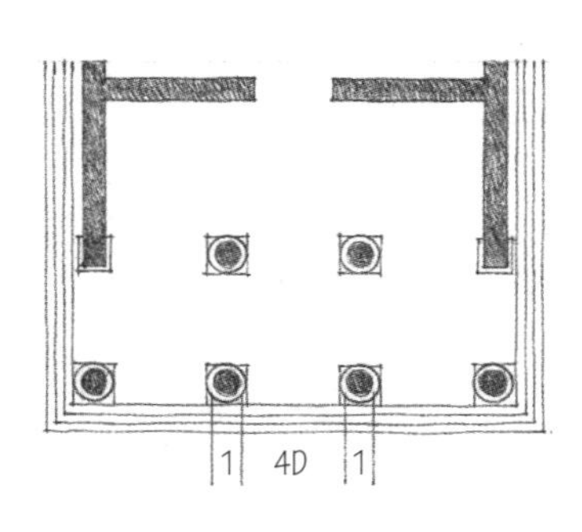

Araeostyle
四径式

Classification of Temples according to their **Intercolumniation**
按**柱距**分类的庙宇

Vitruvius' Rules for the **Diameter, Height, and Spacing of Columns**
维特鲁威的**柱径、柱高和柱距规则**

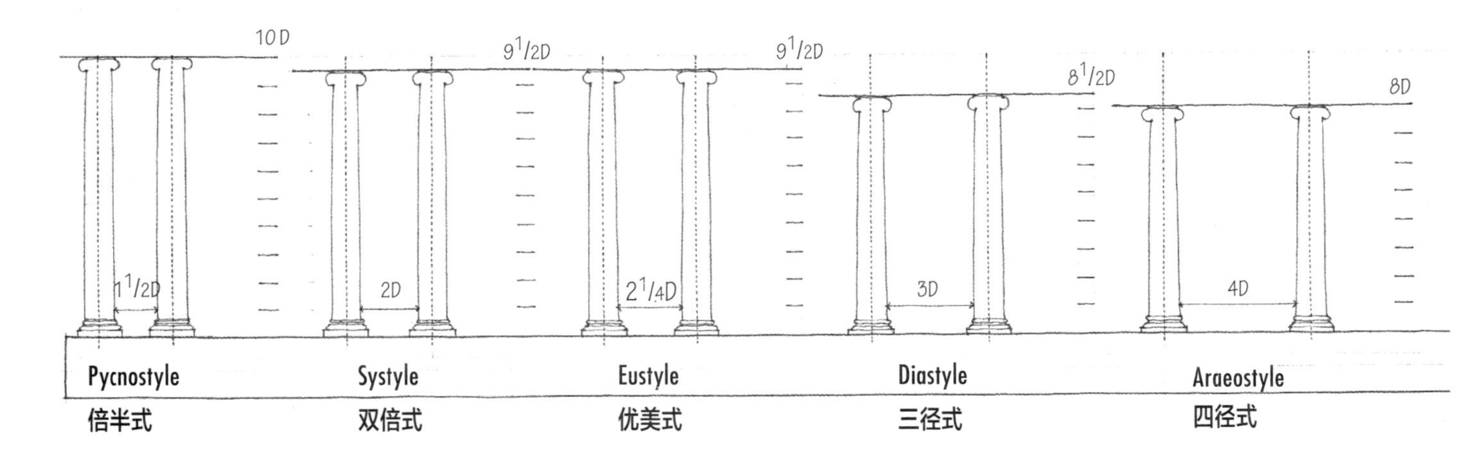

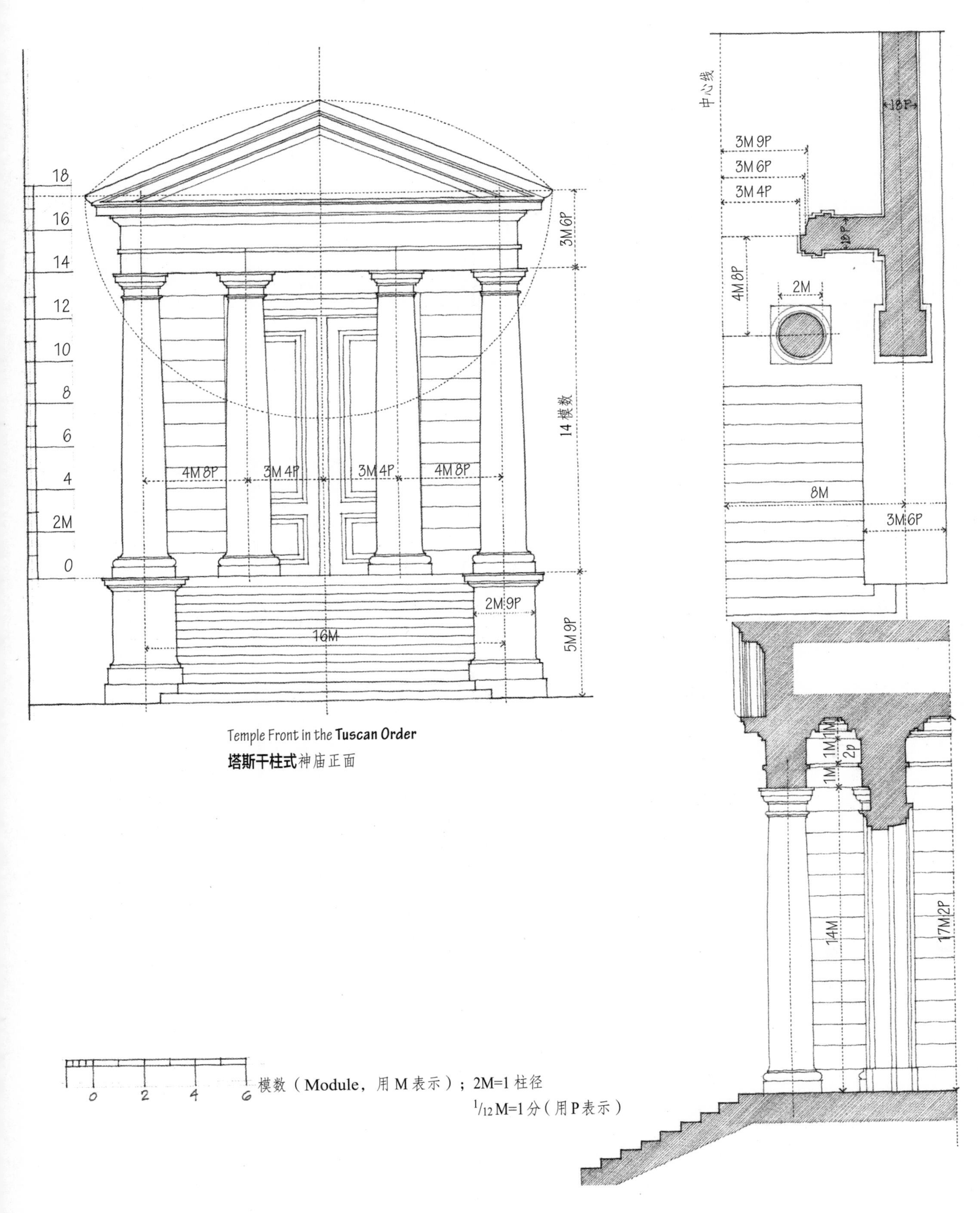

Temple Front in the **Tuscan Order**

塔斯干柱式神庙正面

模数（Module，用 M 表示）；2M=1 柱径

$^{1}/_{12}$ M=1 分（用 P 表示）

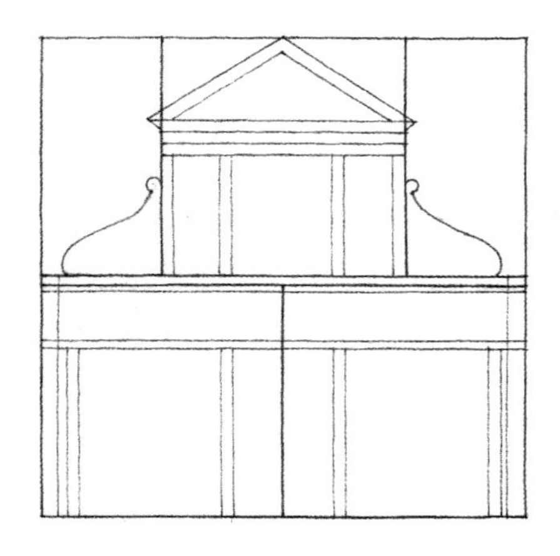

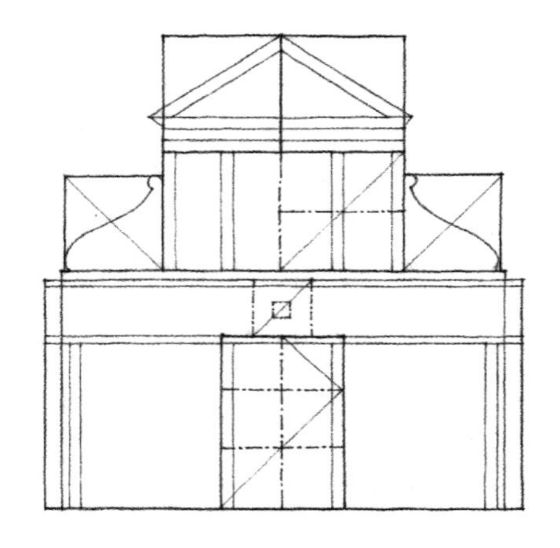

St. Maria Novella, Florence, Italy.

新圣玛丽亚教堂，佛罗伦萨，意大利

阿尔伯蒂设计的文艺复兴式立面（1456—1470），完成了一座哥特式教堂（1278—1350）。

毕达哥拉斯发现希腊音乐系统的和声，可以用一个简单的数列表达：1，2，3，4，它们的比是1：2，1：3，2：3，3：4。这个关系使希腊人自信发现了开启大门的钥匙，找到了神秘的、宇宙间无所不在的和谐。毕达哥拉斯的信条是“万物皆数字之排列”。后来，柏拉图发展了毕达哥拉斯的数字美学，而成为比例美学。他将那个简单的数列进行平方和立方的处理，得到了比值为2和3的数列，1，2，4，8以及1，3，9，27。对柏拉图而言，这些数字以及它们的比值，不仅包含着希腊乐曲的声阶和谐，而且还表达了宇宙的和谐结构。

文艺复兴时期的建筑师们认为，它们的建筑应该属于一种更高的秩序，便转向了希腊的数学比例体系。正如希腊人把音乐视为几何学的声音化，文艺复兴时期的建筑师则认为，建筑学是将数学转化为空间单元。他们把毕达哥拉斯的等比中项理论应用于希腊音阶间隔的比值，发展成一套完整的比值数列，以此作为他们的建筑比例基础。这一系列的比值，不仅体现在一个房间或者立面的各个维度上，还体现在一个空间序列，甚至整个平面布局中连锁的比例之间。

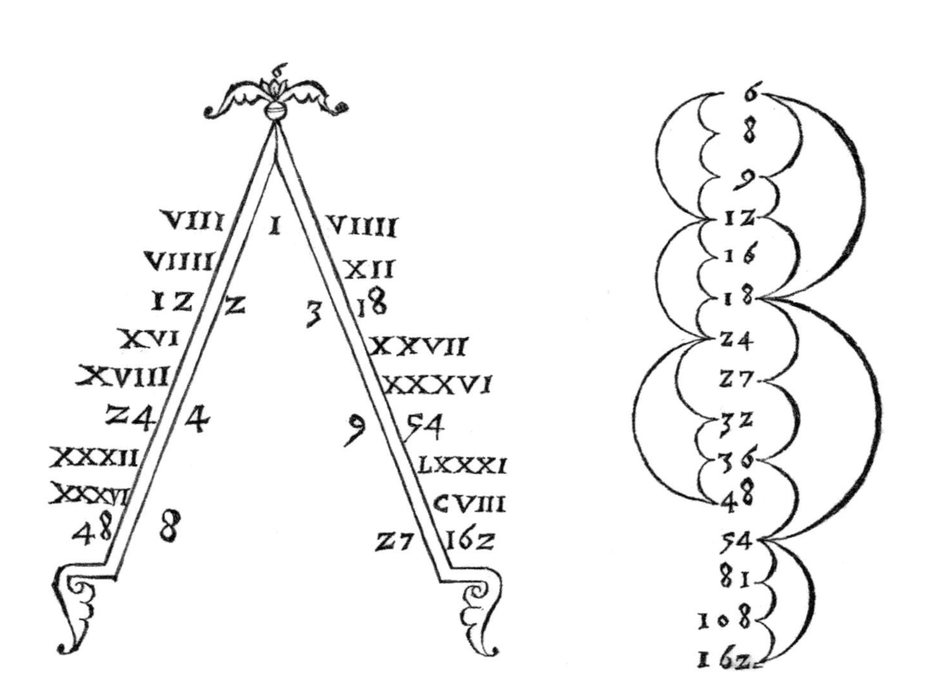

由弗朗西斯科·乔治（Francesco Giorgi）所作的示意图，1525年，表示将毕达哥拉斯的等比中项理论（Pythagoras' theory of means）应用于希腊音阶区间所得到的交叉比序列。

Seven Ideal Plan Shapes for Rooms.

房间的 7 种理想平面形状

安德烈·帕拉迪奥（1508—1580）也许是意大利文艺复兴时期最有影响的建筑师。他的著作《建筑四书》于 1570 年在威尼斯问世，书中他沿着阿尔伯蒂和塞利奥等前辈的足迹，提出了这 7 种“最优美、最合乎比例的房间样式”。

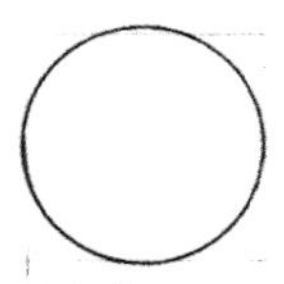

圆形

正方形

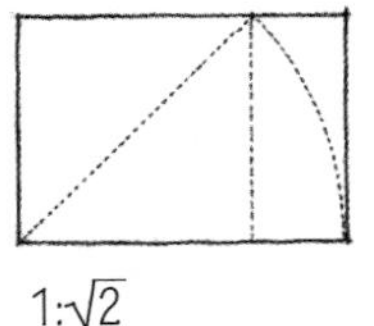

1:$\sqrt{2}$

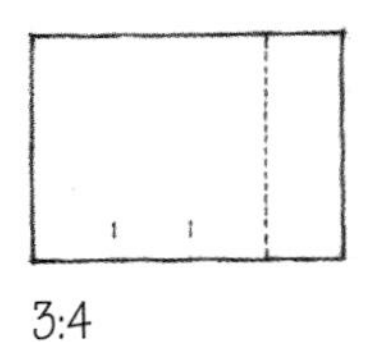

3:4

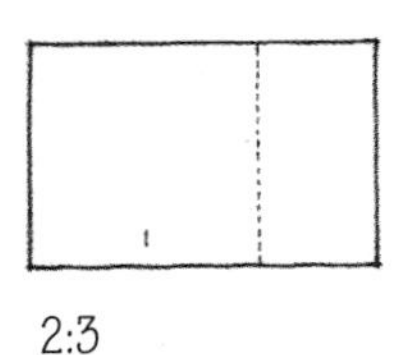

2:3

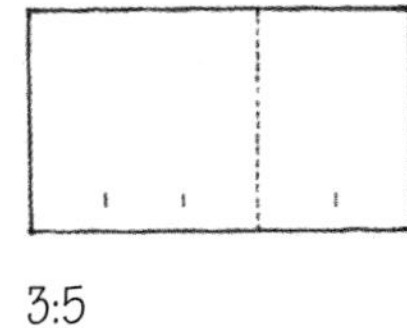

3:5

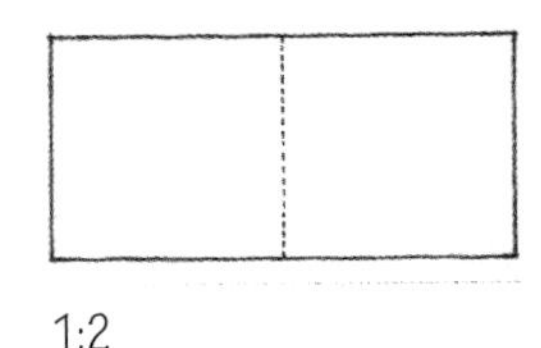

1:2

Determining the Heights of Rooms.

房间高度的确定

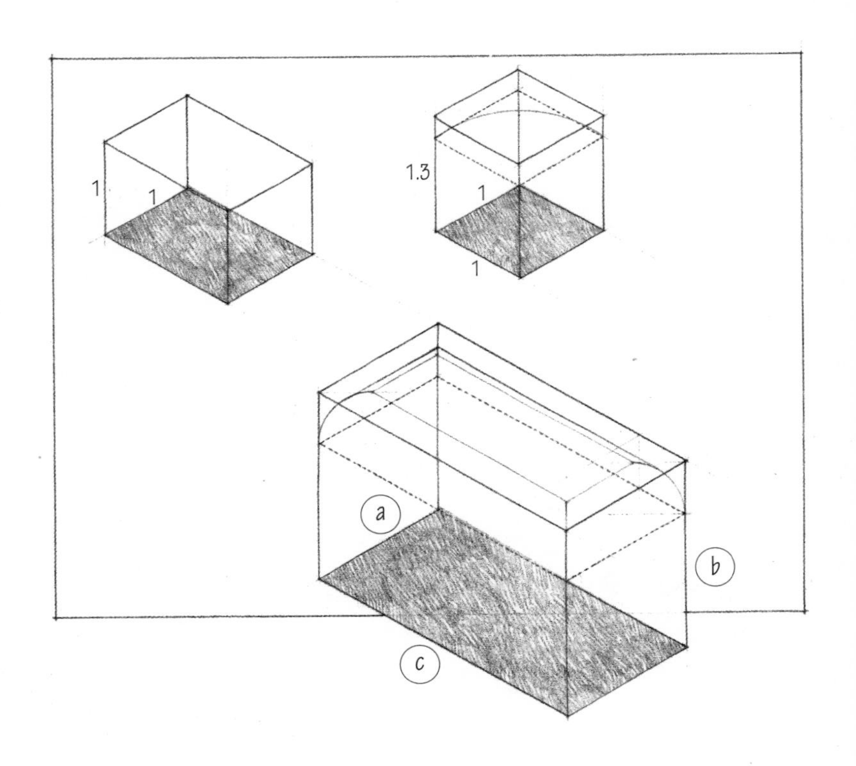

帕拉迪奥还提出了 7 种方法用来确定房间的高度，使房间的高度与宽度和长度形成恰当的比例。平屋顶的房间高度应与宽度相等。带有拱顶的正方形房间，高度应比宽度多 $^1/_3$。至于其他的房间，帕拉迪奥运用毕达哥拉斯的等比中项理论来确定其高度。因此，有三种比例中项的内容：算术比、几何比以及和谐比：

算术比：

$$\frac{c-b}{b-a}=\frac{c}{c}$$ （例 1，2，3……或 6，9，12）

几何比：

$$\frac{c-b}{b-a}=\frac{c}{b}$$ （例 1，2，4……或 4，6，9）

和谐比：

$$\frac{c-b}{b-a}=\frac{c}{a}$$ （例 2，3，6……或 6，8，12）

在每种情况下，房间的宽度（a）及长度（c）的两端之间的中项（b），就等于房间的高度。

“美得之于形式，亦得之于统一，即从整体到局部，从局部到局部，再从局部到整体，彼此相呼应，如此，建筑可成为一个完美的整体。在这个整体之中，每个组成部分彼此呼应，并具备了一切条件来组成你所追求的形式。”
——安德烈•帕拉迪奥《建筑四书》第一卷，第一章

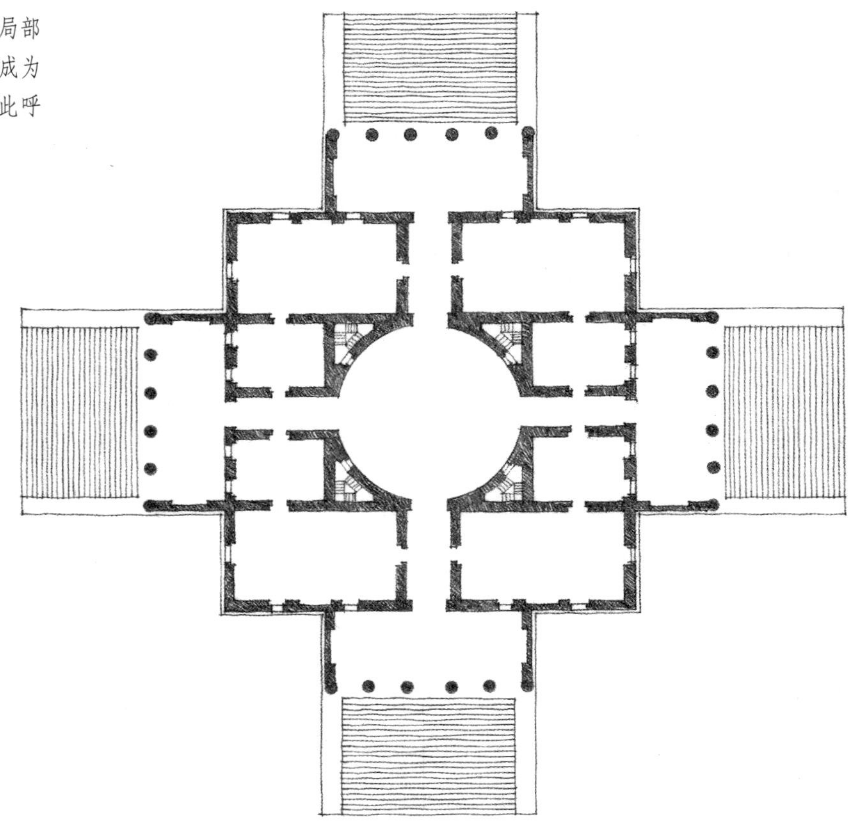

Villa Capra (The Rotunda), Vicenza, Italy, 1552–1567, Andrea Palladio
12 x 30, 6 x 15, 30 x 30
卡普拉别墅（圆厅别墅），维琴察，意大利，1552—1567，安德烈•帕拉迪奥
12×30，6×15，30×30

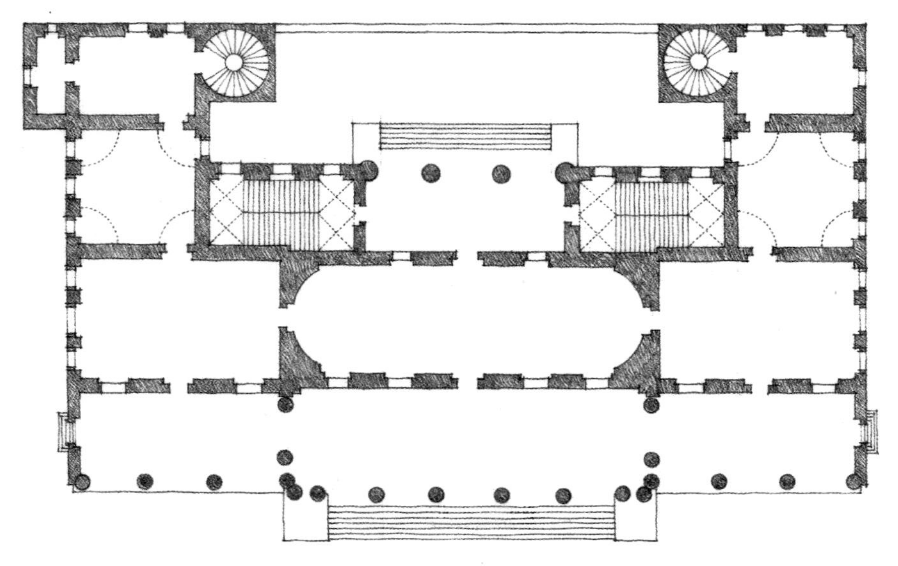

Palazzo Chiericati, Vicenza, Italy, 1550, Andrea Palladio
54 x 16 (18), 18 x 30, 18 x 18, 18 x 12
基耶里卡蒂府邸，维琴察，意大利，1550，安德烈•帕拉迪奥
54×16（18），18×30，18×18，18×12

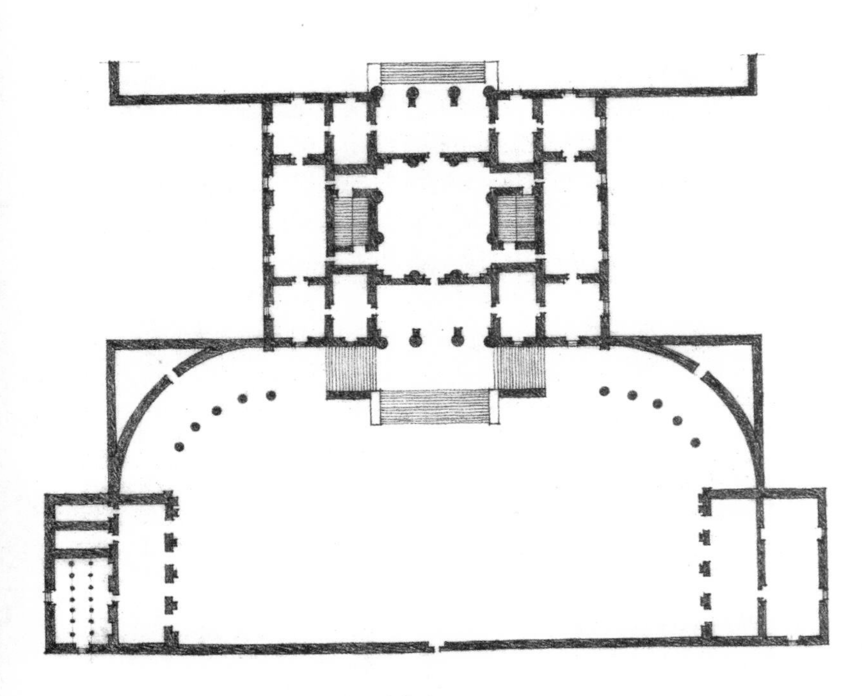

Villa Thiene, Cicogna, Italy, 1549, Andrea Palladio

18 x 36, 36 x 36, 36 x 18, 18 x 18, 18 x 12

蒂耶内别墅，辛柯尼亚，意大利，1549，安德烈·帕拉迪奥

18 × 36，36 × 36，36 × 18，18 × 18，18 × 12

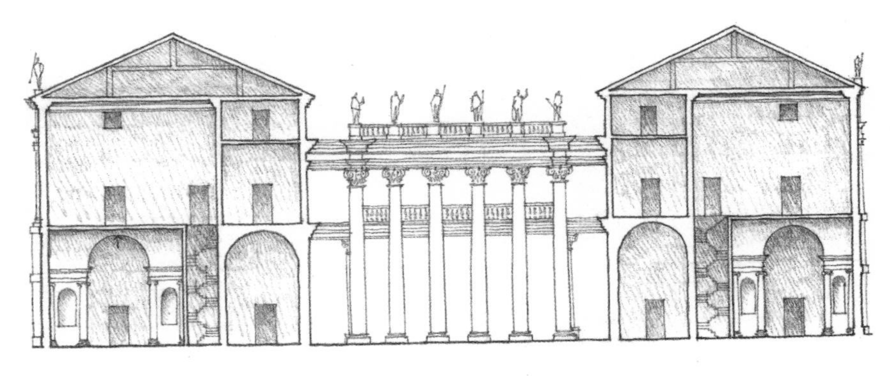

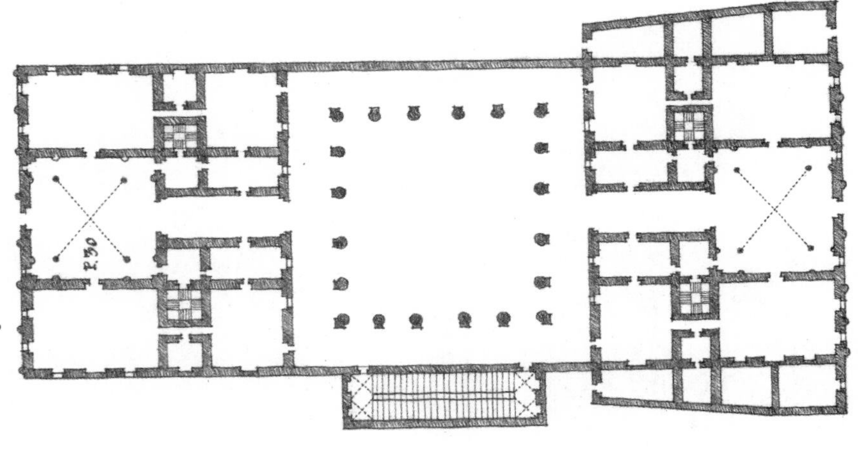

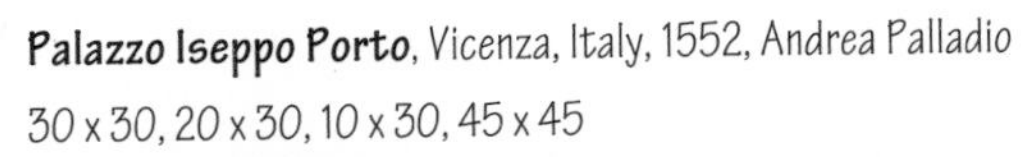

Palazzo Iseppo Porto, Vicenza, Italy, 1552, Andrea Palladio

30 x 30, 20 x 30, 10 x 30, 45 x 45

伊塞波·波尔图府邸，维琴察，意大利，1552，安德烈·帕拉迪奥

30 × 30，20 × 30，10 × 30，45 × 45

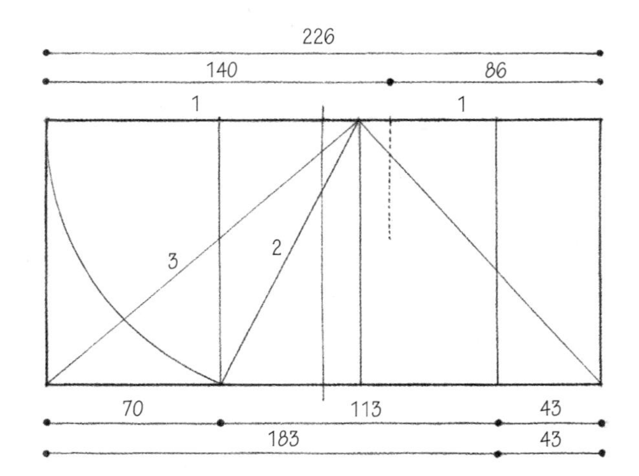

勒•柯布西埃创造了他的比例系统——模度，用以确定“容纳与被容纳物体的尺寸”。他把希腊人、埃及人以及其他高度文明的社会所用的度量工具视为“无比的丰富和微妙，因为它们造就了人体数学的一部分，优美、高雅，并且坚实有力；是动人心弦的和谐之源——美。”因此，勒•柯布西埃将他的度量工具——模度，建立在数学（黄金分割的美学量度和斐波那契数列）与人体比例（功能尺寸）的基础之上。

勒•柯布西埃的研究始于1942年，1948年发表了《模度——广泛用于建筑和机械之中的人体尺度的和谐度量标准》（*The Modulor: A Harmonious Measure to the Human Scale Universally Applicable to Architecture and Mechanics*）。第二卷《模度II》（*Modulor II*）于1954年出版。

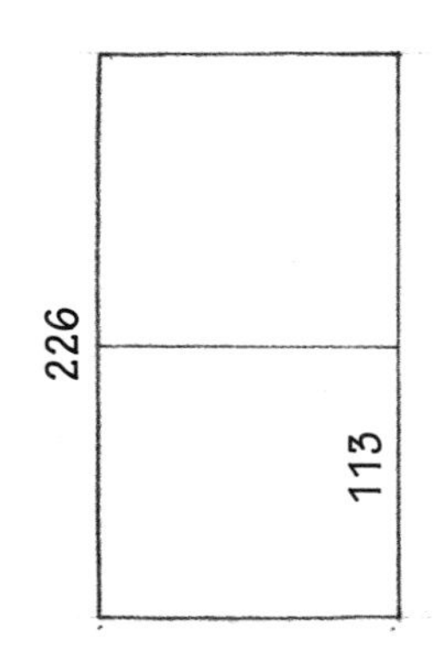

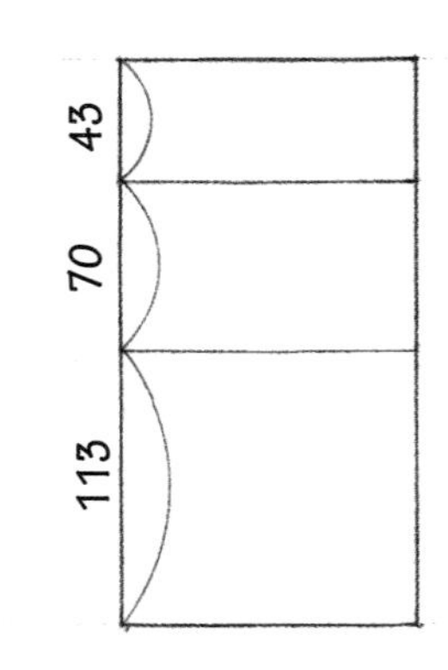

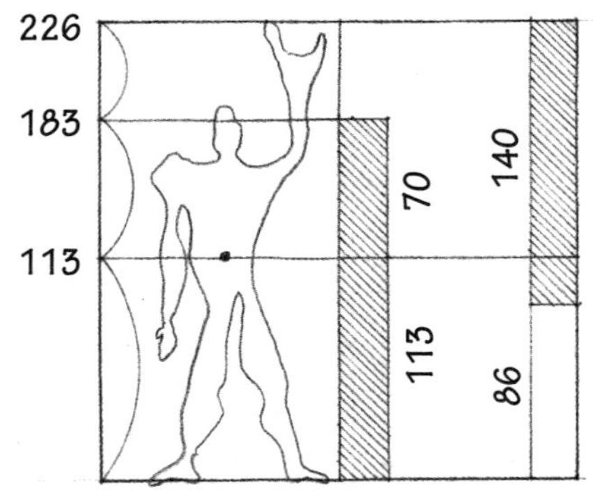

模度的基本网格由三个尺寸构成：113厘米、70厘米、43厘米，按黄金分割划分比例：

$$43 + 70 = 113$$
$$113 + 70 = 183$$
$$113 + 70 + 43 = 226\ (2 \times 113)$$

113、183、226确定了人体所占的空间。在113和226之间，勒•柯布西埃还创造了红尺与蓝尺（the Red and Blue series），用以缩小与人体高度有关的尺寸等级。

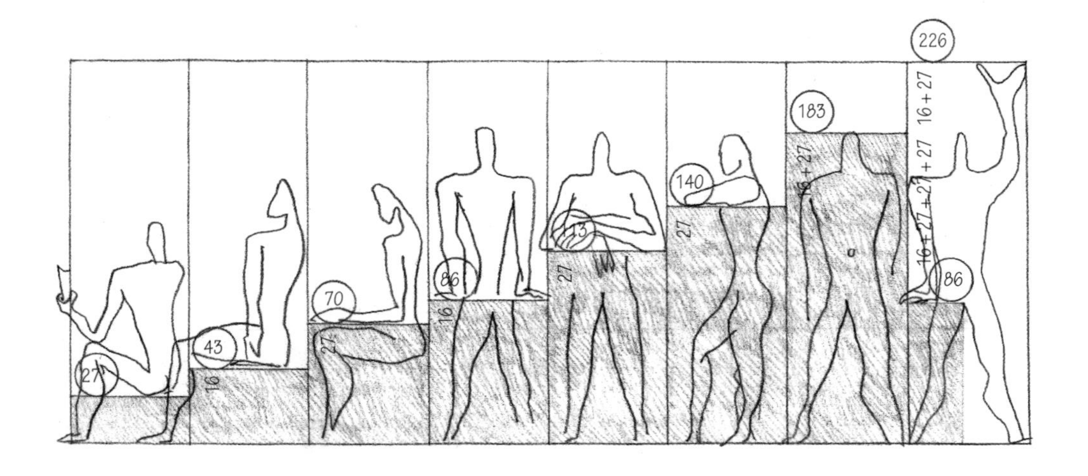

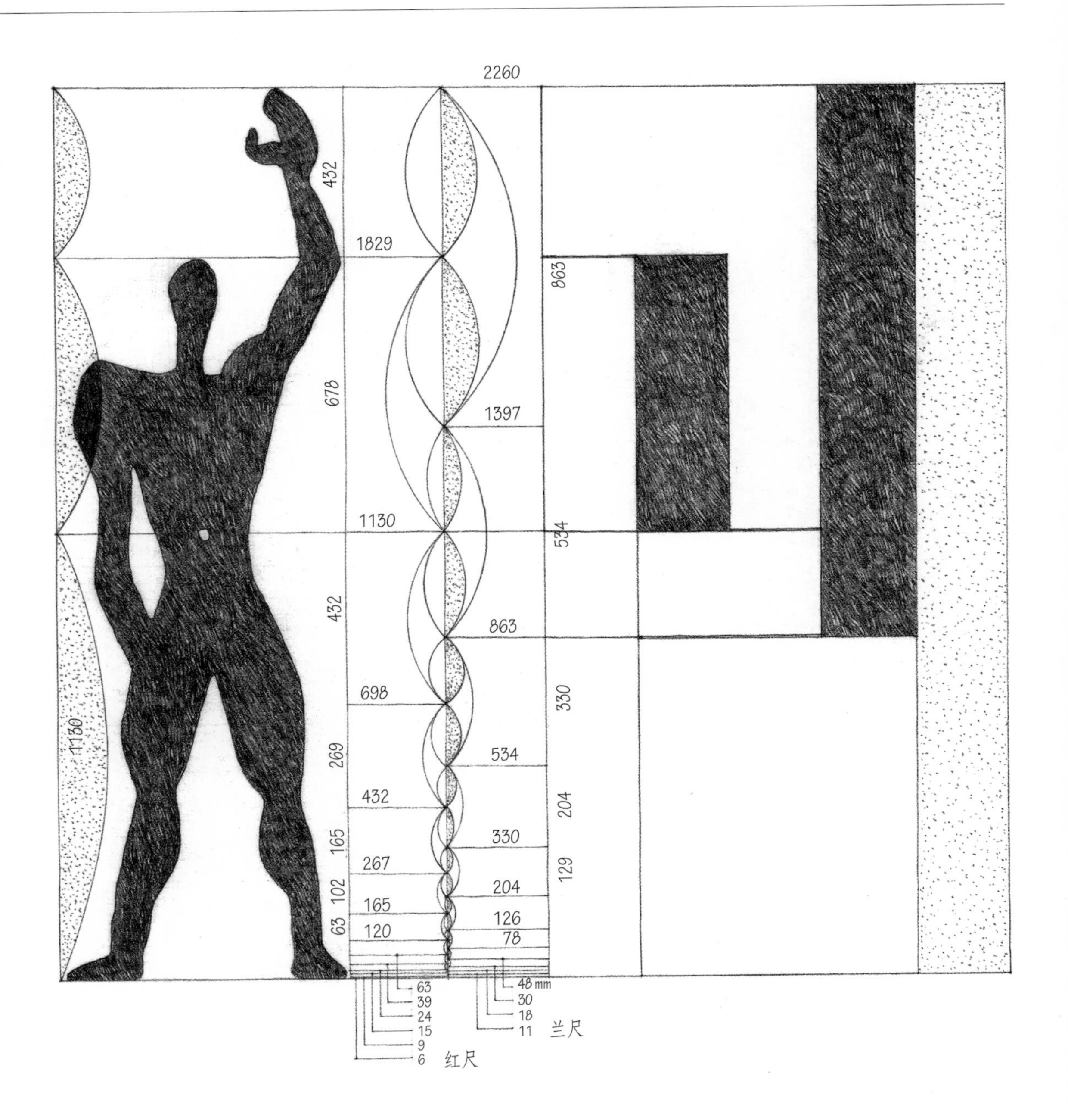

勒•柯布西埃不仅将模度看成是一系列具有内在和谐的数字，而且是一个度量体系，它支配着一切长度、表面和体积，并"在任何地方都保持着人体的尺度"。它是"无穷组合的助手，确保了变化中的统一……数字的奇迹。"

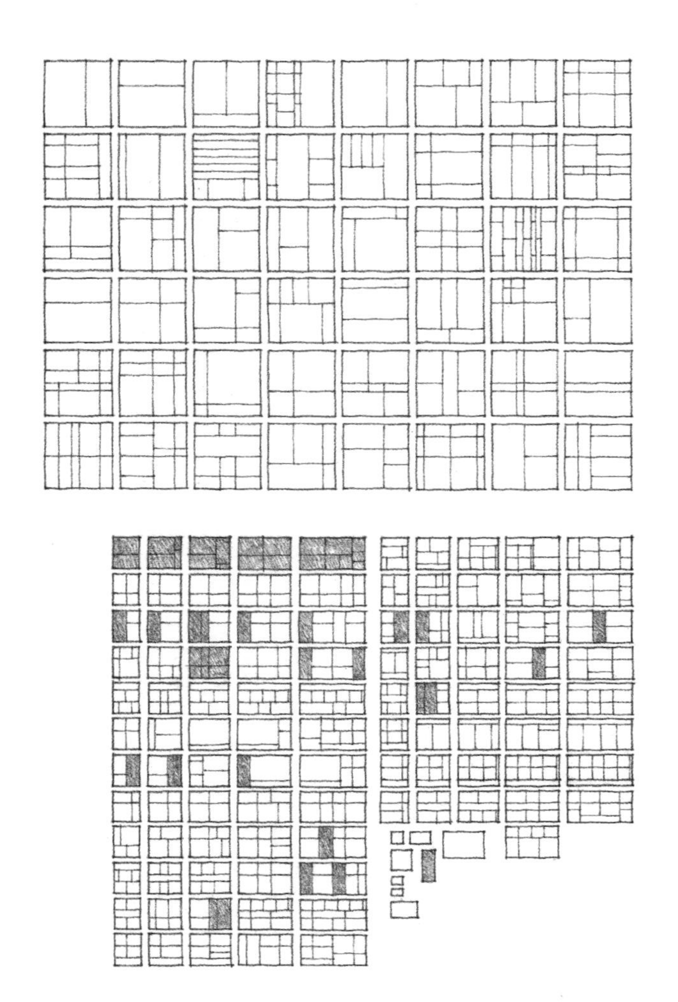

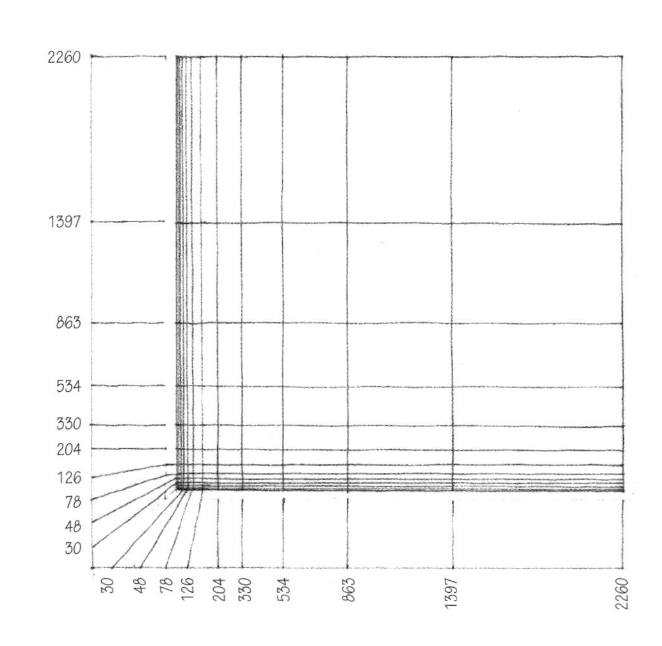

勒·柯布西埃运用模度的典型作品是马赛的公寓大楼。它采用了15种模度的尺寸，将人体尺度运用到一个长140米、宽24米、高70米的建筑物中。

勒·柯布西埃用这些示意图说明采用模度比例能够得到的板材尺寸与表面的多样性。

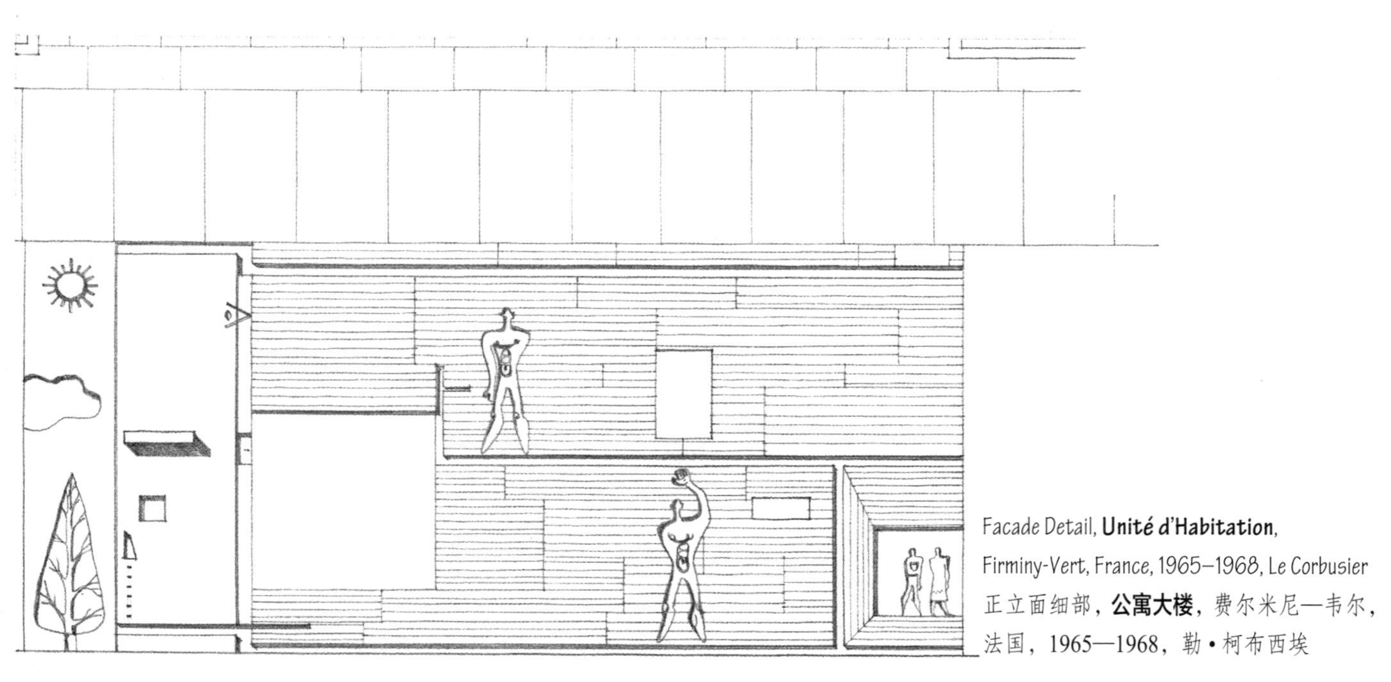

Facade Detail, **Unité d'Habitation**, Firminy-Vert, France, 1965–1968, Le Corbusier
正立面细部，**公寓大楼**，费尔米尼—韦尔，法国，1965—1968，勒·柯布西埃

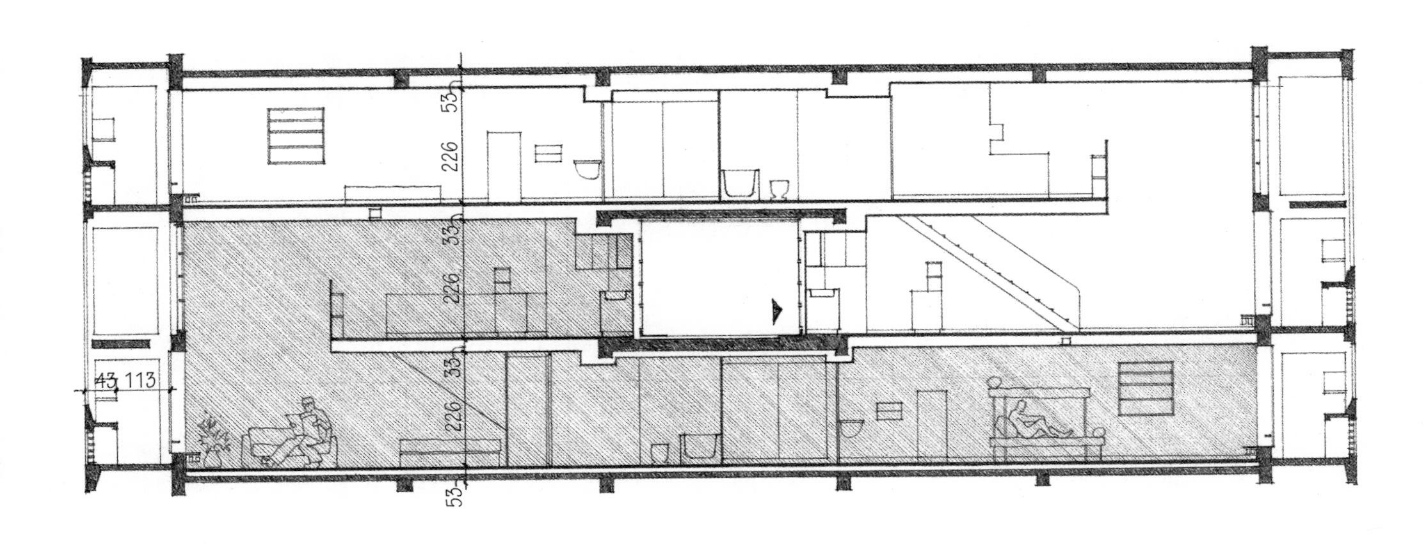

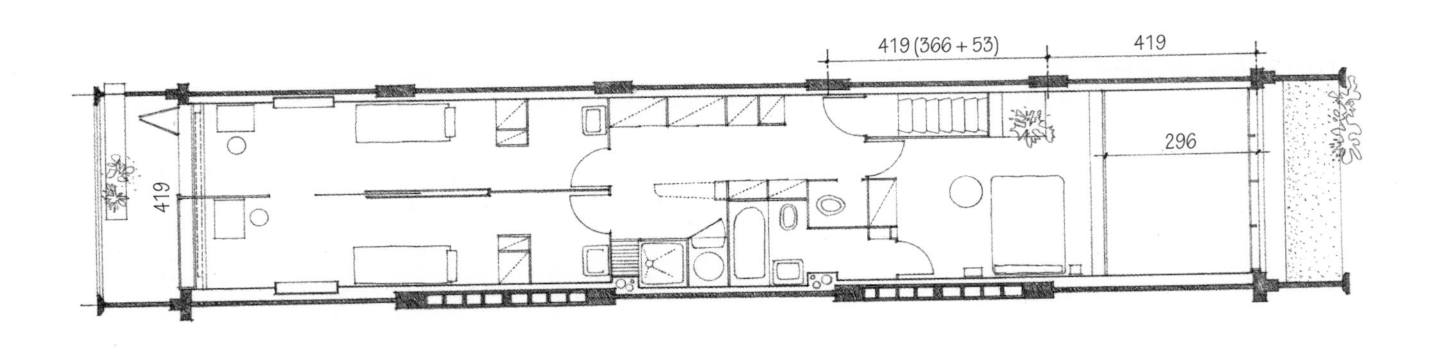

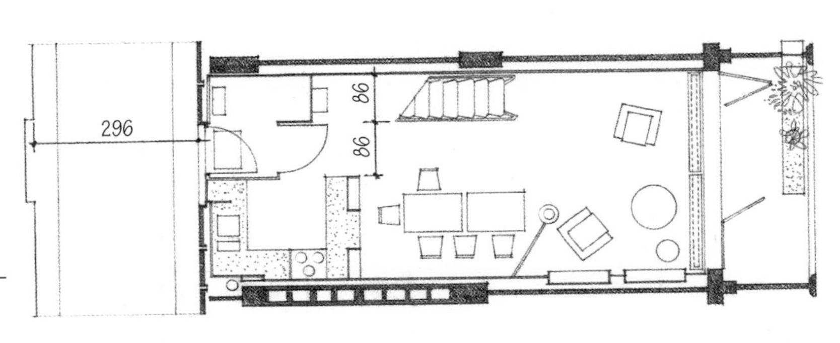

Plans and Section of Typical Apartment Unit, **Unité d'Habitation**, Marseilles, 1946–1952, Le Corbusier

典型公寓单元的平面与剖面，**公寓大楼**，马赛，1946—1952，勒·柯布西埃

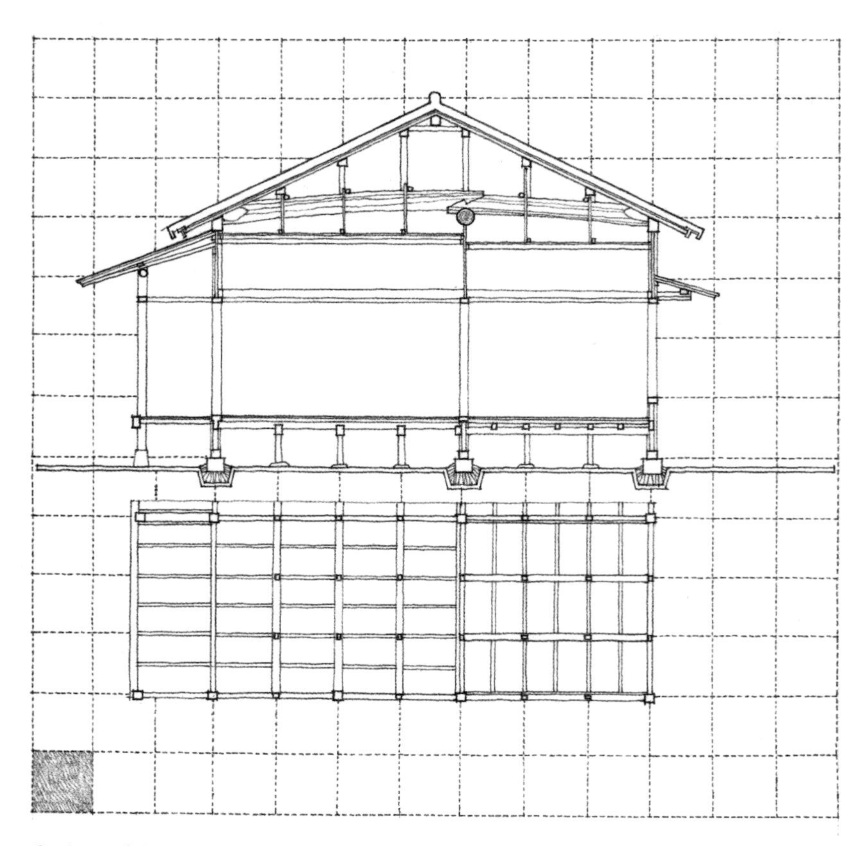

Traditional Japanese House
传统日本住宅

传统的日本度量单位——“尺”，是从中国传入的。它几乎与英国的英尺相等，并分为10个更小的单位。另一种度量单位“间”，则是在日本的中世纪下半叶传入的。虽然“间”原先的尺寸并不统一，仅用于指两柱之间的距离，但不久就成了住宅建筑的统一标准。古典柱式的模度以柱子的直径为基础，随建筑物的尺寸而变化，但“间”却不同，它是一个绝对的度量尺寸。

然而，“间”不仅是房屋结构的度量尺寸，而且发展成一种审美模度，确定了日本建筑的结构、材料及空间的秩序。

2.4尺
5.8尺
立面
1.3尺
1间
平面局部
0.5间
画室
收藏间
书房
1间
会客室（主室）
0.5间
0.5间

The **tokonoma** (picture recess) is a shallow, slightly raised alcove for the display of a kakemono or flower arrangement. As the spiritual center of a traditional Japanese house, the tokonoma is located in its most formal room.

画室，或称为“藏画的地方”，是一个浅浅的、略微抬起的凹室，用来展示字画或插花。画室作为传统日本住宅的精神中心，布置在住宅中最正式的房间里。

用“间”的模度网格，逐渐发展成为两种设计方法，这两种方法都影响到“间”的尺度。在“田舍间法”（Inaka-ma）中，以 6 尺的“间”网格确定柱子中心之间的距离。因此，标准的榻榻米地席（3×6 尺或 0.5×1 间）就需要稍作变化，以容纳柱子的粗细。

在“京间法”（Kyo-ma）中，地席保持不变（3.15×6.3 尺），而柱距（“间”模度）则根据房间的尺寸而变化，从 6.4~6.7 尺不等。

房间的尺寸由地席的数量来确定。传统的地席起先是按照坐两人或躺一人的比例关系。随着“间”网格秩序体系的发展，地席逐渐失去了对人体尺度的依赖性，而服从于结构体系和柱间距离的要求。

由于地席作为一种模块，其比例为 1:2，所以可以在任何给定尺寸的房间里以多种方式排列。并且对于各种不同尺寸的房间，可以根据以下方法确定不同顶棚的高度：

顶棚高度（尺），从檐壁板的顶部量起 = 地席的数量 ×0.3。

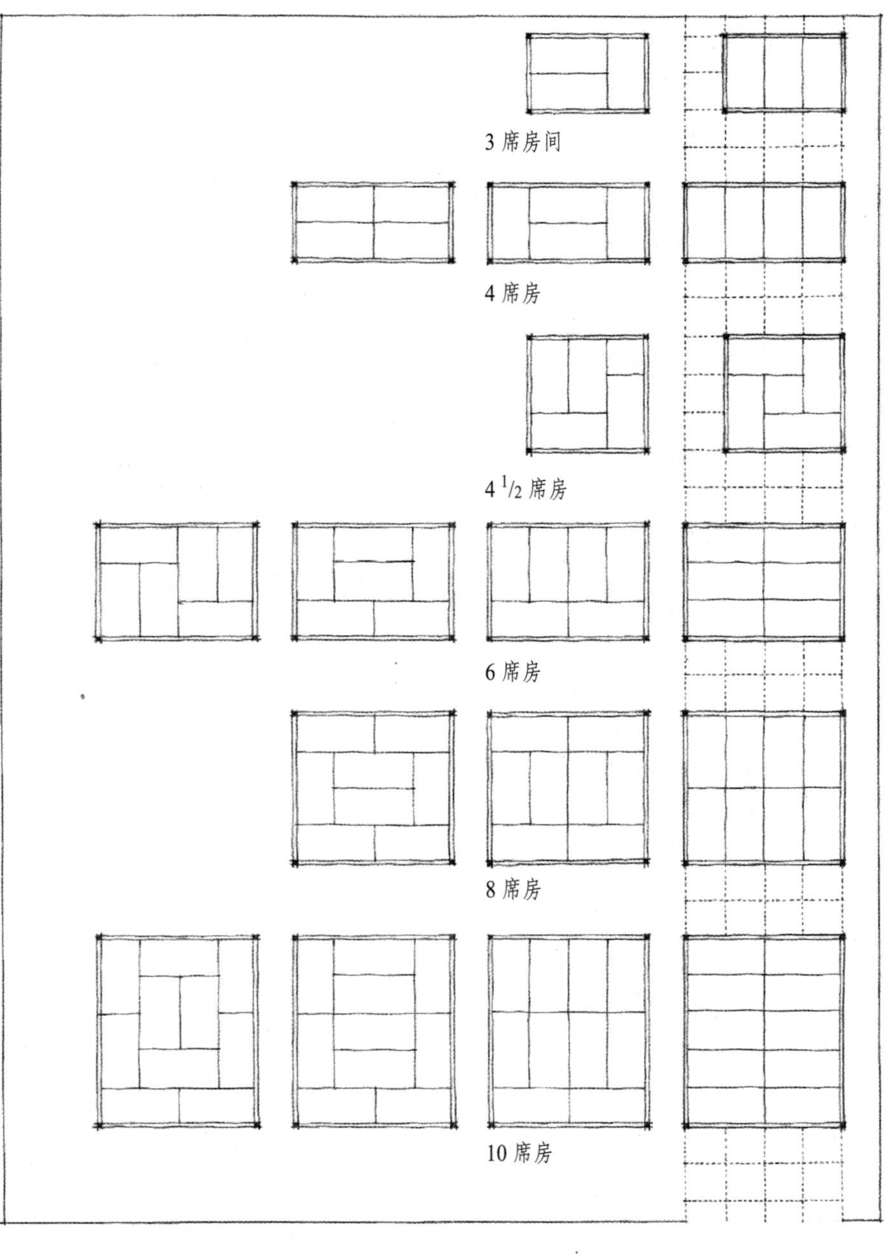

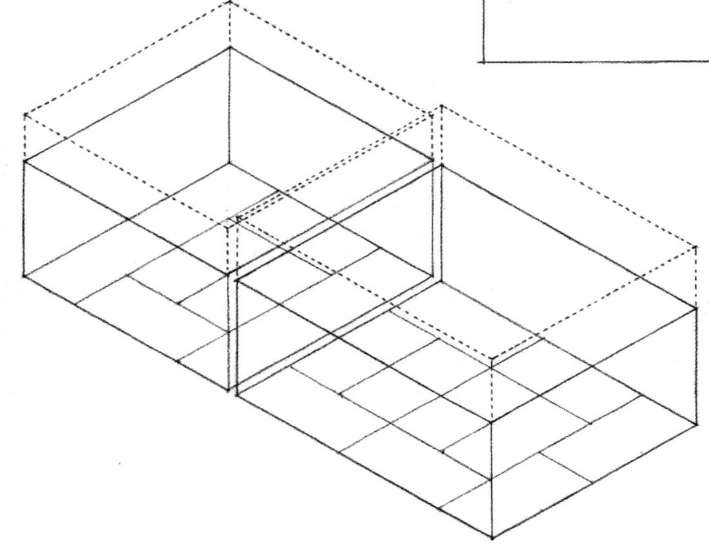

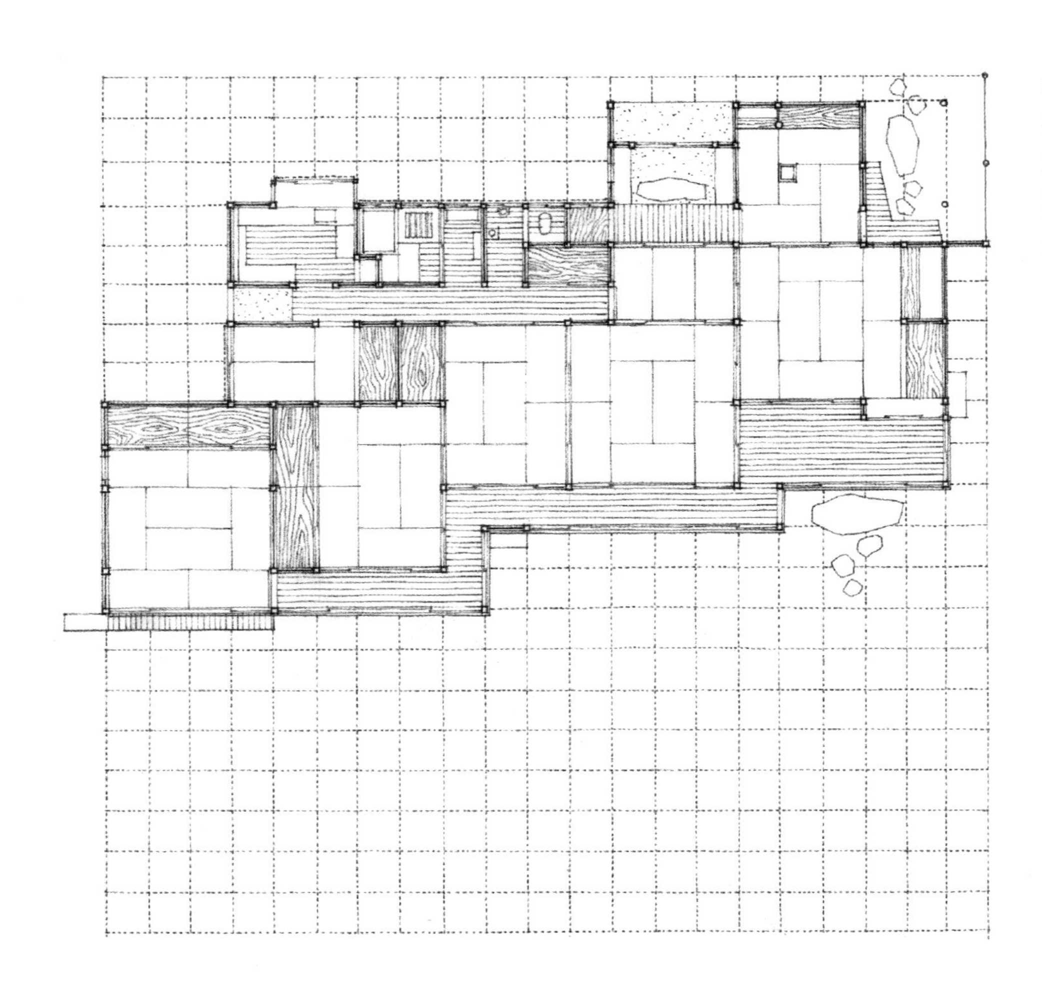

在典型的日本住宅中，“间”网格决定着结构的秩序，同时也决定着附加的、空间到空间的房屋序列。相对较小的模度尺寸，可以使长方形的空间自由布置成线性、交错式或组团式的图形。

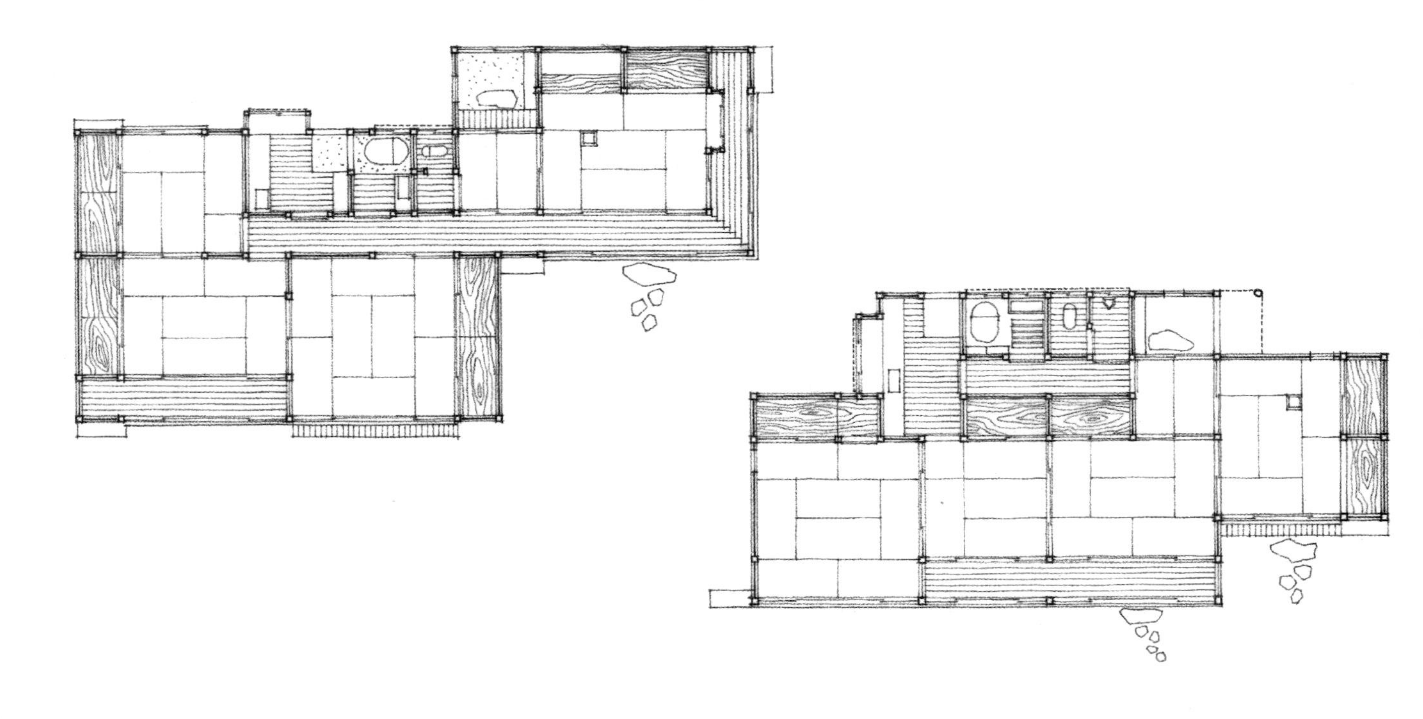

Elevations of a Traditional Japanese Residence

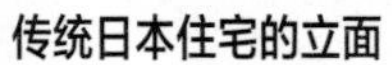

传统日本住宅的立面

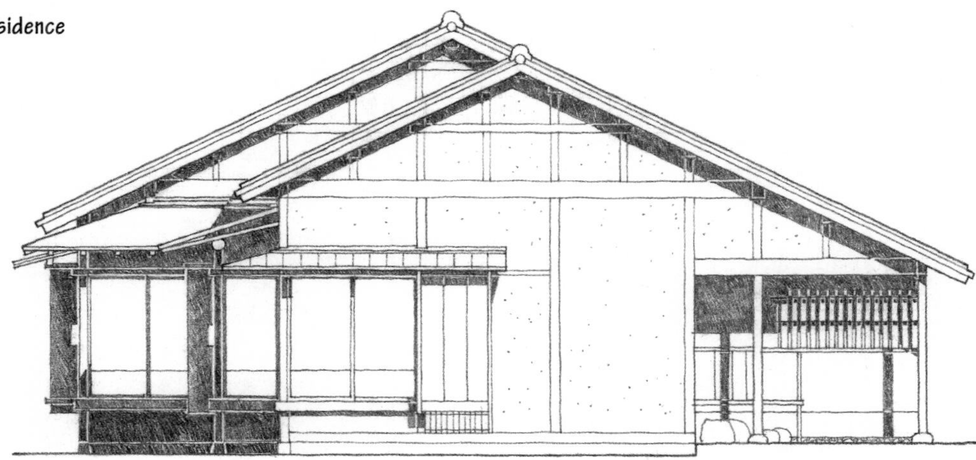

东立面

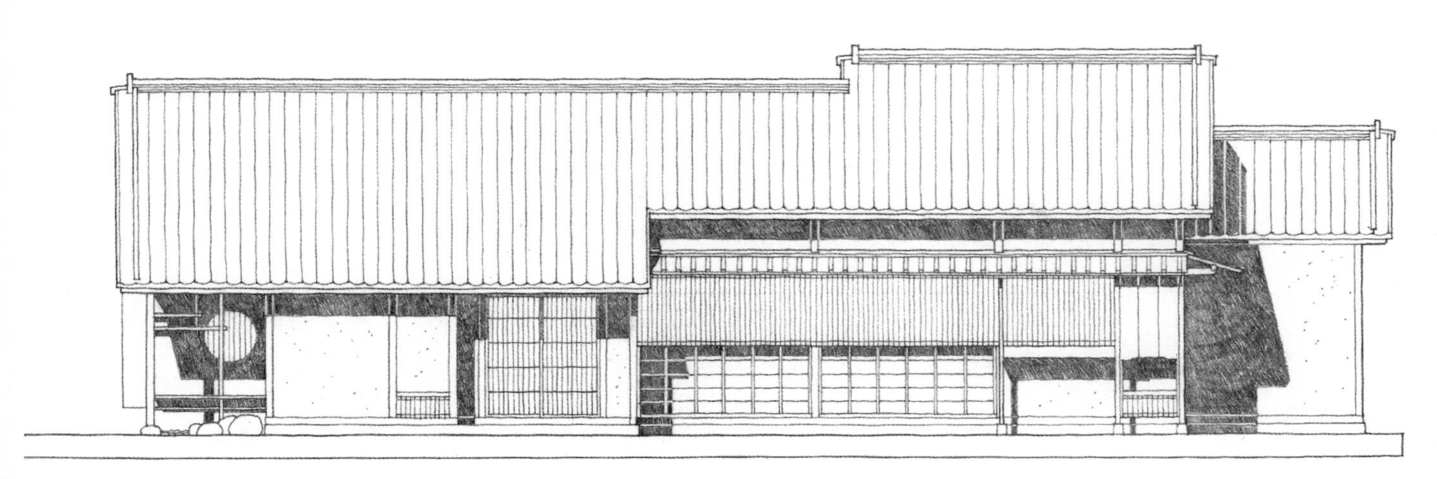

北立面

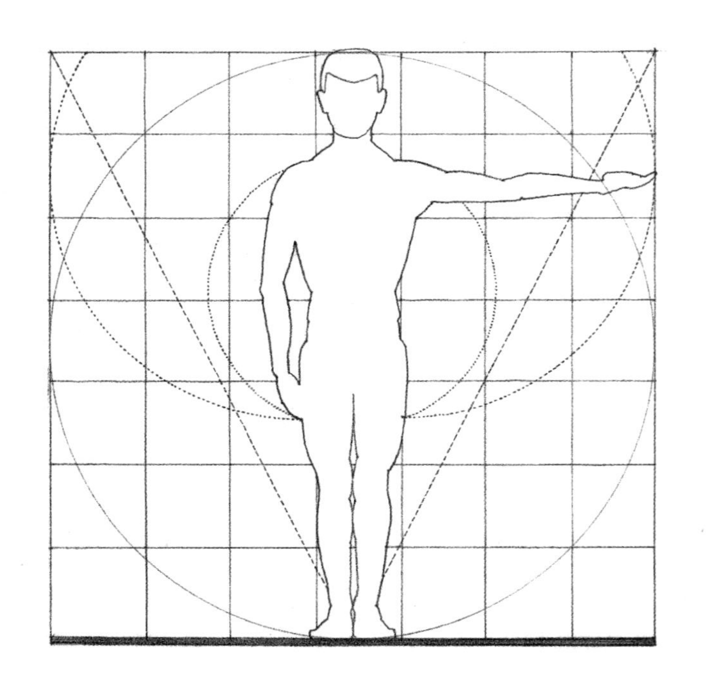

人体测量学是指对人体尺寸与比例的测量。文艺复兴时期的建筑师把人体的比例看做一个明证，表明某些数学比值反映着宇宙的和谐。但人体的测量学方法，寻求的不是抽象或象征意义的比值，而是功能方面的比值。它们预言了这样的理论，即建筑的形式和空间不是人体的容器就是人体的延伸，因此建筑的形式与空间应该决定于人体的尺寸。

具体运用时所需要的数据性质，是人体测量学的困难所在。例如，图中所给出的人体尺寸单位是毫米，是一个平均值，并且仅仅是一个参考值，应该不断调整以满足特殊使用者的要求。对于平均尺寸，总是应该谨慎地对待，因为相对于标准值的变化总是存在，这是由于男女有别、年龄和种族不同，甚至人与人都有差别。

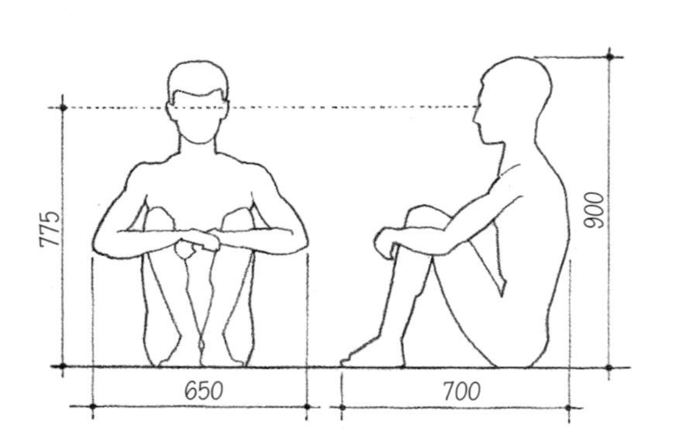

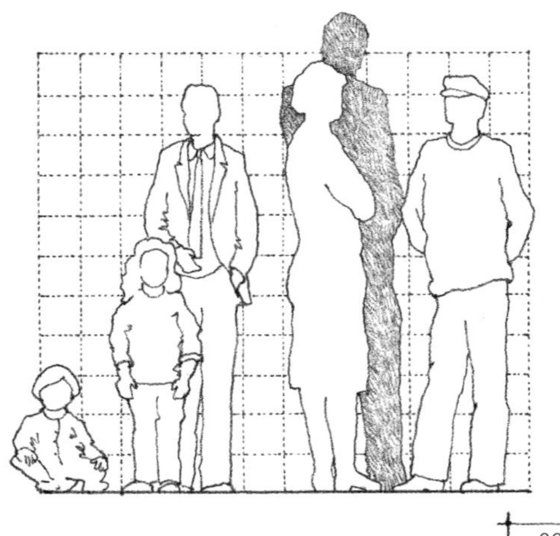

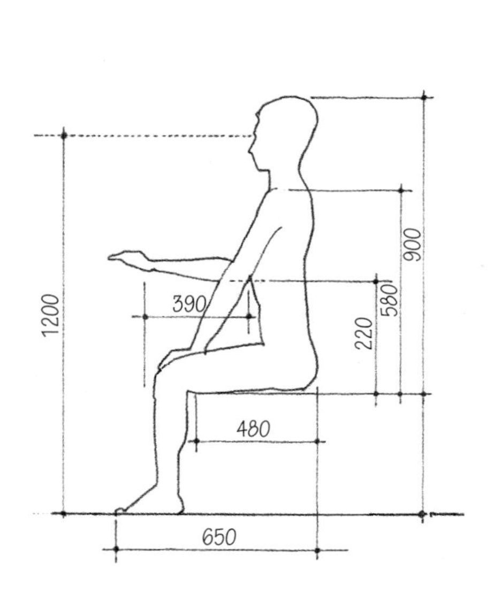

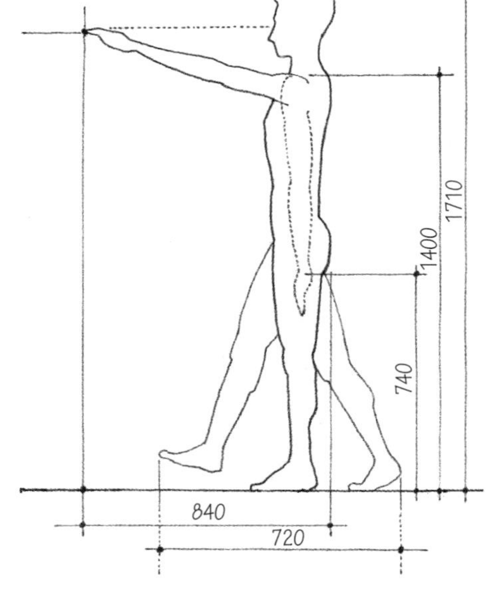

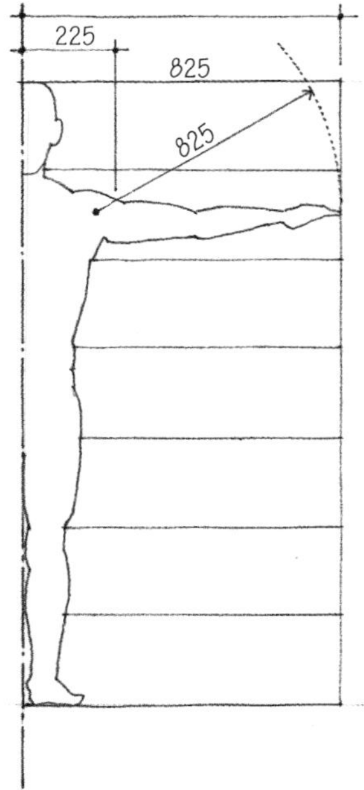

人体的尺寸和比例，影响着我们所使用物品的比例，影响着我们要触及的物品的高度和距离，也影响着我们用以坐卧、饮食和休息的家具尺寸。我们的身体结构尺寸与日常生活所需的尺寸要求之间有所不同，那些尺寸要求来自于我们如何触及货架上的物品、如何在桌边坐下来、如何走下一段楼梯或者如何与他人打交道。这些是功能性的尺寸，将随着所从事活动的性质及社会处境而变化。

从关注人的因素出发，已经发展成一个特殊的领域，就是人体工程学（ergonomics）——这是一门应用科学，目的是使机械设计、系统设计以及环境设计与人体在生理和心理上的能力与要求相互协调。

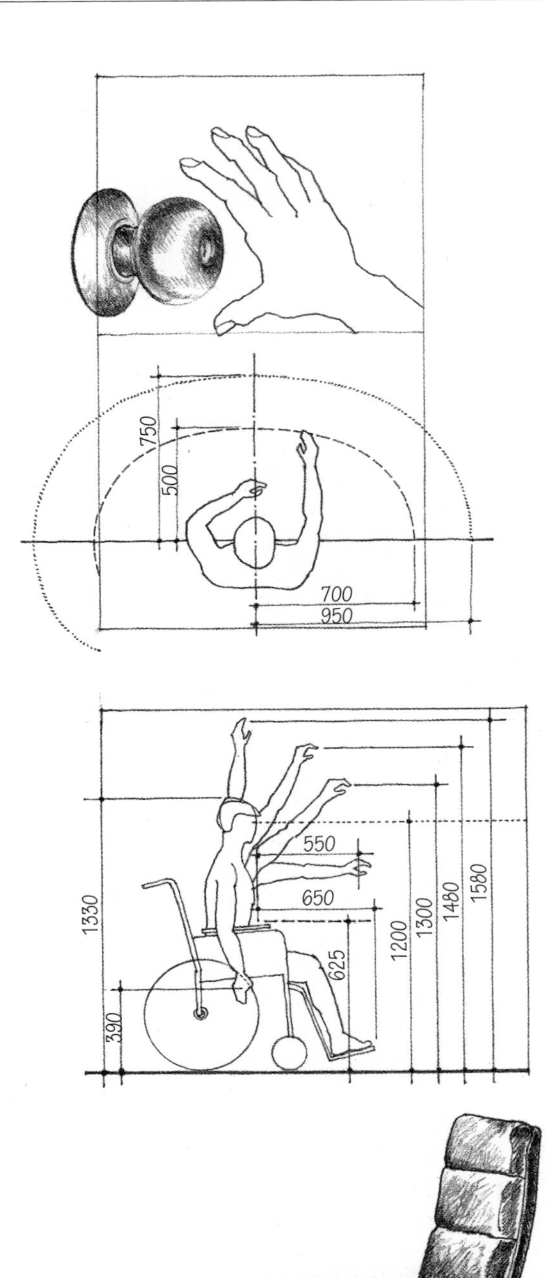

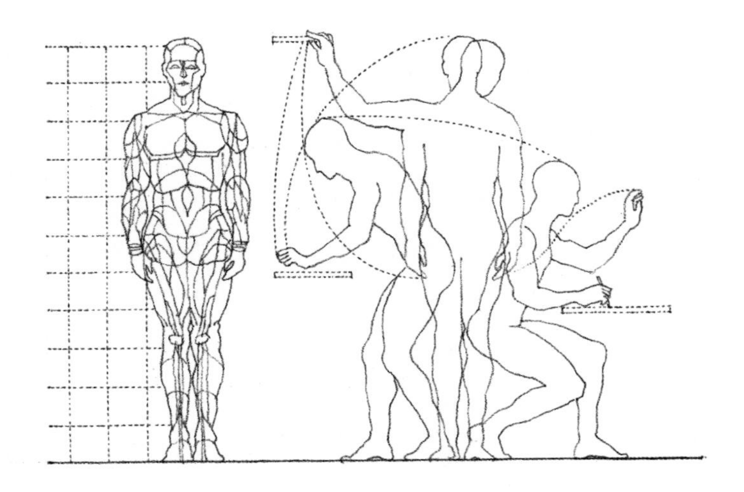

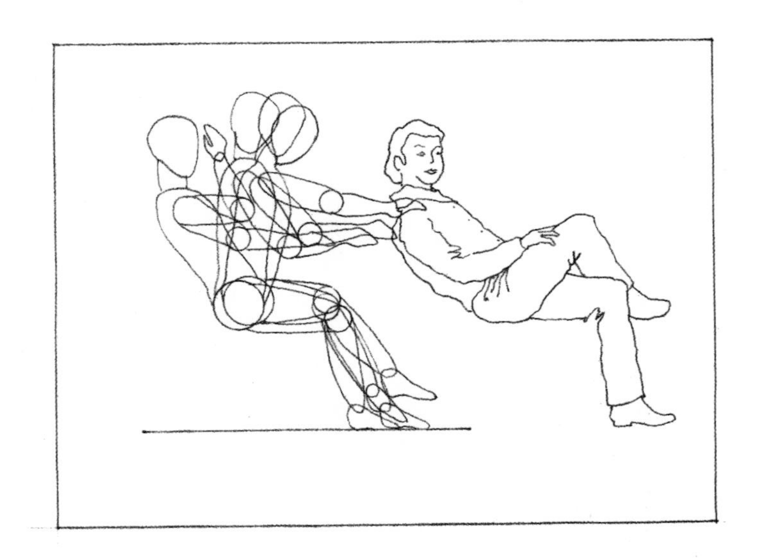

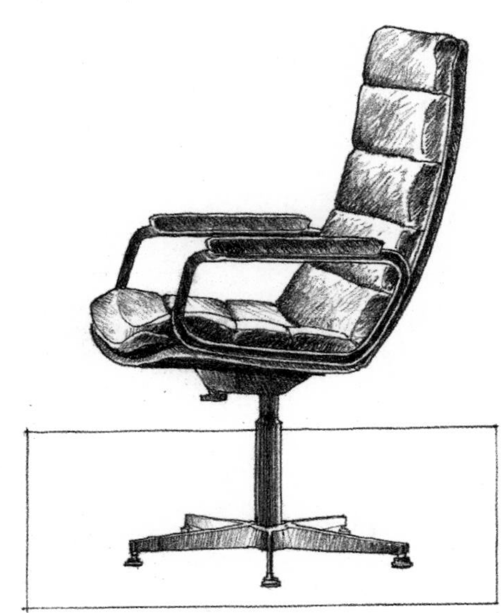

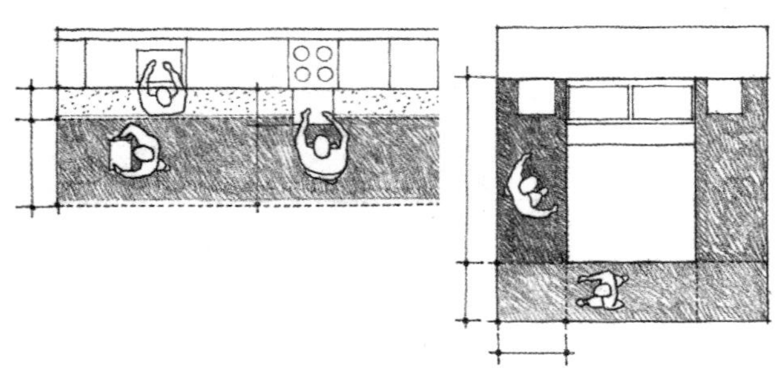

除了在建筑中我们使用的这些要素之外，人体尺寸还影响着我们行走、活动和休息所需要的空间体积。当我们坐在椅子上、倚靠在护栏上或寄身于亭榭空间中时，空间形式和尺寸与人体尺寸的适应关系可以是静态的。而当我们步入建筑物的大厅、走上楼梯或穿过建筑物的房间与厅堂时，这种适应关系则可以是动态的。第三种类型的适应是，空间如何能够满足我们保持合适的社交距离的需要以及如何帮助我们控制个人空间。

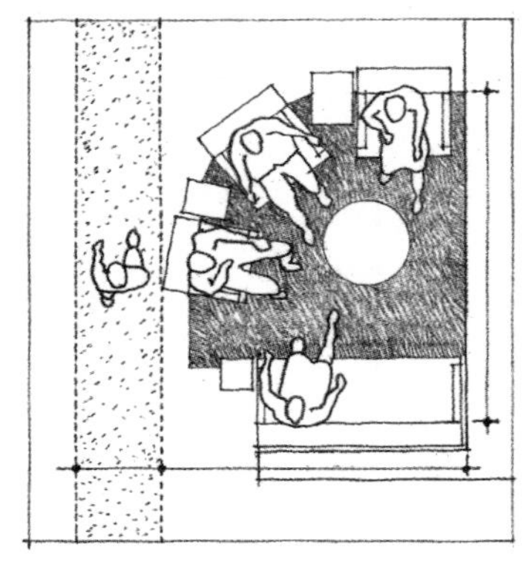

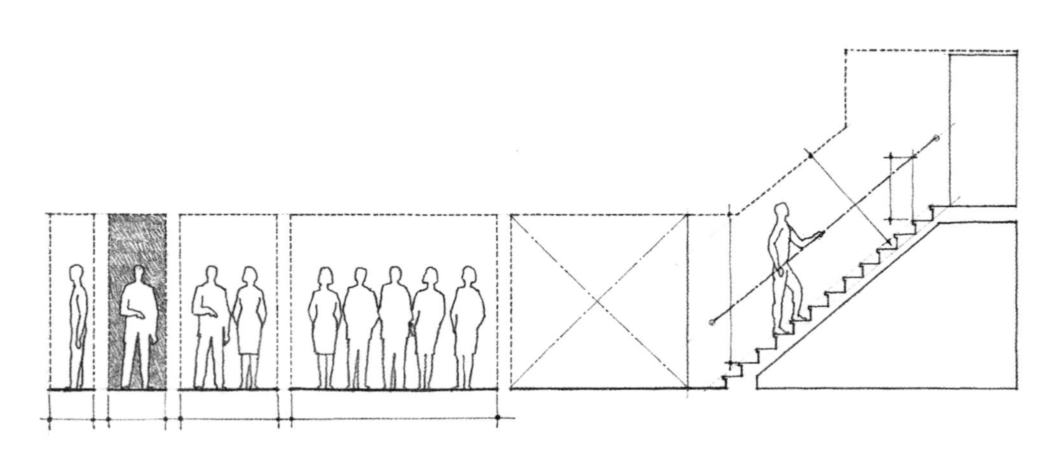

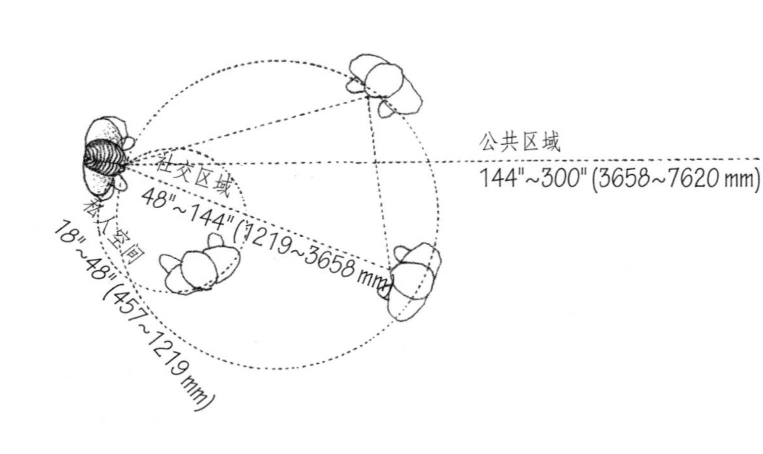

比例是关于形式或空间中的各种尺寸之间有一套秩序化的数学关系，而尺度则是指我们如何观察和判断一个物体与其他物体相比而言的大小。因此，在处理尺度问题时，我们总是把一个东西与另一个东西相比较。

用来与一个物体或空间进行比较的实体，可能是一个已被人们接受的单位或计量标准。例如，根据美国惯例体系（the U.S. Customary System），我们说一张桌子是3英尺宽、6英尺长、29英寸高。如果采用国际米制系统，那么同一张桌子的尺寸为914毫米宽、1829毫米长、737毫米高。桌子的实际尺寸没有变化，变化的仅仅是用来计算其尺寸的系统。

在绘图中，我们用比例尺来标明比值，这一比值决定了插图与其所表示的物体之间的关系。例如，建筑图中的比例尺表示所描绘建筑的尺寸与真实建筑相比较的关系。

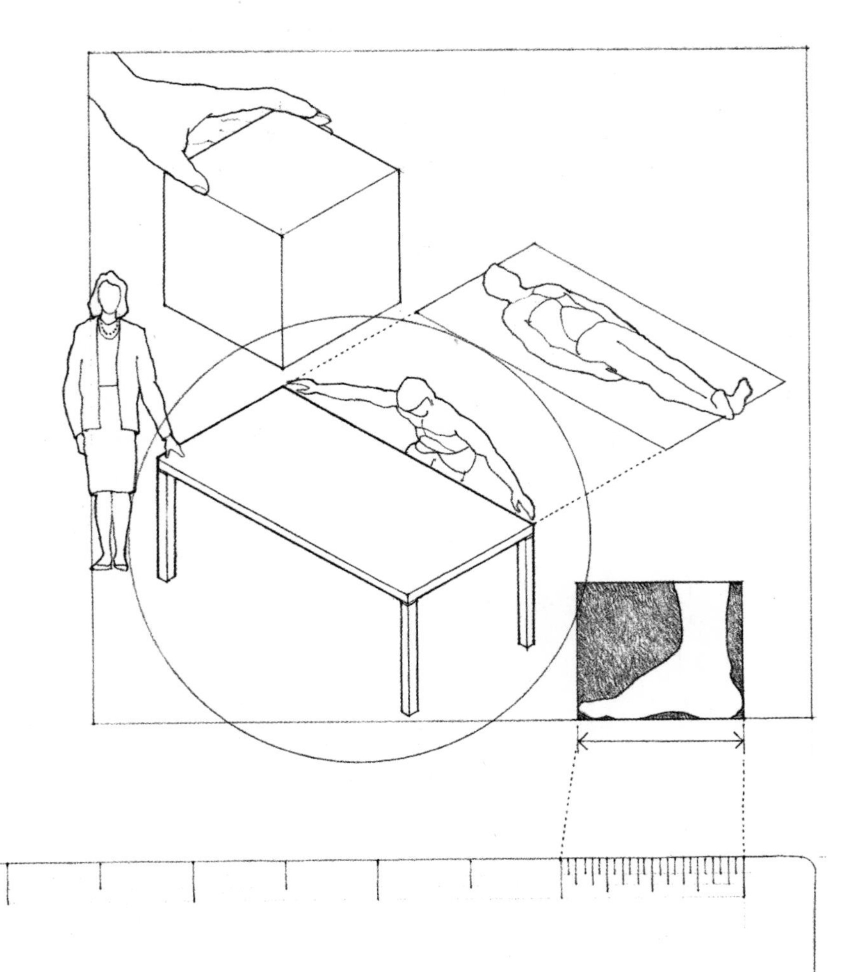

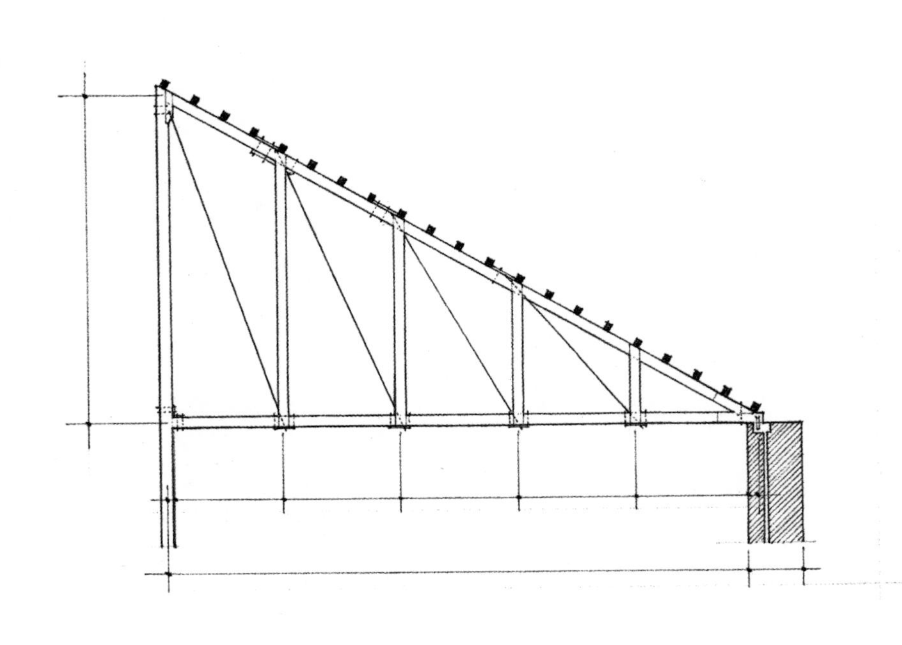

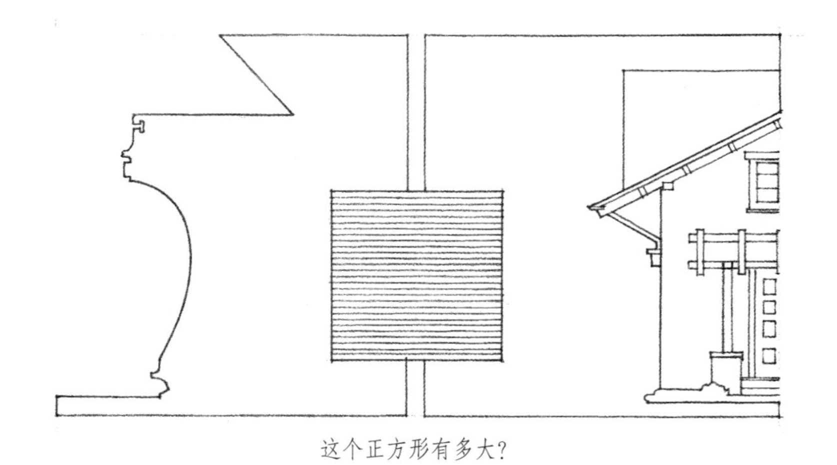

这个正方形有多大？

设计师特别感兴趣的是视觉尺度的说法，它并不是指物品的实际尺寸，而是指某物与其正常尺寸或环境中其他物品的尺寸相比较时，看上去是大还是小。

当我们说某物尺度小或微不足道时，通常是指该物看上去比其通常尺寸要小。同样，某物尺度大，则是因为它看上去比正常尺寸或预想的尺寸大。

当我们谈到某一方案的规模是以城市为背景时，所说的就是城市尺度范围；当我们判断一栋建筑是否适合它所在的城市位置时，所说的是邻里尺度；当我们注重沿街要素的相对大小时，所说的就是街道尺度。

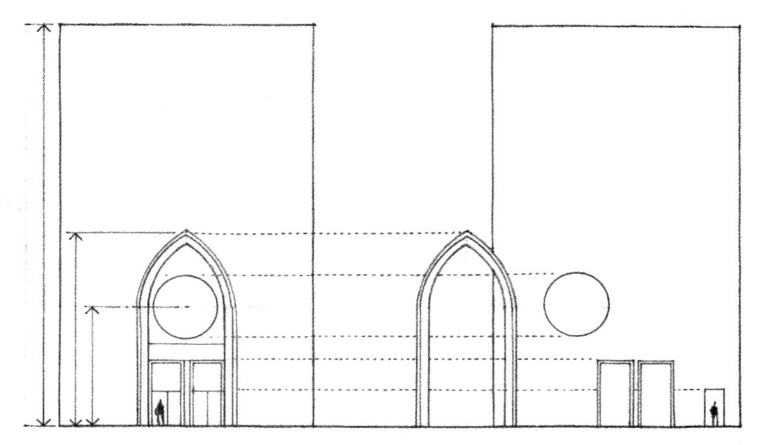

Mechanical scale: the size or proportion of something relative to an accepted standard of measurement.

真实尺度：与一个已被人们接受的计量标准相比，某物的比例或尺寸。

Visual scale: the size or proportion an element appears to have relative to other elements of known or assumed size.

视觉尺度：相对于其他已知要素或假定的尺寸，一个要素看上去所具有的尺寸或比例。

关于一栋建筑的尺度，所有要素，无论它是多么平常或不重要，都具有确定的尺寸。其尺寸或许已被生产商提前决定，或者它们也许是设计师从众多选择中挑选而来。无论如何，我们是在与作品的其他局部或整体的比较中观察每个要素的。

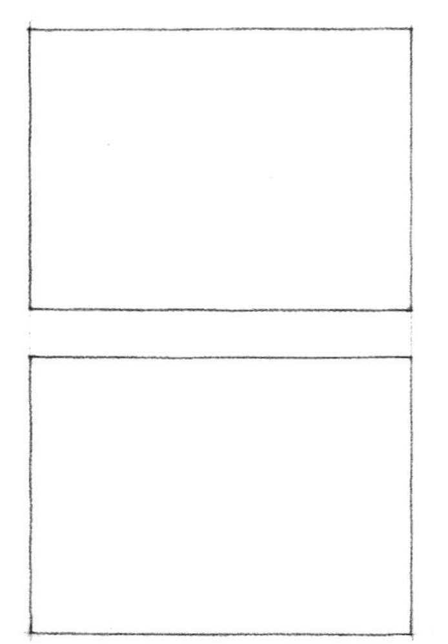

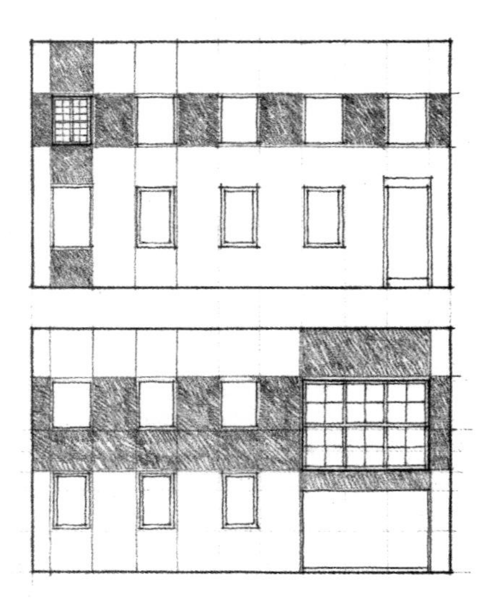

例如，建筑立面上窗户的大小和比例，在视觉上与其他窗户以及窗户之间的空间和立面的整个大小有关。如果所有窗户的大小和形状都一样，那么与立面的大小相比，它们就形成了一种尺度。

然而，如果有一个窗户比其他窗户大，它将在立面布局构成中产生另外一个尺度。尺度间的跳跃可以表明窗户背后空间的大小和重要性，或者它可以改变我们对于其余窗户大小的感知，或者改变我们对于立面总体尺寸的感知。

许多建筑要素的尺寸和特点是为我们所熟知的，因而能帮助我们衡量周围其他要素的大小。像住宅的窗户单元和门口，能使我们想象出房子有多大，有多少层；楼梯或某些模块化的材料，如砖或混凝土预制板，帮助我们度量空间的尺度。正是因为这些要素为人们所熟悉，因此，这些要素如果过大，也能有意识地用来改变我们对于建筑形体或空间大小的感知。

有些建筑物和空间具有两种或多种尺度同时发挥作用。弗吉尼亚大学图书馆的入口门廊，模仿罗马的万神庙，它决定了整个建筑形式的尺度，同时门廊后面入口与窗户的尺度则适合建筑内部空间的尺寸。

University of Virginia, Charlottesville, 1817–1826, Thomas Jefferson

弗吉尼亚大学，夏洛茨维尔，1817—1826，托马斯·杰斐逊

兰斯大教堂向后退缩的入口门拱，是以正立面的尺寸为尺度的，而且在很远的地方就能看到并辨认出来是进入教堂内部空间的入口。但是，当我们走近时就会发现，实际的入口只不过是巨大门拱里的一些普通门，而这些门是以我们本身的尺寸——人体尺寸为尺度的。

Reims Cathedral, France, 1211–1290

兰斯教堂，法国，1211—1290

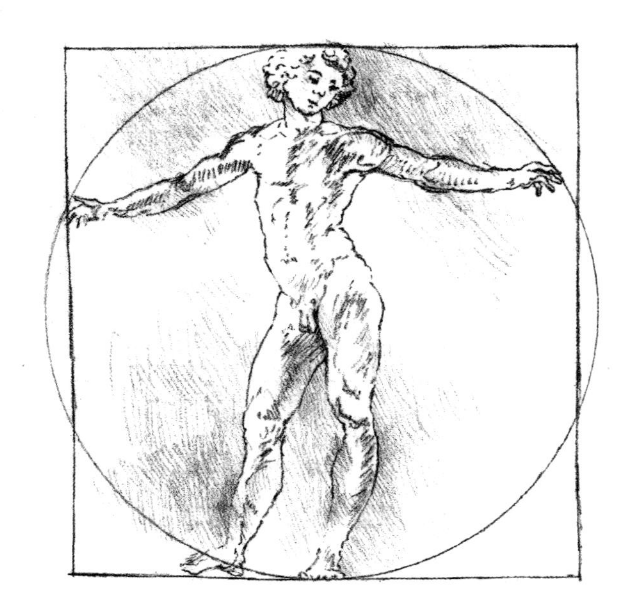

在建筑中，人体尺度是建立在人体尺寸和比例基础上的。在有关人体比例的章节中曾提到，由于人体的尺寸因人而异，因此不能当做一种绝对的度量标准。但是，我们可以伸出手臂，接触墙壁来度量一个空间的宽度。同样，如果伸手能触及头上的屋顶，我们也能得出它的高度。一旦我们鞭长莫及而做不到这些时，就得依靠视觉而不是触觉线索来获得空间的尺度感。

为了得到这些线索，我们可以利用那些具有人文意义的要素，这些要素的尺寸与我们的姿态、步伐、伸展或拥抱等人体尺寸有关。如一张桌子或一把椅子、楼梯的踢面与踏面、窗台、门上的过梁等，这些要素不仅可以帮助我们判断空间的大小，还可以使空间具有人的尺度。

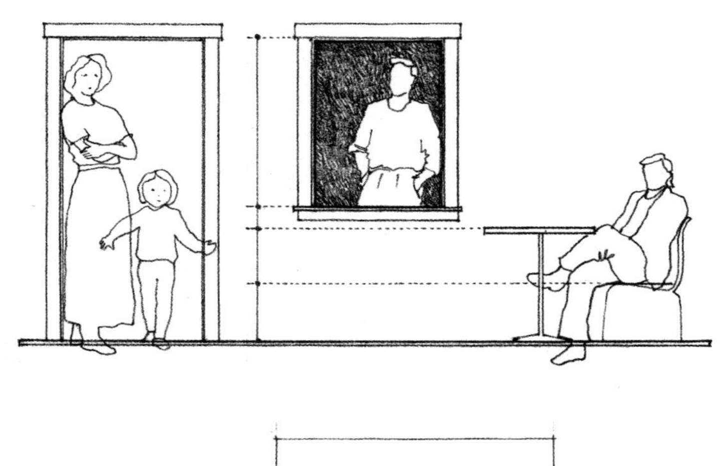

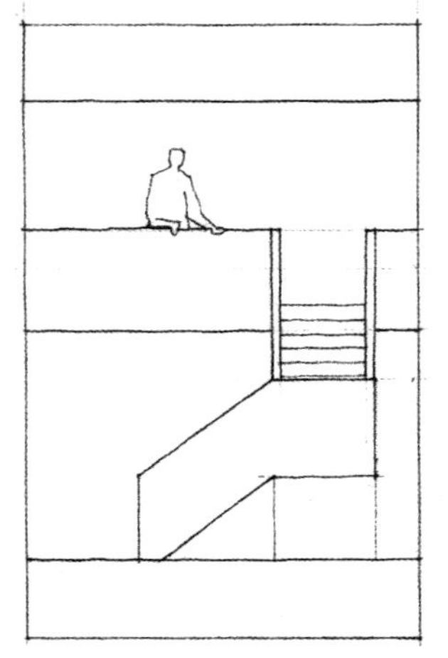

相比之下，具有纪念性尺度的东西，使我们感到渺小；而尺度亲切的空间，则会形成使我们感到舒适、能够控制或非常重要的氛围。在大型旅馆的休息厅里，将桌子和休息坐椅布置得具有亲近感，会使空间具有开阔的感觉，同时在大厅中划分出舒适的、具有人体尺度的区域。通向二层阳台或阁楼的楼梯，会让我们领悟房间的竖向尺寸，并且暗示了人的存在。一堵空白墙上的窗户，会使人联想到窗内的空间，并产生有人居住的印象。

在房间的三个维度中，与长度和宽度相比，高度对房间尺度的影响更大一些。房间的墙壁发挥着围合作用，而头上顶棚的高度则决定了房间的庇护性与亲切性。

一间 12×16 英尺的房间，顶棚高度从 8 英尺升到 9 英尺，比宽度增加到 13 英尺或长度增加到 17 英尺，所产生的效果更明显，并且对房间尺度的影响要大得多。对于大多数人来说，12×16 英尺的房间，采用 9 英尺的净高是令人舒适的，而 50×50 英尺的空间也用 9 英尺高的顶棚，就会开始感到压抑。

除了空间的竖向尺寸以外，其他影响尺度的要素有：
• 房间表面的形状、色彩和图形
• 门窗开洞的形状和位置
• 房间中物品的尺度和性质

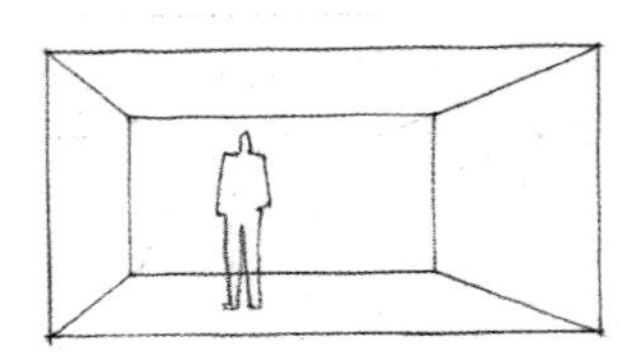
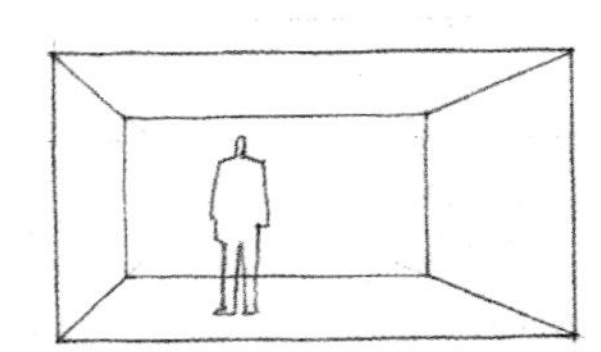
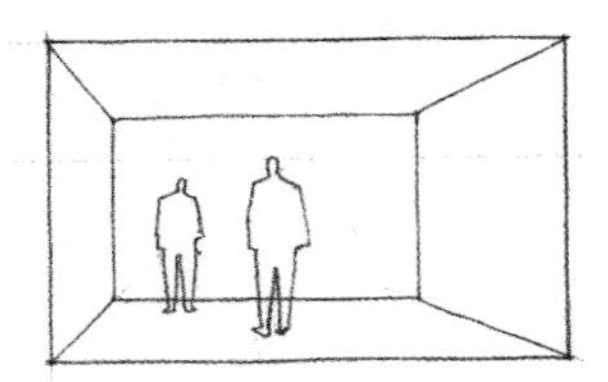
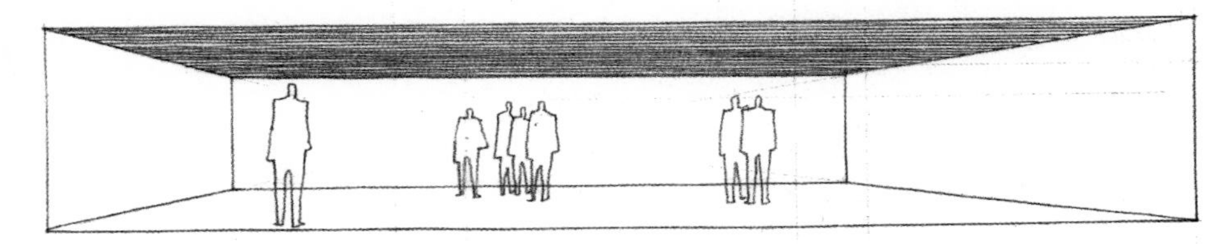
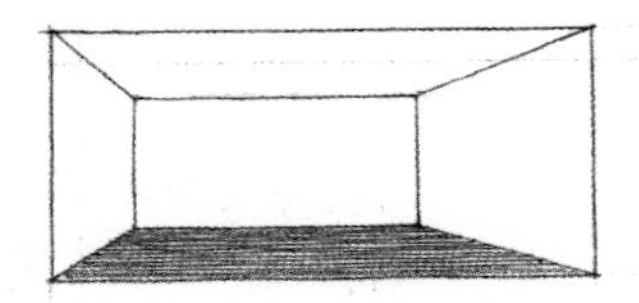
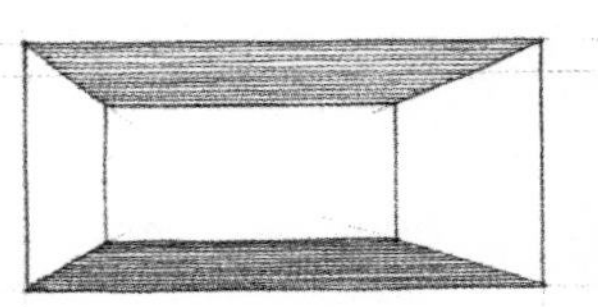
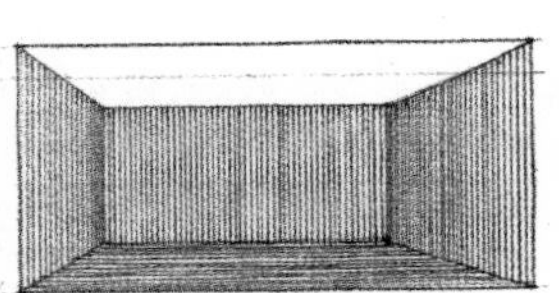
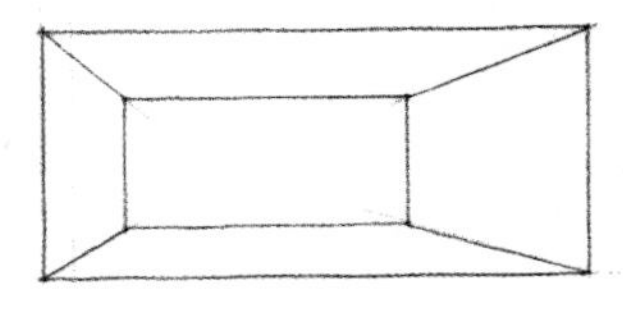
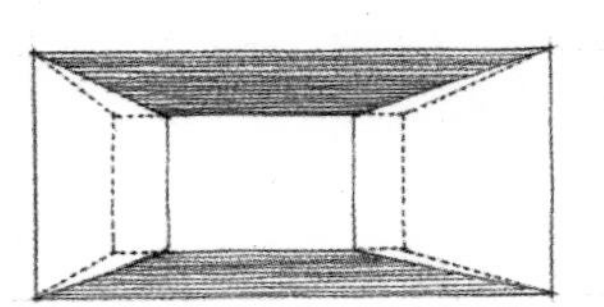
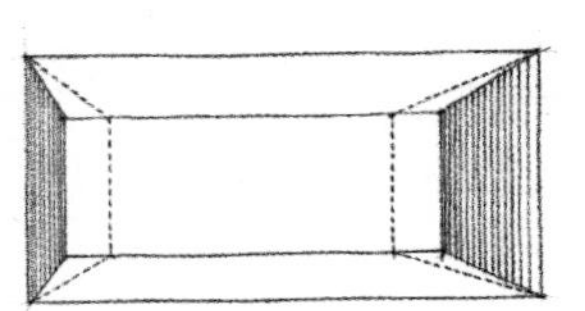
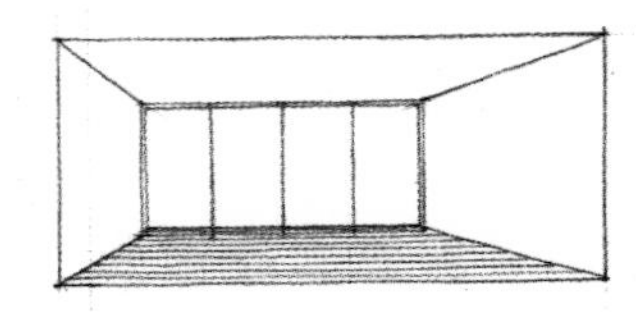
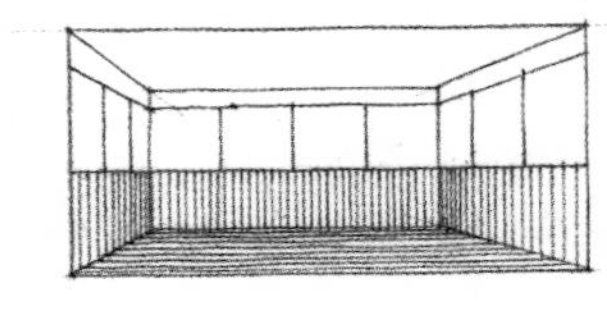
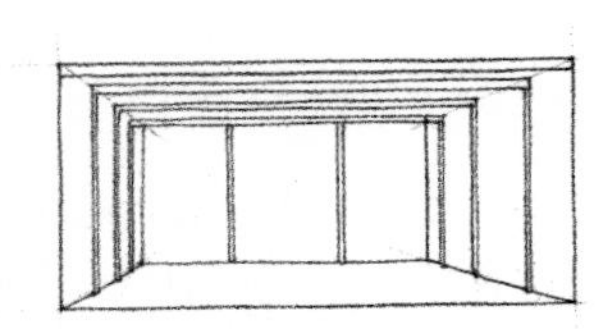
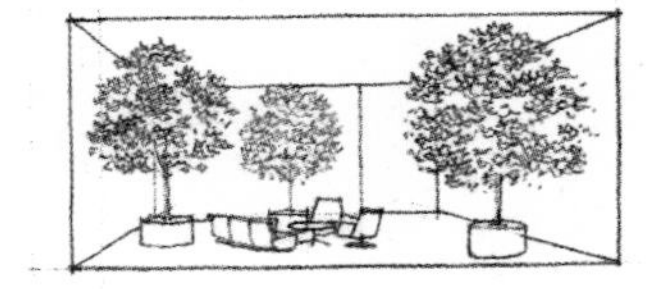
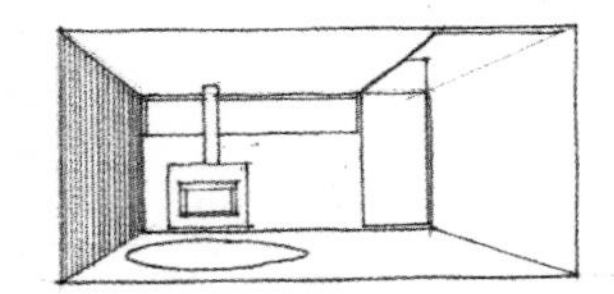
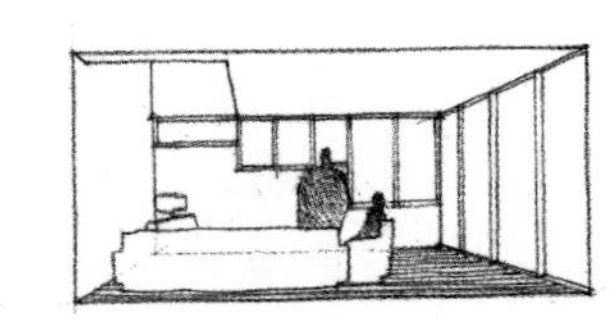
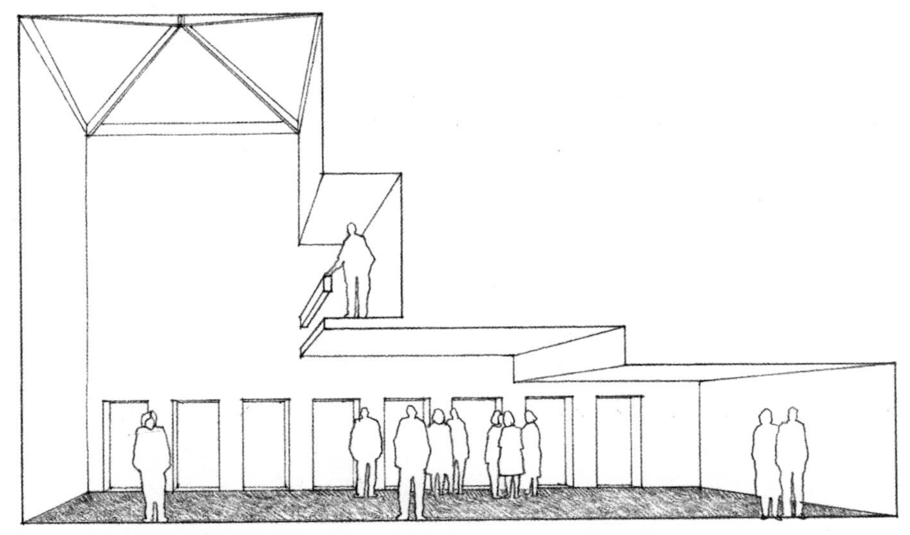

这两页中出现的建筑物来自不同历史时期和不同地点，按照相同或相近的比例绘制。我们对某物或某处大小的感知，总是与其所处环境相比较而言的，与我们熟悉的尺寸相比较而言的，比如波音747客机的长度。

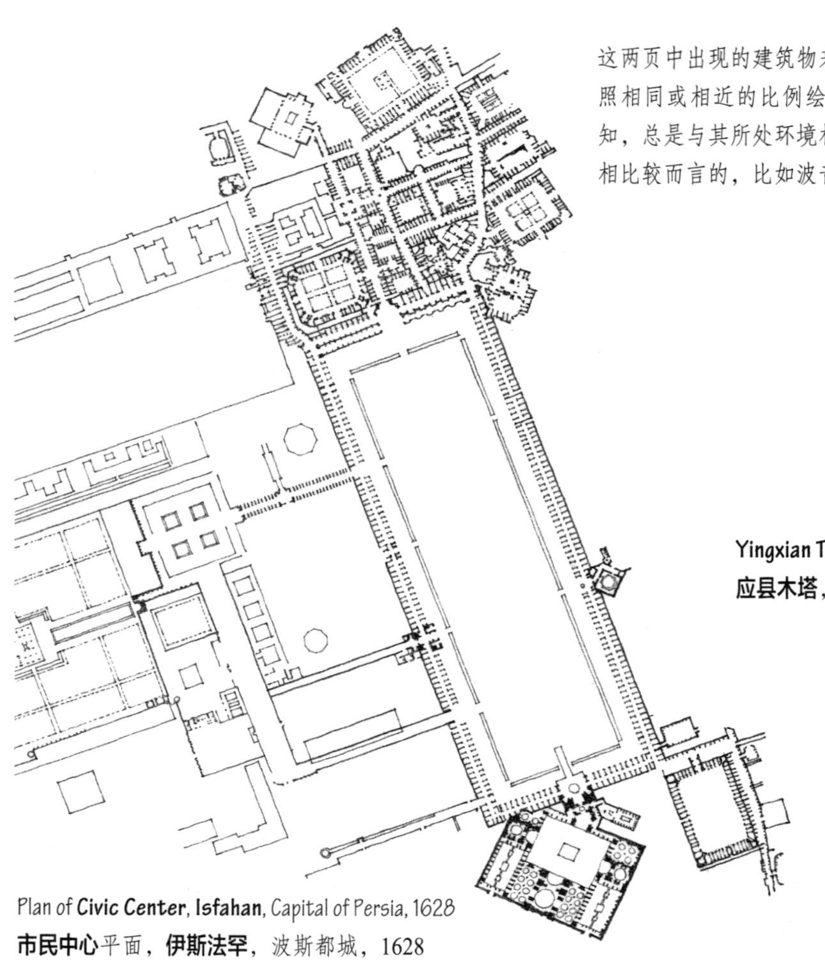

Plan of **Civic Center, Isfahan**, Capital of Persia, 1628
市民中心平面，**伊斯法罕**，波斯都城，1628

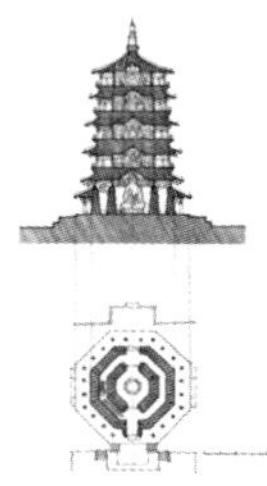

Yingxian Timber Pagoda, China, 1056
应县木塔，中国，1056

Empire State Building, New York City, 1931, Shreve, Lamb, and Harmon
帝国大厦，纽约市，1931，史莱夫、拉姆与哈蒙

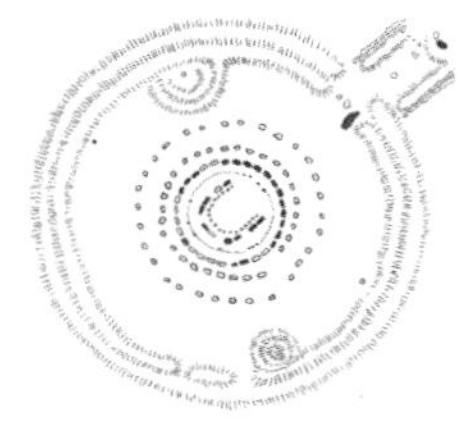

Stonehenge, England, c. 1800 B.C.
史前巨柱，英格兰，约公元前1800年

Shwezigon Pagoda, Pagan, near Nyangu, Burma, 1058
瑞西光塔，蒲甘，袅乌附近，缅甸，1058

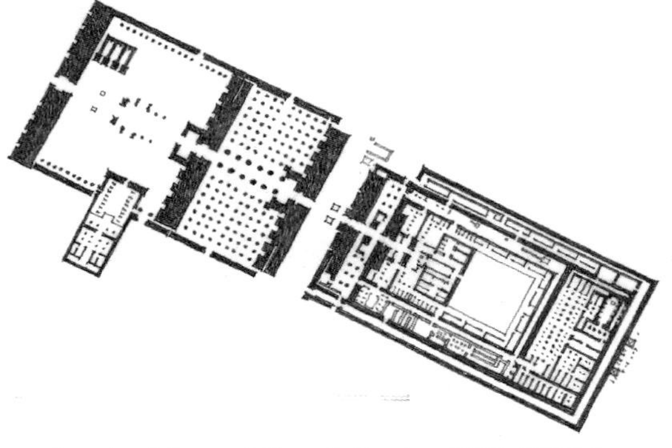

Temple of Amun at Karnak, Egypt, c. 1500–323 B.C.
卡纳克的阿蒙神庙，埃及，约公元前1500—公元前323年

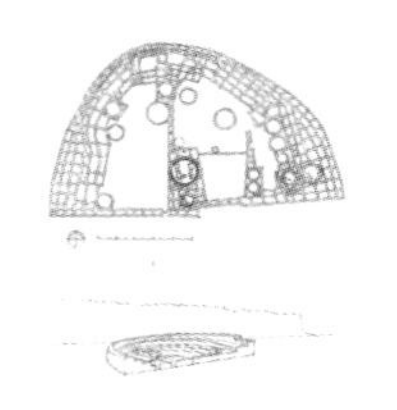

Pueblo Bonito, Chaco Canyon, USA, begun c. A.D. 920
美丽的村镇，查科峡谷，美国，约始建于公元920年

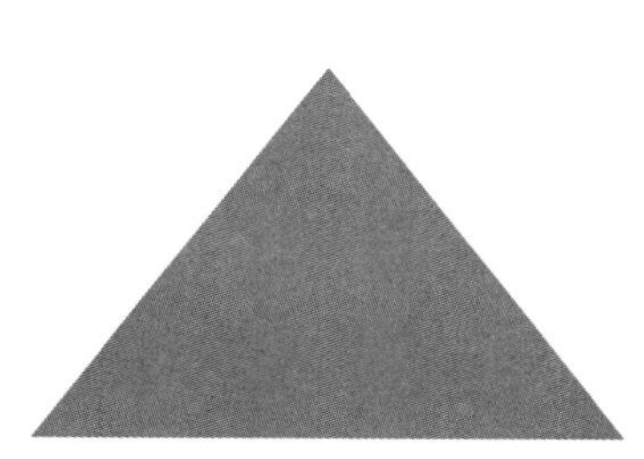

Great Pyramid of Cheops at Giza, Egypt, c. 2500 B.C.
吉萨的齐奥普斯大金字塔，埃及，约公元前2500年

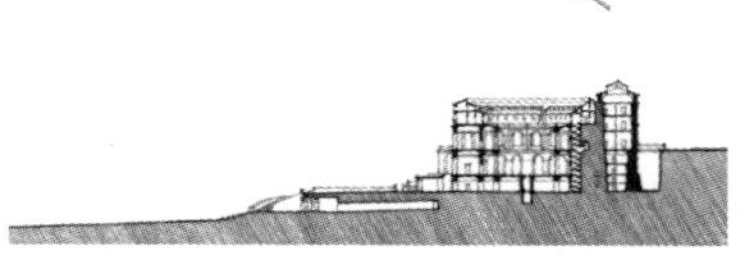

Villa Farnese, Caprarola, Italy, 1559–1560, Giacomo Vignola
法尔尼斯别墅，卡普拉罗拉，意大利，1559—1560，贾科莫•达•维尼奥拉

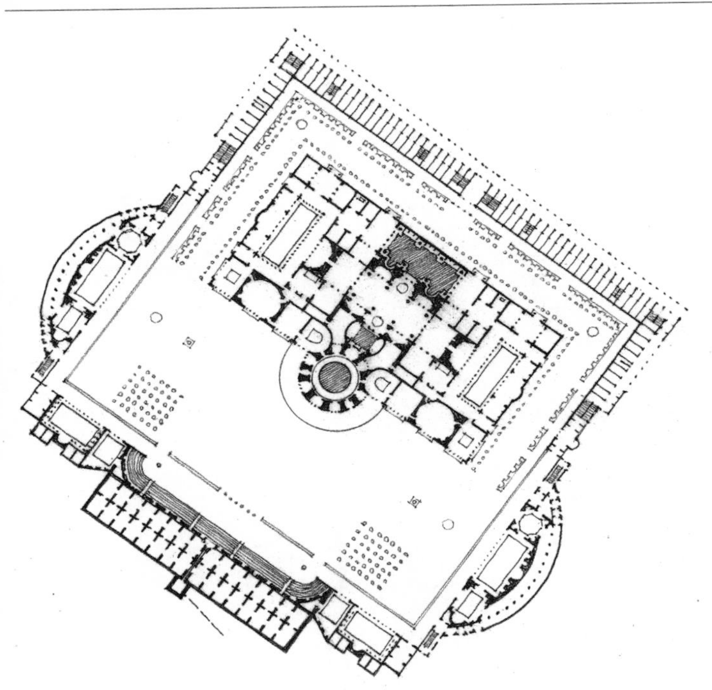

Baths of Caracalla, Rome, A.D. 212–216
卡拉卡拉浴场，罗马，公元 212—216 年

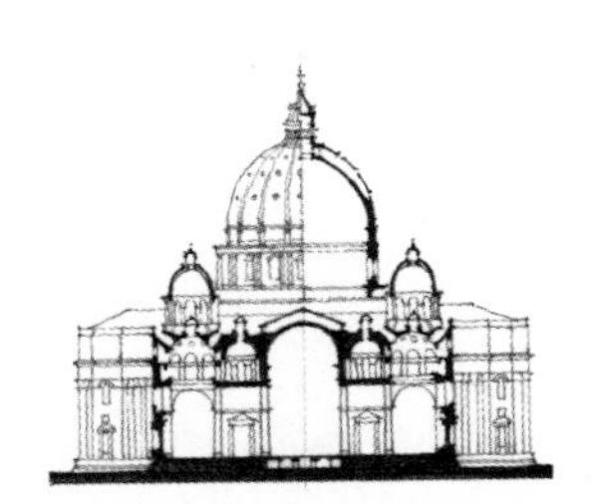

St. Peter's Basilica, 1607, Michelangelo Buonarroti and Carlo Maderno
圣彼得教堂的巴西利卡，1607，米开朗琪罗•博纳罗蒂与卡罗•马德诺

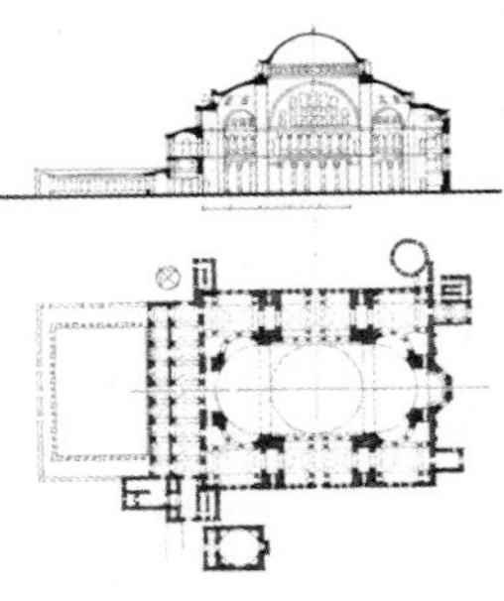

Hagia Sophia, Istanbul, Turkey, A.D. 532–537
圣索菲亚大教堂，伊斯坦布尔，土耳其，公元 532—537 年

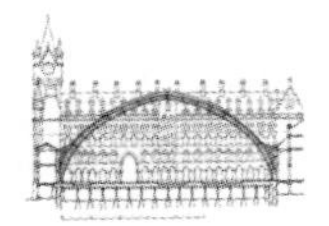

St. Pancras Station, London, England, 1863–1876, George Gilbert Scott
圣潘克拉斯车站，伦敦，英格兰，1863—1876，乔治•吉尔伯特•斯科特

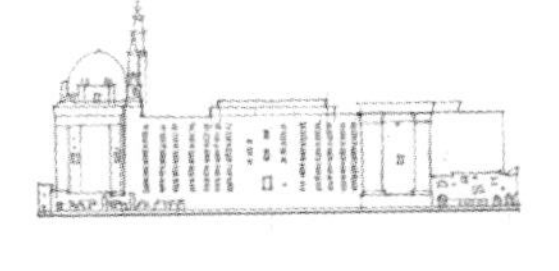

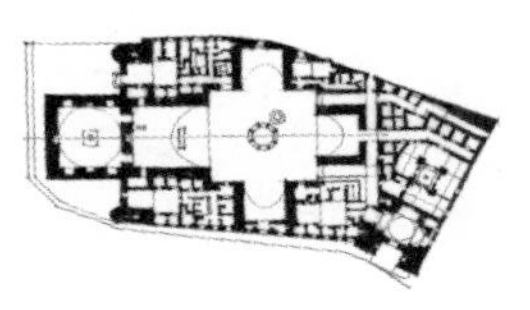

Mosque of Sultan Hasan, Cairo, Egypt, 1356–1363
苏丹哈桑清真寺，开罗，埃及，1356—1363

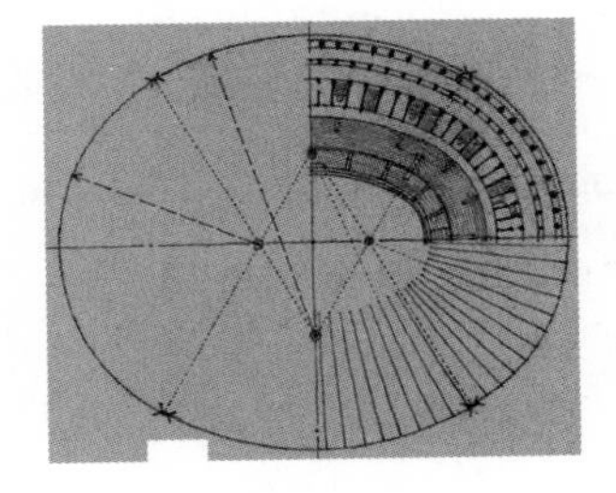

The **Colosseum**, Rome, A.D. 70–82
斗兽场，罗马，公元 70—82 年

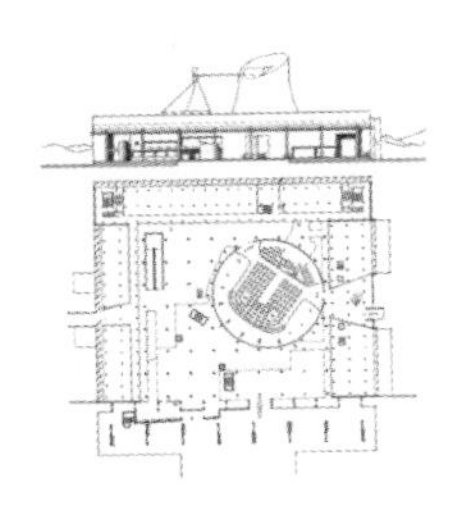

Legislative Assembly Building, Chandigarh, India, 1956–1959, Le Corbusier
议会大厦，昌迪加尔，印度，1956—1959，勒•柯布西埃

Boeing 747-400
波音 747-400 型客机

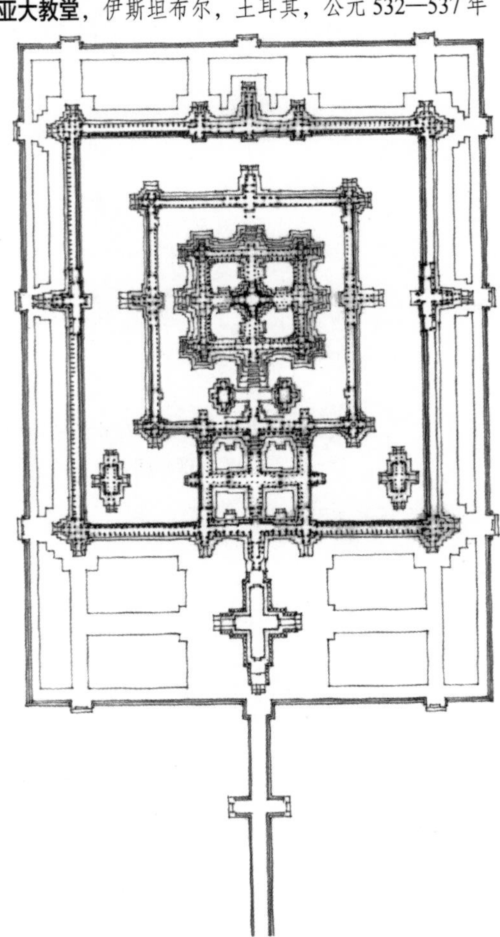

Angkor Wat, near Siem Reap, Cambodia, 802–1220
吴哥窟，暹粒附近，柬埔寨，802—1220

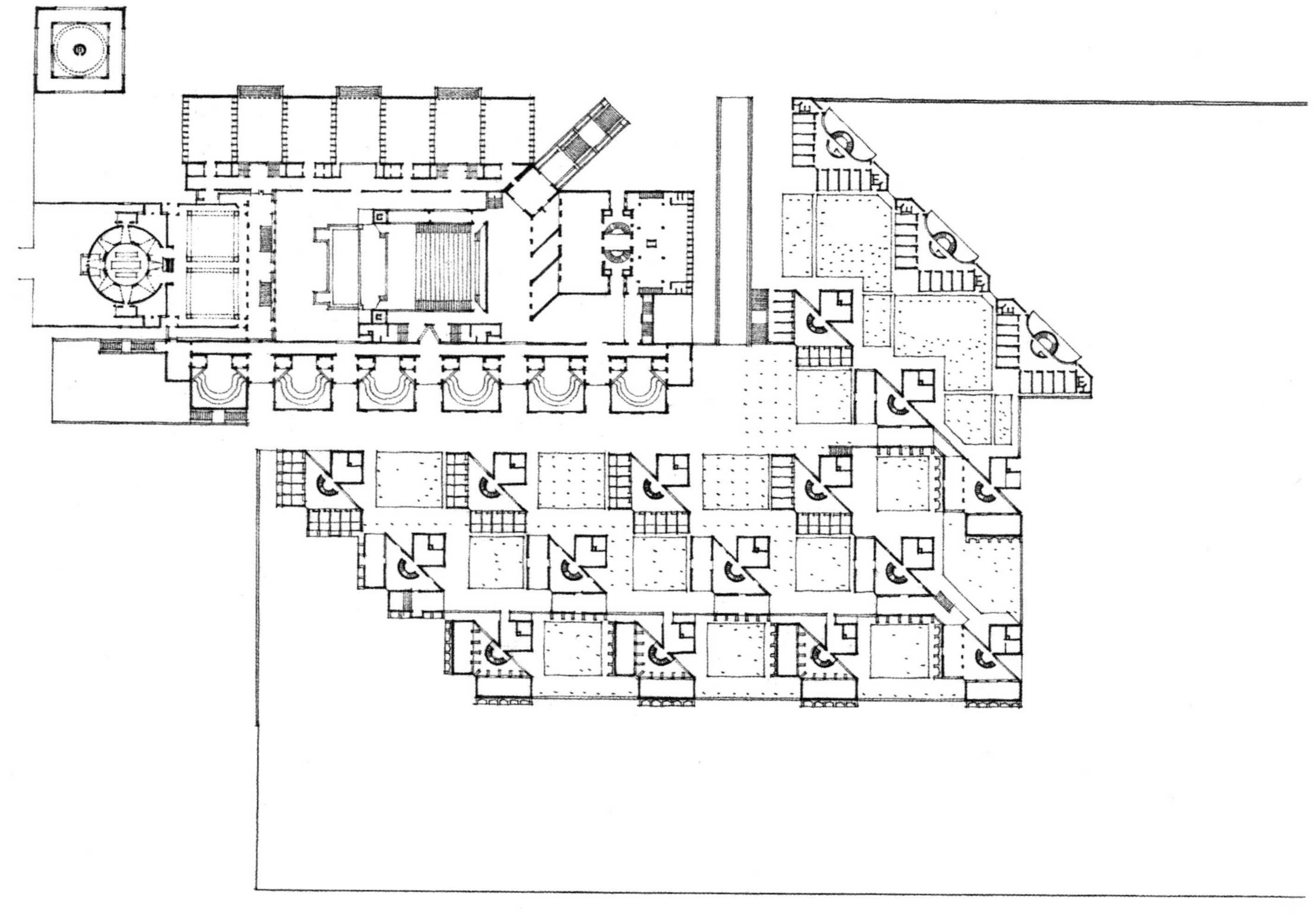

Indian Institute of Management, Ahmedabad, India, 1965, Louis Kahn

印度管理学院，艾哈迈达巴德，印度，1965，路易•康

7 原理
Principles

"……如果秩序被认为是一种接受或放弃两可的事情，是可以抛弃而由他物取而代之的东西，那么只能产生混乱。在履行任何组合系统功能的时候，无论其功能是物质的还是精神的，秩序必须是不可缺少的。就像离开所有成员的整体协作，引擎难以工作、管弦乐队难以演奏、运动队难以比赛一样，一件艺术作品或建筑作品，如果不能呈现出有秩序的图形，就难于履行其功能，难以传达其信息。无论在任何复杂程度上，秩序都是可以做到的：无论是复活节岛上的那些简单雕像，还是伯尼尼所作的那些复杂雕塑，抑或一栋农舍、一座博洛米尼设计的教堂。然而，如果没有秩序，就无法表达作品要说什么。"

鲁道夫•阿恩海姆（Rudolf Arnheim）
《建筑形式的动力》（*The Dynamics of Architectural Form*）
1977

本书的第四章，是以几何图形为基础，阐述建筑形式与空间的组合；本章还将讨论另外一些原理，运用这些原理，可在建筑构图中产生一种秩序。秩序不单单是指几何规律性，而是指一种状态，即整体之中的每个部分与其他部分的关系以及每个部分所要表达的意图，都处理得当，直至产生一个和谐的结果。

在建筑设计纲要的要求中，必然存在着多样性与复杂性。任何建筑物的形式和空间都应该考虑到，建筑物功能所固有的等级、建筑物服务的对象、建筑物所要传达的目的和含义以及建筑物所在地的周围环境。正是因为认识到建筑规划、建筑设计和建筑建造过程中，必然存在多样性、复杂性和等级性，所以本章才对秩序原理加以讨论。

有秩序而无变化，结果是单调和令人厌倦；有变化而无秩序，结果则是杂乱无章。统一之中富于变化是一种理想的境界。下面的秩序原理，可以看做视觉处理工具，它们能使一栋建筑物中各种各样的形式和空间，在感性上和概念上，共存于一个有秩序的、统一的、和谐的整体之中。

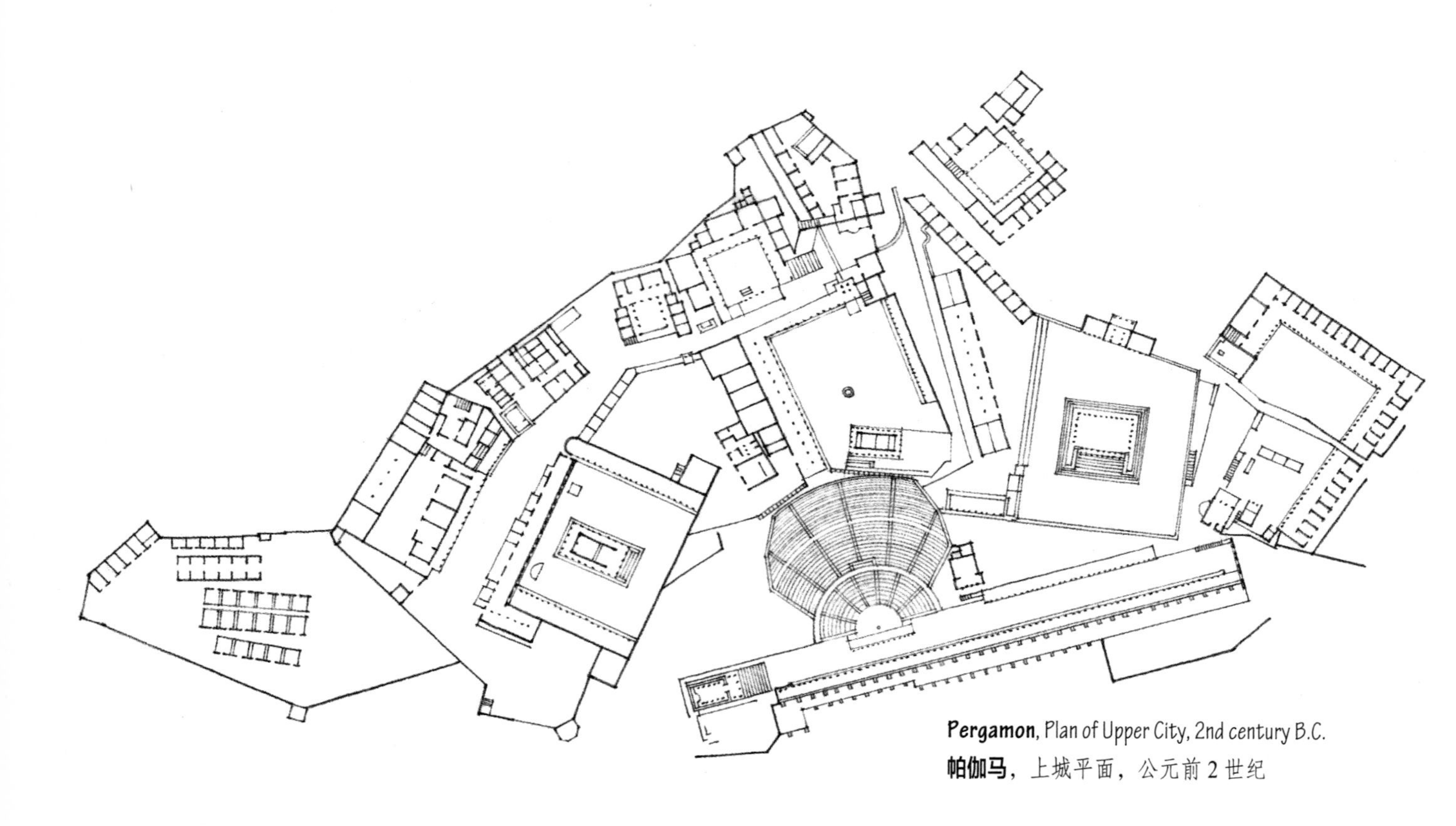

Pergamon, Plan of Upper City, 2nd century B.C.
帕伽马，上城平面，公元前 2 世纪

Axis
轴线

由空间中两点连成的线，形式和空间可以关于此线呈对称或平衡的方式排列。

Symmetry
对称

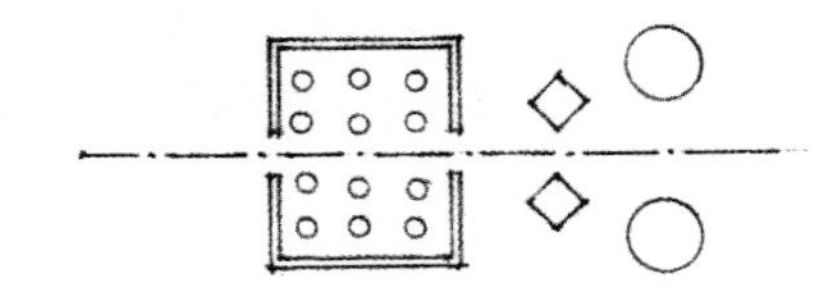

在一条分界线或一个分界面的两侧，或者围绕一个圆心或轴线，均衡地分布等同的形式和空间。

Hierarchy
等级

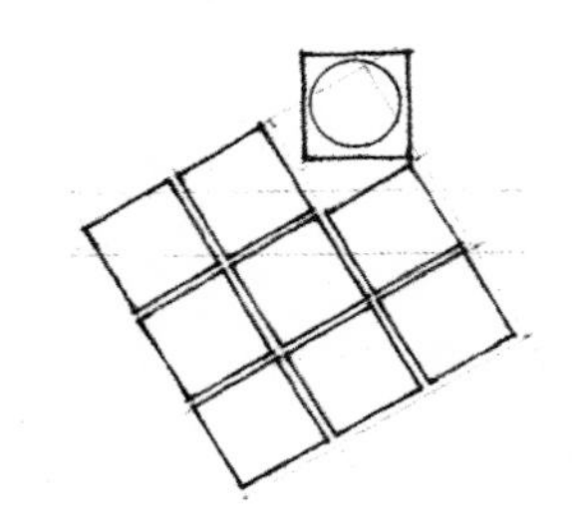

通过尺寸、形状或位置与组织布局中其他形式或空间的对比，来表明某个形式和空间的重要性或特殊意义。

Rhythm
韵律

一种统一的运动，其特点是在同一个形式或者某一变化的形式中，形式要素或主题图形化的重复或交替出现。

Datum
基准

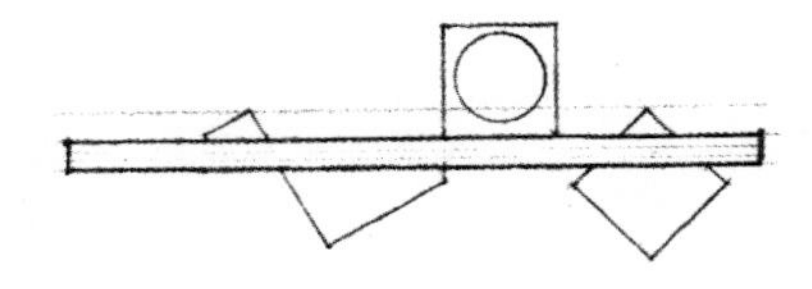

利用线、面或体的连续性与规则性，来聚集、衡量及组织形式与空间的图形。

Transformation
变换

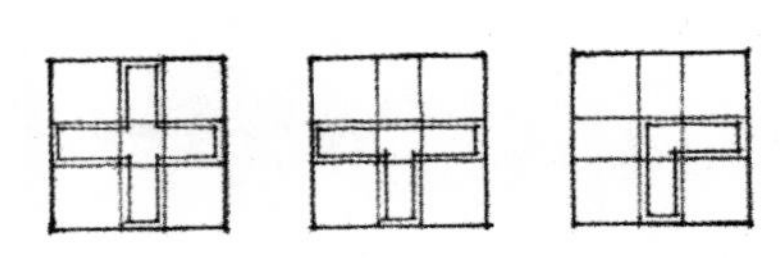

通过一系列个别的处理和转变，可以改变建筑观念、建筑结构或建筑组织布局的原则，其目的在于呼应特殊的环境或基地条件，而不失其可识别性与基本概念。

This Florentine street flanked by the **Uffizi Palace** links the River Arno to the Piazza della Signoria. See plan on pg. 354.

这条佛罗伦萨的街道两侧是**乌菲齐宫**，将亚诺河与领主广场连接起来。见第354页。

轴线也许是建筑形式与空间组织布局中最基本的方法。它是由空间中的两点连成的一条线，以此线为轴，可采用规则或不规则的方式布置形式与空间。虽然是想象的，并且除了大脑中的“眼睛”外，不能真正看到，但轴线却是强有力的支配与控制手段。虽然轴线暗示着对称，但它需要的是均衡。各要素围绕轴线的具体位置，将在视觉上决定轴线组织布局的力量，是捉摸不定还是压倒一切，是结构松散还是有条有理，是生动活泼还是单调乏味。

由于轴线本质上是线性状态，因此它具有长度和方向性，并沿着它的道路，引导运动、展示景观。

为了明确界定轴线，它的两个结束端都必须是重要的形式或空间。

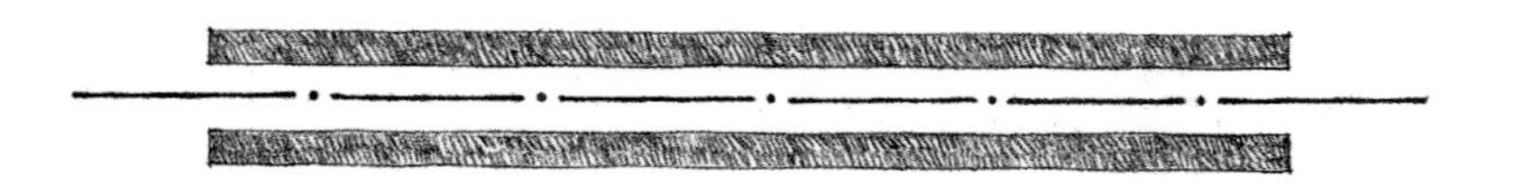

可以沿着轴线的长度限定两条边缘来加强轴线的意向。两条边缘可以是地面上的简单线条，也可以是沿轴向划出的线性空间的垂直面。

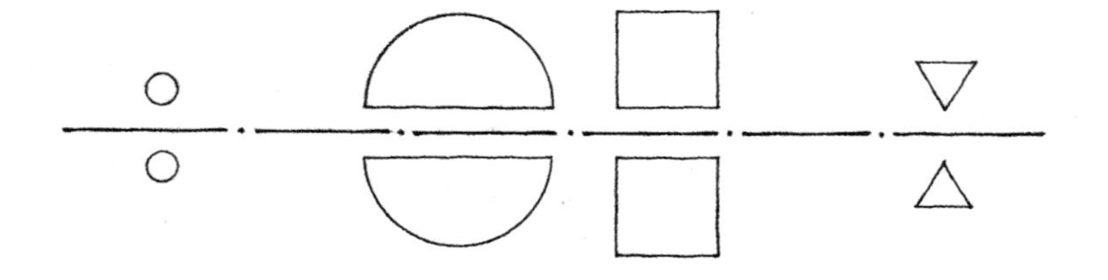

轴线也可以简单地由对称布置的形式和空间来构成。

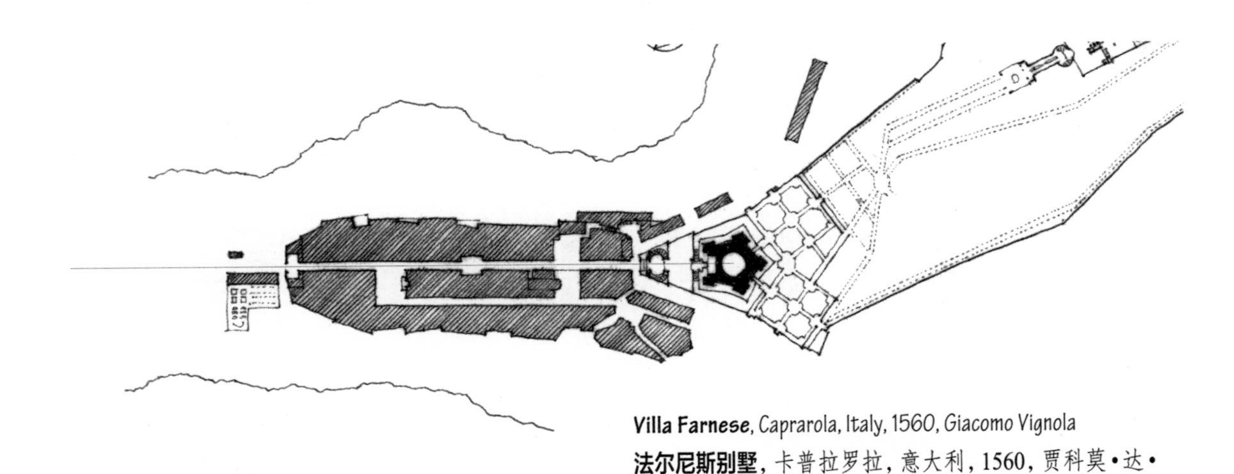

Villa Farnese, Caprarola, Italy, 1560, Giacomo Vignola
法尔尼斯别墅，卡普拉罗拉，意大利，1560，贾科莫·达·维尼奥拉

一条轴线的终止要素，可以用来发送和接收其视觉推力。这些终止要素可以为下列任何一种：

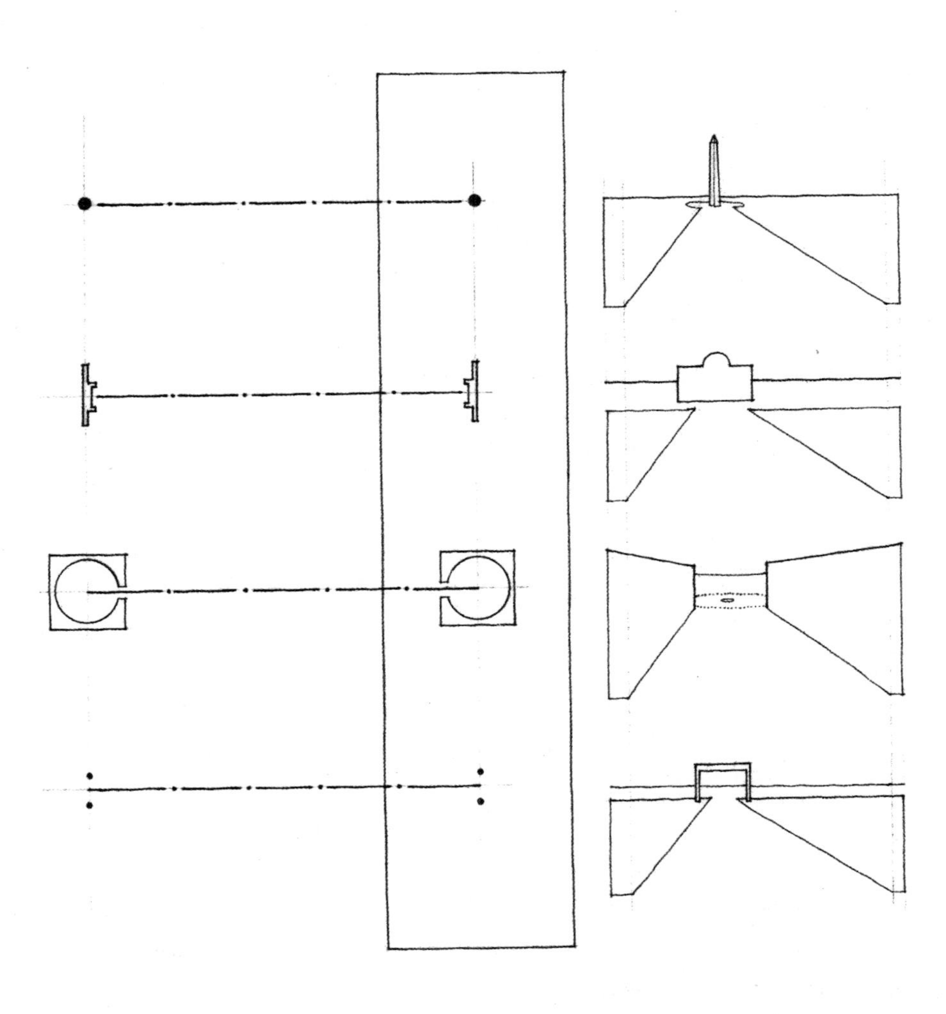

- 由垂直的、线性的要素或集中的建筑形式在空间中形成的点。
- 垂直面，例如对称的建筑立面或正立面，前面有前院或类似的开敞空间。
- 界限分明的空间，通常是集中的或规则的形式。
- 视野深远、向外开敞的门道。

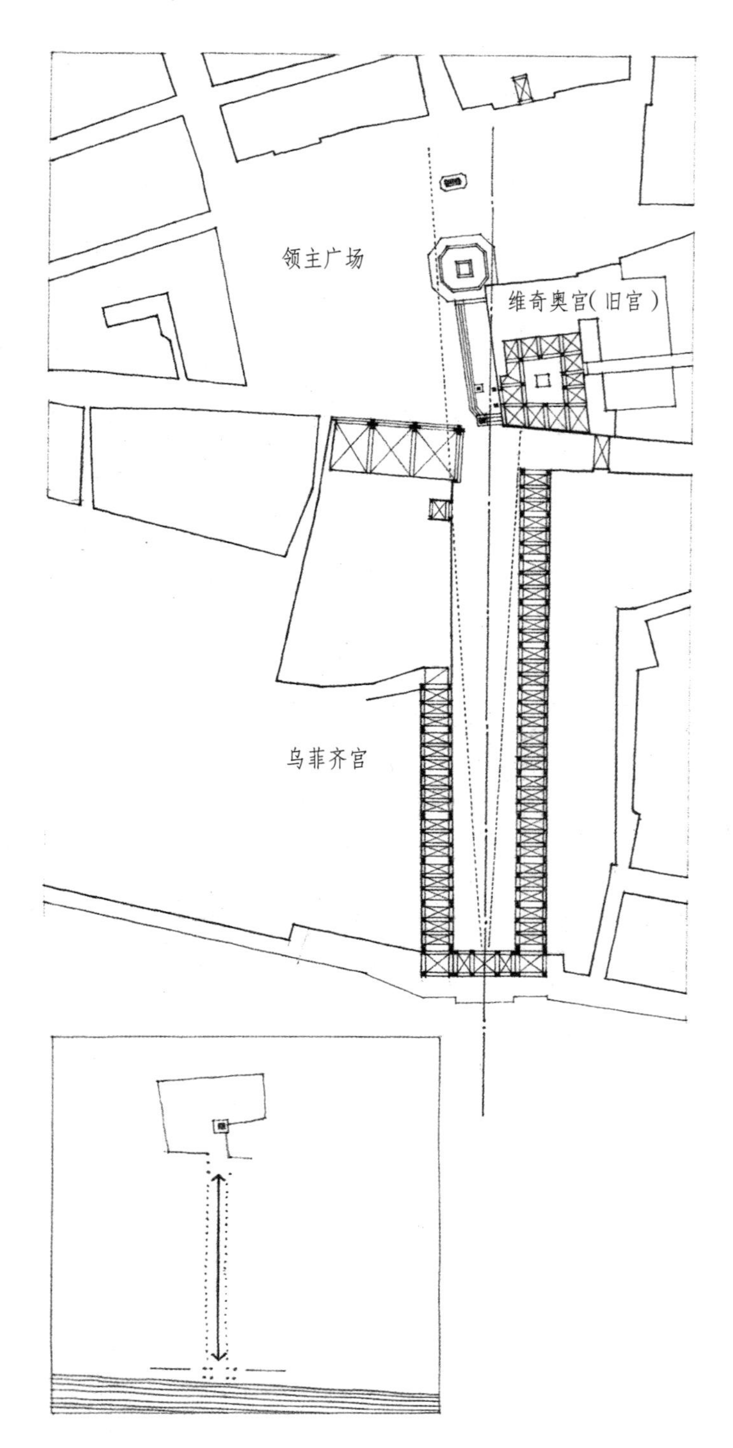

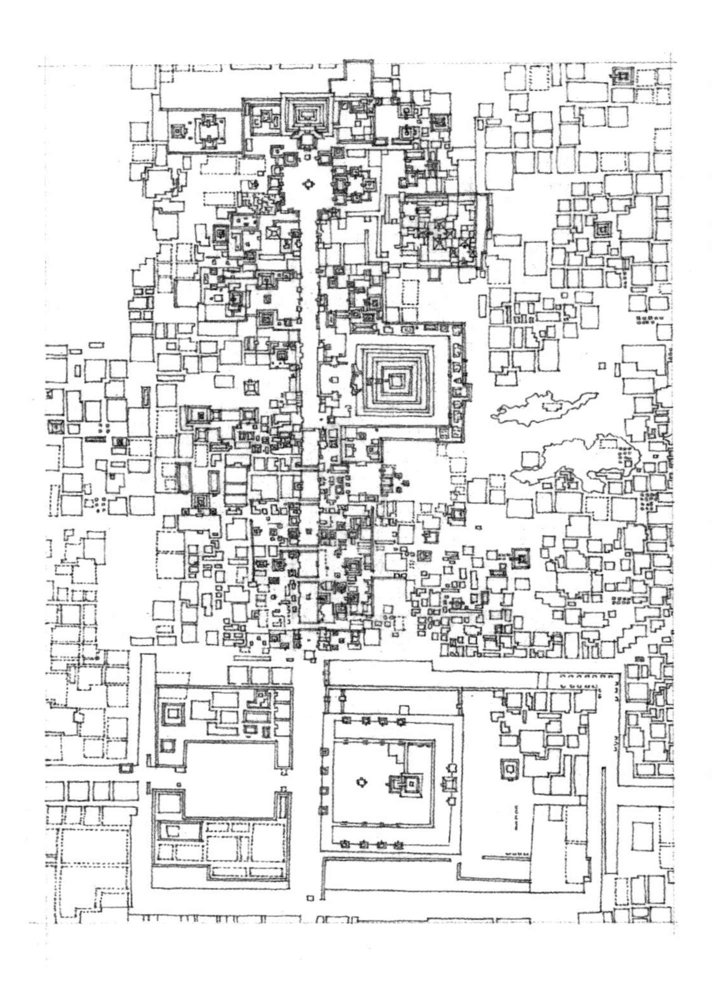

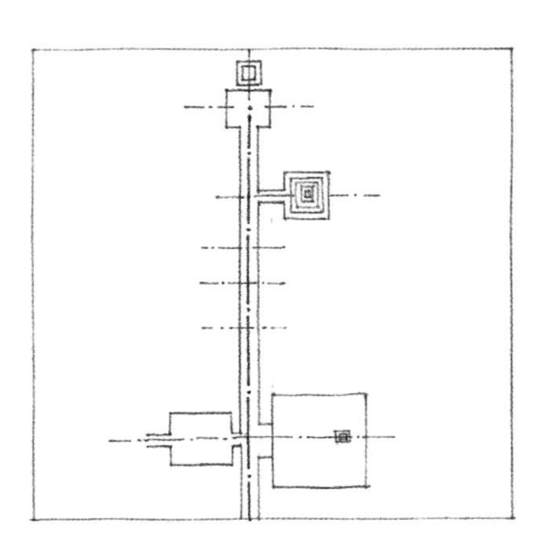

The wings of the **Uffizi Palace** in Florence, Italy, (1560, *Giorgio Vasari*) frame an axial space that leads from the River Arno, through the Uffizi arch, to the **Piazza della Signoria** and the **Palazzo Vecchio** (1298–1314, Arnolfo di Cambio).

意大利佛罗伦萨的**乌菲齐宫**（1560，乔治•瓦萨里）从亚诺河穿过乌菲齐拱门，两侧形成一个轴向空间框，到达**领主广场**和**维奇奥宫**（1298—1314，阿尔诺弗•迪•坎比奥）。

Teotihuacan, City of the Gods.

特奥蒂瓦坎，上帝之城

特奥蒂瓦坎位于墨西哥城附近，是中美洲（Mesoamerica）最大的、最有影响力的宗教仪式中心，建于约公元前100年，直到公元750年，一直非常繁盛。两座宏伟巨大的金字塔形庙宇，即太阳金字塔（the Pyramid of the Sun）和稍小一点的月亮金字塔（the smaller Pyramid of the Moon），在基地中居于主导地位，死亡大道（the Avenue of the Dead）从这里一直向南通向城市中心的城堡和市场。

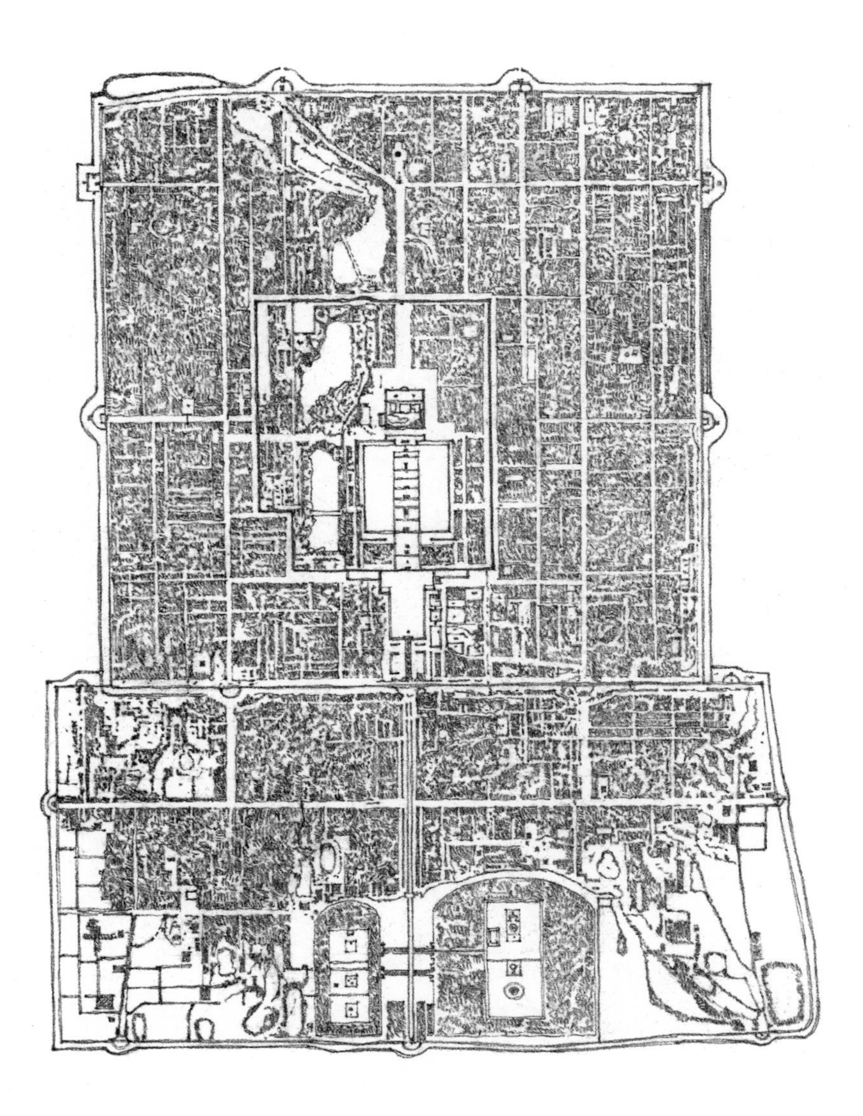

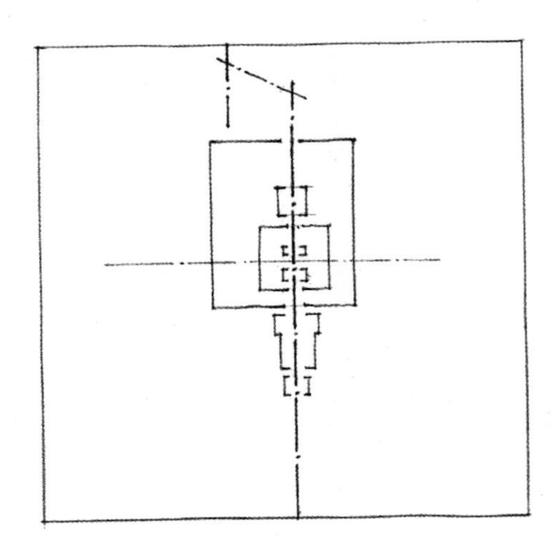

Plan of **Beijing** (formerly Peking), China.

北京城（旧称“北平”）平面，中国

坐落在南北向中轴线上的是紫禁城，是内城中用围墙圈起的部分，建于15世纪，包括皇宫和中国帝王政府的其他建筑。它之所以如此命名，是因为这里从前不对公众开放。

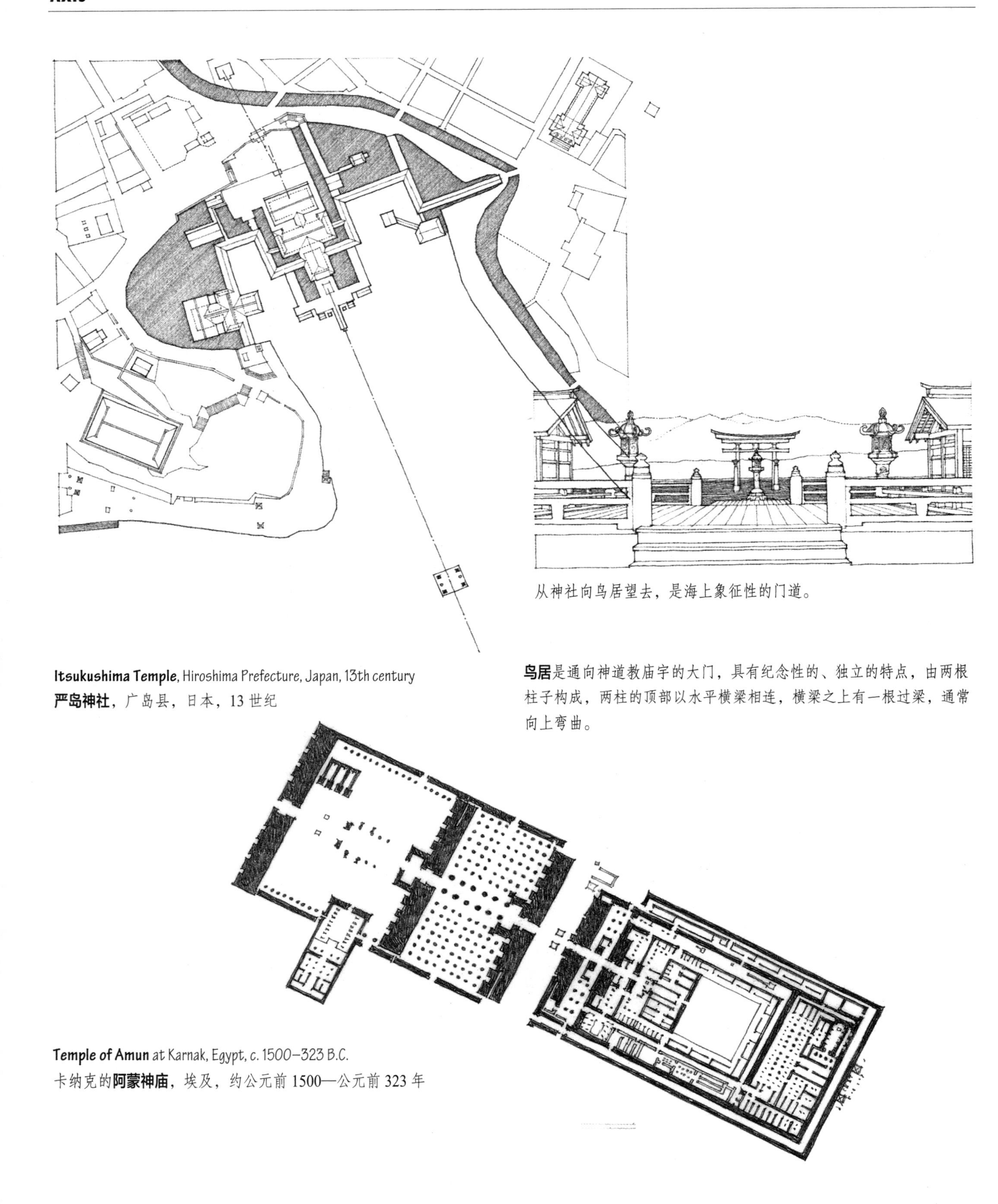

从神社向鸟居望去，是海上象征性的门道。

Itsukushima Temple, Hiroshima Prefecture, Japan, 13th century
严岛神社，广岛县，日本，13 世纪

鸟居是通向神道教庙宇的大门，具有纪念性的、独立的特点，由两根柱子构成，两柱的顶部以水平横梁相连，横梁之上有一根过梁，通常向上弯曲。

Temple of Amun at Karnak, Egypt, c. 1500–323 B.C.
卡纳克的**阿蒙神庙**，埃及，约公元前 1500—公元前 323 年

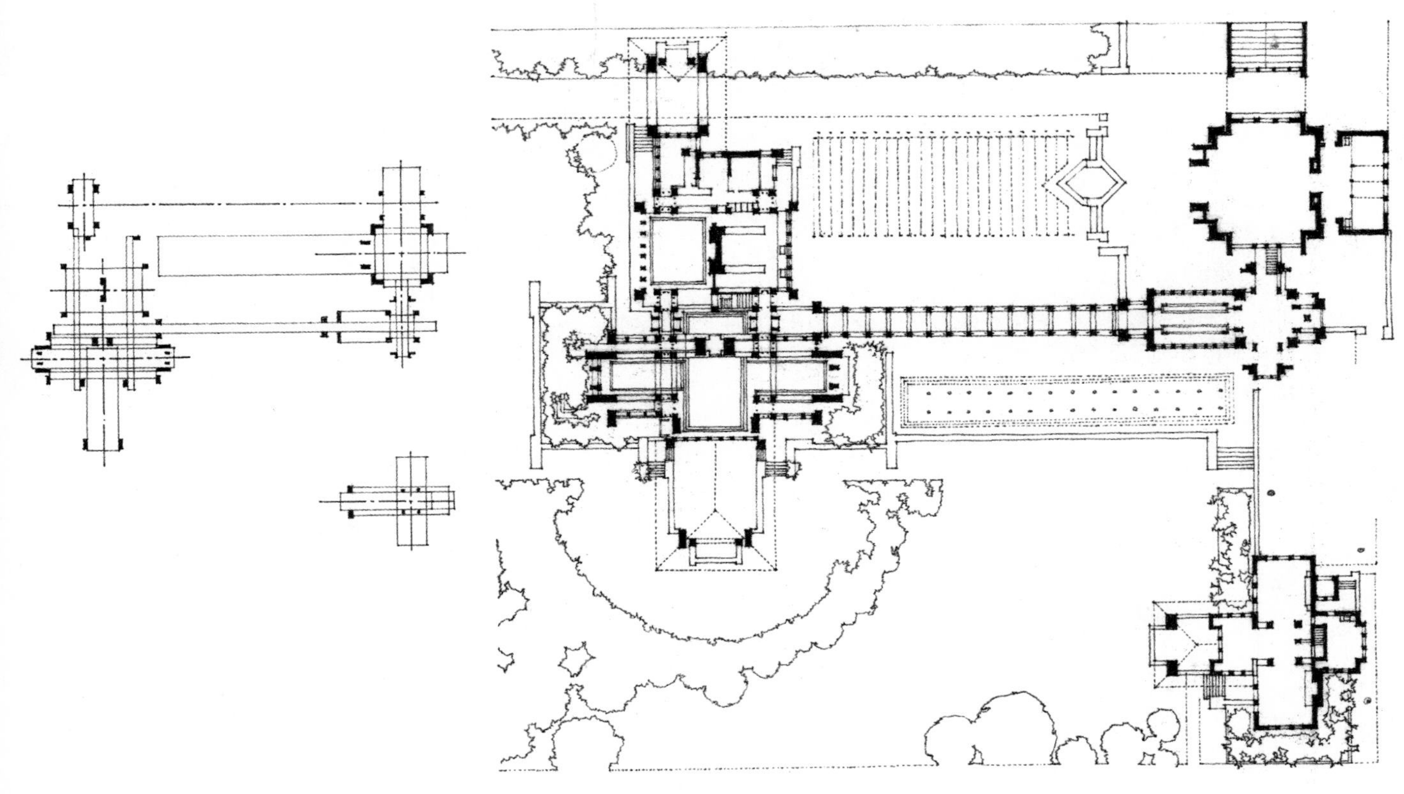

Darwin D. Martin House and Estate, Buffalo, New York, 1904, Frank Lloyd Wright
达尔文·丹尼斯·马丁住宅与地产，布法罗，纽约州，1904，弗兰克·劳埃德·赖特

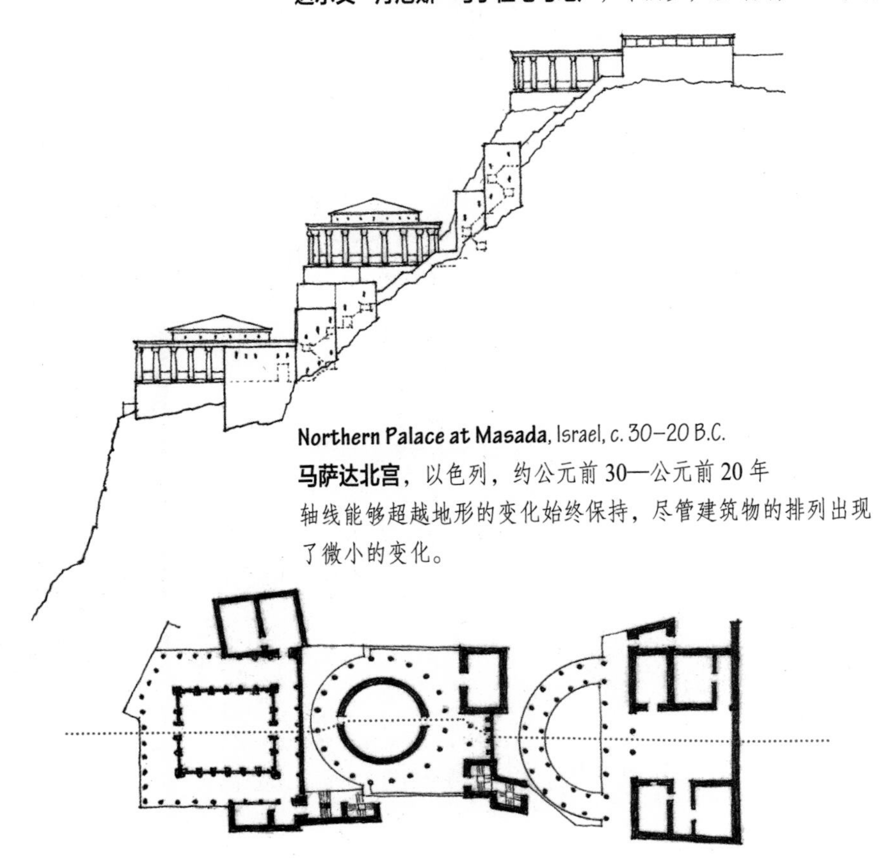

Northern Palace at Masada, Israel, c. 30–20 B.C.
马萨达北宫，以色列，约公元前 30—公元前 20 年
轴线能够超越地形的变化始终保持，尽管建筑物的排列出现了微小的变化。

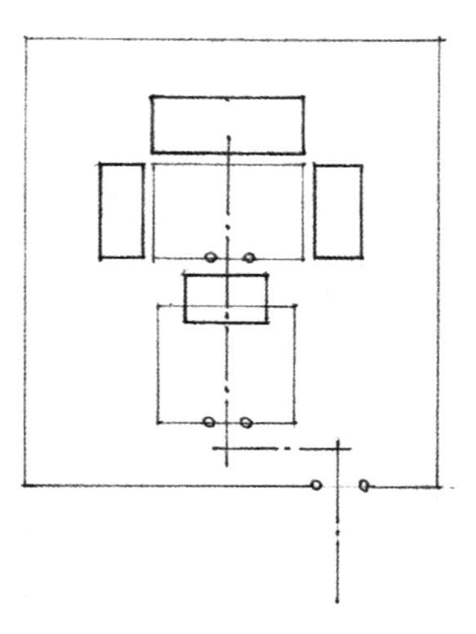

Chinese Courtyard House, Beijing, China
中国的四合院式住宅，北京，中国

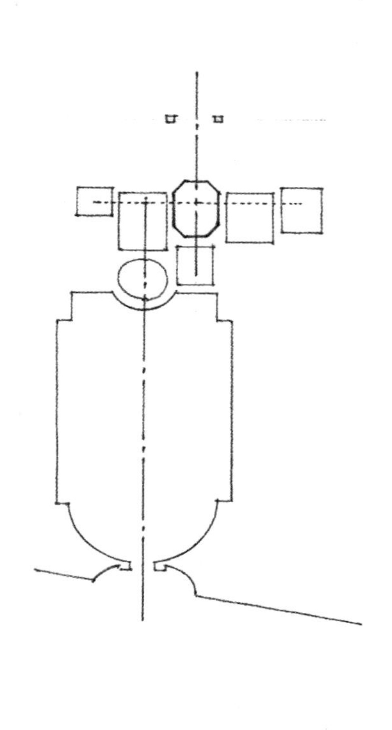

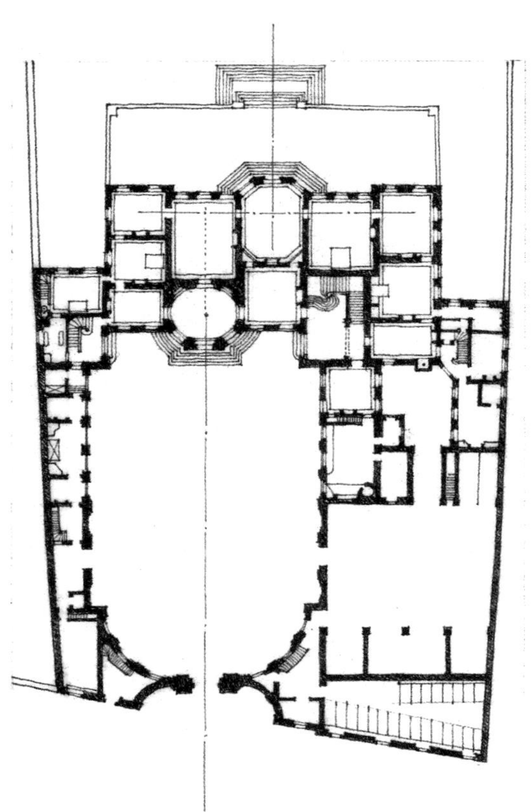

Hôtel de Matignon, Paris, 1721, Jean Courtonne
马提尼翁府（法国总理官邸），巴黎，1721，让•库尔托纳

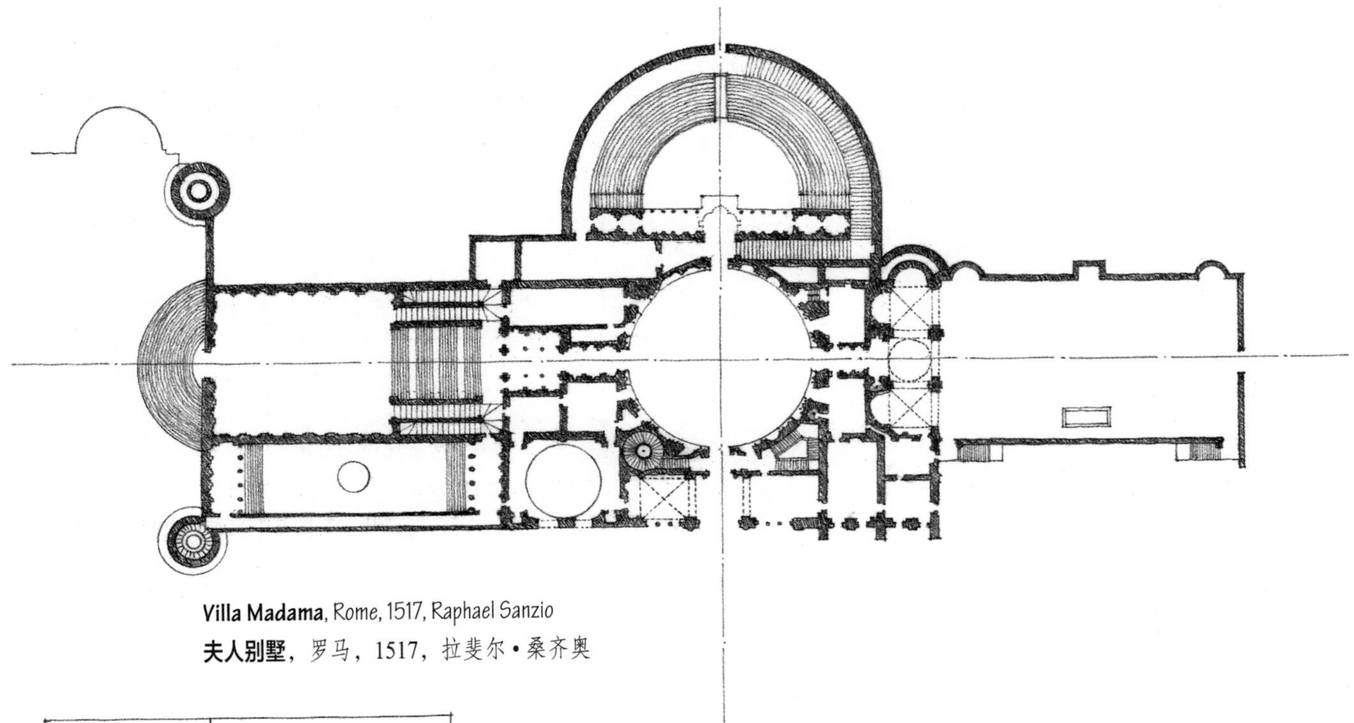

Villa Madama, Rome, 1517, Raphael Sanzio

夫人别墅，罗马，1517，拉斐尔·桑齐奥

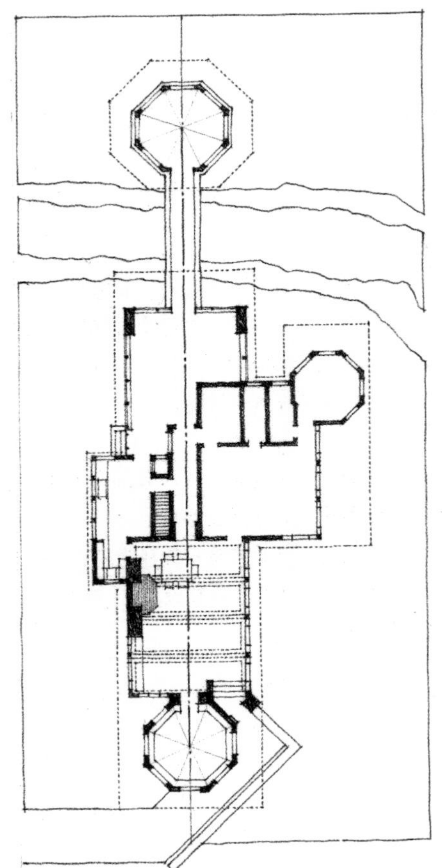

W.A. Glasner House, Glencoe, Illinois, 1905, Frank Lloyd Wright

威廉·A. 格拉斯纳住宅，格伦科，伊利诺斯州，1905，弗兰克·劳埃德·赖特

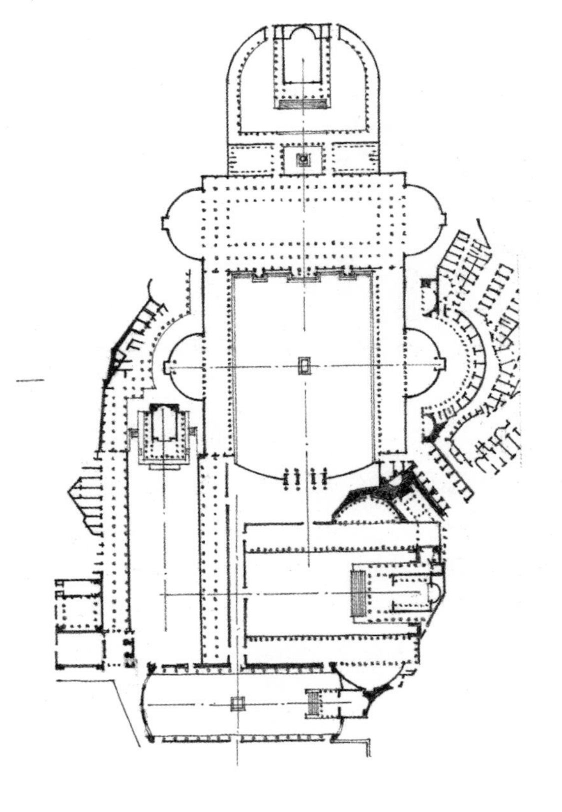

Imperial Forums of Trajan, Augustus, Caesar, and Nerva, Rome, 1st century B.C. to 2nd century A.D.

图拉真、奥古斯都、凯撒及涅尔瓦废墟，罗马，公元前1世纪—公元2世纪在没有对称的情况下可以存在轴线，而没有隐含的轴线或中心来组织对称图形的建构时，对称却不可能存在。两点形成一条轴线；而对称的状态则需要在分界线或分界面的两侧，或者围绕中心或轴线，均衡地布置相同的形式与空间图形。

有两种基本类型的对称：

1. 两侧对称式是指在一条中轴线的两侧，均衡地布置相似或相同的要素，这样一来，只有一个面把整体分成完全相同的两半。
2. 放射式对称是指均衡地布置相似的、放射状的要素，这样一来，围绕一个中心或沿着一条中心轴把分割面旋转到任意角度，都可以把整个构图分成相似的两半。

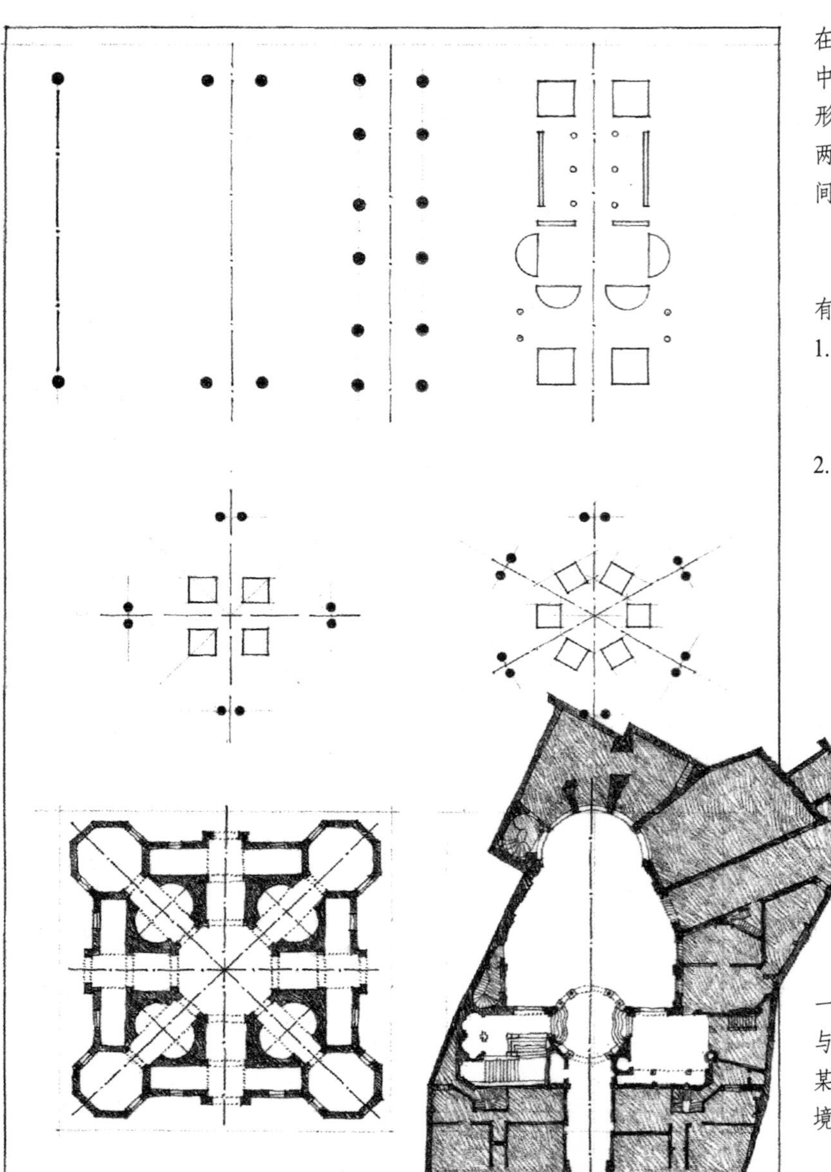

Plan of an Ideal Church, 1460, Antonio Filarete
理想教堂的平面，1460，安东尼奥·费拉雷特

Hôtel de Beauvais, Paris, 1656, Antoine Le Pautre
博韦饭店，巴黎，1656，安托万·勒·帕特雷

一个建筑构图，可以两种方式来利用对称组织布局的形式与空间。整个建筑物的组织布局可以是对称的。然而，在某些情况下，任何完全对称的布局都必须面临其基地或环境不对称的状态，并解决这一问题。

对称的情况可能只发生在建筑物的局部，同时围绕对称部分来组织不规则的形式与空间图形。后一种局部对称的情形，可以使建筑物适应场地或建筑设计纲要的特殊条件。对称状态本身可以用于建筑组织布局之中，有特殊意义的、或非常重要的空间。

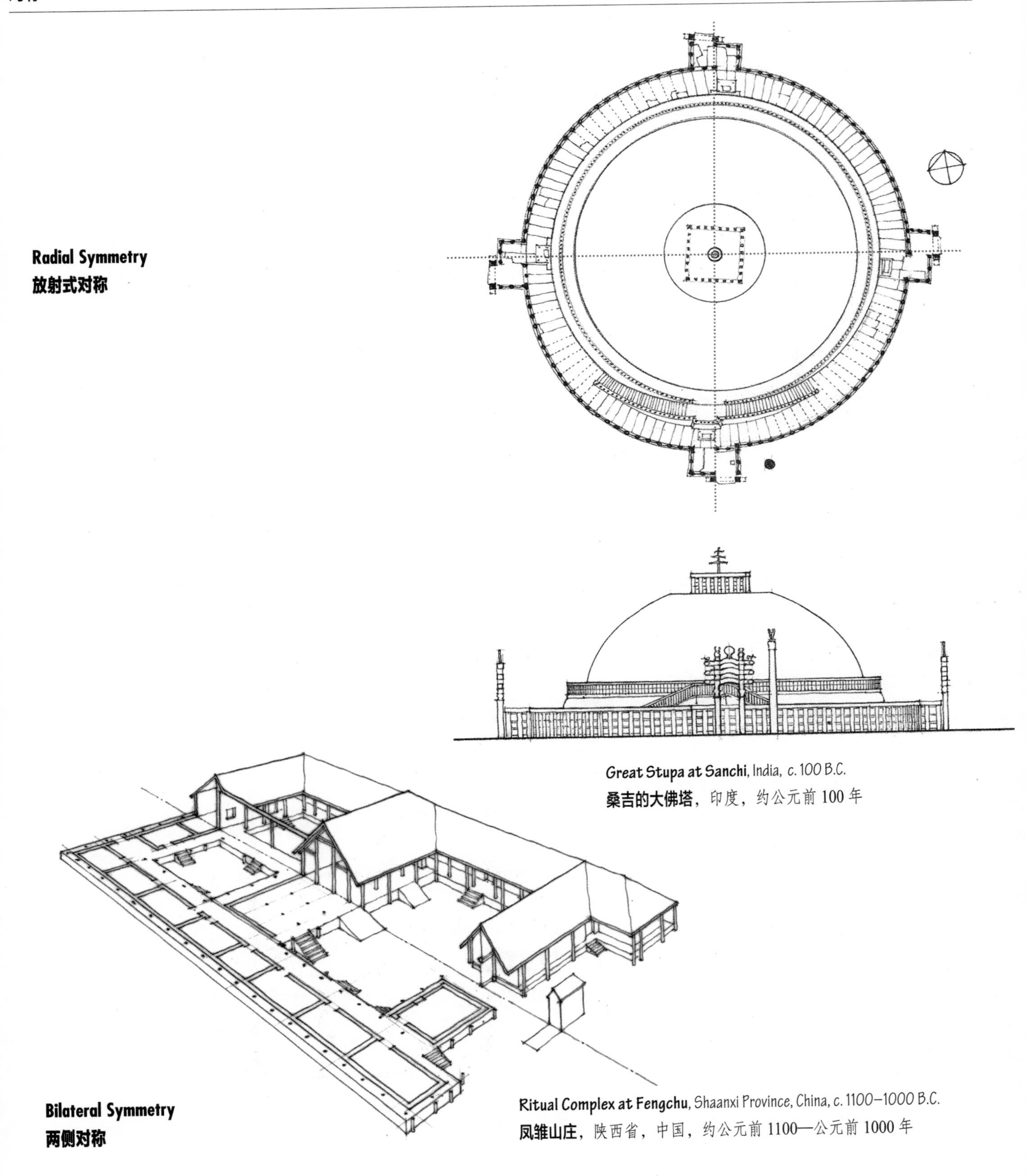

Radial Symmetry
放射式对称

Great Stupa at Sanchi, India, c. 100 B.C.
桑吉的大佛塔，印度，约公元前 100 年

Bilateral Symmetry
两侧对称

Ritual Complex at Fengchu, Shaanxi Province, China, c. 1100–1000 B.C.
凤雏山庄，陕西省，中国，约公元前 1100—公元前 1000 年

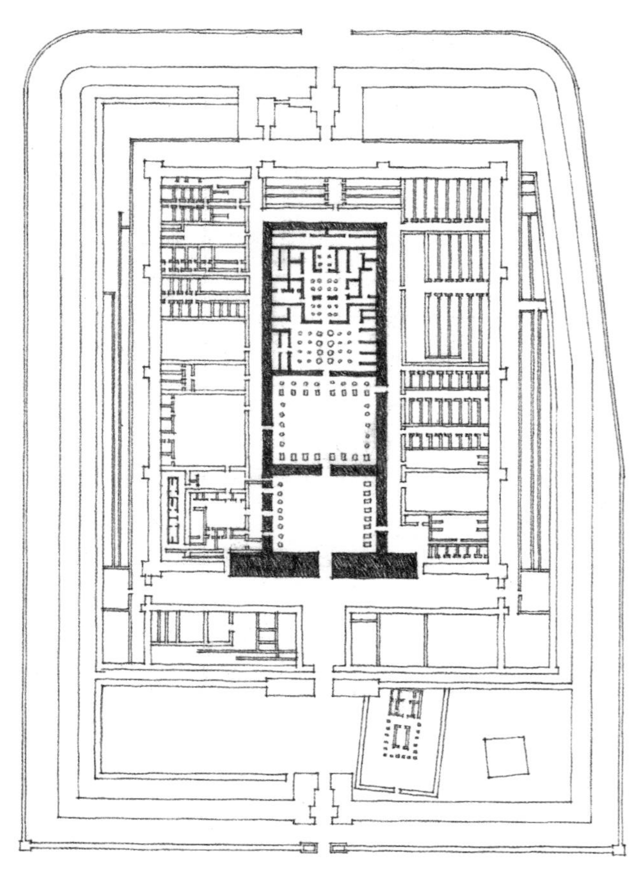

Mortuary Temple of Rameses III, Medînet-Habu, Egypt, 1198 B.C.

拉美西斯三世陵庙，哈布城，埃及，公元前 1198 年

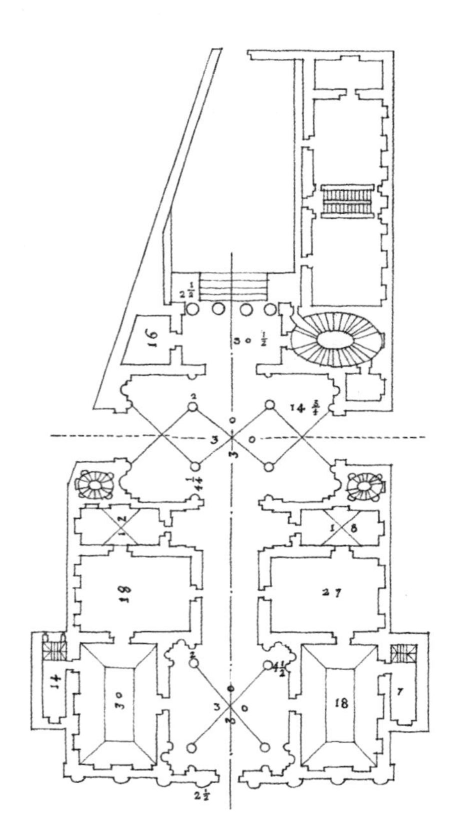

Palazzo No. 52, Andrea Palladio

52 **号府邸**，安德烈·帕拉迪奥

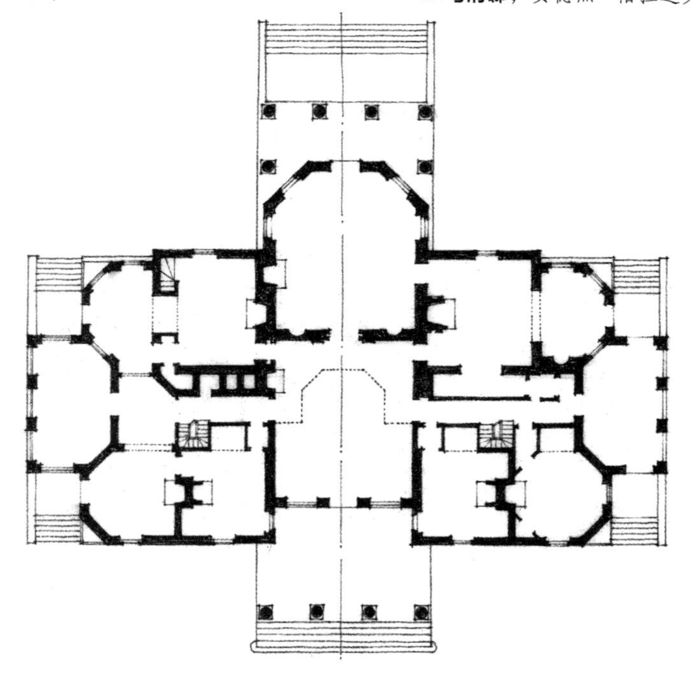

Monticello, near Charlottesville, Virginia, 1770-1808, Thomas Jefferson

蒙蒂塞洛，夏洛茨维尔附近，弗吉尼亚州，1770—1808，托马斯·杰斐逊

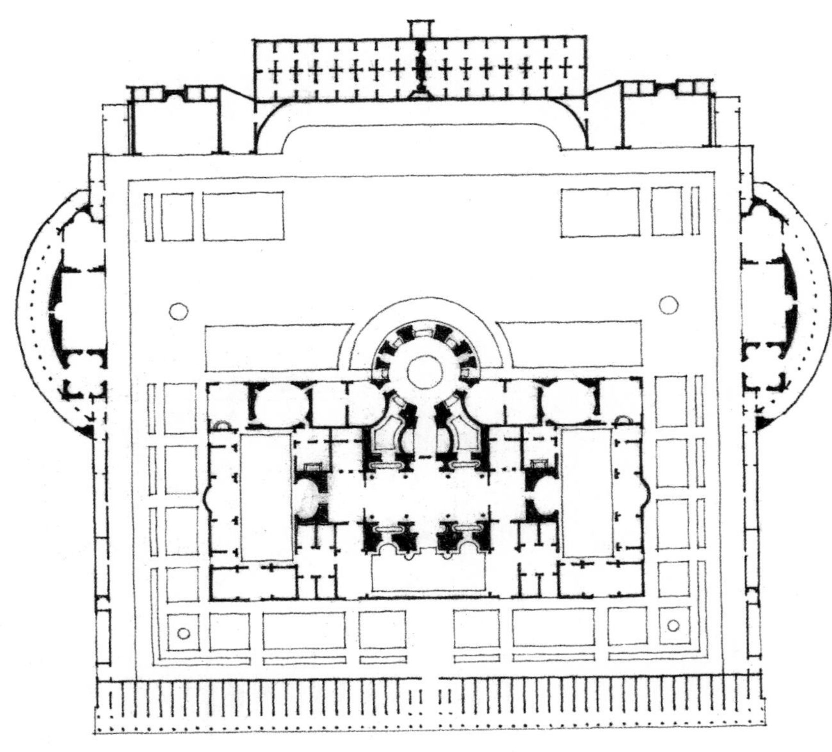

Baths of Caracalla, Rome, A.D. 211-217
卡拉卡拉浴场，罗马，公元 211—217 年

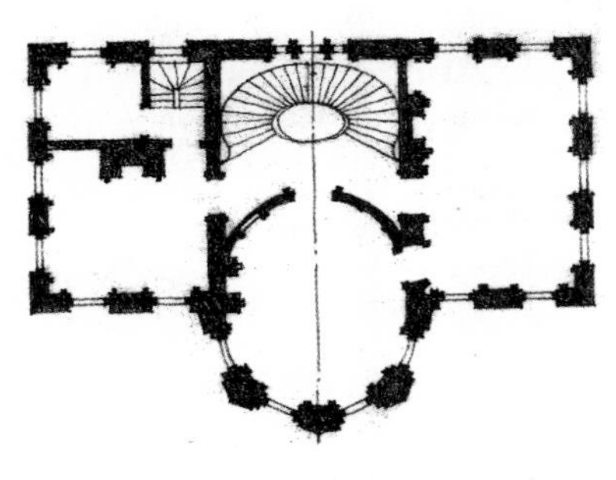

Nathaniel Russell House, Charleston, South Carolina, 1809
纳撒尼尔·拉塞尔住宅，查尔斯顿，南卡罗来纳州，1809

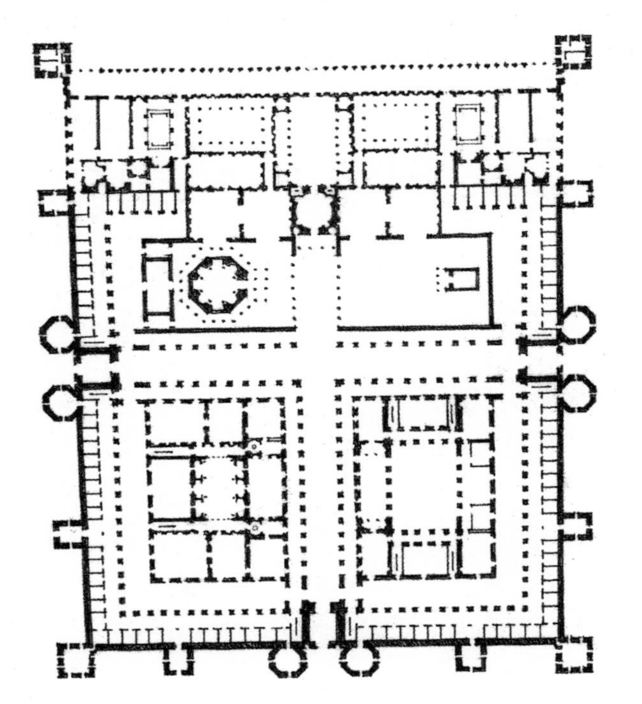

Palace of Diocletian, Spalato, Yugoslavia, c. A.D. 300
戴克里先宫，斯巴拉多，南斯拉夫，约公元 300 年

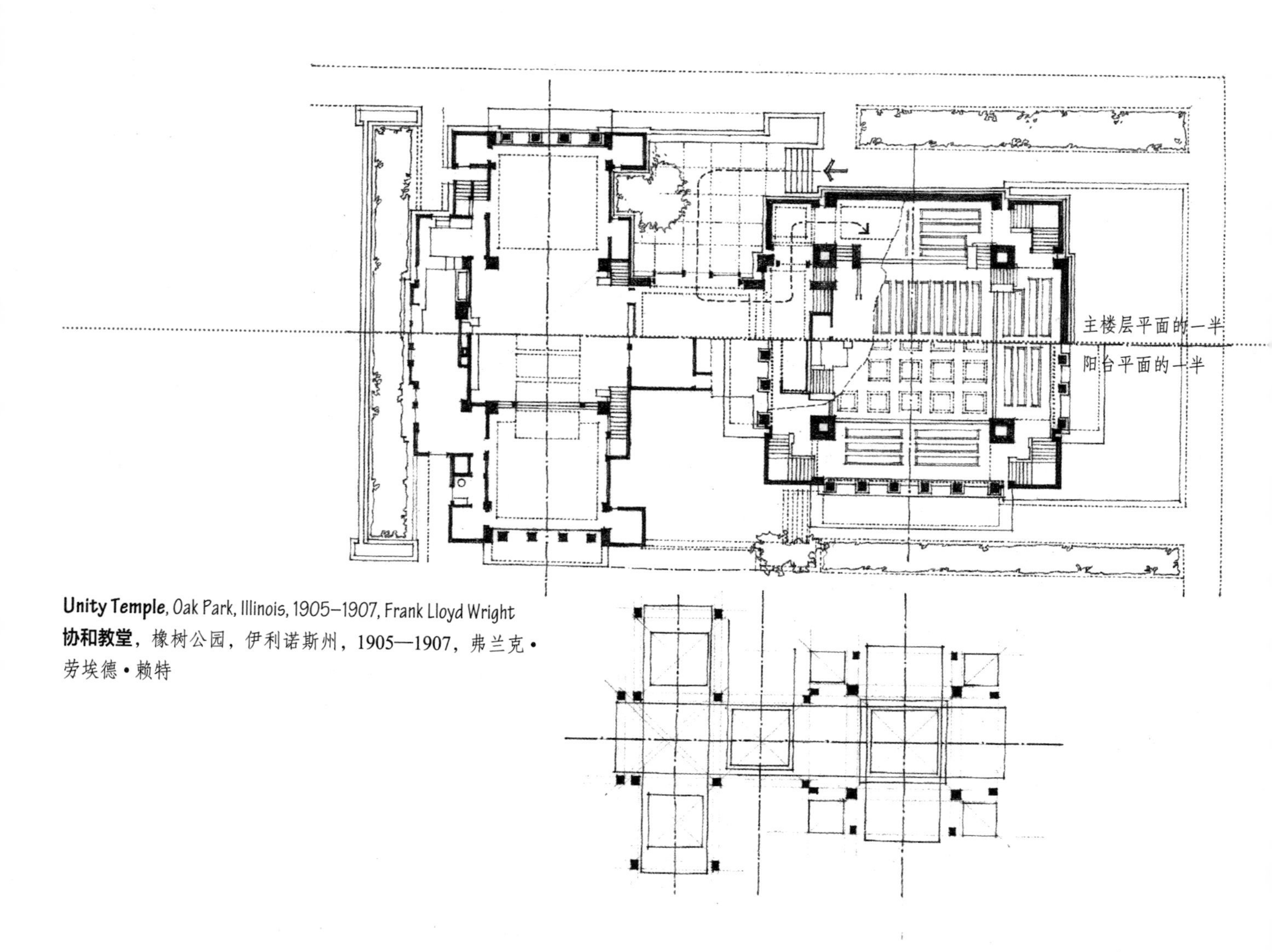

Unity Temple, Oak Park, Illinois, 1905–1907, Frank Lloyd Wright
协和教堂，橡树公园，伊利诺斯州，1905—1907，弗兰克·劳埃德·赖特

多重对称，主要部分与次要部分均为对称布局，可以给建筑布局增加复杂性和等级感，还能适应实际需要和环境要求。

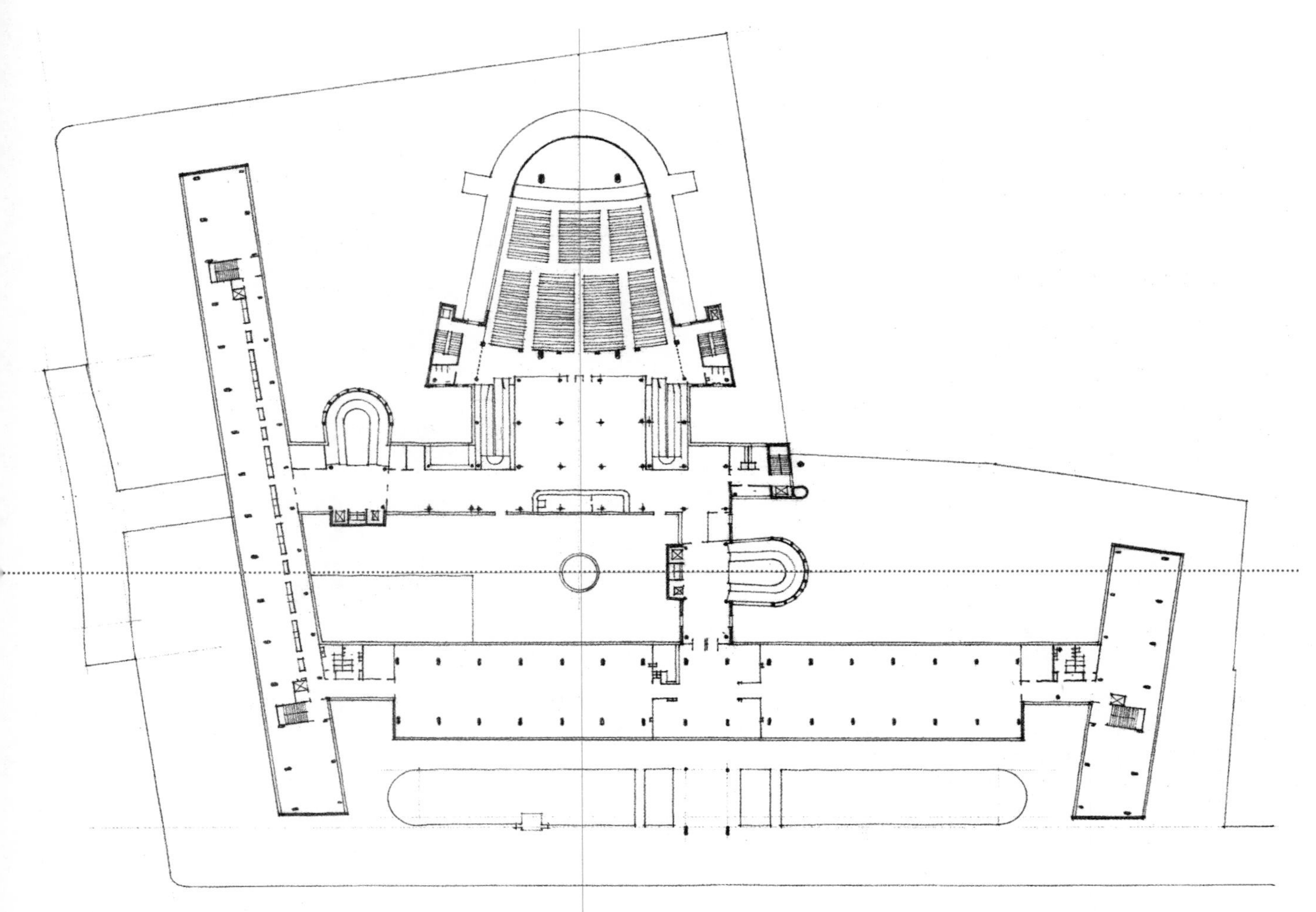

Third-floor plan, **Centrosoyus Building**, Kirova Ulitsa, Moscow, 1929–1933, Le Corbusier

三层平面，**合作总社大厦**，基洛夫大街，莫斯科，1929—1933，勒·柯布西埃

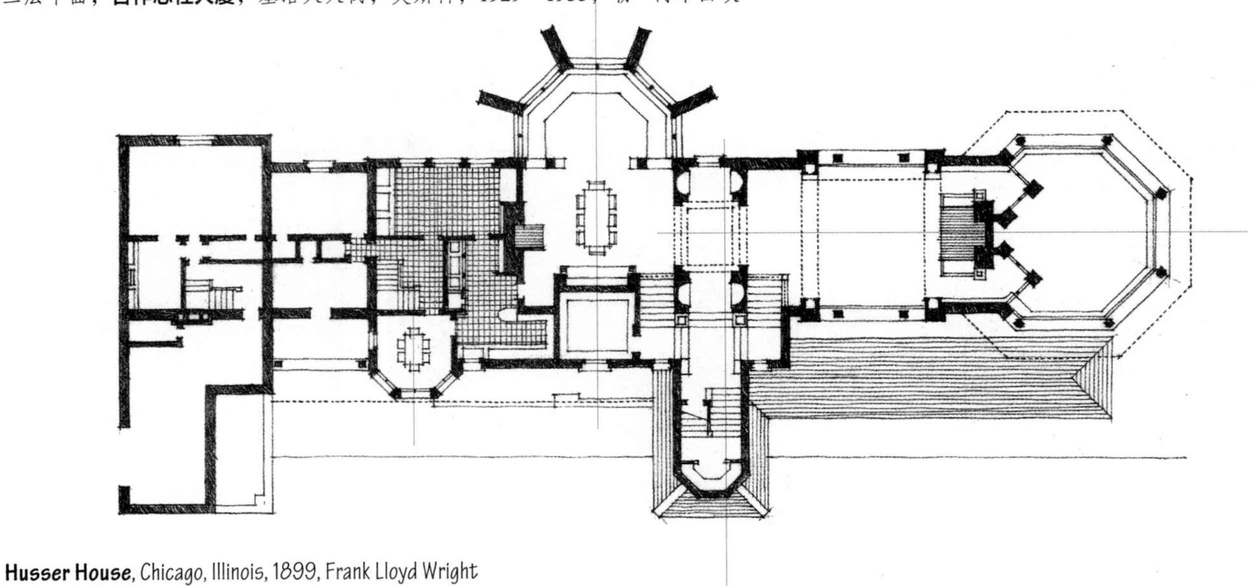

Husser House, Chicago, Illinois, 1899, Frank Lloyd Wright

胡塞尔住宅，芝加哥，伊利诺斯州，1899，弗兰克·劳埃德·赖特

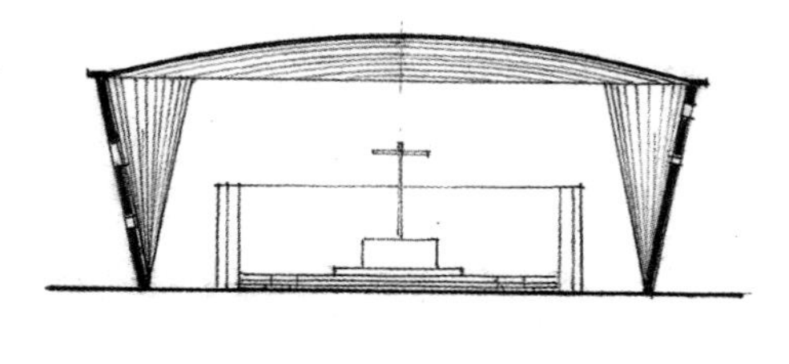

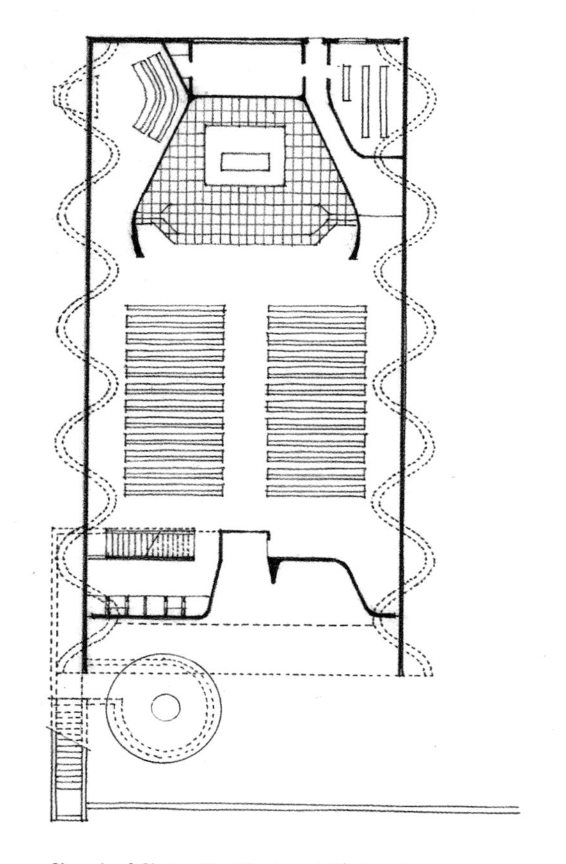

Church of Christ the Worker, Atlántida, Uruguay, Eladio Dieste, 1958–1960

基督工作人员教堂，阿特兰蒂达，乌拉圭，埃拉迪欧·迪斯特，1958—1960

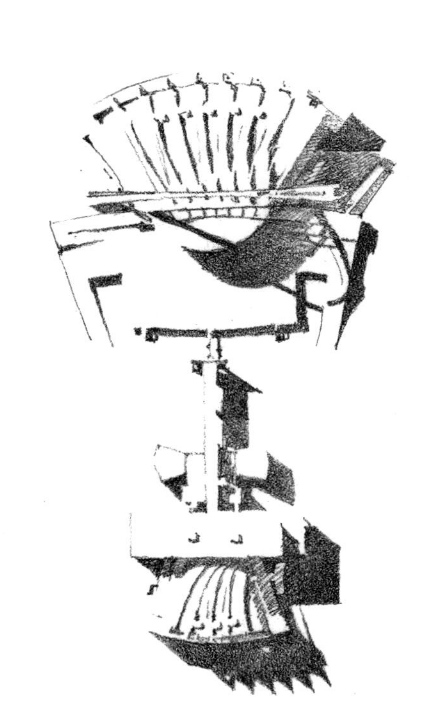

Palace of the Soviets (Competition), Le Corbusier, 1931

苏维埃宫（竞赛），勒·柯布西埃，1931

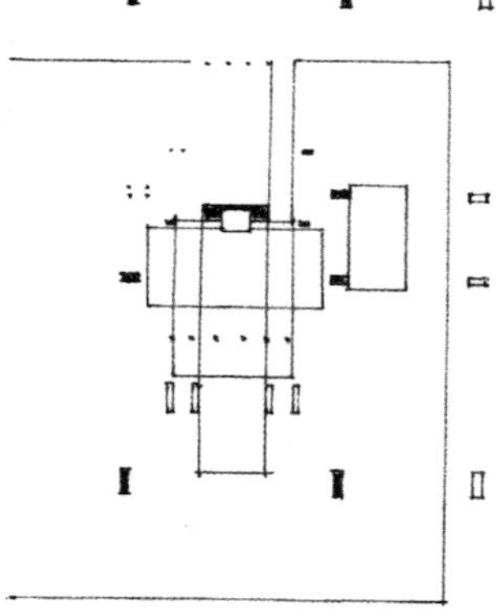

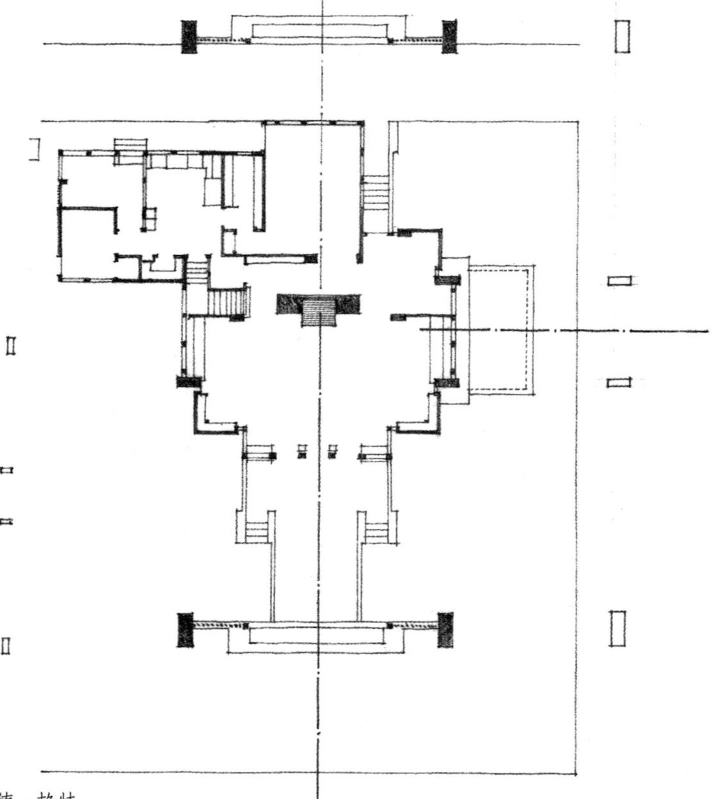

Robert W. Evans House, Chicago, Illinois, 1908, Frank Lloyd Wright

罗伯特·W. 埃文斯住宅，芝加哥，伊利诺斯州，1908，弗兰克·劳埃德·赖特

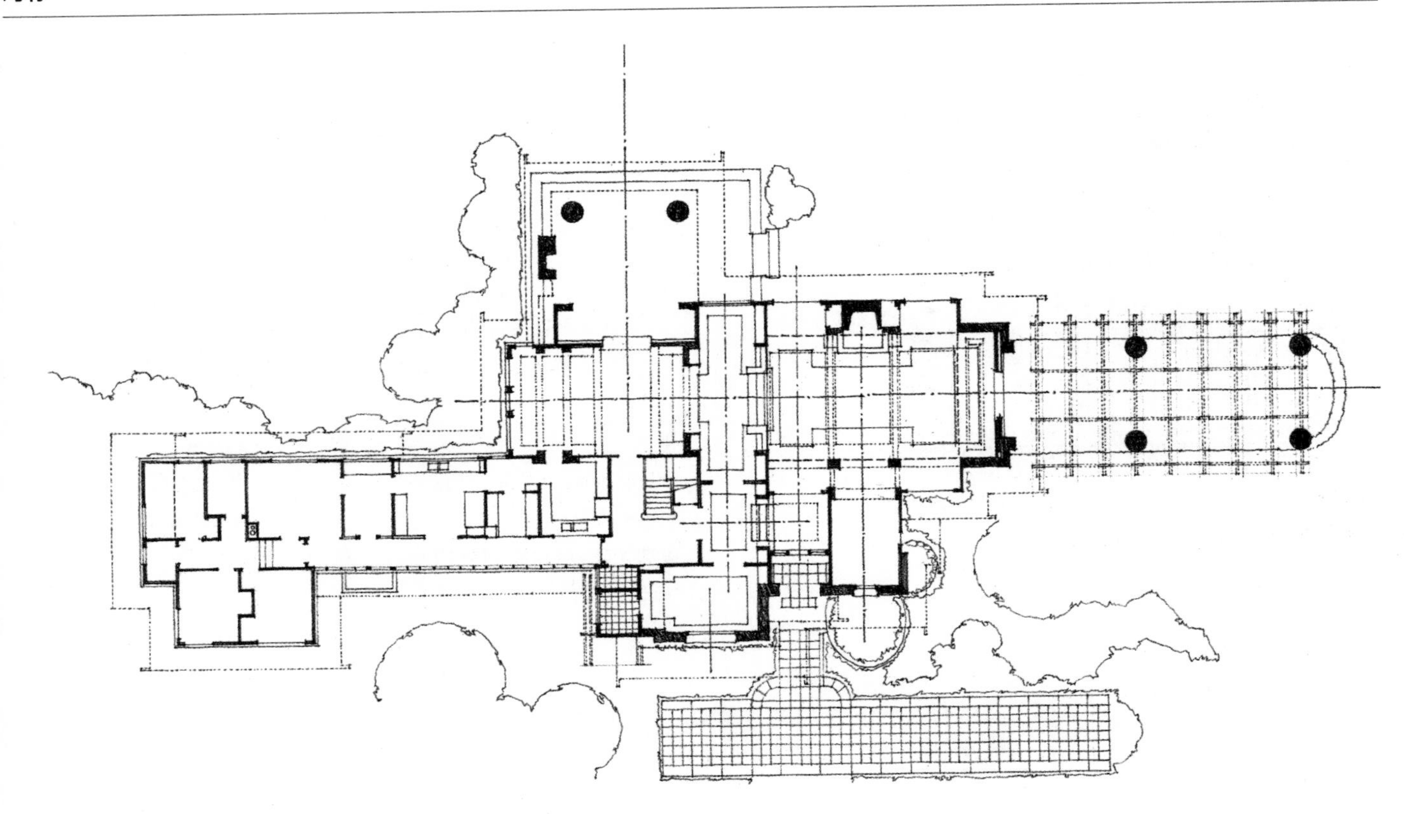

A.E. Bingham House, Near Santa Barbara, California, 1916, Bernard Maybeck
A.E. **宾厄姆住宅**，圣巴巴拉附近，加利福尼亚州，1916，伯纳德·梅贝克

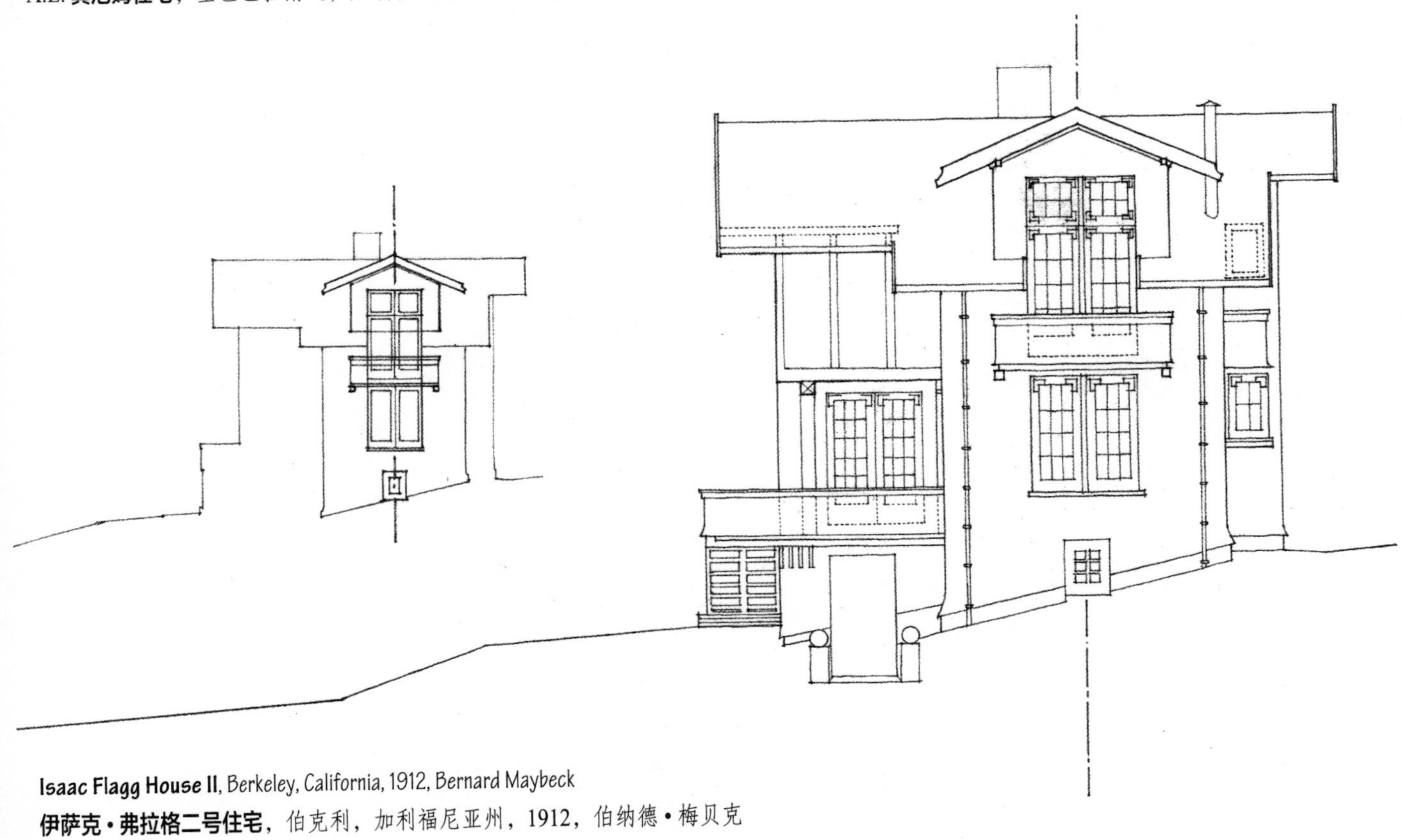

Isaac Flagg House II, Berkeley, California, 1912, Bernard Maybeck
伊萨克·弗拉格二号住宅，伯克利，加利福尼亚州，1912，伯纳德·梅贝克

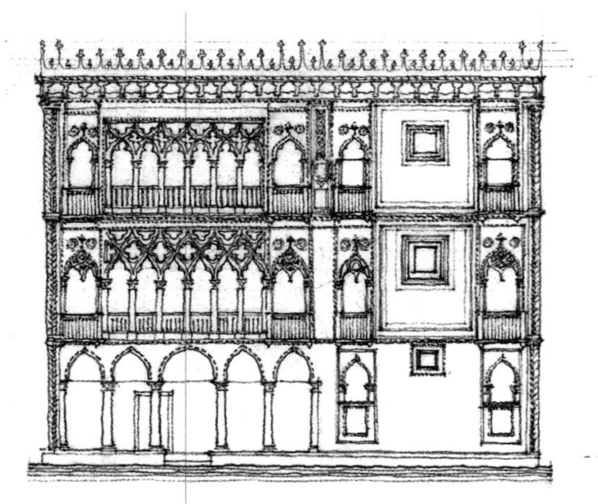

Ca d'Oro, *Venice, 1428–1430, Giovanni and Bartolomeo Buon*
黄金大楼，威尼斯，1428—1430，乔瓦尼与巴托洛梅奥·鲍恩

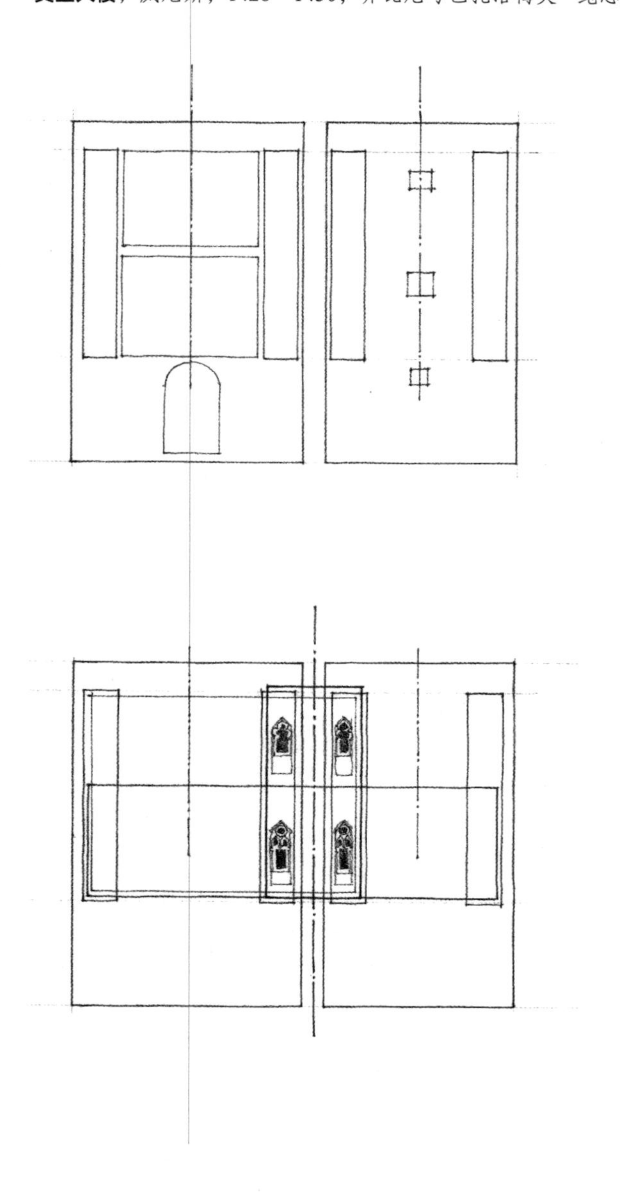

Frank Lloyd Wright Studio, *Oak Park, Illinois, 1889*
弗兰克·劳埃德·赖特工作室，橡树公园，伊利诺斯州，1889

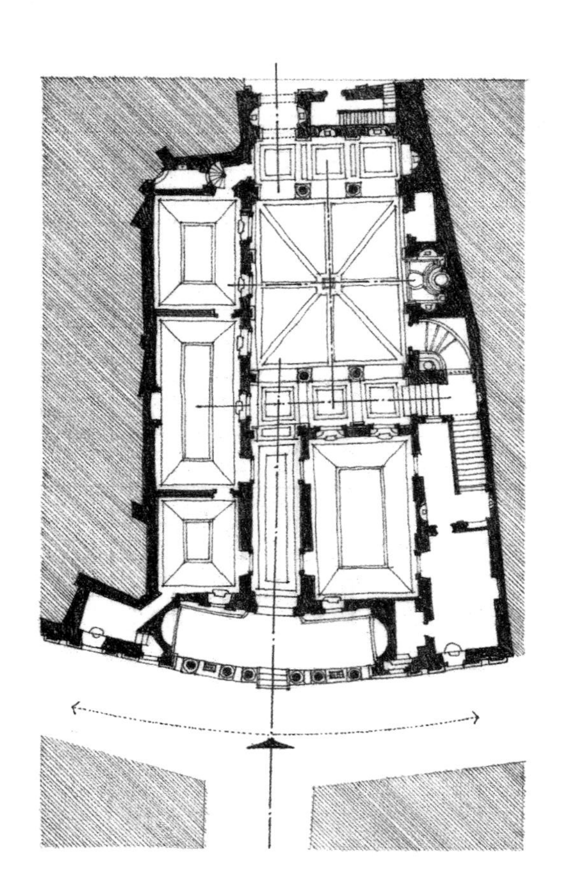

Palazzo Pietro Massimi, *Rome, 1532–1536, Baldassare Peruzzi.*
彼得洛·马西米府邸，罗马，1532—1536，巴尔达萨雷·帕鲁齐
对称的立面通向不对称的室内。

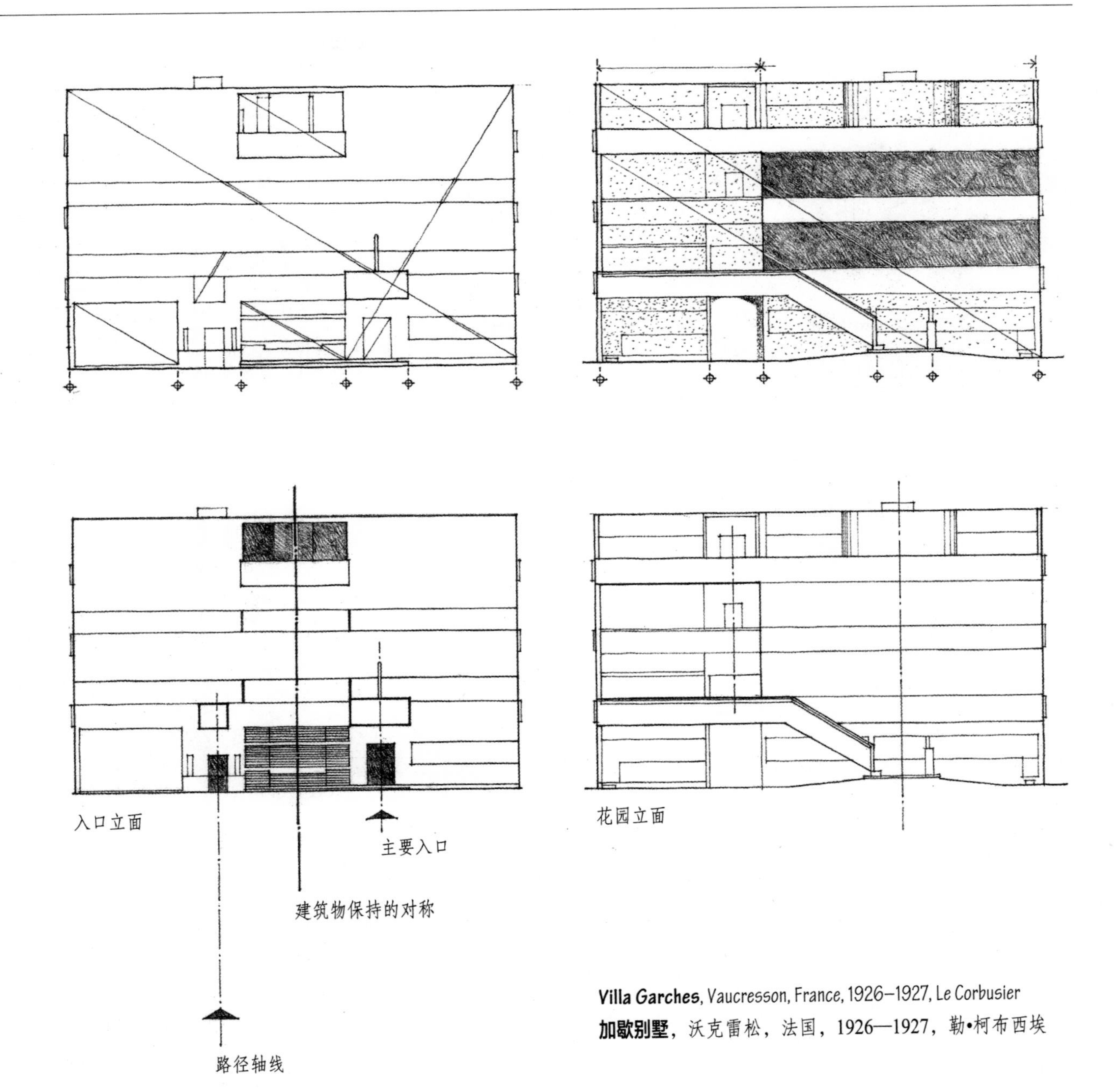

Villa Garches, Vaucresson, France, 1926–1927, Le Corbusier
加歇别墅，沃克雷松，法国，1926—1927，勒•柯布西埃

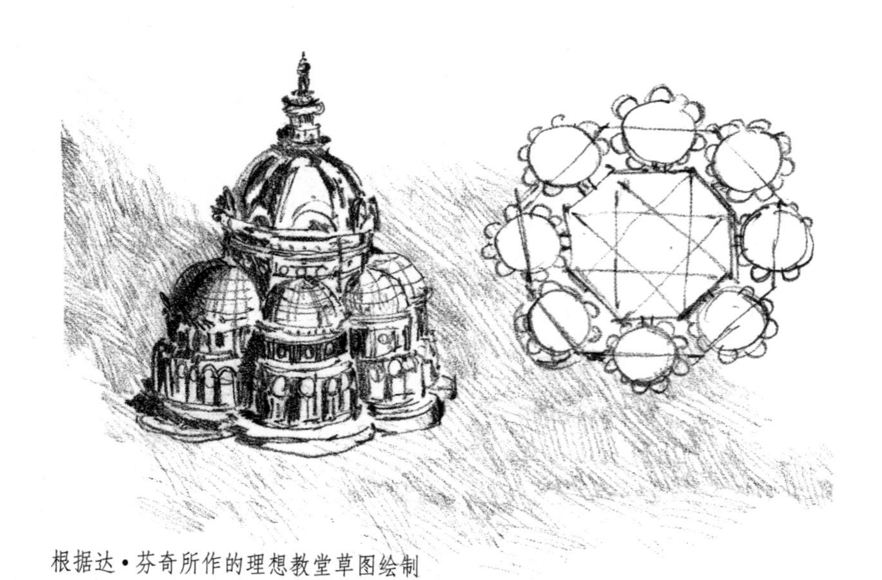

根据达•芬奇所作的理想教堂草图绘制

即使不是全部，也是在绝大部分建筑构图中，等级原理是指存在于建筑的形式与空间中的真实差别。这些差别反映出建筑的组织布局中，形式与空间的重要程度不同，它们在功能、形式及象征意义方面所发挥的作用也不同。当然，用来衡量相对重要性的价值体系，取决于特殊的处境、使用者的需要与愿望以及设计者的决策。体现出的价值，可能是个体的也可能集体的，可能是人为的也可能是文化形成的。但无论如何，用何种方式去体现建筑要素功能和意义上的差别，是在建筑的形式与空间当中，建立一种可见的、等级化秩序的关键。

要表明建筑组织布局中某个形式或空间的重要性和特别意义，这个形式或空间必须在视觉上与众不同。可以通过以下方式来表现视觉重点：

- 特别的尺寸
- 独特的形状
- 关键性的位置

在各种情形中，一个形式或空间在等级方面的意义和重要性，是通过异常与正常的对比、规则图形中的不规则形状来体现。

在建筑构图中，可以有多个主导要素。那些关注价值低于主要焦点的次要重点，形成了许多视觉特色。这些独特但从属的要素，在一幅构图中既能够带来变化，又能产生视觉趣味、韵律和张力。然而，如果做得太过分，这种趣味就会被混乱所取代。如果每件事物都加以强调，那就等于什么都没强调。

Hierarchy by Size
由尺寸形成的等级

一个形式或空间，可以因其尺寸在构图中独具一格，而取得建筑构图的支配地位。一般来说，这种支配地位是通过某个要素的绝对尺寸而实现的。但有的时候，建筑组织布局中的某个要素，也可以因为远远小于其他要素，但布置在一个特征明显的位置上，而取得支配地位。

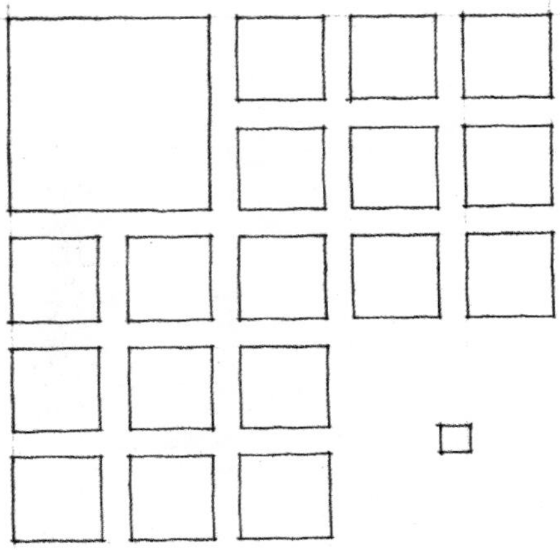

Hierarchy by Shape
由形状形成的等级

一个形式或空间，可以因其形状明显区别于构图中其他要素的形状，而在视觉上占据支配地位，并因此具有重要性。无论这种区别是几何图形的变化还是规律性的变化，形状的鲜明对比是问题的关键。当然，等级重要的要素，其形状的选择必须与它的功能用途相符合，这也是不可忽视的。

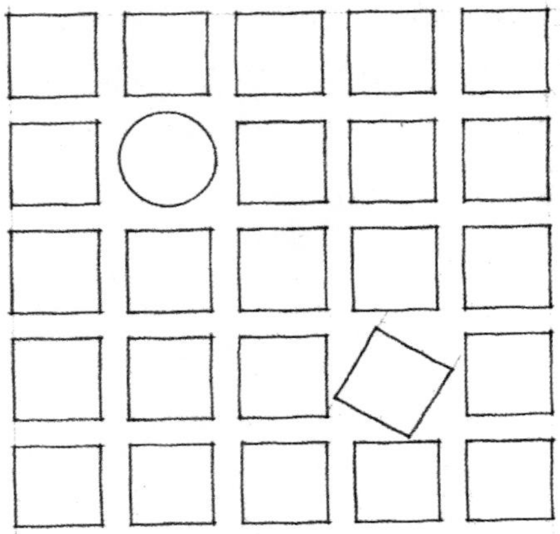

Hierarchy by Placement
由位置形成的等级

一个形式或空间，可以被刻意地布置在引人注目的位置，而成为构图中最为重要的要素。对形式或空间而言，等级重要的位置包括：

- 线性序列或轴线组合的端点
- 对称组合的中心部分
- 集中式或放射式布局的焦点
- 向上、向下偏移或居于构图的最显著位置

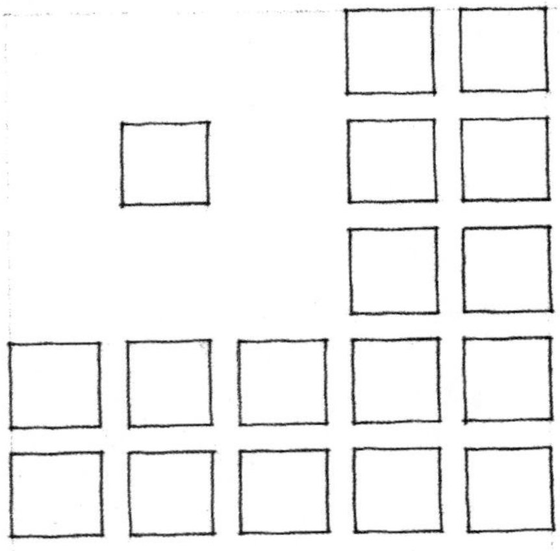

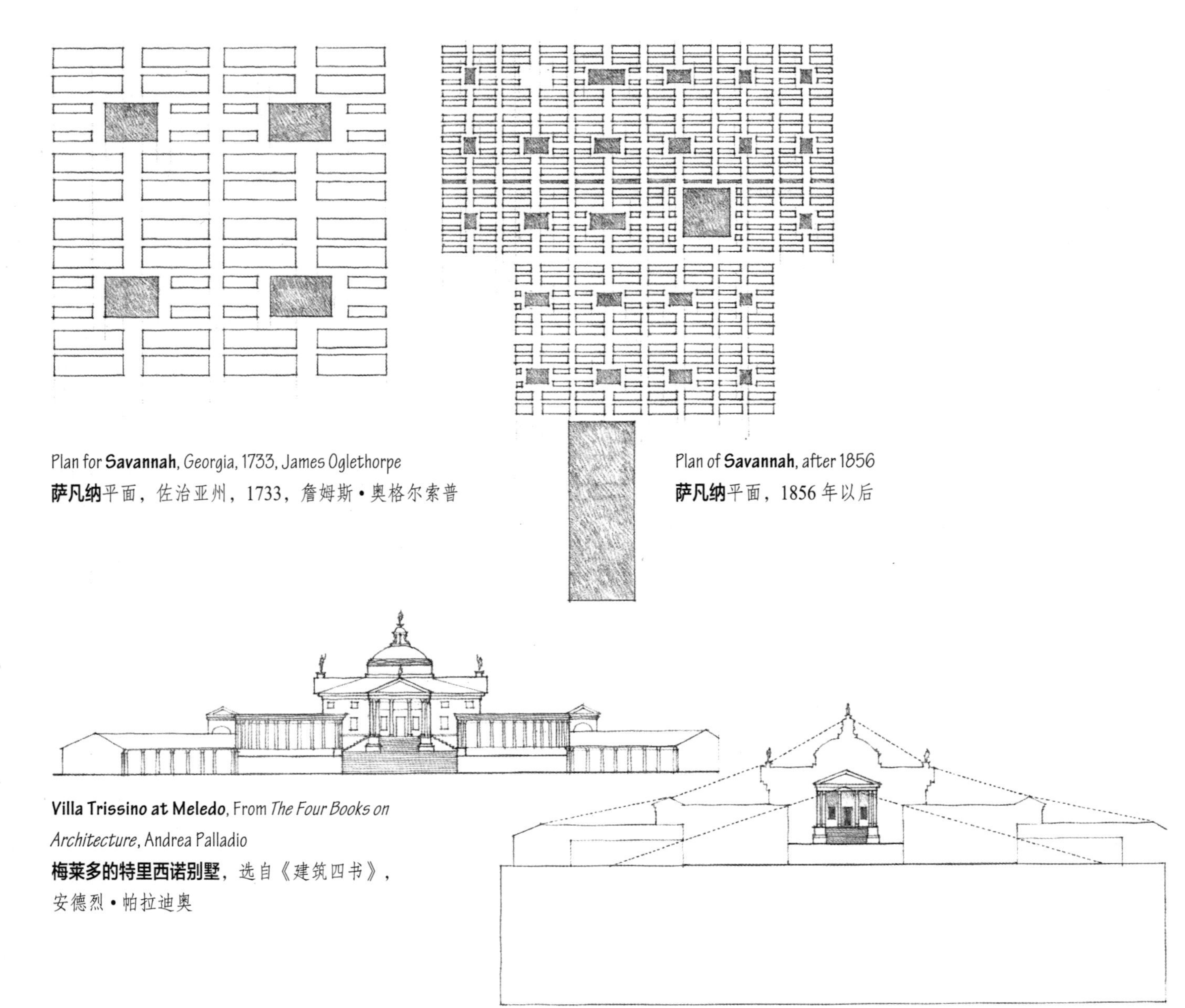

Plan for **Savannah**, Georgia, 1733, James Oglethorpe
萨凡纳平面，佐治亚州，1733，詹姆斯•奥格尔索普

Plan of **Savannah**, after 1856
萨凡纳平面，1856 年以后

Villa Trissino at Meledo, From *The Four Books on Architecture*, Andrea Palladio
梅莱多的特里西诺别墅，选自《建筑四书》，安德烈•帕拉迪奥

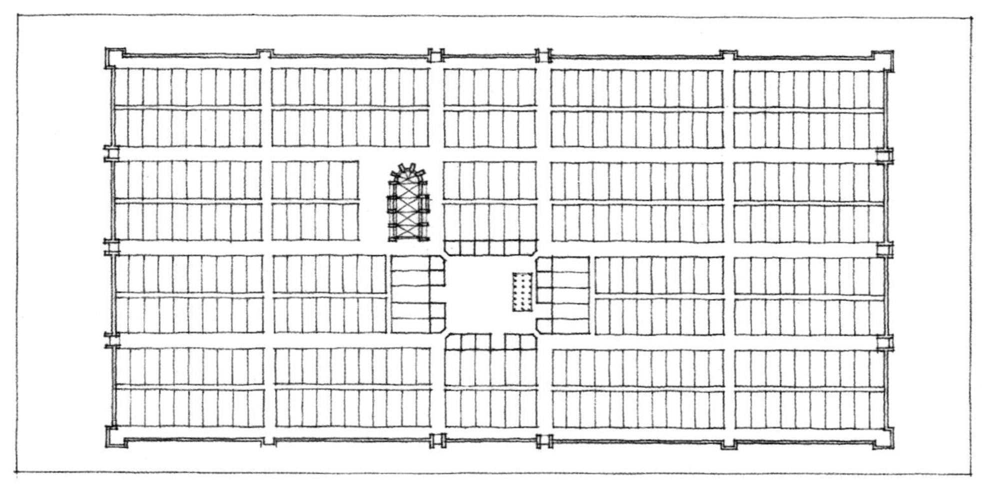

Plan of **Montfazier**, France, a Medieval town founded in 1284
蒙菲济耶城平面，法国，一座建于 1284 年的中世纪城市

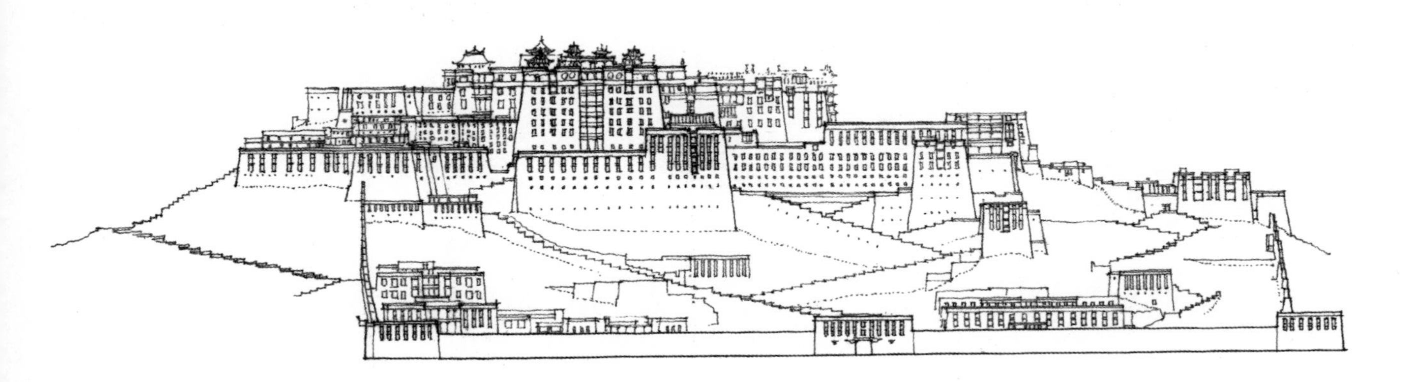

Potala Palace, Lhasa, Tibet (China), 17th century
布达拉宫，拉萨，西藏（中国），17 世纪

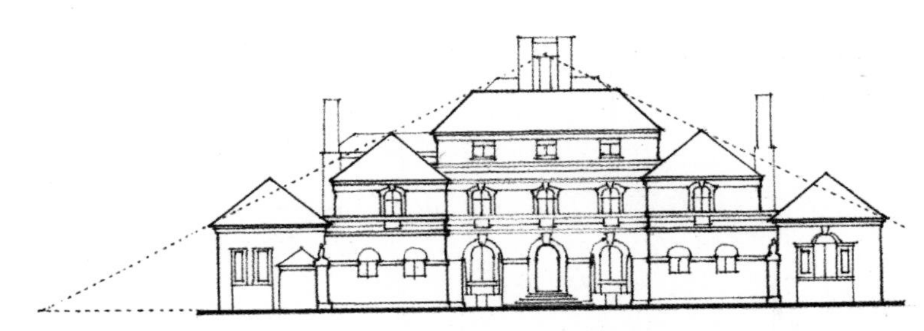

Heathcote (Hemingway House), Ilkley, Yorkshire, England, 1906, Sir Edwin Lutyens
希思科特（海明威住宅），伊尔克利，约克郡，英格兰，1906，埃德温·鲁琴斯爵士

View of **Florence** illustrating the dominance of the cathedral over the urban landscape
佛罗伦萨景象，表明大教堂在城市景观中占有支配地位

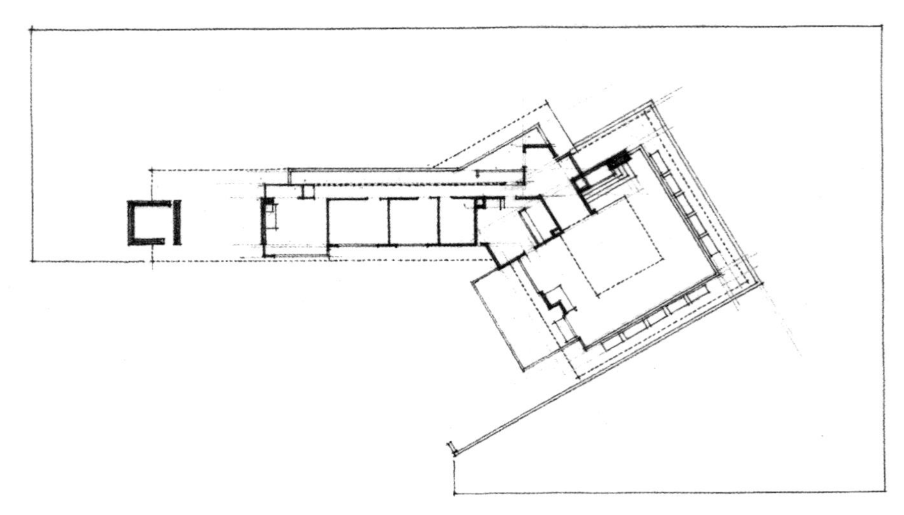

Lowell Walter House, Quasqueton, Iowa,1949, Frank Lloyd Wright
洛维尔·沃尔特住宅，夸斯奎顿，依阿华州，1949，弗兰克·劳埃德·赖特

Institute of Technology, Otaniemi, Finland, 1955–1964, Alvar Aalto
理工学院，奥塔涅米，芬兰，1955—1964，阿尔瓦·阿尔托

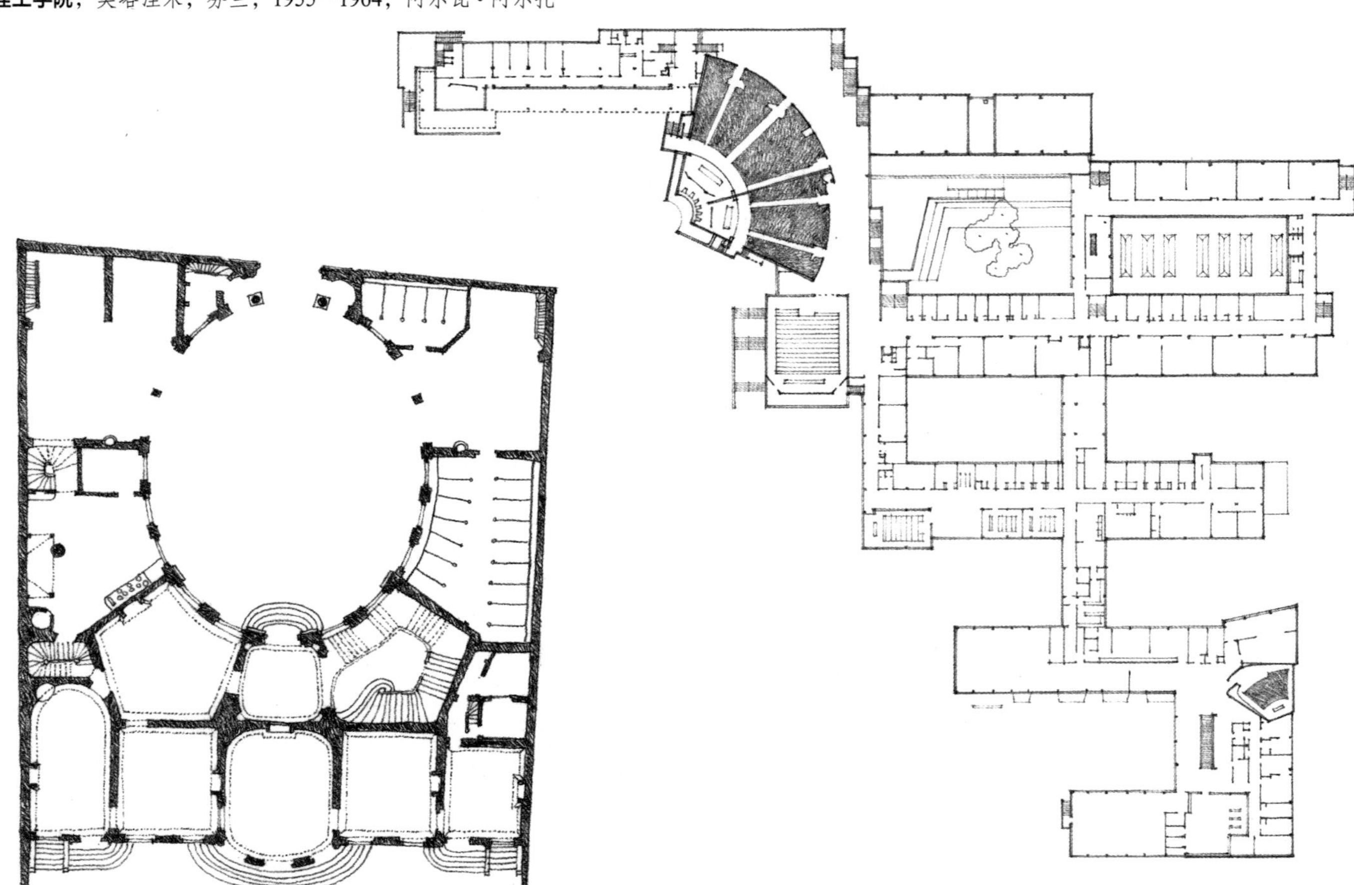

Hôtel Amelot, Paris, 1710–1713, Germain Boffrand
阿姆洛饭店，巴黎，1710—1713，热尔曼·博夫朗

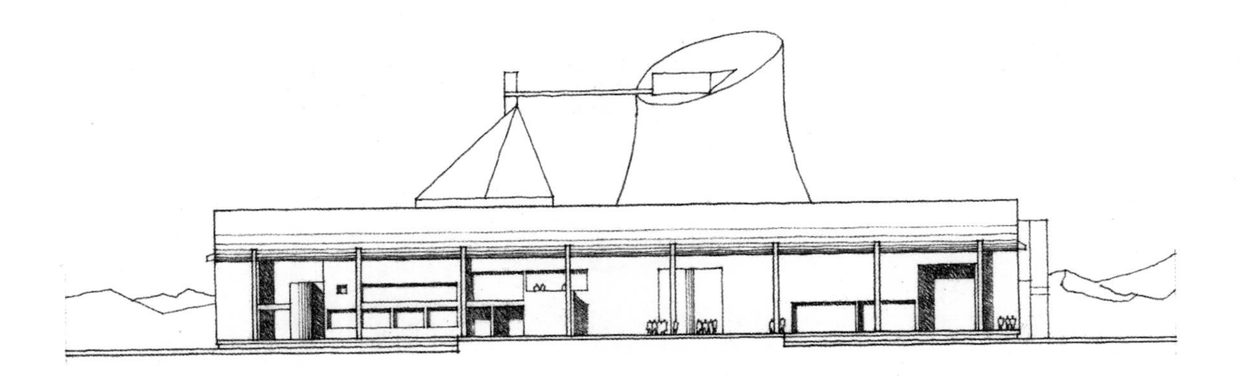

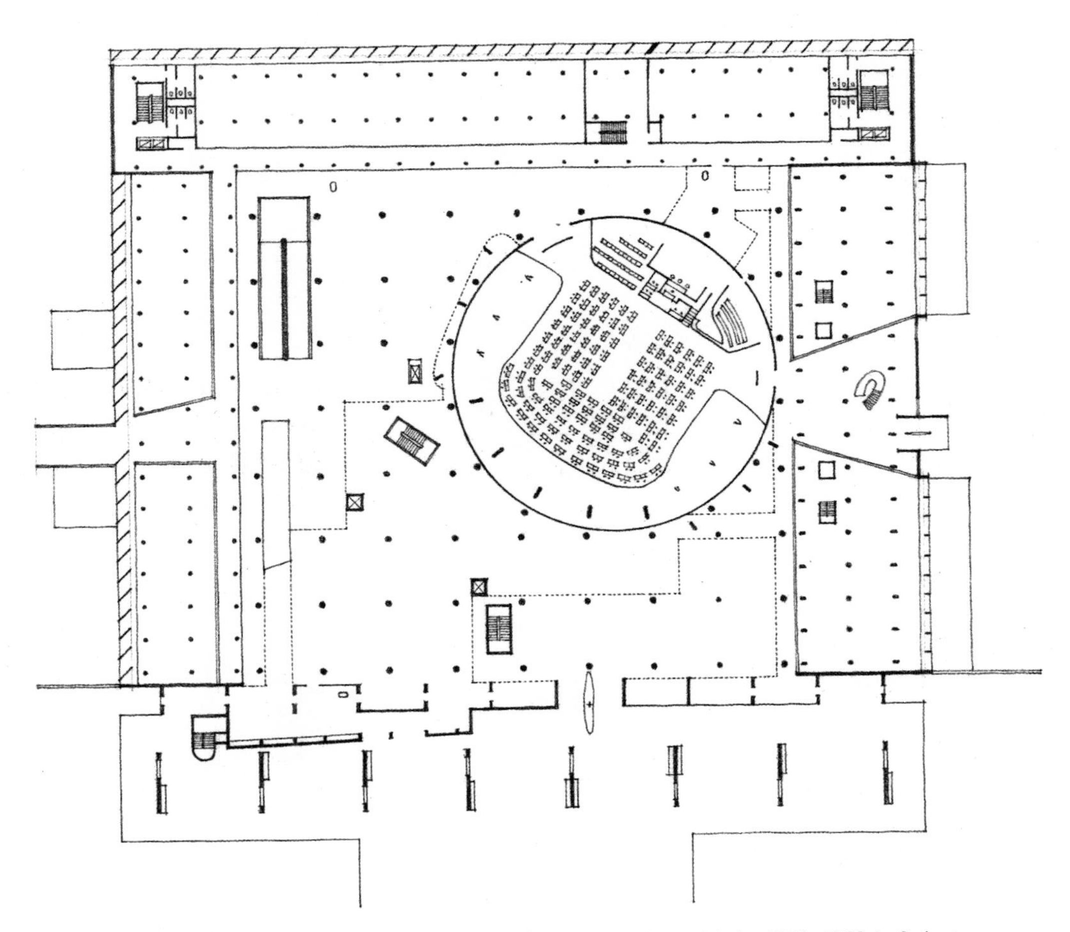

Legislative Assembly Building, Chandigarh, Capitol Complex of Punjab, India, 1956–1959, Le Corbusier
议会大厦，昌迪加尔，旁遮普省的议会综合楼，印度，1956—1959，勒·柯布西埃

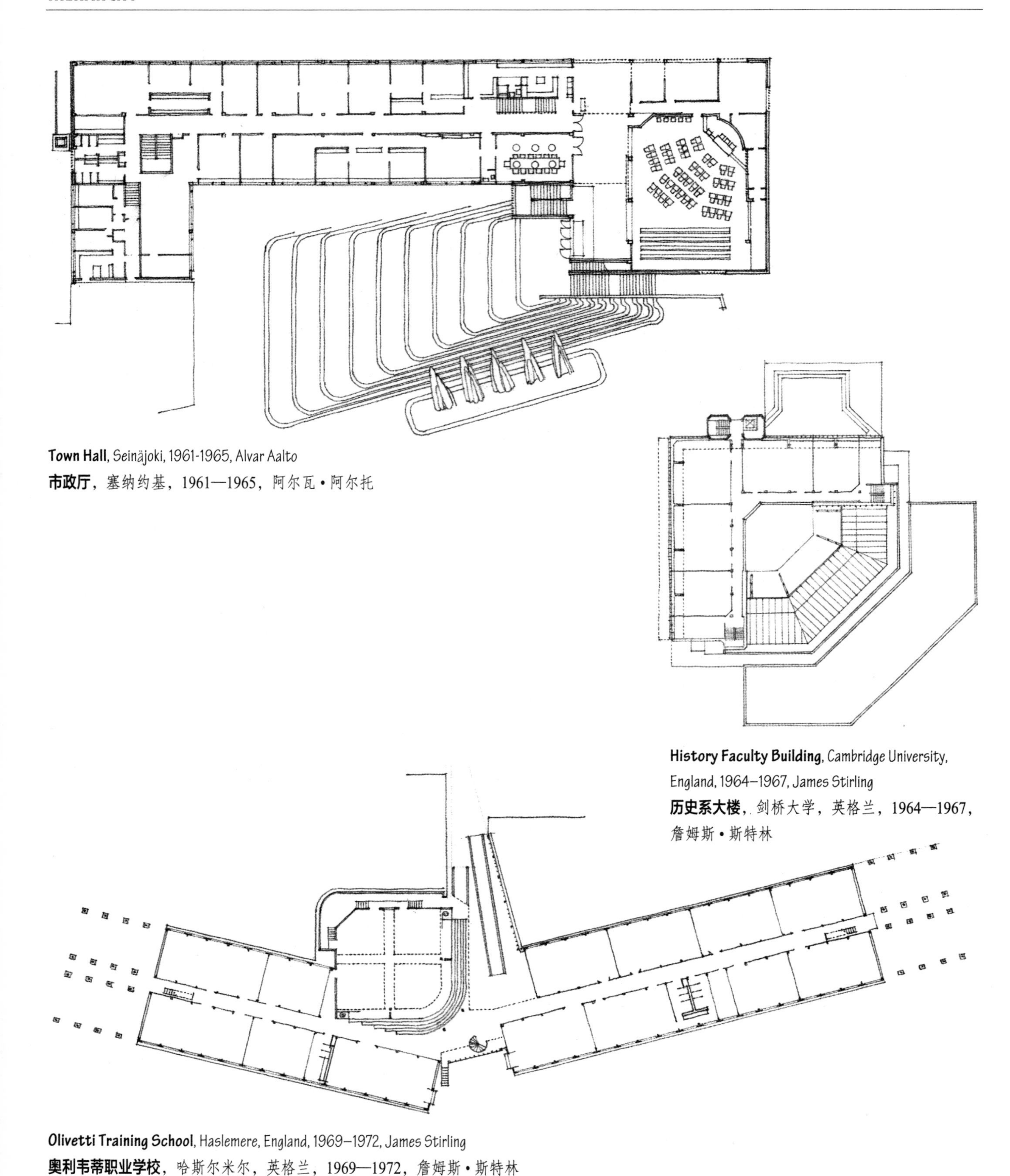

Town Hall, Seinäjoki, 1961-1965, Alvar Aalto
市政厅，塞纳约基，1961—1965，阿尔瓦·阿尔托

History Faculty Building, Cambridge University, England, 1964–1967, James Stirling
历史系大楼，剑桥大学，英格兰，1964—1967，詹姆斯·斯特林

Olivetti Training School, Haslemere, England, 1969–1972, James Stirling
奥利韦蒂职业学校，哈斯尔米尔，英格兰，1969—1972，詹姆斯·斯特林

Plan of an Ideal Church, c. 1490, Leonardo da Vinci
理想教堂平面，约公元 1490 年，列奥纳多·达·芬奇

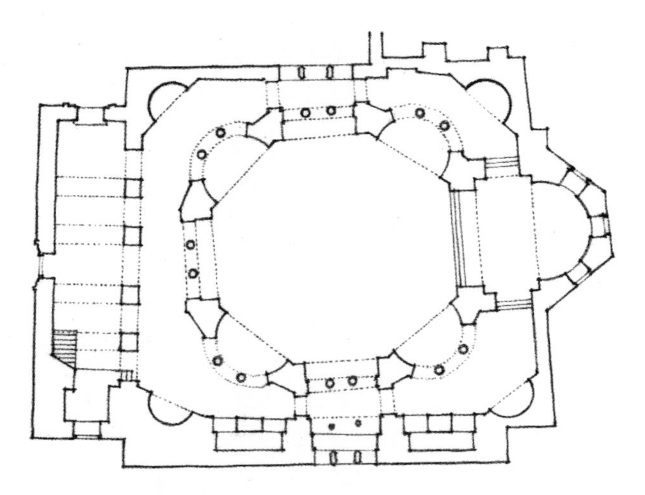

S.S. Sergius and Bacchus, Constantinople (Istanbul), A.D. 525–530
圣塞尔西奥与巴克斯教堂，君士坦丁堡（伊斯坦布尔），公元 525—530 年

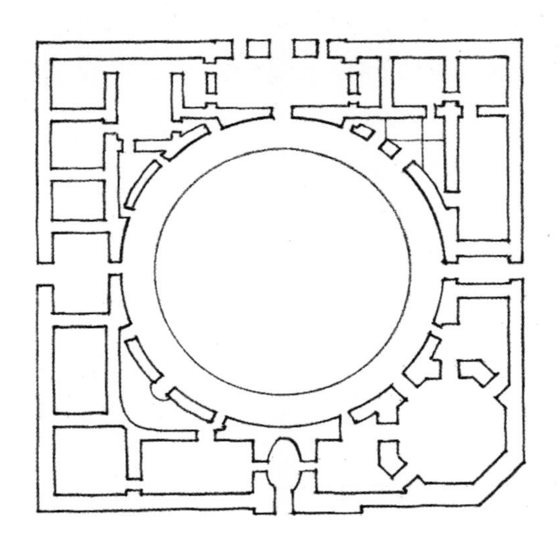

Palace of Charles V, Granada, 1527–1568, Pedro Machuca
查尔斯五世宫殿，格拉纳达，1527—1568，佩德罗·马丘卡

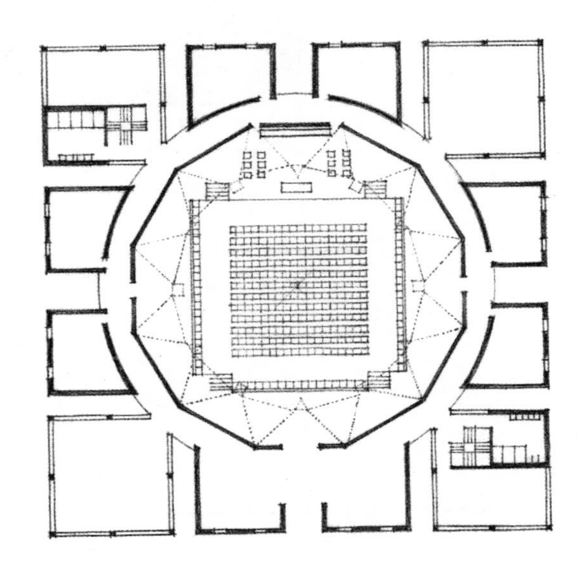

First Unitarian Church, First Design, Rochester, New York, 1959, Louis Kahn
第一唯一神教堂，第一次设计，罗彻斯特，纽约州，1959，路易·康

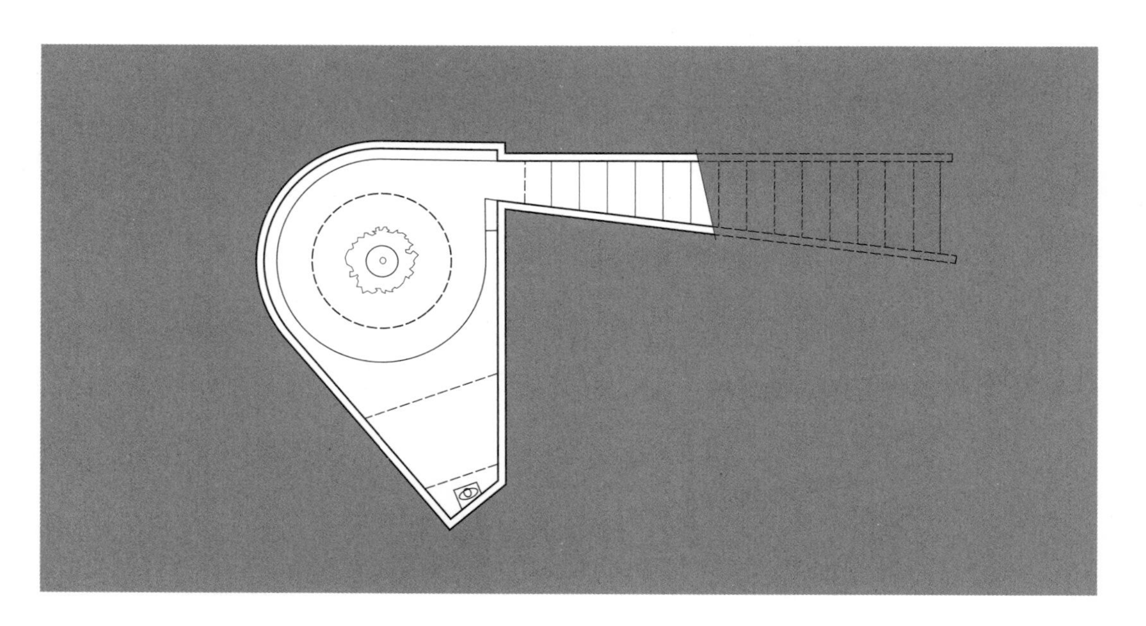

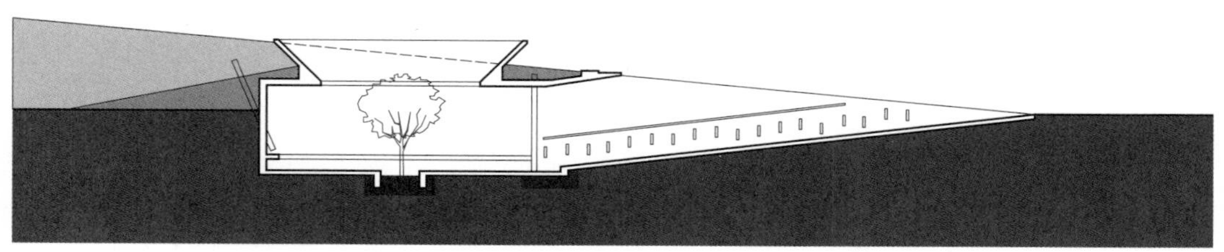

M9 (Memorial 9), *Santiago, Chile, 2011, Gonzalo Mardones Viviani*
M9（**纪念物** 9），圣地亚哥，智利，2011，贡萨洛•马尔多内斯•维维亚尼

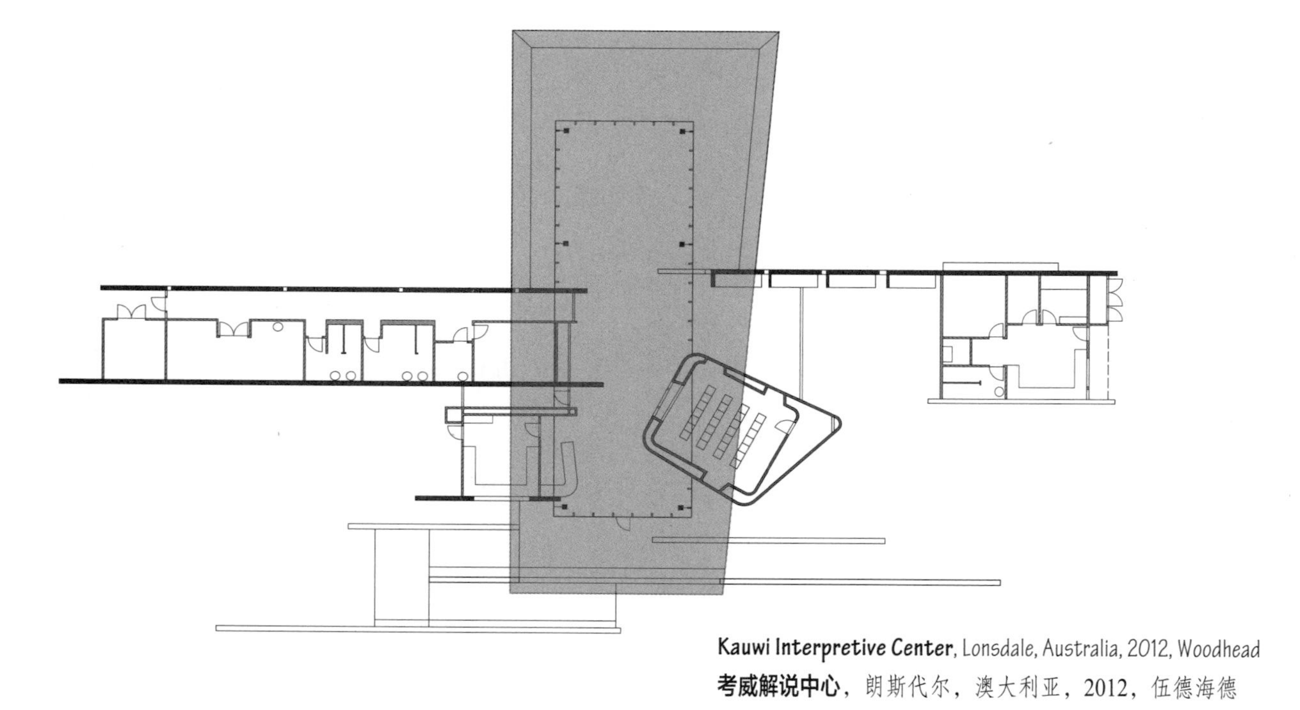

Kauwi Interpretive Center, Lonsdale, Australia, 2012, Woodhead
考威解说中心，朗斯代尔，澳大利亚，2012，伍德海德

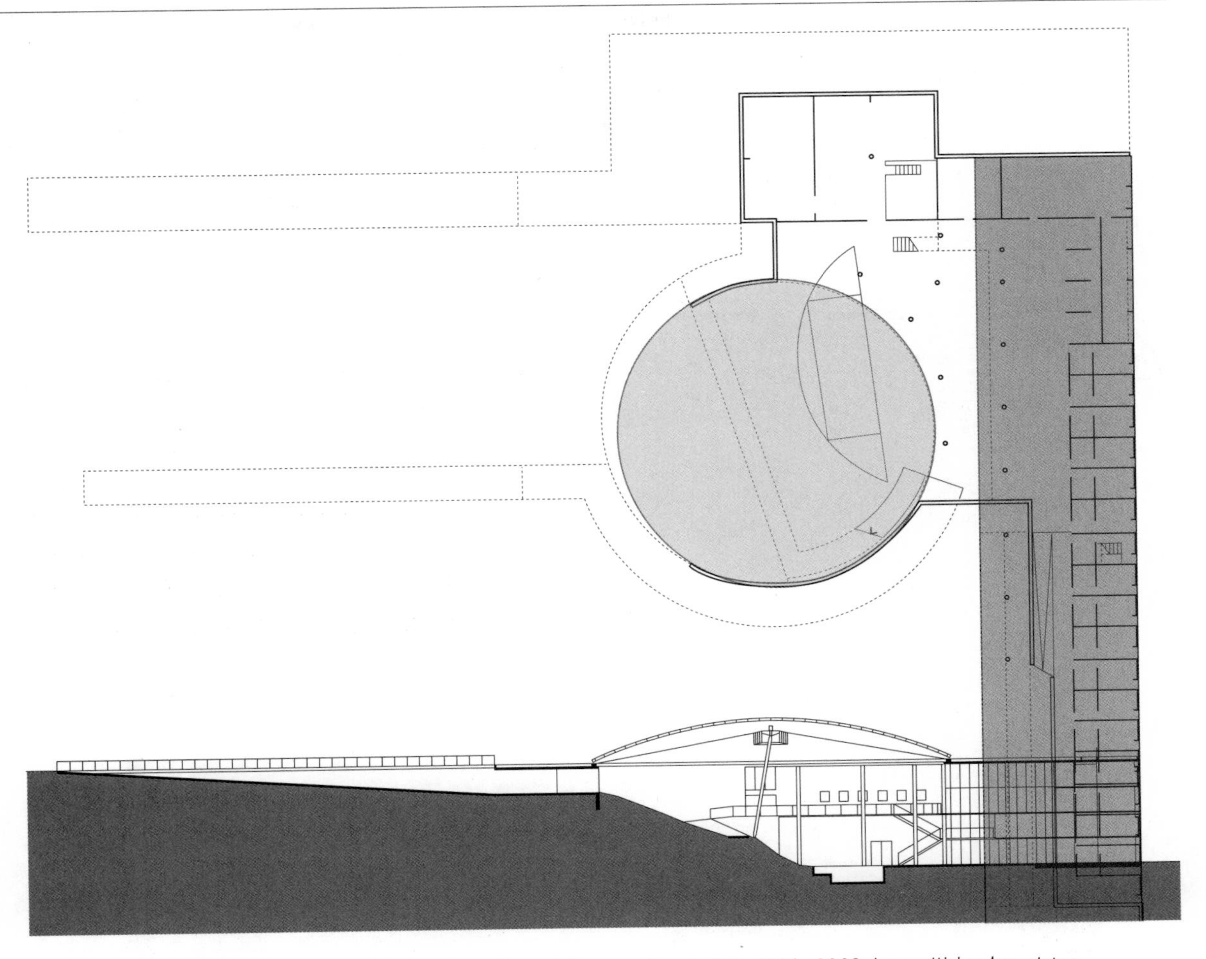

ESO (European Southern Observatory) Hotel, Cerro Paranal, Atacama Desert, Chile, 1999–2002, Auer + Weber Associates
ESO（欧洲南方天文台）酒店，帕瑞纳山，阿塔卡马沙漠，智利，1999—2002，奥尔 + 韦伯事务所

Iglesia San Josemaría Escrivá, Alvaro Obregon, Mexico, 2009, Sordo Madaleno Arquitectos
圣何塞马里亚教堂，阿尔瓦罗·奥夫雷贡区，墨西哥，2009，索尔多·马德里诺建筑师事务所

Excerpt from **Gavotte I, Sixth Cello Suite**, by Johann Sebastian Bach (1685–1750). Transcribed for classical guitar by Jerry Snyder.
选自约翰·塞巴斯蒂安·巴赫（1685—1750）的**《加伏特舞曲》第六大提琴曲第一乐章**，由杰瑞·斯奈德改编为古典吉他曲。

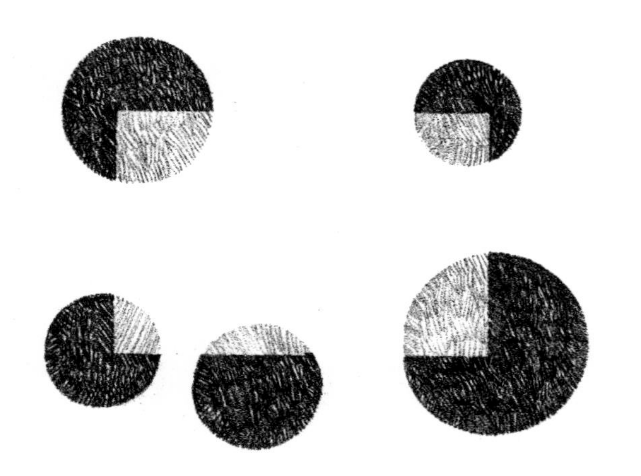

基准是指，在构图中与其他要素有关的一条参考线、参考面或体。基准通过它的规则性、连续性和稳定性，将多种要素构成的一个任意图形组合起来。例如，五线谱的乐谱线，可以看做基准线，在人们辨认音符和音调相对高低时，提供了直观的基础。五线谱间距的规则性和连续性，使乐曲中各不相同的一系列音符联成一体，同时也很清楚地表明并强调了它们之间的差别。

前文说过，轴线有沿其轴向组合一系列要素的能力。从效果上说，轴线实际上就是基准线。但是，一个基准不一定非得是直线，它可以采用面或体的形式。

作为一种有效的组织秩序的手段，一条基准线必须有充分的视觉连续性，以便穿过或从外侧经过它所组合的全部要素。如果基准是面或体，它必须有足够的尺寸、围合感和规则性，才可以被看做能把各要素组织在其领域内围起或聚集起来的形体。

基准能以下列方式，将一组随意的、不同要素的自由组合组织起来：

Line
线

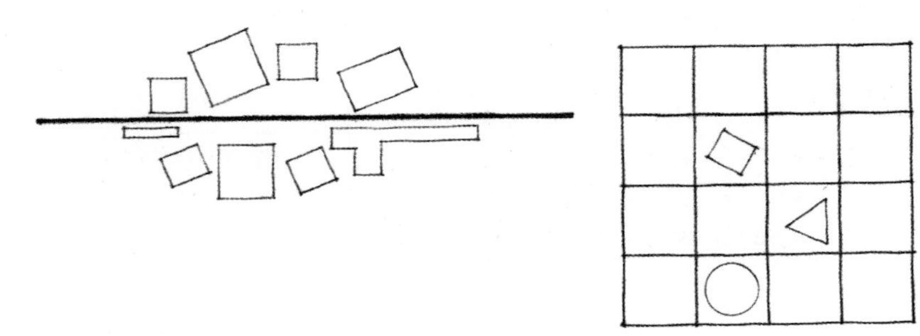

一条直线可以穿过一个图形，或者形成图形的公共边，而直线网格则能给图形构成一个中性的、统一的区域。

Plane
面

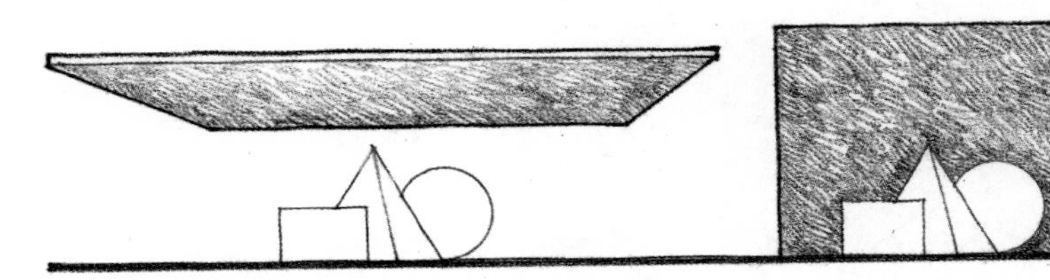

面可以将图形的要素聚集在它的下方，或者成为要素的背景，把要素框入其中。

Volume
体

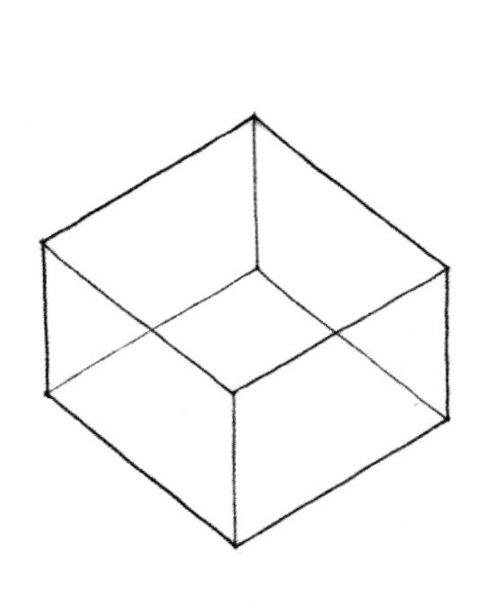

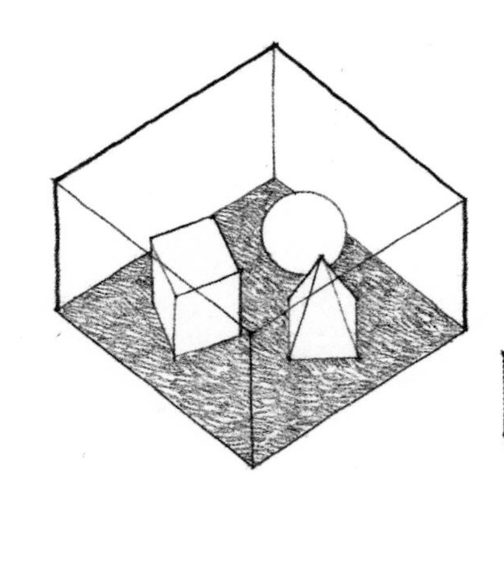

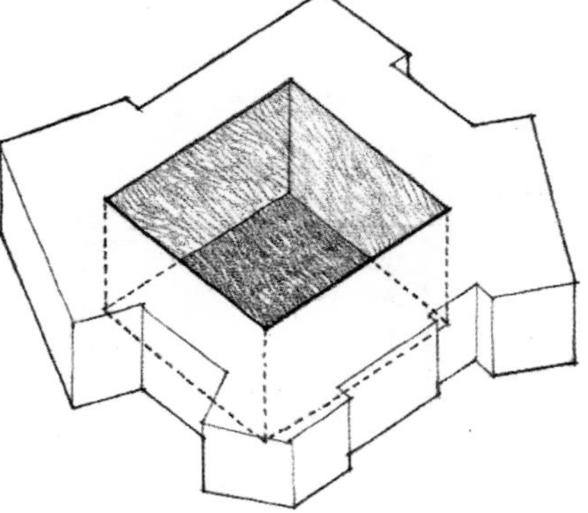

体可以将图形中的要素聚集在它的范围之内，或者沿其周边组织这些要素。

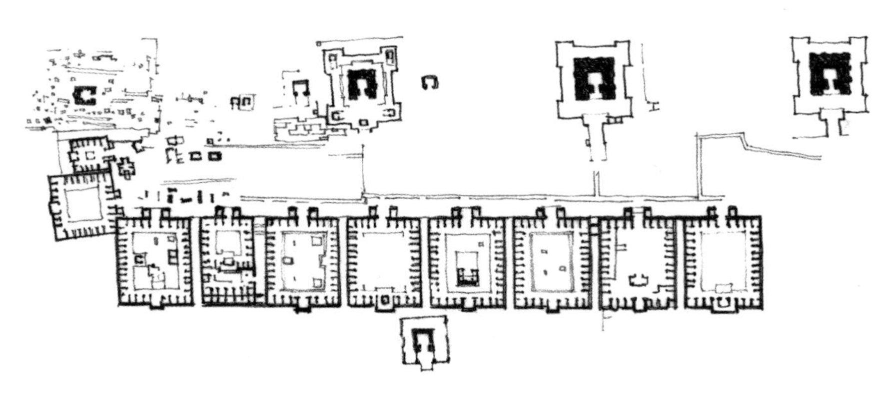

Nalanda Mahavihara, Bihar, India, 6th–7th century A.D.
纳兰陀寺，比哈尔邦，印度，公元 6 世纪—7 世纪

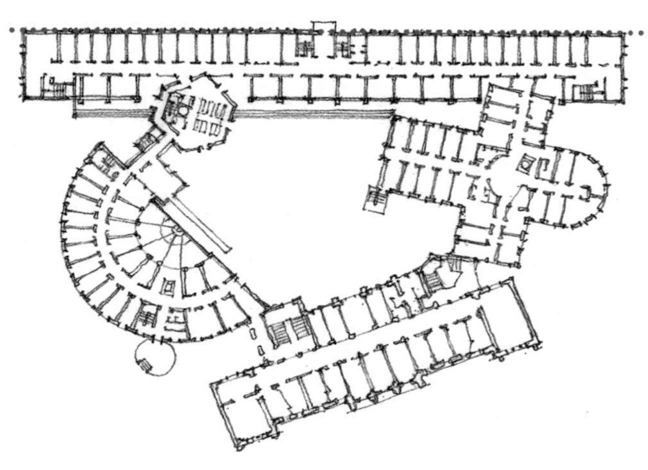

Social Science Research Center, Berlin, Germany, 1981, James Stirling
社会科学研究中心，柏林，德国，1981，詹姆斯•斯特林

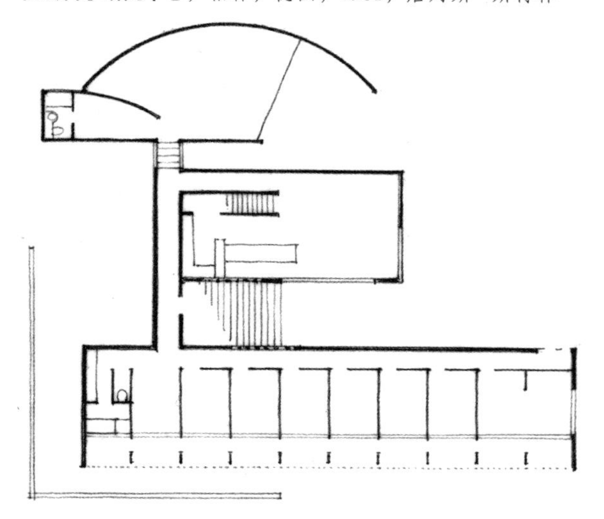

Koshino House, Ashiya, Hyogo Prefecture, Japan, 1979–1984, Tadao Ando
小筱邸，芦屋，兵库县，日本，1979—1984, 安藤忠雄

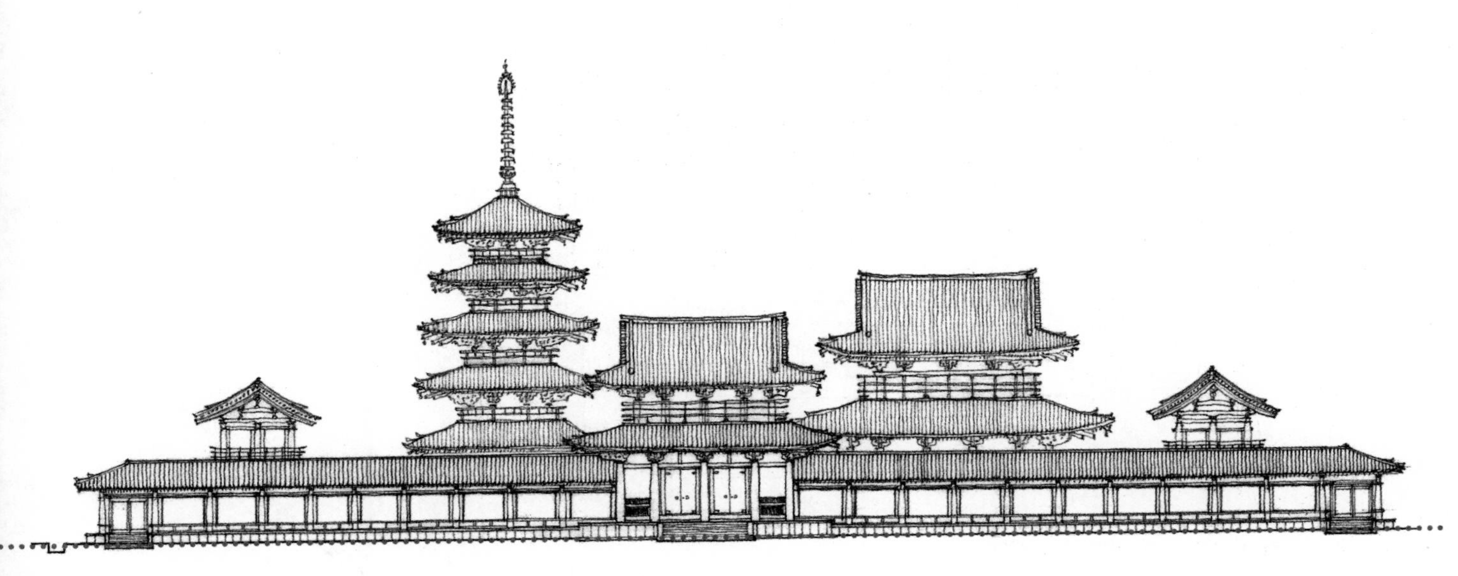

West Precinct, **Horyu-Ji Temple**, Nara Prefecture, Japan, A.D. 607–746
西院，**法隆寺**，奈良县，日本，公元 607—746 年

由拱廊将房屋立面统一起来，朝向特洛（Telo，捷克斯洛伐克）的城市广场。

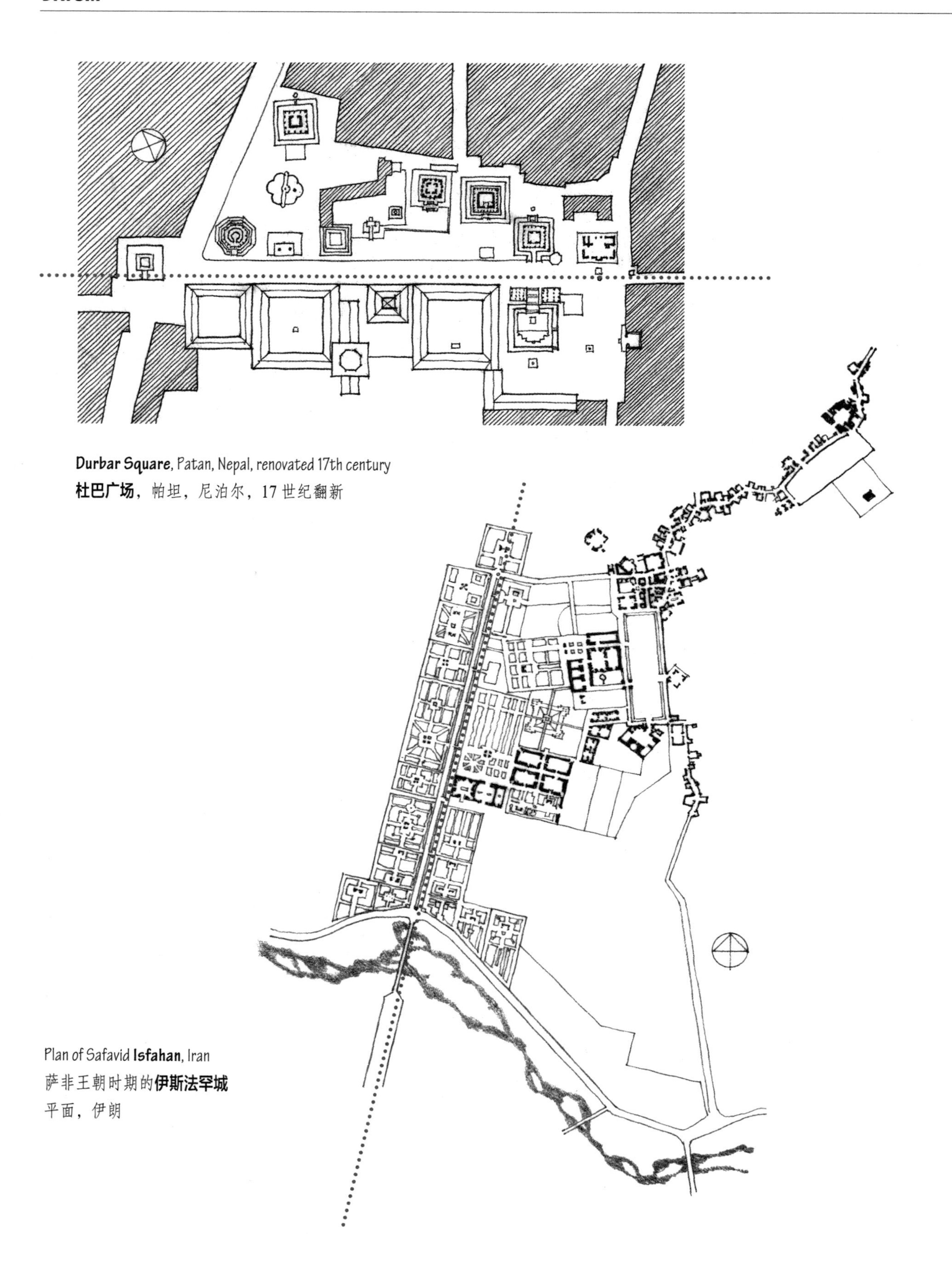

Durbar Square, Patan, Nepal, renovated 17th century
杜巴广场，帕坦，尼泊尔，17 世纪翻新

Plan of Safavid **Isfahan**, Iran
萨非王朝时期的**伊斯法罕城**
平面，伊朗

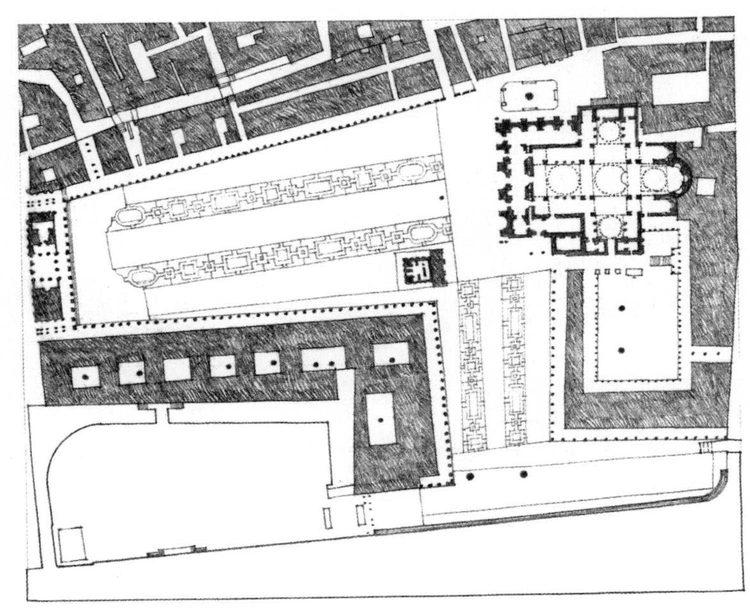

Piazza San Marco, Venice
圣马可广场，威尼斯

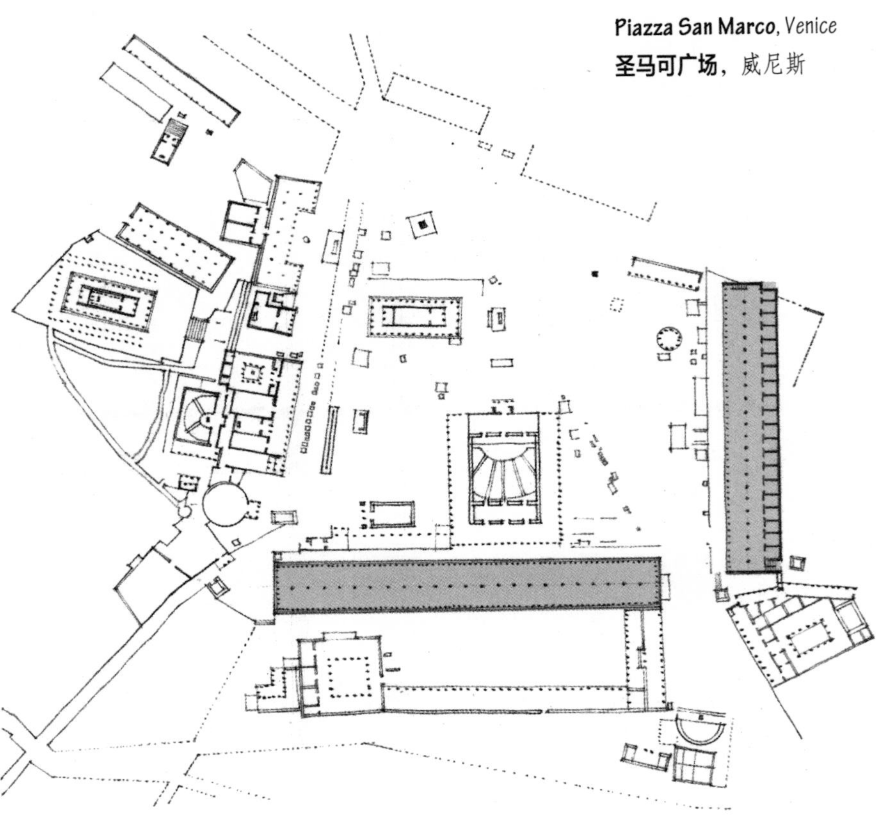

Plan of the **Agora**, Athens
市集广场平面，雅典

Marin County Civic Center, San Rafael, California, 1957, Frank Lloyd Wright
马林县市民中心，圣•拉斐尔，加利福尼亚州，1957，弗兰克•劳埃德•赖特

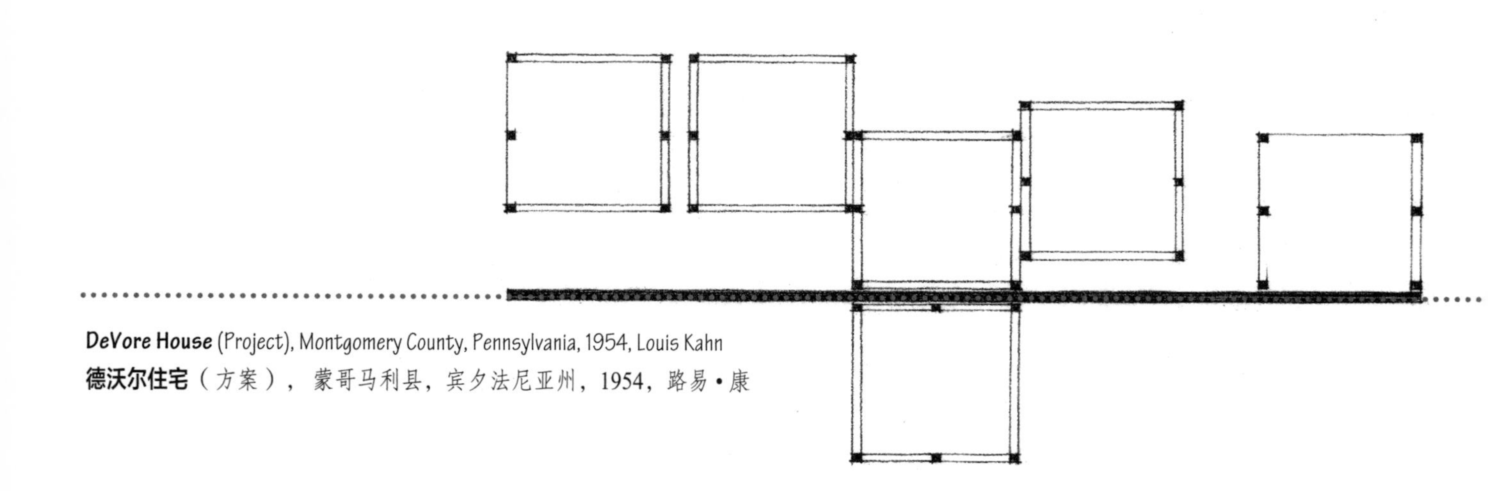

DeVore House (Project), Montgomery County, Pennsylvania, 1954, Louis Kahn
德沃尔住宅（方案），蒙哥马利县，宾夕法尼亚州，1954，路易•康

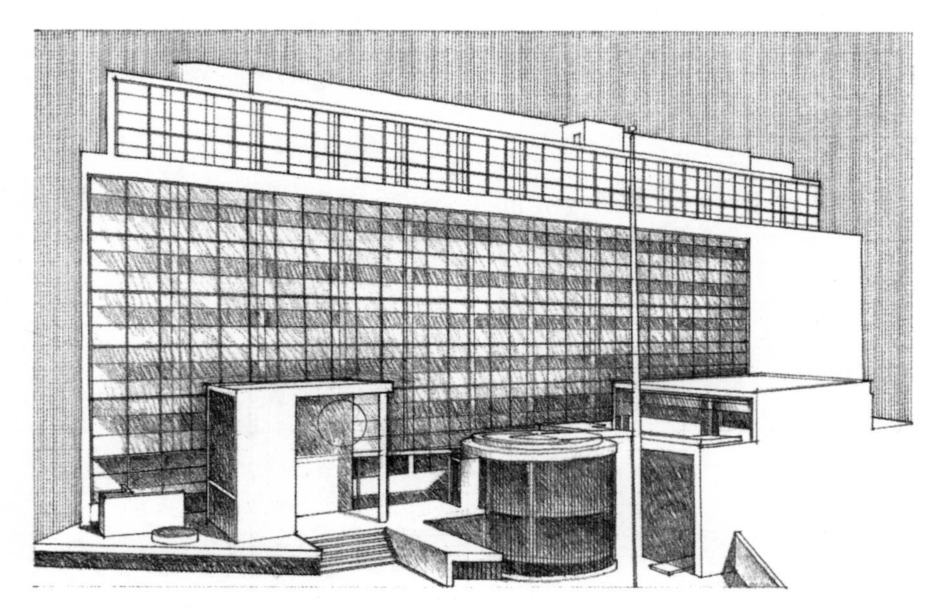

Salvation Army Hostel, Paris, 1928–1933, Le Corbusier
救世军旅馆，巴黎，1928—1933，勒·柯布西埃

Cultural Center (Competition Entry), Leverkusen, Germany, 1962, Alvar Aalto
文化中心（竞赛入选方案），勒沃库森，德国，1962，阿尔瓦·阿尔托

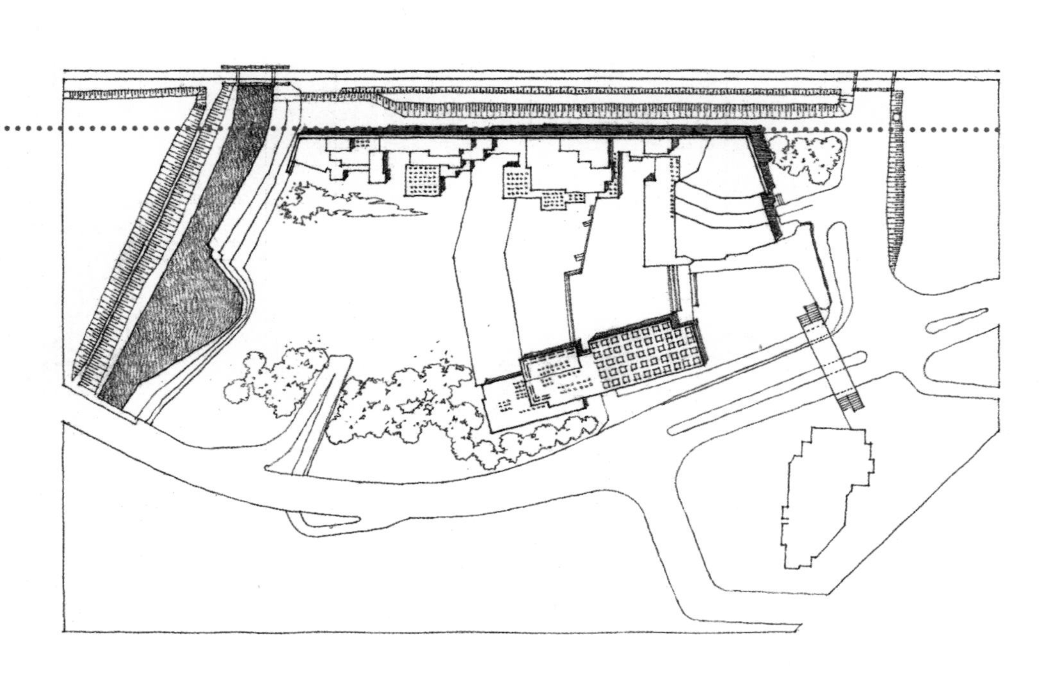

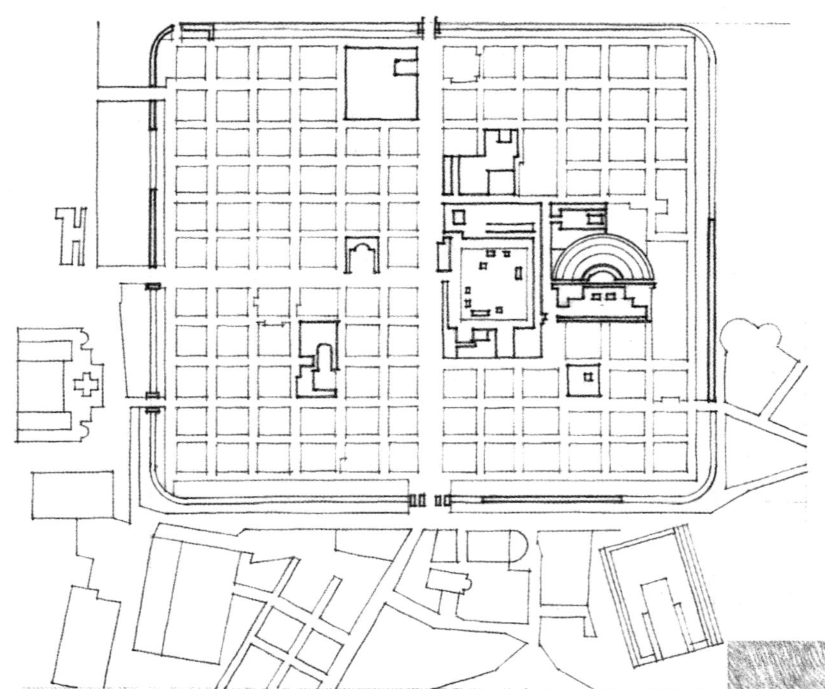

Town Plan of **Timgad**, a Roman colony in North Africa founded 100 B.C.
提姆加德平面，建在北非的罗马人居住区，建于公元前 100 年

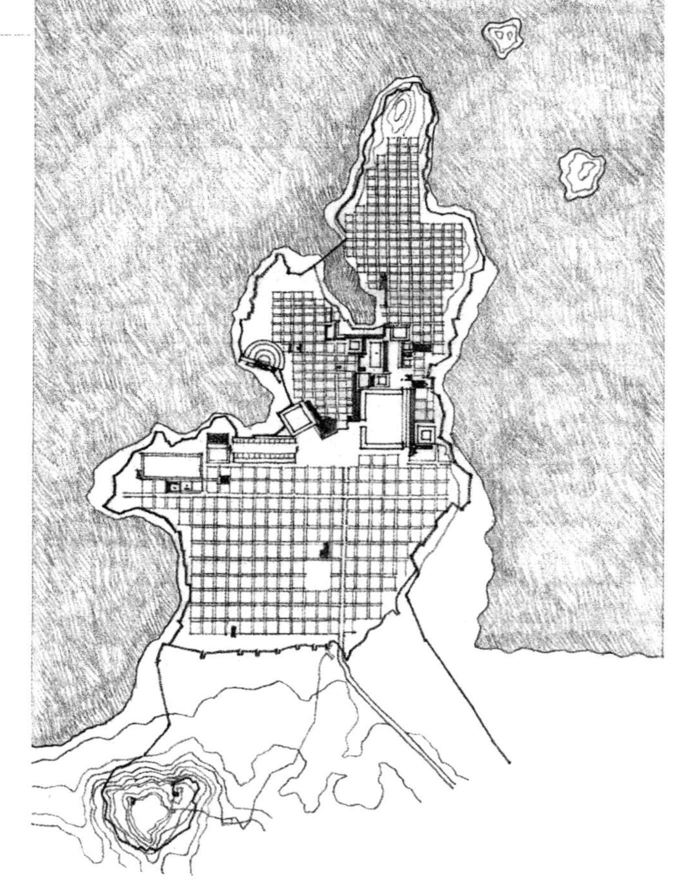

Plan of **Miletus**, 5th century B.C.
米勒图斯平面，公元前 5 世纪

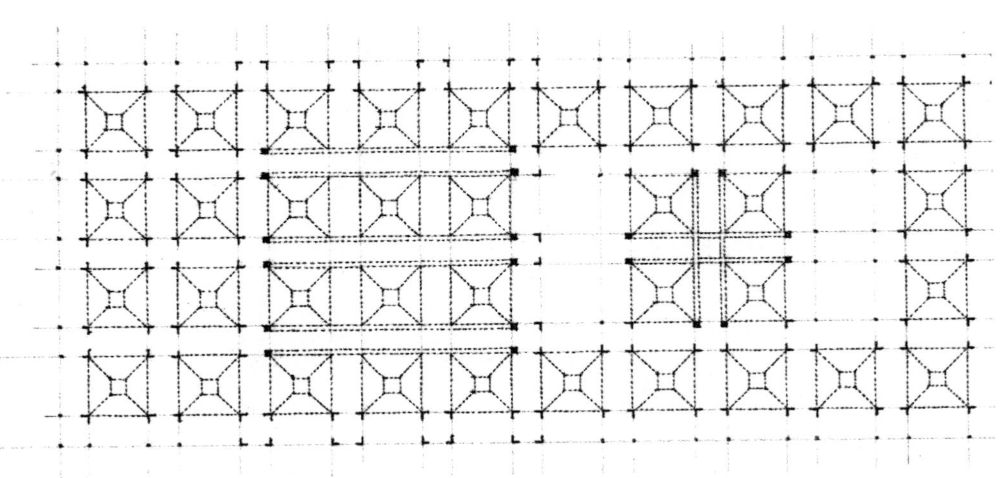

Structural Grid of Main Building, **Jewish Community Center**, Trenton, New Jersey, 1954–1959, Louis Kahn
主楼结构网格，**犹太人社区中心**，特伦顿，新泽西州，1954—1959，路易·康

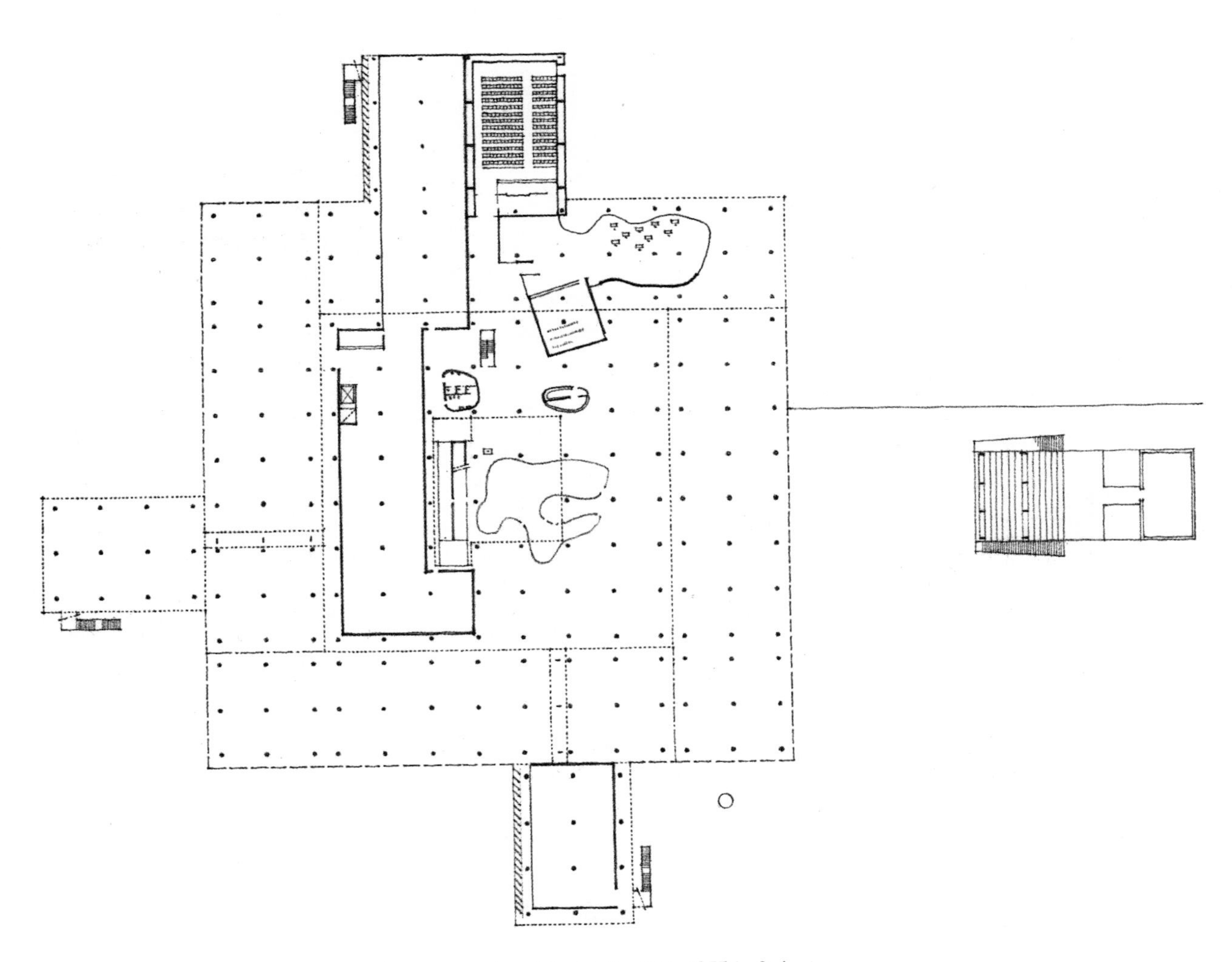

Museum at Ahmedabad, India, 1954–1957, Le Corbusier
艾哈迈达巴德的博物馆，印度，1954—1957，勒·柯布西埃

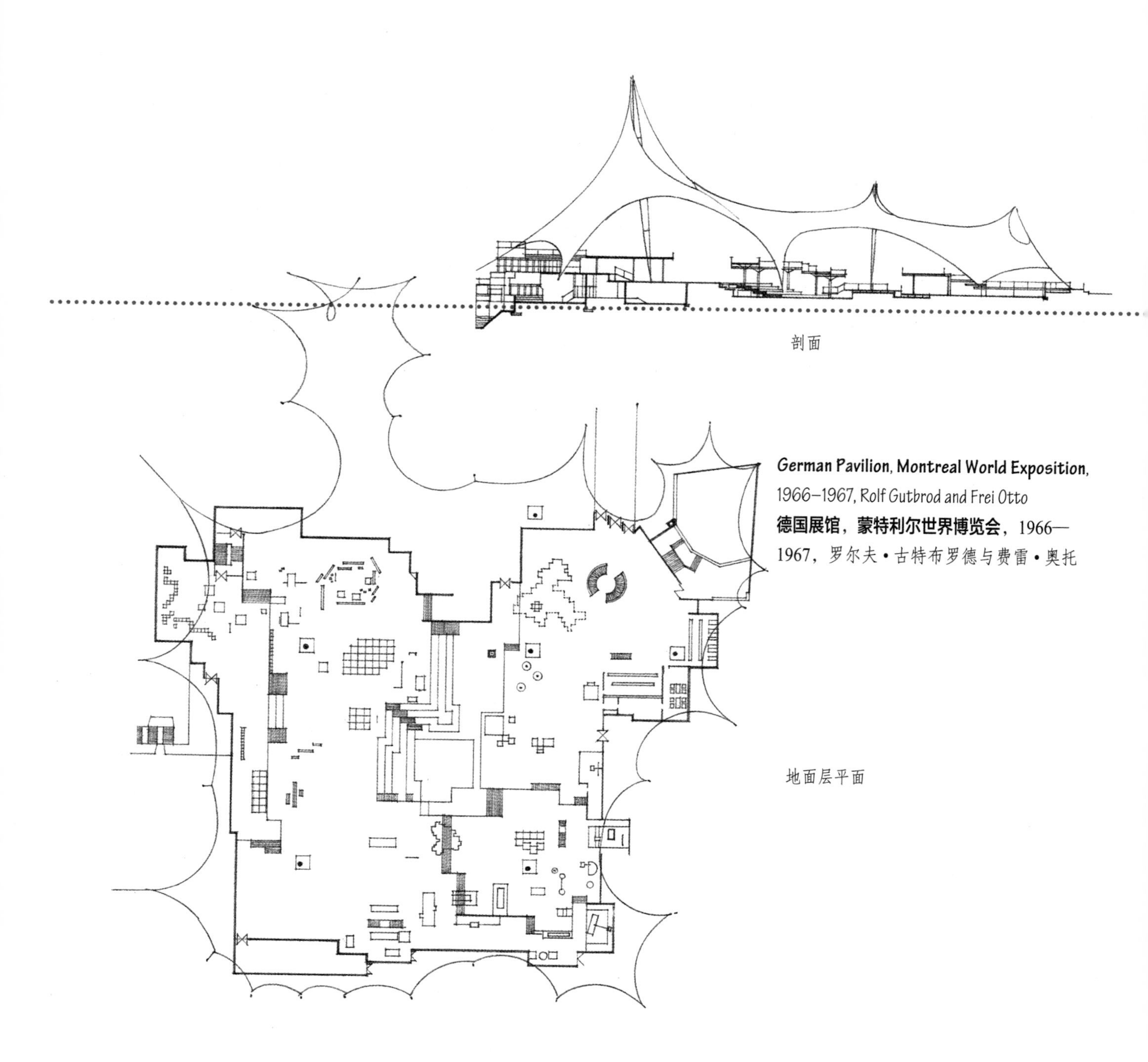
剖面

地面层平面

German Pavilion, Montreal World Exposition, 1966–1967, Rolf Gutbrod and Frei Otto

德国展馆，蒙特利尔世界博览会，1966—1967，罗尔夫•古特布罗德与费雷•奥托

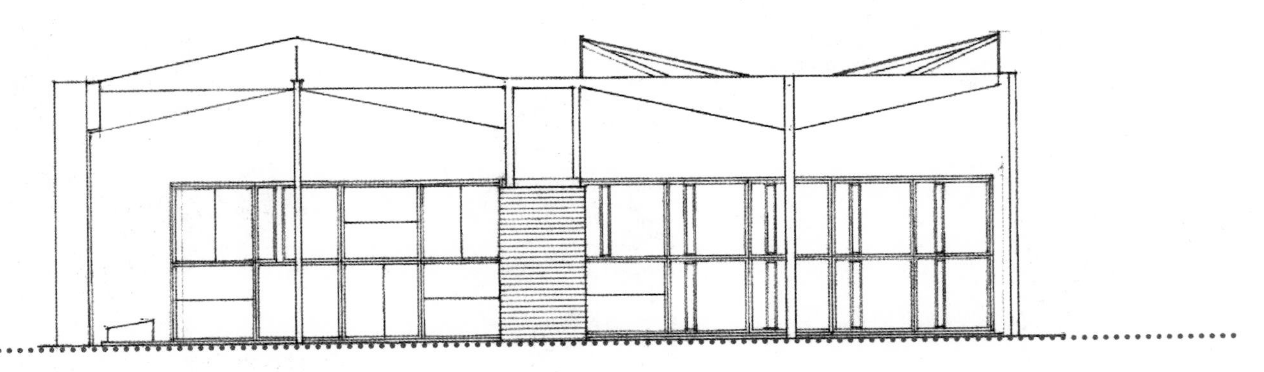

北立面

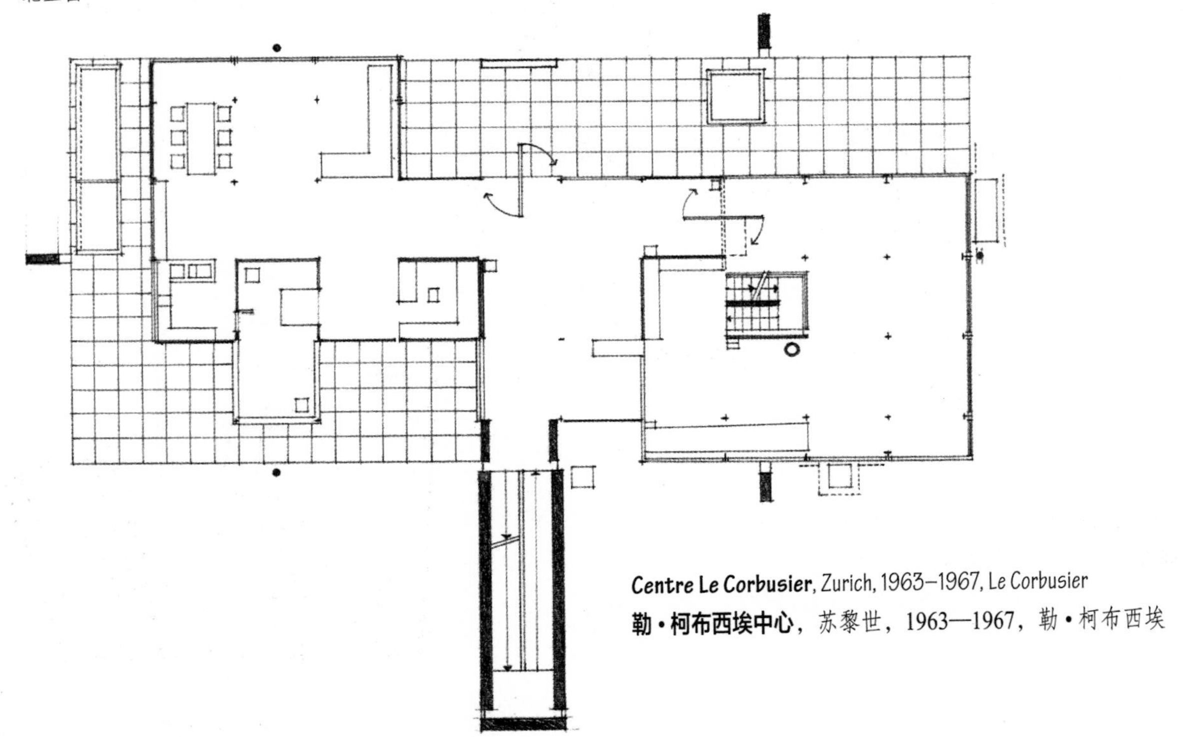

Centre Le Corbusier, Zurich, 1963–1967, Le Corbusier

勒·柯布西埃中心，苏黎世，1963—1967，勒·柯布西埃

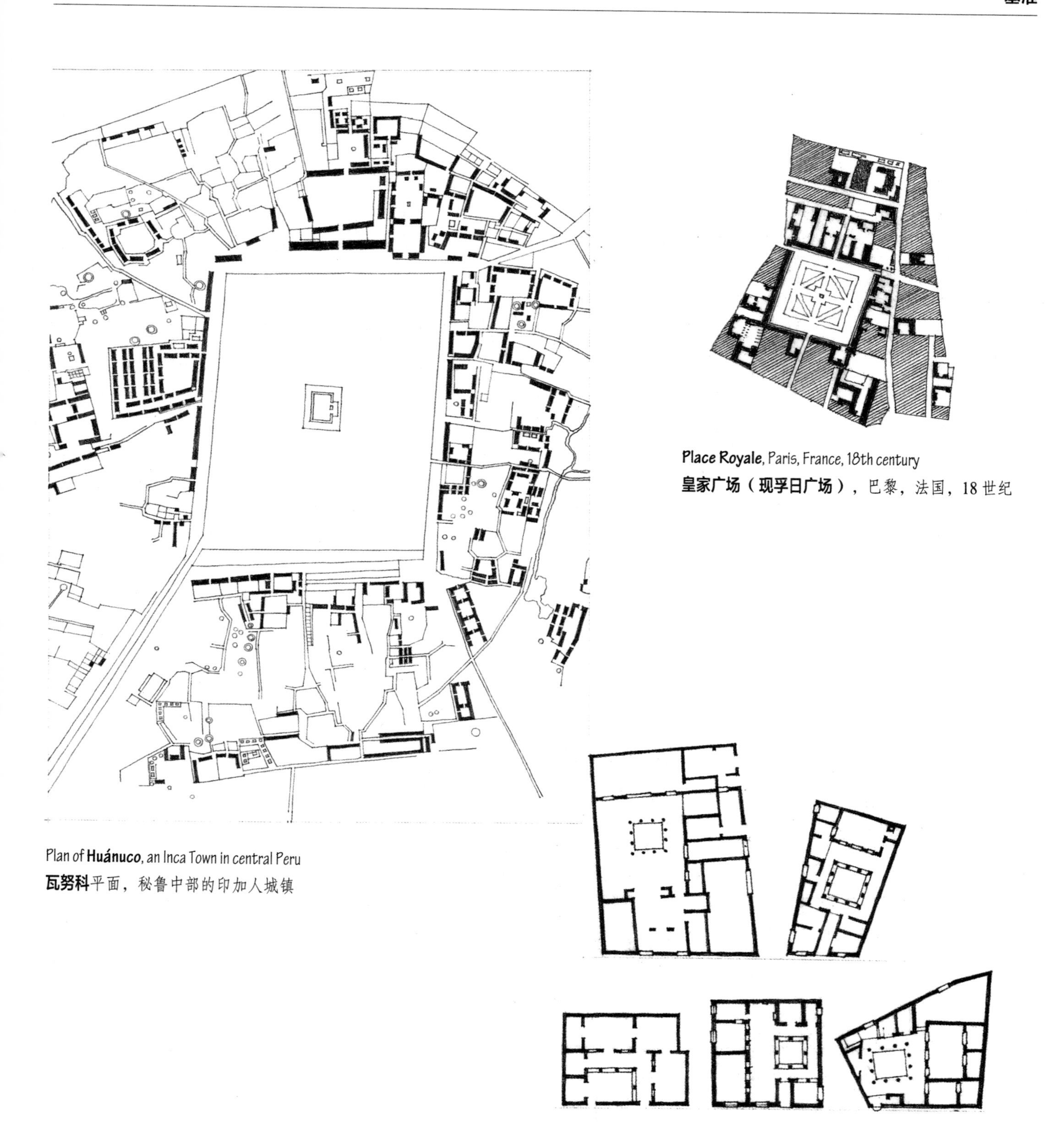

Place Royale, Paris, France, 18th century
皇家广场（现孚日广场），巴黎，法国，18 世纪

Plan of Huánuco, an Inca Town in central Peru
瓦努科平面，秘鲁中部的印加人城镇

Plan of Peristyle Courtyard Houses on Delos, a Greek island in the Aegean
提洛岛上的列柱式庭院住宅平面，爱琴海上的一个希腊岛屿

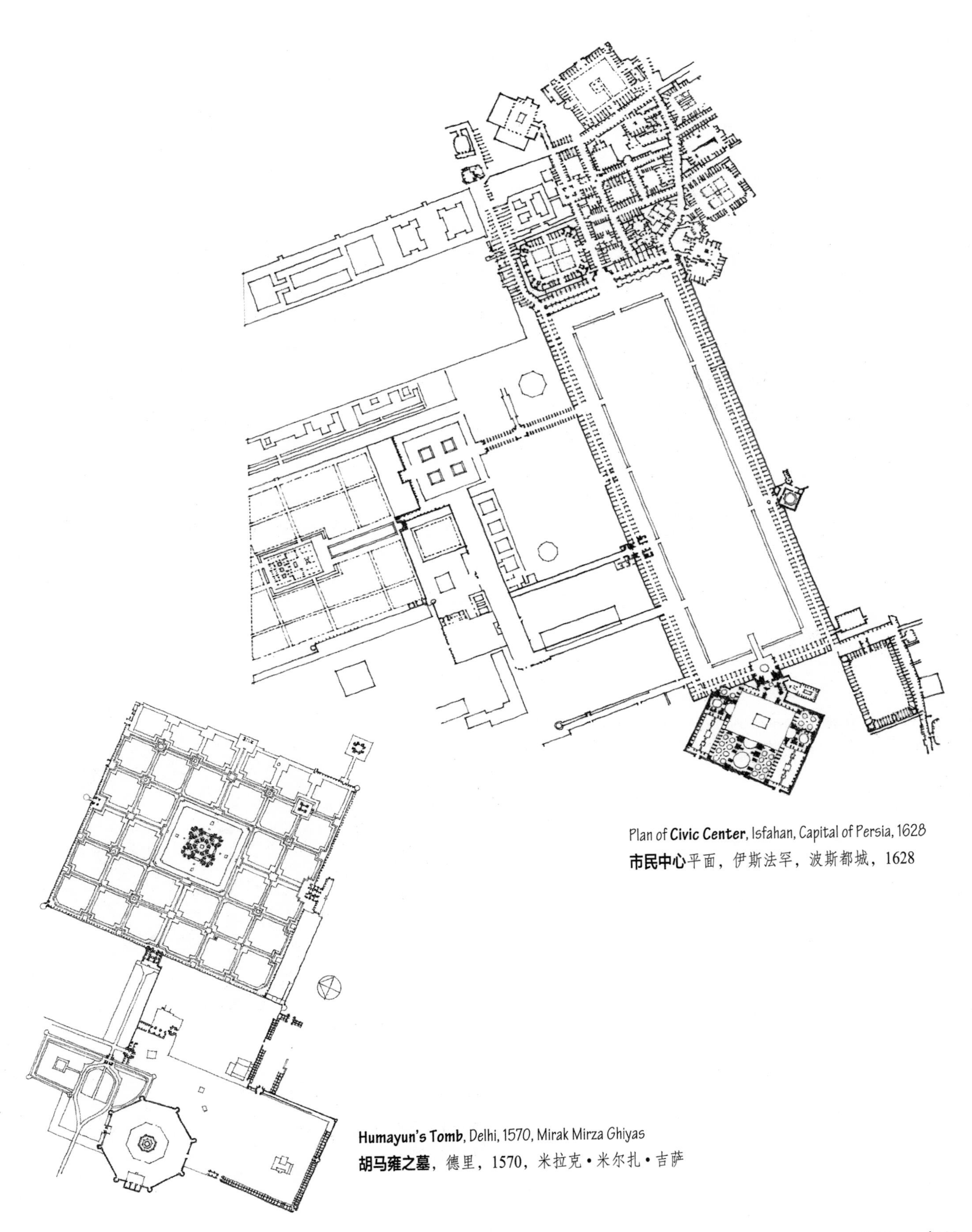

Plan of **Civic Center**, Isfahan, Capital of Persia, 1628

市民中心平面，伊斯法罕，波斯都城，1628

Humayun's Tomb, Delhi, 1570, Mirak Mirza Ghiyas

胡马雍之墓，德里，1570，米拉克·米尔扎·吉萨

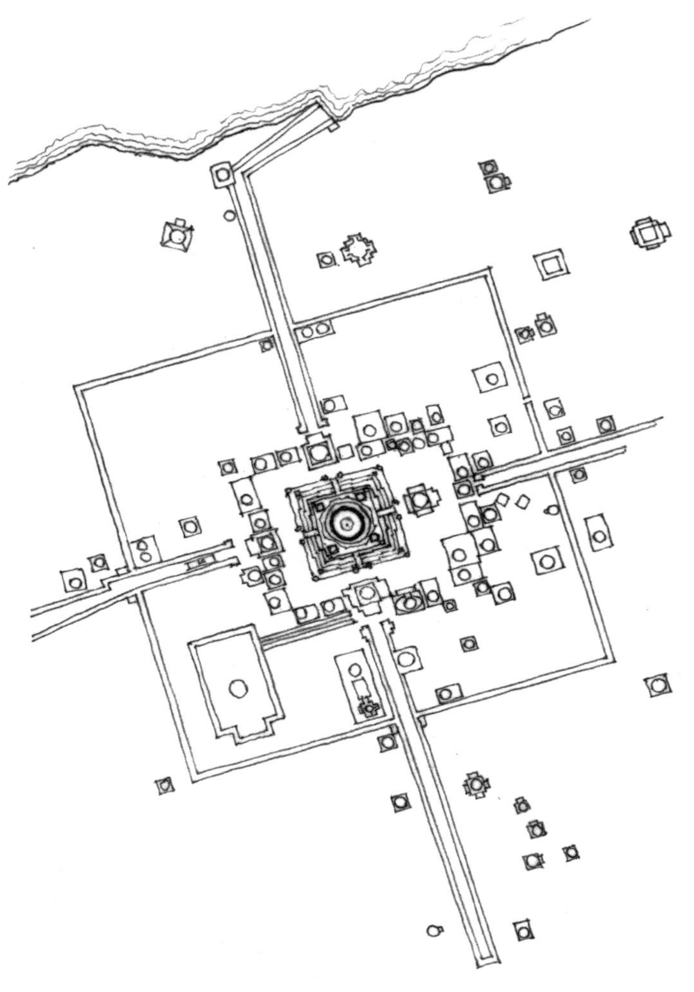

Site plan of **Shwezigon Pagoda**, Bagan, Myanmar, 12th century
瑞西光塔总平面，蒲甘，缅甸，12 世纪

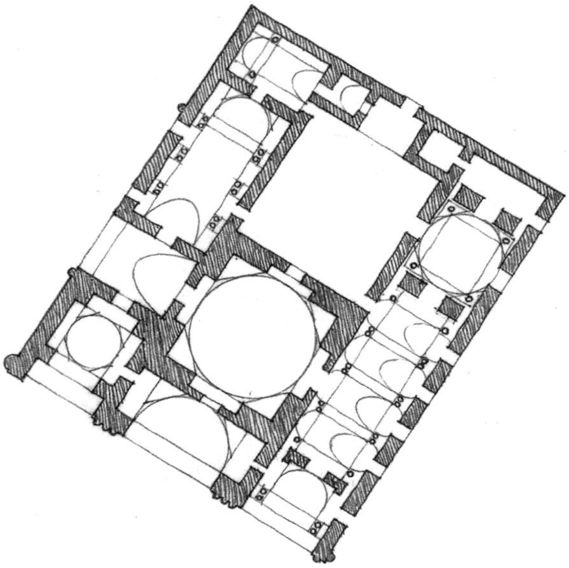

Fire Temple at Sarvistan, Iran, 5th–8th century
萨维斯坦的火神庙，伊朗，5 世纪—8 世纪

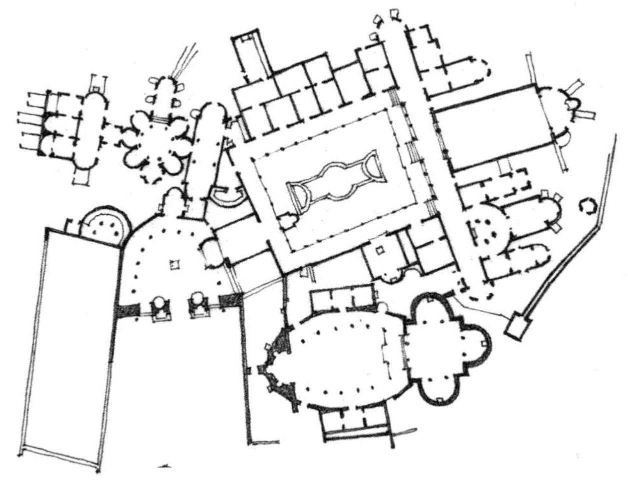

Villa Romana del Casale, Piazza Armerina, Sicily, Italy, early 4th century
卡萨尔的古罗马别墅，阿尔梅里纳广场，西西里，意大利，公元 4 世纪早期

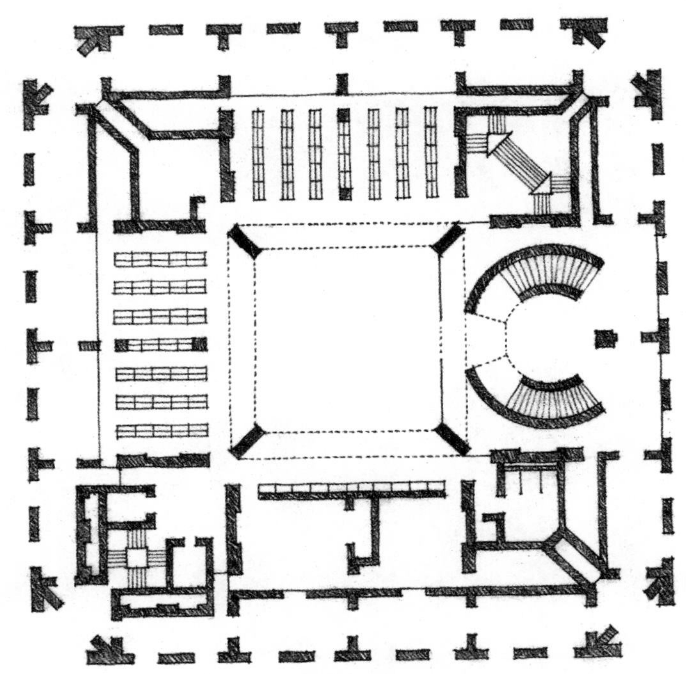

Philip Exeter Academy Library, Exeter, New Hampshire, 1967–1972, Louis Kahn
菲利普·埃克塞特学院图书馆，埃克塞特，新罕布什尔州，1967—1972，路易·康

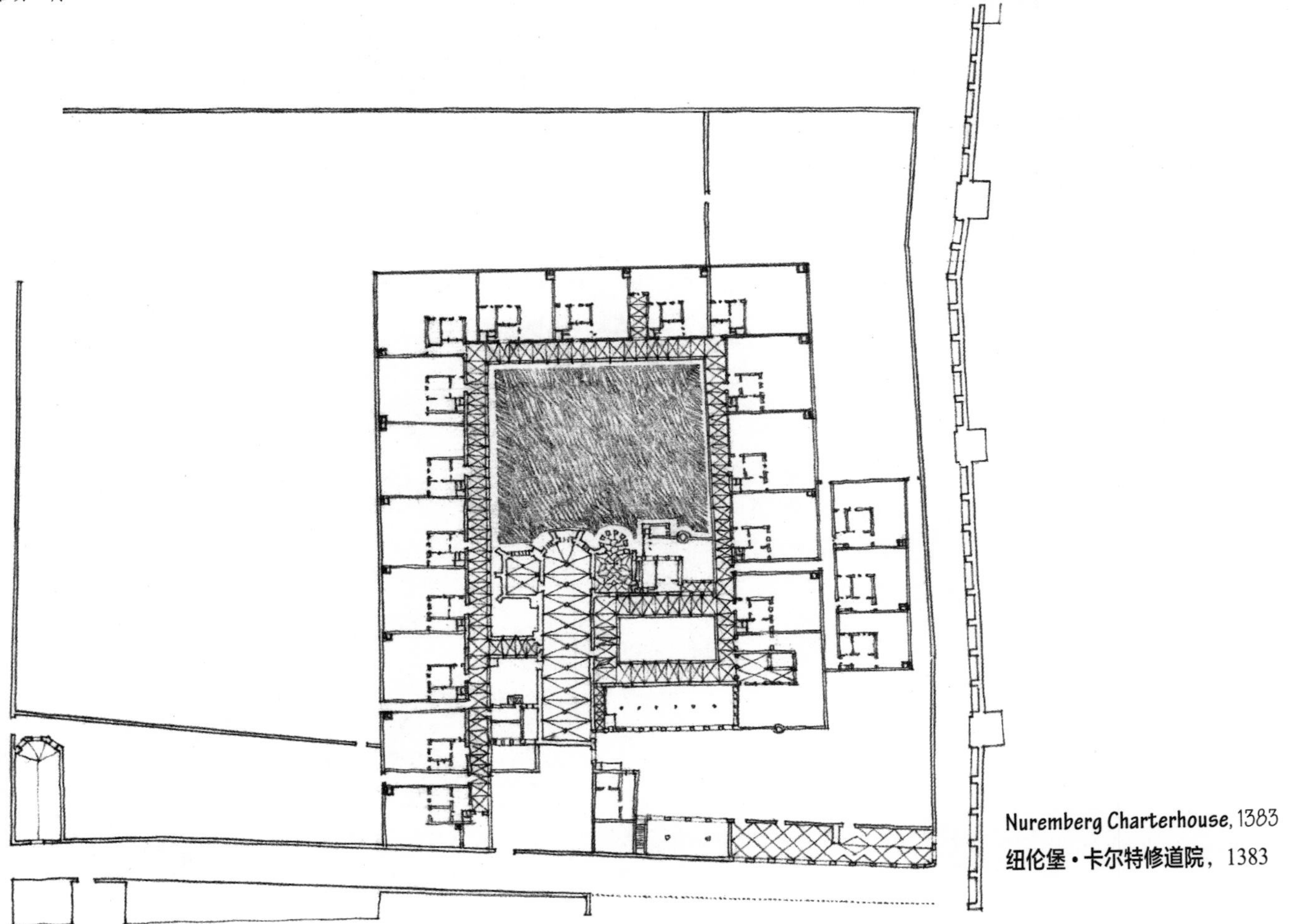

Nuremberg Charterhouse, 1383
纽伦堡·卡尔特修道院，1383

Column Details, **Notre Dame la Grande**, Poitiers, France, 1130–1145
柱子细部，**圣母大教堂**，普瓦捷，法国，1130—1145

韵律是指某种运动，其特点是要素或主题，以规则或不规则的间隔，图形化地重复出现。这种运动，可能是我们的眼睛跟随构图中重复出现要素的结果，也可能是我们的身体穿过空间序列的结果。无论哪种情况，韵律都体现了重复出现的基本意图，使之成为组合建筑空间与形式的一种手段。

几乎所有的建筑类型，都含有本质上可以重复的要素。梁柱的重复，形成了重复的结构跨度和空间模数；门窗在建筑物表面上重复地开洞，使光线、空气、景观和人进入室内。在建筑设计纲要中，为了满足相似或重复的功能要求，空间常常反复重现。本节要讨论的是可以用来组合一系列要素反复出现的重复图形以及这些图形产生的视觉韵律结果。

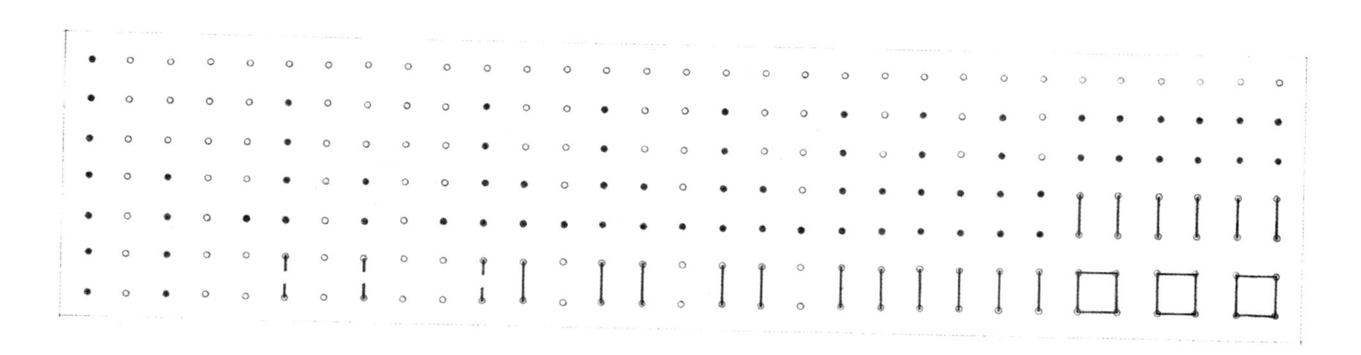

我们倾向于把一个任意构图中的要素按照以下方式进行分组：

- 它们彼此之间的近似程度。
- 它们所共有的视觉特征。

重复性原理利用以上两个视知觉概念，来为一个构图中重复出现的要素建立秩序。

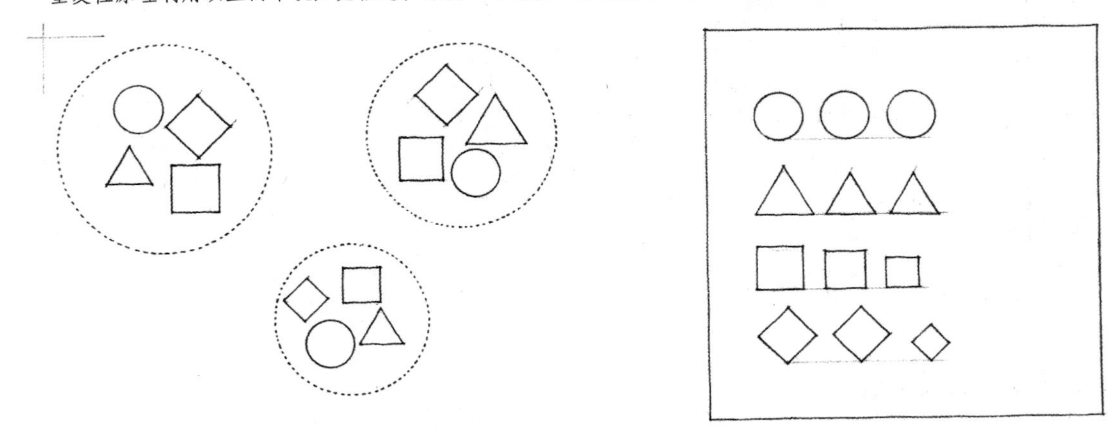

最简单的重复形式是将众多的要素排列成一个直线图形。然而这些要素不一定要完全相同才能组合出重复的式样。尽管每个要素形象各异，只要它们享有共同的性质和特征，就可以归为同一类。

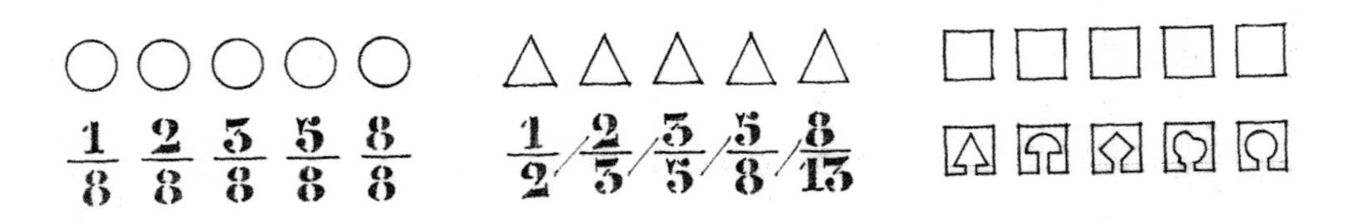

- Size
  尺寸

- Shape
  形状

- Detail Characteristics
  细部特点

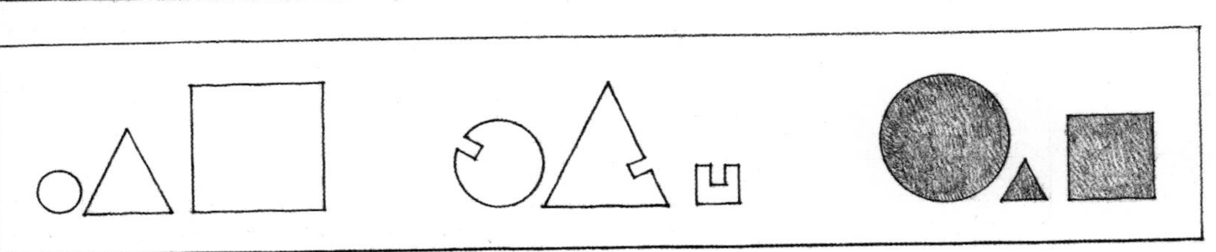

Distyle in Antis

安底斯的双柱神庙

Prostyle

前柱廊式

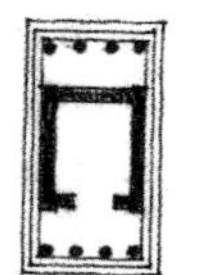

Amphiprostyle

前后柱廊式

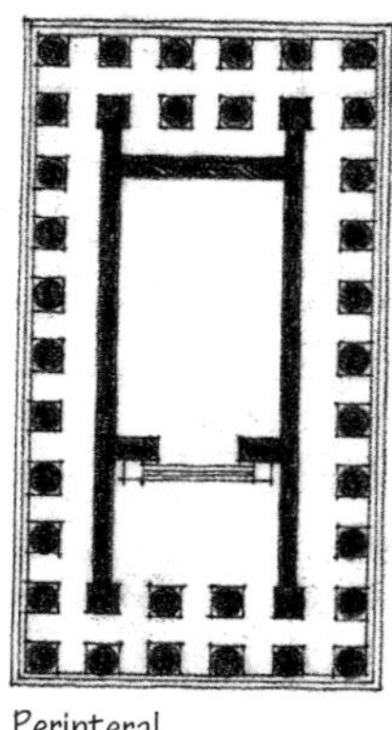

Peripteral

围柱式

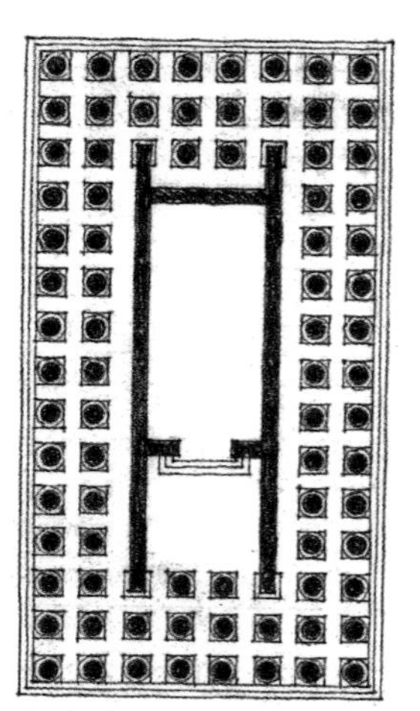

Dipteral

双围柱式

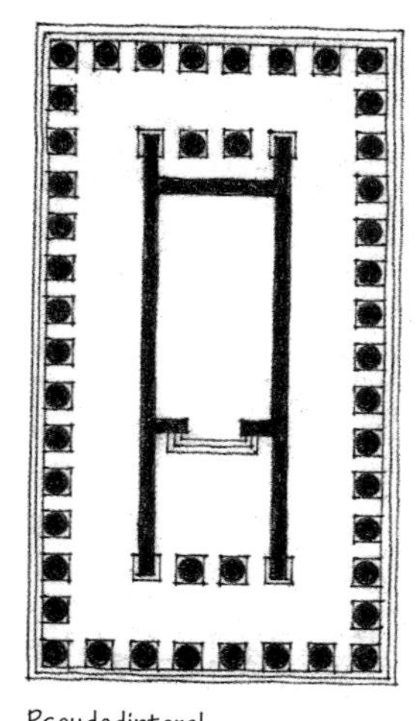

Pseudodipteral

仿双廊式

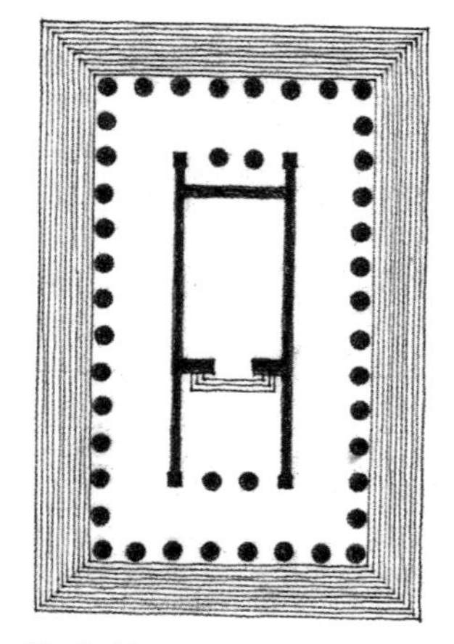

The Smitheum

斯敏索姆教堂

Classification of Temples according to the arrangements of the colonnades. From Book III, Chapter II of Vitruvius' Ten Books on Architecture.

按柱廊布置**分类的神庙**，根据维特鲁威的《建筑十书》第三卷，第二章。

结构图形常常包括竖向支撑要素的重复，这些竖向支撑以规则的或和谐的间距出现，限定了模数化的跨距和空间区域。在这种重复的图形中，可以通过尺寸和位置来强调一个空间的重要性。

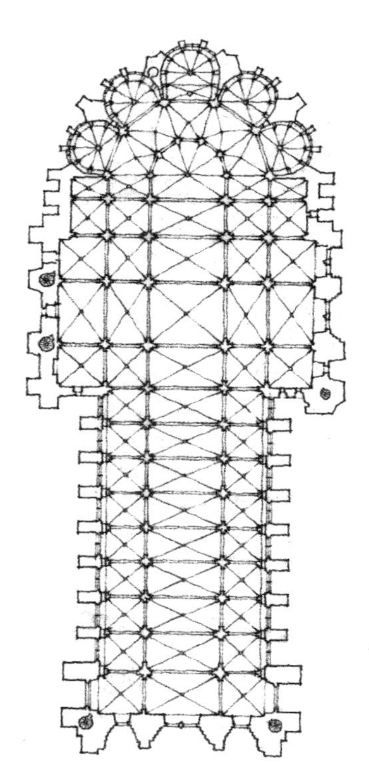

Reims Cathedral, France, 1211–1290

兰斯大教堂，法国，1211—1290

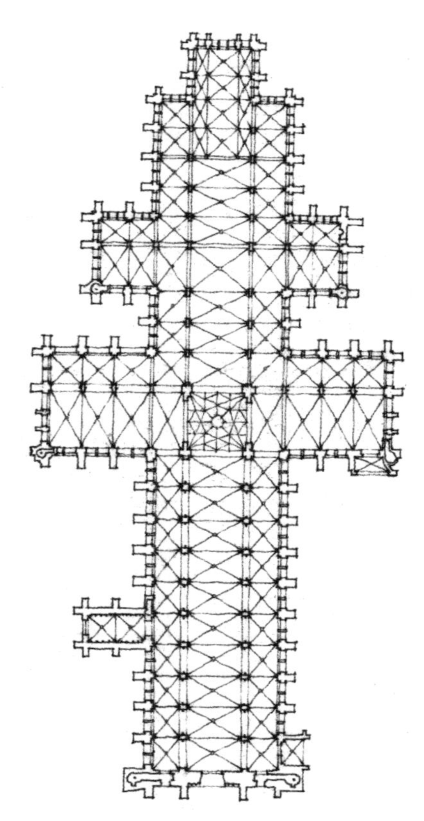

Salisbury Cathedral, England, 1220–1260

索尔兹伯里大教堂，英格兰，1220—1260

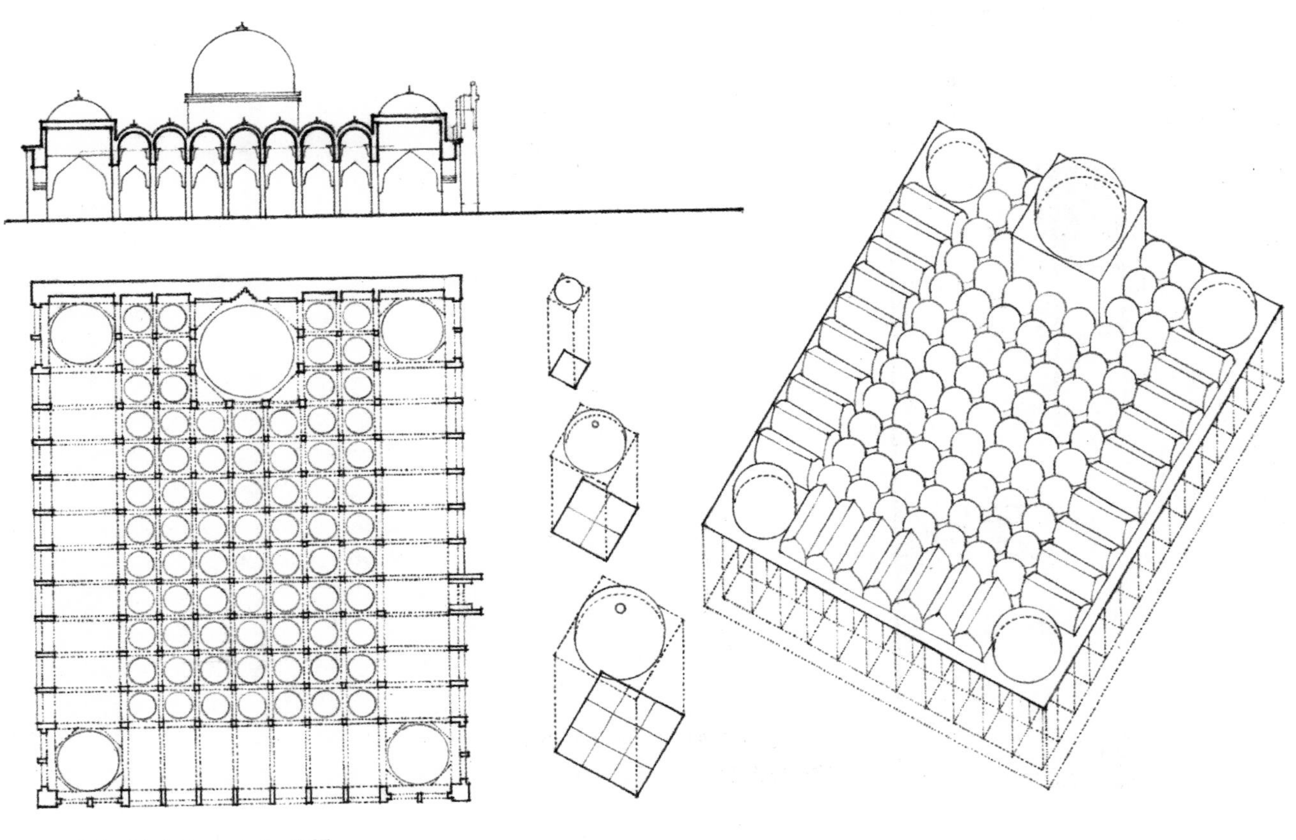

Jami Masjid, Gulbarga, India, 1367
大清真寺，古尔伯加，印度，1367

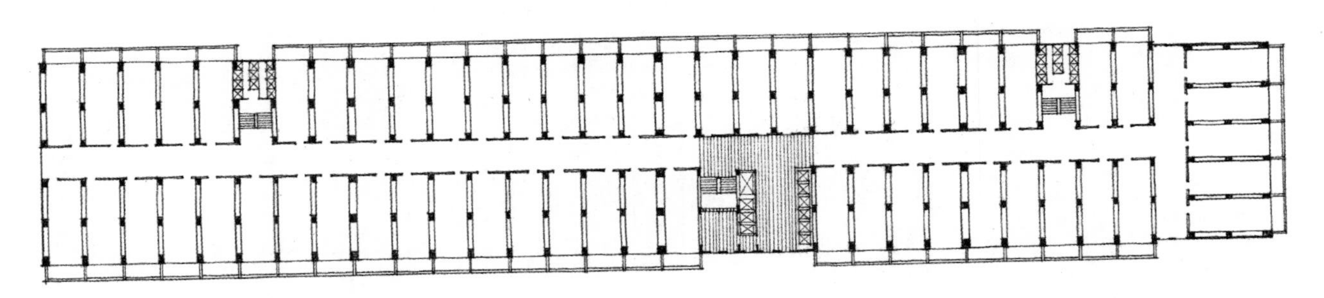

Typical-floor plan, **Unité d'Habitation**, Marseilles, 1946–1952, Le Corbusier
标准层平面，**公寓大楼**，马赛，1946—1952，勒·柯布西埃

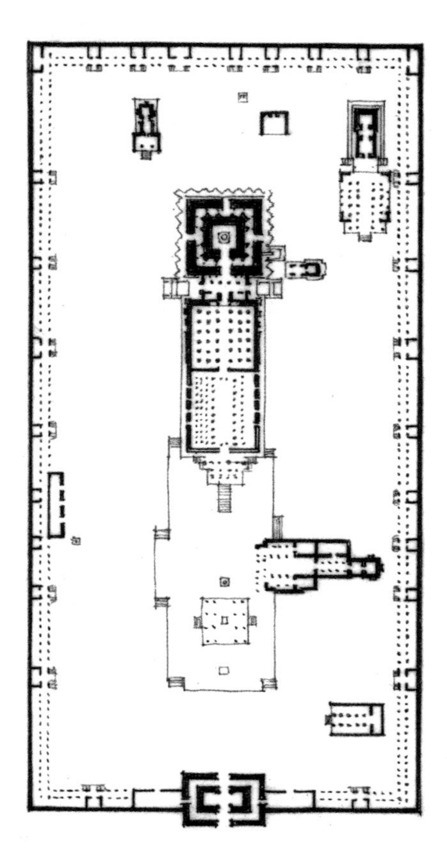

Rajarajeshwara Temple, Thanjavur, India, 11th century
罗阇罗阇施瓦拉神庙，坦贾武尔，印度，11 世纪

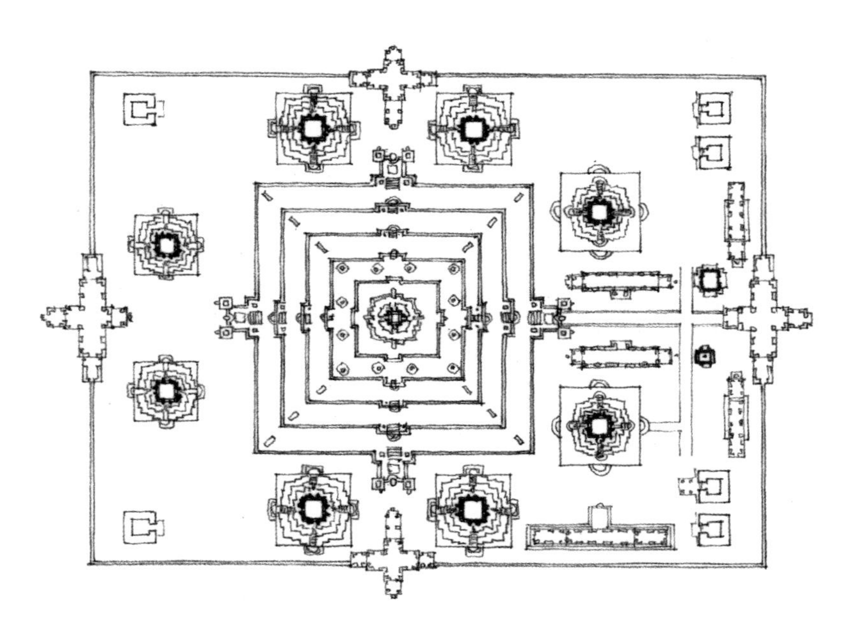

Bakong Temple, near Siem Reap, Cambodia, c. A.D. 881
巴孔寺，暹粒附近，柬埔寨，约公元 881 年

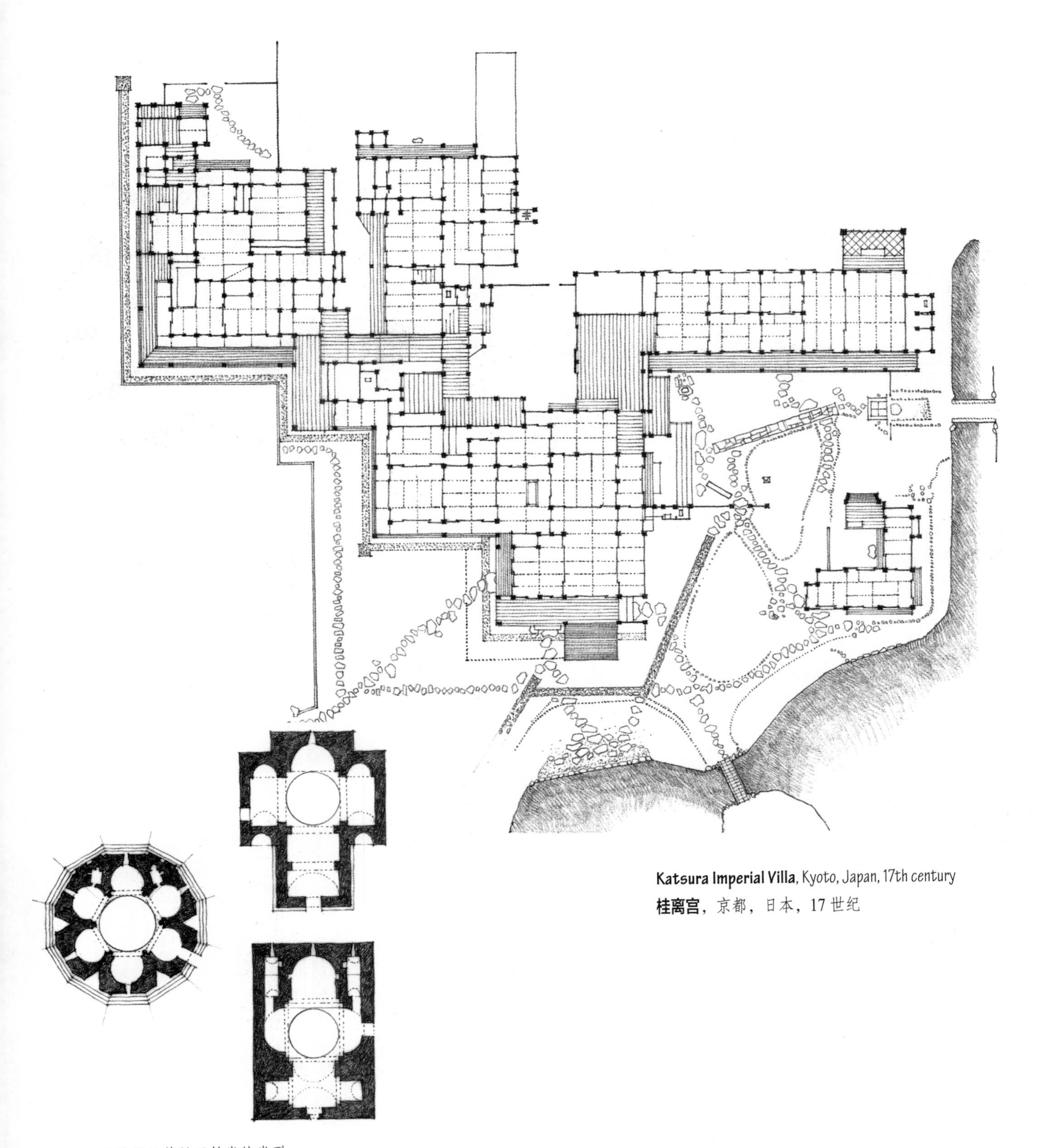

Katsura Imperial Villa, Kyoto, Japan, 17th century
桂离宫，京都，日本，17 世纪

6 世纪亚美尼亚教堂的类型

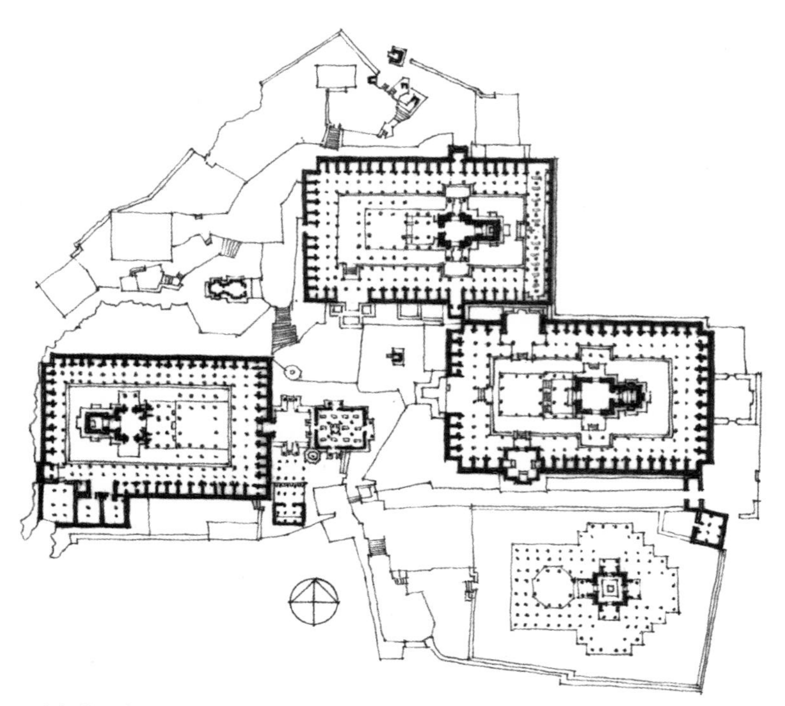

Dilwara Jain Temples, Mt. Abu, India, 11th–16th centuries
蒂瓦拉的耆那寺庙，阿布山，印度，11 世纪—16 世纪

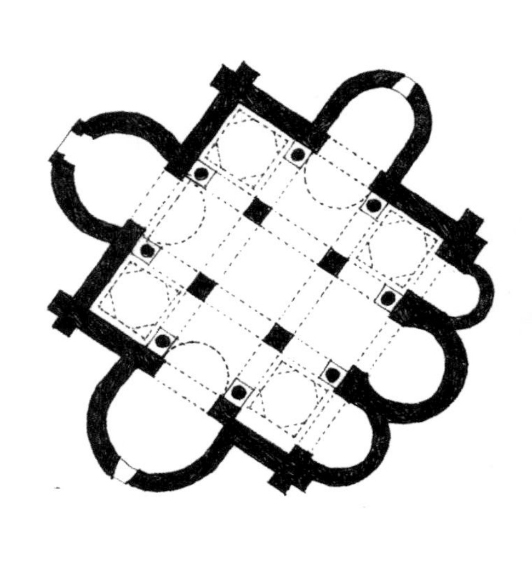

Germigny-des-Prés, France, A.D. 806–811, Oton Matsaetsi
热尔米尼—德—佩教堂，法国，公元806—811年，奥图•麦塞希

正如在音乐中，富有韵律的图形可能是平滑的、连贯的、流畅的，否则其速度或节奏就会不连贯而且生硬。

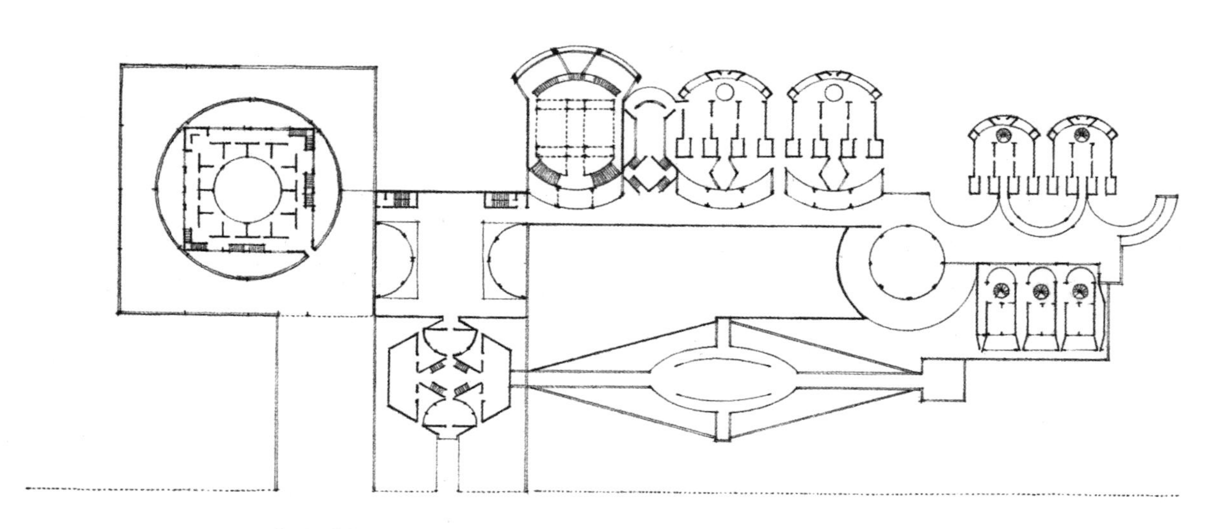

Capitol Complex (Project), Islamabad, Pakistan, 1965, Louis Kahn
议会大厦（方案），伊斯兰堡，巴基斯坦，1965，路易•康

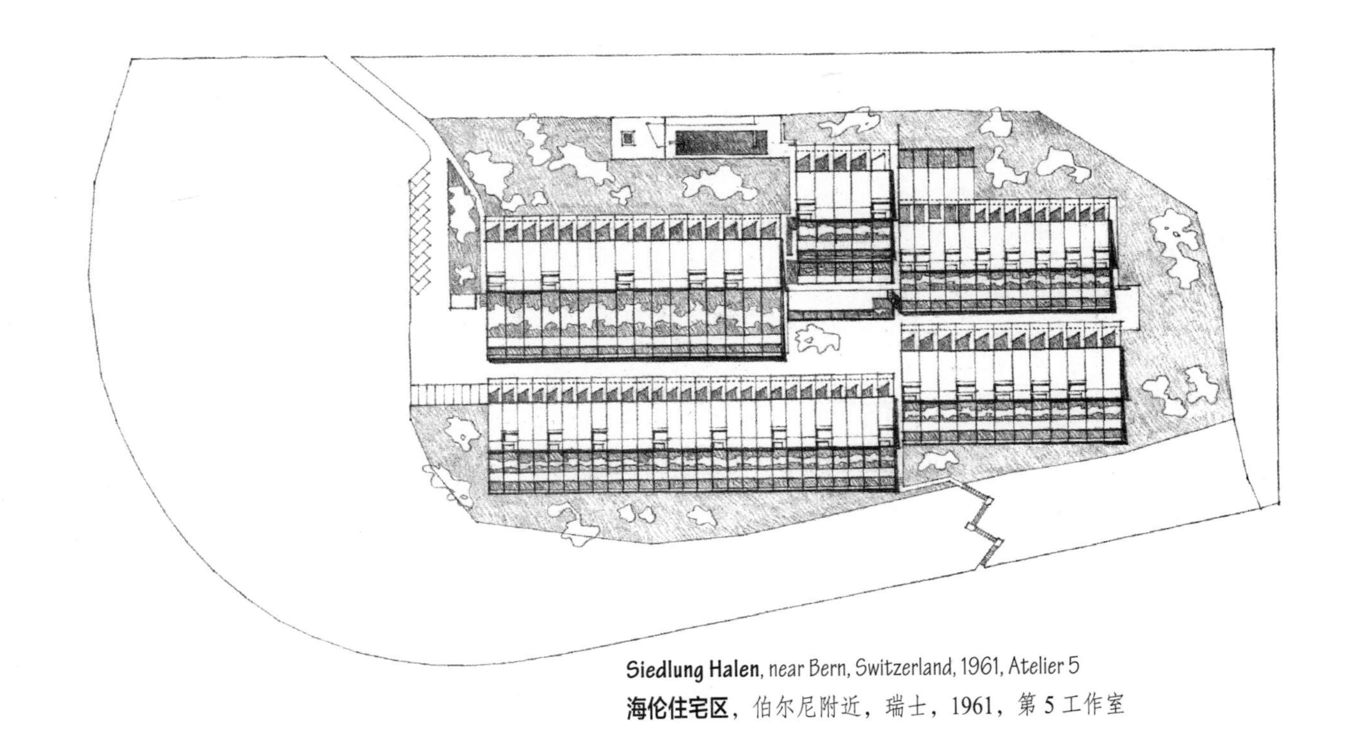

Siedlung Halen, near Bern, Switzerland, 1961, Atelier 5
海伦住宅区，伯尔尼附近，瑞士，1961，第 5 工作室

Residential fabric of 1st-century **Pompeii**
1 世纪时**庞培**古城的住宅结构

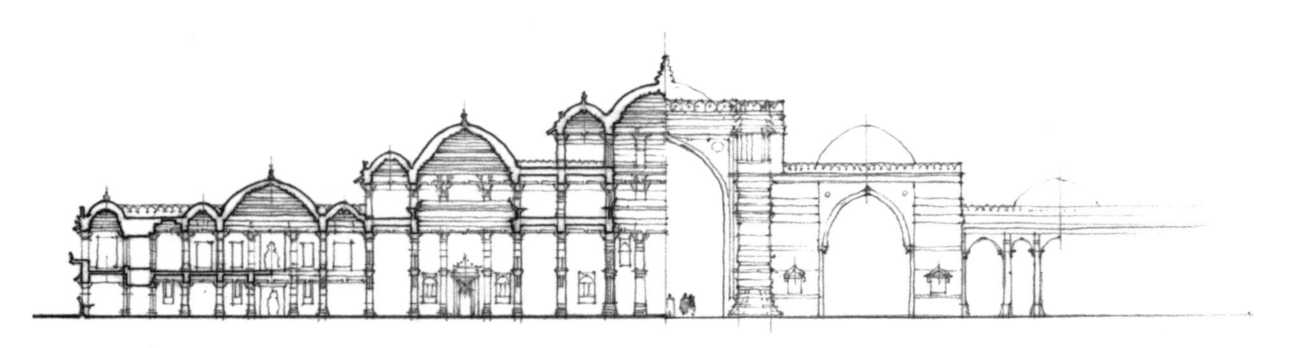

Section through main prayer hall: **Jami Masjid**, Ahmedabad, India, 1423
穿过主要祈祷厅的剖面：艾哈迈达巴德的**大清真寺**，印度，1423

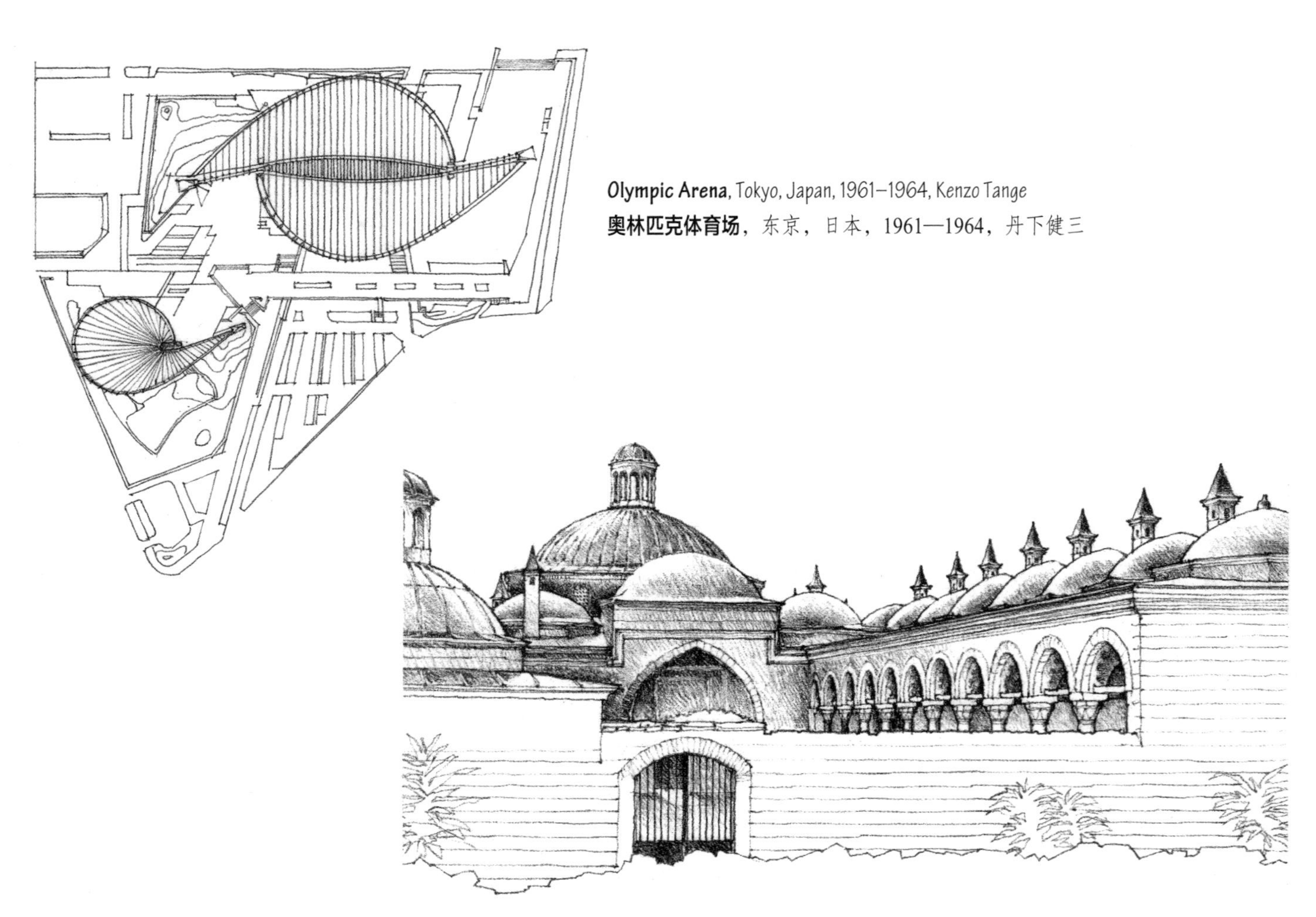

Olympic Arena, Tokyo, Japan, 1961–1964, Kenzo Tange
奥林匹克体育场，东京，日本，1961—1964，丹下健三

富有韵律的图形提供了连续性，并引导我们预见即将到来的东西。图形中的任何中断，都表明并强调了插入要素或中断区间的重要性。

Külliye of Beyazid II, Bursa, Turkey, 1398–1403
巴耶塞特二世清真寺，布尔萨，土耳其，1398—1403

View of Spanish hill town of **Mojácar**
西班牙山城**莫扎卡**景象

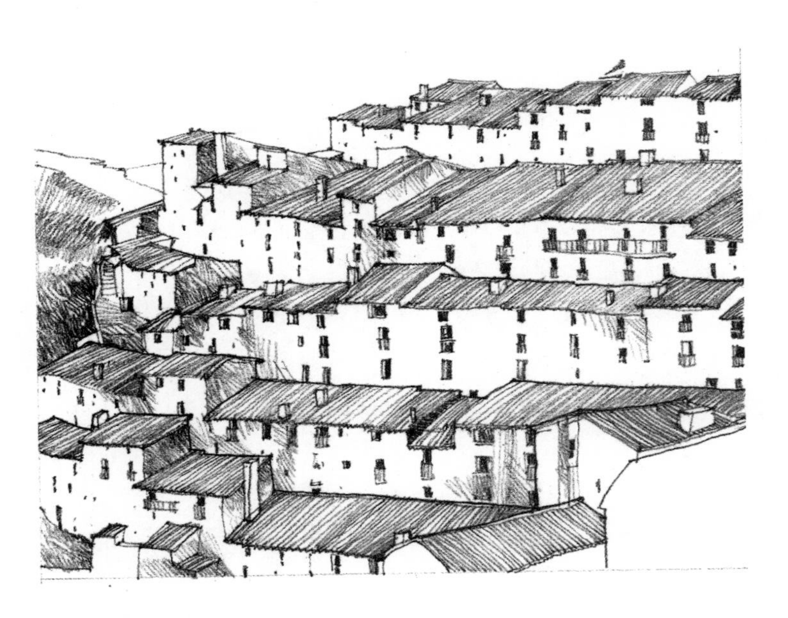

View of **Villa Hermosa**, Spain
赫莫萨山村景象，西班牙

由空间中的连接点产生的韵律

对比的韵律

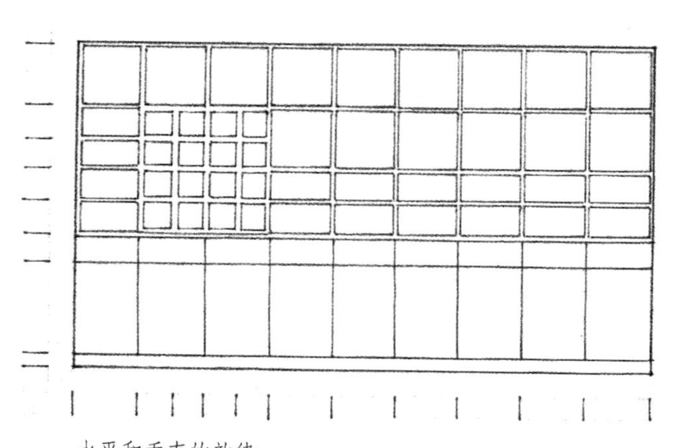
水平和垂直的韵律

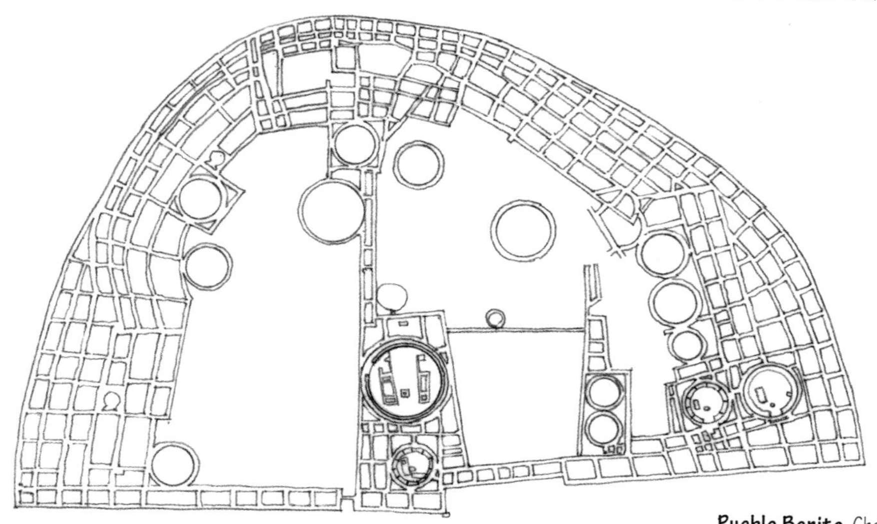
Pueblo Bonito, Chaco Canyon, USA, 10th–13th centuries
美丽的村镇，查科峡谷，美国，10 世纪—13 世纪

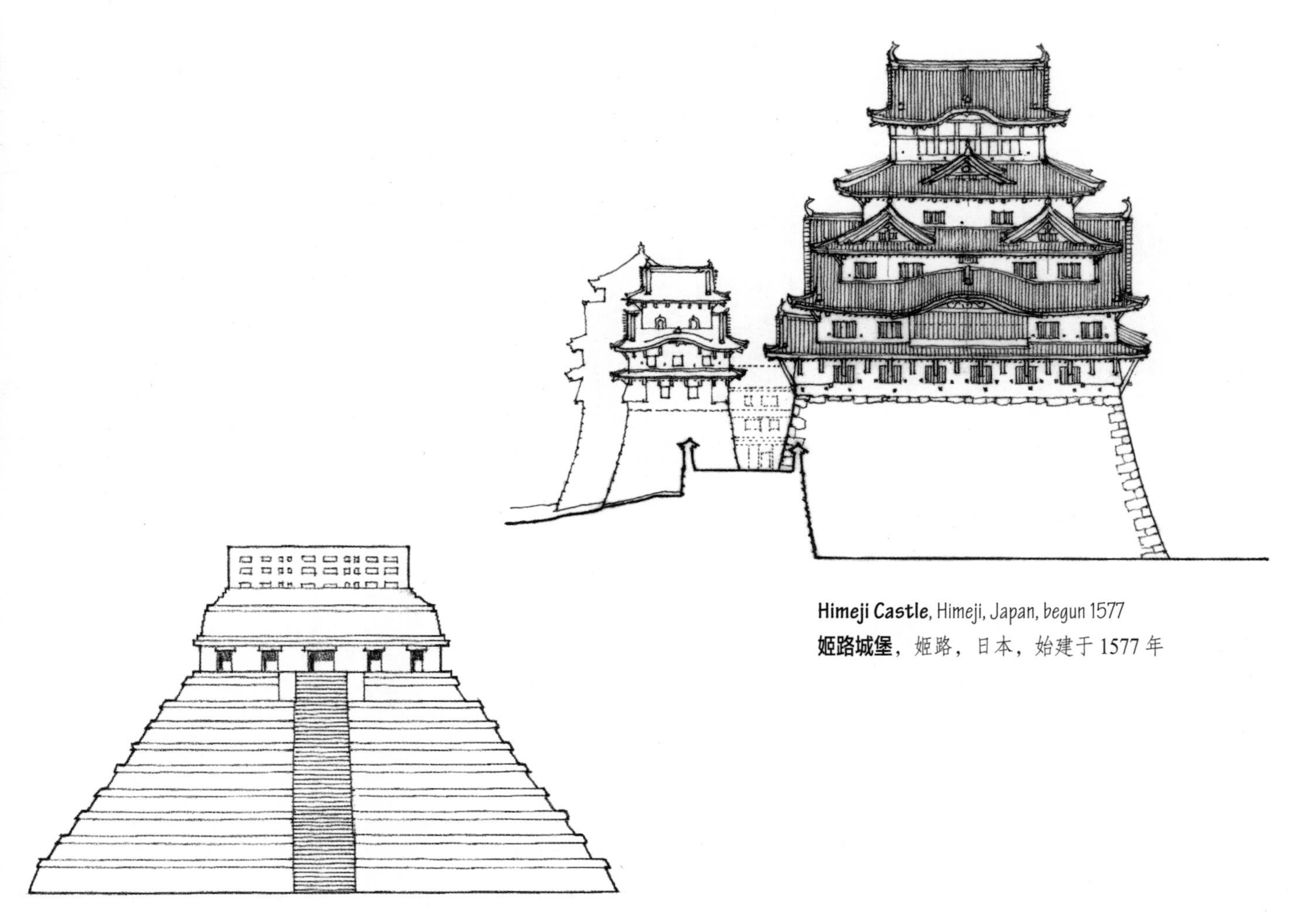

Himeji Castle, Himeji, Japan, begun 1577
姬路城堡，姬路，日本，始建于 1577 年

Temple of the Inscriptions, Palenque, Mexico, *c.* A.D. 550
碑铭神庙，帕伦克，墨西哥，约公元 550 年

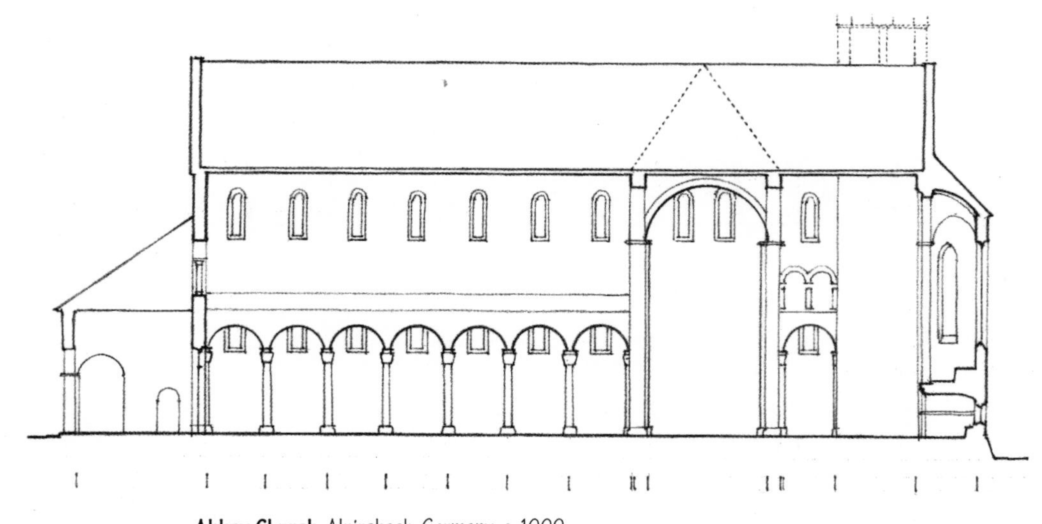

Abbey Church, Alpirsbach, Germany, *c.* 1000
修道院，阿尔皮尔斯巴赫，德国，约公元 1000 年

Victorian Facades fronting a San Francisco street
旧金山一条大街的**维多利亚式正立面**

在一栋建筑物的正立面上，多种韵律可以彼此重叠。

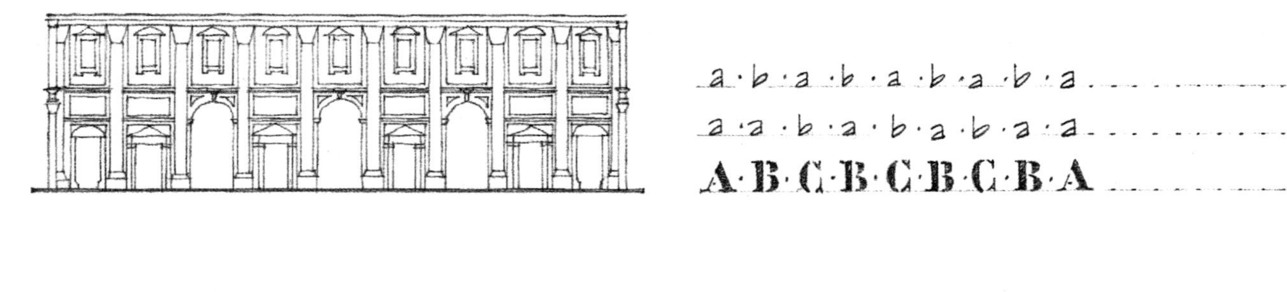

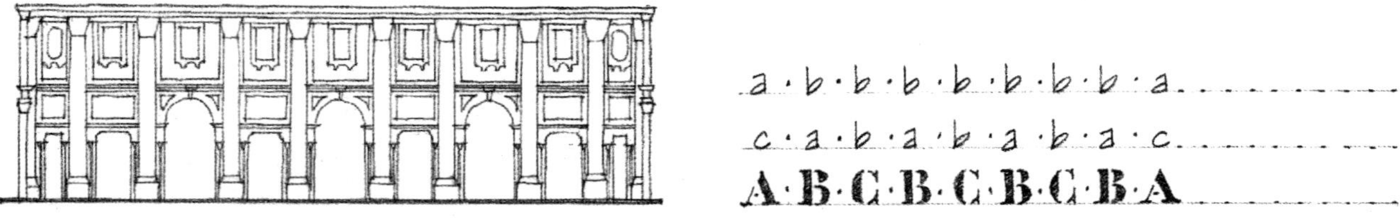

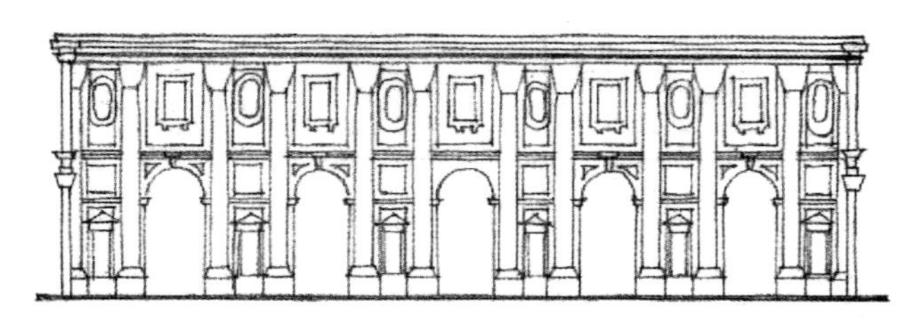

a·b·a·b·a·b·a·b·a·b·a
a·b·a·b·a·b·a·b·a·b·a
A·B·A·B·A·C·A·B·A·B·A

Studies of **Internal Facade of a Basilica** by Francesco Borromini
由弗朗西斯科•博洛米尼所作的**某巴西利卡内部正立面**研究

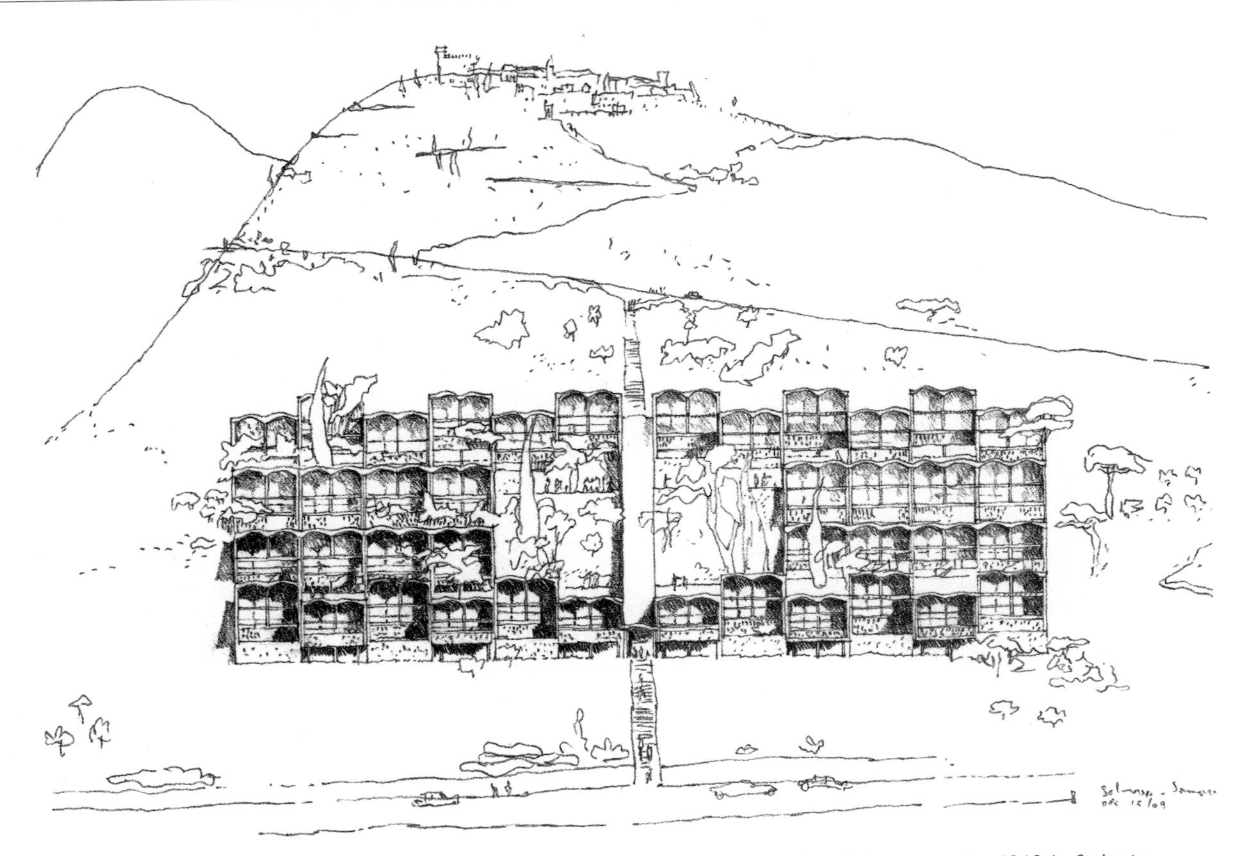

Roq Housing Project, Cap-Martin, on the French Riviera near Nice, 1949, Le Corbusier
洛克住宅方案，马丁角，尼斯附近的法属里维埃拉地区，1949，勒•柯布西埃

可以通过在序列内部引入强调点或特别的区间来产生更为复杂的韵律图形。
这些重音和节奏有助于区别乐曲中的大调和小调。

Bedford Park, London, 1875, Maurice Adams, E.W. Goodwin, E.J. May, Norman Shaw
贝德福德公园，伦敦，1875，莫里斯•亚当斯，爱德华•威廉•戈德温，爱德华•约翰•梅，诺曼•肖

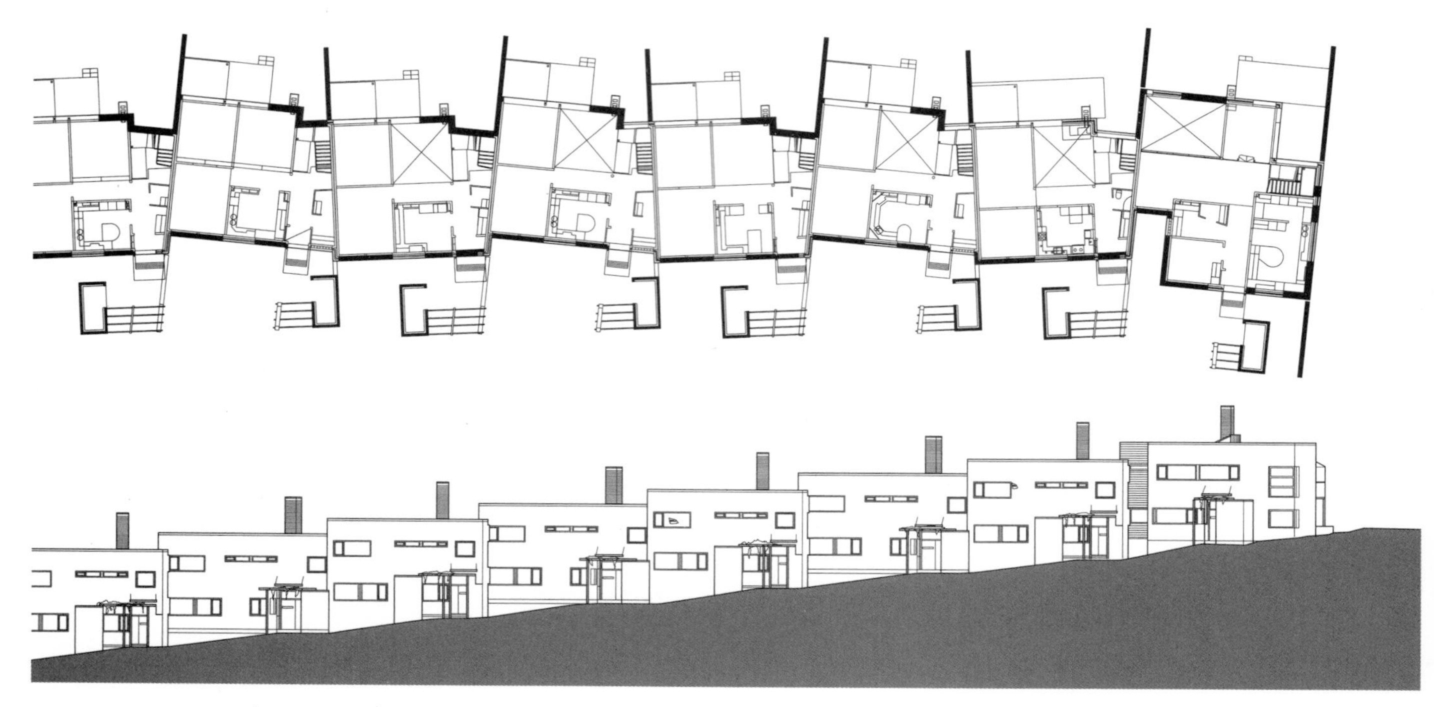

Westendinhelmi Housing, Espoo, Finland, 2001, Marja-Ritta Norri Architects

韦斯滕德赫米住宅，艾斯堡，芬兰，2001，玛丽亚—里塔•诺里建筑师事务所

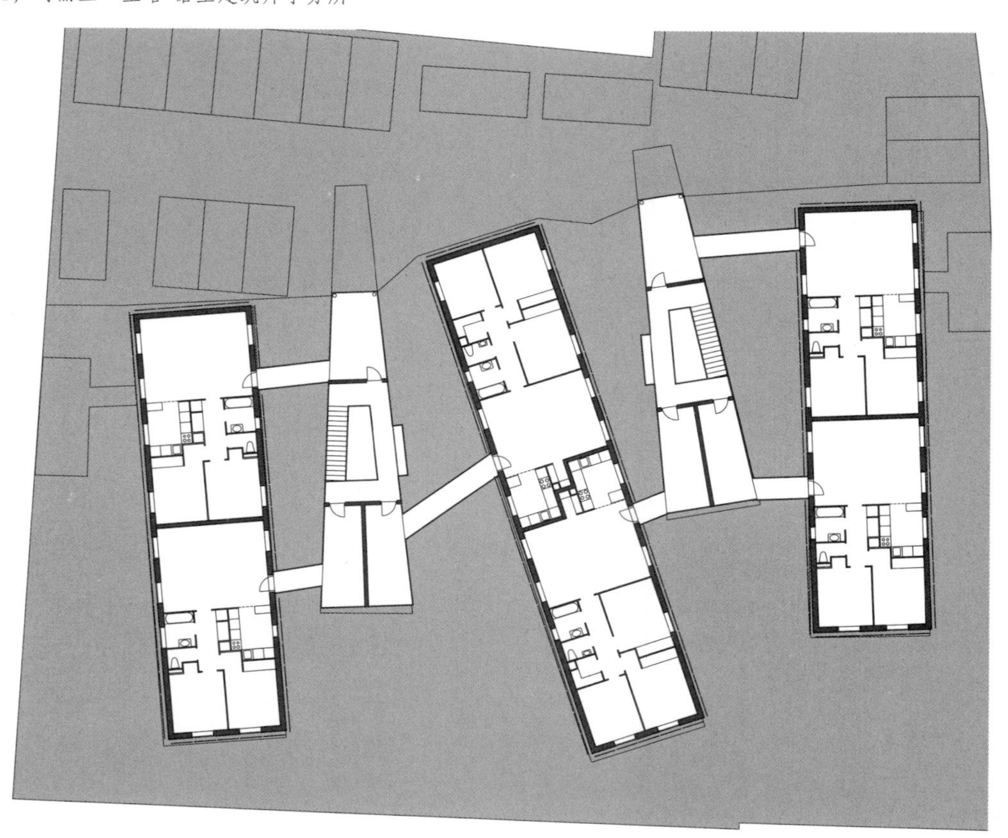

Social Housing, Louviers, France, 2006, Edouard Francois

社会住宅，卢维埃，法国，2006，爱德华•弗朗索瓦

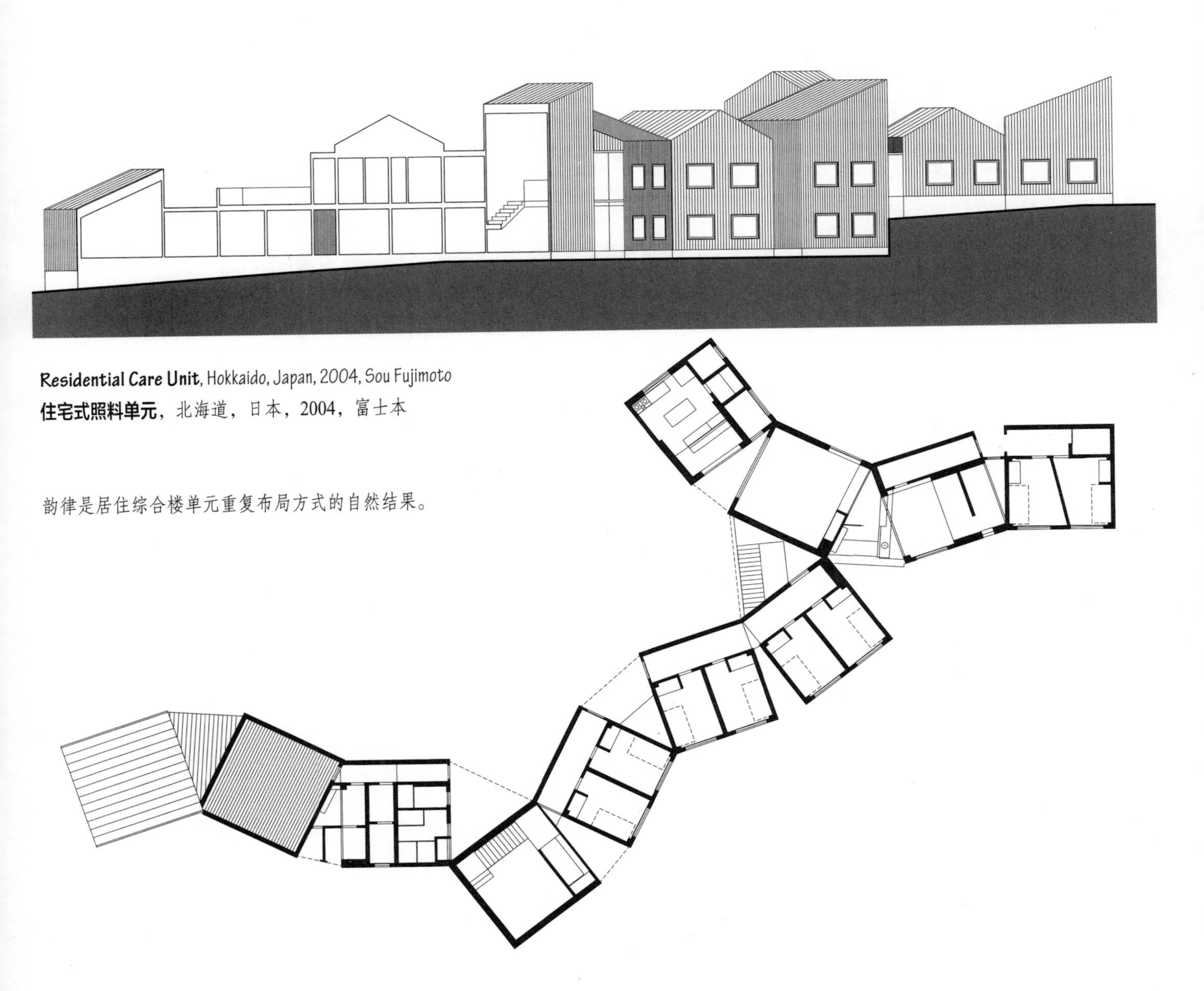

Residential Care Unit, Hokkaido, Japan, 2004, Sou Fujimoto
住宅式照料单元，北海道，日本，2004，富士本

韵律是居住综合楼单元重复布局方式的自然结果。

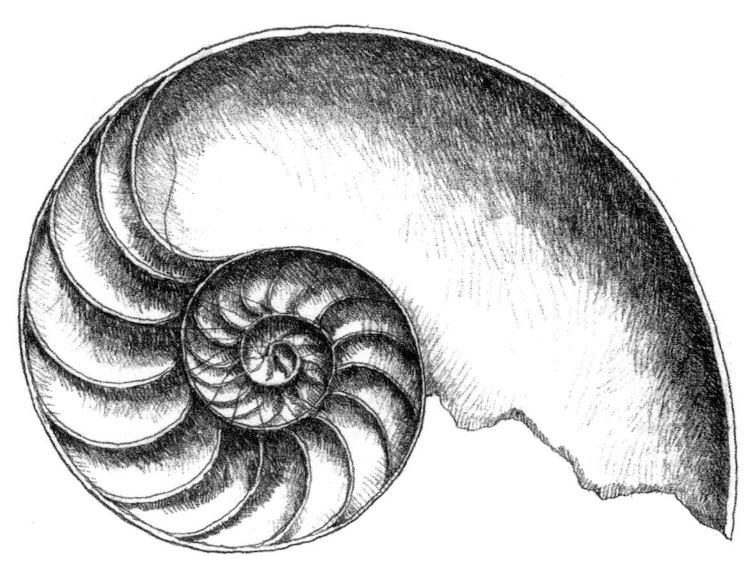

鹦鹉螺的放射状部分，以反射方式从中心点向外作螺旋扩展，并在扩展图形中保持着壳体的有机统一性。运用黄金分割的数学比率，可以产生一系列矩形来形成一个统一的组织布局。在这一组织布局中，各矩形之间以及矩形与整体结构之间，都是成比例的。在这些例子中，反射扩展的原理，能在一组形状相同而尺寸有等级差别的要素中产生秩序感。

进一步推论，形式与空间的反射图形，可以下列方式进行组织：

• 围绕一个点呈放射状或同心圆状。
• 按尺寸形成一个线性序列。
• 任意组合，但以形式相同且接近的原则来关联。

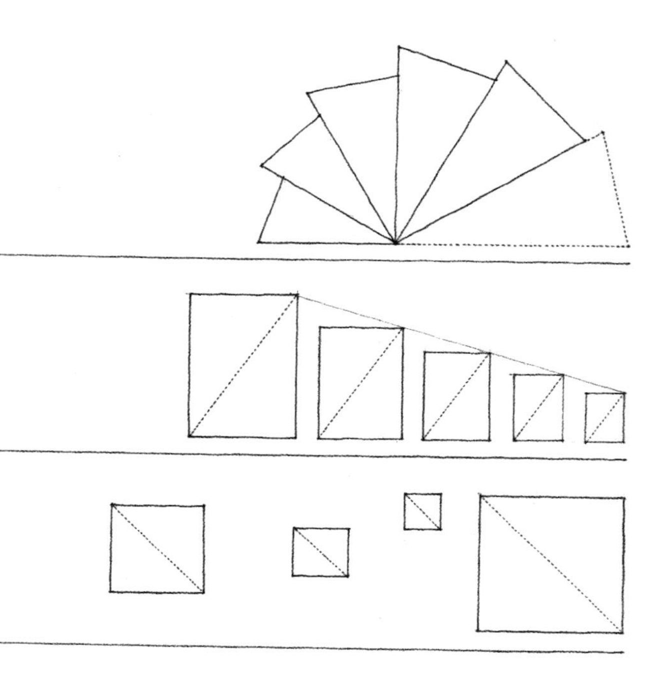

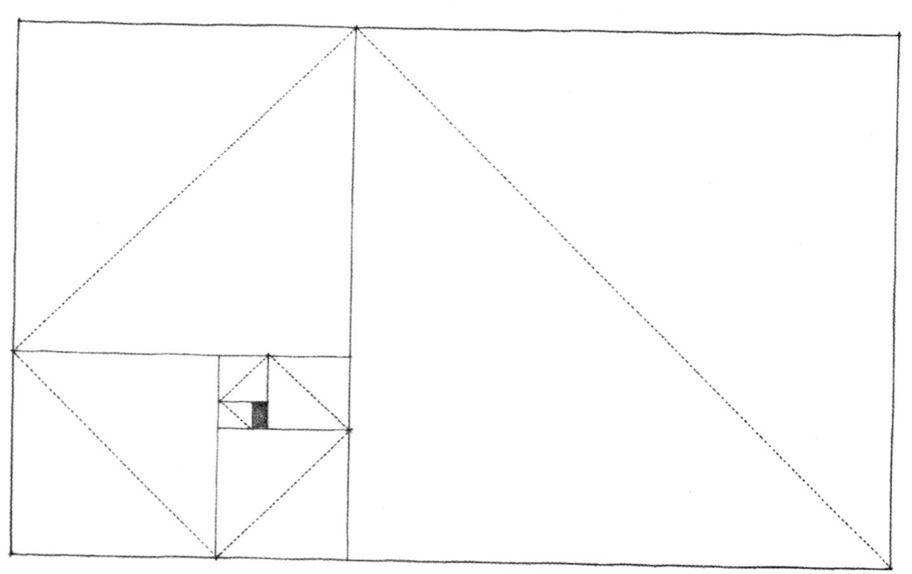

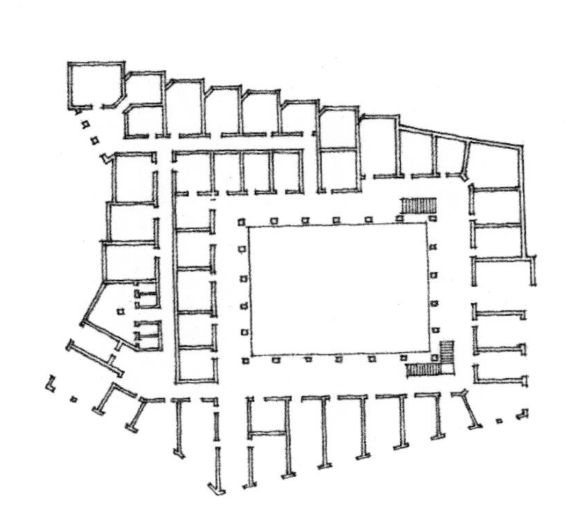

Hasan Pasha Han, Istanbul, 14th century
哈桑•巴萨罕（市场），伊斯坦布尔，14世纪

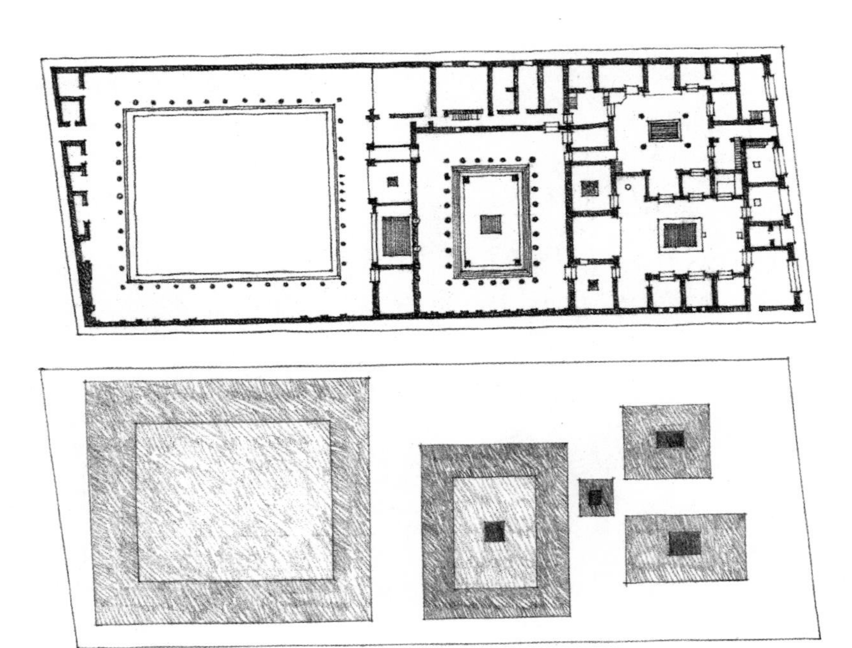

House of the Faun, Pompeii, c. 2nd century B.C.
农牧神殿，庞培，约公元前2世纪

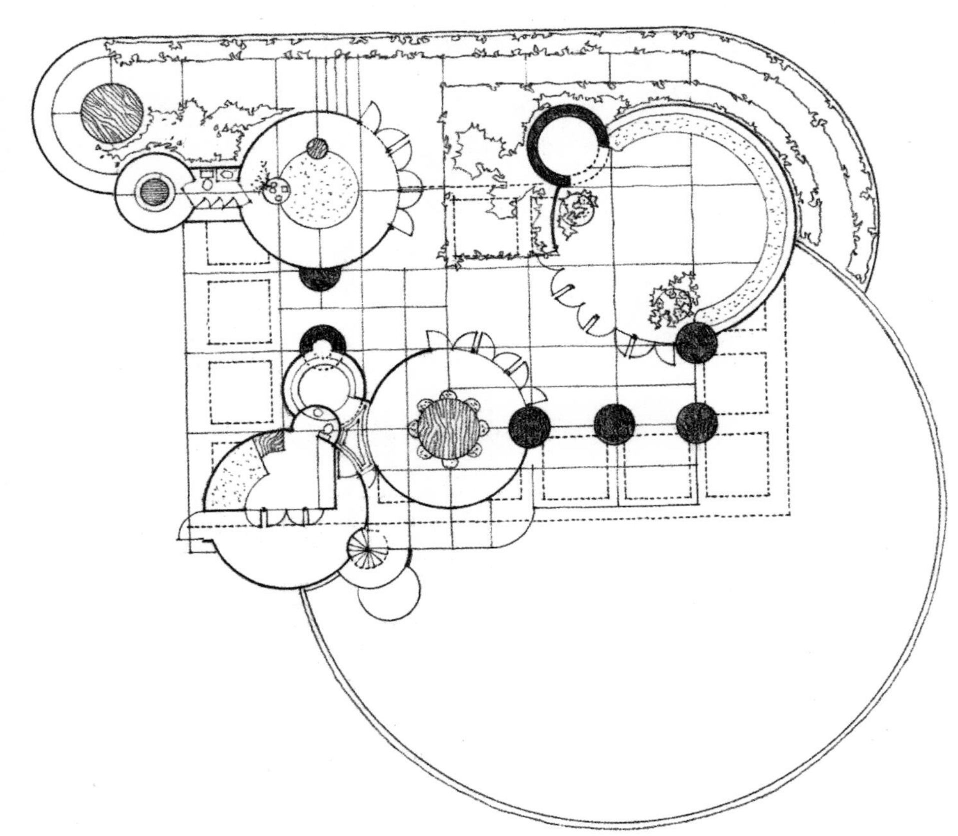

Jester House (Project), Palos Verdes, California, 1938, Frank Lloyd Wright
杰斯特住宅（方案），帕洛斯•弗迪斯，加利福尼亚州，1938，弗兰克•劳埃德•赖特

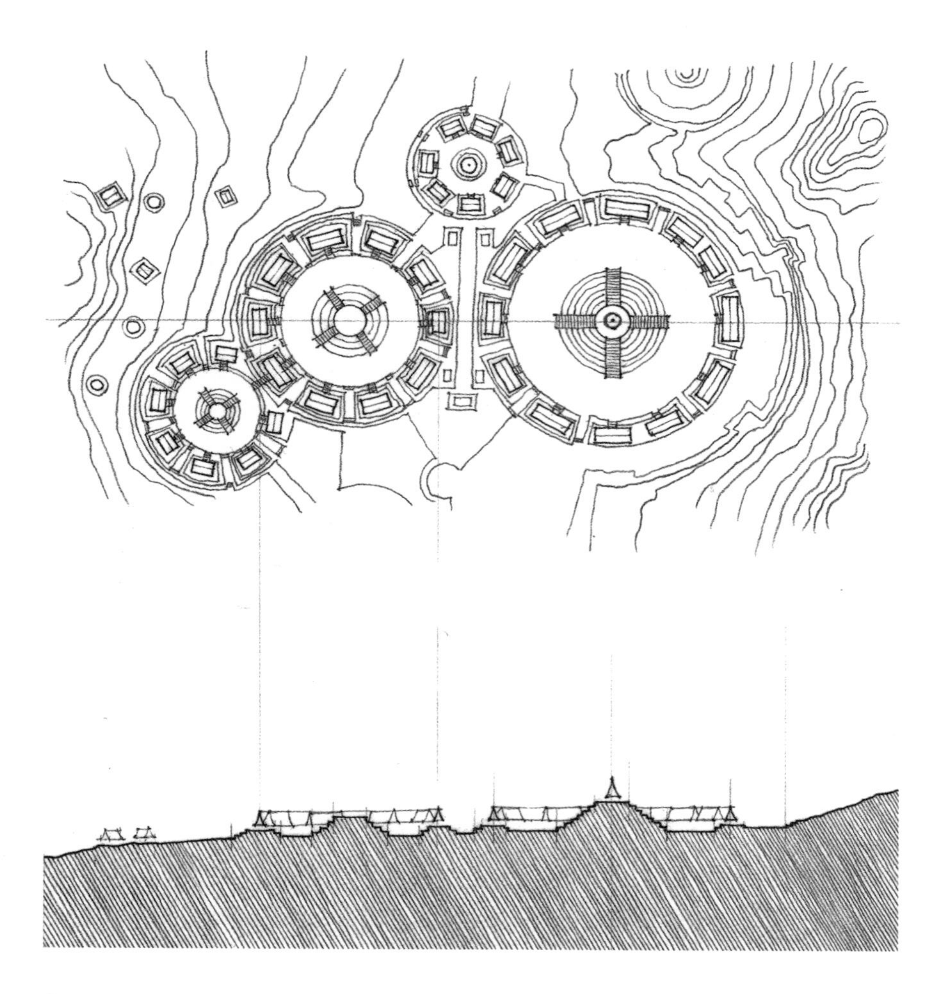

Plan and section: Central circular structures of the **Guachimonton Complex**, Teuchitlán, Mexico, A.D. 300–800
平面与剖面：**瓜其蒙顿建筑群**的中央圆形构筑物，土其兰，墨西哥，公元300—800年

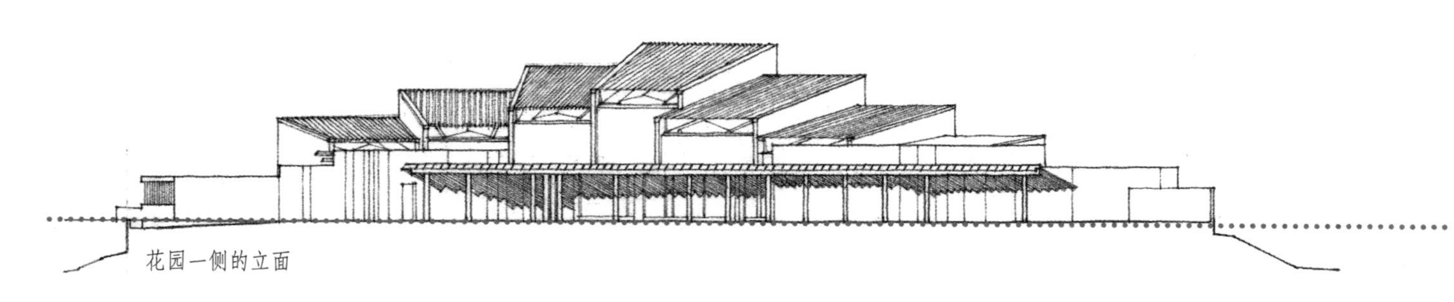

Art Gallery, Shiraz, Iran, 1970, Alvar Aalto
艺术展廊，设拉子，伊朗，1970，阿尔瓦•阿尔托

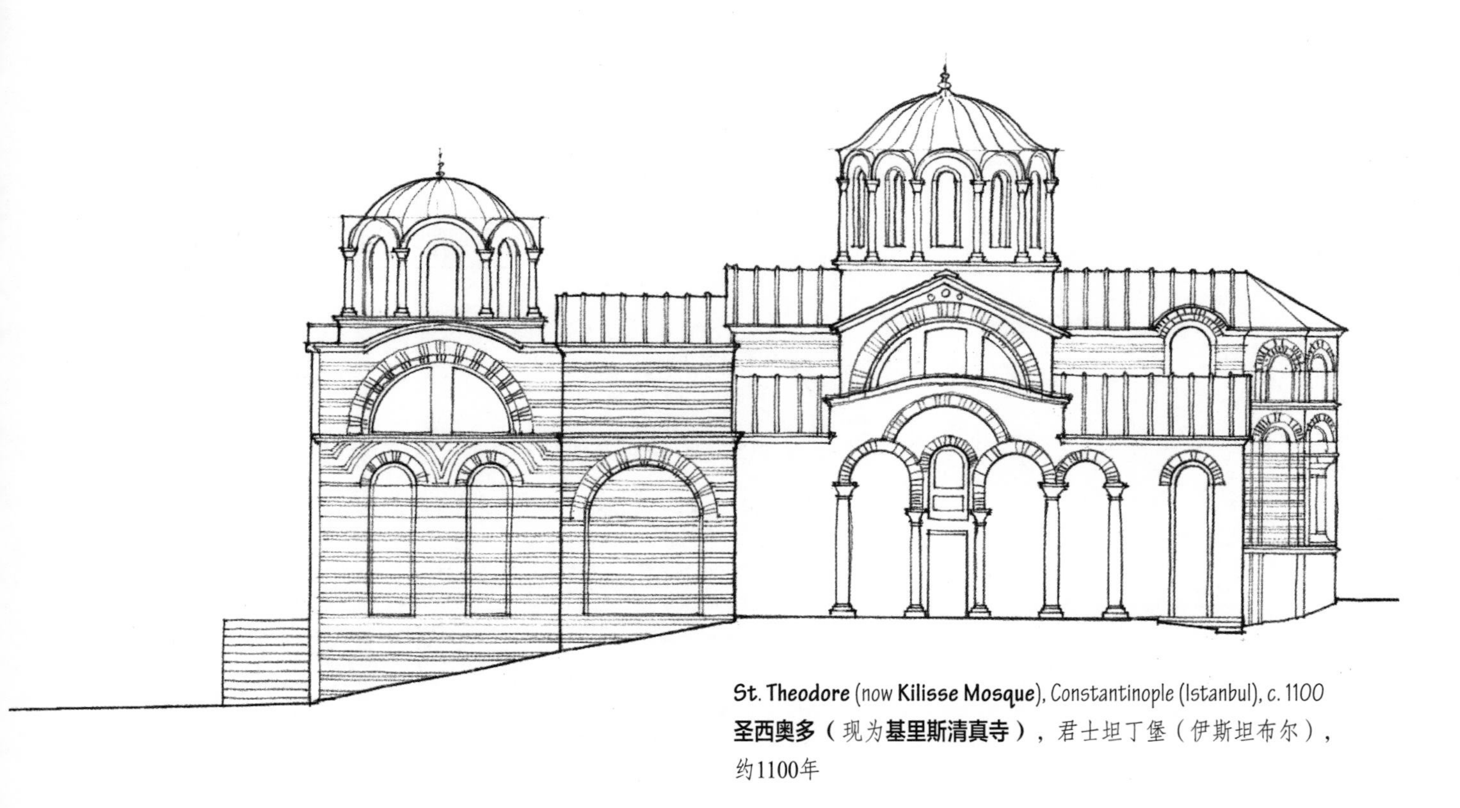

St. Theodore (now **Kilisse Mosque**), Constantinople (Istanbul), c. 1100
圣西奥多（现为**基里斯清真寺**），君士坦丁堡（伊斯坦布尔），约1100年

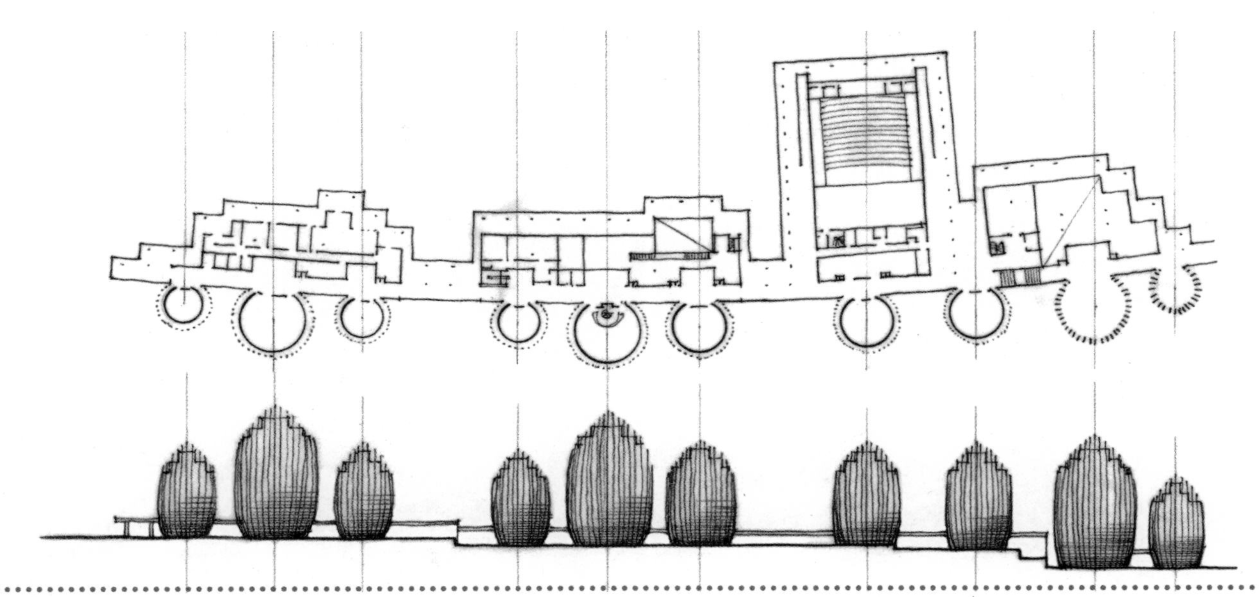

Tjibaou Cultural Center, Nouméa, New Caledonia, 1991–1998, Renzo Piano
吉芭欧文化中心，努美阿，新喀里多尼亚岛，1991—1998，伦佐•皮阿诺

Sydney Opera House, Sydney, Australia, designed 1957, completed 1973, Jørn Utzon

悉尼歌剧院，悉尼，澳大利亚，1957年设计，1973年竣工，约恩•伍重

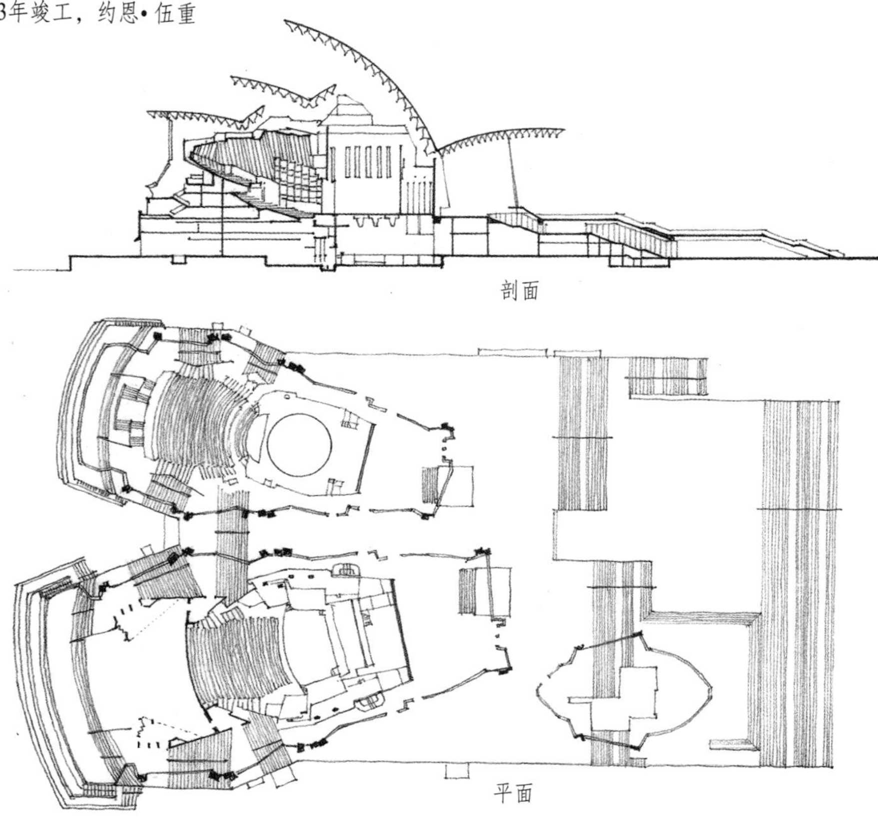

Cultural Center, Wolfsburg, Germany, 1948–1962, Alvar Aalto
文化中心，沃尔夫斯堡，德国，1948—1962，阿尔瓦•阿尔托

平面

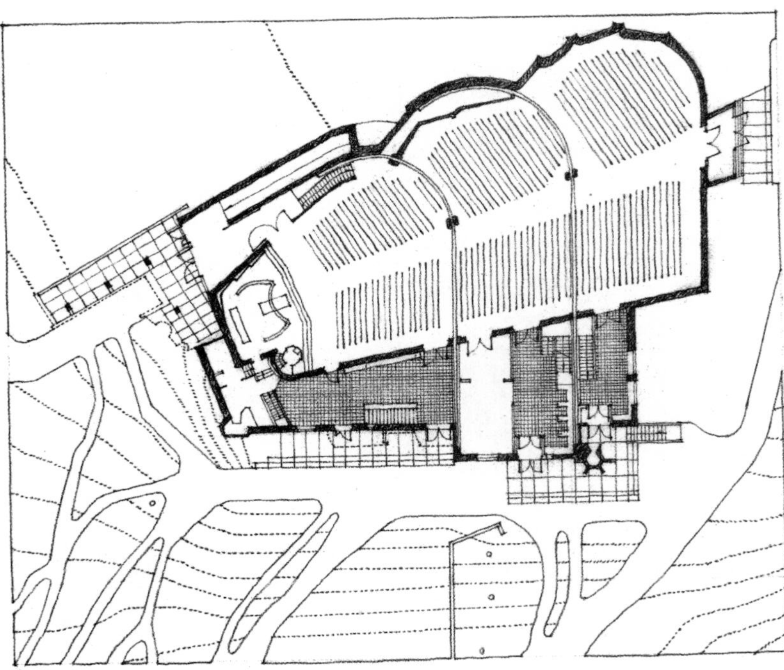

Church at Vuoksenniska, Finland, 1956, Alvar Aalto
沃克申尼斯卡教堂，芬兰，1956，阿尔瓦•阿尔托

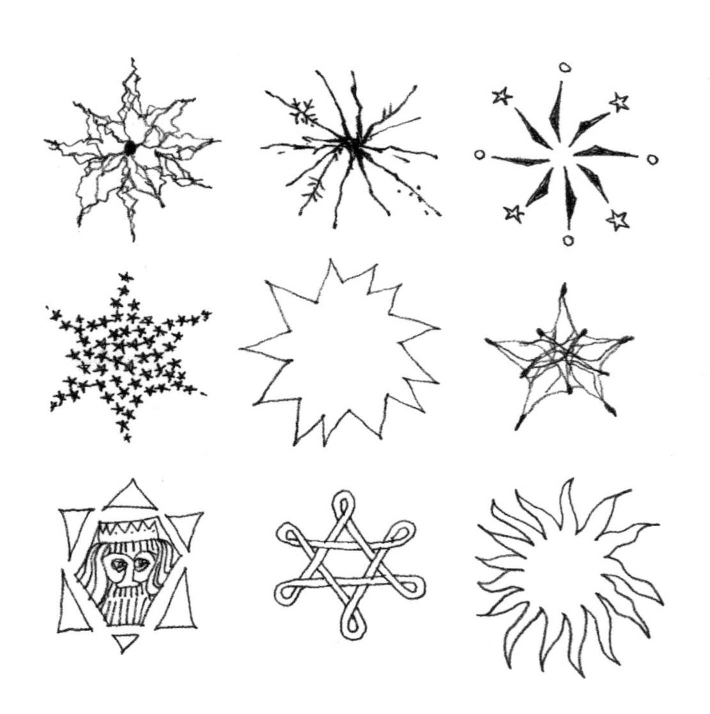

研究建筑学同研究其他学科一样，应该正规地研究它的历史，研究前人的经验、他们的努力和取得的成就，从中我们可以学习并借鉴到许多东西。变换原理接受以上观点：本书及书中的所有实例，都是基于这个出发点的。

但是，变换原理允许设计者选择一个其形式结构及要素秩序都是适当合理的典型建筑模式，通过一系列的具体处理，将其变换成符合当时的实际情况和周围环境的建筑设计。

设计是一个分析与综合的生成过程，是一个反复试验的过程，是一个提炼可能性并抓住机会的过程。在寻找一个概念并探索其可能性的过程中，设计者理解概念的基本特点和结构是非常重要的。如果典型模式的秩序体系能够被感知和理解，那么通过一系列有限的置换，最初的设计概念能够被明确、加强并以此为基础来建设，而不是将它毁掉。

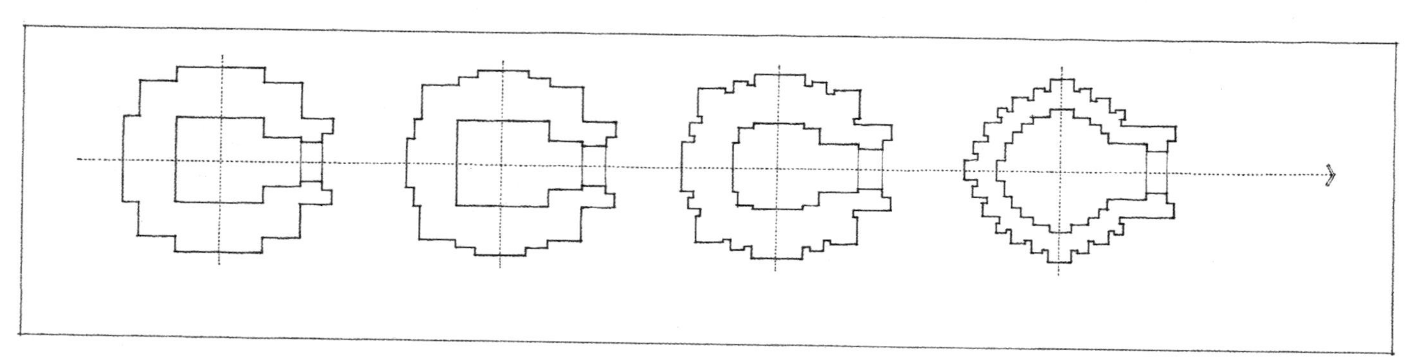

Plan development of the **North Indian Cella**
北印度建筑中内殿平面的发展变化

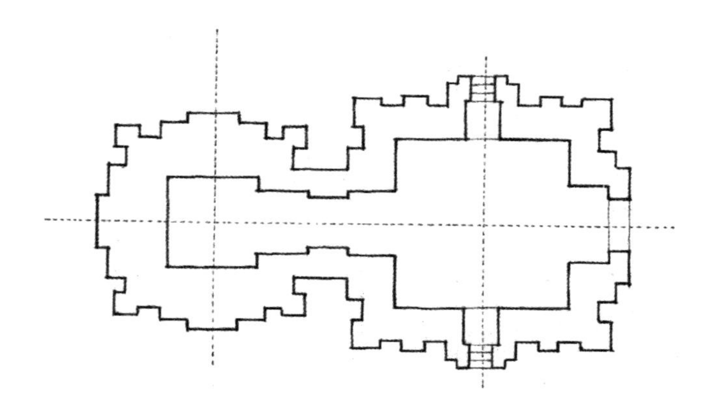

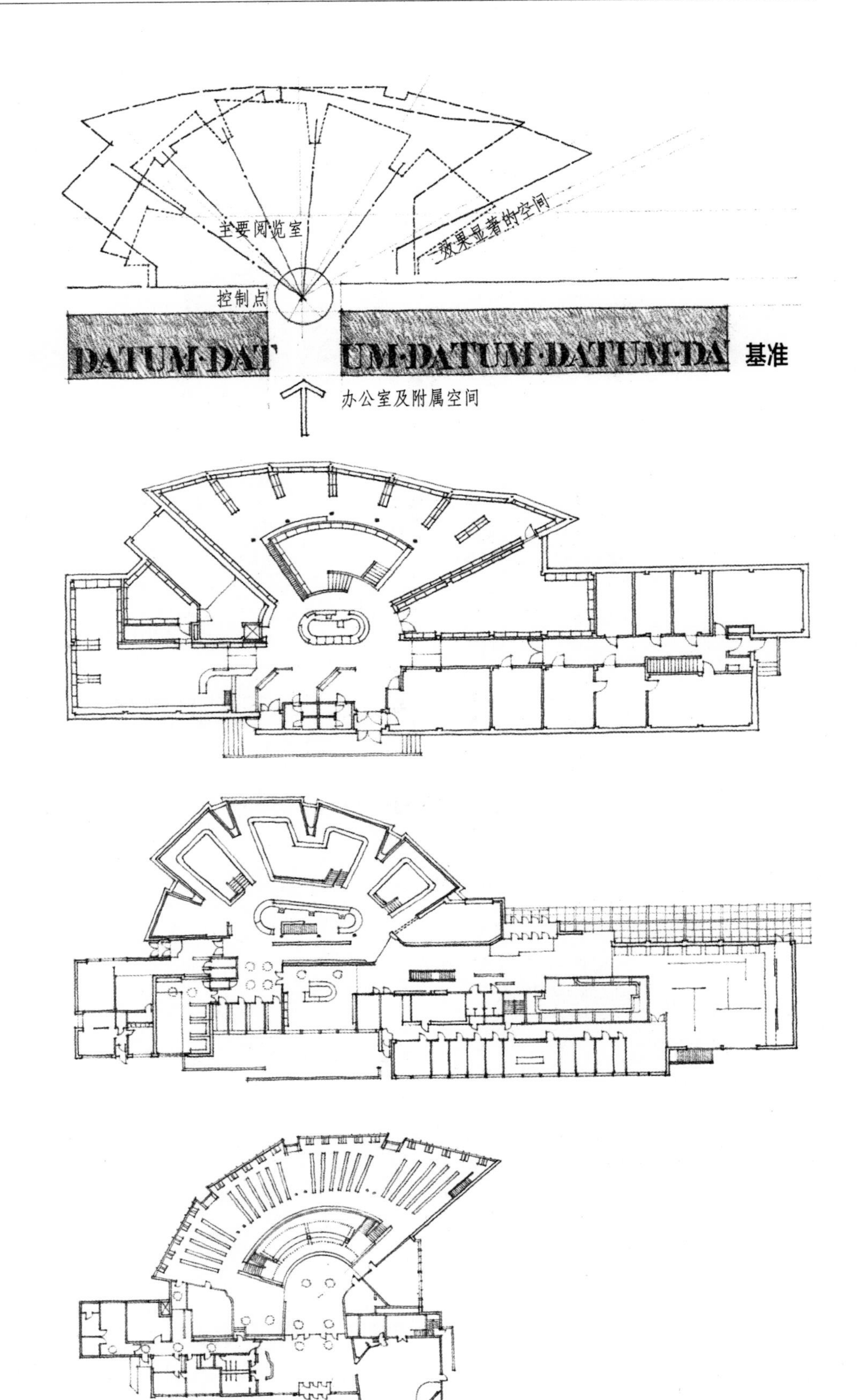

Scheme for 3 libraries by Alvar Aalto
阿尔瓦•阿尔托设计的**三个图书馆方案**

Seinäjoki Public Library, Seinäjoki, Finland, 1963–1965
塞纳约基公共图书馆，塞纳约基，芬兰，1963—1965

Rovaniemi City Library, Rovaniemi, Finland, 1963–1968
罗瓦涅米城市图书馆，罗瓦涅米，芬兰，1963—1968

Library of Mount Angel, Benedictine College, Mount Angel, Oregon, 1965–1970
天使山图书馆，本尼迪克特坦学院，天使山，俄勒冈州，1965—1970

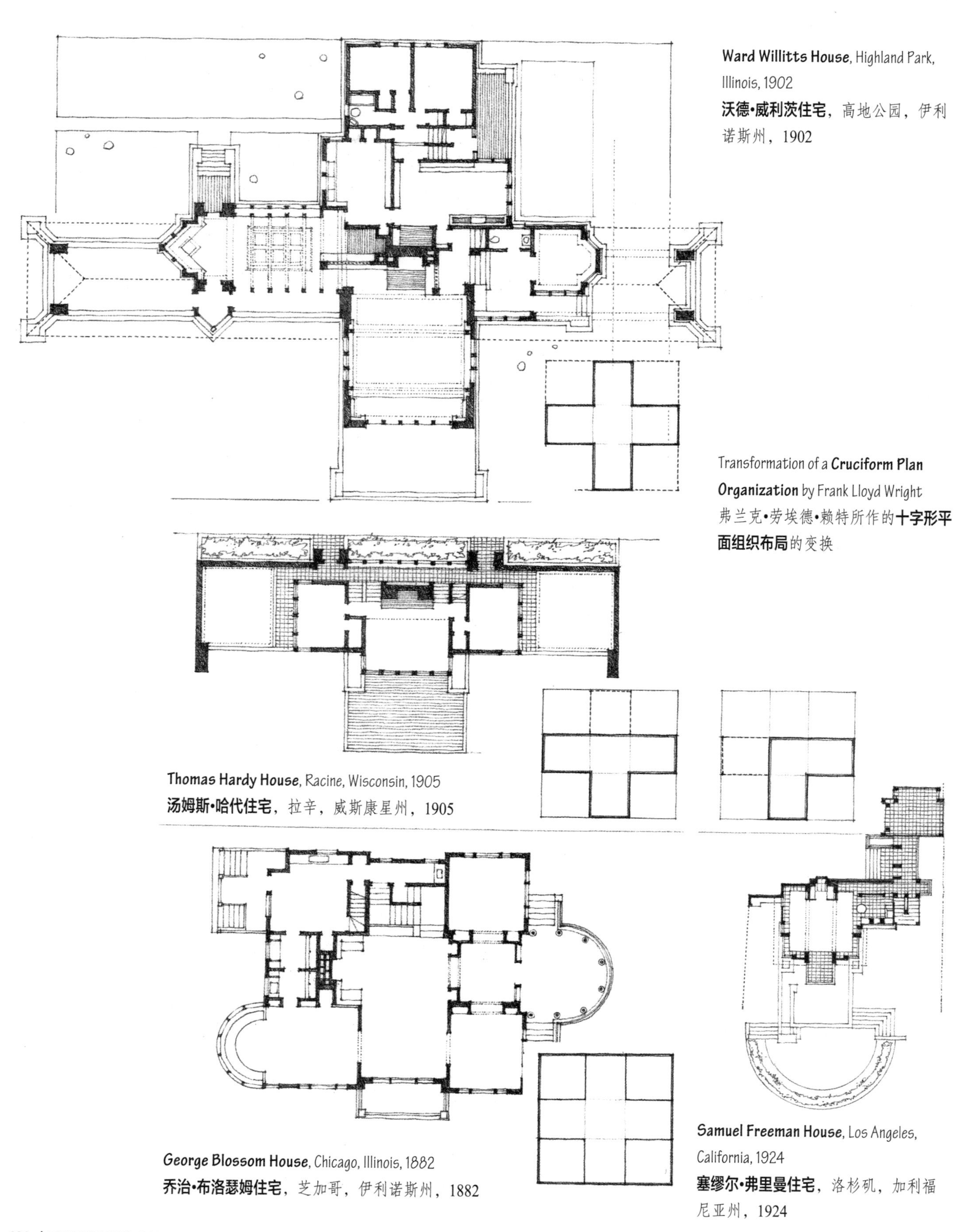

Ward Willitts House, Highland Park, Illinois, 1902
沃德•威利茨住宅，高地公园，伊利诺斯州，1902

Transformation of a **Cruciform Plan Organization** by Frank Lloyd Wright
弗兰克•劳埃德•赖特所作的**十字形平面组织布局**的变换

Thomas Hardy House, Racine, Wisconsin, 1905
汤姆斯•哈代住宅，拉辛，威斯康星州，1905

George Blossom House, Chicago, Illinois, 1882
乔治•布洛瑟姆住宅，芝加哥，伊利诺斯州，1882

Samuel Freeman House, Los Angeles, California, 1924
塞缪尔•弗里曼住宅，洛杉矶，加利福尼亚州，1924

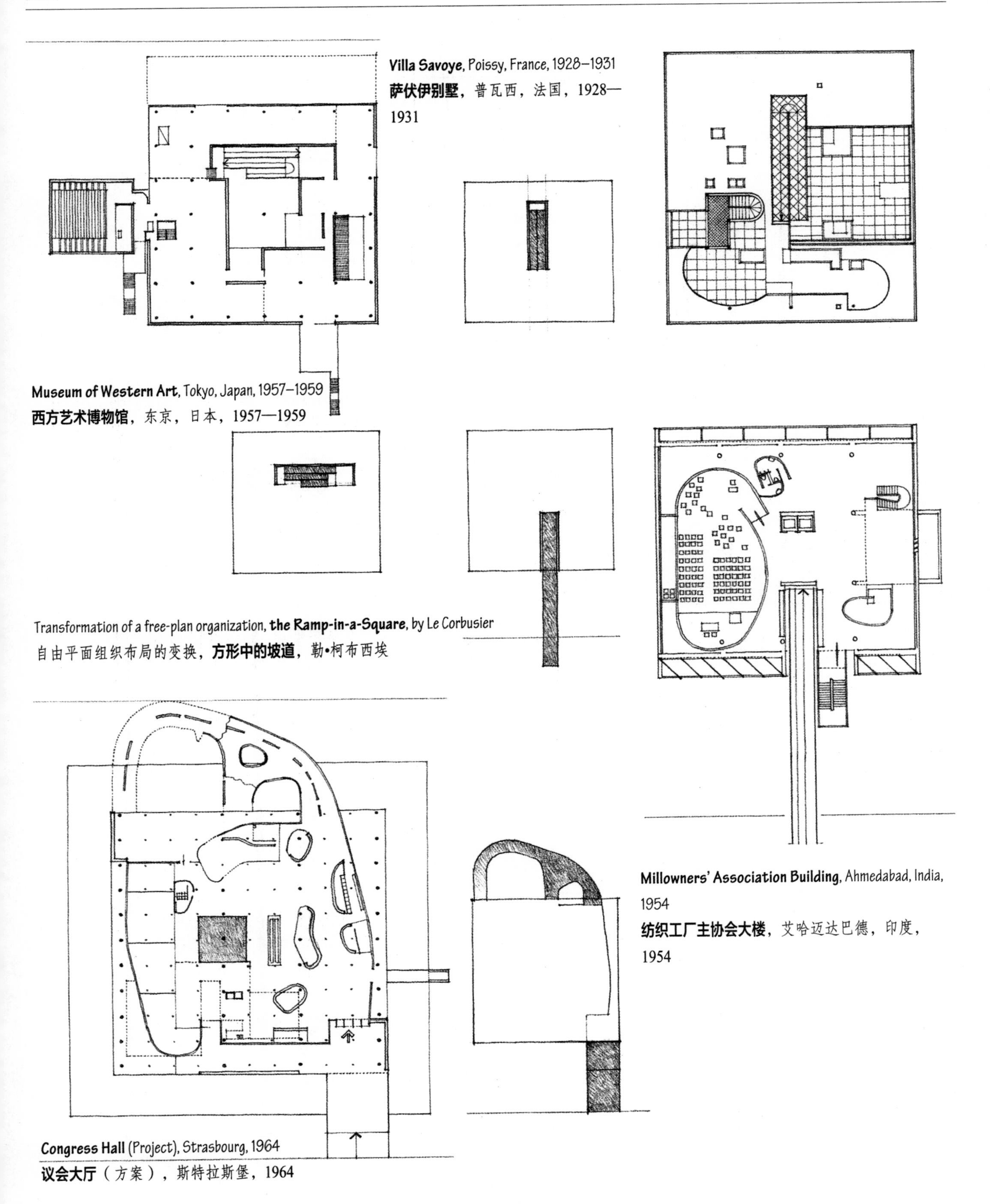

Villa Savoye, Poissy, France, 1928–1931
萨伏伊别墅，普瓦西，法国，1928—1931

Museum of Western Art, Tokyo, Japan, 1957–1959
西方艺术博物馆，东京，日本，1957—1959

Transformation of a free-plan organization, **the Ramp-in-a-Square**, by Le Corbusier
自由平面组织布局的变换，**方形中的坡道**，勒•柯布西埃

Millowners' Association Building, Ahmedabad, India, 1954
纺织工厂主协会大楼，艾哈迈达巴德，印度，1954

Congress Hall (Project), Strasbourg, 1964
议会大厅（方案），斯特拉斯堡，1964

Meaning in Architecture
建筑中的意义

通过对形式与空间要素的介绍，本书主要关注的是，这些要素的物质实体在建筑中的视觉效果。点，在空间里的移动确定了线，线确定面，面则确定了形式和空间的体积。由于相互间的关系和组织布局的性质，这些要素除具有视觉方面的作用之外，还表达了领域与场所、入口与运动轨迹、等级与秩序等概念。这些都体现为建筑形式与空间所表达的平实而特殊的意义。

但是，正如语言一样，建筑的形式和空间还具有它的内在含义——联想的价值和象征的内容。由于这些内在含义受到人为的解释和文化影响的支配，因此会随着时代的更替而不断变化。可以说，哥特式教堂的尖塔代表了基督教王国、基督世界的价值和目标；希腊的廊柱表达了民主的观念；也可以说，19世纪初期的美国体现了一个新世界的文明。

虽然建筑的内在含义、建筑的符号和象征意义不在本书的研究范围之内，但在此应该指出，建筑的形式和空间结合为一个统一体，不仅为了实现它的使用目的，同时还表达了某种意境。建筑艺术将使我们的生活不仅显而易见而且充满诗意。

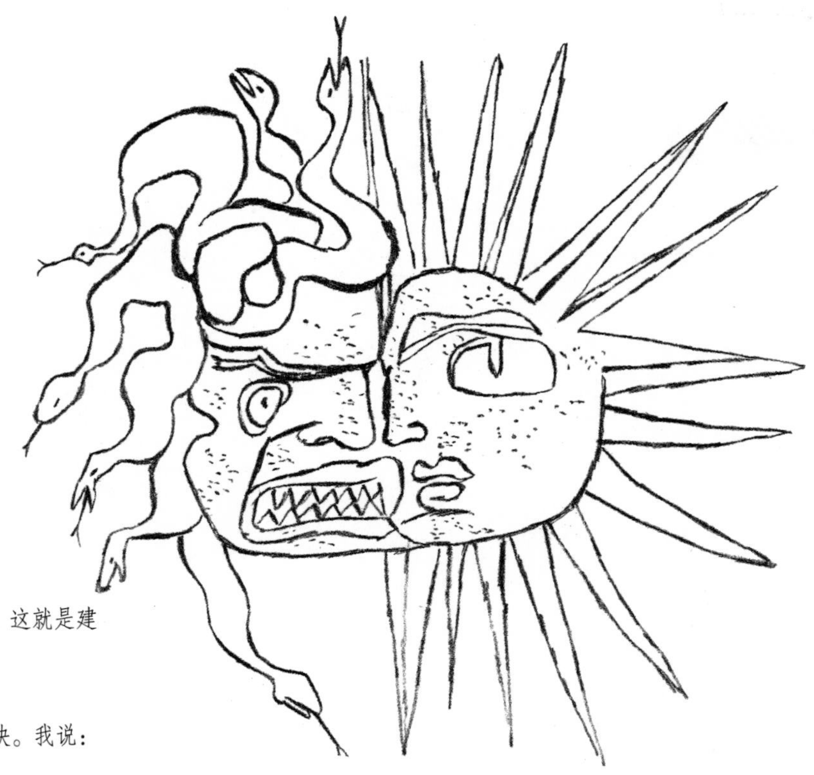

“你使用石头、木头和水泥这些材料来建造房子和宫殿。这就是建造。人的智慧由此开始工作。

但，突然间你触动了我的心，你为我做得好，我感到愉快。我说：‘这多美啊。’这就是建筑，艺术由此而入。

我的房子是实用的。我感谢你，正像我感谢铁路工程师和电话公司一样，但是你们没有触动我的心。

如果以这样一种方式，让墙壁冲天而起，我会感动。我理解了你的意图。你的情绪是温和的，是激烈的，是迷人的或是崇高的。你树立起来的石头会这样告诉我。你把我安置在某个场所，我的眼睛会打量它。眼睛会抓住表达某种思想的东西。这种思想并非材料和声音所能表达，而仅仅是通过形状彼此之间的相互关系来表达。这些形状一览无余地暴露在光线之下。它们之间的关系，不必与实用或图形的要求有任何牵连。它们是我们头脑中的数学创造。它们是建筑的语言。使用某些原材料，从或多或少的功能条件开始，你就能建立起某种触动我感情的关系，这就是建筑。”

勒•柯布西埃
《走向新建筑》（*Toward a New Architecture*）
1927

Aalto, Alvar. *Complete Works.* 2 volumes. Zurich: Les Editions d'Architecture Artemis, 1963.

Allen, Edward and Joseph Iano. *The Architect's Studio Companion: Rules of Thumb for Preliminary Design*, 5th ed. Hoboken, New Jersey: John Wiley and Sons, 2011.

Arnheim, Rudolf. *Art and Visual Perception.* Berkeley: University of California Press, 1965.

Ashihara, Yoshinobu. *Exterior Design in Architecture.* New York: Van Nostrand Reinhold Co., 1970.

Bacon, Edmund. *Design of Cities.* New York: The Viking Press, 1974.

Ching, Francis D. K. *A Visual Dictionary of Architecture*, 2nd ed. Hoboken, New Jersey: John Wiley and Sons, 2011.

Ching, Francis D. K., Barry Onouye, and Doug Zuberbuhler. *Building Structures Illustrated*, 2nd ed. Hoboken, New Jersey: John Wiley and Sons, 2014.

Ching, Francis D. K., Mark Jarzombek, and Vikramaditya Prakash. *A Global History of Architecture*, 2nd ed. Hoboken, New Jersey: John Wiley and Sons, 2010.

Collins, George R., gen. ed. *Planning and Cities Series.* New York: George Braziller, 1968.

Clark, Roger H. and Michael Pause. *Precedents in Architecture.* New York: Van Nostrand Reinhold Co., 1985.

Engel, Heinrich. *The Japanese House: A Tradition for Contemporary Architecture.* Tokyo: Charles E. Tuttle, Co., 1964.

Fletcher, Sir Banister. *A History of Architecture.* 18th ed. Revised by J.C. Palmes. New York: Charles Schriber's Sons, 1975.

Giedion, Siegfried. *Space, Time and Architecture.* 4th ed. Cambridge: Harvard University Press, 1963.

Giurgola, Romaldo and Jarmini Mehta. *Louis I. Kahn.* Boulder: Westview Press, 1975.

Hall, Edward T. *The Hidden Dimension.* Garden City, N.Y.: Doubleday & Company, Inc., 1966.

Halprin, Lawrence. *Cities.* Cambridge: The MIT Press, 1972.

Hitchcock, Henry Russell. *In the Nature of Materials.* New York: Da Capo Press, 1975.

Jencks, Charles. *Modern Movements in Architecture.* Garden City, N.Y.: Anchor Press, 1973.

Laseau, Paul and James Tice. *Frank Lloyd Wright: Between Principle and Form.* New York: Van Nostrand Reinhold Co., 1992.

Le Corbusier. *Oeuvre Complete.* 8 volumes. Zurich: Les Editions d'Architecture, 1964–1970.

—. *Towards a New Architecture.* London: The Architectural Press, 1946.

Lyndon, Donlyn and Charles Moore. *Chambers for a Memory Palace.* Cambridge: The MIT Press, 1994.

Martienssen, Heather. *The Shapes of Structure.* London: Oxford University Press, 1976.

Moore, Charles, Gerald Allen, and Donlyn Lyndon. *The Place of Houses.* New York: Holt, Rinehardt and Winston, 1974.

Mumford, Lewis. *The City in History.* New York: Harcourt, Brace & World, Inc., 1961.

Norberg-Schulz, Christian. *Meaning in Western Architecture.* New York: Praeger Publishers, 1975.

Palladio, Andrea. *The Four Books of Architecture.* New York: Dover Publications, 1965.

Pevsner, Nikolaus. *A History of Building Types.* Princeton: Princeton University Press, 1976.

Pye, David. *The Nature and Aesthetics of Design.* New York: Van Nostrand Reinhold Co., 1978.

Rapoport, Amos. *House Form and Culture.* Englewood Cliffs, N.J.: Prentice-Hall, Inc., 1969.

Rasmussen, Steen Eiler. *Experiencing Architecture.* Cambridge: The MIT Press, 1964.

—. *Towns and Buildings.* Cambridge: The MIT Press, 1969.

Rowe, Colin. *The Mathematics of the Ideal Villa and Other Essays.* Cambridge: The MIT Press, 1976.

Rudofsky, Bernard. *Architecture Without Architects.* Garden City, N.Y.: Doubleday & Co., 1964.

Simonds, John Ormsbee. *Landscape Architecture.* New York: McGraw-Hill Book Co., Inc., 1961.

Stierlin, Henry, gen. ed. *Living Architecture Series.* New York: Grosset & Dunlap, 1966.

Venturi, Robert. *Complexity and Contradiction in Architecture.* New York: The Museum of Modern Art, 1966.

Vitruvius. *The Ten Books of Architecture.* New York: Dover Publications, 1960.

von Meiss, Pierre. *Elements of Architecture.* New York: Van Nostrand Reinhold Co., 1990.

Wilson, Forrest. *Structure: The Essence of Architecture.* New York: Van Nostrand Reinhold Co., 1971.

Wittkower, Rudolf. *Architectural Principles in the Age of Humanism.* New York: W.W. Norton & Co., Inc., 1971.

Wong, Wucius. *Principles of Two-Dimensional Design.* New York: Van Nostrand Reinhold Co., 1972.

Wright, Frank Lloyd. *Writings and Buildings.* New York: Meridian Books, 1960.

Zevi, Bruno. *Architecture as Space.* New York: Horizon Press, 1957.

柱顶板 | abacus 柱头顶上的平板，多立克柱头上的顶板是简单朴素的，但其他形式的柱头顶板则有造型或有另外的装饰。

修道院 | abbey 包括由男性任院长的男修道院以及由女性任院长的女修道院，属于此类机构的最高级别。

支座 | abutment 构筑物的一部分，直接承受推力或压力，例如一个支撑拱或拱顶部分推力的砖石体块；一个支撑桥梁尽端或跨中支撑连接点的厚重墙体；桥梁或码头中抵抗水压的砌体或构筑物；或者是悬索桥中钢索的固定点。

莨苕植物 | acanthus 一种地中海地区的植物，其宽大齿状的叶子成为科林斯柱式装饰内容的主题，也是混合柱饰及饰带的主题。

特征 | accent 某一细部，通过与周围环境的对比而得到强调。也指某个独特的，但处于次要地位的图形、主题或色彩。

对柱 | accouplement 两根支柱或壁柱的位置距离很近。

卫城 | acropolis 古希腊城市内的设防高地或堡垒，特别是雅典的城堡和帕特农神庙所在的位置。

土坯砖 | adobe 由黏土和稻草混合起来经过日晒而成的砖，一般用于雨量稀少的国家。

神龛 | aedicule 一个带有顶棚的洞口或凹进空间，侧面有两根柱子、墩子或壁柱支撑着山墙、过梁和柱顶。

集市 | agora 古希腊城市中的市场或公共广场，一般情况下，周边是公共建筑和柱廊，通常用作公众集会或政治集会的场所。

走道 | aisle 教堂中的纵向划分，往往通过一排柱子或壁柱与中殿分开。也指剧院、会堂、教堂或其他集会场所中，不同座位区域之间或沿着座位区域的步道。

城堡 | alcazar 专指由西班牙的摩尔人兴建的城堡或要塞。

小径 | allée 法文单词，指房屋之间狭窄的通道，或者种植着树木的宽阔步道。

阿玛拉卡 | amalaka 印度建筑中球根状或肋状的石材尖顶装饰，有山脉的含义（sikhara，希诃罗，梵语“山脉”的意思）。

回廊 | ambulatory 中庭中带顶的步道或走廊。也指环绕教堂尽端唱诗区或圣坛的走廊，最初用于人们列队行进。

圆形剧场 | amphitheater 椭圆或圆形建筑，围绕中心舞台有多层坐席，比如古罗马用于斗兽比赛或观演的建筑。也指阶梯状椭圆或圆形场所，周围地面逐渐升高。

异常 | anomaly 不同于正常的或预想的形式、秩序或排列。

人类学 | anthropology 关于人类的科学：特别是研究人类的起源、物质与文化的演进以及人类的环境与社会关系。

人体测量学 | anthropometry 度量和研究人体的尺寸和比例。

拟人论 | anthropomorphism 一种模仿人体形式或具有人类属性的观念或现象。

波斯大厅 | apadana 波斯宫殿中宏大的观众厅，内有圆柱。

后殿 | apse 半圆形或多边形，凸出于建筑物，通常带拱顶，特别用于庇护所或教堂的东端。

阿拉伯图饰 | arabesque 一种复杂而华丽的图形，采用花朵和叶片，有时甚至采用动物或几何图形，形成线条交织、错综复杂的图形。

藤架 | arbor 由灌木和树枝构成的庇荫处，或者缠着爬藤和花朵的格架下面的阴凉处。

拱廊 | arcade 支撑在柱子或柱墩上的一系列拱券。也指拱形的、带顶的长廊或通道，一边或两边都有商店。

拱券 | arch 跨越空间的曲线结构，设计目的主要是通过轴向压力来支撑垂直荷载。

楣梁 | architrave 古典柱顶盘上最低的部分，直接坐落于柱头之上，支撑着中楣。

拱式结构 | arcuate 像弓一样的曲线状或拱状：该词用来形容罗马教堂或哥特式教堂的拱或拱顶结构，以区别埃及多柱大厅或希腊多立克神庙的横梁式建筑。

方石 | ashlar 方形的建筑石材，各表面均被很好地处理，以便用很薄的灰泥与邻近的其他石材连接。

中庭 | atrium 起初是古罗马住宅中的主厅或内部中厅，中央对天开敞，通常有水池来收集雨水。后来指早期基督教教堂中的前院，侧面是柱廊或者四面柱廊围绕。现在是指开敞的、天窗采光的庭院，住宅或建筑物围绕庭院而建。

轴线 | axis 把一个二维的物体或形象一分为二的中心线，或者一个三维的物体或形象关于此线对称。也指一个构图中的要素为了测量尺寸或为了对称而参照的一条直线。

背景 | background 一幅图像的局部，被描绘为离前面距离最远的部分。

平衡 | balance 对比的要素、相反的要素或相互作用的要素之间均等的状态。也指一项设计或一幅构图中，局部或要素所呈现出的令人愉快的、和谐的排列或比例。

阳台 | balcony 凸出于建筑物墙面的高架平台，有扶手或栏杆环绕。

神龛 | baldachin 由石头或大理石制成的华盖，永远布置在教堂高高的圣坛之上。

栏杆 | baluster 用来支持扶手的许多间距很近的支撑物。也叫“栏杆支柱”（banister）。

洗礼堂 | baptistery 用来执行洗礼仪式的地方，可以是教堂的一部分，也可以是一栋独立的建筑。

基础 | base 墙、柱、柱墩或其他结构的最低部分，通常进行独特的处理，并被认为是一个建筑单元。

巴西利卡 | basilica 一种大型的长方形建筑物，在古罗马时用作审判的大厅和公共集会场所，一般具有一个高高的中央空间，这里由天窗采光，由木构架覆盖，半圆形后殿中有供审判员就座的高台。罗马的巴西利卡成为早期基督教巴西利卡的原型，基督教巴西利卡的特点是一个长长的矩形平面，高高的带有柱廊的中殿，以天窗采光，并覆盖着木质山墙屋顶，有两条或四条低矮的侧廊，端部有半圆形

的后殿、一个前厅，还有其他一些特征，如中庭、圣殿以及走廊终点处的小型半圆后殿。

斜墙面 | batter 随墙面升起而逐渐内收的斜坡墙。

开间 | bay 一种主要的空间分区，通常是一系列中的一个，以结构体系中主要的垂直支撑构件来指示或划分。也指许多主要隔间或墙体分隔、屋顶分隔中的任意部分，或者一栋建筑物中用垂直或横向支撑分隔的其他部分。

梁 | beam 刚性结构构件，其设计目的是承受横向荷载，并把荷载从空间中传递到支撑要素上。

承重墙 | bearing wall 能够承受荷载的墙体，比如建筑物的楼板或屋顶施加的荷载。

观景楼 | belvedere 一栋建筑或一栋富有特色的建筑物，其设计目的和坐落位置都是为了观望令人愉快的景色。

圣殿 | bema 在早期基督教教堂中，把中殿和半圆形后殿分开的横向的开敞空间，后来发展成十字形教堂的耳堂。

护堤 | berm 紧靠建筑物的一面或多面外墙的土堤，作为抵御极端温度的保护层。

盲洞 | blind 指墙面上的某些退进部分，处理成窗（盲窗）或门（盲门）的样子，插入的目的是使一系列窗更完整，或者保证设计的平衡。

灌木 | bosket 花园或公园中的小树林或树丛。

窗板 | brise-soleil 一层屏风，通常是百叶，位于建筑物的外面，使窗户免受直射光的照射。

扶壁 | buttress 通过抵消结构的外推力来稳定结构的外部支撑构件，特指与砖石外墙建在一起或抵着外墙的突出支撑物。

钟楼 | campanile 是一座钟塔，通常靠近一座教堂的主体，但不与教堂相连。

悬臂 | cantilever 梁或其他刚性构件伸到支点以外，由一个平衡构件支撑或支点后面一个向下的力支撑。

柱头 | capital 柱子、支柱或柱墩上端独特的处理，为柱身加冕，并承载柱顶盘或楣梁的重量。

旅行客栈 | caravansary 在近东地区为旅行队提供夜宿的旅馆，一般有一个大院子，院子四周是实墙，从一个宏伟的入口进入。

女像柱 | caryatid 作为柱子用的女性塑像。

悬索 | catenary 具有良好的灵活性和均衡性的曲线索链，自由地悬于两点之间，两个支点不在同一条垂直线上。由于荷载均匀地分布在水平投影面上，所以曲索为抛物线形状。

大教堂 | cathedral 主教管辖区内的大教堂，设有主教座位，称为“主教宝座”（cathedra）。

顶棚 | ceiling 一个房间的室内顶面或顶上涂层，通常覆盖了楼板或上面屋顶的下表面。

内堂 | cella 古典庙宇中的重要房间或封闭的部分，存放宗教塑像的地方。也称“内殿”（naos）。

衣冠冢 | cenotaph 用来悼念逝者的纪念碑，但逝者的遗体埋在其他地方。

佛堂 | chaitya 印度的佛教寺庙，通常是在山腰坚硬的岩石上开凿出来的，形式为狭长的巴西利卡式，一端有佛塔。

高坛 | chancel 教堂圣坛周围供牧师和唱诗班使用的空间，通常高于中殿部分，并用栏杆或屏风隔开。

礼拜堂 | chapel 用于祈祷或做礼拜的附属场所或私人场所。

伞或棚 | chatri 印度建筑中，屋顶上的亭子或棚架，通常由一个拱顶支撑在四根柱子上。

相轮 | chattri 伞形的尖顶装饰，象征尊贵，由竖直的杆子上加一个石盘构成。

教堂 | church 供基督徒做礼拜的公共建筑物。

卡尔特修道院 | charterhouse 卡尔特教派的修道院。

天窗 | clerestory 室内的一部分，高于相邻的屋顶，有窗户，让日光进入室内。

回廊 | cloister 有顶的步道，一侧有拱廊或柱廊，朝向庭院开敞。

柱廊 | colonnade 一系列间距规整的柱子，支撑着柱顶盘，通常还支撑一侧的屋顶结构。

柱子 | column 一种刚性的、相对比较纤细的结构构件，主要用来承载落在构件顶端的压力。在古典建筑中，圆柱形柱体包括柱头、柱身、通常还有柱基。柱基可以是一块巨石，或是由与柱身相同直径的鼓饰构成。

计算机图形学 | computer graphics 属于计算机科学领域，研究运用计算机技术创建、演示和控制图像数据的方法和技能，于是数字影像就这样产生了。计算机图形学的建筑应用，包括二维绘图和三维模拟以及能耗、光学和声学等建筑性能的模拟。

计算机模拟 | computer modeling 采用计算机技术和数学算法创建静态系统和动态过程的抽象模型，模拟其行为。运用在建筑中，计算机模拟软件能够创造和控制已有建筑和假想建筑的三维模型，进行环境分析、实验和评价，做到完全可视化。

混凝土 | concrete 一种人造的、像石头一样的建筑材料，由水泥、各种矿物骨料与足够的水混合在一起制成，使水泥能够塑型并凝固成整个实体。

对比 | contrast 在一件艺术作品中，将不同的要素相对或并置，目的是强化每个要素的特征，同时产生一种更富于动态的表情。

托梁 | corbel 在搭接式砌体上砌筑砖或石，这样一来，每一步骤都会从垂直墙面向上或向外伸出一个台阶。

檐口 | cornice 古典檐部的最高部分，一般包括波纹线脚、顶檐和檐板下缘线。

顶檐 | corona 古典檐口上凸出的板状构件，由线脚支撑，顶部是波纹线脚。

走廊 | corridor 狭窄的通道或长廊，将建筑物的各个部分连接在一起，

特别是那种几个房间或公寓向其开门的廊道。

意大利庭院 | cortile 意大利府邸内部的大型庭院或主要庭院。

院子 | court 完全露天的区域，大部分或完全被围墙或建筑物环绕。

庭院 | courtyard 邻近建筑物或在建筑物内部的院子，特别是那种四面都被围合的院子。

环列巨石 | cromlech 围绕史前墓石牌坊或坟堆而环状布置的古代巨石。

圆屋顶 | cupola 穹顶或屋顶上的轻型结构，用做钟楼、灯塔或观景楼。也指覆盖圆形或多边形区域的小穹顶。

幕墙 | curtain wall 完全由建筑结构框架支撑的外墙，除了自身重量和风荷载以外不承受其他荷载。

正波纹线 | cyma recta 一种凸出的造型，外轮廓为双曲线，其凹进的部分突出于凸起部分之外。

波纹线脚 | cymatium 古典檐口的顶部构件，通常是正波纹线。

护墙板 | dado 在基底、檐口或柱头之间的基座的主要部分，也指对内墙下半部分所做的不同于上部的处理或饰面，比如对墙体下部的贴板或墙纸的处理。

基准 | datum 任何水平的面、线或点，用来作为定位或排列构图要素的参考 。

斜交网格 | diagrid diagonal（斜线）+grid（网格）的缩写：建筑外部由斜向的交叉构件形成的格状构架，将柱子承担的竖向荷载与斜撑构件的侧向荷载整合在一起，横向的环状或带状构件形成整体框架的三角支撑，避免框架弯曲、抵制整体框架向外膨胀。

殿 | dian 中国建筑中的宫殿大厅，总是位于总平面图的中轴线上，建在高高的平台上，表面有砖或石材。

支石墓 | dolmen 史前纪念碑，由两块或多块直立的大石块支撑着一个水平的石板，尤其在英国和法国发现较多，通常被认为是墓碑。

穹顶 | dome 拱形结构，环形平面，形状通常是球形的一部分，如此建造是为了在所有方向上平均施加推力。

老虎窗 | dormer 在坡屋顶上突出的构造，通常是一扇垂直窗或通风百叶。

斗拱 | dougong 一种用于中国传统建筑中支撑屋顶横梁的托架系统，向外突出屋檐，同时支撑室内天花。中国建筑没有三角体系的框架，所以必须增加椽下支撑的数量。为了减少支柱的数量，通常需要斗拱，因为有斗拱，所以每根柱子的支撑面积增大。主梁通过中间的双柱支撑着屋顶，缩短了上梁的长度，使屋顶呈现出凹曲线。这一独特的曲线被认为是唐代初期发展而来，据说可以减轻屋顶的视觉重量，同时让更多的光线进入室内。

折中主义 | eclecticism 建筑与装饰艺术中的一种倾向，任意混合各种历史风格，目的是将各方面的优势结合在一起，或提高隐喻含义，特别是19世纪下半叶在欧洲和美国盛行。

强调 | emphasis 通过对比、变异或对位，使构图中的一个要素加强或突出。

纵向系列 | enfilade 轴向布置门道，将一系列房间联系起来，以便沿着整个套房形成景观序列。也指在房间相对的两边轴向布置反光镜，从而形成无限深远的景观效果。

嵌入柱 | engaged column 墙面前边真正与墙合二为一或表面上与墙体结合的柱子。

柱顶盘 | entablature 古典柱式的水平部分，位于柱顶之上，通常包括挑檐、饰带和柱顶过梁。

柱中微凸线 | entasis 如果柱边是直线，为了校正柱中间凹陷的视错觉，让柱子中间微微凸出。

表皮 | envelope 建筑物的实体外壳，包括外墙、窗、门、屋顶等保护室内空间免受外部环境影响的外壳。

人体工程学 | ergonomics 与人类特点相关的应用科学，倡导设计方法与设计体系应该考虑人的需要，目的是使人与物之间更有效、更安全地相互作用。

谈话间 | exedra 一个带有座位的房间，或者一个带顶的区域，一面为敞开的，古希腊和罗马时期用作会议场所。也指教堂室内体量的延伸部分，呈大大的半圆形，通常位于主轴线上。

正立面 | facade 建筑物的前面或朝向公共道路及公共空间的各个建筑物侧面，特别是建筑处理与众不同的那面。

饰带 | fascia 用来装饰爱奥尼克柱式线脚的三条水平带之一。也指任何宽阔、平坦、水平向的表面，比如科林斯柱式屋顶的外边缘。

领域 | field 空间区域或广阔的空间地带，其特点是具有特殊的属性、面貌或行为。

开窗术 | fenestration 建筑物中设计、确定比例、布置窗户或其他外墙开洞的方法。也指中世纪细木家具上的装饰图形，为盲拱或拱券的形式。

图形 | figure 某种形状或形式，可以由外轮廓线或外表面决定。也指多种几何要素综合构成特殊的形式或形状。

图—底 | figure-ground 视知觉的一种特性，一种倾向，即把视野中的局部看做实体、看做界限明确的物体，从特点并不明确的背景中突显出来并与之形成对比。

尖顶饰 | finial 相对较小、通常有叶片的装饰，是在尖塔或尖顶尽端的结束装饰。

楼面 | floor 一个房间或大厅的楼层基面，人在上面站立或行走。也指一个连续的支撑面水平扩展贯穿整个建筑物，有很多房间并构成一个结构层。

飞扶壁 | flying buttress 一种倾斜的砖石砌体支撑物，为半拱状，将向外与向下的推力从屋顶或拱顶传递到坚实的扶壁上，通过扶壁的体量将推力转化成垂直力；是哥特式建筑的典型特征。

形式 | form 某物的形状和结构，不同于其组成物质或材料。也指布置与调整构图要素和局部的方式，目的是产生一个连贯的形象，即一件艺术作品的外形结构。

古罗马广场 | forum 古罗马城市中的公共广场或市场，用于司法和商业事务的中心，也是人们集会的场所，通常有一座会堂和一个庙宇。

湿壁画法 | fresco 一种艺术或绘画技巧，在新鲜宽阔的湿石灰表面，将颜料碾碎溶解于水或石灰水混合物。

中楣 | frieze 古典檐壁上的水平部分，在檐口和额板之间，常常以浅浮雕装饰。也指一条装饰带，比如沿着室内墙面顶部、刚好在檐口下面的装饰带，或指外墙上带有雕塑的束带。

山墙 | gable 从檐口或屋檐到屋脊，用来封闭坡屋顶尽端的三角形墙体。

风雨商业廊 | galleria 宽阔的步道、院子或室内商业街，通常具有拱顶而且商业设施成行排列。

游廊 | gallery 长长的、相对较窄的空间或厅，特指为公众使用的以及通过尺度或装饰处理在建筑中具有重要作用的长廊。也指带顶的步道，特别是在室内或室外沿着建筑物的外墙延伸的步道。

胎室 | garbha-griha 即“内室”，印度庙宇中最深处的圣殿，那里安放着神的塑像。

完形 | gestalt 由特殊属性构成的统一的结构、图形或领域，它并不是来自组成部分的相加。

格式塔心理学 | Gestalt psychology 一种理论或学说，即生理或心理的现象并不是通过单独要素的简单相加而发生的，如反应或感觉，而是通过完形作用分离或互相联系的。

黄金分割 | Golden Section 一个平面图形的两部分之间或一条线的两段之间的比例，其中小者与大者的比值等于大者与全体的比值：比值大约是 0.618 ： 1.000。

印度门塔 | gopura 一种纪念物，通常指印度寺庙的场地内装饰华丽的门塔，特别是在印度南部。

网壳 | gridshell 一种主动的结构形式，从双曲表面几何形体中获得力量，在 20 世纪 40 年代的时候由费雷·奥托首创。

穹棱拱 | groin vault 两拱垂直相交形成的复合拱顶，所形成的十字形拱肋称为“交叉拱”。也叫作“十字拱”。

底色 | ground 绘画或装饰作品中的主要面或背景。同时也指视野中退后的部分，与此形成对比的某个形象则被清楚地看到。

门厅 | hall 一座住宅或一座建筑物入口处的大型空间，比如门廊或休息厅。也指用于公众聚会或娱乐的大型房间或建筑物。

庄园 | hacienda 美国北部或南部地区面积广阔的土地财产，用于农业或牧业，曾深受西班牙的影响。也指这类地产上的主要建筑。

神道教礼拜堂 | haiden 神道教大殿的礼拜堂，通常位于主要建筑前面。

和谐数列 | harmonic progression 其倒数形成代数级数的数列。

调和 | harmony 在一个艺术整体中，秩序化地、令人愉快地或得体地安排要素或局部。

柱 | hashira 神道教建筑中的圣柱，由人手塑造。

等级 | hierarchy 要素接连不断地排列、分类和组合的系统，其根据是要素的重要性和象征意义。

竞技场 | hippodrome 供骑术或其他表演的场地或建筑物。也指古希腊和古罗马时期，有椭圆形跑道，供马匹和战车比赛的露天体育场。

多柱厅 | hypostyle hall 有很多柱子成排布置支撑着平屋顶的大厅，有时柱子支撑的是天窗：盛行于古埃及和阿契美尼德建筑之中。

壁柱 | in antis 在壁角柱子之间的长方形墙墩或壁柱，由凸出的墙体尽端的加厚部分形成。

分柱法 | intercolumniation 在柱廊中划分柱子间距的系统，以两根相邻柱子之间的空间为依据，以柱子的直径为度量单位。

开窗法 | interfenestration 两个窗户之间的空间。也指在墙面上布置开洞的艺术或过程。

间隙 | interstitial 形成一个介入空间。

拱腹 | intrados 拱顶内部的曲线或表面形成的内部凹面。

伊万 | iwan 作为入口正门并朝庭院开放的拱顶大厅：盛行于帕提亚、萨珊王朝以及后来的伊斯兰建筑中。也写作 ivan，liwan。

大清真寺 | jami masjid 周五清真寺：用于公众祷告的公众清真寺，特别指星期五信徒祈祷的地方。

托梁 | joist 用来支撑楼板、顶棚或平屋顶的一系列小尺寸的平行梁。

卡巴 | Ka'ba 一个小型的立方体石材建筑，位于麦加大清真寺的庭院中，内含一块神圣的黑石，被穆斯林教徒认为是上帝的居所（House of God），是他们朝拜的目标，他们朝着此地所在的方向进行祈祷。

拱心石 | keystone 通常是位于拱券顶部带有装饰的楔形石材，其作用是锁住其他拱石，使拱石就位。在拱心石就位以前不会形成真正的拱。

金堂 | kondo 金色大厅（Golden Hall）：在日本佛教寺庙中供奉参拜主神的圣所。佛教中的净土宗（Jodo）、真宗（Shinshu）、日莲宗（Nicheiren）用“hondo”（本堂）一词来称呼这类圣所，真言宗（Shingon）和天台宗（Tendai）采用“chudo”（中堂）一词，禅宗（Zen）则使用“butsuden”（佛堂）一词。

藻井 | lacunar 有凹形格板装饰的顶棚、拱腹或拱顶。

灯笼式屋顶 | lantern 建在屋顶或拱顶上的一种建筑物，带有敞开或有窗子的墙体，以便采光和通气。

男性生殖器 | linga 象征着印度建筑中的湿婆神而被崇拜的男性生殖器。

陵道 | lingdao 唐代从南门通向皇家陵墓的精神之路，路边有石柱、动物和人像雕塑。（译者注：此处有误，陵道不仅唐代有，其他朝代也有，如明十三陵前的陵道。）

过梁 | lintel 支撑着门窗开洞上面重量的梁。

凉廊 | loggia 建筑主体内部带有柱廊或拱廊的空间，一侧开敞，通常位于上层俯视开敞的庭院。凉廊是意大利宫殿建筑的一个重要特征。

伊斯兰学校 | madrasah 穆斯林神学院，围绕庭院布置，与清真寺相连，从 11 世纪起在埃及、安纳托利亚和波斯等地发现。

曼荼罗 | mandala 一种宇宙示意图，常用于指导印度庙宇的平面设计。

柱厅 | mandapa 通向印度教或耆那教庙宇圣殿的门廊式大厅，用于宗教舞蹈和音乐。

体块 | mass 一个固态物体的实际容积或体积。

厚重实体 | massing 二维形状或三维体积的整体构图，特别是那种具有重量、密度和体积的东西或给人以这种感觉的东西。

古埃及墓室 | mastaba 古埃及用黏土砖建成的墓室，长方形平面、平屋顶、四边倾斜，有一根柱子从墓室通向地下的墓葬和祭品室。

陵墓 | mausoleum 大型而庄严的墓葬，特别指那些以建筑物的形式容纳很多个人坟墓的地方，通常是一个独立的家族墓葬。

巨石 | megalith 非常巨大的石头，直接利用或简单地加工一下，特别用于古代的建造工程。

中央大厅 | megaron 一栋建筑物或一栋建筑物中的半独立单元，一般来讲有一个长方形的主室和前厅，主室中央是壁炉，四角有柱：从迈锡尼时代的古希腊就已有之，被认为是多立克神庙的后裔。

史前纪念碑 | menhir 史前的纪念碑，由竖直向上的巨石组成，一般情况下独立，但有时也与其他巨石一起排列成行。

夹层 | mezzanine 建筑物两个主要楼层之间低矮或局部的楼层，特别指凸出在外作为平台，并与下面的楼层形成整体构图的地方。

米哈拉布 | mihrab 的音译 清真寺中的壁龛或带有装饰的壁板，指向麦加的方向。

光塔 | minaret 高耸而纤细的塔，附属于清真寺，有台阶通向一个或多个凸出的平台，在这些平台上，报时者召集穆斯林民众前来祈祷。

塔楼 | mirador 在西班牙建筑中，可供观赏周围景色的特征明显的建筑，比如凸窗、凉廊或屋顶亭榭。

模型 | model 在创作某物时，作为模仿或效法模式的实例。

模数 | module 一种测量单位，用来使建筑材料的尺度标准化或控制建筑构图的比例。

修道院 | monastery 隐居人群居住的场所，他们受宗教誓约的约束，通常指僧侣居住的地方。

独石碑 | monolith 一块独立的、尺寸相当大的巨石，通常是以石碑或石柱的形式出现。

清真寺 | mosque 穆斯林建筑或公众朝拜的场所。

竖框 | mullion 窗户中间的竖向构件或护墙板上的面板。

穆卡纳斯 | muqarnas 伊斯兰建筑中的一种装饰系统，由复杂的托臂梁、内角拱和倒棱锥构成；虽然有时用石材制成，但更常用的材料是石灰。也被称为“钟乳石制品”。

壁画 | mural 大型绘画，直接画在墙上或顶棚表面，或者把画直接用于墙面或顶棚表面。

内殿 | naos 见“cella”一词。

教堂前厅 | narthex 早期天主教或拜占廷教堂中，到达中殿前的门廊，适用于忏悔者。也指入口大厅或通向教堂中殿的门厅。

中殿 | nave 教堂的主要部分或中央部分，从教堂的前厅延伸到唱诗班的席位或圣坛的高坛，侧面通常是耳堂。

公墓 | necropolis 有历史价值的墓地，尤指大型的、精心修建的古代城市中的墓地。

壁龛 | niche 墙壁上带有装饰的凹进，通常为半圆形平面、半穹顶，内有塑像或其他装饰物品。

古代塔状建筑物 | nuraghe 在撒丁岛发现的所有大型的、圆形的或三角形的石塔，可以上溯到公元前2000年至罗马统治时期。

方尖碑 | obelisk 一种高高的四面体石碑，随着碑身向金字塔式顶点逐渐升高，碑身逐渐变细。方尖碑起源于古埃及，作为太阳神的神圣象征，常常成对布置在寺庙入口的两侧。

穹顶洞 | oculus 圆形的开洞，尤指穹顶顶部的开洞。

秩序 | order 符合逻辑的、和谐的或易于理解的排列状态，在这种状态下，一组中的每个要素都考虑了其他要素和本身的目的而得到合理的处置。同时还指许多支撑着柱顶盘的柱子的排列方式，每根柱子都包括柱头、柱身，通常还有一个柱础。

凸窗 | oriel 由下面的枕梁或托臂支撑的凸窗。

垂直线 | orthographic 属于直角、包括直角或由直角构成。

佛塔 | pagoda 佛教圣堂，形式为方形或多边形塔，由多层构成，每层屋顶向外挑出，作为纪念碑或为了存放遗迹而建立。从原型印度佛塔开始，随着佛教在中国和日本的传播，佛塔的形式逐渐转变成类似于传统的多层瞭望塔的形式。

牌楼 | pailou 中国建筑中有纪念性的入口，石材或木构横梁形式，有一个、三个或五个开间，屋顶大胆出挑，作为纪念物矗立在通向宫殿、陵墓、神圣场所的入口处；类似于印度的塔门和日本神社前的鸟居。也写作 pailoo。

府邸 | palazzo 富丽堂皇的大型公共建筑或私人住宅，尤指在意大利。

帕拉迪奥主题 | Palladian motif 窗或门上有圆拱形式，两边部分开间较窄，侧开间的顶上有柱顶板，中间部分的拱券就落在上面。

圆形堡垒 | panopticon 用作监狱、医院、图书馆或类似的建筑物，如此布局的目的是从一点可以看到室内的各个部分。

万神庙 | pantheon 献给人类诸神的一座庙宇。同时也是一座公共建筑，作为已逝国家名人的纪念场所，或收藏着他们的纪念物。

护栏 | parapet 露台、阳台、屋顶边缘低矮的保护墙，尤指屋顶上面的部分外墙、防火墙或界墙。

花坛 | parterre 不同形状、不同尺寸的花坛呈装饰化的布局。

建筑图解 | parti 指某种设计概念或者草图，建筑方案由此展开，19世纪时，巴黎美术学院的法国人已经开始采用。现指一项建筑设计的基本计划或概念，以示意图的形式出现。

通廊墓穴 | passage grave 在英国岛屿和欧洲发现的新石器时代和青铜时代早期的巨石坟墓，由带顶的墓室和狭窄的入口通廊组成，有古冢覆盖；相信是被一个家族连续使用，或者是跨越几代的氏族墓地。

阁 | pavilion 一种轻型建筑物，通常是开敞的，比如在公园或交易市场

中用来遮风避雨、听音乐会或看展览的建筑。也指正立面的中间部分或侧面凸出的部分，通常用更精致的装饰或非常的高度和独特的天际线来加以强调。

基座 | pedestal 柱子、塑像、纪念柱等诸如此类的东西可以建于其上的构筑物，通常包括底部、台座、檐口和柱头。

山墙 | pediment 希腊或罗马神庙中，由建筑物的水平檐口和斜向檐口围合而成的宽而低的山形墙。也指类似的或由此衍生的建筑要素，用来标识立面上部的主要区域，或者布置在洞口的顶部。

帆拱 | pendentive 从穹顶的圆形平面向支撑穹顶的多边形平面过渡的球面三角形。

藤架 | pergola 平行的柱廊结构，支撑着梁和交叉椽或格子组成的开敞屋顶，上面长满攀援植物。

列柱走廊 | peristyle 围绕建筑物或庭院的柱廊。也指如此围合的庭院。

主要楼层 | piano nobile 宫殿或别墅等大型建筑的主要楼层，有正规的接待室和餐厅，通常从底层上一段楼梯可以到达。

意大利广场 | piazza 城镇中的开敞区域或公共场所，这个词尤指在意大利。

支撑墩 | pier 竖向支撑结构，墙面上两洞口之间的部分，或者作为拱券或过梁尽端的支撑。

壁柱 | pilaster 样式为凸出于墙面的浅长方形，有柱头和柱础，在建筑上把它视为柱子。

细柱 | pillar 竖直向上而且相对比较纤细的支柱或结构物，通常用砖或石头制成，用作建筑物的支撑或作为纪念碑而独立。

底层架空柱 | piloti 钢或钢筋混凝土柱子把建筑物支撑在开敞的地面层之上，由此留出空间供其他用途。

柏拉图实体 | Platonic solid 五个规则的多面体之一：四面体、六面体、八面体、十二面体、二十面体。

广场 | plaza 城镇中的公共场地或开放空间。

柱基 | plinth 通常指柱、墩或基座的基础下面的方形厚板。也指连续的，通常是突出的石带形成的墙体基础。

墩座 | podium 砌筑的实体，在地面标高之上可以看到，同时作为建筑物的基础，特别是在古典庙宇中，形成地面和基础的平台。

门廊 | porch 建筑物的室外附属部分，形成通向入口的带顶通道或前厅。

车辆门廊或通道 | porte-cochère 在通向建筑物的入口处，顶棚凸出覆盖了车行道的门廊，同时带顶的门廊遮住了进出的车辆。还有一层意思是穿过建筑物或幕墙，进入内院的车辆过道。

柱廊 | portico 带有屋顶的门廊或人行道，屋顶由柱子支撑，通常导向建筑物的入口。

支柱 | post 坚硬的垂直支持物，特别是木制框架中的木柱。

后门 | postern 私密入口或侧入口，比如一个行人入口，旁边是一个车辆入口。

漫步场所 | promenade 用于散步或行走的区域，特别是在一个公共场所，出于娱乐或展示的目的。

比例 | proportion 一部分与另一部分之间或部分与整体之间对比的、恰当的或和谐的关系，与大小、数量和等级有关。还有，两个相等的比值，即四项之中的第一项除以第二项等于第三项除以第四项。

山门 | propylaeum 在神庙区域或其他建筑群体之前表示建筑重要性的门廊或入口。常用为复数形式 propylaea。

古埃及寺庙前的大门 | propylon 塔门形式的独立入口，通向古埃及神庙或神圣场所的入口门道。

原型 | prototype 展现了某一种类或某一组群本质特征的早期典型实例，它是后期阶段的基础和判断依据。

空间关系学 | proxemics 研究那些存在于各种各样的社会与人际关系中的空间分割体的象征与表意作用，并研究这种空间布置与环境和文化因素相关的程度与特点。

塔门 | pylon 通向古埃及庙宇的纪念性入口，或者由一对平头金字塔及塔间的门道组成，或者是仅有一个砖石砌体，从中打通，门道上面通常装饰着彩色的浮雕。

金字塔 | pyramid 巨大的砖石结构，带有一个方形的基底，四个梯级的或平滑陡峭的侧面朝向方位基点，并且顶部交于一点。金字塔在古埃及作为陵墓用于盛放法老棺椁和木乃伊。通常金字塔是属于一组修建有围墙的建筑群的一部分，建筑群中包括有王室成员的坟墓、祭堂和祭庙。道路从高处的建筑群向下延伸到尼罗河畔的河谷寺庙，在这里来风干木乃伊并举行净化仪式。在古埃及和哥伦布发现美洲大陆以前的中美洲，金字塔作为陵墓或者庙宇的平台。

朝向 | qibla 穆斯林教徒祈祷时面对的方向，特指麦加的卡巴。也指清真寺墙面上安置米哈拉布（mihrab，清真寺的墙上或房间里指麦加方向的壁龛）的地方，指向麦加。

隅石 | quoin 外部的石墙角或用来建这种角的石头，一般来讲，其材料、质感、色彩、尺寸或凸出程度不同于附近的表面。

城墙 | rampart 作为环绕某一场所的防御工事而建的宽阔的土堤，通常顶上有栏杆。

战车 | rath 从大石块中雕琢而成的印度庙宇，形象类似于战车。

比值 | ratio 两个或多个相似的物体之间在大小、数量和级别上的关系。

凹角 | reentrant 凹入或指向内部，比如一个多边形的内角大于 180° 的情形。

全等体 | regular 所有面都是全等的正多边形和全等的立体角。

重复 | repetition 在一项设计中，反复出现形式要素或主题的行为或过程。

韵律 | rhythm 是指某种运动，其特点是形式要素或主题，图形化地重复或交替出现在同一个形式或一个变异形式中。

屋顶 | roof 建筑物外部最上面的覆盖部分，包括支撑屋顶材料的框架。

房间 | room 建筑物中的一部分空间，用墙或隔断与其他类似的空间分

开。

凸角石 | rustication 料石砌块，可见的表面为精心修饰的石材，有浮雕或者与水平物体形成对比，通常为竖向接缝，可以开槽、斜切或制成斜角。

圣殿 | sanctuary 神圣的场所，特别是教堂中最为神圣的部分，那里安放着主要祭坛，也指庙宇中特别神圣的场所。

尺度 | scale 规定一个标记与它所代表的实物之间关系的比例。也指某个成比例的尺寸、范围或程度，通常是与某些标准或参照点进行比较后做出的判断。

符号学 | semiotics 研究记号与符号作为表意行为的要素。

壳体结构 | shell structure 包容一定体积的刚性薄曲面结构。外力荷载包括压力、张力和剪力，分布在壳板之内。由于壳很薄，缺乏抗弯曲性能，因此不适合集中荷载。

钟楼 | shoro 寺庙里用来挂钟的建筑物，比如日本佛教寺庙中有一对相同的、体量很小、对称布置的阁楼，其中之一就是钟楼。

神殿 | shrine 一栋建筑或其他的庇护所，常常具有庄严而华丽的特点，里面有圣徒或其他圣人的遗体或遗物，成为宗教崇拜和朝圣的地方。

尖塔 | sikhara 印度庙宇中的一种塔，向上逐渐变小，塔身曲线中间轻微凸出，顶端饰有球形顶（amalaka）。

底框梁 | sill 框架结构中最低的水平构件，坐落并固定在基础墙上。也是门窗开洞下面的水平构件。

日光室 | solarium 用玻璃围起来的阳台、房间或走廊，用来做日光浴或为了治疗而暴露在阳光下。

实体 | solid 具有长度、宽度和厚度的三维几何形状。

空间 | space 三维的区域，物体或事件出现于其中并具有相对位置和方向，特别是在特定的情况下或出于某种特殊的目的，那个区域的一部分被分离出来。

拱肩 | spandrel 两个相邻的拱背之间，或者左右拱背之间的三角形构件，有时上面有装饰，其周围是长方形构架。也指多层结构的建筑物中像嵌板一样的区域，某层的窗台与直接在其下的窗的上槛之间的嵌板。

尖顶 | spire 向上逐渐变细的金字塔形的高大建筑物，顶上有尖塔或普通塔。

楼梯 | stair 用于从一个高程到另一个高程的一段或一系列台阶，例如在建筑物中经常出现。

钟乳石制品 | stalactite work 见“穆卡纳斯”。

尖塔 | steeple 高高的带有装饰的建筑物，顶端通常是尖尖的，位于教堂或其他公共建筑的顶端。

石碑 | stele 竖直向上的石板或柱子，表面有雕刻或碑文，用作纪念碑或里程碑，或者在建筑物的立面上当做纪念匾额。

柱廊 | stoa 古希腊的一种长廊，通常是独立的，相当长，用于公共空间周围的散步或集会场所。

楼层 | story 建筑物中一个完全的水平分区，拥有连贯或基本连贯的楼板，包含两个相邻楼层之间的空间。也指建筑物同一层级的房间。

层拱 | stringcourse 砖或石形成的水平带，与建筑立面齐平或凸出建筑立面之外，通常被塑造成墙面上的分界线。

窣堵坡 | stupa 佛教中具有纪念性的坟冢，修建的墓地是珍藏佛祖舍利、纪念特殊的事件或标识一个神圣的地点。窣堵坡被塑造成古冢的形象，高高的平台上建起一座穹顶形状的墓，周边有外廊，外廊上有石塔门（vedika）和四扇大门（toranas），上面有相轮（chattri）。窣堵坡用锡兰语表述为“舍利塔”（dagoba），用藏语和尼泊尔语表述为“圣骨冢”（chorten）。

象征学 | symbology 研究符号的运用。

符号 | symbol 某物因为相关、相似或约定俗成，而代表着其他事物，特别是一个实际的物体用来代表某些看不到、没有物质实体的东西，其含义主要来自它所出现的结构。

对称 | symmetry 在一条分界线或一个分界面的两侧，或者围绕一个中心或一条轴，对等地布置尺寸、形式和排列完全相符的部件。再有，形式和排列的规律性要依据部件的相似性、互补性或对应性。

犹太教堂 | synagogue 犹太教礼拜以及宗教活动聚集的建筑或场所。

塔 | ta 中国建筑中的塔。

工艺 | technology 应用科学：处理技术方法的创造与应用以及技术方法与生活、社会和环境之间关系的知识分支，吸收了工业艺术、工程学、应用科学以及纯科学等学科的知识。

筑造学 | tectonics 在房屋建造过程中塑形、装饰或材料装配的艺术与科学。

神圣空间 | temenos 古希腊时期，刻意保留并封存的一方土地，作为神圣的场所。

张拉结构 | tensile structure 纤细、灵活的表面，主要通过拉应力来承担荷载。

台地 | terrace 高起的平地，正面或各面都是垂直的或斜坡，面对砖石建筑或草坪以及类似的东西，特别指一系列高程逐渐抬高的平地之一。

四柱式 | tetrastyle 在某一立面或各个立面有四根柱子。

圆形建筑 | tholos 古典建筑式样的圆形建筑物。

门槛 | threshold 进入或开始的地点。

壁龛 | tokonoma 藏画室：一间浅浅的、稍微抬高的凹室，用来陈列插花或日本字画，即垂直悬挂的卷轴画，上面既有书法又有绘画。凹室的一边沿着居室的外墙，灯光从这边照过来，室内一边邻近重要位置，一个带有嵌入式架子的凹壁。作为传统日本住宅的精神中心，壁龛位于住宅中最为重要的房间里。

地形 | topography 基地、空间或某一区域的实际形态和特征。

大门通道 | torana 印度佛教和印度建筑中精心雕琢的礼仪入口，两个

柱子之间有两根或三根过梁。

鸟居 | torii 是通向神道教庙宇的大门，具有纪念性的、独立的特点，由两根柱子构成，两柱的顶部以水平横梁相连，横梁之上有一根过梁，通常向上弯曲。

横梁式结构 | trabeate 隶属于梁或过梁的结构体系。也写作 trabeated。

耳堂 | transept 十字形教堂的主要横向部分，与主轴线成直角，位于中殿和唱诗班之间。也指耳堂本身任何突出的部分，可以在教堂中轴线的任何一侧。

变换 | transformation 为了与特定的环境或条件相适应，通过一系列不连续的转换与处理而进行的形式或结构的变化过程，其特点和基本概念在整个过程中并未失去。

格架 | trellis 一副框架支撑着露天的格子，用作屏风或葡萄藤以及其他植物的支架。

特鲁洛 | trullo 意大利南部阿普利亚地区（Apulia）的圆形石砌庇护所，屋顶是干燥的石砌体向外层层凸出，形成圆锥状的构造，通常用石灰水刷白。

构架 | truss 以规整的三角形为基础的结构框架，由线性元素构成，只承受轴向的拉力或压力。

古墓 | tumulus 由土或石头建成的坟墓，尤指古代的坟墓。

山墙装饰 | tympanum 由三角形山墙的水平和斜向挑檐围合而成的凹进的三角形空间，通常有雕塑装饰。也指拱券与水平顶之间的空间，下面有门或窗。

一致 | uniformity 具有可识别性、相似性与规律性的状态或特点。

统一 | unity 合而为一的状态或特点，例如给艺术作品中的要素建立秩序，构成一个和谐的整体或形成单一的效果。

拱顶 | vault 由石头、砖或钢筋混凝土制成的拱券结构，在大厅、房间或其他全封闭或半封闭的空间上形成天花或屋顶。由于它作为拱券在第三维度上延伸，纵向的支撑墙必须用支撑物加固，以抵消拱券作用的推力。

露台 | veranda 大型的开放阳台，通常有顶并部分封闭，有扶手栏杆，常常延伸到房子的正面或侧面。

门廊 | vestibule 外门与住宅室内或外门与建筑室内之间的入口小厅。

寺院 | vihara 印度建筑中的佛教寺院，通常是从坚固的石材中开凿出来，包括一个居中的、带有柱子的密室，密室周围有走廊，走廊上开有小洞。寺院旁边是一个院子，里面有大窣堵坡。

别墅 | villa 一座乡村住宅或房产。

中空 | void 包含在体块内部或被实体围住的空间。

容积 | volume 三维物体或三维空间区域的尺寸或范围，以立方为度量单位。

护墙板 | wainscot 木板饰面，特别是用于覆盖室内墙面的下半部分。

墙体 | wall 能够提供连续表面并用来围合、划分或保护某一区域的各种垂直的构筑物。

佛寺 | wat 泰国或柬埔寨的佛教修道院或寺庙。

神塔 | ziggurat 苏美尔和亚述建筑中的神塔，建在逐渐缩小的黏土砖台上，有扶壁墙，饰面为烧制砖，顶端有神殿或寺庙，通过一系列坡道可以到达顶端: 被认为起源于苏美尔，可以追溯到公元前3000年。

H

V

W

Y

A

B

C

D

E

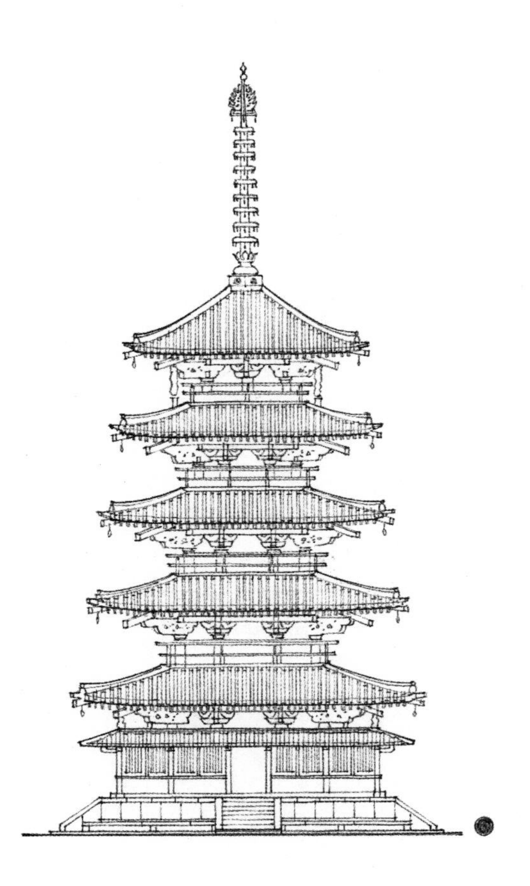

观看原版视频资料请扫描二维码